高等学校应用型本科规划教材

Engineering Mechannics
工 程 力 学

主　编　喻小明　李学罡
参　编　潘　军　文海霞　蔡明兮
　　　　彭旭龙　甘秋兰　李　斌
主　审　韦成龙

人民交通出版社
China Communications Press

内 容 提 要

本书为高等学校应用型本科规划教材。全书共上下两篇，上篇主要内容包括：静力学公理与物体受力分析、力系简化理论、力系的平衡、点的运动学、刚体的基本运动、刚体的平面运动、点的合成运动、质点动力学基本方程、动量定理、动量矩定理、动能定理、达朗贝尔原理、虚位移原理；下篇主要内容包括：材料力学基本概念、杆件的内力分析、截面图形的几何性质、轴向拉伸与压缩、扭转、弯曲应力、弯曲变形、应力状态分析与强度理论、组合变形、压杆稳定、能量方法、动荷载、交变应力。书后附有型钢规格表、主要符号表及部分习题参考答案。

本教材可作为普通高等学校理工科其他本科专业教学用书，也可供高职高专与成人高校师生及有关工程技术人员参考。

图书在版编目(CIP)数据

工程力学 / 喻小明，李学罡主编. — 北京 : 人民交通出版社，2014.5

ISBN 978-7-114-10550-0

Ⅰ. ①工… Ⅱ. ①喻… ②李… Ⅲ. ①工程力学—高等学校—教材 Ⅳ. ①TB12

中国版本图书馆 CIP 数据核字(2013)第 073340 号

高等学校应用型本科规划教材

书　　名：**工程力学**
著 作 者：喻小明　李学罡
责任编辑：黎小东　岑　瑜
出版发行：人民交通出版社
地　　址：(100011)北京市朝阳区安定门外外馆斜街 3 号
网　　址：http://www.ccpress.com.cn
销售电话：(010)59757973
总 经 销：人民交通出版社发行部
经　　销：各地新华书店
印　　刷：北京盈盛恒通印刷有限公司
开　　本：787 × 1092　1/16
印　　张：28.75
字　　数：736 千
版　　次：2014 年 5 月　第 1 版
印　　次：2014 年 5 月　第 1 次印刷
书　　号：ISBN 978-7-114-10550-0
定　　价：55.00 元
(有印刷、装订质量问题的图书由本社负责调换)

21世纪交通版
高等学校应用型本科规划教材
编　委　会

前　　言

“工程力学”是高等院校工程类专业重要的技术基础课。本教材依据教育部高等学校力学教学指导委员会力学基础课程教学指导分委员会制定的《理工科非力学专业力学基础课程教学基本要求(试行)》(2008 年版)中“理论力学课程教学基本要求”和“材料力学课程教学基本要求”编写而成。

全书分理论力学和材料力学两大部分。理论力学部分共 13 章,包括静力学、运动学和动力学的主要内容;材料力学部分共 13 章,以杆件的基本变形为主线,在介绍杆件轴向拉伸与压缩、扭转和弯曲基本变形的基础上,介绍了应力状态分析与强度理论、组合变形、能量方法、压杆稳定、动载荷和交变应力等内容。一方面,这两部分在力学模型和研究课题上存在着明显的差异,两部分内容具有相对的独立性;另一方面,两部分内容的力学知识又相互融合和贯通,存在着密切的连续性和相关性。

本教材是湖南省教学改革计划项目“一般工科院校力学系列课程改革与学生创新精神和实践能力的培养“与”基础力学研究性教学的研究与实践”的研究成果,编写时优化了理论力学与材料力学内容体系,力求注重基础,突出重点,精选内容,侧重应用,使学生既能建立力学概念,又能初步具备利用力学原理进行工程结构分析与设计的能力。

参加本教材编写的有长沙理工大学的喻小明、李学罡、潘军、文海霞、甘秋兰、蔡明兮、彭旭龙与湖南理工学院的李斌,喻小明、李学罡担任主编。其中第 1 章至第 4 章、第 13 章由喻小明、甘秋兰编写,第 5 章至第 7 章、第 25 章至第 26 章由文海霞、潘军编写,第 8 章至第 12 章由喻小明、蔡明兮编写,第 14 章至第 20 章由李学罡、彭旭龙编写,第 21 章至第 24 章由李学罡、李斌、蔡明兮、潘军编写,习题答案及附录由蔡明兮、甘秋兰、李斌编写,全书由喻小明与李学罡统稿。

在本教材的编写过程中,承蒙长沙学院韦成龙教授提出许多宝贵意见并主审,在此致以衷心感谢;同时,得到了各位力学同行的大力支持并提出宝贵意见,参考了一些同类优秀教材并选用了某些插图与习题,书中未一一列出,在此一并表示衷心感谢。

由于编者水平有限,教材中难免存在一些不足之处,恳请读者批评指正。

编　者

2014 年 3 月

目　　录

上篇　理论力学

下篇　材料力学

上篇　理论力学

第一章　静力学公理与物体受力分析

本章要点

- 静力学基本概念,包括力、力偶、力系、刚体、平衡等;
- 静力学五个公理及两个推论;
- 各种类型的约束与约束力;
- 物体受力分析与受力图。

静力学是研究物体受力及平衡的一般规律的科学。

静力学理论是从生产实践中总结出来的,是对工程结构构件进行受力分析和计算的基础,在工程技术中有着广泛的应用。静力学主要研究以下3个问题:

(1)物体的受力分析;

(2)力系的等效替换与简化;

(3)力系的平衡条件及其应用。

第一节　静力学基本概念

一、力

力是物体之间相互的机械作用。这种作用使物体的机械运动状态发生变化或使物体的形状发生改变,前者称为力的外效应或运动效应,后者称为力的内效应或变形效应。在理论力学中只研究力的外效应。

力对物体的作用效果取决于力的3个要素:力的大小、力的方向、力的作用点。力是矢量,且为定位矢量,如图1-1所示,用有向线段 AB 表示一个力矢量,其中线段的长度表示力的大小,线段的方位和指向代表力的方向,线段的起点 A(或终点)表示力的作用点,线段所在的直线称为力的作用线。

这里用粗黑斜体大写字母 $\boldsymbol{F}$ 表示力矢量,用白斜体大写字母 F 表示力的大小。在国际单位制中,力的单位是牛顿(N)或千牛(kN)。

力的作用点是物体相互作用位置的抽象化。实际上,两个物体接触处总占有一定的面积,力总是分布地作用在一定的面积上的,如果这个面积很小,则可将其抽象为一个点,即为力的作用点,这时的作用力称为集中力;反之,若两物体接触面积比较大,力分布地作用在接触面上,这时的作用力称为分布力。除面分布力外,还有作用在物体整体或某一长度上的体分布力或线分布力,分布力的大小用符号 q 表示,计算式如下

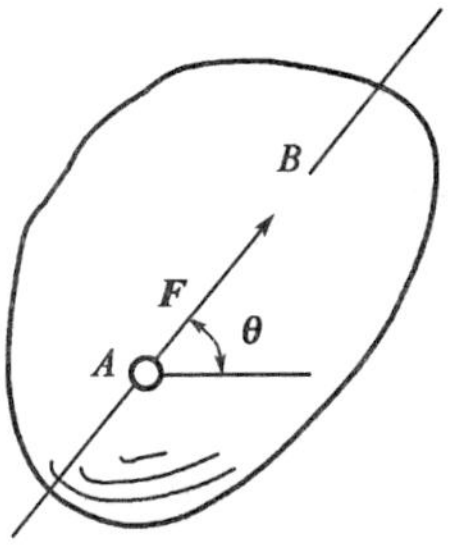

图　1-1

$$q = \lim_{\Delta S \to 0} \frac{\Delta F}{\Delta S} \tag{1-1}$$

式中,ΔS 为分布力作用的范围(长度、面积或体积);ΔF 为作用于该部分范围内的分布力的合力;q 表示分布力作用的强度,称为荷载集度;若力的分布是均匀的,则称为均匀分布力,简称均布力。

二、力系

力系是指作用在物体上的一群力。若对于同一物体,有两组不同力系对该物体的作用效果完全相同,则这两组力系称为等效力系。一个力系用其等效力系来代替,称为力系的等效替换。用一个最简单的力系等效替换一个复杂力系,称为力系的简化。若某力系与一个力等效,则此力称为该力系的合力,而该力系的各力称为此力的分力。

力系按作用线分布情况的不同可分为下列几种:当所有力的作用线在同一平面内时,称为平面力系;否则称为空间力系。当所有力的作用线汇交于同一点时,称为汇交力系;而所有力的作用线都相互平行时,称为平行力系;否则称为一般力系或任意力系。

三、力偶

由大小相等、方向相反但不共线的两个平行力组成的特殊力系,称为力偶。如图 1-2 所示,力 $\boldsymbol{F}$ 和 $\boldsymbol{F}'$组成一个力偶,记作$(\boldsymbol{F},\boldsymbol{F}')$。力偶中两力作用线之间的垂直距离 d 称为力偶臂,力偶所在的平面称为力偶作用面。

在日常生活与生产实践中,经常见到在物体上作用力偶的情况,如用两个手指拧水龙头或转动钥匙时,手指对水龙头或钥匙施加的两个力;汽车驾驶员用双手转动转向盘[图 1-3a)];钳工用扳手和丝锥攻螺纹时,两手作用于丝锥扳手上的两个力[图 1-3b)]等。在力偶中,两力等值反向且相互平行,其矢量和显然等于零,但是由于它们不共线,不能相互平衡,因此力偶不能使物体移动,只能改变物体的转动状态。

力系中可以包含力偶,但如果力系全部由力偶组成,这样的力系称为力偶系。

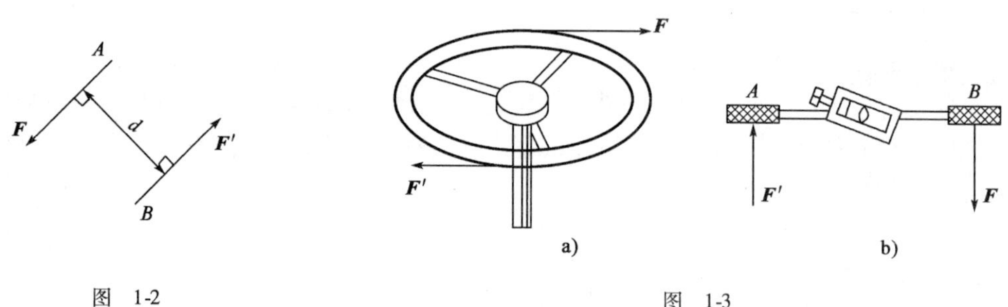

图 1-2　　　　图 1-3

四、刚体

所谓刚体,是指在力的作用下不变形的物体,即在力的作用下其内部任意两点的距离永远保持不变的物体。刚体是理想化的力学模型,事实上,在受力状态下不变形的物体是不存在的,不过,当物体的变形很小,忽略物体的变形并不会对问题的性质带来本质的影响时,该物体就可近似看作刚体。

刚体是在一定条件下研究物体受力和运动规律时的科学抽象，这种抽象不仅使问题大大简化，也能得出足够精确的结果，因此，静力学又称为刚体静力学。但是，在需要研究力对物体的内部效应时，这种理想化的刚体模型就不适用，而应采用变形体模型，并且变形体的平衡也是以刚体静力学为基础的，只是还需补充变形几何条件与物理条件。

五、平衡

在工程中，把物体相对于地面静止或作匀速直线运动的状态称为平衡。

根据牛顿第一定律，物体如不受到力的作用则必然保持平衡。但客观世界中，任何物体都不可避免地受到力的作用，物体上作用的力系只要满足一定的条件，即可使物体保持平衡，这种条件称为力系的平衡条件。满足平衡条件的力系称为平衡力系。

第二节　静力学公理

为了讨论物体的受力分析，研究力系的简化和平衡条件，必须先掌握一些最基本的力学规律。这些规律是人们在生活和生产活动中长期积累的经验总结，又经过实践反复检验，被认为是符合客观实际的最普遍、最一般的规律，称为静力学公理。静力学公理概括了力的基本性质，是建立静力学理论的基础。

公理 1　力的平行四边形法则

作用在物体上同一点的两个力，可以合成为一个合力。合力的作用点也在该点，合力的大小和方向，由这两个力为邻边构成的平行四边形的对角线确定，如图 1-4a）所示。或者说，合力矢等于这两个力矢的几何和，即

$$\boldsymbol{F}_R = \boldsymbol{F}_1 + \boldsymbol{F}_2 \tag{1-2}$$

亦可另作一个力三角形来求两汇交力合力矢的大小和方向，即依次将 $\boldsymbol{F}_1$ 和 $\boldsymbol{F}_2$ 首尾相接画出，最后由第一个力的起点至第二个力的终点形成三角形的封闭边，即为此二力的合力矢 $\boldsymbol{F}_R$，如图 1-4b）、c）所示，称为力的三角形法则。

公理 2　二力平衡条件

作用在刚体上的两个力，使刚体处于平衡的充要条件是：这两个力大小相等，方向相反，且作用在同一条直线上，如图 1-5 所示。该两力的关系可用如下矢量式表示

$$\boldsymbol{F}_1 = -\boldsymbol{F}_2 \tag{1-3}$$

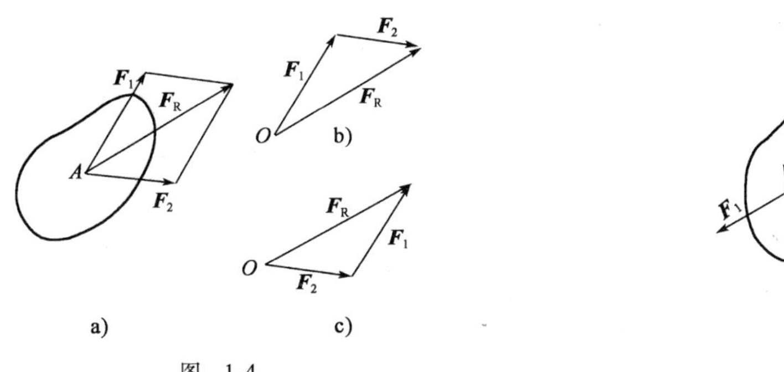

图　1-4

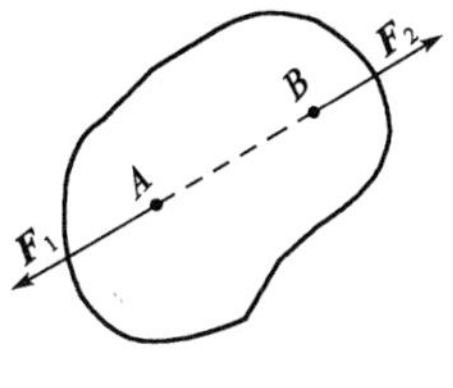

图　1-5

这一公理揭示了作用于刚体上的最简单的力系平衡时所必须满足的条件，满足上述条件的两个力称为一对平衡力。需要说明的是，对于刚体，这个条件既必要又充分，但对于变形体，

这个条件是不充分的。

只在两个力作用下而平衡的刚体称为二力构件或二力杆，根据二力平衡条件，二力杆两端所受两个力大小相等、方向相反，作用线沿两个力的作用点的连线，如图 1-6 所示。

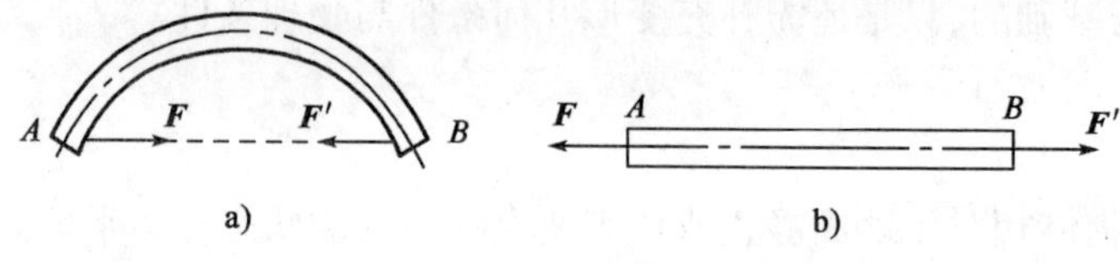

图 1-6

公理 3 加减平衡力系公理

在已知力系上加上或减去任意的平衡力系，并不改变原力系对刚体的作用。

这一公理是研究力系等效替换与简化的重要依据。

根据上述公理可以导出如下两个重要推论。

推论 1 力的可传性

作用于刚体上某点的力，可以沿着它的作用线滑移到刚体内任意一点，并不改变该力对刚体的作用效果。

证明：设在刚体上点 A 作用有力 $\boldsymbol{F}$，如图 1-7a）所示。根据加减平衡力系公理，在该力的作用线上的任意点 B 加上平衡力 $\boldsymbol{F}_1$ 与 $\boldsymbol{F}_2$，且使 $\boldsymbol{F}_2=-\boldsymbol{F}_1=\boldsymbol{F}$，如图 1-7b）所示；由于 $\boldsymbol{F}$ 与 $\boldsymbol{F}_1$ 组成平衡力，可去除，故只剩下力 $\boldsymbol{F}_2$，如图 1-7c）所示，即将原来的力 $\boldsymbol{F}$ 沿其作用线移到了点 B。

由此可见，对刚体而言，力的作用点不是决定力的作用效应的要素，它已为作用线所代替。因此，作用于刚体上的力的三要素是：力的大小、方向和作用线。

作用于刚体上的力可以沿着其作用线滑移，这种矢量称为滑移矢量。

推论 2 三力平衡汇交定理

若刚体受 3 个力作用而平衡，且其中两个力的作用线相交于一点，则此 3 个力必共面且汇交于同一点。

证明：刚体受 3 个力 $\boldsymbol{F}_1,\boldsymbol{F}_2,\boldsymbol{F}_3$ 作用而平衡，如图 1-8 所示。根据力的可传性，将力 $\boldsymbol{F}_1$ 和 $\boldsymbol{F}_2$ 移到汇交点 O，并合成为力 $\boldsymbol{F}_{12}$，则 $\boldsymbol{F}_3$ 应与 $\boldsymbol{F}_{12}$ 平衡。根据二力平衡条件，$\boldsymbol{F}_3$ 与 $\boldsymbol{F}_{12}$ 必等值、反向、共线，所以 $\boldsymbol{F}_3$ 必通过 O 点，且与 $\boldsymbol{F}_1,\boldsymbol{F}_2$ 共面，定理得证。

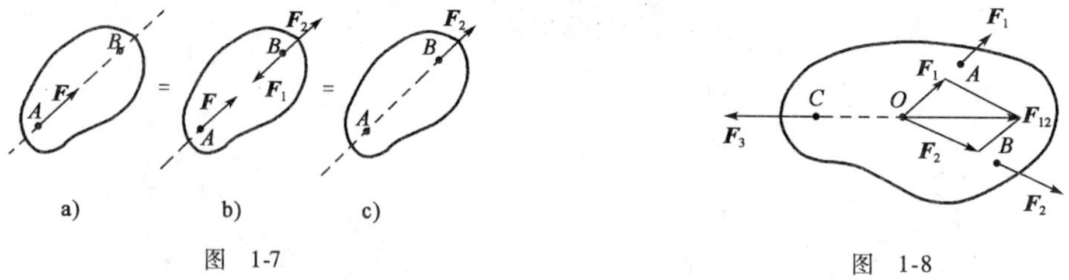

图 1-7　　　　图 1-8

公理 4 作用与反作用定律

两个物体间的作用力与反作用力总是同时存在，且大小相等，方向相反，沿着同一条直线，分别作用在两个物体上。若用 $\boldsymbol{F}$ 表示作用力，$\boldsymbol{F}'$ 表示反作用力，则

$$\boldsymbol{F}=-\boldsymbol{F}' \tag{1-4}$$

该公理表明，作用力与反作用力总是成对出现，但它们分别作用在两个物体上，因此不能视作平衡力。

公理5 刚化原理

变形体在某一力系作用下处于平衡，如果将此变形体刚化为刚体，其平衡状态保持不变。

这一公理提供了把变形体抽象为刚体模型的条件。如柔性绳索在等值、反向、共线的两个拉力作用下处于平衡，可将绳索刚化为刚体，其平衡状态不会改变。而绳索在两个等值、反向、共线的压力作用下则不能平衡，这时，绳索不能刚化为刚体。但刚体在上述两种力系的作用下都是平衡的。

由此可见，刚体的平衡条件是变形体平衡的必要条件，而非充分条件。刚化原理建立了刚体与变形体平衡条件的联系，提供了用刚体模型来研究变形体平衡的依据。在刚体静力学的基础上考虑变形体的特性，可进一步研究变形体的平衡问题。这一公理也是研究物体系统平衡问题的基础，刚化原理在力学研究中具有非常重要的地位。

第三节 物体受力分析

一、约束与约束反力

物体按照运动所受限制条件的不同可以分为两类：自由体与非自由体。自由体是指物体在空间可以有任意方向的位移，即运动不受任何限制，如空中飞行的炮弹、飞机、人造卫星等。非自由体是指在某些方向的位移受到一定限制而不能随意运动的物体，如在轴承内转动的转轴、汽缸中运动的活塞等。对非自由体的位移起限制作用的周围物体称为约束，例如，铁轨对于机车，轴承对于转轴、吊车钢索对于重物等，都是约束。

约束限制着非自由体的运动，与非自由体接触相互产生了作用力，约束作用于非自由体上的力称为约束反力。约束反力作用于接触点，其方向总是与该约束所能限制的运动方向相反，据此，可以确定约束反力的方向或作用线的位置。至于约束反力的大小却是未知的，可根据平衡方程求出。

二、常见约束类型及其约束反力

1. 柔索约束

由绳索、链条、皮带等所构成的约束统称为柔索约束。这种约束的特点是柔软易变形，它给物体的约束反力只能是拉力。因此，柔索对物体的约束反力作用在接触点，方向沿柔索且背离物体，如图1-9、图1-10所示。

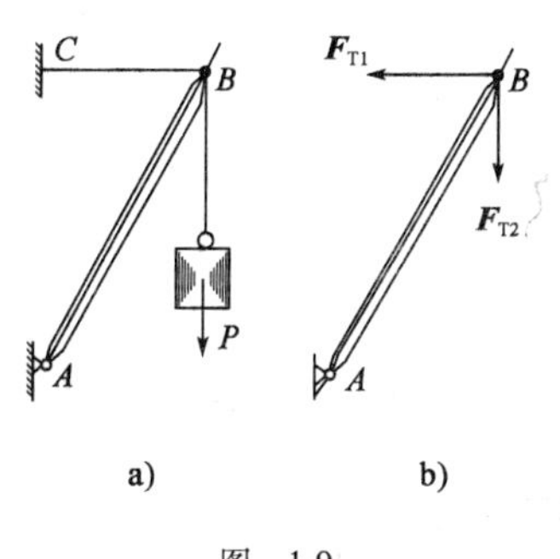

图 1-9

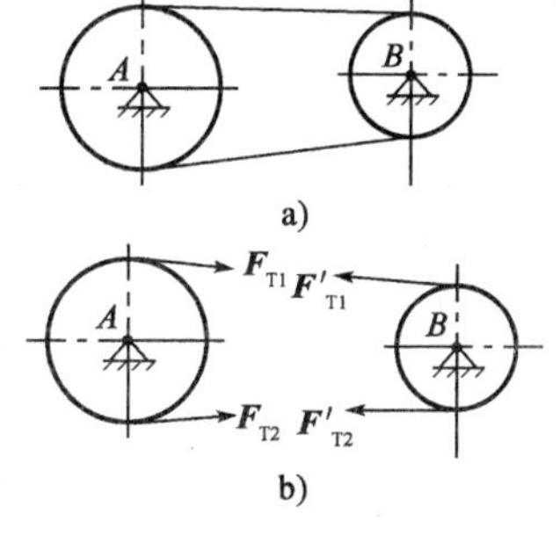

图 1-10

2. 光滑接触面约束

物体受到光滑平面或曲面的约束称作光滑面约束。这类约束不能限制物体沿约束表面切线的位移,只能限制物体沿接触表面法线并指向约束的位移。因此,约束反力作用在接触点,方向沿接触表面的公法线,并指向被约束物体,如图1-11、图1-12所示。

图 1-11　　　　图 1-12

3. 光滑圆柱铰链约束

如图1-13a)、b)所示,在两个构件A,B上分别有直径相同的圆孔,再将一直径略小于孔径的圆柱体销钉C插入该两构件的圆孔中,将两构件连接在一起,这种连接称为铰链连接,两个构件受到的约束称为光滑圆柱铰链约束。受这种约束的物体,只可绕销钉的中心轴线转动,而不能相对销钉沿任意径向方向运动。这种约束实质是两个光滑圆柱面的接触[图1-13c)],其约束反力作用线必然通过销钉中心并垂直圆孔在D点的切线,约束反力的指向和大小与作用在物体上的其他力有关,所以光滑圆柱铰链的约束反力的大小和方向都是未知的,通常用大小未知指向任意假设的两个垂直分力表示,如图1-13d)所示。光滑圆柱铰链的简图如图1-13e)所示。

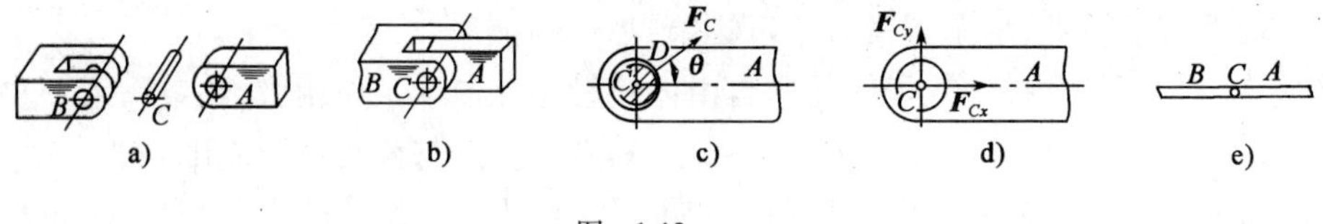

图 1-13

4. 固定铰支座

固定铰支座可认为是光滑圆柱铰链约束的演变形式,两个构件中有一个固定在地面或机架上,其结构简图如图1-14b)所示。这种约束的约束反力的作用线也不能预先确定,可以用大小未知的两个垂直分力表示,如图1-14c)所示。

5. 滚动铰支座

在桥梁、屋架等工程结构中经常采用滚动铰支座,如图1-15a)所示。这种支座可以沿固定面滚动,常用于支承较长的梁,它允许梁的支承端沿支承面移动。因此,这种约束的特点与光滑接触面约束相同,约束反力垂直于支承面指向被约束物体,如图1-15c)所示。

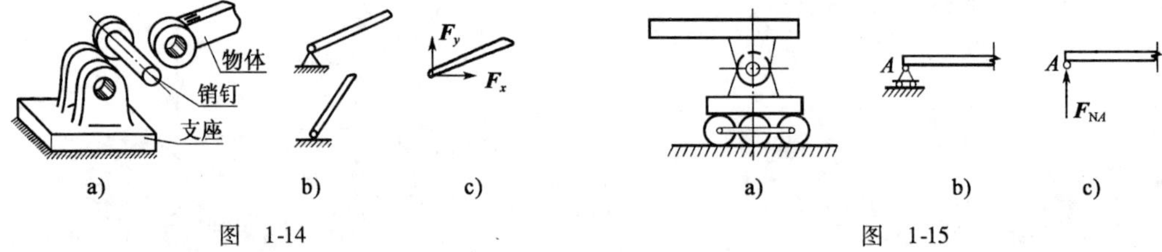

图 1-14　　　　图 1-15

6. 球形铰支座

物体的一端为球体,能在球壳中转动,如图1-16a)所示,这种约束称为球形铰支座,简称球铰。球铰能限制物体任何径向方向的位移，所以球铰的约束反力的作用线通过球心并可能指向任一方向，通常用过球心的 3 个互相垂直的分力 $\boldsymbol{F}_{Ax}$、$\boldsymbol{F}_{Ay}$、$\boldsymbol{F}_{Az}$表示，如图 1-16c）所示。

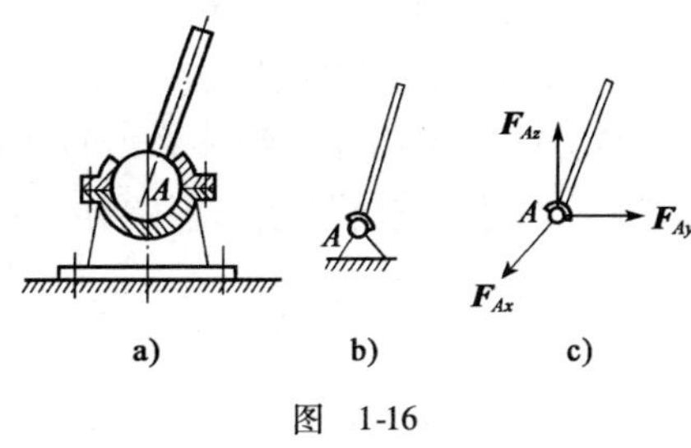

图 1-16

7. 轴承

轴承是机械中常见的一种约束，常见的轴承有两种形式，一种是径向轴承［图 1-17a）］，它限制转轴的径向位移，并不限制转轴的轴向运动和绕轴转动，其性质和圆柱铰链类似，如图1-17b）所示为其示意简图，径向轴承的约束反力用两个垂直于轴长方向的正交分力表示［图1-17c）］。另一种是径向止推轴承，它既限制转轴的径向位移，又限制它的轴向运动，只允许绕轴转动，其约束反力用 3 个大小未知的正交分力表示，如图 1-18 所示。

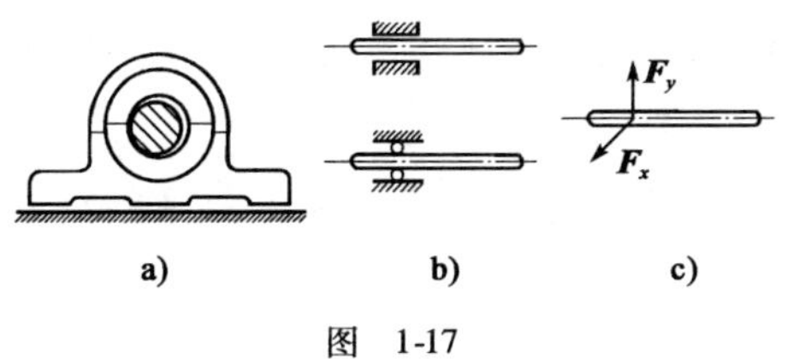

图 1-17

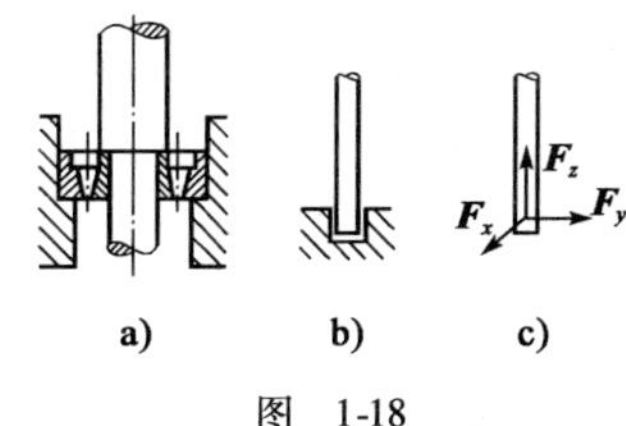

图 1-18

8. 固定端约束

有时物体会受到完全固结作用，如深埋在地里的电线杆，如图 1-19a）所示。这时物体的 A 端在空间各个方向上的运动（包括平移和转动）都受到限制，这类约束称为固定端约束，其简图如图 1-19b）所示。其约束反力可这样理解：一方面，物体受约束部位不能平移，因而受到一约束反力 $\boldsymbol{F}_A$ 作用；另一方面，也不能转动，因而还受到一约束反力偶 $\boldsymbol{M}_A$ 的作用，如图 1-19c）所示。约束反力 $\boldsymbol{F}_A$ 和约束反力偶 $\boldsymbol{M}_A$ 均作用在接触部位，而方位和指向均未知，对平面情形，则只需画出 3 个独立分量 $\boldsymbol{F}_{Ax}$，$\boldsymbol{F}_{Ay}$，$\boldsymbol{M}_A$，如图 1-19d）所示。

9. 二力杆约束

两端用光滑铰链与其他物体连接，中间不受力且不计自重的杆件，即为二力杆。二力杆两端所受的两个力大小相等、方向相反，作用线沿着两铰接点的连线，至于二力杆受拉还是受压则可假设。图 1-20a）的结构中，杆件 AB，CD 为二力杆，其受力如图 1-20b）所示。

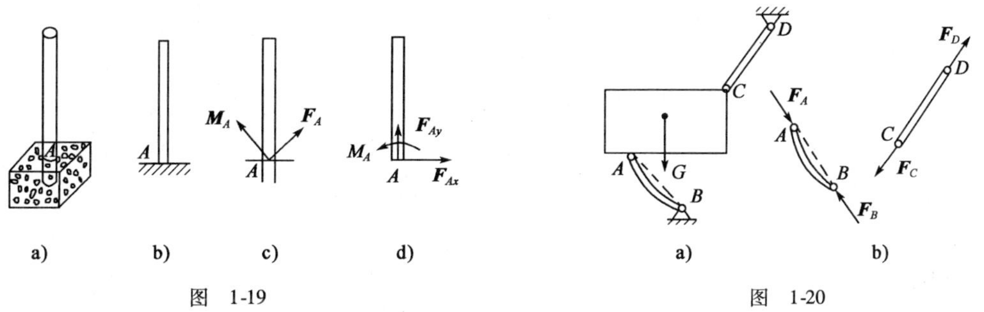

图 1-19

图 1-20

三、物体受力分析

将所研究的物体或物体系统从与其联系的周围物体或约束中分离出来，并分析它受几个力作用，确定每个力的作用位置和力的作用方向，这一过程称为物体受力分析。物体受力分析过程包括如下两个主要步骤。

(1)确定研究对象,取出分离体。

待分析的某物体或物体系统称为研究对象。明确研究对象后,需要解除它受到的全部约束,将其从周围的物体或约束中分离出来,单独画出相应简图,这个步骤称为取分离体。

(2)画受力图。

在分离体图上,画出研究对象所受的全部主动力和所有去除约束处的约束反力,并标明各力的符号及受力位置符号。

这样得到的表明物体受力状态的简明图形,称为受力图。下面举例说明受力图的画法。

[例1-1]试画出图1-21a)所示结构的整体、AB杆、AC杆的受力图。

解:(1)以结构整体为研究对象,主动力有荷载$\boldsymbol{F}$,注意到B、C处为光滑面约束,约束反力为$\boldsymbol{F}_B$,$\boldsymbol{F}_C$。其受力图如图1-21b)所示。

(2)取AB杆的分离体,A处为光滑圆柱铰链约束,D处受到柔绳约束[柔绳DE受力如图1-21e)所示],其受力图如图1-21c)所示。

(3)取出AC杆的分离体,A处受到AB杆的反作用力$\boldsymbol{F}'_{Ax}$、$\boldsymbol{F}'_{Ay}$,E处为柔绳约束,AC杆受力如图1-21d)所示。

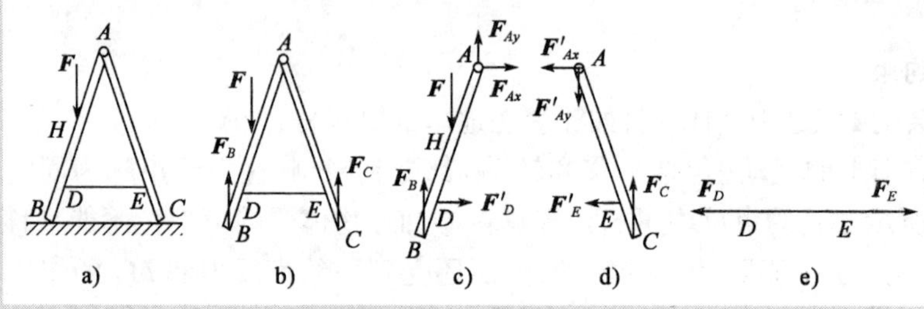

图 1-21

[例1-2]在图1-22a)中,多跨梁ABC由ADB、BC两个简单的梁组合而成,受集中力$\boldsymbol{F}$及均布荷载$\boldsymbol{q}$作用,试画出整体及梁ADB、BC段的受力图。

解:(1)取整体为研究对象,先画集中力$\boldsymbol{F}$与分布荷载$\boldsymbol{q}$,再画约束反力。A处约束反力分解为二正交分量,D、C处的约束反力分别与其支承面垂直,B处约束反力为内力,不能画出,整体的受力图如图1-22b)所示。

(2)取ADB段的分离体,先画集中力$\boldsymbol{F}$及梁段上的分布荷载$\boldsymbol{q}$,再画A、D、B处的约束反力$\boldsymbol{F}_{Ax}$、$\boldsymbol{F}_{Ay}$、$\boldsymbol{F}_D$、$\boldsymbol{F}_{Bx}$、$\boldsymbol{F}_{By}$,ADB梁受力如图1-22c)所示。

(3)取BC段的分离体,先画梁段上的分布荷载$\boldsymbol{q}$,再画出B、C处的约束反力,注意B处的约束反力与AB段B处的约束反力是作用力与反作用力关系,C处的约束反力$\boldsymbol{F}_C$与斜面垂直,BC梁受力如图1-22d)所示。

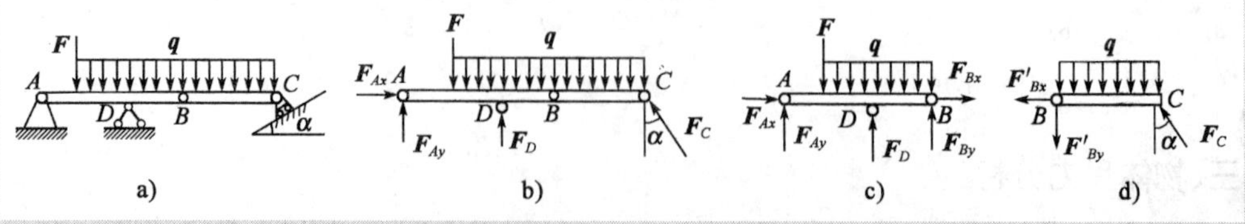

图 1-22

[例1-3]图1-23a)的构架中,BC杆上有一导槽,DE杆上的销钉可在槽中滑动,设所有

接触面均为光滑，各杆的自重均不计，试画出整体及杆 AB、BC、DE 的受力图。

解：(1)取整体为研究对象，注意到 A、C 处均为固定铰支座。先画集中力 $\boldsymbol{F}$，再画 A、C 处的约束反力，如图 1-23b)所示。

(2)取 DE 杆的分离体，先画集中力 $\boldsymbol{F}$，再画销钉 H、D 所受之力。销钉 H 可沿导槽滑动，因此，导槽给销钉的约束反力 $\boldsymbol{F}_{NH}$ 应垂直于导槽，D 处约束反力用正交力 $\boldsymbol{F}_{Dx}$、$\boldsymbol{F}_{Dy}$ 表示。DF 杆受力如图 1-23c)所示。

(3)取 BC 的杆的分离体，先画销钉 H 对导槽的作用力 $\boldsymbol{F}'_{NH}$，它与上面的力 $\boldsymbol{F}_{NH}$ 是作用力与反作用力的关系；再画固定铰支座 C 的约束反力 $\boldsymbol{F}_{Cx}$、$\boldsymbol{F}_{Cy}$，它应与整体图 1-23b)的一致；中间铰链 B 用正交分力 $\boldsymbol{F}_{Bx}$、$\boldsymbol{F}_{By}$ 表示，BC 杆受力如图 1-23d)所示。

(4)取 AB 杆的分离体，铰链支座 A 的约束反力应与整体图 1-23b)的一致；中间铰链 D，B 的约束反力应与图 1-23c)、图 1-23d)中 D，B 的约束反力是作用力与反作用力的关系。AB 杆受力如图 1-23e)所示。

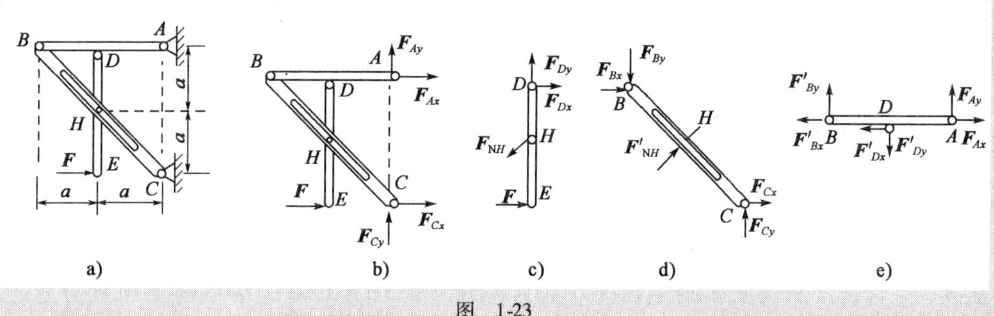

图 1-23

[例 1-4] 如图 1-24a)所示的物体系统，试画出整体、杆 AB 和 AC(均不包括销钉 A、C)、销钉 A、销钉 C 的受力图。

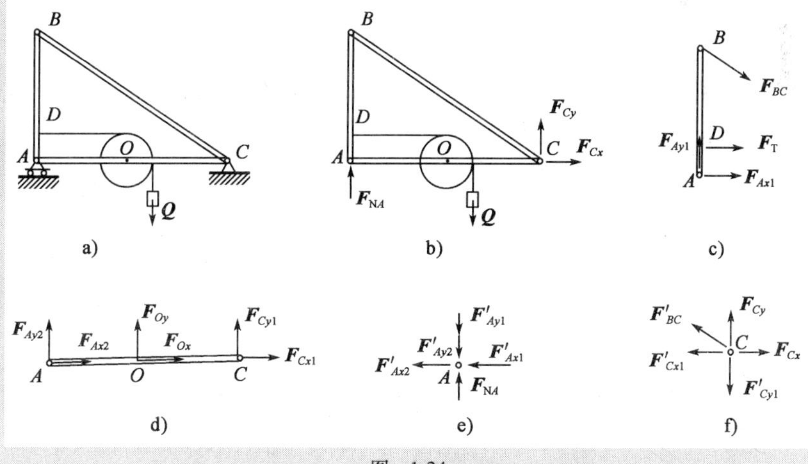

图 1-24

解：(1)先分析整体的受力情况，主动力有重力 $\boldsymbol{Q}$，A 处为滑动铰支座约束，C 处为固定铰支座约束，因此 A 处的约束反力垂直向上，用 $\boldsymbol{F}_{NA}$ 表示，C 处的约束反力用两个正交分力 $\boldsymbol{F}_{Cx}$、$\boldsymbol{F}_{Cy}$ 表示，整体的受力如图 1-24b)所示。

(2)取出杆 AB，A 和 B 两处为铰链约束，在 D 处有绳索约束，且杆 BC 为二力杆，因此

B 处约束反力沿着杆 BC 的方向,而 A 处的约束反力是销钉 A 对 AB 杆的作用力,可用两个大小未知的正交分力 $\boldsymbol{F}_{Ax1}$、$\boldsymbol{F}_{Ay1}$ 表示,其受力图如图 1-24c) 所示。

(3) 取出杆 AC,A、O、C 三处均为铰链约束,A 处有销钉 A 对杆 AC 的约束反力,用大小未知的两个力 $\boldsymbol{F}_{Ax2}$、$\boldsymbol{F}_{Ay2}$ 表示。O 处有圆盘 O 给杆 AC 的约束反力 $\boldsymbol{F}_{Ox}$、$\boldsymbol{F}_{Oy}$,C 处有销钉 C 对杆 AC 的约束反力 $\boldsymbol{F}_{Cx1}$、$\boldsymbol{F}_{Cy1}$,杆 AC 的受力图如图 1-24d) 所示。

(4) 取销钉 A 为研究对象,A 处的滑动铰支座对销钉 A 有约束反力 $\boldsymbol{F}_{NA}$,另外销钉 A 还受到杆 AC、AB 对它的约束,其约束反力可以根据作用和反作用定律确定,分别用 $\boldsymbol{F}'_{Ax2}$、$\boldsymbol{F}'_{Ay2}$、$\boldsymbol{F}'_{Ax1}$、$\boldsymbol{F}'_{Ay1}$ 表示,如图 1-24e) 所示。

(5) 取销钉 C 为研究对象,销钉 C 受到固定铰支座、杆 AC、杆 BC 对它的约束。固定铰链支座给销钉 C 的约束反力就是 $\boldsymbol{F}_{Cx}$、$\boldsymbol{F}_{Cy}$,杆 BC 为二力构件,因此杆 BC 对销钉 C 的约束反力 $\boldsymbol{F}'_{BC}$ 沿着杆 BC 的连线,方向与杆 BC 对杆 AB 的约束反力方向相反,杆 AC 对销钉 C 的约束反力由作用和反作用定律确定,用 $\boldsymbol{F}'_{Cx1}$、$\boldsymbol{F}'_{Cy1}$ 表示,销钉 C 受力如图 1-24f) 所示。

思考题

1-1 某刚体上作用有两个力 $\boldsymbol{F}_1$、$\boldsymbol{F}_2$,且 $\boldsymbol{F}_1 = -\boldsymbol{F}_2$,则该刚体可能保持何种状态?

1-2 试说明下列各式表示的意义有何区别:(1) $F_1 = F_2$;(2) $\boldsymbol{F}_1 = \boldsymbol{F}_2$;(3) 力 $\boldsymbol{F}_1$ 等效于力 $\boldsymbol{F}_2$。

1-3 在静力学五个公理和两个推论中,哪几个公理和推论只适合于刚体?

1-4 悬挂的小球静止不动是因为小球对绳向下的拉力和绳对小球向上的拉力互相抵消的缘故。这种说法对吗?为什么?

1-5 若作用于刚体上的 3 个力共面且汇交于一点,则刚体一定平衡;反之,若作用于刚体上 3 个力共面,但不汇交于一点,则刚体一定不平衡。这种说法对吗?为什么?

习 题

1-1 画出下列各图中物体 A,或构件 ABC、AB、AC、CD 的受力图。图中未画重力的各物体的自重不计,所有接触处均为光滑接触。

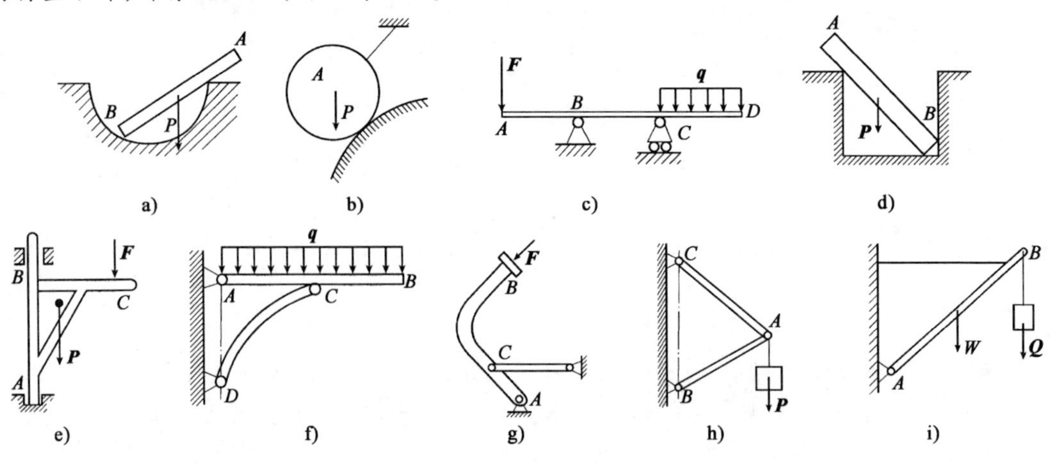

习题 1-1 图

1-2　画出如图所示机构中各杆件的受力图与系统整体的受力图。图中未画重力的各杆件的自重不计，所有接触处均为光滑接触。

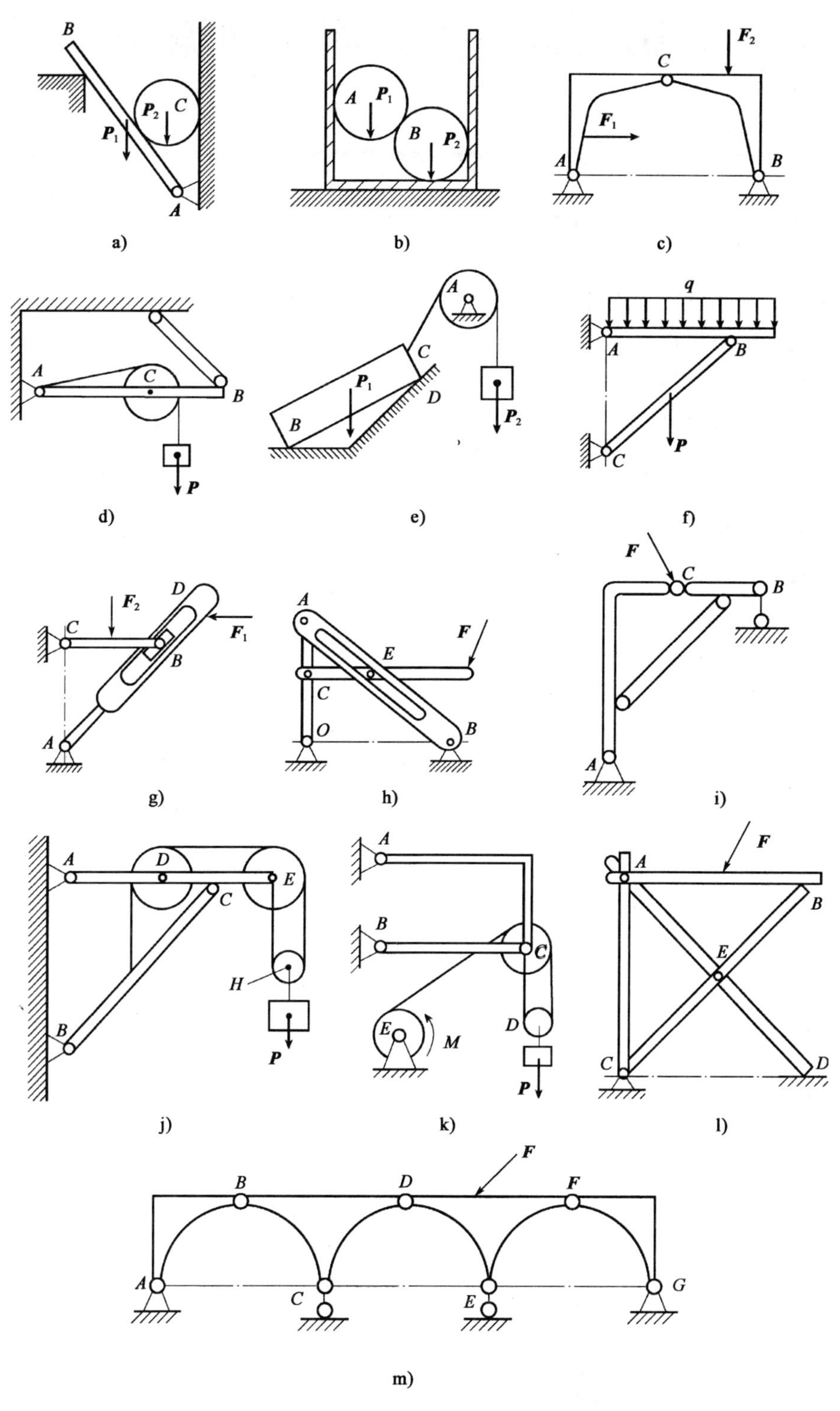

习题 1-2 图

第二章　力系简化理论

本章要点

- 静力学基本计算，包括力的分解、力的投影、力矩、力偶；
- 汇交力系的简化方法与结果；
- 力偶系的简化方法与结果；
- 力线平移定理；
- 任意力系的简化方法与结果；
- 主矢、主矩的概念及其计算；
- 平行力系的简化，求重心的方法。

在工程实际问题中，物体的受力情况往往比较复杂，为了研究力系对物体的作用效应，或讨论物体在力系作用下的平衡规律，需要将力系进行等效简化。力系简化理论也是静力学的重要内容。

根据力系中诸力的作用线在空间的分布情况，可将力系进行分类。力的作用线均在同一平面内的力系称为平面力系；力的作用线为空间分布的力系称为空间力系；力的作用线均汇交于同一点的力系称为汇交力系；力的作用线互相平行的力系称为平行力系；若组成力系的元素都是力偶，这样的力系称为力偶系；若力的作用线的分布是任意的，既不相交于一点，也不都相互平行，这样的力系称为任意力系；此外，若诸力的作用线均在同一平面内且汇交于同一点的力系称为平面汇交力系。照此类推，还有平面力偶系、平面任意力系、平面平行力系以及空间汇交力系、空间力偶系、空间任意力系、空间平行力系等。

下面分别讨论各种力系的简化。

第一节　关于力的基本计算

一、力的投影、合力投影定理

1. 力在轴上的投影

如图2-1a)所示，设有力 $\boldsymbol{F}$ 与 x 轴共面，由力 $\boldsymbol{F}$ 的始端 A 点和末端 B 点分别向 x 轴作垂线，垂足为 a 和 b，则线段 ab 的长度冠以适当的正负号就表示力 $\boldsymbol{F}$ 在 x 轴上的投影，记为 F_x。若从 a 到 b 的指向与 x 轴的正向一致，则 F_x 为正值，反之为负值。在数学上，力在轴上的投影定义为力与该投影轴单位矢量的标量积。力在轴上的投影是力使物体沿该轴方向移动效应的度量。

设 x 轴的单位矢量为 $\boldsymbol{e}$，力 $\boldsymbol{F}$ 与 x 轴正向间的夹角为 α，则力 $\boldsymbol{F}$ 在 x 轴上的投影为

$$F_x = \boldsymbol{F}\cdot\boldsymbol{e} = F\cos\alpha \tag{2-1}$$

力在轴上的投影是代数量。

当 $0° \leqslant \alpha < 90°$ 时，F_x 为正值；当 $90° < \alpha \leqslant 180°$ 时，F_x 为负值，当 $\alpha = 90°$ 时，F_x 为零。

如图 2-1b）所示，当 $90° < \alpha \leqslant 180°$ 时，F_x 可按式（2-2）计算

$$F_x = F\cos\alpha = F\cos(180° - \beta) = -F\cos\beta \tag{2-2}$$

2. 力在平面上的投影

如图 2-2 所示，由力 $\boldsymbol{F}$ 的始端 A 点和末端 B 点分别向 xy 平面作垂线，垂足为 a 和 b，则矢量 $\overrightarrow{ab}$ 称为力 $\boldsymbol{F}$ 在 xy 平面上的投影，记为 $\boldsymbol{F}_{xy}$。

$\boldsymbol{F}_{xy}$ 是矢量，其大小为

$$F_{xy} = F\cos\alpha \tag{2-3}$$

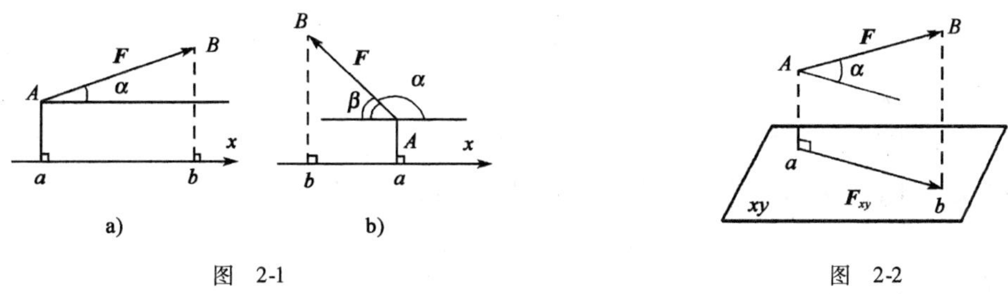

图 2-1　　图 2-2

3. 力在直角坐标轴上的投影

将力向直角坐标系 $Oxyz$ 的三坐标轴上投影的方法有直接投影法和二次投影法。设 x 轴、y 轴、z 轴的单位矢量分别为 $\boldsymbol{i}$、$\boldsymbol{j}$、$\boldsymbol{k}$，$\alpha \in [0,180°]$、$\beta \in [0,180°]$、$\gamma \in [0,180°]$ 分别为力 $\boldsymbol{F}$ 与三轴正向的夹角，如图 2-3a）所示，采用直接投影法得到力 F 在各轴上的投影为

$$\left.\begin{aligned} F_x &= \boldsymbol{F} \cdot \boldsymbol{i} = F\cos\alpha \\ F_y &= \boldsymbol{F} \cdot \boldsymbol{j} = F\cos\beta \\ F_z &= \boldsymbol{F} \cdot \boldsymbol{k} = F\cos\gamma \end{aligned}\right\} \tag{2-4}$$

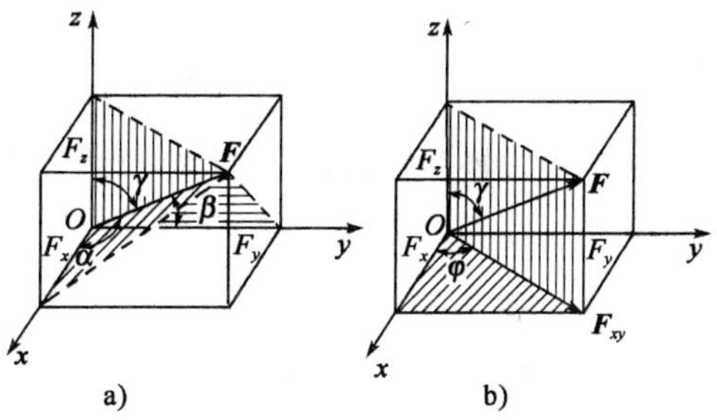

a)　b)

图 2-3

二次投影法则首先将力 $\boldsymbol{F}$ 向 z 轴与 xy 平面上投影，得到 F_z 与投影矢量 $\boldsymbol{F}_{xy}$，其次再将 $\boldsymbol{F}_{xy}$ 向 x 轴、y 轴上投影，如图 2-3b）所示，有

$$\left.\begin{aligned} F_z &= F\cos\gamma \\ F_{xy} &= F\sin\gamma \\ F_x &= F_{xy}\cos\varphi = F\sin\gamma\cos\varphi \\ F_y &= F_{xy}\sin\varphi = F\sin\gamma\sin\varphi \end{aligned}\right\} \tag{2-5}$$

式中，$\gamma \in [0,180°]$ 为 $\boldsymbol{F}$ 与 z 轴正向的夹角，$\varphi \in [0,180°]$ 为 $\boldsymbol{F}_{xy}$ 与 x 轴正向的夹角。

4. 合力投影定理

若作用于一点的 n 个力 $\boldsymbol{F}_1$、$\boldsymbol{F}_2$、…、$\boldsymbol{F}_n$ 的合力为 $\boldsymbol{F}_{\mathrm{R}}$，则：合力在某轴上的投影，等于各分力在同一轴上投影的代数和，这就是合力投影定理。在直角坐标系中，有

$$F_{Rx} = \sum F_{ix}, F_{Ry} = \sum F_{iy}, F_{Rz} = \sum F_{iz} \tag{2-6}$$

二、力的分解

力的分解遵循力的平行四边形法则。如图2-4a)所示,将力 $\boldsymbol{F}$ 向任意两轴方向分解,即以力 $\boldsymbol{F}$ 为对角线,以两轴为两相邻边作一平行四边形,得到力 $\boldsymbol{F}_1$、$\boldsymbol{F}_2$ 就是力 $\boldsymbol{F}$ 的两个分力。图2-4b)所示为将力 F 向直角坐标系的两轴方向的分解。力 $\boldsymbol{F}$ 与两分力 $\boldsymbol{F}_1$、$\boldsymbol{F}_2$ 的关系表示如下

$$\boldsymbol{F} = \boldsymbol{F}_1 + \boldsymbol{F}_2 \tag{2-7}$$

在空间情形下,常采用直接分解法与二次分解法将力沿直角坐标方向进行分解。直接分解法就是将力 $\boldsymbol{F}$ 直接向3个直角坐标轴方向分解得到分力 $\boldsymbol{F}_1$、$\boldsymbol{F}_2$、$\boldsymbol{F}_3$,如图2-5a)所示,用矢量式表示为

$$\boldsymbol{F} = \boldsymbol{F}_1 + \boldsymbol{F}_2 + \boldsymbol{F}_3 \tag{2-8}$$

显然,各分力的大小为:$F_1 = F\cos\alpha, F_2 = F\cos\beta, F_3 = F\cos\gamma$。

二次分解法首先沿 z 轴与力 $\boldsymbol{F}$ 作一平面,然后将 $\boldsymbol{F}$ 沿 z 轴方向和该平面与 xy 平面的交线方向分解得到分力 $\boldsymbol{F}_3$ 与 $\boldsymbol{F}_M$,再将 $\boldsymbol{F}_M$ 向 x、y 轴方向分解,如图2-5b)所示,可表示为

$$\boldsymbol{F} = \boldsymbol{F}_M + \boldsymbol{F}_3 = \boldsymbol{F}_1 + \boldsymbol{F}_2 + \boldsymbol{F}_3 \tag{2-9}$$

则各分力的大小为:$F_M = F\sin\gamma, F_1 = F\sin\gamma\cos\varphi, F_2 = F\sin\gamma\sin\varphi, F_3 = F\cos\gamma$。

根据以上讨论容易看出,在直角坐标系中,力 $\boldsymbol{F}$ 的分力与投影有如下关系

$$\boldsymbol{F}_M = \boldsymbol{F}_{xy} \tag{2-10}$$

$$\boldsymbol{F}_1 = F_x\boldsymbol{i}, \boldsymbol{F}_2 = F_y\boldsymbol{j}, \boldsymbol{F}_3 = F_z\boldsymbol{k} \tag{2-11}$$

在直角坐标系中,力 F 写成如下解析式

$$\boldsymbol{F} = \boldsymbol{F}_1 + \boldsymbol{F}_2 + \boldsymbol{F}_3 = F_x\boldsymbol{i} + F_y\boldsymbol{j} + F_z\boldsymbol{k} \tag{2-12}$$

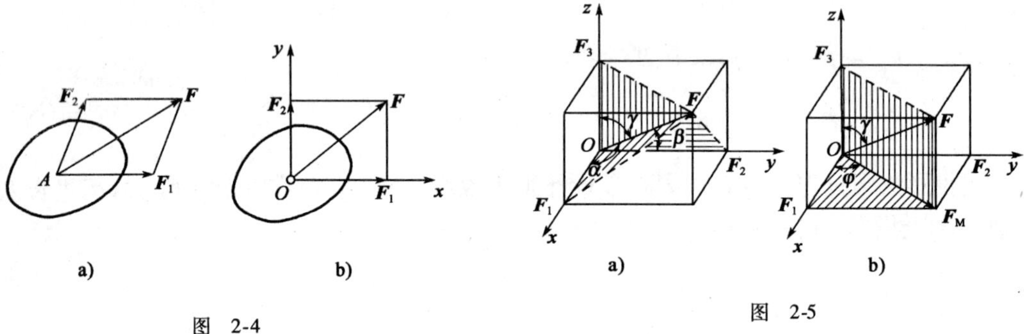

图 2-4

图 2-5

三、力矩

力对物体的作用有移动效应,也有转动效应。力使物体绕某点(或某轴)转动效应的度量,称为力对点(或轴)之矩。

1. 力对点之矩

设力 $\boldsymbol{F}$ 作用于 A 点,任取一点 O,点 O 至点 A 的矢径为 $\boldsymbol{r}$,如图2-6所示。则力 $\boldsymbol{F}$ 对点之矩矢定义为

$$\boldsymbol{M}_O(\boldsymbol{F}) = \boldsymbol{r} \times \boldsymbol{F} \tag{2-13}$$

即：力对点之矩矢等于点 O 至力的作用点 A 的矢径与该力的矢量积，它是力使物体绕该点转动效应的度量。O 点称为力矩中心，简称矩心；力 $\boldsymbol{F}$ 的作用线与矩心 O 确定的平面称为力矩作用面；矩心 O 至力 $\boldsymbol{F}$ 的作用线的垂直距离 d 称为力臂。力对点之矩矢是定位矢量，该矢量通过矩心 O，垂直于力矩的作用面，其指向按右手螺旋法则确定。它的模表示力对点之矩矢的大小，即为

$$|\boldsymbol{M}_O(\boldsymbol{F})| = Fr\sin\alpha = Fd \tag{2-14}$$

可见，力矩矢 $\boldsymbol{M}_O(\boldsymbol{F})$ 表明了力 $\boldsymbol{F}$ 对矩心 O 之矩 3 个要素：

①力矩的作用面；

②在力矩作用面内力 $\boldsymbol{F}$ 绕矩心 O 的转向；

③力矩的大小。

若以矩心 O 为原点，建立直角坐标 $Oxyz$，如图 2-6 所示。由 $F = F_x\boldsymbol{i} + F_y\boldsymbol{j} + F_z\boldsymbol{k}$，$\boldsymbol{r} = x\boldsymbol{i} + y\boldsymbol{j} + z\boldsymbol{k}$，则式(2-14)可用解析式表示如下

$$\begin{aligned}\boldsymbol{M}_O(\boldsymbol{F}) &= \boldsymbol{r}\times\boldsymbol{F} = (x\boldsymbol{i} + y\boldsymbol{j} + z\boldsymbol{k})\times(F_x\boldsymbol{i} + F_y\boldsymbol{j} + F_z\boldsymbol{k}) \\ &= (yF_z - zF_y)\boldsymbol{i} + (zF_x - xF_z)\boldsymbol{j} + (xF_y - yF_x)\boldsymbol{k}\end{aligned} \tag{2-15}$$

令

$$\left.\begin{aligned}[\boldsymbol{M}_O(\boldsymbol{F})]_x &= yF_z - zF_y \\ [\boldsymbol{M}_O(\boldsymbol{F})]_y &= zF_x - xF_z \\ [\boldsymbol{M}_O(\boldsymbol{F})]_z &= xF_y - yF_x\end{aligned}\right\} \tag{2-16}$$

$[\boldsymbol{M}_O(\boldsymbol{F})]_x$、$[\boldsymbol{M}_O(\boldsymbol{F})]_y$、$[\boldsymbol{M}_O(\boldsymbol{F})]_z$ 分别表示力矩矢在 3 个坐标轴上的投影。

需要说明的是，在平面情形下，力对点的矩定义为代数量，即

$$M_O(\boldsymbol{F}) = \pm F\cdot d \tag{2-17}$$

且规定力 F 绕 O 点的转向为逆时针方向时取正号，反之取负号。

2. 力对轴之矩

如图 2-7 所示，设力 $\boldsymbol{F}$ 作用于刚体上的 A 点，使刚体绕 z 轴转动。过 A 点作平面 Oxy 垂直于 z 轴并交于 O 点，将力 $\boldsymbol{F}$ 分解为平行于 z 轴的分力 $\boldsymbol{F}_3$ 和垂直于 z 轴的分力 $\boldsymbol{F}_{xy}$，力 $\boldsymbol{F}$ 对轴的转动效应可以用两个分力所产生的合效应来代替。由经验可知，分力 $\boldsymbol{F}_3$ 不能使刚体绕 z 轴转动，它对 z 轴的矩为零，只有分力 $\boldsymbol{F}_{xy}$ 才能使刚体绕 z 轴转动。以 h 表示从 O 点至力 $\boldsymbol{F}_{xy}$ 作用线的垂直距离。则力 $\boldsymbol{F}$ 对 z 轴之矩定义为

$$M_z(\boldsymbol{F}) = M_z(\boldsymbol{F}_{xy}) = M_O(\boldsymbol{F}_{xy}) = \pm F_{xy}\cdot h \tag{2-18}$$

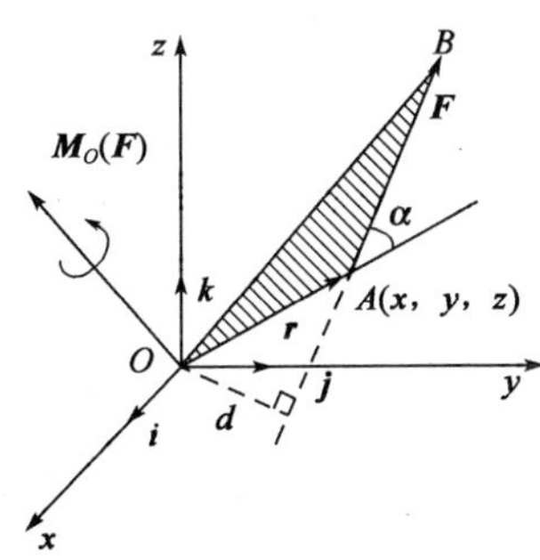

图 2-6

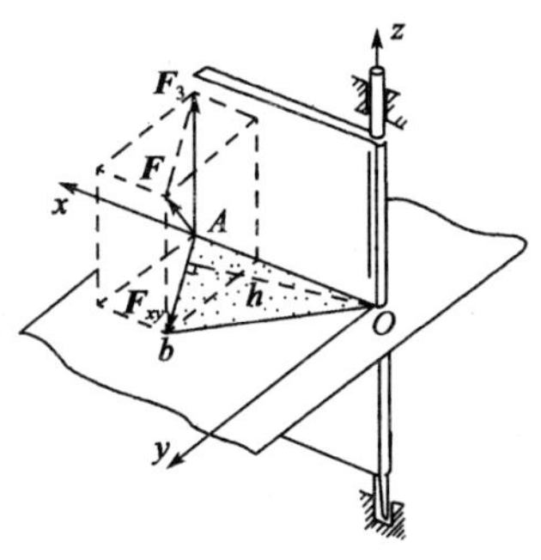

图 2-7

力对轴之矩是力使刚体绕 z 轴转动效应的度量,它是代数量,其正负号规定如下:从 z 轴的正端往负端看,若力 $\boldsymbol{F}$ 的分力 $\boldsymbol{F}_{xy}$绕 z 轴的转向为逆时针方向时取正号,反之取负号。

根据力对轴之矩的定义可知,当力的作用线与轴共面(平行或相交)时,力对该轴之矩等于零。

力对轴之矩也可用解析式表示。如图 2-8 所示,设力 $\boldsymbol{F}$ 在沿 3 个坐标轴方向上的分力分别为 $\boldsymbol{F}_1$、$\boldsymbol{F}_2$、$\boldsymbol{F}_3$,则

$$M_z(\boldsymbol{F}) = M_z(\boldsymbol{F}_{xy}) = M_z(\boldsymbol{F}_1) + M_z(\boldsymbol{F}_2)$$

考虑到 $\boldsymbol{F}_1 = F_x\boldsymbol{i}, \boldsymbol{F}_2 = F_y\boldsymbol{j}, \boldsymbol{F}_3 = F_z\boldsymbol{k}$,力作用点 A 的坐标为(x、y、z),则有

同理得到

$$\left.\begin{aligned} M_z(\boldsymbol{F}) &= xF_y - yF_x \\ M_x(\boldsymbol{F}) &= yF_z - zF_y \\ M_y(\boldsymbol{F}) &= zF_x - xFz \end{aligned}\right\} \tag{2-19}$$

3. 力对点之矩与力对通过该点的轴之矩的关系

由式(2-17)与式(2-20)可得

$$\left.\begin{aligned} [\boldsymbol{M}_O(\boldsymbol{F})]_x &= M_x(\boldsymbol{F}) \\ [\boldsymbol{M}_O(\boldsymbol{F})]_y &= M_y(\boldsymbol{F}) \\ [\boldsymbol{M}_O(\boldsymbol{F})]_z &= M_z(\boldsymbol{F}) \end{aligned}\right\} \tag{2-20}$$

式(2-20)说明:力对点之矩矢在通过该点的某轴上的投影等于力对该轴之矩。

[例 2-1]如图 2-9 所示,水平放置的圆轮轮缘上点 A 处作用一力 $\boldsymbol{F}$,其作用线与过该点的圆轮切线夹角为 α,并在过点 A 而与轮缘相切的平面内,点 A 与圆心 O 的连线与 x 轴的夹角为 β。试求力 $\boldsymbol{F}$ 对点 O 之矩矢。

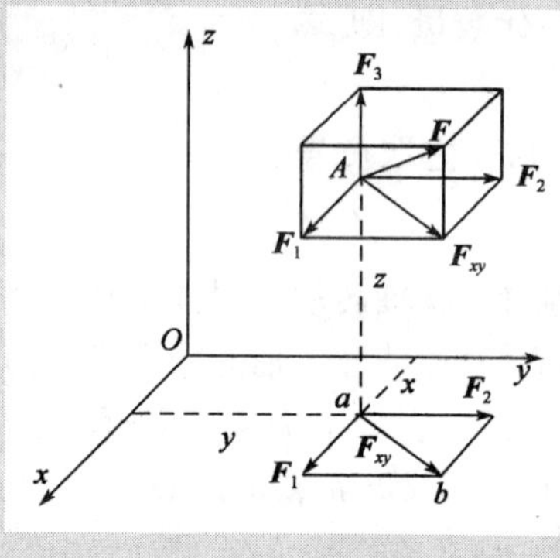

图 2-8

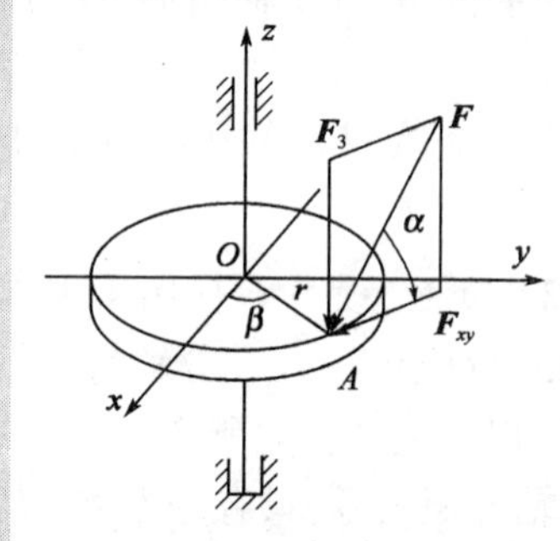

图 2-9

解:如图,将力 $\boldsymbol{F}$ 分解为平行 z 轴的力 $\boldsymbol{F}_3$ 和在圆盘平面内并与圆周切于点 A 的力 $\boldsymbol{F}_{xy}$,则

$$F_3 = F\sin\alpha, F_{xy} = F\cos\alpha$$

因而

$$\begin{aligned} M_z(\boldsymbol{F}) &= M_z(\boldsymbol{F}_{xy}) = -Fr\cos\alpha \\ M_x(\boldsymbol{F}) &= M_x(\boldsymbol{F}_3) = -Fr\sin\alpha\sin\beta \\ M_y(\boldsymbol{F}) &= M_y(\boldsymbol{F}_3) = Fr\sin\alpha\cos\beta \end{aligned}$$

则

$$\begin{aligned} M_O(\boldsymbol{F}) &= M_x(\boldsymbol{F})\boldsymbol{i} + M_y(\boldsymbol{F})\boldsymbol{j} + M_z(\boldsymbol{F})\boldsymbol{k} \\ &= -Fr\sin\alpha\sin\beta\boldsymbol{i} + Fr\sin\alpha\cos\beta\boldsymbol{j} - Fr\cos\alpha\boldsymbol{k} \end{aligned}$$

4. 合力矩定理

设作用于同一点的 n 个力 $\boldsymbol{F}_1$、$\boldsymbol{F}_2$、…、$\boldsymbol{F}_n$ 的合力为 $\boldsymbol{F}_{\mathrm{R}}$，则该合力对某点（或某轴）之矩等于各个分力对同一点（或轴）之矩的矢量和（或代数和），这就是合力矩定理。

合力矩定理可表示如下列两式

$$\boldsymbol{M}_O(\boldsymbol{F}_{\mathrm{R}}) = \sum \boldsymbol{M}_O(\boldsymbol{F}_i) \tag{2-21}$$

$$M_z(\boldsymbol{F}_{\mathrm{R}}) = \sum M_z(\boldsymbol{F}_i) \tag{2-22}$$

该定理提供了求力矩的另一种方法。事实上，任意力系若有合力，合力矩定理都成立。

四、力偶与力偶的性质

1. 力偶的概念

由大小相等，方向相反，作用线平行但不共线的两个力组成的特殊力系，称为力偶，记为 $(\boldsymbol{F},\boldsymbol{F}')$，如图 2-10a）所示。组成力偶的两个力之间的距离称为力偶臂，力与力偶臂的乘积 Fd 称为力偶矩，两个力所在的平面称为力偶的作用面。

由于力偶中的两个力 $\boldsymbol{F}$ 与 $\boldsymbol{F}'$ 在任意坐标轴上的投影的和等于零，因此不存在合力，且其作用线不在同一直线，也不是平衡力。所以，力偶本身既不平衡，又不能与一个力等效。力偶对刚体只有转动效应，没有移动效应。力偶是一种不可能再简化的力系，它与力一样，是一种基本力学量。

力偶对物体的转动效应决定于力偶的三要素：力偶矩的大小、力偶作用面在空间的方位及力偶在作用面内的转向。

2. 力偶矩矢量

力偶对刚体的转动效应可用力偶中的两个力的力矩的和来度量。

如图 2-11 所示，设有力偶 $(\boldsymbol{F},\boldsymbol{F}')$ 作用在刚体上，$\boldsymbol{r}_A$、$\boldsymbol{r}_B$ 分别表示任意点 O 至两个力的作用点 A 与 B 的矢径，$\boldsymbol{r}_{BA}$ 为点 B 至点 A 的矢径，则力偶中的两个力对 O 点的矩矢之和为

$$\boldsymbol{M}_O(\boldsymbol{F}) + \boldsymbol{M}_O(\boldsymbol{F}') = \boldsymbol{r}_A \times \boldsymbol{F} + \boldsymbol{r}_B \times \boldsymbol{F}' = \boldsymbol{r}_A \times \boldsymbol{F} + \boldsymbol{r}_B \times (-\boldsymbol{F})$$

$$= (\boldsymbol{r}_A - \boldsymbol{r}_B) \times \boldsymbol{F} = \boldsymbol{r}_{BA} \times \boldsymbol{F}$$

矢积 $\boldsymbol{r}_{BA} \times \boldsymbol{F}$ 表示力偶对任意的 O 点的矩矢，它是力偶使刚体绕 O 点转动效应的度量，称为力偶矩矢量，通常用 $\boldsymbol{M}(\boldsymbol{F},\boldsymbol{F}')$ 表示，简记为 $\boldsymbol{M}$，即

$$\boldsymbol{M} = \boldsymbol{r}_{BA} \times \boldsymbol{F} \tag{2-23}$$

力偶矩矢 $\boldsymbol{M}$ 的模等于力偶矩 Fd（图 2-11），其方向垂直于力偶的作用面，其指向由右手螺旋法则确定（图 2-10）。力偶矩矢 $\boldsymbol{M}$ 表明了力偶的 3 个要素。显然，力偶矩矢 $\boldsymbol{M}$ 与矩心 O 点的位置无关，它是自由矢量。

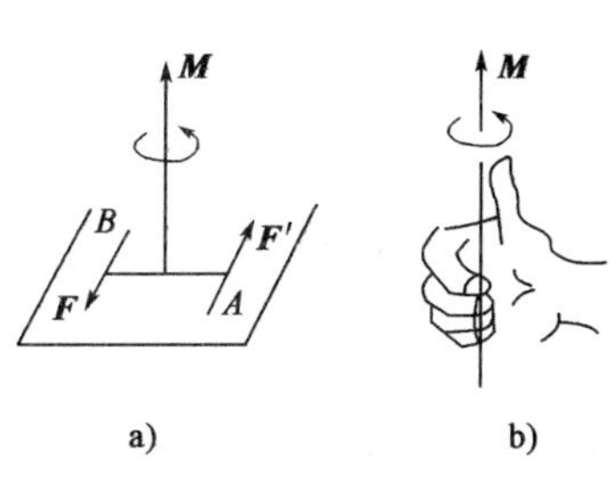

图 2-10

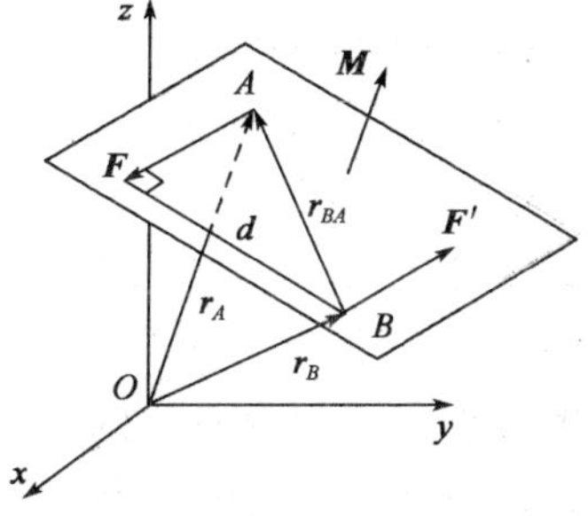

图 2-11

3. 力偶的性质

由于力偶对物体的转动效应又完全决定于力偶矩矢，而力偶矩矢又是自由矢量，因此，力偶矩矢相等的两个力偶必然等效。据此，可推论出力偶的性质如下：

(1)力偶对任意点之矩等于力偶矩矢，力偶对任意轴之矩等于力偶矩矢在该轴上的投影。

(2)只要保持力偶矩矢不变，力偶可以在其作用面内及相互平行的平面内任意搬移而不会改变它对刚体的作用效应。例如，汽车的转向盘，无论安装得高一些或低一些，只要保证两个位置的转向盘平面平行，对转向盘施以力偶矩相等、转向相同的力偶，其转动效应是相同的。

由此可见，只要不改变力偶矩矢 $\boldsymbol{M}$ 的大小和方向，不论将 $\boldsymbol{M}$ 画在同一刚体上的任何位置都一样。

(3)只要保持力偶的转向和力偶矩的大小(即力与力偶臂的乘积)不变，可将力偶中的力和力偶臂做相应的改变，或将力偶在其作用面内任意移转，而不会改变其对刚体的作用效应。正因为如此，常常只在力偶的作用面内画出弯箭头加 M 来表示力偶，其中 M 表示力偶矩的大小，箭头则表示力偶在作用面内的转向，如图 2-12 所示。

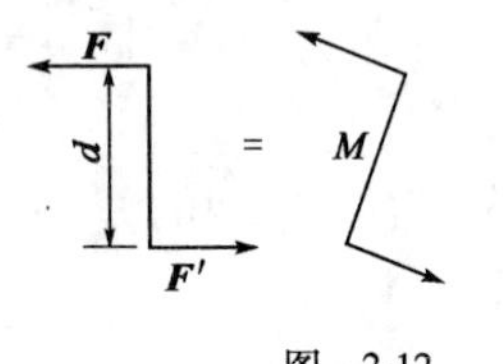

图 2-12

需要指出的是，在平面情形下，由于力偶的作用面就是该平面，此时不必表明力偶的作用面，只需表示出力偶矩的大小及力偶的转向即可，因此可将力偶定义为代数量：$M = \pm Fd$，如图 2-12 所示，并且规定当力偶为逆时针转向时力偶矩为正，反之为负。

第二节　汇交力系的简化

一、几何法

设汇交于 A 点的汇交力系由 n 个力 $\boldsymbol{F}_1$、$\boldsymbol{F}_2$、…、$\boldsymbol{F}_n$ 组成。根据力的三角形法则，将各力依次合成，即：$\boldsymbol{F}_1+\boldsymbol{F}_2=\boldsymbol{F}_{R1}$、$\boldsymbol{F}_{R1}+\boldsymbol{F}_3=\boldsymbol{F}_{R2}$、…、$\boldsymbol{F}_{Rn-2}+\boldsymbol{F}_n=\boldsymbol{F}_R$，$\boldsymbol{F}_R$ 为最后的合成结果，即原力系的合力。将各式合并，则汇交力系合力的矢量表达式为

$$\boldsymbol{F}_R = \boldsymbol{F}_1 + \boldsymbol{F}_2 + \cdots + \boldsymbol{F}_n = \sum \boldsymbol{F}_i \tag{2-24}$$

以平面汇交力系为例说明简化过程，如图 2-13a)所示，作用在刚体上的 4 个力 $\boldsymbol{F}_1$、$\boldsymbol{F}_2$、$\boldsymbol{F}_3$ 和 $\boldsymbol{F}_4$ 汇交于点 O，如图 2-13b)所示。为求出通过汇交点 O 的合力 $\boldsymbol{F}_R$，连续应用力三角形法则得到开口的力多边形 $abcde$，最后力多边形的封闭边矢量 $\overrightarrow{ae}$ 就确定了合力 $\boldsymbol{F}_R$ 的大小和方向，这种通过力多边形求合力的方法称为力多边形法则。改变分力的作图顺序，力多边形改变，如图 2-13c)所示，但其合力 $\boldsymbol{F}_R$ 不变。

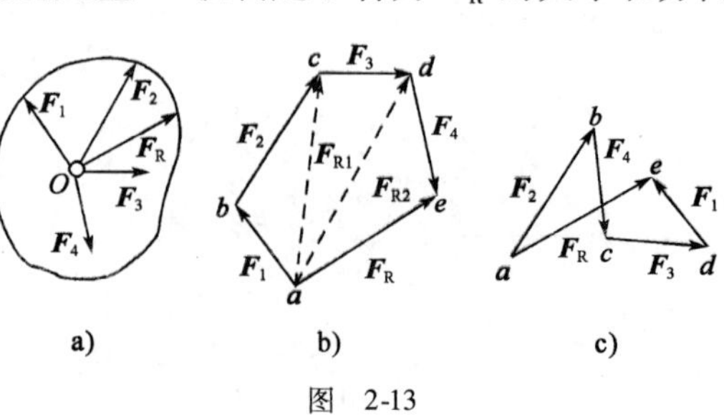

图 2-13

由此看出，汇交力系的合成结果是一合力，合力的大小和方向由各力的矢量和确定，作用线通过汇交点。对于空间汇交力系，按照力多边形法则，得到的是空间力多边形。

二、解析法

汇交力系各力 $\boldsymbol{F}_i$ 在直角坐标系中的解析表达式为

$$\boldsymbol{F}_i = F_{ix}\boldsymbol{i} + F_{iy}\boldsymbol{j} + F_{iz}\boldsymbol{k}$$

根据合力投影定理,由式(2-1)有

$$F_{Rx} = \sum F_{ix}, F_{Ry} = \sum F_{iy}, F_{Rz} = \sum F_{iz} \tag{2-25}$$

由合力的 3 个投影可得到汇交力系合力的大小和方向余弦

$$\left.\begin{aligned} &F_R = \sqrt{F_{Rx}^2 + F_{Ry}^2 + F_{Rz}^2} \\ &\cos(\boldsymbol{F}_R,\boldsymbol{i}) = \frac{F_{Rx}}{F_R}, \cos(\boldsymbol{F}_R,\boldsymbol{j}) = \frac{F_{Ry}}{F_R}, \cos(\boldsymbol{F}_R,\boldsymbol{k}) = \frac{F_{Rz}}{F_R} \end{aligned}\right\} \tag{2-26}$$

也可将合力 $\boldsymbol{F}_R$ 写成解析表达式:$\boldsymbol{F}_R = F_{Rx}\boldsymbol{i} + F_{Ry}\boldsymbol{j} + F_{Rz}\boldsymbol{k}$

第三节　力偶系的简化

若刚体上作用有由力偶矩矢 $\boldsymbol{M}_1$、$\boldsymbol{M}_2$、…、$\boldsymbol{M}_n$ 组成的力偶系,如图 2-14a)所示。根据力偶的等效性,保持每个力偶矩矢大小、方向不变,可以将各力偶矩矢平移至图 2-14b)中的任一点 A,而不会改变原力偶系对刚体的作用效果,得到的力偶系与本章第二节介绍的汇交力系同属汇交矢量系,其合成方式与合成结果完全类同。由此可知,力偶系合成结果为一合力偶,合力偶矩矢 $\boldsymbol{M}$ 等于各偶矩矢的矢量和,即

$$\boldsymbol{M} = \sum \boldsymbol{M}_i \tag{2-27}$$

合力偶矩矢在各直角标轴上的投影分别为

$$M_x = \sum M_{ix}, M_y = \sum M_{iy}, M_z = \sum M_{iz} \tag{2-28}$$

合力偶矩的大小和方向余弦分别为

$$\left.\begin{aligned} &M = \sqrt{M_x^2 + M_y^2 + M_z^2} \\ &\cos(\boldsymbol{M},\boldsymbol{i}) = \frac{M_x}{M}, \cos(\boldsymbol{M},\boldsymbol{j}) = \frac{M_y}{M}, \cos(\boldsymbol{M},\boldsymbol{k}) = \frac{M_z}{M} \end{aligned}\right\} \tag{2-29}$$

或将合力偶矩矢用解析式表示为:$\boldsymbol{M} = M_x\boldsymbol{i} + M_y\boldsymbol{j} + M_z\boldsymbol{k}$

需要说明的是,由于平面力偶矩是代数量,对平面力偶系 M_1、M_2、…,M_n,合成结果为该力偶系所在平面内的一个力偶,合力偶矩 M 为各力偶矩的代数和。

$$M = \sum M_i \tag{2-30}$$

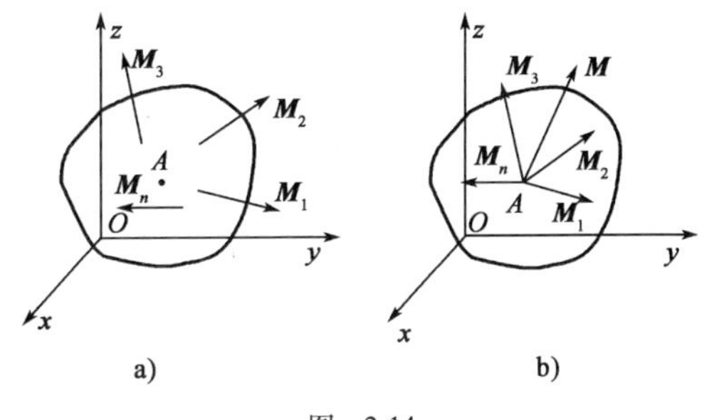

图 2-14

第四节　任意力系的简化

任意力系不是汇交矢量系,因而不能像汇交力系或力偶系那样直接求矢量和得到最终简化结果,但可以将各力的作用线向某点平移得到汇交力系以利用前面已得到的结果。为此,这

里先介绍力线平移定理。

一、力线平移定理

由于作用于刚体上的力是滑移矢量而不是自由矢量，如果将作用于刚体上的力线平行移动到任一位置而使其作用效果不变，则必须依照力线平移定理进行。

定理：可以把作用在刚体上某点的力 $\boldsymbol{F}$ 平移到任意点，但必须同时附加一个力偶，这个附加力偶的力偶矩矢等于原来的力对新作用点的力矩矢量。这称为力线平移定理。

证明：如图 2-15a）所示，$\boldsymbol{F}$ 为作用于刚体上 A 点的力。在刚体上任取一点 O，并在 O 点加上一对平衡力 $\boldsymbol{F}'$ 和 $\boldsymbol{F}''$，且使 $\boldsymbol{F}'=\boldsymbol{F}=-\boldsymbol{F}''$［图 2-15b）］。根据加减平衡力系公理可知，新的力系（$\boldsymbol{F},\boldsymbol{F}',\boldsymbol{F}''$）与原力系 F 等效。但新力系（$\boldsymbol{F},\boldsymbol{F}',\boldsymbol{F}''$）可视为由力 $\boldsymbol{F}'$ 和力偶（$\boldsymbol{F},\boldsymbol{F}''$）所组成。力偶（$\boldsymbol{F},\boldsymbol{F}''$）称为附加力偶。其力偶矩矢量 $\boldsymbol{M}$ 与力 $\boldsymbol{F}$ 对新作用点 O 的力矩矢量 $\boldsymbol{M}_O(\boldsymbol{F})$ 相等，而力 $\boldsymbol{F}'$ 与 $\boldsymbol{F}$ 等值、同向。这样，已将力 $\boldsymbol{F}$ 由作用点 A 平移到了新作用点 O，在平移的同时，附加了力偶矩 $\boldsymbol{M}=\boldsymbol{M}_O(\boldsymbol{F})$ 的附加力偶［图 2-15c）］。

二、空间任意力系向任意一点的简化

设刚体上作用空间任意力系 $\boldsymbol{F}_1$、$\boldsymbol{F}_2$、…、$\boldsymbol{F}_n$［图 2-16a）］。根据力线平移定理，将各力平移至任一任意的指定点 O［图 2-16b）］，得到与原力系等效的两个力系：汇交于 O 点的空间汇交力系 $\boldsymbol{F}'_1$、$\boldsymbol{F}'_2$、…、$\boldsymbol{F}'_n$ 和力偶矩矢分别为 $\boldsymbol{M}_1$、$\boldsymbol{M}_2$、…、$\boldsymbol{M}_n$ 的附加空间力偶系。点 O 称为简化中心。

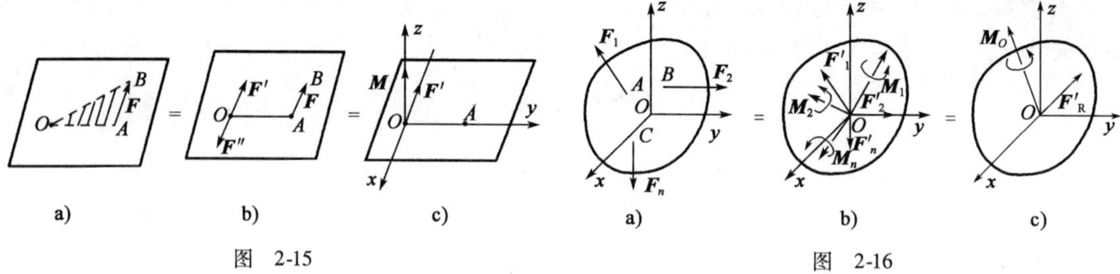

图 2-15　　　　图 2-16

根据前面的讨论可知，这个空间汇交力系可以进一步简化为作用于简化中心的一个力 $\boldsymbol{F}'_R$，附加空间力偶系进一步简化则得到一合力偶 $\boldsymbol{M}_O$，如图 2-16c）所示。

由力线平移定理可知，空间汇交力系中的各力矢量分别与原力系中各相应的力矢量相等

$$\boldsymbol{F}'_1=\boldsymbol{F}_1,\boldsymbol{F}'_2=\boldsymbol{F}_2,\cdots,\boldsymbol{F}'_n=\boldsymbol{F}_n$$

所得附加空间力偶系中各附加力偶矩矢量分别与原力系中各相应的力对简化中心的力矩矢量相等

$$\boldsymbol{M}_1=\boldsymbol{M}_O(\boldsymbol{F}_1),\boldsymbol{M}_2=\boldsymbol{M}_O(\boldsymbol{F}_2),\cdots,\boldsymbol{M}_n=\boldsymbol{M}_O(\boldsymbol{F}_n)$$

则有

$$\boldsymbol{F}'_R=\sum\boldsymbol{F}'_i=\sum\boldsymbol{F}_i \tag{2-31}$$

$$\boldsymbol{M}_O=\sum\boldsymbol{M}_i=\sum\boldsymbol{M}_O(\boldsymbol{F}_i) \tag{2-32}$$

式(2-31)表明，矢量 $\boldsymbol{F}'_R$ 等于原力系中各力矢的矢量和，将 $\boldsymbol{F}'_R$ 称为原力系的主矢量，简称主矢。合力偶矩矢 $\boldsymbol{M}_O$ 等于原力系中各个力对简化中心 O 点的力矩的矢量和，将 $\boldsymbol{M}_O$ 称为原力系对 O 点的主矩。

由以上讨论可知，空间任意力系向任一点简化，可得一个力和一个力偶。这个力的大小和方向等于该力系的主矢，作用线通过简化中心；这个力偶的力偶矩矢等于该力系对简化中心的

主矩,并且主矢与简化中心的位置无关,主矩则一般与简化中心的位置有关。

在实际计算中,常采用解析法计算主矢 $\boldsymbol{F}'_R$,主矢 $\boldsymbol{F}'_R$ 的大小为

$$F'_R = \sqrt{F'^2_{Rx} + F'^2_{Ry} + F'^2_{Rz}} \tag{2-33}$$

其中,F'_{Rx},F'_{Ry},F'_{Rz} 分别表示主矢在 x,y,z 轴上的投影,可由式(2-34)求得

$$F'_{Rx} = \sum F_{ix}, F'_{Ry} = \sum F_{iy}, F'_{Rz} = \sum F_{iz} \tag{2-34}$$

主矢 $\boldsymbol{F}'_R$ 与 x,y,z 轴的方向余弦分别为

$$\cos(\boldsymbol{F}'_R, \boldsymbol{i}) = \frac{F'_{Rx}}{F'_R}, \cos(\boldsymbol{F}'_R, \boldsymbol{j}) = \frac{F'_{Ry}}{F'_R}, \cos(\boldsymbol{F}'_R, \boldsymbol{k}) = \frac{F'_{Rz}}{F'_R} \tag{2-35}$$

主矩 $\boldsymbol{M}_O$ 的大小为

$$M_O = \sqrt{M^2_{Ox} + M^2_{Oy} + M^2_{Oz}} \tag{2-36}$$

其中,M_{Ox},M_{Oy},M_{Oz} 分别表示主矩在 x,y,z 轴上的投影,可由式(2-37)求得

$$\begin{aligned} M_{Ox} &= [\sum \boldsymbol{M}_O(\boldsymbol{F}_i)]_x = \sum M_x(\boldsymbol{F}_i) \\ M_{Oy} &= [\sum \boldsymbol{M}_O(\boldsymbol{F}_i)]_y = \sum M_y(\boldsymbol{F}_i) \\ M_{Oz} &= [\sum \boldsymbol{M}_O(\boldsymbol{F}_i)]_z = \sum M_z(\boldsymbol{F}_i) \end{aligned} \tag{2-37}$$

主矩 $\boldsymbol{M}_O$ 与 x,y,z 轴的方向余弦分别为

$$\cos(\boldsymbol{M}_O, \boldsymbol{i}) = \frac{M_{Ox}}{M_O}, \cos(\boldsymbol{M}_O, \boldsymbol{j}) = \frac{M_{Oy}}{M_O}, \cos(\boldsymbol{M}_O, \boldsymbol{k}) = \frac{M_{Oz}}{M_O} \tag{2-38}$$

三、空间任意力系的简化结果

空间任意力系向一点简化后,得到一个力 $\boldsymbol{F}'_R$ 与一个力偶 $\boldsymbol{M}_O$,简化的最后结果,可能出现下列 4 种情况,即①$\boldsymbol{F}'_R=0$,$\boldsymbol{M}_O\neq0$;②$\boldsymbol{F}'_R\neq0$,$\boldsymbol{M}_O=0$;③$\boldsymbol{F}'_R\neq0$,$\boldsymbol{M}_O\neq0$;④$\boldsymbol{F}'_R=0$,$\boldsymbol{M}_O=0$。现就空间任意力系简化的最后结果分别讨论如下。

1. 空间任意力系简化为一合力偶的情形

当空间任意力系向任一点简化时,若 $\boldsymbol{F}'_R=0$;$\boldsymbol{M}_O\neq0$,这时得一与原任意力系等效的合力偶,其合力偶矩矢等于原力系对简化中心的主矩。由于力偶矩矢是自由矢量,与矩心的位置无关,因此,在这种情况下,主矩与简化中心的位置无关。

2. 空间任意力系简化为一合力的情形

当空间任意力系向任一点简化时,若主矢 $\boldsymbol{F}'_R\neq0$,$\boldsymbol{M}_O=0$,这时得一与原任意力系等效的合力,合力的作用线通过简化中心 O,其大小和方向与原力系的主矢相同。

当空间任意力系向一点简化结果为主矢 $\boldsymbol{F}'_R\neq0$,$\boldsymbol{M}_O\neq0$;且 $\boldsymbol{F}'_R\perp\boldsymbol{M}_O$,如图 2-17a)所示。这时,力 $\boldsymbol{F}'_R$ 与力偶矩矢 $\boldsymbol{M}_O$ 的两个力 $\boldsymbol{F}_R$、$\boldsymbol{F}''_R$ 在同一平面内,这时可将它们进一步简化,得到作用于点 O'的力 $\boldsymbol{F}_R$,此力与原力系等效,即为原力系的合力,其大小和方向与原力系的主矢相同,即

$$\boldsymbol{F}_R = \boldsymbol{F}'_R = \sum \boldsymbol{F}_i \tag{2-39}$$

其作用线离简化中心 O 的距离为

$$d = \frac{|\boldsymbol{M}_O|}{F'_R} \tag{2-40}$$

3. 空间任意力系简化为力螺旋的情形

如果空间任意力系向一点简化后，主矢和主矩都不等于零，且 $\boldsymbol{F}'_{\mathrm{R}} /\!/ \boldsymbol{M}_O$，此时力垂直于力偶的作用面，不能再进一步简化，这种结果称为力螺旋，如图 2-18 所示。例如，螺丝刀拧螺钉时，手对螺丝刀既有垂直向下的力的作用，又有力偶矩作用，并且力矢量与力偶矢量的平行，这就是力螺旋。

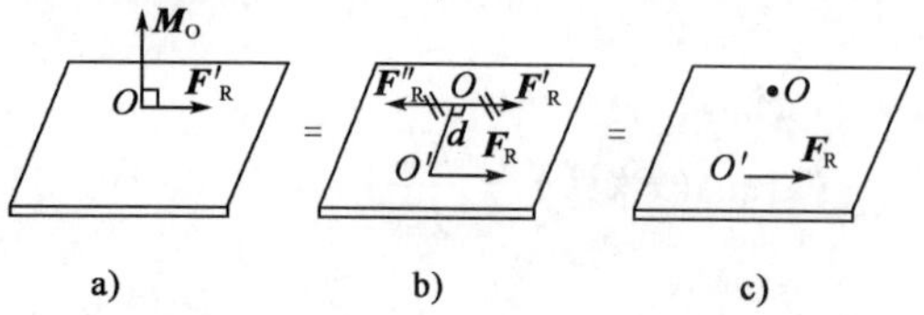

图 2-17

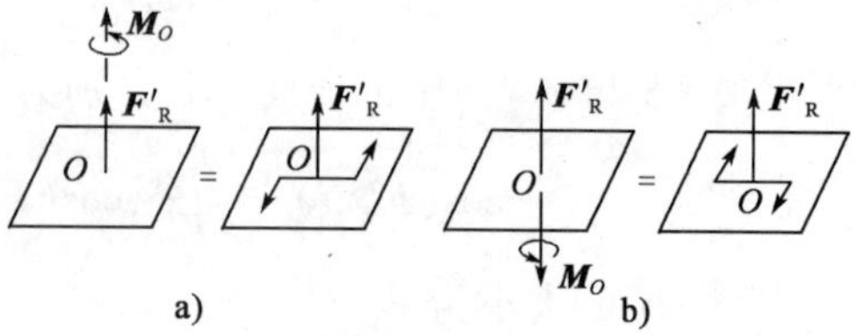

图 2-18

力螺旋是由力系的两个基本要素力与力偶组成的最简单的力系，不能再进一步简化。力偶的转向与力的指向符合右手螺旋法则的称为右螺旋[图 2-18a)]，符合左手螺旋法则的称为左螺旋[图 2-18b)]，力螺旋的力作用线称为该力螺旋的中心轴。

如果 $\boldsymbol{F}'_{\mathrm{R}} \neq 0, \boldsymbol{M}_O \neq 0$，且两者既不平行，又不垂直，如图 2-19a) 所示。此时可将 $\boldsymbol{M}_O$ 分解为两个分力偶 $\boldsymbol{M}'_O$ 与 $\boldsymbol{M}''_O$，且 $\boldsymbol{M}'_O \parallel \boldsymbol{F}'_{\mathrm{R}}, \boldsymbol{M}''_o \perp \boldsymbol{F}'_{\mathrm{R}}$，如图 2-19b) 所示，则 $\boldsymbol{M}''_O$ 和 $\boldsymbol{F}'_{\mathrm{R}}$ 进一步合成为 $\boldsymbol{F}_{\mathrm{R}}$。由于力偶矩矢量是自由矢量，可将 $\boldsymbol{M}'_O$ 平移至 $\boldsymbol{F}_{\mathrm{R}}$ 作用线上，得到力螺旋，如图 2-19c) 所示，并且力螺旋的中心轴至原简化中心 O 的距离为

$$d = \frac{|\boldsymbol{M}''_O|}{F'_{\mathrm{R}}} = \frac{M_O \sin\theta}{F'_{\mathrm{R}}} \tag{2-41}$$

4. 空间任意力系平衡的情形

当空间任意力系向任一点简化时，若 $\boldsymbol{F}'_{\mathrm{R}} = 0, \boldsymbol{M}_O = 0$，这是空间任意力系平衡的情形，将在本书第三章进行详细讨论。

四、平面任意力系的简化及简化结果

平面任意力系可视为空间任意力系的一种特殊情形，平面任意力系向一点简化的结果仍为一个力和一个力偶(分别等于主矢 $\boldsymbol{F}'_{\mathrm{R}}$ 与主矩 M_O)。注意到平面情形下力偶矩与力对点之矩用代数量表示，此时力系不可能简化为螺旋。所以，平面任意力系简化的最后结果只有平衡、合力、合力偶 3 种情形。下面分别进行讨论。

1. 平面任意力系简化为一个力偶的情形

当平面任意力系向任一点简化时，若 $\boldsymbol{F}'_{\mathrm{R}} = 0, M_O \neq 0$，得一与原力系等效的合力偶，其力偶矩等于原力系对简化中心的主矩，且此时主矩与简化中心的位置无关。

2. 平面任意力系简化为一个合力的情形

当平面力系向点 O 简化时，若 $\boldsymbol{F}'_{\mathrm{R}} \neq 0, M_O = 0$，得一与原力系等效的合力 $\boldsymbol{F}'_{\mathrm{R}}$，合力的作用线通过简化中心 O。

若 $\boldsymbol{F}'_{\mathrm{R}} \neq 0, M_O \neq 0$，如图 2-20a) 所示，将矩为 M_O 的力偶用两个力 $\boldsymbol{F}_{\mathrm{R}}$ 和 $\boldsymbol{F}''_{\mathrm{R}}$ 表示，且 $\boldsymbol{F}'_{\mathrm{R}} = \boldsymbol{F}_{\mathrm{R}} = -\boldsymbol{F}''_{\mathrm{R}}$，如图 2-20b)。于是可将作用于点 O 的力 $\boldsymbol{F}'_{\mathrm{R}}$ 和力偶($\boldsymbol{F}_{\mathrm{R}}, \boldsymbol{F}''_{\mathrm{R}}$)合成为一个作用在点 O' 的力 $\boldsymbol{F}_{\mathrm{R}}$，如图 2-20c) 所示。这个力 $\boldsymbol{F}_{\mathrm{R}}$ 就是原力系的合力，合力矢等于主矢，合力的作用线在点 O 的哪一侧，需根据主矢和主矩的方向确定，合力作用线到点 O 的距离 d，可按式(2-42)算得

$$d = \frac{M_O}{F'_R} \tag{2-42}$$

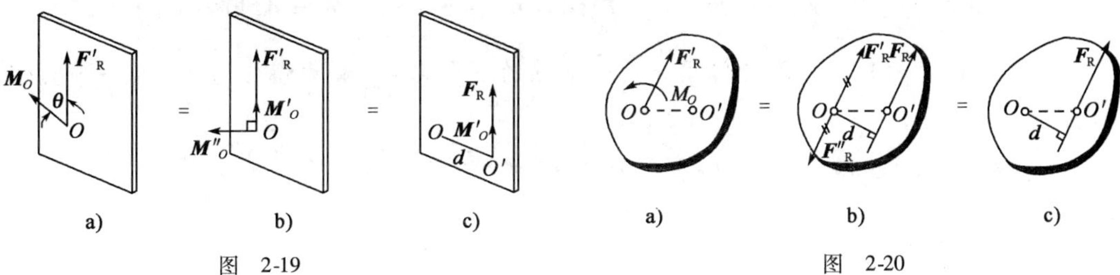

图 2-19　　　　图 2-20

3. 平面任意力系平衡的情形

当平面任意力系向任一点简化时,若 $F'_R=0$, $M_O=0$,此时力系平衡,将在本书第三章详细讨论。

[**例 2-2**]如图 2-21a)所示,长方体上受 3 个大小相等的力,欲使力系简化为合力,长方体边长 a,b,c 应满足什么条件?

解:设 $F_1=F_2=F_3=F$,将力系向 O 点简化,先求主矢 $\boldsymbol{F}'_R$ 和主矩 M_O。主矢 $\boldsymbol{F}'_R$ 在坐标轴上的投影为

$$F'_{Rx}=F, F'_{Ry}=F, F'_{Rz}=F$$

所以 $$\boldsymbol{F}'_R=F'_{Rx}\boldsymbol{i}+F'_{Ry}\boldsymbol{j}+F'_{Rz}\boldsymbol{k}=F\boldsymbol{i}+F\boldsymbol{j}+F\boldsymbol{k}$$

主矩 $\boldsymbol{M}_O$ 在坐标轴上的投影为

$$M_{Ox}=Fb-Fc=F(b-c)$$

$$M_{Oy}=-Fa$$

$$M_{Oz}=0$$

所以 $$\boldsymbol{M}_O=M_{Ox}\boldsymbol{i}+M_{Oy}\boldsymbol{j}+M_{Oz}\boldsymbol{k}=F(b-c)\boldsymbol{i}-Fa\boldsymbol{j}$$

$\boldsymbol{F}'_R$ 和 $\boldsymbol{M}_O$ 方向如图 2-21b)所示。欲使原力系简化为合力,则必:$\boldsymbol{F}'_R\perp\boldsymbol{M}_O$,即 $\boldsymbol{F}'_R\cdot\boldsymbol{M}_O=0$,得

$$\boldsymbol{F}'_R\cdot\boldsymbol{M}_O=(F\boldsymbol{i}+F\boldsymbol{j}+F\boldsymbol{k})\cdot[F(b-c)i-Faj]=F^2(b-c)-F^2a=0$$

从而得 $$b=a+c$$

上式即为长方体边长 a,b,c 应满足的条件。

[**例 2-3**]已知 $F_1=2\text{kN}$, $F_2=2\text{kN}$, $F_3=6\sqrt{2}\text{kN}$,三力分别作用在边长为 $a=2\text{cm}$ 的正方形 $OABC$ 的 C,O,B 三点上,$\alpha=45°$,如图 2-22a)所示,求此力系的简化结果。

解:取 O 点为简化中心,建立图示坐标系 Oxy,力系的主矢

$$\begin{aligned}\boldsymbol{F}'_R&=(\sum F_{ix})\boldsymbol{i}+(\sum F_{iy})\boldsymbol{j}\\&=(-F_1+F_3\cos\alpha)\boldsymbol{i}+(-F_2+F_3\sin\alpha)\boldsymbol{j}\\&=4\boldsymbol{i}+4\boldsymbol{j}\end{aligned}$$

力系对 O 点的主矩

$$M_O = \sum M_O(\boldsymbol{F}_i) = F_1 \cdot a + F_3\sin\alpha \cdot a - F_3\cos\alpha \cdot a = 4(\text{kN} \cdot \text{cm})$$

力系向 O 点简化的结果为作用线通过该点的一个力 $\boldsymbol{F}'_R$ 和力偶矩为 M_O 的一个力偶，如图 2-22b)所示。

力系还可进一步简化为合力，其大小、方向与 $\boldsymbol{F}'_R$ 相同，合力作用线离简化中心 O 点的距离

$$d = \frac{M_O}{F'_R} = \frac{4}{4\sqrt{2}} = \frac{1}{\sqrt{2}} = 0.71(\text{cm})$$

力系简化最后结果如图 2-22c)所示。

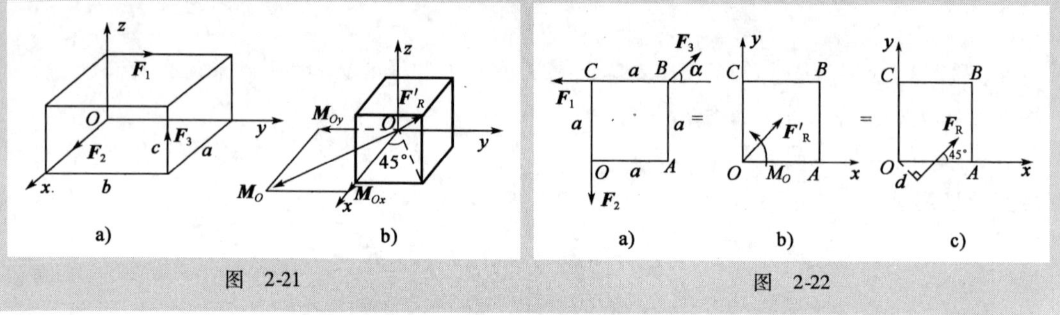

图 2-21

图 2-22

第五节 平行力系的简化与物体的重心

一、平行力系的简化

平行力系是任意力系的一种特殊情形，其简化结果可以从任意力系的简化结果直接得到。根据力线平移定理，平行力系向任一点简化时，由于附加力偶总是与力垂直，因此，平行力系向一点 O 简化时，主矢 $\boldsymbol{F}'_R$ 与主矩 $\boldsymbol{M}_O$ 必然是互相垂直的，即 $\boldsymbol{F}'_R \cdot \boldsymbol{M}_O = 0$，所以，平行力系简化的最后结果只有平衡、合力偶和合力 3 种情形。平行力系向一点 O 简化的主矢 $\boldsymbol{F}'_R$ 与主矩 $\boldsymbol{M}_O$ 可表示为

$$\left.\begin{aligned} \boldsymbol{F}'_R &= \sum \boldsymbol{F}_i \\ \boldsymbol{M}_O &= \sum \boldsymbol{M}_O(\boldsymbol{F}_i) \end{aligned}\right\} \tag{2-43}$$

当 $\boldsymbol{F}'_R \neq 0$ 时，平行力系有合力 $\boldsymbol{F}_R = \boldsymbol{F}'_R$，且与各力线平行；当 $\boldsymbol{F}'_R = 0, \boldsymbol{M}_O \neq 0$ 时，平行力系简化为合力偶；当 $\boldsymbol{F}'_R = 0, \boldsymbol{M}_O = 0$ 时，平行力系平衡。

二、平行力系的中心

在各力的作用点均已知的情形下，不仅可以确定合力作用线方程，还可以求出合力作用点的具体位置。平行力系合力作用点称为平行力系中心。在图 2-23 所示的平行力系中，任一力 $\boldsymbol{F}_i$ 作用点的矢径为 $\boldsymbol{r}_i$，合力 $\boldsymbol{F}_R$ 的作用点 C 的矢径为 $\boldsymbol{r}_C$。根据合力矩定理，得

$$\boldsymbol{r}_C \times \boldsymbol{F}_R = \sum(\boldsymbol{r}_i \times \boldsymbol{F}_i) \tag{2-44}$$

设表示力作用线方向的单位矢量为 $\boldsymbol{e}$，代入式(2-44)得

$$\boldsymbol{F}_i = F_i \cdot \boldsymbol{e}, \boldsymbol{F}_R = F_R \cdot \boldsymbol{e}$$

$$(F_R \boldsymbol{r}_C - \sum F_i \boldsymbol{r}_i) \times \boldsymbol{e} = 0 \tag{2-45}$$

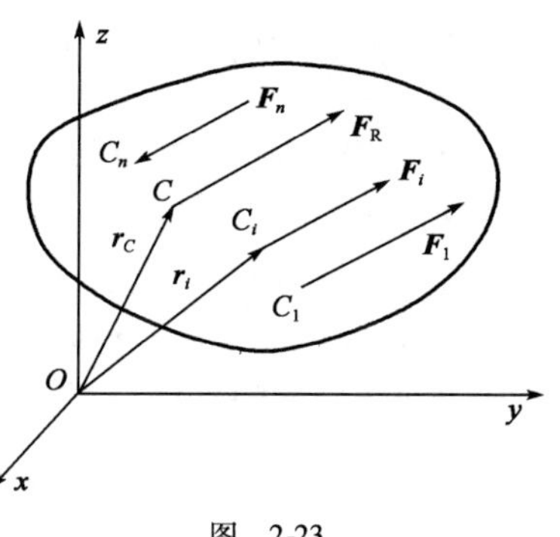

图 2-23

注意到 $\boldsymbol{e}$ 为非零的单位矢量及坐标原点的任意性，由(2-45)式得

$$(F_R \boldsymbol{r}_C - \sum F_i \boldsymbol{r}_i) = 0 \tag{2-46}$$

所以

$$\boldsymbol{r}_C = \frac{\sum F_i \boldsymbol{r}_i}{F_R} = \frac{\sum F_i \boldsymbol{r}_i}{\sum F_i} \tag{2-47}$$

式(2-47)在坐标轴上投影为

$$x_C = \frac{\sum F_i x_i}{\sum F_i}, y_C = \frac{\sum F_i y_i}{\sum F_i}, z_C = \frac{\sum F_i z_i}{\sum F_i} \tag{2-48}$$

式(2-47)和式(2-48)就是平行力系合力作用点即平行力系中心的矢径方程和坐标方程。这两组方程说明，平行力系中心只取决于各力的代数值和作用点的位置，与各力作用线的方位无关。平行力系中心是平行力系的特征，由此可引出物体重心的概念与坐标公式。

[例2-4]三角形分布荷载作用在水平梁 AB 上，如图 2-24 所示。最大荷载强度为 q_m，梁长 l。试求该力系的合力。

解：先求合力的大小。在梁上距 A 端为 x 处取一微段 dx，其上作用力大小为 $q'dx$，由图 2-24 可知

$$q' = \frac{x}{l} q_m$$

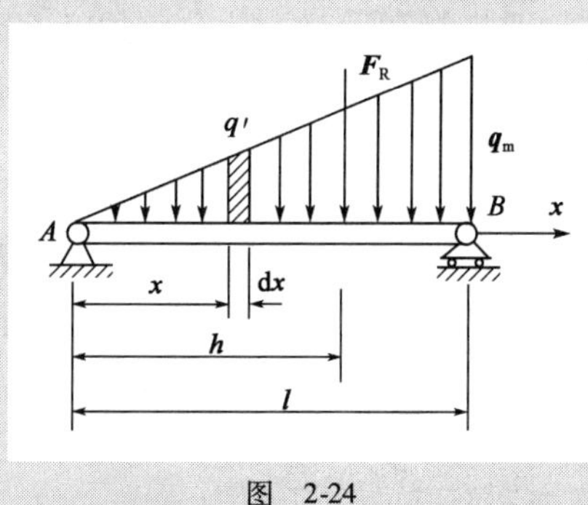

图 2-24

合力大小 $\quad F_R = \int_0^l q' dx = \frac{1}{2} q_m l$

再求合力作用线位置。设合力 F_R 的作用线距 A 端的距离为 h，在微段 dx 上的作用力对点 A 的矩为 $xq'dx$，由合力矩定理，力系对点 A 的矩

$$F_R h = \int_0^l q' x dx$$

代入 q' 和 F_R 的值，得

$$h = \frac{2}{3} l$$

即合力大小等于三角形分布荷载的面积，合力作用线通过三角形的几何中心。

三、物体的重心

在工程技术和日常生活中,空间分布的平行力系是经常遇到的,例如流体对于固定面的压力及物体所受的重力等。在研究这种力系对于物体的作用时,不但应知道力系合力的大小,而且还应求出合力的作用点,这个作用点就是平行力系中心。物体的重心是平行力系中心的一个很重要的特例。重力是地球对于物体的引力,如果将物体视为由无数个质点组成,那么质点的重力便组成空间平行力系,这力系的合力就是物体的重量。不论物体如何放置,其重力的合力作用线相对于物体总是通过一个确定的点,这个点称为物体的重心。重心的位置在工程中有重要意义,例如要使起重机保持稳定,其重心的位置应满足一定的条件,飞机、轮船及车辆等运动稳定性也与重心的位置有密切的关系。

设物体由若干部分组成,其第 i 部分重力为 P_i,作用点(微小部分位置)的坐标为(x_i,y_i,z_i),则由式(2-48)可得物体的重心坐标为

$$x_C = \frac{\sum P_i x_i}{\sum P_i}, y_C = \frac{\sum P_i y_i}{\sum P_i}, z_C = \frac{\sum P_i z_i}{\sum P_i} \tag{2-49}$$

如果物体是均质的,由式(2-49)可得

$$x_C = \frac{\int_V x \mathrm{d}V}{V}, y_C = \frac{\int_V y \mathrm{d}V}{V}, z_C = \frac{\int_V z \mathrm{d}V}{V} \tag{2-50}$$

式中,V 为物体的体积。可见均质物体的重心位置完全取决于物体的几何形状,而与物体的重量无关。这时物体的重心就是物体几何形状的中心——形心。

四、确定物体重心的方法

1. 简单几何形状物体的重心

均质简单几何形状物体的重心一般可通过积分求得。工程上常见形状的重心位置均可通过工程手册查出。

2. 组合形体的重心

如果物体的形状比较复杂,可用组合法求其重心。此法即将复杂形状物体分割成几个形状简单的物体,每个简单形状物体的重心是已知的,可由重心坐标公式(2-49)求出整个物体的重心。例如,平面组合图形的形心坐标可类似地推出为

$$\left.\begin{aligned} x_C &= \frac{A_1 x_1 + A_2 x_2 + \cdots + A_n x_n}{A_1 + A_2 + \cdots + A_n} = \frac{\sum A_i x_i}{\sum A_i} \\ y_C &= \frac{A_1 y_1 + A_2 y_2 + \cdots + A_n y_n}{A_1 + A_2 + \cdots + A_n} = \frac{\sum A_i y_i}{\sum A_i} \end{aligned}\right\} \tag{2-51}$$

其中,x_i,y_i 是面积 A_i 的形心坐标。如图形中缺少一块面积时,则该面积应取负值。

[例 2-5] 已知 $R = 10\text{cm}$,$r = 1.7\text{cm}$,$b = 1.3\text{cm}$。求图 2-25 所示振动器偏心块的重心。

解: 用组合法求重心。偏心块可看做由三部分组成:半径为 R 的半圆 S_1,半径为 $r + b$ 的半圆 S_2 和半径为 r 的圆孔 S_3,其中圆孔 S_3 取负面积。由对称性,偏心块重心坐标 $x_C = 0$。

分别求出三部分简单形体的面积及 y 坐标。

$$A_1 = \frac{\pi R^2}{2} = 157.1\text{cm}^2$$

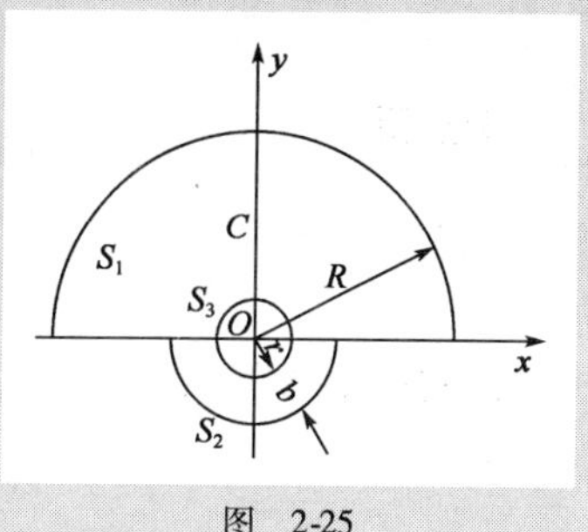

图 2-25

$$A_2 = \frac{\pi(r+b)^2}{2} = 14.14\text{cm}^2$$

$$A_3 = -\pi r^2 = -9.079\text{cm}^2$$

$$y_1 = \frac{4R}{3\pi} = 4.244\text{cm}$$

$$y_2 = -\frac{4(r+b)}{3\pi} = -1.273\text{cm}$$

$$y_3 = 0$$

偏心块重心的 y 坐标

$$y_C = \frac{\sum A_i y_i}{\sum A_i} = \frac{157.1 \times 4.244 + 14.14 \times (-1.273) - 9.079 \times 0}{157.1 + 14.14 - 9.079} = 4.001\text{cm}$$

故偏心块重心坐标为(0,4.001cm)。

3. 实验方法测重心位置

对于形状更为复杂而不便于用公式计算或不均质物体的重心位置,常用实验方法测定。另外,虽然设计时已计算出重心,但加工制造后还需用实验法检验。常用的实验方法有以下两种。

(1)悬挂法

对于平板形物体或具有对称面的薄零件,可将该物体先悬挂在任一点 A,如图 2-26a)所示,根据二力平衡条件,重心必在过悬挂点的铅直线上,于是可在板上画出此线;然后再将板悬挂于另一点 B,同样可画出另一直线,两直线相交于点 C,这点就是重心,如图 2-26b)所示。

(2)称重法

下面以汽车为例,简述测定重心的方法。

如图 2-27 所示,首先称量出汽车的重量 P,测量出前后轮距 l 和车轮半径 r。设汽车是左右对称的,则重心必在对称面内,只需测定重心距地面的高度 z_C 和距后轮的距离 x_C。

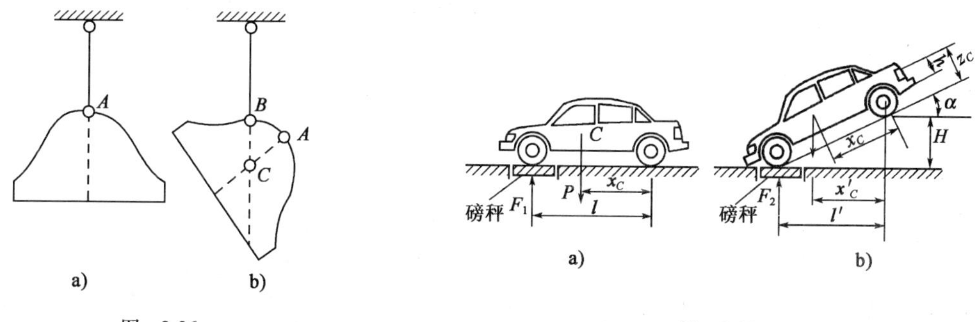

图 2-26

图 2-27

为了测定 x_C，将汽车后轮放在地面上，前轮放在磅秤上，车身保持水平，如图 2-27a) 所示。这时磅秤上的读数为 F_1。因车身是平衡的，故

$$P x_C = F_1 l$$

于是得

$$x_C = \frac{F_1}{P} l$$

欲测定 z_C，需将车后轮抬高到任意高度 H，如图 2-15b) 所示，这时磅秤读数为 F_2。同理得

$$x'_C = \frac{F_2}{P} l'$$

由图中的几何关系知：

$$l' = l\cos a, x'_C = x_C\cos\alpha + h\sin\alpha, \sin\alpha = \frac{H}{l}, \cos\alpha = \frac{\sqrt{l^2 - H^2}}{l}$$

其中，h 为重心与后轮中心的高度差，即

$$h = z_C - r$$

把以上各关系式代入式中，经整理后即得计算高度 z_C 的公式，即

$$z_C = r + \frac{F_2 + F_1}{P} \cdot \frac{1}{H}\sqrt{l^2 - H^2}$$

思考题

2-1　力在空间直角坐标轴上的投影和此力沿该坐标轴的分力有何区别和联系？

2-2　两根电线杆之间的电线总是下垂，能否把电线拉成直线？输电线跨度 l 相同时，电线下垂 h 越小，电线越易于被拉断，为什么？

2-3　有人说："作用于刚体上的平面力系，若其力多边形自行封闭，则此刚体静止不动。"试问这种说法是否正确？为什么？

2-4　如果力 $\boldsymbol{F}$ 与 y 轴的夹角为 β，问在什么情况下此力在 z 轴上的投影为 $F_z = F\sin\beta$？并求该力在 x 轴上的投影。

2-5　设平面一般力系向平面内某一点简化得到一个合力，若选择另外一点作为力系的简化中心，则此力系能否简化为一个力偶？

2-6　某平面力系向 A,B 两点简化的主矩都为零，此力系简化的最终结果可能是一个力吗？可能是一个力偶吗？可能平衡吗？

2-7　平面一般力系向其平面内任一点简化，若简化结果都相同，此力系简化的最终结果可能是什么？若简化结果主矩恒等于零，则该力系为何力系？

2-8　位于两相交平面内的两力偶能否等效，能否组成平衡力系？

2-9　为什么说力偶矩矢是自由矢量？力矩矢是自由矢量吗？试说明其理由。

2-10　空间力对点的矩在任意轴上的投影等于力对该轴的矩，这种说法对吗？为什么？

2-11　图示长方形刚体，仅受二力偶作用，已知其力偶矩满足 $\boldsymbol{M}_1 = -\boldsymbol{M}_2$，该长方体是否平衡？

2-12　空间两力偶等效的条件是什么？

2-13　如图所示三铰拱，在构件 AC 上作用一力 $\boldsymbol{F}$，当求铰链 A,B,C 的约束反力时，能否按力的平移定理将它移到构件 BC 上[如思考题2-13b)图所示]？为什么？

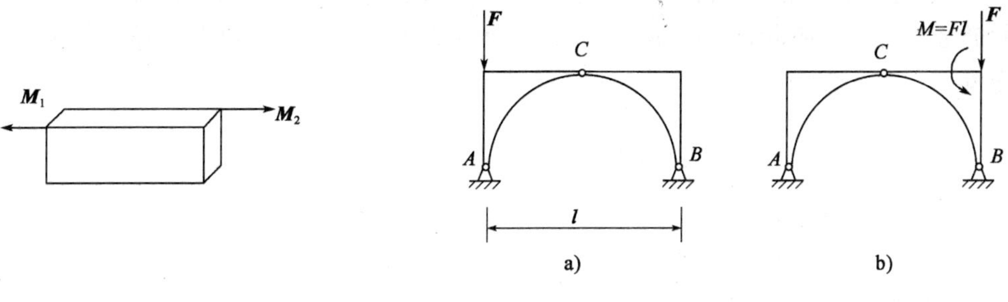

思考题2-11图　　思考题2-13图

2-14　在边长为 a 的正六面体上作用有3个力，如图所示，已知：$F_1=6\text{kN}$，$F_2=2\text{kN}$，$F_3=4\text{kN}$。试求各力在3个坐标轴上的投影。

2-15　如图所示，已知六面体尺寸为400mm×300mm×300mm，正面有力 $F_1=100\text{N}$，中间有力 $F_2=200\text{N}$，顶面有力偶 $M=20\text{N}\cdot\text{m}$ 作用。试求各力及力偶对 z 轴之矩的和。

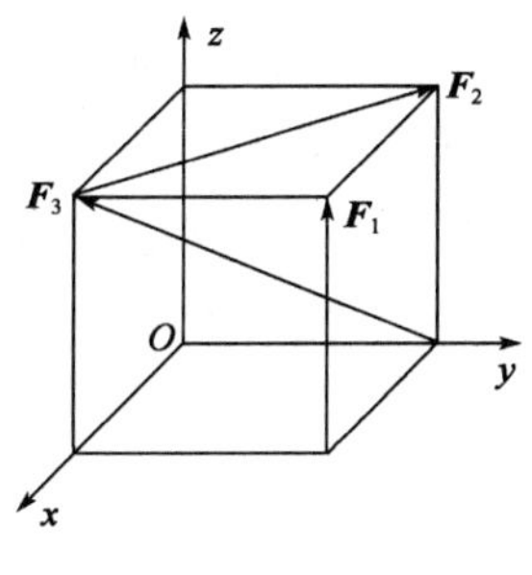

思考题2-14图

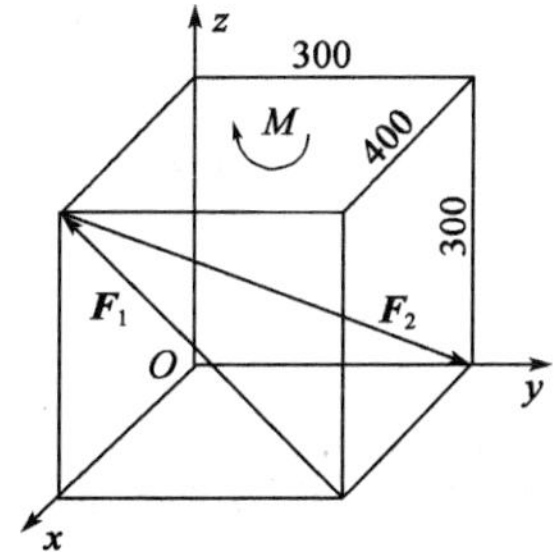

思考题2-15图

习　题

2-1　长方体三边长 $a=16\text{cm}$，$b=15\text{cm}$，$c=12\text{cm}$，如图所示。已知力 $\boldsymbol{F}$ 大小为100N，方位角 $\alpha=\arctan\dfrac{3}{4}$，$\beta=\arctan\dfrac{4}{3}$，试写出力 $\boldsymbol{F}$ 的矢量表达式。

2-2　如图所示为翻斗车上翻斗的工作示意图。BC 表示液压缸，力 $\boldsymbol{F}$ 为缸中活塞作用于翻斗之力。试求力 $\boldsymbol{F}$ 对点 A 之矩。

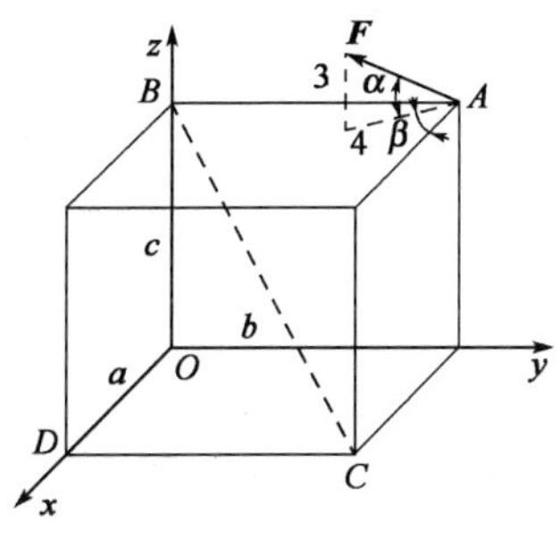

习题2-1图

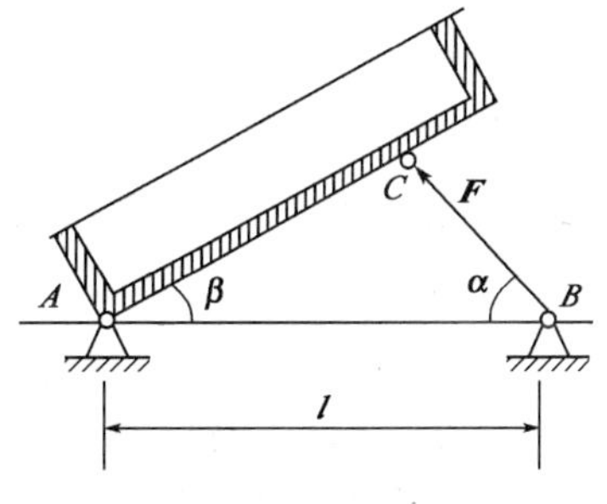

习题2-2图

2-3　托架 $ABCD$ 在 Axy 平面内，AB 垂直 BC，BC 垂直 CD，尺寸如图所示，A 处为固定端。在 D 处作用一力 $\boldsymbol{F}$。它在与 y 轴垂直的平面内，与铅垂线夹角为 α。试求力 $\boldsymbol{F}$ 对 3 个坐标轴之矩。

2-4　如图所示正平行六面体 $ABCD$，重力 $P=100\mathrm{N}$，边长 $AB=6\mathrm{cm}$，$AD=80\mathrm{cm}$。今将其斜放使它的底面与水平面成 $\varphi=30°$ 角，试求其重力对棱 A 的力矩。又问当 φ 等于多大时，该力矩等于零。

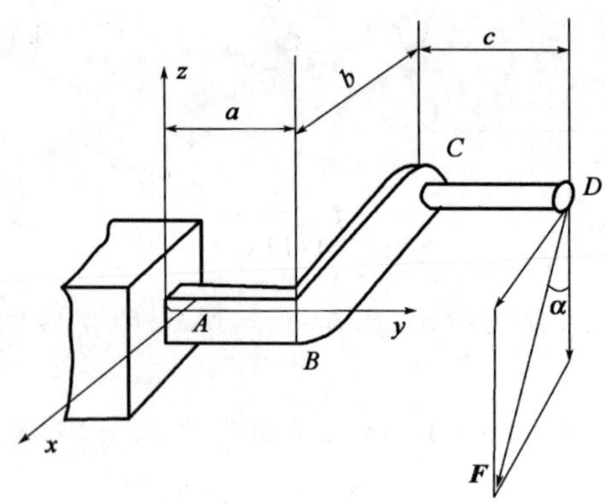

习题 2-3 图

习题 2-4 图

2-5　如图所示，一力 $\boldsymbol{F}$ 作用在手柄的 A 点上，该力的大小和指向未知，其作用线与 Oxz 平面平行。已知 $M_x(\boldsymbol{F})=-3600\mathrm{N\cdot cm}$，$M_z(\boldsymbol{F})=2020\mathrm{N\cdot cm}$。求该力对 y 轴之矩。

2-6　图示弯架 O 处为固定端。尺寸如图所示。受力 $F_1=5\mathrm{kN}$，与铅垂线夹角 $\alpha=45°$，$F_2=4\mathrm{kN}$，$F_3=6\mathrm{kN}$，试求此力系对 3 个坐标轴 x,y,z 的力矩。

2-7　如图所示，求力 $\boldsymbol{F}$ 对点 A 的力矩。

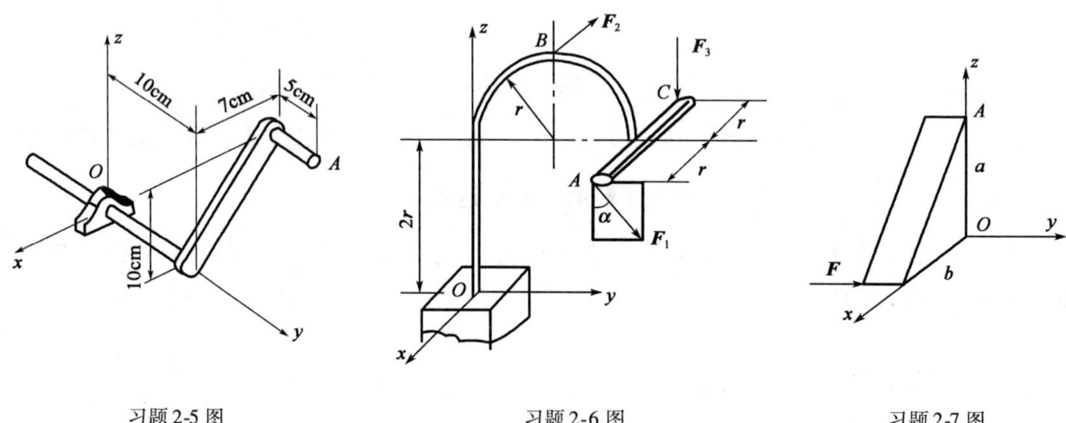

习题 2-5 图　　习题 2-6 图　　习题 2-7 图

2-8　求图示平面力偶系的合成结果，已知 $F_1'=F_1=10\mathrm{N}$，$F_2'=F_2=20\mathrm{N}$，$F_3'=F_3=30\mathrm{N}$，图中长度单位为 m。

2-9　如图所示，一绞盘有 3 个等长的柄，长度为 l，其间夹角均为 120°，每个柄端各作用一垂直于柄的力 $\boldsymbol{F}$。试求：(1) 该力系向中心点 O 简化的结果；(2) 该力系向 BC 连线的中点 D 简化的结果。这两个结果说明什么问题？

2-10　将图示平面任意力系向点 O 简化，并求力系合力的大小及其与原点 O 的距离 d。

已知 $F_1 = 150\text{N}$，$F_2 = 200\text{N}$，$F_3 = 300\text{N}$，力偶的臂等于 8cm，力偶的力 $F = 200\text{N}$。

2-11　在平板上作用 4 个力：$F_1 = 35\text{N}$，$F_2 = 35\text{N}$，$F_3 = 30\text{N}$，$F_4 = 25\text{N}$。各力的方向和作用位置如图所示。求力系的合力。

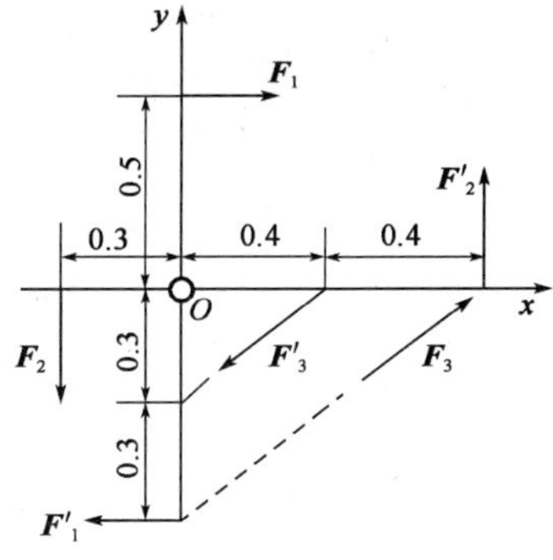

习题 2-8 图

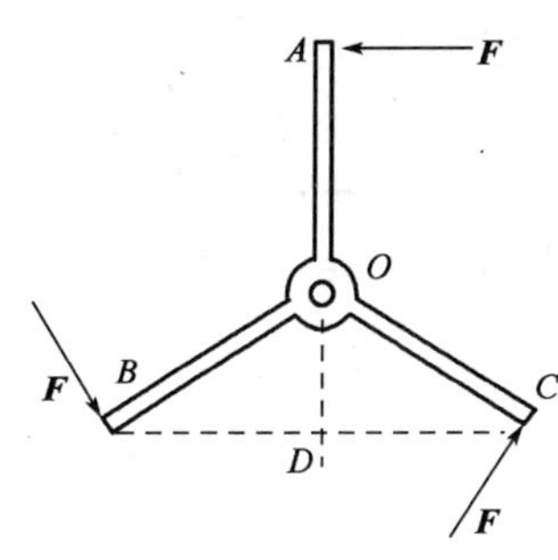

习题 2-9 图

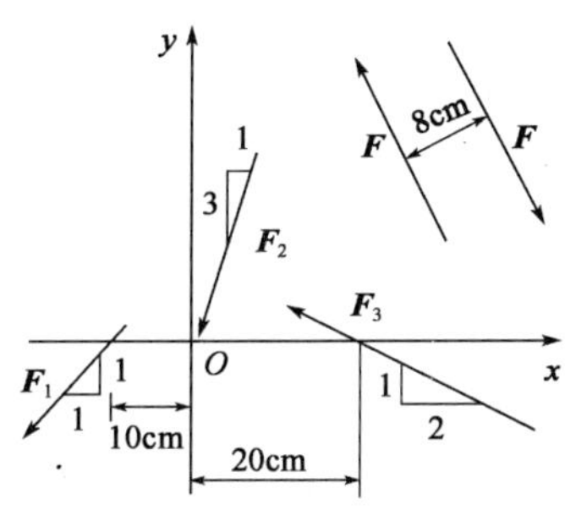

习题 2-10 图

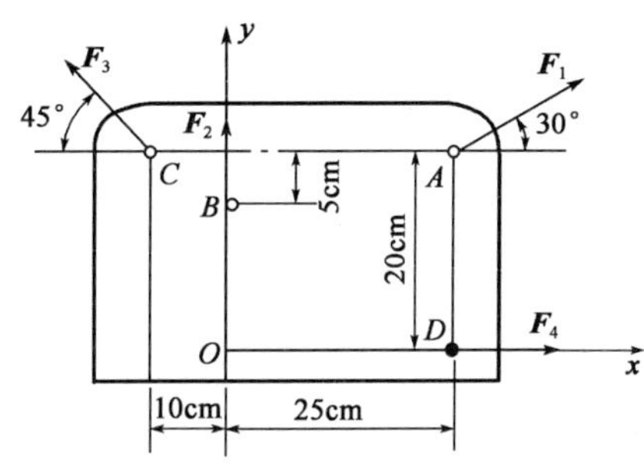

习题 2-11 图

2-12　沿着直三棱边作用 5 个力，如图所示。已知 $F_1 = F_3 = F_4 = F_5 = F$，$F_2 = \sqrt{2}F$，$OA = OC = a$，$OB = 2a$。试将此力系简化。

2-13　力系中 $F_1 = 100\text{N}$，$F_2 = 300\text{N}$，$F_3 = 200\text{N}$，各力作用线的位置如图所示。试将力系向原点 O 简化。

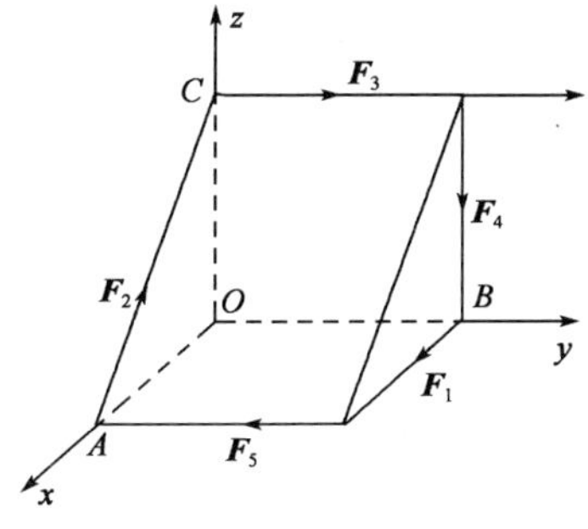

习题 2-12 图

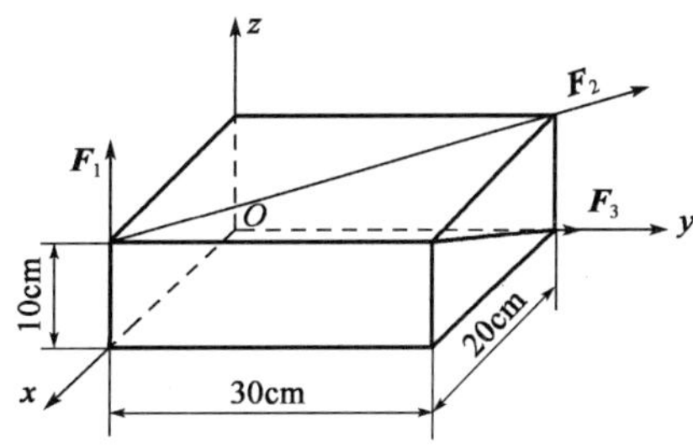

习题 2-13 图

2-14　平行力系由 5 个力组成，力的大小和作用线的位置如图所示。图中坐标的单位为 cm。求平行力系的合力。

2-15　如图所示力系中 $F_1 = 100\text{N}, F_2 = F_3 = 100\sqrt{2}\text{N}, F_4 = 300\text{N}, a = 2\text{m}$，试求此力系简化结果。

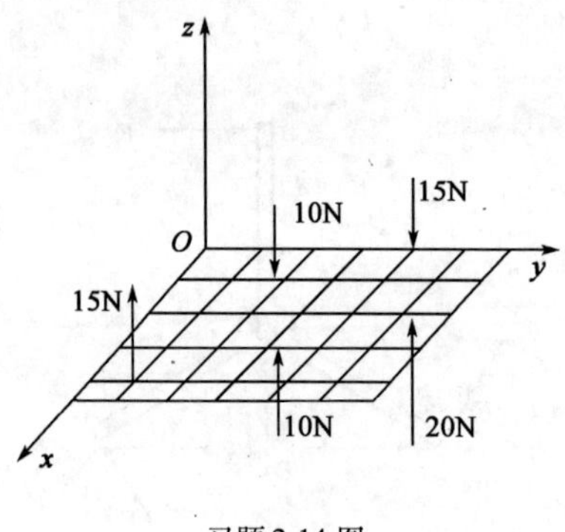

习题 2-14 图

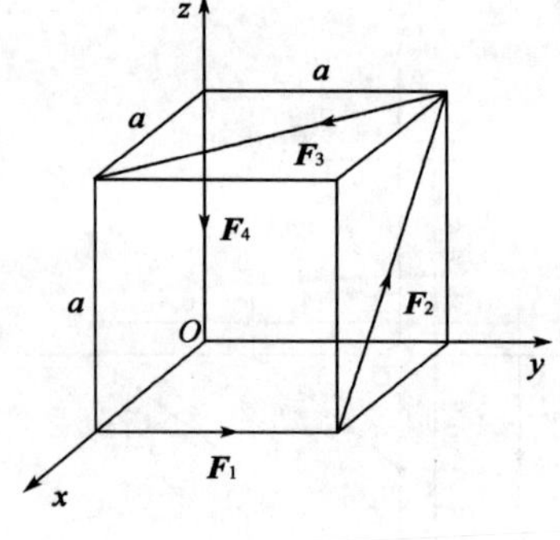

习题 2-15 图

第三章　力系的平衡

本章要点

- 各种力系的平衡条件和平衡方程；
- 静定与静不定的概念；
- 物体与物体系平衡问题的求解；
- 简单平面桁架杆件内力计算方法；
- 摩擦力、摩擦角与自锁现象，考虑摩擦时的平衡问题求解。

第一节　力系的平衡条件与平衡方程

一、空间力系的平衡条件与平衡方程

1. 空间任意力系的平衡条件与平衡方程

根据空间任意力系的简化结果，空间任意力系平衡的充分必要条件为：力系的主矢和对任意点的主矩均等于零。即

$$\left.\begin{aligned}\boldsymbol{F}'_{\mathrm{R}} &= 0\\ \boldsymbol{M}_O &= 0\end{aligned}\right\} \tag{3-1}$$

由式(2-31)与式(2-32)，力系的平衡条件(3-1)可改写为

$$\left.\begin{aligned}\sum \boldsymbol{F}_i &= 0\\ \sum \boldsymbol{M}_O(\boldsymbol{F}_i) &= 0\end{aligned}\right\} \tag{3-2}$$

将式(3-1)用直角坐标系中的投影式写出，根据式(2-33)、式(2-34)及式(2-36)与式(2-37)，即得到空间任意力系的平衡方程为

$$\left.\begin{aligned}\sum F_x &= 0\\ \sum F_y &= 0\\ \sum F_z &= 0\\ \sum M_x(\boldsymbol{F}) &= 0\\ \sum M_y(\boldsymbol{F}) &= 0\\ \sum M_z(\boldsymbol{F}) &= 0\end{aligned}\right\} \tag{3-3}$$

这就是空间力系平衡方程的基本形式。式(3-3)表明:在空间任意力系作用下刚体平衡的充要条件是,力系中所有各力在3个坐标轴上投影的代数和均等于零,力系中各力对此三轴之矩的代数和也分别等于零。

方程组(3-3)的6个方程是相互独立的,它可以求解6个未知量。该方程组中有3个力矩方程,称为三矩式。应当指出,列平衡方程时投影轴和力矩轴可以任意选取,在解决实际问题时适当选择力矩轴和投影轴可以简化计算,尤其是研究复杂系统的平衡问题时,往往要解多个联立方程。因此,为了简化运算,力系平衡方程组中的力的投影方程可以部分或全部地用力矩方程替代,得到平衡方程的四矩式、五矩式、六矩式。但必须注意每取一个研究对象,方程的总数不能超出6个,所列方程必须是相对独立的平衡方程。

2. 其他空间力系的平衡方程

空间任意力系是力系的最一般情况,其他各种力系都可以看成是它的特例,因此,可从空间任意力系的平衡方程推导出其他各种力系的平衡方程。

(1)空间汇交力系的平衡方程

在空间汇交力系中,将简化中心 O 选在力系的汇交点上,则方程(3-3)中的3个力矩方程将恒等于零,于是有3个独立的平衡方程

$$\left.\begin{aligned}\sum F_x &= 0\\ \sum F_y &= 0\\ \sum F_z &= 0\end{aligned}\right\} \tag{3-4}$$

(2)空间平行力系的平衡方程

设力系平行于 z 轴,则得到3个独立的平衡方程为

$$\left.\begin{aligned}\sum F_z &= 0\\ \sum M_x(\boldsymbol{F}) &= 0\\ \sum M_y(\boldsymbol{F}) &= 0\end{aligned}\right\} \tag{3-5}$$

此外,空间平行力系的平衡方程还可以写成3个力矩方程的形式。

(3)空间力偶系的平衡方程

根据空间力偶系的简化结果,其3个独立的平衡方程为

$$\left.\begin{aligned}\sum M_x &= 0\\ \sum M_y &= 0\\ \sum M_z &= 0\end{aligned}\right\} \tag{3-6}$$

二、平面力系的平衡条件与平衡方程

1. 平面任意力系的平衡条件与平衡方程

根据平面任意力系的简化结果,平面任意力系平衡的必要和充分条件是:力系的主矢和力系对其作用面内任一点的主矩都等于零,即

$$
\left.\begin{aligned} F'_{R} &= 0 \\ M_{O} &= 0 \end{aligned}\right\} \tag{3-7}
$$

从而得到平面任意力系的平衡方程的基本形式为

$$
\left.\begin{aligned} \sum F_{x} &= 0 \\ \sum F_{y} &= 0 \\ \sum M_{O}(\boldsymbol{F}) &= 0 \end{aligned}\right\} \tag{3-8}
$$

式(3-8)中有3个独立的平衡方程,其中只有一个力矩方程,这种形式的平衡方程称为一矩式。由于投影轴和矩心是可以任意选取的。因此,在实际解题时,为了简化计算,平衡方程组中的力的投影方程可以部分或全部地用力矩方程替代,从而得到平面任意力系平衡方程的二矩式、三矩式。

(1)二矩式

平面任意力系的二力矩形式的平衡方程为

$$
\left.\begin{aligned} \sum M_{A}(\boldsymbol{F}) &= 0 \\ \sum M_{B}(\boldsymbol{F}) &= 0 \\ \sum F_{x} &= 0 \end{aligned}\right\} \tag{3-9}
$$

其中,点 A 和点 B 是平面内任意两点,但连线 AB 必须不垂直于投影轴 x 轴。这是因为平面任意力系向已知点简化只可能有3种结果:合力、合力偶或平衡。力系既然满足平衡方程 $\sum M_A(\boldsymbol{F}) = 0$,则表明力系不可能简化为一力偶,只可能是作用线通过 A 点的一合力或平衡。同理,如果力系又满足方程 $\sum M_B(\boldsymbol{F}) = 0$,则可以断定,该力系合成结果为经过 A,B 两点的一个合力或平衡。但当力系又满足方程 $\sum F_x = 0$,而连线 AB 不垂直于 x 轴,显然力系不可能有合力,如图3-1所示。这就表明,只要适合以上3个方程及连线 AB 不垂直于投影轴的附加条件,则力系必平衡。

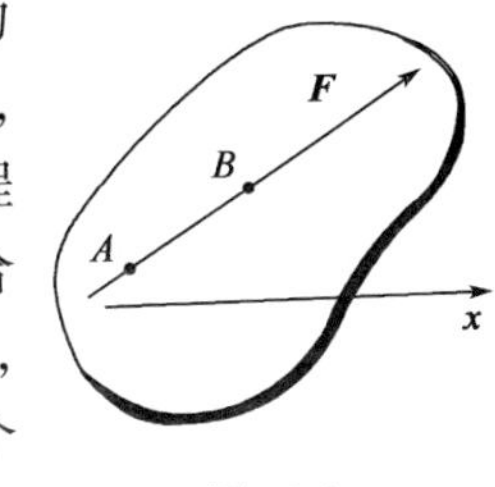

图 3-1

(2)三矩式

平面任意力系的三力矩形式的平衡方程为

$$
\left.\begin{aligned} \sum M_{A}(\boldsymbol{F}) &= 0 \\ \sum M_{B}(\boldsymbol{F}) &= 0 \\ \sum M_{C}(\boldsymbol{F}) &= 0 \end{aligned}\right\} \tag{3-10}
$$

其中,A,B,C 三点不能共线。其原因读者可自行论证。

2. 其他平面力系的平衡方程

其他平面力系可视为平面任意力系的特例,其平衡方程可由平面任意力系的平衡方程得到。

(1)平面汇交力系

对汇交点建立力矩方程,$\sum M_O(\boldsymbol{F}) = 0$ 自然成立,则平面汇交力系有两个独立的平衡方程

$$\left.\begin{aligned}\sum F_x &= 0\\ \sum F_y &= 0\end{aligned}\right\} \tag{3-11}$$

即平面汇交力系平衡的必要和充分的解析条件是：力系中所有各力在两个坐标轴中每一轴上的投影的代数和等于零。

若对作用于刚体上的平面汇交力系用力的多边形法则合成时，那么各力矢所构成的力多边形恰好封闭，即第一个力矢的起点与最末一个力矢的终点恰好重合而构成一个自行封闭的力多边形，这表示力系的合力 $\boldsymbol{F}_R$ 等于零，该力系为一平衡力系，反之，要使平面汇交力系成为平衡力系，它的合力必须为零，即力多边形自行封闭。由此可知，平面汇交力系平衡的几何条件（充要条件）是：力系中力矢构成的力多边形自行封闭。以矢量式表示为

$$\boldsymbol{F}_R = 0 \quad 或 \quad \sum \boldsymbol{F}_i = 0$$

(2)平面平行力系

当平面平行力系的主矢和主矩同时等于零时，该力系处于平衡。选 x 轴与力系平行，则得到两个独立的平衡方程为

$$\left.\begin{aligned}\sum F_x &= 0\\ \sum M_O(\boldsymbol{F}) &= 0\end{aligned}\right\} \tag{3-12}$$

由此可知，平面平行力系平衡的必要与充分条件是：力系中所有各力的代数和等于零，各力对于平面内任一点之矩的代数和也等于零。

平面平行力系只有两个独立的平衡方程，除上面的一矩式外，还可写成如下的二力矩形式

$$\left.\begin{aligned}\sum M_A(\boldsymbol{F}) &= 0\\ \sum M_B(\boldsymbol{F}) &= 0\end{aligned}\right\} \tag{3-13}$$

其中，A，B 两点连线必须不与各力的作用线平行。

(3)平面力偶系

平面力偶系平衡的必要与充分条件是：力偶中各力偶矩的代数和等于零，即只有 1 个独立的平衡方程

$$\sum M_i = 0 \tag{3-14}$$

第二节　力系平衡问题的求解

一、单个物体的平衡问题

受到约束的物体，在外力的作用下处于平衡，应用力系的平衡方程可以求出未知反力。求解过程按照以下步骤进行：

(1)根据题意选取研究对象，取出分离体；

(2)分析研究对象的受力情况，正确地在分离体上画出受力图；

(3)应用平衡方程求解未知量。应当注意判断所选取的研究对象受到何种力系作用，所列出的方程个数不能多于该种力系的独立平衡方程个数，并注意列方程时力求一个方程中只出现一个未知量，尽量避免解联立方程。

[**例 3-1**]悬臂梁 AB 长 l,A 端为固定端,如图 3-2a)所示,已知均布荷载的集度为 $\boldsymbol{q}$,不计梁自重,求固定端 A 的约束反力。

解:取 AB 梁为研究对象,其受力图如图 3-2b)所示,AB 梁受平面任意力系作用,列平衡方程

$$\sum F_x = 0, F_{Ax} = 0$$

$$\sum F_y = 0, F_{Ay} - ql = 0$$

$$\sum M_A(\boldsymbol{F}) = 0, M_A - ql \cdot \frac{l}{2} = 0$$

解得
$$F_{Ax} = 0, F_{Ay} = ql, M_A = \frac{1}{2}ql^2$$

平衡方程解得的结果均为正值,说明图 3-2b)中所设约束反力的方向均与实际方向相同。

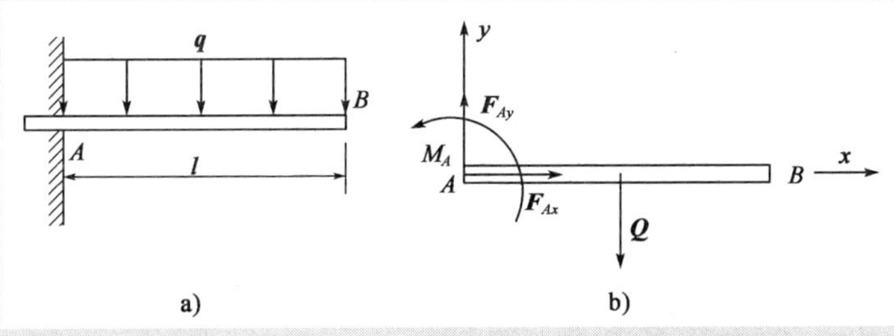

图 3-2

[**例 3-2**]如图 3-3a)所示,压路机碾子的重力 $P=20\text{kN}$,半径 $r=60\text{cm}$。欲将此碾子拉过高 $h=8\text{cm}$ 的障碍物,在其中心 O 作用一水平拉力 F,求此拉力的大小和碾子对障碍物压力。

解:选碾子为研究对象。碾子在重力 $\boldsymbol{P}$、地面支承力 $\boldsymbol{F}_{NA}$、水平拉力 $\boldsymbol{F}$ 和障碍物的支反力 $\boldsymbol{F}_{NB}$ 的作用下处于平衡,如图 3-3b)所示,这是一个平面汇交力系,各力汇交于 O 点,当碾子刚离开地面时,$\boldsymbol{F}_{NA}=0$,拉力 $\boldsymbol{F}$ 有极值,这就是碾子越过障碍物的力学条件。

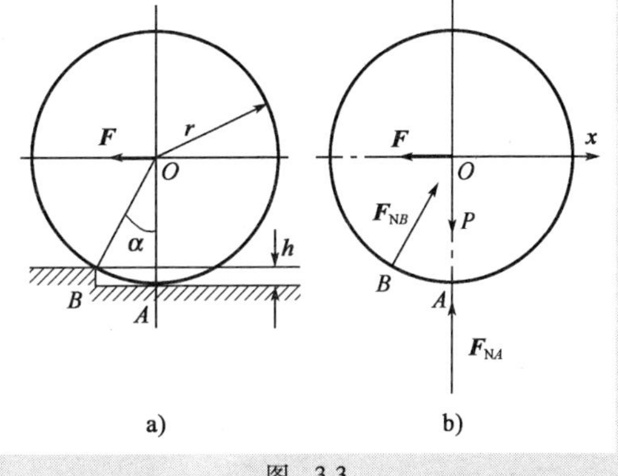

图 3-3

列平衡方程,得

$$\sum F_y = 0, F_{NB}\cos\alpha - P = 0$$

解得
$$F_{NB} = \frac{P}{\cos\alpha}$$

其中
$$\cos\alpha = \frac{r-h}{r} = 0.866$$

因此

$$F_{NB} = 23.1\text{kN}$$

$$\sum F_x = 0, F_{NB}\sin\alpha - F = 0$$

解得

$$F = F_{NB}\sin\alpha = P\tan\alpha$$

其中

$$\tan\alpha = \frac{\sqrt{r^2 - (r-h)^2}}{r-h} = 0.577$$

因此

$$F = 11.5\text{kN}$$

对于汇交力系的平衡问题,还可以用几何法求解。即根据平面汇交力系平衡的必要和充分条件:该力系的合力等于零,按照各力矢依次首尾相接的规则,可以作出一个封闭的力多边形,根据力多形图形的几何关系,用三角公式计算出所要求的未知量,也可以根据按比例画出的封闭的力多边形,用直尺和量角器在图上量得所要求的未知量。

在本例中,封闭的边多边形如图 3-4 所示,根据图形的几何关系,有

$$F = P\tan\alpha = 11.5\text{kN}$$

$$F_{NB} = \frac{P}{\cos\alpha} = 23.1\text{kN}$$

由作用力和反作用力关系可知,碾子对障碍物的压力也等于 23.1kN。

[例 3-3] 如图 3-5a),均质梯子 AB 长 $2a$,重为 P,A 和 B 处均光滑面接触,人站在 E 处,重为 Q,角 α、β 及尺寸 b 均为已知,试求 A、B 处的约束反力。

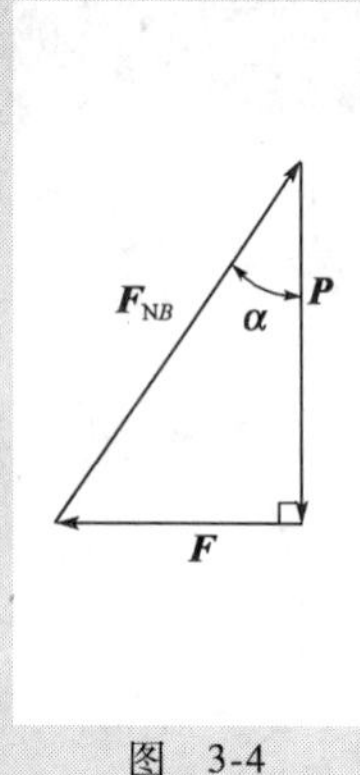

图 3-4

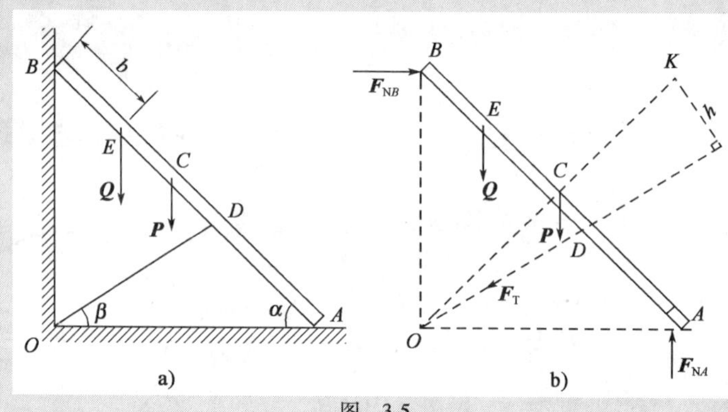

图 3-5

解:取梯子和人一起作为研究对象,主动力有 P、Q,A 和 B 处为光滑面约束,D 处为绳索约束,受力如图 3-5b)所示,列平衡方程

$$\sum M_K(\boldsymbol{F}) = 0 \qquad Pa\cos\alpha + Q(2a-b)\cos\alpha - F_T \cdot h = 0$$

其中

$$h = 2a\sin(\alpha - \beta)$$

解得

$$F_T = \left(\frac{P}{2} + \frac{2a-b}{2a}Q\right)\frac{\cos\alpha}{\sin(\alpha-\beta)}$$

$$\sum M_A(\boldsymbol{F}) = 0,\ -F_{NB}\cdot 2a\sin\alpha + F_T\cdot 2a\cos\alpha\sin\beta + P\cdot a\cos\alpha + Q(2a-b)\cos\alpha = 0$$

$$F_{NB} = \left(\frac{P}{2} + \frac{2a-b}{2a}Q\right)\frac{\cos\beta\cos\alpha}{\sin(\alpha-\beta)}$$

$$\sum F_y = 0,\boldsymbol{F}_{NA} - P - Q - F_T\sin\beta = 0$$

解得 $F_{NA} = P + Q + \left(\frac{P}{2} + \frac{2a-b}{2a}Q\right)\frac{\cos\beta\cos\alpha}{\sin(\alpha-\beta)}$

二、物系平衡、静定问题与超静定问题

在工程实际问题中，往往遇到由多个物体通过适当的约束相互连接而成的系统，这种系统称为物体系统，简称物系。

当物系平衡时，组成该系统的每一个物体都处于平衡状态，若取每一个物体为分离体，则作用于其上的力系的独立平衡方程数目是一定的，可求解的未知量的个数也是一定的。当系统中的未知量的数目等于独立平衡方程的数目时，则所有的未知量都能由平衡方程求出，这样的问题称为静定问题。在工程结构中，有时为了提高结构的刚度和可靠性，常常增加多余的约束，使得结构中未知量的数目多于独立平衡方程的数目，仅通过静力学平衡方程不能完全确定这些未知量，这种问题称为超静定问题。系统未知量数目与独立平衡方程数目的差称为超静定次数。

应当指出的是，这里说的静定与超静定问题，是对整个系统而言的。若从该系统中取出一分离体，它的未知量的数目多于它的独立平衡方程的数目，并不能说明该系统就是超静定问题，而要分析整个系统的未知量数目和独立平衡方程的数目。

图 3-6 是单个物体 *AB* 梁的平衡问题，对 *AB* 梁来说，所受各力组成平面任意力系，可列 3 个独立的平衡方程。图 3-6a）中的梁有 3 个未知约束反力，等于独立的平衡方程的数目，属于静定问题；图 3-6b）中的梁有 4 个约束反力，多于独立的平衡方程数目，属于一次超静定问题。图 3-7 是由两个物体 *AB*、*BC* 组成的连续梁系统。*AB*、*BC* 都可列 3 个独立的平衡方程，*AB*、*BC* 作为一个整体虽然也可列 3 个平衡方程，但是并非是独立的，因此该系统一共可列 6 个独立的平衡方程。图 3-7a）、图 3-7b）中的系统分别有 6 个和 7 个约束反力（反力偶），于是，它们分别是静定问题和一次超静定问题。

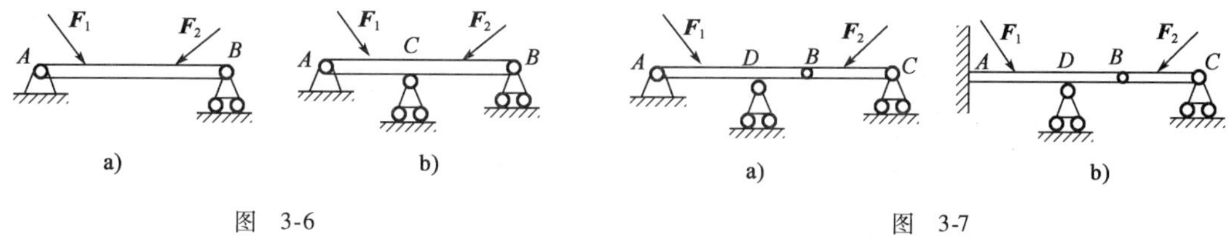

图 3-6　　　　图 3-7

对于超静定问题，需要考虑物体因受力而产生的变形，加列某些补充方程后才能求解出全部的未知量。超静定问题已超出刚体静力学的范围，需在材料力学和结构力学中研究，以下只讨论静定系统的平衡问题。

求解物系平衡问题时，应当根据问题的特点和待求未知量，可以选取整个系统为研究对象，也可以选取每个物体或其中部分物体为研究对象，有目的地列出平衡方程，并使每一个平衡方程中的未知量个数尽可能少，最好是只含有一个未知量，以避免解联立方程。

[**例 3-4**]起重三角架的 AD、BD、CD 三杆各长 2.5m,在 D 点铰接,并各以铰链固定在地面上,如图 3-8 所示。已知 $P=20\text{kN}$,$\theta_1=120°$,$\theta_2=150°$,$\theta_3=90°$,$AO=BO=CO=1.5\text{m}$,各杆重量不计。求各杆受力。

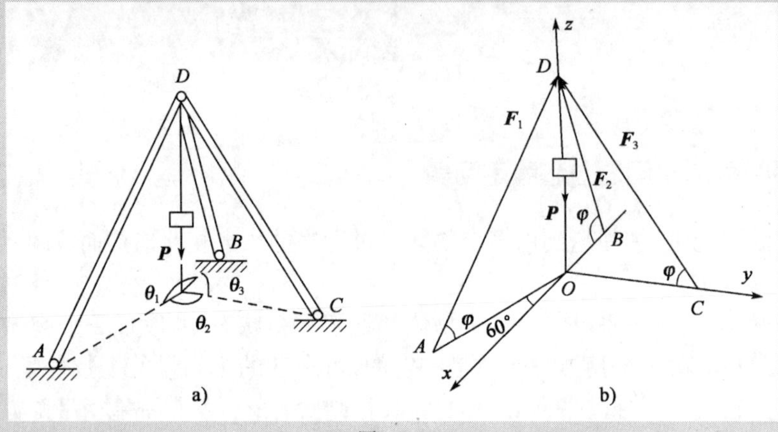

图 3-8

解:取铰链 D(含绳子与重物)为研究对象,杆 AD、BD、DC 均为二力杆,作用在铰链 D 上的力有重力和杆 AD、DC、BD 对铰链 D 的作用力,所有的力均通过 D 点,组成空间汇交力系。

列平衡方程

$$\sum F_x=0, F_2\cos\varphi-F_1\cos\varphi\cos60°=0$$

$$\sum F_y=0, -F_3\cos\varphi+F_1\cos\varphi\sin60°=0$$

$$\sum F_z=0, F_1\sin\varphi+F_2\sin\varphi+F_3\sin\varphi-P=0$$

其中 $P=20\text{kN}, \cos\varphi=0.6, \sin\varphi=0.8$

解方程得 $F_1=10.56\text{kN}, F_2=5.28\text{kN}, F_3=9.14\text{kN}$

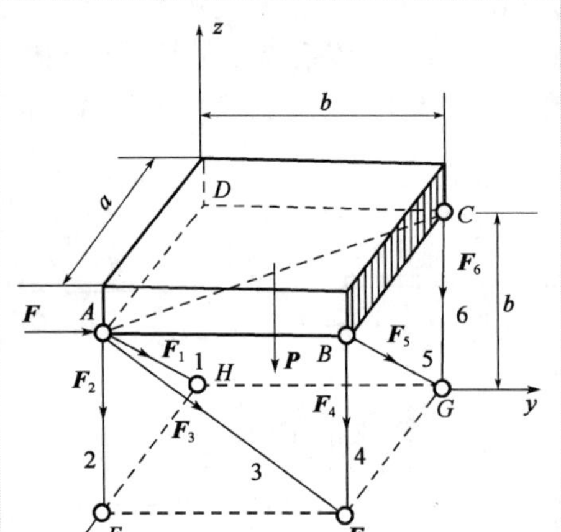

[**例 3-5**]如图 3-9 所示均质长方板由 6 根直杆支持于水平位置,直杆两端各用球铰链与板和地面连接。杆重不计,板重为 P,在 A 处作用一水平力 $\boldsymbol{F}$,且 $F=2P$。求各杆的内力。

图 3-9

解:取长方板为研究对象,各杆均为二力杆,均设为受拉。板的受力如图 3-9 所示。列平衡方程

$$\sum M_{AE}(\boldsymbol{F})=0, F_5=0 \quad (1)$$

$$\sum M_{BF}(\boldsymbol{F})=0, F_1=0 \quad (2)$$

$$\sum M_{AC}(\boldsymbol{F})=0, F_4=0 \quad (3)$$

$$\sum M_{AB}(\boldsymbol{F})=0, P\frac{a}{2}+F_6a=0 \quad (4)$$

解得 $F_6=-\dfrac{P}{2}$(压力)

由 $$\sum M_{DH}(\boldsymbol{F}) = 0, Fa + F_3\cos45° \cdot a = 0 \tag{5}$$

解得 $$F_3 = -2\sqrt{2}P(\text{压力})$$

由 $$\sum M_{FG}(\boldsymbol{F}) = 0, Fb - F_2 b - P\frac{b}{2} = 0 \tag{6}$$

解得 $$F_2 = 1.5P(\text{拉力})$$

此例中用6个力矩方程求得6个杆的内力。一般而言,应用力矩方程可以比较灵活,常可使一个方程只含一个未知量。本题也可采用其他形式的平衡方程求解。如用 $\sum F_x = 0$ 代替式(2),同样求得 $F_1 = 0$;可用 $\sum F_y = 0$ 代替式(5),同样求得 $F_3 = -2\sqrt{2}P$。读者还可以试用其他方程求解。但无论怎样列方程,独立平衡方程的数目只有6个。

[例3-6]如图3-10a)所示结构中,$AD = DB = 2\text{m}$,$CD = DE = 1.5\text{m}$,$P = 120\text{kN}$。若不计杆和滑轮的重量,试求支座A和B的约束反力及BC杆的内力。

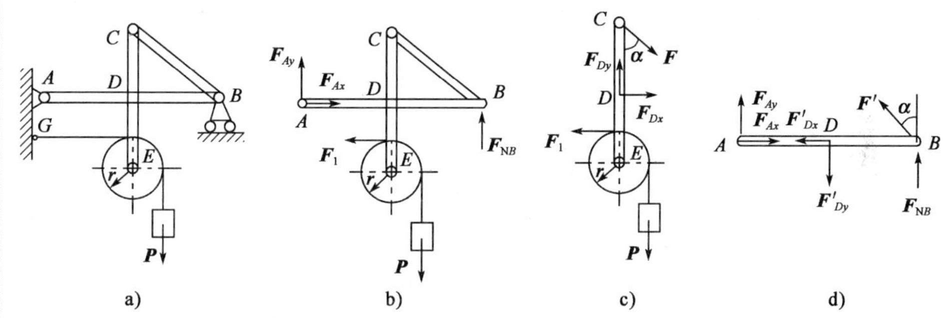

图 3-10

解:先取整体为研究对象,其受力如图3-10b)所示,且绳子拉力 $F_1 = P$。列平衡方程:

$$\sum M_A(\boldsymbol{F}) = 0, F_{NB} \cdot AB - P(AD + r) - F_1(DE - r) = 0$$

$$F_{NB} = \frac{P(AD + DE)}{AB} = \frac{120(2 + 1.5)}{4} = 105\text{kN}$$

$$\sum F_y = 0, F_{Ay} + F_{NB} - P = 0$$

$$F_{Ay} = P - F_{NB} = 15\text{kN}$$

$$\sum F_x = 0, F_{Ax} - F_1 = 0$$

$$F_{Ax} = F_1 = 120\text{kN}$$

为求BC杆内力F,取CDE杆连同滑轮为研究对象,画受力图如图3-10c)。列平衡方程

$$\sum M_D(\boldsymbol{F}) = 0, -F\sin\alpha \cdot CD - F_1(DE - r) - P \cdot r = 0$$

其中

$$\sin\alpha = \frac{DB}{CB} = \frac{2}{\sqrt{1.5^2 + 2^2}} = \frac{4}{5}$$

所以

$$F = -\frac{F_1 \cdot DE}{\sin\alpha \cdot CD} = -150\text{kN}(\text{压力})$$

求 BC 杆内力时，也可以取 ADB 为研究对象，其受力如图 3-10d）所示，只需列方程 $\sum M_D(\boldsymbol{F}) = 0$ 即可求解。本题若只需求 BC 杆内力或 D 处的约束反力，则只需直接取 CDE 杆连同滑轮重物为研究对象即可求解出未知量。

［**例 3-7**］如图 3-11a）所示，水平梁由 AC 和 CD 两部分组成，它们在 C 处用铰链相连。梁的 A 端固定在墙上，在 B 处受滚动支座约束。已知：$F_1 = 10\text{kN}$，$F_2 = 20\text{kN}$，均布荷载 $p = 5\text{kN/m}$，梁的 BD 段受线性分布荷载，在 D 端为零，在 B 处达最大值 $q = 6\text{kN/m}$。试求 A 和 B 两处的约束反力。

解：选整体为研究对象，其受力如图 3-11a）所示。注意到三角形分布荷载的合力作用在离 B 点 $\frac{1}{3}BD$ 处，它的大小等于三角形面积，即 $\frac{1}{2}q \times 1$，列平衡方程

$$\sum F_x = 0, F_{Ax} = 0$$

$$\sum F_y = 0, F_{Ay} + F_{NB} - F_2 - F_1 - p \times 1 - \frac{1}{2}q \times 1 = 0$$

$$\sum M_A(\boldsymbol{F}) = 0$$

$$M_A + F_{NB} \cdot 3 - F_2 \cdot 0.5 - F_1 \cdot 2.5 - p \cdot 1 \cdot 1.5 - \frac{1}{2}q \cdot 1 \cdot \left(3 + \frac{1}{3}\right) = 0$$

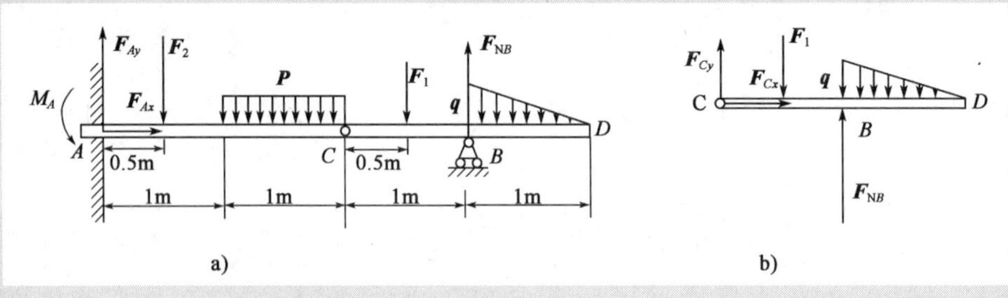

图 3-11

以上 3 个方程包含 4 个未知量，故再选梁 CD 为研究对象，受力图如图 3-11b）所示。列平衡方程

$$\sum M_C(\boldsymbol{F}) = 0, F_{NB} \cdot 1 - \frac{1}{2}q \cdot 1 \cdot \left(1 + \frac{1}{3}\right) - F_1 \cdot 0.5 = 0$$

解得
$$F_{NB} = 9\text{kN}$$

代入前面 3 个方程解得

$$M_A = 25.5\text{kN} \cdot \text{m}$$

$$F_{Ay} = 29\text{kN}$$

$$F_{Ax} = 0$$

［**例 3-8**］已知图 3-12a）所示结构由直杆 CD，BC 和曲杆 AB 组成，杆重不计，且 $M = 12\text{kN} \cdot \text{m}$，$F = 13\text{kN}$，$q = 10\text{kN/m}$，试求固定铰支座 D 及固定端 A 处的约束反力。

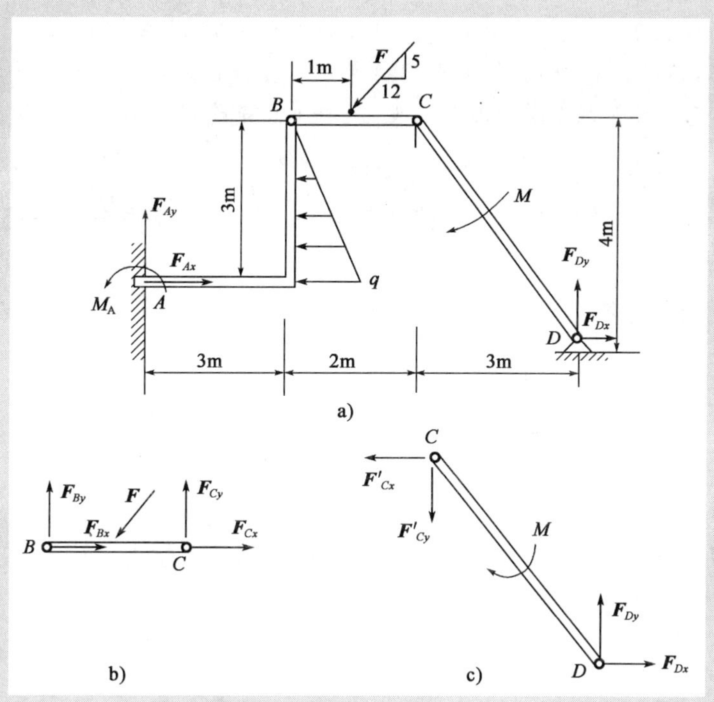

图 3-12

解:(1)如果首先选整体为研究对象,由于固定端 A 与固定铰支座 D 处总的约束反力数有 5 个,根据平面任意力系的平衡方程求不出未知约束反力,因此先选取杆 BC 为研究对象,受力如图 3-12b)所示,列平衡方程

$$\sum M_B(\boldsymbol{F}) = 0, F_{Cy} \cdot 2 - F \cdot \frac{5}{13} \cdot 1 = 0$$

解得
$$F_{Cy} = 2.5\text{kN}$$

(2)为了求固定铰支座 D 处的约束反力,选杆 DC 为研究对象,受力如图 3-12c)所示,列平衡方程

$$\sum F_y = 0, F_{Dy} - F'_{Cy} = 0$$

$$\sum M_C(\boldsymbol{F}) = 0, F_{Dy} \cdot 3 + F_{Dx} \cdot 4 - M = 0$$

解得
$$F_{Dy} = 2.5\text{kN}, F_{Dx} = 1.125\text{kN}$$

(3)然后再取整体为研究对象,受力如图 3-12a)所示,列平衡方程

$$\sum F_x = 0, F_{Dx} + F_{Ax} - q \cdot 3 \cdot \frac{1}{2} - F \cdot \frac{12}{13} = 0$$

$$\sum F_y = 0, F_{Ay} + F_{Dy} - F \cdot \frac{5}{13} = 0$$

$$\sum M_A(\boldsymbol{F}) = 0$$

$$M_A - F \cdot \frac{5}{13} \cdot 4 + F \cdot \frac{12}{13} \cdot 3 + q \cdot 3 \cdot \frac{1}{2} \cdot 1 - M + F_{Dy} \cdot 8 + F_{Dx} \cdot 1 = 0$$

解得
$$F_{Ax} = 25.875\text{kN}, F_{Ay} = 2.5\text{kN}, M_A = -40.125\text{kN} \cdot \text{m}$$

M_A 为负值,说明它的实际转向与假设相反,即为顺时针方向。

［例 3-9］编号为 1、2、3、4 的 4 根杆件组成的平面结构，其中 A、C、E 为光滑铰链，B、D 为光滑接触，E 为 3、4 两杆中点，如图 3-13a）所示。各杆自重不计。在水平杆 2 上作用铅垂力 $\boldsymbol{F}$。试证：无论力 $\boldsymbol{F}$ 的位置 x 如何改变，竖杆 1 总是受到大小等于 F 的压力。

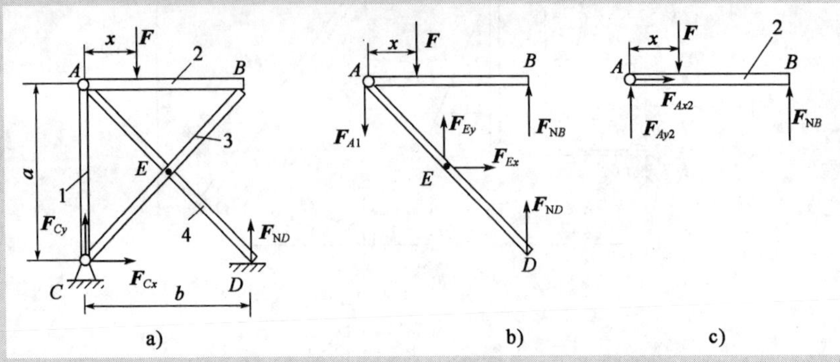

图 3-13

解：本题为求二力杆（杆 1）的内力，先取杆 2，4 及销钉 A 为研究对象，受力如图 3-13b）所示。有

$$\sum M_E(\boldsymbol{F}) = 0, F_{A1}\frac{b}{2} + F\left(\frac{b}{2} - x\right) + F_{NB}\frac{b}{2} + F_{ND}\frac{b}{2} = 0 \tag{1}$$

式（1）中，F_{NB} 与 F_{ND} 为未知量，必须先求得；为此再分别取整体及杆 2 为研究对象。

取整体，受力如图 3-13a）所示，则

$$\sum M_C(\boldsymbol{F}) = 0, F_{ND}\cdot b - F\cdot x = 0 \tag{2}$$

再取水平杆 2，受力如图 3-13c）所示，A 处不含销钉，其中 F_{Ax2} 与 F_{Ay2} 是销钉 A 对杆 2 的约束反力。则

$$\sum M_A(\boldsymbol{F}) = 0, F_{NB}b - Fx = 0 \tag{3}$$

由式（2）、式（3）求得

$$F_{ND} = F_{NB} = \frac{Fx}{b}$$

代入式（1）求得

$$F_{A1} = -F$$

F_{A1} 为负值，说明与所设方向相反，杆 1 受压，且与 x 无关，得证。此题还可取其他研究对象求出，请读者自解。

第三节 平 面 桁 架

一、理想桁架及其基本假设

桁架是一种由直杆彼此在两端焊接、铆接、榫接或用螺钉连接而成的几何形状不变的稳定结构，具有用料省、结构轻、可以充分发挥材料的作用等优点，广泛应用于工程中房屋的屋架、

桥梁、电视塔、起重机、油井架等。所有杆件轴线位于同一平面的桁架称为平面桁架，杆件轴线不在同一平面内的桁架称为空间桁架，各杆轴线的交点称为节点。本节仅限于研究平面桁架。

研究桁架的目的在于计算各杆件的内力，把它作为设计桁架或校核桁架的依据。为了简化计算，同时使计算结果安全可靠，工程中常对平面桁架作如下基本假设：

(1)节点抽象化为光滑铰链连接；

(2)所有荷载都作用在桁架平面内，且作用于节点上；

(3)杆件自重不计。如果需要考虑杆件自重时，将其均分等效加于两端节点上。

满足以上3点假设的桁架称为理想桁架。桁架的每根杆件都是二力杆。它们或者受拉，或者受压。在计算桁架各杆受力时，一般假设各杆都受拉，然后根据平衡方程求出它们的代数值，当其值为正时，说明为拉杆，为负则为压杆。

实践证明，基于以上理想模型的计算结果与实际情况相差较小，可以满足工程设计的一般要求。

二、计算桁架内力的节点法和截面法

1. 节点法

依次取桁架各节点为研究对象，通过其平衡方程，求出杆件内力的方法称为节点法。节点法适用于求解全部杆件内力的情况。

节点法的解题步骤一般为：先取桁架整体为研究对象，求出支座反力；再从只连接两根杆的节点入手，求出每根杆的内力；然后依次取其他节点为研究对象（最好只有两个未知力），求出各杆内力。下面举例说明。

[例 3-10] 试用节点法求图 3-14a)所示桁架中各杆的内力。

解： 首先求支座 A,H 的约束反力。由整体受力图 3-14a)，列平衡方程

$$\sum F_x = 0, F_{Ax} = 0$$

$$\sum M_H = 0, F_{Ay} \times 8 - 10 \times 8 - 20 \times 6 - 10 \times 4 - 20 \times 2 = 0$$

$$F_{Ay} = 35\text{kN}$$

$$\sum F_y = 0, F_{Ay} + F_{Hy} - 10 - 20 - 10 - 20 - 10 = 0$$

$$F_{Hy} = 35\text{kN}$$

其次，从节点 A 开始，逐个截取桁架的节点画受力图，进行计算。

选取节点 A，画受力图如图 3-14b)所示，列平衡方程

$$\sum F_y = 0, F_1 \sin\alpha - 10 + 35 = 0$$

$$\sum F_x = 0, F_1 \cos\alpha + F_2 = 0$$

解得
$$F_1 = -55.9\text{kN}, F_2 = 50\text{kN}$$

选取节点 B，画受力图如图 3-14c)所示，列平衡方程

$$\sum F_y = 0, F_3 = 0$$

$$\sum F_x = 0, F_6 - F_2 = 0$$

解得
$$F_3 = 0, F_6 = 50\text{kN}$$

选取节点 C，画受力图如图 3-14d)所示，列平衡方程

$$\sum F_y = 0, F_4\sin\alpha - F_5\sin\alpha - F_1\sin\alpha - 20 = 0$$

$$\sum F_x = 0, F_4\cos\alpha + F_5\cos\alpha - F_1\cos\alpha = 0$$

解得 $F_4 = -33.6\text{kN}, F_5 = -22.4\text{kN}$

选取节点 D,画受力图如图 3-14e)所示,列平衡方程

$$\sum F_y = 0, -F_7 - F_4\sin\alpha - F_8\sin\alpha - 10 = 0$$

$$\sum F_x = 0, F_8\cos\alpha - F_4\cos\alpha = 0$$

解得 $F_7 = -20\text{kN}, F_8 = -33.5\text{kN}$

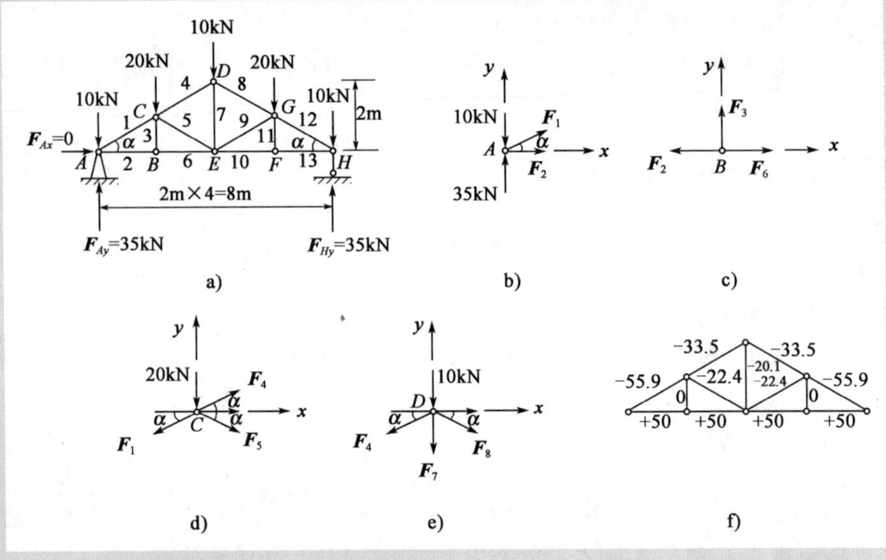

图 3-14

由于结构和荷载都对称,所以左右两边对称位置的杆件的内力相同,故计算半个桁架即可。现将各杆的内力标在各杆的旁边,如图 3-14f)所示。图中正号表示拉力,负号表示压力,力的单位为 kN,读者可取节点 H 校核。

桁架中内力为零的杆件称为零杆,如例 3-10 中的 3 杆、11 杆就是零杆,出现零杆的情况可归结如下:

(1)不在一直线上的两杆节点上无荷载作用时[图 3-15a)],则该两杆的内力都等于零;

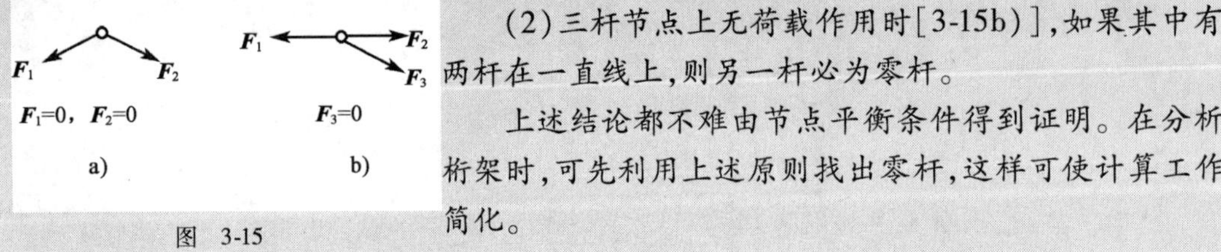

图 3-15

(2)三杆节点上无荷载作用时[3-15b)],如果其中有两杆在一直线上,则另一杆必为零杆。

上述结论都不难由节点平衡条件得到证明。在分析桁架时,可先利用上述原则找出零杆,这样可使计算工作简化。

2. 截面法

截面法是假想地用一截面把桁架切开,分为两部分,取其中任一部分为研究对象,列出其平衡方程求出被切杆件的内力。

当只需求桁架指定杆件的内力,而不需求全部杆件内力时,采用截面法比较方便。由于平

面一般力系只有3个独立平衡方程,因此截断杆件的数目一般不要超过3根。同时还应注意截面不能截在节点上,否则,节点的一部分对另一部分的作用力不好表示。

[**例3-11**]试用截面法求例3-10桁架[图3-16a)]中8、9、10三杆的内力。

解:首先求出支座反力。由例3-10已求得

$$F_{Ay}=35\text{kN},F_{Hy}=35\text{kN}$$

然后假想用截面Ⅰ—Ⅰ将8、9、10三杆截断,取桁架右半部分为研究对象,如图3-16b)所示。为求得 F_{10},可取 F_8 和 F_9 两未知力的交点 G 为矩心,由 $\sum M_G = 0$ 得

$$F_{10} \times 1 + 10 \times 2 - 35 \times 2 = 0$$

解得

$$F_{10}=50\text{kN}$$

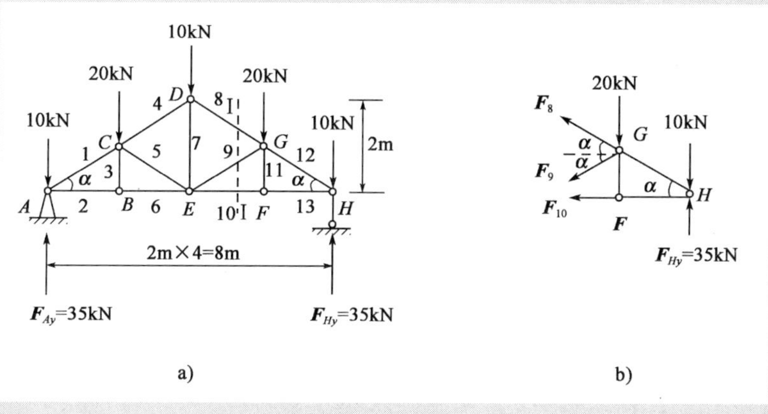

图 3-16

为了求得 F_9,可取 F_8 和 F_{10} 两未知力的交点 H 为矩心,由 $\sum M_H = 0$ 得

$$F_9\cos\alpha \times 1 + F_9\sin\alpha \times 2 + 20 \times 2 = 0$$

解得

$$F_9 = -22.4\text{kN}$$

最后求 F_8,由 $\sum F_x = 0$ 得

$$F_8\cos\alpha + F_9\cos\alpha + F_{10} = 0$$

解得

$$F_8 = -33.5\text{kN}$$

第四节 摩擦与考虑摩擦时的平衡问题

一、摩擦现象

两个相互接触的物体产生相对运动或具有相对运动趋势时,彼此在接触部位会产生一种阻碍对方运动的作用,这种现象称为摩擦。这种阻碍作用称为摩擦阻力。根据物体间相对运动形式的不同,把物体间有相对滑动或滑动趋势存在摩擦的问题称为滑动摩擦问题,而把物体间有相对滚动或滚动趋势存在摩擦的问题称为滚动摩擦问题。

摩擦是普遍存在的,理想光滑面实际上并不存在。在所研究的问题中,当摩擦的影响很小,可以忽略不计时,可以采用光滑接触模型,以简化分析过程;反之则需考虑摩擦阻力作用。

二、滑动摩擦

1. 静摩擦力

当物体相对另一与之接触的物体仅有滑动趋势时，接触面间产生的摩擦阻力称为静滑动摩擦力，简称静摩擦力。如图 3-17 所示的作用于物体上的静摩擦力 $\boldsymbol{F}_s$，它作用于支承面与物体的相互接触处，其方向与相对滑动趋势的方向相反；其大小随作用于物体上使其滑动的主动力 $\boldsymbol{F}_0$ 的大小而改变，但存在一最大值 F_{max}，称为最大静摩擦力。由库仑摩擦定律，有

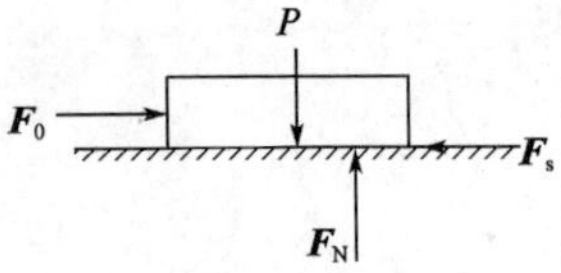

$$F_{max} = f_s \cdot F_N \tag{3-15}$$

图 3-17

式中，f_s 称为静摩擦因数，它是一个量纲为一的量，需由实验测定，可通过工程手册查出；F_N 是法向约束反力的大小。于是，静摩擦力满足

$$0 \leqslant F_s \leqslant F_{max} \tag{3-16}$$

2. 动摩擦力

当静摩擦力达到最大值时，若主动力 $\boldsymbol{F}_0$ 再继续增大，接触面之间将出现相对滑动。此时，接触物体间阻碍相对滑动的阻力，称为滑动摩擦力，简称为动摩擦力，用 $\boldsymbol{F}$ 表示。

实验表明，动摩擦力的大小与接触体间的正压力（即法向反力）成正比，即

$$F = f \cdot F_N \tag{3-17}$$

式中，f 称为动摩擦因数，它与接触物体的材料和表面情况有关，可通过工程手册查出。

一般情况下，动摩擦因数略小于静摩擦因数，即 $f < f_s$。

在机械中，往往用降低接触面的粗糙度或加入润滑剂等方法，使动摩擦因数 f 降低，以减小摩擦和磨损。

三、摩擦角与自锁现象

1. 摩擦角

当考虑摩擦时，静止物体所受支承面的约束反力包括法向约束反力 $\boldsymbol{F}_N$ 和静摩擦力 $\boldsymbol{F}_s$。这两个力的合力

$$\boldsymbol{F}_R = \boldsymbol{F}_N + \boldsymbol{F}_s$$

称为支承面的全约束反力，它的作用线与接触面的公法线成一夹角 φ，如图 3-18a）所示。

当物体处于平衡的临界状态时，静摩擦力将达到最大值，角 φ 也达到最大值 φ_m，如图 3-18b）所示。全约束反力与法线间夹角的最大值 φ_m，称为摩擦角。由图 3-18b）可得

$$\tan\varphi_m = \frac{F_{max}}{F_N} = \frac{f_s \cdot F_N}{F_N} = f_s \tag{3-18}$$

即摩擦角的正切等于静摩擦因数。

2. 自锁现象

物体平衡时，静摩擦力总是小于或等于最大静摩擦力，因而全约束反力 $\boldsymbol{F}_R$ 与接触面法线之间的夹角 φ 也总是小于或等于摩擦角 φ_m，即

$$\varphi \leqslant \varphi_m \tag{3-19}$$

这说明只要全反力的作用线在摩擦角内,物体总是平衡的。如果通过全反力的作用点在不同方向作出临界平衡状态时的全反力(此时摩擦力为最大静摩擦力)的作用线,则这些直线将形成一个锥面,称为摩擦锥。若物体沿接触面各个方向的静摩擦因数相等,则摩擦锥是一个顶角为 $2\varphi_m$ 的圆锥,如图 3-19 所示。当物体所受主动力的合力 $\boldsymbol{F}$ 的作用线位于摩擦锥以内时,即

$$0 \leqslant \alpha \leqslant \varphi_m \tag{3-20}$$

则无论主动力 $\boldsymbol{F}$ 的值增至多大,总有相应大小的全反力 $\boldsymbol{F}_R$ 与之平衡,使物体处于平衡状态。这种现象称为自锁。式(3-20)称为自锁条件。如果主动力合力 $\boldsymbol{F}$ 的作用线位于摩擦锥以外,则无论 $\boldsymbol{F}$ 力多小,物体都不能保持平衡。

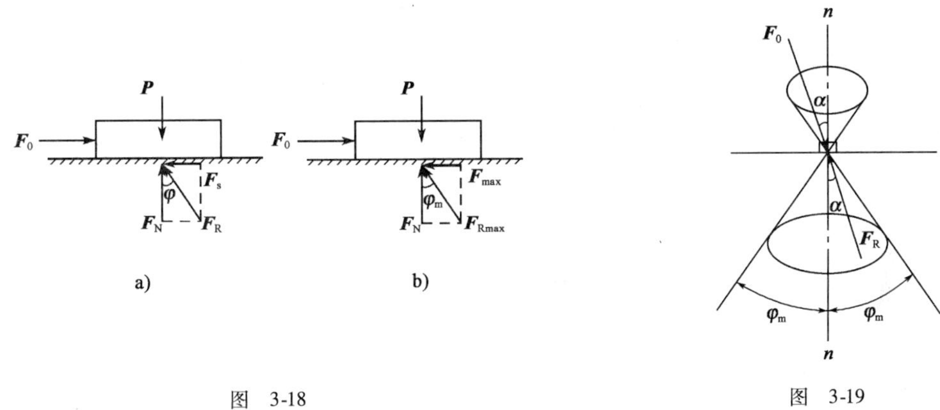

图 3-18　　图 3-19

四、滚动摩擦

在实际工程中,常见大滚轮在推力的作用下平衡的现象,如果采用刚性接触约束模型[图 3-20a)所示],因 $\sum M_O \neq 0$,圆轮不能平衡。实际上,当力 $\boldsymbol{F}_0$ 不大时,圆轮是可以平衡的,这是因为圆轮和接触平面实际上并不是刚体,它们在力的作用下都会发生局部变形。接触面处是一个曲面,在接触面上,物体受分布力作用[图 3-20b)]。这些力向 A 点简化,得到一个力 $\boldsymbol{F}_R$ 和一个力偶矩为 M_f 的力偶,力 $\boldsymbol{F}_R$ 可进一步分解为摩擦力 $\boldsymbol{F}_s$ 和法线约束反力 $\boldsymbol{F}_N$,如图[3-20c)]所示。此力偶称为滚动摩阻力偶(简称滚阻力偶),正是由于这里多了一个滚阻力偶起到的阻碍滚动的作用,才使圆轮可以保持平衡。

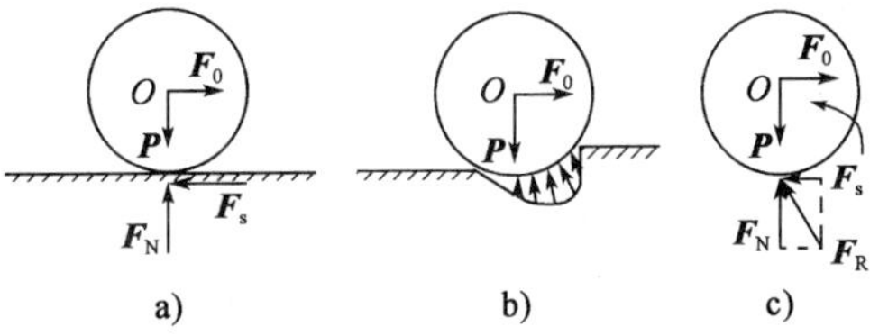

a)　　b)　　c)

图 3-20

实验表明,滚阻力偶矩的大小随主动力矩的大小而变化,但存在最大值 M_{max},即

$$0 \leqslant M_f \leqslant M_{max} \tag{3-21}$$

并且,M_{max} 与法向约束反力 F_N 的大小成正比,即

$$M_{max} = \delta F_N \tag{3-22}$$

这就是滚动摩阻定律。其中,比例常数 δ 称为滚动摩阻系数,它具有长度量纲,一般与接触面材料的硬度、温度等有关,可由实验测定,或在工程手册中查到。

滚阻力偶的转向与滚动的趋势或滚动的角速度方向相反。应该指出的是，滚动摩阻一般较小，在许多工程问题中常常可忽略不计。

五、考虑摩擦时的平衡问题

工程中的摩擦问题大部分仍然属于平衡问题的范畴。其求解步骤与前面所述大致相同。只是这里需增加一种约束反力——摩擦力。由于静摩擦力满足条件 $F_s \leqslant f_s \cdot F_N$，所以有摩擦时平衡问题的解也有一定的范围，而不是一个确定的值。

工程中有不少问题只需分析平衡的临界状态。这时静摩擦力达到最大值，即 $F_{max} = f_s \cdot F_N$。但其方向不能任意假定，必须按真实方向给出，即必须与相对滑动趋势的方向相反。但是未达到极限值时的静摩擦力，由于是由平衡条件确定的，也可像一般约束反力那样假设其方向，而由最终结果的正负号来判定假设的方向是否正确。

［**例 3-12**］物体重为 P，放在倾角为 $\theta(\theta > \varphi_m)$ 的斜面上，它与斜面间的静摩擦因数为 f_s。若加一水平力 $\boldsymbol{F}_1$，使物块静止［图 3-21a)］，试求水平力 $\boldsymbol{F}_1$ 的取值范围。

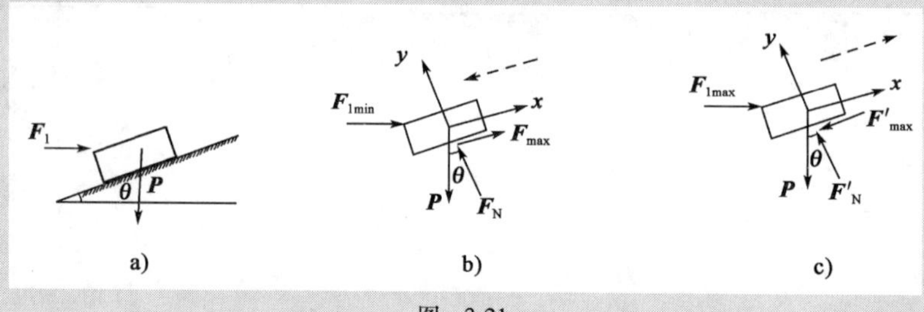

图 3-21

解：如果力 $\boldsymbol{F}_1$ 太小，物块将沿斜面向下滑动；如果力 $\boldsymbol{F}_1$ 太大，又将使物块向上滑动。因此，使物块静止时，力 $\boldsymbol{F}_1$ 应在最大值与最小值之间。

(1)求最小值。当力 $\boldsymbol{F}_1$ 取最小值时，物块将处于向下滑动的临界状态。此时摩擦力沿斜面向上，并达到最大值 $\boldsymbol{F}_{max}$，如图 3-21b)所示。

$$\sum F_x = 0, F_{max} + F_{1min}\cos\theta - P\sin\theta = 0$$

$$\sum F_y = 0, F_N + F_{1min}\sin\theta - P\cos\theta = 0$$

补充方程

$$F_{max} = f_s \cdot F_N$$

联立三式求解，可得水平推力的最小值为

$$F_{1min} = \frac{\sin\theta - f_s\cos\theta}{\cos\theta + f_s\cos\theta}P$$

若记 $f_s = \tan\varphi_m$，则有 $F_{1min} = P\tan(\theta - \varphi_m)$。

(2)求最大值。当力 $\boldsymbol{F}_1$ 取最大值时，物块将处于向上滑动的临界状态。此时摩擦力沿斜面向下，并达到最大值 $\boldsymbol{F}'_{max}$，如图 3-21c)所示。

$$\sum F_x = 0, F_{1max}\cos\theta - F'_{max} - P\sin\theta = 0$$

$$\sum F_y = 0, F'_N - F_{1max}\sin\theta - P\cos\theta = 0$$

补充方程

$$F'_{max}=f_s\cdot F'_N$$

联立以上三式求解，可得水平推力的最大值为

$$F_{1max}=\frac{\sin\theta+f_s\cos\theta}{\cos\theta-f_s\sin\theta}P$$

同样，把$f_s=\tan\varphi_m$代入上式，得$F_{1max}=P\tan(\theta+\varphi_m)$。

由以上两个结果可知，为使物块静止，力$\boldsymbol{F}_1$的大小必须满足如下条件

$$P\tan(\theta-\varphi_m)\leqslant F_1\leqslant P\tan(\theta+\varphi_m)$$

[**例3-13**]重力为P，半径为R的轮子，沿倾角为θ的斜面匀速向上滚动[图3-22a)]，轮心上施加一平行于斜面的力$\boldsymbol{F}_1$。设轮子与斜面间的滚动摩擦因数为δ。试求力$\boldsymbol{F}_1$的大小。

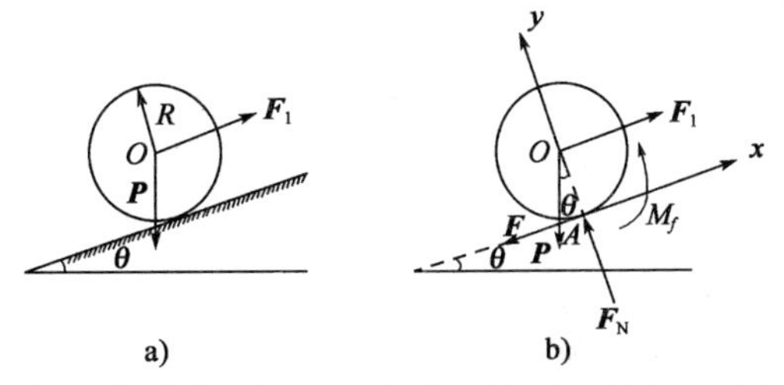

图 3-22

解：选轮子为研究对象，画出其受力分析如图3-22b)所示。由于轮子为匀速向上滚动，即处于平衡状态，其所受的滚阻力偶M_f与滚动方向相反，且有$M_f=M_{max}$。

列出平衡方程

$$\sum F_x=0, F_1-F-P\sin\theta=0$$

$$\sum F_y=0, F_N-P\cos\theta=0$$

$$\sum M_A=0, P\sin\theta\cdot R-F_1\cdot R+M_{max}=0$$

补充方程

$$M_{max}=\delta F_N$$

由上述4个方程可求解4个未知量：F_1,F,F_N,M_{max}。解得

$$F_1=P\left(\sin\theta+\frac{\delta}{R}\cos\theta\right)$$

思 考 题

3-1 有人说：“作用于刚体上的平面力系，若其力多边形自行封闭，则此刚体静止不动。”试问这种说法是否正确？为什么？

3-2 平面一般力系的平衡方程能否表示为3个投影方程？平面力偶系的平衡方程能否表示为一个投影方程？

3-3 平面汇交力系的平衡方程是否可以取两个力矩方程或者是一个投影方程和一个力矩方程？如果可以，矩心和投影轴的选择有什么条件？

3-4 某空间力系，若：(1)空间力系中各力的作用线平行于某一固定平面；(2)空间力系中各力的作用线分别汇交于两个固定点；(3)各力作用线与某一固定直线相交；(4)各力作用线与某一固定直线平行；(5)各力作用线与某一固定直线垂直。试分析这5种力系各有几个

独立的平衡方程?

3-5　在下列各图中,力或力偶对点 A 的矩都相等,试问它们所引起的支座约束反力是否相等?

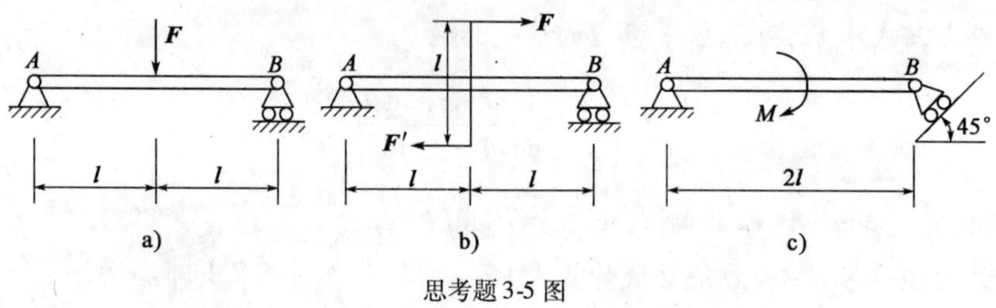

思考题 3-5 图

3-6　判断图示各问题是静定的,还是静不定的,并确定静不定的次数。

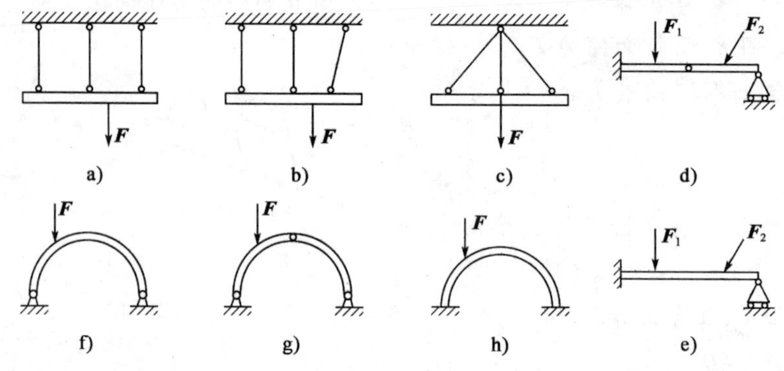

思考题 3-6 图

3-7　如图 a)所示,一矩形钢板放在水平地面上,钢板长 $a=4\text{m}$,宽 $b=3\text{m}$,若按图示方向加力,转动钢板需 $F=F'=500\text{N}$。试问如何加力才能使转动钢板所用的力最小,这个最小的力为多少?如图 b)所示,4 个力作用在刚体的 A,B,C,D4 点,$ABCD$ 构成一个矩形,四个力 $\boldsymbol{F}_1$,$\boldsymbol{F}_2$,$\boldsymbol{F}'_1$,$\boldsymbol{F}'_2$ 的力矢首尾相接,试问此刚体是否平衡?若 $\boldsymbol{F}_1$ 和 $\boldsymbol{F}'_1$ 都改变方向,如图 c)所示,此刚体是否平衡呢?

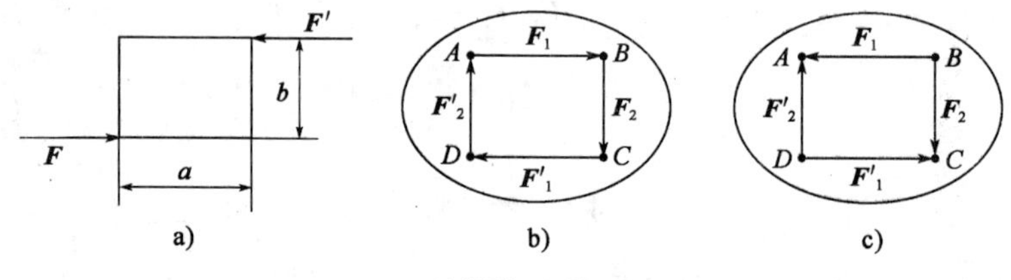

思考题 3-7 图

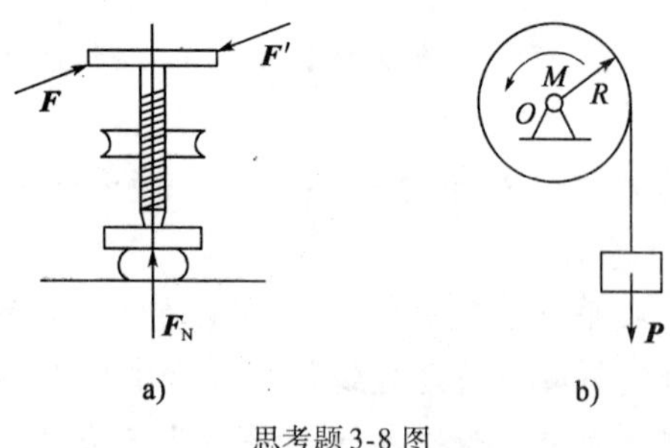

思考题 3-8 图

3-8　从力偶理论可知,一个力不能与力偶平衡。但是,对于如图 a)所示的螺旋压榨机,力偶却似乎可以被压榨物体的反抗力 $\boldsymbol{F}_\text{N}$ 所平衡?再者,为什么图 b)所示的轮子上的力偶 M 似乎与物体的重力 $\boldsymbol{P}$ 平衡呢?这种说法错在何处?

3-9　物体的重心是否一定在物体上?为什么?

3-10　一均质等截面直杆的重心在哪里?若将它变成半圆形,重心的位置是否改变?

3-11　如何理解桁架求解的两个方法？其平衡方程如何选取？

3-12　图示为桁架中杆件铰接的几种情况。在图 a)和图 b)的节点上无荷载作用，图 c)的节点 C 上受到外力 $\boldsymbol{F}$ 作用，作用线沿水平杆。问图中各杆件中哪些是零杆？

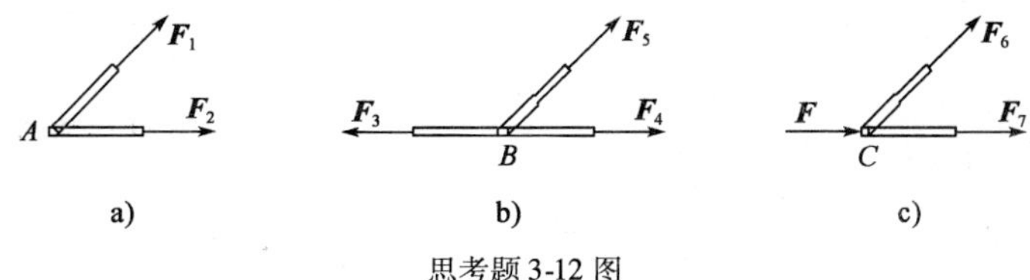

思考题 3-12 图

3-13　用题 3-12 的结论，找出图示各桁架中的零杆。

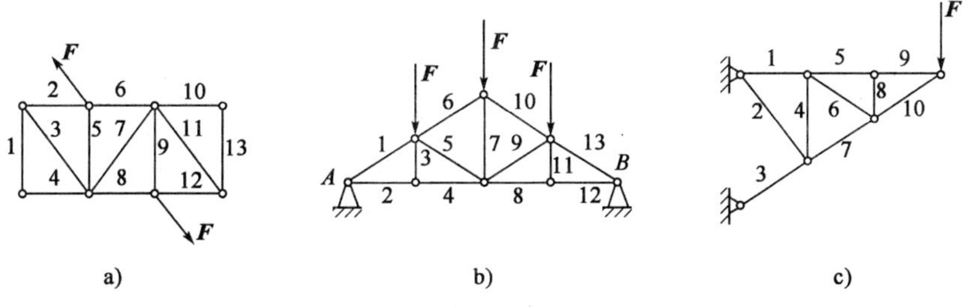

思考题 3-13 图

3-14　如图所示，物块重 W，与水平面间的摩擦因数为 μ_s，要使物块向右移动，则在图示两种施力方法中，哪种方法省力？说明理由。

3-15　物块重 W，在物块上还作用有一大小等于 W 的力 $\boldsymbol{F}$，其作用线在摩擦角之外，如图所示。已知 $\alpha = 30°$，$\varphi_m = 20°$，问物块是否平衡？为什么？

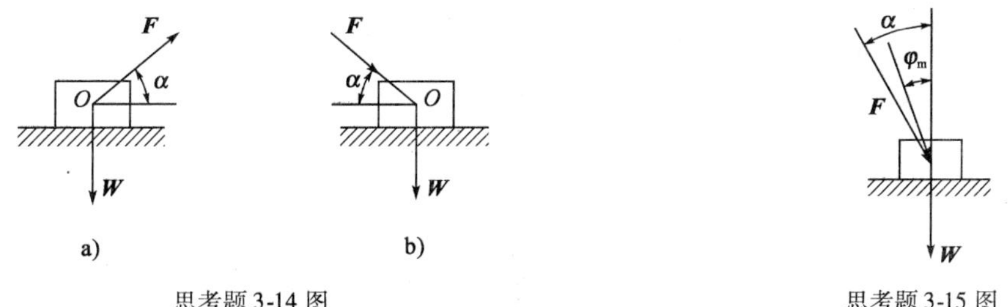

思考题 3-14 图　　　思考题 3-15 图

3-16　重量为 P 的均质圆柱放在 V 形槽里，考虑摩擦。当圆柱上作用一力偶，其力偶矩为 M 时(如图所示)，圆柱处于极限平衡状态。此时接触点处的法向反力 $\boldsymbol{F}_{NA}$ 与 $\boldsymbol{F}_{NB}$ 哪个大？试说明理由。

3-17　已知杆 OA 重 P，物块 M 重 Q，杆与物块间有摩擦，而物体与地面间的摩擦略去不计。当水平力 $\boldsymbol{F}$ 增大而物块仍然保持平衡时，杆对物块 M 的正压力大小如何变化？试说明理由。

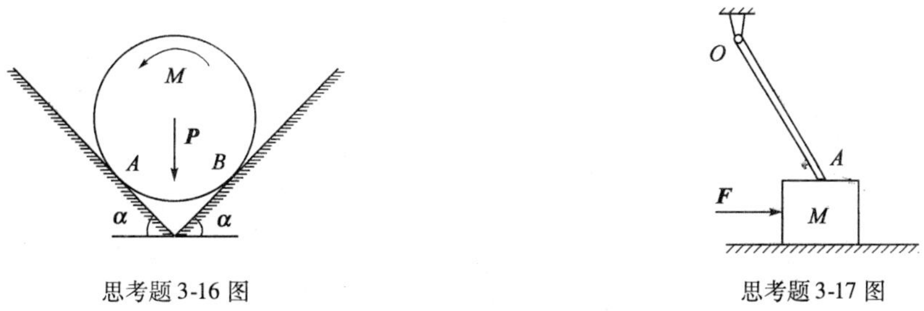

思考题 3-16 图　　　思考题 3-17 图

习　题

3-1　求图示各物体的支座约束反力，长度单位为米(m)。

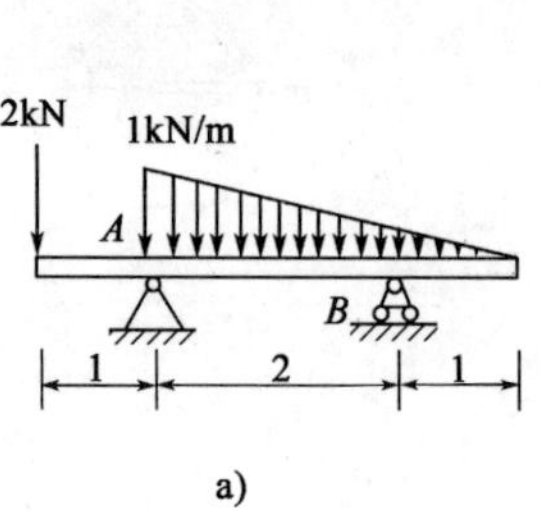

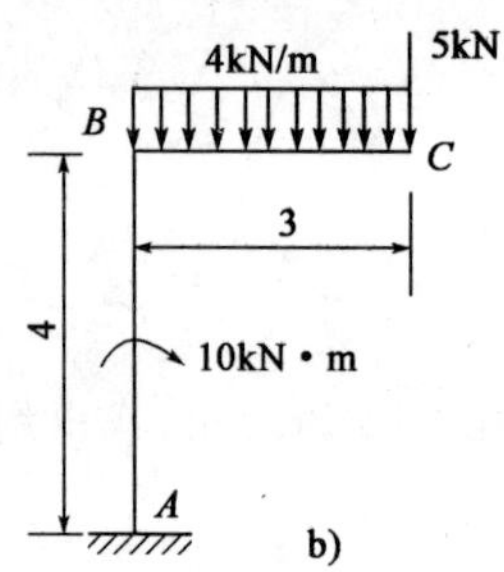

习题 3-1 图

3-2　如图所示，组合梁由 AC 和 DC 两段铰接构成，起重机放在梁上。已知起重机重 $Q=50\text{kN}$，重心在铅直线 EC 上，起重荷载 $P=10\text{kN}$。如不计梁重，求支座 A、B 和 D 三处的约束反力。

3-3　如图所示，由 AC 和 CD 构成的组合梁通过铰链 C 连接。已知均布荷载强度 $q=10\text{kN/m}$，力偶矩 $M=40\text{kN}\cdot\text{m}$，不计梁重。求支座 A、B、D 的约束力和铰链 C 处所受的力。

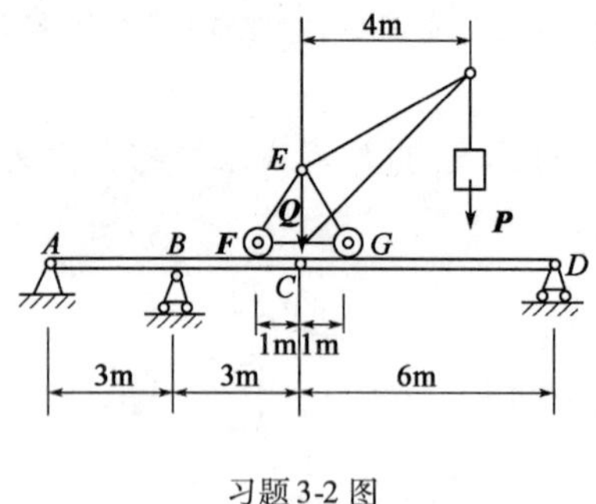

习题 3-2 图

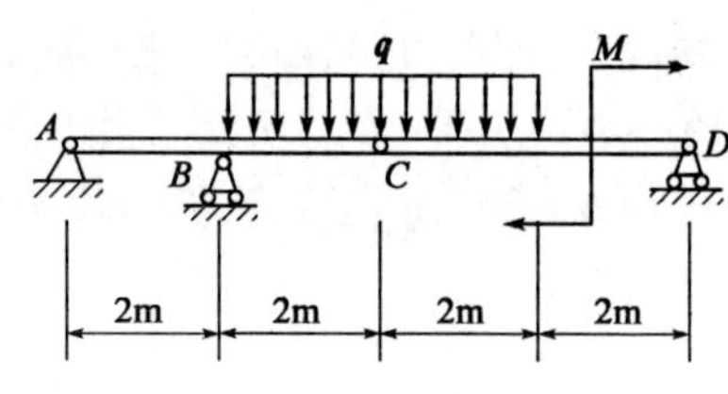

习题 3-3 图

3-4　均质杆 AB 重为 P、长为 $2l$，置于水平面与斜面上，其上端系一绳子，绳子绕过滑轮 C 吊起一重物 Q，如图所示。各处摩擦均不计，求杆平衡时的 Q 值及 A,B 两处的约束反力。α、β 均为已知。

3-5　如图所示，铰接四连杆机构在图示位置平衡。已知：$OA=60\text{cm}$，$BC=40\text{cm}$，作用在 BC 上的力偶的力偶矩大小 $M_2=1\text{N}\cdot\text{m}$。试求作用在 OA 上力偶的力偶矩大小 M_1 和 AB 杆所受的力 $\boldsymbol{F}_{AB}$。各杆的重量不计。

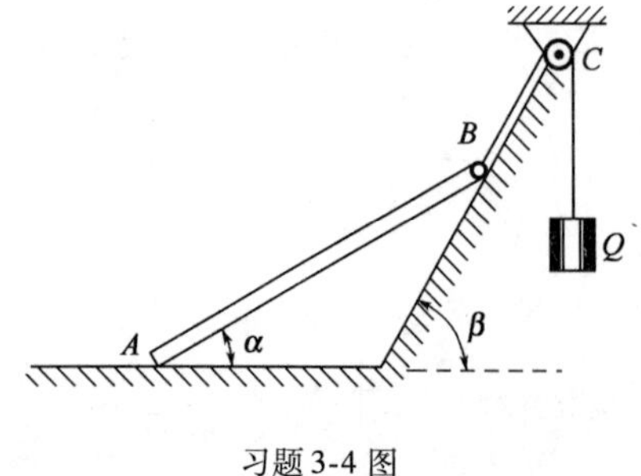

习题 3-4 图

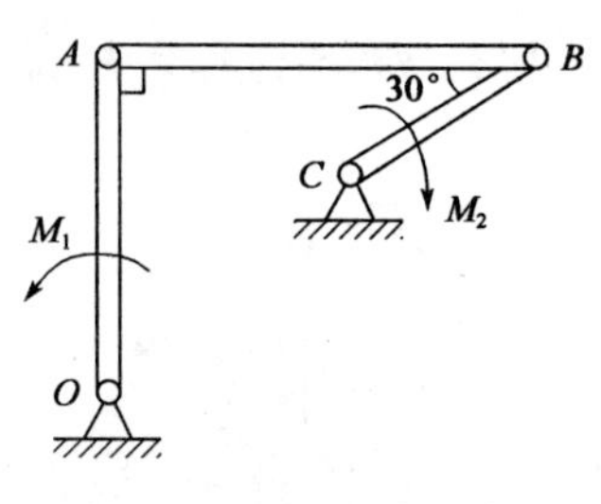

习题 3-5 图

3-6　如图所示铁路起重机，除平衡重 W 外的全部重量为 500kN，重心在两铁轨的对称平面内，最大起吊重量为 200kN。为保证起重机在空载和最大荷载时不致倾倒，求平衡重 W 及其距离 x。

3-7　如图所示为一地秤，BCE 为一整体台面，AOB 为一杠杆，并在 O 点铰接，DC 为水平二力杠杆，各部分自重不计，已知 l、a 之值，试求平衡时砝码重 P 与被称物重 G 的比值。

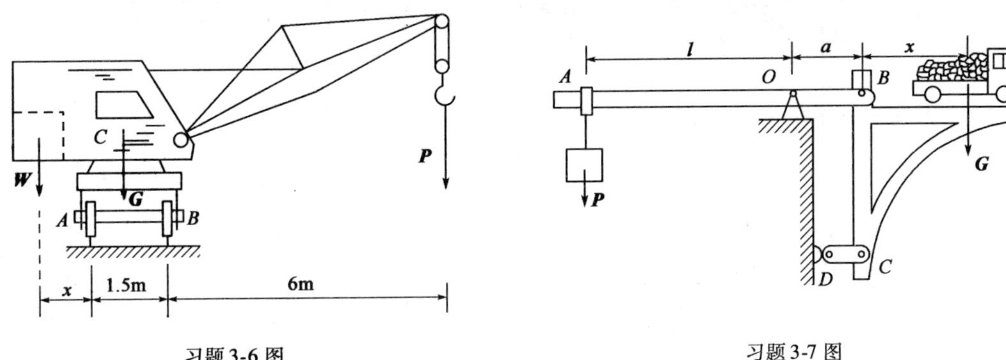

习题 3-6 图　　　　习题 3-7 图

3-8　结构如图，C 处为铰链，自重不计。已知：$F=100\text{kN}$，$q=20\text{kN/m}$，$M=50\text{kN}\cdot\text{m}$。试求 A、B 两支座的反力。

3-9　图示结构由丁字梁与直梁铰接而成，自重不计。已知：$F=2\text{kN}$，$q=0.5\text{kN/m}$，$M=5\text{kN}\cdot\text{m}$，$L=2\text{m}$。试求支座 C 及固定端 A 的反力。

习题 3-8 图　　　　习题 3-9 图

3-10　如图所示，构架 ABC 由三杆 AB、AC 和 DH 组成。杆 DH 的销子 E 可在杆 AC 的槽内滑动。求在水平杆 DH 的一端作用铅直力 $\boldsymbol{F}$ 时杆 AB 上的点 A、D 和 B 处的约束反力。

3-11　三角架如图所示，$P=1\text{kN}$，试求支座 A、B 的约束反力。

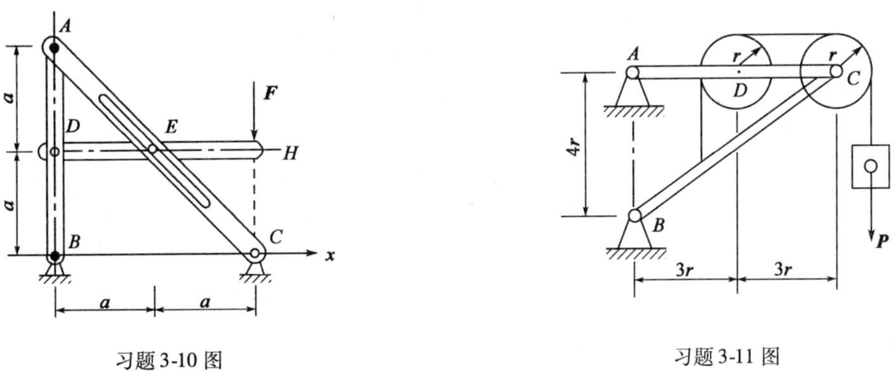

习题 3-10 图　　　　习题 3-11 图

3-12　图示构架由不计重量的三杆组成，B、D 为铰链连接。已知：$F=600\text{N}$，$q_G=300\text{N/m}$，$L_1=2\text{m}$，$L_2=3\text{m}$。试求铰链 B 的反力。

3-13　结构由 AB、BG、BE、EH 4 根杆子组成。已知：$F=200\text{N}$，$P=500\text{N}$，$M=400\text{N}\cdot\text{m}$，$L=1\text{m}$，小滑轮 E 的半径忽略，各杆重不计。试求(1)绳子 OC 的拉力；(2)固定端 A 处的约束反力；(3)杆 BE 的内力。

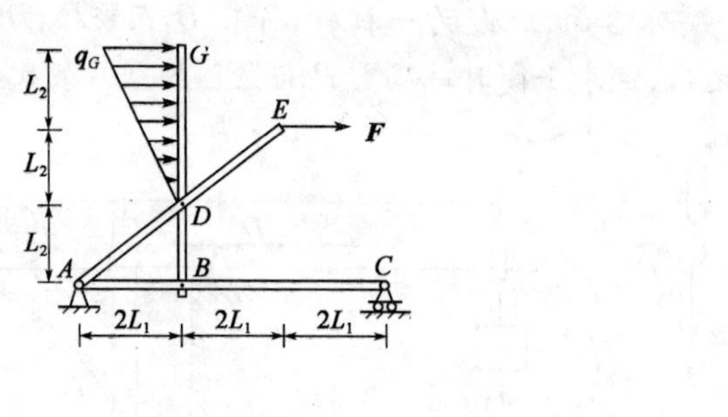

习题 3-12 图

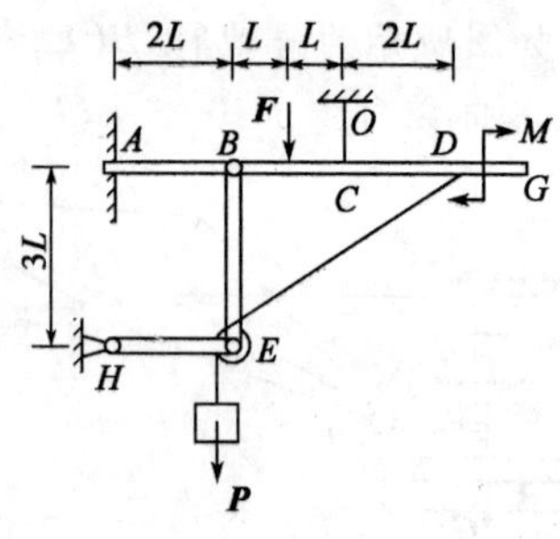

习题 3-13 图

3-14　如图所示空间构架由 3 根直杆组成，在 D 端用球铰链连接，A、B 和 C 端则用球链固定在水平地板上。如果挂在 D 端的物重 $G=10\text{kN}$。试求铰链 A、B 和 C 的反力。各杆重量不计。

3-15　如图所示三圆盘 A、B 和 C 的半径分别为 15cm、10cm 和 5cm。三轴 OA、OB 和 OC 在同一平面内，$\angle AOB$ 为直角。在这三圆盘上分别作用力偶，组成各力偶的力作用在轮缘上，它们的大小分别等于 10N、20N 和 F。如这三圆盘所构成的物系是自由的，求能使此物系平衡的力 $\boldsymbol{F}$ 的大小和角 α。

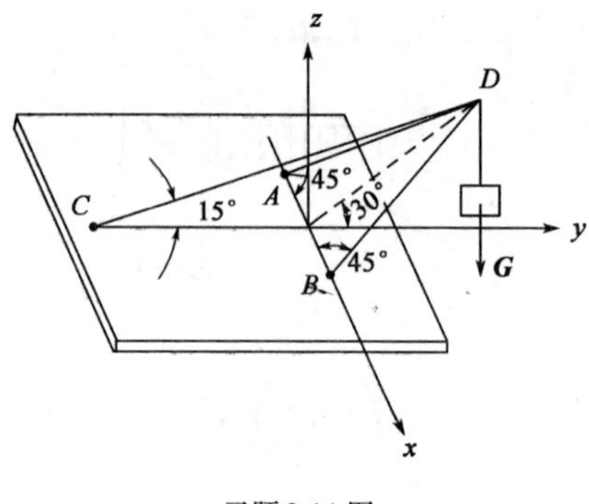

习题 3-14 图

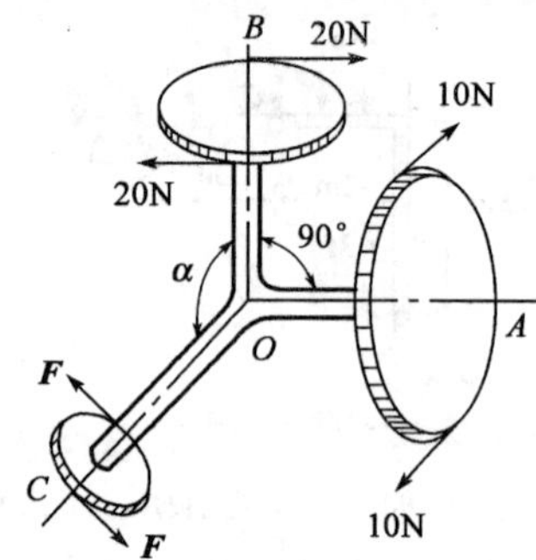

习题 3-15 图

3-16　如图所示，铰车的轴 AB 上绕有绳子，绳上挂重物 Q。轮 C 装在轴上，轮的半径为轴半径的 6 倍。绕在轮 C 上的绳子沿轮与水平线成 30°角的切线引出，绳跨过轮 D 后挂以重物 $P=60\text{N}$。求平衡时，重物 Q 的重量，以及轴承 A 和 B 的约束反力。各轮和轴的重量以及绳与滑轮 D 的摩擦均略去不计。

3-17　如图所示，传动轴 AB 一端为圆锥齿轮，作用其上的圆周力 $F_t=4.55\text{kN}$，径向力 $F_r=0.414\text{kN}$，轴向力 $F_n=1.55\text{kN}$，另一端为圆柱齿轮，压力角 $\alpha=20°$。求系统平衡时作用于圆柱齿轮的圆周力 F_1 及径向力 F_2 以及径向轴承 A 和径向止推轴承 B 的支座反力。

3-18　重为 Q 的矩形水平板由 3 根铅直杆支撑，尺寸如图所示，试求各杆内力。若在板的形心 D 处放置一重为 P 的物体，则各杆内力又如何？

3-19　一个重为 P，边长为 $2a$ 的正方形均质薄板，由两根长 L 的软绳挂起并保持在水平位置，在板上作用一矩为 M 的力偶，使板从原来位置转过 90°，而仍保持在水平位置平衡，如图示。求此力偶矩的大小。

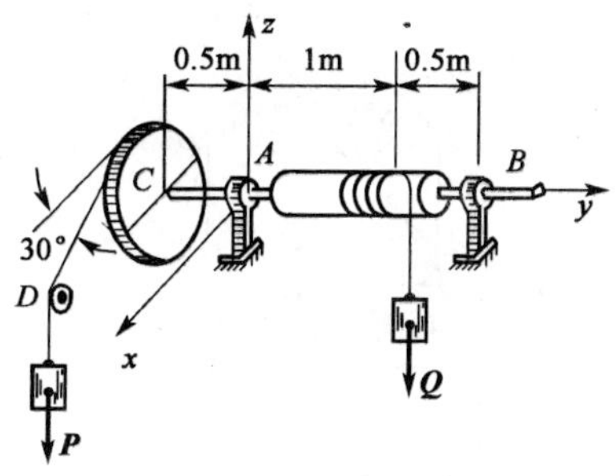

习题 3-16 图

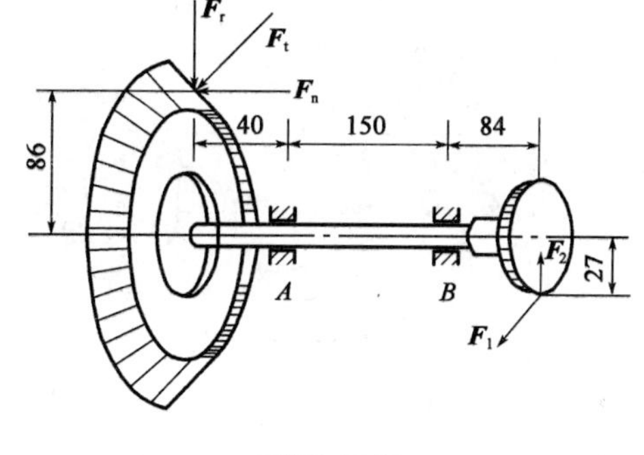

习题 3-17 图

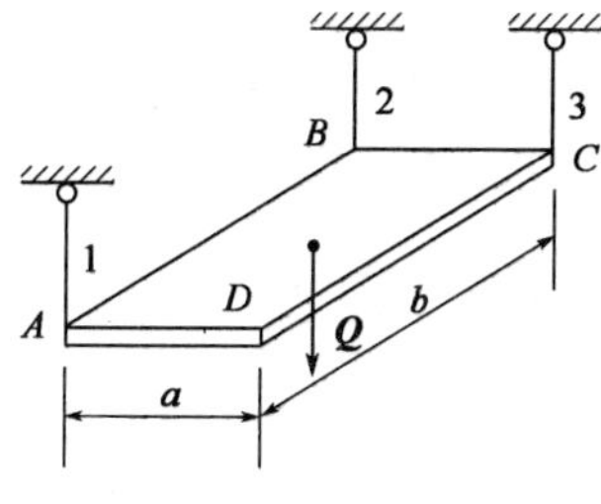

习题 3-18 图

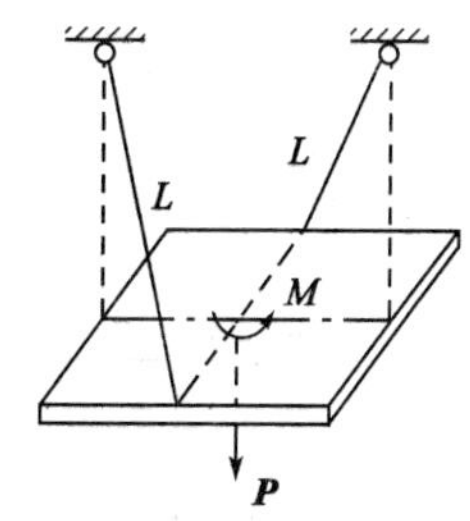

习题 3-19 图

3-20　试判断图示结构中所有零杆。

3-21　试用节点法求图示桁架中各杆件的内力。

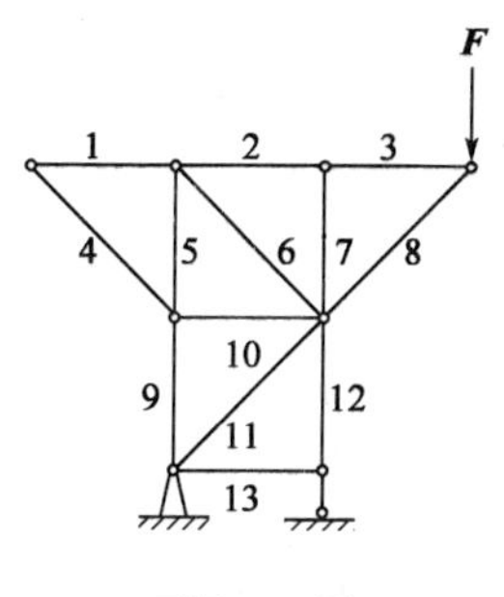

习题 3-20 图

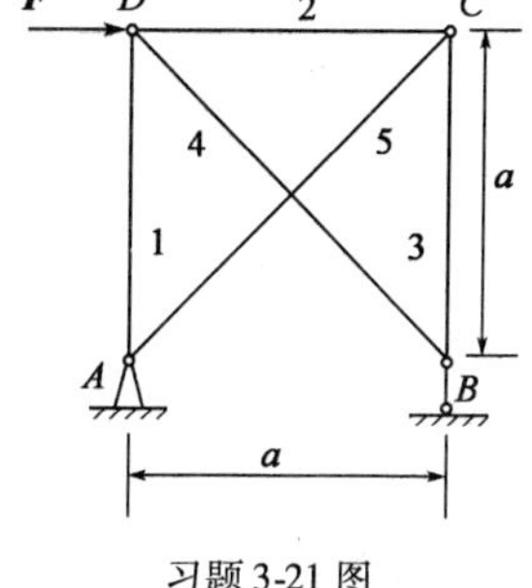

习题 3-21 图

3-22　试用节点法求图示桁架中各杆件的内力。

3-23　试用节点法求图示桁架中各杆件的内力。

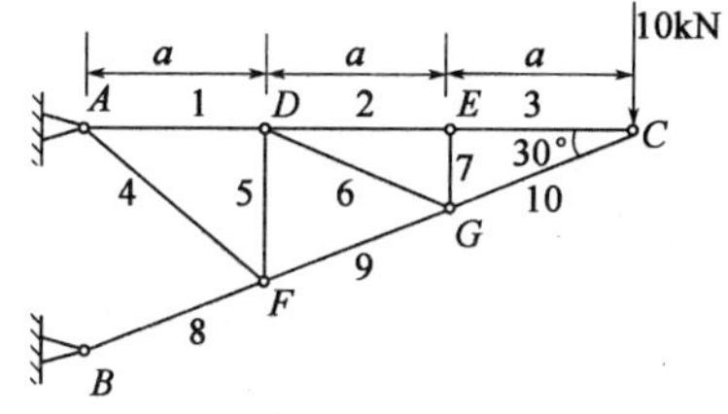

习题 3-22 图

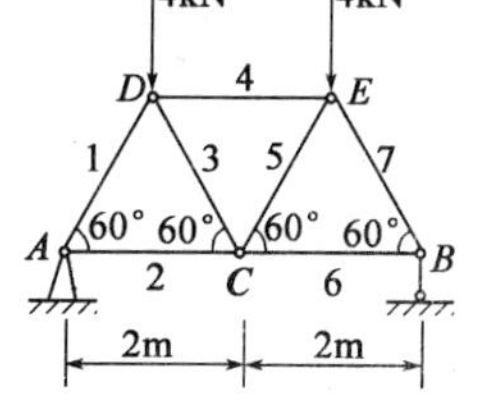

习题 3-23 图

3-24　试用截面法求图示桁架中各杆件的内力。

3-25　试用截面法求图示桁架中 1,2 杆的内力。

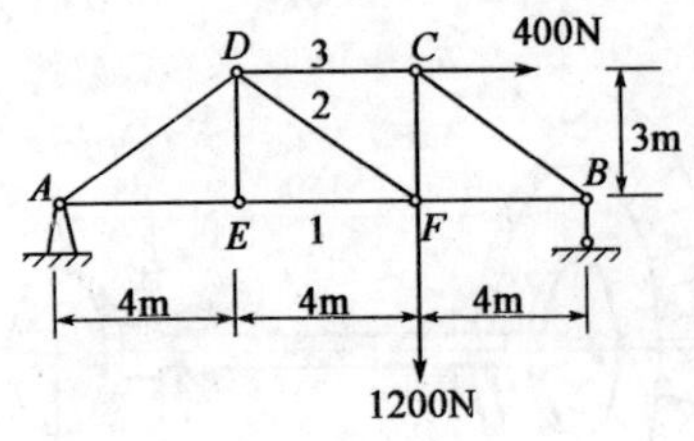

习题 3-24 图

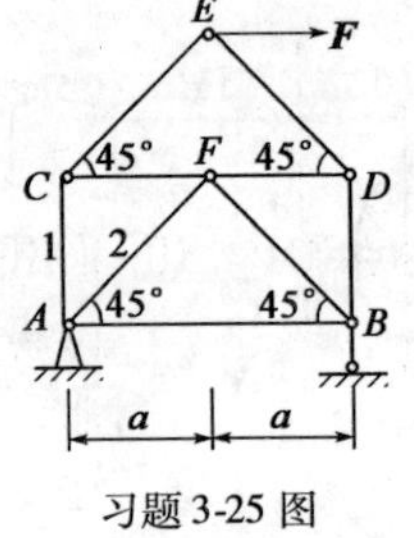

习题 3-25 图

3-26　试用截面法求图示桁架中 1,2 杆的内力。

3-27　试求图示桁架中 3,4,5,6 杆件的内力。

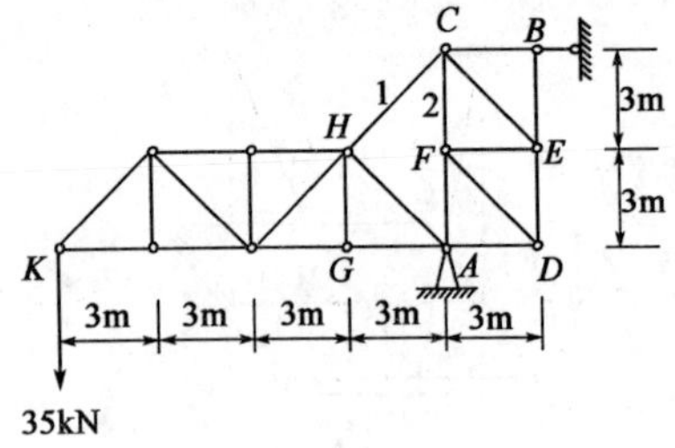

习题 3-26 图

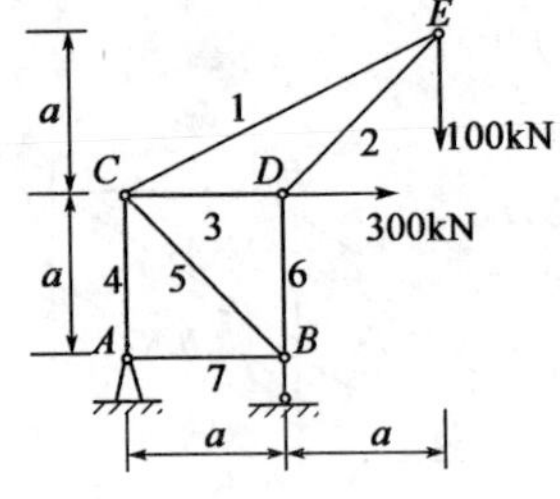

习题 3-27 图

3-28　物块重 $W=980\text{N}$,放在一倾斜角 $\alpha=30°$ 的斜面上,如图所示。已知接触面间的静摩擦因数 $f_s=0.2$。现有一大小为 $F=588\text{N}$ 的力沿斜面方向作用在物块上,问物块在斜面上是否处于静止?若静止,这时摩擦力为多大?

3-29　如图所示,一均质梯子长为 l,重为 $P_1=200\text{N}$,有一人重 $P_2=600\text{N}$,试问此人要爬到梯顶而梯不致滑倒,则梯子与地面间的静摩擦因数 f_{sB} 至少应该多大?已知梯子与墙面间的静摩擦因数 $f_{sA}=\dfrac{1}{3}$。梯子与地面间的夹角为 $\theta=\arctan\dfrac{4}{3}$。

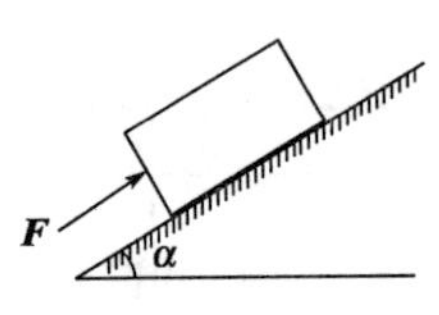

习题 3-28 图

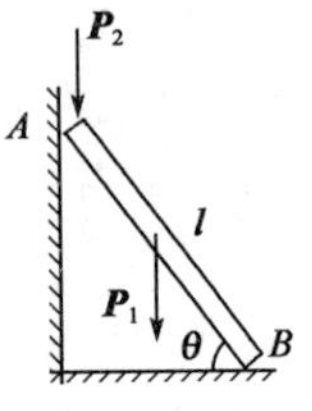

习题 3-29 图

3-30　用尖劈顶起重物的装置如图所示。重物与尖劈间的摩擦因数为 f,其他有圆辊处为光滑接触,尖劈顶角为 θ,且 $\tan\theta>f$,被顶举的重量设为 Q。试求:(1)顶举重物上升所需的力 F 的值。(2)顶住重物不致下降所需的力 F_1 的值。

3-31　如图所示机构自重不计。已知 $M=200\text{kN}\cdot\text{m}$,两杆等长为 $l=2\text{m}$,D 处的静摩擦因数 $f_s=0.6$,荷载 $\boldsymbol{F}$ 作用在 BD 杆中点。试求图 3-21 所示位置欲使机构保持平衡时的力 $\boldsymbol{F}$ 的值。

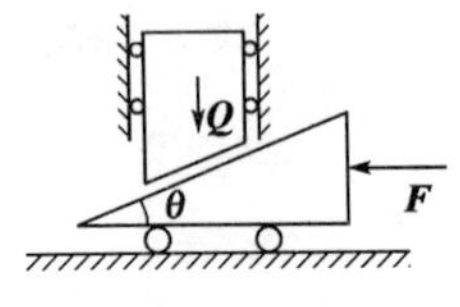

习题 3-30 图

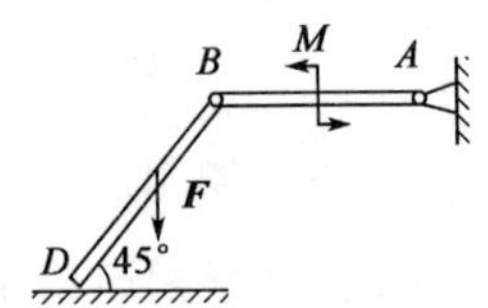

习题 3-31 图

3-32　如图所示，正圆锥体高40cm，底半径为 $a=10\text{cm}$，重心距底面为 $a=10\text{cm}$，重为 $W=10\text{N}$，放在与水平面成30°角的斜面上，静摩擦因数为 $f_s=0.5$，水平拉力 F 作用在圆锥顶点，并在与斜面直交的铅锤面内。试求圆锥平衡时力 F 的值。

3-33　如图所示滚子重 $W=100\text{N}$，半径 $R=10\text{cm}$，其上作用一力偶 $M=3\text{N}\cdot\text{cm}$，滚子与地面间的滑动摩擦因数 $f=0.2$。滚动摩阻系数 $\delta=0.05\text{cm}$。试求滚子所受的滑动摩擦力及滚动摩阻力偶。

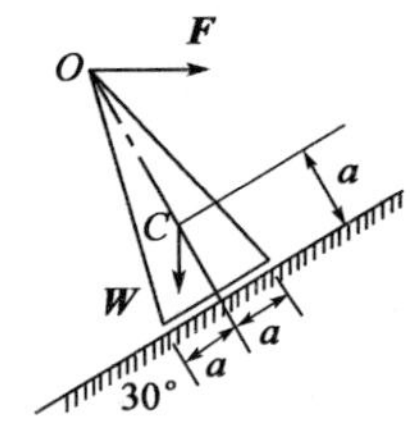

习题3-32图

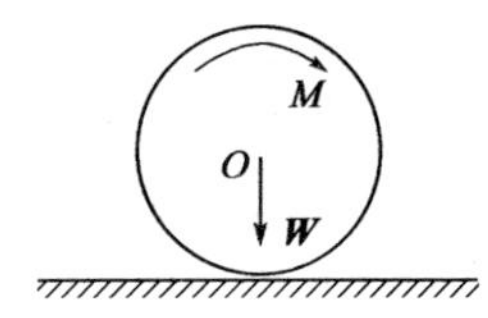

习题3-33图

3-34　如图所示，圆轮 B 半径为 R，重量为 Q，位于与水平面成 θ 角的斜面上。一根绳子过滑轮 A，一端系在 B 轮的中心，另一端吊一重物 C，绳 BD 段与斜面平行。已知：B 轮沿斜面的滚动摩阻系数为 δ。试求当系统处于平衡时重物 C 的重量 W。

3-35　杆 CB 重 G，靠在半圆形悬臂梁中，位置如图示，已知：$P=2\text{kN}$，$a=0.4\text{m}$，C，B 处静滑动摩擦因数 $f_s=0.25$。试求使系统处于平衡静止状态，加在杆上的铅直力 $\boldsymbol{F}$ 的最小值及与 $\boldsymbol{F}$ 值相应的 A，B，C 处的约束反力。

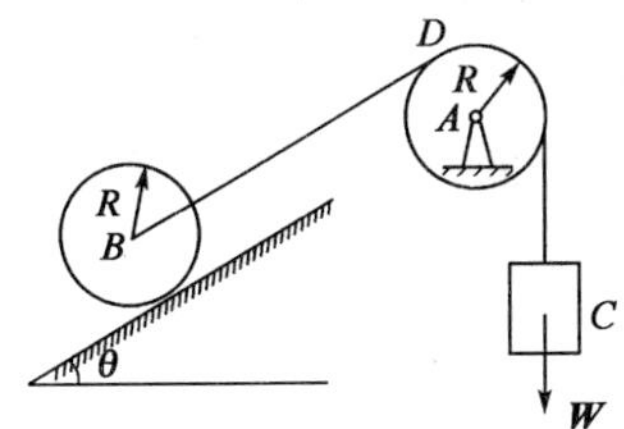

习题3-34图

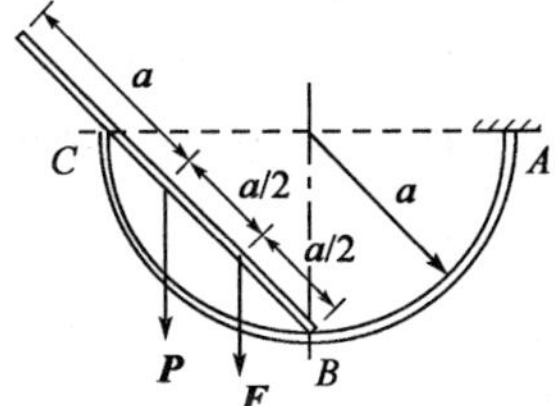

习题3-35图

第四章　点的运动学

本章要点

- 矢量法、直角坐标法、自然法；
- 点的运动方程、运动轨迹、速度和加速度。

运动学是研究物体运动的几何性质的科学。在运动学中，不考虑力和质量等与运动有关的物理因素，而是从几何学的观点来研究物体的运动，通常包括点的轨迹、运动方程、速度和加速度以及刚体的转动方程、角速度和角加速度等。

运动学不仅是动力学的基础，而且具有其独立的意义。在分析机构的运动规律和设计新的机构时，都需要丰富的运动学知识。例如，设计机床时，必须设计一套合适的传动系统，以便执行机构选择不同的运动速度。

运动是绝对的，而运动的描述是相对的。研究一个物体的机械运动，必须选取另一个物体作为参考，这个参考的物体称为参考体。与参考体所固连的坐标系称为参考坐标系，简称参考系。同一个物体的运动，对于不同的参考系来说，运动情况不相同。例如，汽车行驶时，相对于固结于车身的坐标系，车轮作定轴转动，相对于固结于地面的坐标系，车轮作复杂运动。因此在力学中，描述任何物体的运动都需要指明参考体。一般工程问题中，都取与地面固连的坐标系为参考系。

运动学的研究模型为几何点和刚体。当物体的大小和形状在所研究问题中不起主导作用时，可忽略大小和形状视为几何点；否则视为刚体。例如，在研究地球的自转时，可视其为刚体，而在研究它绕太阳公转的运动规律时，可看作几何点。

运动学主要研究以下问题：

(1)点的运动规律；

(2)刚体的平行移动、定轴转动、平面运动及其上各点的速度和加速度；

(3)点的合成运动。

第一节　矢　量　法

一、运动方程

设点作空间曲线运动，在某一瞬时 t，动点为 M，如图 4-1 所示。选取参考体上某固定点 O 为坐标原点，自点 O 向动点 M 作矢量 $\boldsymbol{r}$，称 $\boldsymbol{r}$ 为点 M 相对于原点 O 的矢径。当动点 M 运动时，矢径 $\boldsymbol{r}$ 随时间而变化，并且是时间的单值连续函数，即

$$\boldsymbol{r} = \boldsymbol{r}(t) \tag{4-1}$$

式(4-1)称为以矢量形式表示的点的运动方程。显然，矢径 $\boldsymbol{r}$ 的矢端曲线就是动点 M 的

运动轨迹。

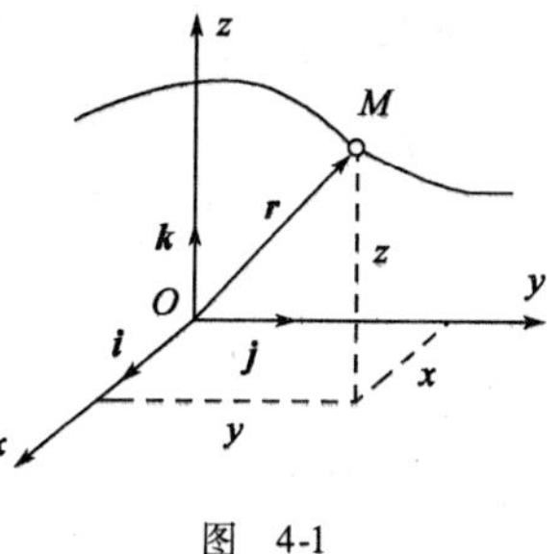

图 4-1

二、速度

动点的速度等于动点的矢径 $\boldsymbol{r}$ 对时间的一阶导数，即

$$\boldsymbol{v} = \frac{\mathrm{d}\boldsymbol{r}}{\mathrm{d}t} \tag{4-2}$$

速度是矢量，方向沿 $\boldsymbol{r}$ 矢端曲线的切线，指向动点前进的方向，其量纲为 LT^{-1}，在国际单位制中，速度的单位为 m/s。

三、加速度

动点的加速度等于该点的速度对时间的一阶导数，或等于矢径对时间的二阶导数，即

$$\boldsymbol{a} = \frac{\mathrm{d}\boldsymbol{v}}{\mathrm{d}t} = \frac{\mathrm{d}^2\boldsymbol{r}}{\mathrm{d}t^2} \tag{4-3}$$

加速度也是矢量，其量纲为 LT^{-2}，在国际单位制中，加速度的单位为 $\mathrm{m/s^2}$。

式(4-2)和式(4-3)通常亦可写为 $\boldsymbol{v}=\dot{\boldsymbol{r}}$ 和 $\boldsymbol{a}=\dot{\boldsymbol{v}}=\ddot{\boldsymbol{r}}$。

第二节　直角坐标法

一、运动方程

过点 O 建立固定的直角坐标系 $Oxyz$，则动点 M 在任意瞬时的空间位置也可以用它的 3 个直角坐标 x,y,z 表示，如图 4-1 所示。于是矢径 $\boldsymbol{r}$ 可表示为

$$\boldsymbol{r} = x\boldsymbol{i} + y\boldsymbol{j} + z\boldsymbol{k} \tag{4-4}$$

式中，$\boldsymbol{i},\boldsymbol{j},\boldsymbol{k}$ 分别为沿 3 根坐标轴的单位矢量。坐标 x,y,z 也是时间的单值连续函数，即

$$\left.\begin{aligned} x &= f_1(t) \\ y &= f_2(t) \\ z &= f_3(t) \end{aligned}\right\} \tag{4-5}$$

式(4-5)称为以直角坐标形式表示的点的运动方程，实际上也是点的轨迹的参数方程。

因为动点的轨迹与时间无关，将运动方程(4-5)中的时间 t 消去，即可得到动点的轨迹方程。

二、速度

将式(4-4)对时间求一阶导数，并注意到 $\boldsymbol{i}$、$\boldsymbol{j}$、$\boldsymbol{k}$ 为大小和方向都不变的常矢量，则

$$\boldsymbol{v} = \dot{x}\boldsymbol{i} + \dot{y}\boldsymbol{j} + \dot{z}\boldsymbol{k} \tag{4-6}$$

设动点 M 的速度矢 $\boldsymbol{v}$ 在直角坐标轴上的投影为 v_x、v_y、v_z，则

$$\boldsymbol{v} = v_x\boldsymbol{i} + v_y\boldsymbol{j} + v_z\boldsymbol{k} \tag{4-7}$$

比较式(4-6)和式(4-7),得到

$$\left.\begin{aligned} v_x &= \dot{x} \\ v_y &= \dot{y} \\ v_z &= \dot{z} \end{aligned}\right\} \tag{4-8}$$

即动点的速度在各坐标轴上的投影等于其相应坐标对时间的一阶导数。求得 v_x, v_y, v_z 后,速度 v 的大小和方向就可由它的 3 个投影完全确定。

三、加速度

同样,设

$$\boldsymbol{a} = a_x\boldsymbol{i} + a_y\boldsymbol{j} + a_z\boldsymbol{k} \tag{4-9}$$

可得

$$\begin{aligned} a_x &= \dot{v}_x = \ddot{x} \\ a_y &= \dot{v}_y = \ddot{y} \\ a_z &= \dot{v}_z = \ddot{z} \end{aligned} \tag{4-10}$$

即动点的加速度在各坐标轴上的投影等于其相应速度的投影对时间的一阶导数,或其相应坐标对时间的二阶导数。加速度 a 的大小和方向亦可由它的 3 个投影完全确定。

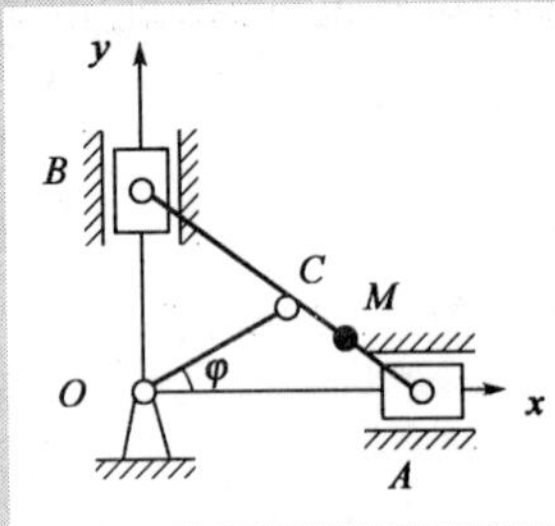

图 4-2

[例 4-1] 椭圆规的曲柄 OC 可绕定轴 O 转动,其端点 C 与规尺 AB 的中点以铰链相连接,规尺的两端分别在互相垂直的滑槽中运动,如图 4-2 所示。已知:$OC = AC = BC = l, MC = b, \varphi = \omega t$,试求规尺上点 M 的运动方程、运动轨迹和速度。

解:(1)求运动方程。建立直角坐标系,如图 4-2 所示,则 M 点的运动方程

$$x = (OC + CM)\cos\varphi = (l + b)\cos\omega t$$

$$y = AM \cdot \sin\varphi = (l - b)\sin\omega t$$

(2)求轨迹方程。消去时间 t,得点 M 的轨迹方程

$$\frac{x^2}{(l+b)^2} + \frac{y^2}{(l-b)^2} = 1$$

可见,点 M 的轨迹是一个椭圆,长轴和 x 轴重合,短轴和 y 轴重合。

(3)求速度。为求点 M 的速度,将运动方程对时间取一阶导数,得

$$v_x = \dot{x} = -\omega(l + b)\sin\omega t$$

$$v_y = \dot{y} = \omega(l - b)\cos\omega t$$

因此,点 M 的速度大小

$$v = \sqrt{v_x^2 + v_y^2} = \sqrt{[-\omega(l+b)\sin\omega t]^2 + [\omega(l-b)\cos\omega t]^2}$$

$$= \omega\sqrt{l^2 + b^2 - 2lb\cos 2\omega t}$$

其方向余弦为

$$\cos(\boldsymbol{v},\boldsymbol{i}) = \frac{v_x}{v} = \frac{-(l+b)\sin\omega t}{\sqrt{l^2+b^2-2lb\cos 2\omega t}}$$

$$\cos(\boldsymbol{v},\boldsymbol{j}) = \frac{v_y}{v} = \frac{(l-b)\cos\omega t}{\sqrt{l^2+b^2-2lb\cos 2\omega t}}$$

请读者自己思考如何求 M 点的加速度。

[**例 4-2**] 如图 4-3 所示，半圆形凸轮以等速 $v_0 = 10\text{mm/s}$ 沿水平方向向左运动，从而推动活塞杆 AB 沿铅直方向运动。当运动开始时，活塞杆 A 端在凸轮的最高点上。如凸轮半径 $R = 80\text{mm}$，试求活塞 B 相对于地面的运动方程、速度和加速度。

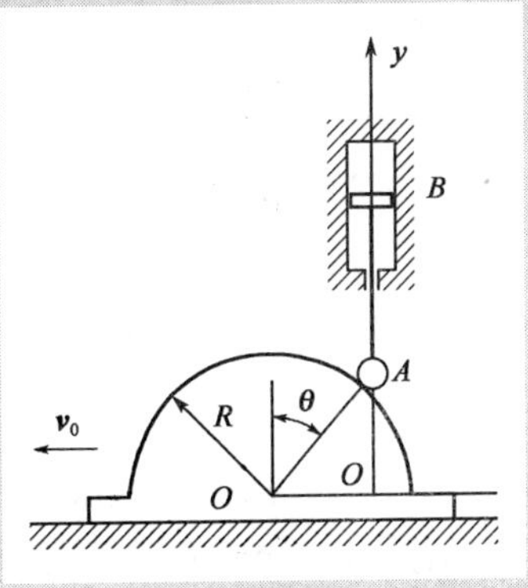

图 4-3

解：活塞连同活塞杆在铅直方向运动，可用其上一点的运动来描述。以下研究点 A 的运动情况，显然点 A 相对于地面作直线运动。建立以 O 点为坐标原点，竖直向上为 y 轴的坐标系，如图 4-3 所示。于是点 A 的运动方程为

$$y_A = R\cos\theta = \sqrt{R^2-(v_0t)^2} = 10\sqrt{64-t^2}\ \text{mm}$$

上式对时间求导得

$$v_A = \dot{y}_A = -\frac{10t}{\sqrt{64-t^2}}\ \text{mm/s}$$

$$\alpha_A = \dot{v}_A = -\frac{640}{\sqrt{(64-t^2)^3}}\ \text{mm/s}^2$$

第三节　自　然　法

一、弧坐标

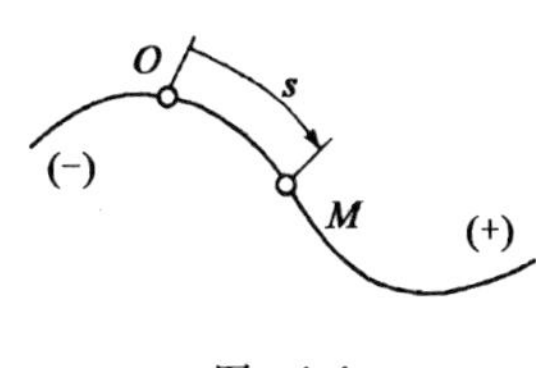

图 4-4

当动点的轨迹已知时，可以沿此轨迹确定动点的位置。在轨迹上任取固定点 O 作为原点，选定沿轨迹量取弧长的正负方向，则动点的位置可用弧坐标 s 来确定，如图 4-4 所示。动点 M 运动时，弧长 s 是时间的单值连续函数，可表示为

$$s = f(t) \tag{4-11}$$

式(4-11)称为用自然法表示的点的运动方程。

二、自然轴系

为了用自然法表示点的速度和加速度，需建立和点的轨迹曲线形状有关的自然轴系。设轨迹上点 M 和 M' 的切向单位矢量分别为 $\boldsymbol{\tau}$ 和 $\boldsymbol{\tau}'$，如图 4-5 所示，将 $\boldsymbol{\tau}'$ 平移至点 M，则 $\boldsymbol{\tau}$ 和 $\boldsymbol{\tau}'$ 决定一平面。令点 M' 无限趋近点 M，则此平面趋近某一极限位置，此极限平面称为曲线在点 M 的密切面(图 4-6)。经过 M 并与切线垂直的平面称为法平面，法平面与密切面的交线称为主法

线。设主法线的单位矢量为 $\boldsymbol{n}$，指向曲线内凹一侧。过点 M 且垂直切线和主法线的直线称为副法线，其单位矢量为 $\boldsymbol{b}$，指向与 $\boldsymbol{\tau}$、$\boldsymbol{n}$ 构成右手螺旋法则，即

$$\boldsymbol{b} = \boldsymbol{\tau} \times \boldsymbol{n}$$

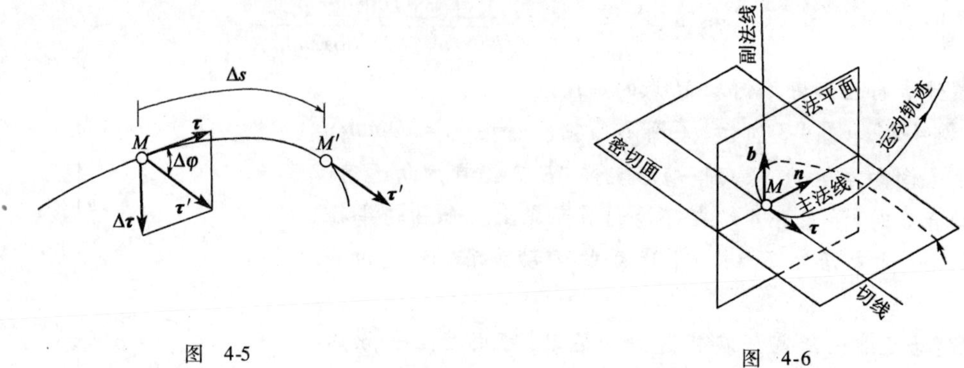

图 4-5　　图 4-6

以点 M 为原点，以切线、主法线和副法线为坐标轴组成的正交坐标系称为曲线在点 M 的自然轴系，这 3 个轴称为自然轴。由于点 M 在轨迹上运动，$\boldsymbol{b}$、$\boldsymbol{\tau}$、$\boldsymbol{n}$ 的方向也在不断变化，因此 $\boldsymbol{b}$、$\boldsymbol{\tau}$、$\boldsymbol{n}$ 是变化的单位矢量。

三、速度

将矢径 $\boldsymbol{r}$ 表示为弧坐标的函数，即

$$\boldsymbol{r} = \boldsymbol{r}(s) = \boldsymbol{r}[s(t)] \tag{4-12}$$

由速度的定义，得

$$\boldsymbol{v} = \frac{\mathrm{d}\boldsymbol{r}}{\mathrm{d}t} = \frac{\mathrm{d}\boldsymbol{r}}{\mathrm{d}s}\frac{\mathrm{d}s}{\mathrm{d}t} = v\frac{\mathrm{d}\boldsymbol{r}}{\mathrm{d}s} \tag{4-13}$$

式(4-13)中

$$\frac{\mathrm{d}\boldsymbol{r}}{\mathrm{d}s} = \lim_{\Delta s \to 0}\frac{\Delta \boldsymbol{r}}{\Delta s} \tag{4-14}$$

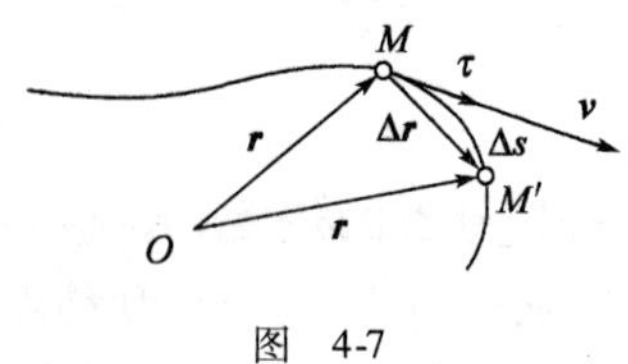

图 4-7

由图 4-7 可知，此极限的模等于 1，方向沿点 M 处轨迹切线且指向 s 的正向，因此，它与 $\boldsymbol{\tau}$ 相同。于是，可得用自然法表示的速度公式

$$\boldsymbol{v} = \dot{s}\boldsymbol{\tau} = v\boldsymbol{\tau} \tag{4-15}$$

式(4-15)中，$v = \dot{s}$ 表示速度的代数值等于弧坐标对时间的一阶导数。

四、加速度

将式(4-15)对时间求导，得

$$\boldsymbol{a} = \dot{v}\boldsymbol{\tau} + v\dot{\boldsymbol{\tau}} \tag{4-16}$$

式(4-16)表明，加速度 $\boldsymbol{a}$ 可分为两个分量。第一个分量 $\dot{v}\boldsymbol{\tau}$ 是反映速度大小变化情况的加速度，记为 $\boldsymbol{a}_{\tau}$；第二个分量 $v\dot{\boldsymbol{\tau}}$ 是反映速度方向变化的加速度，记为 $\boldsymbol{a}_n$。下面分别求它们的大小和方向。

1. 反映速度大小变化的切向加速度 $\boldsymbol{a}_\tau$

因为

$$\boldsymbol{a}_\tau = \dot{v}\boldsymbol{\tau} = \ddot{s}\boldsymbol{\tau} \tag{4-17}$$

方向沿轨迹切线，因此称为切向加速度。其中：

$$a_\tau = \dot{v} = \ddot{s} \tag{4-18}$$

a_τ是加速度矢量 $\boldsymbol{a}$ 在切线方向的投影。当 a_τ与 v 同号时，$\boldsymbol{a}_\tau$与 $\boldsymbol{v}$ 同向，点作加速运动。a_τ与 v 异号时，$\boldsymbol{a}_\tau$与 $\boldsymbol{v}$ 反向，点作减速运动。

因此，切向加速度反映速度大小随时间的变化率，它的代数值等于速度的代数值对时间的一阶导数，或等于弧坐标对时间的二阶导数，它的方向沿轨迹切线。

2. 反映速度方向变化的法向加速度 $\boldsymbol{a}_n$

因为

$$\boldsymbol{a}_n = v\dot{\boldsymbol{\tau}} \tag{4-19}$$

它反映了速度方向的变化。上式可改写为

$$\boldsymbol{a}_n = v\frac{\mathrm{d}\boldsymbol{\tau}}{\mathrm{d}s}\frac{\mathrm{d}s}{\mathrm{d}t} = v^2\frac{\mathrm{d}\boldsymbol{\tau}}{\mathrm{d}s} \tag{4-20}$$

而
$$\frac{\mathrm{d}\boldsymbol{\tau}}{\mathrm{d}s} = \lim_{\Delta s\to 0}\frac{\Delta\boldsymbol{\tau}}{\Delta s}$$

下面分析该极限的大小和方向。当 $\Delta s\to 0$ 时，$\Delta\varphi\to 0$，由图 4-8 可知

$$|\Delta\boldsymbol{\tau}| = 2|\boldsymbol{\tau}|\sin\frac{\Delta\varphi}{2} = 2\sin\frac{\Delta\varphi}{2}$$

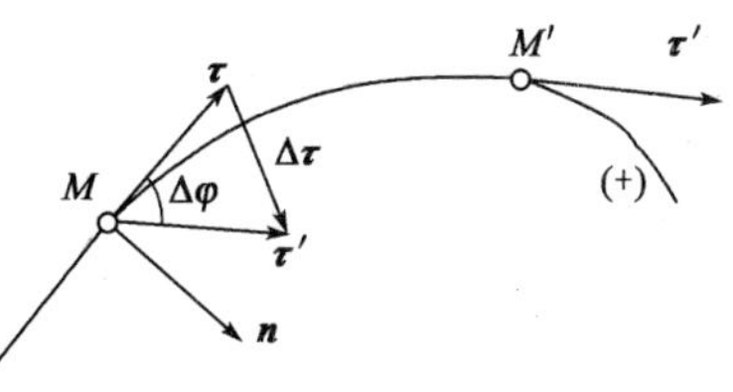

图 4-8

所以

$$\lim_{\Delta s\to 0}\left|\frac{\Delta\boldsymbol{\tau}}{\Delta s}\right| = \lim_{\Delta s\to 0}\left|\frac{\Delta\boldsymbol{\tau}}{\Delta\varphi}\frac{\Delta\varphi}{\Delta s}\right| = \lim_{\Delta s\to 0}\left|\frac{2\sin\frac{\Delta\varphi}{2}}{\Delta\varphi}\right|\lim_{\Delta s\to 0}\left|\frac{\Delta\varphi}{\Delta s}\right| = \left|\frac{\mathrm{d}\varphi}{\mathrm{d}s}\right| = \frac{1}{\rho}$$

于是

$$\left|\frac{\mathrm{d}\boldsymbol{\tau}}{\mathrm{d}s}\right| = \left|\frac{\mathrm{d}\varphi}{\mathrm{d}s}\right| = \frac{1}{\rho}$$

由图 4-8 可见，当 Δs 为正且→0 时，$\lim\limits_{\Delta s\to 0}\frac{\Delta\boldsymbol{\tau}}{\Delta s}$的方向与点 M 处的主法线方向相同。Δs 为负值时也是这样。所以

$$\frac{\mathrm{d}\boldsymbol{\tau}}{\mathrm{d}s} = \frac{1}{\rho}\boldsymbol{n} \tag{4-21}$$

将式(4-21)代入式(4-20)得

$$\boldsymbol{a}_n = \frac{v^2}{\rho}\boldsymbol{n} \tag{4-22}$$

由此可见，$\boldsymbol{a}_n$ 的方向和主法线的正向一致，称为法向加速度。法向加速度反映点的速度方向改变的快慢程度，它的大小等于速度的平方除以曲率半径，方向沿着主法线，指向曲率中心。

将式(4-17)和式(4-22)代入式(4-16)，可得用自然法表示的动点加速度为

$$\boldsymbol{a} = \boldsymbol{a}_\tau + \boldsymbol{a}_n = a_\tau \boldsymbol{\tau} + a_n \boldsymbol{n} = \frac{\mathrm{d}v}{\mathrm{d}t}\boldsymbol{\tau} + \frac{v^2}{\rho}\boldsymbol{n} \tag{4-23}$$

$\boldsymbol{a}$ 在副法线方向的投影为零，由 $\boldsymbol{a}_\tau$和 $\boldsymbol{a}_n$ 可求得全加速度 a 的大小和方向。其大小为

$$a = \sqrt{a_\tau^2 + a_n^2} = \sqrt{\left(\frac{\mathrm{d}v}{\mathrm{d}t}\right)^2 + \left(\frac{v^2}{\rho}\right)^2} \tag{4-24}$$

加速度和主法线所夹的锐角的正切为

$$\tan\theta = \frac{|a_\tau|}{a_n} \tag{4-25}$$

如图 4-9 所示。

以上 3 种形式的运动方程在使用上各有所侧重。矢量形式的运动方程常用于公式推导；直角坐标形式的运动方程常用于轨迹未知或轨迹较复杂的情况；已知轨迹为圆或圆弧时，用自然法则较为方便。

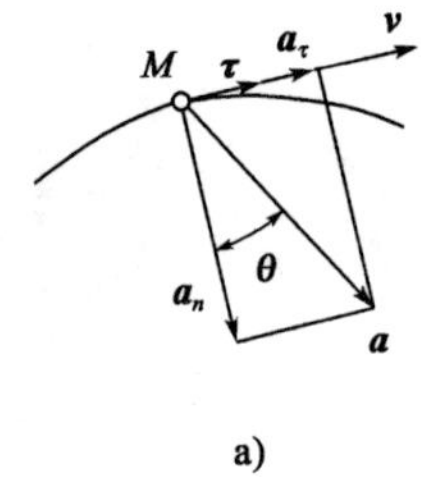

b)

图 4-9

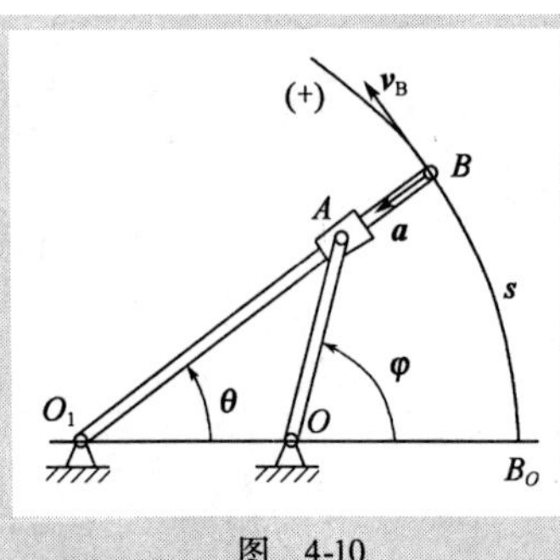

图 4-10

[例 4-3] 曲柄摇杆机构如图 4-10 所示。曲柄长 OA = 100mm，绕轴 O 转动，$\varphi = \pi t/4$，摇杆长 O_1B = 240mm，距离 O_1O = 100mm。试求点 B 的运动方程、速度和加速度。

解： 点 B 的轨迹是以 O_1B 为半径的圆弧，$t=0$ 时，点 B 在 B_O 处。取 B_O 为弧坐标原点，由图 4-10 得点 B 的弧坐标为

$$s = O_1B \cdot \theta$$

由于$\triangle OAO_1$ 是等腰三角形，故 $\varphi = 2\theta$，代入上式，得点 B 的运动方程

$$s = O_1B \times \frac{\varphi}{2} = 240 \times \frac{\pi}{8}t = 30\pi t \quad (\mathrm{mm})$$

因为

$$v = \dot{s} = 30\pi = 94.2\mathrm{mm/s}$$

$$a_\tau = \ddot{s} = 0$$

$$a_n = \frac{v^2}{\rho} = \frac{94.2^2}{240} = 37\text{mm/s}^2$$

所以,B 的速度、加速度的大小分别为

$$v = 94.2\text{mm/s},\ a = \sqrt{a_\tau^2 + a_n^2} = a_n = 37\text{mm/s}^2$$

其方向如图 4-10 所示。本题也可用直角坐标法求解,读者可自己计算。

[例 4-4] 已知点的运动方程为:$x = 2\sin 4t, y = 2\cos 4t, z = 4t$,其中 x, y, z 均以 m 计。求该点运动轨迹的曲率半径。

解:点的速度和加速度在三轴上的投影分别为

$$\dot{x} = 8\cos 4t,\ \ddot{x} = -32\sin 4t$$

$$\dot{y} = -8\sin 4t,\ \ddot{y} = -32\cos 4t$$

$$\dot{z} = 4,\ \ddot{z} = 0$$

于是得到点的速度和全加速度为

$$v = \sqrt{\dot{x}^2 + \dot{y}^2 + \dot{z}^2} = \sqrt{80}\text{m/s},\ a = \sqrt{\ddot{x}^2 + \ddot{y}^2 + \ddot{z}^2} = 32\text{m/s}^2$$

点的切向加速度和法向加速度为

$$a_\tau = \dot{v} = 0,\ a_n = \frac{v^2}{\rho} = \frac{80}{\rho}$$

由于 $a = \sqrt{a_\tau^2 + a_n^2} = a_n = 32$,因此 $\frac{80}{\rho} = 32$

解得 $\rho = 2.5\text{m}$

思 考 题

4-1 试说明 $\frac{\mathrm{d}\boldsymbol{v}}{\mathrm{d}t}$,$\left|\frac{\mathrm{d}\boldsymbol{v}}{\mathrm{d}t}\right|$,$\frac{\mathrm{d}v}{\mathrm{d}t}$ 及 $\frac{\mathrm{d}v_x}{\mathrm{d}t}$ 四者的区别。

4-2 点作曲线运动,下述说法是否正确:

(1)若切向加速度为正,则点作加速运动;

(2)若切向加速度与速度符号相同,则点作加速运动;

(3)若切向加速度为零,则速度为常矢量。

4-3 点作直线运动,某瞬时速度 $v_x = 2\text{m/s}$,瞬时加速度 $a_x = -2\text{m/s}^2$,则一秒后点的速度为:(1)等于零;(2)等于 -2m/s;(3)不能确定。

4-4 若点的速度不为零,试判断下列 4 种情况下点作什么运动。

(1)$a_\tau = 0, a_n = 0$ 则点作__________;(2)$a_\tau \neq 0, a_n = 0$,则点作__________;

(3)$a_\tau = 0, a_n \neq 0$ 则点作__________;(4)$a_\tau \neq 0, a_n \neq 0$,则点作__________。

①匀速曲线运动;②变速曲线运动;③匀速直线运动;④变速直线运动。

习 题

4-1 如图所示,偏心轮半径为 R,绕轴 O 转动,转角 $\varphi = \omega t$(ω 为常量),偏心距 $OC = e$,偏心轮带动顶杆 AB 沿铅垂直线作往复运动。试求顶杆的运动方程和速度。

4-2 梯子的一端 A 放在水平地面上,另一端 B 靠在竖直的墙上,如图所示。梯子保持在

竖直平面内沿墙滑下。已知点 A 的速度为常值 v_0，M 为梯子上的一点，设 $MA=l$，$MB=h$。试求当梯子与墙的夹角为 θ 时，点 M 速度和加速度的大小。

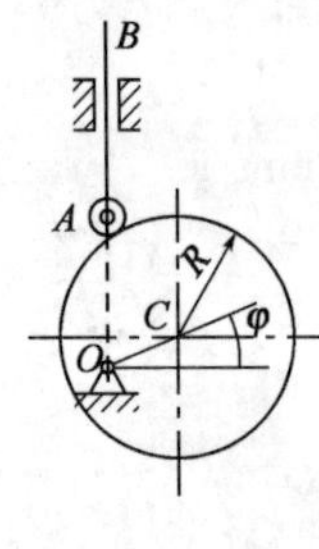

习题 4-1 图

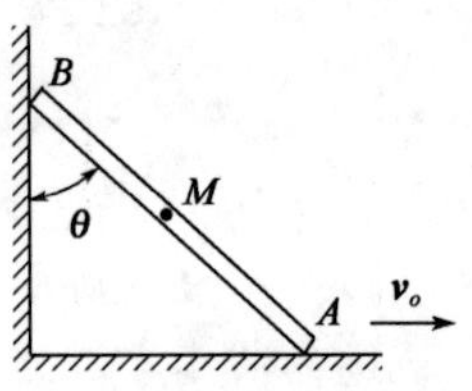

习题 4-2 图

4-3　已知杆 OA 与铅直线夹角 $\varphi=\pi t/6$（φ 以 rad 计，t 以 s 计），小环 M 套在杆 OA，CD 上，如图所示。铰 O 至水平杆 CD 的距离 $h=400\text{mm}$。试求 $t=1\text{s}$ 时，小环 M 的速度和加速度。

4-4　点 M 以匀速 u 在直管 OA 内运动，直管 OA 又按 $\varphi=\omega t$ 规律绕 O 转动，如图所示。当 $t=0$ 时，M 在点 O 处，试求在任一瞬时点 M 的速度和加速度的大小。

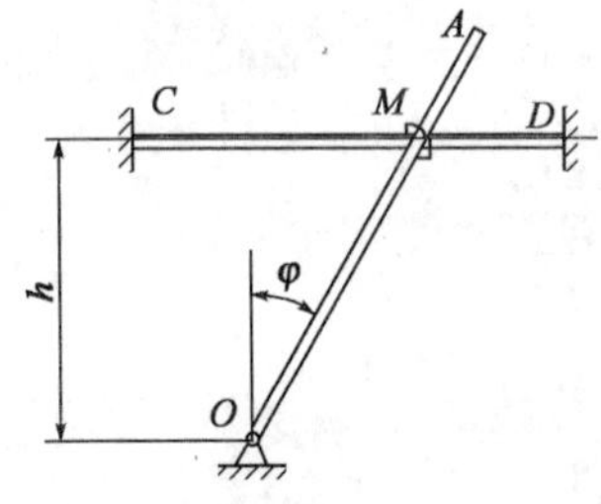

习题 4-3 图

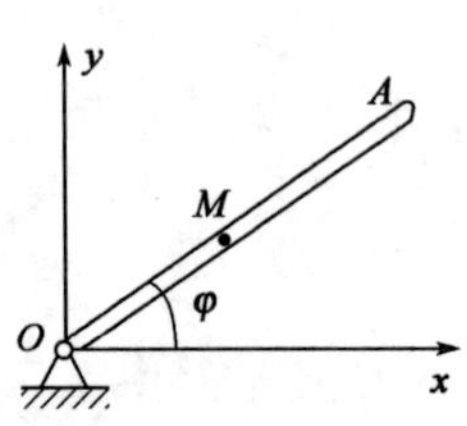

习题 4-4 图

4-5　点沿曲线 AOB 运动，如图所示。曲线由 AO，OB 两段圆弧组成，AO 段半径 $R_1=18\text{m}$，OB 段半径 $R_2=24\text{m}$，取圆弧交接处 O 为原点，规定正方向如图。已知点的运动方程 $s=3+4t-t^2$，t 以 s 计，s 以 m 计。试求：(1)点由 $t=0$ 到 $t=5\text{s}$ 所经过的路程；(2)$t=5\text{s}$ 时点的加速度。

4-6　图示摇杆滑道机构中的滑块 M 同时在固定的圆弧槽 BC 和摇杆 OA 的滑道中滑动。如 BC 的半径为 R，摇杆 OA 的轴 O 在弧 BC 的圆周上。摇杆绕轴 O 以等角速度 ω 转动，当运动开始时，摇杆在水平位置。试分别用直角坐标法和自然法给出点 M 的运动方程，并求其速度和加速度。

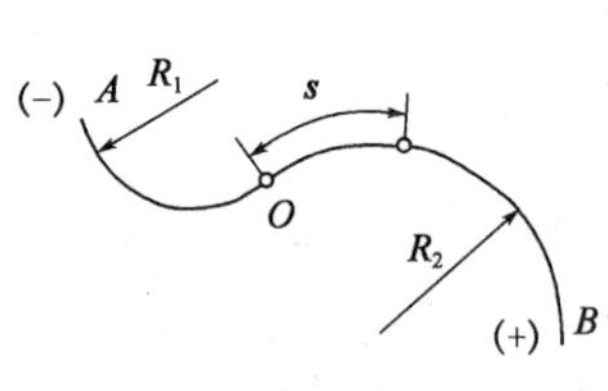

习题 4-5 图

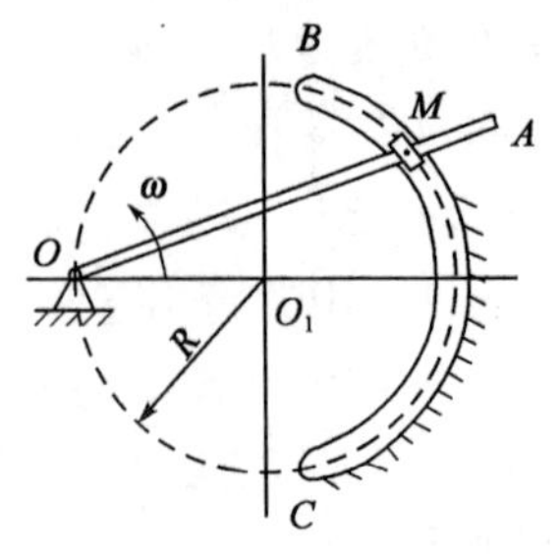

习题 4-6 图

4-7　小环 M 在铅垂面内沿曲杆 $ABCE$ 从点 A 静止开始运动，如图所示。在直线段 AB 上，小环的加速度为 g；在圆弧段 BCE 上，小环的切向加速度 $a_\tau=g\cos\varphi$。曲杆尺寸如图所示，试求

小环在 C,D 两处的速度和加速度。

4-8　点沿空间曲线运动，如图所示，在点 M 处其速度为 $\boldsymbol{v}=4\boldsymbol{i}+3\boldsymbol{j}$，加速度 $\boldsymbol{a}$ 与速度 $\boldsymbol{v}$ 的夹角 $\beta=30°$，且 $a=10\text{m/s}^2$。试计算轨迹在该点的曲率半径 ρ 和切向加速度。

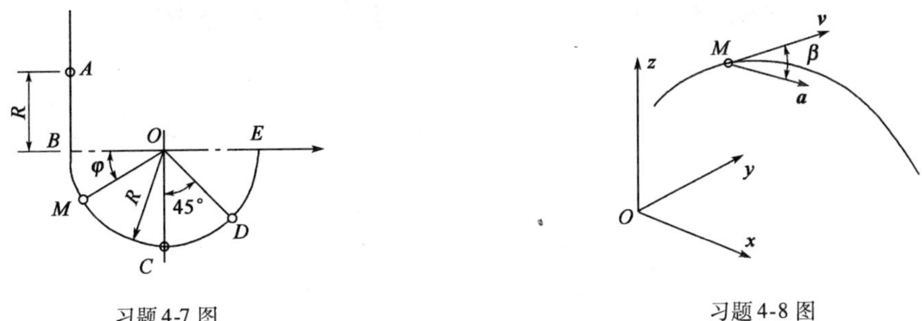

习题4-7 图　　　　习题4-8 图

4-9　点在平面上运动，其轨迹的参数方程为 $x=2\sin(\pi t/3)$，$y=4+4\sin(\pi t/3)$，设 $t=0$ 时，$s_0=0$；s 的正方向相当于 x 增大方向。试求轨迹的直角坐标方程 $y=f(x)$、点沿轨迹运动的方程 $s=s(t)$、点的速度和切向加速度与时间的函数关系。

4-10　已知动点的运动方程为：$x=t^2-t$，$y=2t$。试求其轨迹方程和速度、加速度，并求当 $t=1\text{s}$ 时，点的切向加速度、法向加速度和曲率半径（x，y 的单位为 m，t 的单位为 s）。

第五章　刚体的基本运动

本章要点

- 刚体平动的概念和运动特点；
- 刚体定轴转动的定义和运动特征，包括刚体的转动方程、角速度和角加速度以及刚体内点的运动和刚体运动间的关系；
- 轮系的传动比。

刚体的运动按照其特征可以分为平动、定轴转动、平面运动、定点运动和一般运动等形式。本章研究刚体的两种基本运动：平动和定轴转动。这两种运动是工程中最常见的运动，也是研究复杂运动的基础。

第一节　刚体的平行移动

一、刚体平行移动的定义

刚体运动时，若其上任一直线始终与它的初始位置保持平行，则称刚体作平行移动，简称为平动或平移。工程实际中刚体平动的例子很多，例如，沿直线轨道行驶的火车车厢的运动、汽缸内活塞的运动、振动筛筛体的运动等。刚体平动时，其上各点的轨迹若为直线，则称为直线平动；若为曲线，则称为曲线平动；上面所举的火车车厢作直线平动，而振动筛筛体的运动为曲线平动。

二、刚体平动的特点及其上各点的速度与加速度

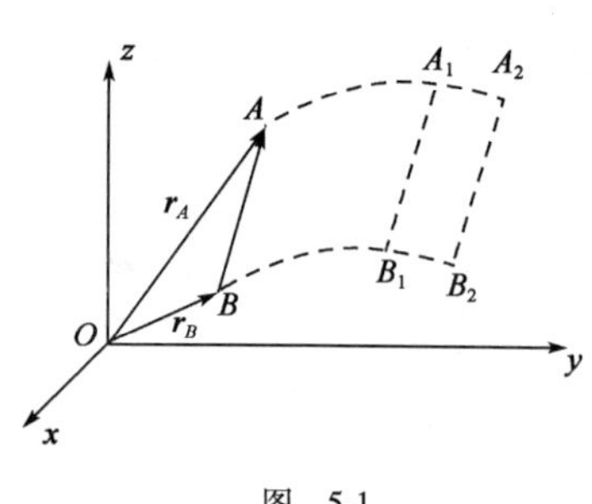

图　5-1

设在作平动的刚体内任取两点 A 和 B，令两点的矢径分别为 $\boldsymbol{r}_A$ 和 $\boldsymbol{r}_B$，并作矢量 $\boldsymbol{BA}$，如图 5-1 所示。则两条矢端曲线就是两点的轨迹。由图可知

$$\boldsymbol{r}_A = \boldsymbol{r}_B + \boldsymbol{BA}$$

由于刚体作平动，线段 BA 的长度和方向均不随时间而变，即 $\boldsymbol{BA}$ 是常矢量。因此，在运动过程中，A，B 两点的轨迹形状完全相同。

把上式两边对时间 t 求导数，由于常矢量 $\boldsymbol{BA}$ 的导数等于零，于是得

$$\boldsymbol{v}_A = \boldsymbol{v}_B$$

$$\boldsymbol{a}_A = \boldsymbol{a}_B$$

上式表明，在任一瞬时，A，B 两点的速度相同，加速度也相同。因为点 A，B 是任意选取

的，因此可得如下结论：刚体平动时，其上各点的轨迹形状相同；同一瞬时，各点的速度相同，加速度也相同。

因此，研究刚体的平动，可以归结为研究刚体内任一点（如质心）的运动，也就是归结为上一章所研究过的点的运动学问题。

[例 5-1] 荡木用两根等长的绳索平行吊起，如图 5-2a）所示。已知 $O_1O_2 = AB$，绳索长 $O_1A = O_2B = l$，摆动规律为 $\varphi = \varphi_0 \sin(\pi t/4)$。试求当 $t = 0$ 时，荡木中点 M 的速度和加速度。

解： 根据题意，O_1ABO_2 是一平行四边形，运动中荡木 AB 始终平行于固定不动的连线 O_1O_2，故荡木作平动。由平动刚体的特点知：在同一瞬时，荡木上各点的速度、加速度相等，即有 $\boldsymbol{v}_M = \boldsymbol{v}_A$，$\boldsymbol{\alpha}_M = \boldsymbol{\alpha}_A$，因此欲求点 M 的速度、加速度，只需求出点 A 的速度、加速度即可。

点 A 不仅是荡木上的一点，而且也是摆索 O_1A 上的一个端点。点 A 作以 O_1 为圆心 l 为半径的圆弧运动，规定弧坐标 s 向右为正，则点 A 的运动方程为

$$s = l\varphi = l\varphi_0 \sin\frac{\pi}{4}t$$

任一瞬时点 A 的速度和加速度分别为

$$v = \dot{s} = \frac{\pi l\varphi_0}{4}\cos\frac{\pi}{4}t$$

$$\alpha_\tau = \dot{v} = -\frac{\pi^2 l\varphi_0}{16}\sin\frac{\pi}{4}t$$

$$a_n = \frac{v^2}{\rho} = \frac{v^2}{l} = \frac{\pi^2 l\varphi_0^2}{16}\cos^2\frac{\pi}{4}t$$

当 $t = 0$ 时，$\varphi = 0$，摆索 O_1A 位于铅垂位置，此时

$$v_M = v_A = \frac{\pi l\varphi_0}{4}$$

$$\alpha_\tau = 0$$

$$a_n = \frac{v^2}{\rho} = \frac{v^2}{l} = \frac{\pi^2 l\varphi_0^2}{16}$$

$$a_M = \sqrt{a_\tau^2 + a_n^2} = \frac{\pi l\varphi_0^2}{16}$$

速度方向和加速度方向如图 5-2b）所示。

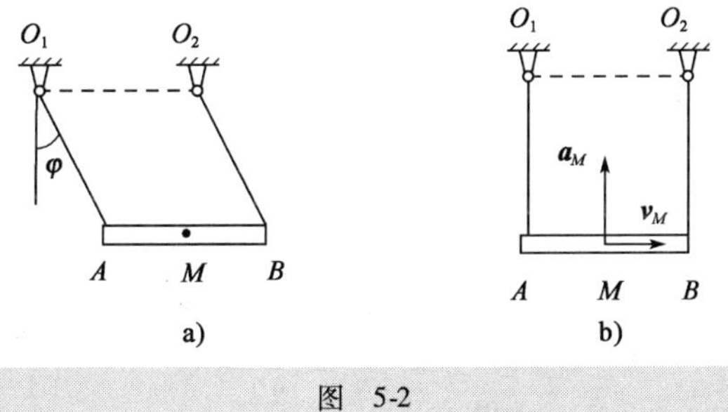

图 5-2

第二节　刚体绕定轴的转动

一、刚体的定轴转动

1. 刚体定轴转动的定义

刚体运动时，若其上或其扩展部分有一直线始终保持不动，而整个刚体绕该直线旋转，则称刚体作定轴转动。该不动直线称为刚体的转轴，简称为轴。定轴转动是工程中较为常见的一种运动形式。例如，电机的转子、机床的主轴、变速箱中的齿轮以及绕固定铰链开关的门窗等，都是刚体绕定轴转动的实例。

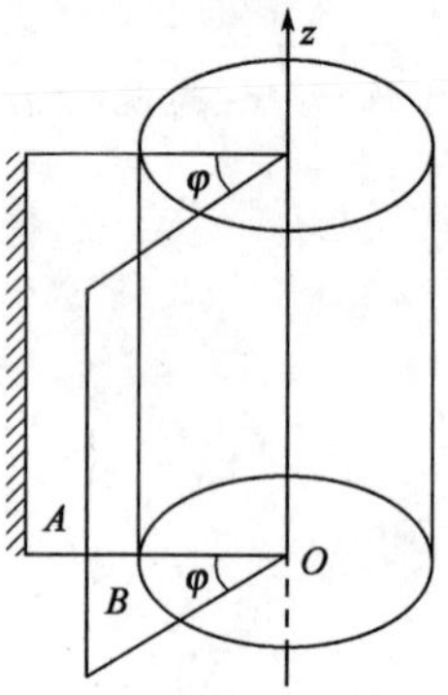

2. 刚体定轴转动的方程

设有一刚体绕固定轴 z 转动，如图 5-3 所示。为了确定刚体的位置，过轴 z 作 A、B 两个平面，其中 A 为固定平面；B 是与刚体固连并随同刚体一起绕 z 轴转动的平面。两平面间的夹角用 φ 表示，它确定了刚体的位置，称为刚体的转角。转角 φ 的符号规定如下：从 z 轴的正向往负向看，自固定面 A 起沿逆时针转向所量得的 φ 取为正值，反之为负值。

图　5-3

当刚体转动时，转角 φ 是时间 t 的单值连续函数，即

$$\varphi = f(t) \tag{5-1}$$

该方程称为刚体定轴转动的运动方程。

3. 角速度和角加速度

角速度用字母 ω 表示，它等于转角 φ 对时间的一阶导数，即

$$\omega = \dot{\varphi} \tag{5-2}$$

角速度表征刚体转动的快慢及转向，其单位为 rad/s（弧度/秒）。

角加速度用字母 α 表示，它等于角速度 ω 对时间的一阶导数，或等于转角 φ 对时间的二阶导数，即

$$\alpha = \dot{\omega} = \ddot{\varphi} \tag{5-3}$$

角加速度表征刚体角速度变化的快慢，其单位一般为 rad/s^2（弧度/秒^2）。

角速度 ω、角加速度 α 都是代数量，如果 α 与 ω 同号（即转向相同），则刚体作加速转动；如果 α 与 ω 异号，则刚体作减速转动。

下面讨论两种特殊情形。

（1）匀速转动

当刚体的 $\alpha = 0$，即 $\omega =$ 常量时，称刚体作匀速转动。此时有

$$\varphi = \varphi_0 + \omega t \tag{5-4}$$

其中 φ_0 是 $t = 0$ 时转角 φ 的值。

机器中的转动部件或零件，一般都作匀速转动，常用转速 n（以 r/min 为单位）来表示转动的快慢。角速度与转速之间的关系为

$$\omega = \frac{2\pi n}{60} = \frac{\pi n}{30} \tag{5-5}$$

(2)匀变速转动

若角加速度不变，即 α 等于常量，则刚体作匀变速转动。这种情况下有

$$\omega = \omega_0 + \alpha t \tag{5-6}$$

$$\varphi = \varphi_0 + \omega_0 t + \frac{1}{2}\alpha t^2 \tag{5-7}$$

$$\omega^2 - \omega_0^2 = 2\alpha(\varphi - \varphi_0) \tag{5-8}$$

其中，ω_0 和 φ_0 分别是 $t=0$ 时的角速度和转角。

二、转动刚体内各点的速度和加速度

刚体绕定轴转动时，转轴上各点都固定不动，其他各点都作圆周运动，圆心在转轴上，圆周的半径 R 等于该点到转轴的垂直距离。宜采用自然法研究转动刚体上任一点的运动量（速度、加速度）与转动刚体本身的运动量（角速度、角加速度）之间的关系。

1. 以弧坐标表示的点的运动方程

如图 5-4 所示，刚体绕定轴 O 转动。开始时，动平面在 OM_O 位置，经过一段时间 t，动平面转到 OM 位置，对应的转角为 φ，刚体上一点由 M_O 运动到了 M。以固定点 M_O 为弧坐标 s 的原点，按角 φ 的正向规定弧坐标的正向，由图 5-4 可知

$$s = R\varphi \tag{5-9}$$

2. 点的速度

任一瞬时，点 M 的速度 $\boldsymbol{v}$ 的大小为

$$v = \dot{s} = R\dot{\varphi} = R\omega \tag{5-10}$$

即转动刚体内任一点的速度，其大小等于该点的转动半径与刚体角速度的乘积，方向沿轨迹的切线（垂直于该点的转动半径 OM），指向刚体转动的一方。速度分布规律如图 5-5 所示。

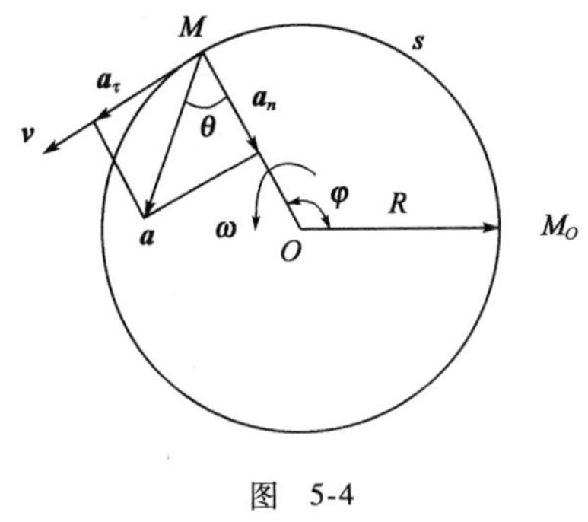

图 5-4

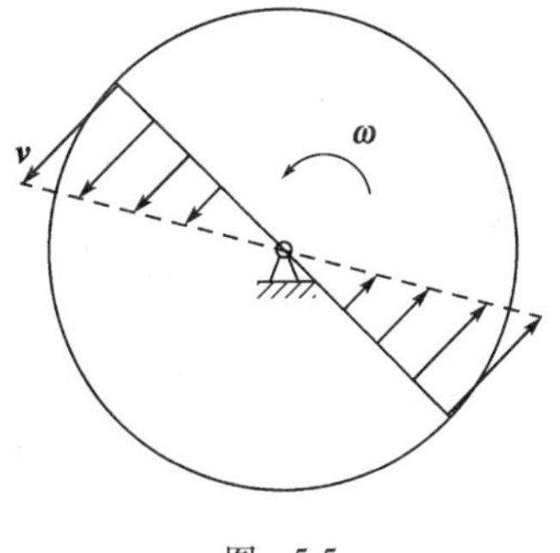

图 5-5

3. 点的加速度

任一瞬时，点 M 的切向加速度 $\boldsymbol{a}_\tau$ 的大小为

$$a_\tau = \dot{v} = R\dot{\omega} = R\alpha \tag{5-11}$$

即转动刚体内任一点的切向加速度的大小，等于该点的转动半径与刚体角加速度的乘积，方向沿轨迹的切线，指向与 α 的转向一致，如图 5-6a）所示。

点 M 的法向加速度 $\boldsymbol{a}_n$ 的大小为

$$a_n = \frac{v^2}{\rho} = \frac{(R\omega)^2}{R} = R\omega^2 \tag{5-12}$$

即转动刚体内任一点的法向加速度的大小，等于该点的转动半径与刚体角速度平方的乘

积，方向沿转动半径并指向转轴，如图5-6a)所示。

点 M 的全加速度 $\boldsymbol{a}$ 等于其切向加速度 $\boldsymbol{a}_\tau$ 与法向加速度 $\boldsymbol{a}_n$ 的矢量和，如图5-6a)所示。其大小为

$$a = \sqrt{a_\tau^2 + a_n^2} = \sqrt{(R\alpha)^2 + (R\omega^2)^2} = R\sqrt{\alpha^2 + \omega^4} \tag{5-13}$$

用 θ 表示 $\boldsymbol{a}$ 与转动半径 OM(即 $\boldsymbol{a}_n$)之间的夹角，则

$$\tan\theta = \frac{|a_\tau|}{a_n} = \frac{|R\alpha|}{R\omega^2} = \frac{|\alpha|}{\omega^2} \tag{5-14}$$

由上述分析可以看出，刚体定轴转动时，其上各点的速度、加速度有如下分布规律：

(1)转动刚体内各点速度、加速度的大小，都与该点的转动半径成正比；

(2)转动刚体内各点速度的方向，垂直于转动半径，并指向刚体转动的一方；

(3)同一瞬时，转动刚体内各点的全加速度与其转动半径具有相同的夹角 θ，并偏向角加速度 α 转向的一方。

加速度分布规律如图5-6b)所示。

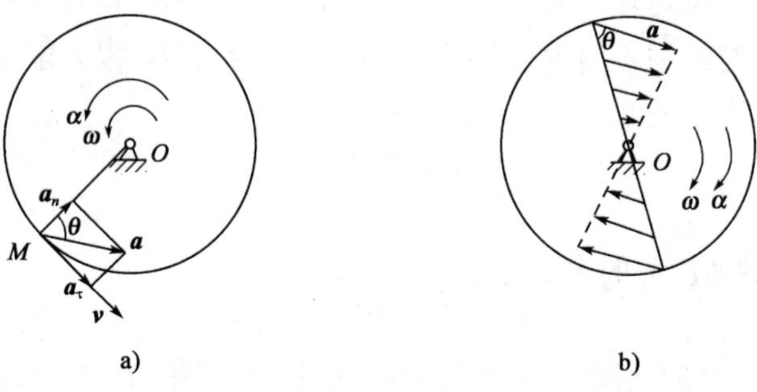

图 5-6

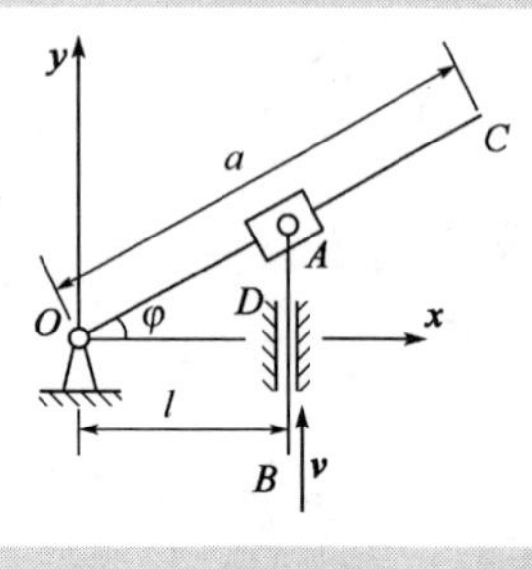

图 5-7

[**例5-2**]如图5-7所示，摇杆机构的滑杆 AB 以匀速 $\boldsymbol{v}$ 向上运动，假定初瞬时 $\varphi = 0$。求 $\varphi = \frac{\pi}{4}$ 时，摇杆 OC 的角速度和角加速度(摇杆长 $OC = a$，距离 $OD = l$)。

解：OC 杆作定轴转动，要求 OC 杆的角速度和角加速度只需求出 φ 角随时间的变化规律。由图可知，任意瞬时有

$$\tan\varphi = \frac{vt}{l}$$

即 $\varphi = \arctan\frac{vt}{l}$，对时间求导可得任意瞬时 OC 杆的角速度和角加速度

$$\omega = \frac{\mathrm{d}\varphi}{\mathrm{d}t} = \frac{v}{l} \times \frac{1}{1 + \left(\frac{vt}{l}\right)^2}, \alpha = \frac{\mathrm{d}\omega}{\mathrm{d}t} = \frac{v}{l} \times \frac{-2\frac{vt}{l}}{\left[1 + \left(\frac{vt}{l}\right)^2\right]^2}$$

所以：$\varphi = \frac{\pi}{4}$ 时，即 $\frac{vt}{l} = 1$ 时，将它代入上式可得所求角速度和角加速度

$$\omega = \frac{v}{2l}(\text{逆时针}), \alpha = -\frac{v^2}{2l^2}(\text{顺时针})$$

[**例 5-3**]半径 $R=0.5\text{m}$ 的飞轮由静止开始转动,角加速度 $\alpha=b/(5+t)\,\text{rad/s}^2$,式中 b 为常量。已知 $t=5\text{s}$ 时,轮缘上一点的速度大小为 $v=20\text{m/s}$,试求当 $t=10\text{s}$ 时,该点的速度、加速度的大小。

解:本题中飞轮的角加速度随时间变化,是一变量,可先通过积分运算求出飞轮的角速度,然后再计算轮缘上一点的速度、加速度。

由 $\alpha=\dfrac{d\omega}{dt}=\dfrac{b}{5+t}$,分离变量后积分,可解得

$$\omega=b\ln\frac{5+t}{5}$$

利用初始条件可确定常数 b。当 $t=5\text{s}$ 时,轮缘上一点的速度 $v=R\omega=20\text{m/s}$,故此时飞轮的角速度为

$$\omega=\frac{v}{R}=b\ln\frac{5+5}{5}=40$$

解得

$$b=\frac{40}{\ln 2}=57.71$$

因此,角速度、角加速度随时间的变化规律分别为

$$\omega=57.71\ln\frac{5+t}{5}\text{rad/s}$$

$$\alpha=\frac{57.71}{5+t}\text{rad/s}^2$$

当 $t=10\text{s}$ 时,轮缘上一点的速度、加速度的大小为

$$v=R\omega=0.5\times57.71\times\ln\frac{5+10}{5}=31.7\text{m/s}$$

$$a_\tau=R\alpha=0.5\times\frac{57.71}{5+10}=1.924\text{m/s}^2$$

$$a_n=R\omega^2=0.5\times\left(57.71\ln\frac{5+10}{5}\right)^2=2010\text{m/s}^2$$

$$a=\sqrt{a_\tau^2+a_n^2}=\sqrt{1.924^2+2010^2}=2010\text{m/s}^2$$

第三节　轮系的传动比

工程机械中,常用轮系传动来提高或降低机械的转速,最常见的有齿轮传动和皮带轮传动。如机床中的减速箱用齿轮系来降低转速,而带式输送机中既有齿轮传动,又有带轮传动。

现以圆柱齿轮为例,圆柱齿轮啮合分为外啮合[图 5-8a)]和内啮合[图 5-8a)]。设有两个齿轮各绕固定轴 O_1 和 O_2 转动。已知啮合圆半径分别为 R_1 和 R_2;角速度各为 ω_1 和 ω_2。设 A,B 分别为轮Ⅰ和轮Ⅱ啮合圆上的接触点,由于两圆间没有相对滑动,故两点的速度相等。即

$$v_B = v_A$$

因 $v_B = R_2\omega_2, v_A = R_1\omega_1$，故

$$R_2\omega_2 = R_1\omega_1$$

或

$$\frac{\omega_1}{\omega_2} = \frac{R_2}{R_1}$$

设轮Ⅰ是主动轮，轮Ⅱ是从动轮。工程中，通常将主动轮的角速度与从动轮的角速度之比称为传动比，用 i_{12} 表示，于是得计算传动比的基本公式

$$i_{12} = \frac{\omega_1}{\omega_2} = \frac{R_2}{R_1} \tag{5-15}$$

式(5-15)定义的传动比是两个角速度大小之比，与转动方向无关，因此它不仅适用于圆柱齿轮传动，也适用于传动轴成任意角度的圆锥齿轮传动、摩擦轮传动及带轮传动(图 5-9)和链轮传动。

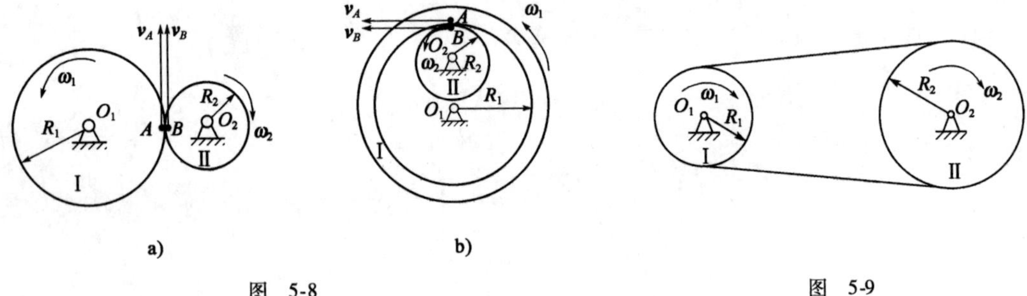

图 5-8

图 5-9

在齿轮系中，如轮Ⅰ和轮Ⅱ的齿数分别为 z_1 和 z_2，则

$$i_{12} = \frac{\omega_1}{\omega_2} = \frac{R_2}{R_1} = \frac{z_2}{z_1} \tag{5-16}$$

第四节 矢量表示的角速度和角加速度

一、用矢量表示的角速度和角加速度

在分析较为复杂的运动问题时，用矢量表示转动刚体的角速度与角加速度通常较为方便。

角速度的矢量表示方法如下：当刚体转动时，从转轴上任取一点作为起点，沿转轴作一矢量 $\boldsymbol{\omega}$，使其模等于角速度的绝对值；从矢量 $\boldsymbol{\omega}$ 的末端向起点看，刚体绕转轴应作逆时针转向的转动，如图 5-10a)所示；或按右手螺旋法则确定，右手的四指代表转动的方向，拇指代表角速度的指向，如图 5-10b)所示。矢量 $\boldsymbol{\omega}$ 称为转动刚体的角速度矢。

若以 $\boldsymbol{k}$ 表示沿转轴 z 正向的单位矢量，则转动刚体的角速度矢可写成

$$\boldsymbol{\omega} = \omega\boldsymbol{k} \tag{5-17}$$

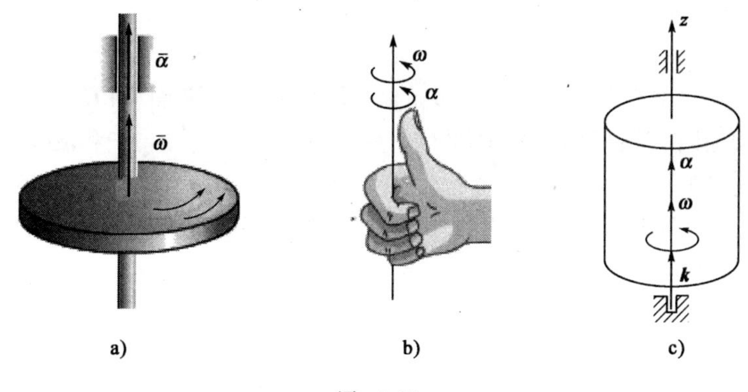

图 5-10

同样,转动刚体的角加速度也可用一个沿轴线的矢量表示,如图 5-10c)所示。于是角加速度矢

$$\boldsymbol{\alpha} = \alpha\boldsymbol{k} \tag{5-18}$$

注意到 $\boldsymbol{k}$ 是一常矢量,于是

$$\boldsymbol{\alpha} = \alpha\boldsymbol{k} = \dot{\omega}\boldsymbol{k} = \dot{\boldsymbol{\omega}} \tag{5-19}$$

即角加速度矢等于角速度矢对时间的一阶导数。

因为角速度矢、角加速度矢的起点可在轴线上任意选取,所以 $\boldsymbol{\omega}$、$\boldsymbol{\alpha}$ 都是滑动矢量。

二、用矢积表示点的速度和加速度

根据上述角速度和角加速度的矢量表示法,转动刚体内任一点的速度和加速度就可以用矢量积表示。

在转轴上任取一点 O 为原点,用矢径 $\boldsymbol{r}$ 表示转动刚体上任一点 M 的位置,如图 5-11a)所示。则点 M 的速度可用角速度矢与矢径的矢量积表示为

$$\boldsymbol{v} = \boldsymbol{\omega} \times \boldsymbol{r} \tag{5-20}$$

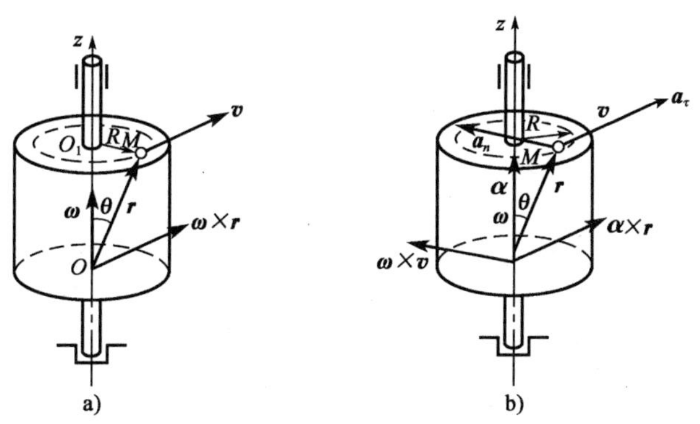

图 5-11

下面从速度的大小和方向上来证明上式的正确性。由矢量积的定义知,矢量 $\boldsymbol{\omega} \times \boldsymbol{r}$ 的大小为

$$|\boldsymbol{\omega} \times \boldsymbol{r}| = |\boldsymbol{\omega}| \times |\boldsymbol{r}| \sin\theta = |\boldsymbol{\omega}| \times R = |\boldsymbol{v}|$$

式中,θ 是角速度 $\boldsymbol{\omega}$ 与矢径 $\boldsymbol{r}$ 之间的夹角。这样就证明了矢积 $\boldsymbol{\omega}\times\boldsymbol{r}$ 的大小等于速度 $\boldsymbol{v}$ 的大小。

矢积 $\boldsymbol{\omega}\times\boldsymbol{r}$ 的方向垂直于 $\boldsymbol{\omega}$ 和 $\boldsymbol{r}$ 所组成的平面,即垂直于平面 OMO_1;从 $\boldsymbol{v}$ 的终点向起点看,可见矢量 $\boldsymbol{\omega}$ 按逆时针转向转过角 θ 而与 $\boldsymbol{r}$ 重合,从而可以看出,矢积 $\boldsymbol{\omega}\times\boldsymbol{r}$ 的方向正好与点 M 的速度方向相同。

转动刚体上任一点的加速度也可用矢积表示。将式(5-20)代入加速度的矢量表达式中,可得点 M 的加速度为

$$\boldsymbol{a} = \dot{\boldsymbol{v}} = \frac{\mathrm{d}}{\mathrm{d}t}(\boldsymbol{\omega}\times\boldsymbol{r}) = \dot{\boldsymbol{\omega}}\times\boldsymbol{r} + \boldsymbol{\omega}\times\dot{\boldsymbol{r}}$$

将 $\dot{\boldsymbol{\omega}}=\boldsymbol{\alpha}$,$\dot{\boldsymbol{r}}=\boldsymbol{v}$ 代入,得

$$\boldsymbol{a} = \boldsymbol{\alpha}\times\boldsymbol{r} + \boldsymbol{\omega}\times\boldsymbol{v} \tag{5-21}$$

式中右端第一项就是点 M 的切向加速度,第二项就是其法向加速度,即

$$\boldsymbol{a}_\tau = \boldsymbol{\alpha}\times\boldsymbol{r} \tag{5-22}$$

$$\boldsymbol{a}_n = \boldsymbol{\omega}\times\boldsymbol{v} \tag{5-23}$$

方向如图 5-11b)所示,读者可自行验证。

综上所述可得结论:转动刚体上任一点的速度等于刚体的角速度矢与该点矢径的矢积;任一点的切向加速度等于刚体的角加速度矢与该点矢径的矢积,法向加速度等于刚体的角速度矢与该点速度的矢积。

思 考 题

5-1 “刚体作平移时,各点的轨迹一定是直线或平面曲线;刚体绕定轴转动时,各点的轨迹一定是圆。”这种说法对吗?

5-2 定轴转动的刚体上,平行于轴线的线段作何种运动?

5-3 定轴转动刚体上哪些点的加速度大小相等?哪些点的加速度方向相同?哪些点的加速度大小、方向都相同?

5-4 如图所示的机构中,设皮带与皮带轮之间无相对滑动,试问皮带上 A,B,C,D 四点的加速度大小各为多少?

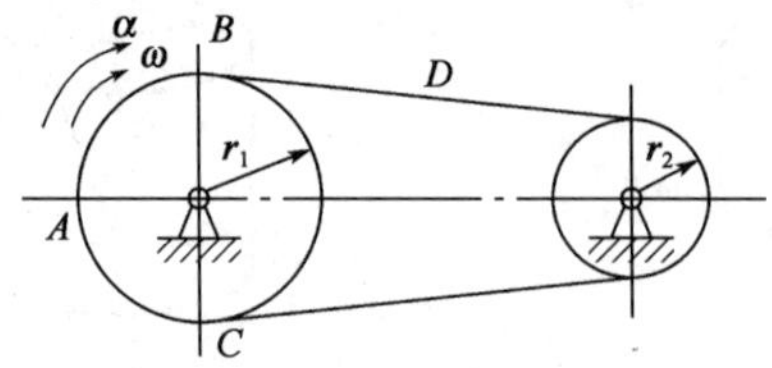

思考题 5-4 图

5-5 在用矢积表示定轴转动刚体上点的速度、加速度时,矢径 $\boldsymbol{r}$ 的原点是否可以任意选取?

习 题

5-1 杆 O_1A 与 O_2B 长度相等且相互平行,在其上铰接三角形板 ABC,尺寸如图所示。图

示瞬时，曲柄 O_1A 的角速度为 $\omega=5\mathrm{rad/s}$，角加速度为 $\alpha=2\mathrm{rad/s^2}$，试求该瞬时三角板上点 C 和点 D 的速度和加速度。

5-2　如图所示的曲柄滑杆机构中，滑杆 BC 上有一圆弧形轨道，其半径 $R=100\mathrm{mm}$，圆心 O_1 在导杆 BC 上。曲柄长 $OA=100\mathrm{mm}$，以等角速度 $\omega=4\mathrm{rad/s}$ 绕 O 轴转动。设 $t=0$ 时，$\varphi=0$，求导杆 BC 的运动规律以及曲柄与水平线的夹角 $\varphi=30°$时，导杆 BC 的速度和加速度。

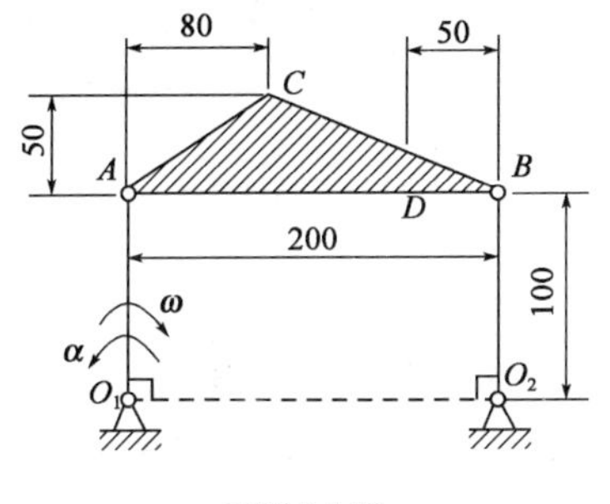

习题 5-1 图

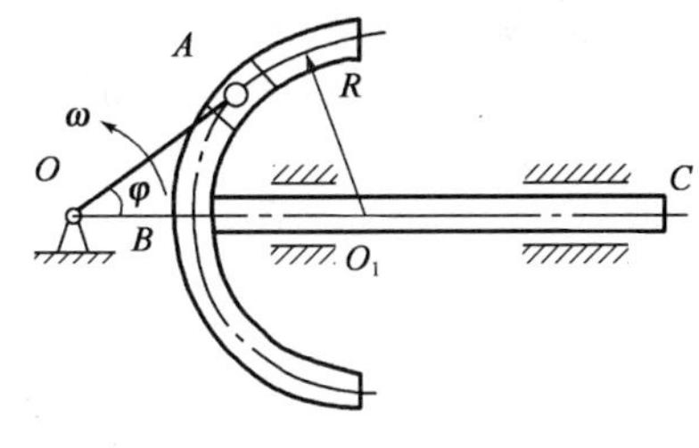

习题 5-2 图

5-3　一飞轮绕定轴转动，其角加速度为 $\alpha=-b-c\omega^2$，式中 b，c 均是常数。设运动开始时飞轮的角速度为 ω_0，问经过多长时间飞轮停止转动？

5-4　物体绕定轴转动的转动方程为 $\varphi=4t-3t^3$。试求物体内与转轴相距 $R=0.5\mathrm{m}$ 的一点，在 $t=0$ 及 $t=1\mathrm{s}$ 时的速度和加速度的大小，并问物体在什么时刻改变其转向。

5-5　电机转子的角加速度与时间 t 成正比，当 $t=0$ 时，初角速度等于零。经过 3s 后，转子转过 6 圈。试写出转子的转动方程，并求 $t=2\mathrm{s}$ 时转子的角速度。

5-6　杆 OA 可绕定轴 O 转动。一绳跨过定滑轮 B，其一端系于杆 OA 上 A 点，另一端以匀速 $\boldsymbol{u}$ 向下拉动，如图所示。设 $OA=OB=l$，初始时 $\varphi=0$，试求杆 OA 的转动方程。

5-7　圆盘绕定轴 O 转动。在某一瞬时，轮缘上点 A 的速度为 $v_A=0.8\mathrm{m/s}$，转动半径为 $r_A=0.1\mathrm{m}$；盘上任一点 B 的全加速度 $\boldsymbol{a}_B$ 与其转动半径 OB 成 θ 角，且 $\tan\theta=0.6$，如图所示。试求该瞬时圆盘的角加速度。

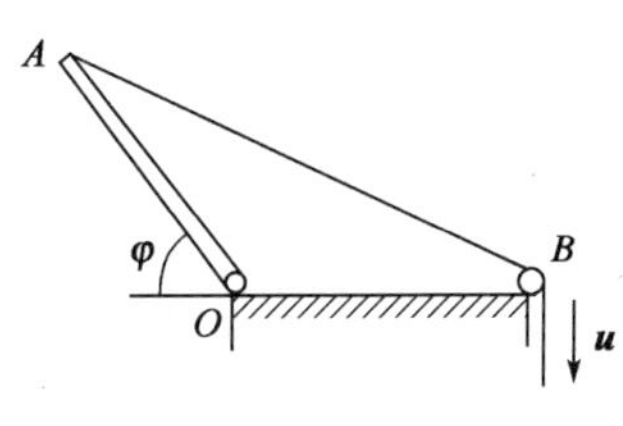

习题 5-6 图

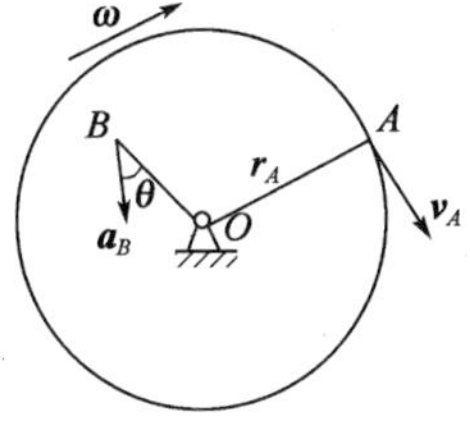

习题 5-7 图

5-8　如图所示，电动机轴上的小齿轮 A 驱动连接在提升铰盘上的齿轮 B，物块 M 从其静止位置被提升，以匀加速度升高到 1.2m 时获得速度 0.9m/s。试求当物块经过该位置时：(1)绳子上与鼓轮相接触的一点 C 的加速度；(2)小齿轮 A 的角速度和角加速度。

5-9　如图所示，电动铰车由皮带轮Ⅰ和Ⅱ以及鼓轮组成，鼓轮Ⅲ和皮带轮Ⅱ刚性地固定在同一轴上。各轮的半径分别为 $r_1=0.3\mathrm{m}$，$r_2=0.7\mathrm{m}$，$r_3=0.4\mathrm{m}$，轮Ⅰ的转速为 $n_1=100\mathrm{r/min}$。设皮带轮与皮带之间无相对滑动，求重物 M 上升的速度和皮带各段上点的加速度。

5-10　一飞轮绕固定轴 O 转动如图所示，其轮缘上任一点的全加速度在某段运动过程中与轮半径的交角恒为 60°。当运动开始时，其转角 φ_0 等于零，角速度为 ω_0。求飞轮的转动方程以及角速度与转角的关系。

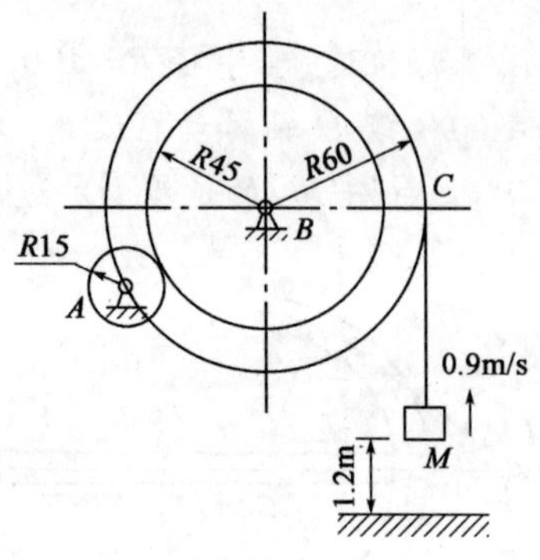

习题5-8图

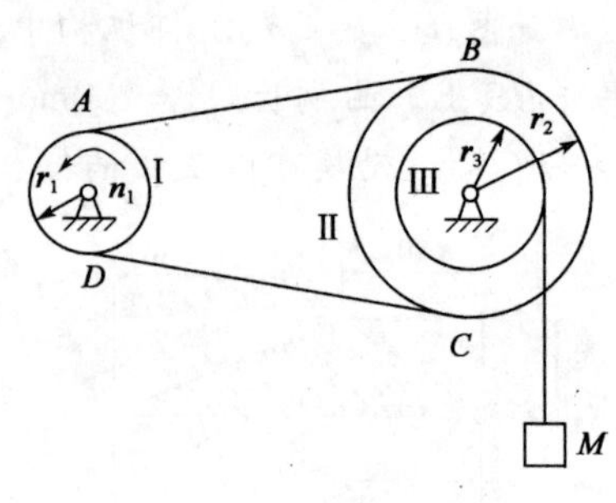

习题5-9图

5-11　纸盘由厚度为 a 的纸条卷成，令纸盘的中心不动，而以等速 $\boldsymbol{v}$ 拉纸条如图所示。求纸盘的角加速度（以半径 r 的函数表示）。

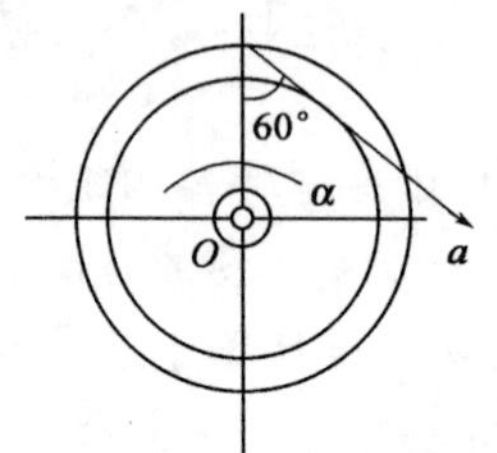

习题5-10图

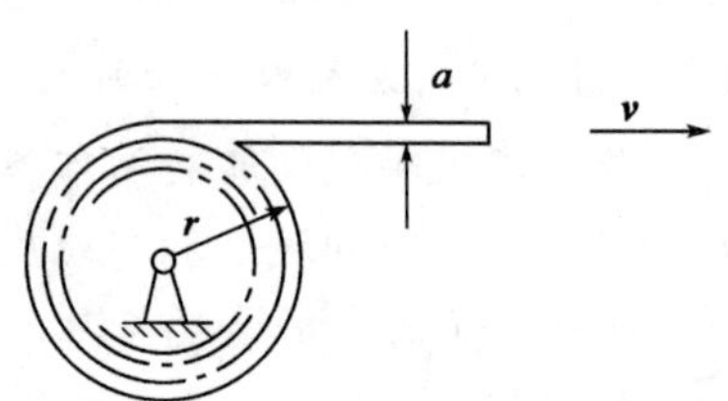

习题5-11图

5-12　车床的传动装置如图所示。已知各齿轮的齿数分别为：$z_1=40$，$z_2=84$，$z_3=28$，$z_4=80$；带动刀具的丝杠的螺距为 $h_4=12\mathrm{mm}$。求车刀切削工件的螺距 h_1。

5-13　已知搅拌机的主动齿轮 O_1 以 $n=950\mathrm{r/min}$ 的转速转动。搅杆 ABC 用销钉 A，B 与齿轮 O_2，O_3 相连，如图所示。且 $AB=O_2O_3$，$O_3A=O_2B=0.25\mathrm{m}$，各齿轮齿数为 $z_1=20$，$z_2=50$，$z_3=50$，求搅杆端点 C 的速度和轨迹。

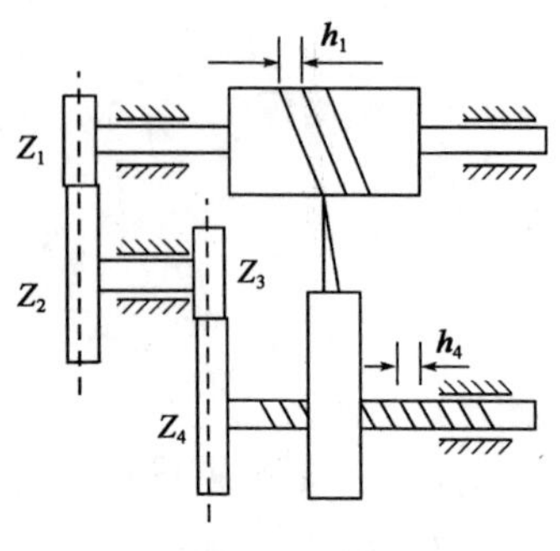

习题5-12图

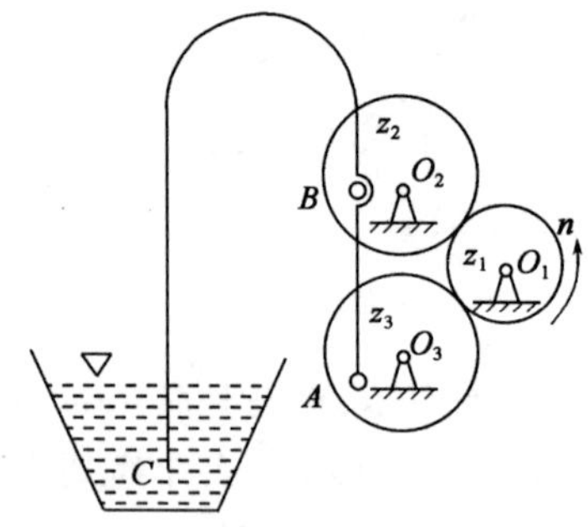

习题5-13图

5-14　两轮Ⅰ，Ⅱ铰接于杆 AB 的两端，半径分别为 $r_1=150\mathrm{mm}$，$r_2=200\mathrm{mm}$，可在半径为 $R=450\mathrm{mm}$ 的曲面上运动，在图示瞬时，点 A 的加速度大小为 $a_A=1200\mathrm{mm/s^2}$，方向与 OA 连线成60°角。试求该瞬时：(1)AB 杆的角速度和角加速度；(2)点 B 的加速度。

5-15　如图所示机构中，齿轮Ⅰ紧固在杆 AC 上，$AB=O_1O_2$，齿轮Ⅰ与半径为 r_2 的齿轮Ⅱ

啮合，齿轮Ⅱ可绕 O_2 轴转动且与曲柄 O_2B 没有联系。设 $O_1A=O_2B=l$，$\varphi=b\sin\omega t$，试确定 $t=\pi/(2\omega)$ 时，轮Ⅱ的角速度和角加速度。

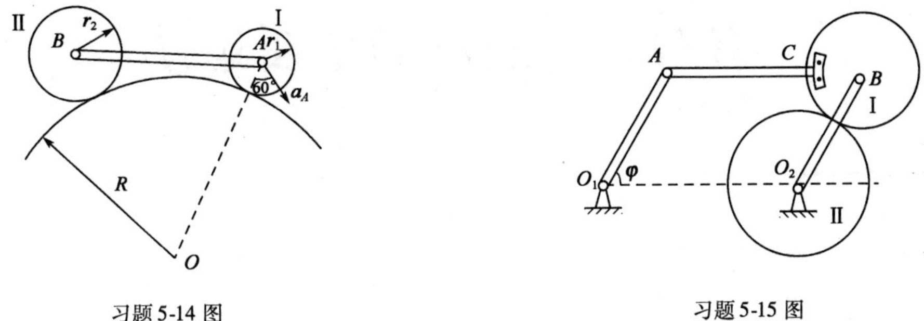

习题 5-14 图　　　　习题 5-15 图

5-16　如图所示，摩擦传动机构的主动轴Ⅰ的转速为 $n=600\text{r/min}$。轴Ⅰ的轮盘与轴Ⅱ的轮盘接触，接触点按箭头 A 所示的方向移动。距离 d 的变化规律为 $d=100-5t$，其中 d 以 mm 计，t 以 s 计。已知 $r=50\text{mm}$，$R=150\text{mm}$。求：(1) 以距离 d 表示的轴Ⅱ的角加速度；(2) 当 $d=r$ 时，轮 B 边缘上一点的全加速度。

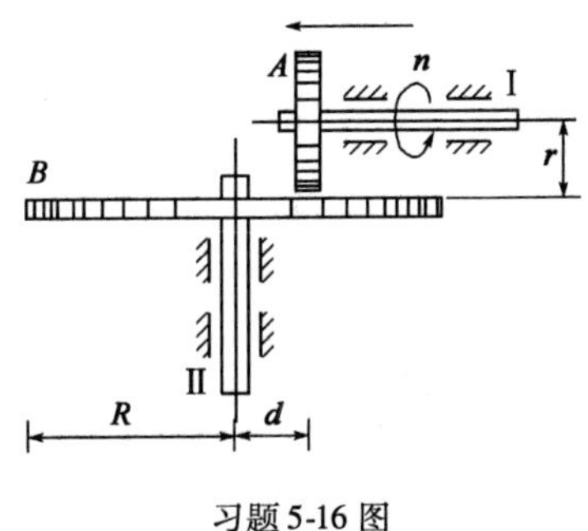

习题 5-16 图

第六章　刚体的平面运动

本章要点

- 刚体平面运动的分解；
- 速度基点法、速度投影法和速度瞬心法；
- 基点法求平面图形上各点的加速度。

第五章讨论的刚体平动和定轴转动是最常见、最简单的刚体运动。刚体还有更复杂的运动形式，其中刚体的平面运动是工程机械中较为常见的一种刚体运动。本章分析刚体平面运动的简化与分解，平面运动刚体的角速度与角加速度以及刚体上各点的速度与加速度。

第一节　刚体平面运动概述和运动分解

一、刚体平面运动概述

工程中很多零件的运动，例如图 6-1a）所示的车轮沿直线轨道的滚动，图 6-1b）所示的曲柄连杆机构中连杆 AB 的运动以及图 6-1c）所示的行星齿轮机构中动齿轮 A 的运动等。这些刚体的运动既不是平动，也不是定轴转动；但它们有一个共同的特点：刚体运动时，其上任一点到某一固定平面的距离始终保持不变，这种运动称为平面运动。不难看出，平面运动刚体上各点的轨迹都是平面直线或平面曲线。

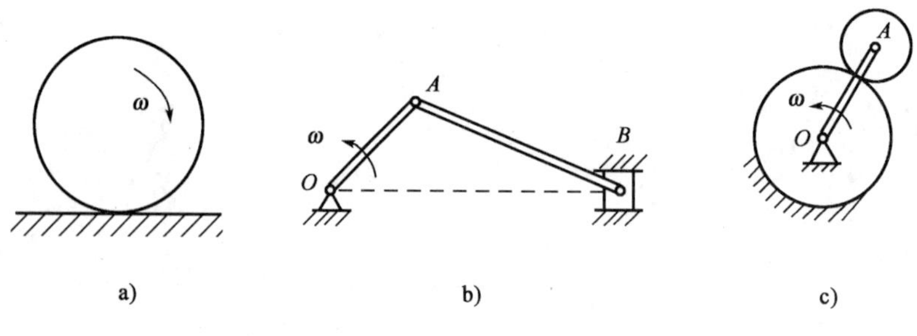

图　6-1

如图 6-2 所示刚体作平面运动，过刚体内任一点 A 作平面Ⅱ平行于固定平面Ⅰ，它与刚体相交截出一刚性平面图形 S。由平面运动的定义知：运动中刚体内每一点到固定平面Ⅰ的距离始终保持不变，此截面图形必在平面Ⅱ内运动。在 A 点作垂直于平面Ⅰ的直线 A_1A_2，则此直线上各点的运动均与 A 点的运动相同，类此可以作无数条这样的直线进行研究。由此可知，平面图形上各点的运动可以代表刚体内所有各点的运动，即刚体的平面运动可以简化为研究平面图形 S 在其自身平面内的运动即可。

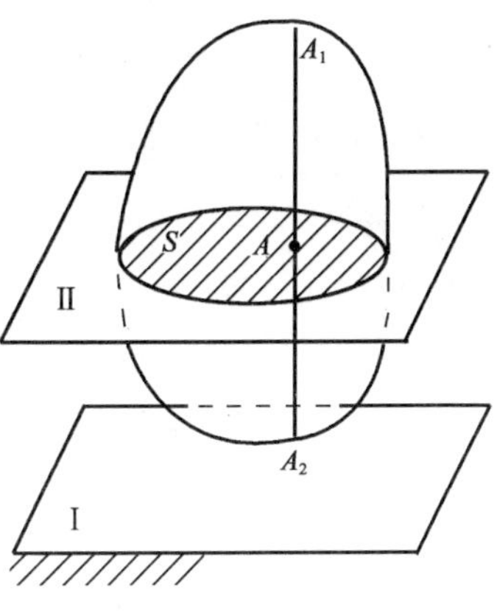

图 6-2

二、刚体平面运动的运动方程

平面图形在其平面上的位置可由图形内任意线段 AB 的位置来确定[图 6-3a)],而要确定此线段的位置,只需确定 A 点的位置和线段 AB 与固定坐标轴 Ox 的夹角 φ 即可。

平面图形运动时,A 点的坐标(x_A,y_A)和 φ 都是时间 t 的函数,即

$$x_A = f_1(t), y_A = f_2(t), \varphi = f_3(t) \tag{6-1}$$

式(6-1)就是平面图形的运动方程,也就是刚体平面运动的运动方程。

三、刚体平面运动的分解

在平面图形上任取一点 A,简称为基点。在基点假想地安上一个平动坐标系 $Ax'y'$,当平面图形运动时,该平动坐标系随基点作平动,如图 6-3a)所示。由式(6-1)可知,若 x_A,y_A 保持不变,平面图形作定轴转动;若 φ 为常数,平面图形作平动。但在一般情形下,x_A、y_A 和 φ 均随时间变化,也就是说,刚体在同时进行着随基点 A 的平动和绕基点 A 的转动。可见,平面图形的运动可以分解为随基点的平动和绕基点的转动。

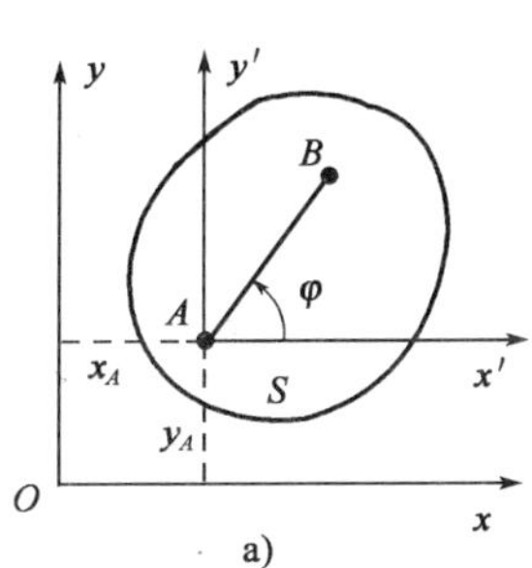

a)

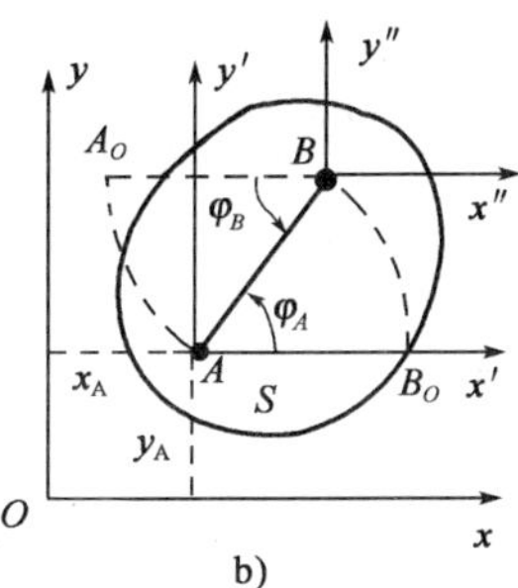

b)

图 6-3

基点的选择是任意的。因为一般情况下平面图形上各点的运动情况是不相同的,所以选取不同的点作为基点时,平面图形运动分解后的平动部分与基点的选择有关;而转动部分的转角是相对于平动坐标系而言的,选择不同的基点时,图形的转角仍然相同。如图 6-3b)所示,选 A 为基点时,线段 AB 从 AB_O 转至 AB,转角为 $\varphi_A=\varphi$,而选 B 为基点时,线段 AB 从 BA_O 转至 AB,转角为 φ_B,从图上可见,$\varphi_A=\varphi_B$,即平面图形相对于不同的基点的转角相等,在同一瞬时平面图形绕基点转动的角速度、角加速度也相等。因此,平面图形运动分解后的转动部分与基点的选择无关。

于是可得结论:平面图形可取任意基点而分解为平动和转动,其中平动的速度和加速度与基点的选择有关,而平面图形绕基点转动的角速度和角加速度与基点的选择无关。以后对角速度、角加速度而言,无需指明是绕哪个基点转动的,而统称为平面图形的角速度、角加速度。

第二节 求平面图形内各点的速度

一、基点法

如图 6-4 所示,以固定点 O 为坐标原点建立定坐标系 $Oxyz$,设平面图形 S 在平行于 Oxy 平面的固定平面内运动。取平面图形上的 A 点为基点,并建立随基点 A 平动的坐标系 $Ax'y'z'$,使平动坐标系 $Ax'y'z'$ 的 3 条坐标轴分别与定坐标系 $Oxyz$ 的三轴平行,即各轴的单位矢量关系为:$\boldsymbol{i}=\boldsymbol{i}'$,$\boldsymbol{j}=\boldsymbol{j}'$,$\boldsymbol{k}=\boldsymbol{k}'$。图形绕 A 点转动的角速度矢量为:$\boldsymbol{\omega}=\omega\boldsymbol{k}=\omega\boldsymbol{k}'$。$B$ 点为平面图形上任意一点,当图形运动时,点 B 相对于平动坐标系 $Ax'y'z'$ 的轨迹是以 A 点为圆心的圆周曲线。线段 AB 与轴 x' 的夹角就是图形 S 的转角。

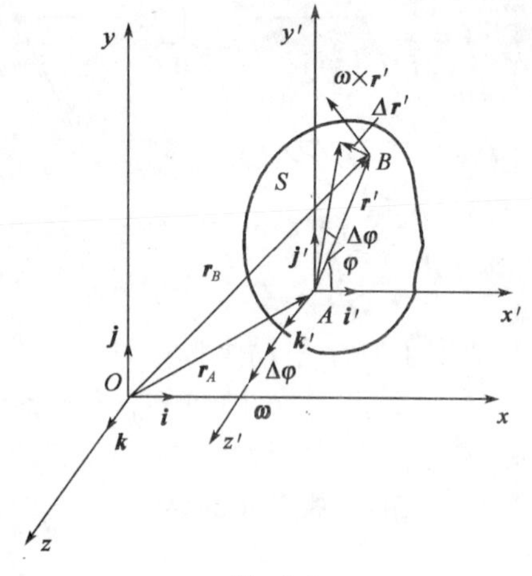

图 6-4

设基点 A 相对于定坐标系 $Oxyz$ 的原点 O 的矢径为 $\boldsymbol{r}_A$;点 B 相对原点 O 的矢径为 $\boldsymbol{r}_B$;点 B 相对于基点 A 的矢径为 $\boldsymbol{r}'$。由图 6-4 知

$$\boldsymbol{r}_B=\boldsymbol{r}_A+\boldsymbol{r}' \tag{6-2}$$

式(6-2)对时间求一阶导数,可得

$$\frac{\mathrm{d}\boldsymbol{r}_B}{\mathrm{d}t}=\frac{\mathrm{d}\boldsymbol{r}_A}{\mathrm{d}t}+\frac{\mathrm{d}\boldsymbol{r}'}{\mathrm{d}t} \tag{6-3}$$

式中,$\boldsymbol{v}_B=\frac{\mathrm{d}\boldsymbol{r}_B}{\mathrm{d}t}$ 表示图形上 B 点的速度;$\boldsymbol{v}_A=\frac{\mathrm{d}\boldsymbol{r}_A}{\mathrm{d}t}$ 表示基点 A 的速度;那么 $\frac{\mathrm{d}\boldsymbol{r}'}{\mathrm{d}t}$ 表示什么呢?

根据绝对导数和相对导数(在导数符号上加"~"表示)的关系,由于动坐标系 $Ax'y'z'$ 作平动,其角速度等于零,可得

$$\frac{\mathrm{d}\boldsymbol{r}'}{\mathrm{d}t}=\frac{\tilde{\mathrm{d}}\boldsymbol{r}'}{\mathrm{d}t}=\lim_{\Delta t\to 0}\frac{\tilde{\Delta}\boldsymbol{r}'}{\Delta t}$$

这里 $\tilde{\Delta}\boldsymbol{r}'$ 是由于图形相对于动坐标系 $Ax'y'z'$ 绕 A 点转动而引起的 $\boldsymbol{r}'$ 的变化,设在 Δt 时间内图形绕基点 A 的角位移矢量为 $\Delta\boldsymbol{\varphi}=\Delta\varphi\boldsymbol{k}'$,则有 $\tilde{\Delta}\boldsymbol{r}'=\Delta\boldsymbol{\varphi}\times\boldsymbol{r}'$,所以

$$\frac{\mathrm{d}\boldsymbol{r}'}{\mathrm{d}t}=\frac{\tilde{\mathrm{d}}\boldsymbol{r}'}{\mathrm{d}t}=\lim_{\Delta t\to 0}\frac{\tilde{\Delta}\boldsymbol{r}'}{\Delta t}=\lim_{\Delta t\to 0}\frac{\Delta\boldsymbol{\varphi}}{\Delta t}\times\boldsymbol{r}'=\boldsymbol{\omega}\times\boldsymbol{r}'$$

矢量 $\boldsymbol{\omega}\times\boldsymbol{r}'$ 的大小 $|\boldsymbol{\omega}\times\boldsymbol{r}'|=\omega\cdot AB$,其方向垂直于 AB,且朝向图形转动的一方(图 6-4),因此 $\boldsymbol{\omega}\times\boldsymbol{r}'$ 就是点 B 随同图形绕基点 A 转动的速度,记为 $\boldsymbol{v}_{BA}=\boldsymbol{\omega}\times\boldsymbol{r}'$,则式(6-3)可写为

$$\boldsymbol{v}_B=\boldsymbol{v}_A+\boldsymbol{v}_{BA} \tag{6-4}$$

式(6-4)表明:平面图形上任一点的速度等于基点的速度与该点随图形绕基点转动速度的矢量和。由式(6-4)中各速度矢量的关系可作速度平行四边形如图 6-5 所示。

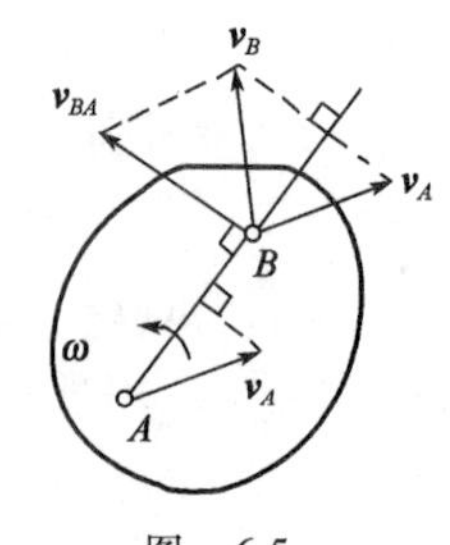

图 6-5

应用式(6-4)分析平面图形上点的速度问题的方法称为速度基点法。式(6-4)中共有 3 个矢量,各有大小和方向两个要素,共计 6 个要素。要使问题可解,一般应有 4 个要素是已知的。

二、速度投影定理

速度投影定理：同一瞬时，平面图形上任意两点的速度在这两点的连线上的投影相等。

证明：设 A,B 是平面图形上的任意两点，速度分别为 $\boldsymbol{v}_A$ 和 $\boldsymbol{v}_B$，如图 6-5 所示。将式(6-4)投影到 AB 连线上，并注意到 $\boldsymbol{v}_{BA}$ 垂直于 AB，在 AB 连线上的投影为零，则可得 $\boldsymbol{v}_B$ 在连线 AB 上的投影 $(\boldsymbol{v}_B)_{AB}$ 等于 $\boldsymbol{v}_A$ 在连线 AB 上的投影 $(\boldsymbol{v}_A)_{AB}$，即

$$(\boldsymbol{v}_B)_{AB} = (\boldsymbol{v}_A)_{AB} \tag{6-5}$$

这就证明了速度投影定理。

这个定理也可以由下面的理由来说明：因为 A 点和 B 点是刚体上的两点，它们之间的距离应该保持不变，所以两点的速度在 AB 方向的分量必须相同。否则，线段 AB 不是伸长，便是缩短，这将与刚体的性质相矛盾。因此，速度投影定理不仅适用于刚体作平面运动，而且也适用于刚体的其他运动。

应用速度投影定理求解平面图形上点的速度问题，有时是很方便的。但由于式(6-5)中不出现平面图形绕基点转动的角速度，故此定理不能直接求解平面图形的角速度。

[例 6-1] 曲柄连杆机构如图 6-6 所示，$OA=r$，$AB=\sqrt{3}r$。如曲柄 OA 以匀角速度 ω 转动，试求当 $\varphi=60°$ 时点 B 的速度和杆 AB 的角速度。

解： OA 杆定轴转动，A 点的速度大小：$v_A=r\omega$，其方向垂直于 OA，指向左上方。

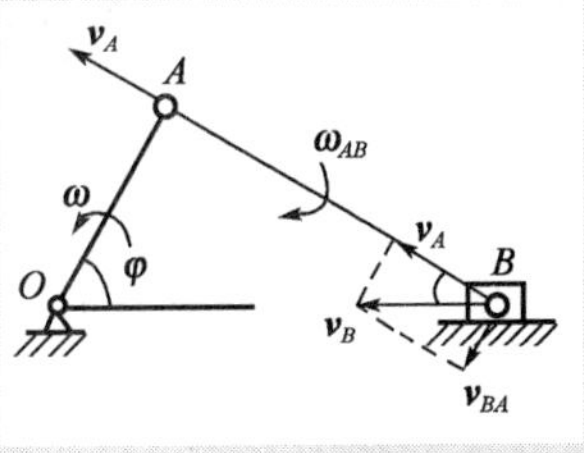

连杆 AB 作平面运动，以点 A 为基点，则点 B 的速度为

$$\boldsymbol{v}_B = \boldsymbol{v}_A + \boldsymbol{v}_{BA}$$

式中，$\boldsymbol{v}_A$ 的大小和方向均为已知，$\boldsymbol{v}_{BA}$ 垂直于 AB，$\boldsymbol{v}_B$ 沿水平方向。再注意到当 $\varphi=60°$ 时，OA 恰好与 AB 垂直，$\boldsymbol{v}_A$ 恰沿 BA 连线，故其速度平行四边形如图 6-6 所示。由几何关系得

图 6-6

$$v_B = \frac{v_A}{\cos 30°} = \frac{2\sqrt{3}}{3}r\omega$$

$$v_{BA} = v_A \tan 30° = \frac{\sqrt{3}}{3}r\omega$$

根据 $v_{BA} = BA \cdot \omega_{AB}$，可得此瞬时杆 AB 的角速度为

$$\omega_{AB} = \frac{v_{BA}}{BA} = \frac{\omega}{3}$$

为顺时针转向，如图 6-6 所示。

如果本题只需求点 B 的速度 $\boldsymbol{v}_B$，则可用速度投影定理求 $\boldsymbol{v}_B$。

由 $(\boldsymbol{v}_B)_{AB} = (\boldsymbol{v}_A)_{AB}$ 得

$$v_B \cos 30° = v_A$$

解得 $v_B = \dfrac{v_A}{\cos 30°} = \dfrac{2\sqrt{3}r\omega}{3}$

[例 6-2] 在图 6-7 所示的四连杆机构中，$OA=r$，$AB=b$，$O_1B=d$，已知曲柄 OA 以匀角速度 ω 绕轴 O 转动。试求在图示位置时，杆 AB 的角速度 ω_{AB} 以及摆杆 O_1B 的角速度 ω_1。

解:杆 OA 和 O_1B 作定轴转动,杆 AB 作平面运动。由 OA 作定轴转动可知点 A 的速度 $\boldsymbol{v}_A$ 的大小为 $v_A = r\omega$,方向垂直于 OA,水平向左。

杆 AB 作平面运动,取点 A 为基点,由基点法有

$$\boldsymbol{v}_B = \boldsymbol{v}_A + \boldsymbol{v}_{BA}$$

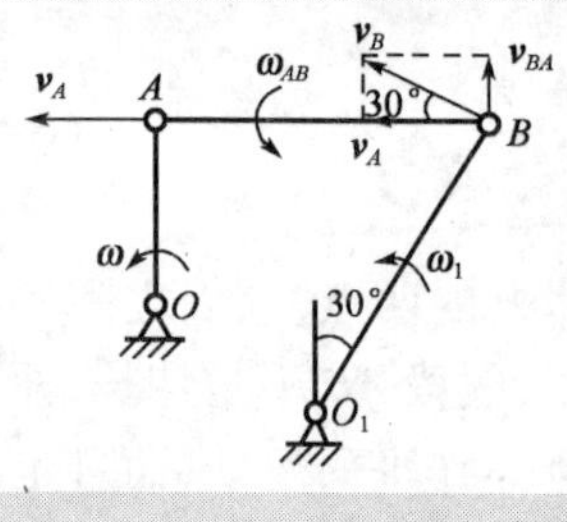

图 6-7

式中,$\boldsymbol{v}_A$ 的大小和方向均为已知,$\boldsymbol{v}_{BA}$的方向与 AB 垂直,$\boldsymbol{v}_B$ 与 O_1B 垂直。这样上式中 4 个要素是已知的,在点 B 作出其速度平行四边形如图 6-7 所示,作图时应注意 $\boldsymbol{v}_B$ 是平行四边形的对角线。

由几何关系得

$$v_{BA} = v_A \tan 30° = \frac{\sqrt{3}r\omega}{3}$$

$$v_B = \frac{v_A}{\cos 30°} = \frac{2\sqrt{3}r\omega}{3}$$

于是杆 AB 的角速度为

$$\omega_{AB} = \frac{v_{AB}}{AB} = \frac{v_{BA}}{b} = \frac{\sqrt{3}r\omega}{3b}$$

摆杆 O_1B 的角速度为

$$\omega_1 = \frac{v_B}{O_1B} = \frac{2\sqrt{3}r\omega}{3d}$$

转向如图 6-7 所示。

如果本题只需求摆杆 O_1B 的角速度 ω_1,则可用速度投影定理求 $\boldsymbol{v}_B$。请读者自己完成。

三、速度瞬心法

1. 定理

一般情况下,每一瞬时,平面图形上都唯一地存在一个速度为零的点。

证明:设有一平面图形 S,已知其上点 A 的速度为 $\boldsymbol{v}_A$,角速度为 ω。自点 A 沿 $\boldsymbol{v}_A$ 的指向作半直线 AN,将此线绕点 A 按图形角速度 ω 的转向转过 90°,得半直线 AN',如图 6-8 所示。

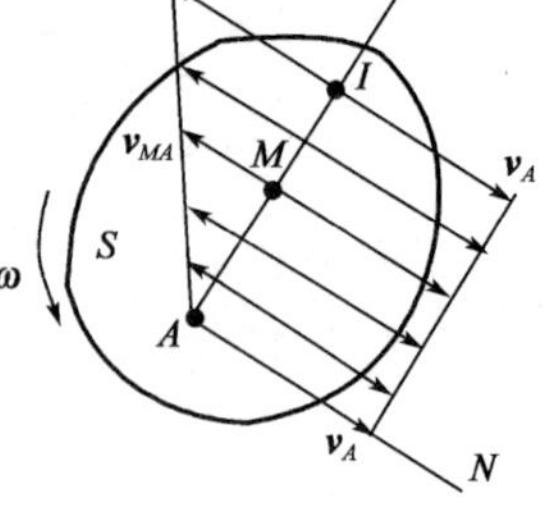

图 6-8

取点 A 为基点,根据速度基点法,AN' 上任一点 M 的速度均可按下式计算

$$\boldsymbol{v}_M = \boldsymbol{v}_A + \boldsymbol{v}_{MA}$$

由图中看出,$\boldsymbol{v}_M$ 与 $\boldsymbol{v}_{MA}$反向共线,故 $\boldsymbol{v}_M$ 的大小为

$$v_M = v_A - AM \cdot \omega$$

由上式可知,随着距离 AM 从零开始的逐渐增大,$\boldsymbol{v}_M$ 的数值将不断减小。所以在半直线 AN' 上,总可以找到一点 I,点 I 的位置由下式确定

$$AI = \frac{v_A}{\omega}$$

点 I 的速度大小为

$$v_I = v_A - AI \cdot \omega = 0$$

显然,这样的 I 点是唯一的,于是定理得到证明。

在某瞬时,平面图形上速度为零的点称为平面图形在该瞬时的瞬时速度中心,简称为速度瞬心。

2. 平面图形上各点的速度及其分布

确定了速度瞬心 I 的位置之后,若取点 I 为基点,则该瞬时平面图形上任意一点 M 的速度可表示为

$$\boldsymbol{v}_M = \boldsymbol{v}_I + \boldsymbol{v}_{MI} = \boldsymbol{v}_{MI}$$

上式表明:任一瞬时,平面图形上任一点的速度等于该点随图形绕速度瞬心转动的速度。点 M 的速度大小为

$$v_M = MI \cdot \omega$$

方向垂直于 MI。图形上各点的速度分布如图 6-9 所示。

因此,平面图形上各点速度的大小与该点到速度瞬心的距离成正比,速度方向垂直于该点到速度瞬心的连线,指向图形转动的一方,与图形作定轴转动时各点速度的分布情况相似。

必须强调指出,在不同瞬时,速度瞬心在图形上的位置是不同的。速度瞬心在该瞬时的速度等于零,但加速度一般并不为零。

3. 速度瞬心位置的确定和瞬时平动

综上所述,如果已知平面图形在某一瞬时的速度瞬心位置和角速度,则在该瞬时,图形上任一点的速度就可以完全确定。解题时,根据运动机构的几何条件,确定速度瞬心的位置有下列几种情况。

(1)平面图形沿一固定面作无滑动的滚动(简称为纯滚动),如图 6-10 所示。图形与固定面的接触点 I 就是该瞬时图形的速度瞬心,因为在这一瞬时,点 I 相对于固定面的速度为零,所以它的绝对速度为零。车轮在滚动过程中,轮缘上各点相继与地面接触而成为车轮在不同瞬时的速度瞬心。

(2)已知某瞬时平面图形上任意两点的速度方向,且两者不平行,则速度瞬心必在过每一点且与该点速度垂直的直线上。在图 6-11 中,已知图形上 A,B 两点的速度分别是 $\boldsymbol{v}_A$ 和 $\boldsymbol{v}_B$,过点 A 作 $\boldsymbol{v}_A$ 的垂线;再过点 B 作 $\boldsymbol{v}_B$ 的垂线,则这两垂线的交点 I 就是该瞬时平面图形的速度瞬心。

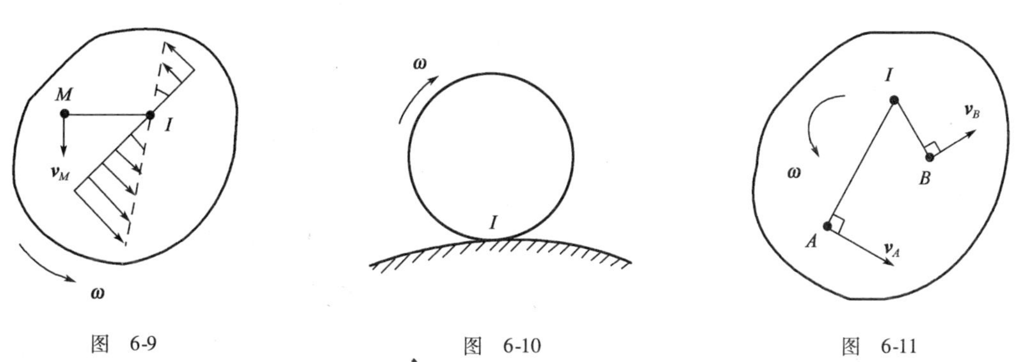

图 6-9　　图 6-10　　图 6-11

(3)已知某瞬时平面图形上两点的速度相互平行,并且速度的方向垂直于这两点的连线,但两速度的大小不等,则图形的速度瞬心必在这两点的连线与两速度矢端的连线的交点。当

A,B 两点的速度 $\boldsymbol{v}_A$ 和 $\boldsymbol{v}_B$ 同向时,此时速度瞬心 I 在 AB 的延长线上[图 6-12a)];当 A,B 两点的速度 $\boldsymbol{v}_A$ 和 $\boldsymbol{v}_B$ 反向时,此时速度瞬心 I 位于 A,B 两点之间[图 6-12b)]。当然,欲确定速度瞬心 I 的具体位置,不仅需要知道 A,B 两点间的距离,而且还应知道 $\boldsymbol{v}_A$ 和 $\boldsymbol{v}_B$ 的大小。

(4)已知某瞬时平面图形上两点的速度相互平行,但速度方向与这两点的连线不垂直,如图6-13a)所示;或虽然速度方向与这两点的连线垂直,但两速度的大小相等,如图 6-13b)所示,则该瞬时图形的速度瞬心在无限远处,图形的这种运动状态称为瞬时平动。此时,图形的角速度等于零,图形上各点的速度大小相等,方向相同,速度分布与平动时相似。

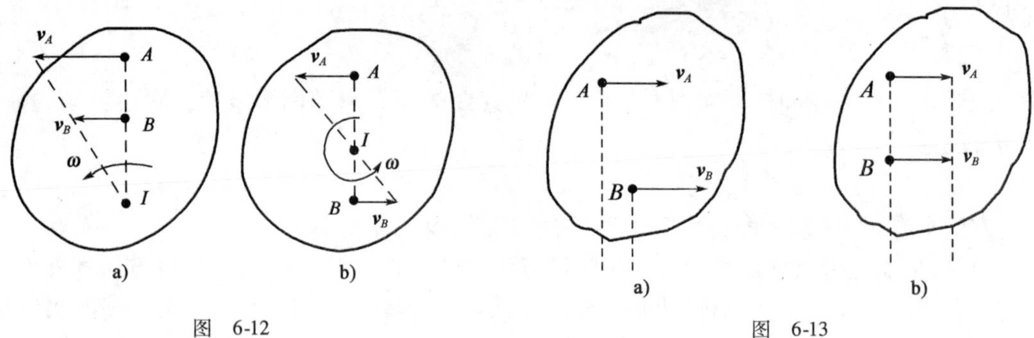

图 6-12　　图 6-13

必须注意,瞬时平动只是刚体平面运动的一个瞬态,与刚体的平动是两个不同的概念。瞬时平动时,虽然图形的角速度为零,图形上各点的速度相等,但图形的角加速度一般不等于零,图形上各点的加速度也不相同。

综上所述,对于平面运动速度问题可用 3 种方法进行求解。速度基点法是一种基本方法,可以求解图形上一点的速度或图形的角速度,作图时必须保证所求点的速度为平行四边形的对角线;当已知平面图形上某一点的速度大小和方向以及另一点的速度方向时,用速度投影定理可方便地求得该点的速度大小,但不能直接求出图形的角速度;速度瞬心法既可求解平面图形的角速度,也可求解图形上一点的速度,是一种直观、方便的方法。

[例 6-3]如图 6-14 所示的行星轮系中,大齿轮Ⅰ固定不动,半径为 R;行星齿轮Ⅱ在轮Ⅰ上作无滑动的滚动,半径为 r;杆 OA 的角速度为 ω_0。试求轮Ⅱ的角速度以及其上 B,C,D 三点的速度。

解:杆 OA 作定轴转动,行星齿轮Ⅱ作平面运动,轮心 A 的速度为

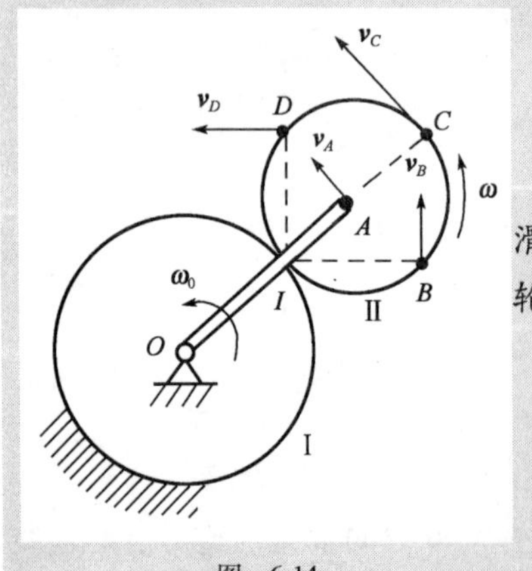

图 6-14

$$v_A = OA\omega_0 = (R + r)\omega_0$$

方向如图 6-14 所示。

因为行星齿轮Ⅱ在固定不动的大齿轮Ⅰ上滚动而无滑动,故轮Ⅱ与轮Ⅰ的接触点 I 就是轮Ⅱ的速度瞬心。设轮Ⅱ的角速度为 ω,则

$$\omega = \frac{v_A}{AI} = \frac{(R + r)}{r}\omega_0$$

转向如图 6-14 所示。

轮Ⅱ上 B,C,D 三点的速度大小分别为

$$v_B = BI\omega = \sqrt{2}r\omega = \sqrt{2}(R + r)\omega_0$$

$$v_C = CI\omega = 2r\omega = 2(R + r)\omega_0$$

$$v_D = DI\omega = \sqrt{2}r\omega = \sqrt{2}(R + r)\omega_0$$

三点的速度方向分别垂直于各点至速度瞬心 I 的连线，指向如图 6-14 所示。

[例 6-4] 平面连杆滑块机构中，$O_2C = 100\text{mm}$；在图 6-15 所示瞬时，A，B，O_2 和 O_1，C 分别在两水平线上，此时，滑块 A 的速度大小为 $v_A = 80\text{mm/s}$，方向水平向左。试求该瞬时杆 O_1B 及杆 O_2C 的角速度。

解：杆 O_1B 和 O_2C 分别绕轴 O_1 和 O_2 作定轴转动，杆 AB 和 BC 作平面运动。欲求杆 O_1B 的角速度 ω_1，须先求出点 B 的速度；而欲求杆 O_2C 的角速度 ω_2，则应先求出点 C 的速度。

杆 AB 作平面运动，已知 A 端的速度 $\boldsymbol{v}_A$，而点 B 为杆 O_1B 上的一点，故 $\boldsymbol{v}_B$ 垂直于 O_1B，如图 6-15 所示。作 A，B 两点速度矢量的垂线，得交点 O_1，即图示瞬时杆 AB 的速度瞬心与点 O_1 重合；所以杆 AB 的角速度和点 B 的速度大小分别为

$$\omega_{AB} = \frac{v_A}{O_1A} = \frac{80}{100} = 0.8\text{rad/s}$$

$$v_B = O_1B\omega_{AB} = \frac{100}{\sin30^\circ} \times 0.8 = 160\text{mm/s}$$

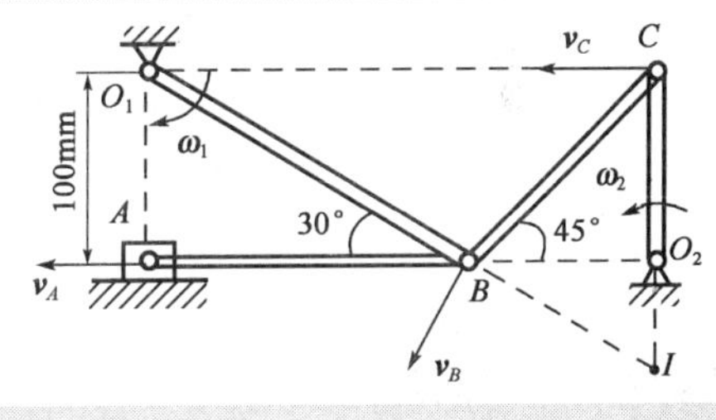

图 6-15

O_1B 的角速度为

$$\omega_1 = \frac{v_B}{O_1B} = \omega_{AB} = 0.8\text{rad/s}$$

为顺时针转向，如图 6-15 所示。

杆 BC 作平面运动，其上 B，C 两点的速度方向如图 6-15 所示。作 B，C 两点速度矢量的垂线，得交点为点 I，这就是图示瞬时杆 BC 的速度瞬心。由几何关系知

$$O_2B = O_2C = 100\text{mm}$$

$$BI = \frac{O_2B}{\cos30^\circ} = 115.5\text{mm}$$

$$CI = O_2C + O_2I = O_2C + O_2B\tan30^\circ = 157.7\text{mm}$$

于是该瞬时杆 BC 的角速度为

$$\omega_{BC} = \frac{v_B}{BI} = \frac{160}{115.5} = 1.39\text{rad/s}$$

点 C 的速度大小为

$$v_C = CI\omega_{BC} = 157.7 \times 1.39 = 219\text{mm/s}$$

所以杆 O_2C 的角速度为

$$\omega_2 = \frac{v_C}{O_2C} = \frac{219}{100} = 2.19\text{rad/s}$$

为逆时针转向，如图 6-15 所示。

第三节　用基点法求平面图形内各点的加速度

设某瞬时平面图形 S 上点 A 的加速度为 $\boldsymbol{a}_A$，图形的角速度、角加速度分别为 ω 和 α（图 6-16），求解平面图形上任意一点 B 的加速度。由式(6-3)知

$$\boldsymbol{v}_B = \boldsymbol{v}_A + \boldsymbol{\omega} \times \boldsymbol{r}'$$

上式对时间求导，可得

$$\frac{\mathrm{d}\boldsymbol{v}_B}{\mathrm{d}t} = \frac{\mathrm{d}\boldsymbol{v}_A}{\mathrm{d}t} + \frac{\mathrm{d}\boldsymbol{\omega}}{\mathrm{d}t} \times \boldsymbol{r}' + \boldsymbol{\omega} \times \frac{\mathrm{d}\boldsymbol{r}'}{\mathrm{d}t} \tag{6-6}$$

式(6-6)中，$\boldsymbol{a}_B = \frac{\mathrm{d}\boldsymbol{v}_B}{\mathrm{d}t}$ 表示图形内 B 点的加速度；$\boldsymbol{a}_A = \frac{\mathrm{d}\boldsymbol{v}_A}{\mathrm{d}t}$ 表示基点 A 的加速度；$\boldsymbol{\alpha} = \frac{\mathrm{d}\boldsymbol{\omega}}{\mathrm{d}t}$ 表示图形的角加速度矢，$\frac{\mathrm{d}\boldsymbol{r}'}{\mathrm{d}t} = \frac{\tilde{\mathrm{d}}\boldsymbol{r}'}{\mathrm{d}t} = \boldsymbol{\omega} \times \boldsymbol{r}'$ 则为 B 点随同图形绕基点 A 转动的速度。从而式(6-6)可整理为

$$\boldsymbol{a}_B = \boldsymbol{a}_A + \boldsymbol{\alpha} \times \boldsymbol{r}' + \boldsymbol{\omega} \times (\boldsymbol{\omega} \times \boldsymbol{r}') \tag{6-7}$$

由于 $\boldsymbol{\omega} = \omega\boldsymbol{k}, \boldsymbol{\alpha} = \alpha\boldsymbol{k}$，故式(6-7)中矢量 $\boldsymbol{\alpha} \times \boldsymbol{r}'$ 的大小为 $\alpha \cdot AB$，方向垂直于 AB，并与角加速度矢的转向一致，即 B 点随图形绕基点 A 转动的切向加速度，记为 $\boldsymbol{a}_{BA}^{\tau}$。而矢量 $\boldsymbol{\omega} \times (\boldsymbol{\omega} \times \boldsymbol{r}')$ 的大小为 $\omega^2 \cdot AB$，方向沿 AB 并指向基点 A，即 B 点随图形绕基点 A 转动的法向加速度，记为 $\boldsymbol{a}_{BA}^{n}$。所以式(6-7)可写为

$$\boldsymbol{a}_B = \boldsymbol{a}_A + \boldsymbol{a}_{BA}^{\tau} + \boldsymbol{a}_{BA}^{n} \tag{6-8}$$

式(6-8)表明：任一瞬时，平面图形上任一点的加速度等于基点的加速度与该点随图形绕基点转动的切向加速度和法向加速度的矢量和。式(6-8)中各加速度矢量关系如图 6-16 所示。

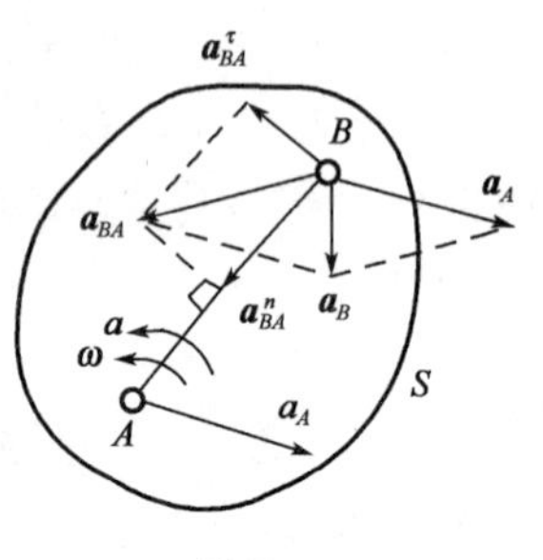

图　6-16

式(6-8)是用基点法求解平面图形上任一点加速度的基本公式。具体解题时，若 B,A 两点都作曲线运动，则 B,A 两点的加速度也各有其切向加速度和法向加速度两个分量，这时式(6-8)中最多可有 6 项，有大小、方向共计 12 个要素，分析各项的方向、计算各项的大小时一定要认真仔细。

式(6-8)是平面内的矢量等式，只能求解两个未知量。具体解题时，通常是将此式向两个不平行的坐标轴投影，得到两个代数方程，用以求解两个未知量。

[例 6-5] 如图 6-17a)所示的曲柄连杆机构中，已知连杆 AB 长 1m，曲柄 OA 长 0.2m，以匀角速度 $\omega = 10\text{rad/s}$ 绕轴 O 转动。试求在图示位置时滑块 B 的加速度和连杆 AB 的角加速度。

解： 杆 AB 作平面运动，图示位置时速度瞬心为点 I，如图 6-17a)所示。杆 AB 的角速度为

$$\omega_{AB} = \frac{v_A}{AI} = \frac{OA\omega}{AB} = \frac{0.2 \times 10}{1}\text{rad/s} = 2\text{rad/s}$$

以点 A 为基点，则点 B 的加速度为

$$\boldsymbol{a}_B = \boldsymbol{a}_A + \boldsymbol{a}_{BA}^{\tau} + \boldsymbol{a}_{BA}^{n}$$

式中，因为曲柄 OA 作匀速转动，故点 A 的加速度 $\boldsymbol{a}_A$ 的方向由 A 指向 O，大小为

$$a_A = OA\omega^2 = 0.2 \times 10^2 \mathrm{m/s^2} = 20\mathrm{m/s^2}$$

$\boldsymbol{a}_{BA}^n$ 的方向由 B 指向 A，大小为

$$a_{BA}^n = BA\omega_{BA}^2 = 1 \times 2^2 \mathrm{m/s^2} = 4\mathrm{m/s^2}$$

$\boldsymbol{a}_{BA}^{\tau}$ 的方向垂直于 BA 杆，指向假设如图；$\boldsymbol{a}_B$ 的方向沿滑槽中心线，指向假设向左。

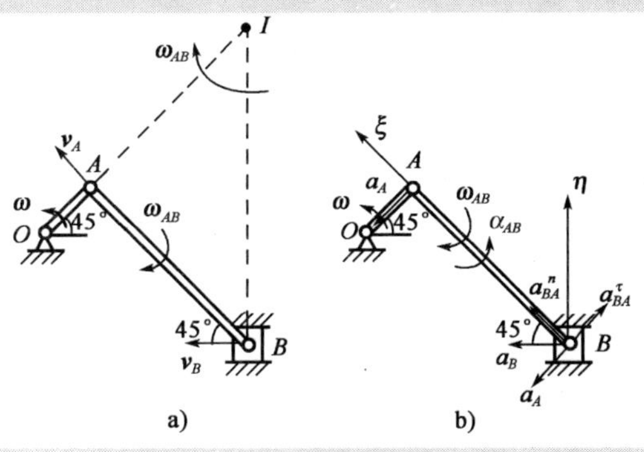

图 6-17

上述矢量方程只有两个未知量，因此问题可解。沿 BA 方向作 ζ 轴，铅直向上作 η 轴，如图 6-17b）所示。将矢量方程分别向 ζ 轴和 η 轴投影，得

$$a_B\cos45° = a_{BA}^n$$

$$0 = -a_A\cos45° + a_{BA}^{\tau}\cos45° + a_{BA}^n\cos45°$$

解得

$$a_B = \frac{a_{BA}^n}{\cos45°} = \frac{4}{\cos45°}\mathrm{m/s^2} = 5.66\mathrm{m/s^2}$$

$$a_{BA}^{\tau} = a_A - a_{BA}^n = (20-4)\mathrm{m/s^2} = 16\mathrm{m/s^2}$$

$$a_{BA} = \frac{a_{BA}^{\tau}}{BA} = \frac{16}{1}\mathrm{m/s^2} = 16\mathrm{rad/s^2}$$

所得结果都是正的，表示实际方向与图中的假设方向相同，如图 6-17b）所示。

［**例 6-6**］在图 6-18a）所示的平面机构中，$O_1A = AB = 2l$，$O_2B = l$，摇杆 O_1A 以匀角速度 ω_1 绕轴 O_1 转动。图示瞬时，A，B 两点的连线水平，两摇杆 O_1A，O_2B 方向平行，且 $\theta = 60°$。试求矩形板 D 的角加速度 α 和摇杆 O_2B 的角加速度 α_2。

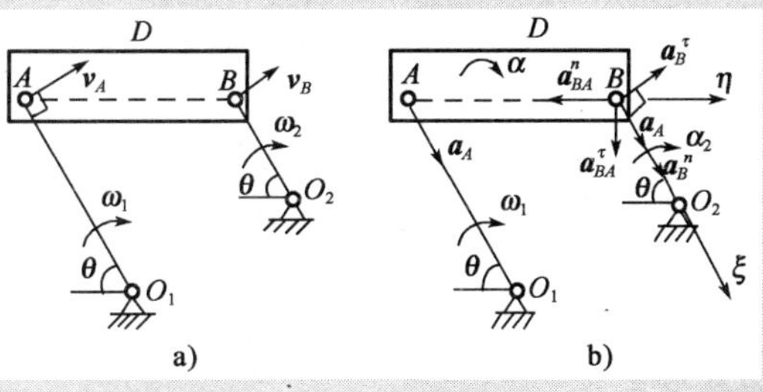

图 6-18

解：机构中两摇杆 O_1A,O_2B 均作定轴转动，矩形板 D 作平面运动。图示瞬时，$\boldsymbol{v}_A$,$\boldsymbol{v}_B$ 方向平行，且与 A,B 两点的连线不相垂直，故该瞬时板 D 作瞬时平动，如图 6-18a）所示。此时，板 D 的角速度 $\omega=0$。故点 B 的速度大小为

$$v_B = v_A = O_1A\omega_1 = 2l\omega_1$$

摇杆 O_2B 的角速度
$$\omega_2 = \frac{v_B}{O_2B} = 2\omega_1$$

转向如图 6-18a）所示。

下面再求矩形板 D 的角加速度 α。设板 D、摇杆 O_2B 的角加速度均沿顺时针转向，选取点 A 为基点。因为摇杆 O_1A 作匀速转动，故 $\boldsymbol{a}_A$ 只有法向加速度一个分量；点 B 为杆 O_2B 上的一点，有切向加速度和法向加速度两个分量，所以点 B 的加速度为

$$\boldsymbol{a}_B^{\tau} + \boldsymbol{a}_B^{n} = \boldsymbol{a}_A + \boldsymbol{a}_{BA}^{\tau} + \boldsymbol{a}_{BA}^{n}$$

上式中

$$a_A = O_1A\omega_1^2 = 2l\omega_1^2$$

$$a_B^n = O_2B\omega_2^2 = 4l\omega_1^2$$

$$a_{BA}^n = BA\omega^2 = 0$$

各项的方向如图 6-18b）所示。沿 O_2B 作 ζ 轴，沿 AB 连线作 η 轴，如图 6-18b）所示。将矢量方程分别向 ζ 轴和 η 轴投影，得

$$a_B^n = a_A + a_{BA}^{\tau}\cos30^\circ$$

$$a_B^{\tau}\cos30^\circ + a_B^n\cos60^\circ = a_A\cos60^\circ$$

解得

$$a_{BA}^{\tau} = \frac{a_B^n - a_A}{\cos30^\circ} = \frac{4\sqrt{3}}{3}l\omega_1^2$$

$$a_B^{\tau} = \frac{\cos60^\circ}{\cos30^\circ}(a_A - a_B^n) = -\frac{2\sqrt{3}}{3}l\omega_1^2$$

于是可得板 D 和摇杆 O_2B 的角加速度为

$$\alpha = \frac{a_{BA}^{\tau}}{BA} = \frac{2\sqrt{3}}{3}\omega_1^2$$

$$\alpha_2 = \frac{a_B^{\tau}}{O_2B} = -\frac{2\sqrt{3}}{3}\omega_1^2$$

因为 α_2 为负值，故其实际转向与原假设相反，应为逆时针转向。

由本例可见，作瞬时平动的矩形板 D 的角加速度并不等于零，板上两点 A,B 的加速度也不相等。

[**例 6-7**]车轮沿直线作纯滚动,已知轮半径为 R,中心 O 的速度为 $\boldsymbol{v}_O$,加速度为 $\boldsymbol{a}_O$,如图 6-19a)所示。试求车轮上速度瞬心的加速度。

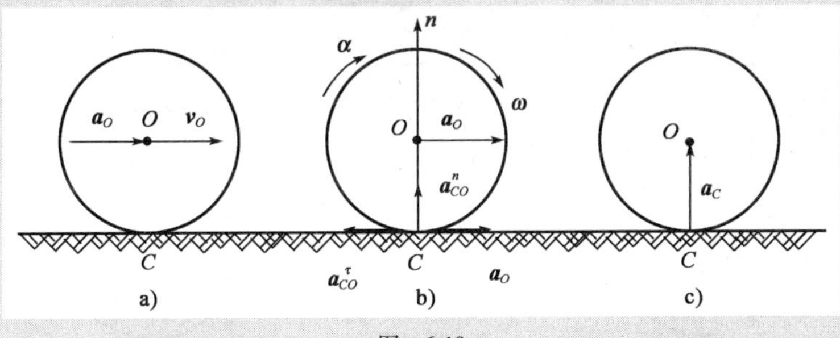

图 6-19

解:车轮平面运动,轮缘上点 C 为速度瞬心,车轮的角速度为

$$\omega = \frac{v_O}{R}$$

车轮的角加速度 α 等于角速度 ω 对时间的一阶导数。对纯滚动的车轮而言,上式在任何瞬时都成立,所以可对时间 t 求导,得车轮的角加速度

$$\alpha = \dot{\omega} = \frac{\dot{v}_O}{R}$$

轮心 O 作直线运动,所以 $\alpha = \dfrac{a_O}{R}$。α,ω 的转向如图 6-19b)所示。

车轮平面运动,以轮心 O 为基点,求速度瞬心 C 的加速度

$$\boldsymbol{a}_C = \boldsymbol{a}_O + \boldsymbol{a}_{CO}^\tau + \boldsymbol{a}_{CO}^n$$

上式中 $a_{CO}^\tau = R\alpha = a_O, a_{CO}^n = R\omega^2 = \dfrac{v_O^2}{R}$,方向如图 6-19b)所示。

由于 $\boldsymbol{a}_O$ 与 $\boldsymbol{a}_{CO}^\tau$ 的大小相等,方向相反,于是有

$$a_C = a_{CO}^n = \frac{v_O^2}{R}$$

由此可知,速度瞬心的加速度并不等于零。当车轮在地面上只滚动不滑动时,速度瞬心 C 的加速度与轮心的加速度无关,且指向轮心,如图 6-19c)所示。

思考题

6-1 刚体的平面运动通常分解为哪两个运动?它们与基点的选择有无关系?

6-2 判断图中所示刚体上各点的速度方向是否可能?

6-3 机构如图所示,试问下列计算过程中有无错误?为什么?

(1)a)图中,已知 $v_A = OA\omega$,所以 $v_B = v_A\cos\theta$;

(2)b)图中,已知 $O_1A = O_2B = r$,图示瞬时 $v_A = v_B$,所以有 $\omega_1 = \omega_2$;$\alpha_1 = \dot{\omega}_1 = \dot{\omega}_2 = \alpha_2$。

6-4 刚体的平动和定轴的转动都是平面运动的特例吗?刚体的平动与某瞬时刚体瞬时平动有何区别?

6-5 图示机构中,能否根据 A,B 两点的速度 $\boldsymbol{v}_A,\boldsymbol{v}_B$ 的方向,按图示的方法确定速度瞬心 I 的位置,为什么?

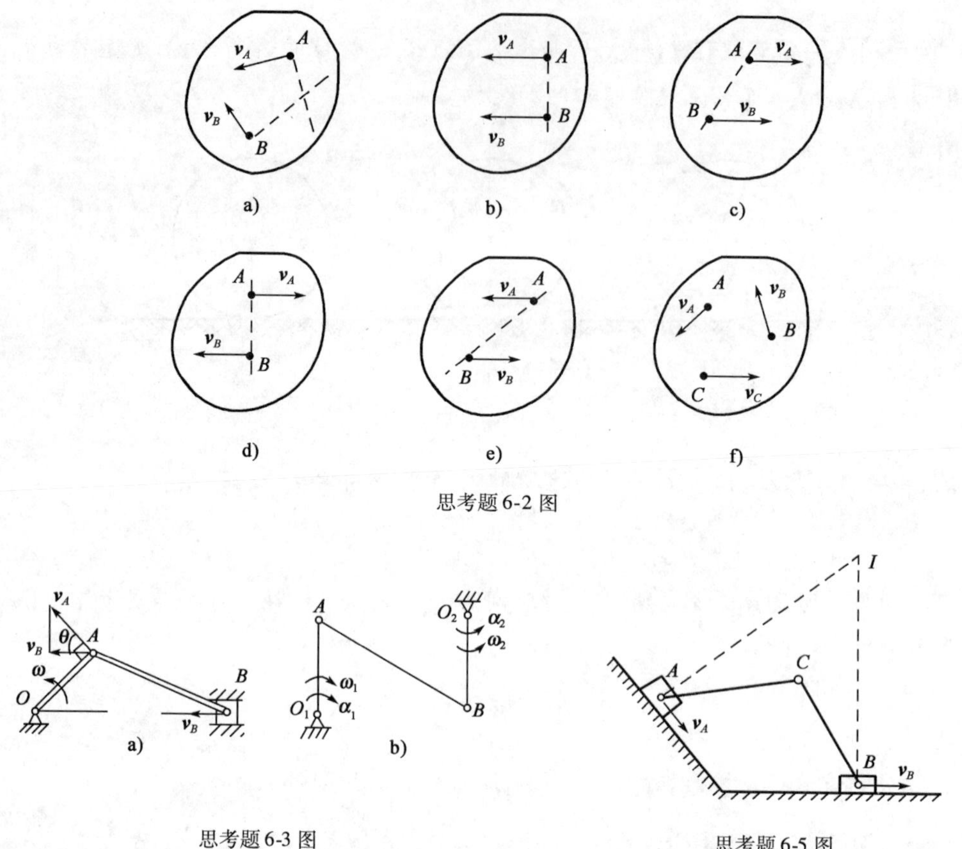

思考题 6-2 图

思考题 6-3 图

思考题 6-5 图

6-6　平面图形瞬时平动时，其上任意两点的加速度在这两点连线上的投影相等。这种说法是否正确？为什么？

习　题

6-1　椭圆规尺 AB 由曲柄 OC 带动，曲柄以角速度绕 O 轴匀速转动，如图所示。若 $OC = BC = AC = r$，并取 C 点为基点，求椭圆规尺 AB 的平面运动方程。

6-2　半径为 R 的圆柱缠以细绳，绳的 B 端固定在天花板上，如图所示。圆柱自静止下落，其轴心的速度为 $v_A = 2\sqrt{3gh}/3$，其中 g 为常量，h 为轴心 A 至初始位置的距离。试求圆柱的平面运动方程。

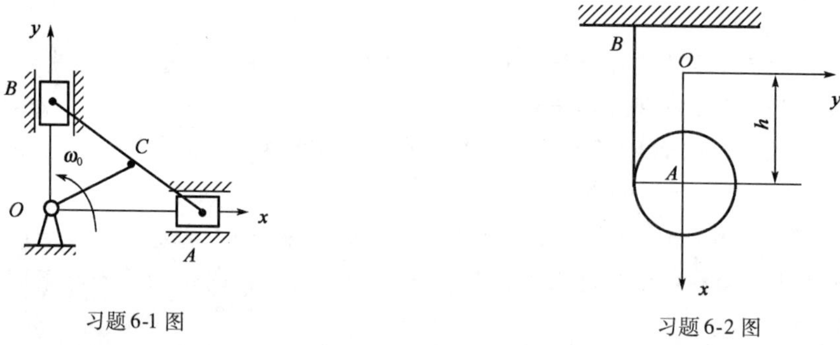

习题 6-1 图

习题 6-2 图

6-3　图示两平行齿条同向运动，速度分别为 $\boldsymbol{v}_1$ 和 $\boldsymbol{v}_2$，齿条之间夹一半径为 r 的齿轮，试求齿轮的角速度及其中心 O 的速度。

6-4　长为 $l = 1.2\text{m}$ 的直杆 AB 作平面运动，某瞬时中点 C 的速度大小为 $v_C = 3\text{m/s}$，方向与 AB 的夹角为 60°，如图所示。试求该瞬时点 A 可能有的最小速度以及杆 AB 的角速度。

6-5　在图示四连杆机构中，曲柄 OA 以匀角速度 ω_0 转动，$OA = O_1B = r$。图示瞬时 $AB \perp O_1B$。试求该瞬时 O_1B 杆的角速度。

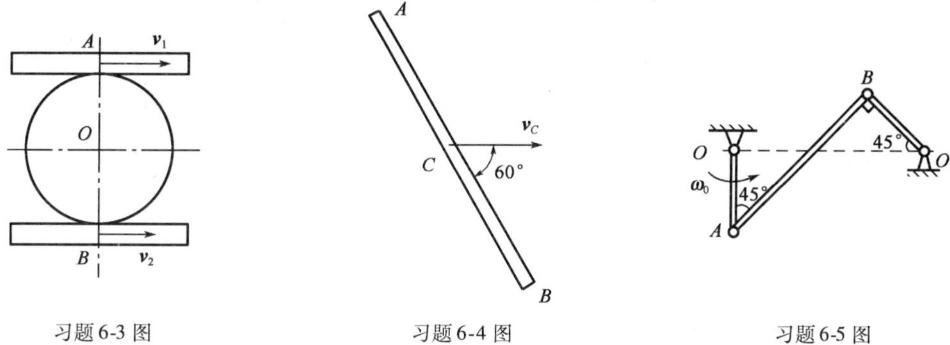

习题 6-3 图　　习题 6-4 图　　习题 6-5 图

6-6　平面机构如图所示。已知：半径为 r 的圆轮作纯滚动，$OA = r = 20\text{cm}$，$AB = 2r$。在图示位置时，$\varphi = 30°$，OA 铅垂，BC 水平，杆 OA 的角速度 $\omega = 3\text{rad/s}$。试求该瞬时杆 AB 和圆轮的角速度。

6-7　平面机构中，ABC 为一直角三角形板。已知：OA 杆以匀角速度 $\omega = 6\text{rad/s}$ 转动，$OA = 10\text{cm}$，$AC = 15\text{cm}$，$BC = 45\text{cm}$，$BD = 40\text{cm}$。在图示位置时，OA 水平，BD 铅垂，$AC \perp OA$。试求该瞬时，C 点的速度大小和 BD 杆的角速度。

6-8　平面机构如图所示，已知：曲柄 $OA = r$，角速度为 ω，$BF = BC = l$，滑块 C 可沿铅直槽滑动。在图示位置时。连杆 AB 位于水平，$\theta = 60°$，$\varphi = 30°$。试求该瞬时：

(1) B 点的速度；(2) 滑块 C 的速度；(3) BC 杆的角速度。

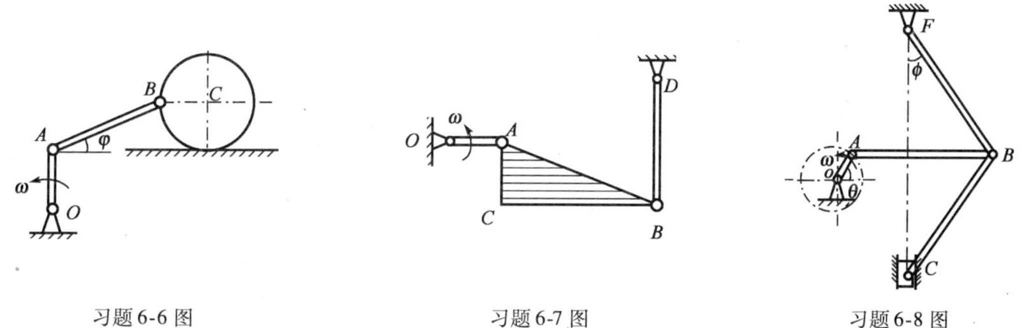

习题 6-6 图　　习题 6-7 图　　习题 6-8 图

6-9　平面机构如图所示。已知：$OA = 22\text{cm}$，行星轮半径 $r = 10\text{cm}$，O 轮固定不动，$BC = 30\text{cm}$，斜槽倾角 $\varphi = 60°$。在图示位置时，BC 铅垂，O，A，B 三点在同一水平线上，OA 杆的角速度 $\omega_0 = 3\text{rad/s}$。试求：该瞬时 (1) B 点和 C 点的速度；(2) BC 杆的角速度。

6-10　插齿机由曲柄 OA 通过连杆 AB 带动摆杆 O_1B 绕轴摆动，与摆杆连成一体的扇齿轮带动齿条使插刀 M 上下运动，如图所示。已知曲柄转动的角速度 ω，$OA = r$，扇齿轮半径为 b，求当 B，O 位于同一铅直线上时插刀 M 的速度。

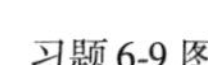

习题 6-9 图

6-11　图示配汽机构中，曲柄 OA 的角速度 $\omega = 20\text{rad/s}$ 为一常量。已知 $OA = 0.4\text{m}$，$AC = BC = 0.2\sqrt{37}\text{m}$。试求当曲柄 OA 在两铅直线位

置和两水平位置时，配汽机构中气阀推杆 ED 的速度。

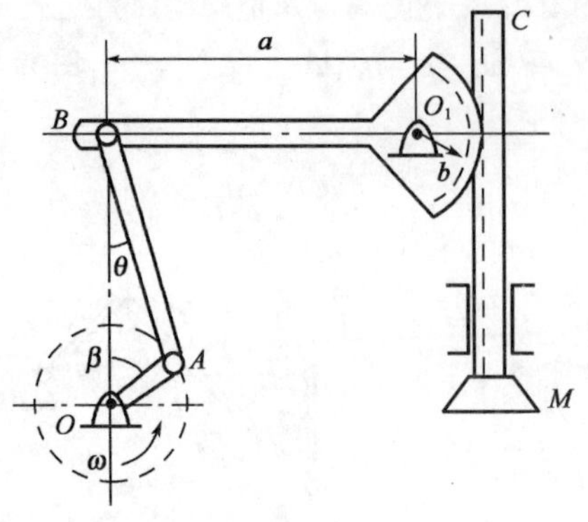

习题 6-10 图

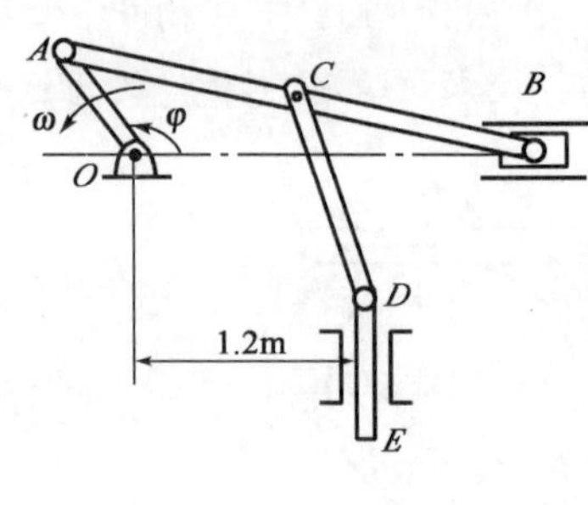

习题 6-11

6-12　在瓦特行星传动机构中，平衡杆 O_1A 绕 O_1 轴转动，并借连杆 AB 带动曲柄 OB；而曲柄 OB 活动地装置在 O 轴上，如图所示。在 O 轴上装有齿轮Ⅰ，齿轮Ⅱ与连杆 AB 固连于一体。已知 $r_1 = r_2 = 0.3\sqrt{3}\text{m}$，$O_1A = 0.75\text{m}$，$AB = 1.5\text{m}$；又平衡杆的角速度 $\omega = 6\text{rad/s}$。求当 $\gamma = 60°$ 且 $\beta = 90°$ 时，曲柄 OB 和齿轮Ⅰ的角速度。

6-13　所示小型精压机的传动机构，$OA = O_1B = r = 0.1\text{m}$，$EB = BD = AD = l = 0.4\text{m}$，在图示瞬时，$OA \perp AD$，$O_1B \perp ED$，$O_1D$ 在水平位置，OD 杆和 EF 杆在铅锤位置。已知曲柄 OA 的转速 $n = 120\text{r/min}$，求此时压头 F 的速度。

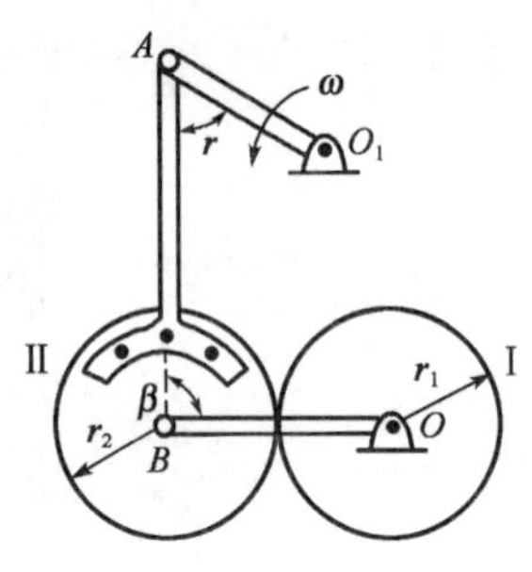

习题 6-12 图

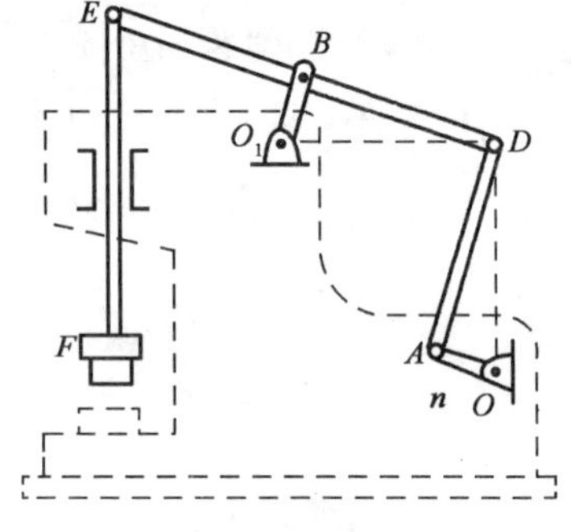

习题 6-13 图

6-14　在图示机构中，圆盘的半径为 R，沿固定水平面作纯滚动，带动杆的 B 端沿墙滑下。杆 AB 长为 L。当 $\varphi = 30°$ 时，圆盘角速度为 ω，试求此时杆 AB 的角速度和 B 点的速度。

6-15　两轮沿固定水平直线轨道作纯滚动，两轮的半径都是 R，BC 杆长 l，轮Ⅰ的轮心 A 以匀速 $\boldsymbol{v}$ 前进。试求在图示位置时（φ，θ 都是已知）轮Ⅱ的角速度。

6-16　平面机构如图所示。轮沿固定水平轨道作纯滚动，滑块 B 沿固定铅垂槽滑动。已知：轮的半径为 R，$BC = CD = 3R$，$OA = AC = R$，杆 OA 以角速度 ω 转动，O 与 B 在同一铅垂线上。在图示位置时，OA 及 ED 都处于水平，$BC \perp CD$。试求该瞬时轮心 E 的速度。

6-17　图示行星轮系，齿轮Ⅱ的半径为 R，长为 $1.5R$ 的 OA 杆以角速度 ω 绕 O 轴逆时针转动，内齿轮Ⅰ以 $\omega_1 = 0.5\omega$ 绕 O 轴顺时针转动。试求齿轮Ⅱ的角速度。

6-18　半径为 r 的圆柱形滚子沿半径为 R 的固定圆弧面作纯滚动。在图示瞬时，滚子中心 C 的速度为 $\boldsymbol{v}_C$、切向加速度为 $\boldsymbol{a}_C^{\tau}$。试求此时滚子与圆弧面的接触点 A 以及同一直径上最高

点 B 的加速度。

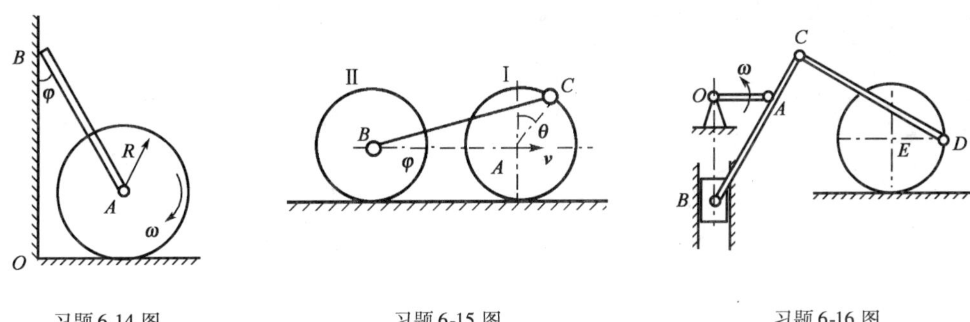

习题 6-14 图　　习题 6-15 图　　习题 6-16 图

6-19　绕线轮沿水平面滚动而不滑动，轮的半径为 R。在轮上有圆柱部分，其半径为 r，如图所示。将线绕于圆柱上，线的 B 端以速度 $\boldsymbol{v}$ 和加速度 $\boldsymbol{a}$ 沿水平方向运动，试求绕线轮轴心 O 的速度和加速度。

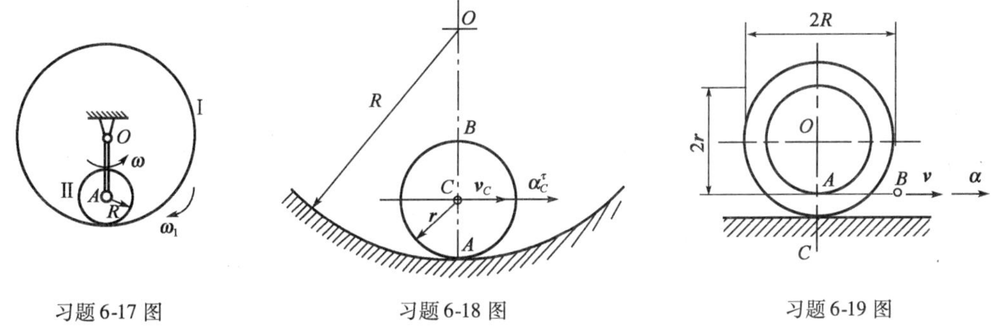

习题 6-17 图　　习题 6-18 图　　习题 6-19 图

6-20　四连杆机构 $OABO_1$ 中，$OO_1 = OA = O_1B = 100\text{mm}$，杆 OA 以匀角速度 $\omega = 2\text{rad/s}$ 绕 O 轴转动，如图所示。当 $\varphi = 90°$ 时，杆 O_1B 水平，试求此时杆 AB 和杆 O_1B 的角速度及角加速度。

6-21　在曲柄齿轮椭圆规中，齿轮 A 与曲柄 O_1A 固结为一体，齿轮 C 和齿轮 A 半径均为 r 并互相啮合，如图所示。图中 $AB = O_1O_2$，$O_1A = O_2B = 0.4\text{m}$。$O_1A$ 以匀角速度 $\omega = 0.2\text{rad/s}$ 绕轴 O_1 转动。M 为轮 C 上一点，$CM = 0.1\text{m}$。在图示瞬时，CM 铅直，试求此时点 M 的速度和加速度。

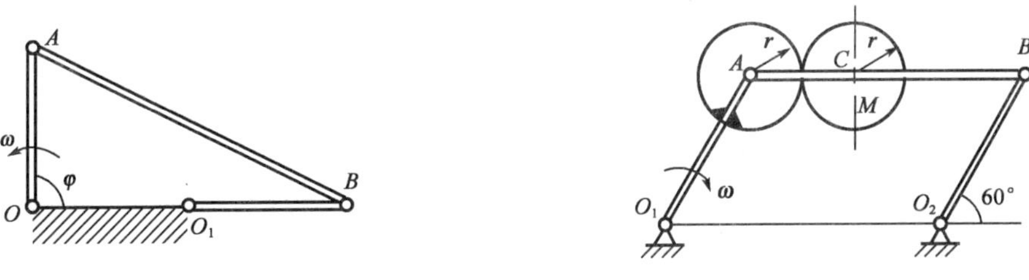

习题 6-20 图　　习题 6-21 图

6-22　图示机构中，圆轮 A 的半径 $R = 0.2\text{m}$，圆轮 B 的半径 $r = 0.1\text{m}$，两轮均在水平轨道上作纯滚动。在图示瞬时，A 轮上 C 点在最高位置，轮心速度 $v_A = 2\text{m/s}$，加速度 $a_A = 2\text{m/s}^2$，试求轮 B 滚动的角速度和角加速度。

6-23　图示机构中，曲柄 OA 长为 r，绕 O 轴以等角速度 ω 转动，$AB=6r$，$BC=3\sqrt{3}r$。求图示瞬时，滑块 C 的速度和加速度。

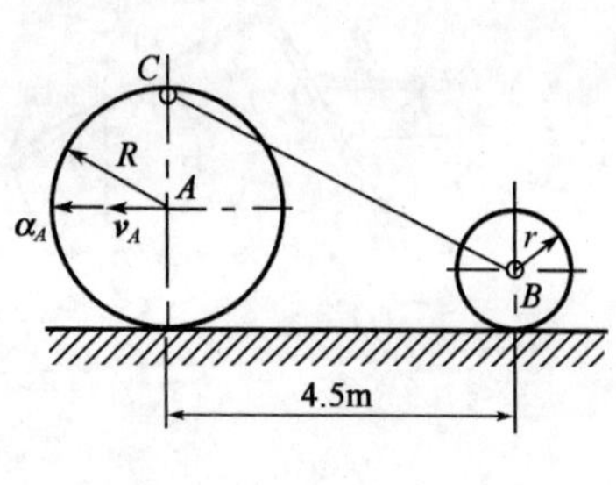

习题 6-22 图

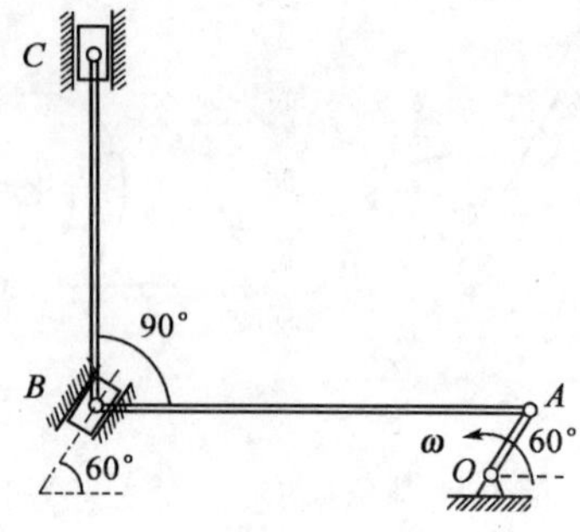

习题 6-23 图

第七章　点的合成运动

本章要点

- 一个动点、两个坐标系,三种运动;
- 点的速度合成定理,包括绝对速度、相对速度和牵连速度;
- 点的加速度合成定理,包括绝对加速度、相对加速度、牵连加速度以及科氏加速度。

第五章中分析了点相对于一个坐标系的运动。本章研究点相对于两个坐标系运动时运动量之间的关系,即研究点的合成运动问题,分析运动中某一瞬时点的速度合成和加速度合成的规律。

第一节　相对运动、牵连运动、绝对运动

在不同的参考体中研究同一个物体的运动,看到的运动情况是不同的。例如,图 7-1 所示,沿水平直线滚动的车轮,其轮缘上点 M 的运动,对于站在地面的观察者来说,点的轨迹为旋轮线,但对于车上的观察者来说,点的轨迹则是圆。又如图 7-2 所示,车床在工作时,车刀刀尖相对于地面是直线运动,但是它相对与旋转的工件来说,却是圆柱面螺旋运动,因此,车刀在工件的表面上切出螺旋线。显然,动点 M 相对于两个参考体的速度和加速度也都不同。

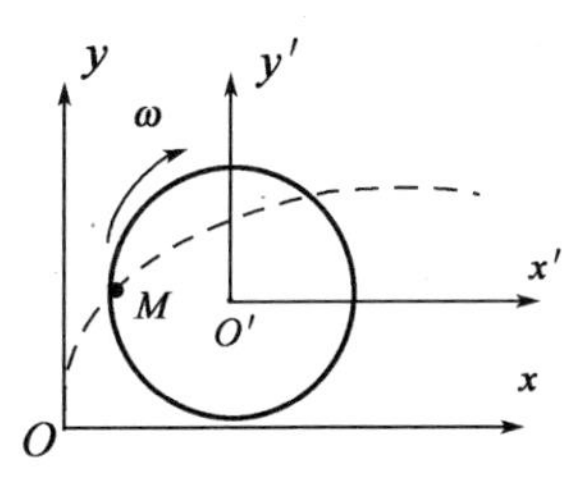

图　7-1

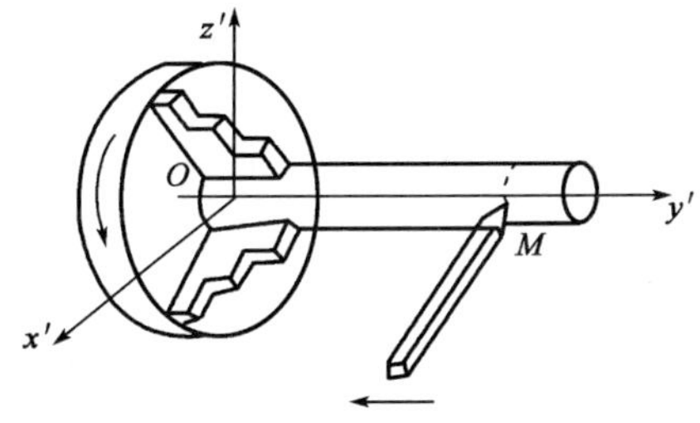

图　7-2

同一个物体相对于不同的参考体的运动量之间,存在着确定的关系。例如,图 7-1 中,点 M 相对于地面作旋轮线运动,若以车厢为参考体,车厢本身作直线平动,点 M 相对于车厢作圆周运动,点 M 的旋轮线运动可视为车厢的平动和点 M 相对于车厢的圆周运动的合成。于是点相对某一参考系的运动可由相对其他参考体的几个运动组合而成,称这种运动为合成运动。

在点的合成运动中,将所考察的点称为动点。动点可以是运动刚体上的一个点,也可以是一个被抽象为点的物体。在工程问题中,一般将定坐标系(简称为定系)$Oxyz$ 固连于地球,而把动坐标系(简称为动系)$O'x'y'z'$固连在相对于定系运动的物体上。定系一般可不画出来,和地球相固连时也不必说明。动系也可不画,但一定要指明动系与哪个物体固连。图 7-1 中,动系与车厢固连;图 7-2 中,动系固连在工件上。

选定了动点、动系和定系以后,可将运动区分为 3 种:(1)动点相对于定系的运动称为绝对运动;(2)动点相对于动系的运动称为相对运动;(3)动系相对于定系的运动称为牵连运动。仍以图 7-1 中滚动的车轮为例:动点为轮缘上的点 M,动系与车厢固连,则点 M 相对于地面的运动为绝对运动,绝对轨迹为旋轮线;点 M 相对于车厢的运动为相对运动,相对轨迹为圆;车厢的牵连运动为平动。应该指出,动点的绝对运动和相对运动都是指点的运动,它可能是直线运动或曲线运动;而牵连运动为刚体运动,它可能是平动、定轴转动或其他的复杂运动。

因为用合成运动方法研究问题的关键是合理地选择动点、动系,所以下面介绍选择动点、动系的一般原则:(1)动点与动系不能选在同一物体上。如图 7-1 中,取车轮上的点 M 为动点,就不能再取车轮为动系,必须把动系固连在车厢上。(2)动点的相对轨迹应简单、直观。例如,在图 7-3 所示的曲柄摇杆机构中,取 OA 杆上的点 A 为动点(或滑块 A),动系与滑道 ABC 固连,动点的相对轨迹为沿着 AB 的圆弧线。若取滑道 ABC 上和 OA 杆上的 A 点重合的 A' 点为动点,动系与杆 OA 固连,动点的相对轨迹不便直观地判断。比较两种选择方法,前一种方法是取两运动部件的不变的接触点为动点,故相对轨迹简单。于是有原则(3)动点选为一个具体的点,而不是随时间变化的点。

动点在绝对运动中的轨迹、速度和加速度,称为绝对轨迹、绝对速度和绝对加速度,绝对速度和绝对加速度分别用 $\boldsymbol{v}_a$ 和 $\boldsymbol{a}_a$ 表示。动点在相对运动中的轨迹、速度和加速度,称为相对轨迹、相对速度和相对加速度,相对速度和相对加速度分别用 $\boldsymbol{v}_r$ 和 $\boldsymbol{a}_r$ 表示。至于动点的牵连速度和牵连加速度的定义,必须特别注意,由于动系的运动是刚体的运动而不是一个点的运动,所以除非动系平动,否则其上各点的运动都不完全相同。因此,将在动系上与动点相重合的那一点称为牵连点,牵连点的速度和加速度称为动点的牵连速度和牵连加速度,分别用 $\boldsymbol{v}_e$ 和 $\boldsymbol{a}_e$ 表示。牵连点是一个瞬时的概念,随着动点的运动,动系上牵连点的位置亦不断变动。

现在举例说明牵连速度和牵连加速度的概念。图 7-4 平面机构中,动点为 OA 杆上的 A 点,动系与导杆 BC 固连。绝对运动为 OA 杆上的 A 点相对于地面的运动,即绝对轨迹是半径为 OA 的圆周曲线;相对运动是 OA 杆上的 A 点相对于滑杆 BC 的运动,即相对轨迹是直线;牵连运动为平动。根据定义,在导杆 BC 上并与 OA 杆上的 A 点重合的点为牵连点,记为 A' 点,则 A' 点的速度和加速度就是动点的牵连速度和牵连加速度,显然 A' 是导杆 BC 上的点,而导杆 BC 平动,所以导杆 BC 的速度和加速度就是动点的牵连速度和牵连加速度。

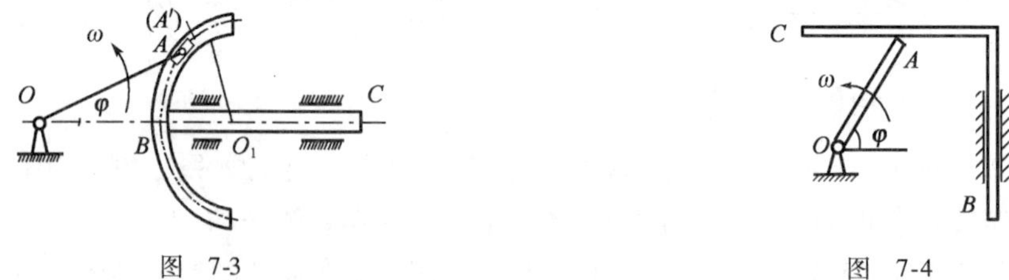

图 7-3　　　　图 7-4

定系和动系是两个不同的坐标系,若已知动系的运动规律,可通过坐标变换求得动点绝对运动方程和相对运动方程的关系。以平面问题为例,如图 7-5 所示,设 Oxy 为定系,$O'x'y'z'$ 为动系,M 是动点。动点的绝对运动方程为

$$x = x(t), y = y(t)$$

动点的相对运动方程为

$$x' = x'(t), y' = y'(t)$$

动系 $O'x'y'z'$ 相对于定系 Oxy 的运动可由以下 3 个方程完全描述

$$x_O = f_1(t), y_O = f_2(t), \varphi = f_3(t)$$

由图 7-5 容易看出，动点 M 在定系中的坐标 x,y 与其在动系中的坐标 x',y' 有如下关系

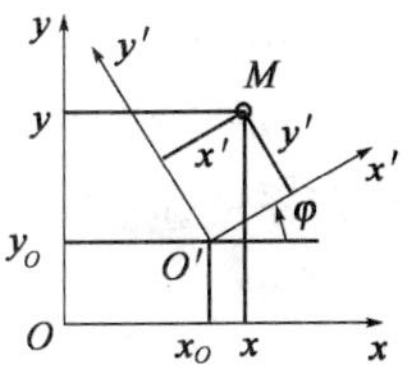

$$\begin{aligned} x &= x_O + x'\cos\varphi - y'\sin\varphi \\ y &= y_O + x'\sin\varphi + y'\cos\varphi \end{aligned} \tag{7-1}$$

图 7-5

利用上述关系式，已知牵连运动方程，可由相对运动方程求得绝对运动方程，或由绝对运动方程求得相对运动方程。

[**例 7-1**] 点 M 相对于动系 $O'x'y'$ 沿半径 $r=40\text{mm}$ 的圆周以速度 $v=40\text{mm/s}$ 作匀速圆周运动，动系 $O'x'y'$ 相对于静系 Oxy 以匀角速度 $\omega=1\text{rad/s}$ 绕点 O 作定轴转动，如图 7-6 所示。初始时 $O'x'y'$ 与 Oxy 重合，点 M 和点 O 重合。试求点 M 的绝对轨迹。

解：动点的相对运动和动系的牵连运动情况已知，可通过坐标变换建立动点的绝对运动方程，然后再求绝对轨迹。

连接 O_1M，由图可见：$\theta = \dfrac{vt}{r} = t$

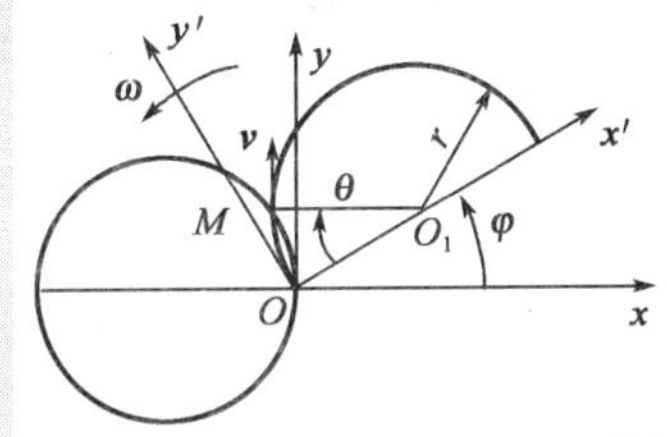

图 7-6

点 M 的相对运动方程为

$$x' = OO_1 - O_1M\cos\theta = 40(1-\cos t)\text{ mm}$$

$$y' = O_1M\sin\theta = 40\sin t\text{ mm}$$

动系牵连运动方程为

$$x_O = x_O = 0, y_O = y_O = 0, \varphi = \omega t = t$$

利用坐标变换式(7-1)，得点 M 的绝对运动方程为

$$x = 40(1-\cos t)\cos t - 40\sin t\sin t = 40(\cos t - 1)\text{mm}$$

$$y = 40(1-\cos t)\sin t + 40\sin t\cos t = 40\sin t\text{ mm}$$

从运动方程中消去时间 t，得点 M 的轨迹

$$(x+40)^2 + y^2 = 1600$$

由上式可见，动点的绝对轨迹为圆，该圆的圆心在 Ox 轴上，半径为 40mm。

第二节　点的速度合成定理

下面研究点的绝对速度、相对速度和牵连速度三者之间的关系。绝对运动和相对运动是同一个动点相对于不同的坐标系的运动，它们的运动描述方法是完全相同的。如图 7-7 所示，动点 M 作空间曲线运动，取定系 $Oxyz$，动系 $O'x'y'z'$。$\boldsymbol{r}$ 表示动点的绝对矢径，$\boldsymbol{r}'$ 表示动点的相对矢径，$\boldsymbol{r}_{O'}$ 表示动系原点 O' 的矢径，由图 7-7 得

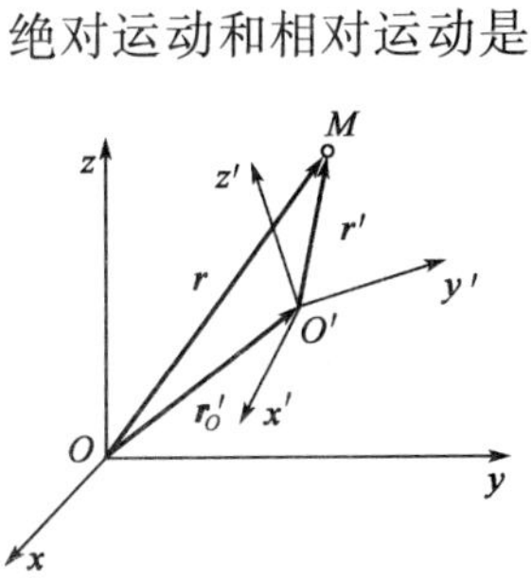

$$\boldsymbol{r} = \boldsymbol{r}_{O'} + \boldsymbol{r}'$$

将上式对时间求一阶导数，得

$$\frac{\mathrm{d}\boldsymbol{r}}{\mathrm{d}t} = \frac{\mathrm{d}\boldsymbol{r}_{O'}}{\mathrm{d}t} + \frac{\mathrm{d}\boldsymbol{r}'}{\mathrm{d}t} \tag{7-2}$$

图 7-7

式(7-2)中，$\frac{\mathrm{d}\boldsymbol{r}}{\mathrm{d}t}$ 是动点相对于定系的速度，即本章定义的绝对速度 $\boldsymbol{v}_a$；$\frac{\mathrm{d}\boldsymbol{r}_{O'}}{\mathrm{d}t}$ 是动系原点相对于定系的速度 $\boldsymbol{v}_{O'}$；$\frac{\mathrm{d}\boldsymbol{r}'}{\mathrm{d}t}$ 是相对矢量对时间的绝对导数。根据绝对导数和相对导数之间的关系

$$\frac{\mathrm{d}\boldsymbol{r}'}{\mathrm{d}t} = \frac{\tilde{\mathrm{d}}\boldsymbol{r}'}{\mathrm{d}t} + \boldsymbol{\omega} \times \boldsymbol{r}'$$

式中，$\frac{\tilde{\mathrm{d}}\boldsymbol{r}'}{\mathrm{d}t}$ 为动点 M 的相对速度 $\boldsymbol{v}_r$；$\boldsymbol{\omega}$ 表示动系的角速度矢，因此式(7-2)可写为

$$\boldsymbol{v}_a = \boldsymbol{v}_{O'} + \boldsymbol{\omega} \times \boldsymbol{r}' + \boldsymbol{v}_r \tag{7-3}$$

式(7-3)中，第一、二项的矢量和就是牵连点的速度即牵连速度 $\boldsymbol{v}_e$。显然

$$\boldsymbol{v}_e = \boldsymbol{v}_{O'} + \boldsymbol{\omega} \times \boldsymbol{r}' = \boldsymbol{\omega} \times \boldsymbol{r} \tag{7-4}$$

于是式(7-3)可写成

$$\boldsymbol{v}_a = \boldsymbol{v}_e + \boldsymbol{v}_r \tag{7-5}$$

这就是点的速度合成定理：动点在某瞬时的绝对速度等于它在该瞬时的牵连速度与相对速度的矢量和。即动点的绝对速度可以由牵连速度和相对速度所构成的平行四边形的对角线来确定，这个平行四边形称为速度平行四边形。

利用点的速度合成定理解题的关键前提是：正确选择动点、动系，分析3种运动，特别是判断相对运动和确定牵连速度的方向。下面分析几个实例，见图7-8和图7-9。

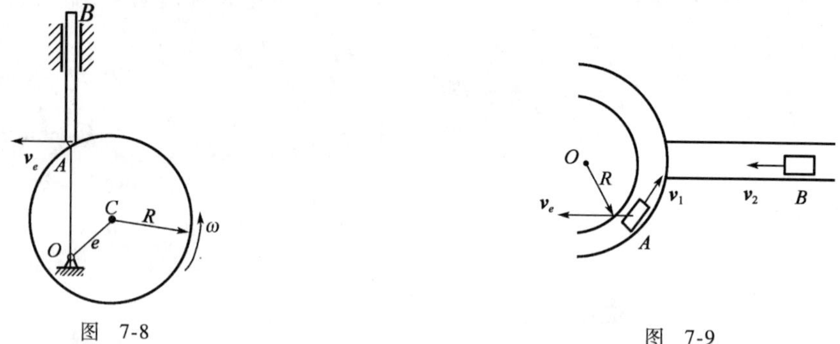

图 7-8　　　　图 7-9

图7-8中：选 BA 杆上 A 点为动点，动系与轮 C 固连；绝对运动为沿 AB 方向的直线运动，相对运动是以 C 点为圆心 R 为半径的圆周运动。由于牵连运动是轮绕 O 点的定轴转动，所以牵连速度垂直 OA 且水平向左，如图7-8所示。

图7-9中：这是一个已知两运动点的速度，求相对速度的问题。可以选 A 点为动点，动系与点 B 固连；绝对运动是以 O 点为圆心 R 为半径的圆周运动，相对运动是一条未知的平面曲线。由于牵连运动是水平的直线平动，所以牵连速度就是 B 点的速度，如图7-9所示。本图也可以选 B 点为动点，动系与点 A 固连。请读者自己分析3种运动和牵连速度的方向。

下面举例说明点的速度合成定理的应用。

[例7-2] 图7-10所示的摆杆机构中的滑杆 AB 以匀速 $\boldsymbol{u}$ 向上运动，铰链 O 与滑槽间的距离为 l，开始时 $\varphi=0$，试求 $\varphi=\pi/4$ 时摆杆 OD 上 D 点的速度大小。

解：D 点是作定轴转动刚体上的点，要求点 D 的速度，必须先求得杆 OD 的角速度。本题应选 BA 杆上的 A 点为动点(或套筒 A)，动系与杆 OD 固连。

动点 A 的绝对轨迹为铅垂直线，动点 A 的相对轨迹为沿 OD 的直线。牵连运动是杆

OD 绕轴 O 的定轴转动。

作动点的速度平行四边形如图 7-10 所示。作速度图时，先作大小、方向已知的矢量 $\boldsymbol{v}_a$，$\boldsymbol{v}_r$ 大小未知，方向沿相对轨迹；$\boldsymbol{v}_e$ 大小未知，方向垂直于 OD 连线；根据 $\boldsymbol{v}_a$ 应是速度平行四边形的对角线方向，可定出 $\boldsymbol{v}_e$、$\boldsymbol{v}_r$ 的正确指向。

根据速度合成定理

$$\boldsymbol{v}_a = \boldsymbol{v}_e + \boldsymbol{v}_r$$

其中 $v_a = u$，由速度平行四边形有

$$v_e = v_a\cos45° = \frac{\sqrt{2}}{2}u$$

设杆 OD 的角速度为 ω，则

$$\omega = \frac{v_e}{OA} = \frac{\frac{\sqrt{2}}{2}u}{\sqrt{2}l} = \frac{u}{2l}$$

$$v_D = b\omega = \frac{bu}{2l}$$

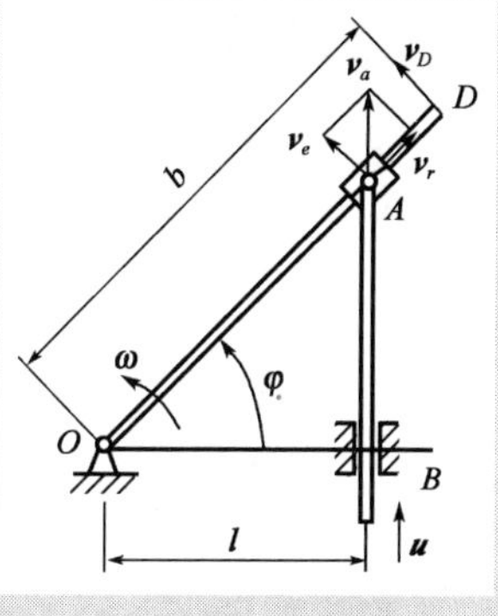

图 7-10

方向垂直于 OD，指向如图 7-10 所示。

[例 7-3] 图示 7-11 平面机构中，$AB = O_1O_2$，$O_1A = O_2B = 48\text{cm}$，$R = 24\text{cm}$，$O_1A$ 杆的转动方程 $\varphi = \frac{\pi}{4}t$，小球 M 在环形管道中按 $OM = s = 3\pi t^2$（单位为 cm）。试求 $t = 2s$ 时小球 M 的绝对速度。

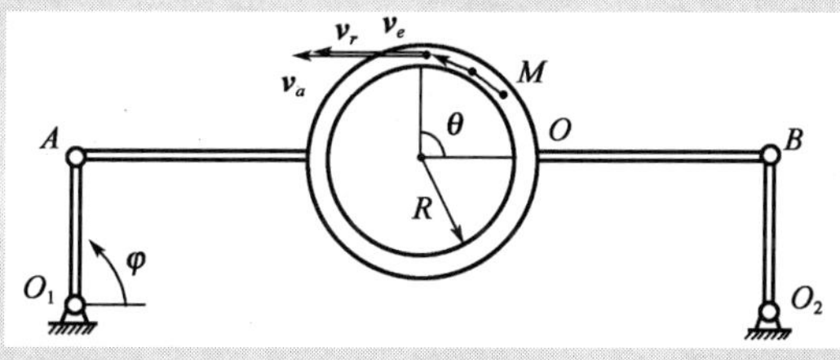

图 7-11

解：选小球 M 为动点，动系与圆环固连。小球 M 的绝对轨迹为一条未知平面曲线，相对轨迹是以 R 为半径的圆周曲线，牵连运动为平动。牵连点的轨迹为圆周曲线，牵连速度与 A 点的速度相同。

当 $t = 2s$ 时，有

$$\varphi = \frac{\pi}{2}, s = 12\pi\text{cm}, \theta = \frac{s}{R} = \frac{\pi}{2}$$

根据速度合成定理

$$\boldsymbol{v}_a = \boldsymbol{v}_e + \boldsymbol{v}_r$$

作速度分析图，如图 7-11 所示。其中

$$v_e = O_1A \cdot \dot{\varphi} = 12\pi\text{cm/s}, v_r = \dot{s} = 12\pi\text{cm/s}$$

由于在图示瞬时 $\boldsymbol{v}_e$，$\boldsymbol{v}_r$ 共线并同向，所以

$$v_a = v_e + v_r = 24\pi\text{cm/s}$$

所以小球 M 的绝对速度大小为 $24\pi\text{cm/s}$，方向如图 7-11 所示。

［**例7-4**］均质量盘的半径为 R，角速度为 ω，绕轴 O_1 定轴转动，带动 OA 杆绕 O 点转动，如图7-12所示。试求图示位置（$\varphi=30°,\alpha=45°$）时 OA 杆的角速度。

解：这是一个线与圆相切的问题。取圆心 C 为动点，动系与 OA 杆固连。动点 C 的绝对轨迹是以 O_1 点为圆心、R 为半径的圆周曲线，动点 C 的相对轨迹是一条平行于 OA 杆的直线，牵连运动是定轴转动，牵连点的轨迹是以 O 点为圆心、OC 为半径的圆弧。由此作出速度平行四边形：先作大小、方向已知的矢量 $\boldsymbol{v}_a$，$\boldsymbol{v}_r$ 大小未知，方向与 OA 杆平行；$\boldsymbol{v}_e$ 大小未知，方向垂直于 OC 连线；根据 $\boldsymbol{v}_a$ 应在速度平行四边形的对角线方向，可定出 $\boldsymbol{v}_e$、$\boldsymbol{v}_r$ 的正确指向如图7-12所示，根据速度合成定理

$$\boldsymbol{v}_a = \boldsymbol{v}_e + \boldsymbol{v}_r$$

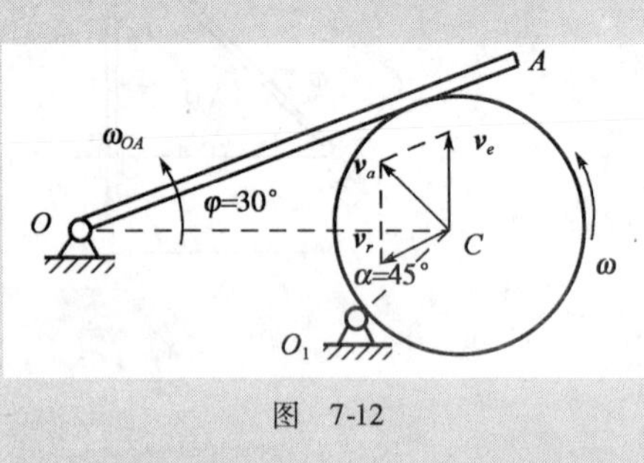

图 7-12

其中，$v_a = \omega R$，由速度平行四边形得

$$v_e = \frac{\sin 75°}{\sin 60°} v_a = 1.12\omega R$$

设 OA 杆在此瞬时的角速度为 ω_{OA}，则

$$\omega_{OA} = \frac{v_e}{OC} = \frac{1.12\omega R}{2R} = 0.56\omega$$

方向为逆时针，如图7-12所示。

［**例7-5**］如图7-13所示的平面机构中，杆 AB 的 A 端与齿轮中心铰接，齿轮沿齿条向上滚动，其中心速度 $v_A=160\text{mm/s}$；杆 AB 套在可绕轴 O 转动的导套内，并可沿导套滑动，试求图示位置杆 AB 的角速度。

解：以点 A 为动点，动系固结在导套 O 上。点 A 的绝对运动是以匀速 $\boldsymbol{v}_A$ 的铅直线运动，绝对速度的大小 $\boldsymbol{v}_a=\boldsymbol{v}_A$；相对运动是随杆 AB 沿导套 O 的滑动，轨迹是直线 AB；牵连运动是动系随同导套绕轴 O 的定轴转动，各速度方向如图7-13所示。根据速度合成定理

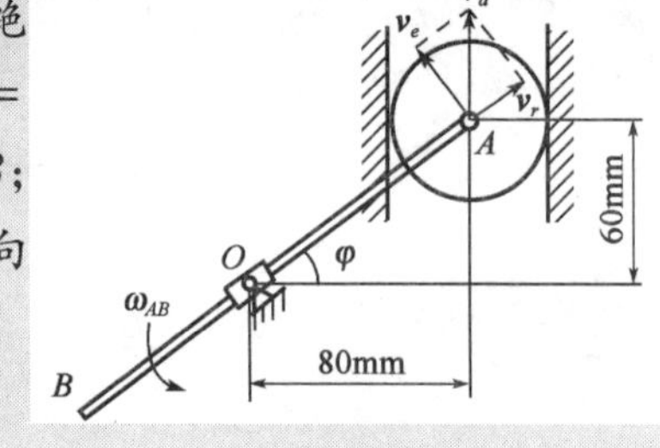

图 7-13

$$\boldsymbol{v}_a = \boldsymbol{v}_e + \boldsymbol{v}_r$$

作速度平行四边形，由几何关系得

$$v_e = v_a \cos\varphi = 160 \times \frac{4}{5} = 128\text{mm/s}$$

$$v_r = v_a \sin\varphi = 160 \times \frac{3}{5} = 96\text{mm/s}$$

因为杆 AB 在导套 O 中滑动，所以杆 AB 与导套 O 具有相同的角速度。设 AB 杆在此瞬时的角速度为 ω_{AB}，则

$$\omega_{AB} = \frac{v_e}{OA} = \frac{128}{100} = 1.28\text{rad/s}\ (\text{逆时针})$$

本题也可以这样选择动点与动系：选 AB 杆上与导套 O 重合的 O' 点为动点，动系与导套 O 固连。有兴趣的读者可以自己完成。

总结以上各例，利用点的速度合成定理解题步骤如下：

（1）正确选取动点、动系。要注意动点与动系不能选在同一个物体上，而且要使相对运动

的轨迹尽量简单。

(2)分析3种运动和3种速度。各种运动的速度都有大小和方向，只有已知4个要素时才能画出速度平行四边形。

(3)应用点的速度合成定理，先作速度平行四边形，再利用几何关系求解未知数。必须注意，作图时要使绝对速度为平行四边形的对角线。

第三节　点的加速度合成定理

在点的合成运动中，速度合成定理和牵连运动的形式无关，加速度合成定理则和牵连运动的形式有关。

一、牵连运动为转动时点的加速度合成定理

设动点 M 作空间曲线运动，取定系 $Oxyz$，动系 $O'x'y'z'$，以 $\boldsymbol{\omega}$ 表示动系的角速度矢。如图7-7所示，根据本章中速度合成定理的推导，将式(7-4)代入式(7-5)得

$$\boldsymbol{v}_a = \boldsymbol{\omega} \times \boldsymbol{r} + \boldsymbol{v}_r$$

上式对时间求导可得

$$\frac{\mathrm{d}\boldsymbol{v}_a}{\mathrm{d}t} = \frac{\mathrm{d}\boldsymbol{\omega}}{\mathrm{d}t} \times \boldsymbol{r} + \boldsymbol{\omega} \times \frac{\mathrm{d}\boldsymbol{r}}{\mathrm{d}t} + \frac{\mathrm{d}\boldsymbol{v}_r}{\mathrm{d}t} \tag{7-6}$$

式(7-6)中，$\frac{\mathrm{d}\boldsymbol{v}_a}{\mathrm{d}t}$ 表示动点的绝对加速度 $\boldsymbol{a}_a$，$\frac{\mathrm{d}\boldsymbol{\omega}}{\mathrm{d}t}$ 表示动系的角加速度矢 $\boldsymbol{\alpha}$。根据相对导数和绝对导数的关系，有

$$\frac{\mathrm{d}\boldsymbol{r}}{\mathrm{d}t} = \frac{\tilde{\mathrm{d}}\boldsymbol{r}}{\mathrm{d}t} + \boldsymbol{\omega} \times \boldsymbol{r} = \boldsymbol{v}_r + \boldsymbol{\omega} \times \boldsymbol{r} \tag{7-7}$$

$$\frac{\mathrm{d}\boldsymbol{v}_r}{\mathrm{d}t} = \frac{\tilde{\mathrm{d}}\boldsymbol{v}_r}{\mathrm{d}t} + \boldsymbol{\omega} \times \boldsymbol{v}_r \tag{7-8}$$

将式(7-7)和式(7-8)代入式(7-6)，得

$$\begin{aligned}\boldsymbol{a}_a &= \frac{\mathrm{d}\boldsymbol{\omega}}{\mathrm{d}t} \times \boldsymbol{r} + \boldsymbol{\omega} \times \boldsymbol{v}_r + \boldsymbol{\omega} \times \boldsymbol{\omega} \times \boldsymbol{r} + \frac{\tilde{\mathrm{d}}\boldsymbol{v}_r}{\mathrm{d}t} + \boldsymbol{\omega} \times \boldsymbol{v}_r \\ &= \boldsymbol{\alpha} \times \boldsymbol{r} + \boldsymbol{\omega} \times \boldsymbol{\omega} \times \boldsymbol{r} + \frac{\tilde{\mathrm{d}}\boldsymbol{v}_r}{\mathrm{d}t} + 2\boldsymbol{\omega} \times \boldsymbol{v}_r\end{aligned} \tag{7-9}$$

根据式(7-4)和式(5-20)知：$\boldsymbol{a}_e = \boldsymbol{\alpha} \times \boldsymbol{r} + \boldsymbol{\omega} \times \boldsymbol{\omega} \times \boldsymbol{r}$，$\frac{\tilde{\mathrm{d}}\boldsymbol{v}_r}{\mathrm{d}t}$ 表示相对加速度 $\boldsymbol{a}_r$，并令

$$\boldsymbol{a}_C = 2\boldsymbol{\omega} \times \boldsymbol{v}_r \tag{7-10}$$

$\boldsymbol{a}_C$ 称为科里奥利加速度，简称为科氏加速度。于是式(7-9)可写为

$$\boldsymbol{a}_a = \boldsymbol{a}_e + \boldsymbol{a}_r + \boldsymbol{a}_C \tag{7-11}$$

式(7-11)表明：当牵连运动为转动时，在任一瞬时，动点的绝对加速度等于动点的牵连加速度、相对加速度和科氏加速度的矢量和。这就是牵连运动为转动时点的加速度合成定理。

由于式(7-11)中前三种加速度都可能有切向和法向两个分量，故用加速度合成定理解题时，常采用投影法求未知量。作加速度图时，未知加速度的指向可先假设，由求得结果的正负决定其指向是否假设正确。

二、科氏加速度

为了区分，记动系的角速度为 $\boldsymbol{\omega}_e$，根据科氏加速度的定义知，其大小为

$$a_C = 2\omega_e \times v_r \sin\theta$$

其中，θ 为 $\boldsymbol{\omega}_e$ 与 $\boldsymbol{v}_r$ 两矢量的最小夹角。

$\boldsymbol{a}_C$ 的方向垂直于 $\boldsymbol{\omega}_e$ 与 $\boldsymbol{v}_r$ 组成的平面，由右手法则确定，如图 7-14a）所示。

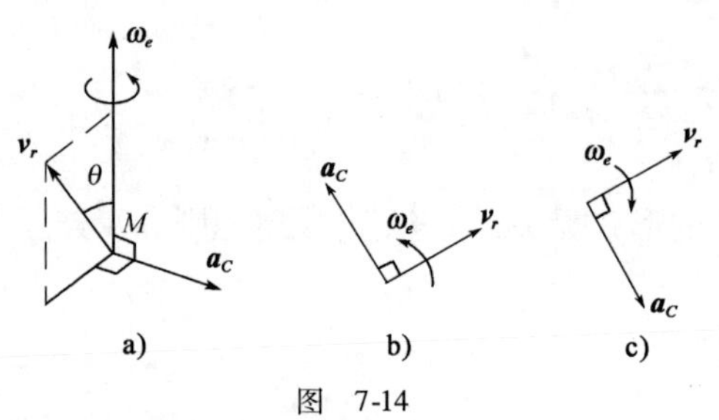

图 7-14

在下列情况下，$a_C = 0$：

（1）$\boldsymbol{\omega}_e = 0$ 时，此时动系作瞬时平动；

（2）$\boldsymbol{v}_r = 0$ 时，即某瞬时的相对速度为零；

（3）$\boldsymbol{\omega}_e /\!/ \boldsymbol{v}_r$ 时，$\theta = 0$ 或 $\theta = 180°$，故 $\sin\theta = 0$。

在分析平面机构的运动问题时，因恒有 $\boldsymbol{\omega}_e \perp \boldsymbol{v}_r$，在这种情况下，只需将 $\boldsymbol{v}_r$ 按照 ω_e 的转向转 90°，就得 a_C 的方向，如图 7-14b）和 7-14c）所示。

三、牵连运动为平动时点的加速度合成定理

动系作平动时，则 $\omega_e = 0$，因而 $\boldsymbol{a}_C = 0$，式（7-11）成为

$$\boldsymbol{a}_a = \boldsymbol{a}_e + \boldsymbol{a}_r \tag{7-12}$$

式（7-12）表明，当动系作平动时，动点在某瞬时的绝对加速度等于该瞬时它的牵连加速度与相对加速度的矢量和。这就是牵连运动为平动时点的加速度合成定理。

［例 7-6］ 如图 7-15a）所示的机构，已知 $O_1A = O_2B = r$，且 $O_1A /\!/ O_2B$，杆 O_1A 以角速度 ω、角加速度 α 绕轴 O_1 转动，通过滑块 C 带动杆 CD 运动。试求图示位置杆 CD 的速度和加速度。

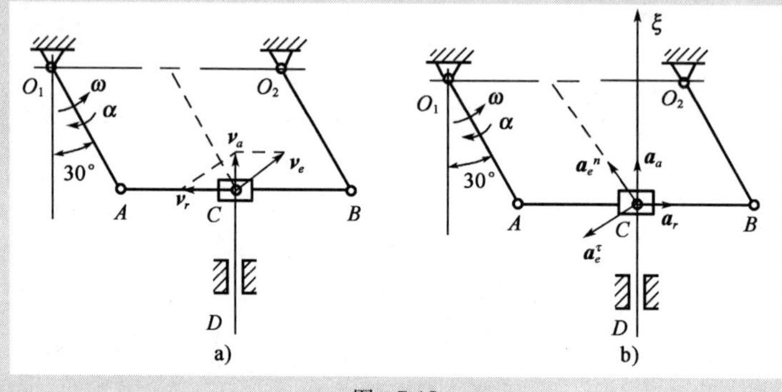

图 7-15

解：（1）运动分析：选套筒 C 为动点，动系与杆 AB 固连。动点的绝对轨迹为铅垂直线，相对轨迹为沿 AB 的水平直线，牵连运动为平动。

（2）速度分析：作速度平行四边形，注意到动系作平动，C 点的牵连速度 $\boldsymbol{v}_e$ 等于 A 点的速度，先作 $\boldsymbol{v}_e$，再根据 $\boldsymbol{v}_a$ 为速度平行四边形的对角线，定出 $\boldsymbol{v}_a$、$\boldsymbol{v}_r$ 的正确指向，如图 7-15a）所示。根据速度合成定理有

$$\boldsymbol{v}_a = \boldsymbol{v}_e + \boldsymbol{v}_r$$

其中，$v_e = \omega r$，由速度平行四边形得

$$v_a = v_e \sin 30°$$

解得：
$$v_{CD} = v_a = \frac{1}{2}\omega r$$

(3)加速度分析：牵连运动是曲线平动。由加速度合成定理有

$$\boldsymbol{a}_a = \boldsymbol{a}_e^\tau + \boldsymbol{a}_e^n + \boldsymbol{a}_r$$

其中，$a_e^n = r\omega^2$，$a_e^\tau = r\alpha$。

在动点作加速度分析图。由于牵连运动是曲线平移，所以牵连加速度 $\boldsymbol{a}_e^\tau$，$\boldsymbol{a}_e^n$就是 A 点的加速度，$\boldsymbol{a}_a$、$\boldsymbol{a}_r$ 沿其轨迹方向，假设其指向如图 7-15b)所示。将矢量方程向垂直于 $\boldsymbol{a}_r$ 的 ζ 轴投影，可得

$$a_a = a_e^n \cos 30° - a_e^\tau \sin 30°$$

解得：$a_{CD} = a_a = \dfrac{r}{2}(\sqrt{3}\omega^2 - \alpha)$

[例 7-7] 曲杆 OAB 绕轴 O 转动，使套在其上的小环 M 沿固定直杆 OC 滑动，如图 7-16a)所示。已知曲杆的角速度 $\omega = 0.5\text{rad/s}$，$OA = 100\text{mm}$，且 OA 和 AB 垂直。求当 $\varphi = 60°$时小环 M 的速度和加速度。

解：(1)运动分析：取小环 M 为动点，动系与曲杆 OAB 固连。动点的绝对轨迹为水平直线，相对轨迹为沿 AB 的直线，牵连运动为绕轴 O 的定轴转动。

(2)速度分析。作速度平行四边形：注意到动系作定轴转动，$\boldsymbol{v}_e$ 垂直于点 M 到转轴 O 的连线，指向向下，再作 $\boldsymbol{v}_a$、$\boldsymbol{v}_r$ 沿其轨迹方向，$\boldsymbol{v}_a$ 是速度平行四边形的对角线，如图 7-16a)所示。由速度合成定理有

$$\boldsymbol{v}_a = \boldsymbol{v}_e + \boldsymbol{v}_r$$

其中，$v_e = \omega \cdot OM = 100\text{mm/s}$，由速度平行四边形得

$$v_a = v_e \tan 60° = 173.2\text{mm/s}$$

$$v_r = \frac{v_e}{\sin 30°} = 200\text{mm/s}$$

方向如图 7-16a)所示。

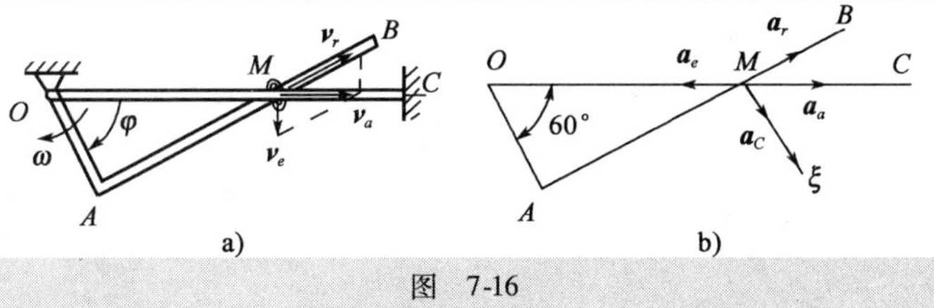

图 7-16

(3)加速度分析：牵连运动是转动，由加速度合成定理有

$$\boldsymbol{a}_a = \boldsymbol{a}_e + \boldsymbol{a}_r + \boldsymbol{a}_c$$

其中，$a_e = \omega^2 \cdot OM = 50\text{mm/s}^2$，$a_C = 2\omega v_r = 200\text{mm/s}^2$。

作动点 M 的加速度图：由于杆 OAB 作匀速转动，所以 $\boldsymbol{a}_e$ 沿 OC 指向点 O；将 $\boldsymbol{v}_r$ 顺着 ω 的方向，即顺时针方向转 90°便为 $\boldsymbol{a}_C$ 的指向，作 $\boldsymbol{a}_a$、$\boldsymbol{a}_r$ 分别沿其轨迹方向，假设其指向如

图 7-16b)所示。

在此矢量方程中，只有 $\boldsymbol{a}_a$ 和 $\boldsymbol{a}_r$ 的大小未知。欲求 $\boldsymbol{a}_a$，可将矢量方程向垂直于 $\boldsymbol{a}_r$ 的 ξ 轴投影

$$a_a\cos60^\circ = -a_e\cos60^\circ + a_C$$

解得

$$a_a = -a_e + \frac{a_C}{\cos60^\circ} = 350\text{mm/s}^2$$

方向如图 7-16b)所示。

[**例 7-8**]刨床的急回机构如图 7-17a)所示。曲柄的一端 A 与套筒用铰链连接。当曲柄 OA 匀角速度 ω 绕 O 轴转动时，套筒在摇杆 O_1B 杆上滑动，并带动摇杆 O_1B 绕固定轴 O 摆动。设曲柄 $OA=r$，两轴间距 $O_1O=l$。求曲柄在水平位置时摇杆的角速度和角加速度。

解：(1)运动分析：选套筒 A 为动点，动系与摇杆 O_1B 固连。动点的绝对轨迹是以 O 点为圆心的圆周曲线，相对轨迹为沿 O_1B 的直线，牵连运动为摇杆 O_1A 绕轴 O_1 的转动。

(2)速度分析。作速度平行四边形：$\boldsymbol{v}_a$ 的大小和方向都是已知的，它的大小为 ωr，方向垂直于 OA；相对速度和牵连速度的方向也是已知的，$\boldsymbol{v}_r$ 沿 O_1B 方向，$\boldsymbol{v}_e$ 垂直于 O_1B，$\boldsymbol{v}_a$ 是速度平行四边形的对角线。如图 7-17a)所示。根据速度合成定理有

$$\boldsymbol{v}_a = \boldsymbol{v}_e + \boldsymbol{v}_r$$

由速度平行四边形得

$$v_e = v_a\sin\theta, v_r = v_a\cos\theta$$

又 $\sin\theta = \dfrac{r}{\sqrt{r^2+l^2}}$，$\cos\theta = \dfrac{l}{\sqrt{r^2+l^2}}$ 且 $v_a = \omega r$，所以

$$v_e = \frac{r^2\omega}{\sqrt{r^2+l^2}}, v_r = \frac{rl\omega}{\sqrt{r^2+l^2}}$$

设摇杆在该瞬时的角速度为 ω_1，则

$$\omega_1 = \frac{v_e}{O_1A} = \frac{r^2\omega}{r^2+l^2}$$

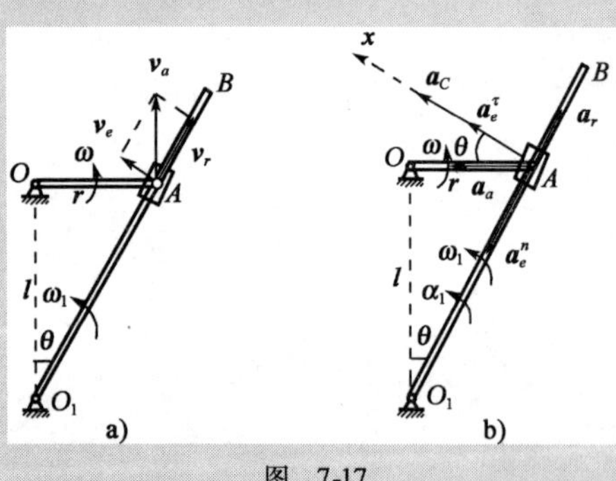

图 7-17

方向如图 7-17a)。

(3)加速度分析：牵连运动是定轴转动。由加速度合成定理有

$$\boldsymbol{a}_a = \boldsymbol{a}_e^\tau + \boldsymbol{a}_e^n + \boldsymbol{a}_r + \boldsymbol{a}_C$$

下面分析上式中的各项。

$\boldsymbol{a}_a$：因为动点的绝对运动是以 O 点为圆心的匀速圆周运动，所以只有法向加速度，方向沿 OA 指向 O 点，大小为 $a_a = \omega^2 r$。

$\boldsymbol{a}_e^\tau$：牵连点的切向加速度垂直于杆 O_1B，其大小未知。设摇杆在该瞬时的角加速度为 α_1，则 $a_e^\tau = \alpha_1 \cdot O_1A$。

$\boldsymbol{a}_e^n$：牵连点的法向加速度沿杆 O_1B，指向点 O_1；大小为 $a_e^n = \omega_1^2 \cdot O_1A$。

$\boldsymbol{a}_r$：因相对轨迹为直线，故沿 O_1B，其大小未知。

$\boldsymbol{a}_C$：由 $\boldsymbol{a}_C = 2\boldsymbol{\omega} \times \boldsymbol{v}_r$ 知，科氏加速度的大小为

$$a_C = 2\omega_1 \times v_r \sin 90^\circ = \frac{2r^3 l\omega^2}{(r^2 + l^2)^{3/2}}$$

各加速度的方向如图 7-17b)所示。

为了求 $\boldsymbol{a}_e^\tau$，可将矢量方程向垂直于 $\boldsymbol{a}_r$ 的 x 轴投影

$$a_a \cos\theta = - a_e^\tau + a_C$$

解得

$$a_e^\tau = \frac{rl(l^2 - r^2)}{(r^2 + l^2)^{3/2}}\omega^2$$

所以摇杆的角加速度 α_1 为

$$\alpha_1 = \frac{a_e^\tau}{O_1A} = \frac{rl(l^2 - r^2)}{(r^2 + l^2)^2}\omega^2$$

方向如图 7-17b)所示。

[**例 7-9**] 在图 7-18a)所示偏心轮机构中，偏心轮以匀角速度 ω 绕水平 O 轴转动，带动导杆 AB 沿铅直线上下运动，已知偏心轮半径为 $R = \sqrt{3}e$，偏心距 $OC = e$。图示位置时 OC 垂直 AC，O、A、B 三点共线，求该瞬时 AB 杆的速度和加速度。

解：(1)运动分析。取 AB 杆上的 A 点为动点，动系与偏心轮固连。动点的绝对运动是沿直线运动，相对运动是以 C 点圆心半径为 R 的圆周运动，牵连运动是绕 O 轴的转动。

(2)速度分析。$\boldsymbol{v}_e$ 方向垂直于 OA，大小为 $\omega \cdot OA$；$\boldsymbol{v}_a$ 沿竖直方向，$\boldsymbol{v}_r$ 垂直于 AC。作速度平行四边形，$\boldsymbol{v}_a$ 是速度平行四边形的对角线，如图 7-18a)所示。根据速度合成定理有

$$\boldsymbol{v}_a = \boldsymbol{v}_e + \boldsymbol{v}_r$$

显然 $\angle OAC = 30^\circ$，由速度平行四边形得

$$v_{AB} = v_a = v_e \tan 30^\circ = \frac{2\sqrt{3}e}{3}\omega, v_r = \frac{v_e}{\cos 30^\circ} = \frac{4\sqrt{3}e}{3}\omega$$

方向如图 7-18a)。

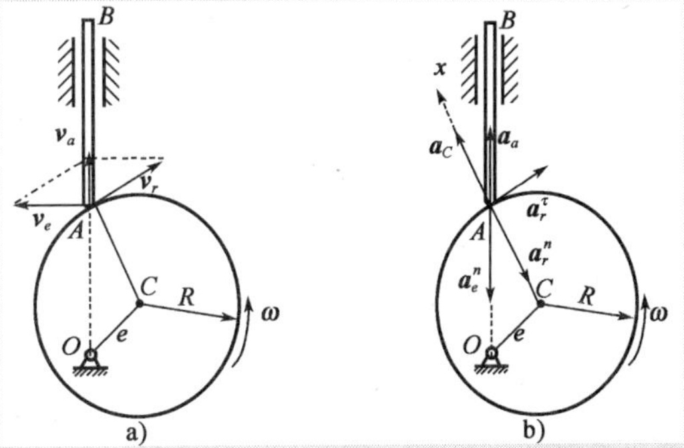

图 7-18

(3)加速度分析：牵连运动是定轴转动。由加速度合成定理有

$$\boldsymbol{a}_a = \boldsymbol{a}_e^n + \boldsymbol{a}_r^\tau + \boldsymbol{a}_r^n + \boldsymbol{a}_C$$

下面分析上式中的各项。

$\boldsymbol{a}_a$：因为动点的绝对运动是沿 AB 的直线运动，所以方向沿 AB，其大小未知。

$\boldsymbol{a}_e^n$：由于牵连运动为匀速转动，所以牵连点的切向加速度等于零，只有法向加速度。其方向沿 OA 杆指向 O 点，大小为 $a_e^n = \omega^2 \cdot OA$。

$\boldsymbol{a}_r^\tau$：因相对运动是圆周运动，故相对切向加速度垂直于 CA，其大小未知。

$\boldsymbol{a}_r^n$：相对法向加速度沿 AC，大小为：$a_r^n = v_r^2/R$。

$\boldsymbol{a}_C$：由 $\boldsymbol{a}_C = 2\boldsymbol{\omega} \times \boldsymbol{v}_r$ 知，科氏加速度的大小为

$$a_C = 2\omega \times v_r = \frac{8\sqrt{3}e}{3}\omega^2$$

各加速度的方向如图 7-18b)所示。

为了求 $\boldsymbol{a}_a$，可将矢量方程向垂直于 $\boldsymbol{a}_r^\tau$ 的 x 轴投影

$$a_a\cos30° = -a_e\cos30° - a_r^n + a_C$$

解得：$a_{AB} = a_a = \frac{2e}{9}\omega^2$，方向如图 7-18b)所示。

总结以上各例的解题步骤，应用点的加速度合成定理求解点的加速度，其步骤基本上与应用速度合成定理求解点的速度相同，但要注意以下几点：

(1)正确选取动点、动系后，先进行速度分析，为加速度分析做好准备工作。

(2)根据动系有无转动，确定是否有科氏加速度。

(3)因为动点的绝对轨迹和相对轨迹可能都是曲线，因此点的加速度合成定理一般可写成如下形式

$$\boldsymbol{a}_a^\tau + \boldsymbol{a}_a^n = \boldsymbol{a}_e^\tau + \boldsymbol{a}_e^n + \boldsymbol{a}_r^\tau + \boldsymbol{a}_r^n + \boldsymbol{a}_C$$

式中每一项都有大小和方向两个要素，必须认真分析每一项，并在动点上作出矢量表达式中的每一项即作出加速度分析图。在平面问题中，一个矢量方程相当于两个代数方程，因而可以求两个未知量。由于该矢量式中的项数多于三项，所以通常采用投影法求解。为了计算方便，通常选择在垂直于某个未知量(不需要求解的未知量)的轴上投影。

[**例 7-10**]北半球纬度为 φ 处有一河流，河水沿着与正东成 ψ 角的方向流动，流速为 $\boldsymbol{v}_r$，如图 7-19a)所示。考虑地球自转的影响，试求河水的科氏加速度。

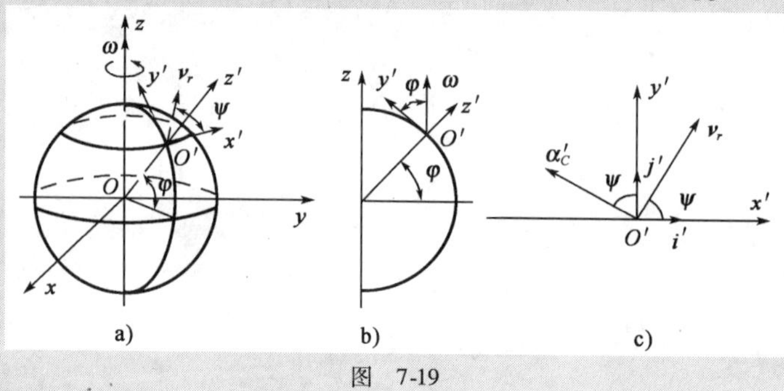

图 7-19

解：因为要考虑地球自转的影响，可取地心系为定系，以地轴为 z 轴，x,y 轴由地心 O 分别指向两颗遥远的恒星。以水流所在处 O' 为原点，将动系 $O'x'y'z'$ 固结于地球上，轴 x'，y' 在水平面内，轴 x' 指向东，轴 y' 指向北，轴 z' 指向天。地球绕 z 轴自转的角速度以 ω 表示。为了便于求 $\boldsymbol{a}_C$，过点 O' 画出地球自转的角速度矢 $\boldsymbol{\omega}$，如图 7-19b)所示。

科氏加速度为

$$\boldsymbol{a}_C = 2\boldsymbol{\omega} \times \boldsymbol{v}_r$$

由图可见

$$\boldsymbol{\omega} = \omega\cos\varphi\boldsymbol{j}' + \omega\sin\varphi\boldsymbol{k}', \quad \boldsymbol{v}_r = v_r\cos\psi\boldsymbol{i}' + v_r\sin\psi\boldsymbol{j}'$$

式中，$\boldsymbol{i}'$,$\boldsymbol{j}'$ 和 $\boldsymbol{k}'$ 为沿 x',y' 和 z' 轴的单位矢量。于是

$$\boldsymbol{a}_C = 2\boldsymbol{\omega} \times \boldsymbol{v}_r = 2\omega v_r(-\sin\varphi\sin\psi\boldsymbol{i}' + \sin\varphi\cos\psi\boldsymbol{j}' - \cos\varphi\cos\psi\boldsymbol{k}') \quad (1)$$

由此得

$$a_C = 2\omega v_r\sqrt{\sin^2\varphi\sin^2\psi + \sin^2\varphi\cos^2\psi + \cos^2\varphi\cos^2\psi}$$

$$= 2\omega v_r\sqrt{\sin^2\varphi + \cos^2\varphi\cos^2\psi} \tag{2}$$

由式(2)可知，当 $\psi = 0°$ 或 $180°$，即水流向东或向西流动时，a_C 具有极大值 $2\omega v_r$，当 $\psi = 90°$ 或 $270°$，即水流向北或向南流动时，a_C 具有极小值 $2\omega v_r\sin\varphi$。

下面求 $\boldsymbol{a}_C$ 在水平面 $O'x'y'$ 上的投影 $\boldsymbol{a}'_C$，这只需取式(1)右边的前两项，即

$$\boldsymbol{a}'_C = 2\omega v_r(-\sin\varphi\sin\psi\boldsymbol{i}' + \sin\varphi\cos\psi\boldsymbol{j}')$$

$$= 2\omega v_r\sin\varphi[\cos(90° + \psi)\boldsymbol{i}' + \sin(90° + \psi)\boldsymbol{j}'] \tag{3}$$

$\boldsymbol{a}'_C$ 的大小为 $2\omega v_r\sin\varphi$

计算结果表明，不论 ψ 为何值，即不论水流的方向如何，科氏加速度在水平面上的投影都等于 $2\omega v_r\sin\varphi$。

由式(3)可知，$\boldsymbol{a}'_C$ 的方向与 x' 轴成 $90° + \psi$，即与 $\boldsymbol{v}_r$ 垂直。由图 7-19c)可以看出，顺 $\boldsymbol{v}_r$ 方向看去，$\boldsymbol{a}'_C$ 是向左的。

由牛顿第二定律可知，水流有向左的科氏加速度是由于河的右岸对水流作用有向左的力。根据作用与反作用定律，水流对右岸必有反作用力。由于这个力常年累月地作用使河的右岸受到冲刷。这就解释了在自然界观察到的一种现象：在北半球，顺水流的方向看，江河的右岸都受到较明显的冲刷。

思 考 题

7-1 在图示的各机构中，取点 A 为动点，杆 OB 为动系，试判断动点相对速度的方向、科氏加速度的大小和方向是否正确。

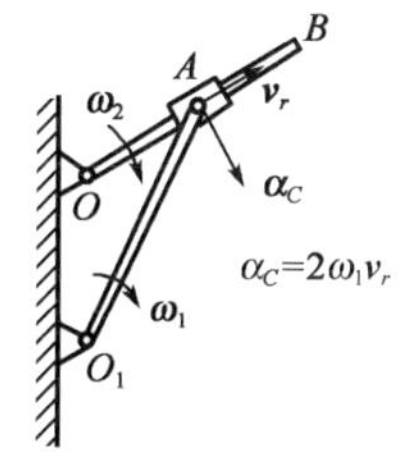

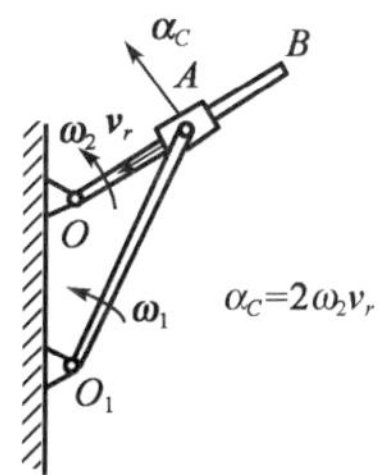

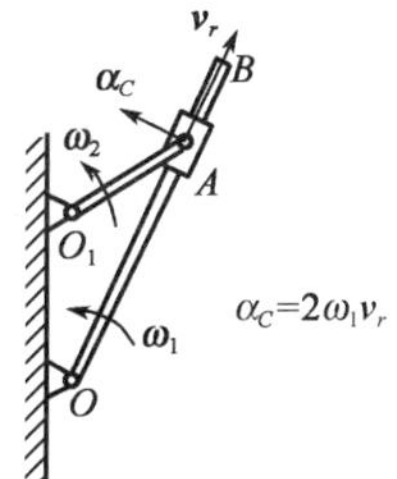

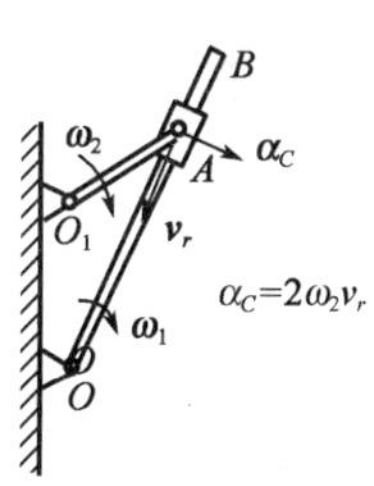

思考题 7-1 图

7-2 在图示机构中，取 M 为动点，试选取动系，分析 3 种运动并画出动点的速度平行四边形和加速度合成图。

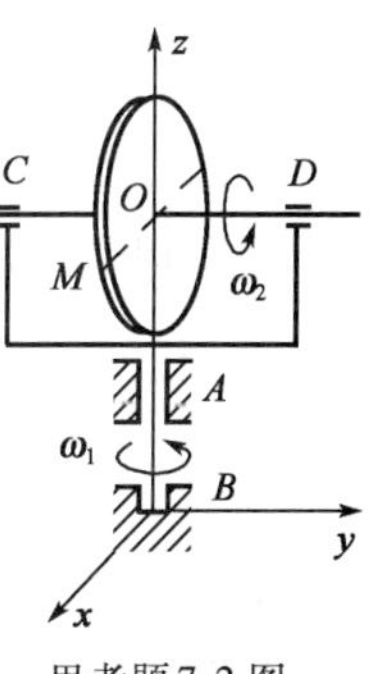

思考题 7-2 图

7-3 牵连运动是动系相对于定系的运动，牵连速度、牵连加速度是否为动系的速度、加速度？

7-4 牵连点是否为动系上某确定的点？牵连点是否一定在运动的物体上？

7-5 试判断各式是否正确：

$$\boldsymbol{a}_a = \dot{\boldsymbol{v}}_a, a_a = \dot{v}_a, a_r = \dot{\boldsymbol{v}}_r, \boldsymbol{a}_r = \dot{v}_r, \boldsymbol{a}_e = \dot{\boldsymbol{v}}_e, a_e = \dot{v}_e$$

7-6 按点的合成运动的理论导出速度合成定理和加速度合成定理时，所取定系是固定不动的。如果所取的定系本身也在运动(平动或转动)，这类问题该如何求解？

习　题

7-1 如图所示，光点 M 沿 y 轴作谐振动，其运动方程为：$x=0, y=A\cos(\omega t+\theta)$，式中，$A$、$\omega$、$\theta$ 均为常数。如将点 M 投影到感光记录纸上，此纸以等速 v_e 向左运动，试求点在记录纸上的轨迹。

7-2 用车刀切削工件的端面，车刀刀尖 M 的运动方程为 $x=b\sin\omega t$，其中 b、ω 为常数，工件以等角速度 ω 逆时针方向转动，如图所示。试求车刀在工件端面上切出的痕迹。

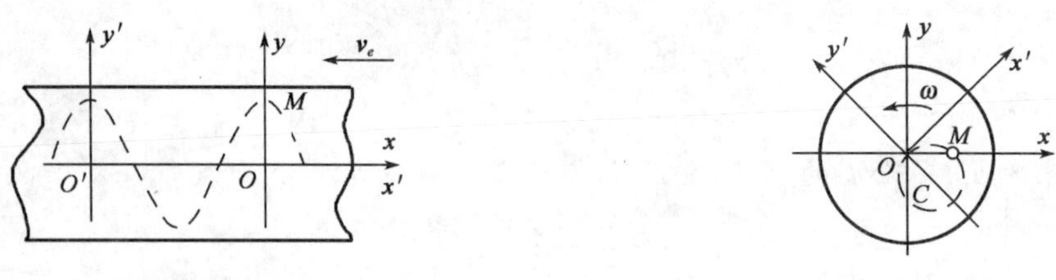

习题 7-1 图　　　　习题 7-2 图

7-3 河的两岸相互平行，如图所示。设各处河水流速均匀且不随时间改变。一船由点 A 朝与岸垂直的方向等速驶出，经过 10min 到达对岸，这时船到达点 B 的下游 120m 处的点 C。为使船 A 能垂直到达对岸的点 B，船应逆流并保持与直线 AB 成某一角度的方向航行。在此情况下，船经 12.5min 到达对岸。试求河宽 L、船相对于水的相对速度 v_r 和水的流速 v 的大小。

7-4 矿砂从传送带 A 落到另一传送带 B 上，其绝对速度为 $v_1=4\text{m/s}$，方向与铅直线成 30°角，如图所示。设传送带 B 与水平面成 15°角，其速度为 $v_2=2\text{m/s}$。试求此时矿砂相对于传送带的相对速度，并问当传送带 B 的速度为多大时，矿砂的相对速度才能与它垂直？

7-5 如图所示，瓦特离心调速器以角速度 ω 绕铅直轴转动。由于机器负荷的变化，调速器重球以角速度 ω_1 向外张开。如 $\omega=10\text{rad/s}$，$\omega_1=1.2\text{rad/s}$，球柄长 $l=500\text{mm}$，悬挂球柄的支点到铅直轴的距离为 $e=50\text{mm}$，球柄与铅直轴所成的夹角 $\beta=30°$。试求此时重球的绝对速度。

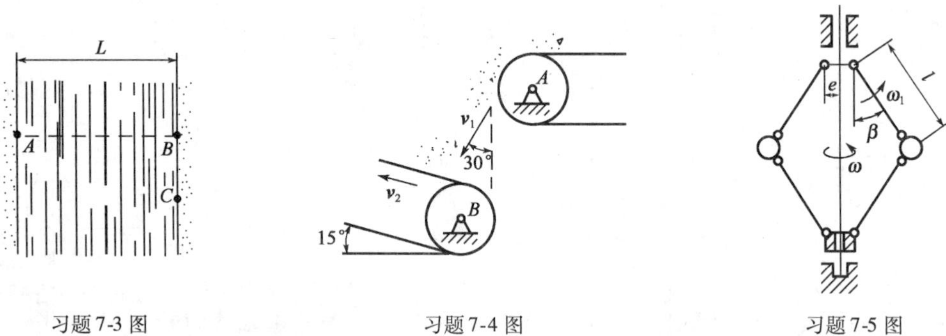

习题 7-3 图　　　　习题 7-4 图　　　　习题 7-5 图

7-6 如图所示，两圆盘匀速转动的角速度分别为 $\omega_1=1\text{rad/s}$，$\omega_2=2\text{rad/s}$，两圆盘的半径均为 $R=50\text{mm}$，两盘转轴之间的距离 $L=250\text{mm}$。图示瞬时，两盘位于同一平面内。试求此时盘Ⅱ上的点 A 相对于盘Ⅰ的速度。

7-7　凸轮以匀角速度 ω 绕 O 轴转动，杆 AB 的 A 端搁在凸轮上。图示瞬时 AB 杆处于水平位置，OA 为铅垂。试求该瞬时 AB 杆的角速度的大小及转向。

7-8　机构在铅垂平面内，如图所示。OA 以匀角速度 ω（rad/s）转动，圆环焊在 AB 杆上，圆环半径为 R，小球 D 可在圆环内顺时针方向运动。当 D 到达顶点时，D 相对圆环的法向加速度 $a_r^n = h(\text{cm/s}^2)$，杆 $OA = BC = L(\text{cm})$，且 $OA \parallel BC$。试求当 $OA \perp OC$ 瞬时，小球 D 的绝对速度。

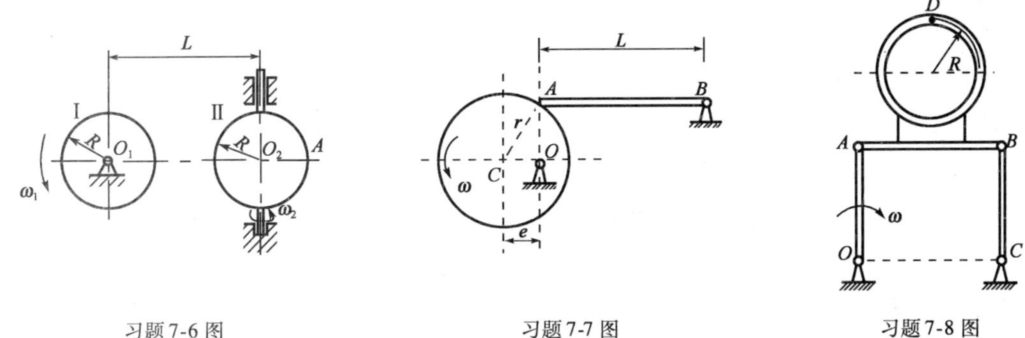

习题 7-6 图　　习题 7-7 图　　习题 7-8 图

7-9　平面机构如图所示，曲柄 OA 绕 O 轴转动，带动直角杆 CB 沿铅垂方向运动。已知：$OA = R$，在图示位置 $\varphi = 60°$ 时，角速度为 ω。试求该瞬时 CB 杆上 B 点的速度。

7-10　在图示机构中，圆盘 O 绕其中心以匀角速度 $\omega = 2\text{rad/s}$ 转动，并通过圆盘上销子 M 带动摇杆 AB 摆动。若设 $R = 10\text{cm}$，$b = 20\text{cm}$，$L = 30\text{cm}$。试求当 $\theta = 45°$、摇杆 AB 为水平时，摇杆上 B 端的速度。

7-11　平面机构如图所示，曲柄 O_1A 以匀角速度 ω 绕 O_1 轴转动，通过滑块和摇杆带动 CDE 杆铅垂运动。已知：$O_1A = R$，$O_2B = 4R$。在图示位置时，O_1A 处于铅垂位置，滑块 A 为 O_2B 中点。试求该瞬时 CDE 杆上 C 点的速度。

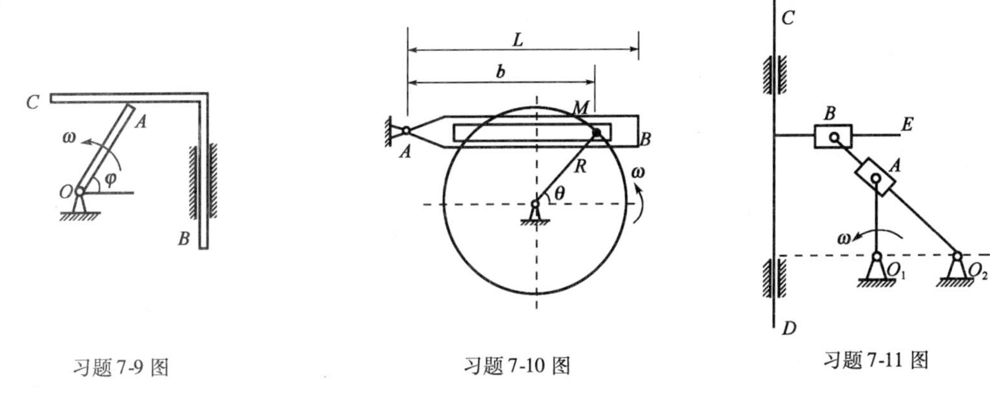

习题 7-9 图　　习题 7-10 图　　习题 7-11 图

7-12　图示平面机构，AB，CD 两杆分别可绕 A 轴和 C 轴转动。圆轮可绕轮心 B 相对于 AB 转动，同时相对于杆 CD 作纯滚动。已知：圆轮半径为 R，$AB = L$，在图示位置时，AB 杆角速度为 ω，CD 杆水平，$CE = L$，AB 与水平线夹角为 φ。试求该瞬时 CD 杆的角速度。

7-13　已知：直角弯杆 $ABCD$ 以匀角速度 $\omega_1 = 2\text{rad/s}$ 绕 A 轴转动，$AD = 3\text{m}$，$r = \sqrt{3}\text{m}$，圆盘以匀角速度 $\omega_2 = 3\text{rad/s}$ 绕轴 D 相对弯杆转动。在图示位置时，AD 杆水平，ED 杆铅垂。试用点的合成运动方法，以杆为动坐标系，求该瞬时轮上 E 点的绝对速度和科氏加速度。

7-14　在图示平面机构中，刚体 CD 以匀速度 $\boldsymbol{u}$ 在水平面上作平动，通过套筒 C 带动 OA

杆绕 O 轴转动。当 $t=0$ 时，OA 恰在铅垂位置。试用合成运动的方法求在任意瞬时 t（尺寸 L 为已知）：(1) OA 的角速度；(2) OA 的角加速度。

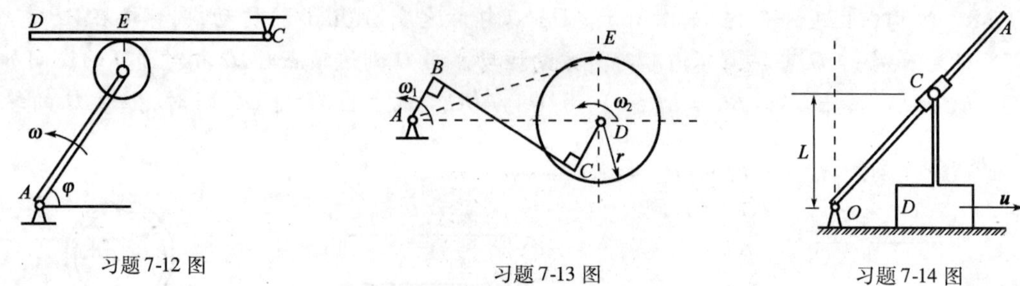

习题 7-12 图　　习题 7-13 图　　习题 7-14 图

7-15　图示系统当楔块以匀速 $\boldsymbol{v}$ 向左运动时，迫使 OA 杆绕 O 点转动。若 OA 杆长为 L，$\varphi=30°$。试求当 OA 杆与水平线成角 $\beta=30°$时，杆 OA 的角速度与角加速度。

7-16　平面机构如图所示，$O_1A=O_2B=R$，$O_1O_2=AB$。已知：$R=25\text{cm}$，$\varphi=\pi t^2/24$，动点 M 沿正方形板水平边按规律 $OM=2t^3+3t$ 运动，式中 φ 以 rad 计，OM 以 cm 计，t 以 s 计。试求 $t=2\text{s}$ 时，动点 M 的速度和加速度。

7-17　半径为 R 的圆环，可绕垂直于图面的 D 轴转动，曲杆 ABC 在 A 端与套筒铰接，已知曲杆以匀速度 $\boldsymbol{v}$ 运动。试求图示位置（OD 铅垂，OA 水平）时圆环的角速度和角加速度。

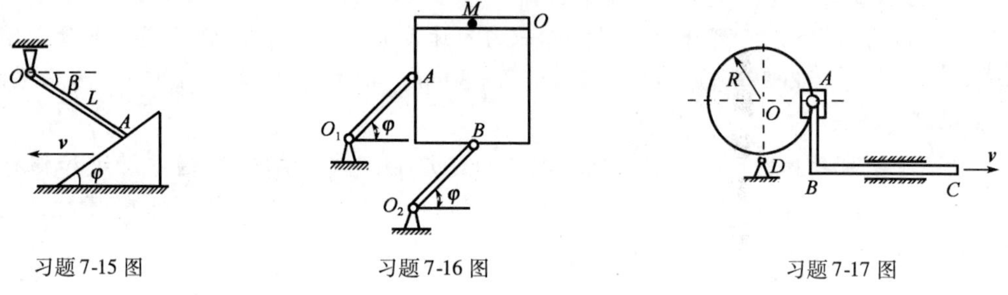

习题 7-15 图　　习题 7-16 图　　习题 7-17 图

7-18　已知凸轮半径为 R，速度为 $\boldsymbol{v}_1=$常量，方向水平向左，推动杆 AB 绕轴 A 转动。在图示位置时，$\theta=30°$。试求该瞬时杆 AB 的角速度和角加速度。

7-19　直杆 OA 由推杆 BCD 推动而在图面内绕 O 轴转动。在图示位置时，推杆的速度为 $\boldsymbol{v}$、加速度为 $\boldsymbol{a}$，$BC=b$。求该瞬时直杆的角速度和角加速度。

7-20　一偏心距为 e 的偏心挺杆机构，其偏心轮以角速度 ω、角加速度 α 绕 O 轴转动。求图示瞬时挺杆的速度和加速度。

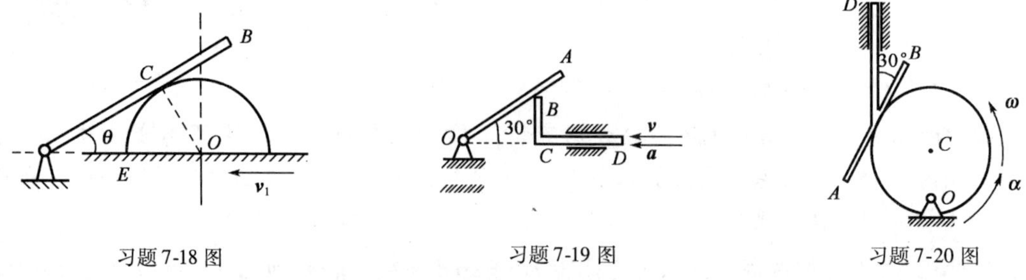

习题 7-18 图　　习题 7-19 图　　习题 7-20 图

7-21　如图所示，点 M 以不变的相对速度 v_r 沿圆锥体的母线向下运动。此圆锥体以角速度 ω 绕 OA 轴作匀速转动。如 $\angle MOA=\theta$，当 $t=0$ 时点在 M_0 处，此时距离 $OM_0=b$。试求在 t 秒时，点 M 的绝对加速度的大小。

7-22　如图所示，半圆板绕其铅垂的直径线 AB 作定轴转动，转动方程为 $\varphi=4t-0.2t^2$，点 M 由点 O 自静止开始沿圆周运动，运动规律为 $\widehat{OM}=100\pi\sin(\pi t/4)$（弧长的单位为 mm），设半圆板的半径为 $R=30\text{mm}$，求 $t=2/3\text{s}$ 时，点 M 的速度和加速度。

7-23　如图所示，圆盘绕 AB 轴转动，其角速度 $\omega=2t$（单位为 rad/s）。点 M 沿圆盘直径离开中心 O 向外缘运动，其运动规律为 $OM=40t^2$。半径 OM 与 AB 轴间成 $60°$ 倾角。试求当 $t=1\text{s}$ 时点 M 的绝对加速度的大小。

7-24　在半径 $R=18\text{cm}$ 的圆环形管内，动点 M 以匀速 $v=6\text{cm/s}$ 运动，环形管以 $\omega=\frac{1}{3}\text{rad/s}$ 绕在其所在平面内距圆心为 $OC=27\text{cm}$ 的固定轴 Oz 转动。若取圆环形管为动参考系，试分别求动点在图 7-45 所示 $M_1(\theta=30°)$、M_2、M_3 三个位置时，动点 M 的科氏加速度的大小和方向。

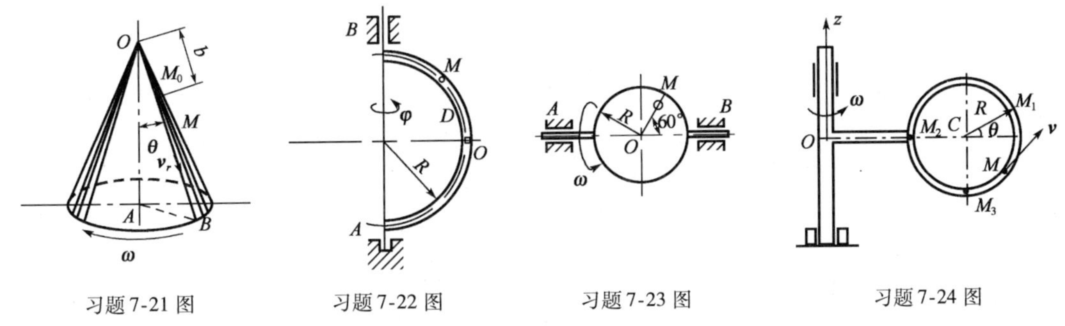

习题 7-21 图　　习题 7-22 图　　习题 7-23 图　　习题 7-24 图

第八章　质点动力学基本方程

本章要点

- 动力学基本定律,惯性参考系;
- 质点运动微分方程;
- 质点动力学两类基本问题。

第一节　动力学的基本定律

动力学研究物体的机械运动与作用力之间的关系。动力学的研究对象包括质点、质点系和刚体。

动力学基本定律是在对机械运动进行大量的观察及实验的基础上建立起来的。这些定律是牛顿总结了前人的研究成果,于 1687 年在他的名著《自然哲学之数学原理》中提出的,通常称为牛顿三定律,它描述了动力学最基本的规律,是古典力学体系的核心。

第一定律:不受力作用的物体将保持静止或匀速直线运动。

这里的物体应理解为:(1)没有转动或其转动可以不计的平移物体;(2)大小和形状可以不计的质点。第一定律给出了物体的基本属性,即物体保持静止或匀速直线运动的属性,称为惯性。因此,第一定律也称为惯性定律,物体处于静止或匀速直线运动状态通常称为惯性运动,定律的另一层含义是物体的运动状态的改变与作用在物体上的力有关,力是物体运动状态改变的外在因素。不受力作用是指物体受平衡力系作用或没有力的作用。

由于运动是绝对,但描述物体的运动却又是相对的,所以必须在一定的参考坐标系下研究机械运动。而物体所受的力与所选择的坐标系无关,因此将力与运动统一起来,其参考坐标系应建立在使第一定律成立的物体上,即建立在静止或匀速直线运动物体上,这样的坐标系称为惯性坐标系。在工程中,建立在地面上的坐标系作为惯性坐标系;但当研究绕地球旋转的飞船和人造卫星时应以地心为原点,三个轴指向三个恒星的坐标系作为惯性坐标系,地球的自转影响可以忽略不计;在研究天体的运动时,地球的自转影响不能忽略,应以日心为原点,三个轴指向三个恒星的坐标系作为惯性坐标系。从上面可以看出,针对所研究的对象不同,惯性坐标系的建立也不同,在本书中,一般将建立在地面上的坐标系作为惯性坐标系。

第二定律:物体所获得的加速度的大小与物体所受的力成正比,与物体的质量成反比,加速度的方向与力同向。其数学表达式

$$m\boldsymbol{a} = \boldsymbol{F} \tag{8-1}$$

第二定律建立了质点运动与所受力之间的关系,它是研究质点动力学的基础,由此定理可以导出动力学普遍定理:动量定理、动量矩定理、动能定理。

由式(8-1)知:(1)对于确定的物体而言,加速度大小与所受的力成正比;(2)在同一力作

用下，加速度的大小与其质量成反比，即质量小的物体所获得的加速度大，而加速度大的物体惯性小；质量大的物体所获得的加速度小，而加速度小的物体惯性大。由此可见，质量是物体惯性的量度，质量大的物体惯性大，质量小的物体惯性小。

在地球表面上，任何物体都受到重力 $\boldsymbol{P}$ 的作用，所获得的加速度称为重力加速度，用 $\boldsymbol{g}$ 表示，由式(8-1)有

$$m\boldsymbol{g} = \boldsymbol{P}$$

重力加速度是根据国际计量委员会制定的标准计算的，即将质量为 1kg 的物体置于纬度为45°的海平面上测定物体所受的重力值为重力加速度，即 $g = 9.80665\mathrm{m/s^2}$，一般取 $9.8\mathrm{m/s^2}$。

在国际单位制(SI)中，质量单位是千克(kg)，长度单位是米(m)，时间单位是秒(s)，它们均为基本单位，力的单位是导出单位。当质量为 1kg 的物体获得 $1\mathrm{m/s^2}$ 的加速度时，作用于该物体上的力定义为 1 牛顿(N)，即

$$1\mathrm{N} = 1\mathrm{kg} \times 1\mathrm{m/s^2}$$

第三定律：物体间的作用力与反作用力总是大小相等、方向相反、沿着同一条直线，分别作用在这两个物体上。

第三定律我们在第一章已经学过，此定律不但适用于静力学，而且适用于动力学。

应当指出，牛顿定律只适合于惯性坐标系。与之相反的非惯性坐标系是不适合牛顿定律成立的坐标系，例如建立在有相对运动物体上的坐标系一般为非惯性坐标系，在此坐标系中研究物体的运动，应重新建立物体的运动与作用在物体上力之间的微分关系。这一点在学习的过程中应尤为注意。

实践证明，在绝大多数工程问题中，可取固结于地球的坐标系为惯性坐标系，只是对于某些必须考虑地球自转影响的问题(如落体对铅球垂线的偏离等)才选取以地心为原点，而三个坐标轴指向三个恒星的坐标系为惯性坐标系。在以后的章节中，如果没有特殊说明，所有运动都是对惯性坐标系而言的。物质在惯性坐标系中的运动称为绝对运动，我们也习惯地把惯性坐标系称为静坐标系或定坐标系。

第二节　质点运动微分方程

设有一质点 M，质量为 m，作用于该质点的所有的力的合力为 $\boldsymbol{F} = \sum \boldsymbol{F}_i$，如图 8-1 所示。令质点的加速度为 $\boldsymbol{a}$，则有

$$m\boldsymbol{a} = \boldsymbol{F}$$

由运动学已知，当用质点 M 对坐标原点 O 的矢径 $\boldsymbol{r}$ 来表明它的位置时，质点的加速度 $\boldsymbol{a}$ 的大小为

$$\boldsymbol{a} = \frac{\mathrm{d}\boldsymbol{v}}{\mathrm{d}t} = \frac{\mathrm{d}^2\boldsymbol{r}}{\mathrm{d}t^2}$$

其中，$\boldsymbol{v}$ 是质点的速度。于是方程可以改写为

$$m\frac{\mathrm{d}\boldsymbol{v}}{\mathrm{d}t} = \boldsymbol{F} \text{ 或 } m\frac{\mathrm{d}^2\boldsymbol{r}}{\mathrm{d}t^2} = \boldsymbol{F} \qquad (8\text{-}2)$$

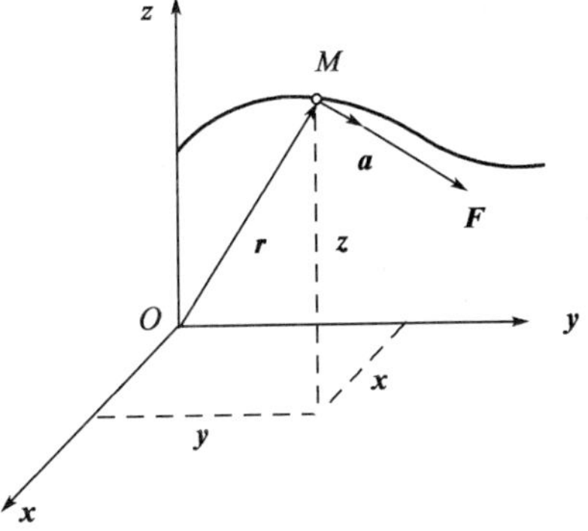

图 8-1　作用于质点 $\boldsymbol{M}$ 的合力 $\boldsymbol{F}$

这就是矢量形式的质点运动微分方程。过原点 O 取直角坐标系 $Oxyz$，将方程投影到各坐标轴上，就得到

了直角坐标形式的质点运动微分方程

$$m\frac{d^2x}{dt^2} = F_x,\ m\frac{d^2y}{dt^2} = F_y,\ m\frac{d^2z}{dt^2} = F_z \tag{8-3}$$

其中，F_x、F_y、F_z 分别为作用于质点的各力在 x、y、z 轴上的投影之和。

如果质点作平面曲线运动，取运动平面为 Oxy 平面，则方程成为

$$m\frac{d^2x}{dt^2} = F_x,\ m\frac{d^2y}{dt^2} = F_y, F_z = 0 \tag{8-4}$$

如果质点作直线运动，取 x 轴沿路径直线，则方程成为

$$m\frac{d^2x}{dt^2} = F_x, F_y = 0\ , F_z = 0 \tag{8-5}$$

设已知质点的运动轨迹曲线，以轨迹曲线在质点所在处的切线 τ（指向曲线正方向）、法线 n（指向曲率中心）及垂直于 τ 和 n 的 b 为自然坐标轴，如图 8-2 所示。将方程投影到自然坐标轴上，有

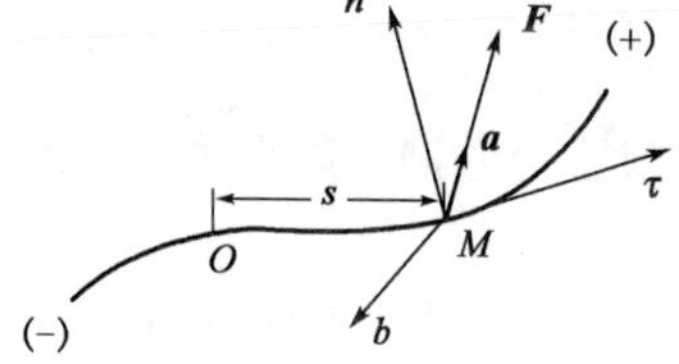

图 8-2　自然坐标

$$ma_\tau = F_\tau\ , ma_n = F_n\ , ma_b = F_b$$

但

$$a_\tau = \frac{d^2s}{dt^2}\ , a_n = \frac{v^2}{\rho}$$

而加速度在 b 方向上的投影 $a_b = 0$，于是

$$m\frac{d^2s}{dt^2} = F_\tau\ , m\frac{v^2}{\rho} = F_n,\ F_b = 0 \tag{8-6}$$

这就是自然坐标轴形式的质点运动微分方程。

第三节　质点动力学两类问题的应用

质点动力学的问题基本可以分为以下两类：

（1）设已知质点的运动规律，需求质点所受的力，则不难用微分方程求得解答；

（2）设已知作用于质点的力，需求质点的运动规律，则归结为求解运动微分方程。

一般情况下，作用于质点的力可能是时间、质点的位置坐标、速度的函数。因此，对于第二类问题，求解微分方程时将出现积分常数，这些积分常数，须根据质点运动的初始条件和初始位置坐标来决定。并且，只有当函数关系较简单时，才能求得微分方程的精确解；如果函数关系复杂，求解将非常困难，有时只能满足于求出近似解。

对于质点系，原则上可以就每个质点写出运动微分方程。但是，由于各质点的运动以及所受的力都是互相有关联的，就所有各质点写出的不论什么形式的微分方程，必须是联立微分方程，在大多数情况下，要求得这些联立微分方程的精确解是非常困难的。因此，对质点系的问题，只有最简单的情况下才用本节讲述的方法求解，一般则将应用以后各章讲述的定理求解。

[例 8-1] 如图 8-3a) 所示的摆动输送机，由曲柄带动货架 AB 输送木箱 M，两曲柄等长，即 $O_1A = O_2B = l = 1.5\text{m}$，且 $O_1O_2 = AB$，设在 $\theta = 45°$ 处由静止开始启动，已知曲柄 O_1A 的初角加速度 $\alpha_0 = 5\text{rad/s}$，如启动瞬时木箱不产生滑动，求木箱与货架之间的静滑动摩擦系数最小值。

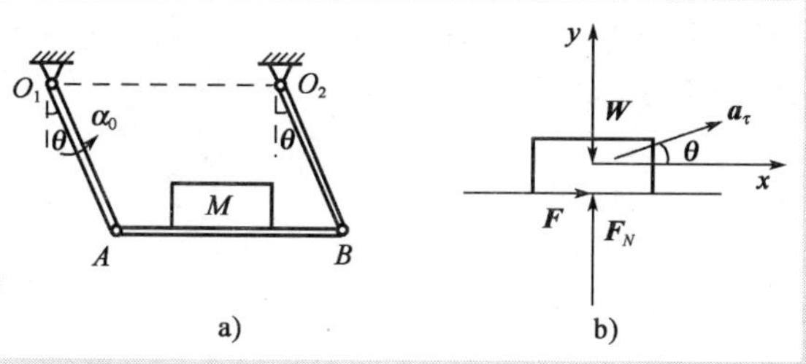

图 8-3　摆动输送机

解:该问题的性质也是已知运动求力,属于第一类问题。取木箱为研究对象,作用在木箱上的力有重力 W,摩擦力 F,法向约束反力 F_N,受力图如图 8-3b)所示,因为 $O_1A = O_2B$,$O_1O_2 = AB$,所以 AB 杆作曲线平动,木箱相对货架无滑动,木箱的加速度应与点 A 的加速度相同。在启动瞬时,货架上各点速度为零,但加速度不等于零,则有

$$a_n = \frac{v^2}{\rho} = 0\ ,\ a_\tau = l\alpha_0$$

直角坐标形式的质点运动微分方程可写为

$$m\ddot{x} = \sum F_x\ ,ma_\tau\cos\theta = F$$

$$m\ddot{y} = \sum F_y\ ,ma_\tau\sin\theta = F_N - W$$

根据静滑动摩擦力的性质,有

$$F \leqslant F_N f$$

解以上方程组,可得

$$f \geqslant \frac{l\alpha_0\cos\theta}{g + l\alpha_0\sin\theta} = 0.35$$

为保证木箱不滑动,所需最小净滑动摩擦系数为

$$f_{\min} = 0.35$$

［**例 8-2**］地球表面以初速度 $\boldsymbol{v}_0$ 垂直向上发射一质量为 m 的物体,地球对物体的引力与物体到地心距离的平方成反比,与地球和物体的质量成正比,不计空气阻力与地球自转作用的影响,求该物体在地球引力作用下的运动速度。

解:本题为已知力求运动,属于第二类问题。取物体为研究对象,物体只受地球引力作用,大小为

$$F = \frac{G_0mM}{r^2}$$

其中,G_0 为万有引力常数;r 为物体到地球的中心的距离;m 为物体的质量;M 为地球的质量。当物体在地球表面时,$r = R$,$F = mg$,代入上式有

$$G_0M = gR^2$$

于是万有引力公式变为

$$F = \frac{R^2mg}{r^2}$$

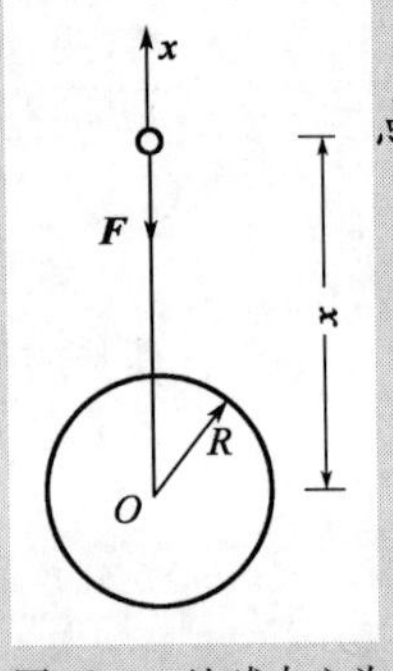

图 8-4　地球中心为坐标原点

设以地球的中心为坐标原点，坐标铅直向上，如图 8-4 所示。应用质点运动微分方程的投影形式，有

$$m\frac{\mathrm{d}^2x}{\mathrm{d}t^2} = -\frac{R^2mg}{x^2}$$

即

$$m\frac{\mathrm{d}v}{\mathrm{d}x}\frac{\mathrm{d}x}{\mathrm{d}t} = -\frac{R^2mg}{x^2}$$

经积分运算，得

$$\int_{v_0}^{v} v\mathrm{d}v = \int_R^x \frac{-gR^2}{x^2}\mathrm{d}x$$

$$\frac{v^2}{2} - \frac{v_0^2}{2} = gR^2\left(\frac{1}{x} - \frac{1}{R}\right)\text{或 } v = \sqrt{v_0^2 - 2gR + \frac{2gR^2}{x}}$$

物体的速度随 x 的增加而减小，当 $v_0 < \sqrt{2gR}$ 时，物体达到一定高度，速度将减小为零，以后物体向下降落。当 $v_0 > \sqrt{2gR}$ 时，无论 x 多么大，甚至趋于无穷时，速度也不会为零，这就出现了向上发射的物体一去不复返的情况。因此，$v_0 = \sqrt{2gR} \approx 11.2\mathrm{km/s}$，就是物体脱离地球引力范围所需要的最小初速度，称为第二宇宙速度。

[**例 8-3**] 如图 8-5 所示质量为 m 的矿石 M，从水面由静止开始沉降，已知水的阻力为 $R = -\mu v$，其中比例系数 μ 是与矿石形状、横截面尺寸、介质密度有关的常数。求矿石的运动规律。

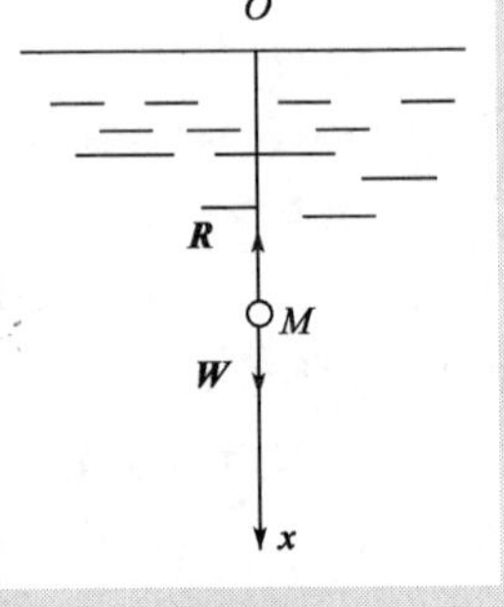

图 8-5　矿石 M 从水面下沉

解：已知力求运动，是第二类问题。取矿石为研究对象，矿石上受有重力 $\boldsymbol{W}$ 和阻力 $\boldsymbol{R}$。矿石作匀变速直线运动，取水面为坐标原点，x 轴铅直向下。

矿石运动的初始条件是，在 $t=0$ 时，$x_0=0$，$v_0=0$。矿石运动微分方程为

$$m\ddot{x} = W - R$$

$$\frac{\mathrm{d}v}{\mathrm{d}t} = g - \frac{\mu}{m}v$$

为简便起见，令 $a = \frac{\mu}{m}$，有

$$\int_0^v \frac{\mathrm{d}v}{g - av} = \int_0^t \mathrm{d}t$$

$$\frac{-1}{a}\ln(g - av)\Big|_0^v = t$$

$$v=\frac{g}{a}(1-e^{-at})$$

当 $t\to\infty$ 时，$e^{-at}\to 0$，于是得到矿石下降的最大速度为：

$$v_{max}=\frac{g}{a}=\frac{mg}{\mu}$$

矿石的运动微分方程为

$$x=\frac{g}{a}t-\frac{g}{a^2}(1-e^{-at})$$

思 考 题

8-1　质点在常力作用下，是否一定作匀加速度运动？为什么？

8-2　质点的运动方向，就是质点上所受合力的方向，对吗？为什么？

8-3　质点速度越大，所受的力也越大，对吗？为什么？

8-4　两个质量相同的质点，只要在一般位置受力相同，则运动微分方程也必相同。对吗？为什么？

8-5　某人用枪瞄准了空中一悬挂的靶体。如在子弹射出的同时靶体开始自由下落，不计空气阻力，问子弹能否击中靶体？

8-6　如图所示，绳的拉力 $F_T=2\text{kN}$，重物Ⅱ重 $W_1=2\text{kN}$，重物Ⅱ重 $W_2=1\text{kN}$。若不计滑轮质量，问在图 a)、图 b) 两种情况下，重物Ⅱ的加速度是否相同？两根绳中的张力是否相同？

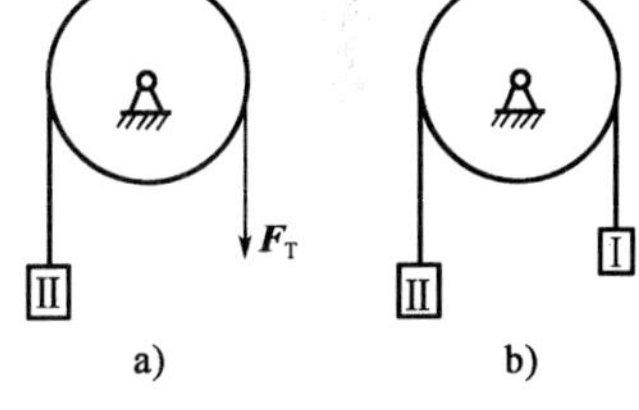

思考题 8-6 图

习　题

8-1　如图所示，A，B 两物体的质量分别为 m_1、m_2，两者用一根绳子连接，此绳跨过一滑轮，滑轮的半径为 r，若初始时，两物体的高度差为 h，且 $m_1>m_2$，不计滑轮的质量，试求两个物体到达相同的高度时所需要的时间。

8-2　半径为 R 的偏心凸轮，绕轴 O 以匀角速度 ω 转动，推动导板沿铅直轨道运动，如图所示。导板顶部放一质量为 m 的物块 A，设偏心距为 $OC=e$，初始时，OC 沿水平线，试求物块对导板的最大压力以及使物块不离开导板时的角速度 ω 的最大值。

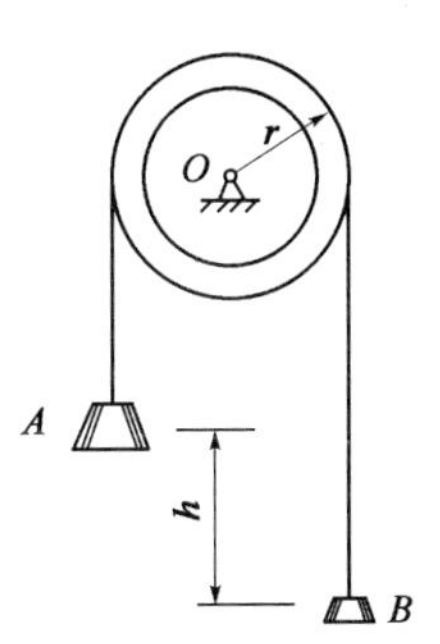

习题 8-1 图

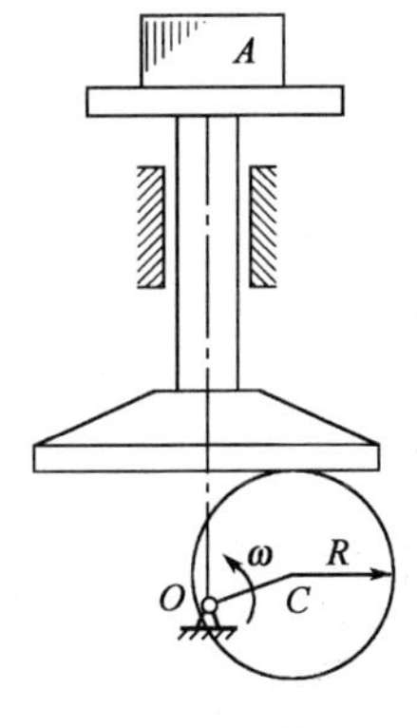

习题 8-2 图

8-3　质量为 m 的小环 M，套在一条光滑钢丝上。钢丝的方程为 $x^2 = 4ay$（其中 a 为常数），坐标系 Oxy 如图所示。试求小环自 $x=2a$ 处自由滑至钢丝的最低点 O 时的速度以及小环此时所受的约束力[曲率 $k = y''/(1+y'^2)^{\frac{3}{2}}$]

8-4　质量为 m 的质点在水平面内运动时受到图示与 x 轴垂直的引力作用，该引力大小为 $Fy = k^2my$，k 为常数。开始时质点位于 $M_0(0,h)$ 点，初速度 $\boldsymbol{v}_0$ 水平。求该质点的运动轨迹、速度的最大值以及达此速度所需的时间。

8-5　套管 A 的质量 m，由绕过定滑轮 B 的绳索牵引而沿导轨上升，滑轮中心到导轨的距离为 l，如图所示。设绳索在电机的带动下以速度 $\boldsymbol{v}_0$ 向下运动，忽略滑轮的大小及各处的摩擦，试求绳索的拉力与距离 x 的关系。

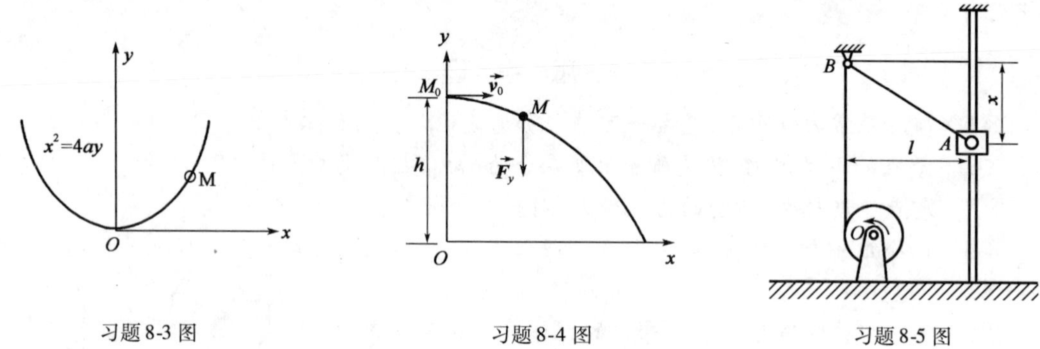

习题 8-3 图　　　　习题 8-4 图　　　　习题 8-5 图

8-6　卷扬机使质量为 m 的重物 M 以匀速 $\boldsymbol{v}$ 下降，若钢索的弹性系数为 k，求当卷筒突然制动时，钢索的最大伸长量。

8-7　为了使列车对于钢轨的压力垂直于路基，在轨道弯曲部分的外轨比内轨稍高，如图所示。试以下列数据求外轨高于内轨的高度，即超高 h。轨道的曲率半径 $\rho = 300\text{m}$，列车速度 $v = 60\text{km/h}$，轨距 $b = 1.435\text{m}$。

8-8　球磨机是利用在旋转筒内的锰钢球对于矿石或煤块的冲击同时也靠运动时的磨剥作用而磨制矿石粉或煤粉的机器，如图所示。当圆筒匀速转动时，带动钢球一起运动，待转至一定角度 α 时，钢球即离开圆筒并沿抛物线轨迹下落打击矿石。已知当 $\alpha = 54°40'$ 时钢球脱离圆筒，可得到最大的打击力。设圆筒内径 $D = 3.2\text{m}$，试求圆筒应有的转速。

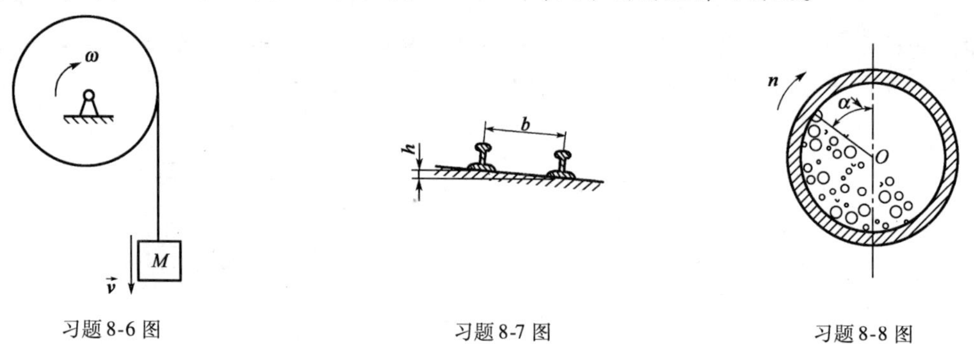

习题 8-6 图　　　　习题 8-7 图　　　　习题 8-8 图

8-9　振动筛作振幅 $A = 50\text{mm}$ 的简谐运动，当某频率时，筛上的物料开始与筛分开而向上抛起，试求此最小频率。

8-10　一物体重 W，以初速度 v_0 与水平成 α 角斜向上抛出，设空气阻力可认为与速度的一次方成正比，$F_C = kWv$。试求物体能达到的最大高度及此时所经过的水平距离。

第九章　动 量 定 理

本章要点

- 质点、质点系与刚体的动量；
- 力的冲量；
- 动量定理与动量守恒定律；
- 质心运动定理与质心运动守恒定律。

上一章分析了质点的动力学问题，对于质点系的动力学问题，可建立每一质点的运动微分方程，但很难联立求解这一微分方程组，而在实际工程中，往往不需要研究质点系中每个质点的运动。动力学普遍定理（包括动量定理、动量矩定理、动能定理）从不同的侧面揭示了质点系整体运动的特征变化与其受力之间的关系，建立了运动特征量（如动量，动量矩和动能）与力的作用效果（如冲量，力矩和功）之间的关系，应用这些定理可以较为方便地求解质点系的动力学问题。

第一节　动量与冲量

一、动量

我们知道，子弹质量虽小当其速度很大时便可产生极大的杀伤力，轮船靠岸时速度虽小但因其质量很大，操纵不慎便可将船体撞坏。这说明物体运动的强弱不仅与它的速度有关而且与其质量有关，因此可以用物体的质量与其速度的乘积—动量来度量物体运动的强弱。

1. 质点的动量

质点的质量与速度的乘积，称为质点的动量。即

$$\boldsymbol{p} = m\boldsymbol{v} \tag{9-1}$$

质点的动量是矢量，方向与质点速度的方向一致，具有瞬时性，它是质点运动的基本特征量之一。在国际单位制中，其单位为 kg · m/s。

2. 质点系的动量

设质点系由 n 个质点组成。质点系运动时，某一瞬时，第 i 个质点的动量为

$$\boldsymbol{p}_i = m_i\boldsymbol{v}_i$$

质点系的动量定义为质点系中所有各质点动量的矢量和，即

$$\boldsymbol{p} = \sum \boldsymbol{p}_i = \sum m_i\boldsymbol{v}_i \tag{9-2}$$

由质点系质量中心的概念，质点系质心的位置矢可表示为

$$\boldsymbol{r}_C = \frac{\sum m_i \boldsymbol{r}_i}{\sum m_i} = \frac{\sum m_i \boldsymbol{r}_i}{m}$$

两边对时间求导可得 $\boldsymbol{v}_C = \dfrac{\sum m_i \boldsymbol{v}_i}{m}$

式中,$\boldsymbol{v}_C$ 和 m 分别为质点系质心的速度和质点系的总质量,因此式(9-2)可写成

$$\boldsymbol{p} = m\boldsymbol{v}_C \tag{9-3}$$

式(9-3)表明:质点系的动量等于质点系的质量乘以质心的速度。这相当于将质点系的质量集中于质心点的动量。因此,质点系的动量描述了质心的运动,从一个侧面反映了质点系的整体运动。

3. 刚体(系)的动量

由式(9-3)可以很方便地计算几何形状规则的均质刚体和刚体系动量,即

$$\boldsymbol{p} = \sum m_i \boldsymbol{v}_{Ci} \tag{9-4}$$

二、冲量

物体运动状态的改变不仅与作用其上的力有关,而且与力作用的时间有关。如工人推车厢沿铁轨由静止开始运动,当推力大于阻力时,经过一段时间车厢可得到一定的速度;如若改用机车牵引,只需很短的时间便可达到工人推车厢的速度。为了反映力在一段时间内对物体作用的累积效果,我们把力与其作用时间的乘积称为冲量,用 I 表示。冲量是矢量,方向与力的方向一致。在时间段 $t_2 - t_1$ 内,若力 $\boldsymbol{F}$ 是常力,则此力的冲量为

$$\boldsymbol{I} = \boldsymbol{F}(t_2 - t_1) \tag{9-5}$$

如力 $\boldsymbol{F}$ 是变力,可将力作用的时间分成无数微小的时间间隔 dt,在 dt 时间内该力可看成是常力,因而在 dt 时间内的冲量(称为元冲量)为

$$\mathrm{d}\boldsymbol{I} = \boldsymbol{F}\mathrm{d}t$$

积分上式可得在时间$(t_2 - t_1)$内的总冲量为

$$\boldsymbol{I} = \int_{t_1}^{t_2} \boldsymbol{F}\mathrm{d}t \tag{9-6}$$

[例 9-1] 如图 9-1 所示的椭圆规,$OC = AC = BC = l$,曲柄 OC 与连杆 AB 质量不计,滑块 A,B 的质量均为 m,曲柄以角速度 ω 转动。试求系统在图示位置时的动量。

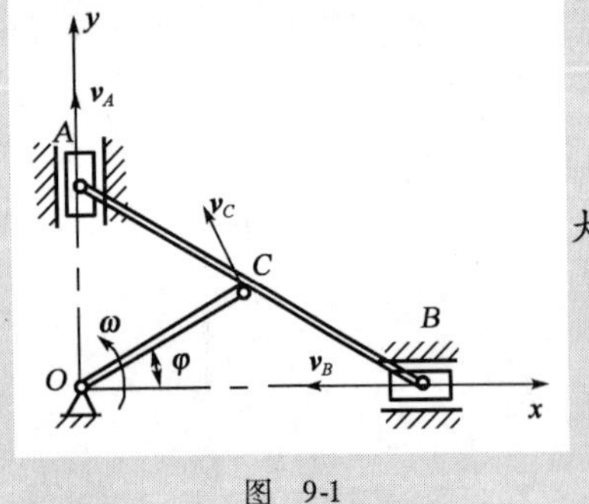

图 9-1

解:方法一 利用式(9-2),有

$$\boldsymbol{p} = m_A \boldsymbol{v}_A + m_B \boldsymbol{v}_B \tag{1}$$

用点的运动学方法求 A,B 两点的速度 $\boldsymbol{v}_A$ 与 $\boldsymbol{v}_B$ 的大小:

$$y_A = 2l\sin\varphi \qquad v_{Ay} = 2l\dot{\varphi}\cos\varphi = 2l\omega\cos\varphi$$

$$x_B = 2l\cos\varphi \qquad v_{Bx} = -2l\dot{\varphi}\sin\varphi = -2l\omega\sin\varphi \tag{2}$$

将该式代入式(1),得系统动量为

$$\boldsymbol{p} = 2l\omega m(-\sin\varphi\boldsymbol{i} + \cos\varphi\boldsymbol{j}) \tag{3}$$

方法二　利用式(9-3)，有

$$\boldsymbol{p} = m\boldsymbol{v}_C \tag{4}$$

系统的质量为 $m_A + m_B = 2m$，质心在 C 点，C 点的速度可表示为

$$\boldsymbol{v}_C = l\omega(-\sin\varphi\boldsymbol{i} + \cos\varphi\boldsymbol{j})$$

代入式(4)，得到与式(3)相同的结果。

第二节　动量定理

一、质点的动量定理

一质点的质量为 m，受到力 $\boldsymbol{F}$ 的作用产生加速度 $\boldsymbol{a}$，由牛顿第二定律可得

$$\frac{\mathrm{d}(m\boldsymbol{v})}{\mathrm{d}t} = \boldsymbol{F} \tag{9-7}$$

式(9-7)表明：质点动量对时间的导数等于作用在该质点上的力，此即质点的动量定理。

将式(9-7)改写为

$$\mathrm{d}(m\boldsymbol{v}) = \boldsymbol{F}\mathrm{d}t = \mathrm{d}\boldsymbol{I} \tag{9-8}$$

式(9-8)就是质点动量定理的微分形式。式(9-8)的积分形式为

$$m\boldsymbol{v}_2 - m\boldsymbol{v}_1 = \int_{t_1}^{t_2}\boldsymbol{F}\mathrm{d}t = \boldsymbol{I} \tag{9-9}$$

式(9-9)为质点动量定理的积分形式，即在某一时间段内，质点动量的变化等于作用于质点上的力在同一时间段内的冲量。

二、质点系的动量定理

设质点系由 n 个质点组成，对每一个质点由式(9-7)有

$$\frac{\mathrm{d}(m_i\boldsymbol{v}_i)}{\mathrm{d}t} = \boldsymbol{F}_i^e + \boldsymbol{F}_i^i$$

其中，$\boldsymbol{F}_i^e$ 为质点系以外的物体给该质点的作用力，称为外力；$\boldsymbol{F}_i^i$ 为质点系以内其他质点给该质点的作用力，称为内力，将上述方程进行左右连加得

$$\sum\frac{\mathrm{d}(m_i\boldsymbol{v}_i)}{\mathrm{d}t} = \sum\boldsymbol{F}_i^e + \sum\boldsymbol{F}_i^i$$

其中，内力的合力等于零，即 $\sum\boldsymbol{F}_i^i = 0$，因为质点系的内力是物体间相互作用力，它们总是成对出现的，即大小相等、方向相反。从而有

$$\frac{\mathrm{d}\boldsymbol{p}}{\mathrm{d}t} = \sum\boldsymbol{F}_i^e \tag{9-10}$$

质点系动量定理：质点系的动量对时间的导数等于作用在质点系上外力的矢量和(或称外力的主矢量)。式(9-10)的微分形式为

$$\mathrm{d}\boldsymbol{p} = \sum\boldsymbol{F}_i^e\mathrm{d}t = \sum\mathrm{d}\boldsymbol{I}_i^e \tag{9-11}$$

式(9-11)就是质点系动量定理的微分形式：质点系动量的增量等于作用在质点系上外力

元冲量的矢量和。式(9-11)的积分形式为

$$\boldsymbol{p}_2-\boldsymbol{p}_1=\sum\int_{t_1}^{t_2}\boldsymbol{F}_i^e\mathrm{d}t=\sum\boldsymbol{I}_i^e \tag{9-12}$$

此即质点系动量定理的积分形式:质点系运动时末了动量与初始动量的差等于作用在质点系上外力在此时间间隔内冲量的矢量和,常称为冲量定理。

由质点系动量定理可知,只有外力才能改变质点系的动量,而内力则不能。但内力却能改变个别质点的动量,要改变整个质点系的动量只有依靠外力。

质点系动量定理是矢量方程,具体应用时通常取投影形式,如式(9-10)和式(9-12)在直角坐标轴上的投影式为

$$\left.\begin{aligned}\frac{\mathrm{d}\boldsymbol{p}_x}{\mathrm{d}t}&=\sum\boldsymbol{F}_{ix}^e\\\frac{\mathrm{d}\boldsymbol{p}_y}{\mathrm{d}t}&=\sum\boldsymbol{F}_{iy}^e\\\frac{\mathrm{d}\boldsymbol{p}_z}{\mathrm{d}t}&=\sum\boldsymbol{F}_{iz}^e\end{aligned}\right\} \tag{9-13}$$

$$\left.\begin{aligned}\boldsymbol{p}_{2x}-\boldsymbol{p}_{1x}&=\sum\boldsymbol{I}_{ix}^e\\\boldsymbol{p}_{2y}-\boldsymbol{p}_{1y}&=\sum\boldsymbol{I}_{iy}^e\\\boldsymbol{p}_{2z}-\boldsymbol{p}_{1z}&=\sum\boldsymbol{I}_{iz}^e\end{aligned}\right\} \tag{9-14}$$

三、动量守恒

如作用于质点系的外力的矢量和恒等于零,即$\sum\boldsymbol{F}_i^e=0$,则由式(9-10)或式(9-11)可知,在运动过程中质点系的动量保持不变,即

$$\boldsymbol{p}=\boldsymbol{p}_1=\boldsymbol{p}_2=\text{常矢量}$$

如作用于质点系的外力的矢量和在某一轴上的投影恒等于零,则根据式(9-13)或式(9-14)可知,在运动过程中质点系的动量在该轴上的投影保持不变,即

$$\boldsymbol{p}_x=\boldsymbol{p}_{x1}=\boldsymbol{p}_{x2}=\text{常量}$$

以上结论称为质点系动量守恒定律。可见,要使质点系动量发生变化,必须有外力作用。

质点系动量守恒定律是自然界的普遍客观规律之一,在工程技术上应用很广。如枪炮的"后座",火箭和喷气飞机的反推作用等都可以用动量守恒定律加以研究。

[例 9-2] 如图 9-2a)所示,质量为 m_1 的矩形板可在垂直于板面的光滑平面上运动,板上有一半径为 R 的圆形凹槽,一质量为 m_2 的甲虫以相对速度 $\boldsymbol{v}_r$ 沿凹槽匀速运动。初始时板静止,甲虫位于圆形凹槽的最右端(即 $\theta=0°$)。试求甲虫运动到图示位置时,板的速度和加速度及地面作用在板上的约束力。

解: 以板和甲虫组成的质点系为研究对象,这样板与甲虫间的相互作用力为内力可不考虑。作出质点系运动到一般位置的受力图,如图 9-2b)所示。

(1)求板的速度和加速度

板作平动,设其速度为 $\boldsymbol{v}_1$,方向如图 9-2b),则板的动量为 $m_1\boldsymbol{v}_1$,取板为动系,甲虫为动点,设甲虫相对地面的速度为 $\boldsymbol{v}_2$,则甲虫的动量为 $m_2\boldsymbol{v}_2$,系统的动量为

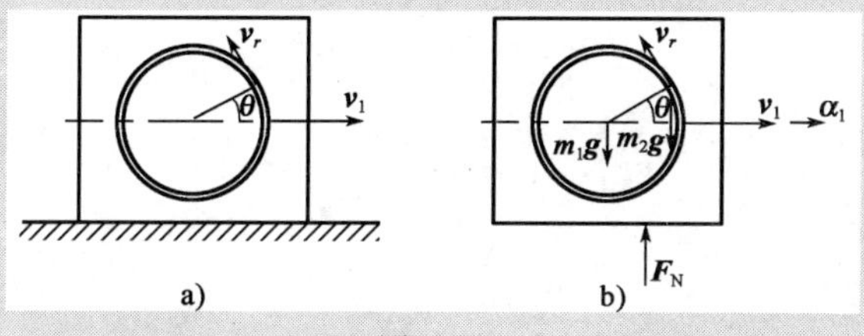

图 9-2

$$\boldsymbol{p} = m_1\boldsymbol{v}_1 + m_2\boldsymbol{v}_2 = m_1\boldsymbol{v}_1 + m_2(\boldsymbol{v}_1 + \boldsymbol{v}_r) \tag{1}$$

由于水平方向无外力作用，故系统水平方向的动量守恒，即

$$p_x = p_{x0} \tag{2}$$

根据初始条件，当 $t=0$ 时 $\boldsymbol{v}_{10}=0$，$\boldsymbol{v}_{20}$ 垂直于 x 轴，所以 $p_{x0}=0$。在任一时刻

$$p_x = m_1v_1 + m_2(v_1 - v_r\sin\theta)$$

将 p_{x0} 和 p_x 代入式(2)后整理可得

$$v_1 = \frac{m_2v_r\sin\theta}{m_1 + m_2}$$

将上式对时间求导，可得板的加速度

$$a_1 = \frac{\mathrm{d}v_1}{\mathrm{d}t} = \frac{m_2v_r\dot{\theta}\cos\theta}{m_1 + m_2}$$

设甲虫沿圆形凹槽爬行的弧长为 $s=R\theta$，则 $s=v_rt=R\theta$。该式对时间求导可得 $\dot{\theta}=v_r/R$。将其代入上式，便可求得

$$a_1 = \frac{m_2v_r^2\cos\theta}{(m_1 + m_2)R}$$

(2)求地面作用在板上的约束力

系统受力如图 9-3b)所示，其中 $\boldsymbol{F}_\mathrm{N}$ 即为需求的约束力。将式(1)在 y 轴上投影得

$$p_y = m_2v_r\cos\theta \tag{3}$$

由动量定理式(9-12)可知

$$\frac{\mathrm{d}p_y}{\mathrm{d}t} = F_\mathrm{N} - m_1g - m_2g \tag{4}$$

将式(3)代入式(4)计算可得

$$m_2v_r(-\sin\theta)\dot{\theta} = F_\mathrm{N} - m_1g - m_2g$$

$$F_\mathrm{N} = (m_1 + m_2)g - \frac{m_2v_r^2\sin\theta}{R}$$

[例 9-3] 机车质量为 m_1，以速度 $\boldsymbol{v}_1$ 与静止在平直轨道上的车厢对接，车厢的质量为 m_2，对接时摩擦不计，试求对接后列车的速度以及机车动量的损失。

解：以机车和车厢构成的质点系为研究对象，由于对接时摩擦不计，质点系水平方向不受力，则质点系的动量在水平方向上守恒。

$$m_1v_1 = (m_1 + m_2)v_2$$

则对接后列车的速度为

$$v_2 = \frac{m_1v_1}{m_1 + m_2}$$

机车动量的损失为

$$\Delta p = m_1v_1 - m_1v_2 = m_1v_1 - \frac{m_1v_1}{m_1 + m_2} = \frac{m_1m_2v_1}{m_1 + m_2} = m_2v_2$$

由此可见，机车动量的损失等于列车所得的动量。

第三节 质心运动定理

一、质心运动定理

由式(9-3)，将质点系的动量表达式 $\boldsymbol{p} = m\boldsymbol{v}_C$ 代入质点系的动量定理的式(9-9)，可得

$$\frac{\mathrm{d}}{\mathrm{d}t}(m\boldsymbol{v}_C) = \sum \boldsymbol{F}_i^e$$

引入质心的加速度 $\boldsymbol{a}_C = \mathrm{d}\boldsymbol{v}_C/\mathrm{d}t$，则上式可写成

$$m\boldsymbol{a}_C = \sum \boldsymbol{F}_i^e \tag{9-15}$$

式(9-15)表明：质点系的质量与其质心加速度的乘积，等于作用在该质点系上所有外力的矢量和。这就是质心运动定理。把式(9-14)和牛顿第二定律的表达式相比较，可以看出它们在形式上相似。因此质心运动定理也可叙述为：质点系质心的运动，可看成是一个质点的运动，此质点集中了整个质点系的质量及其所受的外力。

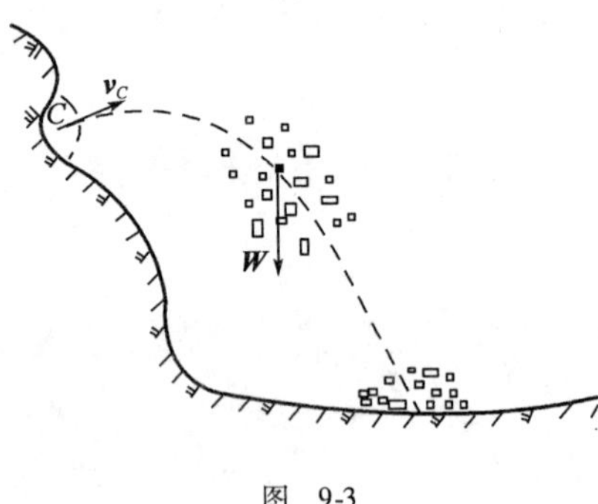

图 9-3

例如在爆破山石时，土石块向各处飞落，如图9-3所示。将土石块看成一质点系，不计空气阻力，质点系仅受重力作用，在质心 C 上集中了质点系的全部质量，并作用了质点系的全部重力，则质心 C 的运动就像一个质点在重力作用下作抛射运动一样，根据它的轨迹，就可以推断出大部分土石块将落在何处。

式(9-15)是质心运动定理的矢量形式，具体计算时可将其投影到直角坐标轴上

$$\left.\begin{aligned} ma_{Cx} &= \sum F_{ix}^e \\ ma_{Cy} &= \sum F_{iy}^e \\ ma_{Cz} &= \sum F_{iz}^e \end{aligned}\right\} \tag{9-16}$$

或投影到自然轴上

$$\begin{aligned} ma_C^n &= \sum F_{in}^e \\ ma_C^\tau &= \sum F_{iC}^e \\ \sum F_b^e &= 0 \end{aligned} \tag{9-17}$$

二、质心运动守恒

由质心运动定理可知，内力不能影响质心的运动。如果作用于质点系的外力的矢量和恒等于零则质心作匀速直线运动；若质心原来是静止的，则其位置保持不动。如果作用于质点系的外力在某一轴上的投影的代数和恒等于零，则质心在该轴上的速度投影保持不变；若质心的速度投影原来就等于零，则质心沿该轴就没有位移。这两个推论称为质心运动守恒定律，具体叙述如下。

(1) 当作用在质点系上外力的主矢量等于零时，即 $\sum \boldsymbol{F}_i^e = 0$，由式(9-15)知，质点系质心的速度 $\boldsymbol{v}_c$ = 恒矢量，则质点系质心作惯性运动。

(2) 当作用在质点系上外力的主矢量在某一轴上投影等于零时，例如 $\sum F_{ix}^e = 0$，由式(9-16)知，质点系的质心沿该轴 x 的速度 v_{Cx} = 恒量，则质点系质心沿该轴 x 作惯性运动；若初始系统静止，即质心的速度 $v_{Cx}=0$，质点系质心的 x_C 坐标保持不变。

例如，汽车开动时，发动机中的气体压力对汽车整体来说是内力，仅靠它是不能使汽车的质心运动的。汽车所以能行驶，是因为主动轮与地面接触处受到一个向前的外力(摩擦力)的作用，这个外力使汽车的质心向前运动。在日常生活中，我们知道，在非常光滑的地面上走路很困难；在静止的小船上，人向前走，船往后退，等等，都是因为水平方向外力很小，人的质心或人与船的质心趋向于保持静止的缘故。

[例 9-4] 电动机的外壳用螺栓固定在水平基础上，外壳与定子的总质量为 m_1。质心位于转轴的中心 O_1，转子质量为 m_2，如图 9-4 所示。由于制造和安装时的误差，转子的质心 O_2 到 O_1 的距离为 e。若转子匀速转动，角速度为 ω。求基础的支座反力。

解： 取电动机外壳、定子与转子组成的质点系为为研究对象。这样就可不考虑使转子转动的电磁内力偶和转子轴与定子轴承间的内约束力。外力有重力 $m_1\boldsymbol{g}$，$m_2\boldsymbol{g}$ 及基础的反力 F_x，F_y 和反力偶 M_O。取坐标轴如图 9-4 所示，质心坐标为

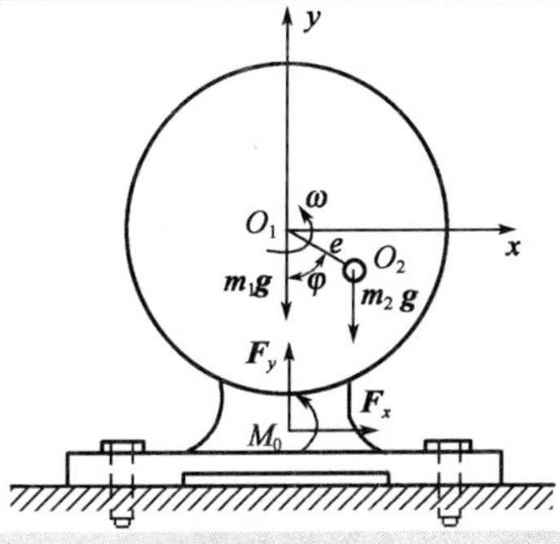

$$x_C = \frac{m_2 e\sin\omega t}{m_1 + m_2}, \quad y_C = \frac{-m_2 e\cos\omega t}{m_1 + m_2}$$

图 9-4

由质心运动定理式(9-15)得

$$(m_1 + m_2)a_{Cx} = F_x$$

$$(m_1 + m_2)a_{Cy} = F_y - (m_1 + m_2)g$$

将质心坐标对时间求二阶导数，代入上式整理后可得基础的支座反力为

$$F_x = -m_2 e\omega^2 \sin\omega t$$

$$F_y = (m_1 + m_2)g + m_2 e\omega^2 \cos\omega t$$

电机不转时，基础上只有向上的反力，可称为静反力；电机转动时基础的反力可称为动

反力。动反力与转速 ω^2 成正比,当转子的转速很高时,其数值可达到静反力的几倍,甚至几十倍。而且,这种约束力是周期性变化的,必然引起电机和基础的振动。

基础动反力的最大和最小值分别为

$$F_{x\max} = m_2 e\omega^2$$

$$F_{x\min} = -m_2 e\omega^2$$

$$F_{y\max} = (m_1 + m_2)g + m_2 e\omega^2$$

$$F_{y\min} = (m_1 + m_2)g - m_2 e\omega^2$$

[**例 9-5**]如图 9-5 所示,在例 9-4 中若电动机没有用螺栓固定,各处摩不计,初始时电动机静止,求转子以匀角速度 ω 转动时电动机外壳的运动。

解:电动机受到的作用力有外壳,定子,转子的重力和地面的法向反力,而在水平方向不受力,且初始静止,因此系统质心的坐标 x_C 保持不变。

取坐标轴如图 9-5 所示。转子在静止时,设 $x_{C_1} = b$。当转子转过角度 $\varphi = \omega t$ 时,定子应向左移动,设移动距离为 s,则质心坐标为

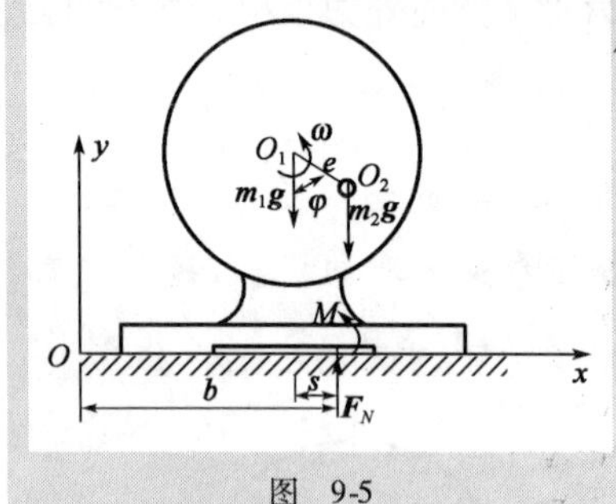

图 9-5

$$x_{C_2} = \frac{m_1(b - s) + m_2(b + e\sin\omega t - s)}{m_1 + m_2}$$

因为在水平方向质心守恒,所以有 $x_{C_2} = x_{C_1}$,解得

$$s = \frac{m_2}{m_1 + m_2} e\sin\omega t$$

由此可见,当转子偏心的电动机未用螺栓固定时,将在水平面上作往复运动。

思 考 题

9-1 动量和冲量的物理意义是什么? 两者之间有何关系?

9-2 动量定理能解决什么问题? 在应用动量定理时要注意些什么?

9-3 质点系动量守恒是指质点系各质点的动量不变,对吗?

9-4 质心运动守恒是指质心位置不变,对吗?

9-5 质点系动量的变化只与外力有关,与内力无关,对吗?

9-6 刚体受有一群力的作用,无论各力的作用点如何,刚体质心的加速度都不变吗?

9-7 在光滑的水平面上放置一静止的圆盘,当它受一力偶作用时,盘心将如何运动? 盘心的运动情况与力偶的作用位置有关吗? 如圆盘面内受一常力作用,盘心将如何运动? 盘心运动情况与此力的作用点有关吗?

9-8 宇航员 A 和 B 的质量分别为 m_A 和 m_B。两人在太空拔河,开始时两人在太空中保持静止,然后分别抓住了绳子的两端使劲全力相互对拉,若 A 的力气大于 B,则拔河的胜负将如何?

习　题

9-1　计算图示各种情况下系统的动量。

(1)如图a)所示,质量为m的匀质圆盘沿水平面滚动,圆心O的速度为$\boldsymbol{v}_0$;

(2)如图b)所示,非匀质圆盘以角速度ω绕O轴转动,圆盘质量为m,质心为C,偏心距$OC=e$;

(3)如图c)所示,胶带轮传动,大轮以角速度ω转动。设胶带及两胶带轮为匀质的;

(4)如图d)所示,质量为m的匀质杆,长度为l,绕铰O以角速度ω转动。

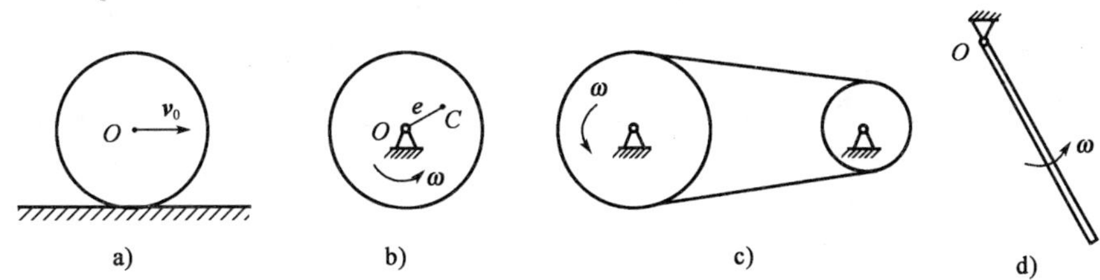

习题9-1图

9-2　如图所示,椭圆规尺AB的质量为$2m_1$,曲柄OC的质量为m_1,而滑块A和B的质量均为m_2。已知:$OC=AC=CB=l$;曲柄和尺的质心分别在其中点上;曲柄绕O轴转动的角速度ω为常量。当开始时,曲柄水平向右,试求此时质点系的动量。

9-3　已知均质细杆OA的质量为$m_1=3\text{kg}$,长为$l=10\sqrt{3}\text{cm}$,以匀角速度$\omega_1=2\text{rad/s}$绕O点逆时针方向转动。质量为$m_1=2\text{kg}$,半径为$r=5\text{cm}$的均质圆盘沿OA杆以相对角速度$\omega_2=\omega_1$作纯滚动,求当杆OA与水平线的夹角$\beta=30°$,$OB=5\sqrt{3}\text{cm}$时该系统的动量。

9-4　图示浮动起重机举起质量为$m_1=2000\text{kg}$的重物。设起重机质量为$m_2=20000\text{kg}$,杆长$OA=8\text{m}$;开始时与铅直位置成60°角。水的阻力与杆重均略去不计。当起重杆OA转到与铅直位置成30°角时,试求起重机的位移。

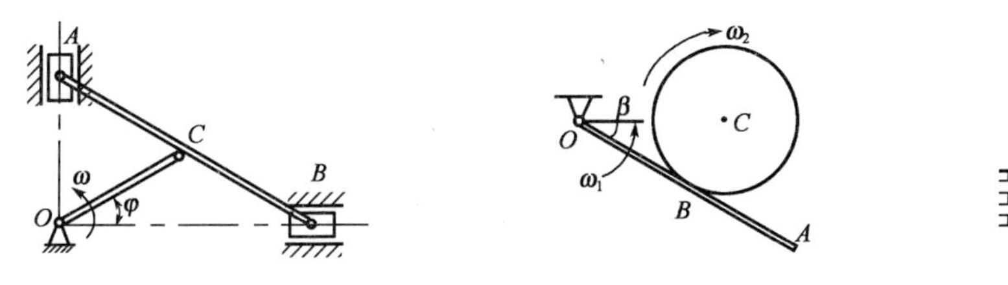

习题9-2图　　习题9-3图

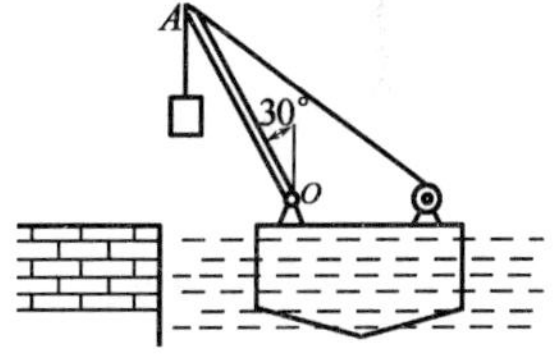

习题9-4图

9-5　如图所示,两小车A和B的质量分别为600kg和800kg,在水平轨道上分别以匀速$v_A=1\text{m/s}$,$v_B=0.4\text{m/s}$运动。一质量为40kg的重物C以俯角30°,速度$v_C=2\text{m/s}$落入A车内,A车与B车相碰后紧接在一起运动。试求两车共同的速度。摩擦忽略不计。

9-6　小船质量为m,自由地停泊在静止的水平面上;船上站着两个人。质量为m_1的人向船尾移动了l_1,而质量为m_2的人向船头移动了l_2,不计水的阻力,试求小船移动的距离。

9-7　平台车质量$m_1=500\text{kg}$,可沿水平轨道运动。平台车上站有一人,质量$m_2=70\text{kg}$,车与人以共同速度$\boldsymbol{v}_0$向右方运动。如人相对平台车以速度$v_r=2\text{m/s}$向左方跳出,不计平台车水平方向的阻力及摩擦,试问平台车增加的速度为多少?

9-8　图示机构中,鼓轮A质量为m_1。转轴O为其质心。重物B的质量为m_2,重物C的质量为m_3。斜面光滑,倾角为θ。已知重物B的加速度为$\boldsymbol{a}$,试求轴承O处的约束反力。

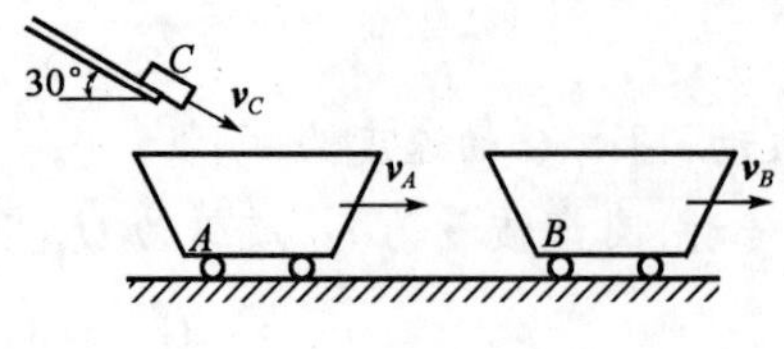

习题 9-5 图

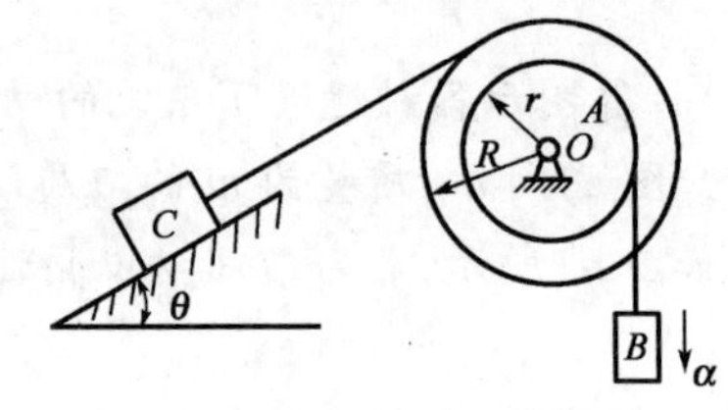

习题 9-8 图

9-9　如图所示，均质杆 OA 长 $2l$，质量为 m，绕着通过 O 端的水平轴在铅直面内转动，转到与水平线成 φ 角时，角速度与角加速度分别为 ω 及 α。试求此时 O 端的反力。

9-10　如图所示，在光滑的水平面上，平放一半径为 R，质量为 M 的圆环，在某一瞬时，有一质量为 m 的甲虫开始以不变的相对速度 $\boldsymbol{v}$ 沿此环爬行，试求甲虫及圆环中心各自的运动规律。

9-11　如图质量为 m 半径为 r 的均质圆柱，在运动开始时，其质心在与 OB 同一高度的点 C 处。圆柱由静止沿斜面作无滑动的滚动，当它滚到半径为 R 的圆弧 AB 上时，圆心的速度 $v=[4g(R-r)\cos\theta/3]^{1/2}$。试求圆柱在圆弧段上任一位置所受的正压力和摩擦力。

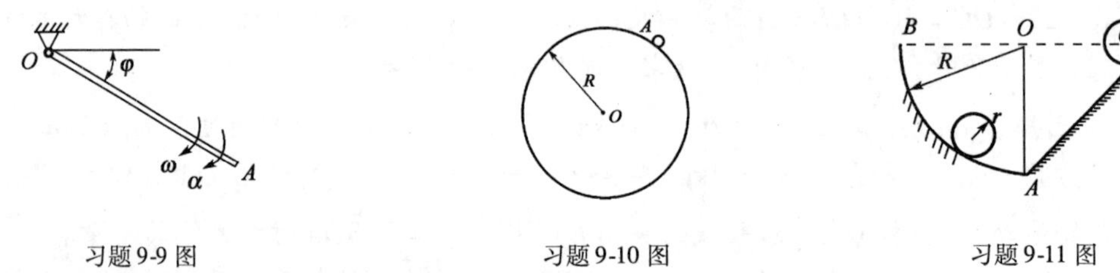

习题 9-9 图　　习题 9-10 图　　习题 9-11 图

9-12　在图示曲柄滑杆机构中，曲柄以等角速度 ω 绕 O 轴转动，开始时，曲柄 OA 水平向右。已知曲柄质量为 m_1，滑块 A 的质量为 m_2，滑杆的质量为 m_3，曲柄的质心在 OA 的中点，$OA=l$；滑杆的质心在 C 点，而 $BC=l/2$。试求：(1)机构质心的运动方程；(2)作用在 O 点的最大水平力。

9-13　如图所示，均质杆 AB 长 l，直立在光滑的水平面上，试求它从铅直位置无速地倒下时，端点 A 相对图示坐标系的轨迹。

9-14　图示水平面上放一均质三棱柱 A，在其斜面上又放一均质三棱柱 B，两三棱柱的横截面均为直角三角形。三棱柱 A 的质量 m_A 为三棱柱 B 质量 m_B 的 3 倍，其尺寸如图所示，若各处摩擦不计，初始时系统静止。试求当三棱柱 B 沿三棱柱 A 滑下接触到水平面时，三棱柱 A 移动的距离。

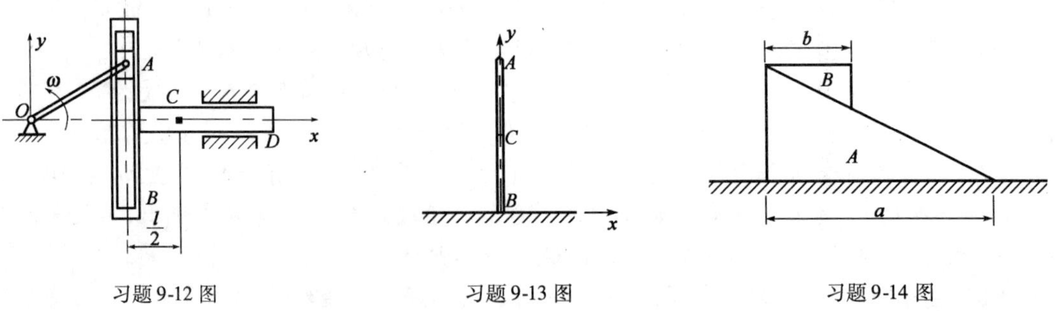

习题 9-12 图　　习题 9-13 图　　习题 9-14 图

9-15　试求题9-14中三棱柱 A 运动的加速度及地面的支持力。

9-16　物块 A 重 $W=1000\text{N}$，置于斜面上，用细绳跨过一滑轮 B 与铅垂悬挂的重物 C 相连。已知物块 A 与斜面间的动摩擦系数 $f'=0.4$，$\theta=30°$，当 $t=0$ 时，物块 A 具有向上的速度 $v_0=20\text{cm/s}$，$t=5\text{s}$ 时，速度增加到 50cm/s。求物块 C 的重量。

9-17　滑块 A 的质量为10kg，滑块上作用一方向不变的力 F。已知 $\beta=30°$，$F=t(\text{N})$（t 以秒计）。滑块与水平面间的静滑动摩擦系数 $f=0.2$，动滑动摩擦系数 $f'=0.15$。初瞬时滑块由静止开始运动，求经过40s后，该滑块的速度 $\boldsymbol{v}$ 与滑过的距离 s。

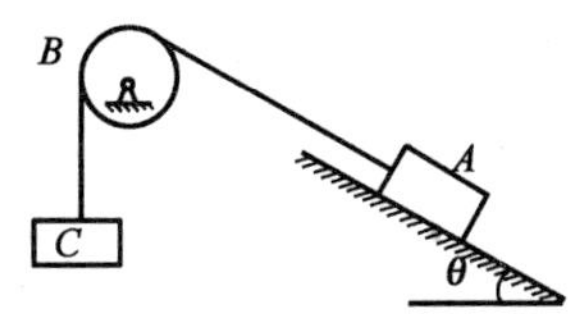

习题9-16图

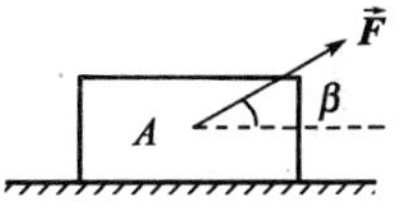

习题9-17图

第十章　动量矩定理

本章要点

- 动量矩的概念及其计算；
- 刚体对轴的转动惯量，常见简单形状刚体的转动惯量；
- 动量矩定理与动量矩守恒定律；
- 刚体定轴转动微分方程；
- 刚体平面运动微分方程。

动量定理反映动量的变化与作用在物体上的力之间的关系。但当物体作定轴转动时，若质心在转轴上，无论它怎样转动，物体动量始终等于零，可见对于转动物体而言，动量难以描述其运动。这里引入描述转动物体的物理量——动量矩，并进一步讨论动量矩与作用在物体上的力之间的关系。

第一节　动　量　矩

一、质点的动量矩

1. 质点对固定点的动量矩

设质点 M 的质量为 m，某瞬时的速度为 $\boldsymbol{v}$，质点相对于固定点 O 的矢径为 $\boldsymbol{r}$，如图 10-1 所示。与第二章中空间力对点之矩类似，定义质点 M 的动量 $m\boldsymbol{v}$ 对固定点 O 点的动量矩为

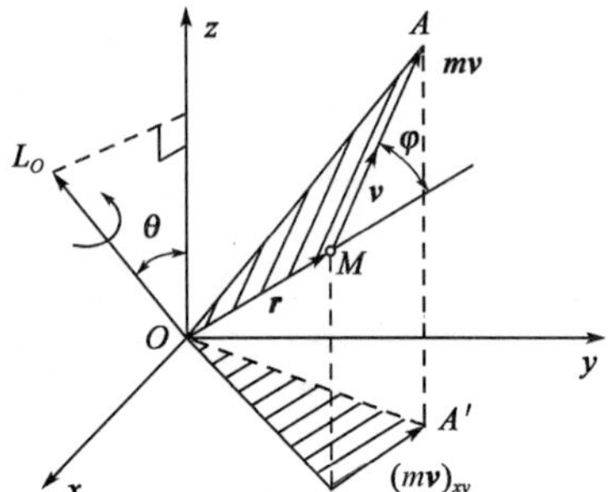

$$\boldsymbol{L}_O = \boldsymbol{M}_O(m\boldsymbol{v}) = \boldsymbol{r} \times m\boldsymbol{v} \tag{10-1}$$

图　10-1

质点对于固定点 O 的动量矩是矢量，它垂直于矢径 $\boldsymbol{r}$ 与 $m\boldsymbol{v}$ 所形成的平面，指向按右手法则确定，其大小为

$$|\boldsymbol{L}_O| = |\boldsymbol{M}_O(m\boldsymbol{v})| = mvr\sin\varphi = 2A_{\triangle OMA}$$

式中，$A_{\triangle OMA}$ 表示三角形 OMA 的面积。

2. 质点对固定轴的动量矩

与空间力对轴之矩的定义类似，质点的动量 $m\boldsymbol{v}$ 在 Oxy 平面上的投影 $(m\boldsymbol{v})_{xy}$ 对固定点 O 的矩，称为质点对固定轴 z 的矩，即

$$L_z = M_z(m\boldsymbol{v}) = M_O[(m\boldsymbol{v})_{xy}] = \pm 2A_{\triangle OA'M'} \tag{10-2}$$

质点对于固定轴 z 的动量矩是代数量，其正负号的规定与空间力对轴之矩的正负号规定相同。

质点对固定点 O 的动量矩与对固定轴 z 的动量矩的关系为：质点对固定点 O 的动量矩在过 O 点的固定轴 z 上的投影，等于质点对 z 轴的动量矩，即

$$L_z = [\boldsymbol{L}_O]_z \tag{10-3}$$

在国际单位制中，动量矩的单位为 $kg \cdot m^2/s$。

二、质点系的动量矩

质点系对固定点 O 的动量矩等于质点系内各质点对固定点 O 的动量矩的矢量和，即

$$\boldsymbol{L}_O = \sum \boldsymbol{M}_O(m_i \boldsymbol{v}_i) \tag{10-4}$$

质点系对固定轴 z 的矩等于质点系内各质点对同一轴 z 动量矩的代数和，即

$$L_z = \sum M_z(m_i \boldsymbol{v}_i) \tag{10-5}$$

质点系对固定点 O 的动量矩在过 O 点的某一轴 z 上的投影，等于质点系对 z 轴的动量矩，即

$$L_z = [\boldsymbol{L}_O]_z \tag{10-6}$$

刚体的平动和转动是刚体的两种基本运动，对于这两种运动刚体的动量矩，可根据动量矩的定义进行计算。刚体平动时，可将刚体视为一个全部质量集中于质心的质点来计算其动量矩。下面计算刚体定轴转动时的动量矩。

三、定轴转动刚体对转轴的动量矩

设定轴转动刚体如图 10-2 所示，其上任一质点 i 的质量为 m_i，到转轴的垂直距离为 r_i，某瞬时的角速度为 ω，刚体对转轴 z 的动量矩由式(10-5)得

$$\begin{aligned} L_z &= \sum M_z(m_i v_i) = \sum(m_i v_i r_i) \\ &= \sum(m_i \omega r_i r_i) = (\sum m_i r_i^2)\omega = J_z \omega \end{aligned}$$

即

$$L_z = J_z \omega \tag{10-7}$$

其中，$J_z = \sum m_i r_i^2$ 称为刚体对转轴 z 的转动惯量。

式(10-7)表明：定轴转动刚体对转轴 z 的动量矩等于刚体对转轴 z 的转动惯量与角速度的乘积。

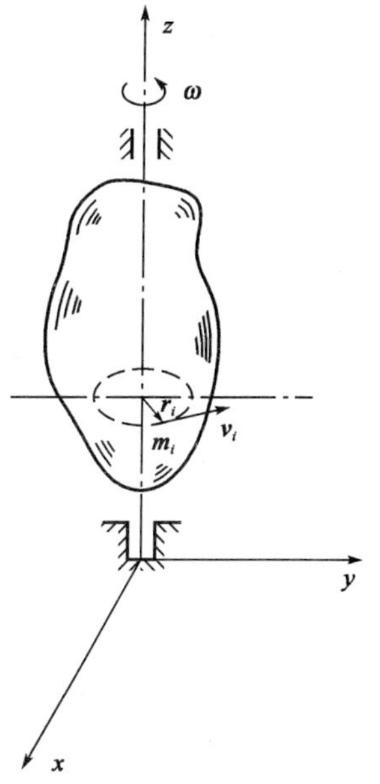

图 10-2

第二节　刚体对轴的转动惯量

一、转动惯量的概念

由上节可知，刚体对某轴 z 的转动惯量 J_z 等于刚体内各质点的质量与该质点到轴 z 的距离平方的乘积之和，即

$$J_z = \sum m_i r_i^2 \tag{10-8}$$

可见,转动惯量恒为正标量,其大小不仅与刚体质量大小和质量的分布情况有关,还与 z 轴的位置有关。转动惯量是刚体绕定轴转动时惯性大小的量度。

当质量连续分布时,刚体对 z 轴的转动惯量可写为

$$J_z = \int_m r^2 \mathrm{d}m \tag{10-9}$$

在国际单位制中,转动惯量的单位为 $\mathrm{kg \cdot m^2}$。

二、常见简单形状刚体转动惯量的计算

根据式(10-8)和式(10-9)可计算简单几何形状的均质刚体的转动惯量,一般用积分法计算。

1. 均质细长杆

设杆长为 l,质量为 m,如图 10-3 所示。

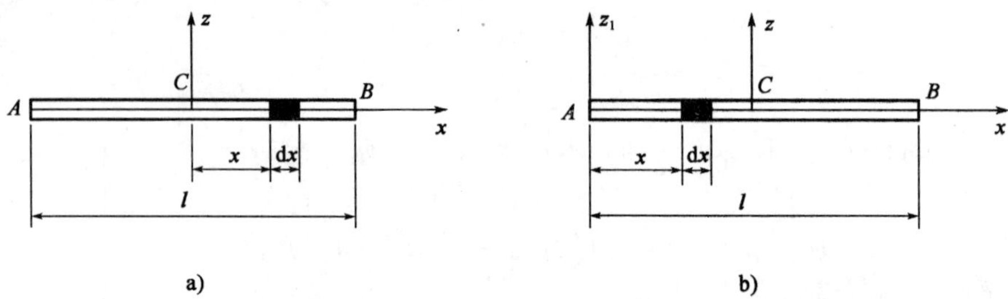

图 10-3

设杆的线密度(单位长度的质量)为 ρ_1,则 $\rho_1 = m/l$。现取杆上一微段 $\mathrm{d}x$,如图 10-3a)所示,其质量为 $\mathrm{d}m = \rho_1 \mathrm{d}x$,则杆对于过质心 C 且与杆的轴线相垂直的 z 轴的转动惯量为

$$J_z = \int_{-\frac{l}{2}}^{\frac{l}{2}} x^2 \mathrm{d}m = \int_{-\frac{l}{2}}^{\frac{l}{2}} x^2 \rho_1 \mathrm{d}x = \int_{-\frac{l}{2}}^{\frac{l}{2}} x^2 \frac{m}{l} \mathrm{d}x = \frac{1}{12} m l^2$$

杆件对于过杆端 A 且与 z 轴平行的 z_1 轴的转动惯量为

$$J_{z_1} = \int_0^l x^2 \mathrm{d}m = \int_0^l x^2 \frac{m}{l} \mathrm{d}x = \frac{1}{3} m l^2$$

2. 均质细圆环对中心轴的转动惯量

如图 10-4,设细圆环质量为 m,半径为 R,则

$$J_z = \sum m_\mathrm{i} R^2 = R^2 \sum m_\mathrm{i} = mR^2$$

3. 均质均质薄圆盘对中心轴的转动惯量

均质薄圆盘质量为 m,半径为 R,如图 10-5 所示。设圆盘的面密度(单位面积的质量)为 ρ_A,则 $\rho_A = \dfrac{m}{\pi R^2}$,现取圆盘上一半径为 r,宽度为 $\mathrm{d}r$ 的圆环分析,该圆环的质量为

$$\mathrm{d}m = \rho_A \mathrm{d}A = \frac{m}{\pi R^2} 2\pi r \mathrm{d}r = \frac{2m}{R^2} r \mathrm{d}r$$

由于圆环上各点到 z 轴的距离均为 r,于是此圆环对于 z 轴的转动惯量为

$$dJ_z = r^2 \mathrm{d}m = \frac{2m}{R^2} r^3 \mathrm{d}r$$

因此,整个圆盘对于过中心 O 且与圆盘平面相垂直的中心轴 z 的转动惯量为

$$J_z = \int_0^R \frac{2m}{R^2} r^3 \mathrm{d}r = \frac{1}{2} mR^2$$

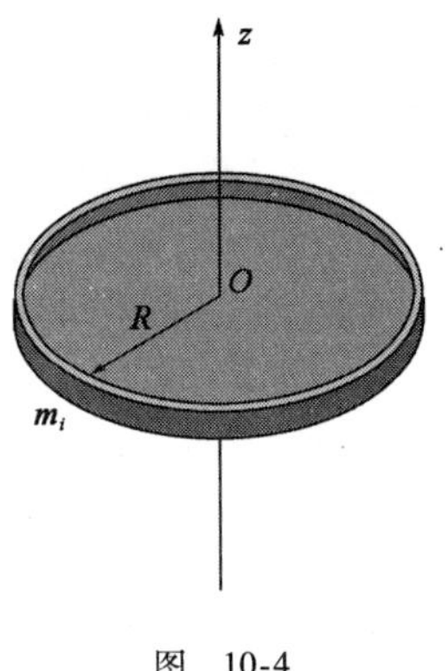

图 10-4

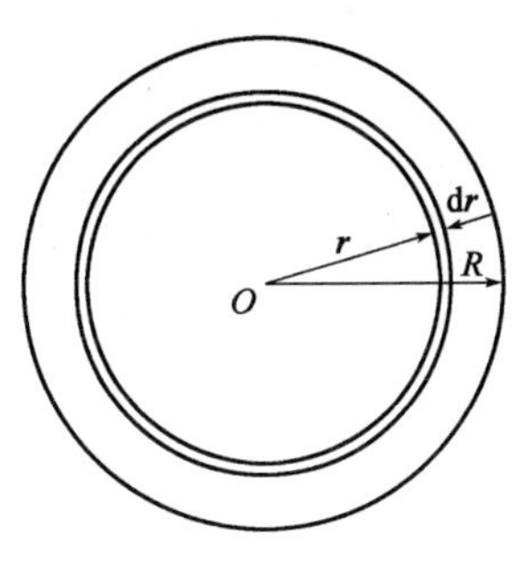

图 10-5

应当说明的是,相同质量与半径的均质圆柱对中心轴的转动惯量的表达式与上式完全相同。

三、回转半径

工程上常把刚体的转动惯量表示为

$$J_z = m\rho_z^2 \qquad \text{或} \qquad \rho_z = \sqrt{\frac{J_z}{m}} \tag{10-10}$$

式中,ρ_z 称为刚体对 z 轴的回转半径(或惯性半径),即物体的转动惯量等于该物体的质量与回转半径平方的乘积。

式(10-10)说明,如果把刚体的质量全部集中于与转轴垂直距离为 ρ_z 的一点处,则这一集中质量对于 z 轴的转动惯量,就正好等于原刚体的转动惯量。

几何形状相同的均质刚体的回转半径是相同的。在国际单位制中,回转半径的单位为 m。

在有关工程手册中,列出了简单几何形状的或几何形状已标准化的构件的回转半径,以供工程技术人员查阅。

四、平行轴定理

下面研究刚体对于两平行轴的转动惯量之间的关系。

设刚体的质量为 m,质心在 C 点,z_1 轴是通过刚体质心的轴(简称质心轴),z 轴平行于 z_1 轴,两轴间距离为 d,如图 10-6 所示。

分别以 C 点、O 点为原点,作直角坐标系 $Cx_1y_1z_1$ 和 $Oxyz$,根据转动惯量的定义,可知,刚体对质心轴的转动惯量 J_{z_C}和对 z 轴的转动惯量 J_z 分别为

$$J_{z_C} = \sum m_i r_1^2 = \sum m_i (x_1^2 + y_1^2)$$

$$J_z = \sum m_i r^2 = \sum m_i (x^2 + y^2)$$

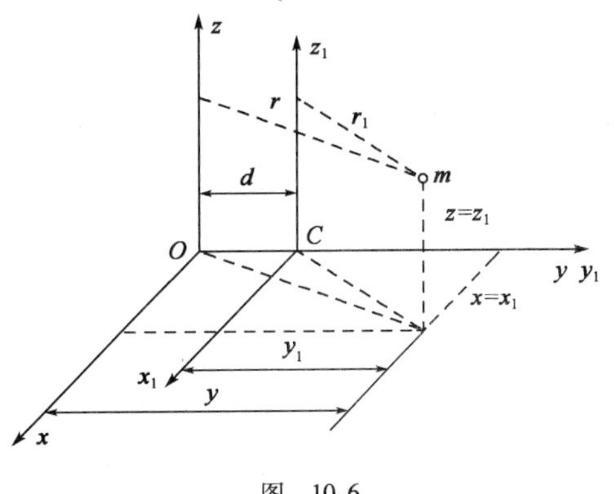

图 10-6

因为

$$x = x_1, y = y_1 + d$$

所以

$$\begin{aligned} J_z &= \sum m_i[x_1^2 + (y_1 + d)^2] \\ &= \sum m_i(x_1^2 + y_1^2) + 2d\sum m_i y_1 + d^2\sum m_i \\ &= J_{z_C} + 2d\sum m_i y_1 + md^2 \end{aligned}$$

由质心坐标公式

$$y_{C_1} = \frac{\sum m_i y_1}{m}$$

得

$$\sum m_i y_1 = m y_{C_1}$$

故

$$J_z = J_{z_C} + 2dm y_{C_1} + md^2$$

y_{C_1}为质心在直角坐标系 $Cx_1y_1z_1$ 中的坐标，由于坐标原点取在质心 C，y_{C_1}，于是得

$$J_z = J_{z_C} + md^2 \tag{10-11}$$

式(10-11)表明：刚体对于任一轴的转动惯量，等于刚体对于平行于该轴的质心轴的转动惯量，加上刚体的质量与两轴间距离平方之乘积。这就是转动惯量的平行轴定理。

由此可见，在相互平行的各轴中，刚体对质心轴的转动惯量为最小。

五、组合体的转动惯量的计算

对于由几个简单形体组合而成的组合形体，可用组合法进行计算，即先求出其中各简单形体对指定轴的转动惯量，然后相加即得复合形体对该轴的转动惯量；在已知刚体对质心轴的转动惯量时，可应用平行轴定理，来计算刚体对平行于质心轴的某轴的转动惯量；对于不便计算的形状复杂的刚体或非均质刚体，其转动惯量可用本章第四节中介绍的实验法测定。

[例 10-1] 如图 10-7 所示的钟摆，已知均质细杆和均质圆盘的质量分别为 m_1 和 m_2，杆长为 l，圆盘直径为 d，图示位置时摆的角速度为 ω。试求摆对于通过 O 点的水平轴的转动惯量。

解： 本题先用组合法计算钟摆对于水平轴 O 的转动惯量，即

$$J_O = J_{O杆} + J_{O盘}$$

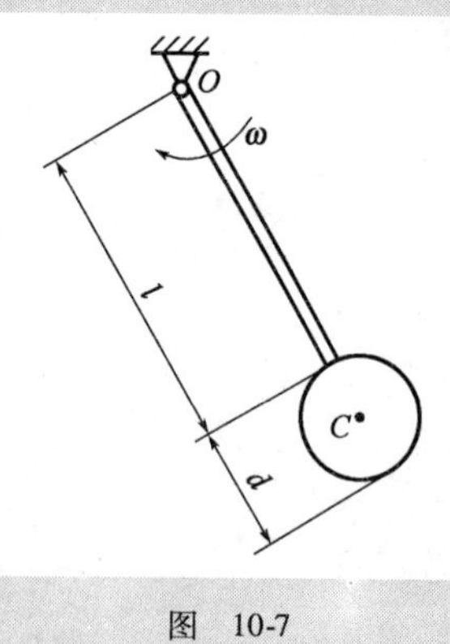

图 10-7

其中

$$J_{O杆} = \frac{1}{3}m_1 l^2$$

而圆盘对于轴 O 的转动惯量 $J_{O盘}$ 可用平行轴定理计算

$$\begin{aligned} J_{O盘} &= J_{C盘} + m_2\left(l + \frac{d}{2}\right)^2 \\ &= \frac{1}{2}m_2\left(\frac{d}{2}\right)^2 + m_2\left(l + \frac{d}{2}\right)^2 \\ &= m_2\left(\frac{3}{8}d^2 + l^2 + ld\right) \end{aligned}$$

得

$$J_O = \frac{1}{3}m_1l^2 + m_2\left(\frac{3}{8}d^2 + l^2 + ld\right)$$

如果物体有空心的部分，则可把空心部分的质量作为负值处理，仍可用组合法进行计算。

［**例 10-2**］直径为 R，质量为 m 的均质圆盘，在离圆心 $R/3$ 处挖去一半径为 $r = R/3$ 的圆，如图 10-8 所示，试求其对于 A 轴的转动惯量。

解：把该物体看成由半径分别为 R，r 的两个均质圆盘组成，设这两个圆盘的质量分别为 m_1，m_2，它们对轴 A 的转动惯量分别为 J_{A1}，J_{A2}，则物体对轴 A 的转动惯量

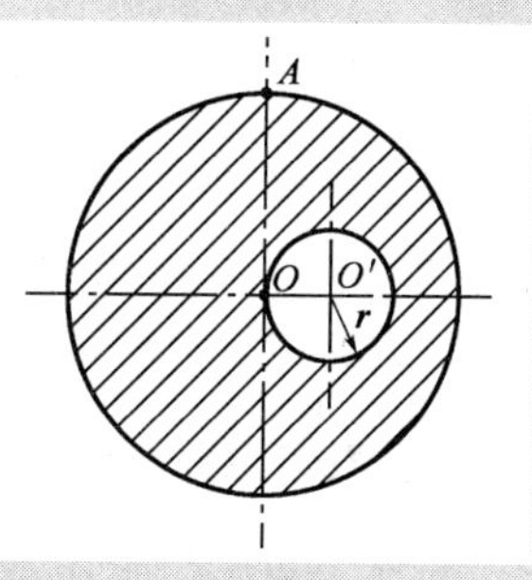

图 10-8

$$J_A = J_{A1} - J_{A2}$$

由于

$$J_{A1} = \frac{1}{2}m_1R^2 + m_1R^2 = \frac{3}{2}m_1R^2$$

$$\begin{aligned} J_{A2} &= \frac{1}{2}m_2r^2 + m_2(R^2 + r^2) \\ &= \frac{3}{2}m_2r^2 + m_2R^2 = m_2\left[\frac{3}{2}\left(\frac{R}{3}\right)^2 + R^2\right] \\ &= \frac{7}{6}m_2R^2 \end{aligned}$$

得

$$J_A = \frac{3}{2}m_1R^2 - \frac{7}{6}m_2R^2$$

因 $r = R/3$，故 $m_2 = m/9$。将 $m_1 = m$，$m_2 = m/9$ 代入上式，得

$$J_A = \frac{3}{2}mR^2 - \frac{7}{6} \times \frac{m}{9}R^2 = \frac{37}{27}mR^2$$

第三节　动量矩定理

一、质点动量矩定理

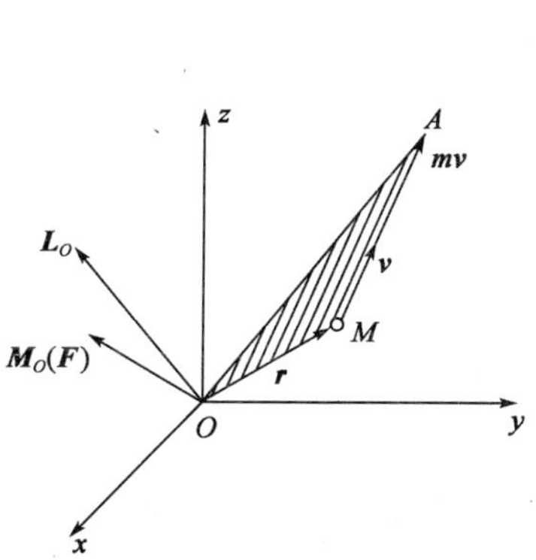

图 10-9

如图 10-9 所示，设质点的质量为 m，质点对固定点 O 的动量矩为 $\boldsymbol{M}_O(m\boldsymbol{v})$，力 $\boldsymbol{F}$ 对同一点 O 力矩 $\boldsymbol{M}_O(\boldsymbol{F})$，将式(10-1)对时间求导得

$$\begin{aligned} \frac{\mathrm{d}}{\mathrm{d}t}[\boldsymbol{M}_O(m\boldsymbol{v})] &= \frac{\mathrm{d}}{\mathrm{d}t}(\boldsymbol{r} \times m\boldsymbol{v}) = \frac{\mathrm{d}\boldsymbol{r}}{\mathrm{d}t} \times m\boldsymbol{v} + \boldsymbol{r} \times \frac{\mathrm{d}}{\mathrm{d}t}(m\boldsymbol{v}) \\ &= \boldsymbol{v} \times m\boldsymbol{v} + \boldsymbol{r} \times \boldsymbol{F} = \boldsymbol{M}_O(\boldsymbol{F}) \end{aligned}$$

即

$$\frac{\mathrm{d}}{\mathrm{d}t}[\boldsymbol{M}_O(m\boldsymbol{v})] = \boldsymbol{M}_O(\boldsymbol{F}) \tag{10-12}$$

此即质点的动量矩定理：质点对某一固定点的动量矩对

时间的导数等于作用在质点上力对同一点的矩。

将式(10-12)向直角坐标系投影得

$$\begin{cases}\dfrac{d}{dt}[M_x(m\boldsymbol{v})]=M_x(\boldsymbol{F})\\[2ex]\dfrac{d}{dt}[M_y(m\boldsymbol{v})]=M_y(\boldsymbol{F})\\[2ex]\dfrac{d}{dt}[M_z(m\boldsymbol{v})]=M_z(\boldsymbol{F})\end{cases}\tag{10-13}$$

式(10-12)和式(10-13)表明:质点对任一固定点(或轴)的动量矩对时间的一阶导数,等于作用于质点上的力对同一点(或轴)之矩。这就是质点的动量矩定理。其中式(10-12)为矢量形式,而式(10-13)为投影形式。

二、质点系动量矩定理

设质点系由 n 个质点组成,取其中第 i 个质点来考察,将作用于该质点上的力分为内力 $\boldsymbol{F}_i^i$ 和外力 $\boldsymbol{F}_i^e$,根据质点的动量矩定理,有

$$\frac{d}{dt}[\boldsymbol{M}_O(m_i\boldsymbol{v}_i)]=\boldsymbol{M}_O(\boldsymbol{F}_i^e)+\boldsymbol{M}_O(\boldsymbol{F}_i^i)$$

整个质点系共有 n 个这样的方程,相加并考虑内力矩之和为零,得

$$\sum\frac{d}{dt}[\boldsymbol{M}_O(m_i\boldsymbol{v}_i)]=\sum\boldsymbol{M}_O(\boldsymbol{F}_i^e)$$

$$\frac{d}{dt}\sum[\boldsymbol{M}_O(m_i\boldsymbol{v}_i)]=\sum\boldsymbol{M}_O(\boldsymbol{F}_i^e)$$

即

$$\frac{d}{dt}\boldsymbol{L}_O=\sum\boldsymbol{M}_O(\boldsymbol{F}_i^e)$$

简写为

$$\frac{d}{dt}\boldsymbol{L}_O=\sum\boldsymbol{M}_O(\boldsymbol{F}_i^e)\tag{10-14}$$

与质点的动量矩定理类似,将式(10-14)向直角坐标轴投影,得

$$\begin{cases}\dfrac{d}{dt}L_x=\sum M_x(\boldsymbol{F}_i^e)\\[2ex]\dfrac{d}{dt}L_y=\sum M_y(\boldsymbol{F}_i^e)\\[2ex]\dfrac{d}{dt}L_z=\sum M_z(\boldsymbol{F}_i^e)\end{cases}\tag{10-15}$$

式(10-14)和式(10-15)表明:质点系对任一固定点(或轴)的动量矩对时间的一阶导数,等于作用于质点系上所有外力对同一点(或轴)之矩的矢量和(或代数和)。这就是质点系的动量矩定理。

应当注意,上述动量矩定理的形式只适用于对固定点或固定轴,除在本章后面将介绍质点系相对于质心的动量矩定理。而质点系相对于一般动点或动轴的动量矩定理,形式将更复杂,本书不作讨论。

三、动量矩守恒定律

由质点系的动量矩定理可知,质点系的内力不能改变质点系的动量矩,只有作用于质点系的外力才能使质点系的动量矩发生变化。

(1)当作用在质点系上外力对某点的矩等于零时,即$\sum \boldsymbol{M}_O(\boldsymbol{F}_i^e)=0$,由式(10-14)知,质点系动量矩$\boldsymbol{L}_O=$常矢量,即质点系对该点的动量矩守恒。

(2)当作用在质点系上的外力对某一轴的矩等于零时,则质点系对该轴的动量矩守恒。例如,$\sum M_x(\boldsymbol{F}_i^e)=0$,由式(10-15)知,质点系对$x$轴的动量矩$\boldsymbol{L}_x=$恒量,则质点系对$x$轴的动量矩守恒。

综上所述,当外力系对某一固定点(或某固定轴)的主矩(或力矩的代数和)等于零时,则质点系对该点(或该轴)的动量矩保持不变,这就是质点系的动量矩守恒定律。

此外,作为特殊情形,上述结论用到质点上,就得到质点的动量矩守恒定律。即当$\sum \boldsymbol{M}_O(\boldsymbol{F}_i)=0$(或$\sum M_z(\boldsymbol{F}_i)=0$)时,质点对固定点$O$的动量矩$\boldsymbol{M}_O(m\boldsymbol{v})=$恒矢量〔或$M_z(m\boldsymbol{v})=$常量〕,质点的动量矩守恒。

[例10-3]在井巷提升设备中,两个鼓轮固连在一起,总质量为m,对转轴O的转动惯量为J_O,在半径为r_1的鼓轮上悬挂一质量为m_1的重物A,而在半径为r_2的鼓轮上用绳牵引小车B沿倾角θ的斜面向上运动,小车的质量为m_2。在鼓轮上作用有一不变的力偶矩$\boldsymbol{M}$,如图10-10所示。不计绳索的质量和各处的摩擦,绳索与斜面平行,试求小车上升的加速度。

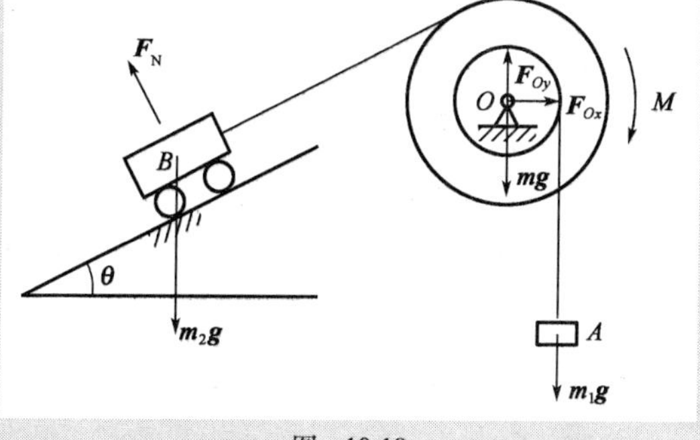

图 10-10

解:选整体为质点系,作用在质点系上的力为3个物体的重力$m\boldsymbol{g}$、$m_1\boldsymbol{g}$、$m_2\boldsymbol{g}$,在鼓轮上不变的力偶矩$\boldsymbol{M}$,以及作用在轴O处和截面的约束力为$\boldsymbol{F}_{ox}$,$\boldsymbol{F}_{oy}$,$\boldsymbol{F}_{\mathrm{N}}$。质点系对转轴$O$的动量矩为

$$L_O=J_O\omega+m_1v_1r_1+m_2v_2r_2$$

其中,$v_1=r_1\omega$,$v_2=r_2\omega$,

则

$$L_O=J_O\omega+m_1r_1^2\omega+m_2r_2^2\omega$$

作用在质点系上的力对转轴O的矩为

$$M_O=M+m_1gr_1-m_2gr_2\sin\theta$$

由质点系的动量矩定理$\frac{\mathrm{d}}{\mathrm{d}t}\boldsymbol{L}_O=\sum \boldsymbol{M}_O(\boldsymbol{F}_i^e)$得

$$J_O\dot{\omega}+m_1r_1^2\dot{\omega}+m_2r_2^2\dot{\omega}=M+m_1gr_1-m_2gr_2\sin\theta$$

解得鼓轮的角加速度为

$$\alpha=\frac{M+m_1gr_1-m_2gr_2\sin\theta}{J_O+m_1r_1^2+m_2r_2^2}$$

小车上升的加速度为

$$a=\frac{M+(m_1r_1-m_2r_2\sin\theta)g}{J_O+m_1r_1^2+m_2r_2^2}r_2$$

[**例 10-4**] 离心调速器的水平杆 AB 长为 $2a$，可绕铅垂轴 z 转动，其两端各用铰链与长为 l 的杆 AC 及 BD 相连，杆端各连接质量为 m 的小球 C 和 D。起初两小球用细线相连，使杆 AC 与 BD 均为铅垂，系统绕 z 轴的角速度为 ω_0。如某瞬时此细线拉断后，杆 AC 与 BD 各与铅垂线成 θ 角，如图 10-11 所示。不计各杆重量，试求此时系统的角速度。

解：系统所受的外力有小球的重力及轴承的约束力，这些力对 z 轴之矩都等于零，即 $\sum M_z(\boldsymbol{F}^e)=0$。所以系统对 z 轴的动量矩守恒，即 $Lz=$常量。

开始时系统的动量矩为

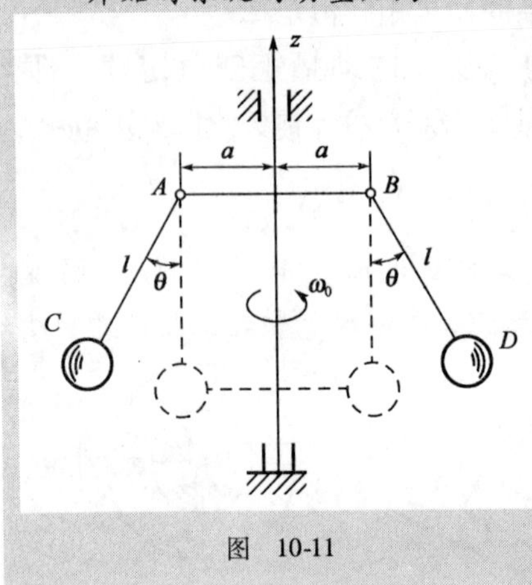

图　10-11

$$L_{z1}=2(ma\omega_0)a=2ma^2\omega_0$$

细线拉断后的动量矩为

$$L_{z2}=2m(a+l\sin\theta)^2\omega$$

由

$$L_{z1}=l_{z2}$$

有

$$2ma^2\omega_0=2m(a+l\sin\theta)^2\omega$$

由此求出细线拉断后的角速度

$$\omega=\frac{a^2}{(a+l\sin\theta)^2}\omega_0$$

显然，$\omega<\omega_0$。

第四节　刚体定轴转动微分方程

一设一刚体在主动力 $\boldsymbol{F}_1,\boldsymbol{F}_2,\cdots,\boldsymbol{F}_n$ 和轴承的约束力 $\boldsymbol{F}_{N1},\boldsymbol{F}_{N2}$ 作用下，以角速度 ω 和角加速度 α 绕 z 轴转动，如图 10-12 所示，由于轴承约束力均通过 z 轴，如不计轴承的摩擦，则它们对 z 轴的力矩都等于零，根据式(10-7)知，刚体对 z 轴的动量矩为

$$L_z=J_z\omega$$

由质点系对 z 轴的动量矩定理

$$\frac{\mathrm{d}}{\mathrm{d}t}(L_z)=\sum M_z(\boldsymbol{F}_i^e)$$

得

$$\frac{\mathrm{d}}{\mathrm{d}t}(J_z\omega)=\sum M_z(\boldsymbol{F}_i^e) \tag{10-16a}$$

或

$$J_z\frac{\mathrm{d}\omega}{\mathrm{d}t}=\sum M_z(\boldsymbol{F}_i^e) \tag{10-16b}$$

或

$$J_z\alpha=\sum M_z(\boldsymbol{F}_i^e) \tag{10-16c}$$

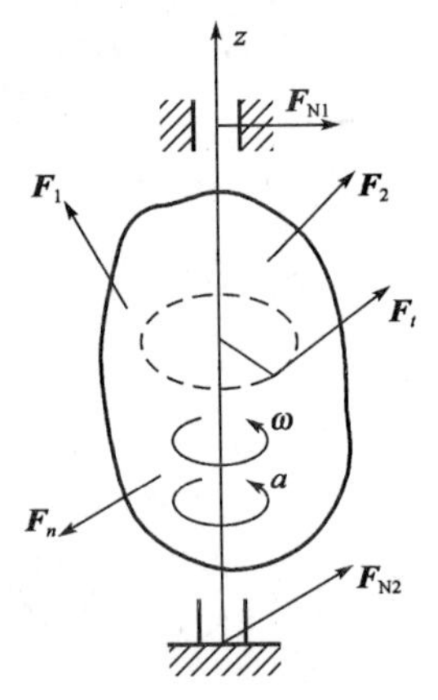

图　10-12

式(10-16a)~式(10-16c)均称为刚体定轴转动微分方程,它表明:刚体对转轴的转动惯量与角加速度的乘积,等于作用于刚体的主动力对该轴之矩的代数和。

从刚体定轴转动微分方程可以看出,对于不同的刚体,若主动力对转轴之矩相同时,转动惯量大的刚体,角加速度 α 小,即转动状态变化小;反之,转动惯量小的刚体,角加速度 α 大,即转动状态变化大。这说明,转动惯量是刚体转动时惯性的度量。

[**例 10-5**]齿轮传动系统如图 10-13a)所示,啮合处两齿轮的半径分别为 $R_1=0.4\text{m}$ 和 $R_2=0.2\text{m}$,对轴Ⅰ、Ⅱ的转动惯量分别为 $J_1=10\text{kg}\cdot\text{m}^2$ 和 $J_2=7.5\text{kg}\cdot\text{m}^2$,轴Ⅰ上作用有主动力矩 $M_1=20\text{kN}\cdot\text{m}$,轴Ⅱ上有阻力矩 $M_2=4\text{kN}\cdot\text{m}$,转向如图所示。设各处的摩擦忽略不计,试求轴Ⅰ的角加速度及两轮间的切向压力。

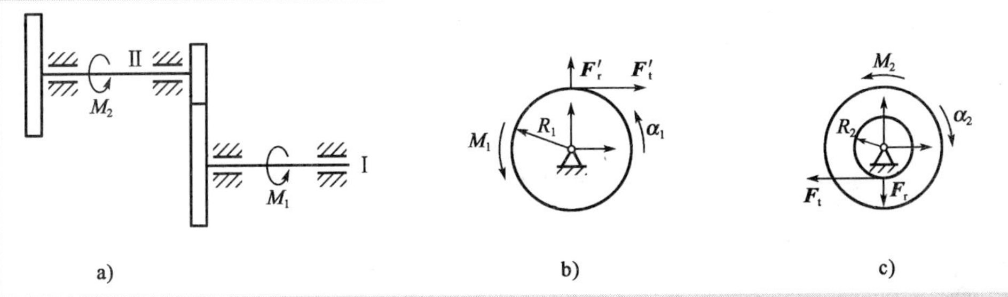

图 10-13

解:

分别取轴Ⅰ和轴Ⅱ为研究对象,其受力情况如图 10-14b)、10-14c)所示。分别建立两轴的转动微分方程

$$J_1\alpha_1 = M_1 - F'_t R_1$$

$$J_2(-\alpha_2) = M_2 - F'_t R_2$$

其中 $F'_t = F_t$,$\alpha_1/\alpha_2 = R_2/R_1 = i_{12}$,代入以上两式,联立求解,得

$$\alpha_1 = \frac{M_1 - \dfrac{M_2}{l_{12}}}{J_1 + \dfrac{J_2}{i_{12}^2}}$$

$$F_t = \frac{M_1 - J_1\alpha_1}{R_1}$$

将各已知量代入,得

$$\alpha_1 = 300\text{rad/s}^2$$

$$F_t = 42.5\text{kN}$$

[**例 10-6**]均质杆 OA 长 l,质量为 m,其 O 端用铰链支承,A 端用细绳悬挂,如图 10-14 所示,试求将细绳突然剪断瞬时,铰链 O 的约束反力。

解:将细绳突然剪断,杆受重力 $\boldsymbol{W}$ 与铰链 O 的约束反力 $\boldsymbol{F}_{Ox}$、$\boldsymbol{F}_{Oy}$ 作用。其受力如图 10-14 所示。杆作定轴转动,在该瞬时,角速度 $\omega=0$,但角加速度 $\alpha\neq0$。因此,必须先求出 α,再求 O 处的反力。

应用刚体定轴转动微分方程 $J_O\alpha=\sum M_O$，有

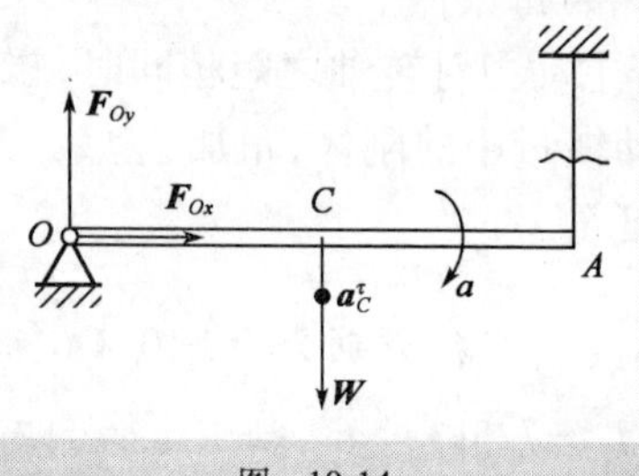

图 10-14

$$\frac{1}{3}ml^2(-\alpha)=-W\frac{l}{2}$$

即

$$\frac{1}{3}ml^2\alpha=mg\frac{l}{2}$$

得杆在细绳突然剪断瞬时的角加速度

$$\alpha=\frac{3g}{2l}$$

再应用质心运动定理求 O 处的反力，在此瞬时，因 $a_C^n=l\omega^2/2=0$，故 $a_C=a_C^\tau=l\alpha/2$，由 $ma_C=\sum F^e$，得

$$ma_C^n=0=-F_{Ox}$$

$$ma_C^\tau=m\frac{l}{2}\alpha=W-F_{Oy}$$

由此解得

$$F_{Ox}=0$$

$$F_{Oy}=mg-m\frac{l}{2}\alpha=mg-m\frac{l}{2}\frac{3g}{2l}=\frac{1}{4}mg$$

这类问题称为突然解除约束问题，简称为突解约束问题。该类问题的力学特征是：在解除约束后，系统自由度会增加；解除约束前后的瞬时，其一阶运动量（速度、角速度）连续，但二阶运动量（加速度、角加速度）会发生突变。因此，突解约束问题属于动力学问题，而不是静力学问题。

从本题的讨论可见，在外力已知的情况下，应用刚体定轴转动微分方程可求得刚体的角加速度，在刚体的运动确定后，如要求转轴处的约束反力，则可应用质心运动定理求解。

第五节　质点系相对于质心的动量矩定理

前面介绍的动量矩定理的形式仅适用于惯性参考系，所取矩心（矩轴）是固定点或固定轴时才成立。对于一般动点或动轴，其动量矩定理有更复杂的形式，但是，如取质点系中某些特殊的点（例如质心）为矩心，则动量矩定理仍有相似的简明形式。这里介绍质点系相对于质心的动量矩定理。

一、质点系相对于质心的动量矩

如图 10-15 所示，O 为固定点，C 为质点系质心，建立固定坐标系 $Oxyz$ 及随质心平动的坐标系 $Cx'y'z'$，设质点系质心 C 的矢径为 $\boldsymbol{r}_C$，任一质点 i 的质量 m_i，在两个坐标系中的矢径分别为 $\boldsymbol{r}_i$、$\boldsymbol{r}_{ir}$，相对于两个坐标系的速度分别为 $\boldsymbol{v}_i$、$\boldsymbol{v}_{ir}$，则质点系相对于质心的动量矩定义如下

$$\boldsymbol{L}_C=\sum\boldsymbol{r}_{ir}\times m_i\boldsymbol{v}_i \tag{10-17}$$

一般说来,用绝对速度计算质点系相对于质心的动量矩并不方便,通常用相对于动系 $Cx'y'z'$ 的相对速度进行计算。由于动系随质心作平动,故任一点的牵连速度均等于质心 C 的速度 $\boldsymbol{v}_C$,则根据速度合成定理,有

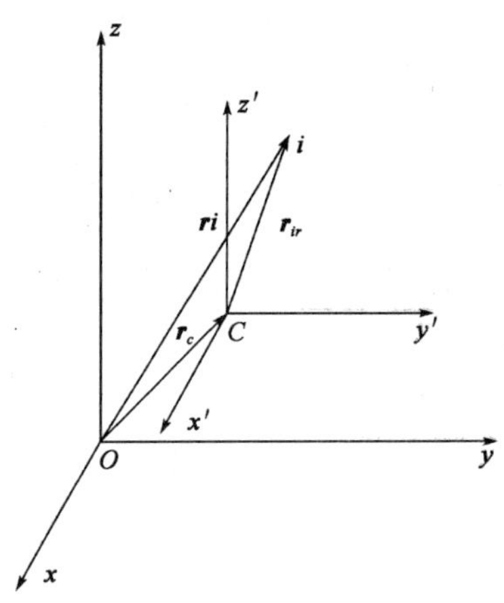

图 10-15

$$\boldsymbol{v}_i = \boldsymbol{v}_C + \boldsymbol{v}_{ir}$$

故

$$\begin{aligned}\boldsymbol{L}_C &= \sum \boldsymbol{r}_{ir} \times m_i(\boldsymbol{v}_C + \boldsymbol{v}_{ir}) \\ &= \sum m_i \boldsymbol{r}_{ir} \times \boldsymbol{v}_C + \sum \boldsymbol{r}_{ir} \times m_i \boldsymbol{v}_{ir}\end{aligned}$$

由质心的定义,有 $\sum m_i \boldsymbol{r}_{ir} = m\boldsymbol{r}_{Cr}$,其中 $\boldsymbol{r}_{Cr}$ 为质心相对于动系原点的矢径,而此时质心 C 恰为动系 $Cx'y'z'$ 的原点,故有 $\boldsymbol{r}_{Cr}=0$,因此,上式可写成

$$\boldsymbol{L}_C = \sum \boldsymbol{r}_{ir} \times m_i \boldsymbol{v}_{ir} = \boldsymbol{L}_{Cr} \tag{10-18}$$

其中,$\boldsymbol{L}_{Cr}$是在随质心作平动的动系中,质点系相对运动对质心的动量矩。

由上可以得到结论:质点系相对于质心的动量矩 $\boldsymbol{L}_C$ 既可用各质点的绝对速度来计算,也可用各质点在随质心平动的动坐标系中的相对速度来计算。

根据定义式(10-17),容易得到质点系相对于固定点的动量矩与相对于质心的动量矩之间的关系。

如图 10-15 所示,质点系对于固定点 O 的矩为

$$\boldsymbol{L}_O = \sum \boldsymbol{r}_i \times m_i \boldsymbol{v}_i$$

而

$$\boldsymbol{r}_i = \boldsymbol{r}_C + \boldsymbol{r}_{ir}$$

于是

$$\boldsymbol{L}_O = \sum(\boldsymbol{r}_C + \boldsymbol{r}_{ir}) \times m_i \boldsymbol{v}_i = \boldsymbol{r}_C \times \sum m_i \boldsymbol{v}_i + \sum \boldsymbol{r}_{ir} \times m_i \boldsymbol{v}_i$$

式中,$\sum m_i \boldsymbol{v}_i = m\boldsymbol{v}_C$ 为质点系动量;而$\sum \boldsymbol{r}_{ir} \times m_i \boldsymbol{v}_i = \boldsymbol{L}_C$ 为质点系相对质心 C 的动量矩。于是得

$$\boldsymbol{L}_O = \boldsymbol{L}_C + \boldsymbol{r}_C \times m\boldsymbol{v}_C \tag{10-19}$$

式(10-19)表明:质点系对任意一固定点 O 的动量矩,等于质点系对质心的动量矩 $\boldsymbol{L}_C$ 与集中于质心的质点系动量对于 O 点动量矩的矢量和。

二、质点系相对于质心的动量矩定理

质点系对固定点 O 的动量矩定理为

$$\frac{\mathrm{d}}{\mathrm{d}t}\boldsymbol{L}_O = \sum \boldsymbol{M}_O(\boldsymbol{F}_i^e)$$

由式(10-19)及 $\boldsymbol{r}_i = \boldsymbol{r}_C + \boldsymbol{r}_{ir}$代入,有

$$\begin{aligned}\frac{\mathrm{d}\boldsymbol{L}_O}{\mathrm{d}t} &= \frac{\mathrm{d}\boldsymbol{L}_C}{\mathrm{d}t} + \frac{\mathrm{d}\boldsymbol{r}_C}{\mathrm{d}t} \times m\boldsymbol{v}_C + \boldsymbol{r}_C \times m\frac{\mathrm{d}\boldsymbol{v}_C}{\mathrm{d}t} \\ &= \frac{\mathrm{d}\boldsymbol{L}_C}{\mathrm{d}t} + \boldsymbol{v}_C \times m\boldsymbol{v}_C + \boldsymbol{r}_C \times m\frac{\mathrm{d}\boldsymbol{v}_C}{\mathrm{d}t} \\ &= \frac{\mathrm{d}\boldsymbol{L}_C}{\mathrm{d}t} + \boldsymbol{r}_C \times m\boldsymbol{a}_C\end{aligned}$$

$$\sum \boldsymbol{M}_O(\boldsymbol{F}_i^e) = \sum \boldsymbol{r}_i \times \boldsymbol{F}_i^e = \sum(\boldsymbol{r}_C + \boldsymbol{r}_{ir}) \times \boldsymbol{F}_i^e = \boldsymbol{r}_C \times \sum \boldsymbol{F}_i^e + \sum \boldsymbol{r}_{ir} \times \boldsymbol{F}_i^e$$

即

$$\frac{\mathrm{d}\boldsymbol{L}_C}{\mathrm{d}t} + \boldsymbol{r}_C \times m\boldsymbol{a}_C = \boldsymbol{r}_C \times \sum \boldsymbol{F}_i^e + \sum \boldsymbol{r}_{ir} \times \boldsymbol{F}_i^e$$

根据质心运动定理 $m\boldsymbol{a}_C = \sum \boldsymbol{F}_i^e$，上式可改写为

$$\frac{\mathrm{d}\boldsymbol{L}_C}{\mathrm{d}t} = \sum \boldsymbol{r}_{ir} \times \boldsymbol{F}_i^e$$

而 $\sum \boldsymbol{r}_{ir} \times \boldsymbol{F}_i^e = \sum \boldsymbol{M}_C(\boldsymbol{F}_i^e)$ 为质点系外力对质心之矩的矢量和，即外力系对质心 C 的主矩。于是，得

$$\frac{\mathrm{d}}{\mathrm{d}t}\boldsymbol{L}_C = \sum \boldsymbol{M}_C(\boldsymbol{F}_i^e) \tag{10-20}$$

式(10-20)表明：质点系相对于质心的动量矩对时间的一阶导数，等于作用于质点系上的所有外力对质心之矩的矢量和(外力系对质心的主矩)。这就是质点系相对于质心的动量矩定理。

由式(10-20)可知，质点系于相对质心的运动只与外力系对质心的主矩有关，而与内力无关。当外力系对质心的主矩为零时，质点系相对于质心的动量矩守恒。即当 $\sum \boldsymbol{M}_C(\boldsymbol{F}_i^e) = 0$ 时，$\boldsymbol{L}_C =$ 常矢量。

例如，跳水运动员跳水时，当他离开跳板直到入水前，如不计空气阻力，则只受重力作用，而重力过质心，对质心的力矩为零，因此质点系对质心的动量矩守恒。如果要翻跟头，就必须在起跳前用力蹬跳板，以便获得初速度，使身体绕质心轴转动；运动员将身体和四肢伸展或蜷缩，是为了改变对质心轴的转动惯量，从而改变转动角速度。

第六节　刚体平面运动微分方程

刚体的平面运动可以分解为随质心的平动和相对于质心的转动，刚体随质心的平动可用质心运动定理分析，而相对于质心的转动则可用质点系相对于质心的动量矩定理来分析。这两个定理完全确定了刚体平面运动的动力学方程，由此建立刚体平面运动微分方程。

设刚体在力 $\boldsymbol{F}_1, \boldsymbol{F}_2, \cdots, \boldsymbol{F}_n$ 作用下作平面运动，如图 10-16 所示，作一随质心平动的动坐标系 $Cx'y'$，由运动学可知，刚体的平面运动可分解为随质心的平动和绕质心的转动。刚体相对于质心的动量矩为

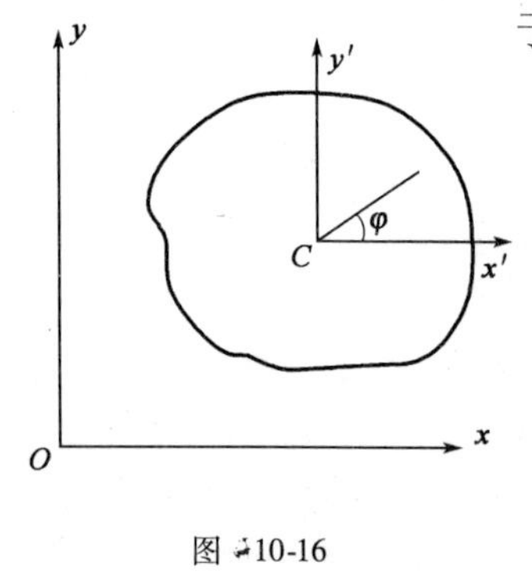

图 10-16

$$L_C = L_{Cr} = J_C\omega$$

$$\frac{\mathrm{d}}{\mathrm{d}t}(J_C\omega) = J_C\alpha = J_C\ddot{\varphi}$$

由质心运动定理和相对于质心的动量矩定理，得

$$\begin{cases} m\boldsymbol{a}_C = \sum \boldsymbol{F}_i^e \\ J_C\alpha = \sum M_C(\boldsymbol{F}_i^e) \end{cases} \tag{10-21}$$

式(10-21)的投影形式为

$$\begin{cases} ma_{Cx} = \sum F_{ix}^{e} \\ ma_{Cy} = \sum F_{iy}^{e} \\ J_C\alpha = \sum M_C(\boldsymbol{F}_i^{e}) \end{cases} \tag{10-22}$$

以式(10-21)或式(10-22)为刚体平面运动微分方程,利用此方程可求解平面运动刚体动力学的两类问题。实际应用时一般取式(10-22)的形式。

[**例 10-7**] 半径为 r、质量为 m 的均质圆轮沿水平直线纯滚动,如图 10-17 所示。设轮的回转半径为 ρ_C,作用于圆轮上的力偶矩为 M,圆轮与地面间的静摩擦因数为 μ。试求:(1)轮心的加速度;(2)地面对圆轮的约束力;(3)使圆轮只滚不滑的力偶矩 M 的大小。

解:圆轮的受力如图 10-17 所示。根据圆轮的平面运动微分方程,有

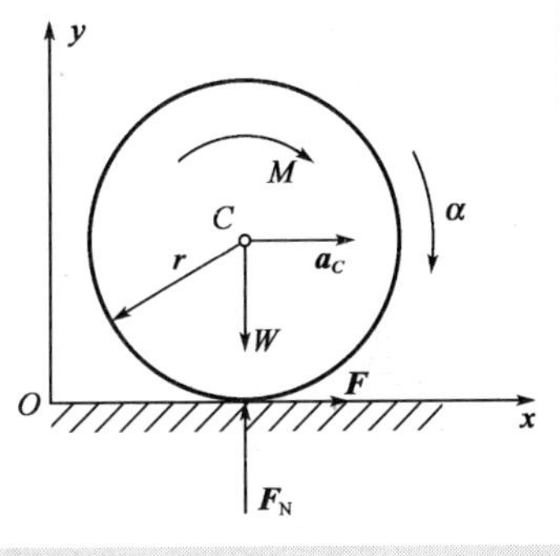

图 10-17

$$ma_{Cx} = F$$

$$ma_{Cy} = F_N - W$$

$$m\rho_C^2(-\alpha) = Fr - M$$

式中,M 与 α 均为顺时针转向,故按正负号规定,在前面加负号。因 $a_{Cy}=0$,所以 $a_C = a_{Cx}$,在纯滚动(即只滚不滑)的条件下,有

$$a_C = r\alpha$$

以上方程联立求解,得

$$a_C = \frac{Mr}{m(\rho_C^2 + r^2)}$$

$$F = ma_C$$

$$F_N = W = mg$$

欲使圆轮只滚动而不滑动,必须满足 $F \leqslant \mu F_N$,即

$$\frac{Mr}{\rho_C^2 + r^2} \leqslant \mu mg$$

于是得圆轮只滚不滑的条件为

$$M \leqslant \mu mg \frac{r^2 + \rho_C^2}{r}$$

对于均质圆盘 $\rho = \sqrt{2}r/2$,故 $M \leqslant 3\mu mgr/2$。

从本题可见,应用刚体平面运动微分方程求解动力学的两类问题时,除了要列出微分方程外,还需写出补充的运动学方程或其他所需的方程,在本题中补充方程为 $a_C = r\alpha$。

[**例 10-8**] 均质细杆 AB 长 l,重 W,两端分别沿铅垂墙和水平面滑动,不计摩擦,如图 10-18所示。若杆在铅垂位置受干扰后,由静止状态沿铅垂面滑下。求杆在任意位置的角加速度。

解:杆在任意位置的受力如图 10-18 所示。为分析杆质心的运动,建立直角坐标系 Oxy,如图所示,则质心的坐标为

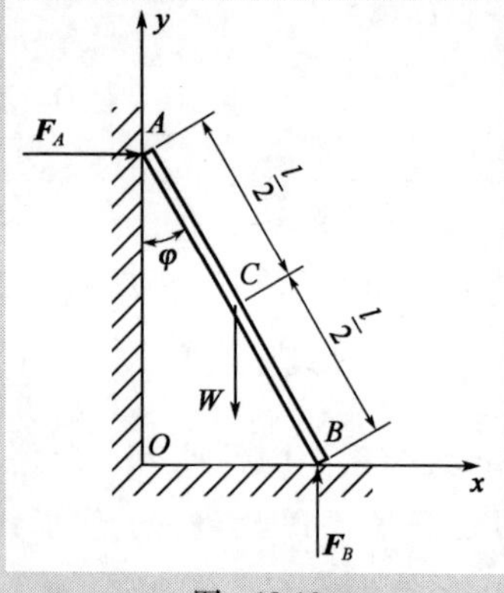

图 10-18

$$x_C = \frac{l}{2}\sin\varphi, y_C = \frac{l}{2}\cos\varphi$$

将上式分别对时间求一阶及二阶导数,有

$$\dot{x}_C = \frac{l}{2}\dot{\varphi}\cos\varphi, \dot{y}_C = -\frac{l}{2}\dot{\varphi}\sin\varphi$$

$$\ddot{x}_C = -\frac{l}{2}\dot{\varphi}^2\sin\varphi + \frac{l}{2}\ddot{\varphi}\cos\varphi$$

$$\ddot{y}_C = -\frac{l}{2}\dot{\varphi}^2\cos\varphi - \frac{l}{2}\ddot{\varphi}\sin\varphi$$

列出杆的平面运动微分方程

$$m\ddot{x}_C = \sum F_x^e, \frac{W}{g}\left(-\frac{l}{2}\dot{\varphi}^2\sin\varphi + \frac{l}{2}\ddot{\varphi}\cos\varphi\right) = F_A \tag{1}$$

$$m\ddot{y}_C = \sum F_x^e, \frac{W}{g}\left(-\frac{l}{2}\dot{\varphi}^2\cos\varphi - \frac{l}{2}\ddot{\varphi}\sin\varphi\right) = F_B - W \tag{2}$$

$$J_C\ddot{\varphi} = \sum M_C(F^e), \frac{1}{12}\frac{W}{g}l^2\ddot{\varphi} = F_B\frac{l}{2}\sin\varphi - F_A\frac{l}{2}\cos\varphi \tag{3}$$

求解微分方程,将式(1)乘以$\frac{l}{2}\cos\varphi$,式(2)乘以$\frac{l}{2}\sin\varphi$,然后两式相减得

$$\frac{1}{4}\frac{W}{g}l^2\ddot{\varphi} = F_A\frac{l}{2}\cos\varphi - F_B\frac{l}{2}\sin\varphi + W\frac{l}{2}\sin\varphi \tag{4}$$

式(4)与式(3)联立求解,可得任意瞬时的角加速度为

$$\ddot{\varphi} = \frac{3g}{2l}\sin\varphi$$

本题中,如要求杆在任意位置时的约束力,则可将上式分离变量后积分求出杆在任意瞬时的角速度,再代入式(1)、式(2),即可求得约束力 $\boldsymbol{F}_A$、$\boldsymbol{F}_B$,请读者自行计算。

思 考 题

10-1 当质点的动量与某轴平行,则质点对该轴的动量矩恒为零,对吗?

10-2 一细杆由等长的钢与铜两段组成,如图所示,两段质量分别为 m_1 和 m_2,且都为均质杆。则细杆对图示三轴的转动惯量分别为 J_{z1} = ________;J_{z2} = ________;J_{z3} = ________。

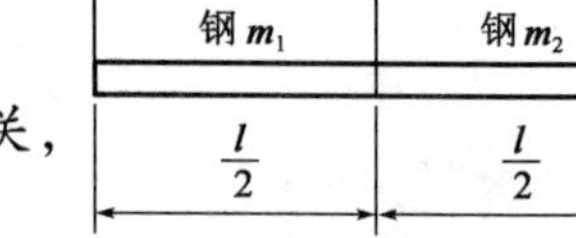

思考题 10-2 图

10-3 质点系动量矩的变化只与外力有关,与内力无关,对吗?

10-4 质点系对某点动量矩守恒,则对过该点的任意轴也守恒,对吗?

10-5 花样滑冰运动员通过伸展和收缩手臂和另一条腿来改变旋转的速度。其理论依据是什么?为什么?

10-6　在图所示的齿轮传动系统中，两齿轮对转轴的转动惯量分别为 J_1 和 J_2，则轮 Ⅰ 的角加速度能否按 $\alpha_1 = M_1/(J_1 + J_2)$ 进行计算？为什么？

10-7　平面运动刚体，当所受外力系的主矢为零时，刚体只能绕质心转动吗？当所受外力系对质心的主矩为零时，刚体只能作平动吗？

10-8　在完全相同的 3 个转动轮上绕有软绳，在绳端作用有力或挂有重物，如图所示，则各轮转动的角加速度的关系为：________。

①$\alpha_1 = \alpha_2 = \alpha_3$；　　②$\alpha_1 < \alpha_2 < \alpha_3$；　　③$\alpha_1 > \alpha_2 > \alpha_3$；

④$\alpha_1 = \alpha_3 \neq \alpha_2$；　　⑤$\alpha_1 \neq \alpha_2 = \alpha_3$

思考题 10-6 图　　　　思考题 10-8 图

10-9　质量为 m 的均质圆盘，平放在光滑的水平面上，其受力情况如图所示，设开始时，圆盘静止，图中 $R = 2r$，试说明各圆盘将如何运动。

10-10　系统如图所示，在铅垂面内，杆 OA 可绕 O 轴自由转动，均质圆盘可绕其质心轴 A 自由转动。问系统由静止释放后圆盘作什么运动？

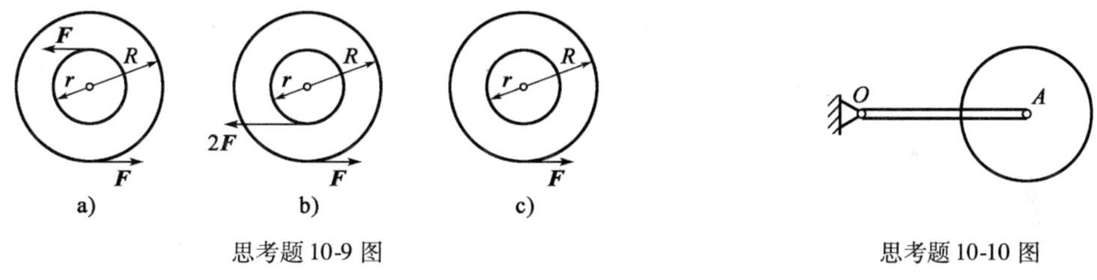

思考题 10-9 图　　　　思考题 10-10 图

习　题

10-1　质量为 m 的质点在平面 Oxy 内运动，其运动方程为：$x = a\cos\omega t$，$y = b\sin 2\omega t$。其中 a，b 和 ω 均为常量。试求质点对坐标原点 O 的动量矩。

10-2　试求图示各均质物体对其转轴的动量矩。各物体质量均为 m。

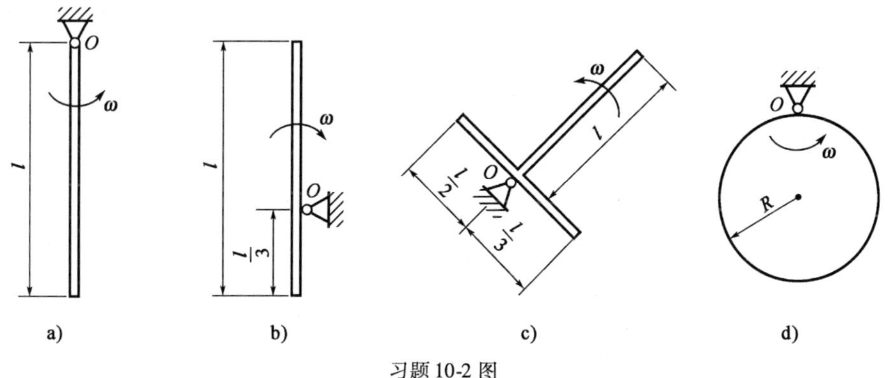

习题 10-2 图

10-3　C,D 两球质量均为 m,用长为 $2l$ 的杆连接,并将其中点固定在轴 AB 上,杆 CD 与轴 AB 的交角为 θ,如图所示。如轴 AB 以角速度 ω 转动,试求下列两种情况下,系统对 AB 轴的动量矩。(1)杆重忽略不计;(2)杆为均质杆,质量为 2m。

10-4　圆环固连于一不计质量的铅直轴上,半径为 R,圆环单位长度质量为 ρ,杆 OA 长 l,单位长度质量也为 ρ,轴以角速度 ω 匀速转动,OA 杆固接在圆环上,如图所示,求系统对铅直轴的动量矩。

10-5　平面机构的曲柄 OA 以匀角速度 ω 绕 O 轴转动。通过连杆 AB 带动滑块 B 沿水平导槽滑动。已知 $OA=AB=L$,杆 OA 与 AB 均可看作匀质细杆,质量均为 m,滑块质量不计。求当 OA 与水平线成角 $\theta=90°$ 时,系统对 O 轴的动量矩。

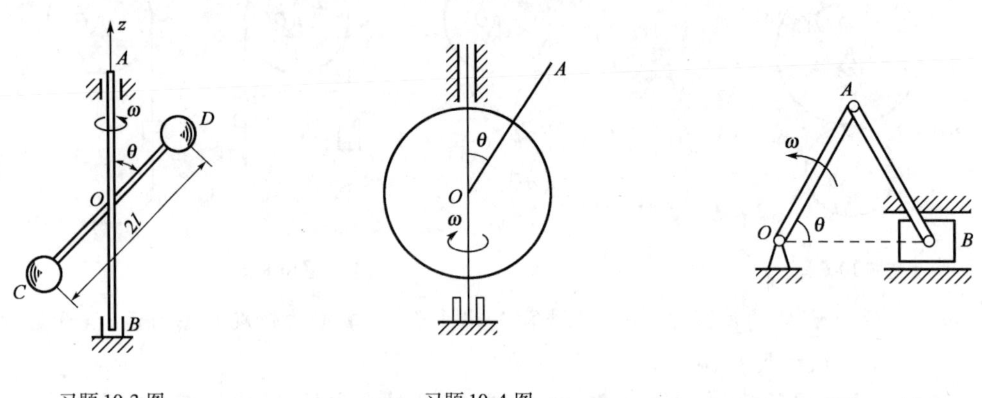

习题 10-3 图　　习题 10-4 图　　习题 10-5 图

10-6　如图所示,质量为 m 的偏心轮在水平面上作平面运动。轮子轴心为 A,质心为 C,$AC=e$;轮子半径为 R,对轴心 A 的转动惯量为 J_A;C,A,B 三点在同一直线上。试求下列两种情况下轮子的动量和对地面上 B 点的动量矩:(1)当轮子只滚不滑时,已知 v_A;(2)当轮子又滚又滑时,已知 v_A,ω。

10-7　重为 $\boldsymbol{W}$ 的均质圆盘在铅垂面内绕水平轴 A 转动如图示。开始运动时,直径 AB 在水平位置,初速为零。试求此瞬时 A 处的约束反力。

10-8　均质直杆 AB 和 OD 长度均为 l,质量均为 m,垂直地固结成 T 字形,且 D 为 AB 的中点,如图,此 T 字形杆可绕水平固定轴转动,开始时 OD 段静止于水平位置。试求杆在转过 φ 角的角速度和角加速度。

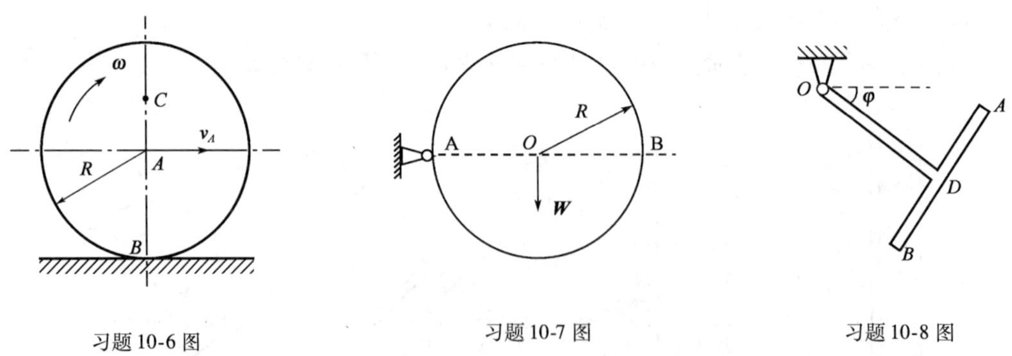

习题 10-6 图　　习题 10-7 图　　习题 10-8 图

10-9　水平圆盘可绕 z 轴转动。在圆盘上有一质量为 m 的质点 M 作圆周运动,已知其速度大小 $v_0=$ 常量,圆的半径为 r,圆心到 z 轴的距离为 l,M 点在圆盘上的位置由 φ 角确定,如图所示。如圆盘的转动惯量为 J,并且当点 M 离 z 轴最远(在点 M_0)时,圆盘的角速度为零。轴的摩擦和空气阻力略去不计,试求圆盘的角速度与 φ 角的关系。

10-10 两个质量分别为 m_1、m_2 的重物 M_1、M_2 分别系在绳子的两端,如图所示。两绳分别绕在半径为 r_1、r_2 并固接在一起的两鼓轮上,设两鼓轮对 O 轴的转动惯量为 J_O,试求鼓轮的角加速度。

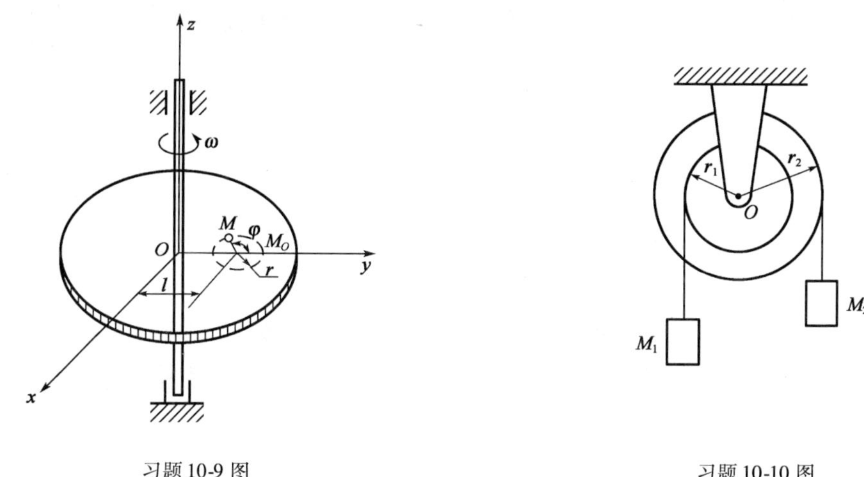

习题 10-9 图　　习题 10-10 图

10-11 质量为 m、半径为 r 的圆环 O 放在一粗糙平面上。圆环的边缘上固连一质量为 m 的质点 A。开始时,OA 在水平位置,初速为零。试求此瞬时圆环中心 O 的加速度。

10-12 均质杆 AB 重 P,长 l,被支承在水平位置。欲使绳子 DE 切断后,支点 A 的反力没有改变,试问绳子的位置应如何安排?假定绳子 DE 是铅垂的。

习题 10-11 图　　习题 10-12 图

10-13 一软绳的下端绕在滑轮 O 上,上端又绕在一个绕其中心 O' 转动的滑轮上,如图示。设两轮的半径均为 0.2m,重量相等,均可看作匀质圆盘,绳子质量不计。试求从静止开始 2s 后下面的滑轮 O 的角速度及轮心的速度。

10-14 如图所示,电绞车提升一质量为 m 的物体,在其主动轴上作用有一矩为 M 的主动力偶。已知主动轴和从动轴连同安装在这两轴上的齿轮以及其他附属零件的转动惯量分别为 J_1 和 J_2;传动比 $z_2 : z_1 = i$;吊索缠绕在鼓轮上,此轮半径为 R。设轴承的摩擦和吊索的质量均略去不计,试求重物的加速度。

10-15 重物 A 质量为 m_1,系在绳子上,绳子跨过不计质量的固定滑轮 D,并绕在鼓轮 B 上,如图所示。由于重物下降,带动轮 C 沿水平轨道滚动而不滑动。设鼓轮半径为 r,轮 C 的半径为 R,两者固连在一起,总质量为 m_2,对于其水平轴 O 的回转半径为 ρ。试求重物 A 的加速度。

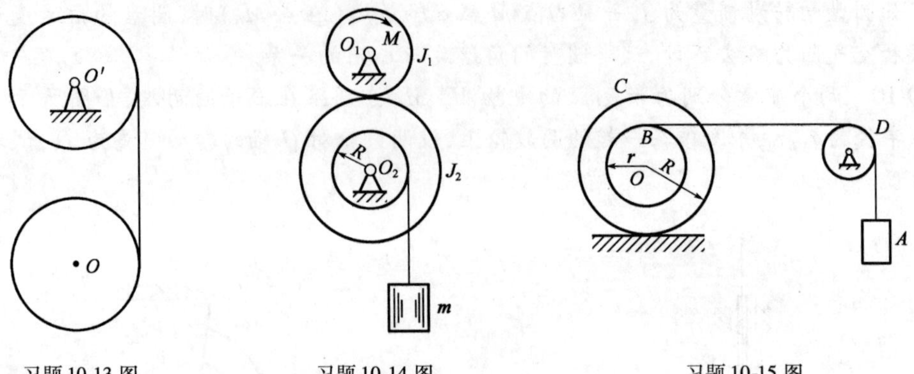

习题 10-13 图　　习题 10-14 图　　习题 10-15 图

10-16　如图所示,长为 l,质量为 m 的均质杆 AB 一端系在细索 BE 上,另一端放在光滑平面上,当细索铅直而杆静止时,杆对水平面的倾角 $\varphi=45°$,现细索突然断掉,试求杆 A 端的约束反力。

10-17　如图所示,重为 350N 的平板放在两个相同的圆柱体上,圆柱体半径为 r,重量为 130N,斜面倾角为 20°。在板上作用一平行于斜面的力 F_T,设在平板与圆柱体之间以及圆柱体与斜面之间没有滑动。试求:(1)平板以加速度 $a=1.8\text{m/s}^2$ 沿斜面上升时 F_T 力的大小;(2)去掉 F_T 力后平板的加速度。

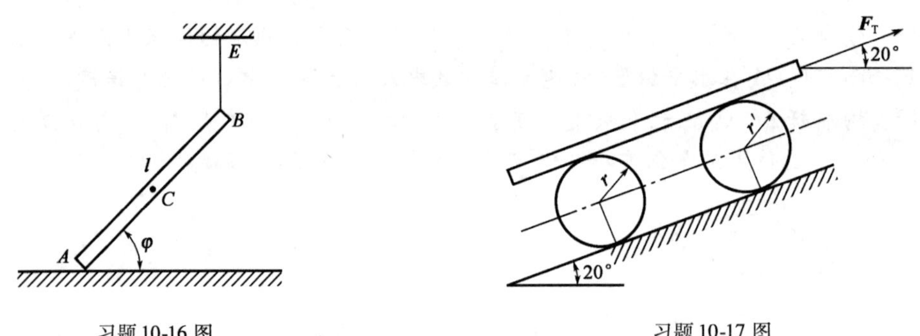

习题 10-16 图　　习题 10-17 图

10-18　在图示机构中,已知:钢管的质量为 m,小车与钢管有足够的摩擦,使钢管沿小车作纯滚动,小车以加速度 $\boldsymbol{a}$ 向右运动。试求钢管中心的加速度及钢管与小车之间的摩擦力。

10-19　质量为 100kg、半径为 1m 的均质圆轮,以转速 $n=120\text{r/min}$ 绕 O 轴转动,如图所示。设有一常力 F 作用于闸杆,轮经 10s 后停止转动。已知摩擦因数 $\mu=0.1$,试求力 F 的大小。

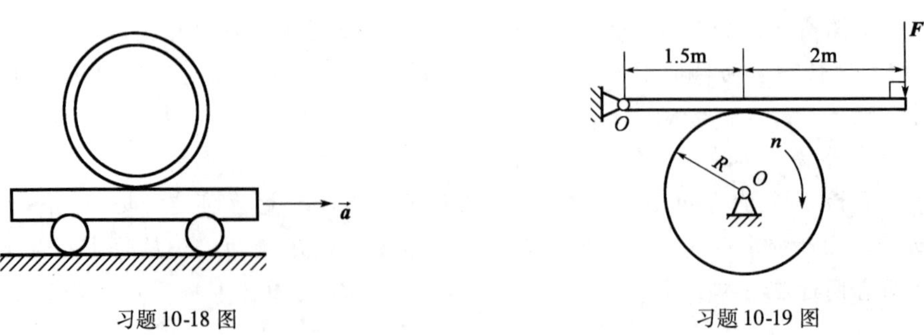

习题 10-18 图　　习题 10-19 图

10-20　半径为 R、质量为 m 的均质圆盘，沿倾角为 α 的斜面作纯滚动，如图所示。不计滚动阻碍，试求：(1)圆轮质心的加速度；(2)圆轮在斜面上不打滑的最小静摩擦因数。

10-21　质量为 15kg，直径为 30cm 的匀质圆柱放在水平面上，圆柱与平面间的动摩擦系数为 0.2。绕在圆柱上细线的引出端与水平面成角 $\theta=30°$，线端受一不变的拉力 F 的作用，$F=40\text{N}$。求圆柱中心 C 的加速度和圆柱的角加速度。

10-22　半径为 r 的均质圆柱体质量为 m，放在粗糙的水平面上，如图所示。设其中心 C 的初速度为 v_0，方向水平向右，同时圆柱如图所示方向转动，其初角速度为 ω_0，且有 $r\omega_0<v_0$。如圆柱体与水平面的摩擦因数为 μ，问经过多少时间，圆柱体才能只滚不滑地向前运动，并求该瞬时圆柱体中心的速度。

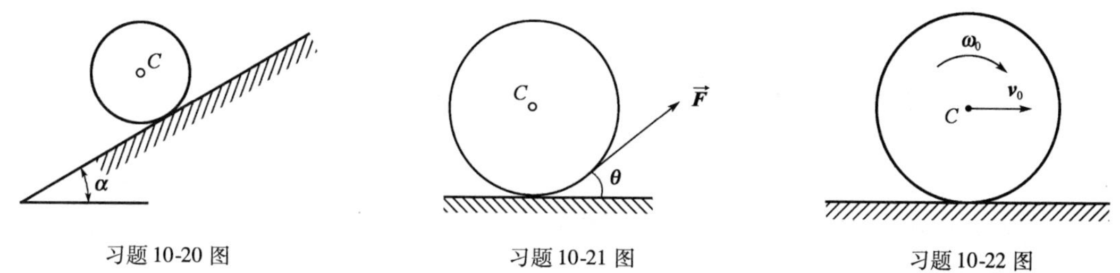

习题 10-20 图　　习题 10-21 图　　习题 10-22 图

第十一章　动 能 定 理

本章要点

- 质点和质点系动能,刚体的动能;
- 力的功,常见力的功的计算;
- 质点和质点系动能定理;
- 机械能守恒定律;
- 动力学普通定理综合应用解题。

能量是物理学中最基本的概念之一,也是力学中的基本概念,是物质运动的一种度量。能量转换与功之间的关系是自然界中各种形式运动的普遍规律,在机械运动中则表现为动能定理。动能定理从能量的角度来分析质点和质点系的动力学问题。

本章介绍动能定理及其应用,并将综合运用动力学普遍定理分析较复杂的动力学问题。

第一节　动能的概念和计算

一、质点的动能

动能是物体机械运动的一种度量,也是物体做功能力的一种度量。设质点的质量为 m,在某一位置时的速度为 $\boldsymbol{v}$,则该质点的动能等于它的质量与速度平方乘积的一半,用 T 表示,即

$$T = \frac{1}{2}mv^2 \tag{11-1}$$

由式(11-1)可知,动能恒为正值,它是一个与速度方向无关的标量。在国际单位制中动能的单位为 N · m(牛 · 米),即 J(焦耳)。

动能和动量都是表征物体机械运动的量,都与物体的质量和速度有关,但各有其特点和适用的范围。动量为矢量,是以机械运动形式传递运动时的度量;而动能为标量,是机械运动形式转化为其他运动形式(如热、电等)的度量。

二、质点系的动能

质点系内各质点的动能的总和,称为质点系的动能,即

$$T = \sum \frac{1}{2}m_iv_i^2 \tag{11-2}$$

式中,m_i 和 v_i 分别表示质点系中任一质点的质量和速度的大小。

三、刚体的动能

刚体是由无数质点组成的特殊质点系,刚体作不同的运动时,各质点的速度分布不同,故刚体的动能应按照刚体的运动形式来计算。

1. 平动刚体的动能

当刚体作平动时,在每一瞬时刚体内各质点的速度都相同,以刚体质心的速度 v_C 为代表,于是,由式(11-2)可得平动刚体的动能

$$T = \sum \frac{1}{2}m_i v_i^2 = \frac{1}{2}\sum m_i v_C^2 = \frac{1}{2}v_C^2\sum m_i = \frac{1}{2}mv_C^2 \tag{11-3}$$

式中,$\sum m_i = m$ 为刚体的总质量。

2. 定轴转动刚体的动能

设刚体在某瞬时绕固定轴 z 转动的角速度为 ω,如图 11-1 所示,则与转动轴 z 相距为 r_i,质量为 m_i 的质点的速度为 $v_i = r_i\omega$。于是,由式(11-2)可得定轴转动刚体的动能

$$T = \sum \frac{1}{2}m_i v_i^2 = \sum \frac{1}{2}m_i r_i^2\omega^2 = \frac{1}{2}(\sum m_i r_i^2)\omega^2$$

其中,$\sum m_i r_i^2 = J_z$为刚体对 z 轴的转动惯量,于是得

$$T = \frac{1}{2}J_z\omega^2 \tag{11-4}$$

3. 平面运动刚体的动能

刚体作平面运动时,任一瞬时的速度分布可看成绕其速度瞬心作瞬时转动,因此,该瞬时的动能可按式(11-4)进行计算。

取刚体质心 C 所在的平面图形如图 11-2 所示,设图形中的点 P 是某瞬时的瞬心,ω 是平面图形转动的角速度,于是,平面运动刚体的动能为:

$$T = \frac{1}{2}J_P\omega^2 \tag{11-5}$$

式中,J_P是刚体对速度瞬心 P 的转动惯量。由于速度瞬心 P 的位置随时在改变,应用式(11-5)进行计算有时不方便,故常采用另一种形式。

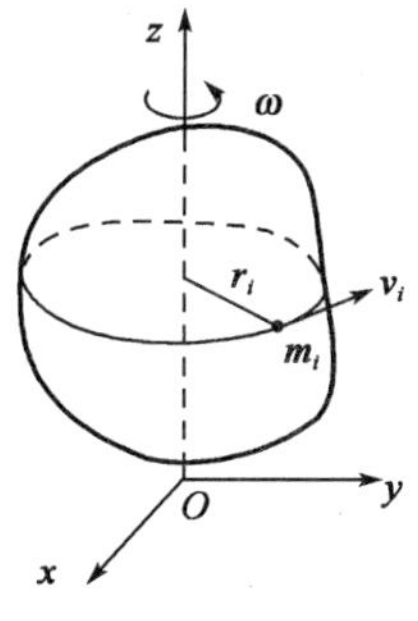

图 11-1

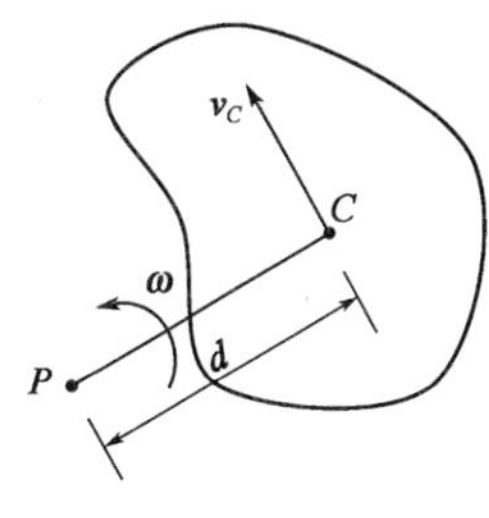

图 11-2

根据转动惯量的平行轴定理有

$$J_P = J_C + md^2$$

式中,m 是刚体的质量,$d = PC$,J_C 是刚体对于质心的转动惯量。代入式(11-5),可得

$$T = \frac{1}{2}(J_C + md^2)\omega^2 = \frac{1}{2}J_C\omega^2 + \frac{1}{2}m(\omega d)^2$$

而 $v_C=\omega d$，故

$$T=\frac{1}{2}mv_C^2+\frac{1}{2}J_C\omega^2 \tag{11-6}$$

式(11-6)表明，平面运动刚体的动能等于刚体随质心平动动能与绕质心转动动能之和。实际计算时，读者应根据具体情况选用式(11-5)或式(11-6)计算平面运动刚体的动能。

[例 11-1] 在图 11-3 所示系统中，均质定滑动轮 B(视为均质圆盘)和均质圆柱体 C 的质量均为 m_1，半径均为 R，圆柱体 C 沿倾角为 θ 的斜面作纯滚动，重物 A 的质量为 m_2，不计绳的伸长与质量。在图示瞬时，重物 A 的速度为 $\boldsymbol{v}$。试求系统的动能。

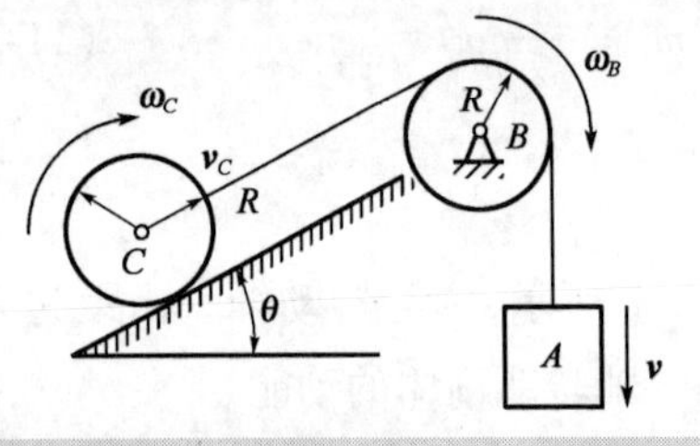

图 11-3

解：对系统进行运动分析 A 物体作平动，速度为 $\boldsymbol{v}$，滑轮 B 作定轴转动，角速度 $\omega_B=v/R$；圆柱体 C 作平面运动，质心 C 的速度为 $v_C=v$，角速度 $\omega_C=v_C/R=v/R$，则由式(11-3)、式(11-4)、式(11-6)分别计算刚体 A,B,C 的动能

$$T_A=\frac{1}{2}m_2v^2$$

$$T_B=\frac{1}{2}J_B\omega_B^2=\frac{1}{2}\left(\frac{1}{2}m_1R^2\right)\left(\frac{v}{R}\right)^2=\frac{1}{4}m_1v^2$$

$$T_C=\frac{1}{2}m_1v_C^2+\frac{1}{2}J_C\omega_C^2=\frac{1}{2}m_1v^2+\frac{1}{2}\left(\frac{1}{2}m_1R^2\right)\left(\frac{v}{R}\right)^2=\frac{3}{4}m_1v^2$$

系统的动能为各刚体动能之和，即

$$T=T_A+T_B+T_C=\frac{1}{2}m_2v^2+\frac{1}{4}m_1v^2+\frac{3}{4}m_1v^2=\frac{1}{2}(m_2+2m_1)v^2$$

第二节　功的概念和计算

力对物体的作用效果可以有各种度量。力的冲量是力在一段时间内对物体作用效果的度量。力的功则是力在其作用点所经过的一段路程中对物体的作用效果的度量。

一、常力的功

设物体在大小和方向都不变的力 $\boldsymbol{F}$ 作用下，沿直线 M_1M_2 运动，其路程为 s，如图 11-4 所示，力 $\boldsymbol{F}$ 对物体所做的功为

$$W_{12}=F\cos\theta\cdot \mathrm{s}=Fs\cos\theta \tag{11-7}$$

式中，θ 力 $\boldsymbol{F}$ 与直线位移方向间的夹角。

功是代数量，当 $0\leqslant\theta<\frac{\pi}{2}$ 时，力 $\boldsymbol{F}$ 做正功，$W_{12}>0$；当 $0<\theta\leqslant\pi$ 时，力 $\boldsymbol{F}$ 做负功，$W_{12}<0$；当 $\theta=\frac{\pi}{2}$ 时，力 $\boldsymbol{F}$ 不做功，$W_{12}=0$。功的单位为焦耳(J)，1J = 1N · m。

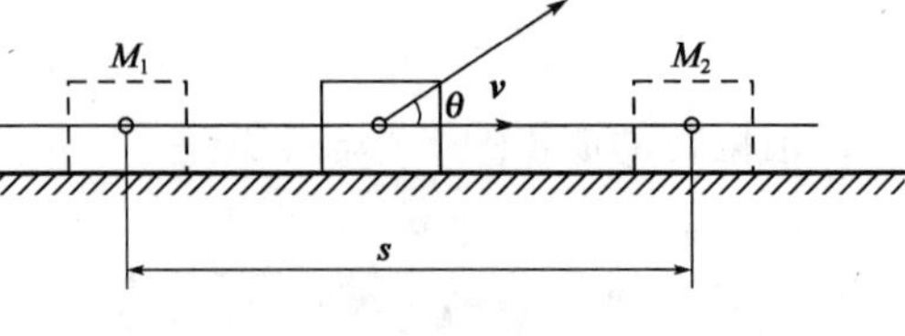

图 11-4

二、变力的功

设质点 $\boldsymbol{M}$ 在变力 $\boldsymbol{F}$ 的作用下作曲线运动，如图 11-5 所示，质点从位置 M_1 运动到位置 M_2。为了计算变力 $\boldsymbol{F}$ 在曲线上的功，将曲线 M_1M_2 分成若干小段，其弧长为 ds，ds 可视为直线，此段上力 $\boldsymbol{F}$ 视为常力，此时力 $\boldsymbol{F}$ 的功称为元功，由式(11-7)有

$$\delta W = F\cos\theta \mathrm{d}s \tag{11-8}$$

当 ds 足够小时位移与路程相等，即 $\mathrm{d}s = |\mathrm{d}\boldsymbol{r}|$，$\mathrm{d}\boldsymbol{r}$ 为微小弧段 ds 上所对应的位移，式(11-8)写成

$$\delta W = \boldsymbol{F} \cdot \mathrm{d}\boldsymbol{r} \tag{11-9}$$

力 $\boldsymbol{F}$ 和位移 $\mathrm{d}\boldsymbol{r}$ 的解析式为

$$\boldsymbol{F} = F_x\boldsymbol{i} + F_y\boldsymbol{j} + F_z\boldsymbol{k}$$
$$\mathrm{d}\boldsymbol{r} = x\boldsymbol{i} + y\boldsymbol{j} + z\boldsymbol{k}$$

则元功的解析式为

$$\delta W = F_x\mathrm{d}x + F_y\mathrm{d}y + F_z\mathrm{d}z \tag{11-10}$$

力 $\boldsymbol{F}$ 在曲线 M_1M_2 上的全功

$$W_{12} = \int_{M_1}^{M_2}\delta W = \int_{M_1}^{M_2}\boldsymbol{F}\cdot\mathrm{d}\boldsymbol{r}$$
$$= \int_{M_1}^{M_2}F_x\mathrm{d}x + F_y\mathrm{d}y + F_z\mathrm{d}z \tag{11-11}$$

三、常见力的功

1. 重力功

设物体受重力 P 的作用，重心沿曲线从位置 M_1 运动到位置 M_2，如图 11-6 所示，则重力 $\boldsymbol{P} = m\boldsymbol{g}$ 在直角坐标轴上的投影为

$$F_x = F_y = 0, F_z = -P$$

代入式(11-10)得重力的元功为

$$\delta W = -P\mathrm{d}z = \mathrm{d}(-Pz)$$

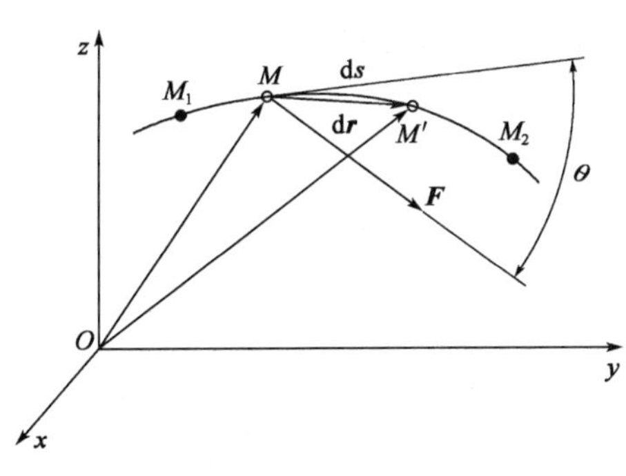

图 11-5

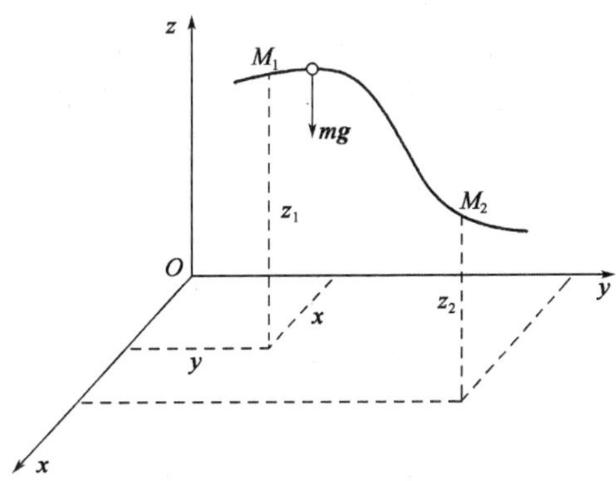

图 11-6

重力 $\boldsymbol{P}$ 沿曲线 M_1M_2 的功

$$W_{12} = \int_{z_1}^{z_2}\mathrm{d}(-Pz) = mg(z_1 - z_2) \tag{11-12}$$

由式(11-12)可见,重力功只与始末位置的高度差有关,与物体的运动路径无关。重力的元功为全微分形式,故重力称为有势力。

2. 弹性力功

如图 11-7 所示,一端固定,另一端连接质点 M 的弹簧,质点受弹力 $\boldsymbol{F}$ 的作用,从位置 M_1 运动到位置 M_2。设弹簧的原长为 l_0,刚性系数为 k(单位:N/m 或 N/cm),在弹性范围内,弹力 $\boldsymbol{F}$ 表示为

$$\boldsymbol{F} = -k(r - l_0)\boldsymbol{r}_0$$

式中,$\boldsymbol{r}_0 = \dfrac{\boldsymbol{r}}{r}$为矢径 $\boldsymbol{r}$ 方向的单位矢量。当弹簧伸长时 $r > l_0$,$\boldsymbol{F}$ 与 $\boldsymbol{r}$ 方向相反;当弹簧受压时 $r < l_0$,$\boldsymbol{F}$ 与 $\boldsymbol{r}$ 方向相同。

由式(11-9)得弹力的元功

$$\delta W = \boldsymbol{F} \cdot \mathrm{d}\boldsymbol{r} = -k(r - l_0)\boldsymbol{r}_0 \cdot \mathrm{d}\boldsymbol{r} = -k(r - l_0)\ \frac{\boldsymbol{r}}{r}\mathrm{d}\boldsymbol{r}$$

其中,$\boldsymbol{r} \cdot \mathrm{d}\boldsymbol{r} = \dfrac{1}{2}\mathrm{d}(\boldsymbol{r} \cdot \boldsymbol{r}) = \dfrac{1}{2}\mathrm{d}(r^2) = r\mathrm{d}r$ 代入上式,则有

$$\delta W = -k(r - l_0)\mathrm{d}r = \mathrm{d}\left[-\frac{k}{2}(r - l_0)^2\right]$$

质点沿 M_1M_2 运动时弹力功

$$W_{12} = \int_{M_1}^{M_2} \boldsymbol{F} \cdot \mathrm{d}\boldsymbol{r} = \frac{k}{2}[(r_1 - l_0)^2 - (r_2 - l_0)^2]$$

即

$$W_{12} = \frac{k}{2}(\delta_1^2 - \delta_2^2) \tag{11-13}$$

式中,$\delta_1 = r_1 - l_0$,$\delta_2 = r_2 - l_0$ 分别为质点在初始位置 M_1 和末了位置 M_2 时弹簧的变形量。由此可见,弹力功只与质点始末位置有关,与质点的运动路径无关。弹力的元功为全微分形式,弹力也为有势力。

3. 定轴转动刚体上力的功力偶的功

设刚体绕定轴 z 转动,一力 $\boldsymbol{F}$ 作用在刚体上 M 点,如图 11-8 所示。将力 $\boldsymbol{F}$ 分解成 3 个分力;平行于 z 轴的力 $\boldsymbol{F}_z$,沿 M 点运动轨迹的切向力 $\boldsymbol{F}_\tau$和沿径向方向的力 $\boldsymbol{F}_r$。若刚体转动一微小转角 $\mathrm{d}\varphi$,则 M 点有一微小位移 $\mathrm{d}s = r\mathrm{d}\varphi$,其中 r 是 M 点的转动半径。由于 $\boldsymbol{F}_z$ 和 $\boldsymbol{F}_r$ 都不做功。则力 $\boldsymbol{F}$ 所做的功等于切向力 $\boldsymbol{F}_\tau$所做的功。故力 $\boldsymbol{F}$ 在位移 $\mathrm{d}s$ 中的元功为

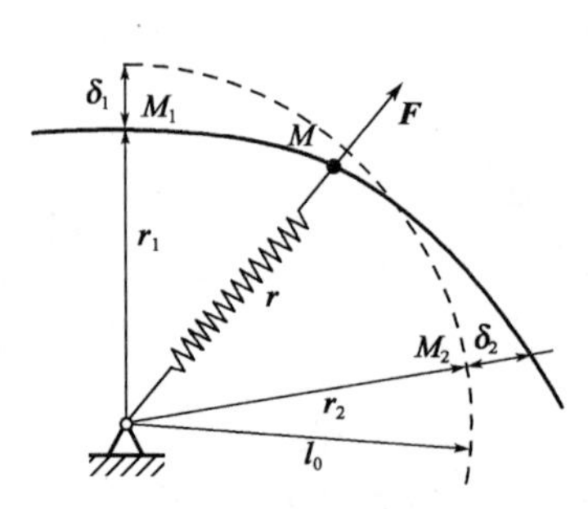

图 11-7

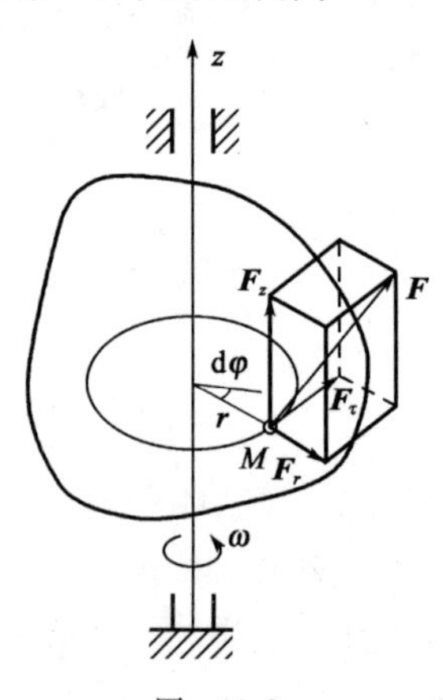

图 11-8

$$\delta W = F_\tau \mathrm{d}s = F_\tau r\mathrm{d}\varphi$$

式中，$F_\tau r = M_z(\boldsymbol{F})$是力 $\boldsymbol{F}$ 对于转动轴 z 之矩，即

$$\delta W = M_z(\boldsymbol{F})\mathrm{d}\varphi \tag{11-14}$$

式(11-14)表明：作用于定轴转动刚体上的力的元功，等于该力对转动轴之矩与刚体微小转角的乘积。

当刚体转过一角度[即有角位移$(\varphi_2 - \varphi_1)$]时，由式(11-14)可得力 $\boldsymbol{F}$ 所做的功

$$W = \int_{\varphi_1}^{\varphi_2} M_z(\boldsymbol{F})\mathrm{d}\varphi \tag{11-15}$$

若 $M_z(\boldsymbol{F})$为常量，则

$$W = M_z(\boldsymbol{F})(\varphi_2 - \varphi_1) \tag{11-16}$$

如果在转动刚体上作用一个力偶，其力偶矩为 M，该力偶作用面与转动轴垂直，则力偶对转动轴 z 的矩为 M。因此，力偶的功可表示为

$$W = \int_{\varphi_1}^{\varphi_2} M\mathrm{d}\varphi \tag{11-17}$$

若力偶矩为常量，则

$$W = M(\varphi_2 - \varphi_1) \tag{11-18}$$

4. 平面运动刚体上力系的功

设平面运动刚体上有一组力系作用，取刚体的质心 C 为基点，当刚体有无限小位移时，任一力 $\boldsymbol{F}_i$ 作用点 M_i 的位移为

$$\mathrm{d}\boldsymbol{r}_i = \mathrm{d}\boldsymbol{r}_C + \mathrm{d}\boldsymbol{r}_{iC}$$

其中，$\mathrm{d}\boldsymbol{r}_C$ 为质心的无限小位移，$\mathrm{d}\boldsymbol{r}_{iC}$为质点 M_i 绕质心 C 的微小转动位移，如图 11-9 所示。

力 $\boldsymbol{F}_i$ 在质点 M_i 位移上所做的元功为

$$\delta W_i = \boldsymbol{F}_i \cdot \mathrm{d}\boldsymbol{r}_i = \boldsymbol{F}_i \cdot \mathrm{d}\boldsymbol{r}_C + \boldsymbol{F}_i \cdot \mathrm{d}\boldsymbol{r}_{iC}$$

设刚体无限小转角为 $\mathrm{d}\varphi$，则转动位移 $\mathrm{d}\boldsymbol{r}_C$ 垂直于直线 M_iC，大小为 $M_iC\mathrm{d}\varphi$，因此，上式后一项

$$\boldsymbol{F}_i \cdot \mathrm{d}\boldsymbol{r}_{iC} = F_i\cos\theta \cdot M_iC\mathrm{d}\varphi = M_C(\boldsymbol{F}_i)\mathrm{d}\varphi$$

式中，θ 为力 $\boldsymbol{F}_i$ 与转动位移 $\mathrm{d}\boldsymbol{r}_{iC}$间的夹角；$M_C(\boldsymbol{F}_i)$为力 $\boldsymbol{F}_i$ 对质心 C 的矩。

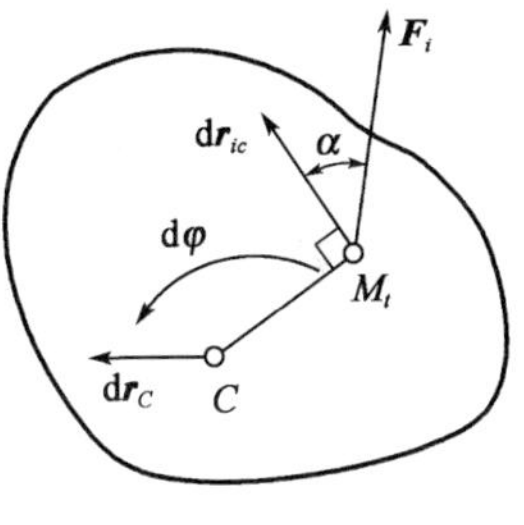

图 11-9

则力系全部力所做的元功之和为

$$\delta W = \sum \delta W_i = \sum F_i \cdot \mathrm{d}\boldsymbol{r}_C + \sum M_C(\boldsymbol{F}_i)\mathrm{d}\varphi$$
$$= \boldsymbol{F}_R \cdot \mathrm{d}\boldsymbol{r}_C + M_C\mathrm{d}\varphi$$

式中：$\boldsymbol{F}_R$——力系主矢；

M_C——力系对质心 C 的主矩。

刚体质心 C 由 C_1 移到 C_2，同时，刚体又由 φ_1 转到 φ_2 时，力系做功为

$$W = \int_{C_1}^{C_1} \boldsymbol{F}_R \cdot \mathrm{d}\boldsymbol{r}_C + \int_{\varphi_1}^{\varphi_2} M_C\mathrm{d}\varphi \tag{11-19}$$

5. 约束力功

物体所受的约束，例如：(1)光滑接触面约束、轴承约束、滚动铰支座，其约束力与微小位移 $\mathrm{d}\boldsymbol{r}$ 总是相互垂直，约束力的元功等于零；(2)铰链约束，其单一的约束力的元功不等于零，但相互间的约束力的元功之和等于零；(3)不可伸长的绳索、二力杆约束，由于绳索、二力杆不

可伸长其约束力的元功等于零；(4)物体沿固定平面作纯滚动，其法线约束力和摩擦力均不做功。

我们把约束力不做功或约束力做功之和等于零的约束称为理想约束。即

$$\delta W = \sum \boldsymbol{F}_{Ni} \cdot \mathrm{d}\boldsymbol{r}_i = 0 \tag{11-20}$$

6. 内力功

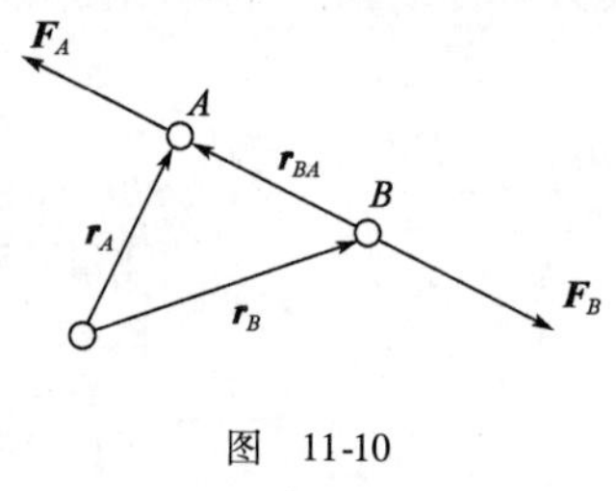

图 11-10

在质点系中设 A,B 两点间的相互作用力为 $\boldsymbol{F}_A,\boldsymbol{F}_B$，且有 $\boldsymbol{F}_A = -\boldsymbol{F}_B$。如图 11-10 所示，内力的元功之和为

$$\delta W = \boldsymbol{F}_A \cdot \mathrm{d}\boldsymbol{r}_A + \boldsymbol{F}_B \cdot \mathrm{d}\boldsymbol{r}_B = \boldsymbol{F}_A \cdot (\mathrm{d}\boldsymbol{r}_A - \mathrm{d}\boldsymbol{r}_B) = \boldsymbol{F}_A \cdot \mathrm{d}\boldsymbol{r}_{BA}$$

式中，$\mathrm{d}\boldsymbol{r}_{AB}$ 为 A,B 两点间的相对位移，对于变形体而言，$\mathrm{d}\boldsymbol{r}_{AB} \neq 0$，则其元功 $\delta W \neq 0$；但当物体为刚体时，$\mathrm{d}\boldsymbol{r}_{AB} = 0$，则其元功 $\delta W = 0$。

第三节　动 能 定 理

一、质点的动能定理

对质点，由牛顿第二定律式得

$$m\boldsymbol{a} = \boldsymbol{F}$$

考虑加速度 $\boldsymbol{a} = \frac{\mathrm{d}\boldsymbol{v}}{\mathrm{d}t}$，同时在上面的方程中两端点乘 $\mathrm{d}\boldsymbol{r}$，于是有

$$m\frac{\mathrm{d}\boldsymbol{v}}{\mathrm{d}t} \cdot \mathrm{d}\boldsymbol{r} = \boldsymbol{F} \cdot \mathrm{d}\boldsymbol{r}$$

因 $\boldsymbol{v} = \frac{\mathrm{d}\boldsymbol{r}}{\mathrm{d}t}$，$\delta W = \boldsymbol{F} \cdot \mathrm{d}\boldsymbol{r}$ 代入上式得

$$m\mathrm{d}\boldsymbol{v} \cdot \boldsymbol{v} = \delta W$$

其中，$\mathrm{d}\boldsymbol{v} \cdot \boldsymbol{v} = \mathrm{d}\left(\frac{1}{2}\boldsymbol{v} \cdot \boldsymbol{v}\right) = \mathrm{d}\left(\frac{1}{2}v^2\right)$，则有

$$\mathrm{d}\left(\frac{1}{2}mv^2\right) = \delta W \tag{11-21}$$

上式表明质点动能的增量等于作用在质点上力的元功，此即质点动能定理的微分形式。

若质点从位置 M_1 转到位置 M_2 时，速度由 v_1 变为 v_2，对式(11-21)积分得

$$\frac{1}{2}mv_2^2 - \frac{1}{2}mv_1^2 = W_{12} \tag{11-22}$$

式(11-22)表明：质点在某一段路程上运动时，末动能与初动能的差等于作用在质点上的力在同一段路程上所做的功，此即质点动能定理的积分形式。

二、质点系的动能定理

设质点系由 n 个质点组成，由式(11-21)，对第 i 个质点建立动能定理的微分形式，即

$$\mathrm{d}\left(\frac{1}{2}m_i v_i^2\right) = \delta W_i \quad (i = 1,2,\cdots,n)$$

对 n 个质点上述方程有 n 个，将其方程连加，得

$$\sum \mathrm{d}\left(\frac{1}{2}m_i v_i^2\right) = \sum \delta W_i$$

其中，$\sum\left(\frac{1}{2}m_i v_i^2\right) = T$ 为质点系的动能，则

$$\mathrm{d}T = \sum \delta W_i \tag{11-23}$$

此即质点系动能定理的微分形式：质点系动能的增量等于作用在质点系上的全部力所做元功之和。

若质点系从位置 M_1 运动到位置 M_2 时，所对应的动能为 T_1 和 T_2，对式(11-23)积分得

$$T_2 - T_1 = \sum W_{12} \tag{11-24}$$

此即质点系动能定理的积分形式：质点系在某一段路程上运动时，末动能与初动能的差等于作用在质点系上的全部力在同一段路程上所做功的之和。

应当注意：

(1)在研究刚体动力学问题时，作用在刚体上全部力的功应为主动力的功，因为刚体受理想约束；同时若考虑滑动摩擦力时应按主动力处理。

(2)动能和功都是代数量，动能定理的方程是代数量方程。

(3)利用动能定理计算时，只需研究始末状态即可。

[例 11-2] 如图 11-11 所示，质量为 m 的质点，自高度 h 处自由落下，落到下面有弹簧支持的板上，设板的质量为 M，弹簧的刚度系数为 k，弹簧的质量不计。试求弹簧的最大压缩量。

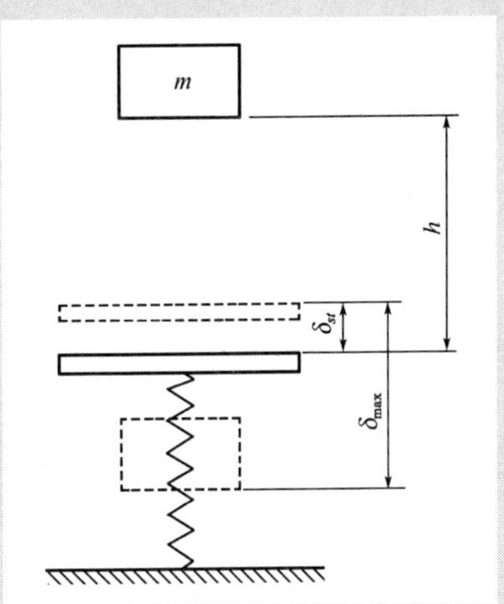

图 11-11

解：弹簧静压缩量为

$$\delta_1 = \delta_{st} = \frac{Mg}{k} \tag{1}$$

则由质点动能定理

$$\frac{1}{2}mv_2^2 - \frac{1}{2}mv_1^2 = W_{12}$$

得

$$0 - 0 = mg(h + \delta_{max} - \delta_1) + Mg(\delta_{max} - \delta_1) + \frac{k}{2}(\delta_1^2 - \delta_{max}^2) \tag{2}$$

式(1)代入式(2)得

$$\frac{k}{2}\delta_{max}^2 - (mg + Mg)\delta_{max} + \frac{M^2g^2}{2k} - mgh + \frac{Mmg^2}{k} = 0$$

解得

$$\delta_{max} = \frac{(m+M)g \pm \sqrt{(mg+Mg)^2 - (M^2g^2 - 2kmgh + 2Mmg^2)}}{k}$$

弹簧的最大压缩量应取正号。即

$$\delta_{max} = \frac{(m+M)g + \sqrt{(mg+Mg)^2 - (M^2g^2 - 2kmgh + 2Mmg^2)}}{k}$$

[**例 11-3**]如图 11-12 所示,均质轮 Ⅰ 的质量为 m_1,半径为 r_1,在曲柄 O_1O_2 的带动下绕 O_2 轴转动,并沿轮 Ⅱ 只滚动而不滑动。轮 Ⅱ 固定不动,半径为 r_2。曲柄的质量为 m_2,长为 $l=r_1+r_2$。若已知系统处于水平面内,曲柄上作用有一不变的力矩 M,初始时系统静止,各处的摩擦不计。试求曲柄 O_1O_2 转过 φ 角时曲柄的角速度和角加速度。

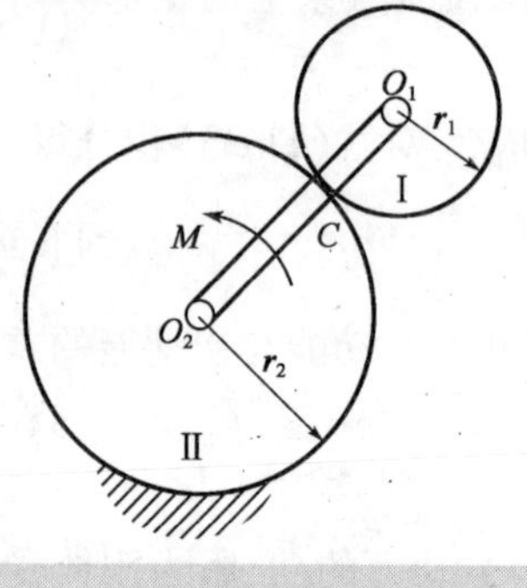

图 11-12

解:取整个系统为研究对象,质点系的初动能为

$$T_1 = 0$$

曲柄 O_1O_2 转过 φ 角时质点系的动能为

$$T_2 = \frac{1}{2}(\frac{1}{3}m_2l^2)\omega^2 + \frac{1}{2}m_1v_{O_1}^2 + \frac{1}{2}(\frac{1}{2}m_1r_1^2)\omega_1^2$$

其中,轮 Ⅰ 的角速度 $\omega_1 = \frac{v_{O_1}}{r_1} = \frac{\omega l}{r_1}$,则上式为

$$T_2 = \frac{1}{2}(\frac{m_2}{3} + \frac{3m_1}{2})\omega^2 l^2$$

由于系统处于水平面内,重力不做功。力的功为

$$W_{12} = M\varphi$$

由质点系动能定理

$$T_2 - T_1 = \sum W_{12}$$

得

$$\frac{1}{2}(\frac{m_2}{3} + \frac{3m_1}{2})\omega^2 l^2 = M\varphi \tag{1}$$

则曲柄的角速度为

$$\omega = \sqrt{\frac{12M\varphi}{(9m_1 + 2m_2)l^2}} \tag{2}$$

式(1)两边对时间求导,得曲柄的角加速度为

$$\alpha = \frac{6M\varphi}{(9m_1 + 2m_2)l^2} \tag{3}$$

[**例 11-4**]例题 11-4 均质杆 AB 长为 l,质量为 m_1,B 端靠在光滑的墙壁上,另一端 A 用光滑的铰链与均质圆轮的轮心 A 相连,如图 11-13 所示。已知圆轮的质量为 m_2,半径为 R,在水平面上只滚不滑,不计摩擦,设系统初始时静止,且杆 AB 与水平线的夹角为 45°时,试求该瞬时轮心 A 的加速度。

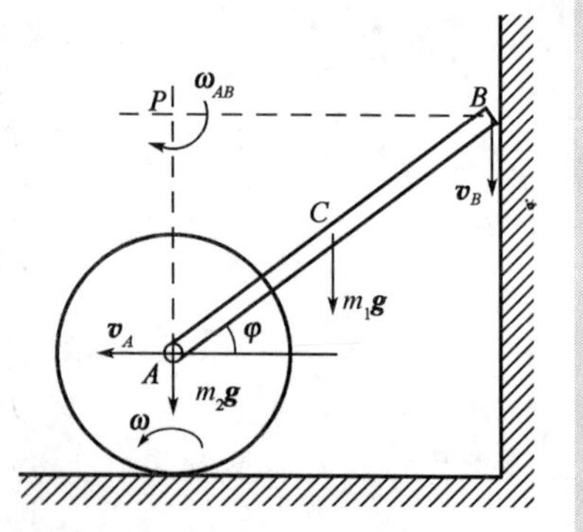

图 11-13

解:根据题意,选杆和圆轮系统为研究对象。由于杆和圆轮都作平面运动,杆的速度瞬心为点 P,圆轮的速度瞬心是与地面接触的点,如图 11-13 所示。系统的初动能为

$$T_1 = 0$$

设杆 AB 与水平线的夹角为 φ，任意瞬时系统的动能为

$$T_2 = T_{杆} + T_{轮}$$

其中，

$$T_{杆} = \frac{1}{2}J_p\omega_{AB}^2 = \frac{1}{2}\left(\frac{1}{3}m_1 l^2\right)\left(\frac{v_A}{l\sin\varphi}\right)^2$$

$$= \frac{1}{6}m_1 \frac{v_A^2}{\sin^2\varphi}$$

$$T_{轮} = \frac{1}{2}m_2 v_A^2 + \frac{1}{2}J_A\omega^2 = \frac{1}{2}m_2 v_A^2 + \frac{1}{2}\left(\frac{1}{2}m_2 R^2\right)\omega^2$$

$$= \frac{1}{2}m_2 v_A^2 + \frac{1}{2}\left(\frac{1}{2}m_2 R^2\right)\left(\frac{v_A}{R}\right)^2$$

$$= \frac{3}{4}m_2 v_A^2$$

杆 AB 的角加速度为

$$\omega_{AB} = \frac{v_A}{l\sin\varphi}$$

力所作的功为

$$W_{12} = \frac{1}{2}m_1 gl(\sin 45° - \sin\varphi)$$

由质点系动能定理

$$T_2 - T_1 = \sum W_{12}$$

得

$$\frac{1}{6}m_1 \frac{v_A^2}{\sin^2\varphi} + \frac{3}{4}m_2 v_A^2 = \frac{1}{2}m_1 gl(\sin 45° - \sin\varphi) \tag{1}$$

式(1)两边对时间求导，并注意 $\varphi = \varphi(t)$，$\dot{\varphi} = -\omega_{AB} = -\dfrac{v_A}{l\sin\varphi}$，(因为 φ 的转向以逆时针为正，而 ω_{AB} 以顺时针为正)，求导后以 $\varphi = 45°$ 代入，得轮心 A 的加速度为

$$a_A = \frac{3m_1 g}{4m_1 + 9m_2} \tag{2}$$

第四节　机械能守恒定律

一、势力场和势能

1. 势力场

如果质点在某空间中的任一位置，都受到一个大小和方向完全决定于质点位置的力的作用，则这部分空间称为力场。例如，地球表面附近的空间是重力场；当质点离地面较远时，质点

将受到万有引力的作用,引力的大小和方向也完全决定于质点的位置,所以这部分空间称为万有引力场;系在弹簧上的质点受到弹簧的弹性力的作用,弹性力的大小和方向也只与质点的位置有关,因而在弹性力所及的空间称为弹性力场。

如果质点在某力场中运动时,作用在质点上的力所做的功与质点路径无关,只取决于质点的初始位置和终止位置,则该力场称为势力场,而质点所受的力称为有势力,或称保守力。例如:重力,万有引力及弹性力都是有势力,重力场、万有引力场及弹性力场都是势力场。

2. 势能

在势力场中,质点从位置点 M 运动到任选位置点 M_0 时有势力所做的功称为质点在位置 M 相对于位置 M_0 的势能,即

$$V = \int_{M}^{M_0} \boldsymbol{F} \cdot \mathrm{d}\boldsymbol{r} = \int_{M}^{M_0} F_x \mathrm{d}x + F_y \mathrm{d}y + F_z \mathrm{d}z \tag{11-25}$$

其中,定义位置点 M_0 的势能等于为零,点 M_0 称为零势能点。在势力场中,势能的大小是相对于零势能点而言的。因此,势力场中的同一点相对于不同零势能点,其势能的大小是不相同的;同时零势能点的选择又可以是任意的。

3. 常见力的势能

(1)重力势能

在重力场中,质点受重力 $\boldsymbol{P}$,设 z 轴铅垂向上,z_0 为零势能点,质点在任意 z 处的重力势能,由式(11-25)得

$$V = \int_{M}^{M_0} \boldsymbol{F} \cdot \mathrm{d}\boldsymbol{r} = P(z - z_0) \tag{11-26a}$$

若取坐标原点为零势能点,则重力势能为

$$V = Pz \tag{11-26b}$$

(2)弹性力势能

设一端固定,另一端连接一物体的弹簧,弹簧的刚性系数为 k,以变形量 δ_0 为零势能点,变形量 δ 处的弹性力势能由式(11-13)得

$$V = \frac{k}{2}(\delta^2 - \delta_0^2) \tag{11-27a}$$

若取弹簧的自然位置为零势能点,即 $\delta_0 = 0$,则有

$$V = \frac{k}{2}\delta^2 \tag{11-27b}$$

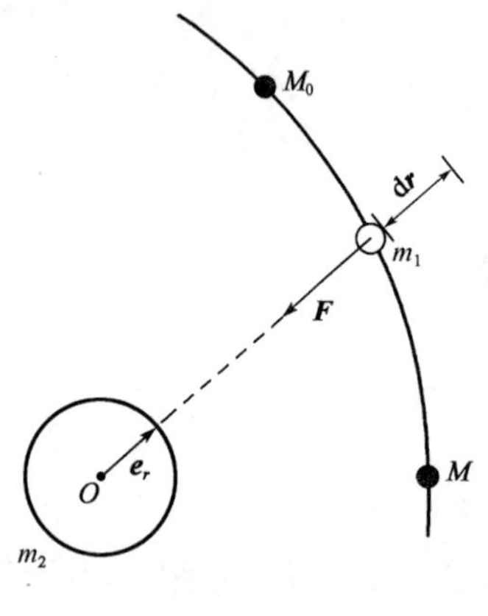

图 11-14

(3)万有引力势能

设质量为 m_1 的星球,受到质量为 m_2 星球的万有引力 $\boldsymbol{F}$ 的作用,如图 11-14 所示,设 M_0 点为零势能点,质量为 m_2 星球在 M 处的万有引力势能由式(11-25)得

$$V = \int_{M}^{M_0} \boldsymbol{F} \cdot \mathrm{d}\boldsymbol{r} = \int_{M}^{M_0} -\frac{fm_1m_2}{r^2}\boldsymbol{e}_r \cdot \mathrm{d}\boldsymbol{r}$$

其中,f 为引力系数,$\boldsymbol{e}_r$ 为方向单位矢量,M_0 处的矢径为 $\boldsymbol{r}_0$,M 处的矢径为 $\boldsymbol{r}$,$\boldsymbol{e}_r \cdot \mathrm{d}\boldsymbol{r} = \mathrm{d}r$。

则有

$$V = \int_{M_1}^{M_2} \boldsymbol{F} \cdot \mathrm{d}\boldsymbol{r} = \int_{M_1}^{M_2} -\frac{fm_1m_2}{r^2}\mathrm{d}r = fm_1m_2\left(\frac{1}{r_0} - \frac{1}{r}\right) \tag{11-28}$$

若取零势能点为无限远处，即 $r_0 = \infty$，则有

$$V = -\frac{fm_1m_2}{r}$$

以上讨论的是一个质点受到有势力作用时的势能计算，对质点系而言，其势能应等于质点系内每个质点势能的代数和。

4. 有势力功与势能的关系

在势力场中，设零势能点为 M_0 点。质点系从位置 M_1 运动到位置 M_2 时，有势力做功为 W_{12}；质点系从位置 M_2 运动到位置 M_0 时，有势力做功为 W_{20}；质点系从位置 M_1 运动到位置 M_0 时，有势力做功为 W_{10}，如图 11-15 所示，则有

$$W_{10} = W_{12} + W_{20}$$

由势能的定义知

$$W_{10} = V_1, W_{20} = V_2$$

代入上式，从而有

$$W_{12} = V_1 - V_2 \tag{11-29}$$

即有势力做功等于质点系在运动过程中始末位置的势能差。

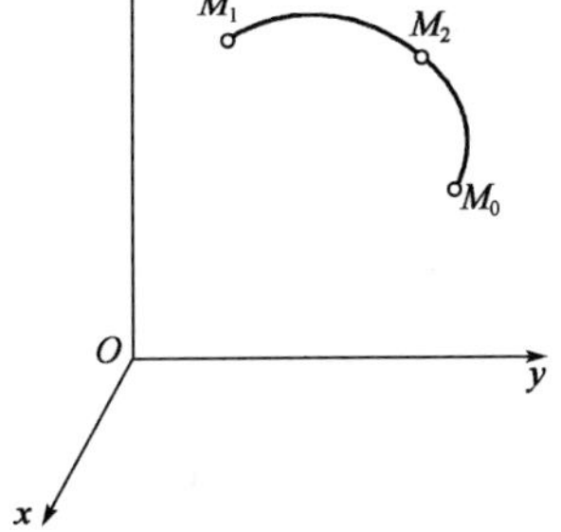

图 11-15

二、机械能守恒定律

质点系在某瞬时的动能与势能的代数和称为机械能。设质点系在有势力作用下，从位置 M_1 运动到位置 M_2 时，相应的势能分别为 V_1 和 V_2，动能分别为 T_1 和 T_2，有势力所做的功由式(11-29)得

$$W_{12} = V_1 - V_2$$

依据质点系动能定理，有

$$W_{12} = T_2 - T_1$$

于是

$$V_1 - V_2 = T_2 - T_1$$

移项得

$$T_1 + V_1 = T_2 + V_2 \tag{11-30}$$

式(11-30)即为机械能守恒定律，它表明：质点系仅在有势力作用下运动时，其机械能保持不变。这样的质点系称为保守系统。

将作用在质点系上的力分为保守力（或有势力）和非保守力（或非有势力）两类，如果质点系还受到非保守力的作用，称为非保守系统，非保守系统的机械能是不守恒的。设有势力的功为 W_{12}，非有势力的功为 W'_{12}，则由动能定理得

$$T_2 - T_1 = W_{12} + W'_{12}$$

考虑式(11-29)上式为

$$(T_2 + V_2) - (T_1 + V_1) = W'_{12} \tag{11-31}$$

即非有势力的功等于机械能的变化。当非有势力做正功时：$W'_{12} \geqslant 0$，质点系在运动过程中机械能增加，这时外界对系统输入了能量；反之，则是系统对外界释放能量，称为机械能耗散。

从能量的观点来看，无论什么系统，总能量是不变的，机械能的增或减，只说明了在这过程中机械能与其他形式的能量（热能、电能等）进行了转化。

[例 11-5] 均质圆柱体 A 和 B 的质量均为 m，半径均为 r，一绳缠绕在绕固定轴 O 转动的圆柱体 A 上，绳另一端缠绕在圆柱 B 上，直线绳段为铅垂，如图 11-16 所示，若轴 O 的摩擦不计，系统初始静止，两轮心初始时在同一水平线上，试求当圆柱体 B 下落 h 时，圆柱体 B 的轮心速度和加速度，以及圆柱体 A 的角速度和角加速度。

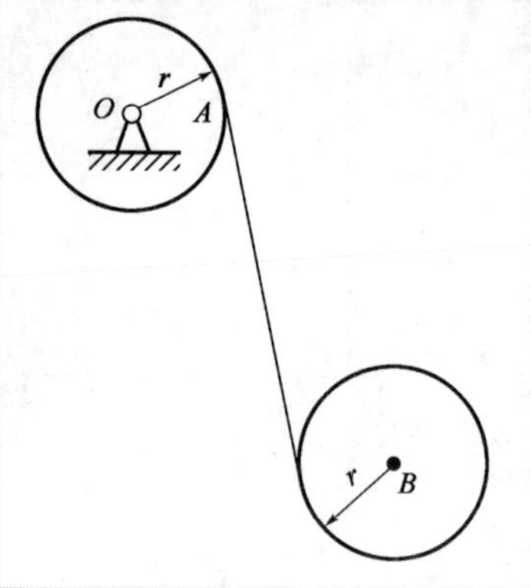

图 11-16

解： 选均质圆柱体 A 和 B 为质点系。由于轴 O 处的约束力不做功，因此系统机械能守恒。轮心初始位置为零势能点，根据题意，初始位置时系统的动能和势能为

$$T_1 = 0 \qquad V_1 = 0$$

圆柱体 B 下落 h 时，系统的动能为

$$T_2 = \frac{1}{2}mv_B^2 + \frac{1}{2}J_B\omega^2$$

其中，两圆柱体的角速度 $\omega_A = \omega_B = \omega$，$v_B = 2\omega r$，$\omega = \dfrac{v_B}{2r}$，则上式为

$$T_2 = \frac{1}{2}mv_B^2 + \frac{1}{2}J_B\omega^2 = \frac{1}{2}mv_B^2 + \frac{1}{2}\left(\frac{1}{2}mr^2\right)\left(\frac{v_B}{2r}\right)^2 = \frac{5}{8}mv_B^2$$

系统的势能为

$$V_2 = -mgh$$

由机械能守恒定律

$$V_1 + T_1 = V_2 + T_2$$

得

$$-mgh + \frac{5}{8}mv_B^2 = 0 \tag{1}$$

则圆柱体 B 轮心的速度为

$$v_B = \sqrt{\frac{8gh}{5}} \tag{2}$$

式(1)两边对时间求导，并注意 $\dot{h} = v_B$，从而得圆柱体 B 轮心的加速度为

$$a_B = \frac{4}{5}g \tag{3}$$

圆柱体 A 的角速度

$$\omega = \frac{1}{2r}\sqrt{\frac{8gh}{5}} \tag{4}$$

式(4)对时间求导，得圆柱体 A 的角加速度为

$$\alpha = \frac{2}{5r}g \tag{5}$$

第五节　动力学普遍定理的综合应用

动量定理（质心运动定理）、动量矩定理和动能定理构成动力学普遍定理，它们从不同侧面反映机械运动量与作用在物体上的力、力矩和功之间的关系。

动量定理（或质心运动定理）建立了动量的变化（或质心运动的变化）与外力系主矢的关系。它涉及速度、时间和外力三种量。对于用时间表示的运动过程，通常使用动量定理求解。特别是已知运动求约束反力的问题，必须用动量定理（或质心运动定理）求解。

动量矩定理建立了质点系动量矩的变化与外力系主矩的关系。当质点系绕轴运动时，可考虑使用动量矩定理求解。如果已知运动，则可使用动量矩定理求解作用线不通过转轴的力。如果已知外力矩，则可使用动量矩定理求解质点系绕轴（或点）的运动。

动能定理建立了质点系动能的变化与力的功的关系。它涉及速度、路程和力三种量。对于用路程表示的运动过程，当已知力求质点系运动的速度（或角速度）、加速度（或角加速度）时，通常使用动能定理求解较为方便。

此外，还要注意各定理的守恒条件。通过守恒定理直接列出运动量之间的关系。

在动力学计算方面，应根据问题适当选择普遍定理中的某一个定理，有时是这些定理的联合应用。一般情形，动量定理和质心运动定理主要是研究运动中的平动部分或质点系整体（质心）运动的问题；动量矩定理主要是研究定轴转动或绕点或轴转动的问题；质心运动定理和动量矩定理联合应用常研究刚体平面运动问题；动能定理是研究一般机械运动问题，当要求质点系的运动量（例如，速度、加速度、角速度和角加速度）时，常先采用动能定理较好，因为它是标量方程易于求解；当要求作用在质点系上的力时，应根据问题选择动量定理、质心运动定理或动量矩定理。

动力学求解分为两类，一类是已知质点系的运动，求作用质点系上的力；另一类是已知作用质点系上的力，求质点系的运动。在领会各定理的特征的同时，还要学会针对具体问题进行受力分析和运动分析，弄清楚问题的性质和条件，再结合各定理所反映的规律，来选择适用的定理。

下面通过具体问题来说明普遍定理的综合应用。

[例 11-6] 如图 11-17a) 所示铰车鼓轮的半径为 r，重为 G_1，重心与轴承 O 的中心相重合，在其上作用一力偶矩为 M 的常力偶，使半径为 R，重为 G_2 的滚子（鼓轮和滚子均视为均质圆盘）沿倾角为 θ 斜面由静止开始向上作纯滚动。设绳子不能伸长且不计质量，求鼓轮由静止开始转过角 φ 时，滚子质心 C 的速度、加速度、绳子的拉力和轴承 O 处约束力。

解：(1) 先取整个系统为研究对象，应用动能定理求滚子质心 C 的速度、加速度。

系统初始时的动能

$$T_1 = 0$$

系统末位置的动能

$$T_2 = \frac{1}{2}\frac{G_2}{g}v_C^2 + \frac{1}{2}J_C\omega_C^2 + \frac{1}{2}J_O\omega_O^2$$

式中，v_C 为滚子质心 C 的速度；ω_C，ω_O 分别为滚子和鼓轮的角速度。由运动学可知，$\omega_C = v_C/R$，$\omega_O = v_C/r$ 则

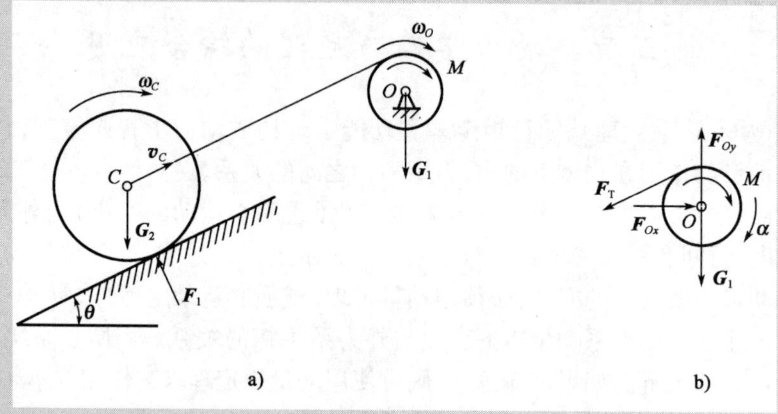

图 11-17

$$T_2 - T_1 = \frac{1}{2}\frac{G_2}{g}v_C^2 + \frac{1}{2}J_C\left(\frac{v_C}{R}\right)^2 + \frac{1}{2}J_O\left(\frac{v_C}{R}\right)^2$$

$$= \frac{1}{2}\frac{G_2}{g}v_C + \frac{1}{2} \times \frac{G_2}{2g}R^2 \times \frac{v_C^2}{R^2} + \frac{1}{2} \times \frac{G_1}{2g}r^2 \times \frac{v_C^2}{R^2}$$

$$= \frac{(3G_2 + G_1)}{4g}v_C^2$$

系统具有理想约束且内力功之和恒等于零,只有滚子的重力 G_2 和力偶矩为 M 的力偶做功

$$\sum W = - G_2 r\varphi\sin\theta + M\varphi$$

根据质点系的动能定理,可得

$$\frac{(3G_2 + G_1)}{4g}v_C^2 - 0 = - G_2\gamma\varphi\sin\theta + M\varphi \tag{1}$$

解得

$$v_C = \sqrt{\frac{4(M - G_2 r\sin\theta)g\varphi}{3G_2 + G_1}}$$

将式(1)两端对 t 求一阶导数,得

$$\frac{(3G_2 + G_1)}{4g}2v_C\frac{\mathrm{d}v_C}{\mathrm{d}t} = (M - G_2 r\sin\theta)\frac{\mathrm{d}\varphi}{\mathrm{d}t}$$

而 $\mathrm{d}\varphi/\mathrm{d}t = \omega_O = v_C/r$,代入上式,可得滚子质心 C 的加速度

$$a_C = \frac{\mathrm{d}v_C}{\mathrm{d}t} = \frac{2(M - G_2 r\sin\theta)g}{(3G_2 + G_1)r} \tag{2}$$

(2)取鼓轮(包括绳子)为研究对象,其受力图如图 12-17b)所示,应用刚体绕定轴转动微分方程求滚子对绳子的拉力。

根据刚体绕定轴转动微分方程,可得

$$J_O\alpha = M - F_\mathrm{T}r$$

且

$$J_O = \frac{1}{2}\frac{G_1}{g}r^2 \qquad \alpha = \frac{a_C}{r} = \frac{2(M - G_2 r\sin\theta)g}{(3G_2 + G_1)r^2}$$

故滚子对绳子的拉力

$$F_{\mathrm{T}} = \frac{M}{r} - \frac{(M - G_2 r\sin\theta)G_1}{(3G_2 + G_1)r} \tag{3}$$

(3)仍以鼓轮(包括绳子)为研究对象,如图12-17b),根据质心运动定理求轴承O处约束力。

因鼓轮质心的加速度为零,故由质心运动定理在x,y轴上的投影式可得

$$0 = F_{Ox} - F_{\mathrm{T}}\cos\theta$$

$$0 = F_{Oy} - G_1 - F_{\mathrm{T}}\sin\theta$$

将式(3)代入,解得

$$F_{Ox} = F_T\cos\theta = \left[\frac{M}{r} - \frac{G_1(M - G_2 r\sin\theta)}{(3G_2 + G_1)r}\right]\cos\theta$$

$$F_{Oy} = G_1 + \left[\frac{M}{r} - \frac{G_1(M - G_2 r\sin\theta)}{(3G_2 + G_1)r}\right]\sin\theta$$

[**例11-7**]如图11-18a)所示,均质细杆长为l,质量为m,静止直立于光滑的水平面上,当有微小的干扰时而倒下,试求杆刚与地面接触时杆的角加速度,质心的速度、加速度,地面的约束反力。

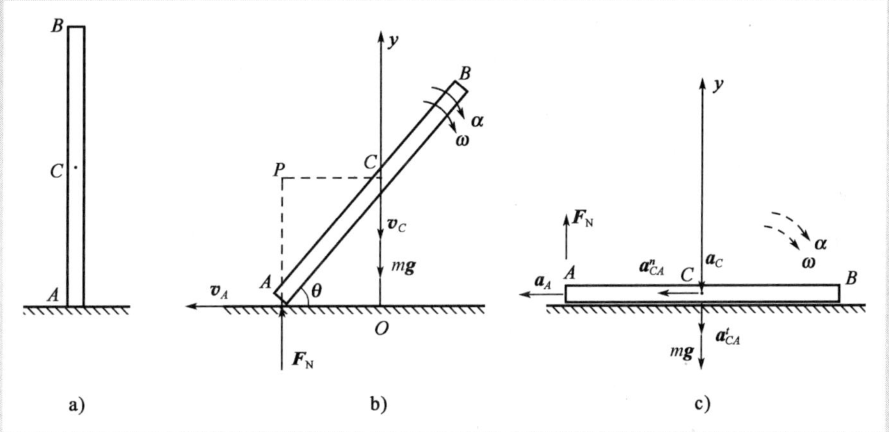

图 11-18

解:取均质杆AB为研究对象,杆始终只受重力mg和法向约束力$\boldsymbol{F}_{\mathrm{N}}$作用,故水平方向质心守恒,质心$C$作铅垂直线运动。初始时杆的初动能为

$$T_1 = 0$$

如图11-18b)所示,末位置设在任意的θ位置,此时$\omega = \dfrac{2v_C}{l\cos\theta}$,杆的动能为

$$T_2 = \frac{1}{2}mv_C^2 + \frac{1}{2}J_C\omega^2 = \frac{1}{2}m\left(1 + \frac{1}{3\cos^2\theta}\right)v_C^2$$

法向约束力$\boldsymbol{F}_{\mathrm{N}}$不做功,因$A$的速度与之垂直;只有重力$mg$做功,得

$$W_{12} = mg\frac{l}{2}(1 - \sin\theta)$$

由质点系动能定理

$$T_2 - T_1 = \sum W_{12}$$

得

$$mg\frac{l}{2}(1 - \sin\theta) = \frac{1}{2}m\left(1 + \frac{1}{3\cos^2\theta}\right)v_C^2 \tag{1}$$

上式中令 $\theta = 0$ 得 $v_C = \frac{1}{2}\sqrt{3gl}, \omega = \sqrt{\frac{3g}{l}}$

式(1)两边对时间求导,并注意 $\theta = -\omega$,得质心的加速度为

$$a_C = \frac{3}{4}g \tag{2}$$

如图 11-18c)所示,由于杆作平面运动,由基点法,有

$$\boldsymbol{a}_C = \boldsymbol{a}_A + \boldsymbol{a}_{CA}^t + \boldsymbol{a}_{CA}^n \tag{3}$$

上式向 y 轴投影,有

$$a_C = a_{CA}^t = \alpha \cdot \frac{l}{2}$$

得 $$\alpha = \frac{2a_C}{l} = \frac{3g}{2l}$$

如图 11-18b)所示,由质心运动定理得

$$ma_C = mg - F_N \tag{4}$$

式(2)代入式(4)得地面的约束力为

$$F_N = \frac{1}{4}mg$$

上面的例子中还可以有其他的解法,请初学者自己练习。在学习这部分时,应根据具体问题,恰当地选择动力学普遍定理中的某一个或几个的联立,才能求解。

思 考 题

11-1 弹簧由其自然位置拉长 10cm 或压缩 1cm,弹簧力做功是否相等?拉长 10cm 和再拉长 10cm,这两个过程中位移相等,弹簧性力做功是否相等?

11-2 圆轮纯滚动时,与地面接触点的法向约束力和滑动摩擦力是否做功?

11-3 质点系动能的变化与作用在质点系上的外力有关,与内力无关,对吗?

11-4 汽车在行驶的过程中,靠什么力改变汽车的动量?靠什么力改变汽车的动能?

11-5 均质圆轮无初速地沿斜面纯滚动,轮心降落高度 h 而到达水平面,如图所示。忽略滚动摩擦和空气阻力,问到达水平面时,轮心的速度 v 与圆轮半径大小是否有关?当轮半径趋于零时,与质点滑下结果是否一致?轮半径趋于零,还能只滚不滑吗?

11-6 均质圆盘绕通过圆盘的质心 C 而垂直于圆盘平面的轴转动,在圆盘平面内作用一力偶矩为 M 的力偶,如图所示,问圆盘的动量、动量矩、动能是否守恒?为什么?

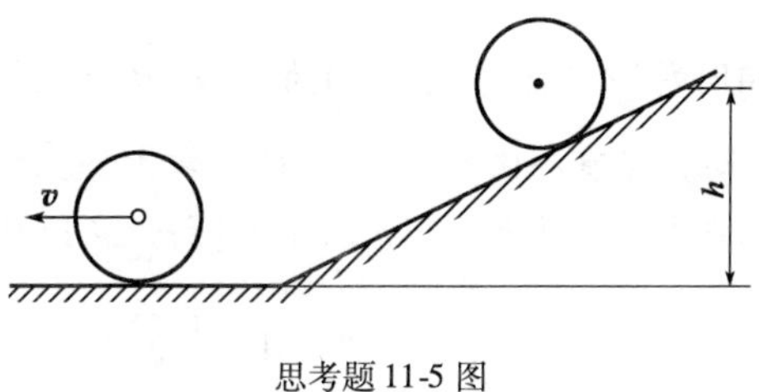

思考题 11-5 图

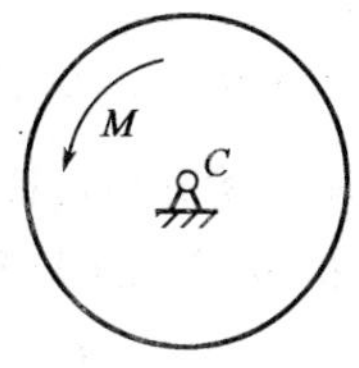

思考题 11-6 图

11-7　试举一例，说明质点系的动量和对固定点的动量矩都等于零，但该质点系的动能却不等于零。

11-8 动力学普遍定理都适用于什么坐标系？当应用于刚体时有哪些特点？

习　题

11-1　一刚度系数为 k 的弹簧，放在倾角为 θ 的斜面上。弹簧的上端固定，下端与质量为 m 的物块 A 相连，图示为其平衡位置。如使重物 A 从平衡位置向下沿斜面移动了距离 s，不计摩擦力，试求作用于重物 A 上所有力的功的总和。

11-2　如图所示，在半径为 r 的卷筒上，作用一力偶矩 $M=a\varphi+b\varphi^2$，其中 φ 为转角，a 和 b 为常数。卷筒上的绳索拉动水平面上的重物 B。设重物 B 的质量为 m，它与水平面之间的滑动摩擦因数为 μ。不计绳索质量。当卷筒转过两圈时，试求作用于系统上所有力的功的总和。

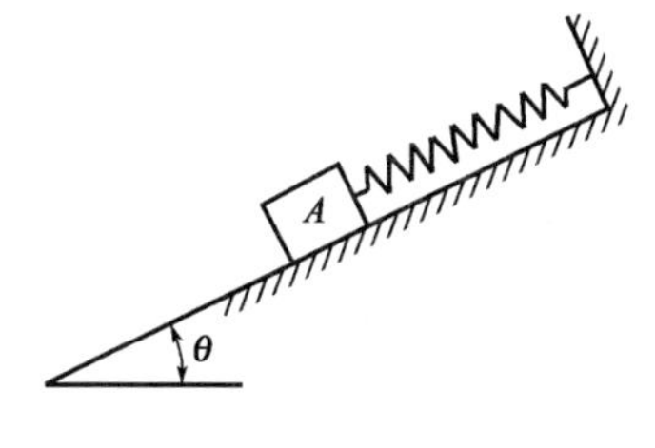

习题 11-1 图

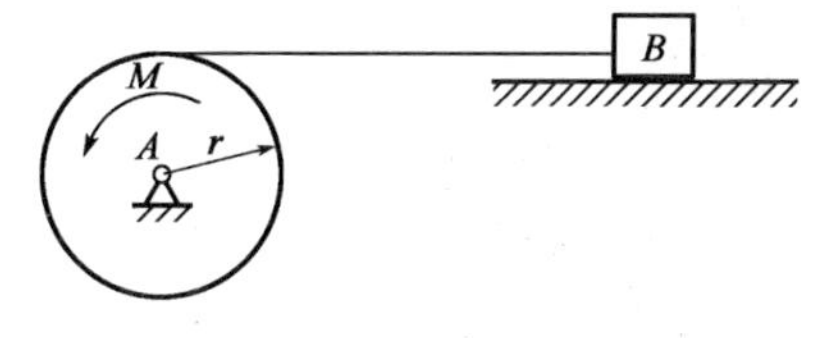

习题 11-2 图

11-3　质量为 m_1 的滑块 A 沿水平面以速度 $\boldsymbol{v}$ 移动，质量为 m_2 的物块 B 沿滑块 A 以相对速度 $\boldsymbol{u}$ 滑下，如图所示。试求系统的动能。

11-4　如图所示，滑块 A 质量为 m_1，在滑道内滑动，其上铰接一均质直杆 AB，杆 AB 长为 l，质量为 m_2。当 AB 杆与铅垂线的夹角为 φ 时，滑块 A 的速度为 $\boldsymbol{v}_A$，杆 AB 的角速度为 ω。试求在该瞬时系统的动能。

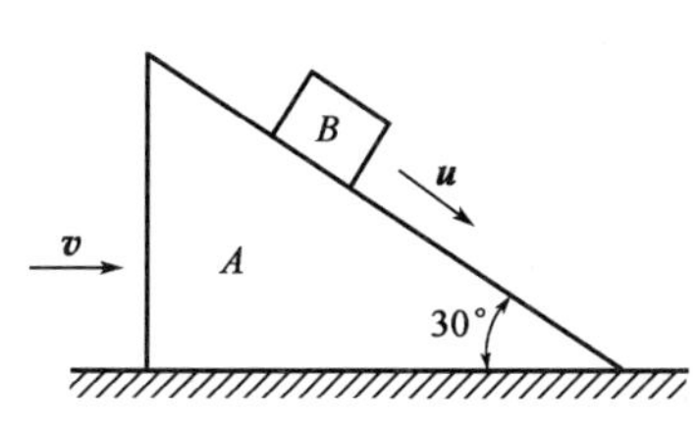

习题 11-3 图

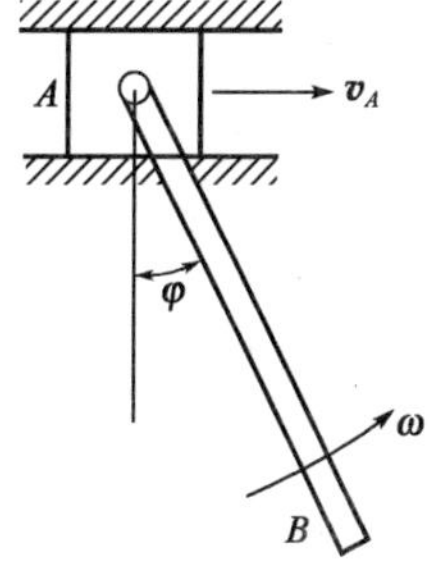

习题 11-4 图

11-5　两均质杆 AC 和 BC 各重 P，长均为 l，C 端铰接，放在光滑水平面上如图所示，当 C 点距地面的高度为 h 时，以无初速度释放，杆系在铅直平面内落下。试求 C 点将到达水平面时的速度。

11-6　图示平面机构的曲柄和连杆被看作相同的均质杆，其质量均为 m，在 B 点铰接一滚子，其质量为 M，可看作匀质圆盘，它沿水平面作纯滚动。现有一常力 $\vec{F}$ 作用在 A 铰上，此时机构由图示位置（θ 角）从静止开始释放。试求当 O,A,B 三点在一水平线上时，曲柄和连杆的角速度。

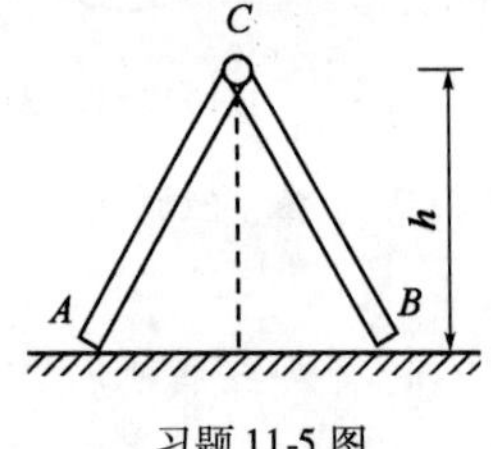

习题 11-5 图

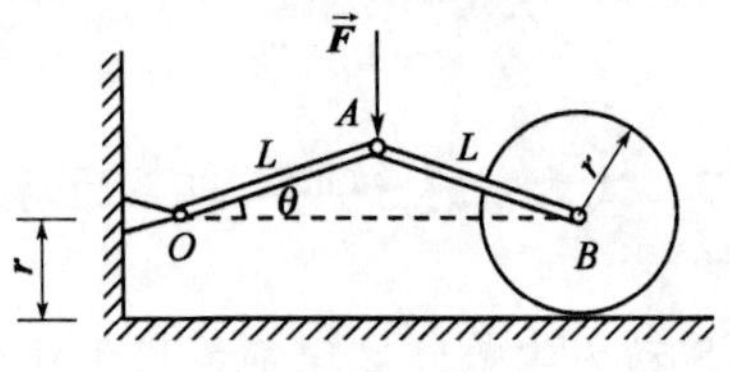

习题 11-6 图

11-7　椭圆规尺在水平面内由曲柄带动，设曲柄和椭圆规尺都是均质细杆，其质量分别为 m_1 和 $2m_1$，且 $OC=AC=BC=l$，如图所示。滑块 A 和 B 的质量都等于 m_2。如作用在曲柄上的力偶矩为 M，不计摩擦，试求曲柄的角加速度。

11-8　均质圆柱体的质量为 m_1、半径为 R，沿固定水平面作纯滚动；重物 B 的质量为 m_2；定滑轮 D 质量不计；弹簧的弹性系数为 k，初始时弹簧长度为其原长 l_0 的一半，系统从静止无初速度释放。试求重物下降 $h=2l_0$ 时的速度。

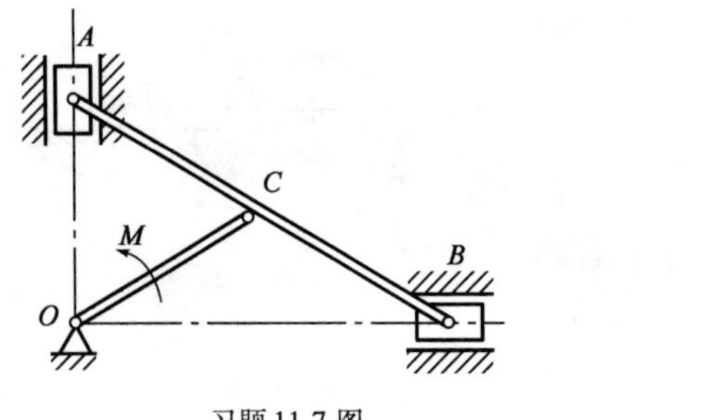

习题 11-7 图

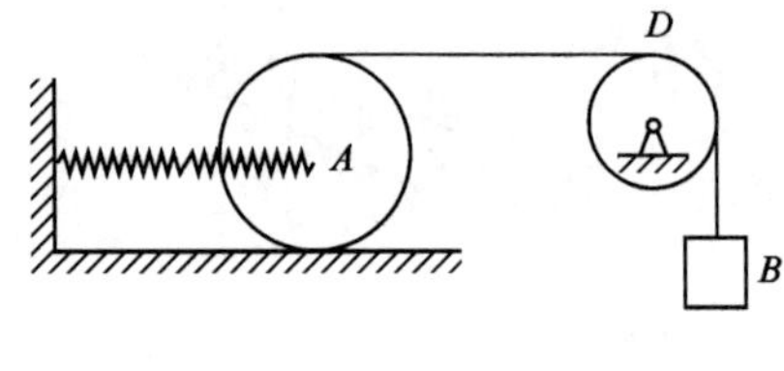

习题 11-8 图

11-9　均质滑轮 A,B 分别重 Q_1,Q_2，半径分别为 R,r，且 $R=2r$，物体 C 重 P，为了提升重物，在轮 A 上作用有矩为 M 的常力偶。设轴承光滑，绳与滑轮之间无相对滑动。试求物 C 上升的加速度。

11-10　图示链条传运机，链条与水平线的夹角为 θ，在链轮 B 上作用一力偶矩为 M 的力偶，传运机从静止开始运动。已知被提升重物 A 的质量为 m_1，链轮 B,C 的半径均为 r，质量均为 m_2，且可看成均质圆柱。试求传运机链条的速度，以其位移 s 表示。不计链条的质量。

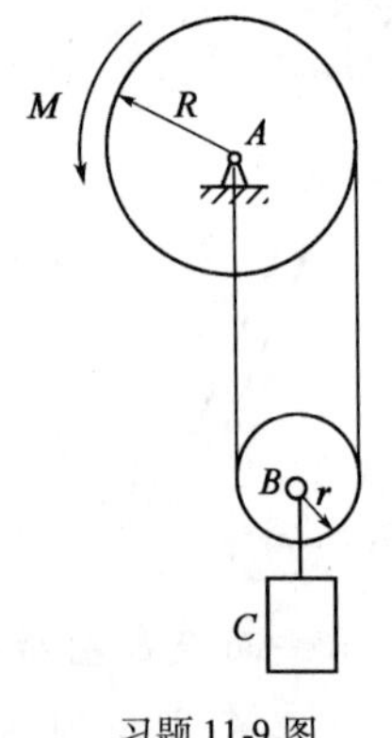

习题 11-9 图

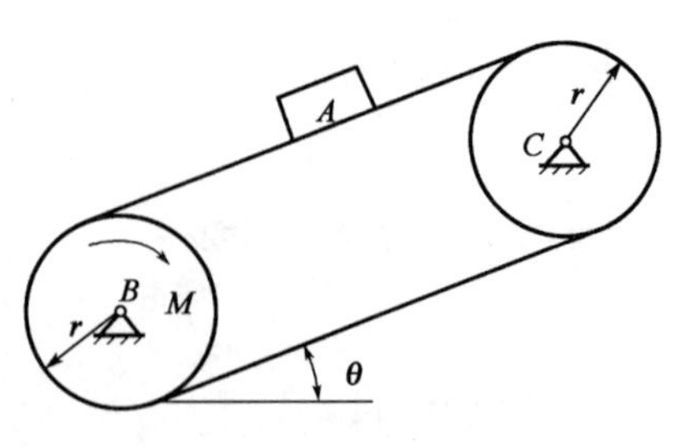

习题 11-10 图

11-11　如图所示，质量为 m_1 的直杆 AB 可以自由地在固定铅垂套管中移动，杆的下端搁在质量为 m_2、倾角为 θ 的光滑的楔块 C 上，楔块又放在光滑的水平面上。由于杆的压力，楔块向水平向右方向运动，因而杆下降，试求两物体的加速度。

11-12　如图所示，均质细杆长为 l，质量为 m_1，上端 B 靠在光滑的墙下，下端 A 用铰链与圆柱的中心相连。圆柱质量为 m_2，半径为 R，放在粗糙的地面上，自图示位置由静止开始滚动而不滑动。如杆与水平线的夹角 $\theta=45°$，不计滚动摩擦，试求 A 点在初瞬时的加速度。

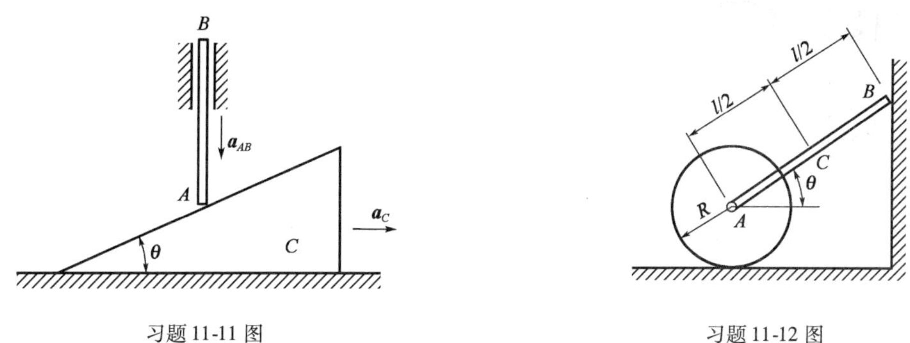

习题 11-11 图　　　　习题 11-12 图

11-13　质量为 20kg 的均质杆 AB 的端部 A、B 分别被限制在铅直和水平滑槽内移动。杆最初在 $\theta=0°$ 时处于静止。若在 B 端作用一水平力 $F=80\text{N}$，求杆在 $\theta=45°$ 瞬时的角速度。滑块 A、B 的质量及摩擦均略去不计。

11-14　质量为 10kg 的均质圆盘安装在质量为 5kg 的均质杆 AB 的 A 端。若当 $\theta=60°$ 时从静止状态放开，假设圆盘只滚不滑，求当 $\theta=0°$ 时杆 AB 的角速度。沿导杆的摩擦和滑块 B 的质量均忽略不计。杆 AB 长 $l=0.6\text{m}$，圆盘半径 $r=0.1\text{m}$。

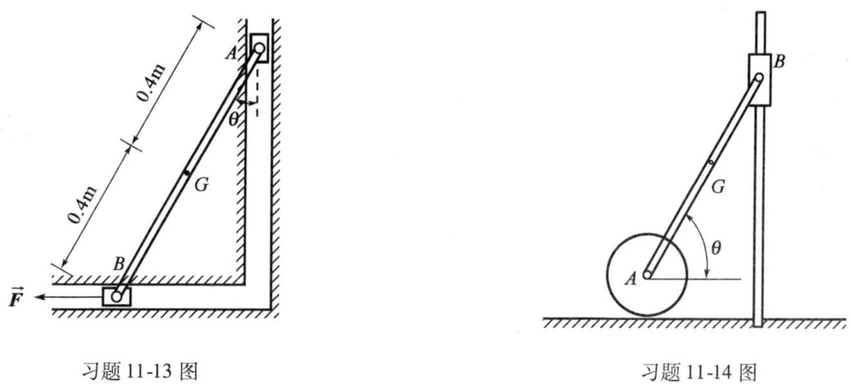

习题 11-13 图　　　　习题 11-14 图

11-15　如图所示，均质直杆 AB 重 100N，长 $AB=200\text{mm}$，两端分别用铰链与滑块 A、B 连接，滑块 A 与一刚度系数为 $k=2\text{N/mm}$ 的弹簧相连，杆与水平线的夹角为 β，当 $\beta=0°$ 时弹簧为原长。摩擦与滑块 A,B 的质量均不计。试求：(1) 杆自 $\beta=0°$ 处无初速地释放时，弹簧的最大伸长量；(2) 杆在 $\beta=60°$ 处无初速地释放时，在 $\beta=30°$ 时杆的角速度。

11-16　如图所示，物块 M 和滑轮 A、B 的质量均为 m，且滑轮可视为均质圆盘，弹簧的刚度系数为 k，不计轴承摩擦，绳与轮之间无滑动。当物块 M 离地面的距离为 h 时，系统处于平衡。现给物块 M 以向下的初速度 v_0，使它恰能到达地面，求物块 M 的初速度 v_0。

11-17　均质圆轮重 P，半径为 R，弹簧刚度系数为 k，系统原处于静止。若使轮子恰好沿倾角为 β 的斜面纯滚动一周，加在轮心 O 处的初速度 $\vec{v}_0$ 应为多大？

11-18　一均质杆 OA 重 $P=20\text{N}$，长 $L=1\text{m}$，杆端 A 铰接一半径 $R=L/10$、重 $Q=10\text{N}$ 的均质圆轮，此轮沿固定圆弧面作纯滚动。试求当杆 OA 由水平位置静止释放转至 $\varphi=60°$ 时，圆轮的角加速度。

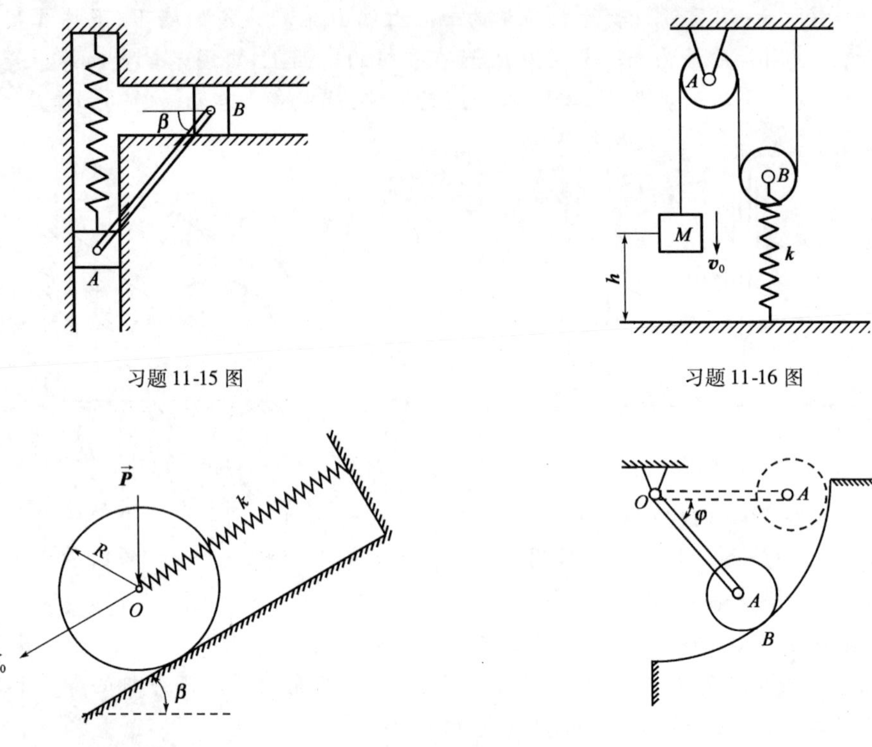

习题 11-15 图　　习题 11-16 图

习题 11-17 图　　习题 11-18 图

11-19　如图所示，已知均质圆柱 A 的半径为 0.2m，质量为 10kg，滑块 B 的质量为 5kg，它与斜面间动摩擦因数 $\mu=0.2$，圆柱 A 只作纯滚动，系统由静止开始运动。试求 A，B 沿斜面向下运动 10m 时滑块 B 的速度和加速度，以及 AB 杆所受的力。不计 AB 杆的质量。

11-20　如图所示的均质细杆 AB，长为 l，质量为 m，放在铅直面内，杆与水平面成角 φ_0，杆的一端 A 靠在光滑的铅直墙上，另一端 B 放在光滑的水平地面上，然后杆由静止状态倒下。试求：(1) 杆在任意位置时的角速度 ω 和角加速度 α；(2) 杆脱离墙时与水平面所成的夹角 φ_1。

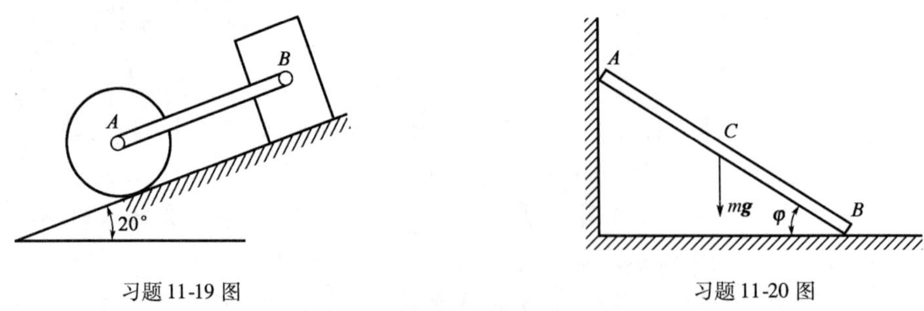

习题 11-19 图　　习题 11-20 图

11-21　两个相同的滑轮，半径为 R，质量为 m，用绳连接如图所示。两滑轮可视为均质圆盘。如系统由静止开始运动，试求滑轮质心 C 下落距离 h 时的速度及 AB 段绳子的拉力。

11-22　在图示系统中，已知：物 A 重 P_1，物 B 重 P_2，均质定滑轮 O 重 W，均质动滑轮 C 重 Q，不变转矩 M，重物 B 与斜面间的动摩擦系数为 f'。若轴承为光滑，绳与滑轮之间无相对滑动，绳的倾斜段与斜面平行，试求重物 A 由静止下降 S 距离时的速度 v_A 和重物 B 的加速度 a_B。

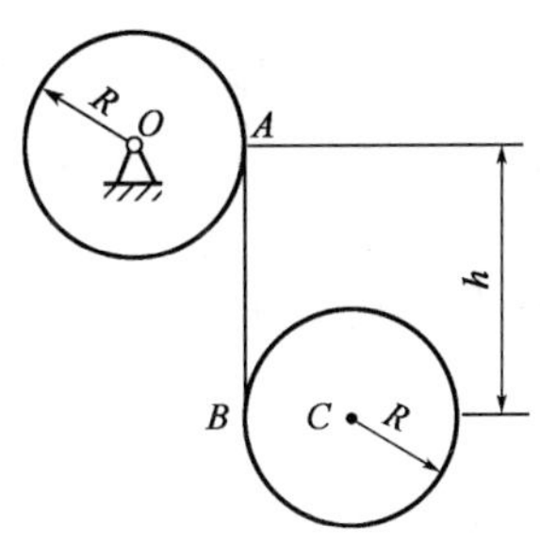

习题 11-21 图

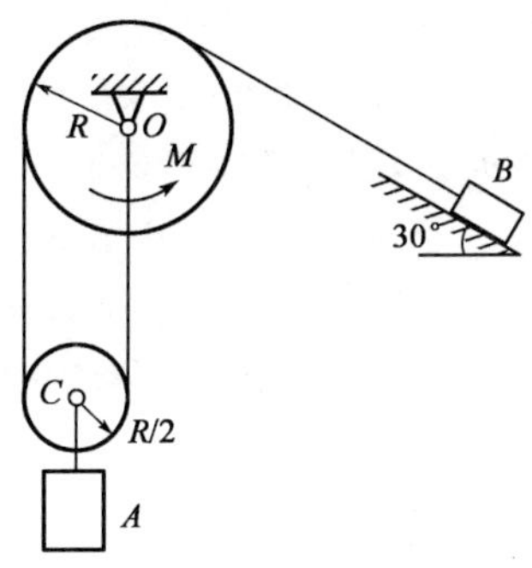

习题 11-22 图

11-23　匀质直杆 AB 和 OD，长度各为 L，质量各为 m，两杆在 AB 的中点 D 处铰接。OD 可绕光滑水平固定轴 O 转动。开始时 OD 处于水平位置并与 AB 垂直。当静止释放后，求杆 OD 转过 φ 角时的角加速度和角速度。

11-24　均质细杆 OA 可绕水平轴 O 转动，另一端 A 铰接一个均质圆盘，圆盘可绕 A 在铅直面自由旋转。已知，杆 OA 长 l，重 P，圆盘半径 R，重 Q，摩擦不计。初始时，杆 OA 水平并将系统静止释放。求杆转过 φ 角时的角加速度和角速度。

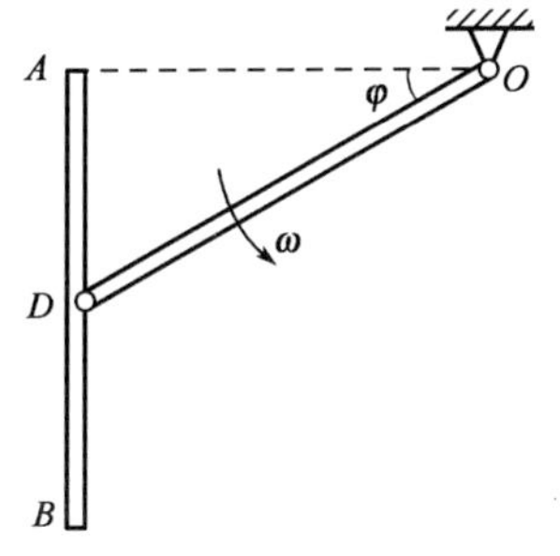

习题 11-23 图

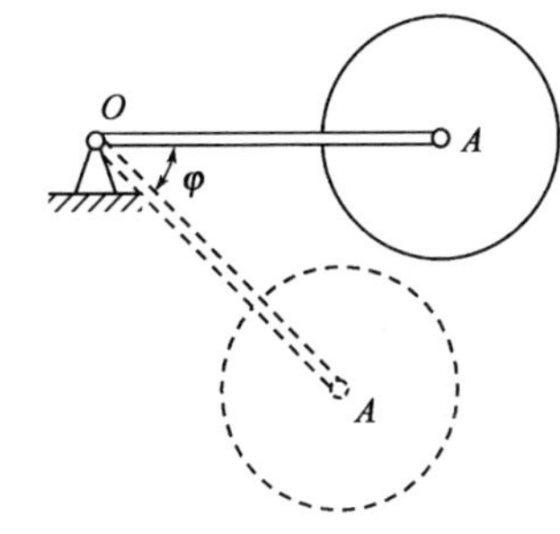

习题 11-24 图

11-25　在图示机构中，已知：匀质圆盘 A 重为 P，匀质轮 O 重为 Q，半径均为 R，斜面的倾角为 β，圆盘 A 沿斜面作纯滚动，轮 O 上作用一力偶矩为 M 的常值力偶。试求：(1) 轮 O 的角加速度 α；(2) 绳的拉力 F_T（表示成角速度 α 的函数）；(3) 圆盘与斜面间的摩擦力 F（表示成角加速度 α 的函数）。

11-26　在图示起重设备中，已知：物块 A 重为 P，轮 O 半径为 R，绞车 B 的半径为 r，绳索与水平线的夹角为 β。若不计轴承处的摩擦及滑轮、绞车、绳索的质量，试求：(1) 重物 A 匀速上升时，绳索拉力及力偶矩 M；(2) 重物 A 以匀加速度 a 上升时，绳索拉力及力偶矩 M；(3) 若

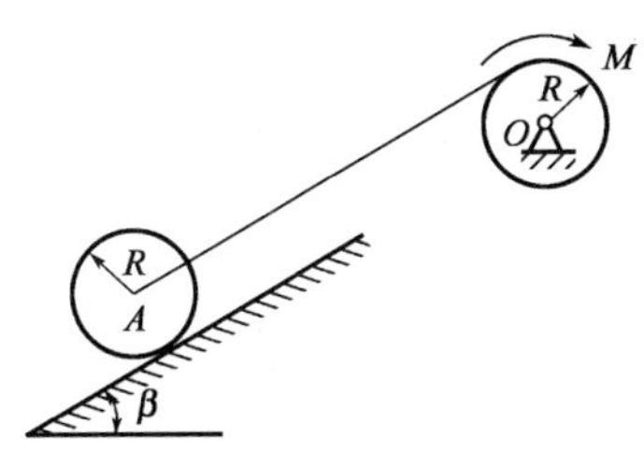

习题 11-25 图

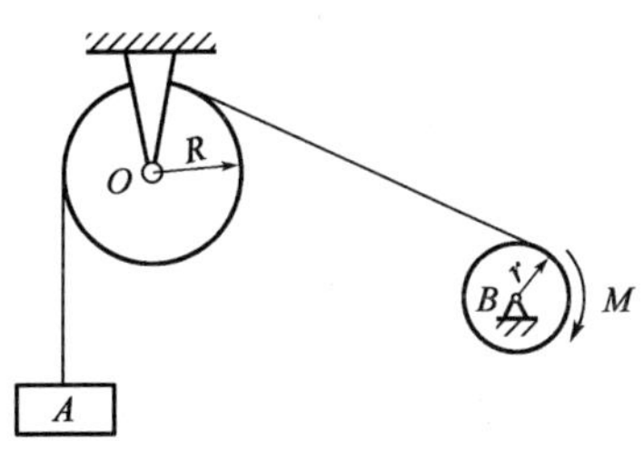

习题 11-26 图

考虑绞车 B 重为 P，可视为匀质圆盘，力偶矩为 M，初始时重物静止，当重物上升距离为 h 时的速度及加速度，及支座 O 处的反力。

11-27　物 A 质量为 m_1，沿楔状物 D 的斜面下降，同时借绕过定滑轮 C 的绳使质量为 m_2 的物体 B 上升，如图所示。斜面与水平成 θ 角，滑轮和绳的质量及一切摩擦均略去不计。试求楔状物 D 作用于地面凸出部分 E 的水平压力。

11-28　均质杆 AB 的质量为 $m=4\text{kg}$，其两端悬挂在两条平行绳上，杆处在水平位置，如图所示。设其中一绳突然断了，试求此瞬时另一绳的张力 F。

习题 11-27 图　　　　习题 11-28 图

11-29　均质细杆 OA 可绕水平轴 O 转动，另一端有一均质圆盘，圆盘可绕 A 在铅直面内自由旋转，如图所示。已知杆 OA 长为 l，质量为 m_1；圆盘半径为 R，质量为 m_2。不计摩擦，初始瞬时杆 OA 水平，杆和圆盘静止。试求杆与水平线成 θ 角的瞬时，杆的角速度和角加速度。

11-30　图示三棱柱体 ABC 的质量为 m_1，放在光滑的水平面上，可以无摩擦地滑动。质量为 m_2 的均质圆柱体 O 由静止沿斜面 AB 向下滚动而不滑动。如斜面的倾角为 θ，试求三棱柱体的加速度。

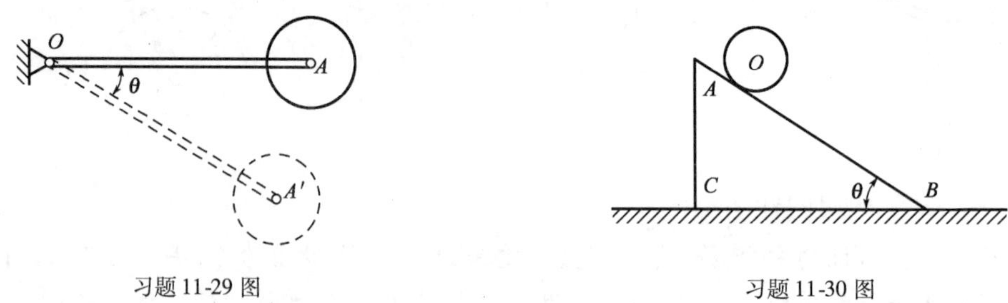

习题 11-29 图　　　　习题 11-30 图

11-31　图示机构位于铅垂平面内。已知：小物块开始时静止在光滑圆柱顶点 A，由于微小扰动沿圆弧 AB 滑下，在点 B 脱离圆柱体。试求脱离点 B 的偏角 φ。

11-32　在图示机构中，已知：匀质细杆 AB 长 L、重为 Q，由铅垂位置绕 A 端自由倒下。试求：(1)杆 AB 的角速度和角加速度(A 点不滑动前的)；(2)假定 $\beta=30°$ 时 A 端将开始滑动，此时杆与水平面之间的动摩擦系数 f'。

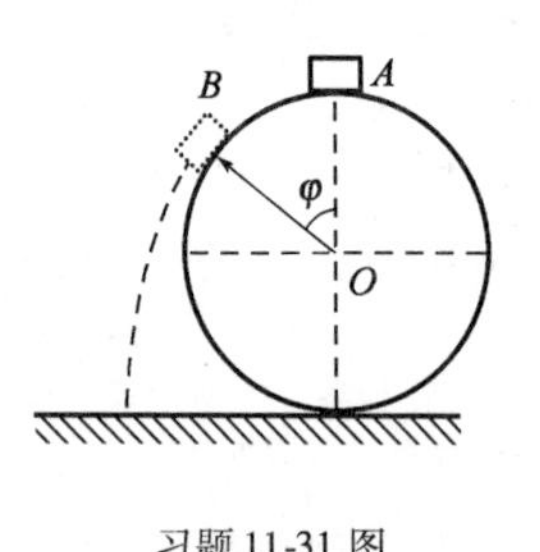

习题 11-31 图

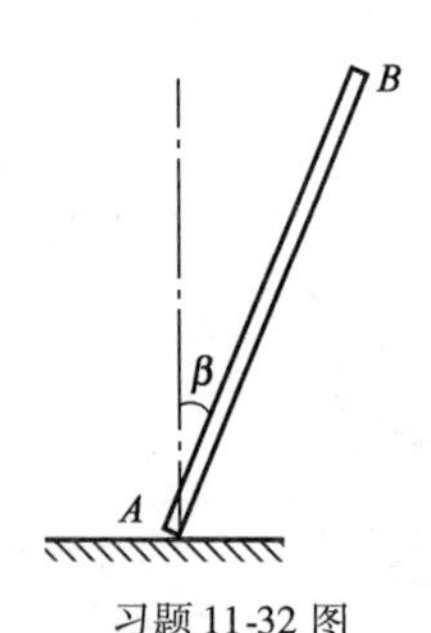

习题 11-32 图

第十二章　达朗贝尔原理

本章要点

- 惯性力的概念；
- 质点与质点系的达朗贝尔原理；
- 刚体(平动、绕定轴转动和平面运动刚体)惯性力系简化方法与简化结果；
- 动静法应用解题；
- 定轴转动刚体的轴承动反力。

前面以牛顿定律为基础研究质点和质点系的动力学问题,导出了求解质点和质点系动力学问题的普遍定理,但动力学普遍定理解题时往往比较困难或繁杂。本章介绍求解非自由质点系动力学问题的新方法——达朗贝尔原理,它是用静力学平衡的观点解决动力学问题,又称为动静法。它在解决已知运动求约束力方面显得特别方便,因此在工程中得到广泛的应用。

第一节　达朗贝尔原理

一、惯性力·质点的达朗贝尔原理

达朗贝尔原理是法国科学家达朗贝尔于1743年在其著作《动力学专论》中提出来的。依据这一原理,非自由质点系的动力学方程可以写成静力学平衡方程的形式,这种处理动力学问题的方法,其最大的特点是引入了惯性力的概念。

设非自由质点的质量为 m,加速度为 $\boldsymbol{a}$,作用在质点上的主动力为 $\boldsymbol{F}$,约束力为 $\boldsymbol{F}_N$,如图12-1所示。根据牛顿第二定律,有

$$m\boldsymbol{a} = \boldsymbol{F} + \boldsymbol{F}_N$$

将上式移项写为

$$\boldsymbol{F} + \boldsymbol{F}_N - m\boldsymbol{a} = 0 \tag{12-1}$$

引入记号

$$\boldsymbol{F}_I = -m\boldsymbol{a} \tag{12-2}$$

式(12-1)成为

$$\boldsymbol{F} + \boldsymbol{F}_N + \boldsymbol{F}_I = 0 \tag{12-3}$$

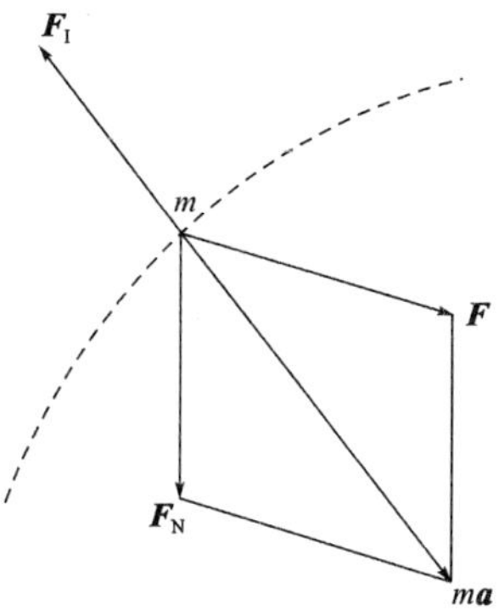

图　12-1

其中,$\boldsymbol{F}_I$ 具有力的量纲,称为质点的惯性力。它是一个虚加

在质点上的力，它的大小等于质点的质量与加速度的乘积，方向与质点的加速度方向相反。式(12-3)形式上是一个汇交力系的平衡方程，它表明：作用在质点上的主动力、约束力和虚加的惯性力在形式上构成平衡力系，此即质点的达朗贝尔原理。

应当强调指出的是：

(1)由于质点的惯性力并不作用于质点本身，而是假想地虚加在质点上的，质点实际上也并不平衡。式(12-1)反映了力与运动的关系，实质上仍然是动力学问题，但它提供了将动力学问题转化为静力学平衡问题的研究方法。这种方法显然是个新的突破，而且，它对求解非自由质点系的动力学问题是十分有益的。

(2)惯性力是一种虚加在质点上的力，但它也是真实存在的，是使质点改变运动状态的施力物体的反作用力。

当质点受到其他物体作用而使运动状态发生变化时，由于质点本身的惯性，对施力物体产生反作用力，这种反作用力就是质点的惯性力。惯性力的大小等于质点的质量与其加速度的乘积，方向与加速度的方向相反，但作用于施力物体上。

例如，工人沿光滑的水平直线轨道推动质量为 m 的小车，作用力为 $\boldsymbol{F}$，小车在力的方向上产生加速度 $\boldsymbol{a}$，有 $\boldsymbol{F}=m\boldsymbol{a}$。根据作用反作用定律，此时工人手上必受到小车的反作用力 $\boldsymbol{F}_{\mathrm{I}}$，此力是由于小车具有惯性，力图保持其原来的运动状态，对手进行反抗而产生的，即小车的惯性力，有 $\boldsymbol{F}_{\mathrm{I}}=-\boldsymbol{F}=-m\boldsymbol{a}$。

[例 12-1] 有一圆锥摆，如图 12-2 所示，重为 $P=9.8\text{N}$ 的小球系于长为 $l=30\text{cm}$ 的绳上，绳的另一端系在固定点 O，并与铅直线成 $\varphi=60°$ 角。已知小球在水平面内作匀速圆周运动，试求小球的速度和绳子的拉力。

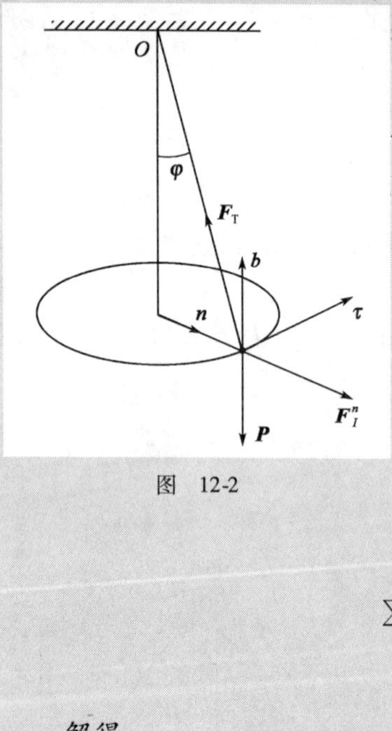

图 12-2

解： 以小球为研究对象，受由重力 $\boldsymbol{P}$、绳子的拉力 $\boldsymbol{F}_{\mathrm{T}}$ 以及在小球上虚加的惯性力，如图 12-2 所示。由于小球在水平面内作匀速圆周运动，其惯性力只有法向惯性力 $\boldsymbol{F}_{\mathrm{I}}^{n}$，即

$$F_{\mathrm{I}}^{n}=\frac{P}{g}a_{n}=\frac{P}{g}\frac{v^{2}}{l\sin\varphi}$$

方向与法向加速度相反。

由质点的达朗贝尔原理得

$$\boldsymbol{F}_{\mathrm{T}}+\boldsymbol{P}+\boldsymbol{F}_{\mathrm{I}}^{n}=0$$

将上式向自然轴上投影，得下面的平衡方程

$$\sum F_{n}=0\qquad F_{\mathrm{T}}\sin\varphi-F_{\mathrm{I}}^{n}=0$$

$$\sum F_{b}=0\qquad F_{\mathrm{T}}\cos\varphi-P=0$$

解得

$$F_{\mathrm{T}}=\frac{P}{\cos\varphi}=19.6\text{N}\qquad v=\sqrt{\frac{F_{\mathrm{T}}gl\sin^{2}\varphi}{P}}=2.1\text{m/s}$$

二、质点系的达朗贝尔原理

设质点系由 n 个质点组成,其中第 i 个质点的质量为 m_i,加速度为 $\boldsymbol{a}_i$,作用该质点的主动力 $\boldsymbol{F}_i$、约束力 $\boldsymbol{F}_{Ni}$、惯性力 $\boldsymbol{F}_{Ii}=-m_i\boldsymbol{a}_i$,由质点的达朗贝尔原理第 i 个质点有

$$\boldsymbol{F}_i+\boldsymbol{F}_{Ni}+\boldsymbol{F}_{Ii}=0 \qquad (i=1,2,\cdots,n) \tag{12-4}$$

式(12-4)表明:质点系中的每一个质点在主动 $\boldsymbol{F}_i$、约束力 $\boldsymbol{F}_{Ni}$、惯性力 $\boldsymbol{F}_{Ii}$作用下在形式上处于平衡。

若将作用在质点系上的力按外力和内力分,设第 i 个质点上的外力为 $\boldsymbol{F}_i^e$、内力为 $\boldsymbol{F}_i^i$,式(12-4)为

$$\boldsymbol{F}_i^e+\boldsymbol{F}_i^i+\boldsymbol{F}_{Ii}=0 \qquad (i=1,2,\cdots,n) \tag{12-5}$$

式(12-5)表明:质点系中的每一个质点在外力 $\boldsymbol{F}_i^e$、内力 $\boldsymbol{F}_i^i$、惯性力 $\boldsymbol{F}_{Ii}$,作用下在形式上处于平衡。对于整个质点系而言,外力 $\boldsymbol{F}_i^e$、内力 $\boldsymbol{F}_i^i$、惯性力 $\boldsymbol{F}_{Ii}(i=1,2,\cdots,n)$在形式上构成空间平衡力系,由于空间任意力系平衡的必要与充分条件是力系的主矢量和对任一点的主矩等于均为零。即

$$\begin{cases}\sum\boldsymbol{F}_i^e+\sum\boldsymbol{F}_i^i+\sum\boldsymbol{F}_{Ii}=0\\ \sum\boldsymbol{M}_O(\boldsymbol{F}_i^e)+\sum\boldsymbol{M}_O(\boldsymbol{F}_i^i)+\sum\boldsymbol{M}_O(\boldsymbol{F}_{Ii})=0\end{cases} \tag{12-6}$$

并且内力是成对出现的,内力的主矢量 $\sum\boldsymbol{F}_i^i=0$,内力的主矩 $\sum\boldsymbol{M}_O(\boldsymbol{F}_i^i)=0$。

则式(12-6)为

$$\begin{cases}\sum\boldsymbol{F}_i^e+\sum\boldsymbol{F}_{Ii}=0\\ \sum\boldsymbol{M}_O(\boldsymbol{F}_i^e)+\sum\boldsymbol{M}_O(\boldsymbol{F}_{Ii})=0\end{cases} \tag{12-7}$$

此即质点系的达朗贝尔原理:作用在质点系上的所有外力与虚加在质点上的惯性力在形式上构成平衡力系。

式(12-7)在直角坐标轴上的投影形式:

(1)空间力系

$$\begin{cases}\sum F_{ix}^e+\sum F_{Iix}=0\\ \sum F_{iy}^e+\sum F_{Iiy}=0\\ \sum F_{iz}^e+\sum F_{Iiz}=0\\ \sum M_x(\boldsymbol{F}_i^e)+\sum M_x(\boldsymbol{F}_{Ii})=0\\ \sum M_y(\boldsymbol{F}_i^e)+\sum M_y(\boldsymbol{F}_{Ii})=0\\ \sum M_z(\boldsymbol{F}_i^e)+\sum M_z(\boldsymbol{F}_{Ii})=0\end{cases} \tag{12-8}$$

(2)平面力系

$$
\begin{cases}
\sum F_{ix}^{e} + \sum F_{\mathrm{I}ix} = 0 \\
\sum F_{iy}^{e} + \sum F_{\mathrm{I}iy} = 0 \\
\sum M_O(\boldsymbol{F}_i^{e}) + \sum M_O(\boldsymbol{F}_{\mathrm{I}i}) = 0
\end{cases}
\tag{12-9}
$$

第二节 刚体惯性力系的简化

应用达朗贝尔原理解决质点系的动力学问题时,从理论上讲,在每个质点上虚加上惯性力是可行的。但质点系中质点很多时计算非常困难,对于由无穷多质点组成的刚体更是不可能。因此,对于刚体动力学问题,一般先用力系简化理论将刚体上的惯性力系加以简化,然后将惯性力系的简化结果直接虚加在刚体上。

与静力学中一般力系的简化相似,惯性力系简化的关键是选定简化中心以及计算惯性力系的主矢与主矩。

惯性力系中所有惯性力的矢量和称为惯性力系的主矢,以 $\boldsymbol{F}_{\mathrm{IR}}$ 表示惯性力系的主矢,结合质心运动定理,有

$$
\boldsymbol{F}_{\mathrm{IR}} = \sum \boldsymbol{F}_{\mathrm{I}i} = \sum(-m_i\boldsymbol{a}_i) = -m\boldsymbol{a}_C \tag{12-10}
$$

惯性力系中所有惯性力对简化中心的矩的矢量和称为惯性力系的主矩,以 $\boldsymbol{M}_{\mathrm{I}O}$ 表示,有

$$
\boldsymbol{M}_{\mathrm{I}O} = \sum \boldsymbol{M}_O(\boldsymbol{F}_{\mathrm{I}i}) \tag{12-11}
$$

惯性力系的主矢与刚体的运动形式无关,即式(12-10)对任何刚体作任意运动均成立;但惯性力系的主矩与刚体的运动形式有关。

下面就刚体作平动、定轴转动和平面运动 3 种情况,讨论惯性力系的简化。

一、刚体平动

当刚体作平动时,由于同一瞬时刚体上各点的加速度相等,则各点的加速度都用质心 C 的加速度表示,即 $\boldsymbol{a}_i = \boldsymbol{a}_C$,如图 12-3 所示。将惯性力加在每个质点上,组成平行的惯性力系,且均与质心 C 的加速度方向相反,惯性力系向任一点 O 简化,则惯性力系的主矩

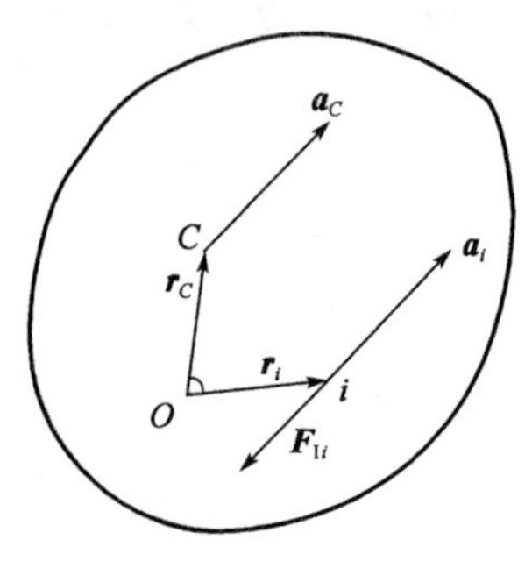

图 12-3

$$
\begin{aligned}
\boldsymbol{M}_{\mathrm{I}O} &= \sum \boldsymbol{r}_i \times \boldsymbol{F}_{\mathrm{I}i} = \sum \boldsymbol{r}_i \times (-m_i\boldsymbol{a}_i) \\
&= -(\sum m_i\boldsymbol{r}_i) \times \boldsymbol{a}_C = -m\boldsymbol{r}_C \times \boldsymbol{a}_C
\end{aligned}
$$

式中,$\boldsymbol{r}_C$ 为质心 C 到简化中心 O 点的矢径。若取质心 C 为简化中心,$\boldsymbol{r}_C = 0$,则惯性力系的主矩为

$$
\boldsymbol{M}_{\mathrm{I}C} = 0 \tag{12-12}
$$

当简化中心不在质心 C 处,其主矩 $\boldsymbol{M}_{\mathrm{I}O} \neq 0$。

惯性力系的主矢量为

$$
\boldsymbol{F}_{\mathrm{IR}} = -m\boldsymbol{a}_C \tag{12-13}
$$

由此得到结论:刚体作平动时,惯性力系简化为通过质心的一个合力,其大小等于刚体的质量和加速度的乘积,方向与加速度方向相反。

二、刚体作定轴转动

这里只限于刚体具有垂直于转动轴的质量对称平面的特殊情形。

当刚体作定轴转动时,由于刚体具有质量对称平面,先将刚体上的惯性力简化在质量对称平面上,构成平面力系,再将平面力系向转轴与对称平面的交点 O 简化。轴心 O 为简化中心,如图 12-4 所示,惯性力系的主矩为

$$M_{IO} = \sum M_O(\boldsymbol{F}_{Ii}) = \sum M_O(\boldsymbol{F}_{Ii}^{\tau}) = -\left(\sum m_i \alpha r \cdot r_i\right) = -\alpha \sum m_i r_i^2 = -J_O \alpha \quad (12\text{-}14)$$

其中,J_O 为刚体对垂直于质量对称平面的转轴 O 的转动惯量。

惯性力系的主矢量为

$$\boldsymbol{F}_{IR} = -m\boldsymbol{a}_C \quad (12\text{-}15)$$

结论:具有垂直于转动轴的质量对称平面的定轴转动刚体的惯性力系,向转轴 O 点简化得到一个力和一个力偶。该力的大小等于刚体的质量与质心加速度的乘积,方向与质心加速度方向相反,作用线通过转轴 O 点;此力偶矩的大小等于刚体对转轴的转动惯量与角加速度的乘积,转向与角加速度转向相反。

当转轴通过质心时,质心的加速度 $\boldsymbol{a}_C = 0$,$\boldsymbol{F}_{IR} = 0$,则惯性力系简化为质心上的一个力矩。即

$$M_{IO} = -J_O\alpha = -J_C\alpha \quad (12\text{-}16)$$

三、平面运动刚体惯性力系的简化

设刚体具有质量对称平面,且刚体上的各点在与对称平面保持平行的平面内运动。此时,刚体上的惯性力简化在此对称平面内的平面力系。由平面运动的特点,刚体平面运动分解为随基点的平动与绕基点的转动。现取质心 C 为基点,质心的加速度为 $\boldsymbol{a}_C$,绕质心 C 转动的角速度为 ω,角加速度为 α,将惯性力系向质心 C 简化,与刚体定轴转动类似,如图 12-5 所示,惯性力系的主矩为

$$M_{IC} = -J_C\alpha \quad (12\text{-}17)$$

其中,J_C 为过质心且垂直于质量对称平面的轴的转动惯量。

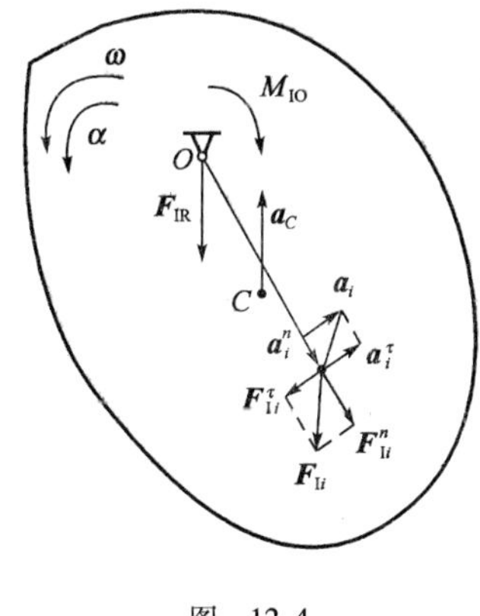

图 12-4

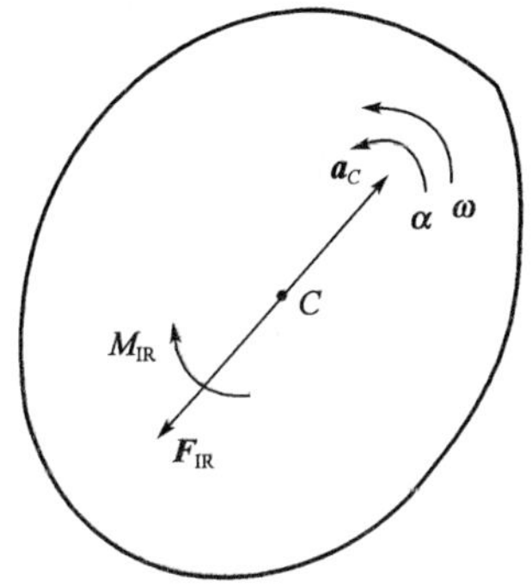

图 12-5

惯性力系的主矢量为

$$\boldsymbol{F}_{\mathrm{IR}} = -m\boldsymbol{a}_C \tag{12-18}$$

结论:具有质量对称平面的刚体,在平行于此平面运动时,刚体的惯性力系简化为在此平面内的一个力和一个力偶。此力大小等于刚体的质量与质心加速度的乘积,方向与质心加速度方向相反,作用线通过质心;此力偶矩的大小等于刚体对通过质心且垂直于质量对称平面的轴的转动惯量与角加速度的乘积,转向与角加速度转向相反。

第三节　达朗贝尔原理的应用——动静法

利用达朗贝尔原理在质点上虚加惯性力,将动力学问题转化成静力学平衡问题进行求解的方法称为动静法。

应用达朗贝尔原理求解刚体动力学问题时,首先应根据题意选取研究对象,分析其所受的外力,画出受力图;然后再根据刚体的运动加惯性力及惯性力偶;最后根据达朗贝尔原理列平衡方程求解未知量。下面通过举例来说明达朗贝尔原理的应用。

[**例 12-2**]均质圆柱体 A 的质量为 m,在外缘上绕有一细绳,绳的一端 B 固定不动,如图 12-6a)所示,圆柱体无初速度地自由下降,试求圆柱体质心的加速度和绳的拉力。

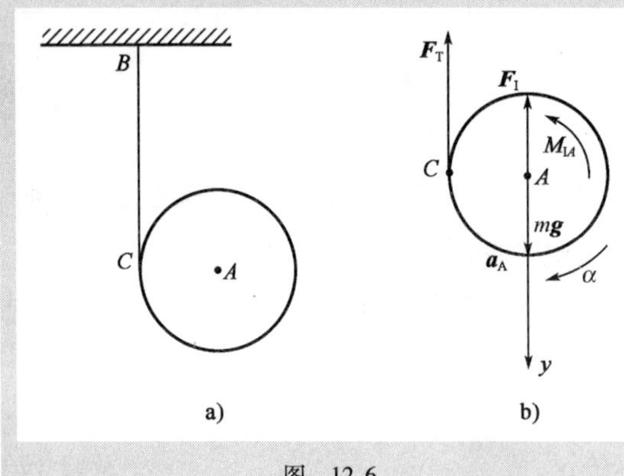

图　12-6

解:对圆柱体 A 进行受力分析,作用其上的力有:圆柱体的重力 $m\boldsymbol{g}$,绳的拉力 $\boldsymbol{F}_{\mathrm{T}}$,作用在圆柱质心的虚加的惯性力为 $\boldsymbol{F}_{\mathrm{I}}$ 和 $\boldsymbol{M}_{\mathrm{I}A}$,大小为

$$\begin{cases} F_{\mathrm{I}} = ma_A = mR\alpha \\ M_{\mathrm{I}A} = J_A\alpha = \dfrac{1}{2}mR^2\alpha \end{cases} \tag{1}$$

其方向如图 12-6b)所示。

列平衡方程为

$$\sum M_C = 0 \qquad M_{\mathrm{I}A} - mgR + F_{\mathrm{I}}R = 0 \tag{2}$$

$$\sum F_y = 0 \qquad mg - F_{\mathrm{T}} - F_{\mathrm{I}} = 0 \tag{3}$$

式(1)代入式(2)和式(3),并联立求解,得圆柱体的角加速度和绳的拉力为

$$\alpha = \frac{2g}{3R}$$

$$F_{\mathrm{T}} = \frac{1}{3}mg$$

圆柱体质心的加速度为

$$a_A = R\alpha = \frac{2}{3}g$$

［**例 12-3**］如图 12-7a）所示，均质圆盘的质量为 m_1，由水平绳拉着沿水平面作纯滚动，绳的另一端跨过定滑轮 B 并系一重物 A，重物的质量为 m_2。绳和定滑轮 B 的质量不计，试求重物下降的加速度，圆盘质心的加速度以及作用在圆盘上绳的拉力。

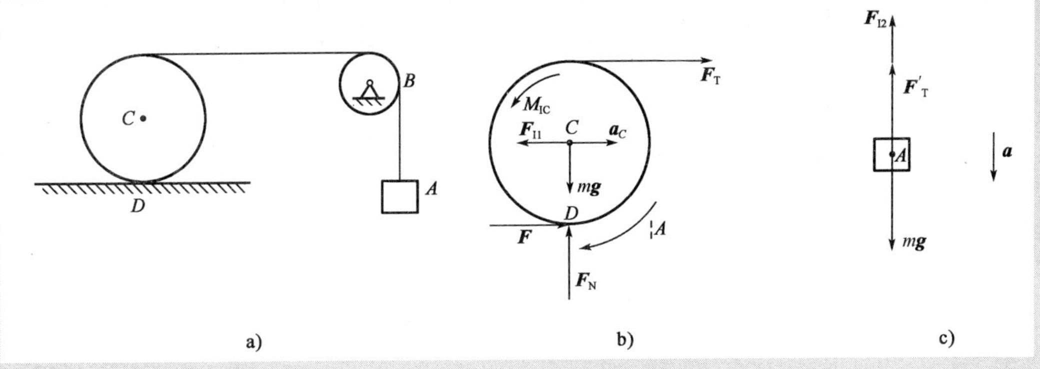

图 12-7

解：以圆盘为研究对象，作用在圆盘上的力有重力 $m_1\boldsymbol{g}$，绳的拉力 $\boldsymbol{F}_T$，法向约束力 $\boldsymbol{F}_N$，摩擦力 $\boldsymbol{F}$，虚加的惯性力 $\boldsymbol{F}_{I1}$ 和 M_{IC}。虚加的惯性力 $\boldsymbol{F}_{I1}$ 和 M_{IC} 大小为

$$F_{I1} = m_1 a_C = \frac{1}{2} m_1 a_A$$

$$M_{IC} = J_2 \alpha = \frac{1}{2} m_1 r^2 \frac{a_C}{r} = \frac{1}{2} m_1 r \frac{a_A}{2} = \frac{1}{4} m_1 r a_A$$

其方向如图 12-7b）所示，r 为圆盘的半径。

列平衡方程为

$$\sum M_D = 0 \qquad M_{Ic} + F_{I1} r - F_T = 0 \tag{1}$$

再以重物 A 为研究对象，作用在重物 A 上的力有重力 $m_2\boldsymbol{g}$，绳的拉力 $\boldsymbol{F}'_T$，虚加的惯性力 $\boldsymbol{F}_{I2}$。虚加的惯性力为

$$F_{I2} = m_2 a_A$$

其方向如图 12-7c）所示。

列平衡方程为

$$\sum F_y = 0 \qquad m_2 g - F'_T - F_{I2} = 0 \tag{2}$$

式（1）和式（2）联立，并注意 $F_T = F'_T$，解得重物下降的加速度为

$$a_A = \frac{8m_2}{3m_1 + 8m_2} g$$

圆盘质心的加速度为

$$a_C = \frac{1}{2} a_A = \frac{4m_2}{3m_1 + 8m_2} g$$

作用在圆盘上绳的拉力为

$$F_T = \frac{m_1 m_2}{3m_1 + 8m_2} g$$

[**例 12-4**]如图 12-8a)所示,两均质杆 AB 和 BD,质量均为 3kg,$AB=BD=1\text{m}$,焊接成直角形刚体,以绳 AF 和两等长且平行的杆 AE,BF 支持。试求割断绳 AF 的瞬时两杆所受的力。杆的质量忽略不计,刚体质心坐标为 $x_C=0.75\text{m}$,$y_C=0.25\text{m}$。

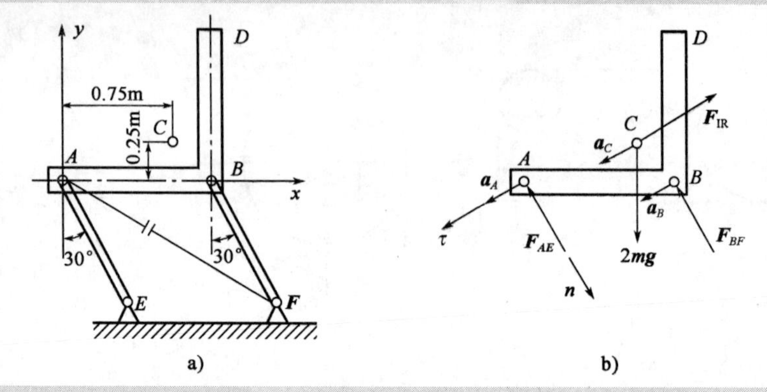

图 12-8

解:(1)取刚体 ABD 为研究对象,其所受的外力有重力 $\boldsymbol{W}=2m\boldsymbol{g}$、两杆的约束反力 $\boldsymbol{F}_{AE}$ 和 $\boldsymbol{F}_{BF}$。

(2)虚加惯性力:因两杆 AE 和 BF 平行且等长,故刚体 ABD 作曲线平动,刚体上各点的加速度都相等。在割断绳的瞬时,两杆的角速度为零,角加速度为 α。平动刚体的惯性力 $F_{\text{IR}}=2ma_C$ 加在质心上,如图 12-8b)所示。

(3)根据达朗贝尔原理,列平衡方程

$$\sum F_\tau=0 \qquad 2mg\sin30°-F_{\text{IR}}=0$$

$$a_C=4.9\text{m/s}^2$$

$$\sum M_A=0 \qquad F_{BF}\cos30°\times1-2mg\times0.75-F_{\text{IR}}\cos30°\times0.25+F_{\text{IR}}\sin30°\times0.75=0$$

$$F_{BF}=45.5\text{N}$$

$$\sum F_n=0 \qquad 2mg\cos30°-F_{AB}-F_{BF}=0$$

$$F_{AB}=5.4\text{kN}$$

第四节　定轴转动刚体的轴承动反力

在高速转动的机械中,由于转子质量的不均匀性以及制造或安装时的误差,转子对于转轴常常产生偏心或偏角,转动时就会引起轴的振动和轴承动反力。这种动反力的极值有时会达到静反力的十倍以上。因此,如何消除轴承动反力的问题就成为高速转动机械的重要问题。下面将着重研究轴承动反力的计算和如何消除轴承动反力。

一、定轴转动刚体惯性力系的简化

现在研究一般情况下定轴转动刚体的惯性力系的简化问题。

如图 12-9 所示，设刚体绕定轴 z 转动，在某瞬时的角速度为 ω，角加速度为 α。在质点 m_i 上虚加惯性力

$$\boldsymbol{F}_{\mathrm{I}i}^{\tau} = -m_i\boldsymbol{a}_i^{\tau}, \boldsymbol{F}_{\mathrm{I}i}^{n} = -m_i\boldsymbol{a}_i^{n}$$

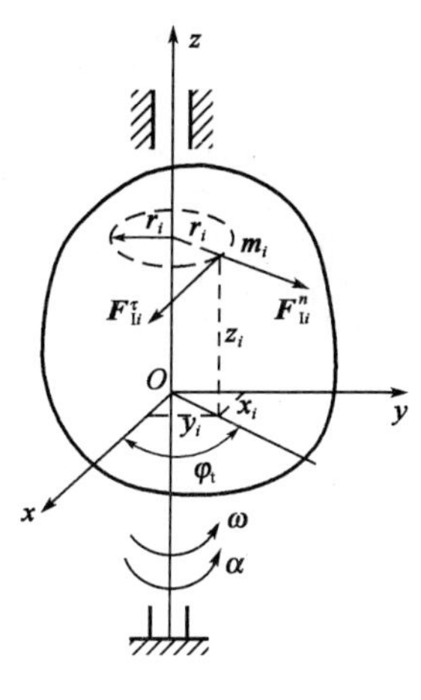

图 12-9

则惯性力系向 O 点简化的主矢为

$$\boldsymbol{F}_{\mathrm{IR}} = -m\boldsymbol{a}_C \tag{12-19}$$

惯性力系向 O 点简化的主矩可用在 x,y,z 三坐标轴上的投影 $M_{\mathrm{IO}x}$、$M_{\mathrm{IO}y}$、$M_{\mathrm{IO}z}$来表示。根据合力矩定理，有

$$M_{\mathrm{IO}x} = \sum M_x(\boldsymbol{F}_{\mathrm{I}i}) = \sum M_x(\boldsymbol{F}_{\mathrm{I}i}^{\tau}) + \sum M_x(\boldsymbol{F}_{\mathrm{I}i}^{n})$$

$$M_{\mathrm{IO}y} = \sum M_y(\boldsymbol{F}_{\mathrm{I}i}) = \sum M_y(\boldsymbol{F}_{\mathrm{I}i}^{\tau}) + \sum M_y(\boldsymbol{F}_{\mathrm{I}i}^{n})$$

$$M_{\mathrm{IO}z} = \sum M_z(\boldsymbol{F}_{\mathrm{I}i}) = \sum M_z(\boldsymbol{F}_{\mathrm{I}i}^{\tau}) + \sum M_z(\boldsymbol{F}_{\mathrm{I}i}^{n})$$

质点惯性力 $\boldsymbol{F}_{\mathrm{I}i} = -m_i\boldsymbol{a}_i$ 可以分解为切向惯性力 $\boldsymbol{F}_{\mathrm{I}i}^{\tau}$和法向惯性力 $\boldsymbol{F}_{\mathrm{I}i}^{n}$，它们的方向如图所示，大小分别为

$$F_{\mathrm{I}i}^{\tau} = m_i a_i^{\tau} = m_i r_i \alpha$$

$$F_{\mathrm{I}i}^{n} = m_i a_i^{n} = m_i r_i \omega^2$$

则

$$M_x(\boldsymbol{F}_{\mathrm{I}i}^{\tau}) = m_i r_i \alpha z_i \cos\varphi_i$$

$$M_x(\boldsymbol{F}_{\mathrm{I}i}^{n}) = m_i r_i \omega^2 z_i \sin\varphi_i$$

由图 12-9 可知

$$\cos\varphi_i = \frac{x_i}{r_i} \qquad \sin\varphi_i = \frac{y_i}{r_i}$$

于是得

$$M_{\mathrm{IO}x} = \alpha\sum m_i x_i z_i - \omega^2\sum m_i y_i z_i = J_{xz}\alpha - J_{yz}\omega^2 \tag{12-20}$$

式中，$J_{xz} = \sum m_i x_i z_i$ 和 $J_{yz} = \sum m_i x_i z_i$ 取决于刚体质量对于坐标轴分布的情况，并具有转动惯量的量纲，分别称为刚体对通过 O 点的轴 x,z 和轴 y,z 的惯性积，也称为离心转动惯量。惯性积可正、可负，也可为零。

同理可得惯性力系对于 y 轴的矩为

$$M_{\mathrm{IO}y} = J_{yz}\alpha + J_{xz}\omega^2 \tag{12-21}$$

因为各质点的法向惯性力通过轴线，有 $\sum M_z(\boldsymbol{F}_{\mathrm{I}i}^{n}) = 0$，于是有

$$M_{\mathrm{IO}z} = \sum M_z(\boldsymbol{F}_{\mathrm{I}i}^{\tau}) = -\sum m_i \alpha r_i r_i = -\alpha\sum m_i r_i^2 = -J_z\alpha \tag{12-22}$$

式中，负号表示力矩转向与角加速度转向相反。

二、定轴转动刚体轴承的动反力

设刚体绕 AB 轴转动，如图 12-10 所示，某瞬时的角速度为 ω，角加速度为 α。作用于刚体的主动力系和虚加于刚体的惯性力系向转轴上任一点 O 简化，分别得力 $\boldsymbol{F}_{\mathrm{R}}'$ 和 $\boldsymbol{F}_{\mathrm{IR}}$，力偶矩矢 $\boldsymbol{M}_O$ 和 $\boldsymbol{M}_{\mathrm{IO}}$。轴承 A,B 的约束反力如图所示。

为求轴承反力，取 O 点为直角坐标系的原点，z 轴为转轴。根据达朗贝尔原理，可列出下列 6 个平衡方程

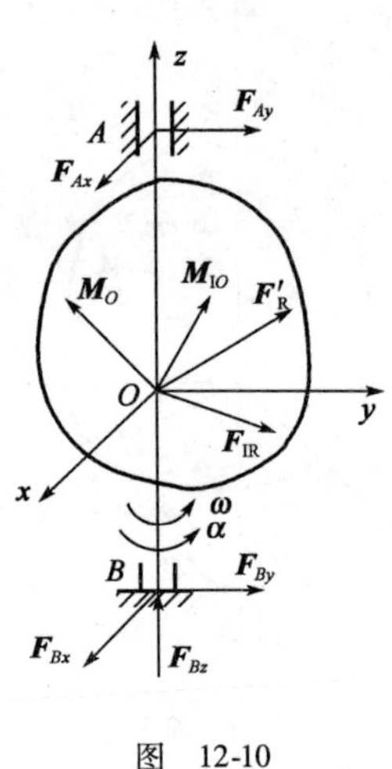

图 12-10

$$
\begin{aligned}
&\sum F_x = 0 \qquad F_{Ax} + F_{Bx} + F'_{Rx} + F_{IRx} = 0 \\
&\sum F_y = 0 \qquad F_{Ay} + F_{By} + F'_{Ry} + F_{IRy} = 0 \\
&\sum F_z = 0 \qquad F_{Bz} + F'_{Rz} = 0 \\
&\sum M_x = 0 \qquad F_{By}OB - F_{Ay}OA + M_{Ox} + M_{IOx} = 0 \\
&\sum M_y = 0 \qquad - F_{By}OB + F_{Ay}OA + M_{Oy} + M_{IOy} = 0 \\
&\sum M_z = 0 \qquad M_{Oz} + M_{IOy} = 0
\end{aligned}
$$

由前 5 个方程解得轴承反力

$$
\left.
\begin{aligned}
F_{Ax} &= -\frac{1}{AB}[(M_{Oy} + F'_{Rx}OB) + (M_{IOy} + F_{IRx}OB)] \\
F_{Ay} &= \frac{1}{AB}[(M_{Ox} - F'_{Ry}OB) + (M_{IOx} - F_{IRy}OB)] \\
F_{Bx} &= \frac{1}{AB}[(M_{Oy} - F'_{Rx}OA) + (M_{IOy} - F_{IRx}OA)] \\
F_{By} &= -\frac{1}{AB}[(M_{Ox} + F'_{Ry}OA) + (M_{IOx} + F_{IRy}OA)] \\
F_{Bz} &= -F'_{Rz}
\end{aligned}
\right\} \tag{12-23}
$$

由式(12-23)可知,由于惯性力系分布在垂直于转轴的各平面内,止推轴承沿 z 轴的反力 $\boldsymbol{F}_{Bz}$与惯性力无关;与 z 轴垂直的轴承反力 $\boldsymbol{F}_{Ax}$、$\boldsymbol{F}_{Ay}$、$\boldsymbol{F}_{Bx}$、$\boldsymbol{F}_{By}$由两部分组成:(1)由主动力引起的静反力;(2)由惯性力引起的动反力。

要使动反力等于零,必须有

$$F_{IRx} = F_{IRy} = 0 \qquad M_{IOx} = M_{IOy} = 0$$

即轴承动反力等于零的条件是:惯性力系的主矢等于零,惯性力系对于 x 轴和 y 轴之矩等于零。

由式(12-19)、式(12-20)和式(12-21)知

$$F_{IRx} = ma_{C_x} \qquad F_{IRy} = ma_{C_y}$$

$$M_{IOx} = J_{xz}\alpha - J_{yz}\omega^2 \qquad M_{IOy} = J_{yz}\alpha + J_{xz}\omega^2$$

由此可见,要使惯性力系主矢等于零,必须有 $a_C = 0$,即转轴必须通过质心;要使惯性力系对于 x 轴和 y 轴之矩等于零,必须有 $J_{xz} = J_{yz} = 0$,即刚体对于转轴的惯性积等于零。

如果刚体对于通过 O 点的 z 轴的惯性积 J_{xz}和 J_{yz}等于零,则此 z 轴称为该点的惯性主轴,通过质心的惯性主轴称为中心惯性主轴。因此,避免出现轴承动反力的条件是:刚体的转轴应为刚体的中心惯性主轴。

三、定轴转动刚体的静平衡和动平衡的概念

设刚体的转轴通过质心,且刚体除受到重力作用外,没有受到其他主动力的作用,则刚体在任何位置均能保持静止不动,这种现象称为静平衡。当刚体绕定轴转动时,不出现轴承动反力的现象称为动平衡。

在工程中,为了消除轴承动反力,对转速较高的物体如汽轮机转子、电动机转子等,要求转轴是中心惯性主轴,所以一般将它们设计成具有对称轴或有对称面,并且转轴是对称轴或通过质心并垂直于对称面。然而在实际上,由于在制造或安装中难免出现误差,以及材料的不均匀

性等，转子的质心和转轴的方位仍然会产生一定的偏离，需要在一定的试验设备上进行静平衡或动平衡试验加以校正。

[例 12-5] 涡轮机转子总质量 $m=200\text{kg}$，支承在向心推力轴承 A 和向心轴承 B 内，绕铅垂轴以转速 $n=6000\text{r/min}$ 转动，如图 12-11 所示。已知转轴与转子的对称平面垂直，但其质心偏离转轴的距离 $e=0.5\text{mm}$，轴承间的距离 $AB=2AD=h=1\text{m}$。试求轴承的总反力和动反力。

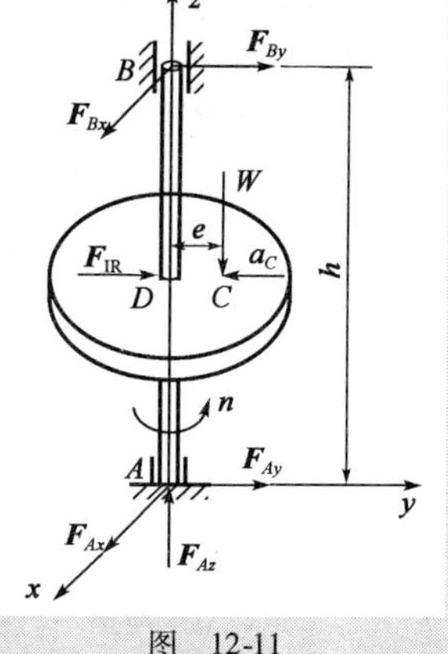

图 12-11

解：(1) 取转子及转轴整体为研究对象。选取坐标系 $Axyz$，原点在 A 点，z 轴与 AB 重合。为了简便，分析时设质心 C 处在 Ayz 平面内。

转子及转轴所受外力为：重力 W，轴承反力 $\boldsymbol{F}_{Ax}$，$\boldsymbol{F}_{Ay}$，$\boldsymbol{F}_{Az}$ 和 $\boldsymbol{F}_{Bx}$，$\boldsymbol{F}_{By}$。

(2) 虚加惯性力系：因为转子具有垂直于转轴的对称面，其惯性力系向 z 轴与对称面交点 D 简化可得惯性力 $\boldsymbol{F}_{IR}=-m\boldsymbol{a}_C$，惯性力偶 $M_{ID}=-J_z\alpha=0$。

(3) 根据达朗贝尔原理，列平衡方程

$$\sum F_x=0, F_{Ax}+F_{Bx}=0 \tag{1}$$

$$\sum F_y=0, F_{Ay}+F_{By}+F_{IR}=0 \tag{2}$$

$$\sum F_z=0, F_{Az}-W=0 \tag{3}$$

$$\sum M_x=0, -F_{By}h-We-F_{IR}\frac{h}{2}=0 \tag{4}$$

$$\sum M_y=0, -F_{Bx}h=0 \tag{5}$$

其中

$$W=mg, F_{IR}=me\omega^2 \qquad \omega=\frac{2\pi n}{60}$$

解方程得轴承总反力为

$$F_{Ax}=F_{Bx}=0$$

$$F_{Ay}=\frac{mge}{h}-\frac{me\omega^2}{2}=(0.98-19739.2)\text{N}=-19738.2\text{N}$$

$$F_{Ax}=mg=1960\text{N}$$

$$F_{By}=-\frac{mge}{h}-\frac{me\omega^2}{2}=(-0.98-19739.2)\text{N}=19740.2\text{N}$$

轴承动反力为

$$F_{Ay}^d=-\frac{me\omega^2}{2}=-19739.2\text{N}$$

由此可见，虽然转子偏心矩只有 0.5mm，但动反力的值达到转子本身重量的 10 倍，是静反力的近两万倍，它会引起转子振动，加快轴承磨损等不良后果，这是不容忽视的。

上面求得的总反力只是转子质心处在 Ayz 平面内的瞬时情况。实际上在转子转动一周的时间内，除 F_{Az} 外，各反力在轴上的投影随质心位置不同，每瞬时都在变化，这可以通过质心在不同位置时的平衡方程计算出来。工程中特别关心其方向和最大值如何，上面求得的 $\boldsymbol{F}_{Ay}$ 和 $\boldsymbol{F}_{By}$ 值就是绝对值最大的径向反力。

思考题

12-1 设质点在空中运动时，只受到重力作用，问在下列3种情况下，质点惯性力的大小和方向：(1)质点作自由落体运动；(2)质点被垂直上抛；(3)质点沿抛物线运动。

12-2 一列火车在启动过程中，哪一节车厢的挂钩受力最大，为什么？

12-3 均质薄圆盘半径为R，质量为m，以角速度ω和角加速度α绕O轴转动，圆盘的偏心矩$OC=e$，如图所示。试证明按平面运动情况对圆盘惯性力系进行简化的结果与按定轴转动情况对圆盘的惯性力系进行简化的结果是一致的。

12-4 滑轮对O轴的转动惯量为J_O，绳两端物重$W_1=W_2$，如图所示，问在下述两种情况下滑轮两端绳的拉力是否相等？(1)物块B作匀速运动；(2)在物块B上加力使物块作匀加速运动。

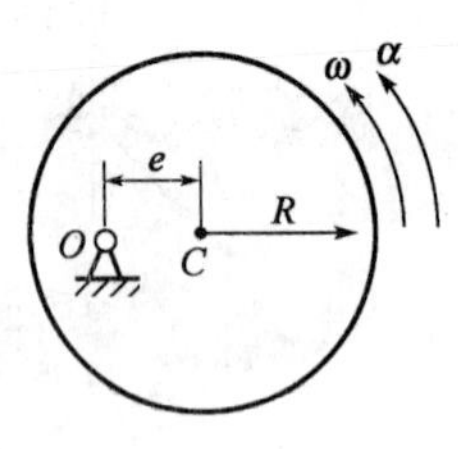

思考题12-3图

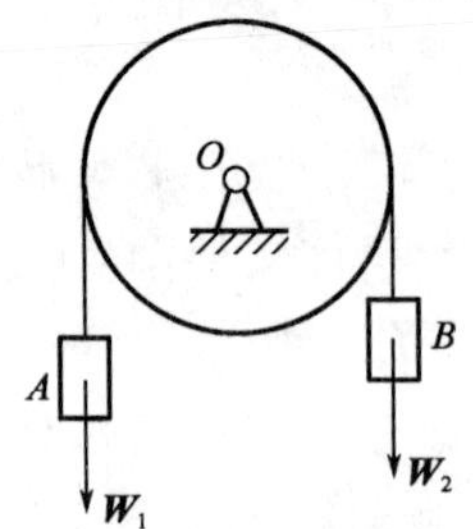

思考题12-4图

习题

12-1 图示匀质圆轮沿水平直线作纯滚动。已知：轮半径为r、质量为m，轮心的加速度为a_C。试求惯性力系的简化结果：(1)向轮心C；(2)向轮上与地面接触的点O。

12-2 匀质细杆支承如图，已知：杆长为l、重为Q，斜面倾角$\varphi=60°$。若杆与水平面夹角$\theta=30°$瞬时，A端的加速度为$\boldsymbol{a}_A$，杆的角速度为零，角加速度为α。试求此瞬时杆上惯性力系的简化结果。

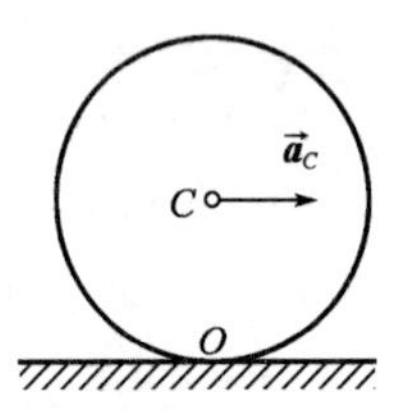

习题12-1图

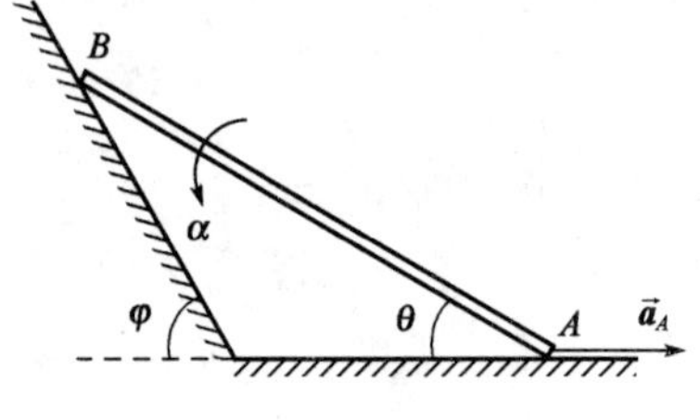

习题12-2图

12-3 如图所示，一飞机以匀加速度$\boldsymbol{a}$沿与水平线成仰角β的方向作直线运动。已知装在飞机上的单摆的悬线与铅垂线所成的偏角为φ，摆锤的质量为m。试求此时飞机的加速度$\boldsymbol{a}$和悬线中的张力$\boldsymbol{F}_T$。

12-4 一质量为m的物块A放在匀速转动的水平转台上，如图所示。已知物块的重心距转轴的距离为r，物块与台面之间的静摩擦因数为μ_s。试求物块不致因转台旋转而滑出时水平转台的最大转速。

12-5 图示系统位于水平面，由匀质直角三角形板与两根无重且平行的刚杆铰接而成。已知：板边长$AB=AC=l$、质量为m，杆长均为l，以匀角速度ω转动。试用动静法求图示O_1AC

位于一直线时，两杆所受的力。

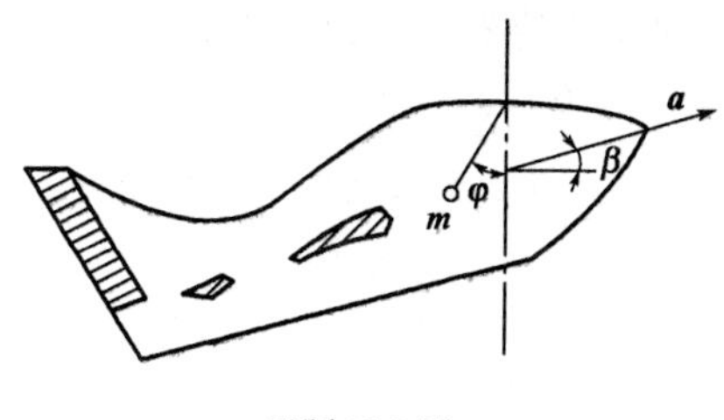

习题 12-3 图

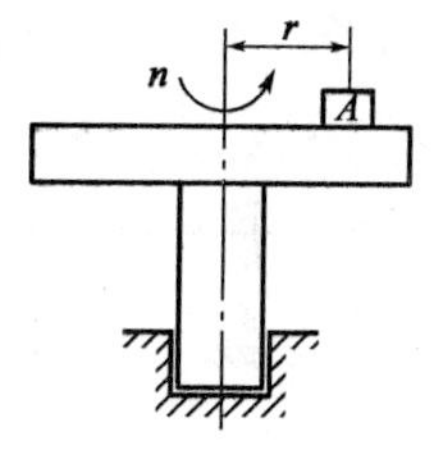

习题 12-4 图

12-6　图示复摆位于铅直面内，由均质细杆与均质圆盘固接而成。已知：杆长为 $2r$、质量为 m，圆盘半径为 r、质量也为 m，与铅直线夹角为 θ。试用动静法求 E 处绳被剪断瞬时：(1)复摆的角加速度；(2)支座 O 的反力。

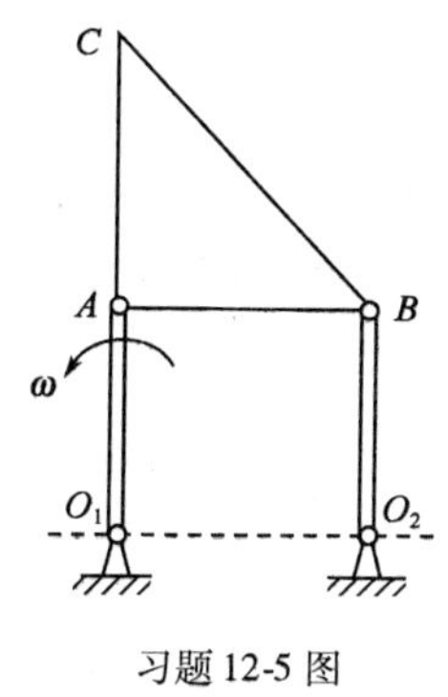

习题 12-5 图

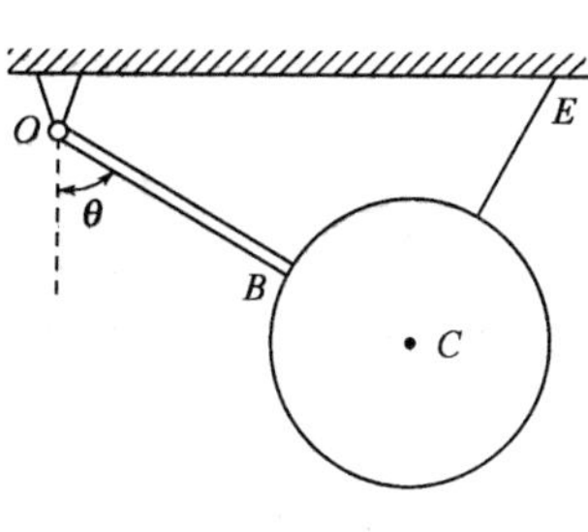

习题 12-6 图

12-7　物块 A 放在倾角为 θ 的斜面上，如图所示。物块与斜面间的静摩擦因数为 $\mu_s = \tan\varphi_m$，如斜面向左作匀加速运动，试问加速度 a 为何值时物块 A 不致沿斜面滑动。

12-8　均质滑轮半径为 r，重为 W_2，受力偶矩为 M 的力偶作用并带动重为 W_1 的物块 A 沿光滑斜面上升，如图所示。试求滑轮的角加速度及轴承 O 的约束反力。

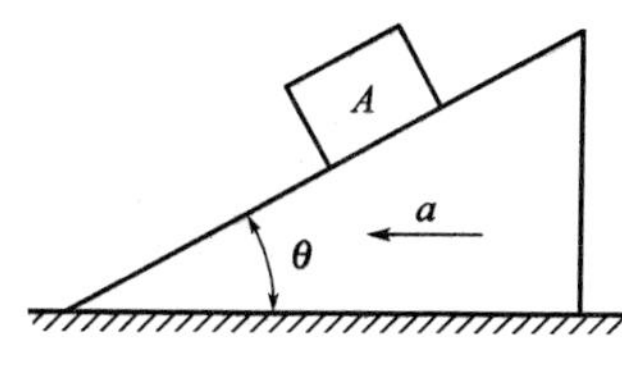

习题 12-7 图

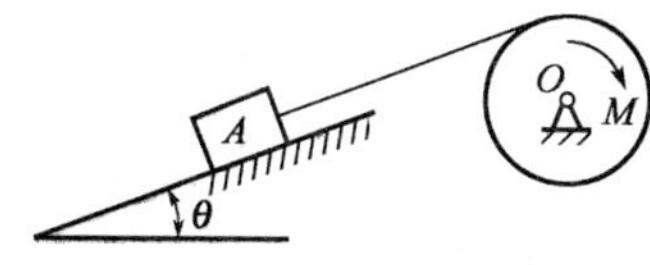

习题 12-8 图

12-9　在图示系统中，已知：匀质轮 C 重为 Q、半径为 r，在水平面上作纯滚动，物块 A 重为 P，绳 CE 段水平，定滑轮质量不计。试用动静法求：(1)轮心 C 的加速度；(2)轮子与地面间的摩擦力。

12-10　图示系统位于铅直面内，匀质细杆 AB 被焊接在匀质圆盘的切线向。已知：圆盘半径为 r，杆长为 L、质量为 m。杆 AB 处于水平位置。试用动静法求图示位置圆盘以匀角加速度 α 开始转动瞬时，A 处由于转动引起的力。

12-11　如图所示，沿水平直线轨道运行的矿车总重量为 W，其重心离拉力 $\boldsymbol{F}_T$ 的距离为 e，离轨道面的距离为 h，离两轮中心线的距离分别为 l_1、l_2，轨道面与轮间的摩擦力 $F = \mu W$，不计滚动阻碍，试求矿车的加速度及轨道面对两轮的约束反力。

12-12　如图所示，重 W_1 的电动机，安装在水平基础上，转子的重心偏出转轴 O 的距离为 e，设转子重 W_2，并以角速度 ω 匀速转动。试求电动机对基础的最大和最小压力。

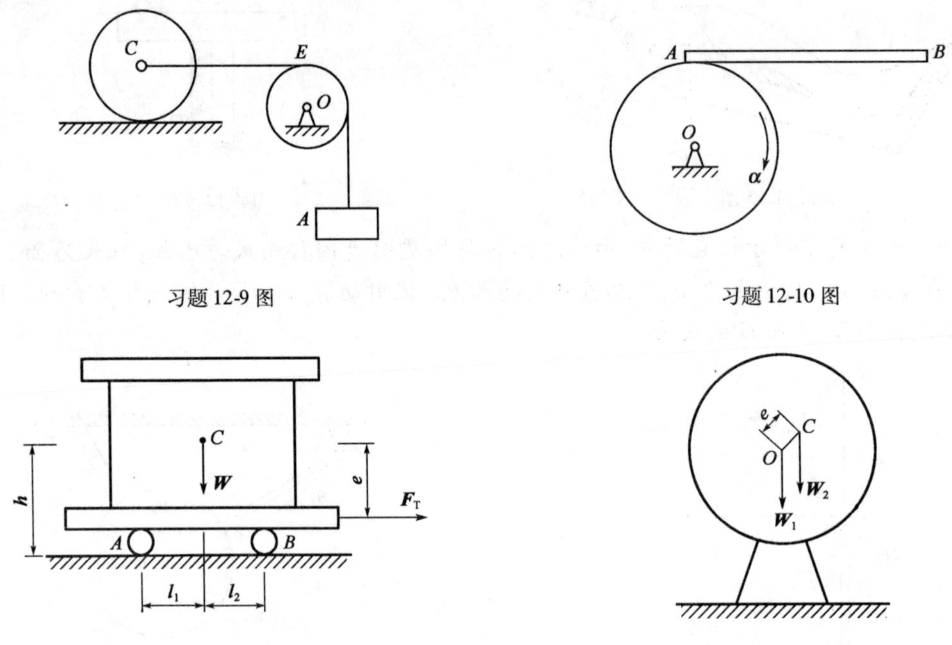

习题 12-9 图

习题 12-10 图

习题 12-11 图

习题 12-12 图

12-13　悬臂梁 CB 的 B 端用铰链连接一滑轮，其上绕以不可伸长且不计自重的绳子，绳子悬挂重量为 W_1 的重物 A，当物 A 下落时，带动重量为 W_2、半径为 r 的滑轮转动，滑轮可视为均质圆盘，如图所示。不计杆的自重和轴上的摩擦，试求固定端 C 的约束反力。

12-14　均质杆 AB 长 $2l$，重 W，沿光滑圆弧轨道运动，开始运动时 AB 杆的位置如图所示。已知 $OC=l$，初速度为零，试求此时圆弧轨道对杆的约束反力。

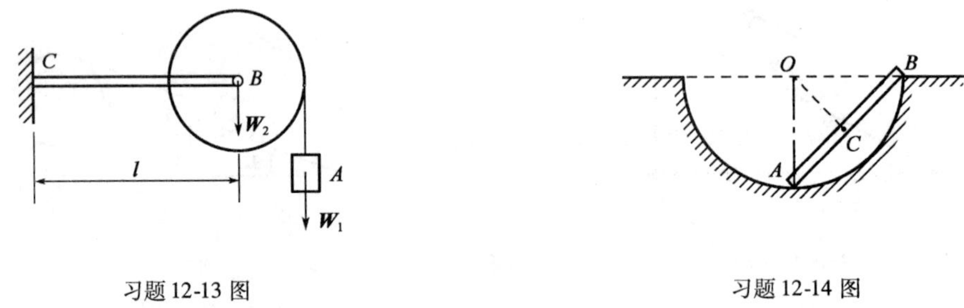

习题 12-13 图

习题 12-14 图

12-15　如图所示，重量为 W，长度为 l 的均质细长杆 AB，在光滑的水平面上从图示位置无初速的滑倒，试求开始运动时地面对杆的约束反力。

12-16　质量为 20kg 的砂轮，因安装不正，使重心偏离转轴 $e=0.1\text{mm}$，转轴以转速 $n=10000\text{r/min}$ 作匀速转动，如图所示。试求作用于轴承 A，B 的动反力。

12-17　图示系统位于铅垂面内。已知：两匀质杆长均为 $l=0.5\text{m}$、质量均为 $m=2\text{kg}$，$OO_1=h=0.4\text{m}$，不计杆 OA 与杆 O_1B 之间的摩擦。若当杆 OA 水平时，其角速度 $\omega=2\text{rad/s}$、角加速度为零，且 $OB=b=0.3\text{m}$。试用动静法求此瞬时作用在杆 OA 上的力偶矩 M。

12-18　匀质细杆 AB 搁置如图，已知：杆长为 $2\sqrt{3}r$，质量为 m，不计摩擦。图示瞬时，AB

杆的角速度为零、$OA=2r$。试用动静法求在杆 AB 的 A 端作用水平力 $\boldsymbol{F}$ 的瞬时，杆 AB 的角加速度。

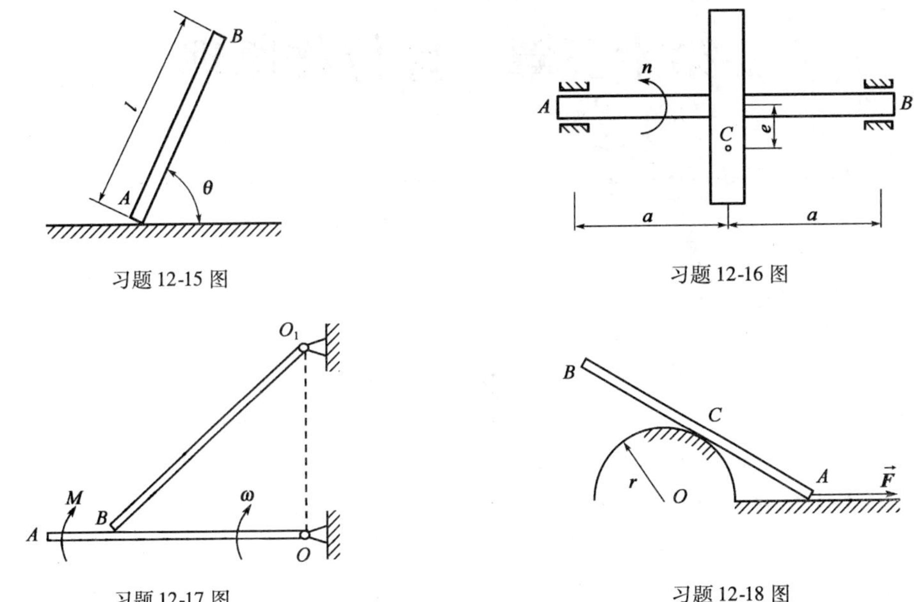

习题 12-15 图

习题 12-16 图

习题 12-17 图

习题 12-18 图

12-19　图示匀质圆柱体位于铅直面内。已知：圆柱半径为 r、重为 Q，A 和 B 支座的水平间距为 L。试用动静法求突然移去支承 B 瞬时：(1) 圆柱质心 C 的加速度；(2) 支座 A 的反力。

12-20　图示圆轮 C 沿水平悬臂梁作纯滚动，用绳通过匀质定滑轮 B 与物块 D 相连。已知：二轮半径均为 r、重均为 P，物 D 重为 $2P$，梁长为 L，自重不计。试用动静法求：(1) 重物 D 开始下落时的加速度；(2) 支座 A 的附加动反力。

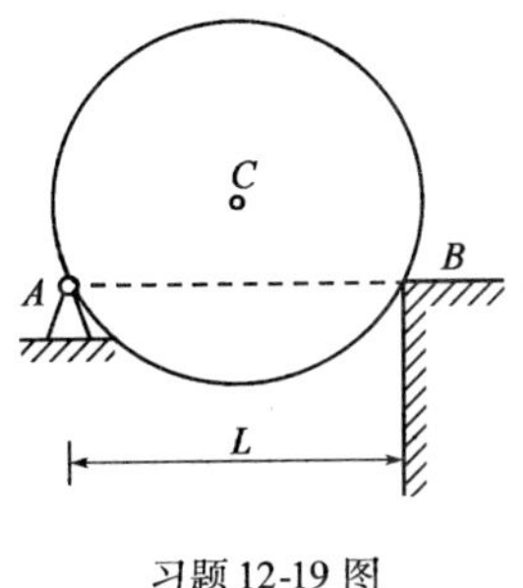

习题 12-19 图

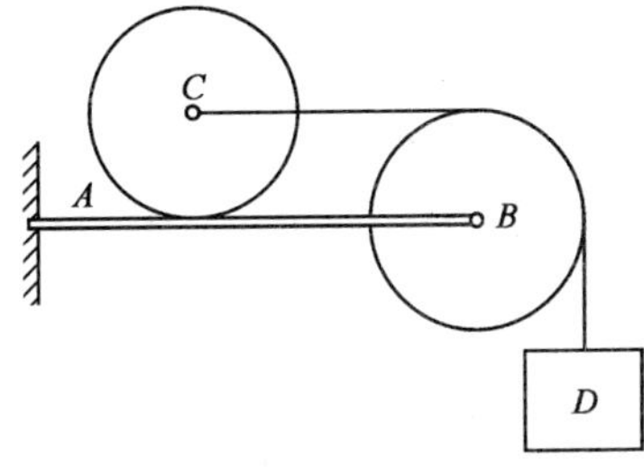

习题 12-20 图

第十三章　虚位移原理

本章要点

- 约束及其分类；
- 虚位移的概念；
- 虚功及其计算；
- 虚位移原理，应用虚位移原理求解质点系的平衡问题。

虚位移原理是分析静力学的理论基础，它应用功的概念建立任意质点系平衡的充要条件，是解决质点系平衡问题的最一般的原理。虚位移原理是研究静力学问题的另一途径。对于具有理想约束的较复杂物体系统，由于未知的约束反力不做功，应用虚位移原理求解常比列平衡方程更方便。例如，图 13-1 所示的曲柄连杆机构，当要求作用在曲柄上的主动力偶 M 与作用在滑块上的主动力 $\boldsymbol{F}$ 之间的平衡关系时，用几何静力学求解，则需要分别取出曲柄、滑块为研究对象，列出平衡方程，联立求解，得到主动力之间的平衡关系，显然是较为烦琐的。而应用虚位移原理求解系统的平衡问题时，在所列的方程中，将不出现约束反力，联立方程的数目也将减少，因而可使运算简化。

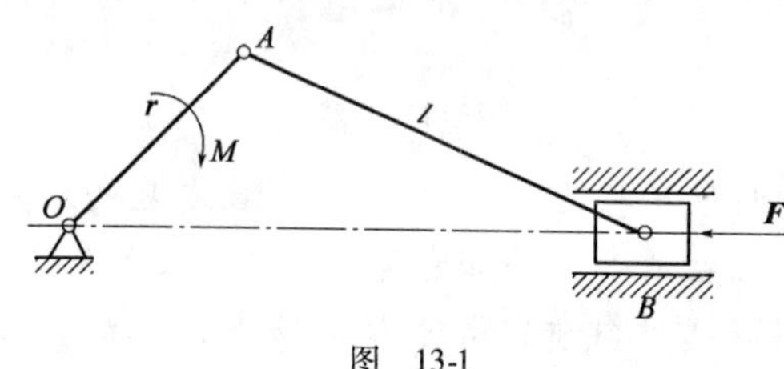

图　13-1

第一节　约束及其分类

一、约束与约束方程

一质点系不受任何限制可在空间作自由运动，这样的质点系称为自由质点系；若质点系中各质点的位置和运动受到一定限制，则称此质点系为非自由质点系。

限制质点或质点系位置和运动的各种条件，称为约束。这些限制条件用数学方程表示出来，称为约束方程。

二、约束的分类

根据约束的形式和性质，约束可分为如下几类。

1. 几何约束和运动约束

限制质点或质点系在空间的几何位置的条件称为几何约束，例如图 13-2 所示的单摆，其中质点 M 可绕固定点 O 在平面 Oxy 内摆动，摆长为 l。由于刚杆 OM 的限制，质点 M 必须在以点 O 为圆心、以 l 为半

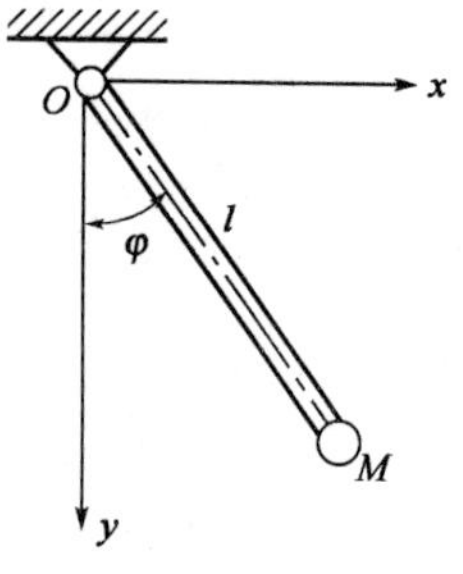

图 13-2　单摆

径的圆周上运动。若以 x、y 表示质点的坐标，则其约束方程为

$$x^2 + y^2 = l^2$$

几何约束的约束方程建立了质点间几何位置的相互联系。

限制质点系运动情况的运动学条件，称为运动约束。如图 13-3 所示，半径为 r 的圆轮在水平面上沿直线轨道只滚不滑，由于约束的限制，轮子与轨道接触点 A 的速度为零。设轮心 C 的速度为 $\dot{x}_C$，轮子的角速度为 $\dot{\varphi}$，则轮子在每一瞬时有

$$\dot{x}_C - r\dot{\varphi} = 0$$

上式建立了轮心速度与轮子角速度之间的关系，该方程即为运动约束方程。

2. 定常约束和非定常约束

如果约束方程中不显含时间 t，即约束不随时间而变，这种约束称为定常约束。如前述单摆的约束方程不显含时间 t，属于定常约束。

若约束方程中显含时间 t，约束条件随时间变化，这种约束称为非定常约束。如图 13-4 所示，一与弹簧相连的滑块 A 可沿光滑水平面往复滑动，设其运动规律为 $x_A = a\sin\omega t$。又在滑块上连接一单摆，摆杆长为 l，则质点 M 的约束方程为

$$(x - a\sin\omega t)^2 + y^2 = l^2$$

上式中显含时间 t，所以是非定常约束。

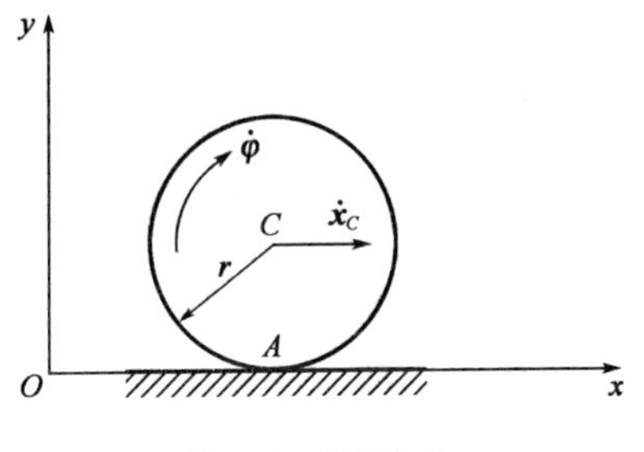

图 13-3　运动约束

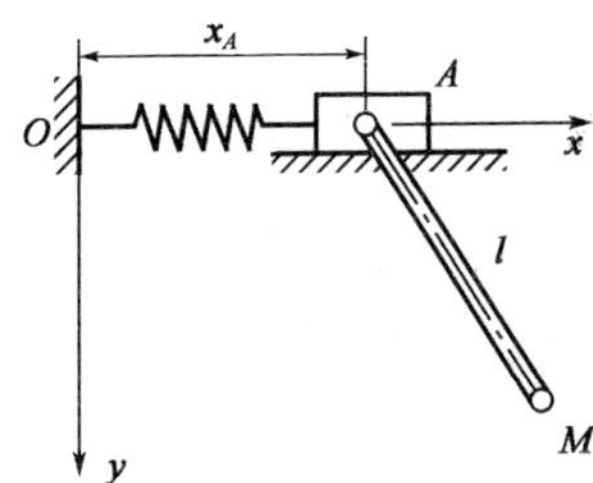

图 13-4　非定常约束

3. 双面约束和单面约束

在如图 13-1 所示的单摆例子中，摆杆是一刚杆，它限制质点沿杆的拉伸方向位移，又限制质点沿杆的压缩方向位移，这种约束称为双面约束，双面约束的约束方程是等式。如图 13-3 所示的轮子，轨道只限制它向下的运动，这种约束称为单面约束，单面约束的约束方程是不等式。

4. 完整约束和非完整约束

如果约束方程中不包含坐标对时间的导数，或者约束方程中的微分项可积分为有限形式，这种约束称为完整约束。例如，在图 13-3 所示的轮子沿直线轨道作纯滚动的例子中，其运动约束方程 $\dot{x}_C - r\dot{\varphi} = 0$ 可以积分为有限形式，即

$$x_C = r\varphi + C$$

所以轮子受到的约束是完整约束。

如果约束方程中包含坐标对时间的导数，而且约束方程不可能积分为有限形式，这种约束称为非完整约束。非完整约束总是微分方程的形式。

本章只讨论受定常的双面几何约束的质点系的平衡问题。

第二节　虚位移与虚功

一、虚位移

质点系内的质点，由于受到约束，它们的运动不可能是完全自由的，有些位移是约束所允许的，另一些位移是约束所不允许的。在某瞬时，质点系在约束所允许的条件下，可能实现的任何无限小的位移称为虚位移。虚位移可以是线位移，也可以是角位移，虚位移用变分符号 δ 表示，以区别于实位移，如 δr，δs，$\delta\varphi$，δx，δy，δz 等。

必须注意，虚位移和实位移虽然都是约束所容许的位移，但二者是有区别的。实位移是在一定的力的作用和已知的初始条件下，在一定的时间内发生的位移，具有确定的方向。而虚位移则纯粹是一个几何概念，它既不牵涉系统的实际运动，也不牵涉力的作用，与时间过程和初始条件无关，在不破坏系统约束的条件下，它具有任意性。例如，一个被约束在固定面上的质点，它的实际位移只有一个，而虚位移在它的约束面上则有无限多个。

系统的虚位移可用对坐标作变分运算，即如果系统中某一点 M 的坐标(x,y,z)可以表示为某些参变数的函数，则对该坐标做变分运算，便可求得该质点的虚位移投影，这种方法称为解析法。除此之外，还可以先设定某一个虚位移，然后按约束条件与几何关系求出系统其他各处的虚位移，这种方法称为几何法。在几何法中，由于是微小的位移，也可以把各处的虚位移（线位移与角位移）当成虚速度（线速度与角速度），按照运动学求速度的方法来求各虚位移，因此几何法又称为虚速度法。大家在以后的练习中注意学习应用。

［**例 13-1**］一质点 M 固定在长为 l 的刚性杆的 A 端，此杆可绕定点 O 转动，如图 13-5 所示，使其处于图示平衡位置，试计算该质点的虚位移。

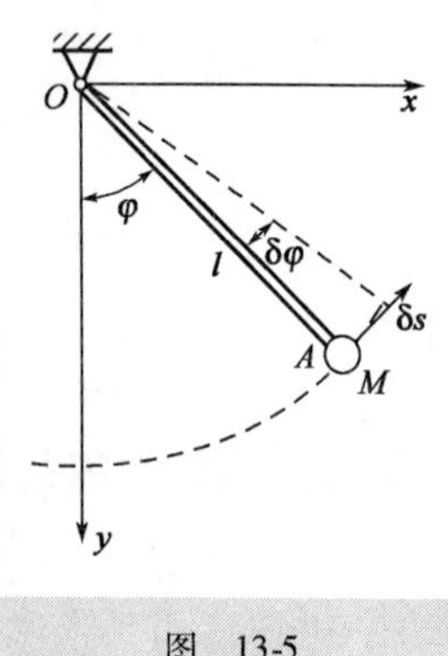

图　13-5

解：(1)几何法

只要保持杆长 l 不变这一约束条件，质点 M 的虚位移就可以用该点沿圆周曲线的切线上的微小长度 δs 来表示，现取矢量 δs，如图 13-5 所示，设杆有一个微小的角位移 $\delta\varphi$，由几何(速度)关系得

$$\delta s = l\delta\varphi$$

δs 在 Ox 和 Oy 两坐标轴上的投影为

$$\delta x = \cos\varphi\delta s = l\cos\varphi\delta\varphi$$

$$\delta y = -\sin\varphi\delta s = -l\sin\varphi\delta\varphi$$

(2)解析法

用坐标的变分计算质点 M 的虚位移，则需先写出用参数 φ 表示的质点 M 的坐标

$$x = l\sin\varphi, y = l\cos\varphi$$

然后进行变分运算可得

$$\delta x = -l\cos\varphi\delta\varphi, \delta y = -l\sin\varphi\delta\varphi$$

得

$$\delta s = \sqrt{(\delta x)^2 + (\delta y)^2} = l\delta\varphi$$

以上两种求虚位移的方法，在实际问题中可以视如何方便而采用。

二、虚功

质点或质点系所受的力 $\boldsymbol{F}$ 在虚位移 $\delta\boldsymbol{r}$ 上所做的功称为虚功，力在虚位移上做功的计算与作用力在真实小位移上所做元功的计算是一样的，即

$$\delta W = \boldsymbol{F} \cdot \delta\boldsymbol{r} = F \cdot \delta r \cdot \cos(\boldsymbol{F},\delta\boldsymbol{r}) \tag{13-1}$$

虚功也可写成解析表达式

$$\delta W = F_x \cdot \delta x + F_y \cdot \delta y + F_z \cdot \delta z \tag{13-2}$$

式中，F_x,F_y,F_z 为作用于质点上的力 F 在直角坐标轴上的投影；$\delta x,\delta y,\delta z$ 为虚位移 $\delta\boldsymbol{r}$ 在直角坐标轴上的投影。

应该指出，虚位移只是假想的，而不是真实发生的，因而虚功也是假想的。

很多情况下，约束力与约束所允许的虚位移互相垂直，约束力的虚功等于零；很多系统内部的相互约束力所做虚功之和也等于零，这种约束称为理想约束。工程中常遇到的简单约束类型，例如光滑固定面约束、光滑铰链、无重刚杆、不可伸长的柔绳、固定端等均为理想约束。若以 $\delta\boldsymbol{r}_i$ 表示质点系中某质点的虚位移，$\boldsymbol{F}_{Ni}$表示作用在该质点上的约束力，δW_N 表示该约束力在虚位移中所做的虚功，则具有理想约束的质点系满足

$$\sum\delta W_N = \boldsymbol{F}_{Ni} \cdot \delta\boldsymbol{r}_i = 0$$

第三节　虚位移原理

设有一个质点系处于静止状态，取质点系中任一质点 m_i，作用在该质点上的主动力的合力为 $\boldsymbol{F}_i$，约束力的合力为 $\boldsymbol{F}_{Ni}$。因为质点系处于平衡状态，则该质点也处于平衡状态，因此有

$$\boldsymbol{F}_i + \boldsymbol{F}_{Ni} = 0$$

若给质点系以某种虚位移，其中质点 m_i 的虚位移为 $\delta\boldsymbol{r}_i$，则作用在质点上的力 $\boldsymbol{F}_i$ 和 $\boldsymbol{F}_{Ni}$的虚功的和为

$$\boldsymbol{F}_i \cdot \delta\boldsymbol{r}_i + \boldsymbol{F}_{Ni} \cdot \delta\boldsymbol{r}_i = 0$$

对于质点系内所有质点，都可得到与上式同样的等式。将这些等式相加，得

$$\sum\boldsymbol{F}_i \cdot \delta\boldsymbol{r}_i + \sum\boldsymbol{F}_{Ni} \cdot \delta\boldsymbol{r}_i = 0$$

如果质点系具有理想约束，则约束力在虚位移中所做虚功的和为零，即$\sum\boldsymbol{F}_{Ni} \cdot \delta\boldsymbol{r}_i = 0$，代入上式得

$$\sum\boldsymbol{F}_i \cdot \delta\boldsymbol{r}_i = 0$$

用$\sum\delta W_{F_i}$代表作用在质点上的主动力的虚功，由于$\sum\delta W_{F_i} = \sum\boldsymbol{F}_i \cdot \delta\boldsymbol{r}_i$，则上式可写为

$$\sum\delta W_{F_i} = \sum\boldsymbol{F}_i \cdot \delta\boldsymbol{r}_i = 0 \tag{13-3}$$

可以证明，式(13-3)不仅是质点系平衡的必要条件，也是充分条件。

因此可得到结论：对于具有理想约束的质点系，其在某一位置处于平衡的充分必要条件是：作用于质点系的所有主动力在此位置的任何虚位移中所做虚功的和为零。上述结论称为虚位移原理，又称为虚功原理。

式(13-3)也称为虚功方程，也可把该将式写成解析表达式，即

$$\sum(F_{xi} \cdot \delta x_i + F_{yi} \cdot \delta y_i + F_{zi} \cdot \delta z_i) = 0 \tag{13-4}$$

式中，F_{xi}，F_{yi}，F_{zi}为作用于质点上的主动力 $\boldsymbol{F}_i$ 在直角坐标轴上的投影，δx_i，δy_i，δz_i 为力 $\boldsymbol{F}_i$ 的作用点的坐标的变分，也等于虚位移 $\delta \boldsymbol{r}_i$ 在直角坐标轴上的投影。

虚位移原理的优势在于讨论质点系平衡时直接给出了主动力之间的关系而无需涉及理想约束力。若求解受到有摩擦或弹簧存在的非理想约束的质点系的平衡问题，只要把摩擦力或弹性力当作主动力，在虚位移原理中计入其在虚位移中所做的虚功即可。

[**例 13-2**]某压榨机构如图 13-6 所示，铰链 B 上作用有水平力 F，此力在平面 ABC 内。若 $AB=BC$，$\angle ABC=2\theta$，各处摩擦与杆重均忽略不计。求图示平衡位置时作用于 C 处的压榨力。

解：取压榨机构 ABC 为研究对象，作用于机构的主动力有水平力 $\boldsymbol{F}$ 和压榨力 $\boldsymbol{P}$。

令 B 点的虚位移为 $\delta \boldsymbol{r}_B$，$\delta \boldsymbol{r}_B$ 垂直于 AB；C 点的虚位移 $\delta \boldsymbol{r}_C$ 竖直向上，如图 13-6 所示。由虚位移原理有

$$F\delta r_B \cos\left(\frac{\pi}{2}-\theta\right)-P\delta r_C=0 \tag{1}$$

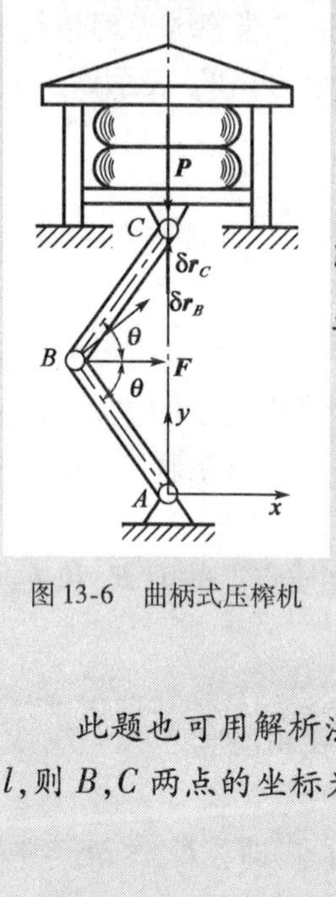

图 13-6　曲柄式压榨机

由速度投影定理，B，C 两点的虚位移在 BC 连线上的投影相等，由图有

$$\delta r_C \cos\left(\frac{\pi}{2}-\theta\right)=\delta r_B \cos\left(2\theta-\frac{\pi}{2}\right)$$

即

$$\delta r_C \sin\theta=\delta r_B \sin 2\theta$$

或

$$\delta r_C=2\delta r_B \cos\theta \tag{2}$$

将式(2)代入(1)，得

$$F\delta r_B \sin\theta-2P\delta r_B \cos\theta=0$$

因为 $\delta r_B \neq 0$，解得

$$P=\frac{F}{2}\tan\theta$$

此题也可用解析法求解。选取坐标系如图 13-6 所示，建立坐标系如图，令 $AB=BC=l$，则 B，C 两点的坐标为

$$x_B=-l\cos\theta, y_C=2l\sin\theta$$

对坐标求变分，得

$$\delta x_B=l\sin\theta\delta\theta, \delta y_C=2l\cos\theta\delta\theta$$

虚功方程为

$$F\delta x_B-P\delta y_C=0$$

解得

$$P=\frac{F}{2}\tan\theta$$

[**例 13-3**]如图 13-7 所示，在螺旋压榨机的手柄 AB 上作用一在水平面内的力偶($\boldsymbol{F}$，$\boldsymbol{F}'$)，其力偶矩等于 $2Fl$，设螺杆的螺距为 h，试求平衡时作用于被压榨物体上的压力。

解:以整个系统为研究对象。作用于系统上的主动力有手柄上的力偶($\boldsymbol{F},\boldsymbol{F}'$)和被压物体对压板的反力 $\boldsymbol{F}_{\mathrm{N}}$。对系统加虚位移:手柄按顺时针转向转过角度 $\delta\varphi$,设螺杆和压板有向下的虚位移 δs。虚功方程为

$$\sum \delta W_F = 2Fl\delta\varphi - F_{\mathrm{N}}\delta s = 0 \qquad (1)$$

现求 $\delta\varphi$ 和 δs 之间的关系。对于单头螺纹,手柄 AB 转一周,螺杆上升或下降一个螺距,有

$$\frac{\delta\varphi}{2\pi} = \frac{\delta s}{h}$$

$$\delta s = \frac{h}{2\pi}\delta\varphi$$

代入式(1),得

$$\sum \delta W_F = \left(2Fl - \frac{F_{\mathrm{N}}h}{2\pi}\right)\delta\varphi = 0$$

因 $\delta\varphi$ 是任意的,故 $\quad 2Fl - \frac{F_{\mathrm{N}}h}{2\pi} = 0$

解得 $\quad F_{\mathrm{N}} = 4\pi\frac{l}{h}F$

[例 13-4]图 13-8 为一夹紧装置的简图,设刚体内压力的压强为 p,活塞直径为 D,尺寸如图所示,不计摩擦及各杆自重,试求作用在工件上的压力 $\boldsymbol{F}_{\mathrm{N}}$。

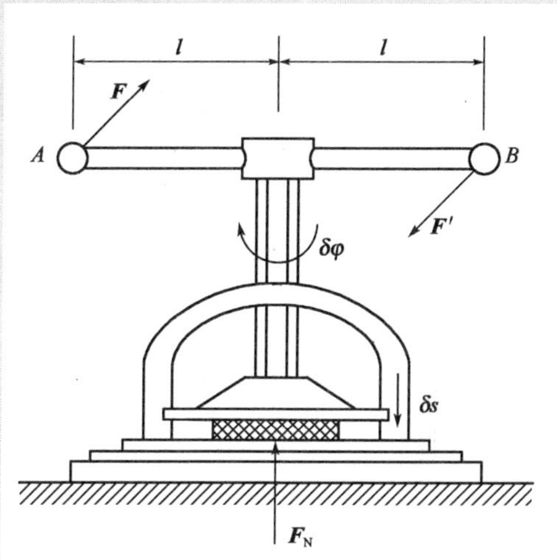

图 13-7

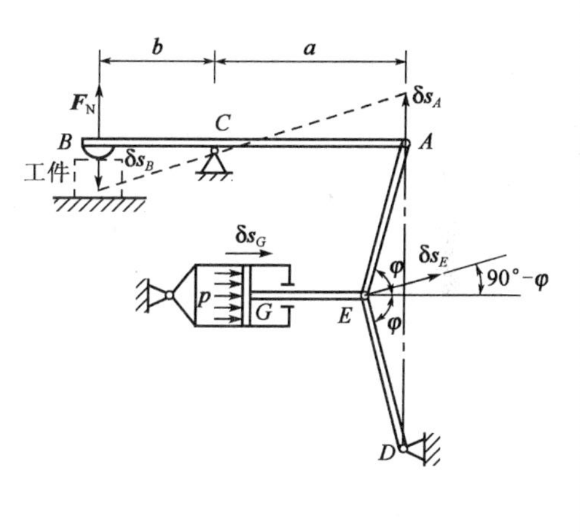

图 13-8

解:取整个系统为研究对象,受理想约束。作用于活塞上的总压力为 $F = p\pi D^2/4$,B 点反力为 $\boldsymbol{F}_{\mathrm{N}}$。给活塞以向右的虚位移,则系统中点 E,A 及 B 的虚位移如图所示,虚功方程为

$$\sum \delta W_F = F\delta s_G - F_{\mathrm{N}}\delta s_B = 0$$

得:

$$F_{\mathrm{N}} = F\frac{\delta}{\delta s_B} \qquad (1)$$

现求 δs_G 与 δs_B 之间的关系。由图 13-8 可知,对活塞杆,由速度投影定理有

$$\delta s_G = \delta s_E \cos(90° - \varphi)$$

对 EA 杆，由速度投影定理有 $\delta s_E\cos(2\varphi-90°)=\delta s_A\sin\varphi$

对杠杆 AB 有 $$\frac{\delta s_A}{\delta s_B}=\frac{a}{bs}$$

故得 $$\frac{\delta s_G}{\delta s_B}=\frac{\delta s_G\delta s_E\delta s_A}{\delta s_E\delta s_A\delta s_B}=\cos(90°-\varphi)\frac{\sin\varphi}{\cos(2\varphi-90°)}\frac{a}{b}=\frac{a}{2b}\tan\varphi$$

代入式(1)，得 $$F_N=F\frac{\delta s_G}{\delta s_B}=\frac{Fa}{2b}\tan\alpha=\frac{pa\pi D^2}{8b}\tan\alpha$$

[例 13-5] 如图 13-9a)所示的无重静定多跨梁 AF，已知：$F_1=25\text{kN}$，$F_2=30\text{kN}$，$q=5\text{kN/m}$，$M=12\text{kN}\cdot\text{m}$。求支座 E 的约束力。

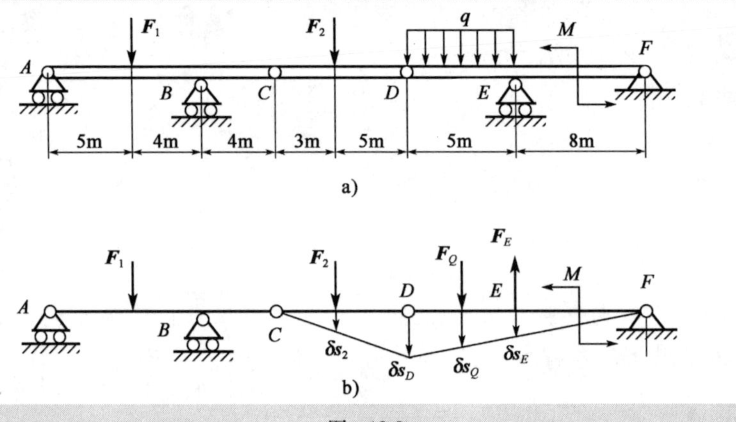

图 13-9

解：解除支座 E 的滑动支座约束，代之以约束力 $\boldsymbol{F}_E$，并将 $\boldsymbol{F}_E$ 看作为主动力。假想支座 E 产生如图所示的虚位移 δs_E，则在约束允许的条件下，各点虚位移如图 13-9b)所示，由虚位移原理有

$$\sum\delta W_{F_i}=0:-F_E\cdot\delta s_E+F_1\cdot\delta s_1+F_2\cdot\delta s_2+F_Q\cdot\delta s_Q+M\cdot\delta\varphi=0$$

由图可得

$$\delta s_1=0,\frac{\delta s_Q}{\delta s_E}=\frac{10.5}{8},\frac{\delta\varphi}{\delta s_E}=\frac{1}{8}$$

$$\frac{\delta s_2}{\delta s_E}=\frac{\delta s_2}{\delta s_D}\frac{\delta s_D}{\delta s_E}=\frac{3}{8}\times\frac{13}{8}=\frac{39}{64}$$

代入虚功方程，得

$$F_E=F_1\cdot\frac{\delta s_1}{\delta s_E}+F_2\cdot\frac{\delta s_2}{\delta s_E}+F_Q\cdot\frac{\delta s_Q}{\delta s_E}+M\cdot\frac{\delta\varphi}{\delta s_E}$$

$$=30\times\frac{39}{64}+5\times5\times\frac{10.5}{8}+12\times\frac{1}{8}=52.6\text{kN}$$

思 考 题

13-1　虚位移与实位移有什么异同？

13-2　应用虚位移原理给质点系加虚位移时，为什么特别强调虚位移必须是为约束所允许的无限小的位移？

13-3　机构如图所示，在图示位置时，A,B,C 三点的虚位移哪一种是正确的？

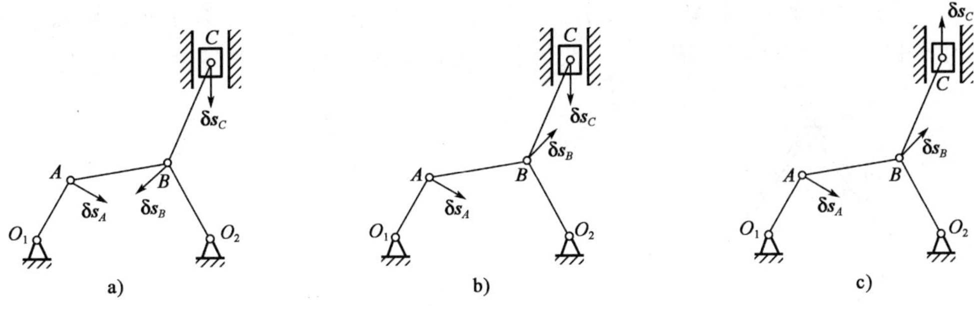

思考题 13-3 图

13-4　虚位移原理只适用于具有理想约束的系统吗？

13-5　机构如图所示，若 $OA=r, BD=DC=DE=l, \angle OAC=90°$，试求图示位置时 A 点和 B 点虚位移的关系。

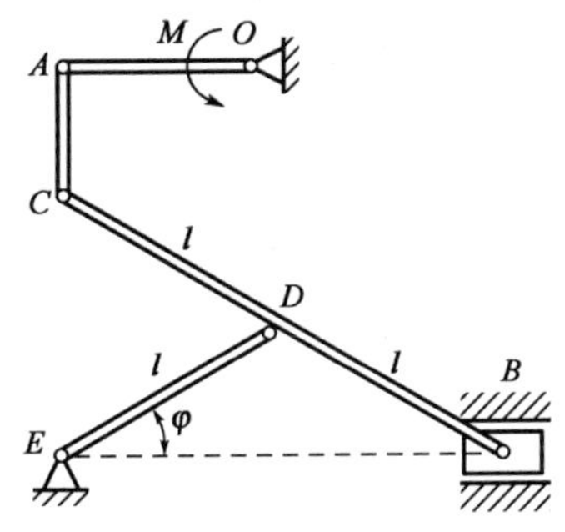

思考题 13-5 图

习　题

13-1　如图所示，在压缩机的手轮上作用一力偶，其矩为 M。手轮轴的两端各有螺距同为 h，但方向相反的螺纹。螺纹上各套有一个螺母 A 和 B，这两个螺母分别与长为 l 的杆相铰接，四杆形成棱形框，此棱形框的点 D 固定不动，而点 C 连接在压缩机的水平压板上。试求当棱形框的顶角等于 2φ 时，压缩机对被压物体的压力。

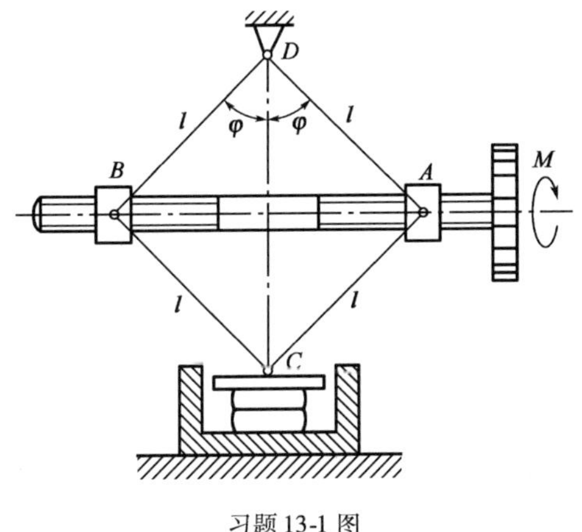

习题 13-1 图

13-2　四铰连杆组成如图所示的棱形 $ABCD$，受力如图，试求平衡时 θ 应等于多少？

13-3　在图示机构中，曲柄 OA 上作用一力偶矩为 M 的力偶，滑块 D 上作用一水平力 $\boldsymbol{F}$，机构尺寸如图。已知 $OA=a$，$CB=BD=l$，试求当机构平衡时 $\boldsymbol{F}$ 与力偶矩 M 之间的关系。

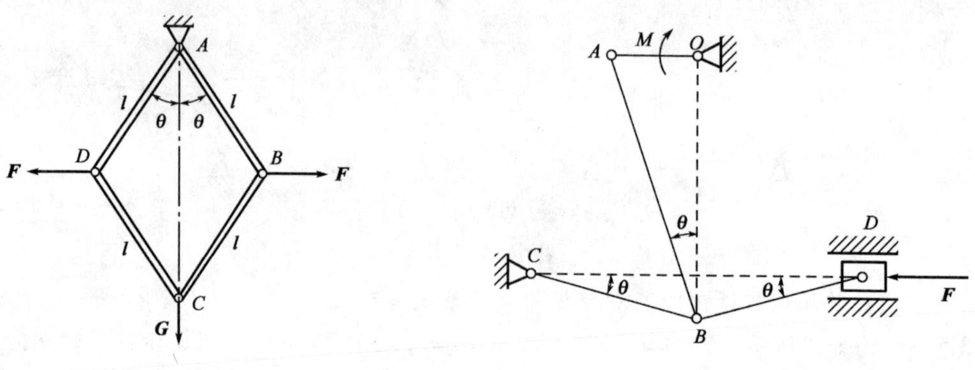

习题 13-2 图　　　　习题 13-3 图

13-4　在图示机构中，已知：尺寸 $AD=DO=OB=20\text{cm}$，$\beta=30°$，$AB\perp AC$，$F_1=150\text{N}$，弹簧的弹性系数 $k=150\text{N/cm}$，在图示位置已压缩变形 $\delta_s=2\text{cm}$。试用虚位移原理求机构在图示位置平衡时，$\boldsymbol{F}_2$ 力的大小。

13-5　在图示机构中，已知：$OD=BD=l_1$，$AD=l_2$ 及 β 角。试用虚位移原理求机构平衡时 F_1/F_2 的值。

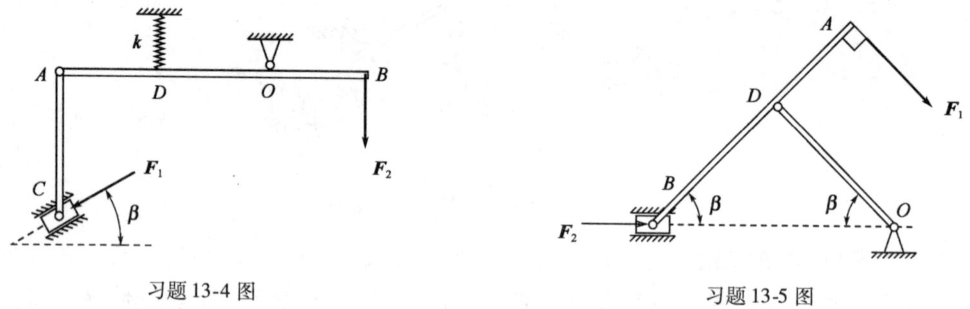

习题 13-4 图　　　　习题 13-5 图

13-6　在图示机构中，$OC=AC=BC=l$，已知在滑块 A，B 上分别作用在 $\boldsymbol{F}_1$，$\boldsymbol{F}_2$，欲使机构在图示位置平衡。试求作用在曲柄 OC 上的力矩 M。

13-7　在图示机构中，已知铅垂作用力 $\boldsymbol{F}$，角 β，$AC=BC=EC=HC=DE=DH=l$。各杆重不计。试用虚位移原理求支座 A 的水平约束力。

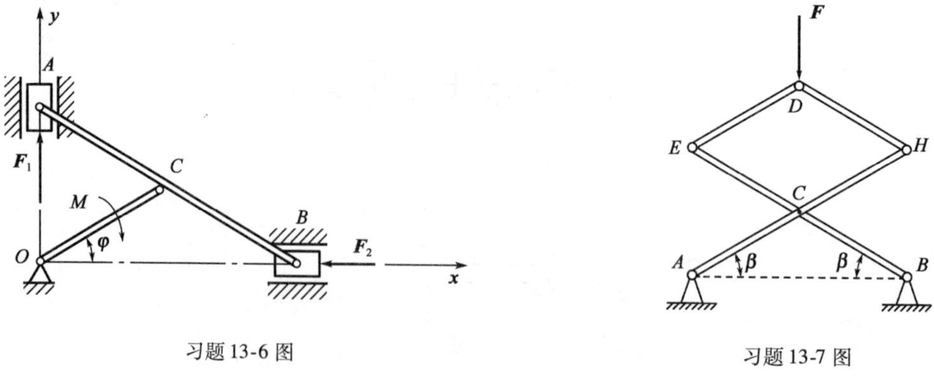

习题 13-6 图　　　　习题 13-7 图

13-8　公共汽车用于开启车门的机构如图所示，已知 $O_1A=r$，$O_1B=b$，$O_2C=d$，$BC=c$，设所有铰链均为光滑，且设平稳缓慢开启，试求垂直于手柄 OA 的力 $\boldsymbol{F}$ 和门的阻力矩 M 之间的关系。

13-9　桁架结构及所受荷载如图所示，若已知铅垂荷载 $\boldsymbol{F}$，试求 1,2 两杆的内力。

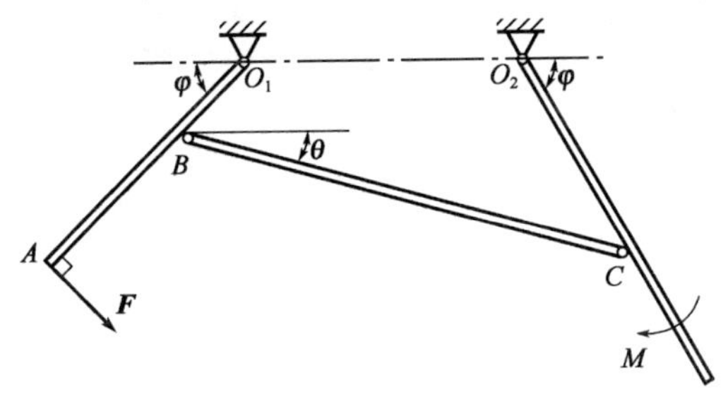

习题 13-8 图

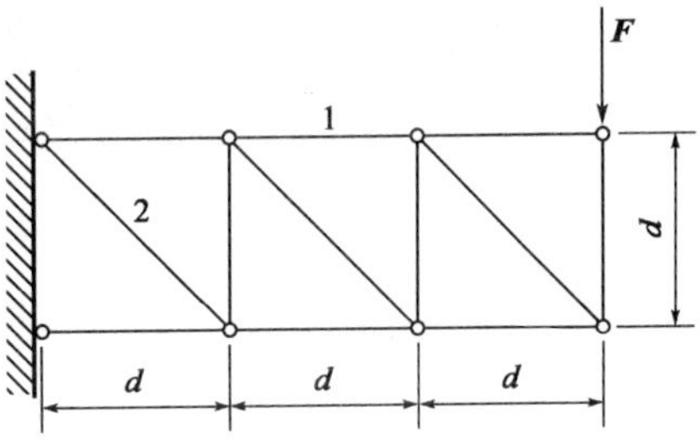

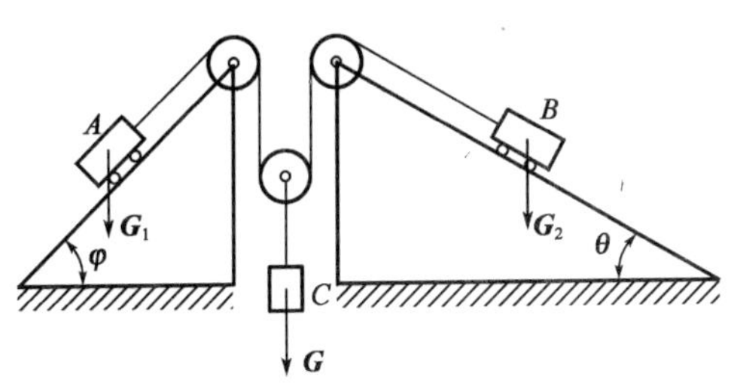

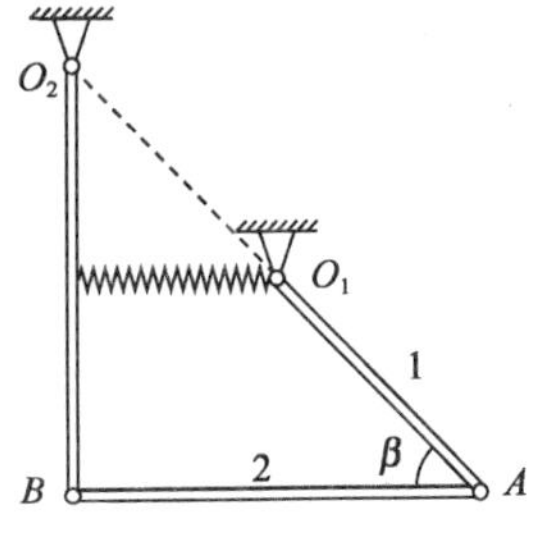

习题 13-9 图

13-10　如图所示，重物 A 和 B 的重量分别为 $\boldsymbol{G}_1$ 和 $\boldsymbol{G}_2$，连接在细绳的两端，分别放在倾斜面上，绳子绕过定滑轮与一动滑轮相连，动滑轮的轴上挂一重量为 $\boldsymbol{G}$ 的重物 C，如不计摩擦，试求平衡时 G_1 和 G_2 的值。

13-11　结构如图，已知：A，O_1 和 O_2 三点位于同一直线上，$AO_1=O_1O_2$，$\angle O_1AB=\beta$，$\angle ABO_2=90°$。杆 O_1A，AB 和 O_2B 均为匀质细杆，重各为 $\boldsymbol{F}_1$，$\boldsymbol{F}_2$ 和 $\boldsymbol{F}_3$。试用虚位移原理求系统在图示位置平衡时弹簧的拉力。

习题 13-10 图

习题 13-11 图

13-12　一组合结构如图所示，已知 $F_1=4\text{kN}$，$F_2=5\text{kN}$，求杆 1 的内力。

13-13　在图示桁架中，已知：$F=1\text{kN}$，$L=2\text{m}$，$\theta=30°$，$\beta=60°$。试用虚位移原理求：(1)杆 CD 的内力；(2)杆 BD 的内力。

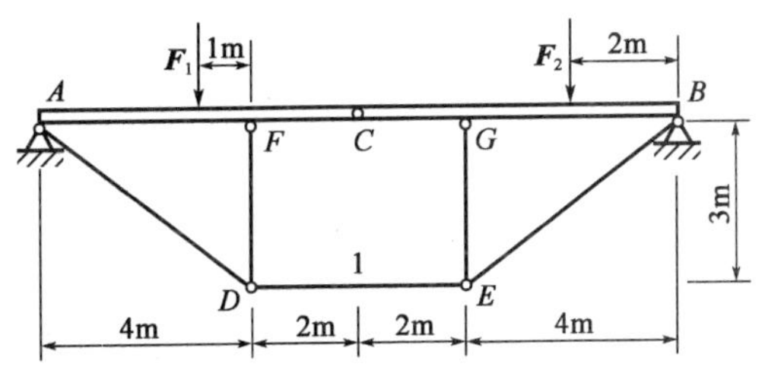

习题 13-12 图

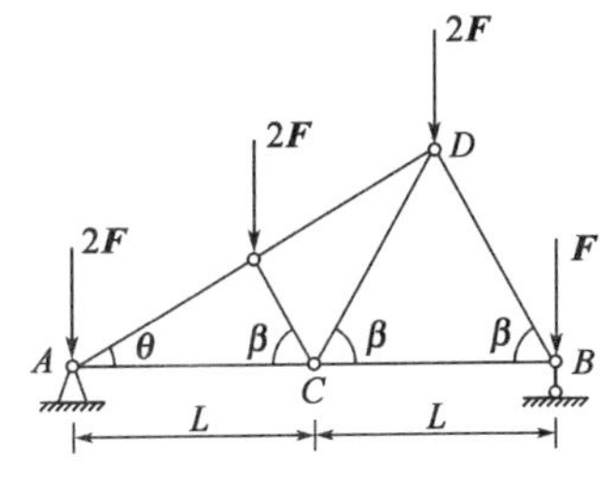

习题 13-13 图

13-14　四根杆用铰连接组成平行四边形 $ABCD$，如图所示，其中 AC 和 BD 用绳连接，绳中张力为 $\boldsymbol{F}_{AC}$ 和 $\boldsymbol{F}_{BD}$，试证：$F_{AC}/F_{BD}=AC/BD$。

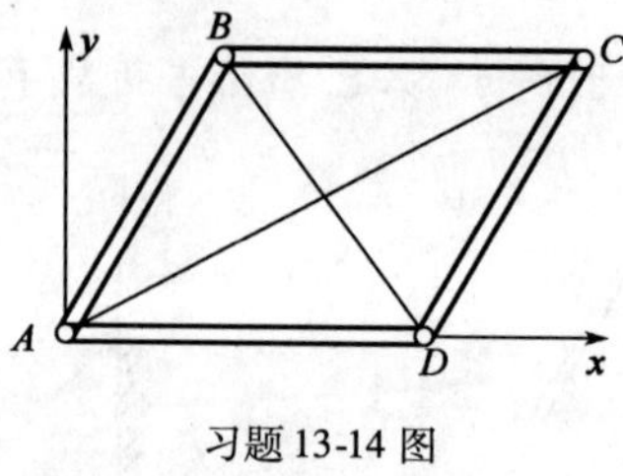

习题 13-14 图

下篇　材料力学

第十四章　材料力学基本概念

本章要点

- 材料力学的任务，包括强度、刚度和稳定性的概念；
- 变形固体的基本假设；
- 内力与截面法；
- 应力与应变；
- 杆件变形的基本形式。

第一节　材料力学的任务

机械与工程结构通常是由若干个零部件构成的，我们把构成它们的每一个组成部分统称为构件。如机械的轴，房屋的梁、柱子等。在机械或工程结构工作时，有关构件将受到力的作用，因而会产生几何形状和尺寸的改变，称为变形。若这种变形在外力撤除后能完全消除，则称之为弹性变形；若这种变形在外力撤除后不能消除，则称之为塑性变形（或永久变形）。为了保证机械或工程结构能正常工作，则要求每一个构件都具有足够的承受荷载的能力，简称承载能力。构件的承载能力通常由以下 3 个方面来衡量。

(1)强度：构件抵抗破坏（断裂或产生显著塑性变形）的能力称为强度。构件具有足够的强度是保证其正常工作最基本的要求。例如，构件工作时发生意外断裂或产生显著塑性变形是不容许的。

(2)刚度：构件抵抗弹性变形的能力称为刚度。为了保证构件在荷载作用下所产生的变形不超过许可的限度，必须要求构件具有足够的刚度。例如，如果机床主轴或床身的变形过大，将影响加工精度；齿轮轴的变形过大，将影响齿与齿间的正常啮合等。

(3)稳定性：构件保持原有平衡形式的能力称为稳定性。在一定外力作用下，构件突然发生不能保持其原有平衡形式的现象，称为失稳。构件工作时产生失稳一般也是不容许的。例如，桥梁结构的受压杆件失稳将可能导致桥梁结构的整体或局部塌毁。因此，构件必须具有足够的稳定性。

构件的设计，必须符合安全、实用和经济的原则。材料力学的任务是：在保证满足强度、刚度和稳定性要求（安全、实用）的前提下，以最经济的代价，为构件选择适宜的材料，确定合理的形状和尺寸，并提供必要的理论基础和计算方法。

一般说来，强度要求是基本的，只是在某些情况下才提出刚度要求。至于稳定性问题，只是在特定受力情况下的某些构件中才会出现。

材料的强度、刚度和稳定性与材料的力学性能有关，而材料的力学性能主要由实验来测定；材料力学的理论分析结果也应由实验来检验；还有一些尚无理论分析结果的问题，也必须借助于实验的手段来解决。所以,实验研究和理论分析同样是材料力学解决问题的重要手段。

第二节　材料力学的基本假设

所有构件都是由固体材料制成的,它们在外力作用下都会发生变形,故称为变形固体。变形固体在外力作用下所产生的物理现象是各种各样的,为了研究的方便,常常舍弃那些与所研究的问题无关或关系不大的特征,而只保留其主要特征,并通过作出某些假设将所研究的对象抽象成一种理想化的"模型"。例如,在理论力学中,为了从宏观上研究物体机械运动规律,可将物体抽象化为刚体;而在材料力学中,为了研究构件的强度、刚度和稳定性问题,则必须考虑构件的变形,即只能把构件看作变形固体。

为了简化性质复杂的变形固体,通常作出如下基本假设:

(1)连续性假设。即认为材料无间隙地分布于物体所占的整个空间中。根据这一假设,物体内因受力和变形而产生的内力和位移都将是连续的,因而可以表示为各点坐标的连续函数,从而有利于建立相应的数学模型。

(2)均匀性假设。即认为物体内各点处的力学性能都是一样的,不随点的位置而变化。按此假设,从构件内部任何部位所切取的微元体,都具有与构件完全相同的力学性能。同样,通过试样所测得的材料性能,也可用于构件内的任何部位。应该指出,对于实际材料,其基本组成部分的力学性能往往存在不同程度的差异,但是,由于构件的尺寸远大于其基本组成部分的尺寸,按照统计学观点,仍可将材料看成是均匀的。

(3)各向同性假设。即认为材料沿各个方向上的力学性能都是相同的。我们把具有这种属性的材料称为各向同性材料,如低碳钢、铸铁等。在各个方向上具有不同力学性能的材料则称为各向异性材料,如由增强纤维(碳纤维、玻璃纤维等)与基体材料(环氧树脂、陶瓷等)制成的复合材料。本书仅研究各向同性材料的构件。按此假设,我们在计算中就不用考虑材料力学性能的方向性,而可沿任意方位从构件中截取一部分作为研究对象。

此外,在材料力学中还假设构件在外力作用下所产生的变形与构件本身的几何尺寸相比是很小的,即小变形假设。根据这一假设,当考虑构件的平衡问题时,一般可略去变形的影响,因而可以直接应用理论力学的分析方法。

实际上,工程材料与上面所讲的"理想"材料并不完全相符合。但是,材料力学并不关心其微观上的差异,而只着眼于材料的宏观性能。实践表明,按这种理想化的材料模型研究问题,所得的结论能够很好地符合实际情况。即使对某些均匀性较差的材料(如铸铁、混凝土等),在工程上也可得到比较满意的结果。

第三节　外力、内力与截面法

一、外力

作用于构件上的荷载和约束反力统称为外力。

按外力的作用方式可分为表面力和体积力。表面力是作用于构件表面的力,又可分为分布力和集中力。分布力是连续作用于构件表面的力,如作用于船体上的水压力。有些分布力是沿杆件的轴线作用的,如楼板对屋梁的作用力。如果分布力的作用面积远小于构件的表面面积，或沿杆件轴线的分布范围远小于杆件长度，则可将分布力简化为作用于一点的力，称为集中力，如列车车轮对钢轨的压力。体积力是连续分布于构件内部各质点上的力，如重力和惯性力等。

按荷载随时间变化的情况可分为静荷载与动荷载。随时间变化极缓慢或不变化的荷载，称为静荷载。其特征是在加载过程中，构件不产生加速度或产生的加速度极小，可以忽略不计。随时间显著变化或使构件各质点产生明显加速度的荷载，称为动荷载。

构件在静荷载和动荷载作用下的力学性能颇不相同，分析方法也不完全相同，但前者是后者的基础。

二、内力

构件在未受外力作用时，其内部各质点之间即存在着相互的力作用，正是由于这种“固有的内力”作用，才能使构件保持一定的形状。当构件受到外力作用而变形时，其内部各质点的相对位置发生了改变，同时内力也发生了变化，这种引起内部质点产生相对位移的内力，即由于外力作用使构件产生变形时所引起的“附加内力”，就是材料力学所研究的内力。当外力增加，使内力超过某一限度时，构件就会破坏，因而内力是研究构件强度问题的基础。

三、截面法

为了显示和确定构件的内力，可假想地用一平面将构件截分为 A，B 两部分[图 14-1a)]，任取其中一部分为研究对象（例如 A 部分），并将另一部分（例如 B 部分）对该部分的作用以截开面上的内力代替。由于假设构件是均匀连续的变形体，故内力在截面上是连续分布的[图 14-1b)]。应用力系简化理论，这一连续分布的内力系可以向截面形心 C 简化为一主矢 F_R 和一主矩 M，若将它们沿 3 个选定的坐标轴（沿构件轴线建立 x 轴，在所截横截面内建立 y 轴与 z 轴）分解，便可得到该截面上的 3 个内力分量 F_N，F_{Sy} 与 F_{Sz}，以及 3 个内力偶矩分量 M_x，M_y 与 M_z[图 14-1c)]。

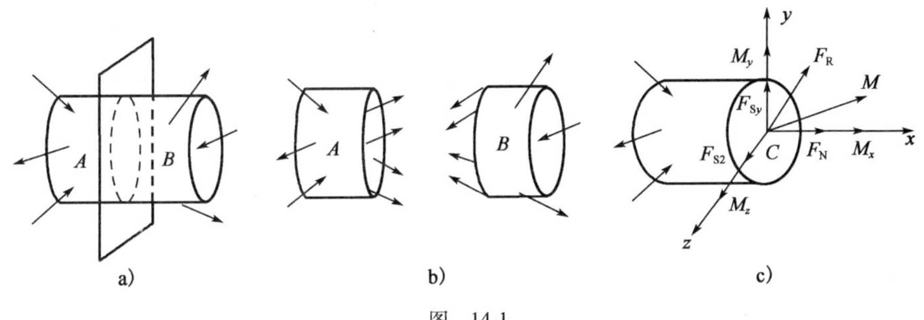

图 14-1

由于整个构件处于平衡状态，其任一部分也必然处于平衡状态，故只需考虑 A 部分的平衡，根据理论力学的静力平衡条件，即可由已知的外力求得截面上各个内力分量的大小和方向。同样，也可取 B 部分作为研究对象，并求得其内力分量。显然，B 部分在截开面上的内力与 A 部分在截开面上的内力是作用力与反作用力，它们是等值反向的。

上述这种假想用一平面将构件截分为两部分，任取其中一部分为研究对象，根据静力平衡条件求得截面上内力的方法，称为截面法。其全部过程可以归纳为以下 3 个步骤：

(1)在需求内力的截面处，假想地用一平面将构件截分为两部分，任取其中一部分为研究对象；

(2)在选取的研究对象上，除保留作用于该部分上的外力外，还要加上弃去部分对该部分的作用力，即截开面上的内力；

(3)由理论力学的静力平衡条件，求出该截面上的内力。

必须指出，在计算构件内力时，用假想的平面把构件截开之前，不能随意应用力或力偶的可移性原理，也不能随意应用静力等效原理。这是由于外力移动之后，内力及变形也会随之发生变化。

第四节　应力与应变

一、应力

第三节我们应用截面法分析了构件截面上的内力，但是，截面法仅能求得构件截面上分布内力系的主矢和主矩。一般情况下，内力在截面上并不是均匀分布的。为了描述内力系在截面上各点处分布的强弱程度，我们需引入内力集度（分布内力集中的程度）即应力的概念。

如图 14-2a）所示，在受力构件截面上任一点 K 的周围取一微小面积 ΔA，并设作用于该面积上的内力为 ΔF，则 ΔA 上分布内力的平均集度为

$$p_m = \frac{\Delta F}{\Delta A} \tag{14-1}$$

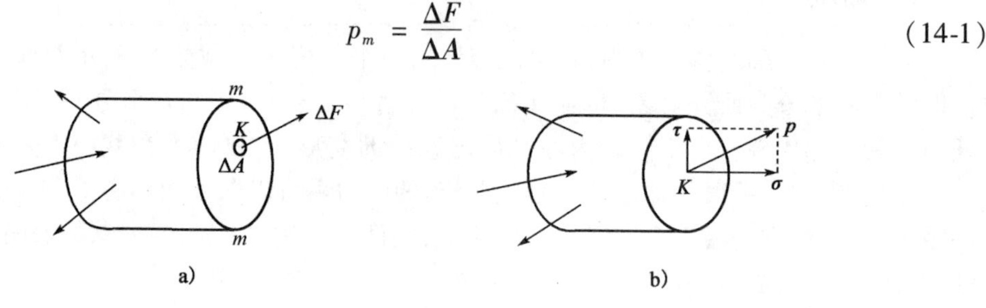

图　14-2

p_m 称为 ΔA 上的平均应力。由于截面上的内力一般并非均匀分布，因而平均应力 p_m 之值及其方向将随所取 ΔA 的大小而异。为了更准确地描述点 K 的内力分布情况，应使 ΔA 趋于零，由此所得平均应力 p_m 的极限值，称为点 K 处的总应力（或称全应力），并用 p 表示，即

$$p = \lim_{\Delta A \to 0} \frac{\Delta F}{\Delta A} = \frac{\mathrm{d}F}{\mathrm{d}A} \tag{14-2}$$

显然，总应力 p 的方向即 ΔF 的极限方向。为了分析方便，通常将总应力 p 分解为垂直于截面的法向分量 σ 和与截面相切的切向分量 τ［图 14-2b）］。法向分量 σ 称为正应力，切向分量 τ 称为切应力。显然，总应力 p 与正应力 σ 和切应力 τ 三者之间有如下关系

$$p^2 = \sigma^2 + \tau^2 \tag{14-3}$$

应力量纲是［力］/［长度］^{2}，在国际单位制中，应力单位是“帕斯卡”（Pascal）或简称帕（Pa），$1\text{Pa} = 1\text{N/m}^2$。由于这个单位太小，使用不便，故也常采用千帕（kPa）（$1\text{kPa} = 10^3\text{Pa}$）、兆帕（MPa）（$1\text{MPa} = 10^6\text{Pa}$）或吉帕（GPa）（$1\text{GPa} = 10^9\text{Pa}$）。

从本章第三节我们知道，内力分量是截面上分布内力系向截面形心简化的结果，因此，从图 14-3 可以得到，受力构件任一截面上的 6 个内力分量（$F_\text{N}, F_{\text{S}y}, F_{\text{S}z}$ 和 M_x, M_y, M_z）与该截面上任一点处的 3 个应力分量（$\sigma_x, \tau_{xy}, \tau_{xz}$）之间有如下关系式

$$
\left.\begin{aligned}
F_{\mathrm{N}} &= \int_A \sigma_x \mathrm{d}A \\
F_{\mathrm{S}y} &= \int_A \tau_{xy} \mathrm{d}A \\
F_{\mathrm{S}z} &= \int_A \tau_{xz} \mathrm{d}A \\
M_x &= \int_A (\tau_{xz} y - \tau_{xy} z) \mathrm{d}A \\
M_y &= \int_A \sigma_x z \mathrm{d}A \\
M_z &= -\int_A \sigma_x y \mathrm{d}A
\end{aligned}\right\} \tag{14-4}
$$

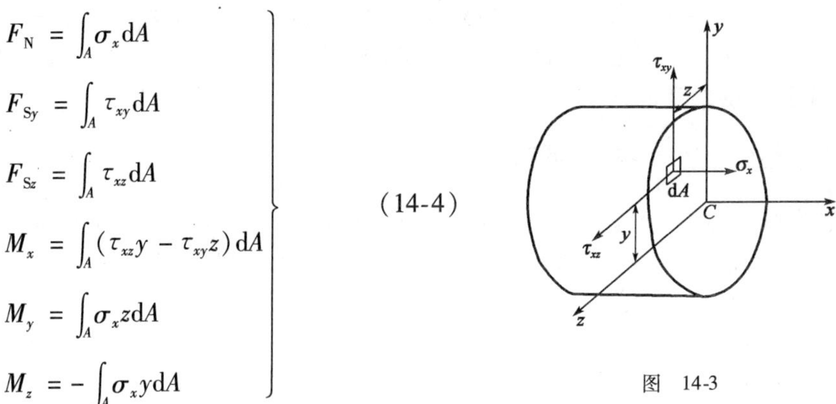

图 14-3

式(14-14)表明,如果已知构件某一截面上的内力分量及应力分布规律,便可确定该截面上的应力值。

二、应变

在外力作用下,构件内各点的应力一般是不同的,同样,构件内各点的变形程度也不相同。为了研究构件的变形,可设想将构件分割成许多微小的正六面体(当六面体的边长趋于无限小时称为单元体),构件的变形可以看作是这些单元体变形累积的结果。而单元体的变形只表现为边长的改变与直角的改变两种。为了度量单元体的变形程度,人们定义了线应变与切应变两个物理量。

线应变是指单元体棱边长度的相对变化量,通常用 ε 表示。

从受力构件内任一点 K 处取出一个单元体如图 14-4a)所示,设其沿 x 轴的棱边 KB 原长为 Δx ,变形后长度为 $\Delta x + \Delta u$ [图 14-4b)], Δu 称为棱边 KB 的伸长量,而 Δu 与 Δx 的比值,则称为棱边 KB 的平均线应变,用 ε_{mx} 表示,即

$$\varepsilon_{mx} = \frac{\Delta u}{\Delta x} \tag{14-5}$$

其极限值

$$\varepsilon_x = \lim_{\Delta x \to 0} \frac{\Delta u}{\Delta x} = \frac{\mathrm{d}u}{\mathrm{d}x} \tag{14-6}$$

则称为点 K 处沿 x 轴方向的线应变。同样,我们也可以定义点 K 处沿 y,z 轴方向的线应变 ε_y,ε_z。线应变是一个无量纲的量。

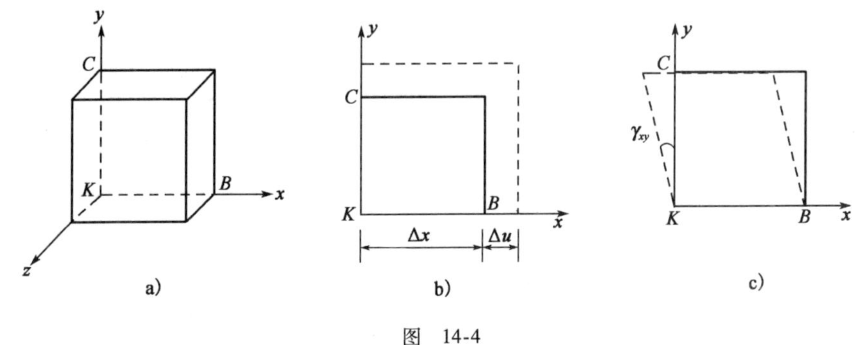

图 14-4

切应变是指单元体两条互相垂直的棱边所夹直角的改变量,也称为剪应变或角应变,用 γ 表示。

例如,如图 14-4c)所示,直角 BKC 变形以后的改变量 γ_{xy} 就是点 K 在 xy 平面内的切应变。类似地,也可定义点 K 在 yz 平面及 zx 平面内的切应变 γ_{yz} 和 γ_{zx}。切应变也是一个无量纲的量,通常用弧度来度量。

三、简单的应力—应变关系

在实际构件中,经常可以在构件内的某一点处取得如图 14-5a)或图 14-5b)所示应力情况的单元体,这是微元体受力最基本、最简单的两种形式,前者称为单向受力或单向应力状态,后者称为纯剪切应力状态。

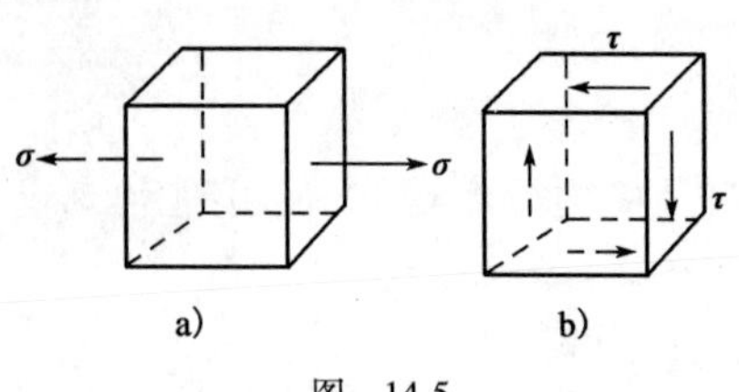

图 14-5

对于工程中常用材料制成的构件,实验结果表明:若在线弹性范围内加载(应力小于某一极限值),对于只承受单向应力状态或纯剪切应力状态的微元体,正应力与线应变以及切应力与切应变之间存在着线性关系,即

$$\sigma = E\varepsilon \tag{14-7}$$

$$\tau = G\gamma \tag{14-8}$$

式中,E 和 G 为与材料有关的常数,分别称为弹性模量(或杨氏模量)和剪切弹性模量(或切变模量)。式(14-7)和式(14-8)即为描述线弹性材料物性关系的方程,前者称为胡克定律,后者称为剪切胡克定律。所谓线弹性材料是指弹性范围内加载时应力 - 应变满足线性关系的材料。

第五节　杆件变形的基本形式

工程实际中的构件是各种各样的,但按其几何特征大致可以简化为杆、板、壳和块体等。本书所研究的只是其中的杆件。所谓杆件是指其长度远大于其横向尺寸的构件。

杆件在不同的外力作用下,其产生的变形形式各不相同,但通常可以归结为以下 4 种基本变形形式以及它们的组合变形形式。

一、轴向拉伸或压缩

杆件受到与杆轴线重合的外力作用时,杆件的长度发生伸长或缩短,这种变形形式称为轴向拉伸[图 14-6a)]或轴向压缩[图 14-6b)]。如简单桁架中的杆件通常发生轴向拉伸或压缩变形。

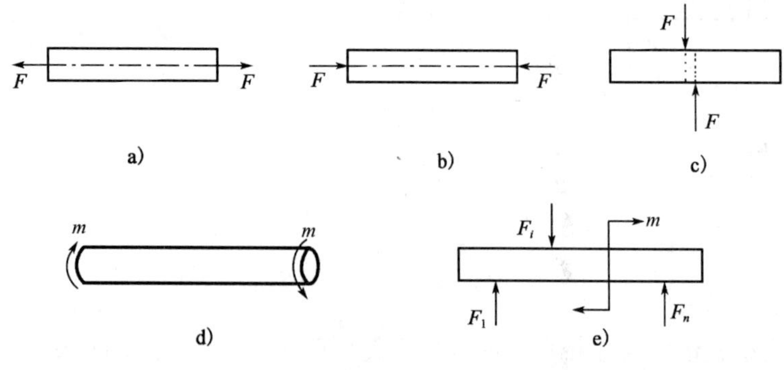

图 14-6

二、剪切

在垂直于杆件轴线方向受到一对大小相等、方向相反、作用线相距很近的力作用时，杆件横截面将沿外力作用方向发生错动（或错动趋势），这种变形形式称为剪切[图 14-6c）]。机械中常用的连接件，如键、销钉、螺栓等都产生剪切变形。

三、扭转

在一对大小相等、转向相反、作用面垂直于直杆轴线的外力偶作用下，直杆的任意两个横截面将发生绕杆件轴线的相对转动，这种变形形式称为扭转[图 14-6d）]。工程中常将发生扭转变形的杆件称为轴。如汽车的传动轴、电动机的主轴等的主要变形，都包含扭转变形在内。

四、弯曲

在垂直于杆件轴线的横向力，或在作用于包含杆轴的纵向平面内的一对大小相等、方向相反的力偶作用下，直杆的相邻横截面将绕垂直于杆轴线的轴发生相对转动，杆件轴线由直线变为曲线，这种变形形式称为弯曲[图 14-6e）]。如桥式起重机大梁、列车轮轴、车刀等的变形，都属于弯曲变形。凡是以弯曲为主要变形的杆件，称为梁。

产生弯曲变形的梁除承受横向荷载外，还必须有支座来支撑它，常见的支座有 3 种基本形式：固定端、固定铰和活动铰支座，分别如图 14-7a）、b）、c）所示。根据梁的支撑情况，一般把梁简化为 3 种基本形式：悬臂梁、简支梁和外伸梁，分别如图 14-8a）、b）、c）所示。

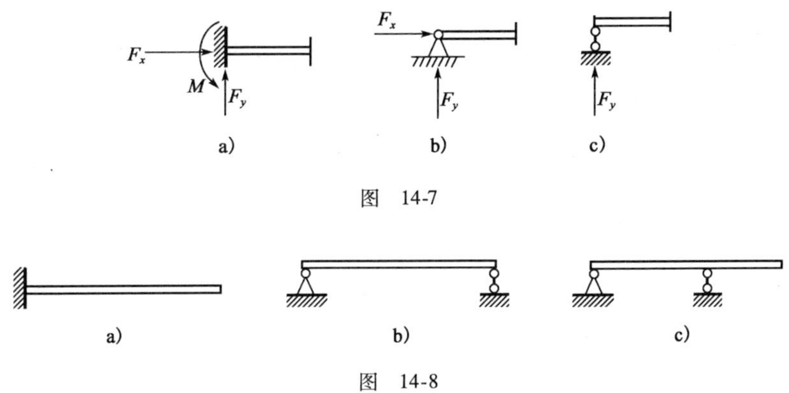

图 14-7

图 14-8

其他更为复杂的变形形式可以看成是某几种基本变形的组合形式，称为组合变形。如传动轴的变形往往是扭转与弯曲的组合变形形式等。

思 考 题

14-1　静力学中的力学模型与材料力学中的力学模型有何异同？

14-2　材料力学的研究对象为什么必须当作变形体？作出连续性假设有何作用？

14-3　何谓内力？何谓截面法？一般情况下，杆件横截面上的内力可用几个分量表示？用截面法是否可以求任何受力构件的内力？

14-4　应力是单位面积上的分布内力，这种说法对吗？

14-5　应变是单位长度的改变量，这种说法对吗？

14-6　在求解材料力学的问题中,理论力学中力的可传性原理什么时候可以应用,什么时候不能应用?图a)中力P的作用点从C处移到E处[图b)],对支反力有影响吗?对哪一段杆的内力和变形有影响?

思考题14-6图

习　题

14-1　用截面法求图示结构中1—1和2—2截面的内力。

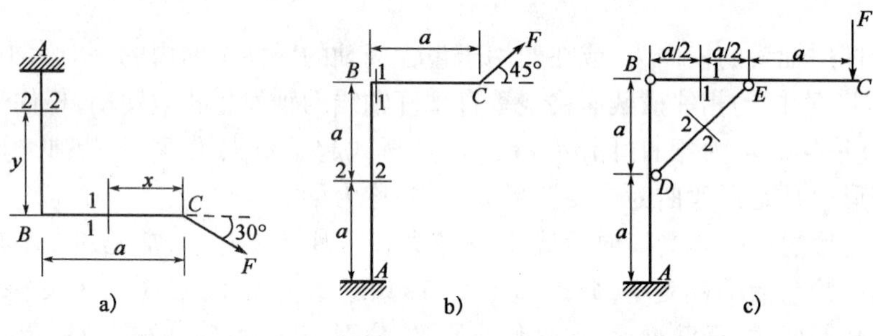

习题14-1图

14-2　用截面法求图示构件中1—1、2—2和3—3截面的内力。

14-3　如图所示,一等直杆的横截面为等边三角形,已知该截面上的正应力σ为均匀分布。试求该截面上内力的合力及其作用点的位置。

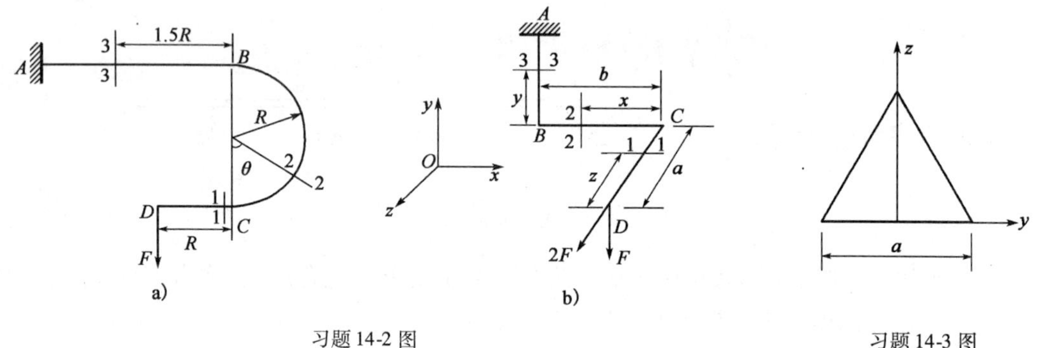

习题14-2图　　习题14-3图

第十五章　杆件的内力分析

本章要点

- 杆件的内力分量:轴力、扭矩、剪力与弯矩;
- 截面法求内力方程;
- 由内力方程作内力图;
- 用简易法作梁的剪力图与弯矩图。

第一节　杆件的内力方程及内力图

一、杆件的内力分量

从第十四章第三节可知道,在一般情况下,受力杆件截面上分布的内力系可以向截面形心简化为一主矢 F_R 和一主矩 M。若以杆件的轴线为 x 轴,在横截面上再取 y 轴和 z 轴,则在直角坐标 $Oxyz$ 内,主矢 F_R 可以分解为沿 3 个坐标轴方向的分量 F_N、F_{Sy} 与 F_{Sz};主矩 M 可以分解为绕 3 个坐标轴的力偶矩 M_x、M_y 与 M_z(图 15-1)。因此,在一般情况下,杆件横截面上的内力有 6 个分量,它们分别对应于某种基本变形。依其对应的变形形式,6 个内力分量可以归纳为 4 种内力,即

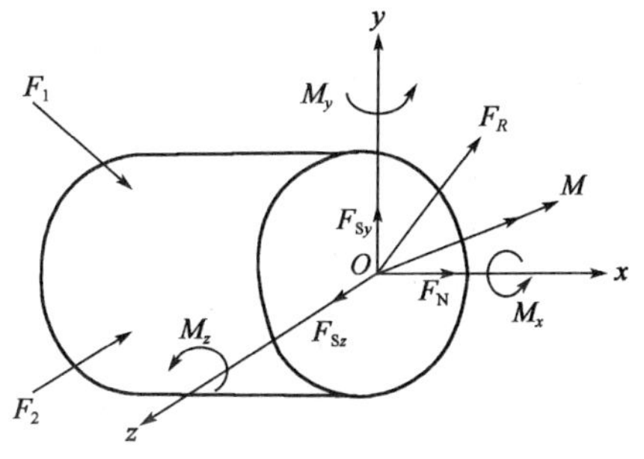

图　15-1

(1)沿 x 轴的内力分量 F_N,对应于杆件轴向拉伸或压缩变形,称为轴力;

(2)沿 y 轴和 z 轴的内力分量 F_{Sy} 与 F_{Sz},对应于杆件剪切变形,称为剪力;

(3)沿 x 轴的内力偶矩分量 M_x,对应于杆件扭转变形,称为扭矩,常用 T 表示;

(4)沿 y 轴和 z 轴的内力偶矩分量 M_y 和 M_z,对应于杆件弯曲变形,称为弯矩。

确定杆件截面上内力的方法是截面法。

下面举例说明。

[**例 15-1**]图 15-2a)所示之平面直角折杆 ABC 的 A 端为固定端,C 端受集中力 F_1 及 F_2 作用,力 F_1 与 ABC 折杆所在平面垂直,力 F_2 在 ABC 平面内且与 BC 段垂直。试求 AB 段内 I—I 截面上的内力分量。

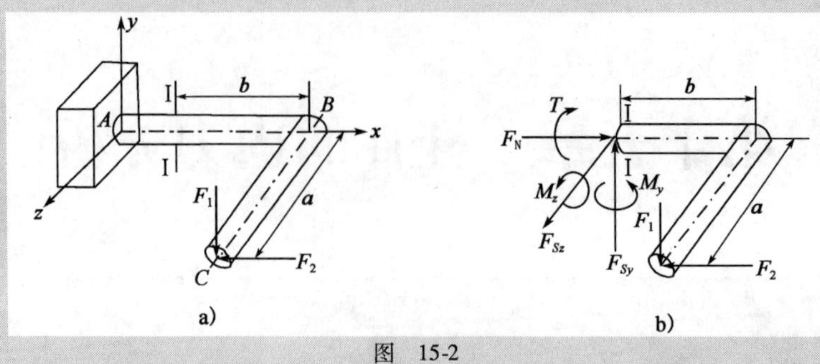

图 15-2

解:从 I—I 截面处截开,取右段部分作为研究对象,并在截面上加上 6 个内力分量,如图 15-2b)所示。

$$\sum F_x = 0, F_N - F_2 = 0, F_N = F_2$$
$$\sum F_y = 0, F_{Sy} - F_1 = 0, F_{Sy} = F_1$$
$$\sum F_z = 0, F_{Sz} = 0$$
$$\sum M_x = 0, T - F_1 a = 0, T = F_1 a$$
$$\sum M_y = 0, M_y - F_2 a = 0, M_y = F_2 a$$
$$\sum M_z = 0, M_z - F_1 b = 0, M_z = F_1 b$$

注意:若求得的内力分量为正,则表示其方向与图示假定方向相同;若求得的内力分量为负,则表示其方向与图示假定方向相反。

同样,我们也可以取 I—I 截面左段部分作为研究对象,并求得 I—I 截面上的 6 个内力分量[此时须先求出固定端的约束反力(偶)],其大小应与前面求得的相同,但方向相反,请读者自行验证。

为了使由取截面左段部分或右段部分为研究对象所求得的同一截面上的内力分量具有相同的正负号,联系到变形情况,作出如下的符号规定:

(1)关于轴力 F_N:规定拉伸时的轴力为正,压缩时的轴力为负[图 15-3a)]。

(2)关于扭矩 T:按右手螺旋法则把 T 表示为矢量,当矢量方向与截面的外法线方向一致时为正,反之则为负[图 15-3b)]。

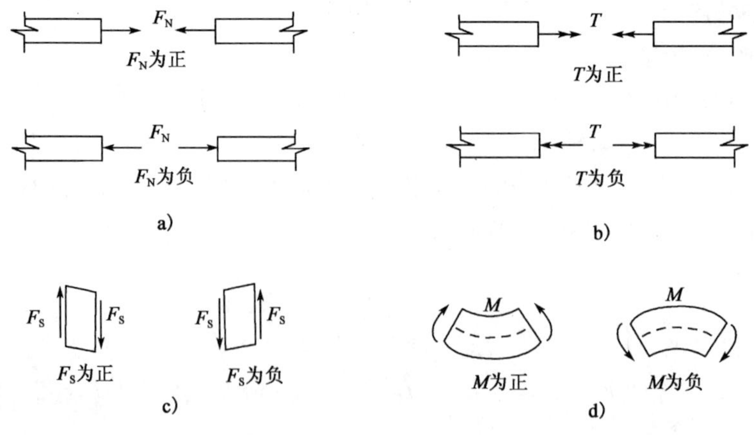

图 15-3

(3)关于剪力 F_S :从横截面的内侧截取微段 dx ,凡使微段有顺时针方向转动趋势的剪力规定为正,反之为负[图 15-3c)]。

(4)关于弯矩 M:使微段弯曲变形凸向下方时,此截面上的弯矩为正,反之为负[图 15-3d)]。

还应指出,若杆件处于空间受力情况时,关于剪力和弯矩的符号规定,则应使杆件绕 x 轴(即杆件轴线)旋转,使 y 轴或 z 轴旋转至垂直向上时,依据上述符号规则确定其正负号。例如,在图 15-2b)所示 I—I 截面上的 6 个内力分量中, F_N 为负, F_{Sy} 与 F_{Sz} 为正,T 为负, M_y 为正, M_z 为负。

二、杆件的内力方程与内力图

一般情况下,受力杆件各横截面上的内力是不相同的,即内力是横截面位置坐标 x 的函数。描写内力随截面位置变化规律的函数式,称为内力方程。根据内力的分类,内力方程可以分为轴力方程、扭矩方程、剪力方程和弯矩方程。根据内力方程,可以计算出杆件任一横截面上的内力。

工程上除了以内力方程描述杆件内力的变化规律外,更多的是用图形描绘内力沿杆轴线的变化规律,即用平行于杆轴的横坐标轴 x 表示横截面的位置,用纵坐标表示对应截面上的内力,这种图形称为内力图。内力图包括轴力图(F_N -图)、扭矩图(T-图)、剪力图(F_S -图)和弯矩图(M-图)。

1. 轴力与轴力图

发生轴向拉伸或压缩变形的杆件,其横截面上的内力分量只有轴力,求轴力的方法是截面法。下面举例说明。

[例 15-2] 直杆受力如图 15-4a)所示。已知:$F_1=15\text{kN}, F_2=12\text{kN}, F_3=8\text{kN}$。试计算杆各段的轴力,并作轴力图。

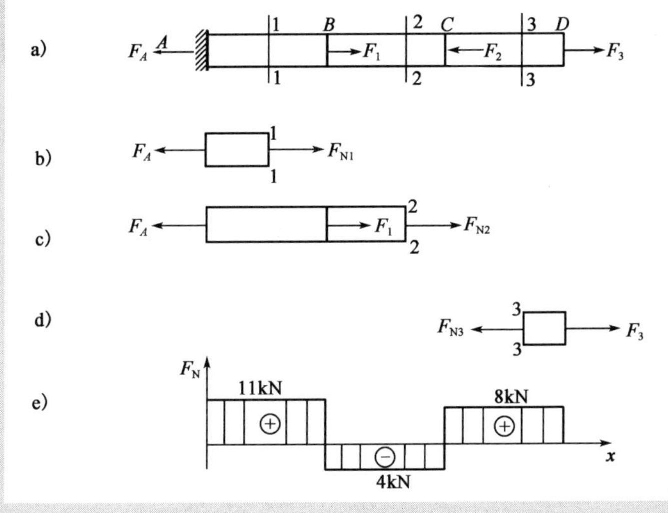

图 15-4

解:(1)计算约束力 F_A ,由整个杆的平衡方程

$$\sum F_x=0,\ -F_A+F_1-F_2+F_3=0$$

得 $$F_A = F_1 - F_2 + F_3 = 15 - 12 + 8 = 11\text{kN}$$

(2)分段计算轴力

设 AB、BC 和 CD 段的轴力均为拉力,并分别用 F_{N1} 、F_{N2} 和 F_{N3} 表示,则由图 15-4b)、c)与 d)列平衡方程 $\sum F_x = 0$,可得

$$F_{N1} = F_A = 11\text{kN}$$

$$F_{N2} = F_A - F_1 = -4\text{kN}$$

$$F_{N3} = F_3 = 8\text{kN}$$

所求得 F_{N2} 为负,说明 BC 段轴力的实际方向与所设方向相反,即应为压力。

(3)画轴力图

根据上述轴力值,画出轴力图如图 15-4e)所示。可见最大轴力发生在 AB 段内,其值为 $F_{N\max} = 11\text{kN}$。

从上述轴力图还可以总结出如下规律:①轴力与杆件截面尺寸无关;②某段杆无外力作用时,该段杆轴力为常量;③某截面作用集中力时,该截面的轴力图突变,突变值等于集中力;关于突变方向:若该集中力使右侧截面受拉,则往正向突变,反之则相反。

2. 扭矩与扭矩图

发生扭转变形的杆件,通常称为轴,如机器中的传动轴、发动机的主轴、螺丝刀等。轴在外力偶矩作用下,其横截面上的内力分量只有扭矩。

关于机械中的传动轴问题,有时并不直接给出作用在轴上的外力偶矩 m,而只给出轴所传送的功率 P 和轴的转速 n,这时需要根据功率、转速和外力偶矩之间的关系,求出使轴发生扭转的外力偶矩。

设传动轴输入的功率为 P 千瓦(kW),则传动轴每分钟输入的功为

$$W = P \times 10^3 \times 60(\text{N} \cdot \text{m})$$

输入的功驱使传动轴转动,即相当于给传动轴施加了外力偶矩。设传动轴的转速为 n 转/分(r/min),则外力偶矩 m 每分钟所做的功为

$$W = m \cdot 2\pi n(\text{N} \cdot \text{m})$$

显然,外力功应该等于输入的功,即

$$m \cdot 2\pi n = P \times 10^3 \times 60$$

所以

$$m = 9549\frac{P}{n}(\text{N} \cdot \text{m}) = 9.549\frac{P}{n}(\text{kN} \cdot \text{m}) \tag{15-1}$$

式中,功率 P 的单位是千瓦(kW);转速 n 的单位是转/分(r/min)。

用相同的办法,可以求得当功率为 P 马力(PS)时(1 PS = 735.5N · m/s),外力偶矩 m 的计算公式为

$$m = 7024\frac{P}{n}(\text{N} \cdot \text{m}) = 7.024\frac{P}{n}(\text{kN} \cdot \text{m}) \tag{15-2}$$

在确定外力偶的转向时,应注意到主动轮上的外力偶的转向与轴的转动方向相同,而从动轮上的外力偶的转向则与轴的转动方向相反,这是因为从动轮上的外力偶是阻力偶。

[**例 15-3**]传动轴如图 15-5a)所示,主动轮 B 输入的功率为 $P_B=10.5\text{kW}$,从动轮 A 和 C 输出的功率分别为 $P_A=4\text{kW}$, $P_C=6.5\text{kW}$,轴的转速 $n=680\text{r/min}$,试画出轴的扭矩图。

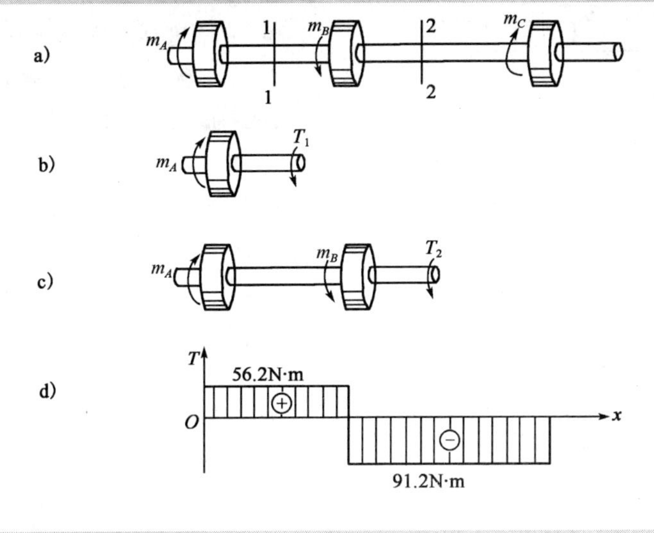

图 15-5

解:(1)计算外力偶矩

根据公式(15-1)可求得各齿轮所受到的外力偶矩分别为

$$m_A=9549\frac{P_A}{n}=9549\times\frac{4}{680}=56.2\text{N}\cdot\text{m}$$

$$m_B=9549\frac{P_B}{n}=9549\times\frac{10.5}{680}=147.4\text{N}\cdot\text{m}$$

$$m_C=9549\frac{P_C}{n}=9549\times\frac{6.5}{680}=91.2\text{N}\cdot\text{m}$$

(2)计算扭矩

求 AB 段的扭矩时,可在 AB 段内假想地用 1—1 截面将轴截开,取左段为研究对象,并设该截面上的扭矩 T 为正[图 15-5b)],由平衡条件

$$\sum M_x=0, T_1-m_A=0$$

得

$$T_1=m_A=56.2\text{N}\cdot\text{m}$$

同理,由图 15-5c)求得 BC 段的扭矩为

$$T_2=m_A-m_B=56.2-147.4=-91.2\text{N}\cdot\text{m}$$

式中,负号表示 T_2 的转向与假设方向相反,即实际扭矩是负值。

(3)画扭矩图

根据各段扭矩值画出扭矩图如图 15-5d)所示。

3. 剪力、弯矩与剪力图、弯矩图

以弯曲变形为主的杆件,通常称为梁。如房屋结构中的横梁、桥式起重机大梁等。梁在横向外力或作用面在包含梁轴线平面内的外力偶矩作用下,其横截面上的内力分量通常包括剪力和弯矩。求剪力和弯矩的方法仍然是截面法。

[**例 15-4**]图 15-6a)所示悬臂梁 AB,承受向下的均布荷载 q 作用,试建立梁的剪力方程和弯矩方程,并画剪力图和弯矩图。

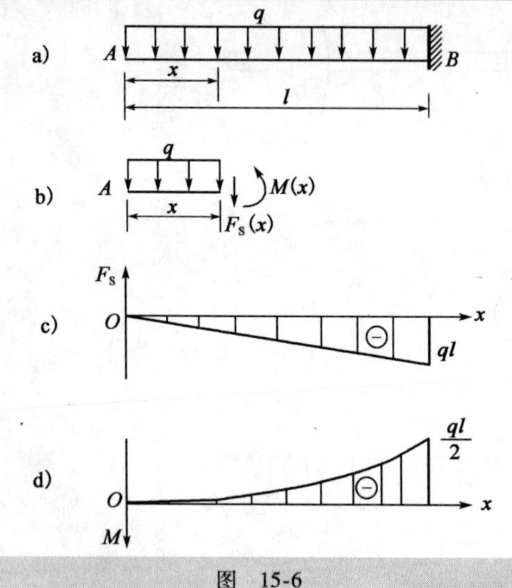

图 15-6

解:(1)列剪力方程和弯矩方程

选 A 为原点,并用坐标 x 表示横截面的位置,用截面法切取左段为研究对象[图 15-6b)]。在截面上分别按正向假定剪力 $F_S(x)$ 和弯矩 $M(x)$,根据左段的平衡条件,得梁的剪力方程和弯矩方程分别为

$$F_S(x) = -qx \quad (0 \leqslant x \leqslant l) \tag{1}$$

$$M(x) = -\frac{1}{2}qx^2 \quad (0 \leqslant x \leqslant l) \tag{2}$$

(2)画剪力图和弯矩图

式(1)表示 $F_S(x)$ 是 x 的一次函数式,且 $F_S(0)=0$, $F_S(l) = -ql$。

由此画出梁的剪力图如图 15-6c)所示。

式(2)表示 $M(x)$ 是 x 的二次函数,弯矩图为二次抛物线,最少需要确定图形上的 3 个点,方能画出这条曲线。例如

$$x = 0, M(0) = 0$$

$$x = \frac{l}{2}, M\left(\frac{l}{2}\right) = -\frac{1}{8}ql^2$$

$$x = l, M(l) = -\frac{1}{2}ql^2$$

最后画出弯矩图如图 15-6d)所示。

[**例 15-5**]外伸梁受力如图 15-7a)所示。试列出该梁的剪力方程与弯矩方程,并画出剪力图和弯矩图。

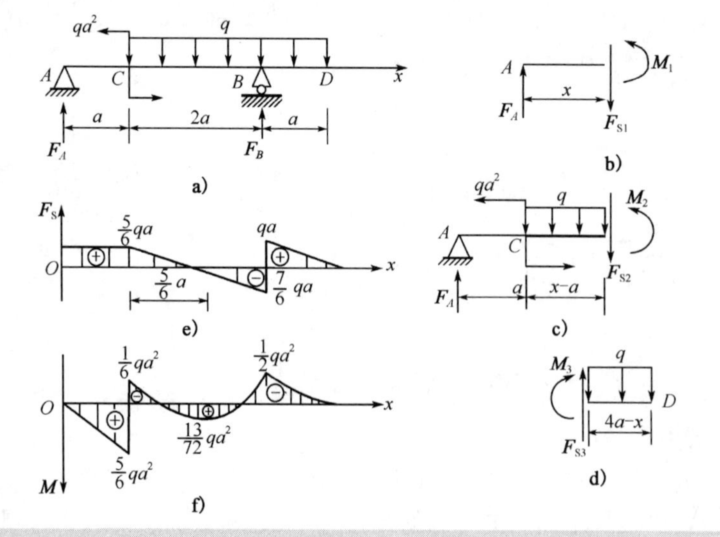

图 15-7

解:(1)求支座反力

以整个梁为研究对象,列平衡方程

$$\sum M_A = 0, F_B \cdot 3a - 3qa \cdot \frac{5}{2}a + qa^2 = 0$$

$$F_B = \frac{13}{6}qa$$

$$\sum F_y = 0, F_A + F_B - 3qa = 0$$

$$F_A = \frac{5}{6}qa$$

(2)建立剪力方程与弯矩方程

取坐标如图 15-7a)所示,在 AC 段取左半部分为研究对象,并按正向假定剪力 $F_{S1}(x)$ 和弯矩 $M_1(x)$ 如图 15-7b)所示,由该部分平衡条件得

$$F_{S1}(x) = F_A = \frac{5}{6}qa \qquad (0 \leqslant x \leqslant a)$$

$$M_1(x) = F_A \cdot x = \frac{5}{6}qax \qquad (0 \leqslant x \leqslant a)$$

在 CB 段同样取左半部分为研究对象,如图 15-7c)所示,由该部分平衡条件可求得

$$F_{S2}(x) = \frac{11}{6}qa - qx \qquad (a \leqslant x \leqslant 3a)$$

$$M_2(x) = -\frac{1}{2}qx^2 + \frac{11}{6}qax - \frac{3}{2}qa^2 \qquad (a \leqslant x \leqslant 3a)$$

在 BD 段取右半部分作为研究对象,如图 15-7d)所示,由该部分的平衡条件可求得

$$F_{S3}(x) = -qx + 4qa \qquad (3a \leqslant x \leqslant 4a)$$

$$M(x_3) = -\frac{1}{2}qx^2 + 4qax - 8qa^2 \qquad (3a \leqslant x \leqslant 4a)$$

(3)画剪力图和弯矩图

依据剪力方程和弯矩方程,分别画出剪力图和弯矩图如图 15-7e)、f)所示。

从上述剪力方程和弯矩方程可以得出

$$\frac{dF_S}{dx} = -q, \frac{dM}{dx} = F_S$$

这实际上是普遍成立的规律,我们将在第三节中详细研究。

应该指出,在土木工程中习惯于将梁的弯矩图画在梁受拉的一侧,即正的弯矩画在横坐标轴的下侧[参见图 15-7f)],而在机械工程中通常将梁的弯矩图画在梁的受压的一侧,即正的弯矩画在横坐标轴的上侧。本书约定将梁的弯矩图画在梁受拉的一侧。

第二节　平面刚架和曲杆的内力分析

一、平面刚架的内力分析

刚架是由若干根杆刚性连接而成的结构,杆与杆之间在连接处不能相对转动,其夹角保持

不变。若组成刚架的各根杆都在同一平面内，且外力(偶)也都作用于该平面内，则这种刚架称为平面刚架，否则就称为空间刚架。

求刚架的内力，仍需采用截面法。

一般情况下，平面刚架横截面上的内力有轴力、剪力和弯矩。轴力图和剪力图可画在杆的任意一侧，但需注明正负号(其正负号的约定与直杆的一致)。对于弯矩图，在土木工程中，通常约定将弯矩图画在各段杆的受拉的一侧，而在机械工程中，则将弯矩图画在各段杆的受压的一侧，且不需注明正负号。本书约定将弯矩图画在各段杆受拉的一侧。

[例 15-6]平面刚架受力如图 15-8a)所示。试作刚架的内力图。

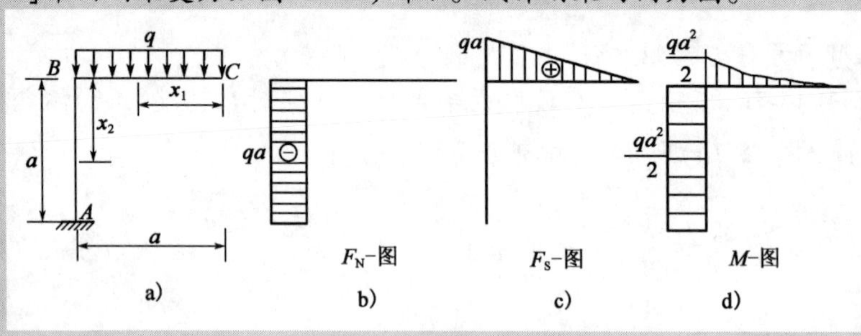

图 15-8

解：计算内力时，一般应先求刚架的约束反力。本题中刚架的 C 端为自由端，若取包含自由端的部分为研究对象[图 15-8a)]，就可以不求约束反力。下面分别列出各段杆的内力方程。

CB 段($0 \leqslant x_1 \leqslant a$)：

$$F_N(x_1) = 0$$

$$F_S(x_1) = qx_1$$

$$M(x_1) = \frac{1}{2}qx_1^2 \qquad \text{(上侧受拉)}$$

BA 段($0 \leqslant x_2 \leqslant a$)：

$$F_N(x_2) = -qa$$

$$F_S(x_2) = 0$$

$$M(x_2) = \frac{1}{2}qa^2 \qquad \text{(左侧受拉)}$$

根据各段杆的内力方程，即可绘出轴力、剪力和弯矩图，分别如图 15-8b)、c)和 d)所示。

二、平面曲杆的内力分析

工程中有些构件，如活塞环、拱等、其轴线是一条平面曲线，且一般都有一个纵向对称面，当外力(偶)作用于该对称面内时，曲杆也将发生平面弯曲，称为平面曲杆。平面曲杆横截面上的内力一般有轴力、剪力和弯矩。轴力、剪力的符号规定与直杆的规定相同；弯矩使曲杆的曲率增大(即曲杆外侧受拉)时规定为正。

计算平面曲杆的内力通常还是采用截面法，且对圆弧形曲杆选用极坐标表示其截面位置较为方便。作平面曲杆的内力图常常以内力方程为依据,以曲杆的轴线为基准线,沿其轴线的法线方向标出内力的大小,并约定:将弯矩图画在曲杆受拉的一侧(机械类习惯于将弯矩图画在曲杆受压的一侧),而不在图中注明正负号。

[**例 15-7**]圆弧形曲杆受集中荷载 F 作用如图 15-9a)所示,已知曲杆轴线的半径为 R,试求曲杆的内力方程,并作内力图。

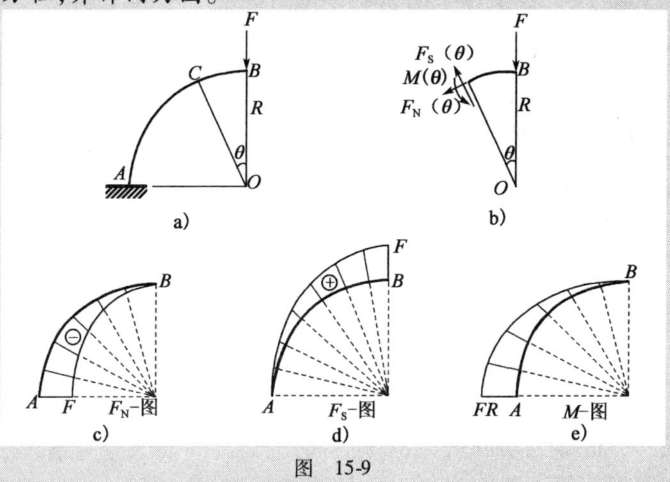

图 15-9

解:取圆心 O 为极点,以 OB 为极轴,并用 θ 表示横截面的位置[图 15-9a)]。应用截面法截取 BC 弧段为研究对象,作受力分析如图 15-9b)所示。由平衡方程可求出

$$F_N(\theta) = -F\sin\theta \quad (0 \leqslant \theta \leqslant \frac{\pi}{2})$$

$$F_S(\theta) = F\cos\theta \quad (0 \leqslant \theta \leqslant \frac{\pi}{2})$$

$$M(\theta) = FR\sin\theta \quad (0 \leqslant \theta \leqslant \frac{\pi}{2})$$

在上式所适用的范围内,对 θ 取不同值,算出各相应横截面上的轴力、剪力和弯矩。以曲杆的轴线为基线,将算得的轴力、剪力和弯矩分别标在相应的径向线上,连接这些点的光滑曲线即为曲杆的轴力、剪力和弯矩图。分别如图 15-9c)、d)、e)所示。

第三节 用简易法作梁的剪力图和弯矩图

在本章第一节中介绍了由杆件的内力方程作内力图,其中轴力图与扭矩图一般都很简单。变化较复杂,作图较困难的是剪力图和弯矩图,要列出梁的剪力和弯矩方程往往也比较麻烦,因此,在本节中将介绍一种不需列出剪力和弯矩方程,而直接作出梁的剪力图和弯矩图的简易方法,即利用剪力、弯矩与荷载集度间的关系来作梁的剪力图和弯矩图。

一、剪力、弯矩与荷载集度间的微分关系

设一梁上作用有任意的分布荷载,其集度为 $q(x)$,并规定 $q(x)$ 向上为正[图 15-10a)]。从梁中取出长为 dx 的微段来研究[图 15-10b)]。设此微段梁左侧截面上的剪力和弯矩分别

为 $F_S(x)$ 和 $M(x)$，右侧截面上的剪力和弯矩分别为 $F_S(x)+dF_S(x)$ 和 $M(x)+dM(x)$，作用于此微段梁上的分布荷载可视为均布。并设以上各内力(偶)皆为正向。由梁微段的平衡方程

$$\sum F_y = 0$$

$$F_S(x) + q(x)dx - [F_S(x) + dF_S(x)] = 0$$

可得

$$\frac{dF_S(x)}{dx} = q(x) \tag{15-3}$$

由

$$\sum M_O = 0$$

$$[M(x) + dM(x)] - M(x) - F_S(x)dx - q(x)dx \cdot \frac{dx}{2} = 0$$

略去高阶微量 $q(x) \cdot \frac{dx^2}{2}$ 后，可得

$$\frac{dM(x)}{dx} = F_S(x) \tag{15-4}$$

若将式(15-4)对 x 取导数，并将式(15-3)代入，则得

$$\frac{d^2M(x)}{dx^2} = \frac{dF_S(x)}{dx} = q(x) \tag{15-5}$$

式(15-3)~式(15-5)即为梁的剪力、弯矩与荷载集度间的微分关系式。它们分别表示：剪力图中某点处的切线斜率等于梁上对应点处的荷载集度；弯矩图中某点处的切线斜率等于梁上对应截面上的剪力。显然，在梁上的集中力或集中力偶作用处上述关系式并不成立。

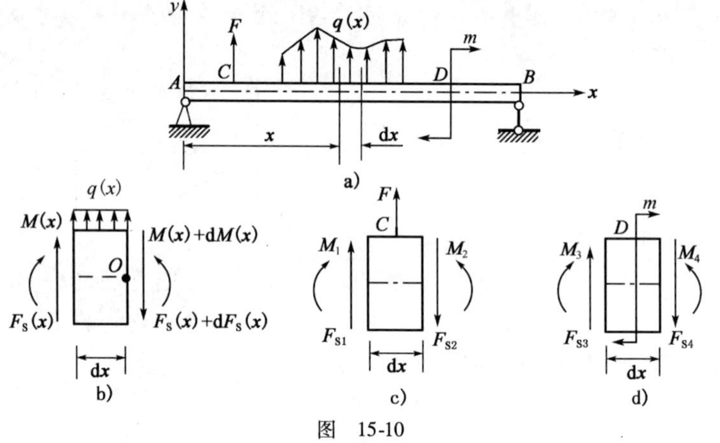

图 15-10

在集中力 F 左右两侧截面上[图 15-10c)]，有

$$F_{S2}(x) = F_{S1}(x) + F \tag{15-6}$$

$$M_2(x) = M_1(x) \tag{15-7}$$

在集中力偶 m 左右两侧截面上[图 15-10d)]，有

$$F_{S4}(x) = F_{S3}(x) \tag{15-8}$$

$$M_4(x) = M_3(x) + m \tag{15-9}$$

从式(15-3)~式(15-9)，可以得出梁的剪力图和弯矩图(设 M-图画在梁的受拉一侧，即正值弯矩画在梁轴线的下侧)有如下特征：

(1)梁上某段无荷载作用[$q(x)=0$]时，则该段梁的剪力图为一段水平直线；弯矩图为一段直线：当 $F_S>0$ 时，M-图向右下方倾斜；当 $F_S<0$ 时，M-图向右上方倾斜；当 $F_S=0$ 时，M-

图是一段水平直线。

(2)梁上某段有均布荷载[$F_S(x) = q_0$]作用时，则该段梁的剪力图为一段斜直线，且倾斜方向与均布荷载 q_0 的方向一致；弯矩图为一段二次抛物线，且抛物线的开口方向与均布荷载 q_0 的方向相反。

(3)梁上集中力作用处，剪力图有突变，突变值等于集中力的大小，突变方向与集中力的方向一致(从左往右画 F_S -图)；两侧截面上的弯矩值相等，但弯矩图的切线斜率有突变，因而弯矩图在该处有折角。

(4)梁上集中力偶作用处，两侧截面上的剪力相同，剪力图无影响；弯矩图有突变，突变值等于集中力偶的大小，关于突变方向：若集中力偶为顺时针方向，则弯矩图往正向突变；反之则相反。

(5)梁端部的剪力值等于端部的集中力(左端向上或右端向下时为正)；梁端部的弯矩值等于端部的集中力偶(左端顺时针或右端逆时针时为正)。

(6)在梁的某一截面上，若 $F_S(x) = \dfrac{dM(x)}{dx} = 0$，则在这一截面上弯矩有一极值(极大或极小值)。最大弯矩值 $|M(x)|_{max}$ 不仅可能发生于剪力等于零的截面上，也有可能发生于集中力或集中力偶作用的截面上。

为了便于记忆，现将上述关于梁的剪力图与弯矩图的特征汇总整理为表 15-1，以供参考。

在几种荷载作用下剪力图和弯矩图的特征 表 15-1

一段梁上的外力情况	向下的均布荷载 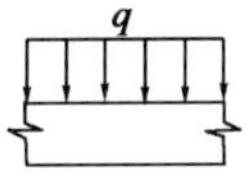	无荷载	集中力 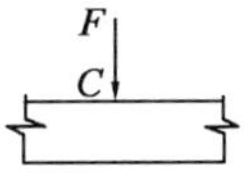	集中力偶 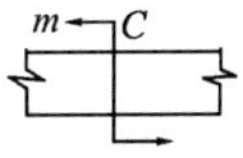
剪力图上的特征	向下倾斜的直线 	水平直线一般为 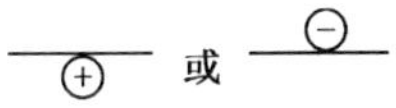	在 C 处的突变 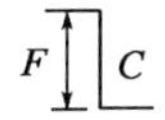	在 C 处无变化 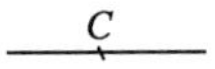
弯矩图上的特征	下凸二次抛物线 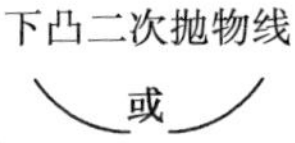	一般为斜直线 	在 C 处有折角 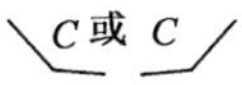	在 C 处有突变 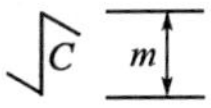
最大弯矩所在截面的可能位置	在 $F_S = 0$ 的截面上		在剪力突变的截面上	在 C 截面左侧或右侧截面上

二、剪力、弯矩与荷载集度间的积分关系

利用导数关系式(15-3)和式(15-4)，经过积分得

$$F_{S2}(x_2) - F_{S1}(x_1) = \int_{x_1}^{x_2} q(x)\,dx \tag{15-10}$$

$$M(x_2) - M(x_1) = \int_{x_1}^{x_2} F_S(x)\,dx \tag{15-11}$$

式(15-10)、式(15-11)表明，在 $x = x_2$ 和 $x = x_1$ 两截面上的剪力值之差，等于两截面间分布荷载图的面积；两截面上的弯矩值之差，等于两截面间剪力图的面积。应该注意，由于 $q(x)$，$F_S(x)$ 有正负，故它们的面积就有“正面积”与“负面积”两种情况。此外，式(15-10)与式(15-11)在包含有集中力或集中力偶的两截面间不适用，在集中力或集中力偶作用处应分段。

三、用简易法作梁的剪力图和弯矩图

利用上述微分关系与积分关系得出的规律，便可迅速地画出梁的剪力图和弯矩图。通常将这种利用剪力、弯矩与荷载集度间的关系作梁的剪力图和弯矩图的方法，称为简易法。

[**例 15-8**]用简易法作图 15-11a)所示简支梁的剪力图和弯矩图。

解：(1)求支座反力。利用整体的平衡条件可求得两支座的约束反力分别为

$$F_{RA}=\frac{1}{2}qa(\downarrow),F_{RD}=\frac{1}{2}qa(\uparrow)$$

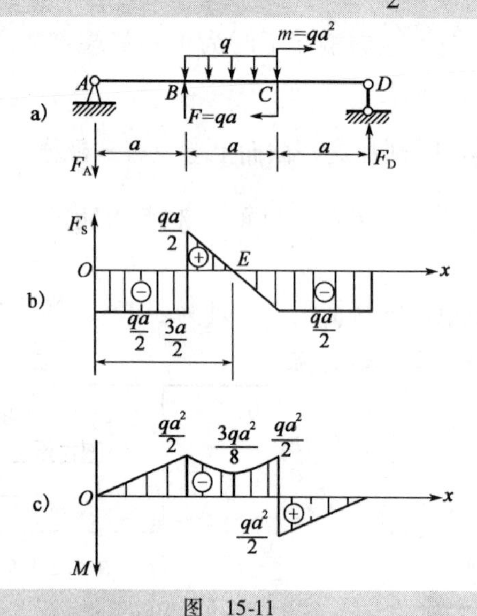

图 15-11

(2)画剪力图。首先利用积分关系式(15-10)及突变规律计算出各控制截面上的剪力值

$$F_{SA}=-F_{RA}=-\frac{1}{2}qa$$

$$F_{SB左}=F_{SA}=-\frac{1}{2}qa$$

$$F_{SB右}=F_{SB左}+F=\frac{1}{2}qa$$

$$F_{SC}=F_{SB右}+(-qa)=-\frac{1}{2}qa$$

$$F_{SD}=F_{SC}=-\frac{1}{2}qa(=-F_{RD})$$

由以上各控制截面上的剪力值，并结合由微分关系得出的剪力图图线形状规律，便可画出剪力图，如图 15-11b)所示(注意应在图中标出 $F_S=0$ 的截面 E 的位置)。

(3)画弯矩图。首先利用积分关系式(15-11)及突变规律计算出各控制截面上的弯矩值

$$M_A=0$$

$$M_B=M_A+\left(-\frac{1}{2}qa\right)\cdot a=-\frac{1}{2}qa^2$$

$$M_E=M_B+\frac{1}{2}\cdot\left(\frac{1}{2}qa\right)\cdot\left(\frac{a}{2}\right)=-\frac{3}{8}qa^2$$

$$M_{C左}=M_E+\frac{1}{2}\cdot\left(-\frac{1}{2}qa\right)\cdot\left(\frac{a}{2}\right)=-\frac{1}{2}qa^2$$

$$M_{C右}=M_{C左}+m=\frac{1}{2}qa^2$$

$$M_D=0$$

由以上各控制截面上的弯矩值，并结合由微分关系得出的弯矩图图线形状规律，便可画出弯矩图，如图 15-11c)所示。

[**例 15-9**]试作图 15-12a)所示带有中间铰的梁的剪力图和弯矩图。

解:(1)求支座反力。先利用 AC 段的平衡条件 $\sum M_C=0$,可求得支座 B 的约束反力为

$$F_{RB}=375\text{kN}(\uparrow)$$

再利用整体的平衡条件 $\sum F_y=0$,以及 CD 段的平衡条件 $\sum M_C=0$,可求得固定端 D 的约束反力及反力偶矩分别为

$$F_{RD}=225\text{kN}(\uparrow),m_D=1350\text{kN}\cdot\text{m}(\downarrow)$$

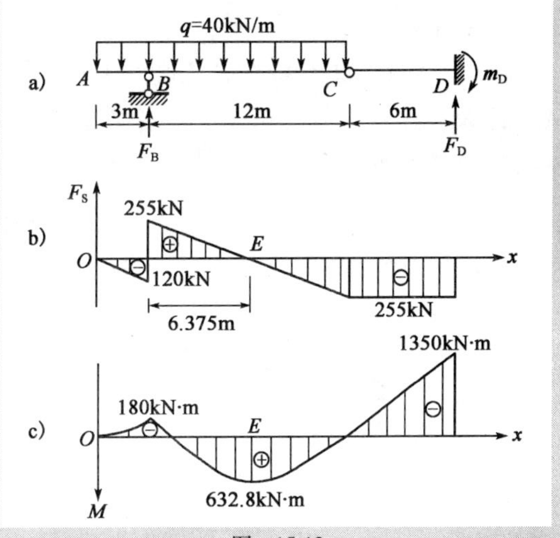

图 15-12

(2)画剪力图。先利用积分关系式(15-10)及突变规律计算出各控制截面上的剪力值

$$F_{SA}=0$$

$$F_{SB左}=F_{SA}+(-40)\times3=-120\text{kN}$$

$$F_{SB右}=F_{SB左}+F_{RB}=255\text{kN}$$

$$F_{SC}=F_{SB右}+(-40)\times12=-225\text{kN}$$

$$F_{SD}=F_{SC}=-225\text{kN}$$

由以上各控制截面上的剪力值,并结合由微分关系得出的剪力图图线形状规律,便可画出剪力图如图 15-12b)所示。为了画出弯矩图,还需求出 $F_S=0$ 的截面 E 的位置示于图 15-12b)中。

(3)画弯矩图。先求出各控制截面上的弯矩值

$$M_A=0$$

$$M_B=M_A+\frac{1}{2}\times(-120)\times3=-180\text{kN}\cdot\text{m}$$

$$M_E=M_B+\frac{1}{2}\times255\times6.375=632.8\text{kN}\cdot\text{m}$$

$$M_C=0\quad(中间铰)$$

$$M_D=-m_D=-1350\text{kN}\cdot\text{m}$$

由以上各控制截面上的弯矩值,并结合由微分关系得出的弯矩图图线形状规律,便可画出弯矩图如图 15-12c)所示。

思 考 题

15-1 杆件中内力分量与应力分量间有何关系?

15-2 杆件内力的正负号是如何规定的?梁的剪力、弯矩符号与坐标的选择有无关系?为什么?

15-3 为什么刚架的轴力、剪力图标正负号,弯矩图不标正负号?

15-4 如何建立剪力和弯矩方程?如何绘制剪力和弯矩图?

15-5 留截面左侧与截面右侧写出的剪立方程、弯矩方程是否相同?根据方程求出的同一截面上的剪力、弯矩是否一样(含数值与符号)?

15-6　在集中力作用处，剪力图和弯矩图如何变化？在集中力偶作用处，剪力图和弯矩图又如何变化？

15-7　弯矩、剪力和分布荷载三者之间的微分关系是如何建立的？其物理意义和几何意义是什么？建立微分关系时分布荷载集度与坐标轴的取向有什么联系？怎样利用这些关系绘制或校核梁的剪力和弯矩图？

习　题

15-1　求图示各杆1—1，2—2和3—3截面上的轴力，并作轴力图。

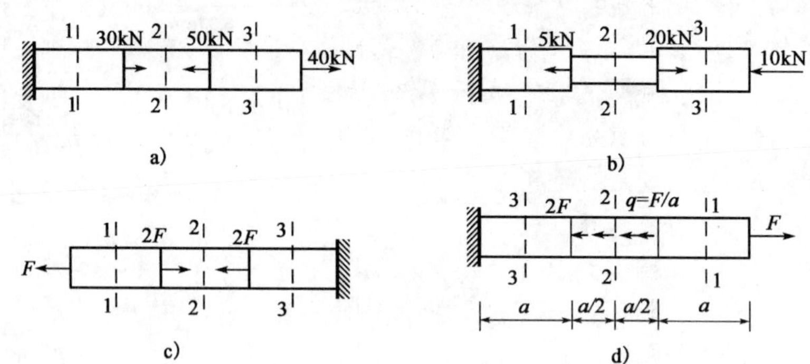

习题15-1图

15-2　求图示各杆1—1，2—2和3—3截面上的扭矩，并作扭矩图。

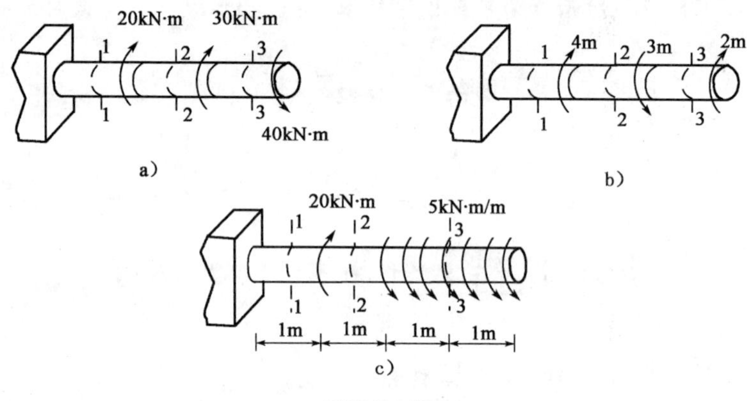

习题15-2图

15-3　某传动轴由电机带动，如图所示。已知轴的转速为$n=300\mathrm{r/min}$，轮1为主动轮，输入功率$P_1=50\mathrm{kW}$，轮2、轮3与轮4为从动轮，输入功率分别为$P_2=10\mathrm{kW}$，$P_3=P_4=20\mathrm{kW}$。

(1)试画出轴的扭矩图，并求轴的最大扭矩。

(2)若将轮1和轮3的位置对调，轴的最大扭矩为多少？对轴的受力是否有利？

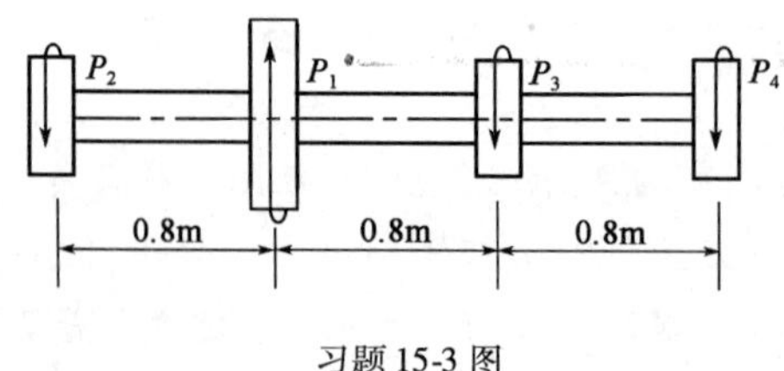

习题15-3图

15-4　试求图示各梁1—1,2—2,3—3截面上的剪力和弯矩,这些指定截面无限接近于截面B或C。

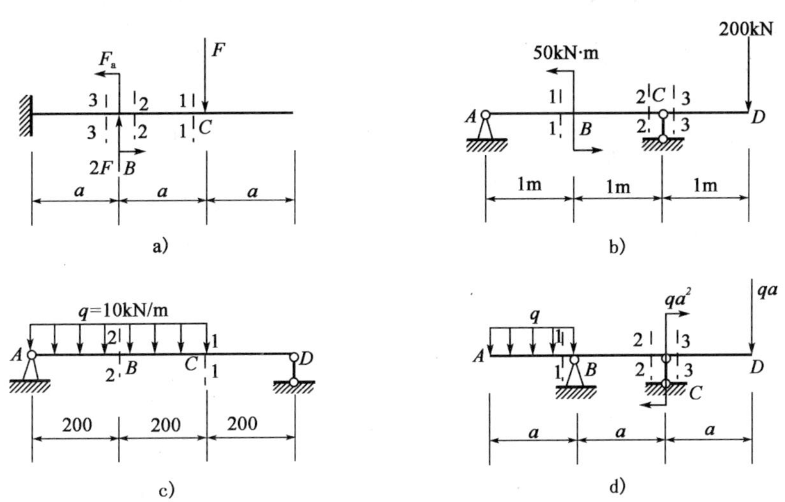

习题15-4图

15-5　试列出图示各梁的剪力与弯矩方程,并画出剪力图与弯矩图。

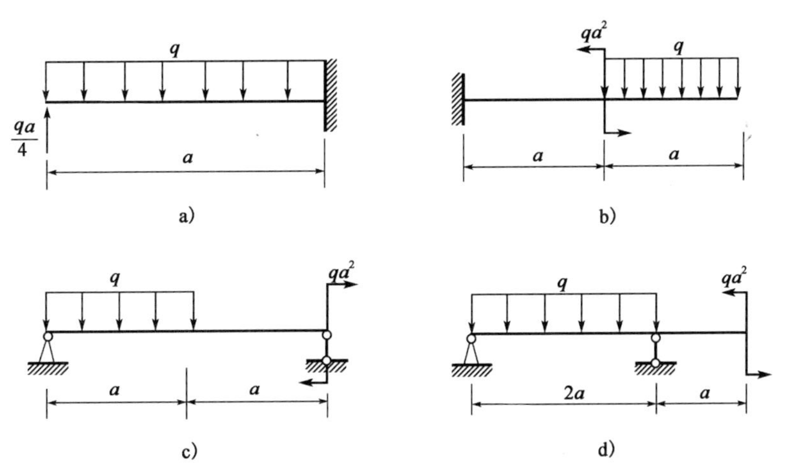

习题15-5图

15-6　试利用剪力、弯矩与荷载集度间的关系作出图示梁的剪力图与弯矩图。

15-7　试作出图示具有中间铰的梁的剪力图和弯矩图。

15-8　试作出图示平面刚架的内力图。

15-9　试列出图示平面曲杆的内力方程,并作出内力图。

15-10　图示悬臂梁在自由端A作用一集中力F,集中力偶m可沿梁移动,问m在什么位置时,梁的受力最合理?并画出梁此时的剪力图和弯矩图。

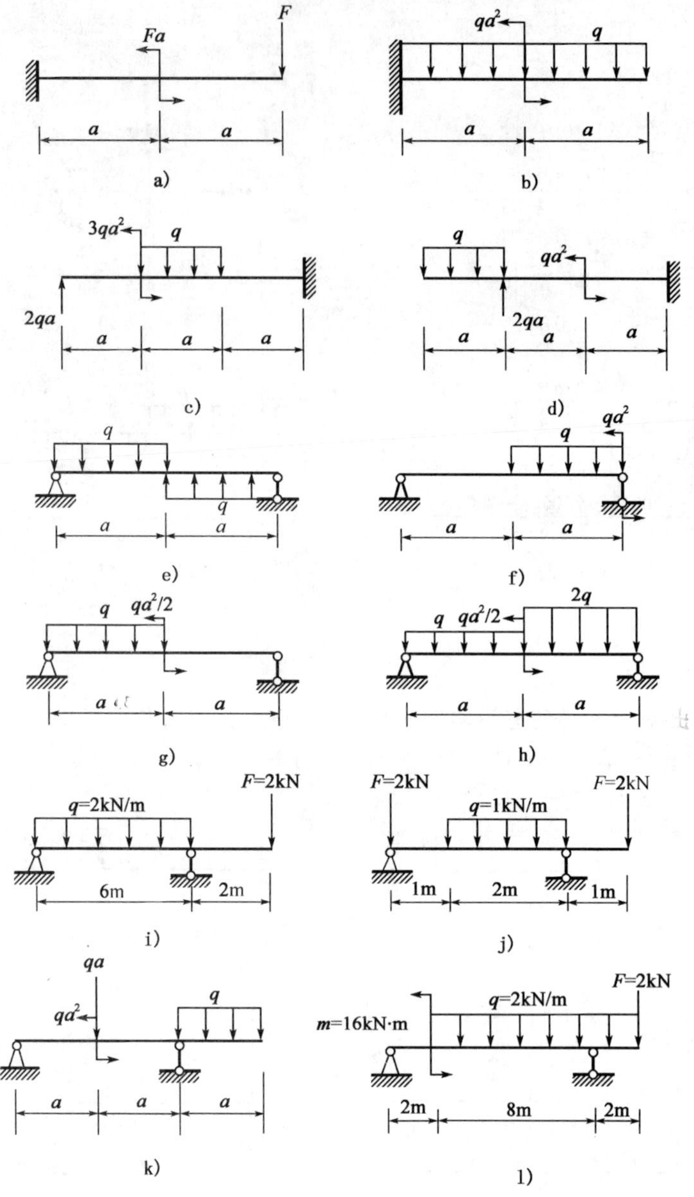

习题 15-6 图

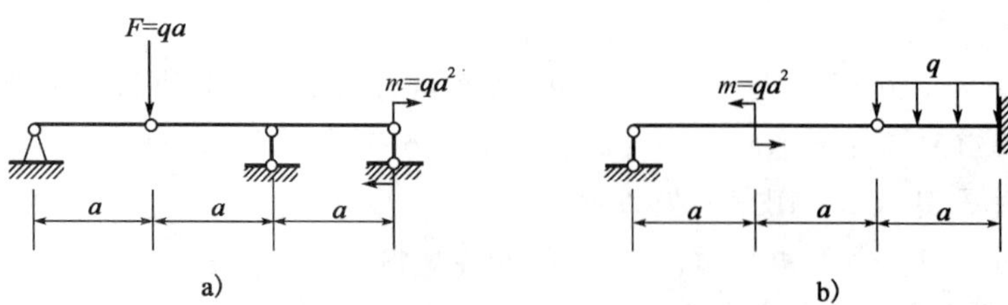

习题 15-7 图

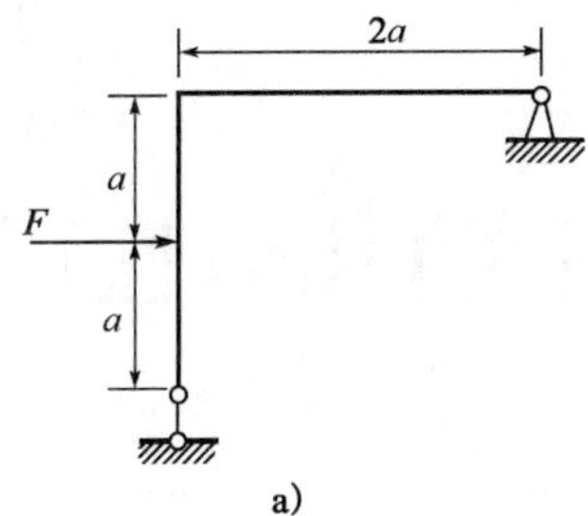

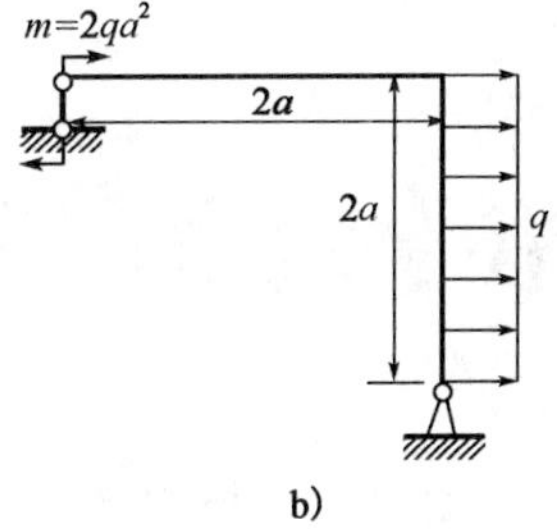

习题 15-8 图

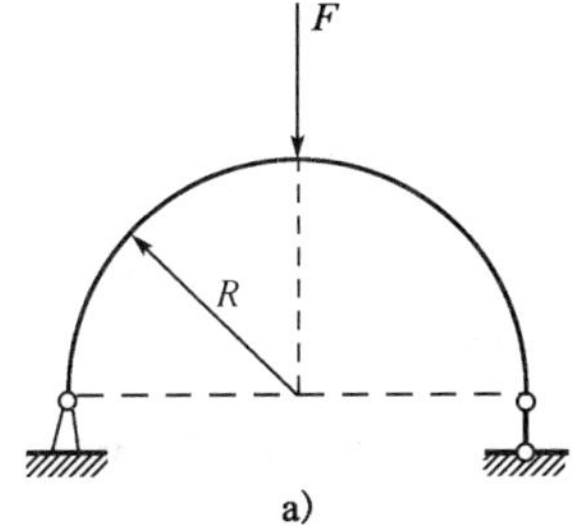

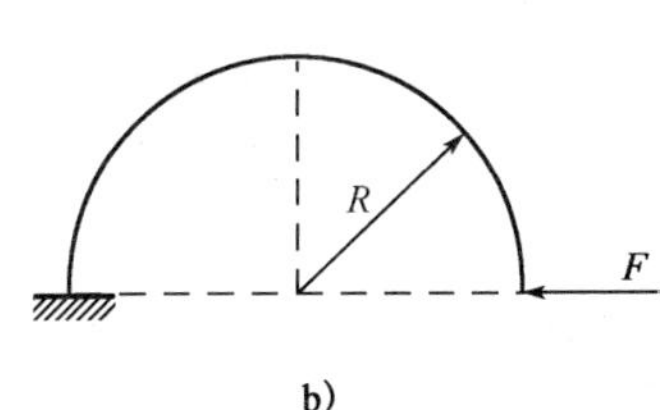

习题 15-9 图

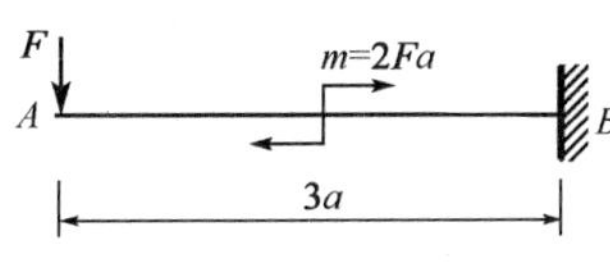

习题 15-10 图

第十六章　截面图形的几何性质

本章要点

- 静矩与形心的概念；
- 惯性矩、极惯性矩与惯性积的概念；
- 求惯性矩与惯性积的平行移轴公式；
- 求惯性矩与惯性积的转轴公式；
- 主轴与形心主轴的概念及位置确定，主惯性矩与形心主惯性矩的计算。

受力构件的承载能力，不仅与材料性能和加载方式有关，而且与构件截面的几何形状和尺寸有关。当研究构件的强度、刚度和稳定性问题时，都要涉及一些与截面形状和尺寸有关的几何量。这些几何量包括：形心、静矩、惯性矩、惯性半径、极惯性矩、惯性积、主惯性矩等，统称为"截面图形的几何性质"。研究这些几何性质时，完全不需考虑研究对象的物理和力学因素，只作为纯几何问题处理。

第一节　静矩与形心

考察如图16-1所示任意截面图形。定义

$$S_x = \int_A y\mathrm{d}A, S_y = \int_A x\mathrm{d}A \tag{16-1}$$

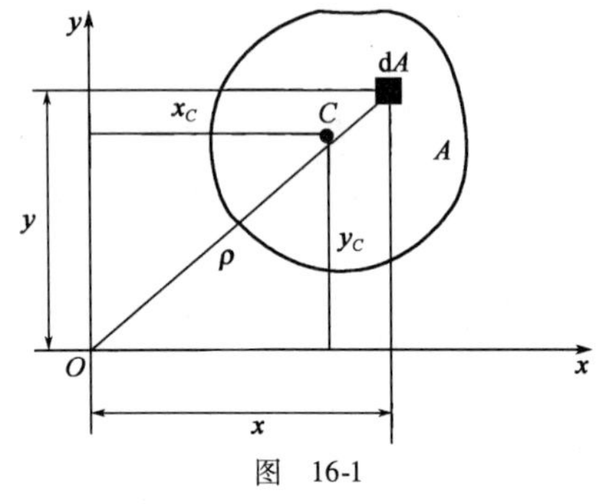

图　16-1

分别称为所给截面图形对 x 轴和 y 轴的静矩。

根据上述定义，可以看出：

(1)静矩的单位是长度的三次方，如 m^3，mm^3 等；

(2)截面图形的静矩是对某一确定的坐标轴而言的，同一截面图形对不同轴的静矩不同；

(3)静矩的数值可能为正、负或零。

在静力学中我们已经知道，均质等厚薄板的质心 C 在坐标系 Oxy 中的坐标(x_C, y_C)为

$$x_C = \frac{\int_A \rho x\mathrm{d}A}{\rho A} = \frac{\int_A x\mathrm{d}A}{A}, y_C = \frac{\int_A \rho y\mathrm{d}A}{\rho A} = \frac{\int_A y\mathrm{d}A}{A} \tag{16-2}$$

由于薄板的质心和薄板平面图形的形心(形状几何中心)是重合的，所以式(16-2)也就是计算平面图形或图16-1所示的截面图形形心坐标的公式。利用式(16-1)，有

$$x_C = \frac{S_y}{A}, y_C = \frac{S_x}{A} \tag{16-3}$$

这就是截面图形形心坐标与静矩之间的关系。将式(16-3)关系改写成

$$S_y = A \cdot x_C, S_x = A \cdot y_C \tag{16-4}$$

当已知截面图形的面积及其形心位置时，即可用式(16-4)计算此截面图形对 y 轴和 x 轴的静矩。

由式(16-4)可看出：

(1)截面图形对于某一轴的静矩若为零，则该轴必定通过此图形的形心；

(2)截面图形对于通过其形心的轴(形心轴)的静矩恒等于零。

当截面图形由若干简单图形(如矩形、圆形和三角形等)组成时，由于简单图形的面积及其形心位置已知，且由静矩定义可知，截面图形对某一轴的静矩，就等于它的各组成部分对同一轴的静矩的代数和，则该组合截面图形的静矩为

$$S_y = \sum_{i=1}^{n} A_i x_{Ci}, S_x = \sum_{i=1}^{n} A_i y_{Ci} \tag{16-5}$$

式中，A_i 和 x_{Ci}、y_{Ci} 分别表示第 i 个简单图形的面积及其形心坐标；n 为组成该截面图形的简单图形的个数。

若将式(16-5)代入式(16-3)，则可得组合截面图形形心坐标的计算公式

$$x_C = \frac{\sum_{i=1}^{n} A_i x_{Ci}}{\sum_{i=1}^{n} A_i}, y_C = \frac{\sum_{i=1}^{n} A_i y_{Ci}}{\sum_{i=1}^{n} A_i} \tag{16-6}$$

[例 16-1] 试求图 16-2 所示组合截面图形的形心位置(图中截面尺寸单位为 mm)。

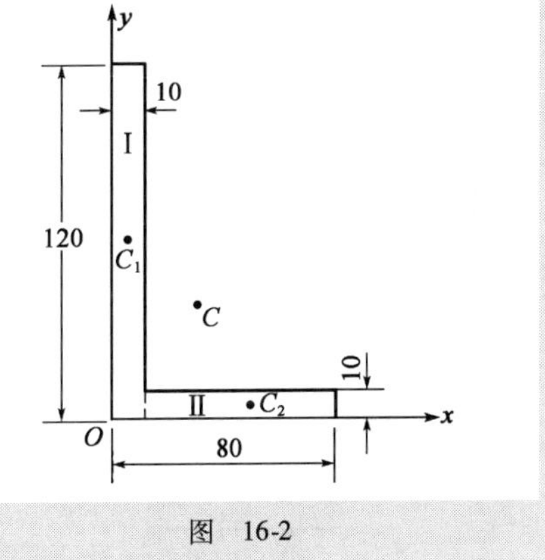

图 16-2

解：将图形看作由两个矩形Ⅰ和Ⅱ组成，在图示坐标下每个矩形的面积及形心位置分别为：

矩形Ⅰ　$A_1 = 120 \times 10 = 1200\text{mm}^2$

$$x_{C1} = \frac{10}{2} = 5\text{mm}, y_{C1} = \frac{120}{2} = 60\text{mm}$$

矩形Ⅱ　$A_2 = 70 \times 10 = 700\text{mm}^2$

$$x_{C2} = 10 + \frac{70}{2} = 45\text{mm}, y_{C1} = \frac{10}{2} = 5\text{mm}$$

整个图形形心 C 的坐标为

$$x_C = \frac{A_1 x_{C1} + A_2 x_{C2}}{A_1 + A_2} = \frac{1200 \times 5 + 700 \times 45}{1200 + 700} = 19.7\text{mm}$$

$$y_C = \frac{A_1 y_{C1} + A_2 y_{C2}}{A_1 + A_2} = \frac{1200 \times 60 + 700 \times 5}{1200 + 700} = 39.7\text{mm}$$

第二节　惯性矩、极惯性矩、惯性积

对于图 16-1 所示的任意截面图形，定义积分

$$I_x = \int_A y^2 \mathrm{d}A, I_y = \int_A x^2 \mathrm{d}A \tag{16-7}$$

分别称为为截面图形对 x 轴和 y 轴的惯性矩。

定义积分

$$I_P = \int_A \rho^2 dA \tag{16-8}$$

为截面图形对 O 点的极惯性矩,其中 $\rho = \sqrt{x^2 + y^2}$ 为 dA 到坐标原点 O 的距离。

而将积分

$$I_{xy} = \int_A xy dA \tag{16-9}$$

定义为截面图形对 x,y 两轴的惯性积。

在后续章节的应用中,有时也将惯性矩表示为截面面积与某长度平方的乘积,即

$$I_x = i_x^2 A, I_y = i_y^2 A \tag{16-10}$$

或

$$i_x = \sqrt{\frac{I_x}{A}}, i_y = \sqrt{\frac{I_y}{A}} \tag{16-11}$$

其中,i_x,i_y 分别称为截面图形对 x 轴和 y 轴的惯性半径。

根据上述定义可知:

(1)惯性矩和极惯性矩恒为正;而惯性积则可能为正、负或等于零; 三者的单位相同,均为长度的四次方,如 m^4,mm^4 等;

(2)同一截面图形对不同坐标轴的惯性矩(或惯性积或惯性半径)均不相同;

(3)因为 $\rho^2 = x^2 + y^2$,所以恒有

$$I_P = \int_A \rho^2 dA = \int_A (x + y)^2 dA = I_x + I_y \tag{16-12}$$

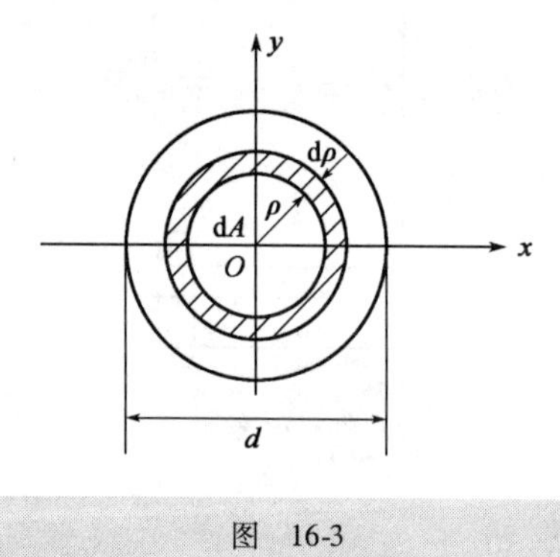

图 16-3

[**例 16-2**]试计算图 16-3 所示圆截面对其形心轴(即直径轴)的惯性矩。

解:由于圆形截面图形关于圆心 O 是极对称的,因而

$$I_x = I_y = \frac{I_P}{2}$$

而 $$I_P = \int_A \rho^2 dA = \int_0^{\frac{d}{2}} \rho^2 2\pi\rho d\rho = \frac{\pi d^4}{32}$$

所以 $$I_x = I_y = \frac{\pi d^4}{64}$$

用同样的方法可得,内径为 d、外径为 D 的空心圆截面对圆心 O 的极惯性矩 I_P 及对任一形心轴的惯性矩 I 的计算公式为

$$I_P = \frac{\pi D^4}{32}(1 - \alpha^4)$$

$$I = I_x = I_y = \frac{\pi D^4}{64}(1 - \alpha^4)$$

式中,$\alpha = \frac{d}{D}$。

通过适当选取微面积 dA,可由式(16-7)方便地求出图 16-4a)、b)、c)所示的截面图形对 x 轴的惯性矩均为 $I_x = \frac{bh^3}{12}$。作为练习,建议读者自行计算。

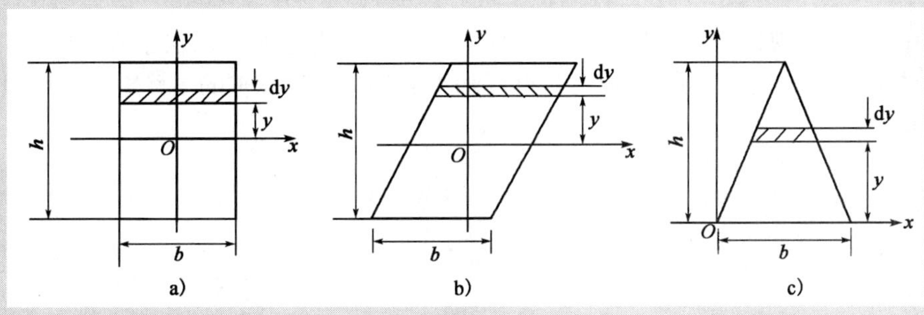

图 16-4

从惯性积的定义式(16-9)可知，只要截面图形具有一个对称轴，则对于包括此对称轴在内的一对正交坐标轴 x,y，截面图形的惯性积 I_{xy} 恒等于零。这是因为在对称轴的两侧，处于对称位置的两微面积 $\mathrm{d}A$ 的 $xy\mathrm{d}A$ 的数值相等，而符号相反，因此，整个截面图形的惯性积 $I_{xy}=\int_A xy\mathrm{d}A$ 必等于零。

第三节　平行移轴公式

如前所述，同一截面图形对不同坐标轴的惯性矩或惯性积各不相同，但是，对两对不同坐标轴的惯性矩、惯性积之间却存在着一定的关系。利用这些关系，可以使计算得到简化，又有助于计算截面图形对人们比较关心的一些特殊轴的惯性矩。本节介绍截面图形对互相平行的坐标轴的惯性矩、惯性积之间的关系。

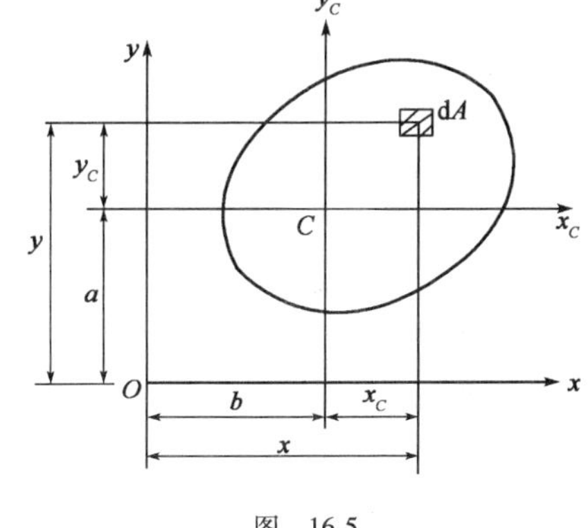

图 16-5

考察如图 16-5 所示 Oxy 平面上的任一截面图形，C 点为该图形的形心，它在 Oxy 坐标系中的坐标为(b,a)。x_C 轴和 y_C 轴为图形的形心轴，且分别平行于 x 轴和 y 轴。

截面图形上任一微面积 $\mathrm{d}A$ 在这两个坐标系内的坐标(x,y)和(x_C，y_C)之间的关系为

$$x=x_C+b \qquad y=y_C+a \tag{16-13}$$

将式(16-13)代入式(16-7)的第一式，可得

$$I_x=\int_A y^2\mathrm{d}A=\int_A(y_C+a)^2\mathrm{d}A=\int_A y_C^2\mathrm{d}A+2a\int_A y_C\mathrm{d}A+a^2\int_A\mathrm{d}A$$

根据惯性矩和静矩的定义，有

$$I_{x_C}=\int_A y_C^2\mathrm{d}A \qquad 和 \qquad S_{x_C}=\int_A y_C\mathrm{d}A=0$$

因此有

$$I_x=I_{x_C}+a^2A \tag{16-14a}$$

同理有

$$I_y=I_{y_C}+b^2A \tag{16-14b}$$

$$I_{xy} = I_{x_C y_C} + abA \tag{16-14c}$$

式(16-14)即为惯性矩和惯性积的平行移轴公式。利用它就可以根据截面图形对形心轴的惯性矩或惯性积,来求出截面图形对与形心轴平行的其他坐标轴的惯性矩或惯性积,亦可进行相反的运算。

[**例 16-3**]试求图 16-6 所示截面图形(图中截面尺寸单位为 mm)对其水平形心轴的惯性矩。

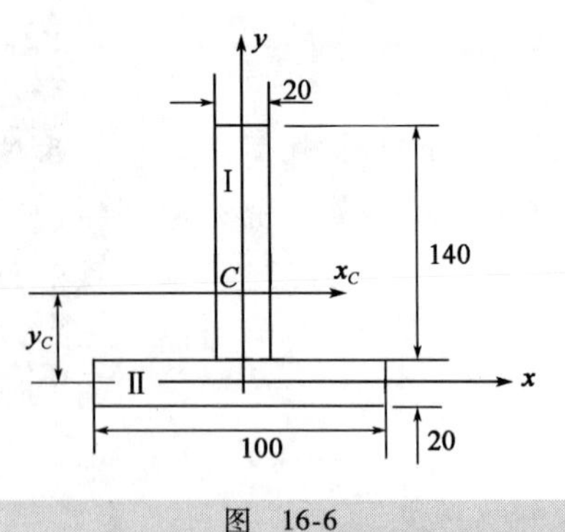

图 16-6

解:将该图形看成是由Ⅰ,Ⅱ两个矩形组成的组合截面图形。

(1) 确定形心 C 位置

该图形有一对称轴 y,图形形心 C 必在其上,为了确定 y_C 值,取图示的参考轴 x,则

$$y_C = \frac{\Sigma A_i y_{Ci}}{\Sigma A_I} = \frac{0.14 \times 0.02 \times 0.08 + 0.1 \times 0.02 \times 0}{0.14 \times 0.02 + 0.1 \times 0.02} = 0.0467\text{m}$$

(2) 求 I_{x_C}

利用平行移轴公式,分别算出Ⅰ,Ⅱ两矩形对 x_C 轴的惯性矩,它们分别为

$$I_{x_C}^{\text{I}} = \frac{1}{12} \times 0.02 \times 0.14^3 + (0.08 - 0.0467)^2 \times 0.02 \times 0.14 = 7.69 \times 10^{-6}\text{m}^4$$

$$I_{x_C}^{\text{II}} = \frac{1}{12} \times 0.1 \times 0.02^3 + 0.0467^2 \times 0.1 \times 0.02 = 4.43 \times 10^{-6}\text{m}^4$$

根据惯性矩的定义,有

$$I_{x_C} = I_{x_C}^{\text{I}} + I_{x_C}^{\text{II}} = 7.69 \times 10^{-6} + 4.43 \times 10^{-6} = 12.12 \times 10^{-6}\text{m}^4$$

[**例 16-4**]确定图 16-7 所示组合图形的形心位置,并计算该平面图形对形心轴 x_C 的惯性矩。

解:(1)查型钢表

槽钢 No14b

$A_1 = 21.316\text{cm}^2$　　$I_{x_{C1}} = 61.1\text{cm}^4$

$y_{O1} = 1.67\text{cm}$

工字钢 No20b

$A_2 = 39.578\text{cm}^2$　　$I_{x_{C2}} = 2500\text{cm}^4$　　$h = 20\text{cm}$

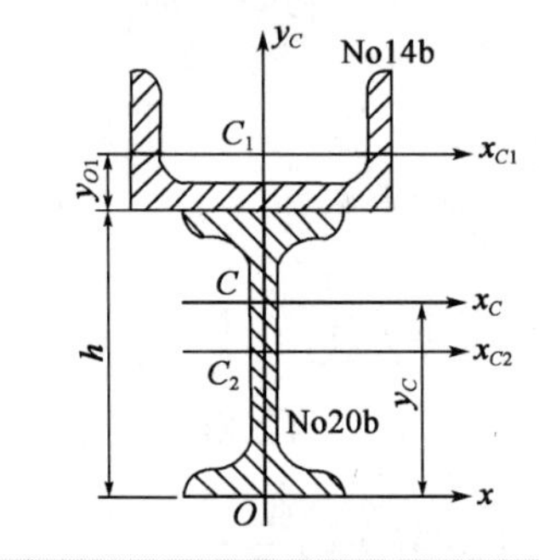

图 16-7

(2)计算形心位置

由组合图形的对称性(对称轴是 y_C 轴)知:$x_C = 0$

$$y_C = \frac{A_1 y_{C1} + A_2 y_{C2}}{A_1 + A_2} = \frac{21.316 \times (1.67 + 20) + 39.578 \times 10}{21.316 + 39.578} = 14.09\text{cm}$$

(3)用平行移轴公式计算各个图形对 x_C 轴的惯性矩

$$I_{x_C}^{\text{I}} = I_{x_{C1}} + \overline{CC_1}^2 \cdot A_1 = 61.1 + (1.67 + 20 - 14.09)^2 \times 21.316 = 1285.8\text{cm}^4$$

$$I_{x_C}^{\text{II}} = I_{x_{C2}} + \overline{CC_2}^2 \cdot A_2 = 2500 + (14.09 - 10)^2 \times 39.578 = 3162.1\text{cm}^4$$

(4)求组合图形对 x_C 轴的惯性矩

$$I_{x_C} = I_{x_C}^{I} + I_{x_C}^{II} = 4447.9\text{cm}^4$$

第四节　转 轴 公 式

本节研究截面图形对坐标原点相同的两对正交坐标轴的惯性矩、惯性积之间的关系。

设图 16-8 所示的截面图形对 x,y 轴的惯性矩和惯性积分别为 $I_x;I_y,I_{xy}$。将 Oxy 坐标系绕坐标原点 O 旋转 α 角（α 角以逆时针旋转为正），得到一新的坐标系 Ox_1y_1。下面来研究截面图形对这一对新坐标轴 x_1,y_1 的惯性矩 I_{x_1},I_{y_1} 和惯性积 $I_{x_1y_1}$ 与 I_x,I_y,I_{xy} 之间的关系。

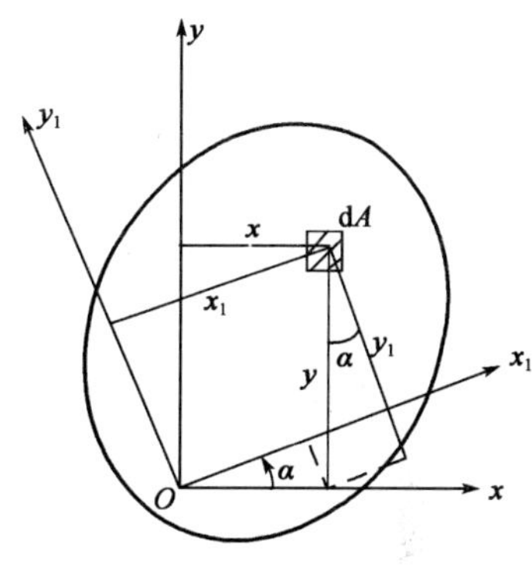

图　16-8

由坐标变换得

$$\begin{aligned} x_1 &= x\cos\alpha + y\sin\alpha \\ y_1 &= y\cos\alpha - x\sin\alpha \end{aligned} \tag{16-15}$$

于是有

$$\begin{aligned} I_{x_1} &= \int_A y_1^2 \mathrm{d}A = \int_A (y\cos\alpha - x\sin\alpha)^2 \mathrm{d}A \\ &= \cos^2\alpha \int_A y^2 \mathrm{d}A + \sin^2\alpha \int_A x^2 \mathrm{d}A - 2\sin\alpha\cos\alpha \int_A xy\mathrm{d}A \\ &= I_x\cos^2\alpha + I_y\sin^2\alpha - 2I_{xy}\sin\alpha\cos\alpha \end{aligned}$$

利用三角函数倍角公式可得

$$I_{x_1} = \frac{I_x + I_y}{2} + \frac{I_x - I_y}{2}\cos2\alpha - I_{xy}\sin2\alpha \tag{16-16a}$$

同理可得

$$I_{y_1} = \frac{I_x + I_y}{2} - \frac{I_x - I_y}{2}\cos\alpha + I_{xy}\sin2\alpha \tag{16-16b}$$

$$I_{x_1y_1} = \frac{I_x - I_y}{2}\sin2\alpha + I_{xy}\cos2\alpha \tag{16-16c}$$

式(16-16a、b、c)即为惯性矩和惯性积的转轴公式。它们分别表示截面图形的惯性矩和惯性积在坐标轴转动时的变化规律。

若将式(16-16a、b)两式相加，可得

$$I_{x_1} + I_{y_1} = I_x + I_y = I_\text{p}$$

这说明截面图形对于通过同一坐标原点的任意一对互相垂直的惯性矩之和为一常数，这一常数即为截面图形对坐标原点的极惯性矩。

由式(16-16c)及三角函数的周期性可知，当坐标轴绕 O 点旋转时，惯性积 $I_{x_1y_1}$ 将作周期性变化，且有正有负。因此，总可以找到一个特殊的角度 α_0 以及相应的 x_0,y_0 轴，使截面图形对

这一对坐标轴的惯性积等于零。我们通常把这一对坐标轴称为截面图形的主惯性轴，简称主轴。截面图形对主轴的惯性矩称为主惯性矩。下面来确定主轴 x_0,y_0 的位置 α_0 及主惯性矩 I_{x_0},I_{y_0}。由式(16-16c)，令

$$I_{x_0y_0} = \frac{I_x - I_y}{2}\sin2\alpha_0 + I_{xy}\cos2\alpha_0 = 0$$

由此解得

$$\tan2\alpha_0 = -\frac{2I_{xy}}{I_x - I_y} \tag{16-17a}$$

即

$$\alpha_0 = \frac{1}{2}\arctan\left(-\frac{2I_{xy}}{I_x - I_y}\right) \tag{16-17b}$$

将式(16-17b)代入式(16-16a、b)，并作适当整理，便可得到下面的主惯性矩计算公式

$$\left.\begin{matrix} I_{x_0} \\ \\ I_{y_0} \end{matrix}\right\} = \frac{I_x + I_y}{2} \pm \sqrt{\left(\frac{I_x - I_y}{2}\right)^2 + I_{xy}^2} \tag{16-18}$$

由式(16-16a、b)可知，I_{x_1},I_{y_1} 是 α 的函数，若使

$$\left.\frac{\mathrm{d}I_{x_1}}{\mathrm{d}\alpha}\right|_{\alpha=\alpha_1} = -2\left[\left(\frac{I_x - I_y}{2}\sin2\alpha_1\right) + I_{xy}\cos2\alpha_1\right] = 0$$

即

$$\tan2\alpha_1 = -\frac{2I_{xy}}{I_x - I_y} \tag{16-19}$$

则可以得到 I_{x_1} 与 I_{y_1} 的极值 I_{max} 和 I_{min}。

比较式(16-19)和式(16-17a)可以看出 $\alpha_1 = \alpha_0$，从而可知，截面图形对通过某一点的诸轴的惯性矩中的极大值和极小值，即为它对通过该点的主惯性矩。

应该指出的是，对于任一点，截面图形均存在一对互相正交的主轴，而通过形心的主轴称为形心主轴，截面图形对形心主轴的惯性矩称为形心主惯性矩。它们是在弯曲等问题的计算中将要遇到的截面图形的主要几何性质。显然，形心主惯性矩的计算公式仍为式(16-18)，但此时这些公式中 I_x,I_y 和 I_{xy} 应为截面图形对于通过形心的某一对轴的惯性矩和惯性积。

当截面图形有一根对称轴时，该对称轴及与之垂直的任意轴即为过二者交点的一对主轴。而该对称轴及与之垂直的形心轴即为截面图形的两根形心主轴。

对于一般截面图形，其形心主轴的位置及形心主惯性矩的确定方法是：首先确定其形心的位置，然后通过形心选择一对便于计算惯性矩和惯性积的坐标轴，算出截面图形对于这一对坐标轴的惯性矩和惯性积，最后将上述结果代入式(16-17b)、式(16-18)，即可确定表示形心主轴位置的角度及截面图形的形心主惯性矩的数值。

关于主轴和形心主轴，有以下几条结论，请读者自行验证。

(1)平面图形中的对称轴一定是形心主惯性轴；

(2)如果平面图形中有一条对称轴，且 $I_x = I_y$，则过原点的任一轴均是主惯性轴；

(3)若平面图形具有 3 条或更多条的对称轴(如等边三角形、正多边形、圆形等)，则过平面图形形心的任一轴都是形心主惯性轴，且对任一形心主惯性轴的形心主惯性矩都相等。

［例 16-5］求图 16-9 所示的 Z 字形截面图形的形心主轴位置及形心主惯性矩。

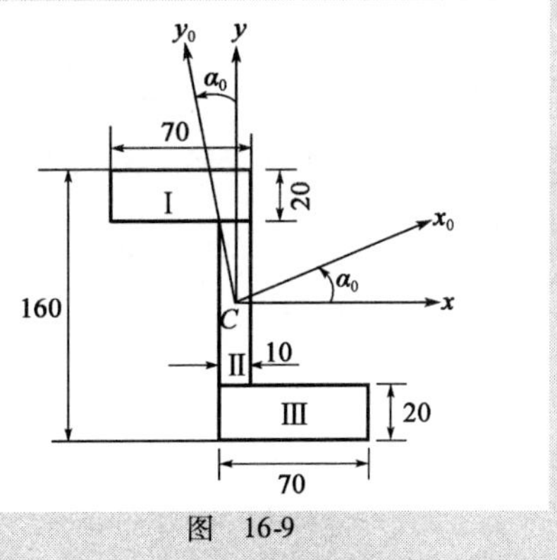

图 16-9

解：将该图形看作是由Ⅰ，Ⅱ，Ⅲ三个小矩形组成的组合截面图形。

（1）确定形心位置

因为该 Z 字形截面为中心对称的图形，故其对称中心即为图形的形心 C，其位置如图 16-9 所示。

（2）选取 Cxy 坐标系，计算 I_x，I_y 和 I_{xy}。

为计算方便起见，使所选坐标系中的 x 轴（或 y 轴）与 3 个小矩形的长边（或短边）平行或正交，在坐标系 Cxy 中，矩形Ⅰ形心的坐标为（－30，70），矩形Ⅱ的形心与 C 点重合，矩形Ⅲ的形心坐标为（30，－70）。利用平行移轴公式分别求出各矩形对 x 轴和 y 轴的惯性矩和惯性积：

矩形Ⅰ

$$I_x^{\mathrm{I}} = \frac{1}{12} \times 70 \times 20^3 + 70^2 \times 20 \times 70 = 6.9067 \times 10^6 \mathrm{mm}^4$$

$$I_y^{\mathrm{I}} = \frac{1}{12} \times 20 \times 70^3 + 30^2 \times 20 \times 70 = 1.8317 \times 10^6 \mathrm{mm}^4$$

$$I_{xy}^{\mathrm{I}} = 0 + (-30) \times 70 \times 20 \times 70 = -2.94 \times 10^6 \mathrm{mm}^4$$

矩形Ⅱ

$$I_x^{\mathrm{II}} = \frac{1}{12} \times 10 \times 120^3 = 1.44 \times 10^6 \mathrm{mm}^4$$

$$I_y^{\mathrm{II}} = \frac{1}{12} \times 120 \times 10^3 = 0.01 \times 10^6 \mathrm{mm}^4$$

$$I_{xy}^{\mathrm{II}} = 0$$

矩形Ⅲ

$$I_x^{\mathrm{I}} = \frac{1}{12} \times 70 \times 20^3 + 70^2 \times 20 \times 70 = 6.9067 \times 10^6 \mathrm{mm}^4$$

$$I_y^{\mathrm{I}} = \frac{1}{12} \times 20 \times 70^3 + 30^2 \times 20 \times 70 = 1.8317 \times 10^6 \mathrm{mm}^4$$

$$I_{xy}^{\mathrm{I}} = 0 + 30 \times (-70) \times 20 \times 70 = -2.94 \times 10^6 \mathrm{mm}^4$$

根据惯性矩、惯性积的定义，有

$$I_x = I_x^{\mathrm{I}} + I_x^{\mathrm{II}} + I_x^{\mathrm{III}} = 15.2534 \times 10^6 \mathrm{mm}^4$$

$$I_y = I_y^{\mathrm{I}} + I_y^{\mathrm{II}} + I_y^{\mathrm{III}} = 3.6734 \times 10^6 \mathrm{mm}^4$$

$$I_{xy} = I_{xy}^{\mathrm{I}} + I_{xy}^{\mathrm{II}} + I_{xy}^{\mathrm{III}} = -5.88 \times 10^6 \mathrm{mm}^4$$

（3）计算形心主轴的方位角及形心主惯性矩

将 I_x，I_y 和 I_{xy} 之值代入式（16-17b），得

$$\alpha_0 = \frac{1}{2}\arctan\left(-\frac{2I_{xy}}{I_x - I_y}\right) = \frac{1}{2}\arctan\left(-\frac{-2 \times 5.88 \times 10^6}{15.2534 \times 10^6 - 3.6734 \times 10^6}\right) = 22.72°$$

由此得到该截面图形的形心主轴 x_0，y_0 如图所示。从图中可以大致看出，图形对于 x_0 轴的惯性矩大于对于 y_0 轴的惯性矩，所以，截面图形的形心主惯性矩为

$$I_{x0}=I_{\max}=\frac{I_x+I_y}{2}+\sqrt{\left(\frac{I_x-I_y}{2}\right)^2+I_{xy}^2}$$

$$=\left[\frac{15.2534+3.6734}{2}+\sqrt{\left(\frac{15.2534-3.6734}{2}\right)^2+(-5.88)^2}\right]\times10^6=17.7\times10^6\text{mm}^4$$

$$I_{y0}=I_{\min}=\frac{I_x+I_y}{2}-\sqrt{\left(\frac{I_x-I_y}{2}\right)^2+I_{xy}^2}$$

$$=\left[\frac{15.2534+3.6734}{2}-\sqrt{\left(\frac{15.2534-3.6734}{2}\right)^2+(-5.88)^2}\right]\times10^6$$

$$=1.21\times10^6\text{mm}^4$$

思 考 题

16-1　如果截面图形对某一坐标轴的静矩等于零,则该坐标轴有何特征?

16-2　在所有互相平行的坐标轴中,截面图形对形心坐标轴的惯性矩怎样?

16-3　任意平面图形至少有几对形心主惯性轴? 正多边形截面图形有多少对形心主惯性轴? 它们的形心主惯性矩之间有何关系?

16-4　求截面图形形心主惯性矩的计算步骤怎样?

习　题

16-1　试求图示截面图形的形心位置。

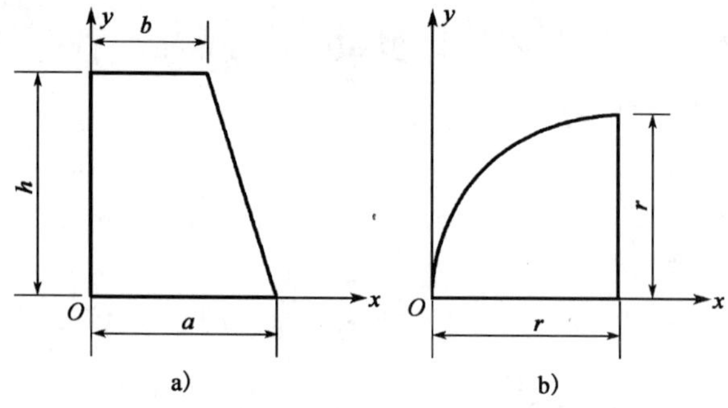

习题 16-1 图

16-2　试求图示截面图形的水平形心轴 x_C 的位置,并分别计算 x_C 轴两侧图形对 x_C 轴的静矩。

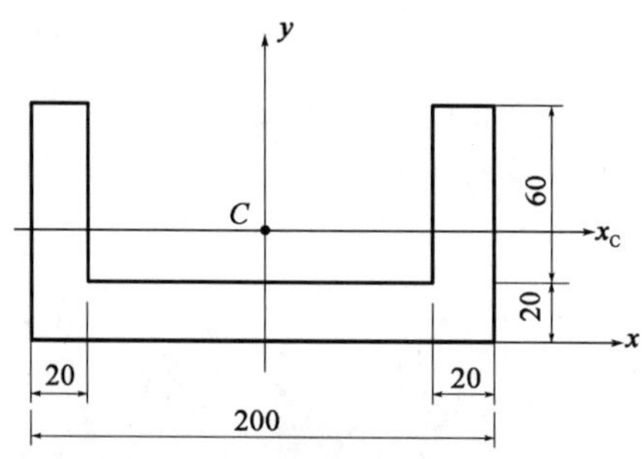

习题 16-2 图

16-3　已知图示组合图形中：$b_1 = 100\text{mm}, b_2 = 20\text{mm}, h_1 = 20\text{mm}, h_2 = 100\text{mm}$，试确定其形心位置。

16-4　试求图示三角形截面对通过顶点 A 并平行于底边 BC 的轴 x 的惯性矩。

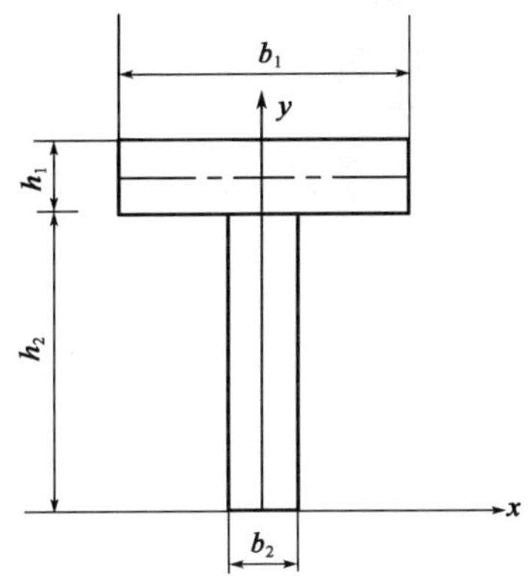

习题 16-3 图

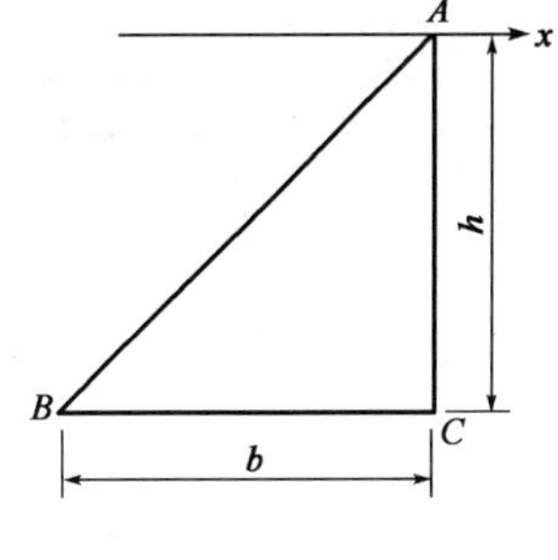

习题 16-4 图

16-5　在直径 $D = 8a$ 的圆截面中，开了一个 $2a \times 4a$ 的矩形孔，如图所示，试求截面对其水平形心轴和竖直形心轴的惯性矩。

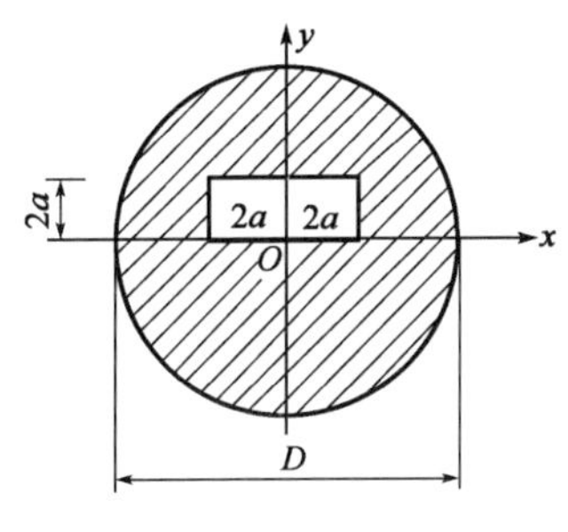

习题 16-5 图

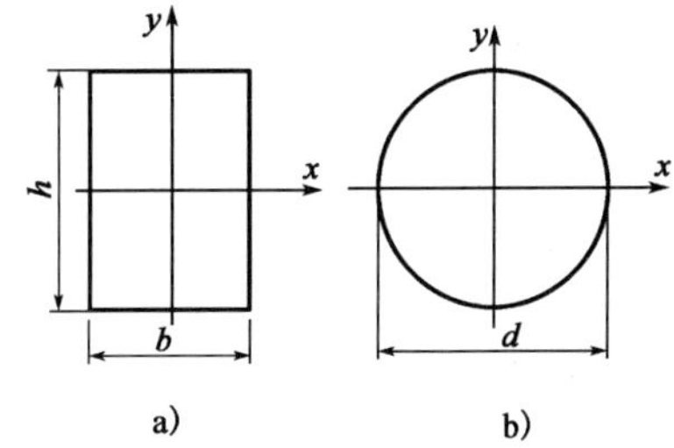

习题 16-6 图

16-6　试求图示矩形及圆形截面的惯性半径。

16-7　试求图示截面对形心轴 x_C 的惯性矩 I_{x_C}。

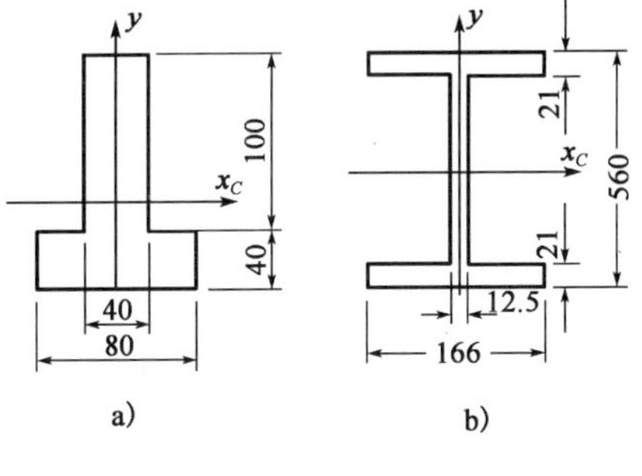

习题 16-7 图

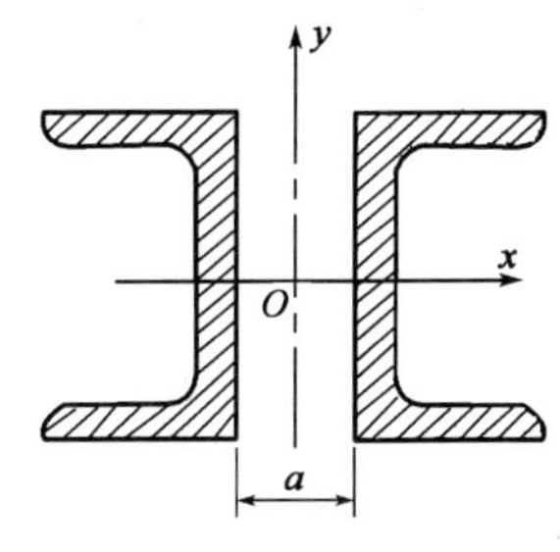

习题 16-8 图

16-8　采用两根槽钢 16 焊接成如图所示截面。若要使两个形心主惯性矩 I_x 和 I_y 相等，两槽钢之间的距离 a 应为多少？

16-9　试求图示组合截面对其水平形心轴 x 的惯性矩。

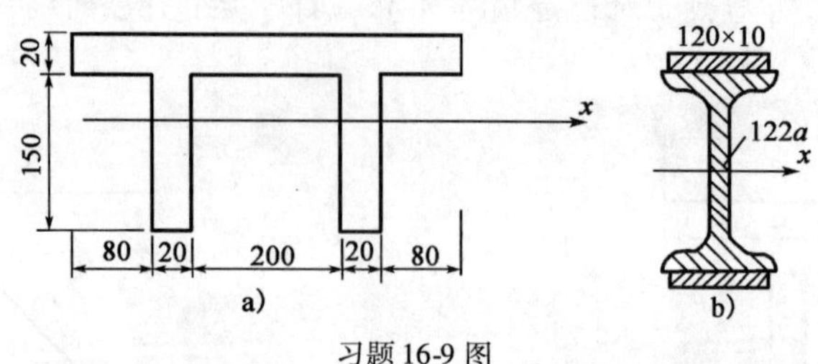

习题 16-9 图

16-10　试确定图示图形对通过坐标原点 O 的主惯性轴的位置,并计算主惯性矩。

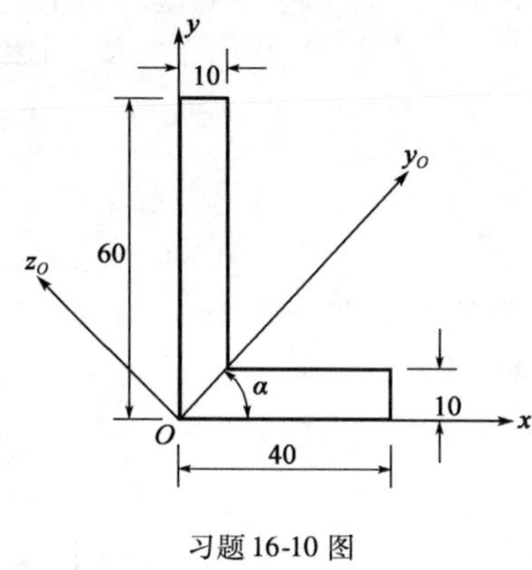

习题 16-10 图

第十七章　轴向拉伸与压缩

本章要点

- 轴向拉伸与压缩的概念；
- 拉压杆横截面和斜截面上的应力；
- 拉压杆的变形；
- 材料拉压时的力学性能；
- 许用应力、安全因数和强度条件；
- 拉压超静定问题；
- 连接件的实用计算。

第一节　轴向拉伸与压缩的概念

轴向拉伸或压缩变形是杆件变形的基本形式之一。当作用在杆件上的外力的作用线与杆件轴线重合时，杆件将发生轴向拉伸或压缩变形，如图17-1所示。工程实际中，承受轴向拉伸或压缩的杆件是常见的，如桥梁、房屋、起重机械等中的桁架结构杆件，如图17-2所示。发生轴向拉伸或压缩变形的杆件简称为拉压杆。

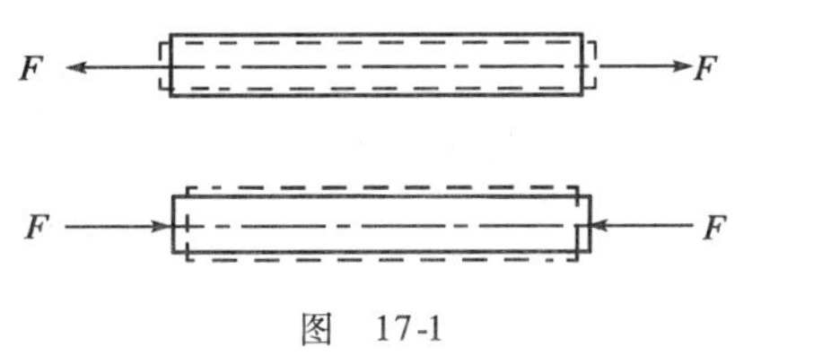

图　17-1

图　17-2

第二节　拉压杆的应力

一、横截面上的正应力

从前面的分析可以知道,拉压杆横截面上的内力只有轴力 F_N,与轴力对应的应力为正应力 σ,且它们之间满足如下的静力学关系

$$F_N = \int_A \sigma \mathrm{d}A \tag{a}$$

为了将式(a)中的正应力 σ 求出来,必须知道 σ 在横截面上的分布规律,而应力分布规律与变形有关,为此,通过试验观察杆的变形。如图 17-3 所示为一等截面直杆,试验前,在杆表面画两条垂直于杆轴的横线 ab 和 cd,然后,在杆两端施加一对大小相等、方向相反的轴向荷载 F。从试验中观察到:横线 ab 和 cd 仍为直线,且仍垂直于杆件轴线,只是间距增大,分别平移至 $a'b'$ 和 $c'd'$ 位置。根据这种现象,可以假设杆件变形后横截面仍保持为平面,且仍然垂直于杆的轴线。这就是平面假设。由此可以推断拉杆所有纵向纤维的伸长是相等的。再考虑到材料是均匀的,各纵向纤维的力学性能相同,故它们受力相同,即正应力均匀分布于横截面上,σ 等于常量。于是由式(a)得

$$F_N = \int_A \sigma \mathrm{d}A = \sigma A$$

$$\sigma = \frac{F_N}{A} \tag{17-1}$$

式(17-1)即为杆件受轴向拉伸或压缩时,横截面上正应力计算公式,适用于横截面为任意形状的等截面直杆。可见,正应力与轴力具有相同的正负号,即拉应力为正,压应力为负。

若轴力沿轴线变化,或截面的尺寸也沿轴线缓慢变化时(图 17-4),只要外力合力与轴线重合,公式(17-1)仍可适用。这时把它写成

$$\sigma(x) = \frac{F_N(x)}{A(x)} \tag{b}$$

式中,$\sigma(x)$,$F_N(x)$ 和 $A(x)$ 表示这些量都是横截面位置坐标 x 的函数。

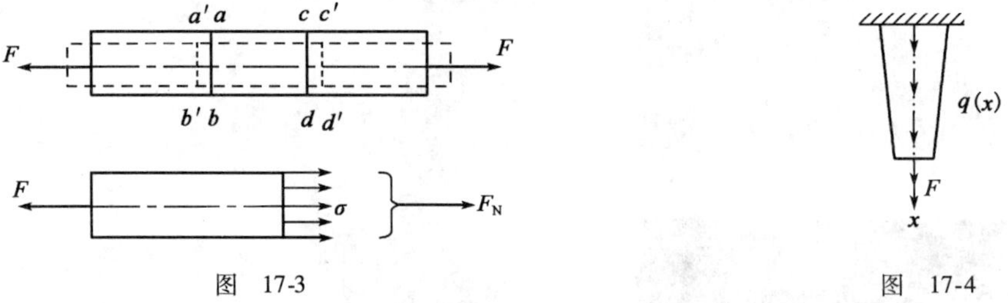

图 17-3　　　　图 17-4

应该指出,公式(17-1)只在杆上离外力作用点稍远的部分才正确,而在外力作用点附近的应力情况则比较复杂(因为实际上杆端外力一般总是通过各种不同的连接方式传递到杆上的)。但圣维南(Saint-Venant)原理指出:"力作用于杆端方式的不同,只会使与杆端距离不大于杆的横向尺寸的范围内受到影响。"这一原理已被实验所证实。因此,在拉压杆的应力计算中,一般都按公式(17-1)进行计算。

当等直杆受几个轴向外力作用时，由轴力图求得其最大轴力 F_{Nmax}，代入公式(17-1)即得杆内的最大正应力为

$$\sigma_{max} = \frac{F_{Nmax}}{A} \tag{17-2}$$

最大应力所在的横截面称为危险截面，危险截面上的正应力称为最大工作应力。

二、斜截面上的应力

为了全面分析拉压杆的强度问题，仅仅研究横截面上的正应力是不够的，还需研究其斜截面上的应力情况。

考察图 17-5a)所示拉压杆，利用截面法，沿任一斜截面 $m-m$ 将杆截开，取左半部分为研究对象，该斜截面的方位以其外法线 On 与 x 轴的夹角 α 表示，且规定：从 x 轴逆时针旋转到外法线 On 时，角 α 为正，反之为负。如前所述，杆件横截面上的应力均匀分布，由此可以推断，斜截面 $m-m$ 上的总应力 p_α 也为均匀分布[图 17-5b)]，且其方向必与杆轴平行。

设杆件横截面的面积为 A，则杆左半部分的平衡方程为

$$p_\alpha \frac{A}{\cos\alpha} - F = 0$$

由此可得斜截面 $m-m$ 上各点处的应力为

$$p_\alpha = \frac{F\cos\alpha}{A} = \sigma\cos\alpha \tag{c}$$

式中，$\sigma = \dfrac{F}{A}$，表示杆件横截面上的正应力。

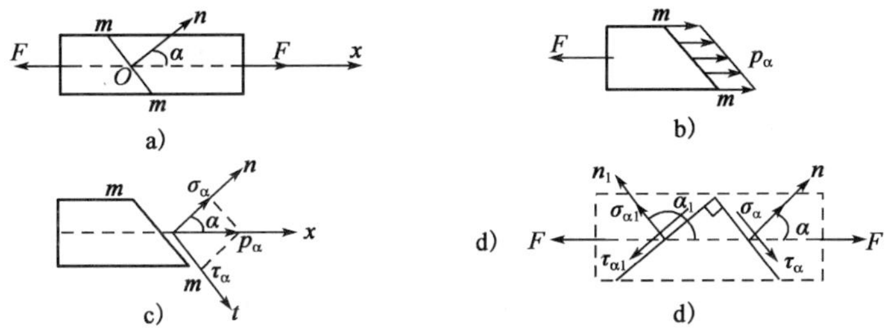

图 17-5

将应力 p_α 沿截面法向与切向分解[图 17-5c)]，得斜截面上的正应力与切应力分别为

$$\left.\begin{aligned} \sigma_\alpha &= p_\alpha\cos\alpha = \sigma\cos^2\alpha \\ \tau_\alpha &= p_\alpha\sin\alpha = \frac{\sigma}{2}\sin2\alpha \end{aligned}\right\} \tag{17-3}$$

式(17-3)是求拉压杆中任意斜截面上正应力 σ_α 和切应力 τ_α 的计算公式。它反映了 σ_α 和 τ_α 值随斜截面方位角 α 的变化规律。其正负符号规定如下：正应力 σ_α 仍规定拉应力为正，切应力 τ_α 规定绕研究对象体内任一点有顺时针转动趋势时为正值，反之则为负值。

由式(17-3)可知：

(1)当 $\alpha=0°$时，正应力最大，其值为 $\sigma_{max} = \sigma$，即拉压杆的最大正应力发生在横截面上，其值为 σ。

(2)当 $\alpha=45°$时，切应力最大，其值为 $\tau_{max} = \sigma/2$，即拉压杆的最大切应力发生在与杆轴成 45°的斜截面上，其值为 $\sigma/2$。

(3)当 $\alpha=90°$时, $\sigma=\tau=0$,即与横截面垂直的纵截面上不存在应力。

(4)当 $\alpha_1=\alpha+90°$ 时, $\tau_{\alpha 1}=\dfrac{\sigma}{2}\sin 2(\alpha+90°)=-\dfrac{\sigma}{2}\sin 2\alpha=-\tau_{\alpha}$。这表明:在两个互相垂直的截面上,切应力必然成对出现,其数值相等,方向为共同指向或背离此两垂直面的交线[图 17-5d)]。这个规律称为切应力互等定理。这是一个普遍成立的定理,在任何受力情况下都是成立的。

[例 17-1]阶梯形圆截面直杆受力如图 17-6a)所示,已知荷载 $F_1=20\text{kN}$, $F_2=50\text{kN}$,杆 AB 段与 BC 段的直径分别为 $d_1=30\text{mm}$, $d_2=20\text{mm}$。试求各段杆横截面上的正应力及 AB 段上斜截面 $m-m$ 上的正应力和切应力。

解:由截面法求得杆件 AB,BC 段的轴力分别为

$$F_{\text{N1}}=-30\text{kN}(\text{压力}),F_{\text{N2}}=20\text{kN}(\text{拉力})$$

由式(17-1)得,杆件 AB,BC 段的正应力分别为

$$\sigma_1=\frac{F_{\text{N1}}}{A_1}=\frac{4F_{\text{N1}}}{\pi d_1^2}=\frac{4\times(-30\times10^3)}{\pi\times0.03^2}\times10^{-6}=-42.4\text{MPa}(\text{压应力})$$

$$\sigma_2=\frac{F_{\text{N2}}}{A_2}=\frac{4F_{\text{N2}}}{\pi d_2^2}=\frac{4\times20\times10^3}{\pi\times0.02^2}\times10^{-6}=63.7\text{MPa}(\text{拉应力})$$

斜截面 $m-m$ 的方位角为:$\alpha=40°$,于是由式(17-3)得,斜截面 $m-m$ 上的正应力与切应力分别为

$$\sigma_{40°}=\sigma_1\cos^2\alpha=-42.4\cos^2 40°=-32.5\text{MPa}$$

$$\tau_{40°}=\frac{\sigma_1}{2}\sin 2\alpha=-\frac{42.4}{2}\sin 80°=-20.9\text{MPa}$$

其方向如图 17-6b)所示。

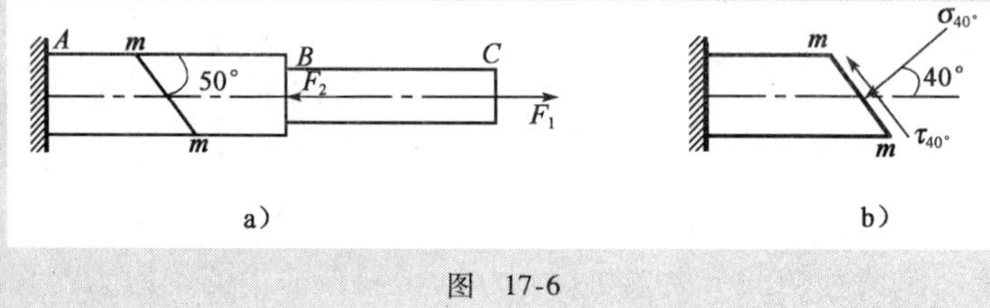

图 17-6

三、应力集中的概念

如前所述,等直杆轴向拉伸或压缩时,其横截面上的应力是均匀分布的。但是,工程实际中的构件由于结构上的需要,往往在杆中开孔、切槽或将杆制成阶梯形等,这就使得杆的局部区段的截面尺寸发生急剧变化。由实验得知,在杆件尺寸突然改变的横截面上,正应力不再是均匀分布的,局部地方的应力急剧增大。例如,图 17-7a)、b)所示的带有半圆形切口和钻有圆孔的板条,受轴向拉力 F 作用时,在切口、孔口边缘附近的局部区域内,应力急剧增大,边缘处达到最大值 $\sigma_{\max}$ 。这种由于杆件形状和尺寸的急剧变化引起局部应力急剧增大的现象称为应力集中。

应力集中的程度常用理论应力集中因数 $K_{t\sigma}$ 表示,其定义为

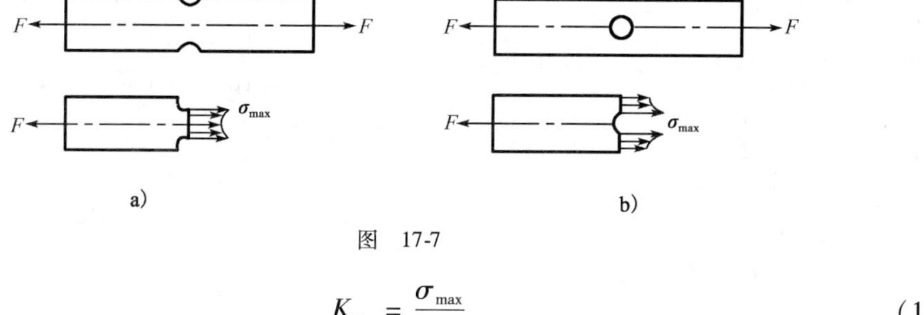

图 17-7

$$K_{t\sigma} = \frac{\sigma_{max}}{\sigma_m} \tag{17-4}$$

式中，σ_{max} 为发生应力集中的截面上的最大应力；σ_m 为同一截面上的平均应力；$K_{t\sigma}$ 是一个大于1的系数。实验结果表明：截面尺寸改变得越急剧、角越尖、孔越小，应力集中的程度就越严重。因此，在杆件上应尽可能避免尖角、槽和小孔，在阶梯轴肩处应采用圆弧过渡，而且过渡圆弧的半径以尽可能大些为好。

第三节　拉压杆的变形

当杆件承受轴向荷载时，其轴向与横向尺寸均发生变化。杆件沿轴线方向的变形，称为轴向变形；垂直于轴线方向的变形，称为横向变形。

一、轴向变形

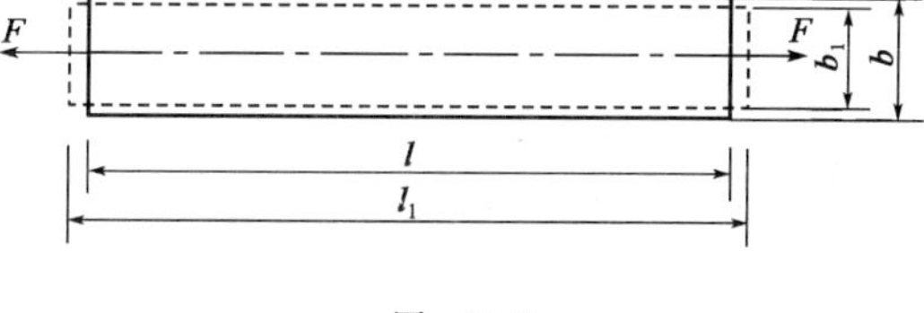

图 17-8

设等直杆的原长为 l，横截面面积为 A。在轴向拉力 F 作用下，长度由 l 变成 l_1，如图17-8所示。杆件在轴线方向的伸长量为

$$\Delta l = l_1 - l$$

由于拉压杆的轴向伸长是均匀变形，将 Δl 除以 l 得杆件轴线方向的线应变

$$\varepsilon = \frac{\Delta l}{l} \tag{a}$$

另外，由胡克定律知，在线弹性范围内（$\sigma \leqslant \sigma_p$），应力与应变成正比，即

$$\varepsilon = \frac{\sigma}{E} \tag{b}$$

而在轴向拉伸（或压缩）时，等直杆横截面上的正应力为

$$\sigma = \frac{F_N}{A} \tag{c}$$

将（a）、（c）两式代入式（b），得

$$\Delta l = \frac{F_N l}{EA} \tag{17-5}$$

这是胡克定律的另一种表达形式。可见，分母 EA 越大，则杆的纵向变形 Δl 越小，所以 EA 称为杆件截面的拉压刚度。它表示杆件抵抗拉伸或压缩变形的能力。

当杆上分 n 段作用有集中荷载，或杆件各段材料不同，或横截面面积不等时，可以分段计算各段的变形，然后求其代数和，即

$$\Delta l = \sum \frac{F_{Ni} l_i}{E_i A_i} \tag{17-6}$$

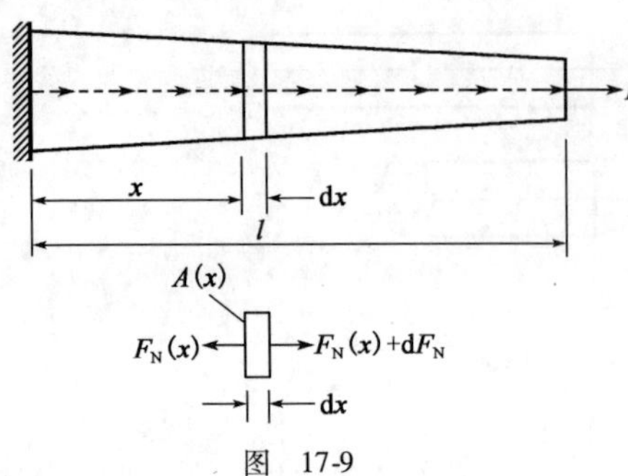

图 17-9

式中，F_{Ni}，l_i 和 E_iA_i 分别为第 i 段杆的轴力、长度和拉压刚度。

当杆的轴力 $F_N(x)$ 或其横截面面积 $A(x)$ 沿杆轴线连续变化时(图 17-9)，可用相邻的横截面从杆中取出长为 dx 的微段，对微段应用式(17-5)，可得微段的伸长量为

$$d(\Delta l) = \frac{F_N(x)\,dx}{EA(x)}$$

积分上式即得杆的总伸长量为

$$\Delta l = \int_l \frac{F_N(x)\,dx}{EA(x)} \tag{17-7}$$

二、横向变形

设等直杆变形前的横向尺寸为 b(图 17-8)，变形后为 b_1，则横向伸长量为

$$\Delta b = b_1 - b \tag{d}$$

由于拉(压)杆的横向变形也是均匀变形，所以，横向应变为

$$\varepsilon' = \frac{\Delta b}{b} \tag{e}$$

显然，轴向拉伸时，ε 为正值，ε'为负值，而轴向压缩时，ε 为负值，ε'为正值。试验结果表明，在线弹性范围内，横向应变与纵向应变成正比，即

$$\varepsilon' = -\nu\varepsilon \tag{17-8}$$

式中，ν 称为泊松比或横向变形系数。泊松比是一个无量纲的量，它与弹性模量 E 和切变模量 G 一样，都是表征材料性能的弹性常数。理论与试验均表明，各向同性线弹性材料的 3 个弹性常数只有两个是独立的，它们之间满足以下关系

$$G = \frac{E}{2(1+\nu)} \tag{17-9}$$

因此，在工程中通常仅给出弹性模量 E 和泊松比 ν，其他弹性常数可以通过这两个弹性常数得到。表 17-1 给出了几种常见材料的弹性模量和泊松比。

常见材料的弹性模量与泊松比 表 17-1

材料名称	弹性模量 E(GPa)	泊松比 ν
铸铁	80 ~ 160	0.23 ~ 0.27
碳钢	196 ~ 216	0.24 ~ 0.28
合金钢	206 ~ 216	0.25 ~ 0.30
铝合金	70 ~ 72	0.26 ~ 0.34
铜	100 ~ 120	0.33 ~ 0.35
木材(顺纹)	8 ~ 12	—

[**例 17-2**]钢制圆杆受力如图 17-10a)所示,已知其直径 $d=10\text{mm}$,$F=5.0\text{kN}$,弹性模量 $E=210\text{GPa}$。求杆内最大应变和杆的总伸长。

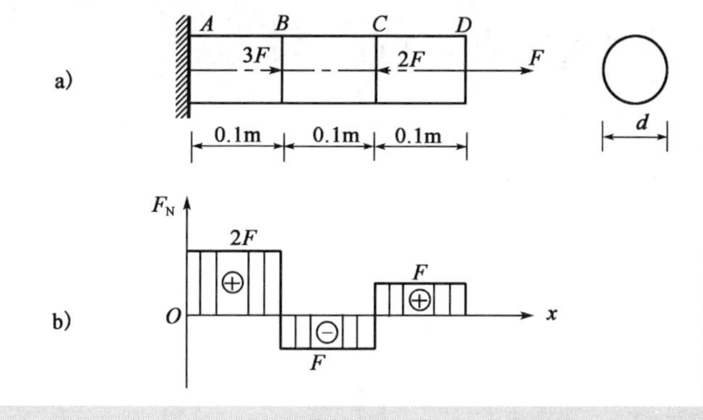

图 17-10

解:(1)作杆的轴力图如图 17-10b)所示,可见,杆的最大轴力发生于 AB 段,其值为

$$F_{\text{Nmax}} = 2F = 10\text{kN}$$

(2)杆内最大应变发生于 AB 段,其值为

$$\varepsilon_{\max} = \frac{\sigma_{\max}}{E} = \frac{F_{\text{Nmax}}}{EA} = \frac{4F_{\text{Nmax}}}{E\pi d^2} = \frac{4\times10\times10^3}{210\times10^9\times\pi\times0.01^2} = 6.063\times10^{-4}$$

(3)杆的总伸长为

$$\Delta l = \sum\frac{F_{\text{N}i}l_i}{E_iA_i} = \frac{2Fl}{EA} - \frac{Fl}{EA} + \frac{Fl}{EA} = \frac{2Fl}{EA} = \frac{8Fl}{E\pi d^2}$$

$$= \frac{8\times5.0\times10^3\times0.1}{210\times10^9\times\pi\times0.01^2} = 6.063\times10^{-5}\text{m}$$

[**例 17-3**]图 17-11 所示 AB 杆的横截面面积 $A=2\text{cm}^2$,在 B,C 点处分别作用有集中力 $F_1=60\text{kN}$,$F_2=100\text{kN}$。已知材料的 $E=200\text{GPa}$,$\sigma_{\text{P}}=210\text{MPa}$,$\sigma_{\text{S}}=260\text{MPa}$,受力后 AB 杆的总伸长量为 0.9mm。试求截面 C 与截面 B 处的位移及截面 B 相对于截面 C 的位移。

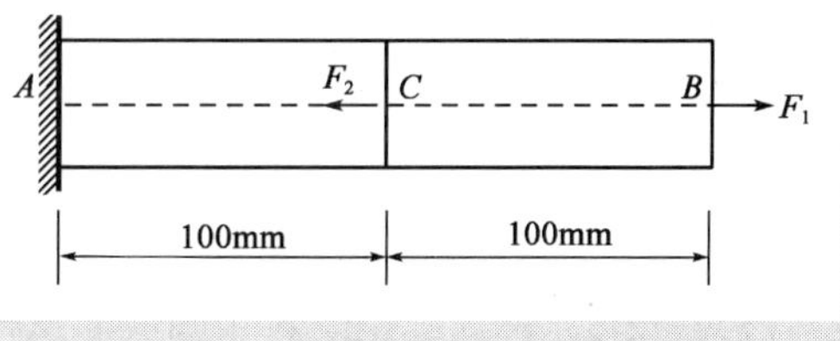

图 17-11

解:(1)求各段的轴力

$$F_{\text{N}AC} = -40\text{kN}, F_{\text{N}CB} = 60\text{kN}$$

(2)求各段的应力

$$\sigma_{AC} = \frac{F_{\text{N}AC}}{A} = \frac{40\times10^3}{2\times10^{-4}}\times10^{-6} = 200\text{MPa}(\text{压应力}) < \sigma_{\text{P}}$$

$$\sigma_{BC} = \frac{F_{\text{N}BC}}{\text{A}} = \frac{60\times10^3}{2\times10^{-4}}\times10^{-6} = 300\text{MPa}(\text{拉应力}) > \sigma_{\text{P}}$$

(3)求各段的变形

由于 BC 段的应力大于 σ_P，不能应用胡克定律，而 AC 段仍处于线弹性范围内，可以应用胡克定律。

$$\Delta l_{AC}=\frac{F_{NAC}l_{AC}}{EA}=\frac{-40\times10^3\times0.1}{200\times10^9\times2\times10^{-4}}\times10^3=-0.1\text{mm}$$

$$\Delta l_{CB}=\Delta l-\Delta l_{AC}=0.9-(-0.1)=1.0\text{mm}$$

所以，截面 C 与截面 B 处的位移分别为

$$u_C=\Delta l_{AC}=-0.1\text{mm}（负号表示位移方向向左）$$

$$u_B=\Delta l=0.9\text{mm}$$

截面 B 相对于截面 C 的位移为

$$u_{B-C}=\Delta l_{CB}=1.0\text{mm}$$

第四节　材料拉压时的力学性能

构件的强度、刚度与稳定性，不仅与构件的形状、尺寸及所受的外力有关，而且与材料的力学性能有关。所谓材料的力学性能是指材料受外力作用后，在强度和变形方面所表现出来的特性，也称为机械性质。材料的力学性能不仅与材料内部的成分和组织结构有关，还受到加载速度、温度、受力状态及周围介质的影响。本节主要介绍常用材料在常温和静载作用下处于轴向拉伸和压缩时的力学性能，这是材料最基本的力学性能。

一、材料拉伸时的力学性能

材料在拉伸时的力学性能主要通过拉伸试验得到。为了便于对试验结果进行比较，国家标准《金属材料　拉伸试验　第 1 部分：室温试验方法》（GB/T 228.1—2010）规定：试件必须做成标准尺寸，称为比例试件。一般金属材料采用圆截面或矩形截面比例试件（图 17-12）。试验时在试件等直部分的中部取长度为 l 的一段作为测量变形的工作段，其长度 l 称为标距。对于圆截面试件，通常将标距 l 与横截面直径 d 的比例规定为

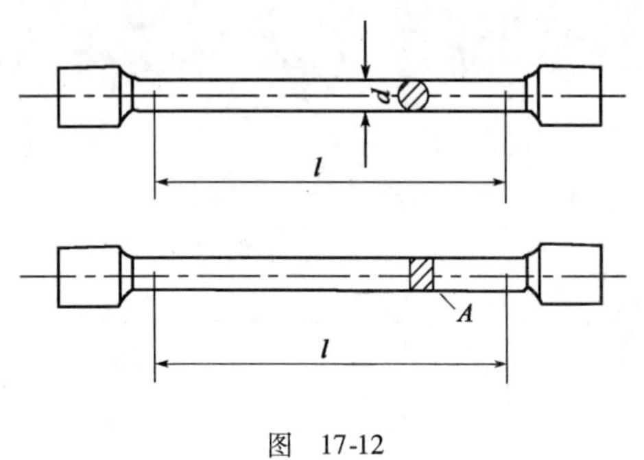

图　17-12

$$l=10d\qquad 或\qquad l=5d$$

前者称为长试件，后者称为短试件。对于矩形截面试件，其标距与横截面面积 A 的比例规定为

$$l=11.3\sqrt{A}\qquad 或\qquad l=5.56\sqrt{A}$$

材料的拉伸试验通常在万能试验机上进行。万能试验机由 3 部分组成，即加力部分、测力部分和自动绘图装置。试验时，将试件安装在试验机的夹具中，然后开动试验机，试件受到缓慢增加的拉力，直到拉断为止。试验过程中试件受到的拉力 F 可由试验机的示力盘读出，而工作段的伸长量 Δl 则可由变形仪表测出，同时自动绘图装置还可自动绘出 F-Δl 曲线，称为材

料的拉伸图。

下面介绍几种典型材料的拉伸试验结果。

1.低碳钢拉伸时的力学性能

低碳钢是工程中广泛应用的金属材料,其拉伸时的力学性能最为典型,下面详细进行介绍。

低碳钢的拉伸图(F-Δl 曲线)如图 17-13a)所示。为了消除试件尺寸的影响,将拉力 F 除以试件横截面的原始面积 A,得到横截面上的正应力 $\sigma = F/A$;同时,将伸长量 Δl 除以标距 l,得到线应变 $\varepsilon = \Delta l/l$。以 σ 为纵坐标,ε 为横坐标,绘出与拉伸图相似的 σ-ε 曲线,如图 17-13b)所示。此曲线称为应力—应变曲线。

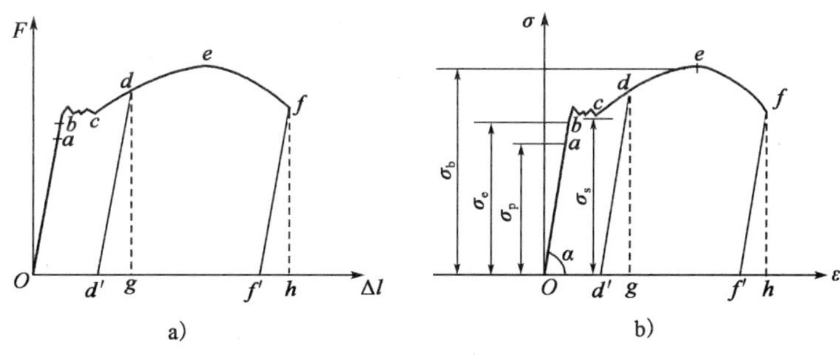

图 17-13

根据试验结果[图 17-13b)],低碳钢的力学性能大致如下:

(1)弹性阶段

弹性阶段可分为两段:直线段 Oa 和微弯段 ab。直线段 Oa 表示应力 σ 与应变 ε 呈正比关系,故称 Oa 段为比例阶段或线弹性阶段。a 点所对应的应力值称为材料的比例极限,用 σ_p 表示。σ_p 是材料服从胡克定律的最大应力。即当 $\sigma \leqslant \sigma_p$ 时,$\sigma = E\varepsilon$。其中,弹性模量 E 等于直线段 Oa 的斜率,即 $E = \tan\alpha$。低碳钢 Q235 的比例极限 $\sigma_p \approx 200\text{MPa}$,弹性模量 $E \approx 200\text{GPa}$。

过了 a 点后,图线 ab 微弯而偏离直线 Oa,表示 σ 与 ε 不再呈正比例关系,将 ab 曲线段称为非线弹性阶段。只要不超过 b 点,在卸去荷载后,试件的变形能够完全消除,这说明试件的变形是弹性变形,故 Ob 段称为弹性阶段。b 点所对应的应力值称为弹性极限,用 σ_e 表示。在 σ-ε 曲线上,a,b 两点非常接近,所以工程上对 a,b 两点并不严格区分。

(2)屈服阶段

超过弹性极限后,σ-ε 曲线上的 bc 段呈接近水平线的小锯齿形阶段。这时应力几乎不增加,而变形却迅速增加,材料暂时失去了抵抗变形的能力,这种现象称为屈服或流动。bc 段称为屈服阶段。使材料发生屈服的应力,称为材料的屈服应力或屈服极限(也称为屈服点),用 σ_s 表示。低碳钢 Q235 的屈服应力 $\sigma_s \approx 235\text{MPa}$。如果试件表面光滑,则当材料屈服时,在试件表面可观察到与轴线约成 45°角的倾斜条纹(图 17-14),称为滑移线。这是因为在试件的 45°斜面上,作用有最大切应力 τ_{max},当 τ_{max} 达到某一极限值时,由于金属材料内部晶格之间产生相对滑移而形成了滑移线。材料屈服表现为显著的塑性变形,而工程中的大多数构件一旦出现显著的塑性变形,将不能正常工作(或称失效)。所以屈服应力 σ_s 是衡量材料失效与否的强度指标。

(3)强化阶段

经过屈服阶段后,材料又恢复了抵抗变形的能力,要使试件继续变形必须再增加荷载。这种现象称为材料的强化或称为应变硬化。这时 σ-ε 曲线又逐渐上升,直到曲线的最高点 e。所以 ce 段称为材料的强化阶段或硬化阶段。e 点所对应的应力 σ_b 是材料所能承受的最大应力,称为强度极限或抗拉强度,它是衡量材料强度的另一个重要指标。低碳钢 Q235 的强度极限 $\sigma_b \approx 380\text{MPa}$。在强化阶段中,试件的变形绝大部分是塑性变形,此时试件的横向尺寸有明显的缩小。

(4)局部变形阶段

在 e 点之前试件产生均匀变形。过 e 点后,在试件的某一局部范围内,横向尺寸突然急剧缩小,形成颈缩现象(图 17-15)。由于试件颈缩处的横截面面积显著减小,荷载读数开始下降,σ-ε 曲线中应力随之下降,直至 f 点试件断裂。ef 阶段称为局部变形阶段。

在拉伸过程中,由于试件的横向尺寸不断缩小,所以在 σ-ε 曲线中按试件原始面积求出的应力 $\sigma = F/A$,实质上是名义应力(或为工程应力)。相应地,按试件工作段的原始长度求出的线应变 $\varepsilon = \Delta l/l$,实质上是名义应变(或为工程应变)。对于解决弹性范围内的实际问题,按试件原始尺寸得到的名义 σ-ε 曲线所提供的数据足以满足工程实际的需要。

图 17-14　　图 17-15

(5)延伸率和断面收缩率

试件拉断后,弹性变形消失,塑性变形 Of' 则保留下来。工程上用试件拉断后保留的变形来表示材料的塑性性能。衡量材料的塑性指标有两个:一个是延伸率(也称伸长率),用 δ 表示;另一个是断面收缩率(也称截面缩减率),用 ψ 表示。它们的计算公式分别为

$$\delta = \frac{l_1 - l}{l} \times 100\% \tag{17-10}$$

$$\psi = \frac{A - A_1}{A} \times 100\% \tag{17-11}$$

式中,l_1 为试件拉断后工作段的长度;l 为试件标距原长;A_1 为试件拉断后颈缩处的最小横截面面积;A 为试件原始横截面面积。

延伸率 δ 越大,表明材料的塑性性能越好。工程上通常按延伸率的大小把材料分为两大类:$\delta > 5\%$ 的材料称为塑性材料或韧性材料,如碳钢、黄铜、铝合金等;而把 $\delta < 5\%$ 的材料称为脆性材料,如铸铁、砖石、玻璃、陶瓷等。低碳钢 Q235 的延伸率 $\delta = 20\% \sim 30\%$ 左右,这说明低碳钢是一种塑性性能很好的材料。

断面收缩率 ψ 也是衡量材料塑性性能的重要指标,ψ 越大,材料的塑性性能越好。低碳钢 Q235 的断面收缩率 $\psi \approx 60\%$。

(6)卸载定律及冷作硬化

如果试件拉伸到强化阶段的任一点 d 处[图 17-13b)],然后逐渐卸除荷载,则应力和应变关系将沿着与直线段 Oa 几乎平行的直线段 dd' 下降到 d' 点。这说明在卸载过程中,应力和应变按直线规律变化,这就是卸载定律。若用 $\Delta\sigma$ 表示卸载时的应力增量,用 $\Delta\varepsilon$ 表示卸载时的应变增量,则有 $\Delta\sigma = E\Delta\varepsilon$。如果卸载后不久又重新加载,应力—应变关系基本上沿着卸载

时的同一直线 $d'd$ 上升到 d 点，然后沿着原来的 σ-ε 曲线 def 直到断裂。可见，在重新加载过程，材料的比例极限得到了提高，而塑性变形却减小了，这种现象称为冷作硬化。冷作硬化经过退火后又可消除。

在工程中，经常利用冷作硬化来提高钢筋和钢缆绳等构件在线弹性范围内所能承受的最大荷载。值得注意的是，若试件拉伸至强化阶段后卸载，经过一段时间后再受拉，则其线弹性范围内的最大荷载还有所提高，如图 17-16 中虚线 bb' 所示。这种现象称为冷作时效。冷作时效不仅与卸载后至加载的时间间隔有关，而且与试件所处的温度有关。

2. 其他材料拉伸时的力学性能

其他材料拉伸时的力学性能，也可用拉伸时的 σ-ε 曲线来表示。图 17-17 中给出了另外几种典型的金属材料在拉伸时的 σ-ε 曲线。可以看出，其中 16Mn 钢与低碳钢的 σ-ε 曲线相似，有完整的弹性阶段、屈服阶段、强化阶段和局部变形阶段。但工程中大部分金属材料都没有明显的屈服阶段，如黄铜、铝合金等。它们的共同特点是延伸率 δ 均较大，都属于塑性材料。

对于没有屈服阶段的塑性材料，通常将对应于塑性应变为 $\varepsilon_p = 0.2\%$ 时的应力值作为屈服极限，称为材料的名义屈服极限（或名义屈服点），常用 $\sigma_{0.2}$ 表示（图 17-18）。

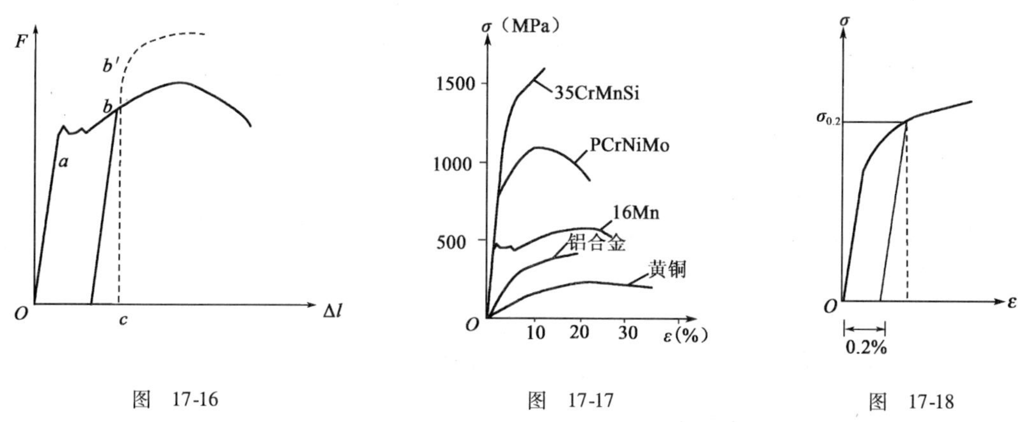

图 17-16　　图 17-17　　图 17-18

对于脆性材料，如铸铁、陶瓷、混凝土等，材料从受拉到断裂，变形都很小，没有屈服阶段和颈缩现象，延伸率很小。

灰铸铁拉伸时的 σ-ε 曲线如图 17-19 所示。由于灰铸铁的 σ-ε 曲线没有明显的直线部分，且拉断时试件变形很小，因此，在工程计算中，通常规定某一总应变时 σ-ε 曲线的割线来代替此曲线在开始部分的直线，从而确定其弹性模量，并称之为割线弹性模量。同时，认为材料在这范围内近似地服从胡克定律。

衡量脆性材料强度的唯一指标是材料的抗拉强度 σ_b。铸铁等脆性材料的抗拉强度很低，所以不宜作为抗拉构件的材料。

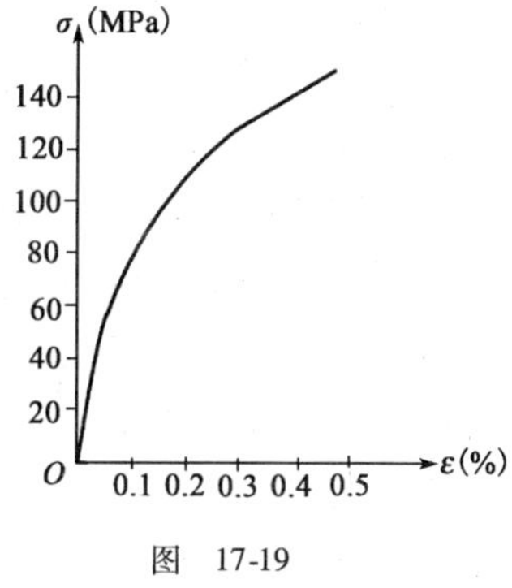

图 17-19

二、材料压缩时的力学性能

材料压缩时的力学性能由压缩试验测定。压缩试件常采用圆柱体和立方体两种。金属材料一般采用粗短圆柱体试件，其高度为直径的1.5～3.0倍，以防止试件试验时被压弯。非金属材料（如混凝土、石料等）的试件则常做成立方块。

低碳钢压缩时的σ-ε曲线如图17-20所示。试验表明，低碳钢压缩时的比例极限σ_p、屈服极限σ_s和弹性模量E均与拉伸时基本相同。但进入强化阶段以后，试件越压越扁。横截面面积不断增大，试件的抗压能力也不断增大，曲线不断上升，试件最后被压成薄饼形状，不发生破坏，因而得不到压缩时的强度极限。

其他塑性材料在压缩时的情况也都和低碳钢的相似。因此，工程中常认为塑性材料在拉伸与压缩时的力学性能是相同的，一般以拉伸试验所测得的力学性能为依据。

铸铁压缩时的σ-ε曲线如图17-21所示。可见，铸铁压缩时无论强度极限σ_b，还是延伸率δ都比拉伸时要大得多；其σ-ε曲线的直线部分很短，只能认为是近似地符合胡克定律的；铸铁压缩破坏时，其断裂面与轴线大致成45°～55°的倾角，说明主要是因最大切应力τ_{max}作用而破坏。

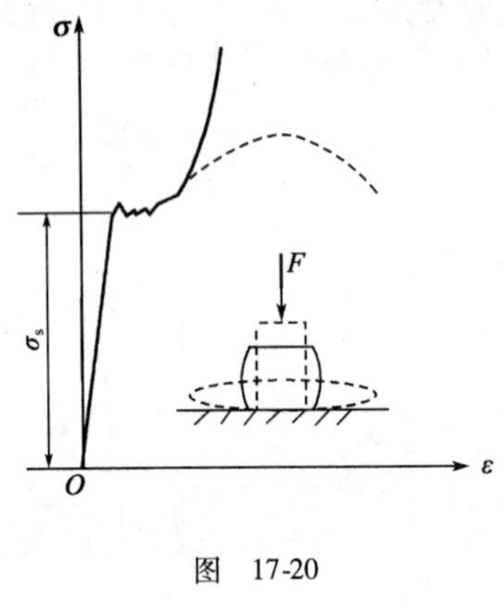

图　17-20

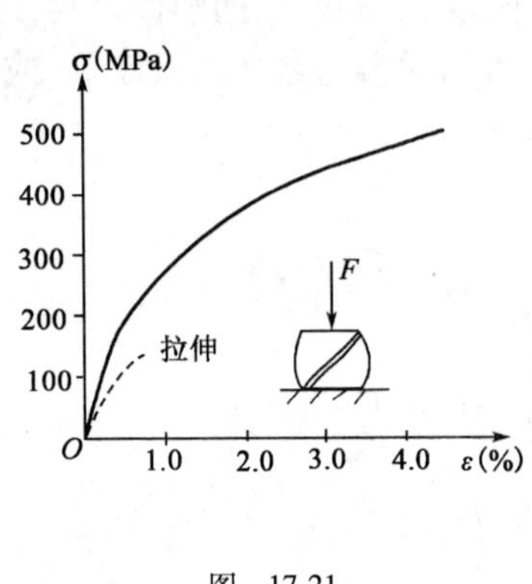

图　17-21

其他脆性材料，如混凝土、石料等，压缩时的强度极限也远大于拉伸时的强度极限。所以工程上常用脆性材料制成受压构件。

综上所述，塑性材料与脆性材料的力学性能主要有以下区别：

（1）塑性材料在断裂前有较大的塑性变形，其塑性指标（δ和ψ）较高；而脆性材料的变形较小，塑性指标较低。这是它们的基本区别。

（2）脆性材料的抗压能力远比抗拉能力强，且其价格便宜，适宜于制作受压构件；塑性材料的抗压与抗拉能力相近，适宜于制作受拉构件。

（3）塑性材料和脆性材料对应力集中的敏感程度是不相同的。对于脆性材料构件，当应力集中处的最大应力达到强度极限σ_b时，就会出现裂纹，而裂纹尖端又会引起更严重的应力集中，使构件由于裂纹的迅速扩展而断裂。而对于塑性材料构件，当应力集中处的最大应力达到屈服极限σ_s时，该处材料的变形可以继续增长，而应力却不再增大。如果外力继续增加，则增加的力将由截面上尚未屈服的材料来承担，使截面上的应力逐渐趋于均匀分布，直到整个截面上的应力都达到σ_s，构件才会破坏。因此，应力集中现象对于脆性材料的危害要比塑性材料严重得多。对于一般的塑性材料，在静荷载作用下可以不考虑应力集中的影响。至于灰铸铁，其内部的不均匀性和缺陷往往是产生应力集中的主要因素，而构件外形和尺寸改变所引起的应力集中就可能成为次要因素，因此，对于灰铸铁就可以不考虑应力集中的影响。

上面关于塑性材料和脆性材料的划分只是指常温、静载时的情况。实际上,同一种材料在不同的外界因素影响下,可能表现为塑性,也可能表现为脆性。例如,低碳钢在低温时也会变得很脆。因此,如果说材料处于塑性或脆性状态,就更确切些。

最后还应指出,处于高温下的构件,当承受的应力超过某一定值(低于材料的 σ_s)时,其变形随着时间的增加而不断增大,这种现象称为蠕变。例如,用低碳钢制成的高温(300℃以上)高压蒸汽管道,由于蠕变的作用管径不断增加,管壁逐渐变薄,有时可能导致管壁破裂。蠕变变形是塑性变形。

高温下工作的构件,在发生弹性变形后,如保持其变形总量不变,则构件内将保持一定的预紧力。随着时间的增长,因蠕变而逐渐发展的塑性变形将逐步地代替原有的弹性变形,从而使构件内的预紧力逐渐降低,这种现象称为松弛。例如,拧紧的螺栓隔段时间后需重新拧紧,就是由于发生了松弛的缘故。

对于处于高温高压下工作的构件,应当注意其发生的蠕变和松弛现象,以免造成不良后果。

第五节　许用应力、安全因数和强度条件

一、许用应力和安全因数

如前所述,脆性材料构件当应力达到强度极限 σ_b 时,会引起断裂,塑性材料构件当应力达到屈服极限 σ_s(或名义屈服极限 $\sigma_{0.2}$)时,将产生屈服或出现显著塑性变形。构件工作时发生屈服或出现显著塑性变形一般也是不容许的。所以,从强度方面考虑,断裂是构件破坏或失效的一种形式,屈服或出现显著塑性变形也是构件失效的一种形式。通常我们将构件失效时所承受的应力称为材料的极限应力,并用 σ_u 表示。显然,对于脆性材料: $\sigma_u = \sigma_b$;对于塑性材料: $\sigma_u = \sigma_s$ 或 $\sigma_{0.2}$。为了保证构件具有足够的强度,构件在外力作用下的最大工作应力必须小于材料的极限应力。在强度计算中,把材料的极限应力除以一个大于1的系数 n,作为构件工作时所容许的最大应力,称为材料的许用应力,并用 $[\sigma]$ 表示。显然

脆性材料: $$[\sigma] = \frac{\sigma_b}{n_b}$$

塑性材料: $$[\sigma] = \frac{\sigma_s}{n_s} \quad 或 \quad [\sigma] = \frac{\sigma_{0.2}}{n_s}$$

式中, n_b 和 n_s 分别称为脆性材料和塑性材料的安全因数。

安全因数是表示构件安全储备大小的一个系数。正确地选择安全因数是十分重要而又非常复杂的问题。安全因数取得偏大,将会造成材料的浪费;安全因数取得过小,又可能使构件不能正常工作甚至发生破坏性事故。因此,安全因数的选取必须体现既安全又经济实用的设计思想。确定安全因数时应该考虑的因素一般有:①荷载的类型以及对荷载估计的准确性;②材质类型(塑性材料或脆性材料),包括材质的均匀性和材料性能数据的可靠性;③实际构件简化过程和计算方法的精确程度;④构件的重要性及其工作条件等。各种材料在不同工作条件下的安全因数和许用应力,均由国家有关技术部门制订,并列入设计规范或手册中。

还需指出，由于脆性材料的抗压能力比抗拉能力强，故其许用压应力（用 $[\sigma_c]$ 表示）比许用拉应力（用 $[\sigma_t]$ 表示）大；而塑性材料的抗拉与抗压能力相同，故其只有一个许用应力 $[\sigma]$。

二、拉压杆的强度条件

材料的许用应力是构件实际工作时的最大极限值。因此，为了保证构件安全可靠地工作，构件内的最大工作应力 σ_{max} 不得超过材料的许用应力 $[\sigma]$，即

$$\sigma_{max} = \left(\frac{F_N}{A}\right)_{max} \leqslant [\sigma] \tag{17-12}$$

式(17-12)表示杆件受到轴向拉伸或压缩时的强度条件。对于等直杆，式(17-12)则变为

$$\sigma_{max} = \frac{F_{Nmax}}{A} \leqslant [\sigma] \tag{17-13}$$

利用上述条件，可以解决以下 3 类强度问题。

1. 校核强度

当已知拉压杆的截面尺寸、许用应力和所受外力时，通过比较工作应力与许用应力的大小，以判断该杆是否安全。需要指出的是

$$\frac{\sigma_{max} - [\sigma]}{[\sigma]} \times 100\% \leqslant 5\%$$

在工程上是容许的。

2. 设计截面尺寸

如果已知拉压杆所受外力和材料的许用应力，根据强度条件可以确定该杆所需横截面面积。例如，对于等直杆，其所需横截面面积为

$$A \geqslant \frac{F_{Nmax}}{[\sigma]}$$

3. 确定许可荷载

如果已知拉压杆截面尺寸和许用应力，根据强度条件可以确定该杆所能承受的最大轴力

$$F_N \leqslant A[\sigma]$$

然后根据杆件的静力平衡条件，求出轴力与外力间的关系，就可以确定出杆件或结构所能承担的最大安全荷载，即许可荷载。

[例 17-4] 一钢制直杆受力如图 17-22a)所示。已知 $[\sigma] = 160\text{MPa}$，$A_1 = 300\text{mm}^2$，$A_2 = 150\text{mm}^2$，试校核该杆的强度。

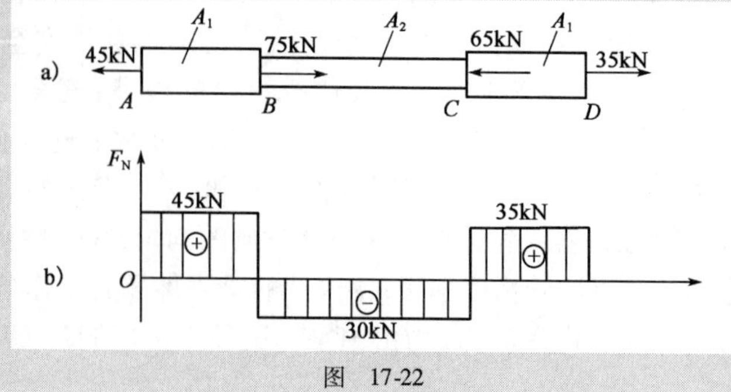

图 17-22

解:(1)用截面法计算杆件各段轴力,并画轴力图如图17-22b)所示。

(2)确定可能的危险截面

AB段截面——因其轴力$F_{N1}=45kN$最大;

BC段截面——其轴力$F_{N2}=-30kN$虽然最小,但面积亦最小。

注意到CD段截面不可能是危险截面,因为其轴力$F_{N3}<F_{N1}$,且AB段和CD段的截面面积都相同。

(3)用强度条件校核该杆的强度安全性

AB段: $\sigma_{AB}=\dfrac{F_{N1}}{A_1}=\dfrac{45\times10^3}{300\times10^{-6}}\times10^{-6}=150MPa$(拉应力)$<[\sigma]$

BC段: $\sigma_{BC}=\dfrac{F_{N2}}{A_2}=\dfrac{30\times10^3}{150\times10^{-6}}\times10^{-6}=200MPa$(压应力)$>[\sigma]$

可见,AB段满足强度要求,而BC段不满足强度要求。

一般来说,当校核了结构中某一杆件或某一杆件截面不满足强度要求时,该结构的强度便是不安全的了。

[例17-5]图17-23a)所示桁架,杆AB为直径$d=30mm$的圆钢杆,其许用应力为$[\sigma]_1=160MPa$,杆BC为边长$a=8cm$的正方形截面木杆,许用应力为$[\sigma]_2=8MPa$。试求该桁架的许可荷载$[F]$。若该桁架承受荷载$F=120kN$,试重新设计两杆尺寸。

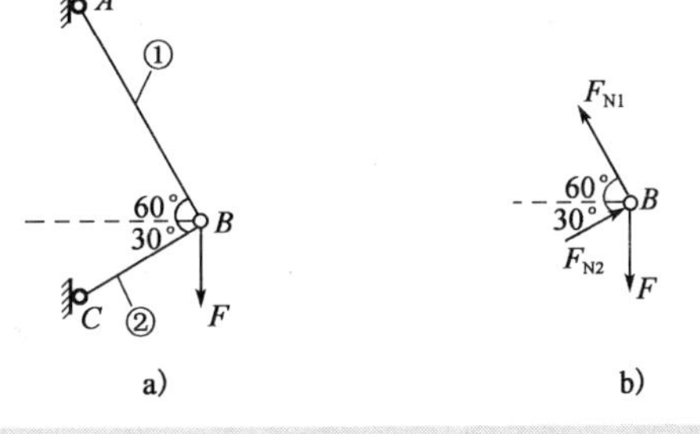

图 17-23

解:(1)静力分析

取节点B为研究对象,受力如图17-23b)所示。根据节点B的平衡方程

$$\sum F_x=0, F_{N2}\cos30°-F_{N1}\cos60°=0$$

$$\sum F_y=0, F_{N1}\sin60°+F_{N2}\sin30°-F=0$$

解得

$$F_{N1}=\frac{\sqrt{3}}{2}F(\text{拉力}), F_{N2}=\frac{1}{2}F(\text{压力})$$

(2)由强度条件确定许可荷载

杆AB $$F_{N1}\leqslant A_1[\sigma]_1=\frac{\pi d^2}{4}[\sigma]_1$$

所以 $$F\leqslant\frac{2}{\sqrt{3}}\cdot\frac{\pi d^2}{4}[\sigma]_1=\frac{2}{\sqrt{3}}\cdot\frac{\pi\times0.03^2}{4}\times160\times10^6\times10^{-3}=130.6kN$$

杆BC $$F_{N2}\leqslant A_2[\sigma]_2=a^2[\sigma]_2$$

所以 $$F\leqslant2a^2[\sigma]_2=2\times0.08^2\times8\times10^6\times10^{-3}=102.4kN$$

可见,该桁架的许可荷载由方木杆BC的强度条件确定,其值为$[F]=102.4kN$。

(3)当$F=120kN$时,重新设计两杆尺寸

杆AB $$F_{N1}=\frac{\sqrt{3}}{2}F=60\sqrt{3}kN$$

由
$$A_1=\frac{\pi d^2}{4}\geqslant\frac{F_{N1}}{[\sigma]_1}$$

得
$$d\geqslant\sqrt{\frac{4F_{N1}}{\pi[\sigma]_1}}=\sqrt{\frac{4\times 60\sqrt{3}\times 10^3}{\pi\times 160\times 10^6}}\times 10^3=28.8\text{mm}$$

可取 $d=29\text{mm}$。

杆 BC
$$F_{N2}=\frac{1}{2}F=60\text{kN}$$

由
$$A_2=a^2\geqslant\frac{F_{N2}}{[\sigma]_2}$$

得
$$a\geqslant\sqrt{\frac{F_{N2}}{[\sigma]_2}}=\sqrt{\frac{60\times 10^3}{8\times 10^6}}\times 10^3=86.6\text{mm}$$

可取 $a=87\text{mm}$。

此种设计可使图 17-23a)结构中的两杆工作应力同时达到许用应力，称为等强度设计。

第六节　拉压超静定问题

一、超静定结构的概念

在前面所讨论的问题中，结构的约束反力或构件的内力均可由静力平衡方程求出，这类问题称静定问题，相应结构称静定结构，如图 17-24 所示的结构都是静定结构。

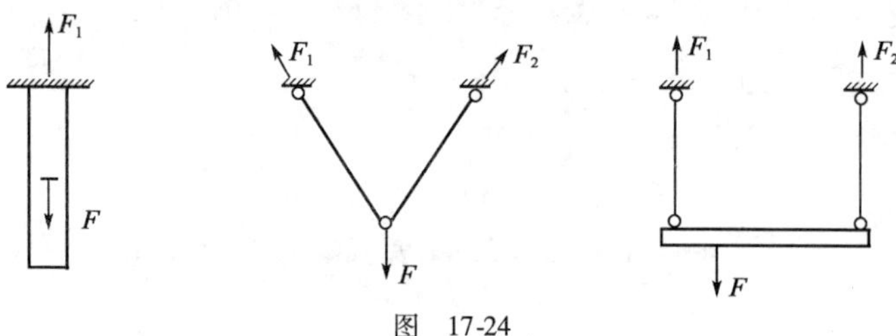

图　17-24

但是在实际工作中，为了减小结构变形和应力，往往是通过增加约束和增加杆件来实现的。那么这种结构或杆件的约束力和内力就不能由静力学平衡方程完全求出。这类问题称为超静定问题或静不定问题，相应的结构则称为或超静定结构或静不定结构，如图 17-25 所示的结构都是超静定结构。

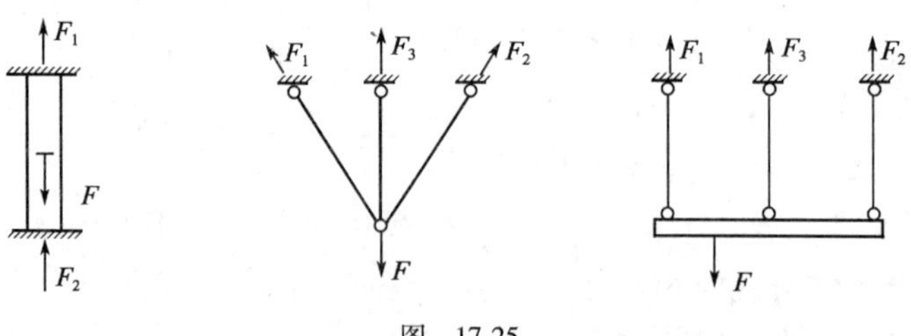

图　17-25

在超静定问题中，都存在不是维持结构平衡所必需的杆件或约束，通常称为“多余约束”，由于多余约束存在，使得未知力数的个数多于独立平衡方程的个数。未知力数与独立平衡方程数之差称为超静定次数。

二、求解静不定问题的基本方法

在求解超静定问题时，由于未知力的数目多于独立平衡方程数，因此需要引入补充方程，而超静定次数即为求解全部未知力所需要的补充方程的个数。由于多余约束的存在，使得杆件（或结构）的变形受到了一定的限制。这种多余约束对杆件（或结构）变形的限制条件称为变形协调条件或变形几何（相容）条件。而变形（或位移）与力（或其他产生变形的因素）之间具有一定的物理关系，将这种物理关系代入变形协调条件，即可得到补充方程。将静力平衡方程与补充方程联立求解，即可求出全部的未知量。这就是求解超静定问题的基本方法，称为变形比较法。

下面举例来说明求解超静定问题的方法。

[例 17-6] 如图 17-26 所示，已知杆件的拉压刚度为 EA，求支座 A，B 处的约束力 F_A 和 F_B。

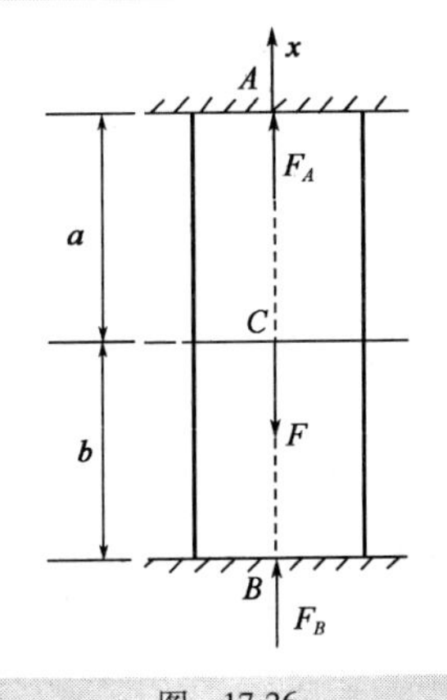

图 17-26

解：这是一次超静定问题

(1) 列静定平衡方程

$$\sum F_x = 0, F_A - F + F_B = 0 \tag{1}$$

求出 AC 段和 CB 段的轴力

$$F_{NAC} = F_A, F_{NCB} = -F_B$$

(2) 列变形协调条件

$$\Delta l_{AB} = 0 \tag{2}$$

(3) 列物理方程，并代入变形协调条件，建立补充方程

$$\Delta l_{AB} = \sum \frac{F_{Ni} l_i}{EA} = \frac{F_A a}{EA} - \frac{F_B b}{EA} = 0$$

所以

$$F_A a - F_B b = 0 \tag{3}$$

(4) 联立式(1)、(3)求解，得

$$F_A = \frac{Fb}{a+b}, F_B = \frac{Fa}{a+b}$$

[例 17-7] 图 17-27 所示杆系结构，设①、②、③杆的拉压刚度分别为 E_1A_1，E_2A_2 和 E_3A_3，且 $E_2A_2 = E_3A_3$，杆②、③的长度均为 l，荷载 F 和角度 α 均为已知。试求①、②、③杆的轴力。

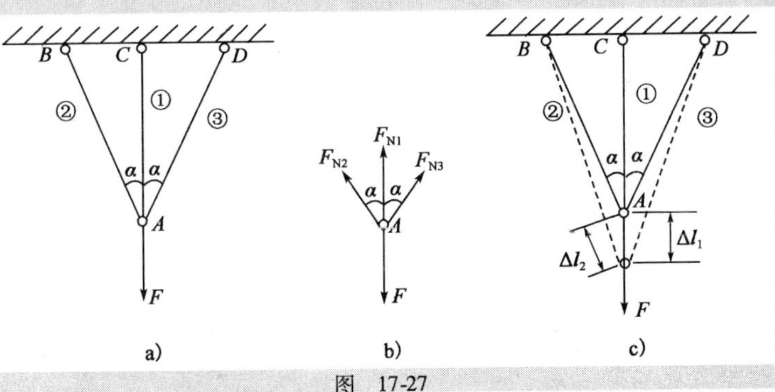

图 17-27

解:(1)这是一次超静定问题。取节点 A 为研究对象作受力分析如图 17-27b)所示,列静力平衡方程

$$\sum F_x = 0, F_{N2}\sin\alpha - F_{N3}\sin\alpha = 0 \tag{1}$$

$$\sum F_y = 0, F_{N1} + F_{N2}\cos\alpha + F_{N3}\cos\alpha - F = 0 \tag{2}$$

(2)变形协调条件[参见图 17-27c)]

$$\Delta l_2 = \Delta l_1 \cos\alpha \tag{3}$$

(3)物理方程

$$\Delta l_1 = \frac{F_{N1} l\cos\alpha}{E_1 A_1}, \Delta l_2 = \frac{F_{N2} l}{E_2 A_2} \tag{4}$$

将式(4)代入式(3),得补充方程

$$\frac{F_{N2} l}{E_2 A_2} = \frac{F_{N1} l}{E_1 A_1}\cos^2\alpha \tag{5}$$

(4)联立式(1)、(2)和式(5)求解,得

$$F_{N1} = \frac{F}{1 + 2\dfrac{E_2 A_2}{E_1 A_1}\cos^3\alpha}, F_{N2} = F_{N3} = \frac{F\cos^2\alpha}{\dfrac{E_1 A_1}{E_2 A_2} + 2\cos^3\alpha} \tag{6}$$

从式(6)可知,若 E_2A_2 不变,增大 E_1A_1,则 F_{N1} 也增大;若 E_1A_1 不变,增大 E_2A_2,则 F_{N2} 也增大。这表明,超静定结构中杆件的内力分配与其刚度有关,刚度越大,则分担的内力也越大。这是超静定结构与静定结构相区别的主要特征之一。

在列静力平衡方程与变形几何方程时,应注意轴力与变形的协调性。即假设杆件的变形为伸长时,其轴力必须设为拉力。

三、温度应力

温度变化将引起物体的膨胀或收缩,静定结构可以自由变形,当温度均匀变化时,不会引起构件的内力,但超静定结构的变形受到部分或全部约束,当温度发生变化时,物体不能自由地膨胀收缩,往往就会引起内力。这种内力称为温度内力,相应杆内的应力称为温度应力。产生温度应力也是超静定结构与静定结构相区别的特征之一。

[**例 17-8**]图 17-28a)所示的等直杆 AB 的两端分别与刚性支承连接。设两支承间的距离(即杆长)为 l,杆的横截面面积为 A,材料的弹性模量为 E,线膨胀系数为 α。试求温度升高 ΔT 时杆内的温度应力。

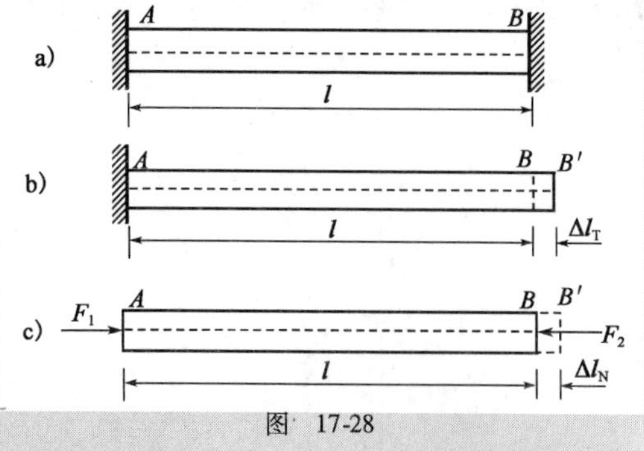

图 17-28

解:如果杆只有一端例如 A 端固定,则温度升高后,杆将自由地伸长[图 17-28b)]。但现因刚性支承 B 的阻挡,使杆不能伸长,这就相当于在杆的两端加了压力而将杆顶住。这时杆两端的压力 F_1 和 F_2[图 17-28c)]都是未知量。由于只能列出一个平衡方程,因此该问题是一次超静定问题。

静力平衡方程

$$\sum F_x = 0, F_1 - F_2 = 0, F_1 = F_2$$

因为支承是刚性的，故与这一约束情况相适应的变形协调条件是杆的总长度不变，即$\Delta l = 0$。注意到杆的变形应包括由温度升高引起的变形Δl_T，以及由轴力$F_N = -F_1$引起的弹性变形Δl_N两个部分，故变形协调方程为

$$\Delta l = \Delta l_T + \Delta l_N = 0 \tag{1}$$

这里的物理关系为

$$\Delta l_T = \alpha l \Delta T \tag{2}$$

$$\Delta l_N = \frac{F_N l}{EA} = -\frac{F_1 l}{EA} \tag{3}$$

将式(2)、(3)代入式(1)，即得温度内力为

$$F_N = -F_1 = -\alpha EA\Delta T \tag{4}$$

由此得温度应力为

$$\sigma_T = \frac{F_N}{A} = -\alpha E\Delta T \tag{5}$$

结果为负值，说明该杆的温度应力是压应力。

若此杆为钢杆，其$\alpha = 1.2 \times 10^{-5} 1/℃$，$E = 210\text{GPa}$，则当温度升高$\Delta T = 40℃$时，杆内的温度应力由式(5)算得为

$$\sigma_T = -\alpha E\Delta T = -1.2 \times 10^{-5} \times 210 \times 10^3 \times 40 = 100\text{MPa}（压应力）$$

四、装配应力

构件加工时，尺寸上的微小误差是难免的。对静定结构而言，加工误差只会造成结构几何形状的轻微变化，而不会引起内力。而对于超静定结构，加工误差往往会引起内力，称该种内力为装配内力，相应的应力为装配应力。

[例 17-9] 已知杆系结构如图 17-29a)所示，已知1,2杆的拉压刚度均为E_1A_1，3杆的拉压刚度为E_3A_3，并且3杆做短了$\delta(\delta \ll l)$。试求将杆系装配后三杆的轴力。

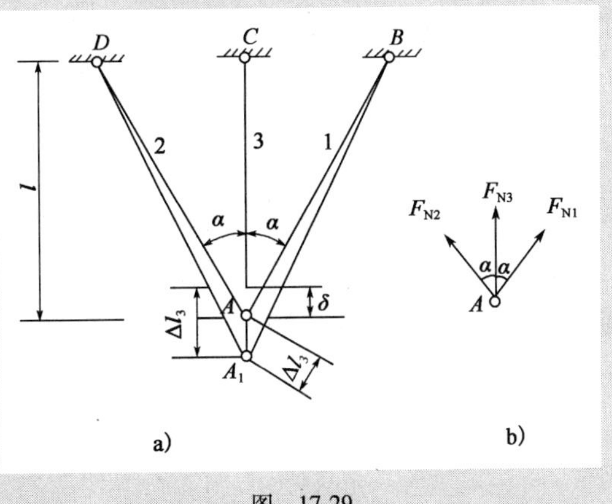

图 17-29

解：假设三杆装配后节点A移到了A_1点，并设1,2,3杆的轴力均为拉力（因假设了三杆均伸长），且分别为F_{N1}，F_{N2}和F_{N3}[图 17-29b)]。

(1)列静力平衡方程

$$\sum F_x = 0, F_{N1}\sin\alpha - F_{N2}\sin\alpha = 0$$

$$F_{N1} = F_{N2} \tag{1}$$

$$\sum F_y = 0, F_{N3} + F_{N1}\cos\alpha + F_{N2}\cos\alpha = 0$$

$$F_{N3} = -2F_{N1}\cos\alpha \tag{2}$$

(2)变形协调关系,由图 17-29a)中所示节点位移可看出

$$\Delta l_3 = \frac{\Delta l_1}{\cos\alpha} + \delta \tag{3}$$

式中,Δl_3 为 3 杆的伸长;$\frac{\Delta l_1}{\cos\alpha}$是装配后 A 点的位移。

(3)物理方程

$$\Delta l_3 = \frac{F_{N3}l}{E_3A_3}, \Delta l_1 = \frac{F_{N1}l}{E_1A_1\cos\alpha} \tag{4}$$

将式(4)代入式(3),得补充方程

$$\frac{F_{N3}l}{E_3A_3} = \frac{F_{N1}l}{E_1A_1\cos^2\alpha} + \delta \tag{5}$$

联立式(1)、(2)、(5)求解,得

$$F_{N1} = F_{N2} = -\frac{\delta}{l}\left(\frac{E_1A_1 \cdot E_3A_3\cos^2\alpha}{E_3A_3 + 2E_1A_1\cos^3\alpha}\right)$$

$$F_{N3} = \frac{\delta}{l}\left(\frac{2E_1A_1 \cdot E_3A_3\cos^3\alpha}{E_3A_3 + 2E_1A_1\cos^3\alpha}\right)$$

第七节　连接件的实用计算

在工程中,为了将构件相互连接起来,常用铆钉、螺栓、键或销钉等连接,这些起连接作用的部件统称为连接件。

连接件的受力与变形一般是很复杂的,很难作出精确的理论分析。因此,工程中通常采用实用的简化分析方法或称为假定计算方法。其要点是:一方面假定应力分布规律,从而计算出各部分的"名义应力";另一方面,根据实物或模拟实验,并采用同样的计算方法,由破坏荷载确定材料的极限应力;然后,再根据上述两方面的结果建立其强度条件。实践表明,这种假定计算方法是可靠的。现以铆钉等连接为例,介绍有关概念与计算方法。

一、剪切的概念与实用计算

考察如图 17-30a)所示的铆钉连接,显然,铆钉在两侧面上分别受到大小相等、方向相反、作用线相距很近的两组外力系的作用[图 17-30b)]。铆钉在这样的外力作用下,将沿两侧外力之间,并与外力作用线平行的截面 $m—m$ 发生相对错动,这种变形形式称为剪切。发生剪切变形的截面 $m—m$,称为受剪面或剪切面。

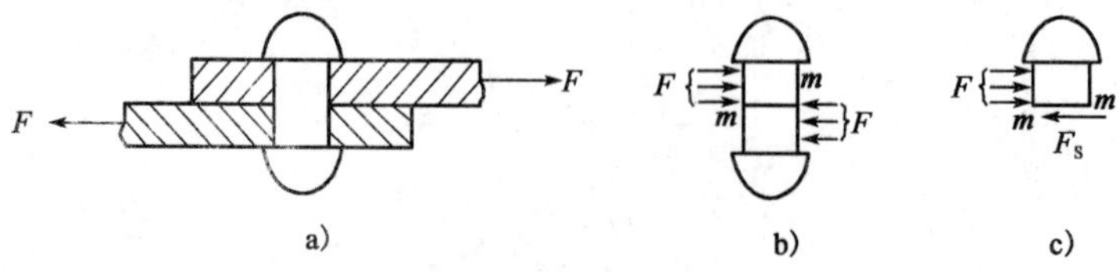

图　17-30

应用截面法,可求得受剪面 $m—m$ 上的剪力 F_S[图17-30c)]。在工程实用计算中,通常假定受剪面上的切应力均匀分布,于是,受剪面上的名义切应力为

$$\tau = \frac{F_S}{A_s} \tag{17-14}$$

式中,F_S 为受剪面上的剪力;A_S 为受剪面的面积。

然后,通过直接试验,并按公式(17-14)求得剪切破坏时材料的极限名义切应力 τ_u,再除以安全因数,即得材料的许用切应力[τ]。于是,剪切强度条件为

$$\tau = \frac{F_S}{A_s} \leqslant [\tau] \tag{17-15}$$

剪切假定计算中的许用切应力[τ]与拉伸许用应力[σ]有关。对于钢材

$$[\tau] = (0.75 - 0.80)[\sigma]$$

需要注意,在计算中要正确确定有几个受剪面,以及每个受剪面上的剪力。

二、挤压的概念与实用计算

在如图17-30a)所示的铆钉连接中,除铆钉发生剪切变形外,在连接板孔边与铆钉之间还存在着相互压紧的现象,称为挤压。挤压发生在构件相互接触的局部面积上(这也是与压缩的最大区别),它在构件接触面附近的局部区域内发生较大的接触应力,称为挤压应力,并用 σ_{bs} 表示。挤压应力是垂直于接触面的正应力。当挤压应力过大时,将会在二者接触的局部区域产生过量的塑性变形,从而导致二者失效。

挤压接触面上的应力分布同样也是很复杂的,在工程计算中也是采用假定计算,即假定挤压应力在有效挤压面上均匀分布。于是,可得名义挤压应力为

$$\sigma_{bs} = \frac{F_{bs}}{A_{bs}} \tag{17-16}$$

式中,F_{bs} 为接触面上的挤压力;A_{bs} 为有效挤压面面积。当挤压面为平面接触时,有效挤压面面积等于实际承压面积(如平键);当挤压面为圆柱面接触时,有效挤压面面积为实际承压面积在垂直于挤压力的直径平面上的投影面积(如螺栓、销钉等)。

然后,通过直接试验,并按公式(17-16)求出材料的极限名义挤压应力,从而确定许用挤压应力 σ_{bs} 。于是,挤压强度条件为

$$\sigma_{bs} = \frac{F_{bs}}{A_{bs}} \leqslant [\sigma_{bs}] \tag{17-17}$$

应当注意,挤压应力是在连接件和被连接件之间相互作用的。因而,当两者材料不同时,应校核其中许用挤压应力较低的材料的挤压强度。

上面介绍的实用计算方法,从理论上看虽不够完善,但对一般的连接件来说,用这种简化方法计算还是比较方便和切合实际的,故在工程计算中被广泛地应用着。

[例17-10]一木质拉杆接头部分如图17-31所示。已知接头处的尺寸为 $l = h = b = 18\text{cm}$,材料的许用挤压应力 $[\sigma_{bs}] = 10\text{MPa}$,许用切应力$[\tau] = 2.5\text{MPa}$,试按剪切和挤压强度求许可拉力$[F]$。

解:(1)按剪切强度确定许可拉力

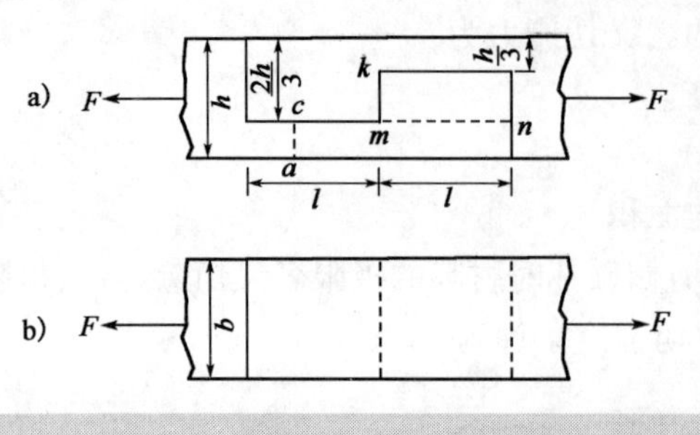

图 17-31

接头左半部分拉杆的受剪面 $m—n$[图 17-31a)]上的剪力为 $F_S=F$，受剪面面积为 $A_s=bl$，于是由式(17-15)得

$$\tau=\frac{F_S}{A_s}=\frac{F}{bl}\leqslant[\tau]$$

$$F\leqslant bl[\tau]=0.18\times0.18\times2.5\times10^6\times10^{-3}=81\text{kN}$$

(2)按挤压强度确定许可拉力

挤压面 $m—k$[图 17-31a)]上的挤压力为 $F_{bs}=F$，有效挤压面积为 $A_{bs}=\frac{1}{3}bh$，由式(17-17)得

$$\sigma_{bs}=\frac{F_{bs}}{A_{bs}}=\frac{3F}{bh}\leqslant[\sigma_{bs}]$$

$$F\leqslant\frac{1}{3}bh[\sigma_{bs}]=\frac{1}{3}\times0.18\times0.18\times10\times10^6\times10^{-3}=108\text{kN}$$

所以，许可拉力由剪切强度确定，其值为$[F]=81\text{kN}$。

[例 17-11]在图 17-32a)所示铆接接头中，已知荷载 $F=80\text{kN}$，板宽 $b=100\text{mm}$，板厚 $t=12\text{mm}$，铆钉直径 $d=16\text{mm}$，许用切应力$[\tau]=100\text{MPa}$，许用挤压力$[\sigma_{bs}]=300\text{MPa}$，许用拉力$[\sigma]=160\text{MPa}$，试校核该接头的强度。

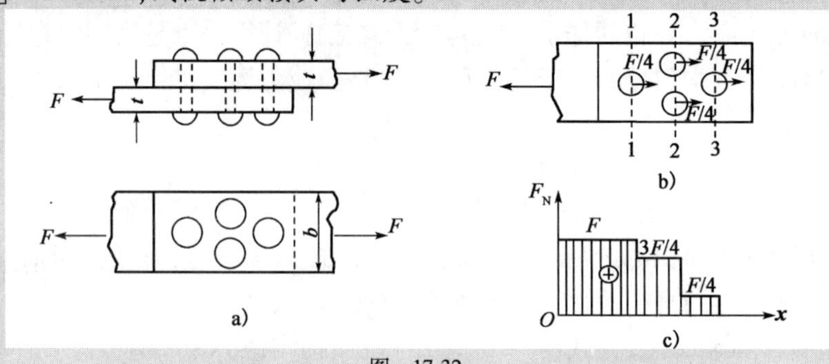

图 17-32

解：(1)铆钉的剪切强度校核

研究表明，若外力的作用线通过铆钉群横截面的形心，且各铆钉的材料与直径均相同，则每个铆钉的受力都相等。因此，对于图 17-32a)所示铆钉群，各铆钉剪切面上的剪力均为

$$F_S=\frac{F}{4}=\frac{80}{4}=20\text{kN}$$

而相应的切应力则为

$$\tau=\frac{F_S}{A_S}=\frac{4F_S}{\pi d^2}=\frac{4\times20\times10^3}{\pi\times0.016^2}\times10^{-6}=99.5\text{MPa}<[\tau]$$

这表明铆钉的剪切强度足够。

(2)铆钉的挤压强度校核

铆钉所受的挤压力等于剪切面上的剪力 F_S，即 $F_{bS}=F_S=20\text{kN}$，所以铆钉的挤压应力为

$$\sigma_{bs} = \frac{F_{bs}}{A_{bs}} = \frac{F_{bs}}{td} = \frac{20 \times 10^3}{0.012 \times 0.016} \times 10^{-6} = 104.2\text{MPa} < [\sigma_{bs}]$$

这表明铆钉的挤压强度足够。

(3)板的拉伸强度校核

板的受力如图17-32b)所示。利用截面法,可求出板各段的轴力,并画出其轴力图如图17-32c)所示。可见,板的危险截面为截面1—1或截面2—2。它们的应力分别为

$$\sigma_{1-1} = \frac{F_{N1}}{A_1} = \frac{F}{(b-d)t} = \frac{80 \times 10^3}{(0.1-0.016) \times 0.012} \times 10^{-6} = 79.4\text{MPa} < [\sigma]$$

$$\sigma_{2-2} = \frac{F_{N2}}{A_2} = \frac{\frac{3}{4}F}{(b-2d)t} = \frac{\frac{3}{4} \times 80 \times 10^3}{(0.1-2 \times 0.016) \times 0.012} \times 10^{-6} = 73.5\text{MPa} < [\sigma]$$

这表明板的拉伸强度足够。所以,该接头是安全的。

思考题

17-1　拉(压)杆应力公式 $\sigma = F_N/A$ 的应用条件是什么?

17-2　拉压杆斜截面上的应力公式是如何建立的?最大正应力与最大切应力各位于何截面,其值为多大?正应力、切应力与方位角的正负符号是如何规定的?

17-3　当单元体上同时存在切应力和正应力时,切应力互等定理是否仍然成立?为什么?

17-4　何谓应力集中?何谓交变应力?应力集中对构件的强度有何影响?

17-5　截面尺寸连续变化的杆轴向拉伸时,怎样求其伸长量?

17-6　低碳钢在拉伸过程中表现为几个阶段?各有何特点?何谓比例极限、屈服应力与强度极限?何谓弹性应变与塑性应变?

17-7　何谓材料的 $\sigma_{0.2}$?何谓材料的伸长率?分别在应力—应变曲线上表示之。

17-8　低碳钢拉伸经过冷作硬化后,哪种指标得到提高?

17-9　伸长率(延伸率)公式 $\delta = (l_1 - l)/l \times 100\%$ 中 l_1 指的是什么?

17-10　何谓许用应力?安全因数的确定原则是什么?何谓强度条件?利用强度条件可以解决哪些形式的强度问题?

17-11　试指出下列概念的区别:比例极限与弹性极限;弹性变形与塑性变形;伸长率与正应变;强度极限与极限应力;工作应力与许用应力。

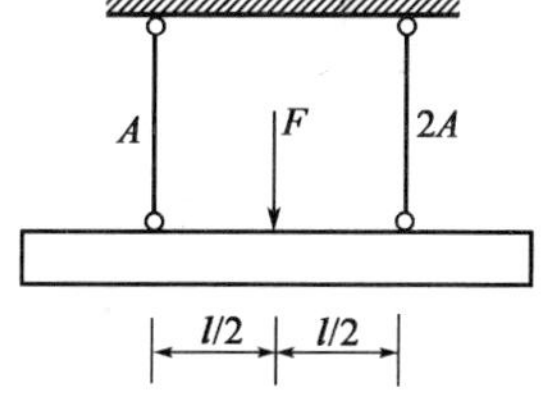

思考题17-12图

17-12　图示结构中两杆的材料相同,横截面面积分别为 A 和 $2A$,该结构的许可荷载是多少?

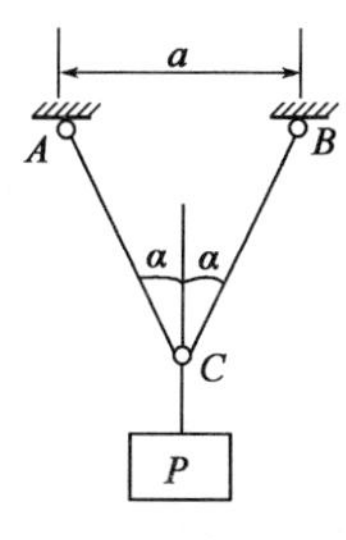

思考题17-13图

17-13　在 A,B 两点连接绳索 ACB,绳索上悬挂重物 P,如图所示。点 A,B 的距离保持不变,绳索的许用应力为 $[\sigma]$。试问:当 α 角取何值时,绳索的用料最省?

17-14　超静定结构中杆件的内力分配与刚度有什么关系?静定结构中能否产生装配应力与温度应力?

17-15　剪切和挤压实用计算采用什么假设?为什么?

17-16　如何判断连接件的剪切面与挤压面？有效挤压面面积如何计算？有效挤压面面积是否与两构件的接触面积相同？试举例说明。

17-17　挤压和压缩有何区别？分析置于地面的桌子时，桌腿和地面分别考虑什么强度？

习　题

17-1　图示轴向受拉等截面杆，横截面面积 $A=500\text{mm}^2$，荷载 $F=50\text{kN}$。试求图示斜截面 $m-m$ 上的正应力和切应力，以及杆内的最大正应力与最大切应力。

17-2　中段开槽的直杆如图所示，受轴向力 F 作用；已知：$F=20\text{kN}$，$h=25\text{mm}$，$h_0=10\text{mm}$，$b=20\text{mm}$，试求杆内的最大正应力。

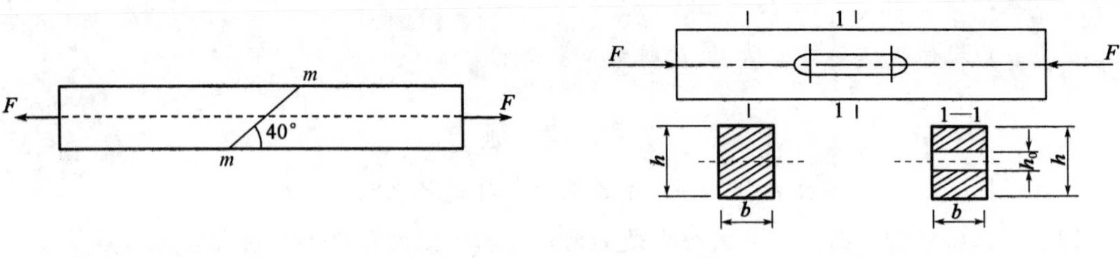

习题 17-1 图　　　　习题 17-2 图

17-3　如图所示平板拉伸试件，宽度 $b=29.8\text{mm}$，厚度 $h=4.1\text{mm}$。在拉伸试验时，每增加 3kN 拉力，测得沿轴向应变为 $\varepsilon=120\times10^{-6}$，横向应变 $\varepsilon'=38\times10^{-6}$。试求试件材料的弹性模量 E 及泊松比 ν。

17-4　一横截面面积为 10^3mm^2 的黄铜杆，受图示的轴向荷载。黄铜的弹性模量 $E=90\text{GPa}$。试求杆的总伸长量。

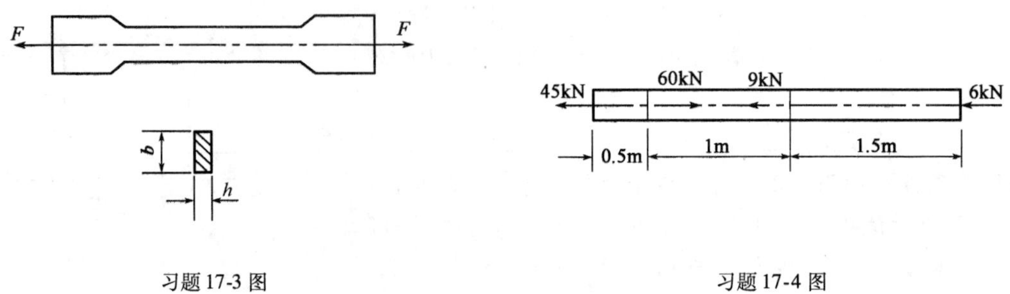

习题 17-3 图　　　　习题 17-4 图

17-5　如图所示长度 l，厚度为 t 的平板，两端宽度分别为 b_1 和 b_2，弹性模量为 E，两端受轴向拉力 F 作用，求杆的总伸长。

17-6　如图所示长度为 l 的圆锥形杆，两端的直径各为 d_1 和 d_2，弹性模量为 E，两端受拉力作用，求杆的总伸长。

17-7　某材料的应力—应变曲线如图所示。试根据该曲线确定：

(1) 材料的弹性模量 E、比例极限 σ_p 与名义屈服极限 $\sigma_{0.2}$；

(2) 当应力增加到 $\sigma=350\text{MPa}$ 时，材料的正应变 ε、弹性应变 ε_e 与塑性应变 ε_p。

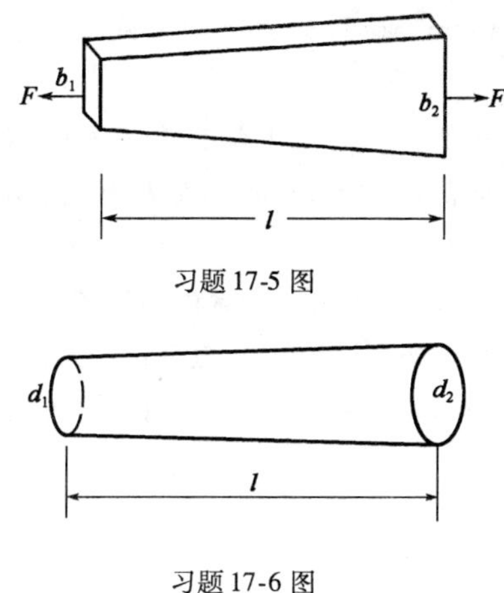

习题 17-5 图

习题 17-6 图

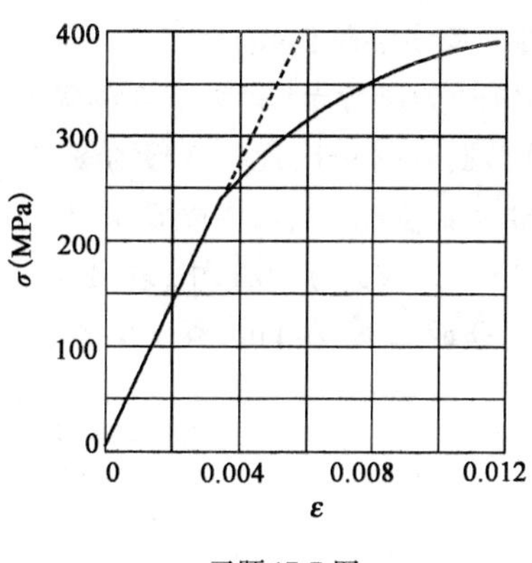

习题 17-7 图

17-8　如图所示，油缸盖与缸体采用 6 个螺栓连接。已知油缸内径 $D=350\text{mm}$，油压 $p=1\text{MPa}$。若螺栓材料的许用应力$[\sigma]=40\text{MPa}$，试求螺栓的内径。

17-9　某拉杆受力如图所示，已知：$h=2b$，$F=40\text{kN}$，$[\sigma]=100\text{MPa}$。试设计拉杆截面尺寸 h、b。

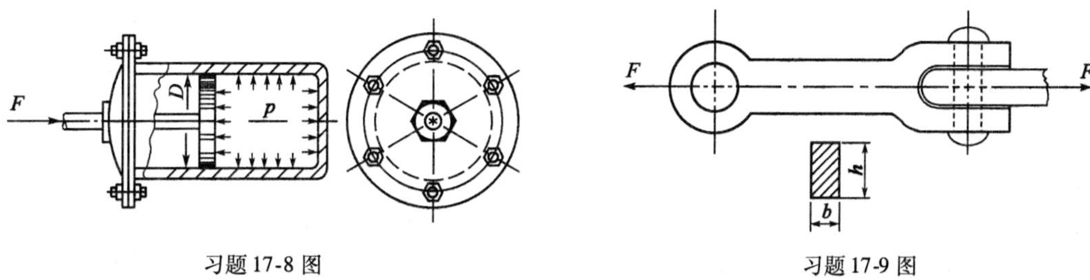

习题 17-8 图　　习题 17-9 图

17-10　如图所示，已知：木杆横截面积 $A_1=104\text{mm}^2$，$[\sigma]_1=7\text{MPa}$，钢杆横截面积 $A_2=600\text{mm}^2$，$[\sigma]_2=160\text{MPa}$，试确定许可荷载$[F]$。

17-11　如图所示结构由圆截面直杆 AB 和 AC 铰接而成，杆 AC 的长度为杆 AB 长度的两倍，两杆截面面积均为 2cm^2。AB 杆许用应力$[\sigma]_1=100\text{MPa}$，AC 杆许用应力$[\sigma]_2=160\text{MPa}$。试求结构的许可荷载 $[F]$ 。

17-12　如图所示结构中，小车可在梁 AC 上移动。已知小车上作用的荷载 $F=20\text{kN}$，斜杆 AB 为圆截面钢杆，钢的许用应力$[\sigma]=120\text{MPa}$。若荷载 F 通过小车对梁 AC 的作用可简化为一集中力，试确定斜杆 AB 的直径 d。各杆自重不计(F 考虑最不利位置)。

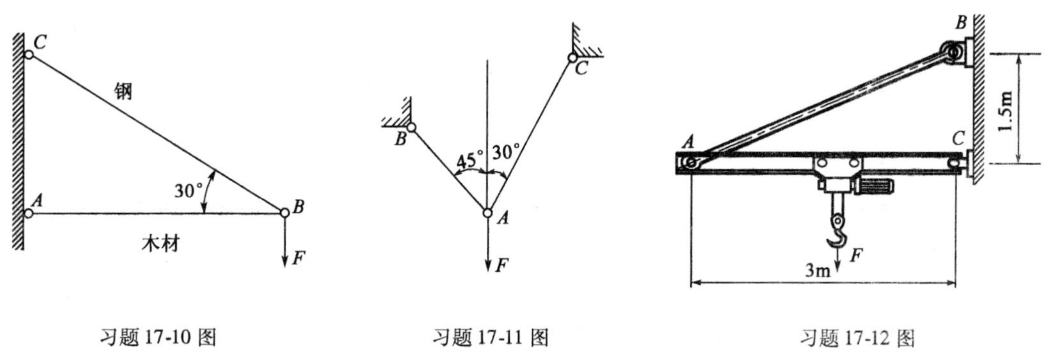

习题 17-10 图　　习题 17-11 图　　习题 17-12 图

17-13　有一两端固定的钢杆，其截面积为 $A=1000\text{mm}^2$，荷载如图所示。试求各段杆内的应力（图中尺寸单位：mm）。

17-14　如图所示，有两个实心筒和一个空心圆柱套在一起，上、下端各有一刚性板与之相连，圆筒与圆柱材料的弹性模量分别为 E_1，E_3，如此两个筒与柱受轴向荷载 F 作用，两个筒和柱产生相同的变形，试求实心筒和空心柱横截面上的应力。

17-15　设 AB 为刚性杆，在 A 处为铰接，而杆 AB 由钢杆 EB 与铜杆 CD 吊起，如图所示。杆 CD 的长度为 1m，杆 EB 的长度为 2m。杆 CD 的横截面积为 500mm^2，杆 EB 的横截面积为 250mm^2。试求各竖杆的应力与钢杆的伸长。铜杆的 $E_1=120\text{GPa}$，钢杆的 $E_2=200\text{GPa}$。

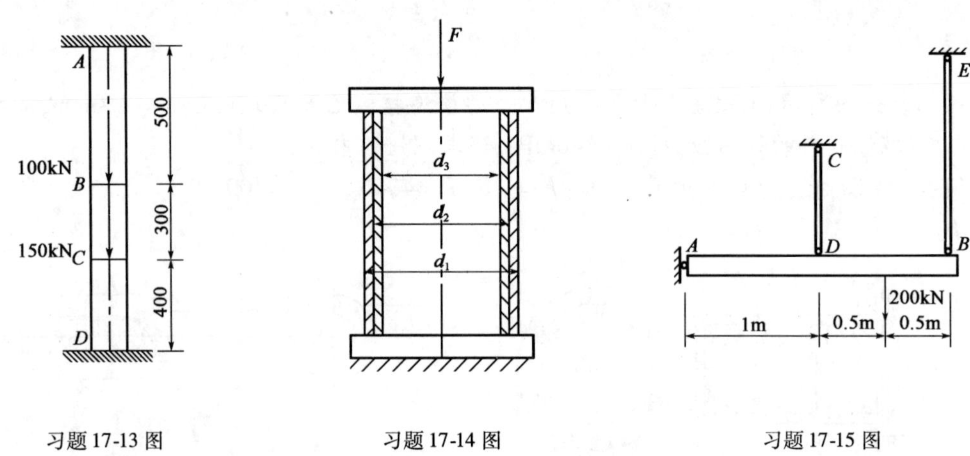

习题 17-13 图　　习题 17-14 图　　习题 17-15 图

17-16　由两种材料连接成的阶梯形杆如图所示，上端固定，下端与地面留有空隙 $\Delta=0.08\text{mm}$。铜杆的 $A_1=40\text{cm}^2$，$E_1=100\text{GPa}$，$\alpha_1=16.5\times10^{-6}℃^{-1}$；钢杆的 $A_2=20\text{cm}^2$，$E_2=200\text{GPa}$，$\alpha_2=12.5\times10^{-6}℃^{-1}$，在两段交界处作用有力 F。试求：

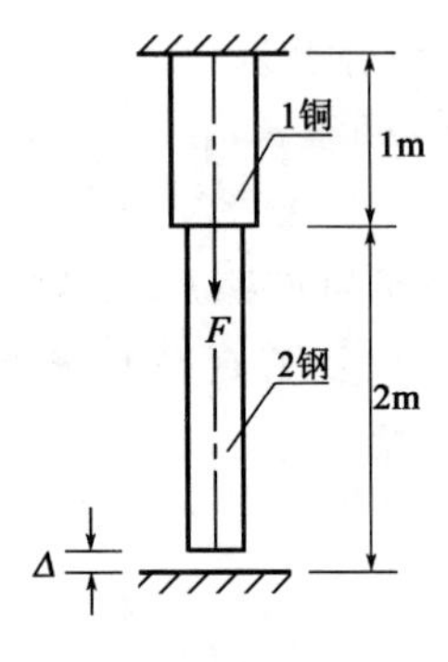

习题 17-16 图

（1）F 为多大时空隙消失；

（2）当 $F=500\text{kN}$ 时，各段内的应力；

（3）当 $F=500\text{kN}$ 且温度再上升 20℃ 时，各段内的应力。

17-17　如图所示销钉连接。已知 $F=100\text{kN}$，销钉的直径 $d=30\text{mm}$，材料的许用切应力 $[\tau]=60\text{MPa}$。试校核销钉的剪切强度，若强度不够，应改用多大直径的销钉。

17-18　如图所示凸缘联轴节传递的力偶矩为 $m=200\text{N}\cdot\text{m}$，凸缘之间用 4 个对称分布在 $D_0=80\text{mm}$ 圆周上的螺栓连接，螺栓的内径 $d=10\text{mm}$，螺栓材料的许用切应力 $[\tau]=60\text{MPa}$。试校核螺栓的剪切强度。

17-19　木榫接头如图所示，已知：$b=12\text{cm}$，$l=35\text{cm}$，$a=4.5\text{cm}$，$F=40\text{kN}$，试求接头的切应力和挤压应力。

17-20　如图所示螺栓接头，已知 $F=40\text{kN}$，螺栓的许用切应力 $[\tau]=130\text{MPa}$，许用挤压应力 $[\sigma_{bs}]=300\text{MPa}$。试求螺栓所需的直径 d。

17-21　如图所示两块钢板用螺栓连接，已知 $F=20\text{kN}$，螺栓直径 $d=16\text{mm}$，许用剪应力 $[\tau]=140\text{MPa}$，试校核螺栓的强度。

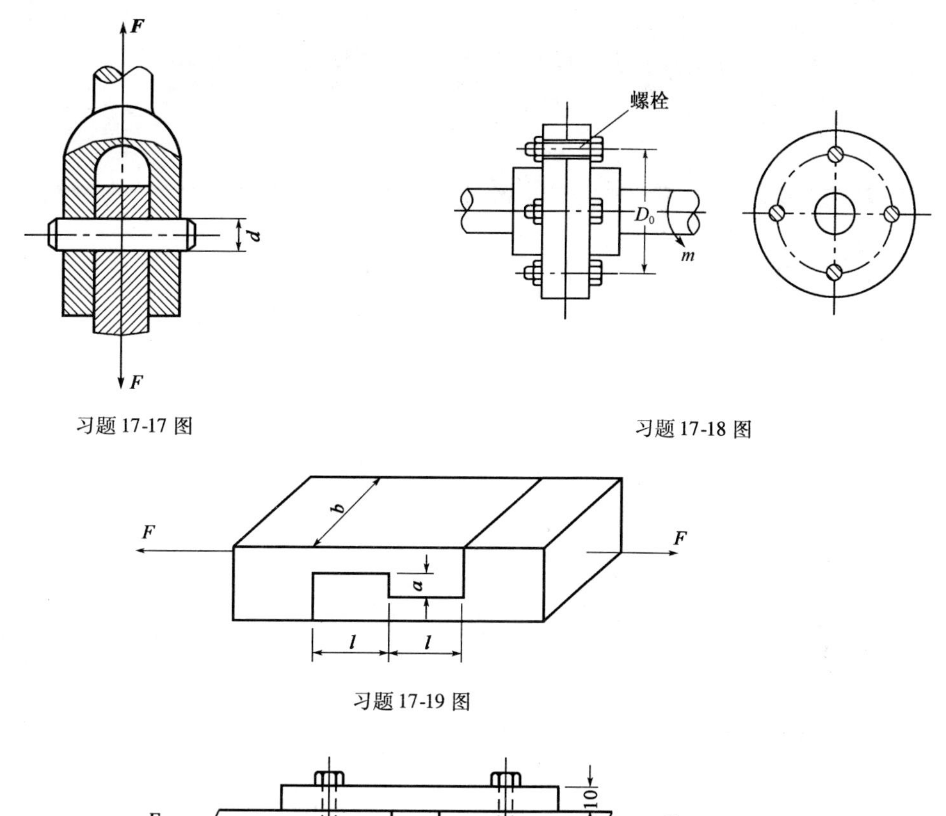

习题 17-17 图

习题 17-18 图

习题 17-19 图

习题 17-20 图

17-22　在图所示铆接头中，已知：$F=24\text{kN}$，$b=100\text{mm}$，$t=10\text{mm}$，$d=17\text{mm}$，钢板的 $[\sigma]=170\text{MPa}$，铆钉的 $[\tau]=140\text{MPa}$，许用挤压应力 $[\sigma_{bs}]=320\text{MPa}$。试校核其强度。

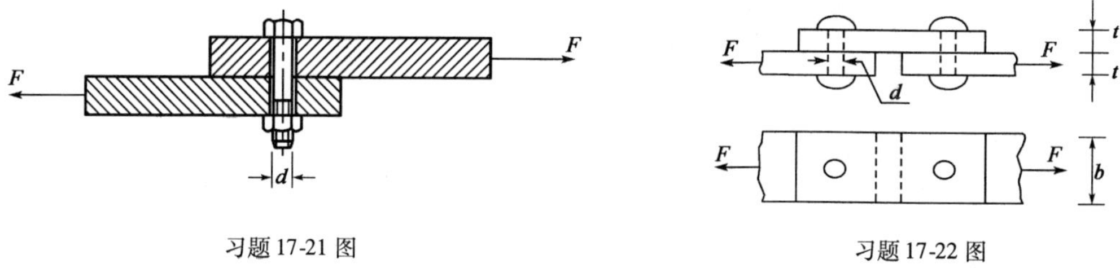

习题 17-21 图

习题 17-22 图

第十八章 扭　　转

本章要点

· 扭转的概念；

· 圆轴扭转切应力、强度条件；

· 圆轴扭转变形、刚度条件；

· 矩形截面杆的扭转简介。

第一节 概　　述

在工程和实际生活中有一类直杆，如拧紧螺母的工具杆[图18-1a)]、钳工攻制螺纹用的丝锥[图18-1b)]、连接汽轮机和发电机的传动轴[图18-1c)]等，它们所受到的外力是作用在垂直于杆件的轴线平面内的力偶，此时，杆件的各横截面将绕轴线发生相对转动，这种变形形式称为扭转，它是杆件的基本变形形式之一。各截面间绕轴线发生相对转动的角度，称为相对扭转角。凡是以扭转变形为主要变形的直杆称为轴。有些构件除扭转外还伴随着其他的主要变形，如机器中的传动轴[图18-1d)]还有弯曲，属于弯曲与扭转的组合变形，将在第二十二章组合变形中讨论。

本章主要讨论圆轴扭转时的应力与变形，并在此基础上，研究其强度与刚度问题。

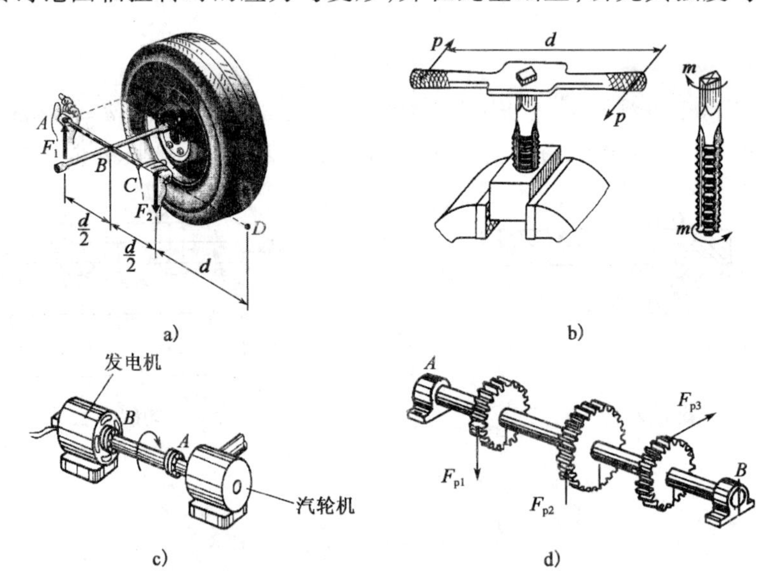

图　18-1

第二节　圆轴扭转切应力及强度条件

一、试验与假设

为了研究圆轴的扭转应力，首先通过试验观察其变形。

取一等截面圆轴，并在其表面等间距地画上纵向线和圆周线[图 18-2a)]，然后在轴两端施加一对大小相等、方向相反的力偶矩，使轴发生扭转变形。从试验中观察到[图 18-2b)]：各圆周线绕轴线相对地旋转了一个角度，但大小、形状和相邻两周线间的距离保持不变；在小变形的情况下，各纵向线仍近似地是一条直线，只是倾斜了一个微小的角度。由此，可作出如下基本假设：圆轴扭转变形前原为平面的横截面，变形后仍保持为平面，形状和大小不变，半径仍保持为直线；且相邻两截面间的距离不变。这就是圆轴扭转的平面假设。

根据上述平面假设，可以分析判断：横截面上没有正应力，只有切应力，且切应力具有旋转对称性——均垂直于圆截面的半径。由此可知，圆轴扭转时横截面上的切应力为$\tau = \tau(\rho)$。

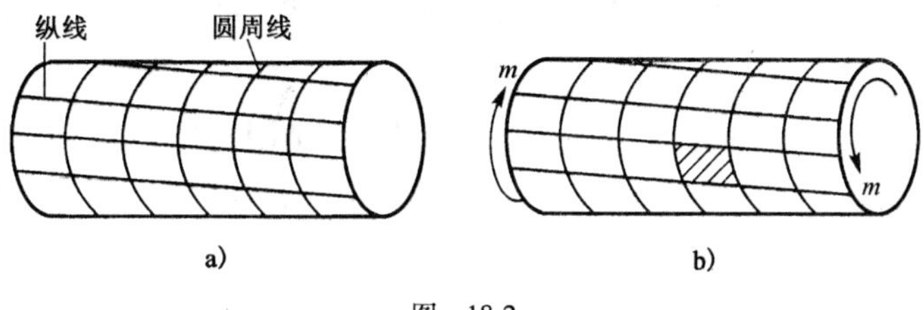

图　18-2

二、横截面上的切应力

为了得到圆轴扭转时横截面上的应力，必须综合考虑几何关系、物理关系和静力学关系三方面。

1. 几何关系

用相距为 dx 的两个横截面及夹角无限小的两个纵向截面，从受扭圆轴内切取一楔形体 O_1ABCDO_2 来分析[图 18-3a)]。

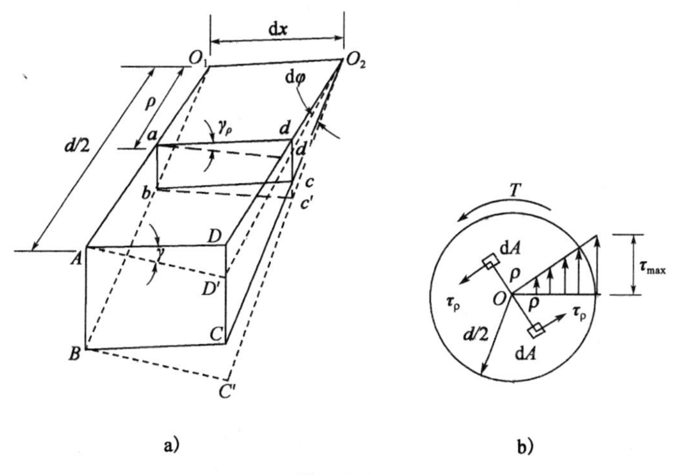

图　18-3

根据平面假设,楔形体的变形如图中虚线所示,表面的矩形 $ABCD$ 变形为平行四边形 $ABC'D'$,距轴线 ρ 的任一矩形 $abcd$ 变为平行四边形 $abc'd'$,即均在垂直于半径的平面内发生剪切变形。设楔形体左右两端横截面间的相对扭转角为 $\mathrm{d}\varphi$,矩形 $abcd$ 的切应变为 γ_ρ,则由图可知

$$\gamma_\rho \approx \tan\gamma_\rho = \frac{\overline{dd'}}{ad} = \frac{\rho \mathrm{d}\varphi}{\mathrm{d}x}$$

由此得

$$\gamma_\rho = \rho \frac{\mathrm{d}\varphi}{\mathrm{d}x} \tag{a}$$

2. 物理关系

由剪切胡克定律知,在剪切比例极限内,切应力与切应变成正比,所以,横截面上距圆心 ρ 处的切应力为

$$\tau_\rho = G\gamma_\rho = G\rho \frac{\mathrm{d}\varphi}{\mathrm{d}x} \tag{b}$$

这表明圆轴横截面上的切应力沿半径线性分布。又因为 γ_ρ 发生在垂直于半径的平面内,所以 τ_ρ 也与半径垂直[图 18-3b)]。由于 $\frac{\mathrm{d}\varphi}{\mathrm{d}x}$ 未知,所以还不能用式(b)来计算扭转切应力。

3. 静力学关系

在横截面上,距圆心为 ρ 的任意点处,取微面积 $\mathrm{d}A$[图 18-3b)],其上的微内力 $\tau_\rho \mathrm{d}A$ 对圆心的力矩为 $\rho\tau_\rho \mathrm{d}A$,整个横截面上所有内力矩之和构成该截面上的扭矩 T,即

$$T = \int_A \rho\tau_\rho \mathrm{d}A \tag{c}$$

将式(b)代入式(c),得

$$T = G\frac{\mathrm{d}\varphi}{\mathrm{d}x}\int_A \rho^2 \mathrm{d}A = GI_\mathrm{p}\frac{\mathrm{d}\varphi}{\mathrm{d}x}$$

于是得

$$\frac{\mathrm{d}\varphi}{\mathrm{d}x} = \frac{T}{GI_\mathrm{p}} \tag{18-1}$$

这是圆轴扭转变形的基本公式。式中,GI_p 称为圆轴截面扭转刚度。

最后,将式(18-1)代入式(b),得

$$\tau_\rho = \frac{T\rho}{I_\mathrm{p}} \tag{18-2}$$

这是圆轴扭转切应力的一般公式。

从式(18-2)可知,当 ρ 等于横截面的半径 R 时,即在横截面周边上的各点处,切应力将达到最大值,其值为

$$\tau_{\max} = \frac{TR}{I_\mathrm{p}} = \frac{T}{\frac{I_\mathrm{p}}{R}} = \frac{T}{W_\mathrm{p}} \tag{18-3}$$

式中,$W_\mathrm{p} = I_\mathrm{p}/R$ 也是一个仅与截面尺寸有关的量,称为扭转截面系数(或抗扭截面模量)。

对于直径为 d 的实心圆轴,由于 $I_\mathrm{p} = \frac{\pi d^4}{32}$,所以

$$W_\mathrm{p} = \frac{I_\mathrm{p}}{R} = \frac{I_\mathrm{p}}{\frac{d}{2}} = \frac{\pi d^3}{16} \tag{18-4}$$

对于内外径之比为 $\alpha = d/D$ 的空心圆轴，由于 $I_p = \frac{\pi D^4}{32}(1-\alpha^4)$，所以

$$W_p = \frac{I_p}{\frac{D}{2}} = \frac{\pi D^3}{16}(1-\alpha^4) \tag{18-5}$$

必须指出，以上切应力计算公式是以平面假设为前提导出的，而且推导中使用了剪切胡克定律，因此，只适用于符合平面假设的等直圆轴（实心轴或空心轴）在线弹性范围以内的条件。对于横截面沿轴线变化缓慢的圆锥形杆，也可以近似地适用。

三、圆轴扭转时的强度条件

为了保证受扭圆轴能安全正常地工作，其最大工作切应力 τ_{max} 不应超过材料的许用切应力 $[\tau]$，即

$$\tau_{max} \leqslant [\tau] \tag{18-6}$$

式中，许用切应力 $[\tau]$ 是由扭转试验得到的极限切应力 τ_u 除以安全因数 n 而得到的。

对于等直圆轴，最大工作切应力 τ_{max} 发生在最大扭矩 T_{max} 所在横截面上的周边各点处；对于阶梯形圆轴，由于其各段的扭转截面系数 W_p 不同，τ_{max} 就不一定发生在 T_{max} 所在的截面上，这时应同时考虑 T 和 W_p 两个因素来确定。

应用强度条件可以解决强度校核、截面设计和确定许可荷载等三类强度计算问题。

[例 18-1] 图 18-4a) 所示阶梯形圆轴，AB 段为实心部分，直径 $d_1 = 40$mm，BC 段为空心部分，内径 $d = 50$mm，外径 $D = 60$mm。扭转力偶矩为 $m_A = 0.8$kN·m，$m_B = 1.8$kN·m，$m_C = 1$kN·m。已知材料的许用切应力为 $[\tau] = 80$MPa，试校核轴的强度。

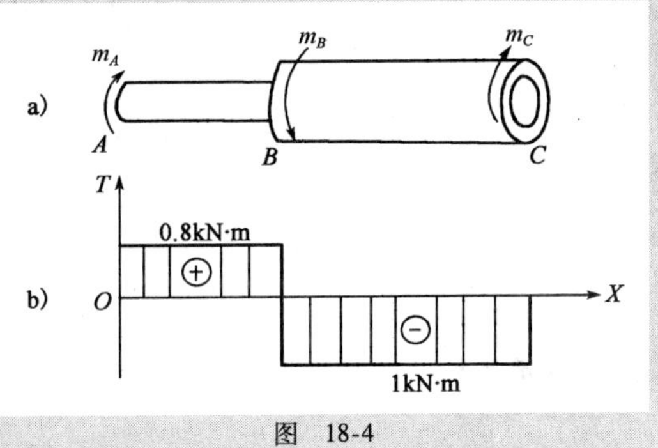

图 18-4

解： 用截面法求出 AB，BC 段的扭矩，并绘出扭矩图如图 18-4b) 所示。

由扭矩图可见，轴 BC 段扭矩比 AB 段大，但两段轴的直径不同，因此须分别校核两段轴的强度。

AB 段：

$$\tau_{max}^{AB} = \frac{T_{AB}}{W_{pAB}} = \frac{0.8 \times 10^3}{\frac{\pi}{16} \times 0.04^3} \times 10^{-6} = 63.7\text{MPa} < [\tau]$$

BC 段：

$$\alpha = \frac{d}{D} = \frac{50}{60} = 0.833$$

$$W_{pBC} = \frac{\pi D^3}{16}(1-\alpha^4) = \frac{\pi \times 0.06^3}{16}(1-0.833^4) = 2.199 \times 10^{-5}\text{m}^3$$

$$\tau_{max}^{BC} = \frac{T_{BC}}{W_{pBC}} = \frac{1 \times 10^3}{2.199 \times 10^{-5}} \times 10^{-6} = 45.5\text{MPa} < [\tau]$$

因此，该轴满足强度条件的要求。

第三节　圆轴扭转变形及刚度条件

一、圆轴扭转变形

圆轴扭转时，其变形可用横截面之间的相对扭转角 φ 表示。在本章第二节中曾导出了单位长度的相对扭转角为

$$\frac{d\varphi}{dx} = \frac{T}{GI_p}$$

由此可以求出相距为 l 的两个横截面之间的相对扭转角为

$$\varphi = \int_l \frac{T}{GI_p} dx \tag{18-7}$$

对于由同一种材料制成的等直圆轴，若两个横截面之间的扭矩 T 为常量，则式(18-7)成为

$$\varphi = \frac{Tl}{GI_p} \tag{18-8}$$

式(18-8)表明，相对扭转角 φ 与 GI_p 成反比，GI_p 称为轴的扭转刚度，它反映了圆轴抵抗扭转变形的能力。φ 的单位为弧度，用 rad 表示。

对于在各段 T 不相同的轴，或 GI_p 不相同的阶梯轴，我们应该分段计算各段的扭转角，然后按照代数相加，得到两端截面的相对扭转角为

$$\varphi = \sum_{i=1}^{n} \frac{T_i l_i}{GI_{pi}} \tag{18-9}$$

其中，T_i 是第 i 段轴横截面上的扭矩；l_i 和 GI_{pi} 分别是第 i 段轴的长度与横截面的扭转刚度。

需要说明的是，上述扭转变形的各计算公式是建立在平面假设和剪切胡克定律基础上的，故只对实心与空心圆轴当变形在线弹性范围内时才成立。

二、刚度条件

工程中许多受扭的圆轴，除了要满足强度条件外，还必须满足刚度条件，即对其变形的大小加以限制。通常是规定轴的单位长度扭转角的最大值 φ'_{max} 不得超过某一规定的允许值 $[\varphi']$，即

$$\varphi'_{max} = \frac{T_{max}}{GI_p} \leqslant [\varphi'] \quad \text{rad/m} \tag{18-10}$$

工程中，习惯把度/米[°/m]作为[φ']的单位，将式(18-10)中的弧度换成度，则有

$$\varphi'_{max} = \frac{T_{max}}{GI_p} \times \frac{180}{\pi} \leqslant [\varphi'] \quad °/\text{m} \tag{18-11}$$

许可单位长度扭转角[φ']的数值，可根据轴的工作条件和机器的精度要求，按实际情况从有关规范和手册中查到。

根据轴的刚度条件，也可以进行 3 种类型的刚度计算，即校核刚度、设计截面和确定许可荷载。

［**例 18-2**］实心和空心的两根圆轴，材料、长度和所受外力偶矩均相同，实心轴直径 d_1，空心轴外径 D_2、内径 d_2，内外径之比 $\alpha = \frac{d_2}{D_2} = 0.8$。若两轴重量相同，试求两轴最大相对扭转角之比。

解：两轴材料、重量和长度相同，则截面积也相同 $A_{实} = A_{空}$，即

$$\frac{\pi}{4}d_1^2 = \frac{\pi}{4}(D_2^2 - d_2^2)$$

可得

$$d_1^2 = D_2^2(1 - \alpha^2) \tag{1}$$

因承受的外力偶矩相同，两轴截面上扭矩也应相等，即

$$T_{实} = T_{空}$$

由式(18-8)知，实心轴和空心轴最大相对扭转角分别为

$$\varphi_1 = \frac{T_{实} l}{GI_{P1}}, \varphi_2 = \frac{T_{空} l}{GI_{P2}}$$

式中，l 为轴的长度。故两轴最大相对扭转角之比

$$\frac{\varphi_1}{\varphi_2} = \frac{I_{P2}}{I_{P1}} = \frac{\frac{\pi}{32}D_2^4(1 - \alpha^4)}{\frac{\pi}{32}d_1^4} = \frac{D_2^4(1 - \alpha^4)}{d_1^4} \tag{2}$$

将式(1)代式(2)，得

$$\frac{\varphi_1}{\varphi_2} = \frac{D_2^4(1 - \alpha^4)}{[D_2^2(1 - \alpha^2)]^2} = \frac{(1 - \alpha^4)}{(1 - \alpha^2)^2} = \frac{(1 + \alpha^2)}{(1 - \alpha^2)} = \frac{(1 + 0.8^2)}{(1 - 0.8^2)} = 4.56$$

可见，空心轴扭转角远小于实心轴的。因此，在两轴重量相同的情况下，采用空心圆轴不仅强度高，而且刚度也优于实心圆轴。

［**例 18-3**］实心圆截面传动轴如图 18-5a)所示，轴的转速 $n = 900\text{r/min}$，主动轮 C 的输入功率为 $P_C = 30\text{kW}$，从动轮 A、B 输出功率分别为 $P_A = 17\text{kW}$，$P_B = 13\text{kW}$，材料的剪切弹性模量 $G = 80\text{GPa}$，许用切应力 $[\tau] = 40\text{MPa}$，许可单位长度扭转角 $[\varphi'] = 1(°/\text{m})$，试设计轴的直径 d。

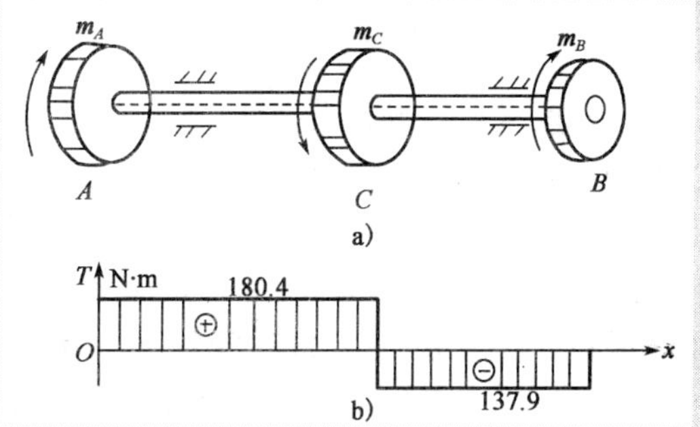

图 18-5

解：(1)计算外力偶矩，并作扭矩图

$$m_A = 9549\frac{P_A}{n} = 9549 \times \frac{17}{900} = 180.4\text{N} \cdot \text{m}$$

$$m_B = 9549\frac{P_B}{n} = 9549 \times \frac{13}{900} = 137.9\text{N} \cdot \text{m}$$

$$m_C = 9549\frac{P_C}{n} = 9549 \times \frac{30}{900} = 318.3\text{N} \cdot \text{m}$$

作出轴的扭矩图如图 18-5b)所示。由图可见，AC 段的扭转最大，其值为

$$T_{max} = 180.4\text{N} \cdot \text{m}$$

(2)按强度条件设计轴的直径

$$\tau_{max}=\frac{T_{max}}{W_p}=\frac{16T_{max}}{\pi d^3}\leqslant[\tau]$$

$$d\geqslant\sqrt[3]{\frac{16T_{max}}{\pi[\tau]}}=\sqrt[3]{\frac{16\times180.4}{\pi\times40\times10^6}}\times10^3=28.5\text{mm}$$

(3)按刚度条件设计轴的直径

$$\varphi'_{max}=\frac{T_{max}}{GI_p}\times\frac{180}{\pi}=\frac{32T_{max}}{G\pi d^4}\times\frac{180}{\pi}\leqslant[\varphi']$$

得

$$d\geqslant\sqrt[4]{\frac{32T_{max}\times180}{G\pi^2[\varphi']}}=\sqrt[4]{\frac{32\times180.4\times180}{80\times10^9\times\pi^2\times1}}\times10^3=33.9\text{mm}$$

可见,控制轴的截面尺寸的是刚度条件,应选取轴的直径 $d=34$mm。

第四节　矩形截面杆的扭转简介

在圆轴扭转中,分析横截面上应力的主要依据是平面假设。但是在研究矩形截面杆扭转时,发现其横截面不再保持为平面,而是变成了曲面(图18-6),这种现象称为翘曲。其他非圆截面杆件在扭转时也都有翘曲现象发生。这表明前面导出的圆轴扭转时横截面上的应力计算公式对矩形截面等非圆截面杆件来说,已均不适用。

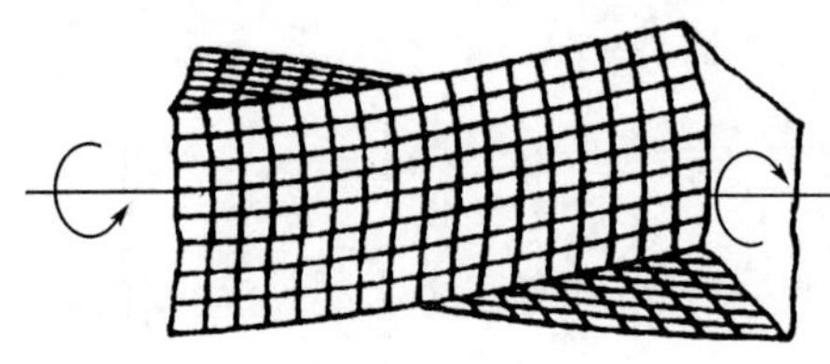

图　18-6

等直非圆截面杆在扭转时横截面虽将发生翘曲,但当等直杆在两端受外力偶作用,且翘曲不受限制时,称为纯扭转或自由扭转。此时杆件各横截面的翘曲程度相同,纵向纤维的长度无变化,故横截面上没有正应力而只有切应力。若杆的两端受到约束而不能自由翘曲,则称为约束扭转,其相邻两横截面的翘面程度不同,将在横截面上引起附加的正应力。对于像工字钢、槽钢等薄壁杆件,由约束扭转引起的正应力往往是相当大的。但对于像矩形截面等实体杆件,因约束扭转而引起的正应力通常很小,可忽略不计。对于非圆截面杆件的扭转问题,只能用弹性力学方法求解,本节仅简单介绍矩形及狭长矩形截面的等直杆在自由扭转时弹性力学解的结果。

弹性力学指出:矩形截面杆扭转时,横截面边缘各点处的切应力均平行于截面周边(图18-7),角点处的切应力为零;最大切应力τ_{max}发生在矩形截面长边的中点处,而短边中点处的切应力τ,也有相当大的数值。

根据弹性力学研究结果,矩形截面杆的扭转切应力τ_{max}和τ_1以及扭转变形分别为

$$\tau_{max}=\frac{T}{W_t}=\frac{T}{\alpha hb^2} \tag{18-12}$$

$$\tau_1=\gamma\tau_{max} \tag{18-13}$$

$$\varphi=\frac{Tl}{GI_t}=\frac{Tl}{G\beta hb^3} \tag{18-14}$$

式中,h 和 b 分别代表矩形截面长边和短边的长度;系数 α,β 及 γ 与比值 h/b 有关,其值见表 18-1。

矩形截面扭转的有关系数 α,β 与 γ 表 18-1

h/b	1.0	1.2	1.5	1.75	2.0	2.5	3.0	4.0	6.0	8.0	10.0	∞
α	0.208	0.219	0.231	0.239	0.246	0.258	0.267	0.282	0.299	0.307	0.313	0.333
β	0.141	0.166	0.196	0.214	0.229	0.249	0.263	0.281	0.299	0.307	0.313	0.333
γ	1.000	0.930	0.858	0.820	0.796	0.767	0.753	0.745	0.743	0.743	0.743	0.743

从表中可以看出,当 $h/b \geqslant 10$ 时,α 与 β 均接近于1/3。所以,对于长为 h,宽为 δ 狭长矩形截面杆,其扭转变形与最大扭转切应力分别为

$$\varphi = \frac{Tl}{G\dfrac{1}{3}h\delta^3} \tag{18-15}$$

$$\tau_{\max} = \frac{T}{\dfrac{1}{3}h\delta^2} \tag{18-16}$$

狭长矩形截面杆的扭转切应力分布如图 18-8 所示。

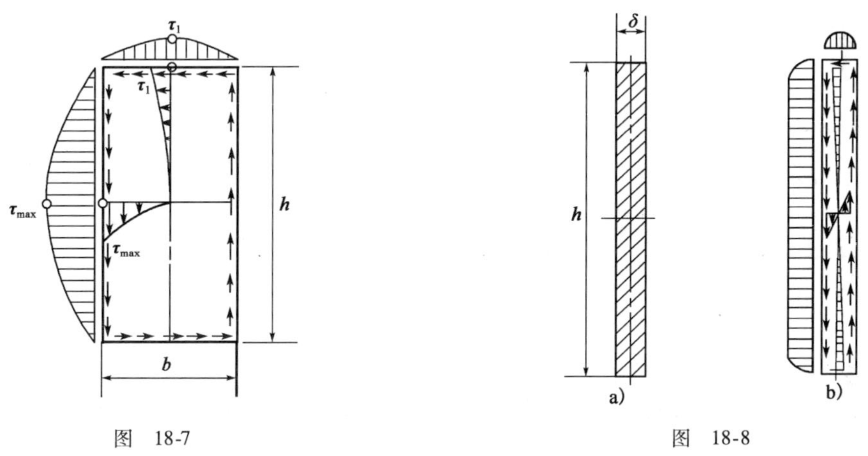

图 18-7　　　图 18-8

思考题

18-1 圆轴扭转时变形几何方程是基于什么得到的?

18-2 推导圆轴扭转切应力公式的基本假设是什么?在推导过程中是怎么应用的?它们为什么不能应用于非圆截面杆的扭转?

18-3 横截面积相同的空心圆轴与实心圆轴,哪一个的强度和刚度较好?工程中一般为什么使用实心轴较多?

18-4 等截面圆轴上同时作用有多个扭力偶矩,则最大扭力偶矩作用的截面是危险截面,此话对否?为什么?

18-5 低碳钢圆试件受扭时,由切应力互等定律可知其每点在纵、横截面上所受的切应力相等。为什么试件总是沿横截面被剪断?

18-6 截面尺寸连续变化的杆或圆轴在轴向拉伸或扭转时,怎样求其伸长量或相对扭转角?

18-7 材料相同的一根空心圆轴(内外径之比为 α)和一根实心圆轴,它们的横截面面积相同,承受的扭矩也相同,试分别比较这两根轴的最大切应力和单位长度扭转角。

18-8 为提高圆轴的抗扭刚度,有人建议采用以下几种做法:(1)采用优质钢代替普通钢;(2)增大轴的直径;(3)用空心轴代替实心轴。试分析哪些做法较为合理。

习 题

18-1 受扭圆轴某截面上的扭矩 $T=20\text{kN}\cdot\text{m}$,$d=100\text{mm}$。试求该截面 a,b,c 三点的切应力,并在图中标出方向。

18-2 如图所示,已知:$m_1=5\text{kN}\cdot\text{m}$,$m_2=3.2\text{kN}\cdot\text{m}$,$m_3=1.8\text{kN}\cdot\text{m}$,$AB$ 段直径 $d_{AB}=80\text{mm}$,BC 段直径 $d_{BC}=50\text{mm}$,求此轴的最大切应力。

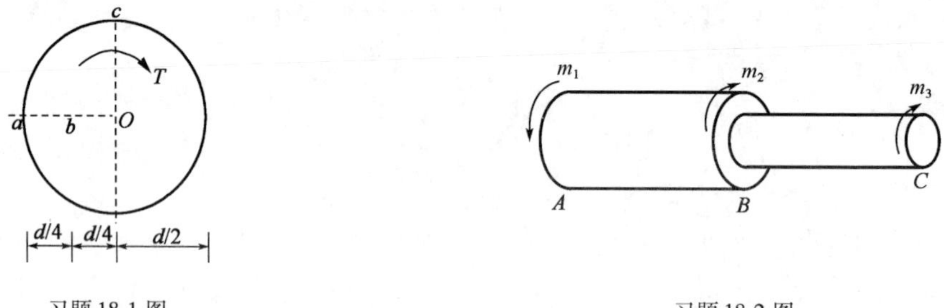

习题 18-1 图

习题 18-2 图

18-3 在图 a)所示圆轴内,用横截面 ABC,DEF 与径向纵截面 $ADFC$ 切出单元体 $ABCDEF$[图 b)],试绘截面 ABC,DEF 与 $ADFC$ 上的应力分布图,并说明该单元体是如何平衡的。

18-4 如图所示受扭的空心钢轴,其外直径 $D=80\text{mm}$,内直径 $d=62.5\text{mm}$,$m=2\text{kN}\cdot\text{m}$,$G=80\text{GPa}$。

(1)试作出横截面上的切应力分布图;

(2)求最大切应力。

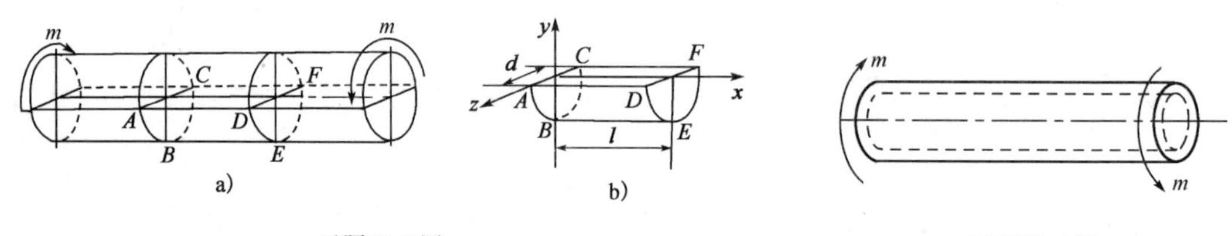

习题 18-3 图

习题 18-4 图

18-5 从直径为 300mm 的实心轴中镗出一个直径为 150mm 的通孔而成为空心轴,问最大切应力增大了百分之几?

18-6 半径为 R 的圆截面承受扭矩 T,导出处于 $R/2$ 与 $3R/4$ 之间的区域内所受扭矩的表达式,用 R 和 τ_{max} 表示结果。

18-7 一直径为 D_1 的实心轴,另一内直径与外直径之比为 $\alpha=d_2/D_2=0.8$ 的空心轴,若两轴横截面上的扭矩相同,且最大切应力相等。试求两轴的直径之比 D_2/D_1。

18-8 图示阶梯形圆轴,AB 段为实心部分,直径 $d_1=40\text{mm}$;BC 段为空心部分,内径 $d=50\text{mm}$,外径 $D=60\text{mm}$。扭力偶矩 $m_A=0.8\text{kN}\cdot\text{m}$,$m_B=1.8\text{kN}\cdot\text{m}$,$m_C=1\text{kN}\cdot\text{m}$。已知材料的许用切应力为$[\tau]=80\text{MPa}$,试校核轴的强度。

18-9 习题 15-3 所示传动轴由电机带动,转速 $n=300\text{r/min}$,轮 1 为主动轮,输入功率 $P_1=50\text{kW}$,轮 2、轮 3 与轮 4 为从动轮,输出功率分别为 $P_2=10\text{kW}$,$P_3=P_4=20\text{kW}$,若许用切

应力[τ] =80MPa,试确定轴径 d。

18-10　图示悬臂圆轴 AB,承受均布外力偶矩 m 的作用,试导出该杆 B 端扭转角 φ 的计算公式。

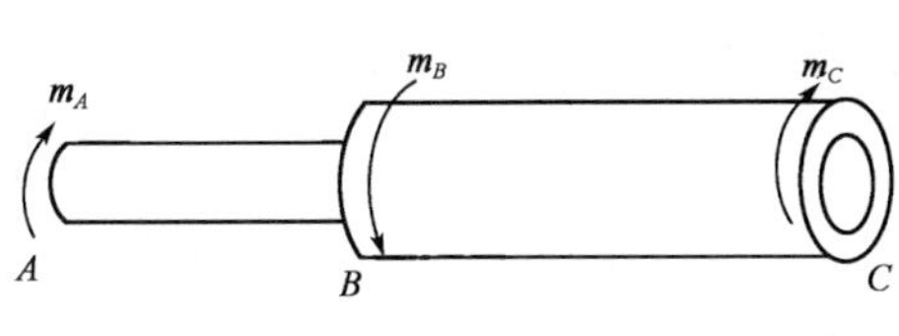

习题 18-8 图

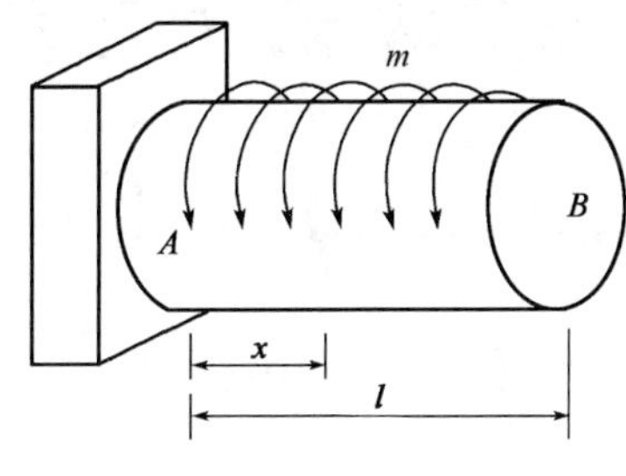

习题 18-10 图

18-11　如图所示圆锥形轴,锥度很小,两端直径分别为 d_1,d_2,长度为 l,试求在图示外力偶矩 m 的作用下,轴的总扭转角。

18-12　一电机轴的直径 d =40mm,转速 n =1400r/min,功率为 30kW,剪切弹性模量 G = 80GPa。试求此轴的最大切应力和单位长度扭转角。

18-13　某圆截面钢轴,转速 n =250r/min,所传功率 P =60kW,许用切应力[τ] =40MPa,单位长度的许用扭转角[θ] =0.8(°)/m,剪切弹性模量 G =80GPa,试确定轴径。

18-14　某汽车传动的万向轴是由无缝钢管制成,内外径分别为 85mm 和 90mm,传递的最大扭矩为 1500N · m。已知许用切应力[τ] =60MPa,单位长度的许用扭转角[θ] =2(°)/m,剪切弹性模量 G =80GPa,试校核此轴的强度与刚度。

18-15　图示为 90mm × 60mm 的矩形截面轴,承受扭力偶矩 m_1 与 m_2 的作用,且 m_1 = $1.6m_2$,已知许用应力[τ] =60MPa,剪切弹性模量 G =80GPa,试求的 m_2 许用值及截面 A 的扭转角。

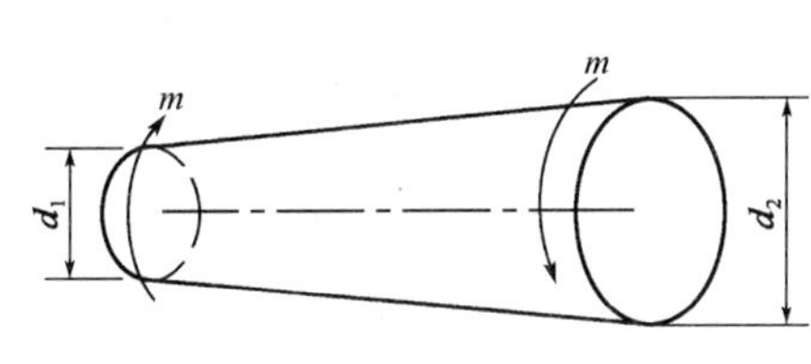

习题 18-11 图

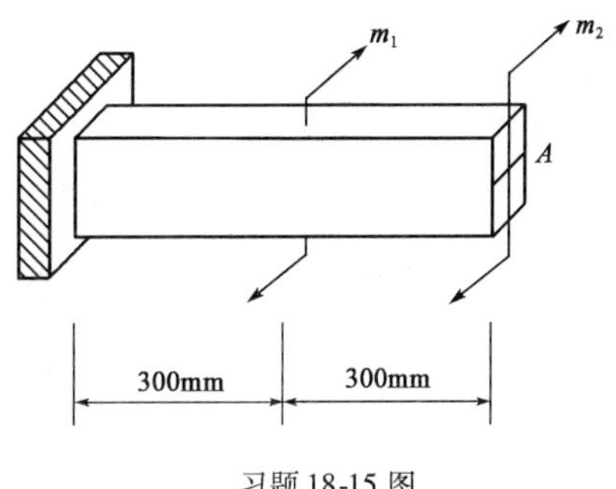

习题 18-15 图

第十九章　弯 曲 应 力

本章要点

- 对称弯曲与平面弯曲的概念；
- 梁的弯曲正应力、正应力强度条件；
- 梁的弯曲切应力、切应力强度条件；
- 梁的合理强度设计；
- 弯曲中心的概念。

第一节　对称弯曲与平面弯曲的概念

杆件在其包含杆轴线的纵向平面内，承受垂直于杆轴线的横向外力（荷载）或外力偶作用时，杆的轴线将由直线变为曲线，这种变形称为弯曲。凡是以弯曲为主要变形的杆件，称为梁。

工程中常用的梁其横截面大都具有纵向对称轴，如圆形、矩形、工字形、T 形及箱形截面梁等，当荷载作用在梁的纵向对称面上时，其轴线将受弯变成纵向对称面内的一条平面曲线，这种弯曲称为对称弯曲。对称弯曲时，由于梁变形后的轴线所在平面与外力作用面重合，因此也称为平面弯曲。平面弯曲是弯曲变形中最简单和最基本的情况，本节将仅讨论直梁的平面弯曲。

一般情况下，梁的横截面上同时存在着弯矩和剪力两种内力。由于弯矩 M 只能由法向微内力 $\sigma \mathrm{d}A$ 合成，剪力 F_S 只能由切向微内力 $\tau \mathrm{d}A$ 合成，因此，梁的横截面上通常同时存在着正应力 σ 和切应力 τ。这种平面弯曲称为横力弯曲（或剪切弯曲）。如果梁的横截面上只有弯矩，而剪力不存在，这时横截面上将只有正应力而无切应力，这种平面弯曲称为纯弯曲。

第二节　梁的弯曲正应力及正应力强度条件

一、纯弯曲时梁横截面上的正应力

研究梁纯弯曲时横截面上的正应力与研究圆轴扭转时的切应力相似，需通过试验观察变形情况，从几何关系、物理关系和静力学关系三方面进行综合分析。

1. 变形几何关系

为便于观察变形现象，采用矩形截面的橡皮梁进行纯弯曲试验。实验前，在梁的侧面上画一些水平的纵向线和与纵向线相垂直的横向线[图 19-1a)]，然后在梁两端纵向对称面内施加一对方向相反、力偶矩均为 M 的力偶，使梁发生纯弯曲变形[图 19-1b)]。从试验中观察到：

(1)变形前互相平行的纵向直线，变形后均变为圆弧线，且靠近梁顶面的纵向线缩短，而靠近梁底面的纵向线伸长；

(2)变形前垂直于纵向线的横向线变形后仍为直线，且仍与纵向曲线正交，只是相对转过了一个角度。

根据上述变形现象，可对梁内变形做出如下假设：梁弯曲变形后，其横截面仍保持为平面，且仍与纵向曲线正交，称为平面假设。

根据平面假设，梁弯曲时，顶部“纤维”缩短，底部“纤维”伸长，由缩短区到伸长区，其间必存在一长度不变的过渡层，称为中性层。中性层与横截面的交线称为中性轴(图 19-2)。由于梁的变形对称于纵向对称面，因此，中性轴 z 轴必垂直于横截面的纵向对称轴 y 轴。至于中性轴在横截面上的具体位置尚待确定。

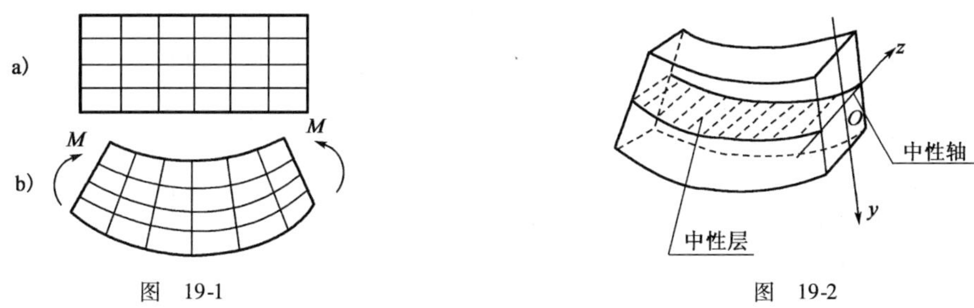

图 19-1　　图 19-2

现在，我们来研究纵向纤维应变的规律。为此，用横截面 m—m 和 n—n 从梁中切取长为 $\mathrm{d}x$ 的一微段，并沿截面纵向对称轴与中性轴分别建立坐标轴 y 轴与 z 轴[图 19-3a)]。梁弯曲后，坐标为 y 的纵向纤维 ab 变为弧线$\widehat{a'b'}$[图 19-3b)]。设两截面的相对转角为 $\mathrm{d}\theta$，中性层的曲率半径为 ρ，则纵向纤维 ab 的线应变为

$$\varepsilon = \frac{\widehat{a'b'} - ab}{ab} = \frac{(\rho + y)\mathrm{d}\theta - \rho\mathrm{d}\theta}{\rho\mathrm{d}\theta} = \frac{y}{\rho} \tag{a}$$

式(a)表明，纵向纤维的线应变与它到中性层的距离 y 成正比，而与 z 无关。这也表明，距中性轴等距离各点处的线应变完全相同。

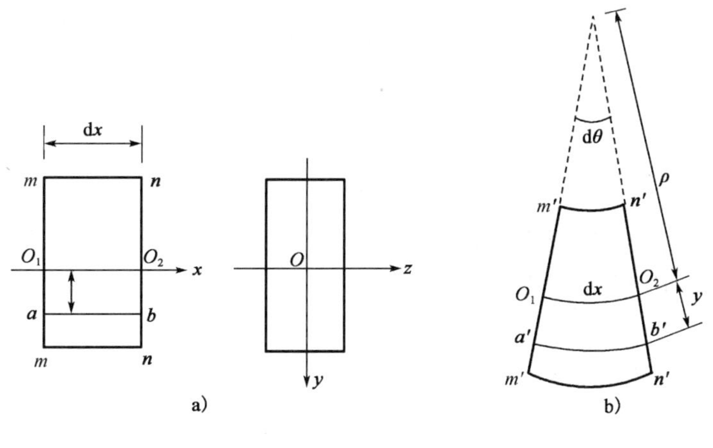

图 19-3

2. 物理关系

假设梁在纯弯曲时各纵向纤维之间互不挤压(称为单向受力假设)，则每根纵向纤维的受力类似于轴向拉伸(或压缩)的情况。当正应力不超过材料的比例极限时，应满足胡克定

律，即

$$\sigma = E\varepsilon = E\frac{y}{\rho} \tag{b}$$

可见，正应力沿截面高度呈线性分布，而沿截面宽度为均匀分布，中性轴上各点处的正应力均为零。

3. 静力学关系

根据以上分析得到了正应力分布规律的公式(b)，但由于在该式中中性层的曲率半径 ρ 以及中性轴的位置还不知道，故还不能由式(b)计算正应力。这些问题必须利用静力学关系才能解决。

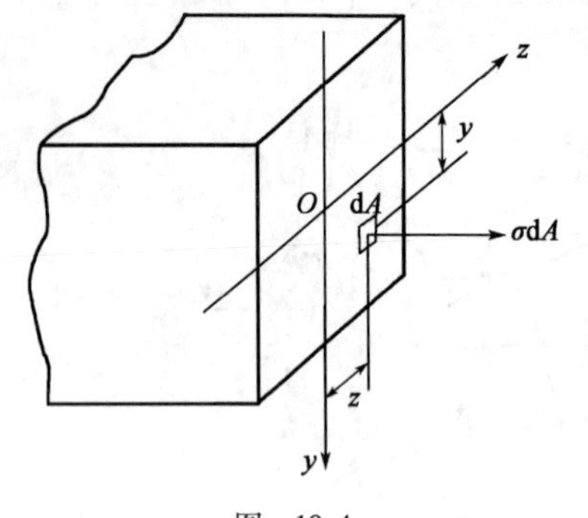

图 19-4

纯弯曲时，横截面上各点处的法向内力元素 σdA 构成了空间平行力系，它们应满足如下的静力平衡条件(图 19-4)

$$F_N = \int_A \sigma dA = 0 \tag{c}$$

$$M_y = \int_A z\sigma dA = 0 \tag{d}$$

$$M_z = \int_A y\sigma dA = M \tag{e}$$

将式(b)代入式(c)，得

$$F_N = \int_A E\frac{y}{\rho}dA = \frac{E}{\rho}\int_A ydA = \frac{E}{\rho}S_z = 0$$

可见，有 $S_z = 0$，这表明中性轴 z 必须过横截面的形心，由此确定了中性轴的位置。

将式(b)代入式(d)，得

$$M_y = \int_A \frac{E}{\rho}yzdA = \frac{E}{\rho}\int_A yzdA = \frac{E}{\rho}I_{yz} = 0$$

由此得到 $I_{yz} = 0$，由于 y 轴是横截面的纵向对称轴，所以该式自然满足。

将式(b)代入式(e)，得

$$M_z = \frac{E}{\rho}\int_A y^2 dA = \frac{E}{\rho}I_z = M$$

由此即可得到中性层曲率 $1/\rho$ 的表达式

$$\frac{1}{\rho} = \frac{M}{EI_z} \tag{19-1}$$

式(19-1)是研究弯曲变形的一个基本公式。从该式可知，在相同弯矩作用下，EI_z 越大，则梁的弯曲程度就越小，所以，将 EI_z 称为梁截面弯曲刚度(或抗弯刚度)。

将式(19-1)代入式(b)，得

$$\sigma = \frac{My}{I_z} \tag{19-2}$$

这就是等直梁在纯弯曲时横截面上任一点的正应力计算公式。式中，M 为横截面上的弯矩；y 为所求正应力点到中性轴的距离，I_z 为横截面对中性轴的惯性矩。

由式(19-2)可知，当 $y = y_{max}$ 时，即在横截面上离中性轴最远的各点处，弯曲正应力最大，其值为

$$\sigma_{max} = \frac{My_{max}}{I_z}$$

令

$$W_z = \frac{I_z}{y_{max}}$$

则

$$\sigma_{max} = \frac{M}{W_z} \tag{19-3}$$

式中，W_z 是一个仅与截面形状和尺寸有关的量，称为弯曲截面系数（或抗弯截面模量），其单位为 m^3。

对于高为 h，宽为 b 的矩形截面，其弯曲截面系数为

$$W_z = \frac{I_z}{y_{max}} = \frac{\frac{1}{12}bh^3}{\frac{1}{2}h} = \frac{bh^2}{6}$$

对于直径为 d 的圆形截面，其弯曲截面系数为

$$W_z = \frac{I_z}{y_{max}} = \frac{\frac{\pi d^4}{64}}{\frac{d}{2}} = \frac{\pi d^3}{32}$$

对于内、外径之比为 $\alpha = d/D$ 的空心圆截面，其弯曲截面系数为

$$W_z = \frac{I_z}{y_{max}} = \frac{\frac{\pi D^4}{64}(1-\alpha^4)}{\frac{D}{2}} = \frac{\pi D^3}{32}(1-\alpha^4)$$

各种型钢的弯曲截面系数可从附录中查出。

当梁弯曲时，横截面上既有拉应力也有压应力。对于中性轴为对称轴的横截面，如矩形、圆形、工字型等截面，其最大拉应力和最大压应力在数值上相等，可用公式（19-3）求得。对于中性轴不是对称轴的横截面，例如T字形截面，其最大拉应力与最大压应力在数值上不相等，这时应分别以横截面上受拉和受压部分距中性轴最远的距离 y_{tmax} 和 y_{cmax} 代入公式（19-2），以求得相应的最大应力。

二、横力弯曲时梁横截面上的正应力

横力弯曲时，梁的横截面上既有正应力，又有切应力。由于切应力的存在，梁的横截面将不再保持为平面，此外，在与中性层平行的纵截面上，还有由横向力引起的挤压应力。因此，梁在纯弯曲时所做的平面假设和单向受力假设都不能成立。但实验和理论分析表明，当梁的跨长 l 与截面高度 h 之比 $l/h \geqslant 5$ 时（称为细长梁），剪力对弯曲正应力分布规律的影响甚小，纯弯曲时的正应力公式可以用于横力弯曲时正应力的计算，其误差很小，足以满足工程上的精度要求。而且梁的跨高比 l/h 越大，其误差越小。

等直梁横力弯曲时，最大正应力发生在弯矩最大的横截面上，其值为

$$\sigma_{max} = \frac{M_{max}}{W_z} \tag{19-4}$$

三、梁的正应力强度条件

等直梁的最大弯曲正应力一般发生在弯矩最大的横截面上离中性轴最远的各点处。而该处的切应力一般为零或很小(参见下节),因而最大弯曲正应力作用点可以看作处于单向受力状态,于是可以仿效轴向拉压杆的强度条件来建立梁的正应力强度条件

$$\sigma_{max}=\frac{M_{max}}{W_z}\leqslant[\sigma] \tag{19-5}$$

即要求梁内的最大弯曲正应力不超过材料在单向受拉压时的许用应力$[\sigma]$。

式(19-5)仅适用于许用拉应力$[\sigma_t]$与许用压应力$[\sigma_c]$相同的梁。如果二者不同,例如,铸铁等脆性材料的许用拉应力小于许用压应力,则应分别求出其最大工作拉应力与压应力,按式(19-6)进行强度计算

$$\sigma_{tmax}\leqslant[\sigma_t],\quad \sigma_{cmax}\leqslant[\sigma_c] \tag{19-6}$$

利用梁的正应力强度条件式(19-5),可以进行以下3种类型的强度计算。

(1)校核强度:$\sigma_{tmax}\leqslant[\sigma]$。

(2)设计截面:对于等直梁,强度条件可改写为

$$W_z\geqslant\frac{M_{max}}{[\sigma]}$$

利用上式求出W_z,然后根据W_z与截面尺寸间的关系,即可求出截面的尺寸。

(3)确定许可荷载:对等直梁,强度条件改写为

$$M_{max}\leqslant W_z[\sigma]$$

由上式求出M_{max}后,再利用M_{max}与外荷载间的关系即可设计出梁中的许可荷载。

[例19-1]图19-5a)所示简支梁由56a号工字钢制成,其截面简化后的尺寸如图19-5b)所示,试求梁危险截面上的最大正应力及同一截面上翼缘与腹板交界处K点的正应力σ_K。

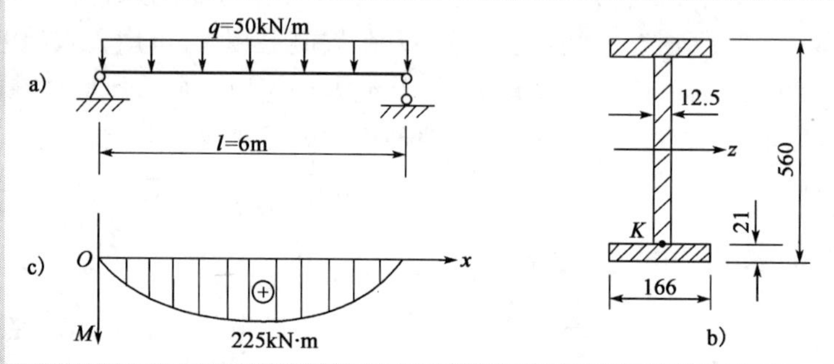

图 19-5

解:首先作梁的弯矩图如图19-5c)所示。可见跨中截面为危险截面,最大弯矩值为

$$M_{max}=225\text{kN}\cdot\text{m}$$

利用附录型钢表查得,56a号工字钢截面的$W_z=2342\text{cm}^3$和$I_z=65586\text{cm}^4$。危险截面上的最大正应力为

$$\sigma_{max}=\frac{M_{max}}{W_z}=\frac{225\times10^3}{2342\times10^{-6}}\times10^{-6}=96.07\text{MPa}$$

危险截面上 K 点处的正应力为

$$\sigma_K = \frac{M_{\max} y_K}{I_z} = \frac{225 \times 10^3 \times \left(\dfrac{0.56}{2} - 0.021\right)}{65586 \times 10^{-8}} \times 10^{-6} = 88.85\text{MPa}$$

注意到横截面上的正应力沿高度呈线性分布，且中性轴上的正应力为零，因此 σ_K 也可按比例求得：$\sigma_K = \dfrac{y_K}{y_{\max}}\sigma_{\max} = \dfrac{\left(\dfrac{0.56}{2} - 0.021\right)}{\dfrac{0.56}{2}} \times 96.07 = 88.85\text{MPa}$

[例 19-2] T 字形截面的铸铁梁如图 19-6a)、b) 所示。已知截面形心 C 点的坐标 $y_1 = 80\text{mm}$，$y_2 = 160\text{mm}$，截面对中性轴 z 的惯性矩 $I_z = 8533\text{cm}^4$，铸铁的许用拉应力为 $[\sigma_t] = 30\text{MPa}$，许用压应力为 $[\sigma_c] = 90\text{MPa}$。试校核梁的正应力强度。

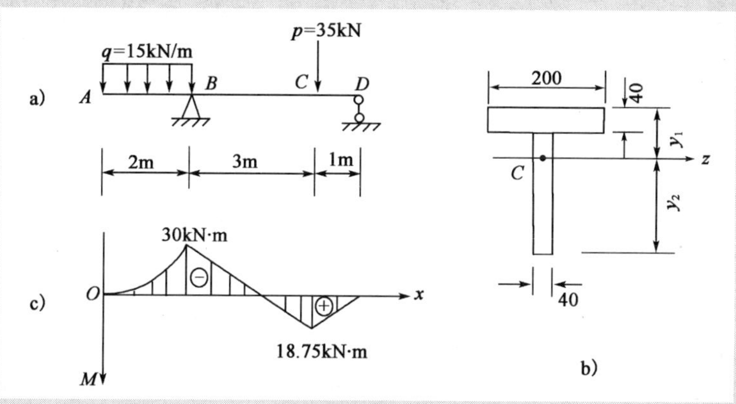

图 19-6

解：作梁的弯矩图如图 19-6c) 所示。最大正弯矩在截面 C 上，$M_C = 18.75\text{kN} \cdot \text{m}$。最大负弯矩在截面 B 上，$M_B = -30\text{kN} \cdot \text{m}$。

因铸铁材料的抗拉与抗压性能不同，且截面关于中性轴不对称，所以需对最大拉应力与最大压应力分别进行校核。

(1) 校核拉应力

首先分析最大拉应力 σ_{tmax} 所在的位置。

在最大正弯矩的截面 C 上，σ_{tmax} 发生在截面的下边缘，其值为

$$\sigma_{\text{tmax}}^C = \frac{M_C y_2}{I_z}$$

在最大负弯矩的截面 B 上，σ_{tmax} 发生在截面的上边缘，其值为

$$\sigma_{\text{tmax}}^B = \frac{M_B y_1}{I_z}$$

在以上二式中，$M_B > M_C$，而 $y_1 < y_2$（均指绝对值），应比较 $M_C y_2$ 与 $M_B y_1$

$$M_C y_2 = 18.75 \times 10^3 \times 160 \times 10^{-3} = 3000\text{N} \cdot \text{m}^2$$

$$M_B y_1 = 30 \times 10^3 \times 80 \times 10^{-3} = 2400\text{N} \cdot \text{m}^2$$

可见，$M_C y_2 > M_B y_1$，故最大拉应力发生在截面 C 上，其值为

$$\sigma_{\mathrm{tmax}} = \frac{M_C y_2}{I_z} = \frac{3000}{8533 \times 10^{-8}} \times 10^{-6} = 35.16\mathrm{MPa} > [\sigma_t]$$

(2)校核压应力

也需要先分析最大压应力 σ_{cmax} 所在截面位置。截面 C 上的最大压应力发生在上边缘，截面 B 上的最大压应力发生在下边缘，因 M_B 与 y_2 分别大于 M_C 与 y_1，所以，梁中的最大压应力一定发生在截面 B 上，其值为

$$\sigma_{\mathrm{cmax}} = \frac{M_B y_2}{I_z} = \frac{30 \times 10^3 \times 160 \times 10^{-3}}{8533 \times 10^{-8}} \times 10^{-6} = 56.25\mathrm{MPa} < [\sigma_c]$$

可见，该梁满足压应力强度条件，但不满足拉应力强度条件。

第三节　梁的弯曲切应力及切应力强度条件

梁在横力弯曲时，横截面上同时存在弯曲正应力和弯曲切应力。弯曲正应力已在上节中研究过，现在来介绍几种常见截面梁的弯曲切应力计算公式。

一、矩形截面梁

关于矩形截面梁弯曲切应力的分布情况，通常采用以下两条基本假设：

(1)横截面上各点处的切应力均平行于侧边，且与该截面上剪力方向一致。

(2)切应力沿截面宽度均匀分布，即距中性轴等距离各点处的切应力相等。

由弹性力学可知，对于高度大于宽度的矩形截面梁，以上两条假设是足够准确的。在这两条假设的前提下，切应力的研究大为简化，仅通过静力平衡条件即可导出切应力公式。

现考察一宽度为 b，高度为 h，且 $h > b$ 的矩形截面梁。设在梁的纵向对称面内承受任意荷载作用而使梁发生横力弯曲。首先用相距 $\mathrm{d}x$ 的两个横截面 m—m 和 n—n 从梁中截取一微段，如图 19-7a）所示，再用一距中性层距离为 y 的纵截面 ab 将该微段的下部切出，如图 19-7b）所示。设横截面上距中性轴为 y 处的切应力为 $\tau(y)$，则由切应力互等定理可知，纵截面 ab 上的切应力 τ' 在数值上也等于 $\tau(y)$。因此，若能确定 τ'，则 $\tau(y)$ 也随之确定。

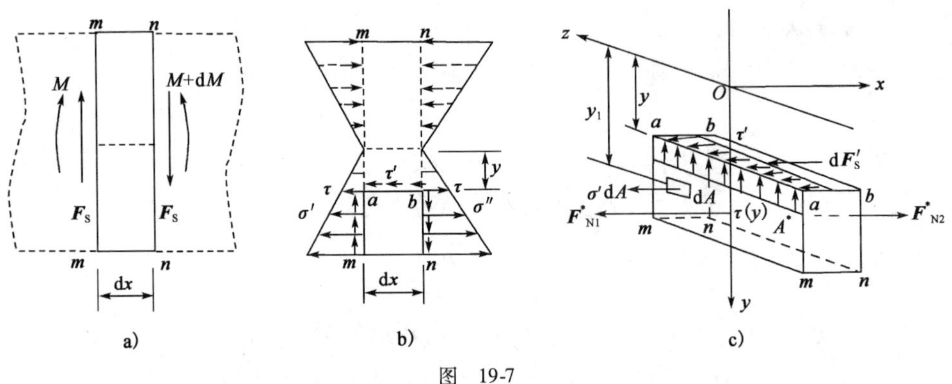

图　19-7

如图 19-7a）所示，设微段梁左侧截面 m—m 上的剪力和弯矩分别为 F_S 和 M，因微段梁上没有横向荷载，所以微段梁右侧截面 n—n 上的剪力和弯矩分别为 F_S 和 $M + \mathrm{d}M$。微段梁上的

应力分布情况如图 19-7b)所示。设微段梁下部横截面 am 和 bn 的面积为 A^*，在该二截面上与弯曲正应力所对应的分布内力构成的轴向合力分别为 F_{N1}^* 和 F_{N2}^*，在纵向截面 ab 上与切应力τ'所对应的分布内力构成的合力为 dF_S'。则有

$$F_{N1}^* = \int_{A^*}\sigma'(y_1)dA = \int_{A^*}\frac{My_1}{I_z}dA = \frac{M}{I_z}\int_{A^*}y_1 dA = \frac{M}{I_z}S_z^* \tag{a}$$

$$F_{N2}^* = \int_{A^*}\sigma''(y_1)dA = \int_{A^*}\frac{(M+dM)y_1}{I_z}dA = \frac{M+dM}{I_z}S_z^* \tag{b}$$

$$dF_S' = \tau' b dx \tag{c}$$

式中，$S_z^* = \int_{A^*}y_1 dA$ 表示横截面下部 am 对中性轴 z 的静矩；I_z 表示整个横截面对 z 轴的惯性矩。

由微段下部的轴向平衡方程 $\sum F_x = 0$，可得

$$F_{N2}^* - F_{N1}^* - dF_S' = 0 \tag{d}$$

将式(a)、(b)、(c)代入式(d)，并考虑$\frac{dM}{dx} = F_S$，则得到

$$\tau' = \frac{F_S S_z^*}{bI_z}$$

由切应力互等定理$\tau = \tau'$，故有

$$\tau = \frac{F_S S_z^*}{bI_z} \tag{19-7}$$

式(19-7)即为矩形截面梁的弯曲切应力计算公式。式中的 F_S，I_z 和 b 对某一横截面而言均为常量，因此，横截面上的切应力τ沿截面高度(即随坐标 y)的变化情况，由部分面积 A^* 与坐标 y 之间的关系所反映。在计算 $S_z^* = \int_{A^*}y_1 dA$ 时，可以取 $dA = bdy_1$，由图 19-8a)可得

$$S_z^* = \int_y^{h/2} y_1 b dy_1 = \frac{b}{2}\left(\frac{h^2}{4} - y^2\right)$$

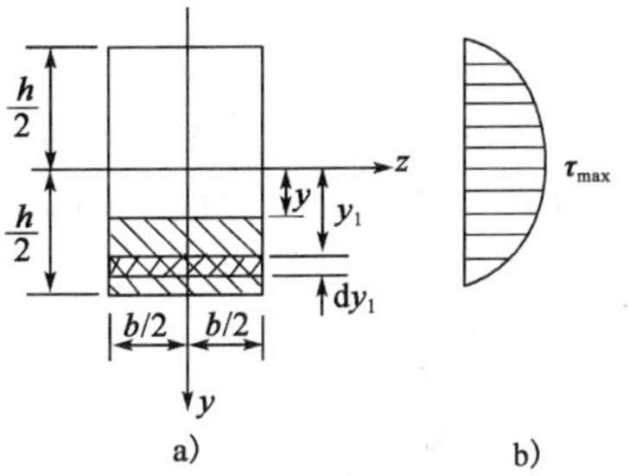

图 19-8

代入式(19-7)，即得

$$\tau = \frac{F_S}{2I_z}\left(\frac{h^2}{4} - y^2\right) \tag{e}$$

可见，τ沿截面高度成二次抛物线分布，如图 19-8b)所示。当 $y = \pm\frac{h}{2}$时，即在横截面的上、下边缘处，切应力$\tau = 0$；在中性轴处($y = 0$)，切应力最大，其值为

$$\tau_{max} = \frac{3}{2}\frac{F_S}{bh} \tag{19-8}$$

式中，$A = bh$，为矩形截面的面积。这表明矩形截面上的最大切应力为截面上平均切应力的1.5倍。

二、工字形截面梁

工字形截面是由上、下翼缘及中间腹板组成的，腹板和翼缘上均存在着切应力，下面将分别进行讨论。

1. 腹板上的切应力

由于腹板是狭长矩形,完全可以采用前述关于矩形截面梁的两条假设。于是可以从式(19-7)直接求得

$$\tau = \frac{F_S S_z^*}{I_z d} \tag{19-9}$$

式中,F_S 为截面上的剪力;d 为腹板厚度;I_z 为工字形截面对中性轴 z 的惯性矩;S_z^* 为距中性轴 z 距离为 y 的横线以外部分的横截面面积 A^*[图 19-9a)所示阴影线面积]对中性轴 z 的静矩。

切应力沿腹板高度的分布规律如图 19-9a)所示,仍是按抛物线规律分布,最大切应力τ_{max}仍发生在截面的中性轴上,但最大切应力与最小切应力相差不大。

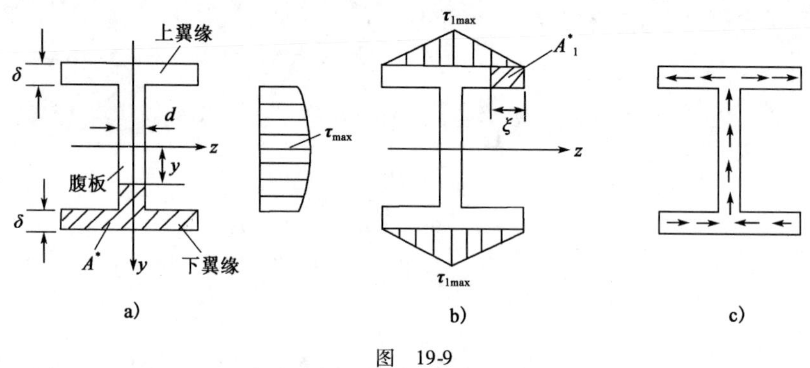

图 19-9

2. 翼缘上的切应力

翼缘上切应力情况比较复杂,既存在竖向切应力(分量),又存在水平切应力(分量)。

其中竖向切应力很小(远小于腹板上的切应力),分布情况又很复杂,故一般不予考虑。而水平切应力通常假定沿翼缘厚度 δ 均匀分布,于是可经过与矩形截面梁切应力公式相似的推导过程得到

$$\tau_1 = \frac{F_S S_z^*}{I_z \delta} \tag{19-10}$$

式中,F_S 为横截面上的剪力;δ 为翼缘的厚度;I_z 为横截面对中性轴 z 的惯性矩;S_z^* 为翼缘上欲求应力点到翼缘边缘间的面积 A_1^*[图 19-9b)中画阴影线的面积]对中性轴 z 的静矩。显然,S_z^* 是翼缘上点的位置坐标 ξ 的线性函数。所以τ_1 沿翼缘长度方向呈线性分布,如图 19-9b)所示。其最大值τ_{max}也比腹板上的最小切应力小得多,所以在一般情况下可不必计算。

至于水平切应力的方向,可仿照矩形截面切应力的推导过程,由脱离体的平衡条件[参照图 19-7c)],先确定纵向截面上切应力τ_1'的方向,再由切应力互等定理确定横截面翼缘上切应力τ_1 的方向。当横截面上剪力 F_S 方向竖直向上时,工字形截面腹板和翼缘上切应力方向如图 19-9c)所示,它们组成所谓"切应力流",即截面上各点切应力的方向像水管中的干管与支管中的水流方向一样。

对于所有开口薄壁截面,其横截面上的切应力方向均符合"切应力流"的规律。

三、其他形状截面梁

1. 槽形截面梁

槽形截面梁腹板和翼缘上切应力的计算公式与工字形截面梁腹板和翼缘上的切应力计算

公式相同。其分布规律及“切应力流”如图 19-10a）所示（设横截面上剪力 F_S 方向竖直向下）。最大切应力仍发生在截面的中性轴上。

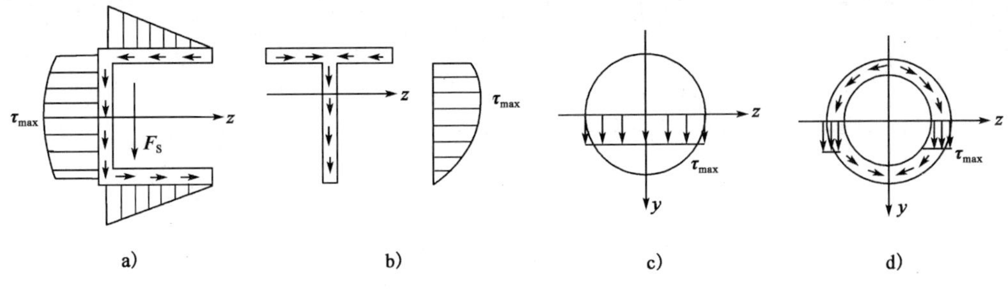

图 19-10

2. T 字形截面梁

T 字形截面可视为由两个狭长矩形组成，下面的狭长矩形与工字形截面的腹板相似，该部分上的切应力仍用公式（19-9）计算。其分布规律及“切应力流”如图 19-10b）所示。最大切应力仍发生在截面的中性轴上。

3. 圆形及薄壁环形截面

圆形与薄壁环形截面其最大竖向切应力也都发生在截面的中性轴上，并且沿中性轴均匀分布，其值也可按公式（19-9）计算，最终计算结果分别为

圆形截面

$$\tau_{max} = \frac{4}{3}\frac{F_S}{A_1} \tag{19-11}$$

薄壁环形截面

$$\tau_{max} = 2\frac{F_S}{A_2} \tag{19-12}$$

式中，F_S 为横截面上的剪力；A_1，A_2 分别为圆形截面和薄壁环形截面的面积。

四、切应力强度条件

等直梁的最大弯曲切应力通常发生在最大剪力作用面的中性轴上各点处，而该处的弯曲正应力均为零。因此，最大弯曲切应力作用点处于纯剪切应力状态，于是可仿效圆轴扭转来建立相应的切应力强度条件

$$\tau_{max} = \frac{F_{Smax}S_{zmax}^{*}}{I_z d} \leqslant [\tau] \tag{19-13}$$

式中，$[\tau]$ 为材料在横力弯曲时的许用切应力，其值在有关设计规范中有具体规定。

在设计梁的截面时，必须同时满足正应力和切应力强度条件。在一般情况下，梁的强度大都由正应力控制，所以通常是按正应力强度选出截面，再按切应力强度校核。工程中按正应力强度设计的截面，切应力强度条件大多可以满足。但是，对于薄壁截面梁与弯矩较小而剪力较大的梁（如短粗梁、集中荷载作用在支座附近的梁等），则不仅应考虑正应力强度条件，而且还应考虑切应力强度条件。还应指出，在某些薄壁梁（如工字形、T 字形截面梁等）的腹板与翼缘交界处，同时存在着较大的弯曲正应力与切应力，这种正应力与切应力共同作用下的强度问题，必须应用本书第二十一章中的强度理论进行讨论。

[**例 19-3**]试求图 19-11a)所示矩形截面外伸梁 1—1 截面上 A,B 两点及 2—2 截面上 C,D 两点的弯曲正应力和切应力。

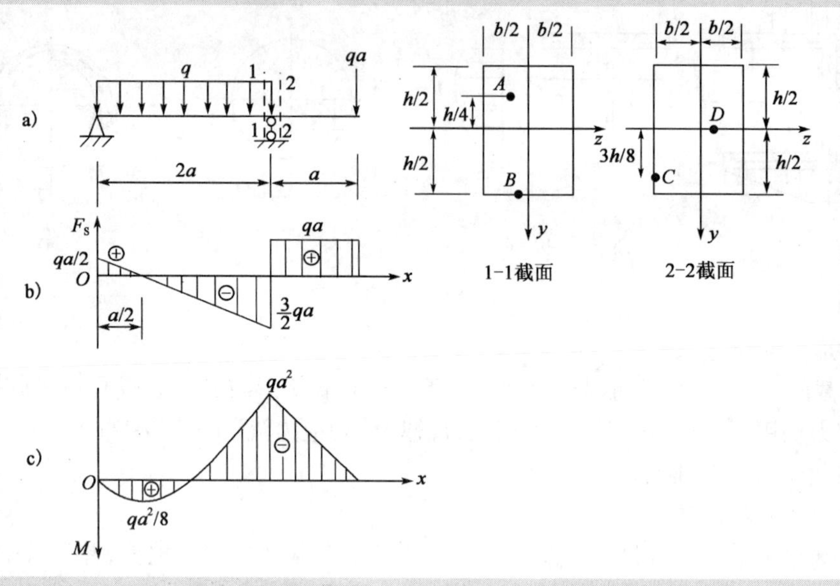

图 19-11

解:首先作梁的剪力图与弯矩图分别如图 19-11b)、c)所示。可见,在 1—1 截面上,$F_{S1}=-\frac{3}{2}qa, M_1=-qa^2$。在 2—2 截面上,$F_{S2}=qa, M_2=-qa^2$。

下面应用公式(19-2)及式(19-7)来分别计算 A,B,C,D 四点的弯曲正应力及切应力。公式中,$I_z=\frac{bh^3}{12}$。

A 点

$$y_A=-\frac{h}{4}$$

$$S_{zA}^*=b\left(\frac{h}{4}\right)\left(\frac{3}{8}h\right)=\frac{3}{32}bh^2$$

$$\sigma_A=\frac{M_1y_A}{I_z}=\frac{(-qa^2)\left(-\frac{h}{4}\right)}{\frac{bh^3}{12}}=\frac{3qa^2}{bh^2}\quad(\text{拉应力})$$

$$\tau_A=\frac{F_{S1}S_{zA}^*}{bI_z}=\frac{\left(-\frac{3}{2}qa\right)\left(\frac{3}{32}bh^2\right)}{b\left(\frac{bh^3}{12}\right)}=-\frac{27qa}{16bh}$$

B 点

$$y_B=\frac{h}{2}$$

$$S_{zB}^*=0$$

$$\sigma_B=\frac{M_1y_B}{I_z}=\frac{(-qa^2)\left(\frac{h}{2}\right)}{\frac{bh^3}{12}}=-\frac{6qa^2}{bh^2}\quad(\text{压应力})$$

$$\tau_B = \frac{F_{S2}S_{zB}^*}{bI_z} = 0$$

C 点
$$y_C = \frac{3h}{8}$$

$$S_{zC}^* = b\left(\frac{h}{8}\right)\left(\frac{7}{16}h\right) = \frac{7}{128}bh^2$$

$$\sigma_C = \frac{M_2 y_C}{I_z} = \frac{(-qa^2)\left(\frac{3h}{8}\right)}{\frac{bh^3}{12}} = -\frac{9qa^2}{2bh^2} \quad （压应力）$$

$$\tau_C = \frac{F_{S2}S_{zC}^*}{bI_z} = \frac{qa\left(\frac{7}{128}bh^2\right)}{b\left(\frac{bh^3}{12}\right)} = \frac{21qa}{32bh}$$

D 点
$$\sigma_D = 0$$

$$\tau_D = \frac{3}{2}\frac{F_{S2}}{bh} = \frac{3qa}{2bh}$$

注意，在计算弯曲正应力时，弯矩 M 及所求应力点的坐标 y 都可直接取绝对值进行计算，然后根据弯矩的正负号来直接判断该点的正应力是拉应力还是压应力。例如，当弯矩为正值时，中性轴以下部分的点受拉，以上部分的点则受压。在计算弯曲切应力时，剪力 F_S 也可取绝对值进行计算，切应力的方向与该截面上剪力的方向相同。

[例 19-4] 一工字形截面的外伸钢梁受力如图 19-12a）所示。已知 $l=6\text{m}$，$F=30\text{kN}$，$q=6\text{kN/m}$，材料的许用应力 $[\sigma]=170\text{MPa}$，$[\tau]=100\text{MPa}$，工字钢的型号为 22a。试校核梁的强度。

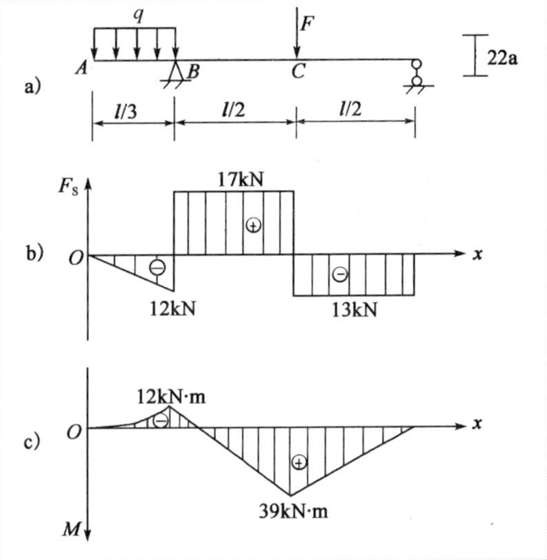

图 19-12

解：首先作出梁的剪力图与弯矩图分别如图 19-12b)、c) 所示。可见，最大弯矩发生在截面 C 上，其值为 $M_{max}=39\text{kN}\cdot\text{m}$；最大剪力发生在 BC 段上，其值为 $F_{max}=17\text{kN}$。

从型钢表中可以查得

$$W_z = 309\text{cm}^3 = 3.09\times10^{-4}\text{m}^3$$

$$\frac{I_z}{S_{z\max}^*} = 18.9\text{cm} = 0.189\text{m}$$

$$d = 7.5\text{mm} = 0.0075\text{m}$$

于是，可求得最大正应力为

$$\sigma_{max} = \frac{M_{max}}{W_z} = \frac{39\times10^3}{3.09\times10^{-4}}\times10^{-6} = 126\text{MPa} < [\sigma]$$

最大切应力为

$$\tau_{max} = \frac{F_{Smax}S_{zmax}^{*}}{I_z d} = \frac{17 \times 10^3}{0.189 \times 0.0075} \times 10^{-6} = 12\text{MPa} < [\tau]$$

所以,梁满足正应力与切应力强度条件,是安全的。

[**例 19-5**]由 3 根木条胶合而成的悬臂梁如图 19-13 所示,跨度 $l = 1\text{m}$。若胶合面上的许用切应力为$[\tau_1] = 0.34\text{MPa}$,木材的许用弯曲正应力为$[\sigma] = 10\text{MPa}$,许用切应力为$[\tau] = 1\text{MPa}$,试求许可荷载 F。

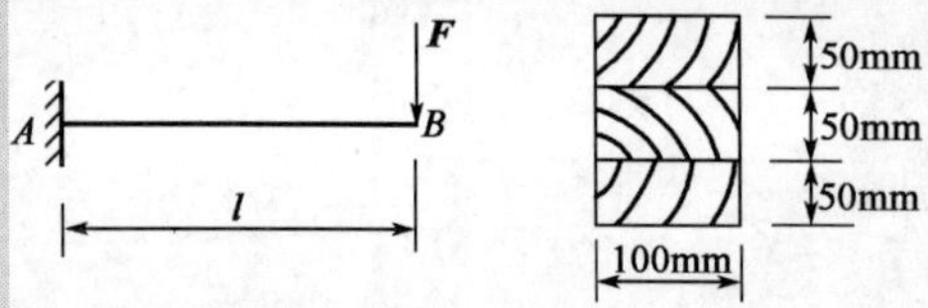

图 19-13

解:该梁的最大剪力为 $F_S = F$,最大弯矩为

$$M_{max} = Fl$$

(1)胶合面的切应力强度条件为

$$\tau_1 = \frac{F_S S_{z1}^{*}}{I_z b} = \frac{F \times 100 \times 50 \times 50 \times 10^{-9}}{100 \times \frac{1}{12} \times 100 \times 150^3 \times 10^{-15}} = \frac{2F}{150^2 \times 10^{-6}} \leqslant [\tau_1]$$

$$F \leqslant \frac{150^2 \times 10^{-6} \times [\tau_1]}{2} = \frac{150^2 \times 0.34}{2} = 3.83 \times 10^3\text{N} = 3.83\text{kN}$$

(2)梁的正应力强度条件为

$$\sigma_{max} = \frac{M_{max}}{W_z} = \frac{6Fl}{bh^2} = \frac{6F}{100 \times 150^2 \times 10^{-9}} = \frac{6F}{2250 \times 10^{-6}} \leqslant [\sigma]$$

$$F \leqslant \frac{2250 \times 10^{-6} \times [\sigma]}{6} = \frac{2250 \times 10}{6} = 3750\text{N} = 3.75\text{kN}$$

(3)梁的切应力强度条件为

$$\tau_{max} = \frac{3}{2}\frac{F_S}{A} = \frac{3F}{2 \times 100 \times 150 \times 10^{-6}} \leqslant [\tau]$$

$$F \leqslant \frac{2 \times 100 \times 150 \times 10^{-6} \times [\tau]}{3} = \frac{2 \times 15000 \times 1}{3} = 10000\text{N} = 10\text{kN}$$

故 F 可取 3.75kN。

第四节　梁的合理强度设计

一般情况下,梁的强度是由弯曲正应力控制的,所以,提高梁的强度应该在满足梁承载能力的前提下,尽可能地降低梁的弯曲正应力,达到节省材料,减轻自重的目的,实现既经济又安全的合理设计。由梁的正应力强度条件

$$\sigma_{max} = \frac{M_{max}}{W_z} \leqslant [\sigma] \tag{a}$$

可以看出,减小最大弯矩、增大弯曲截面系数,或局部加强弯矩较大的梁段,都能降低梁的最大正应力,从而提高梁的承载能力,使梁的设计更为合理。

一、减小最大弯矩值

1. 合理布置荷载

合理布置荷载，可以降低梁的最大弯矩值。例如，图 19-14 所示 3 根相同的简支梁，受相同的外力作用，但外力的布置方式不同，则对应的弯矩图也不相同。显然图 19-14c）的布置较为合理。

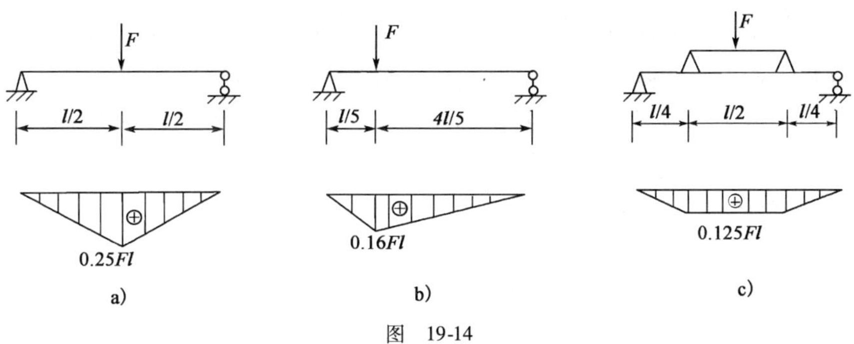

图 19-14

2. 合理安置支座

合理地设置支座的位置，也可以降低梁内的最大弯矩值。例如，图 19-15a）所示的梁，若将其支座各向内移动 0.2l，如图 19-15b）所示，则后者的最大弯矩值仅为前者的$\frac{1}{5}$，所以，后者支座安置较为合理。

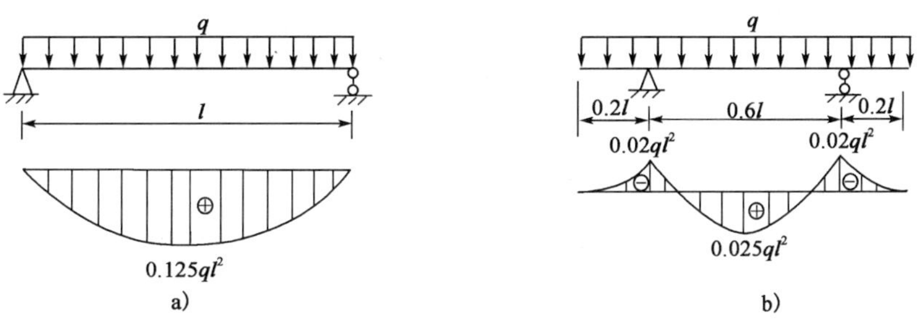

图 19-15

二、合理选取截面形状

从弯曲强度考虑，比较合理的截面形状，是使用较小的截面面积却能获得较大弯曲截面系数的截面，即使$\frac{W_z}{A}$越大越好。由于在一般截面中，W_z 与其高度的平方成正比，所以，应尽可能使横截面面积分布在距中性轴 z 较远的地方，以满足上述要求。实际上，由于弯曲正应力沿截面高度呈线性分布，当离中性轴最远各点处的正应力达到许用应力时，中性轴附近各点处的正应力仍很小，因此，在离中性轴较远的位置，配置较多的材料，将提高材料的利用率。例如，环形截面比圆形截面合理；矩形截面立放比扁放合理；而工字形截面又比立放的矩形截面更为合理。

从材料性能考虑，对于抗拉与抗压强度相同的塑性材料，宜采用关于中性轴对称的截面，这样可使最大拉应力和最大压应力同时接近或达到材料的许用应力。例如，矩形、对称的工字形、箱形截面等。而对于抗拉强度低于抗压强度的脆性材料，则最好采用中性轴偏于受拉一侧的截面，例如T形，不对称的工字形、箱形截面等。并且，理想的设计是使

$$\frac{\sigma_{\mathrm{tmax}}}{\sigma_{\mathrm{cmax}}}=\frac{[\sigma_{\mathrm{t}}]}{[\sigma_{\mathrm{c}}]}$$

三、变截面梁

一般情况下，梁在各个截面上的弯矩是随截面位置而变化的。在按最大弯矩所设计的等截面梁中，除最大弯矩所在截面外，其余截面的材料强度均未得到充分利用。因此，在工程实际中，可根据弯矩沿梁轴的变化情况，将梁也设计成变截面的。例如，可在弯矩较大的部分进行局部加强。若使梁各横截面上的最大正应力都相等，并均达到材料的许用应力，则称为等强度梁。等强度梁应满足下列条件

$$\sigma_{\max}=\frac{M(x)}{W(x)}=[\sigma]$$

由此得

$$W(x)=\frac{M(x)}{[\sigma]} \tag{19-14}$$

例如，宽度不变而高度变化的矩形截面简支梁，如图19-16a)所示，若设计成等强度梁，则其高度随截面位置的变化规律 $h(x)$，可由式(19-14)确定，即

$$\frac{1}{6}bh^2(x)=\frac{\frac{F}{2}x}{[\sigma]}$$

由此求得

$$h(x)=\sqrt{\frac{3Fx}{b[\sigma]}} \tag{b}$$

但在靠近支座处，应按切应力强度条件确定截面的最小高度，即

$$\tau_{\max}=\frac{3}{2}\frac{F_S}{A}=\frac{3}{2}\frac{\frac{F}{2}}{bh_{\min}}=\frac{3F}{4bh_{\min}}=[\tau]$$

可得

$$h_{\min}=\frac{3F}{4b[\tau]} \tag{c}$$

按式(b)和(c)确定的梁的外形，如厂房建筑中常用的鱼腹梁，如图19-16b)所示。

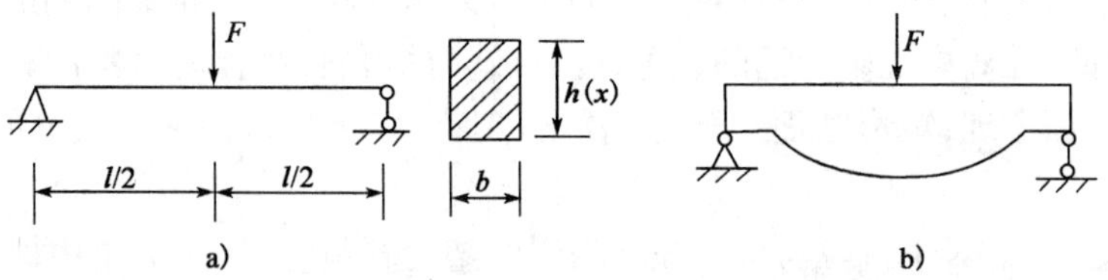

图 19-16

从强度及材料的利用方面看，等强度梁虽然很理想，但这种梁的加工制造比较困难。当梁上荷载较复杂时，梁的外形也随之复杂，其加工制作将更加困难。因此，在工程中较少采用等强度梁，而是根据不同的具体情况，采用其他形式的变截面梁。

第五节　弯曲中心的概念

一、开口薄壁截面梁的弯曲切应力

关于开口薄壁梁的弯曲切应力，通常作出如下假设：横截面上各点处的切应力平行于该点处的周边切线或壁厚中线切线，并沿壁厚均匀分布。现在，利用上述假设研究开口薄壁截面梁的弯曲切应力。

图19-17所示为一开口薄壁梁的横截面。设y,z轴为截面的形心主惯性轴。当梁在xy平面内发生平面弯曲时（此时剪力F_S沿y轴方向），仿效矩形截面梁弯曲切应力公式的推导方法，可导出开口薄壁梁横截面上任一点K处的弯曲切应力公式

$$\tau = \frac{F_S S_z^*}{I_z \delta} \qquad (19\text{-}15)$$

式中，F_S为横截面上的剪力；δ为需求切应力点处的截面壁厚；I_z为横截面对中性轴z的形心主惯性矩；S_z^*为图19-17中阴影部分的面积对中性轴z的静矩。

当梁发生非对称弯曲时，可以分解成两相互垂直的形心主惯性平面内的平面弯曲，然后进行叠加。

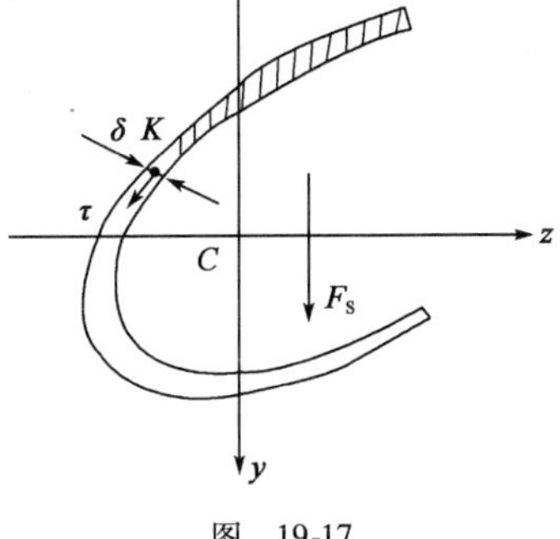

图　19-17

二、弯曲中心的概念

实验结果表明，若开口薄壁截面梁有纵向对称面，且横向力作用于对称面内，则梁只可能在纵向对称面内发生平面弯曲，不会发生扭转。若横向力作用面不是纵向对称面，即使是形心主惯性平面，如图19-18a）所示，梁除发生弯曲变形外，还将发生扭转变形。只有当横向力通过截面内某一特定点A时，如图19-18b）所示，梁才只有弯曲而无扭转变形。横截面内的这一特定点A称为截面的弯曲中心或剪切中心。

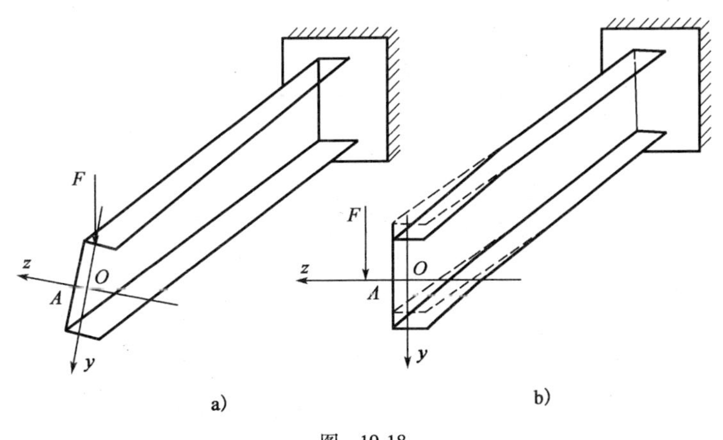

图　19-18

考察图 19-19a)所示槽形截面悬臂梁，若横向外力 F 作用在形心主惯性平面 xy 内时，在梁的任一横截面 m—n 上将产生弯曲切应力，如图 19-19c)所示，与该切应力对应的分布内力将合成该截面上的剪力 F_S。显然，F_S 作用线将与 y 轴平行，并经过 z 轴上某一点 A。现从截面 m—n 截取一段梁为研究对象，如图 19-19b)所示。由于外力 F 与截面 m—n 上剪力 F_S 不在同一个纵向平面内，所以该段梁不仅发生弯曲，还会发生扭转。若将力 F 平移至该截面上的 A' 点，使 F 与 F_S 在同一纵向平面内，则该段梁将只发生弯曲，而不会发生扭转。如果考察在 xz 平面内的弯曲，则只有当外力作用线沿对称轴 z 轴作用时，梁才会只发生弯曲而不发生扭转。由此可知，A 点就是截面 m—n 的弯曲中心，A' 点即为自由端截面的弯曲中心。

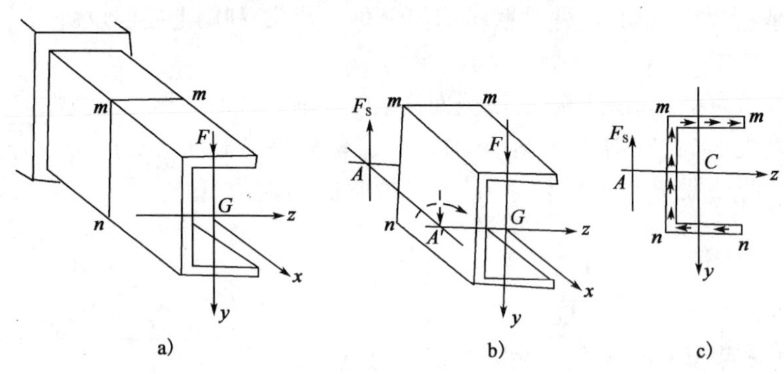

图 19-19

从上述分析可以得出如下结论：截面的弯曲中心就是当梁在两相互垂直平面内发生平面弯曲时，截面上与弯曲切应力对应的分布内力的合力(即剪力)作用线的交点。这一结论也给出了确定截面弯曲中心位置的方法，即找出两互相垂直的剪力作用线的交点。

对于具有一条对称轴的截面，其弯曲中心必在截面的对称轴上。因此，仅需确定其垂直于对称轴的剪力作用线，剪力作用线与对称轴的交点即为截面的弯曲中心。若截面有两条对称轴，则两对称轴的交点(即截面形心)就是弯曲中心。而 Z 字形等反对称截面，其弯曲中心也与截面形心重合。对于角钢、T 字形等由壁厚中线汇交于一点的两个狭长矩形组成的截面，由于狭长矩形上切应力方向平行于长边，且沿厚度均匀分布，故剪力作用线必与狭长矩形长边壁厚中线重合，因此，其弯曲中心就是壁厚中线的交点。

表 19-1 中列出了一些常见截面的弯曲中心位置。由表中结果可见，弯曲中心的位置仅与横截面的几何特征有关，也属于截面图形的几何性质之一，与外力及材料均无关。

几种截面的弯曲中心位置 表 19-1

截面形状						
弯曲中心 A 的位置	$e=\dfrac{b'^2h'^2\delta}{4I_z}$	$e=r_0$	在两个狭长矩形中线的交点			与形心重合

[**例 19-6**]试确定如图 19-20 所示开口薄壁圆环截面弯曲中心的位置。设截面壁厚为 t,平均半径为 R。

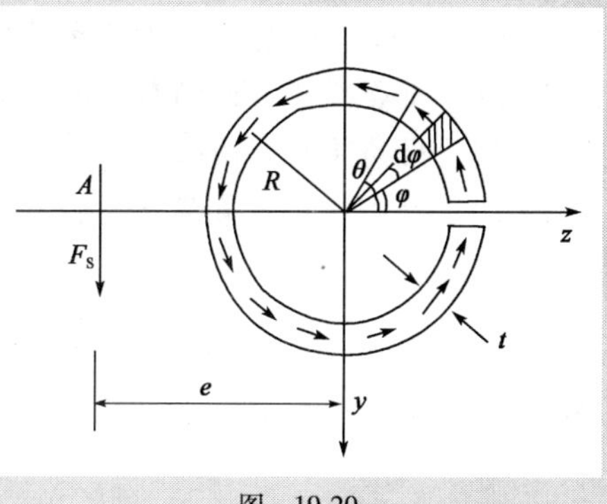

图 19-20

解:(1)求截面上的切应力

用与 z 轴夹角为 θ 的半径截取部分面积 A_1,其静矩为

$$S_z^* = \int_{A_1} y\mathrm{d}A = \int_0^{\theta}(R\sin\varphi)(tR\mathrm{d}\varphi) = R^2t(1-\cos\theta)$$

整个截面对 z 轴的惯性矩为

$$I_z = \int_A y^2\mathrm{d}A = \int_0^{2\pi}(R\sin\varphi)^2(tR\mathrm{d}\varphi) = \pi R^3 t$$

代入公式(19-15),得

$$\tau = \frac{F_S S_z^*}{I_z t} = \frac{F_S}{\pi R t}(1-\cos\theta)$$

(2)确定弯曲中心的位置

以圆心为矩心,由合力矩定理得

$$F_S \cdot e = \int_A R\tau\mathrm{d}A = \int_0^{2\pi} R\tau tR\mathrm{d}\theta = \int_0^{2\pi}\frac{F_S R}{\pi}(1-\cos\theta)\mathrm{d}\theta = 2F_S R$$

解得

$$e = 2R$$

弯曲中心一定在对称轴上,F_S 与对称轴的交点,即由圆心沿 z 轴向左量取 $e=2R$,就是弯曲中心。

思 考 题

19-1　什么叫纯弯曲梁段?什么叫横力(剪切)弯曲梁段?

19-2　梁横截面上正应力公式推导时做了什么假设。其应用条件是什么?如果梁的拉压弹性模量不相等,请推导其弯曲正应力公式。

19-3　什么叫中性层?什么叫中性轴?如何确定中性轴的位置。

19-4　梁的横截面上中性轴两侧的正应力的合力之间有什么关系?这两个力最终合成的结果是什么?

19-5　有水平对称轴截面的梁与无水平对称轴截面的梁上的最大拉、压应力计算方法是否相同?

19-6　型钢为何要作成工字形、槽形?对抗拉和抗压强度不相等的材料为什么要采用 T 形截面?

19-7　圆环形截面的内外径之比为 $\alpha=\dfrac{d}{D}$,按式 $W_z=\dfrac{\pi D^3}{32}(1-\alpha^3)$ 计算其弯曲截面系数是否正确?

19-8　梁的弯曲切应力公式的应用条件是什么?

19-9　梁受横力弯曲时,矩形、工字形、圆形和圆环形截面上切应力是怎样分布的?最大的切应力发生在什么地方?

19-10　截面形状尺寸完全相同的两简支梁，一为钢梁，一为木梁，当梁上的荷载相同时，两梁中的最大正应力是否相同？两梁中的最大切应力是否相同？

19-11　是否弯矩最大的截面就是梁的最危险截面？

19-12　提高梁的弯曲强度有哪些措施？

19-13　弯曲中心与荷载及材料有关吗？

习　题

19-1　图 a)所示钢梁($E=2.0\times10^5$MPa)具有 b)、c)两种截面形式，试分别求出两种截面形式下梁的曲率半径，最大拉、压应力及其所在位置。

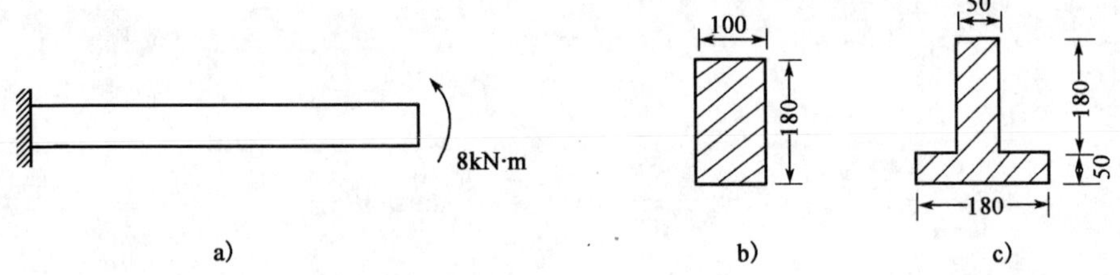

习题 19-1 图　(尺寸单位:mm)

19-2　处于纯弯曲情况下的矩形截面梁，高 120mm，宽 60mm，绕水平形心轴弯曲。如梁最外层纤维中的正应变 $\varepsilon=7\times10^{-4}$，求该梁的曲率半径。

19-3　如图所示悬臂梁，试求 a—a 截面 A,B,C,D 四点的正应力，并绘出该截面的正应力分布图。

19-4　求图示 T 形截面铸铁梁的最大拉应力和最大压应力。

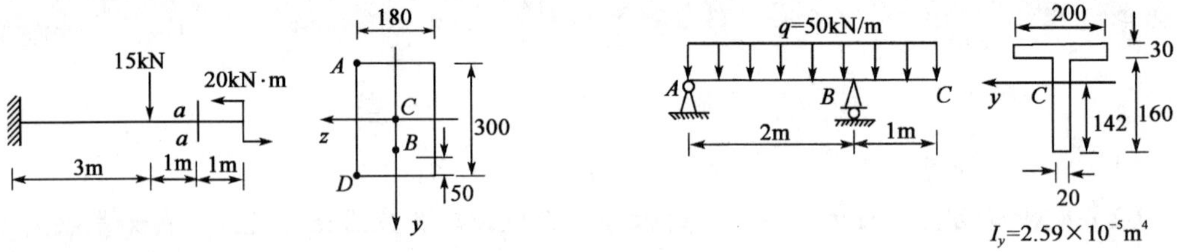

习题 19-3 图　(尺寸单位:mm)

习题 19-4 图　(尺寸单位:mm)

19-5　两矩形截面梁，尺寸和材料的许用应力均相等，放置如图 a)、b)所示。按弯曲正应力强度条件确定两者许可荷载之比 F_1/F_2。

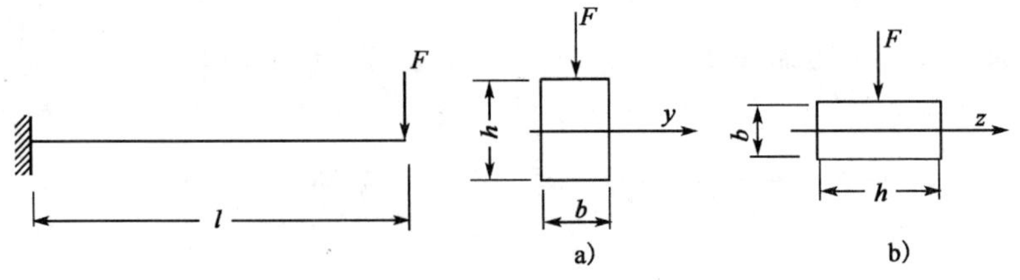

习题 19-5 图

19-6　图示两梁的横截面，其上均受绕水平中性轴转动的弯矩。若横截面上的最大正应力为 40MPa，试问：(1)当矩形截面挖去虚线内面积时，弯矩减小百分之几？(2)工字形截面腹板和翼缘上，各承受总弯矩的百分之几？

19-7　图示梁的许用应力$[\sigma]=8.5$MPa，若单独作用 30kN 的荷载时，梁内的应力将超过许用应力，为使梁内应力不超过许用值，试求 F 的最小值。

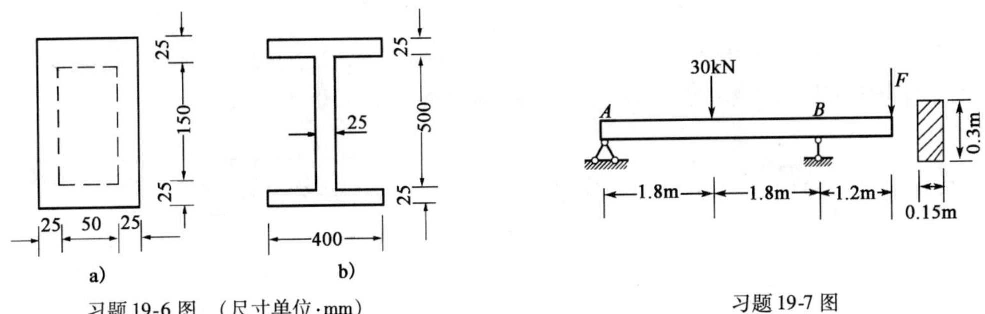

习题 19-6 图 （尺寸单位：mm）　　习题 19-7 图

19-8　如图所示铸铁梁，许用拉应力 $[\sigma_t]=30\text{MPa}$，许用压应力 $[\sigma_c]=60\text{MPa}$，$I_z=7.63\times10^{-6}\text{m}^4$。试校核此梁的强度。

19-9　一矩形截面简支梁，由圆柱形木料锯成。已知 $F=8\text{kN}$，$a=1.5\text{m}$，$[\sigma]=10\text{MPa}$。试确定弯曲截面系数为最大时的矩形截面的高宽比 h/b，以及锯成此梁所需要木料的最小直径 d。

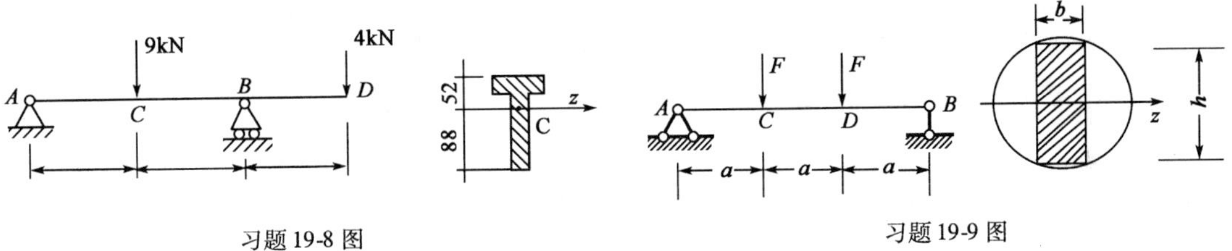

习题 19-8 图　　习题 19-9 图

19-10　如图所示矩形截面简支梁 F，a，b，h 已知，试计算 D 左截面上 K 点的正应力及切应力。

19-11　求外伸梁 1—1 截面上 K 点（K 在腹板上）的正应力和切应力。已知：$I_z=5066\times10^{-8}\text{m}^4$。

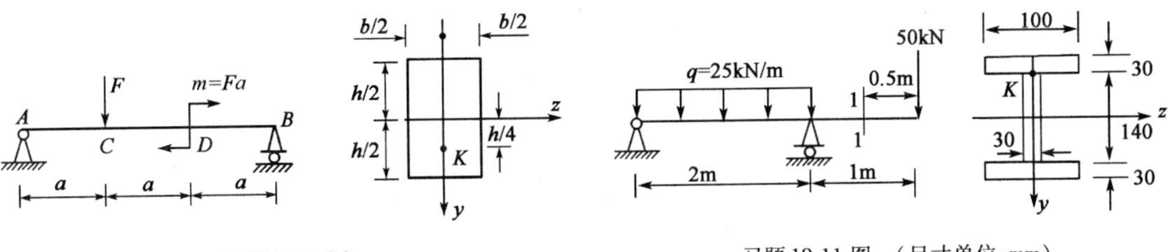

习题 19-10 图　　习题 19-11 图 （尺寸单位：mm）

19-12　图示截面梁对中性轴惯性矩 $I_z=291\times10^4\text{mm}^4$，$y_C=65\text{mm}$，$C$ 为形心，试求：(1)画梁的剪力图和弯矩图；(2)梁的最大拉应力、最大压应力和最大切应力。

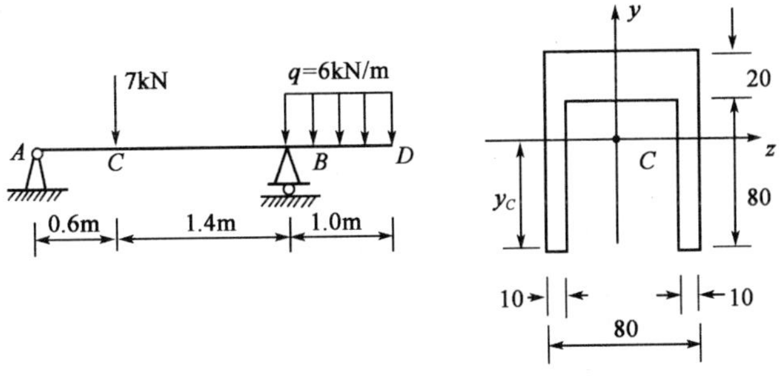

习题 19-12 图 （尺寸单位：mm）

19-13 圆形截面梁受力如图所示。已知材料的许用应力[σ] = 160MPa,[τ] = 100MPa。试求最小直径 $d_{\min}$。

19-14 图示简支梁是由 3 块截面为 40mm × 90mm 木板胶合而成,已知 l = 3m,胶缝的容许切应力[τ] = 0.5MPa,试按胶缝的切应力强度确定梁所能承受的最大荷载集度 q。

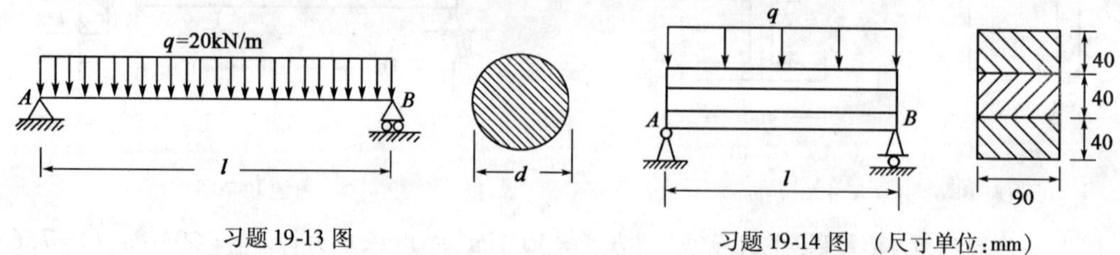

习题 19-13 图　　　　习题 19-14 图 (尺寸单位:mm)

19-15 如图所示梁[σ] = 160MPa,求(1)按正应力强度条件选择圆形和矩形两种截面尺寸;(2)比较两种截面的 W_z/A,并说明哪种截面好。

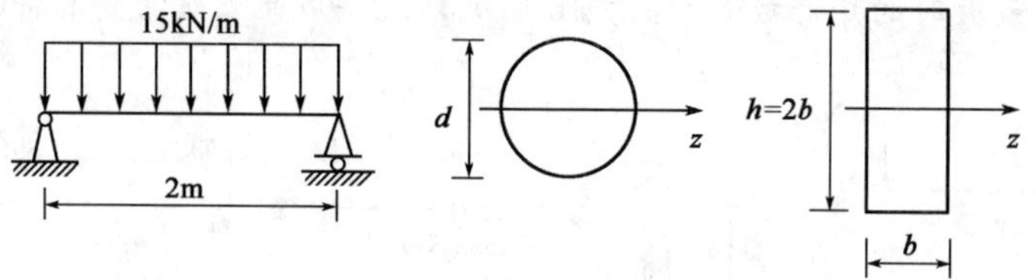

习题 19-15 图

19-16 薄壁截面如图所示,试求弯曲中心位置。

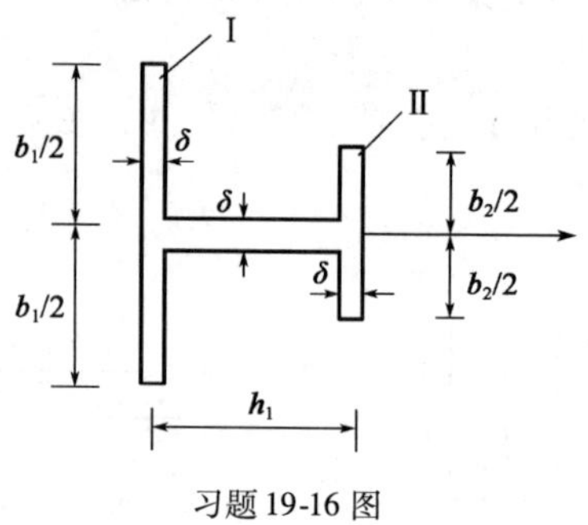

习题 19-16 图

第二十章 弯曲变形

本章要点

- 梁的弯曲变形:挠度与转角的概念;
- 梁的挠曲线近似微分方程;
- 用积分法求梁的挠度与转角;
- 用叠加法求梁的挠度和转角;
- 梁的刚度条件和提高弯曲刚度的措施;
- 简单超静定梁。

第一节 概 述

本书第十九章的分析结果表明,在平面弯曲的情形下,梁的轴线将弯曲成平面曲线。如果变形太大,将会影响构件正常工作。因此,对机器中的零件或部件以及土木工程中的结构构件进行设计时,除了满足强度要求外,还必须满足一定的刚度要求,即将其变形限制在一定的范围内。另一方面,某些机械零件或部件,则要求有较大的变形,以减少机械运转时所产生的振动。例如,车辆上使用的叠板弹簧(图 20-1)正是利用弯曲变形较大的特点,以达到缓冲减振的作用。此外,求解超静定梁,也必须考虑梁的变形以建立补充方程。

梁在平面弯曲时,其轴线在荷载平面(亦即形心主惯性平面)内变成一条光滑连续的平面曲线,该曲线称为梁的挠曲线。

以图 20-2 所示的悬臂梁为例,为了表示梁的变形情况,取坐标系 xAw,原点取在梁的左端,沿变形前的梁轴线选取 x 轴,向右为正,沿梁端横截面的形心主惯性轴选取 w 轴,向上为正。梁的变形可用挠度和转角两个位移分量来描述。

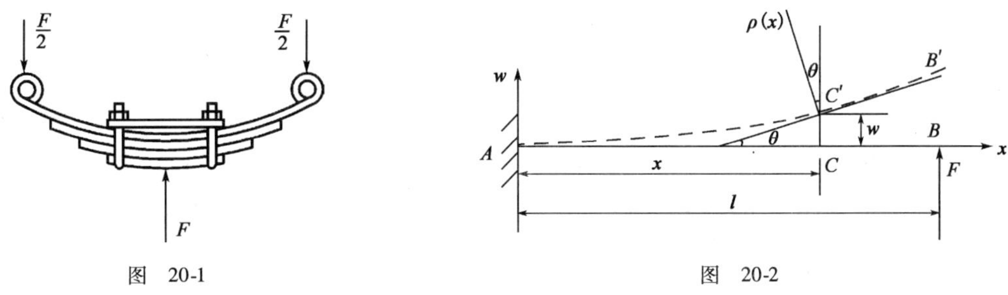

图 20-1　　图 20-2

挠度:梁的挠曲线上任一点 C 在垂直于梁轴线(x 轴)方向上的线位移 CC' 称为该点的挠度,用 w 表示。实际上,轴线上任一点除有垂直于 x 轴的位移外,还有 x 方向的位移,但在小变形情况下,x 方向的位移可以忽略不计。

转角:弯曲时梁的横截面将绕中性轴发生转动。梁的任一横截面相对于原来位置所转动的角度，称为该截面的转角，用 θ 表示。由于横截面保持与梁轴线正交，此角度与挠曲线上过该点处的切线与 x 轴的夹角相等。

在一般情况下，梁上任一截面的挠度 w 和转角 θ 随位置坐标 x 而变化，即

$$w = w(x)$$

该式称为梁的挠曲线方程或挠度方程，挠曲线上任一点的斜率为 $w' = \tan\theta$，在小变形情况下 $\tan\theta \approx \theta$，所以，梁上任一截面的转角可表示为

$$\theta = \frac{\mathrm{d}w}{\mathrm{d}x} = w'(x) \tag{20-1}$$

式(20-1)称为梁的转角方程，可见，只要确定了梁的挠曲线方程，梁的任一截面的挠度和转角便可确定。

应该指出，挠度和转角的正负号均与所取的坐标系有关，在图 20-2 所示坐标系中，挠度取向上为正，转角以逆时针转向为正，反之为负。

第二节　梁的挠曲线近似微分方程

在第十九章第二节中推导梁在纯弯曲时的正应力公式时，已经得出挠曲线的曲率半径 ρ 与弯矩 M 之间的关系式

$$\frac{1}{\rho} = \frac{M}{EI_z}$$

对于横力弯曲，当梁的跨度远大于横截面的高度时(称为细长梁)，剪力 F_S 对弯曲变形的影响很小，可以忽略不计，故上式仍可应用。此时，曲率半径 ρ 和弯矩 M 均为 x 的函数，因此，上式应改写为

$$\frac{1}{\rho(x)} = \frac{M(x)}{EI_z} \tag{a}$$

由高等数学可知，平面曲线的曲率为

$$\frac{1}{\rho(x)} = \pm \frac{w''}{[1 + (w')^2]^{\frac{3}{2}}} \tag{b}$$

对于工程中常用的梁，其变形很小，因此 w' 很小，$(w')^2$ 与 1 相比可以忽略不计，于是由式(a)与式(b)可近似地得到

$$\pm w'' = \frac{M(x)}{EI_z} \tag{c}$$

式中，左边的正负号取决于坐标系的选择和弯矩正负号的规定。

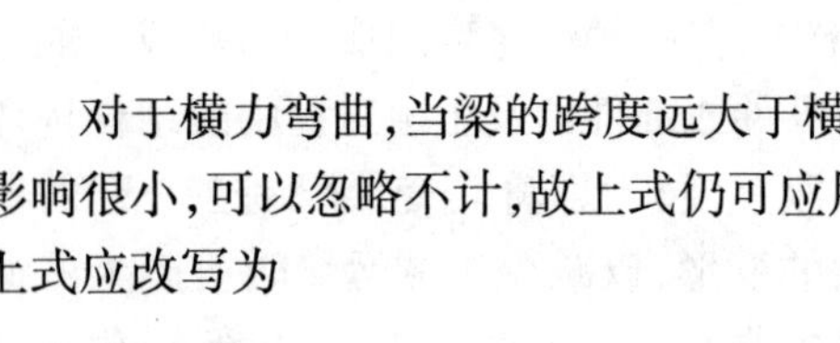

图　20-3

在本章所取的坐标系中，下凸的挠曲线 w'' 为正值，而弯矩也为正值；上凸的挠曲线 w'' 为负值，弯矩也为负值(图 20-3)，故式(c)左边应取正号，即

$$\frac{\mathrm{d}^2 w}{\mathrm{d}x^2} = \frac{M(x)}{EI_z} \tag{20-2}$$

式(20-2)称为挠曲线近似微分方程。

应该指出，在推导上述挠曲线近似微分方程的过程中，除了应用曲率和弯矩的关系式外，还附加了小变形的限制。因此，式(20-2)仅适用于线弹性范围内小变形条件下的平面弯曲问题。

第三节　用积分法求梁的挠度和转角

挠曲线近似微分方程(20-2)的通解可用积分法求得,将式(20-2)连续积分两次,得

$$\theta = \frac{\mathrm{d}w}{\mathrm{d}x} = \int \frac{M(x)}{EI_z}\mathrm{d}x + C \tag{20-3}$$

$$w = \int\left(\int \frac{M(x)}{EI_z}\mathrm{d}x\right)\mathrm{d}x + Cx + D \tag{20-4}$$

式中,积分常数 C,D 可由支承约束条件和位移连续性条件来确定,通常将支承约束条件与位移连续性条件统称为边界条件。

梁的支承约束条件:

(1)固定端处:挠度 w 和转角 θ 都为零;

(2)铰支座处:挠度 w 为零。

梁的连续性条件:

梁的挠曲线是一条光滑连续的曲线。即梁的每一截面都有唯一确定的挠度和转角。

积分常数确定以后,就可由式(20-3)和式(20-4)得到梁的转角方程和挠度方程,据此可以求出任意横截面的转角和轴线上任一点的挠度。这种求梁的变形的方法称为两次积分法,简称积分法。

需要注意的是,在列梁的挠曲线近似微分方程时,在集中力、集中力偶、分布荷载起始位置和终止位置处必须分段;还有中间铰处,也必须分段。

[例 20-1]图 20-4 所示受均布荷载的简支梁,其弯曲刚度 EI 为常量。试求此梁的转角方程和挠度方程,以及最大挠度和最大转角。

解:(1)列弯矩方程

由静力平衡条件可求得支座反力 $F_A = F_B = ql/2$。梁的弯矩方程为

$$M(x) = \frac{ql}{2}x - \frac{q}{2}x^2$$

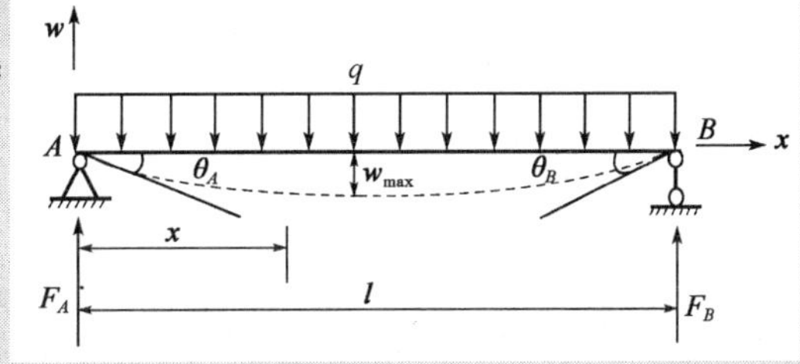

图　20-4

(2)列挠曲线近似微分方程并积分

将弯矩方程代入式(20-2)得

$$EIw'' = M(x) = \frac{ql}{2}x - \frac{q}{2}x^2$$

积分一次得

$$EIw' = \frac{ql}{4}x^2 - \frac{q}{6}x^3 + C \tag{a}$$

再积分一次得

$$EIw = \frac{ql}{12}x^3 - \frac{q}{24}x^4 + Cx + D \tag{b}$$

(3)确定积分常数

梁的边界条件为

$$w|_{x=0} = 0, \quad w|_{x=l} = 0$$

将前一条件代入式(b),得 $D = 0$。再将后一条件代入式(b),得 $C = -ql^3/24$。

(4)确定转角方程和挠度方程

将求得的积分常数 C,D 的值代入(a)、(b)两式,得到梁的转角方程和挠度方程分别为

$$\theta = w' = \frac{ql}{4EI}x^2 - \frac{q}{6EI}x^3 - \frac{ql^3}{24EI} \tag{c}$$

$$w = \frac{ql}{12EI}x^3 - \frac{q}{24EI}x^4 - \frac{ql^3}{24EI}x \tag{d}$$

(5)求最大转角和最大挠度

由对称性可知,梁跨中截面的挠度最大(转角为零)。以 $x = l/2$ 代入式(d),得到

$$w_{\max} = w\Big|_{x=\frac{l}{2}} = \frac{5ql^4}{384EI}$$

式中,负号表示梁跨中截面的挠度向下。由图 20-4 可见,在 A,B 铰支座处的转角大小相等,正负号相反,且绝对值为最大。以 $x = 0$ 和 $x = l$ 代入式(c),得

$$\theta_A = -\frac{ql^3}{24EI} \quad \theta_B = \frac{ql^3}{24EI}$$

故

$$|\theta|_{\max} = \frac{ql^3}{24EI}$$

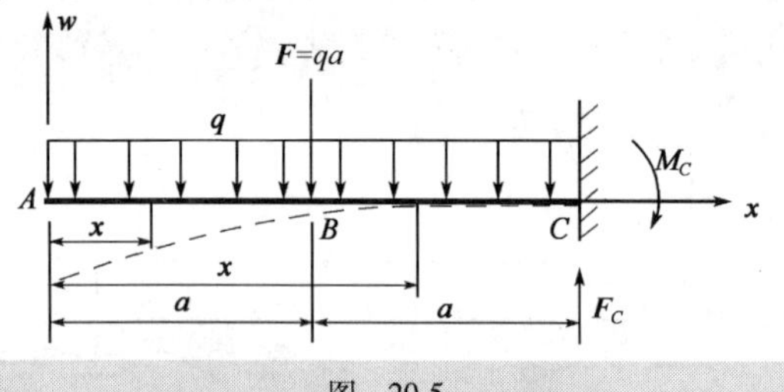

图 20-5

[例 20-2]悬臂梁受力如图 20-5 所示,已知梁的弯曲刚度 EI 为常量。试求梁的转角方程和挠度方程,以及最大挠度和最大转角。

解:(1)列弯矩方程

由于 AB 段和 BC 段弯矩方程不同,需要分段列出它们的弯矩方程

AB 段 $$M_1(x) = -\frac{1}{2}qx^2 \quad (0 \leqslant x \leqslant a)$$

BC 段 $$M_2(x) = -\frac{1}{2}qx^2 - qa(x-a) \quad (a \leqslant x \leqslant 2a)$$

(2)列挠曲线近似微分方程并积分

将弯矩方程代入式(20-2),并积分可得

AB 段$(0 \leqslant x \leqslant a)$ $$EIw_1'' = -\frac{1}{2}qx^2$$

$$EIw_1' = -\frac{1}{6}qx^3 + C_1 \tag{a}$$

$$EIw_1 = -\frac{1}{24}qx^3 + C_1x + D_1 \tag{b}$$

BC 段$(a \leqslant x \leqslant 2a)$ $$EIw_2'' = -\frac{1}{2}qx^2 - qa(x-a)$$

$$EIw'_2 = -\frac{1}{6}qx^3 - \frac{1}{2}qa(x-a)^2 + C_2 \tag{c}$$

$$EIw_2 = -\frac{1}{24}qx^4 - \frac{1}{6}qa(x-a)^3 + C_2x + D_2 \tag{d}$$

(3)确定转角方程和挠度方程

截面 B 处的连续性条件:当 $x = a$ 时,$w'_1 = w'_2$及 $w_1 = w_2$

将上述条件分别代入式(a)、(c)和式(b)、(d),得

$$C_1 = C_2 \quad 及 \quad D_1 = D_2$$

再利用梁的支承条件:当 $x = 2a$ 时,$w'_2 = 0$ 及 $w_2 = 0$

将上述条件分别代入式(c)和式(d),得

$$C_2 = \frac{11}{6}qa^3, D_2 = -\frac{17}{6}qa^4$$

将求得的积分常数代入式(a)、(b)和式(c)、(d),则得到 AB 段和 BC 段梁的转角方程和挠度方程分别为

AB 段($0 \leqslant x \leqslant a$)

$$\theta_1 = w'_1 = -\frac{qx^3}{6EI} + \frac{11qa^3}{6EI} \tag{e}$$

$$w_1 = -\frac{qx^4}{24EI} + \frac{11qa^3x}{6EI} - \frac{17qa^4}{6EI} \tag{f}$$

BC 段($a \leqslant x \leqslant 2a$)

$$\theta_2 = w'_2 = -\frac{qx^3}{6EI} - \frac{qa(x-a)^2}{2EI} + \frac{11qa^3}{6EI} \tag{g}$$

$$w_2 = -\frac{qx^4}{24EI} - \frac{qa(x-a)^3}{6EI} + \frac{11qa^3x}{6EI} - \frac{17qa^4}{6EI} \tag{h}$$

(4)求最大转角和最大挠度

根据梁的受力情况和边界条件,可画出梁的挠曲线的大致形状如图 20-5 中虚线所示。可见$|\theta|_{max}$和$|w|_{max}$发生在梁自由端 A 处,将 $x=0$ 代入式(e)和式(f),即得

$$|\theta|_{max} = \frac{11qa^3}{6EI}, |w|_{max} = \frac{17qa^4}{6EI}$$

从上面的例题可以看出,在对各段梁写弯矩方程时,都是从坐标原点开始的,这样,后一段梁的弯矩方程中包括了前一段梁的方程,只是增加了包含$(x-a)$的项。在对$(x-a)$项积分时,注意不要把 x 作为自变量,而是把$(x-a)$作为自变量,这样,当应用挠曲线在$x=a$处的两个连续性条件时,就能使得相邻两段梁上相应的积分常数相等,从而简化了确定积分常数的工作。

第四节　用叠加法求梁的挠度和转角

由本章第三节可知,用积分法求梁的挠度和转角是相当烦琐的。工程上,经常只需要求出梁上某些指定截面的挠度和转角,这迫使人们寻求一种实用而又简便的方法。

在弯曲变形很小,梁的材料又在线弹性范围内工作的情况下,梁的挠度和转角均与梁上的荷载呈线性关系,每一荷载所引起的变形不受其他荷载的影响。这样,当梁上同时承受多种荷载作用时,可先分别计算出每一荷载所引起的挠度和转角,然后再将其叠加,从而得到这些荷载共同作用时的挠度和转角,这种方法称为叠加法。

应该指出,叠加法是一种普遍使用的方法,它不仅可用来计算梁的位移,也可以用来计算梁的支反力、内力和应力;它不仅可以用于梁,还可以用于其他结构。总之,在线弹性范围内,在小变形的条件下,只要所求的物理量与构件上的荷载呈线性关系,都可用叠加原理来计算。

为了叠加的方便,现将梁在简单荷载作用下的挠度和转角列于表 20-1 中。

简单荷载作用下梁的挠度和转角 表 20-1

序号	梁的简图	转角	挠度
①	A, B, m, θ_B, w_B, l	$\theta_B = -\dfrac{ml}{EI_z}$	$w_B = -\dfrac{ml^2}{2EI_z}$
②	A, B, F, θ_B, w_B, l	$\theta_B = -\dfrac{Fl^2}{2EI_z}$	$w_B = -\dfrac{Fl^3}{3EI_z}$
③	A, q, θ_B, w_B, l	$\theta_B = -\dfrac{ql^3}{6EI_z}$	$w_B = -\dfrac{ql^4}{8EI_z}$
④	A, B, m, θ_A, θ_B, l	$\theta_A = -2\theta_B = -\dfrac{ml}{3EI_z}$	$w_{中} = -\dfrac{ml^2}{16EI_z}$
⑤	A, B, F, θ_A, θ_B, $l/2$, $l/2$	$\theta_A = -\theta_B = -\dfrac{Fl^2}{16EI_z}$	$w_{\max} = -\dfrac{Fl^3}{48EI_z}$
⑥	A, B, q, θ_A, θ_B, $\frac{l}{2}$, $\frac{l}{2}$	$\theta_A = -\theta_B = -\dfrac{ql^3}{24EI_z}$	$w_{\max} = -\dfrac{5ql^4}{384EI_z}$

［**例 20-3**］悬臂梁承受荷载如图 20-6a)所示,其弯曲刚度为 EI,试用叠加法求截面 B,C 的挠度和转角。

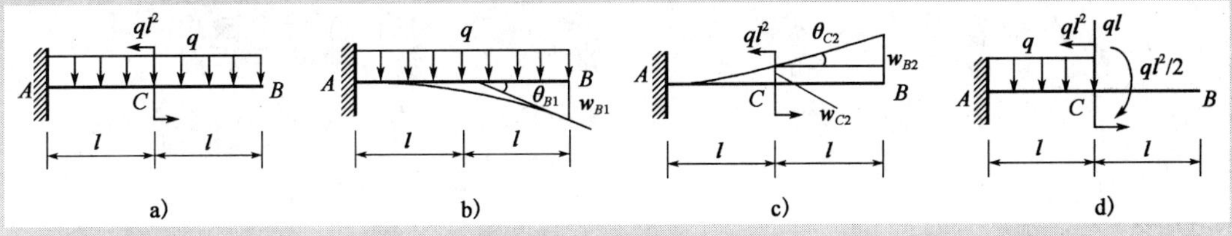

图 20-6

解:(1)先分别求出该悬臂梁在均布荷载和集中力偶 ql^2 单独作用下截面 B 的挠度和转角。

在均布荷载［见图 20-6b)］单独作用下

$$\theta_{B1} = -\frac{q(2l)^3}{6EI} = -\frac{4ql^3}{3EI}(\curvearrowright), \qquad w_{B1} = -\frac{q(2l)^4}{8EI} = -\frac{2ql^4}{EI}(\downarrow)$$

在集中力偶 ql^2［见图 20-6c)］单独作用下

$$\theta_{B2} = \theta_{C2} = \frac{(ql^2)l}{EI} = \frac{ql^3}{EI}(\curvearrowleft), \quad w_{C2} = \frac{(ql^2)l^2}{2EI} = \frac{ql^4}{2EI}(\uparrow),$$

$$w_{B2} = w_{C2} + \theta_{C2}\cdot l = \frac{3ql^4}{2EI}(\uparrow)$$

(2)叠加相应的位移,即得到两种荷载共同作用下截面 B 的挠度和转角。

$$\theta_B = \theta_{B1} + \theta_{B2} = -\frac{ql^3}{3EI}(\curvearrowright), \qquad w_B = w_{B1} + w_{B2} = -\frac{ql^4}{2EI}(\downarrow)$$

(3)求截面 C 的挠度和转角

考察图 20-6d)所示的悬臂梁,由于其 AC 段的弯矩方程与图 20-6a)所示悬臂梁 AC 段的弯矩方程相同,且边界条件亦相同,故其挠曲线方程亦相同。于是,求图 20-6a)所示悬臂梁截面 C 的挠度和转角,可转化为求图 20-6d)所示悬臂梁截面 C 的挠度和转角。

$$\theta_C = -\frac{ql^3}{6EI} - \frac{(ql)\cdot l^2}{2EI} + \frac{\left(\frac{ql^2}{2}\right)\cdot l}{EI} = -\frac{ql^3}{6EI}(\curvearrowright)$$

$$w_C = -\frac{ql^4}{8EI} - \frac{(ql)\cdot l^3}{3EI} + \frac{\left(\frac{ql^2}{2}\right)\cdot l^2}{2EI} = -\frac{5ql^4}{24EI}(\downarrow)$$

［**例 20-4**］试用叠加法求图 20-7a)所示弯曲刚度为 EI 的简支梁跨中截面 C 的挠度和截面 A 的转角。

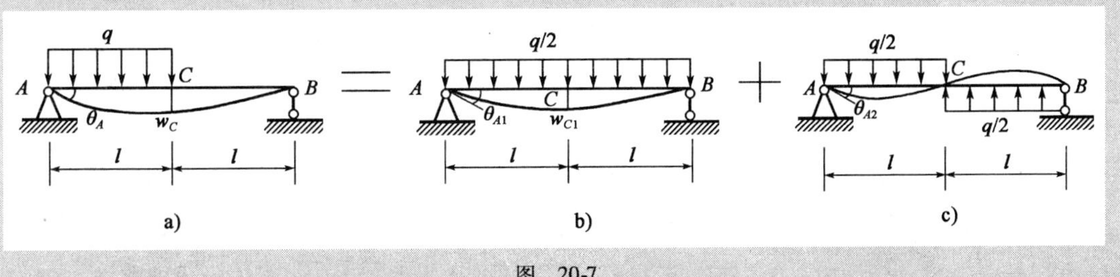

图 20-7

解:为了利用表 20-1 中结果,可将图 20-7a)所示荷载分解为图 20-7b)所示荷载加上图 20-7c)所示荷载。对于图 20-7b)所示荷载情况

$$\theta_{A1} = -\frac{(q/2)(2l)^3}{24EI} = -\frac{ql^3}{6EI}(\curvearrowright),\qquad w_{C1} = -\frac{5(q/2)(2l)^4}{384EI} = -\frac{5ql^4}{48EI}(\downarrow)$$

对于图 20-7c)所示荷载情况,相当于两个简支梁承受均布荷载的情况,于是可得

$$\theta_{A2} = -\frac{(q/2)l^3}{24EI} = -\frac{ql^3}{48EI}(\curvearrowright),\qquad w_{C2} = 0(\downarrow)$$

所以

$$\theta_A = \theta_{A1} + \theta_{A2} = -\frac{ql^3}{6EI} - \frac{ql^3}{48EI} = -\frac{3ql^3}{16EI}(\curvearrowright)$$

$$w_C = w_{C1} + w_{C2} = -\frac{5ql^4}{48EI}(\downarrow)$$

从上述两例可见,当梁上作用着较复杂的荷载时,欲求某指定点的位移,常将复杂荷载分解为多种简单荷载,然后利用各简单荷载所引起的指定点的位移(查表 20-1),进行适当的叠加,即可求得复杂荷载作用下梁上指定点的位移。这种叠加法称为荷载叠加法。

[**例 20-5**]试求图 20-8a)所示阶梯形截面梁自由端 C 处的转角 θ_C 与挠度 w_C。已知 AB 段梁的弯曲刚度 EI_1,BC 段梁的弯曲刚度为 EI_2。

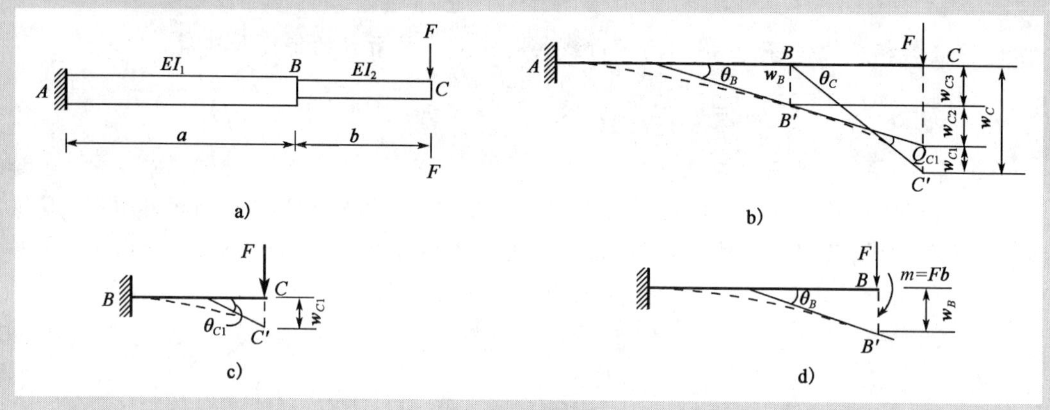

图 20-8

解:由于 AB 段梁与 BC 段梁的弯曲刚度不同,故不能直接应用表 20-1 的结果。同时,梁上只有一个集中力 F,也不能应用荷载叠加法来求 θ_C 与 w_C,为此,我们先分析一下梁 ABC 的挠曲线 $AB'C'$,如图 20-8b)中虚线所示,由图可知

$$\theta_C = \theta_{C1} + \theta_B \tag{a}$$

$$w_C = w_{C1} + w_{C2} + w_{C3} = w_{C1} + \theta_B b + w_B \tag{b}$$

式中,θ_{C1} 和 w_{C1} 表示将 BC 段看作悬臂梁时截面 C 处的转角和挠度,如图 20-8c)所示;θ_B 和 w_B 表示阶梯形悬臂梁在截面 B 处的转角和挠度,如图 20-8d)所示。因此,我们求 θ_{C1} 与 w_{C1} 时,可以刚化 AB 段梁,即把 AB 段梁看作刚体,而仅考虑 BC 段梁的变形,此时刚体 AB 段梁对变形体 BC 段梁的约束相当于一个固定端。而求 θ_B 与 w_B 时,则可以刚化 BC 段梁,仅考虑 AB 段梁的变形。由于 BC 段梁被看作刚体,不会产生变形,故可将集中力 F 静力等效地

移至截面 B 处,如图 20-8d)所示。式(b)中 $(\theta_B b + w_B)$ 表示刚化 BC 段梁时,由于截面 B 处的位移(转角 θ_B 与挠度 w_B)而引起的截面 C 处的刚体位移。

由表 20-1 可知

$$\theta_B = -\frac{Fa^2}{2EI_1} - \frac{(Fb)a}{EI_1} = -\frac{Fa(a+2b)}{2EI_1}$$

$$w_B = -\frac{Fa^3}{3EI_1} - \frac{(Fb)a^2}{2EI_1} = -\frac{Fa^2(2a+3b)}{6EI_1}$$

$$\theta_{C1} = -\frac{Fb^2}{2EI_2}, w_{C1} = -\frac{Fb^3}{3EI_2}$$

将上述各式分别代入式(a)与式(b),即可求得梁自由端 C 处的转角和挠度分别为

$$\theta_C = -\frac{Fa(a+2b)}{2EI_1} - \frac{Fb^2}{2EI_2}$$

$$w_C = -\frac{Fb^3}{3EI_2} - \frac{Fa}{3EI_1}(a^2 + 3ab + 3b^2)$$

从上例可见,在计算梁的变形时,可以把梁分成若干部分,首先计算其中某一段的弯曲变形,而将其余部分刚化(视作刚体);然后再考虑另一段的变形,其余部分仍然刚化,依次类推。值得注意的是,必须把变形段末端位移所引起的"刚化段"的刚体位移考虑进去。最后依次将各段变形所引起的梁的位移(包括附加的刚体位移)代数相加,即得到全梁的总位移,这种叠加方法,称为位移叠加法。

由于这种位移叠加法,总是单独考虑构件中某一段变形的效果而让其他部分刚化,以求得某一指定截面处的位移,然后将其余各段按照同样的做法逐段地轮换一遍,最后将求得的所有结果进行叠加。因此,这种方法又形象地称为逐段刚化法。

[例 20-6]试求图 20-9a)所示组合梁 D 点的挠度。已知梁的弯曲刚度为 EI,B 点为中间铰。

解:用逐段刚化法求组合梁 D 点的挠度 w_D

(1)刚化 BC 段,考虑 AB 段梁的变形。此时 AB 段梁的 B 端相当于被支承在固定铰支座上,因此 AB 段梁相当于一简支梁[图 20-9b)]。D 点的挠度为

$$w_{D1} = -\frac{F(2a)^3}{48EI} = -\frac{Fa^3}{6EI}$$

(2)刚化 AB 段,考虑 BC 段梁的变形。此时 BC 段梁为一悬臂梁,自由端 B 处承受由 AB 段梁静力等效过来的集中力(或由中间铰 B 传递过来的集中力)$F_B = F/2$[图 20-9c)]。由此在 B 点引起的挠度为

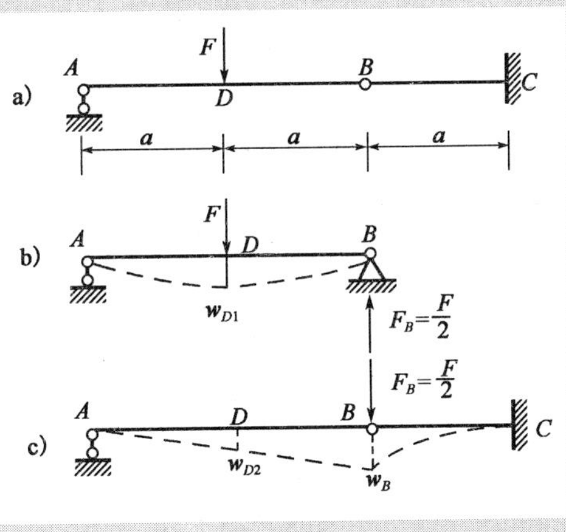

图 20-9

$$w_B = -\frac{\left(\frac{F}{2}\right)a^3}{3EI} = -\frac{Fa^3}{6EI}$$

由于 w_B 而在 D 点处引起的刚体位移为

$$w_{D2} = \frac{1}{2}w_B = -\frac{Fa^3}{12EI}$$

(3)梁在 D 点处的总挠度为

$$w_D = w_{D1} + w_{D2} = -\frac{Fa^3}{4EI}$$

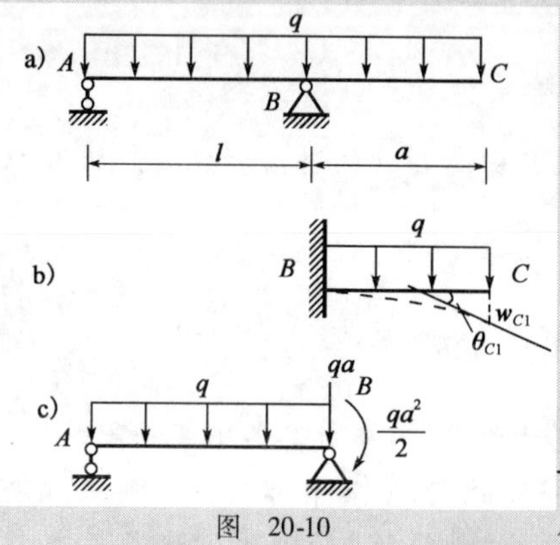

图 20-10

[例 20-7] 试求图 20-10a)所示外伸梁自由端 C 截面的转角和挠度。已知梁的弯曲刚度为 EI。

解: 用逐段刚化法求 θ_C 和 w_C

(1)刚化 AB 段,考虑 BC 段梁的变形,此时 BC 段梁可看作悬臂梁[图 20-10b)]

$$\theta_{C1} = -\frac{qa^3}{6EI}, w_{C1} = -\frac{qa^4}{8EI}$$

(2)刚化 BC 段,考虑 AB 段梁的变形。此时可将 BC 段梁上的荷载静力等效地移至 B 截面处[图 20-10c)],应用荷载叠加法,可求得 B 截面的转角为

$$\theta_B = \frac{ql^3}{24EI} - \frac{(qa^2/2)}{3EI}l = \frac{ql(l^2 - 4a^2)}{24EI}$$

而 B 截面的挠度　$w_B = 0$

(3)求 θ_C 和 w_C

$$\theta_C = \theta_{C1} + \theta_B = \frac{q(l^3 - 4a^2l - 4a^3)}{24EI}$$

$$w_C = w_{C1} + \theta_B a + w_B = \frac{qa}{24EI}(l^3 - 4a^2l - 3a^3)$$

第五节　梁的刚度条件及提高弯曲刚度的措施

一、梁的刚度条件

为使梁安全正常工作,应使梁具有足够的刚度,根据具体的工作要求,限制梁的最大挠度与跨长之比值和最大转角(或特定截面的挠度和转角),不超过某一规定的数值。所以,梁弯曲的刚度条件为

$$\frac{w_{max}}{l} \leqslant \left[\frac{w}{l}\right], \theta_{max} \leqslant [\theta] \tag{20-5}$$

式中,$\left[\frac{w}{l}\right]$是梁的许用挠度与跨长之比值;$[\theta]$是梁的许用转角。

许用挠度与跨长之比值$\left[\frac{w}{l}\right]$和许用转角$[\theta]$的值,是根据具体工作要求决定的。例如:

在土建工程中　　$\left[\frac{w}{l}\right] = \frac{1}{250} \sim \frac{1}{1000}$

在机械制造工程中 $\left[\frac{w}{l}\right]=\frac{1}{5000} \sim \frac{1}{10000}$

传动轴支座处 $[\theta]=0.005 \sim 0.001\text{rad}$

应该指出，对于一般土建工程中的构件，强度要求若满足，刚度条件一般也满足。因此，在设计工作中，刚度要求与强度要求相比，常处于从属地位。但当正常工作条件对构件的位移限制很严，或按强度条件所选用的构件截面过于单薄时，刚度条件有时也起控制作用。

与强度计算相类似，根据刚度条件，我们也可以进行以下三类刚度计算：(1)校核刚度；(2)设计截面；(3)确定最大许可荷载。

[例20-8] 简支梁受力如图20-11所示。已知梁的许用应力$[\sigma]=160\text{MPa}$，许用挠度$\left[\frac{w}{l}\right]=\frac{1}{500}$，弹性模量$E=200\text{GPa}$，试为梁选择合适的工字钢。

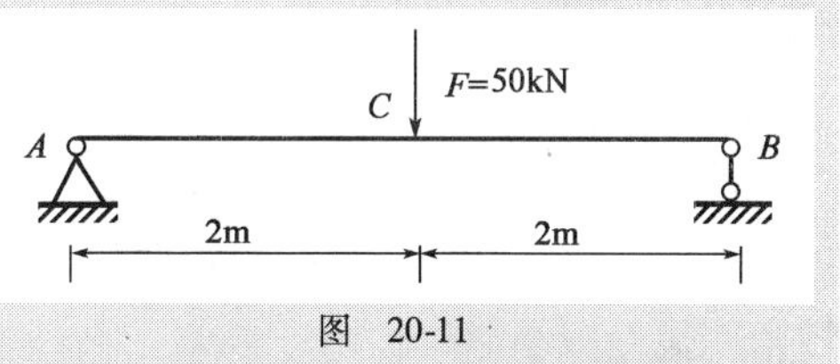

图 20-11

解：(1)按强度条件计算

简支梁的最大弯矩发生于跨中截面C，其值为

$$M_{\max}=\frac{F}{2}\times 2=50\text{kN}\cdot\text{m}$$

由强度条件 $$\sigma_{\max}=\frac{M_{\max}}{W_z}\leqslant[\sigma]$$

得 $$W_z\geqslant\frac{M_{\max}}{[\sigma]}=\frac{50\times 10^3}{160\times 10^6}\times 10^6=312.5\text{cm}^3$$

由型钢表查得22b工字钢的$W_z=325\text{cm}^3$，故按强度条件可以选用22b工字钢。

(2)按刚度条件计算

梁的最大挠度发生于跨中C截面处，其值为

$$|w|_{\max}=\frac{Fl^3}{48EI}\qquad(l=4\text{m})$$

由刚度条件 $$\frac{|w|_{\max}}{l}\leqslant\left[\frac{w}{l}\right]$$

得 $$\frac{Fl^2}{48EI}\leqslant\left[\frac{w}{l}\right]$$

所以 $$I\geqslant\frac{Fl^2}{48E\left[\frac{w}{l}\right]}=\frac{50\times 10^3\times 4^2}{48\times 200\times 10^9\times\frac{1}{500}}\times 10^8=4166.7\text{cm}^4$$

由型钢表查得25a工字钢的$I=5023\text{cm}^4$，$W_Z=402\text{cm}^4$，而22b工字钢的$I=3570\text{cm}^4$。所以要使梁同时满足强度条件与刚度条件，则应选用25a工字钢。可见，本例的截面尺寸是由刚度条件控制的。

二、提高梁的弯曲刚度的措施

工程中,通常要求受弯构件发生较小的转角和挠度,以保证构件具有足够的刚度。从表20-1可知,梁的转角和挠度与弯矩大小、弯曲刚度、支承条件以及梁的跨度有关,因此,应从这些因素去寻求提高梁刚度的措施。

1. 提高梁的弯曲刚度 *EI*

由于各种钢材的 E 是相近的,采用高强度的优质钢材代替普通钢材意义不大,且价格较贵,故应当选择合理的截面以加大惯性矩 I,即应使截面尽可能地分布在离中性轴较远处。如工程中的梁大多采用工字形、槽形或箱形截面等,这样既提高了梁的强度,又提高了梁的刚度。

2. 减小梁的跨度

由于梁的挠度和转角与梁跨度的几次幂成正比,因此如能设法减小梁的跨度,将能显著地减小挠度与转角。例如,将简支梁的两个支座内移,变成两端外伸的外伸梁,可使梁的挠度与转角明显地减小。

3. 增加梁的约束

在梁的跨度不允许减小的情况下,给梁增加一些约束,例如在简支梁中间增加铰支座,在悬壁梁的自由端增加铰支座等,可以减小梁的挠度和转角。

4. 改善受力情况

即尽量地减小弯矩值,例如将梁上的集中力尽可能地靠近支座,或将集中力分散成几个集中力或分布荷载等,可以减小梁的挠度和转角。

第六节　简单超静定梁

前面所讨论的梁,其约束反力都可通过静力平衡方程求得,皆为静定梁。在工程实际中,为提高梁的强度和刚度,或因构造上的需要,往往在静定梁上增加一个或几个约束。这时,未知约束反力的数目将多于平衡方程的数目,仅由静力平衡方程不能求解所有未知约束反力。这种梁称为超静定梁或静不定梁,未知力个数与独立平衡方程数之差称为超静定次数。

解超静定梁的方法与解拉压超静定问题类似,也需根据梁的变形协调条件和力与变形间的物理关系,建立补充方程,然后与静力平衡方程联立求解。如何建立补充方程,是解超静定梁的关键。

在超静定梁中,那些超过维持梁平衡所必需的约束,习惯上称为多余约束;与其相应的支座反力称为多余约束反力。撤除超静定梁上的多余约束后得到的静定梁,称为原超静定梁的基本静定系。例如,[图20-12a)]所示的超静定梁,如果以 B 端的可动铰支座为多余约束,将其撤除后而形成的悬臂梁[图20-12b)]即为原超静定梁的基本静定系。

为使基本静定梁的受力及变形情况与原超静定梁完全一致,作用于基本静定梁上的外力除原来的荷载外,还应加上多余支座反力,称为原超静定梁的相当系统。要使相当系统与原结构等同,则在约束解除处应满足原结构的约束条件,即变形协调条件(或称变形几何方程),将力与位移间的物理关系代入变形协调条件,即可建立补充方程。

[**例 20-9**]求图 20-12a)所示梁中固定端 A 和铰支座 B 处的约束反力，已知梁的弯曲刚度 EI 为常量。

解:由受力图可知，共 4 个未知反力 F_{Ax},F_{Ay},M_A,F_B，而静力学平衡方程只有 3 个，即

$$\left.\begin{aligned}\sum F_x &= 0 \qquad F_{Ax} = 0 \\ \sum F_y &= 0 \qquad F_{Ay} + F_B - ql = 0 \\ \sum M_A &= 0 \qquad F_B l - \frac{1}{2}ql^2 + M_A = 0\end{aligned}\right\} \quad \text{(a)}$$

所以该问题为一次超静定的。

如果解除 B 处的约束，并用 F_B 来代替，则得到如图 20-12c)所示的相当系统。

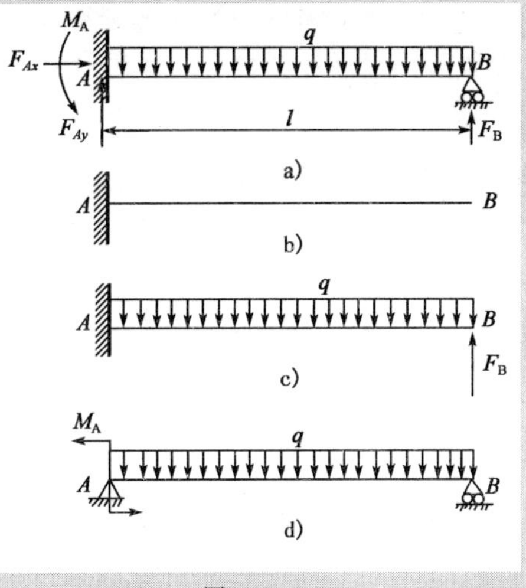

图 20-12

变形协调条件为

$$w_B = 0 \qquad \text{(b)}$$

利用叠加法求得 B 处的挠度为

$$w_B = \frac{F_B l^3}{3EI} - \frac{ql^4}{8EI}$$

将上述物理方程代入变形协调条件式(b)，得补充方程为

$$w_B = \frac{F_B l^3}{3EI} - \frac{ql^4}{8EI} = 0 \qquad \text{(c)}$$

解出

$$F_B = \frac{3ql}{8}$$

将上式代入静力学平衡方程式(a)，解得

$$F_{Ay} = \frac{5}{8}ql, \quad M_A = \frac{1}{8}ql^2$$

当然，也可以解除 A 处的转动约束，并以多余约束反力偶 M_A 代替其作用，则原梁的相当系统如图 12-12d)所示。而相应的变形协调条件是截面 A 的转角为零，即

$$\theta_A = 0$$

由此求得的支反力与上述解答完全相同(请读者自己完成)。由此可见，相当系统的选取，并非是唯一的。

思 考 题

20-1　什么是梁的挠曲线？什么是梁的挠度及截面转角？挠度及截面转角有什么关系？该关系成立的条件是什么？

20-2　用挠曲线的近似微分方程求解梁的变形时，它的近似性表现在哪里？

20-3　如何利用积分法计算梁的位移？如何根据挠度与转角的正负判断位移的方向？最大挠度处的横截面转角是否一定为零？

20-4　用积分法求梁的挠曲线方程时在什么情况下需要分段？将会出现多少个积分常数？

20-5　用积分法求梁的挠曲线方程时在什么地方需要用到连续性条件？在中间铰处的连续性条件是什么？

20-6　提高梁弯曲刚度主要有哪些措施？

20-7　超静定结构中杆件的内力假定与变形假定有什么关系？可以随意假定吗？

20-8　悬臂梁在自由端受一集中力偶 M 作用，其挠曲线应为一圆弧，但用积分法计算出的挠曲线方程为 $w=\frac{Mx^2}{2EI}$ 是一条抛物线方程，为什么？

习　题

20-1　根据荷载及支承情况，画出图示各梁挠曲线的大致形状。

20-2　用积分法求图示各梁（EI 为常量）的转角方程和挠曲线方程，并求 A 截面的转角和 C 截面的挠度。

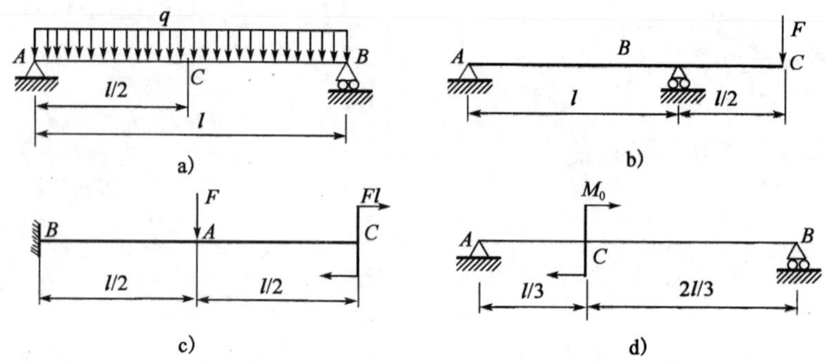

习题 20-1 图

20-3　用积分法求图示各梁的挠曲线方程时，要分几段积分？根据什么条件确定积分常数？图 b）中梁右端支承于弹簧上，其弹簧常数为 c。

20-4　试用叠加法求图示悬臂梁中点处的挠度 w_C 和自由端的挠度 w_B。

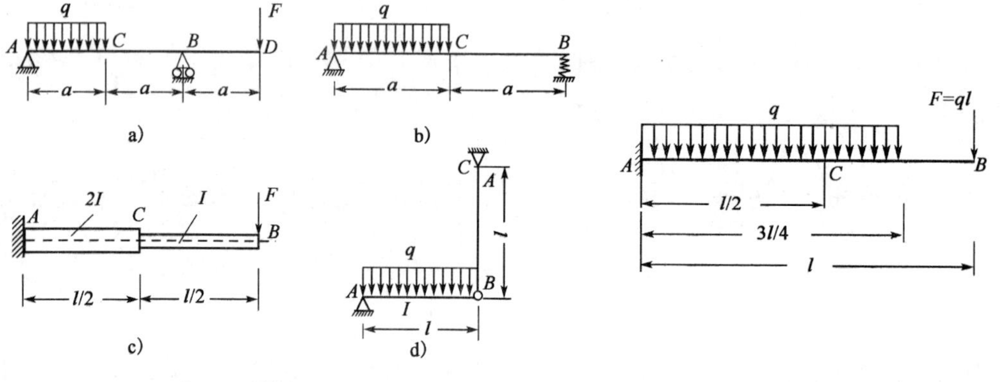

习题 20-3 图　　　　习题 20-4 图

20-5　试用叠加法求图示外伸梁外伸端的挠度和转角。

20-6　用叠加法求图示阶梯悬臂梁自由端的挠度 w_B。

20-7　如图所示，直角拐 AB 与 AC 轴刚性连接，A 处为一轴承，允许 AC 轴的端截面在轴承内自由转动，但不能上下移动。已知 $F=60\text{N}$，$E=210\text{GPa}$，$G=0.4E$。试求截面 B 的垂直位移。

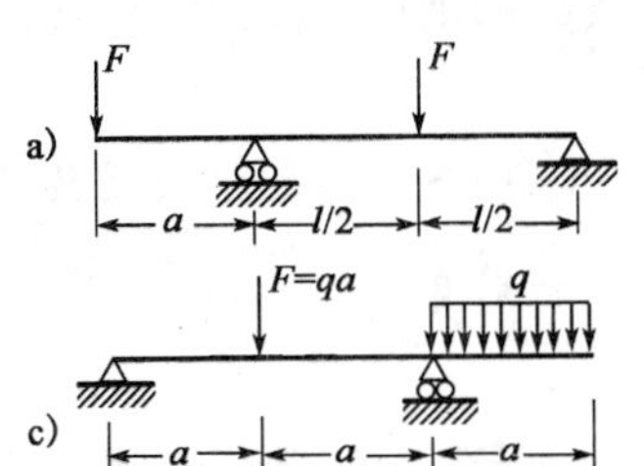

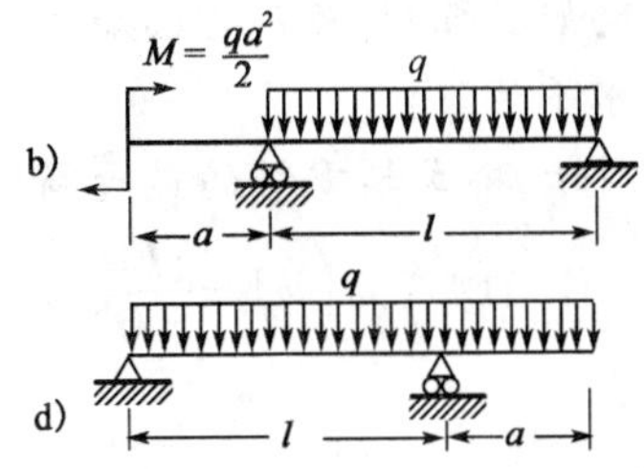

习题 20-5 图

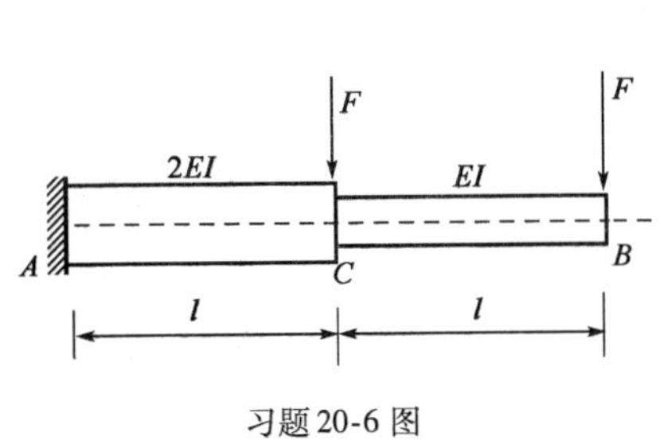

习题 20-6 图

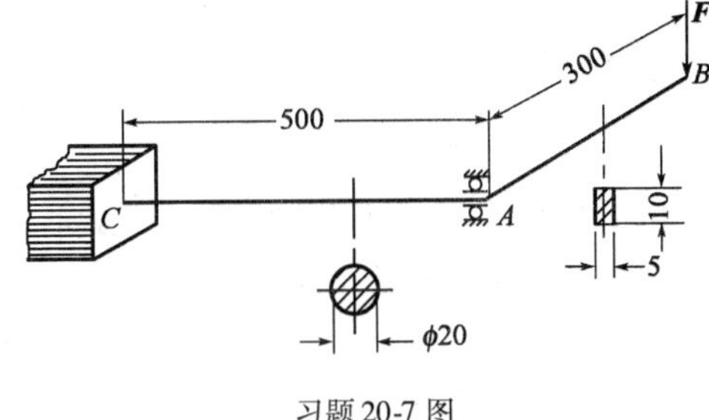

习题 20-7 图

20-8　如图所示，一等截面直梁的 EI 已知，梁下面有一曲面，方程为 $y = -Ax^3$。欲使梁变形后刚好与该曲面密合（曲面不受力），梁上需加什么荷载？大小、方向如何？作用在何处？

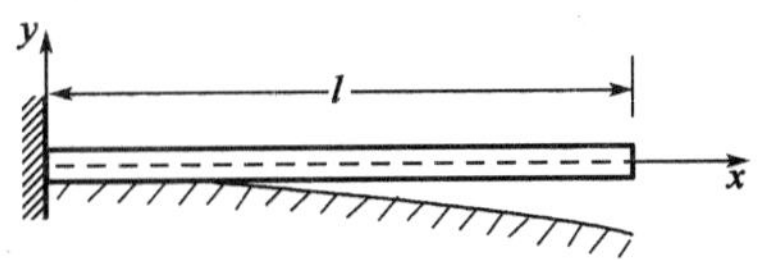

习题 20-8 图

20-9　弹簧扳手的主要尺寸及其受力简图如图所示，材料 $E = 210\text{GPa}$。当扳手产生 200N · m的力矩时，试求 C 点（刻度所在处）的挠度。

20-10　如图所示磨床砂轮主轴，轴的外伸端长度为 $a = 100\text{mm}$，轴承间的距 $l = 350\text{mm}$，$E = 210\text{GPa}$，$F_y = 600\text{N}$，$F_z = 200\text{N}$，试求主轴外伸端的总挠度。

20-11　用叠加法计算图示梁 A 点的挠度 w_A。

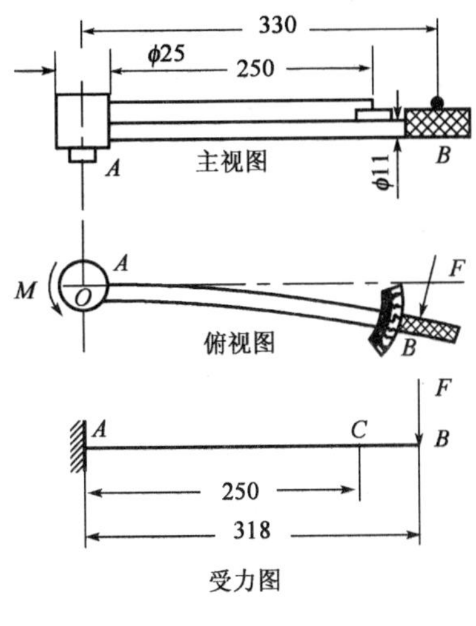

习题 20-9 图　（尺寸单位：mm）

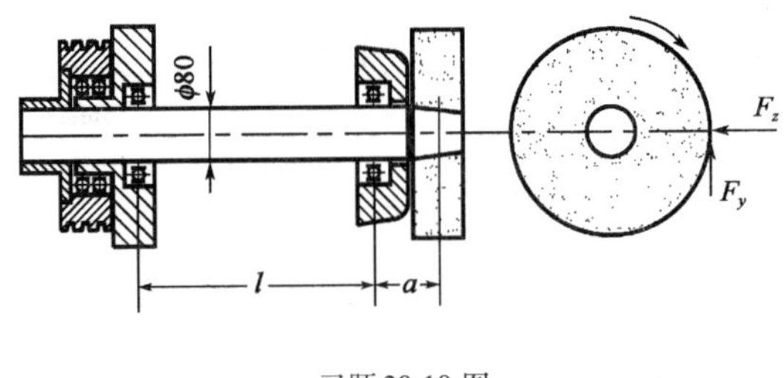

习题 20-10 图

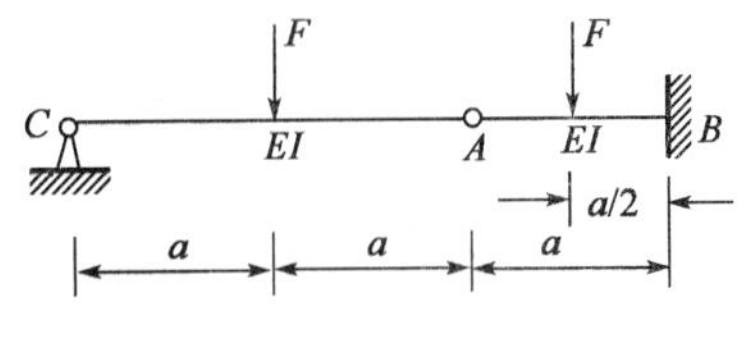

习题 20-11 图

20-12　简支梁如图所示，若 E 为已知，试求 A 点的水平位移(提示：可认为轴线上各点，如 B 点，在变形后无水平位移)。

20-13　如图所示，桥式起重机的最大荷载为 $F=20\text{kN}$。起重机大梁为 32a 工字钢，$E=210\text{GPa}$，$l=8.76\text{m}$，许用刚度为 $[w]=\dfrac{l}{500}$。校核大梁的刚度。

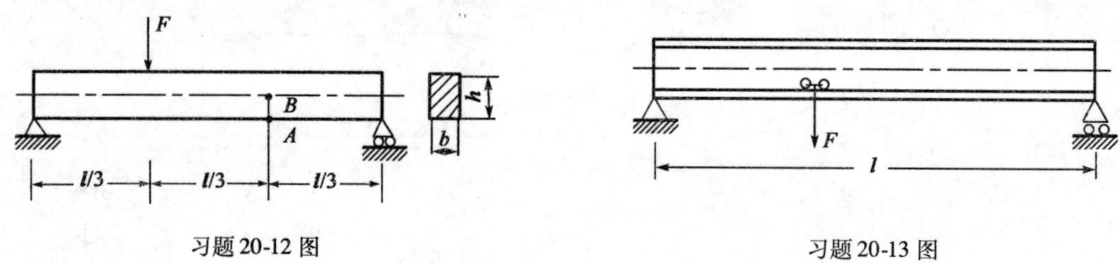

习题 20-12 图　　　　习题 20-13 图

20-14　矩形截面悬臂梁受载如图所示，已知 $q=10\text{kN/m}$，$l=3\text{m}$，$[w/l]=1/250$，$[\sigma]=120\text{MPa}$，$E=200\text{GPa}$，且 $h=2b$，求截面尺寸。

20-15　如图所示，滚轮在吊车梁上滚动。若要使滚轮在梁上恰好成一水平路径，问需要把梁先弯成什么形状[用 $w=f(x)$ 的方程式表达]，才能达到此要求？

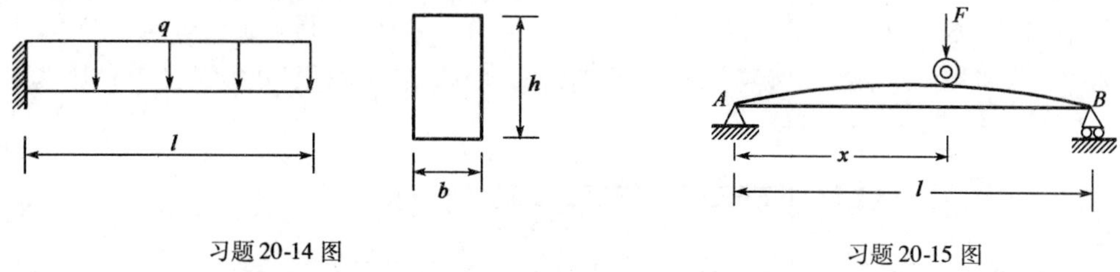

习题 20-14 图　　　　习题 20-15 图

20-16　试求如图所示各梁的支座反力，并作弯矩图。各梁的 EI 均为常数。

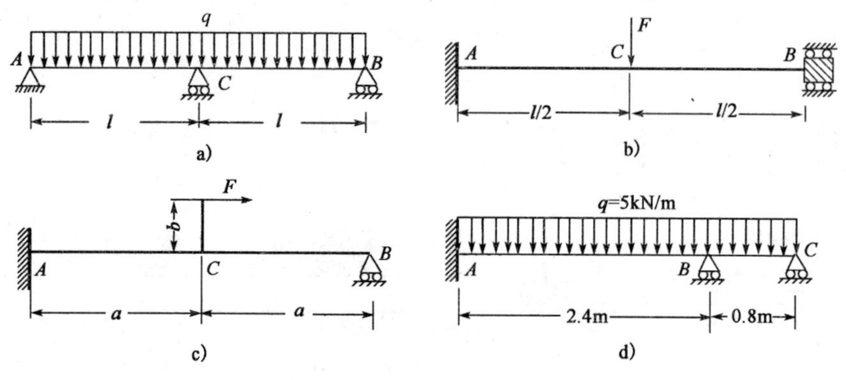

习题 20-16 图

20-17　已知图示两梁的 $l_1/l_2=2/3$，$EI_1/(EI_2)=4/5$。求各梁的最大弯矩。

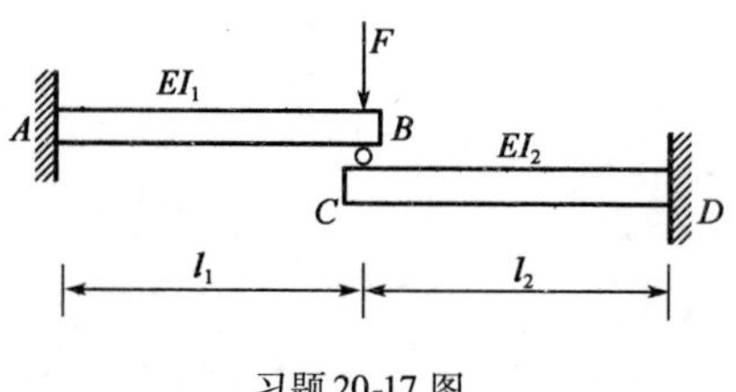

习题 20-17 图

第二十一章　应力状态分析与强度理论

本章要点

- 应力状态的概念,包括应力状态的分类;
- 平面应力状态分析;
- 三向应力状态简介;
- 复杂应力状态下的应力—应变关系;
- 复杂应力状态下的应变能密度;
- 平面应力状态下的应变分析简介;
- 常用的强度理论及其应用。

第一节　概　　述

一、一点处的应力状态的概念

由于荷载和构件形状的复杂性,构件内各点的应力情况一般不相同,即使在同一点处,应力又随所取截面方位的不同而改变。定义:受力构件内任一点各个不同方位截面上的应力情况的集合称为“一点的应力状态”。研究一点的应力状态,称为应力分析,目的是为了判断受力构件内哪一点、在什么方向上最危险,为复杂受力情况下的强度计算做好准备。

要描述受力构件内一点的应力状态,通常是围绕该点截取出一个无限小的正六面体,称为单元体。如果单元体各个侧面上的应力已知,则该点的应力状态就完全确定了。这是因为:(1)单元体尺寸无限小,它可以代表一点;(2)单元体各个侧面上的应力可以认为是均匀分布的,并且互相平行的面上的应力大小相等、方向相反,它就代表了该点处该截面方位上的应力情况;(3)该点处其他截面方位上的应力可通过截面法,由静力平衡方程求解。

受力构件内一点处最一般情况下的应力单元体如图 21-1 所示,它的每个面上有 3 个应力分量。

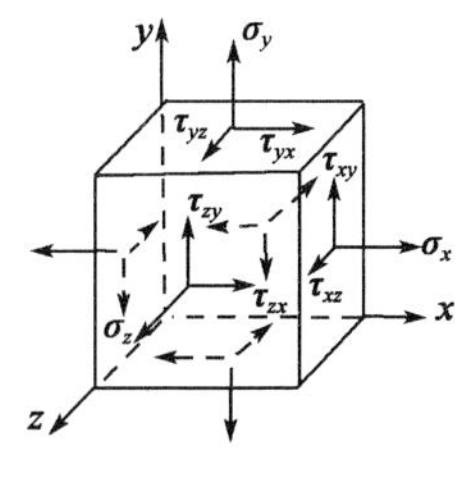

图　21-1

例如,以 x 轴为外法线的截面上的应力分量为 $\sigma_x, \tau_{xy}, \tau_{xz}$;以 y 轴为外法线的截面上的应力分量为 $\sigma_y, \tau_{yx}, \tau_{yz}$;以 z 轴为外法线的截面上的应力分量为 $\sigma_z, \tau_{zx}, \tau_{zy}$;故共有 9 个应力分量。根据切应力互等定理,有 $\tau_{xy}=\tau_{yx}, \tau_{yz}=\tau_{zy}, \tau_{zx}=\tau_{xz}$,所以,描述一点的应力状态,只有 6 个独立的应力分量 $\sigma_x, \sigma_y, \sigma_z$ 和 $\tau_{xy}, \tau_{yz}, \tau_{zx}$。

二、应力状态的分类

若单元体某个面上的切应力为零,则称该面为主平面,主平面上的正应力称为主应力。由弹性理论可以证明:受力构件内某点处,以不同方位截取的诸单元体中必有一特殊的单元体,其3个互相垂直的面均为主平面。此单元体称为主单元体,相应的3个主应力,习惯上用σ_1,σ_2,σ_3表示,并以其代数值大小按$\sigma_1 \geqslant \sigma_2 \geqslant \sigma_3$的顺序排列。由于构件的受力情况不同,应力状态亦不一样。依据3个主应力数值的不同,分为下列3种应力状态:

(1)仅有一个主应力数值不等于零的应力状态,称为单向应力状态;

(2)两个主应力数值不等于零的应力状态,称为二向应力状态(或平面应力状态);

(3)三个主应力数值均不为零的应力状态,称为三向应力状态(或空间应力状态)。二向应力状态和三向应力状态统称为复杂应力状态。

第二节　平面应力状态分析

一、斜截面上的应力

平面应力状态的一般单元体如图21-2a)所示,由于单元体前后两个面上不受力(为主平面,且该主平面上的主应力等于零),故可将该单元体向主应力等于零的主平面投影,得到平面应力状态的平面图形单元体如图21-2b)所示。可见,描述平面应力状态,一般有4个应力分量:σ_x,σ_y和τ_{xy},τ_{yx}。由切应力互等定理可知,$\tau_{xy}=\tau_{yx}$,故4个应力分量中只有3个是独立的。现已知σ_x,σ_y和τ_{xy},并约定以下符号规则:σ_x,σ_y为拉应力时取正值,τ_{xy}绕单元体顺时针旋转时为正值,反之则为负值。现求与z轴平行的任一斜截面BC上的应力分量σ_α及τ_α。

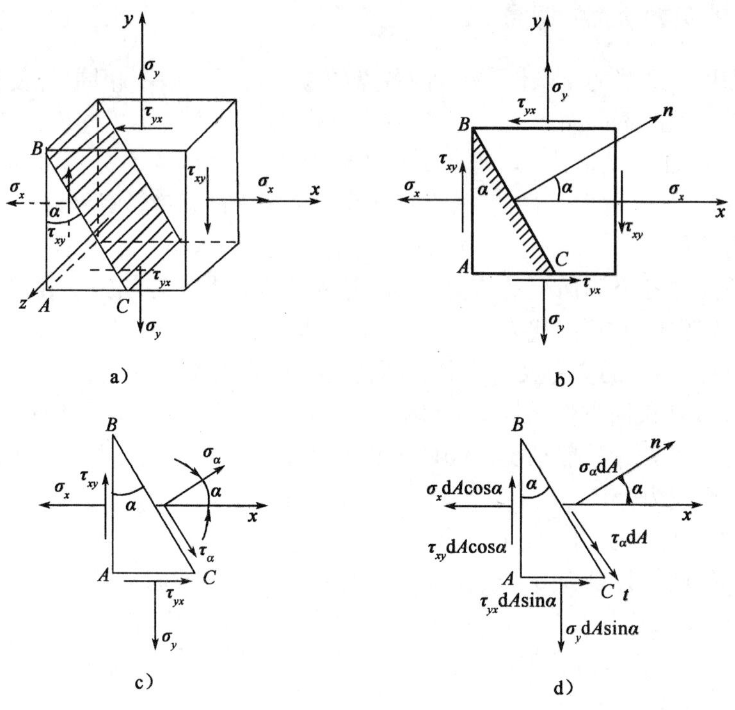

图　21-2

设斜截面的外法线n与x轴成α角(其正负规定为:由x轴转至外法线n,逆时针转向为正,反之为负)。应用截面法,将单元体沿斜截面BC一分为二,取BAC部分为隔离体,如

图 21-2c)所示,规定 σ_α 以拉应力为正,τ_α 以绕示力体顺时针旋转者为正,反之为负。设斜截面 BC 的面积为 $\mathrm{d}A$,则侧面 AB 和底面 AC 的面积分别为 $\mathrm{d}A\cos\alpha$ 和 $\mathrm{d}A\sin\alpha$。将各平面上的应力乘以其作用面的面积后,可得作用于楔形体 ABC 上的各力,如图 21-2c)所示。考虑楔形体 ABC 的平衡,以斜截面的法线 n 和切线 t 为参考轴,由平衡方程,得

$$\sum F_n = 0,\quad \sigma_\alpha \mathrm{d}A + (\tau_{xy}\mathrm{d}A\cos\alpha)\sin\alpha - (\sigma_x \mathrm{d}A\cos\alpha)\cos\alpha + (\tau_{yx}\mathrm{d}A\sin\alpha)\cos\alpha - (\sigma_y \mathrm{d}A\sin\alpha)\sin\alpha = 0$$

$$\sum F_t = 0,\quad \tau_\alpha \mathrm{d}A - (\tau_{xy}\mathrm{d}A\cos\alpha)\cos\alpha - (\sigma_x \mathrm{d}A\cos\alpha)\sin\alpha + (\tau_{yx}\mathrm{d}A\sin\alpha)\sin\alpha + (\sigma_y \mathrm{d}A\sin\alpha)\cos\alpha = 0$$

利用切应力互等定理$\tau_{xy} = \tau_{yx}$(这里是指数值相等),并在上述二式中消去 $\mathrm{d}A$ 后,得

$$\left.\begin{aligned} \sigma_\alpha &= \frac{\sigma_x + \sigma_y}{2} + \frac{\sigma_x - \sigma_y}{2}\cos 2\alpha - \tau_{xy}\sin 2\alpha \\ \tau_\alpha &= \frac{\sigma_x - \sigma_y}{2}\sin 2\alpha + \tau_{xy}\cos 2\alpha \end{aligned}\right\} \tag{21-1}$$

式(21-1)即为求斜截面上应力的计算公式。

下面考察外法线与 x 轴成 $\alpha + 90°$角的斜截面上的应力情况,由式(21-1)知

$$\left.\begin{aligned} \sigma_{\alpha+90°} &= \frac{\sigma_x + \sigma_y}{2} - \frac{\sigma_x - \sigma_y}{2}\cos 2\alpha + \tau_{xy}\sin 2\alpha \\ \tau_{\alpha+90°} &= -\frac{\sigma_x - \sigma_y}{2}\sin 2\alpha - \tau_{xy}\cos 2\alpha \end{aligned}\right\} \tag{a}$$

由式(a)与式(21-1)得以下结果

$$\left.\begin{aligned} \sigma_\alpha + \sigma_{\alpha+90°} &= \sigma_x + \sigma_y \\ \tau_\alpha &= -\tau_{\alpha+90°} \end{aligned}\right\} \tag{b}$$

第一个式子说明:相互垂直的任意两截面上的正应力之和是一个定值,与坐标系的选择无关,第二个式子再次说明了切应力互等定理的正确性。

二、应力圆

在式(21-1)中,将$\dfrac{\sigma_x + \sigma_y}{2}$移至等式左边,再将两式分别平方后相加,得

$$\left(\sigma_\alpha - \frac{\sigma_x + \sigma_y}{2}\right)^2 + \tau_\alpha^2 = \left(\frac{\sigma_x - \sigma_y}{2}\right)^2 + \tau_{xy}^2 \tag{c}$$

由式(c)可见,当斜截面随方位角 α 变化时,其上的应力(σ_α,τ_α)在 $\sigma - \tau$直角坐标系内的轨迹是一个圆,其圆心坐标为$\left(\dfrac{\sigma_x + \sigma_y}{2}, 0\right)$,半径为$\sqrt{\left(\dfrac{\sigma_x - \sigma_y}{2}\right)^2 + \tau_{xy}^2}$,如图 21-3 所示。该圆习惯上称为应力圆,或称为莫尔(O. Mohr)应力圆。

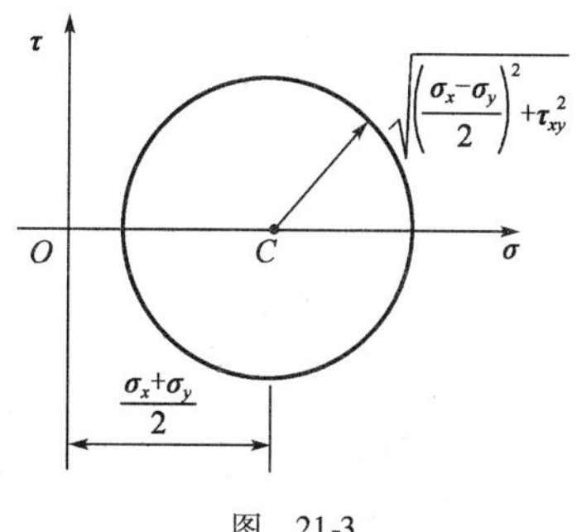

图 21-3

下面以图 21-4a)所示的单元体为例说明应力圆的作法。

(1)在 $\sigma - \tau$直角坐标系内,按选定的比例尺量取横坐标$\overline{OA} = \sigma_x$,纵坐标$\overline{AD} = \tau_{xy}$,得到 D 点[图 21-4b)]。该点的横坐标和纵坐标分别对应单元体上以 x 轴为外法线的面上的正应力和切应力。

(2)量取$\overline{OB} = \sigma_y$,$\overline{BD'} = \tau_{yx} = -\tau_{xy}$,得到 D'点。同理 D'点的横坐标和纵坐标分别对应单元体上以 y 轴为外法线的面

上的正应力和切应力。

(3)连接 DD' 两点，交横坐标轴于 C 点，以 C 点为圆心，CD 为半径作圆，即得到所求的应力圆。

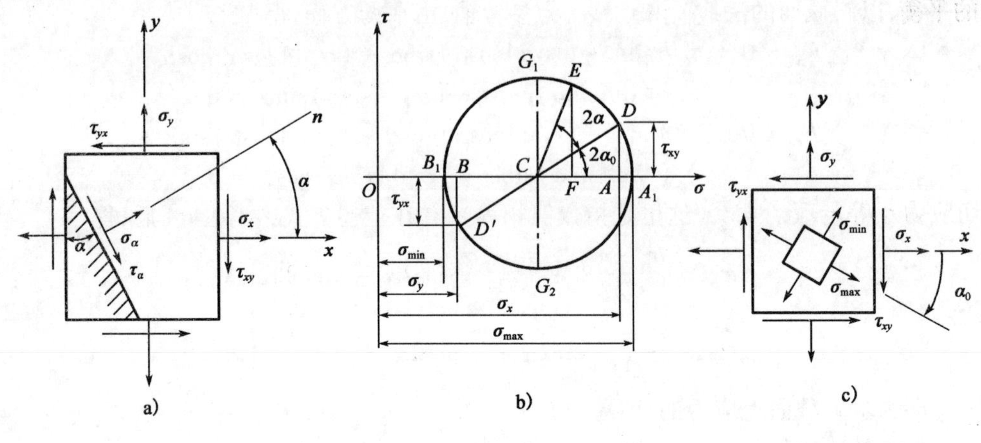

图 21-4

下面简单地证明一下：

所作圆的圆心在 σ 轴上，因 $\Delta ADC \cong \Delta BD'C$，故 C 点是 AB 的中点，即

$$\overline{OC} = \frac{1}{2}(\overline{OA} + \overline{OB}) = \frac{\sigma_x + \sigma_y}{2}$$

$$\overline{AC} = \frac{1}{2}(\overline{OA} - \overline{OB}) = \frac{\sigma_x - \sigma_y}{2}$$

从而可知 C 点的坐标为 $\left(\frac{\sigma_x + \sigma_y}{2}, 0\right)$，$CD$ 的长度是

$$\overline{CD} = \sqrt{AC^2 + AD^2} = \sqrt{\left(\frac{\sigma_x - \sigma_y}{2}\right)^2 + \tau_{xy}^2}$$

现用应力圆确定单元体任一斜截面上的应力。仍以图 21-4a)为例，可首先选择外法线为 x 轴的面为基准面，应力圆上相应的基准点为 D，以 C 为圆心，将半径 CD 从 D 点逆时针转动 2α 角，转到 CE 处，这时 E 点的横坐标和纵坐标分别代表了 α 斜截面上的正应力 σ_α 和切应力 τ_α。上述作图方法的正确性请读者自己加以证明。

三、主应力及主平面的位置

利用应力圆可容易地确定单元体上两个主应力的数值及主平面方位。切应力为零的平面为主平面，主平面上的正应力为主应力。由图 21-4b)知，A_1，B_1 两点的纵坐标均等于零，即两点的切应力为零，这两点对应着单元体上的两个主平面，两点的横坐标 $\overline{OA_1}$，$\overline{OB_1}$ 分别代表两个主应力中的最大值和最小值，分别以 σ_{max} 和 σ_{min} 表示，则有

$$\left.\begin{matrix}\sigma_{max}\\ \sigma_{min}\end{matrix}\right\} = \frac{\sigma_x + \sigma_y}{2} \pm \sqrt{\left(\frac{\sigma_x - \sigma_y}{2}\right)^2 + \tau_{xy}^2} \tag{21-2}$$

式(21-2)即为求主应力的计算公式。按主应力标号规定，若求出的 σ_{max} 和 σ_{min} 均为正值，则分别记为 σ_1 和 σ_2；若 σ_{max} 和 σ_{min} 均为负值，则分别记为 σ_2 和 σ_3；若 $\sigma_{max} > 0$，$\sigma_{min} < 0$，则分别记为 σ_1 和 σ_3；另外一个主应力为零。

主平面的方位角 α_0 也可很方便地由图 21-4b)所示的应力圆求出

$$\tan 2\alpha_0 = -\frac{2\tau_{xy}}{\sigma_x - \sigma_y} \tag{21-3}$$

式中的负号是因为角度 α_0 规定逆时针转向为正，而图中 α_0 是顺时针转向。这是一个周期为 $\frac{\pi}{2}$ 的周期函数，若 α_0 满足式(21-3)，则 $\alpha_0+\frac{\pi}{2}$ 也满足式(21-3)。α_0 和 $\alpha_0+\frac{\pi}{2}$ 就对应了两个主平面。至于 α_0 确定的主平面是对应于主应力 σ_{max} 或 σ_{min}，可由应力圆很方便地判别出来。

[例 21-1] 单元体面上的应力如图 21-5a)所示，求：

(1)指定斜截面上的应力；

(2)主应力；

(3)在单元体上绘出主平面的位置及主应力的方向。

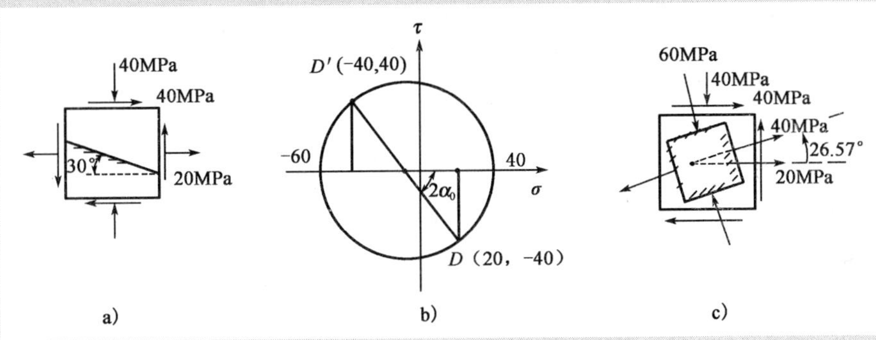

图 21-5

解： 由图 21-5a)知 $\sigma_x=20\text{MPa}$，$\sigma_y=-40\text{MPa}$，$\tau_{xy}=-40\text{MPa}$，$\alpha=60°$

(1)求斜面上的应力

由式(21-1)知

$$\begin{aligned}\sigma_{60°} &= \frac{\sigma_x+\sigma_y}{2}+\frac{\sigma_x-\sigma_y}{2}\cos 2\alpha - \tau_{xy}\sin 2\alpha \\ &= \frac{20+(-40)}{2}+\frac{20-(-40)}{2}\cos 120° - (-40)\sin 120° \\ &= 9.64\text{MPa}\end{aligned}$$

$$\begin{aligned}\tau_{60°} &= \frac{\sigma_x-\sigma_y}{2}\sin 2\alpha + \tau_{xy}\cos 2\alpha \\ &= \frac{20-(-40)}{2}\sin 120° + (-40)\cos 120° \\ &= 45.98\text{MPa}\end{aligned}$$

(2)求主应力

由式(21-2)得

$$\left.\begin{matrix}\sigma_{max}\\ \sigma_{min}\end{matrix}\right\} = \frac{\sigma_x+\sigma_y}{2} \pm \sqrt{\left(\frac{\sigma_x-\sigma_y}{2}\right)^2+\tau_{xy}^2}$$

$$= \frac{20+(-40)}{2} \pm \sqrt{\left(\frac{20-(-40)}{2}\right)^2+(-40)^2}$$

$$= \begin{cases}40\text{MPa}\\ -60\text{MPa}\end{cases}$$

所以,该单元体的3个主应力分别为 $\sigma_1=40\text{MPa}, \sigma_2=0, \sigma_3=-60\text{MPa}$。

(3)求主平面位置

由式(21-3)得

$$\tan 2\alpha_0=-\frac{2\tau_{xy}}{\sigma_x-\sigma_y}=-\frac{2\times(-40)}{20-(-40)}=\frac{4}{3}$$

得

$$\alpha_0=26.57^\circ$$

为了确定 $\alpha_0=26.57^\circ$ 对应的是哪一个主应力,可先作出应力圆如图21-5b)所示。从应力圆可见,从 D 点逆时针旋转 $2\alpha_0$ 后得到的主平面上的主应力为 σ_{max},由此可作出主单元体如图21-5c)所示。

使用应力圆时,注意把握以下几点。

(1)点面对应。即应力圆上的点与斜截面上的应力分量一一对应。

(2)倍角对应。即应力圆上任意两点之间的圆弧所对圆心角两倍于单元体上相对应两斜截面的外法线之间的夹角。

(3)转向一致。即应力圆半径的转动方向与微元面外法线转动方向一致。

[例 21-2] 已知图21-6a)所示单元体中,$\sigma_x=90\text{MPa}$,$\sigma_y=-50\text{MPa}$,且 $\sigma_{max}=100\text{MPa}$,求 σ_{min} 和 τ_{xy},并求出主平面方位角。

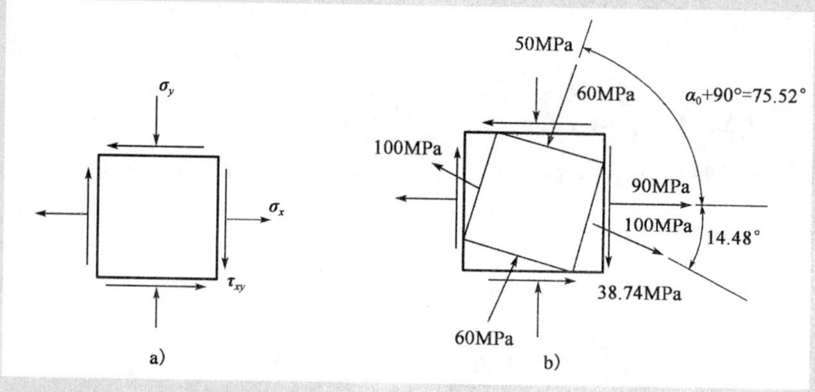

图 21-6

解:(1)求 σ_{min} 和 τ_{xy}

由式(21-2)知

$$\left.\begin{matrix}\sigma_{max}\\ \sigma_{min}\end{matrix}\right\}=\frac{\sigma_x+\sigma_y}{2}\pm\sqrt{\left(\frac{\sigma_x-\sigma_y}{2}\right)^2+\tau_{xy}^2}$$

$$=\frac{90-50}{2}+\sqrt{\left(\frac{90+50}{2}\right)^2+\tau_{xy}^2}$$

将 $\sigma_{max}=100\text{MPa}$ 代入上式得

$$20+\sqrt{4900+\tau_{xy}^2}=100$$

解得

$$\tau_{xy}=\sqrt{6400-4900}=38.74\text{MPa}$$

将 σ_x,σ_y 及 τ_{xy} 的值代入式(21-2),得

$$\sigma_{\min} = \frac{90 - 50}{2} - \sqrt{\left(\frac{90 + 50}{2}\right)^2 + 38.73^2} \approx -60\text{MPa}(\text{压应力})$$

(2)确定主平面

由公式(21-3)知

$$\tan 2\alpha_0 = -\frac{2\tau_{xy}}{\sigma_x - \sigma_y} = \frac{-2 \times 38.73}{90 - (-50)} = -0.5533$$

可得

$$\alpha_0 = -14.48°$$

此解对应于$\sigma_{\max}$方向,另一主平面方位角$\beta_0 = \alpha_0 + 90° = 75.52°$对应于$\sigma_{\min}$方向,如图21-6b)所示。

第三节　三向应力状态简介

处于三向应力状态的一点处的3个主应力σ_1,σ_2和σ_3已知时,就可以研究该点处的最大正应力和最大切应力。作为构件在三向应力状态下危险点强度计算的基础,首先分析与σ_2平行的各面上的应力。为此,用一平行于σ_2平面,假想地将单元体截开[图21-7a)],任取一部分棱柱体为分离体来研究。由于它的上、下表面积相等,应力均为σ_2,故在这两个面上的力自相平衡。因此,斜截面上的应力仅与σ_1和σ_3有关,而与σ_2无关,所以可将其简化为受σ_1和σ_3作用的平面应力状态问题[图21-7b)]。

利用上节讲述的方法,画出相应的应力圆[图21-7c)中M_1M_3代表的圆],从应力圆上可以看出,与σ_2平行的各截面上的最大切应力为$\tau_{13} = \frac{\sigma_1 - \sigma_3}{2}$。同理,与$\sigma_1$和$\sigma_3$平行的各截面上的应力可分别由图21-7c)中$M_2M_3$及$M_1M_2$表示的应力圆上的各点求得,相应的最大切应力分别为

$$\tau_{23} = \frac{\sigma_2 - \sigma_3}{2}, \tau_{12} = \frac{\sigma_1 - \sigma_2}{2}$$

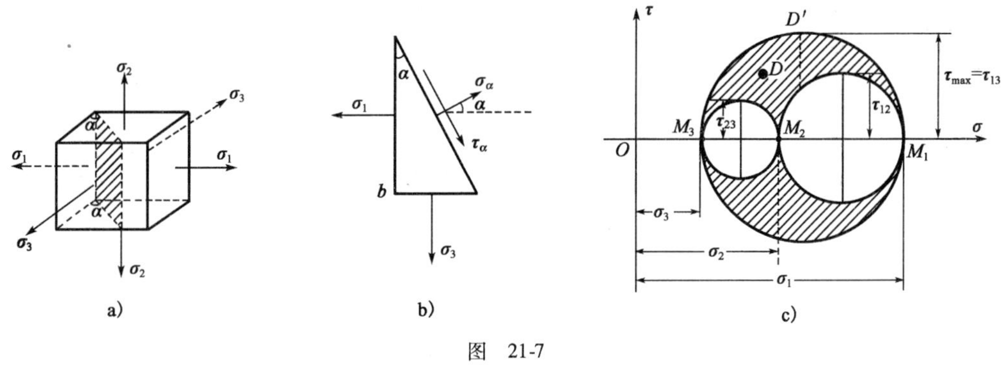

图　21-7

进一步的研究证明:表示与3个主平面斜交的任意截面上的应力的D点必位于3个应力圆所围成的阴影范围内。由此可见,对于一个三向应力状态下的单元体,可以画出诸如图21-7c)所示的3个应力圆,称为三向应力圆。

根据上面的分析可知,最大正应力(指代数值)应等于应力圆上 M_1 点的横坐标,最小的正应力应等于 M_3 点的横坐标,即 σ_1 和 σ_3 分别为单元体的最大正应力(代数值)和最小正应力(代数值),而最大切应力则为最大应力圆上 D' 点的纵坐标

$$\tau_{\max} = \frac{\sigma_1 - \sigma_3}{2} \tag{21-4}$$

从三向应力圆可知:最大切应力所在的截面与 σ_2 主平面相垂直,并与 σ_1 和 σ_3 主平面各成45°角。

[例 21-3]已知单元体如图 21-8a)所示,试求主应力与最大切应力,并画出三向应力圆。

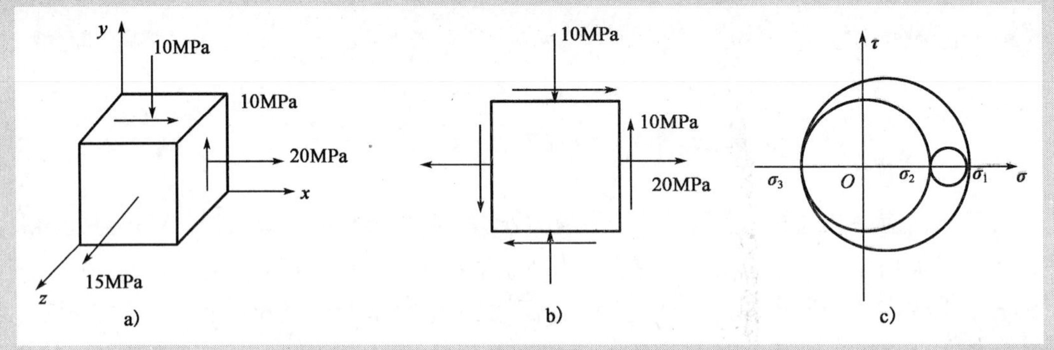

图 21-8

解:这是一个三向应力状态的单元体,且已知一个主应力为 $\sigma_z = 15\text{MPa}$,另外两个主平面必与 z 轴平行。故可将该单元体向 xy 平面投影,得到一个平面应力状态的单元体,如图 21-8b)所示,且有 $\sigma_x = 20\text{MPa}$, $\sigma_y = -10\text{MPa}$, $\tau_{xy} = -10\text{MPa}$。由公式(21-2)得

$$\left.\begin{matrix}\sigma_{\max}\\ \sigma_{\min}\end{matrix}\right\} = \frac{\sigma_x + \sigma_y}{2} \pm \sqrt{\left(\frac{\sigma_x - \sigma_y}{2}\right)^2 + \tau_{xy}^2}$$

$$= \frac{20-10}{2} \pm \sqrt{\left(\frac{20+10}{2}\right)^2 + 10^2} = \begin{cases}23.03\text{MPa}\\ -13.03\text{MPa}\end{cases}$$

所以,3 个主应力分别为 $\sigma_1 = 23.03\text{MPa}$, $\sigma_2 = 15\text{MPa}$, $\sigma_3 = -13.03\text{MPa}$。

最大切应力为

$$\tau_{\max} = \frac{\sigma_1 - \sigma_3}{2} = \frac{23.03 - (-13.03)}{2} = 18.03\text{MPa}$$

由 3 个主应力可作出三向应力圆如图 21-8c)所示。

第四节　复杂应力状态下的应力—应变关系

一、广义胡克定律

材料试验表明,当应力未超过比例极限时,正应力 σ 与线应变 ε 成正比,切应力 τ 与切应变 γ 成正比,引入比例系数后得

$$\sigma = E\varepsilon, \tau = G\gamma \tag{21-5}$$

其中，E，G 分别称为弹性模量和剪切弹性模量。

式(21-5)称为单向应力状态和纯剪切应力状态下的胡克定律。另外，在第十七章第三节中还给出了泊松比的定义

$$\nu = -\frac{\varepsilon'}{\varepsilon}$$

然而，处于复杂应力状态下的构件，其应力—应变关系又将如何确定呢？

设从受力构件上任一点取出一单元体[见图21-9a)]，其上的主应力分别是 σ_1，σ_2 和 σ_3。下面用叠加法，求对应3个主应力方向上的线应变(称为主应变)ε_1，ε_2 和 ε_3。在 σ_1 单独作用于单元体上时[图21-9b)]，σ_1 方向上的线应变为 $\varepsilon_1' = \frac{\sigma_1}{E}$，当主应力 σ_2，σ_3 单独作用在单元体上时[图21-9c)、d)]，在 σ_1 方向上产生的横向应变分别为 $\varepsilon_1'' = -\nu\frac{\sigma_2}{E}$；$\varepsilon_1''' = -\nu\frac{\sigma_3}{E}$，因此，当 σ_1，σ_2 和 σ_3 同时作用于单元体上时，σ_1 方向上的线应变为

$$\varepsilon_1 = \varepsilon_1' + \varepsilon_1'' + \varepsilon_1''' = \frac{1}{E}[\sigma_1 - \nu(\sigma_2 + \sigma_3)]$$

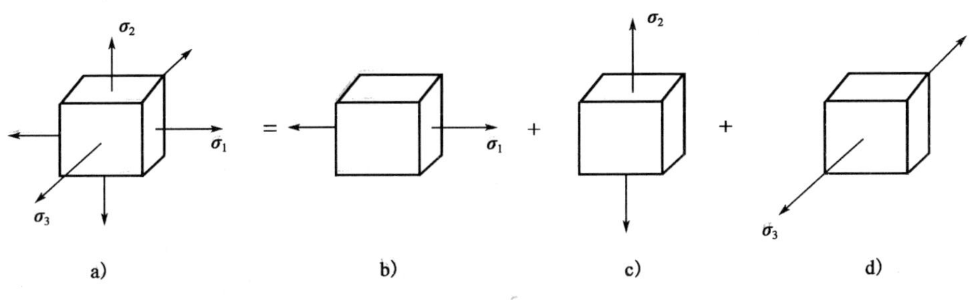

图 21-9

同理，也可以类似地求出 σ_2，σ_3 方向上的线应变。最后得到三向应力状态下的应力—应变关系为

$$\left.\begin{aligned}
\varepsilon_1 &= \frac{1}{E}[\sigma_1 - \nu(\sigma_2 + \sigma_3)] \\
\varepsilon_2 &= \frac{1}{E}[\sigma_2 - \nu(\sigma_3 + \sigma_1)] \\
\varepsilon_3 &= \frac{1}{E}[\sigma_3 - \nu(\sigma_1 + \sigma_2)]
\end{aligned}\right\} \tag{21-6}$$

式(21-6)称为关于主应力和主应变的广义胡克定律。

使用广义胡克定律时应注意以下几点：

(1)此定律仅适用于小变形条件下，且处于线弹性范围内的各向同性材料；

(2)在满足条件(1)的情况下，正应力和切应力各自引起的应变彼此正交，无耦合影响，因此，可将广义胡克定律式(21-6)推广到一般应力情况的单元体。这时只需将式中的下标1，2，3分别换成 x，y，z(参见图21-1)，另外，加入 x-y，y-z，z-x 三个平面内的切应力与切应变之间的关系，于是，广义胡克定律的普遍形式为

$$
\left.\begin{aligned}
\varepsilon_x &= \frac{1}{E}[\sigma_x - \nu(\sigma_y + \sigma_z)] \quad, \quad \gamma_{xy} = \frac{\tau_{xy}}{G} \\
\varepsilon_y &= \frac{1}{E}[\sigma_y - \nu(\sigma_z + \sigma_x)] \quad, \quad \gamma_{yz} = \frac{\tau_{yz}}{G} \\
\varepsilon_z &= \frac{1}{E}[\sigma_z - \nu(\sigma_x + \sigma_y)] \quad, \quad \gamma_{xz} = \frac{\tau_{xz}}{G}
\end{aligned}\right\} \tag{21-7}
$$

(3)式(21-6)、式(21-7)中的应力、应变均取代数值。主应变 ε_1,ε_2 和 ε_3 按代数值的大小排列为 $\varepsilon_1 \geqslant \varepsilon_2 \geqslant \varepsilon_3$,$\varepsilon_1$ 是最大线应变,即通过该点的各个方向的线应变中的最大值。

(4)平面应力状态胡克定律为广义胡克定律的特例。平面应力状态胡克定律可写为

$$
\left.\begin{aligned}
\varepsilon_x &= \frac{1}{E}(\sigma_x - \nu\sigma_y) \\
\varepsilon_y &= \frac{1}{E}(\sigma_y - \nu\sigma_x) \\
\gamma_{xy} &= \frac{\tau_{xy}}{G}
\end{aligned}\right\} \tag{21-8}
$$

平面应力状态胡克定律可写为更一般的形式(令 $\beta = \alpha + 90°$)

$$
\left.\begin{aligned}
\varepsilon_\alpha &= \frac{1}{E}(\sigma_\alpha - \nu\sigma_\beta) \\
\varepsilon_\beta &= \frac{1}{E}(\sigma_\beta - \nu\sigma_\alpha) \\
\gamma_{\alpha\beta} &= \frac{\tau_{\alpha\beta}}{G}
\end{aligned}\right\} \tag{21-9}
$$

[例 21-4]如图 21-10 所示,边长为 20mm 的钢立方体置于钢模中,在顶面上受力 F = 14kN 作用。已知 ν = 0.3,假设钢模的变形以及立方块与钢模之间的摩擦力可忽略不计。试求立方体各个面上的正应力。

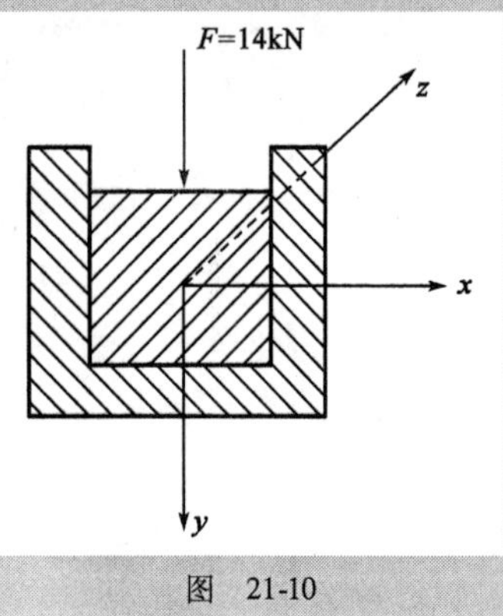

图 21-10

解:钢块横截面上的压应力为

$$\sigma_y = -\frac{F}{A} = -\frac{14 \times 10^3}{20 \times 20 \times 10^{-6}} = -35\text{MPa}$$

由于钢块受 y 方向的轴向压缩,其 x 及 z 轴方向要产生横向伸长变形,但钢模阻止了这种变形,于是钢块与模型接触面产生均匀的压应力 σ_x 和 σ_z,实际上这是一个单向变形情况:$\varepsilon_y \neq 0$,$\varepsilon_x = \varepsilon_z = 0$,代入式(12-7),得

$$\varepsilon_x = \frac{1}{E}[\sigma_x - \nu(\sigma_y + \sigma_z)] = 0$$

$$\varepsilon_z = \frac{1}{E}[\sigma_z - \nu(\sigma_x + \sigma_y)] = 0$$

即

$$\sigma_x - 0.3 \times (-35 + \sigma_z) = 0 \tag{1}$$

$$\sigma_z - 0.3 \times (\sigma_x - 35) = 0 \tag{2}$$

联立式(1)、(2)解得

$$\sigma_x = \sigma_z = -15\text{MPa}(\text{压应力})$$

[例21-5]截面尺寸为20mm×40mm的矩形截面拉杆受力如图21-11a)所示。已知材料常数$E=200\text{GPa}$，$\nu=0.3$，与水平方向成60°的应变片上测得的应变为$\varepsilon_u=270\times10^{-6}$。求$P$力的大小。

解：由拉压杆件横截面上应力公式可得

$$\sigma = \frac{P}{A}$$

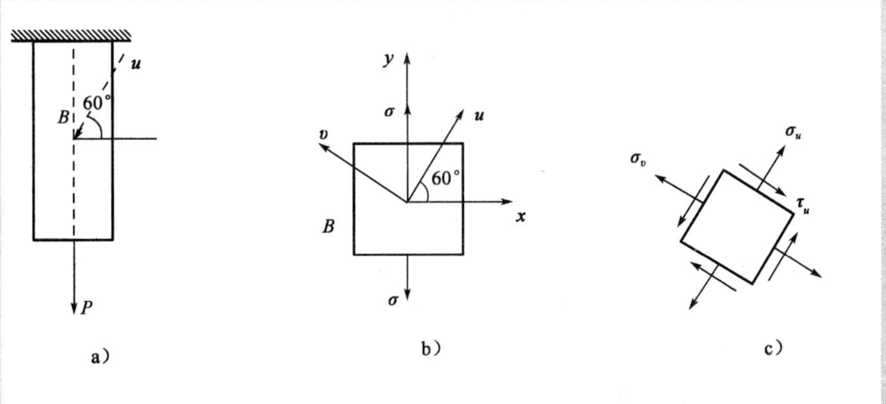

图 21-11

在B处取一单元体，并建立如图21-11b)所示坐标系，则有

$$\sigma_x = 0, \sigma_y = \sigma = \frac{P}{A}, \tau_{xy} = 0$$

由公式(21-1)，可计算出图21-11c)中单元体上的正应力为

$$\sigma_u = \sigma_{60^\circ} = \frac{\sigma_x + \sigma_y}{2} + \frac{\sigma_x - \sigma_y}{2}\cos120^\circ - \tau_{xy}\sin120^\circ$$

$$= \frac{\sigma}{2} + \frac{-\sigma}{2}\cos120^\circ = \frac{3P}{4A}$$

$$\sigma_v = \sigma_{150^\circ} = \frac{\sigma_x + \sigma_y}{2} + \frac{\sigma_x - \sigma_y}{2}\cos300^\circ - \tau_{xy}\sin120^\circ$$

$$= \frac{\sigma}{2} + \frac{-\sigma}{2}\cos300^\circ = \frac{P}{4A}$$

由平面应力状态的广义胡克定律式(21-9)，可得

$$\varepsilon_u = \frac{1}{E}(\sigma_u - \nu\sigma_v)$$

将σ_u和σ_v代入上式可得

$$P = \frac{4\varepsilon_u EA}{3-\nu} = \frac{270\times10^{-6}\times200\times10^9\times4\times20\times40\times10^{-6}}{3-0.3} = 64\times10^3\text{N} = 64\text{kN}$$

二、体积应变

下面研究单元体在复杂应力状态下体积的改变[参见图 21-9a)]，设单元体的三对平面均为主平面，其边长分别为 dx，dy，dz，其体积为

$$dV = dxdydz$$

变形后的体积为

$$dV' = (1+\varepsilon_1)dx(1+\varepsilon_2)dy(1+\varepsilon_3)dz = (1+\varepsilon_1)(1+\varepsilon_2)(1+\varepsilon_3)dV$$

把上式展开，略去主应变的高阶微量(小变形条件下)可得

$$dV' = (1+\varepsilon_1+\varepsilon_2+\varepsilon_3)dV$$

可见，单元体单位体积的改变量，即所谓体积应变，若用 θ 表示，则有

$$\theta = \frac{dV' - dV}{dV} = \varepsilon_1 + \varepsilon_2 + \varepsilon_3 \tag{21-10}$$

将广义胡克定律式(21-6)代入式(21-10)并适当化简得

$$\theta = \frac{1-2\nu}{E}(\sigma_1+\sigma_2+\sigma_3) = \frac{\sigma_m}{K} \tag{21-11}$$

式中，$\sigma_m = \frac{1}{3}(\sigma_1+\sigma_2+\sigma_3)$ 为3个主应力的平均值；$K = \frac{E}{3(1-2\nu)}$ 称为体积弹性模量。

式(21-11)表明，体积应变取决于 3 个主应力的代数和，而与 3 个主应力之间的比值无关。因此，若将 3 个主应力 σ_1，σ_2 和 σ_3 各用其平均值 σ_m 代替，所产生的体积应变与 σ_1，σ_2 和 σ_3 作用在单元体上产生的体积应变相同。此外，纯剪切应力状态的单元体，其体积应变为零。

第五节 复杂应力状态下的应变能密度

构件在外力作用下发生弹性变形，外力在相应的位移上将做功。此功将转变成一种能量储存在受力构件内。我们把构件因发生弹性变形而储存的能量称为应变能，并且把无限小单元体单位体积内储存的应变能称为应变能密度(或称为比能)。通常利用功能原理来求应变能密度。

一、单向应力状态下的应变能密度

考察图 21-12a)所示单向应力状态单元体。

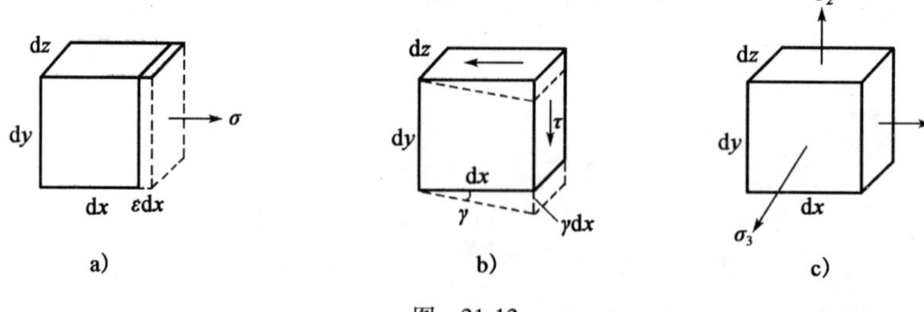

图 21-12

单元体在外力 $\sigma dydz$ 作用下储存的应变能为

$$dV_\varepsilon = dW = \frac{1}{2}(\sigma dydz)(\varepsilon dx) = \frac{1}{2}\sigma\varepsilon dxdydz$$

于是,单元体的应变能密度为

$$v_{\varepsilon}=\frac{\mathrm{d}V_{\varepsilon}}{\mathrm{d}V}=\frac{1}{2}\sigma\varepsilon=\frac{\sigma^{2}}{2E} \tag{21-12}$$

二、纯剪切应力状态下的应变能密度

考察图 21-12b)所示纯剪切应力状态单元体。

单元体在外力 $\tau\,\mathrm{d}y\mathrm{d}z$ 作用下储存的应变能为

$$\mathrm{d}V_{\varepsilon}=\mathrm{d}W=\frac{1}{2}(\tau\,\mathrm{d}y\mathrm{d}z)(\gamma\mathrm{d}x)=\frac{1}{2}\tau\,\gamma\mathrm{d}x\mathrm{d}y\mathrm{d}z$$

于是,单元体的应变能密度为

$$v_{\varepsilon}=\frac{\mathrm{d}V_{\varepsilon}}{\mathrm{d}V}=\frac{1}{2}\tau\,\gamma=\frac{\tau^{2}}{2G} \tag{21-13}$$

三、三向应力状态下的应变能密度

可以证明,对于线弹性范围内,小变形条件下的受力构件,其应变能仅与外力的最终值有关,而与加载次序无关。

现考察图 21-12c)所示三向应力状态单元体。

为了便于分析,不妨假定 3 个主应力和 3 个主应变都同时按同一比例由零逐渐增大到最终值。由于三向应力状态下,每个主应力与其他两个主应变互相垂直,相应的力不会在与其垂直方向的位移上做功,对应于每一个主应力的应变能密度,由式(21-12)知,应等于该主应力乘以相应的主应变的一半,于是单元体的应变能密度为

$$v_{\varepsilon}=\frac{1}{2}(\sigma_{1}\varepsilon_{1}+\sigma_{2}\varepsilon_{2}+\sigma_{3}\varepsilon_{3}) \tag{21-14}$$

将广义胡克定律代入式(21-14),可得三向应力状态下应变能密度的计算式为

$$v_{\varepsilon}=\frac{1}{2E}[\sigma_{1}^{2}+\sigma_{2}^{2}+\sigma_{3}^{2}-2\nu(\sigma_{1}\sigma_{2}+\sigma_{2}\sigma_{3}+\sigma_{3}\sigma_{1})] \tag{21-15}$$

应变能密度亦可用 6 个应力分量 $\sigma_x,\sigma_y,\sigma_z,\tau_{xy},\tau_{yz},\tau_{zx}$ 来表示(参见图 21-1),这时

$$v_{\varepsilon}=\frac{1}{2}(\sigma_{1}\varepsilon_{1}+\sigma_{2}\varepsilon_{2}+\sigma_{3}\varepsilon_{3}+\tau_{xy}\gamma_{xy}+\tau_{yz}\gamma_{yz}+\tau_{zx}\gamma_{zx}) \tag{21-16}$$

或

$$v_{\varepsilon}=\frac{1}{2E}[\sigma_{x}^{2}+\sigma_{y}^{2}+\sigma_{z}^{2}-2\nu(\sigma_{x}\sigma_{y}+\sigma_{y}\sigma_{z}+\sigma_{z}\sigma_{x})]+\frac{1}{2G}(\tau_{xy}^{2}+\tau_{yz}^{2}+\tau_{zx}^{2}) \tag{21-17}$$

四、体积改变能密度与形状改变能密度

在三向应力状态下,作用在单元体(设为立方体)上的 3 个主应力一般是不等的。因此,3 条棱边的变形量各不相同,于是,单元体将同时发生体积改变和形状改变,应变能密度也可相应地分成两部分:相应于体积改变而储存的应变能密度,称为体积改变能密度,用 v_{V} 表示;而因形状改变而储存的应变能密度,称为形状改变能密度,用 v_{d} 表示。两部分之和等于单元体的应变能密度,而以平均应力 $\sigma_{\mathrm{m}}=\frac{1}{3}(\sigma_{1}+\sigma_{2}+\sigma_{3})$ 代替 3 个主应力,其体积应变不变。因

而这种情况下的应变能密度也就是体积改变能密度 v_V，即

$$v_V = \frac{1}{2}\sigma_m\theta = \frac{1-2\nu}{6E}(\sigma_1+\sigma_2+\sigma_3)^2 \tag{21-18}$$

因此，形状改变能密度为

$$v_d = v_\varepsilon - v_V = \frac{1+\nu}{6E}[(\sigma_1-\sigma_2)^2+(\sigma_2-\sigma_3)^2+(\sigma_3-\sigma_1)^2] \tag{21-19}$$

[**例 21-6**] 试利用纯剪切应力状态建立 3 个弹性常数 E,G,ν 间的关系。

解：考察如图 21-13a) 所示一纯剪切应力状态的单元体 $abcd$。

根据纯剪切的应变能密度公式(21-13)，单元体的应变能密度为

$$\nu_{\varepsilon1} = \frac{\tau_{xy}^2}{2G}$$

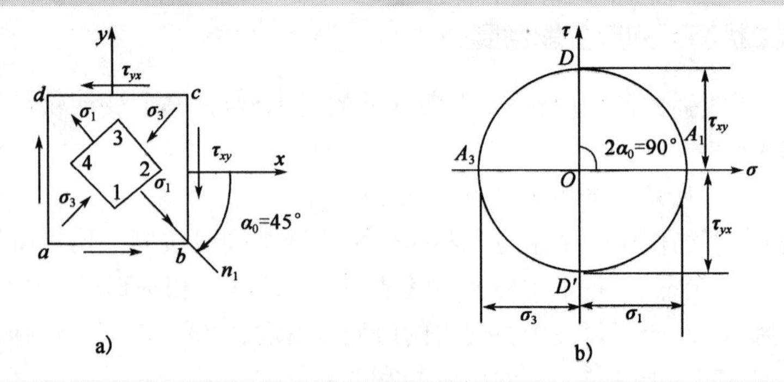

图 21-13

另一方面，再考察纯剪切时的主单元体 1234[图 21-13a)]，其上主应力大小为

$$\sigma_1 = \tau_{xy}, \sigma_2 = 0, \sigma_3 = -\tau_{xy}$$

将其代入式(21-15)，得单元体的应变能密度为

$$v_{\varepsilon2} = \frac{1}{2E}(\tau_{xy}^2+\tau_{xy}^2+2\nu\tau_{xy}^2) = \frac{1+\nu}{E}\tau_{xy}^2$$

因 $\nu_{\varepsilon1}$ 和 $v_{\varepsilon2}$ 都是纯剪切单元体的应变能密度，故两者应该相等，即

$$\frac{\tau_{xy}^2}{2G} = \frac{1+\nu}{E}\tau_{xy}^2$$

于是得

$$G = \frac{E}{2(1+\nu)}$$

第六节　平面应力状态下的应变分析简介

与构件内部各点处不同截面上的应力不同一样，各点处不同方位的应变也不同，构件内一点在不同方位的应变状况的总体称为该点处的应变状态。当构件内某点处的变形平行于某一平面时，则称该点处于平面应变状态。

下面对平面应力状态下的应变进行分析。

一、任意方位的应变分析

已知某点 O 处于平面应力状态(参见图 21-14),设 O 点处沿 x 和 y 轴方向的线应变分别为 ε_x 和 ε_y,直角 xOy 的切应变为 γ_{xy},现将坐标系 Oxy 在其平面内绕 O 点逆时针方向转过 α 角度,得到坐标系 $\alpha O\beta$。在小变形条件下,利用变形几何关系可以得到 α 轴方向的线应变 ε_α 和直角 $\alpha O\beta$ 的切应变 $\gamma_{\alpha\beta}$分别为

$$\left.\begin{aligned}\varepsilon_\alpha &= \frac{\varepsilon_x+\varepsilon_y}{2}+\frac{\varepsilon_x-\varepsilon_y}{2}\cos2\alpha-\frac{\gamma_{xy}}{2}\sin2\alpha\\ \frac{\gamma_{\alpha\beta}}{2} &= \frac{\varepsilon_x-\varepsilon_y}{2}\sin2\alpha+\frac{\gamma_{xy}}{2}\cos2\alpha\end{aligned}\right\}\qquad(21\text{-}20)$$

式(21-20)即为平面应力状态下任意方位应变的一般公式。式中,线应变以拉应变为正;切应变以使直角增大时为正;角度 α 以从 x 轴正向逆时针旋转时为正。

比较式(21-20)和式(21-1),可见二者在形式上非常类似,只需将式(21-1)中的 σ_x,σ_y 和 τ_{xy}分别换为 ε_x,ε_y 和 $\gamma_{xy}/2$,σ_α 和τ_α 分别换为 ε_α 和 $\gamma_{\alpha\beta}/2$,即可得到式(21-20)。

二、应变圆

从式(21-20)中消除 α,可得

$$\left(\varepsilon_\alpha-\frac{\varepsilon_x+\varepsilon_y}{2}\right)^2+\left(\frac{\gamma_\alpha}{2}\right)^2=\left(\frac{\varepsilon_x-\varepsilon_y}{2}\right)^2+\left(\frac{\gamma_{xy}}{2}\right)^2$$

在 $\varepsilon-\gamma/2$ 坐标系内,此方程的轨迹是一个圆,其圆心为 $C\left(\frac{\varepsilon_x+\varepsilon_y}{2},0\right)$,半径 $R_\varepsilon=\sqrt{\left(\frac{\varepsilon_x-\varepsilon_y}{2}\right)^2+\left(\frac{\gamma_{xy}}{2}\right)^2}$,此圆称为应变圆或应变莫尔圆。其画法与应力圆类似,以 $D_x\left(\varepsilon_x,\frac{\gamma_{xy}}{2}\right)$与 $D_y\left(\varepsilon_y,-\frac{\gamma_{xy}}{2}\right)$的连线为直径所画的圆即为该应变圆,如图 21-15 所示,且可以证明,将 D_x 沿 α 方向绕 C 点旋转 2α,所得点 D_α 的横、纵坐标分别代表 ε_α 和 $\gamma_{\alpha\beta}/2$。

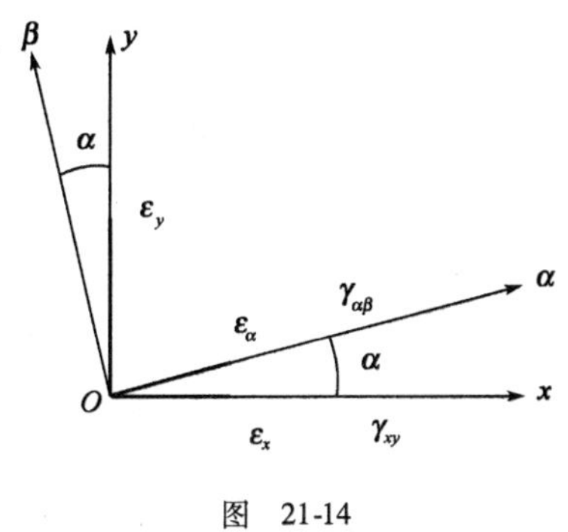

图 21-14

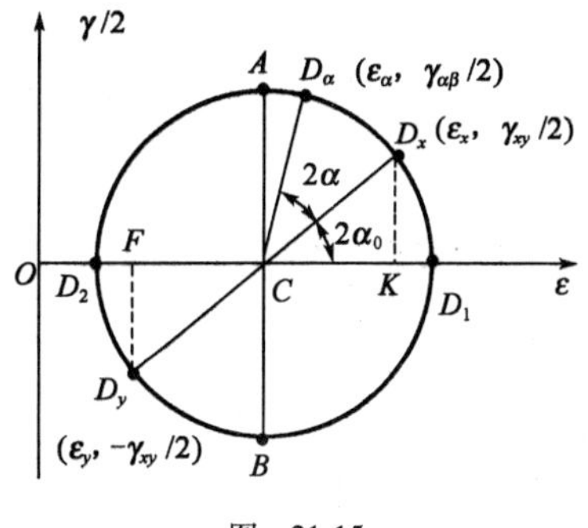

图 21-15

三、最大应变与主应变

从图 21-15 中可以看出,应力圆与 ε 轴相交于 D_1 与 D_2 点,它们的横坐标对应线应变两极值,最大与最小线应变分别为

$$\left.\begin{array}{l}\varepsilon_{max}\\ \\ \varepsilon_{min}\end{array}\right\} = \frac{\varepsilon_x + \varepsilon_y}{2} \pm \sqrt{\left(\frac{\varepsilon_x - \varepsilon_y}{2}\right)^2 + \left(\frac{\gamma_{xy}}{2}\right)^2} \qquad (21\text{-}21)$$

又由于 D_1 与 D_2 点的纵坐标为零,说明线应变取极值的方位切应变为零。切应变为零的方位上的线应变,称为主应变。因此,主应变即为线应变的极值,且由于 D_1 与 D_2 点在同一条直径上,因此,主应变位于互相垂直的方位。主应变方位角 α_0 由式(21-22)决定

$$\tan 2\alpha_0 = -\frac{\overline{D_x K}}{\overline{CK}} = -\frac{\gamma_{xy}}{\varepsilon_x - \varepsilon_y} \qquad (21\text{-}22)$$

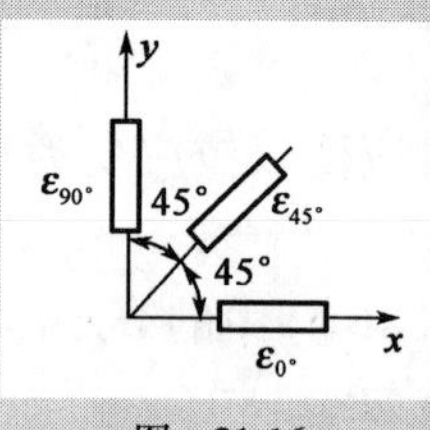

图 21-16

[例 21-7] 实验中常用应变片测量应变,但由于应变片只能测量线应变,而不能测量角应变,因此,常用多个(3 个或 4 个)应变片组成应变花来测量某处的应变。其中 0°,45°和 90°方向的 3 个应变片组成直角应变花就是常用的一种,如图 21-16 所示。现若测得某点处 0°、45°和 90°方向的应变 ε_{0°、ε_{45° 和 ε_{90°,求此点处的主应变。

解: 建立如图 21-16 所示的坐标系,则有

$$\varepsilon_x = \varepsilon_{0^\circ}, \varepsilon_y = \varepsilon_{90^\circ}$$

在公式(21-20)中令 $\alpha = 45°$ 可得

$$\varepsilon_{45^\circ} = \frac{\varepsilon_{0^\circ} + \varepsilon_{90^\circ}}{2} + \frac{\varepsilon_{0^\circ} - \varepsilon_{90^\circ}}{2}\cos 90^\circ - \frac{\gamma_{xy}}{2}\sin 90^\circ$$

即

$$\gamma_{xy} = \varepsilon_{0^\circ} + \varepsilon_{90^\circ} - 2\varepsilon_{45^\circ}$$

由公式(21-21)可得

$$\left.\begin{array}{l}\varepsilon_{max}\\ \\ \varepsilon_{min}\end{array}\right\} = \frac{1}{2}\left[\varepsilon_{0^\circ} + \varepsilon_{90^\circ} \pm \sqrt{(\varepsilon_{0^\circ} - \varepsilon_{90^\circ})^2 + (\varepsilon_{0^\circ} + \varepsilon_{90^\circ} - 2\varepsilon_{45^\circ})^2}\right]$$

第七节　常用的强度理论

一、强度理论的概念

杆件的强度问题是材料力学研究的最基本问题之一,所谓强度就是指杆件抵抗断裂和塑性变形的能力,即当杆件在承受荷载达到一定大小时,材料一般会在危险点处首先发生屈服或断裂而进入危险状态。

在以前各章中分别建立了杆件在拉伸或压缩、剪切、扭转和弯曲时的强度条件。主要是先计算出其横截面上的最大正应力 σ_{max} 或最大切应力 τ_{max},然后从两个方面建立其强度条件,即

正应力强度条件　　$\sigma_{max} \leqslant [\sigma]$

切应力强度条件　　$\tau_{max} \leqslant [\tau]$

式中的许用应力 $[\sigma]$ 和 $[\tau]$ 分别等于杆件轴向拉伸(压缩)试验和纯剪切试验确定的破坏

时的极限应力(屈服极限或强度极限)除以安全因数 n。但是许多工程构件中危险点是处于复杂应力状态,要相应一致地测定出其极限应力是非常困难的。

虽然应力状态的形式有各种各样,但是材料的破坏是有规律的。总的说来,在常温静载作用下,材料的破坏大致可分为两种类型:一类是有明显的塑性变形的剪断或屈服;另一类是破坏时没有明显的塑性变形的“脆性断裂”。因此就联想到:同一类型的破坏形式,有可能存在着某一共同的决定性因素。如果我们能从复杂应力状态下破坏的形式中找出引起破坏的决定性共同因素,那么就可以利用简单应力状态(主要是轴向拉伸)的试验结果,去建立复杂应力状态的强度条件。这些关于引起材料破坏的决定性共同因素的假设,称为强度理论。

二、四种常用的强度理论

1. 最大拉应力理论

17 世纪伽利略(Galilei)首先提出了最大正应力理论,然后经过修正而成为最大拉应力理论。由于它是最早提出的强度理论,所以也称为第一强度理论。该理论认为:不论受力构件内的危险点处于什么应力状态,只要危险点处的最大拉应力达到了材料在轴向拉伸破坏时的强度极限 σ_b,就会导致构件断裂破坏。即构件破坏的条件是

$$\sigma_1 = \sigma_b$$

将强度极限 σ_b 除以安全因数就可得到许用应力$[\sigma]$,于是,按第一强度理论建立的强度条件为

$$\sigma_1 \leqslant [\sigma] \tag{21-23}$$

试验表明,脆性材料在二向或三向拉伸断裂时,最大拉应力理论与试验结果相当接近;它与铸铁、玻璃、电木、石料、混凝土等脆性材料的拉断破坏现象较符合,但是对塑性材料并不符合。同时该理论没有考虑其他两个方向主应力的影响,且对只有压应力而无拉应力的应力状态无法应用。

2. 最大拉应变理论

1682 年,由马里奥脱(E. Mariotte)提出最大线应变理论,后经过修正而得到最大伸长线应变理论,也称为第二强度理论。该理论认为:不论受力构件内的危险点处于什么应力状态,只要危险点处的最大伸长线应变达到了材料在轴向拉伸破坏时的最大伸长线应变,则材料就会发生脆性断裂破坏。即材料的破坏条件是

$$\varepsilon_1 = \varepsilon_u$$

假设材料在直到发生脆性断裂破坏时都在线弹性范围内工作,则根据胡克定律可改写为

$$\varepsilon_1 = \frac{1}{E}[\sigma_1 - \nu(\sigma_2 + \sigma_3)] = \frac{\sigma_b}{E}$$

将 σ_b 除以安全因数后,则第二强度理论建立的强度条件为

$$\sigma_1 - \nu(\sigma_2 + \sigma_3) \leqslant [\sigma] \tag{21-24}$$

该理论与第一强度理论比较,它综合考虑了 3 个主应力 $\sigma_1,\sigma_2,\sigma_3$ 的影响。试验表明,脆性材料在双向拉伸—压缩状态下且压应力值超过拉应力时,最大拉应变理论与试验结果大致符合。此外,砖、石等材料试样,压缩时之所以沿纵向截面断裂,也可由此理论进行解释。但是该理论仍有许多缺点和不足,如按该理论材料二向受拉比单向受拉不易破坏,这是与实际情况相矛盾的。

3. 最大切应力理论

这一理论首先由库仑(C. A. Coulomb)于1773年针对剪断的情况提出,后来屈雷斯卡(H. Tresca)将它引用到材料屈服的情况,也称为第三强度理论。该理论认为:不论受力构件内的危险点处于什么应力状态,只要危险点处的最大切应力达到了该材料在轴向拉伸破坏时的最大切应力,材料就会发生屈服失效。即材料的失效条件是

$$\tau_{max} = \tau_u$$

由应力状态分析知

$$\tau_{max} = \frac{\sigma_1 - \sigma_3}{2}, \tau_u = \frac{\sigma_s}{2}$$

即

$$\sigma_1 - \sigma_3 = \sigma_s$$

因此,按第三强度理论所建立的强度条件为

$$\sigma_1 - \sigma_3 \leqslant [\sigma] \tag{21-25}$$

该强度理论曾被许多塑性材料的试验所证实,且偏于安全。由于该理论提供的计算式比较简单,因此在工程上被广泛采用。

该理论没有考虑中间主应力 σ_2 对材料破坏的影响。

4. 形状改变能密度理论

意大利学者贝尔特拉密(E. Beltrami)首先是以总应变能密度作为判断材料是否发生屈服破坏的原因,但是在三向等值压缩下,材料很难达到屈服状态。这种情况的总应变能密度可以很大,但单元体只有体积改变而无形状改变,因而形状改变能密度为零。因此,波兰学者胡伯(M. T. Huber)于1904年提出了形状改变能密度理论,后来由德国的密赛斯(R. VonMises)做出进一步的解释和发展。这一理论也称为第四强度理论。该理论认为:材料在复杂应力状态下,只要危险点处的形状改变能密度 v_d 达到了该材料在轴向拉伸破坏时的最大形状改变能密度 v_{du},材料就会发生屈服失效。即材料的失效条件是

$$v_d = v_{du}$$

由式(21-19)知

$$v_d = \frac{1 + \nu}{6E}[(\sigma_1 - \sigma_2)^2 + (\sigma_2 - \sigma_3)^2 + (\sigma_3 - \sigma_1)^2]$$

而材料在轴向拉伸时:$\sigma_1 = \sigma_s, \sigma_2 = \sigma_3 = 0$,所以

$$v_{du} = \frac{1 + \nu}{3E}\sigma_s^2$$

即危险条件为

$$\sqrt{\frac{1}{2}[(\sigma_1 - \sigma_2)^2 + (\sigma_2 - \sigma_3)^2 + (\sigma_3 - \sigma_1)^2]} = \sigma_s$$

因此,按第四强度理论建立的强度条件为

$$\sqrt{\frac{1}{2}[(\sigma_1 - \sigma_2)^2 + (\sigma_2 - \sigma_3)^2 + (\sigma_3 - \sigma_1)^2]} \leqslant [\sigma] \tag{21-26}$$

该理论与许多塑性材料的实验结果相符合。第四强度理论比第三强度理论更符合实验结果,但第三强度理论偏于安全,而且从数学表达式上看,第三强度理论更简单,因此,第三与第

四强度理论在工程中均得到广泛应用。

综合公式(21-23)～式(21-26)，可把4个强度理论的强度条件写成统一的形式

$$\sigma_r \leqslant [\sigma] \tag{21-27}$$

式中，σ_r 称为相当应力。即

$$\left.\begin{aligned}\sigma_{r1} &= \sigma_1 \\ \sigma_{r2} &= \sigma_1 - \nu(\sigma_2 + \sigma_3) \\ \sigma_{r3} &= \sigma_1 - \sigma_3 \\ \sigma_{r4} &= \sqrt{\frac{1}{2}[(\sigma_1 - \sigma_2)^2 + (\sigma_2 - \sigma_3)^2 + (\sigma_3 - \sigma_1)^2]}\end{aligned}\right\} \tag{21-28}$$

以上介绍了4种常用的强度理论。铸铁、石料、混凝土、陶瓷、玻璃等脆性材料，通常以断裂形式失效，宜采用第一和第二强度理论。碳钢、铜、铝等塑性材料，通常以屈服形式失效，宜采用第三和第四强度理论。

还应该指出，不论是脆性或塑性材料，在三向拉伸应力状态下，都会发生脆性断裂，宜采用最大拉应力理论；而在三向压缩应力状态下，通常都发生屈服失效，故一般宜采用形状改变能密度理论。

三、莫尔强度理论

1900年，莫尔(O. Mohr)提出了新的强度理论。这一理论认为，材料发生剪断破坏的原因主要是切应力，但也和同一截面上的正应力有关。因为如材料沿某一截面有错动趋势时，该截面上将产生内摩擦力阻止这一错动。这一摩擦力的大小与该截面上的正应力有关。当构件在某截面上有压应力时，压应力越大，材料越不容易沿该截面产生错动；当截面上有拉应力时，则材料就容易沿该截面错动。因此，剪断并不一定发生在切应力最大的截面上。

莫尔强度理论是以材料破坏试验结果为基础，并采用某种简化后建立起来的。

单向拉伸试验时，失效应力为屈服极限 σ_s 或强度极限 σ_b，在 σ—τ 平面内，以失效应力为直径作应力圆 OA'，称为极限应力圆(图21-17)。同样，由单向压缩试验确定的极限应力圆为 OB'。由纯剪切试验确定的极限应力圆是以 OC' 为半径的圆。

对任意的应力状态，设想3个主应力按比例增加，直至以屈服或断裂的形式失效，这时3个应力圆中最大的一个，亦即由 σ_1 和 σ_3 确定的应力圆，如图21-17中所示的圆周 $D'E'$。按上述方式，在 σ—τ 平面内得到一系列的极限应力圆。于是，可以作出它们的包络线 $F'G'$。包络线与材料的性质有关，不同的材料包络线也不一样，但对同一材料则认为它是唯一的。

对于一个已知的应力状态 σ_1，σ_2 和 σ_3，如由 σ_1 和 σ_3 确定的应力圆在上述包络线之内，则这一应力状态不会引起失效；如恰好与包络线相切，就表明这一应力状态已达到失效状态。

在实用中，为了利用有限的试验数据便可近似地确定包络线，常以单向拉伸和压缩的两个极限应力圆的公切线代替包络线。如再除以安全因数，便得到图21-18所示情况。图中 $[\sigma_t]$ 和 $[\sigma_c]$ 分别为材料的抗拉和抗压许用应力。若由 σ_1 和 σ_3 确定的应力圆在公切线 ML 和 $M'L'$ 之内，则这样的应力状态是安全的。当应力圆与公切线相切时，便是许可状态的最高界限。这时从图21-18可以得出

$$\frac{\overline{O_1N}}{\overline{O_2F}} = \frac{\overline{O_3O_1}}{\overline{O_3O_2}} \tag{a}$$

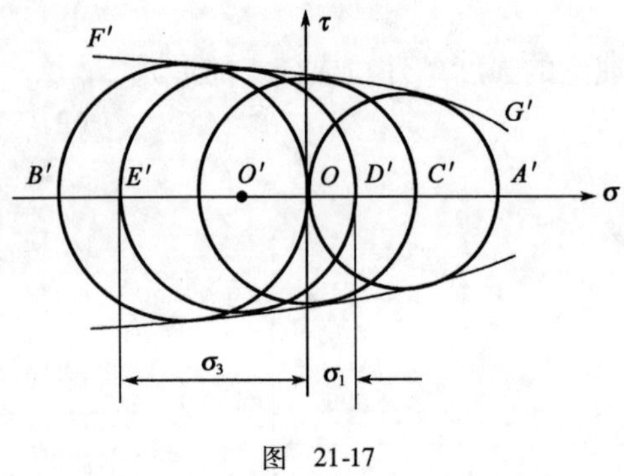

图　21-17

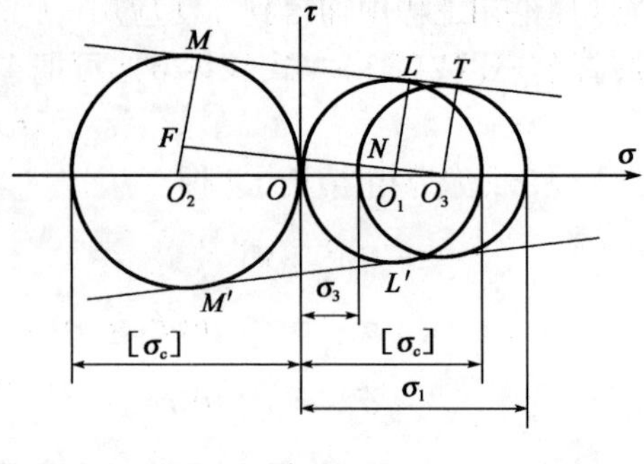

图　21-18

容易求出

$$\overline{O_1N} = \overline{O_1L} - \overline{O_3T} = \frac{[\sigma_t]}{2} - \frac{\sigma_1 - \sigma_3}{2}$$

$$\overline{O_2F} = \overline{O_2M} - \overline{O_3T} = \frac{[\sigma_c]}{2} - \frac{\sigma_1 - \sigma_3}{2}$$

$$\overline{O_3O_1} = \overline{O_3O} - \overline{O_1O} = \frac{\sigma_1 + \sigma_3}{2} - \frac{[\sigma_t]}{2}$$

$$\overline{O_3O_2} = \overline{O_3O} + \overline{OO_2} = \frac{\sigma_1 + \sigma_3}{2} + \frac{[\sigma_c]}{2}$$

将以上各式代入(a)式,经简化后得

$$\sigma_1 - \frac{[\sigma_t]}{[\sigma_c]}\sigma_3 = [\sigma_t] \tag{b}$$

对实际的应力状态,由 σ_1 和 σ_3 确定的应力圆应该在公切线之内。设想 σ_1 和 σ_3 要加大 k 倍后($k \geqslant 1$),应力圆才与公切线相切,亦即才满足条件(b),于是有

$$k\sigma_1 - \frac{[\sigma_t]}{[\sigma_c]}k\sigma_3 = [\sigma_t]$$

由于 $k \geqslant 1$,所以得莫尔强度理论的强度条件为

$$\sigma_{rM} = \sigma_1 - \frac{[\sigma_t]}{[\sigma_c]}\sigma_3 \leqslant [\sigma_t] \tag{21-29}$$

对抗拉和抗压强度相等的材料,$[\sigma_t] = [\sigma_c]$,式(21-29)为

$$\sigma_1 - \sigma_3 \leqslant [\sigma]$$

这也就是最大切应力理论,莫尔理论考虑了材料抗拉和抗压强度不相等的情况。

[例 21-8] 有一铸铁零件,已知其危险点处的主应力为:$\sigma_1 = 24\text{MPa}, \sigma_2 = 0, \sigma_3 = -36\text{MPa}$,如果材料的许用应力为 $[\sigma] = 35\text{MPa}$,泊松比为 $\nu = 0.25$,试校核其强度。

解:(1)按第一强度理论

$$\sigma_{r1} = \sigma_1 = 24\text{MPa} < [\sigma] = 35\text{MPa} \quad (安全)$$

(2)按第二强度理论

$$\sigma_{r2} = \sigma_1 - \nu(\sigma_2 + \sigma_3) = 24 - 0.25 \times (0 - 36)$$
$$= 33\text{MPa} < [\sigma] = 35\text{MPa} \quad (安全)$$

[例 21-9] 如图 21-19 所示的平面应力状态,试分别按第三和第四强度理论建立强度条件。

解:(1)求主应力。由式(21-2)求得两个不等于零的主应力

$$\left.\begin{matrix}\sigma_{max}\\ \sigma_{min}\end{matrix}\right\}=\frac{\sigma}{2}\pm\sqrt{\left(\frac{\sigma}{2}\right)^2+\tau^2}$$

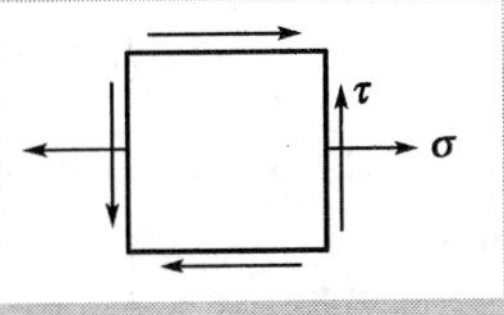

图 21-19

另一个主应力等于零。因为 $\sigma_{max}>0,\sigma_{min}<0$,故三个主应力为

$$\begin{cases}\sigma_1=\dfrac{\sigma}{2}+\dfrac{1}{2}\sqrt{\sigma^2+4\tau^2}\\ \sigma_2=0\\ \sigma_3=\dfrac{\sigma}{2}-\dfrac{1}{2}\sqrt{\sigma^2+4\tau^2}\end{cases}$$

(2)求相当应力 σ_r。将以上主应力分别代入公式(21-28)中的第三和第四式,得

$$\sigma_{r3}=\sigma_1-\sigma_3=\sqrt{\sigma^2+4\tau^2}$$

$$\sigma_{r4}=\sqrt{\frac{1}{2}[(\sigma_1-\sigma_2)^2+(\sigma_2-\sigma_3)^2+(\sigma_3-\sigma_1)^2]}=\sqrt{\sigma^2+3\tau^2}$$

(3)强度条件。这种应力状态的第三和第四强度理论的强度条件为

$$\sigma_{r3}=\sqrt{\sigma^2+4\tau^2}\leqslant[\sigma] \tag{21-30}$$

$$\sigma_{r4}=\sqrt{\sigma^2+3\tau^2}\leqslant[\sigma] \tag{21-31}$$

[例 21-10] 工字钢简支梁受力如图 21-20a)所示,已知 $[\sigma]=160\text{MPa}$,$[\tau]=100\text{MPa}$。试按强度条件选择工字钢型号,并作主应力校核。

解:(1)作梁的剪力图和弯矩图分别如图 21-20b)、c)所示。可见,截面 C 与 D 处,剪力、弯矩均为最大,是危险截面。

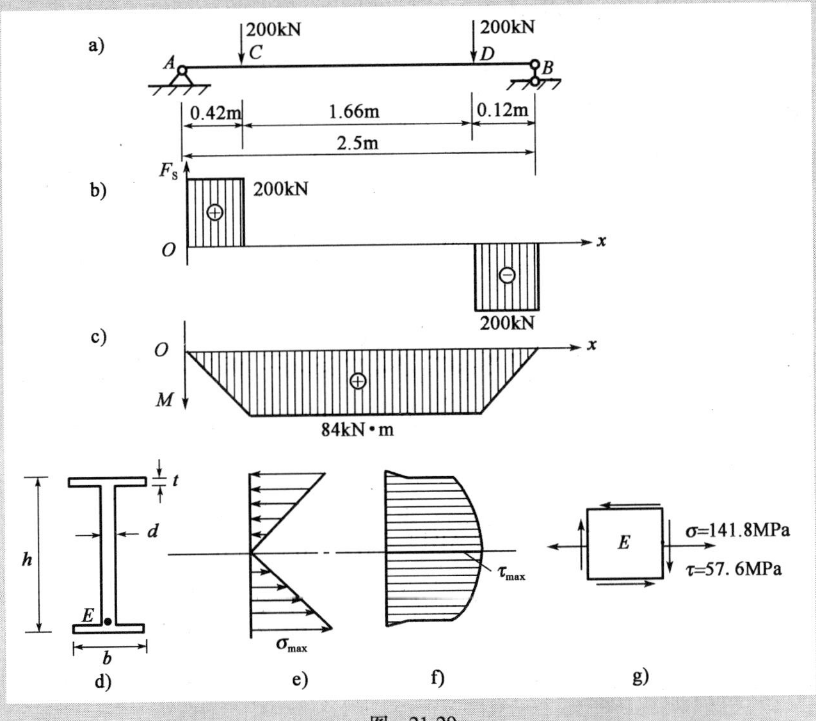

图 21-20

$$M_{max} = M_C = 84\text{kN}\cdot\text{m}$$

$$F_{Smax} = F_{SC} = 200\text{kN}$$

(2)按正应力强度条件选择截面

$$W_z \geqslant \frac{M_{max}}{[\sigma]} = \frac{84\times10^3}{160\times10^6} = 0.525\times10^{-3}\text{m}^3 = 525\text{cm}^3$$

查附录型钢表，选用 No.28b 工字钢，截面尺寸如图 21-20d）所示，$I_z = 7480\text{cm}^4$，$I_z/S_z^* = 24.2\text{cm}$，$W_z = 534\text{cm}^3$，腹板厚 $d = 1.05\text{cm}$，$h = 28\text{cm}$，$t = 13.7\text{mm}$，$b = 124\text{mm}$。

梁内实际最大正应力为

$$\sigma_{max} = \frac{M_{max}}{W_z} = \frac{84\times10^3}{534\times10^{-6}}\times10^{-6} = 157.3\text{MPa}$$

且$\frac{160-157.3}{160}\times100\% = 1.69\%$，比较经济。

(3)切应力校核

$$\tau_{max} = \frac{F_{Smax}S_z^*}{I_z d} = \frac{F_{Smax}}{(I_z/S_8^*)d} = \frac{200\times10^3}{24.2\times10^{-2}\times1.05\times10^{-2}}\times10^{-6}$$

$$= 78.7\text{MPa} < [\tau] = 100\text{MPa}$$

即所选截面满足切应力强度要求。

(4)主应力校核

由于 C、D 两截面的弯矩及剪力均为最大值，在截面腹板和翼缘交界处 E 点的正应力和切应力都接近最大值[图 21-20e)、f)]，两者的联合作用应该使 E 点处的主应力比较大。所以有必要选择适当的强度理论做校核，为此，先求出 E 点处的正应力 σ_E 及切应力τ_E

$$\sigma_E = \frac{My}{I_z} = \frac{84\times10^3\times126.3\times10^3}{7480\times10^{-8}}\times10^{-6} = 141.8\text{MPa}$$

$$S_z^* = 12.4\times1.37\times\left(12.63+\frac{1.37}{2}\right) = 226.2\text{cm}^3$$

$$\tau_E = \frac{F_S S_z^*}{I_z d} = \frac{200\times10^3\times226.2\times10^{-6}}{7480\times10^{-8}\times1.05\times10^{-2}}\times10^{-6} = 57.6\text{MPa}$$

工字钢属碳钢，应采用第四强度理论进行校核。E 点处的应力单元体如图 21-20g）所示，第四强度理论的条件为

$$\sigma_{r4} = \sqrt{\sigma^2 + 3\tau^2} \leqslant [\sigma]$$

所以

$$\sigma_{r4} = \sqrt{141.8^2 + 3\times57.6^2} = 173\text{MPa} > [\sigma]$$

说明腹板与翼板交接处的强度不足，需要改选更大的截面。

改选为 No.32a 工字钢，查附录型钢表得：

$$I_z = 11100\text{cm}^4,\ h = 32\text{cm},\ b = 13\text{cm},\ t = 15\text{mm},\ d = 9.5\text{mm}$$

求出 E 点处的正应力 σ_E 及切应力τ_E

$$\sigma_E = \frac{My}{I_z} = \frac{84\times10^3\times145\times10^{-3}}{11100\times10^{-8}} = 109.7\text{MPa}$$

$$S_Z^* = 13\times1.5\left(16-\frac{1.5}{2}\right) = 297.375\text{cm}^3$$

$$\tau_E = \frac{F_S S_z^*}{I_z d} = \frac{200\times10^3\times297.375\times10^{-6}}{11100\times10^{-8}\times9.5\times10^{-3}}\times10^{-6} = 56.4\text{MPa}$$

得

$$\sigma_{r4} = \sqrt{109.7^2+3\times56.4^2} = 146.9\text{MPa} < [\sigma]$$

故该梁选用 No.32a 工字钢。

思考题

21-1 何谓一点应力状态？为什么要研究一点处的应力状态？

21-2 为什么可以用单元体来描述一点处的应力状态？

21-3 试举出单向应力状态、二向应力状态、三向应力状态的工程实例。

21-4 主应力和正应力有何区别？主平面位置如何确定？各主平面上作用的主应力如何确定？

21-5 最大正应力所在面上的切应力是否一定为零？最大切应力所在面上的正应力是否也一定为零？

21-6 一点的主方向最少有几个？最多有几个？

21-7 三向应力状态中，最大切应力作用面的位置如何确定？

21-8 一受扭圆轴，给你一片应变片，如何来测定所受扭矩的大小？

21-9 何谓强度理论？为什么需要提出强度理论？

21-10 四种强度理论的基本观点是什么？各可用于何种情况？

21-11 试证明无论选用哪一个强度理论，对处于单向拉应力状态的点，强度条件总是 $\sigma_{\max}\leqslant[\sigma]$；对处于纯切应力状态的点，强度条件总是 $\tau_{\max}\leqslant[\tau]$。

21-12 冬天的自来水管会因管中的水结冰而冻裂，试分析水和水管各处于什么应力状态及冻裂的原因。

21-13 位于深海的卵石为何没有被海水的压力压得粉身碎骨？

21-14 有人提出最大切应变理论，请你推导一下，它将得到什么样的强度条件？

习　题

21-1 试用单元体表示图中各构件 A 点的应力状态，并算出单元体各面上的应力数值。

21-2 如图所示构件，若说 B 点处的正应力为 $\sigma = \dfrac{P}{A}$，对否？

21-3 图 21-3 中，沿与杆轴线成 $\pm45^\circ$ 斜截面截取单元体，此单元体的应力状态如图所示。此单元体是否是二向应力状态？

21-4 在图所示的各单元体中，试用解析法和图解法求斜截面 ab 上的应力（图中应力单位为 MPa）。

21-5 已知应力状态如图所示。试用解析法及图解法求：(1) 主应力的大小，主平面的位置；(2) 在单元体上绘出主平面位置及主应力方向；(3) 最大切应力。图中应力单位皆为 MPa。

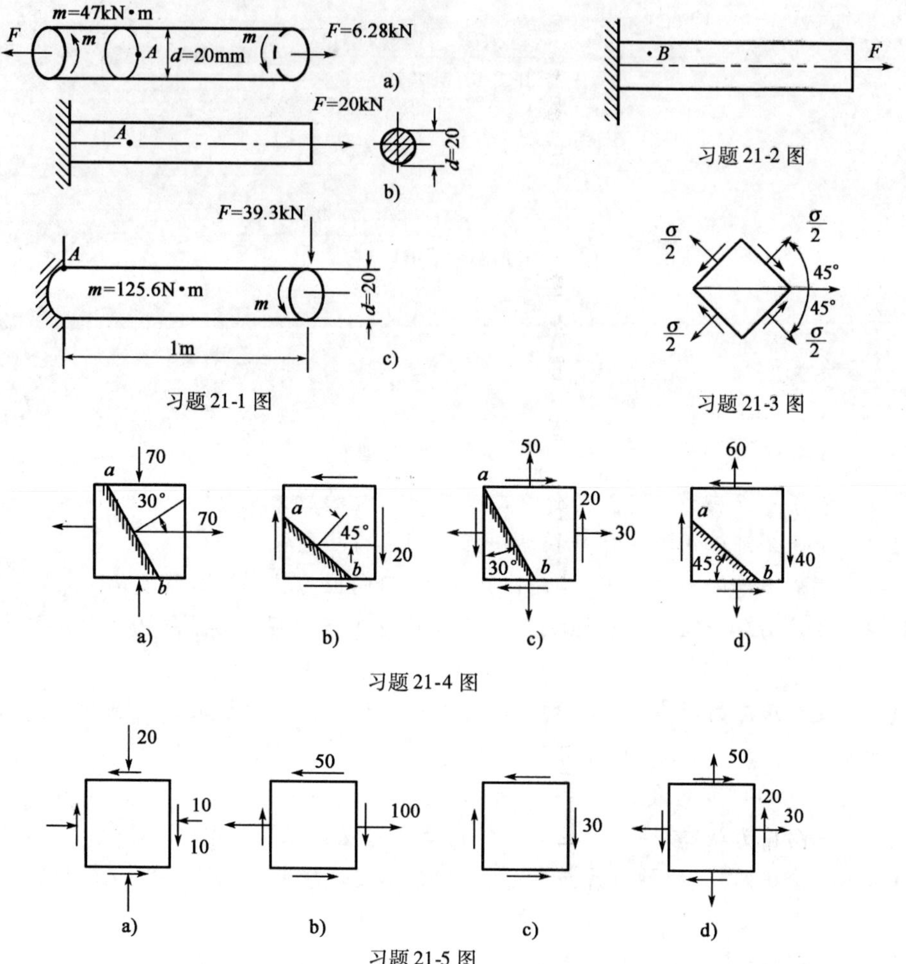

习题 21-1 图

习题 21-2 图

习题 21-3 图

习题 21-4 图

习题 21-5 图

21-6 矩形截面梁的尺寸如图所示，已知荷载 $F=256\text{kN}$。试求：(1)若以纵横截面截取单元体，求各指定点(1～5 点)的单元体各面上的应力；(2)用图解法求解点 2 处的主应力。

21-7 如图所示简支梁为 32a 工字钢，$F=140\text{kN}$，$l=4\text{m}$。A 点所在截面在集中力 F 的左侧，且无限接近 F 力作用的截面。试求：(1)A 点在指定斜截面上的应力；(2)A 点的主应力及主平面的位置(用单元体表示)。

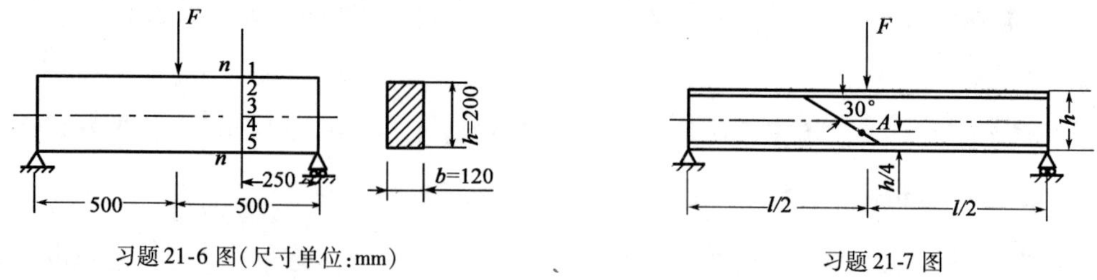

习题 21-6 图(尺寸单位：mm)

习题 21-7 图

21-8 如图所示的单元体为二向应力状态，应力单位为 MPa。试求主应力及主单元体，并作应力圆。

21-9 处于二向应力状态的物体，其边界 bc 上的 B 点处的最大切应力为 35MPa。试求 B 点的主应力。若在 B 点周围以垂直于 x 轴和 y 轴的平面截取单元体，试求单元体各面上的应力分量。

21-10　已知 A 点处截面 AB 和 AC 的应力如图所示(单位为 MPa)。试求该点处的主应力及其所在的方位。

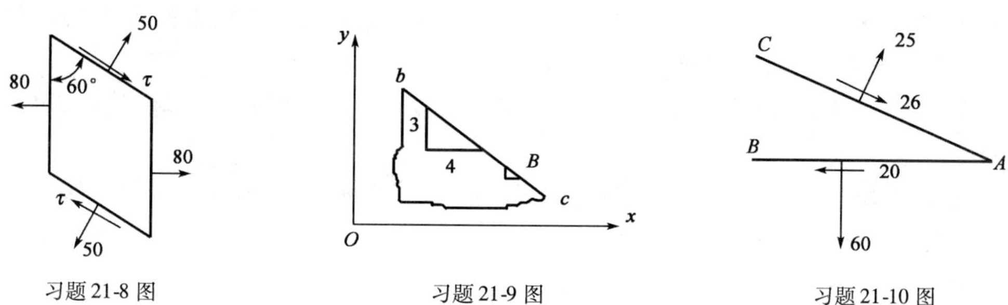

习题 21-8 图　　习题 21-9 图　　习题 21-10 图

21-11　受力构件的某点处,铅垂面上作用着正应力 $\sigma_x = 130\text{MPa}$ 和切应力 τ_{xy},已知该点处的主应力 $\sigma_1 = 150\text{MPa}$,最大切应力 $\tau_{max} = 100\text{MPa}$,试确定水平截面和铅垂截面的未知应力分量为 σ_y,τ_{yx} 和 τ_{xy}。

21-12　试求如图所示各单元体的主应力及最大切应力(图中应力单位均为 MPa)。

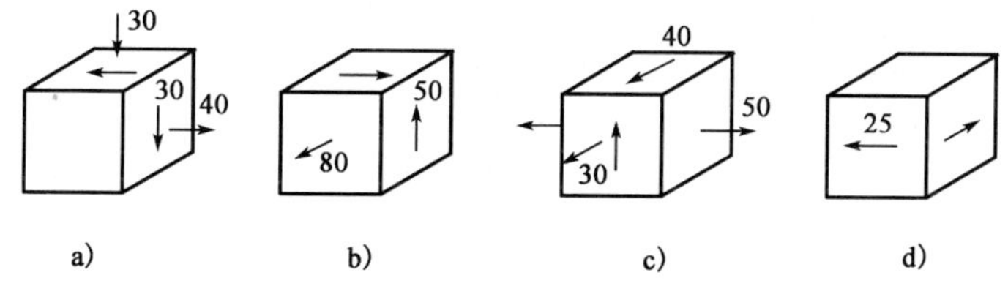

习题 21-12 图

21-13　在一厚钢板上挖了一个尺寸为 1cm^3 的立方孔穴,在这孔内恰好放一钢立方块而无间隙,这立方块受有 $F = 7\text{kN}$ 的压力。试求这立方块内的 3 个主应力。假设厚钢板为刚体,钢立方块的泊松比为 $\nu = 0.3$。

21-14　从钢构件内某点取出一单元体,如图所示。已知 $\sigma = 30\text{MPa}$,$\tau = 15\text{MPa}$,材料弹性模量 $E = 200\text{GPa}$,泊松比 $\nu = 0.3$。试求对角线 AC 的长度改变 Δl_{AC}。

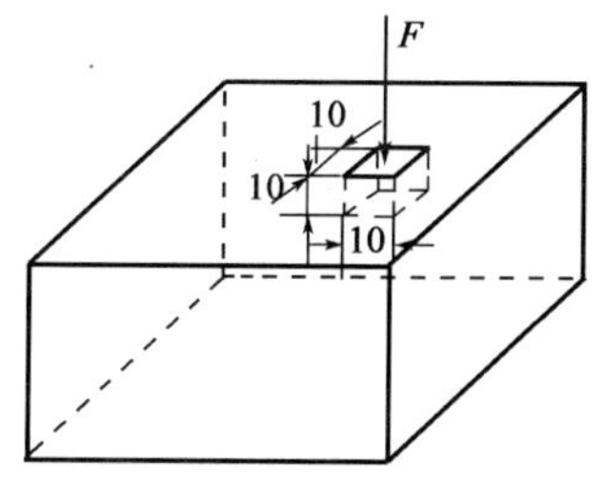

习题 21-13 图　(尺寸单位:mm)

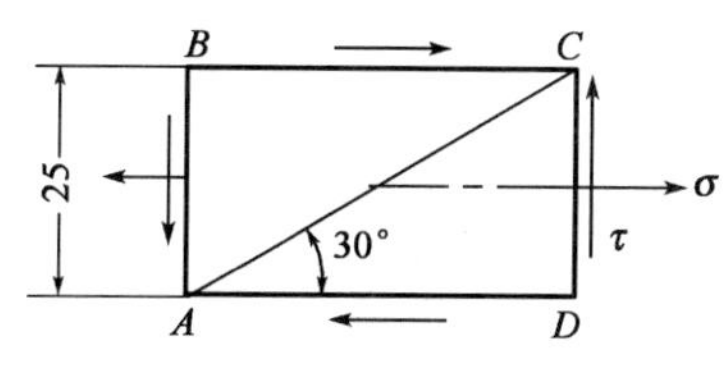

习题 21-14 图　(尺寸单位:mm)

21-15　图示直径 $d = 20\text{mm}$ 的钢制圆轴,两端承受外力偶矩 m_0。现用应变仪测得圆轴表面上与轴线成 45°方向的线应变 $\varepsilon = 5.2 \times 10^{-4}$,若钢的弹性模量 $E = 200\text{GPa}$,$\nu = 0.3$,试求圆轴承受的外力偶矩 m_0 的值。

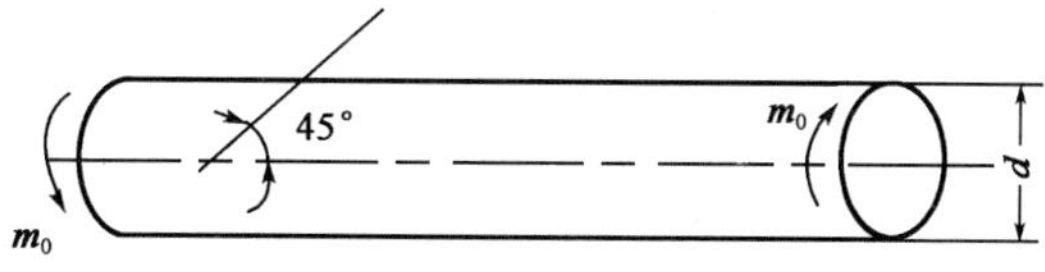

习题 21-15 图

21-16　在 20-12 题中的各应力状态下，求体积应变 θ，应变能密度 v_{ε} 和形状改变应变能密度 v_d。设 $E=200\text{GPa}$，$\nu=0.3$。

21-17　对题 21-5 图中所示的各应力状态，求出 4 个常用的强度理论和莫尔强度理论的相当应力。设 $\nu=0.25$，$[\sigma_t]/[\sigma_c]=1/4$。

21-18　已知两危险点的应力状态如图所示，设 $|\sigma|>|\tau|$，试写出第三和第四强度理论的相当应力。

21-19　已知危险点的应力状态如图所示，测得该点处的应变 $\varepsilon_{0^\circ}=\varepsilon_x=25\times10^{-6}$，$\varepsilon_{-45^\circ}=140\times10^{-6}$，材料的弹性模量 $E=210\text{GPa}$，$\nu=0.28$，$[\sigma]=70\text{MPa}$。试用第三强度理论校核强度。

21-20　设有单元体如图所示，已知材料的许用拉应力 $[\sigma_t]=60\text{MPa}$，许用压应力 $[\sigma_c]=180\text{MPa}$，试按莫尔强度理论做强度校核。

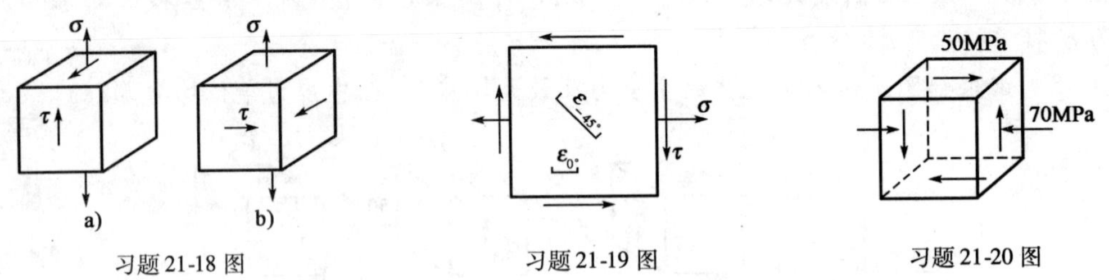

习题 21-18 图　　习题 21-19 图　　习题 21-20 图

第二十二章　组 合 变 形

本章要点

- 组合变形的概念；
- 两相互垂直平面内弯曲的组合变形——斜弯曲的应力与强度计算；
- 拉伸或压缩与弯曲的组合变形的应力与强度计算；
- 弯曲与扭转的组合变形的应力与强度计算。

第一节　概　　述

前面几章分别讨论了杆件的各种基本变形，但在工程实际中，很多杆件因受力情况较为复杂，其变形也不是某一种单纯的基本变形，而是同时产生两种或两种以上的基本变形的组合，这种变形称为组合变形。例如，图 22-1a）的烟囱，在自重和风荷载的共同作用下产生的是轴向压缩和弯曲的组合变形；图 22-1b）所示的齿轮传动轴在外力的作用下，将同时产生扭转变形及在水平平面和垂直平面内的弯曲变形；图 22-1c）中的排架柱在偏心荷载的作用下将产生轴向压缩和弯曲的组合变形。

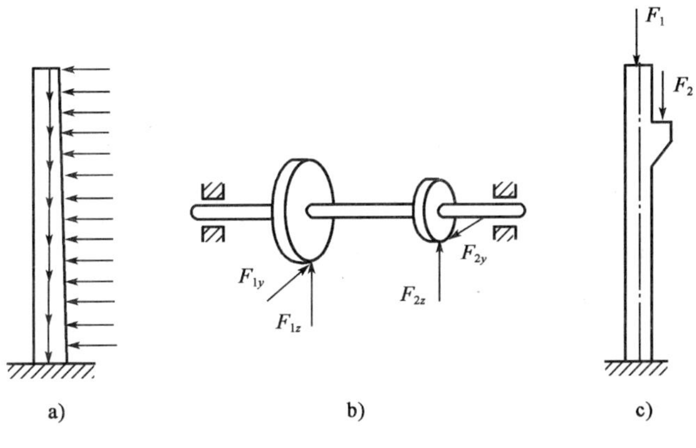

图　22-1

在材料服从胡克定律且变形很小的前提下，杆件上虽然同时存在着几种基本变形，但每一种基本变形都是彼此独立、互不影响的。即任一基本变形都不会改变另一种基本变形所引起的应力和变形。因此，对组合变形构件进行强度和刚度计算时，可应用叠加原理，采用先分解而后综合的方法。其基本步骤如下：

（1）将作用在构件上的荷载进行分解，得到与原荷载等效的几组荷载，使构件在每一组荷载的作用下，只产生一种基本变形；

(2)计算构件在每一种基本变形情况下的应力与位移；

(3)将危险点在各基本变形情况下的应力进行叠加,然后进行强度计算；

(4)将各点在各基本变形情况下的位移进行叠加,然后进行刚度计算。

需要说明的是,上述叠加原理的成立,除材料必须服从胡克定律外,小变形的限制也是必要的。

本章将介绍杆在两相互垂直平面内平面弯曲、拉伸(压缩)和弯曲、弯曲和扭转等组合变形下的应力和强度计算。

第二节　两相互垂直平面内弯曲的组合

对于横截面具有对称轴的梁,当横向荷载或外力偶作用在梁的纵向对称面内时,梁发生对称弯曲,也属于平面弯曲。在工程实际中,有时会遇到具有双对称面的梁在两个相互垂直的纵向对称面内同时承受横向荷载作用的情况,如图 22-2a)所示。这时梁发生的变形是两相互垂直平面内平面弯曲的组合。处理这类问题的基本方法是,先分别计算每个平面弯曲时梁内产生的应力,然后运用叠加原理将它们进行叠加。

下面以图 22-2a)所示梁为例来说明这种方法。

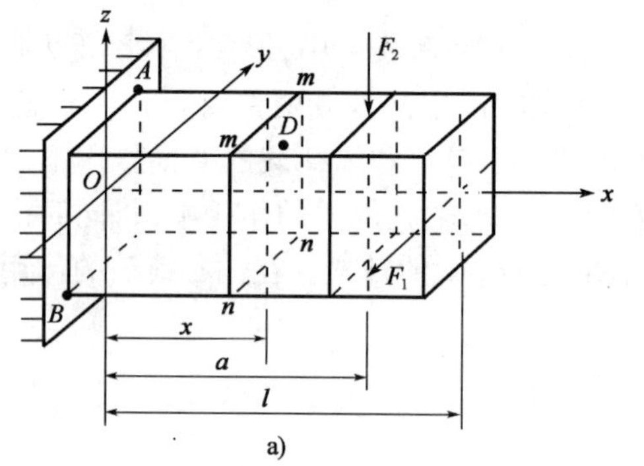

a)

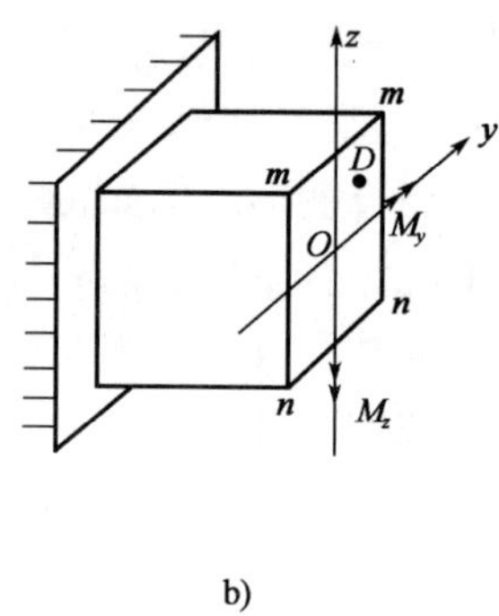

b)

图　22-2

在梁的任意横截面 m—n 上,由 F_1 和 F_2 引起的弯矩分别为

$$M_z = F_1(l - x), M_y = F_2(a - x)$$

在横截面 m—n 上任一点 $D(y,z)$处,由弯矩 M_z 和 M_y 引起的正应力分别为

$$\sigma' = \frac{M_z y}{I_z}, \sigma'' = \frac{M_y z}{I_y}$$

于是,由叠加原理,在 F_1 和 F_2 同时作用下,截面 m—n 上 D 点处的正应力为

$$\sigma = \sigma' + \sigma'' = \frac{M_y z}{I_y} + \frac{M_z y}{I_z} \tag{22-1}$$

式中,I_y 和 I_z 分别为横截面对于两对称轴 y 和 z 轴的惯性矩;M_y 和 M_z 分别是截面上位于铅垂和水平对称平面内的弯矩。在具体计算中,M_y 和 M_z 通常取绝对值,然后考察第一象限内的点,在 M_y 和 M_z 单独作用下,若产生拉应力,则其应力取正号,反之则取负号[参考图 22-2b)]。

对于有棱角的对称截面梁(如矩形、工字形、箱形等),其最大正应力作用点的位置可直接判别出来。如图 22-2a)所示矩形截面梁中,最大拉应力发生于固定端截面上的角点 A 处,最大压应力则发生于固定端截面上的角点 B 处。

对于没有棱角的对称截面梁（如圆形、椭圆形等），其最大正应力作用点的位置无法直接判别出来，这时需先求截面上中性轴的位置，然后找出截面上中性轴两侧离中性轴最远的点，就是最大拉应力与压应力作用点。例如，若将图 22-2a）所示梁的截面改为椭圆形截面，由于中性轴上各点处的正应力均为零，令 y_0，z_0 代表中性轴上任一点的坐标，则由式（22-1）可得中性轴方程为

$$\frac{M_y z_0}{I_y}+\frac{M_z y_0}{I_z}=0 \tag{22-2}$$

可见，中性轴是一条通过截面形心的直线（图 22-3）。其与 y 轴的夹角 θ 应满足

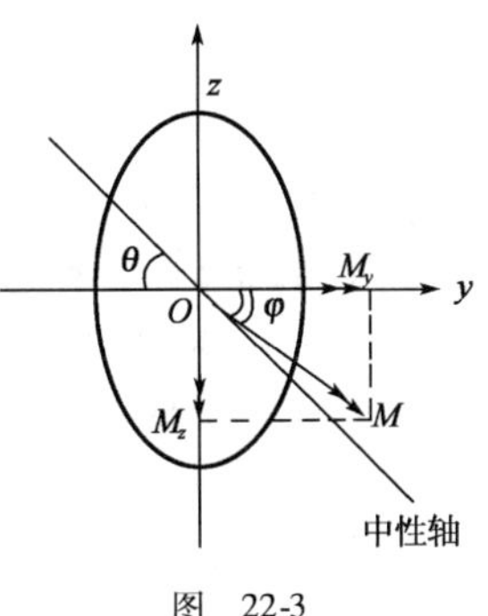

图 22-3

$$\tan\theta=\left|\frac{z_0}{y_0}\right|=\frac{M_z}{M_y}\cdot\frac{I_y}{I_z}=\frac{I_y}{I_z}\tan\varphi \tag{22-3}$$

式中，角度 φ 是横截面上合成弯矩 $M=\sqrt{M_y^2+M_z^2}$ 的矢量与 y 轴间的夹角。一般情况下，由于截面的 $I_y\neq I_z$，因而中性轴与合成弯矩所在的平面并不相互垂直。而梁弯曲变形时的位移总是垂直于中性轴，所以梁变形以后的挠曲线将不在合成弯矩所在的平面内。这种弯曲也称为斜弯曲。对于正方形、圆形等 $I_y=I_z$ 的截面，有 $\varphi=\theta$，因而正应力也可以用合成弯矩 M 按式（19-2）进行计算。

在确定了梁的危险截面和危险点的位置，并算出危险点处的最大正应力后，由于危险点一般处于单向应力状态，于是可将最大正应力与材料的许用正应力相比较来建立强度条件，进行强度计算。例如，对于有棱角的对称截面梁，其强度条件为

$$\sigma_{\max}=\frac{M_y}{W_y}+\frac{M_z}{W_z}\leqslant[\sigma] \tag{22-4}$$

式中：M_y，M_z——危险截面上的弯矩值；

W_y，W_z——横截面对于两对称轴 y 和 z 轴的弯曲截面系数。

至于横截面上的切应力，对于一般实体截面梁，因其数值较小，故在强度计算中可不必考虑。

［例 22-1］跨度 $l=4\text{m}$ 的简支梁由 32a 工字钢制成，其受力如图 22-4a）所示，力 F 的作用线通过截面形心且与 y 轴夹角 $\theta=15°$。已知材料的许用应力 $[\sigma]=170\text{MPa}$，试按正应力校核此梁的强度。

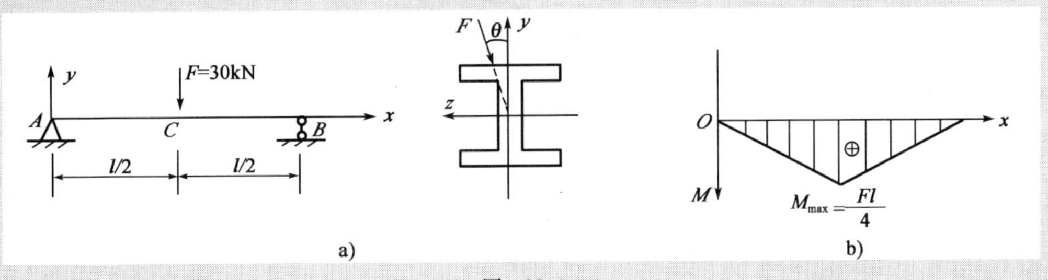

图 22-4

解：作梁的弯矩图如图 22-4b）所示。可见梁的跨中截面是危险截面。该截面上两个互相垂直的对称平面内的弯矩值分别为

$$M_{y\max}=\frac{1}{4}F_z l=\frac{1}{4}Fl\sin\theta=\frac{1}{4}\times 30\times 4\times \sin 15°=7.765\text{kN}\cdot\text{m}$$

$$M_{z\max}=\frac{1}{4}F_y l=\frac{1}{4}Fl\cos\theta=\frac{1}{4}\times 30\times 4\times \cos 15°=28.978\text{kN}\cdot\text{m}$$

查型钢表，可得32a号工字钢的抗弯截面系数 W_y 和 W_z 分别为

$$W_y=70.8\text{cm}^3,W_z=692\text{cm}^3$$

将以上数据代入公式(22-4)，得危险点处的正应力为

$$\sigma_{\max}=\frac{M_{y\max}}{W_y}+\frac{M_{z\max}}{W_z}=\left(\frac{7.765\times 10^3}{70.8\times 10^{-6}}+\frac{28.978\times 10^3}{692\times 10^{-6}}\right)\times 10^{-6}=151.6\text{MPa}<[\sigma]$$

故梁的正应力强度满足要求。

[例22-2]一简支梁受力如图22-5a)所示，已知材料的许用应力 $[\sigma]=120\text{MPa}$，试对下列两种截面形状，校核梁的正应力强度。

(1)矩形截面，$b=40\text{mm}$，$h=80\text{mm}$；

(2)圆截面，直径 $d=65\text{mm}$。

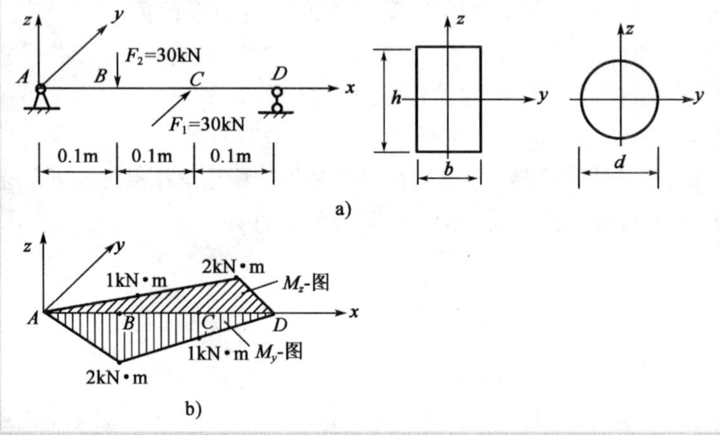

图 22-5

解：作梁的弯矩图如图22-5b)所示。

(1)矩形截面：可能的危险截面为 B，C 截面。

在截面 B 处：

$$M_{yB}=2\text{kN}\cdot\text{m},M_{zB}=1\text{kN}\cdot\text{m}$$

$$W_y=\frac{bh^2}{6}=\frac{4\times 8^2}{6}=\frac{128}{3}\text{cm}^3$$

$$W_z=\frac{hb^2}{6}=\frac{8\times 4^2}{6}=\frac{64}{3}\text{cm}^3$$

$$\sigma_{\max}^B=\frac{M_{yB}}{W_y}+\frac{M_{zB}}{W_z}=\frac{2\times 10^3}{\frac{128}{3}\times 10^{-6}}+\frac{1\times 10^3}{\frac{64}{3}\times 10^{-6}}=93.75\times 10^6\text{Pa}=93.75\text{MPa}<[\sigma]$$

在截面 C 处：

$$M_{yC}=1\text{kN}\cdot\text{m},M_{zC}=2\text{kN}\cdot\text{m}$$

$$\sigma_{\max}^{C}=\frac{M_{yC}}{W_y}+\frac{M_{zC}}{W_z}=\frac{1\times10^3}{\frac{128}{3}\times10^{-6}}+\frac{2\times10^3}{\frac{64}{3}\times10^{-6}}=117.2\times10^6\text{Pa}=117.2\text{MPa}<[\sigma]$$

所以,矩形截面梁的正应力强度满足要求。

(2)圆截面:危险截面为截面 B 或 C,二者同等危险。其合成弯矩为

$$M=\sqrt{M_y^2+M_z^2}=\sqrt{2^2+1^2}=2.236\text{kN}\cdot\text{m}$$

$$W=\frac{\pi d^3}{32}=\frac{\pi\times6.5^3}{32}=26.96\text{cm}^3$$

$$\sigma_{\max}=\frac{M}{W}=\frac{2.236\times10^3}{26.96\times10^{-6}}\times10^{-6}=82.94\text{MPa}<[\sigma]$$

所以,圆截面梁的正应力强度也满足要求。

第三节　拉伸(压缩)与弯曲的组合

一、拉伸(压缩)与弯曲组合的应力

等直杆受轴向力与横向力共同作用时,杆将发生拉伸(或压缩)与弯曲组合变形。处理这类问题的基本方法仍然是叠加法,即先分别计算由轴向力和横向力引起的杆横截面上的正应力,然后按叠加原理求其代数和,即得在拉伸(或压缩)与弯曲组合变形下,杆横截面上的正应力。

现以图 22-6a)所示矩形截面悬臂梁同时受轴向力 F_1 和横向力 F_2 的作用为例来说明正应力的计算。

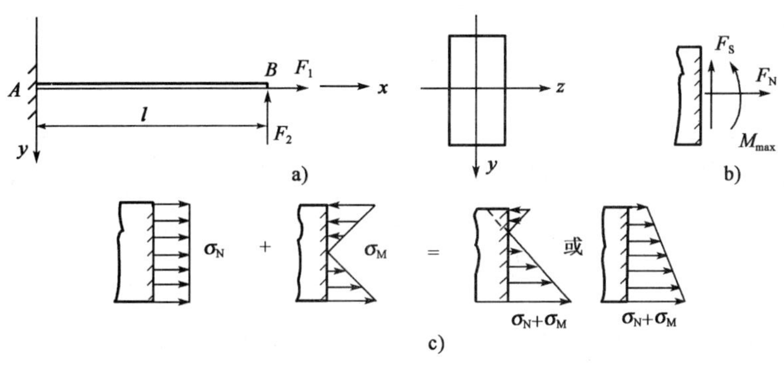

图　22-6

在轴向拉力 F_1 作用下,杆各横截面上有相同的轴力 $F_N=F_1$。而在横向力 F_2 作用下,固定端截面上的弯矩为最大[图 22-6b)],其值为 $M_{\max}=F_2l$。因而固定端截面是杆的危险截面。

在危险截面上[图 22-6c)],与轴力相应的正应力为

$$\sigma_N=\frac{F_N}{A}$$

纵坐标为 y 处的弯曲正应力为

$$\sigma_M = \frac{M_{max}}{I_z}y$$

于是,由叠加原理可知,危险截面上任一点 y 处的正应力为

$$\sigma = \sigma_N + \sigma_M = \frac{F_N}{A} + \frac{M_{max}}{I_z}y \tag{22-5}$$

式(22-5)表明,正应力沿截面高度呈线性分布,中性轴不通过截面形心,而最大拉应力发生在危险截面的下边缘各点处,其值为

$$\sigma_{tmax} = \frac{F_N}{A} + \frac{M_{max}}{W_z} \tag{22-6}$$

由于危险点处于单向应力状态,故可将最大拉应力与材料的许用应力相比较,以进行强度计算。

应该指出,如果材料的许用拉应力和许用压应力不相等时,杆内的最大拉应力和最大压应力应分别满足杆件的拉、压强度条件。

二、偏心压缩(拉伸)

外力作用线平行于杆轴线但不重合时,将引起偏心拉伸(或压缩)。偏心压缩是压弯组合的一种常见形式。

考虑图 22-7a)所示具有两条对称轴的等直杆在顶面承受偏心压力 F 作用,设力 F 作用点的坐标为(y_F,z_F)。

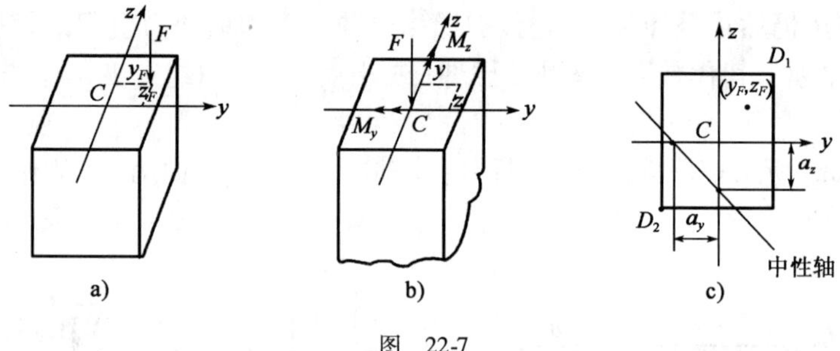

图 22-7

为了分析杆的应力,将偏心压力 F 平移到顶端截面的形心 C 处,得到轴向压力 F,以及力矩分别为 $M_y = Fz_F$ 与 $M_z = Fy_F$ 的附加力偶,如图 22-7b)所示。

在轴向压力 F 作用下,杆内任一横截面上的正应力 σ_N 均匀分布,其值为

$$\sigma_N = -\frac{F}{A}$$

在外力偶 M_y 与 M_z 作用下,横截面上任一点(y,z)处的弯曲正应力为

$$\sigma_M = -\frac{M_y z}{I_y} - \frac{M_z y}{I_z} = -\frac{Fz_F z}{I_y} - \frac{Fy_F y}{I_z}$$

根据叠加原理,在偏心压缩时,横截面上任一点(y,z)处的正应力为

$$\sigma = \sigma_N + \sigma_M = -\frac{F}{A} - \frac{Fz_F z}{I_y} - \frac{Fy_F y}{I_z} \tag{22-7}$$

式中:A——横截面的面积;

I_y,I_z——分别为截面对对称轴 y 和 z 轴的惯性矩。

利用惯性矩与惯性半径间的关系

$$I_y = Ai_y^2, I_z = Ai_z^2$$

式(22-7)可改写为

$$\sigma = -\frac{F}{A}\left[1 + \frac{z_F}{i_y^2}z + \frac{y_F}{i_z^2}y\right] \tag{22-8}$$

式(22-8)是一个平面方程,这表明正应力在横截面上按线性规律变化,而应力平面与横截面相交的直线(在该直线上 $\sigma = 0$)就是中性轴。令 y_0, z_0 是中性轴上任一点的坐标,代入式(22-8),即得中性轴方程为

$$1 + \frac{z_F}{i_y^2}z_0 + \frac{y_F}{i_z^2}y_0 = 0 \tag{22-9}$$

可见,在偏心压缩情况下,中性轴是一条不通过截面形心的直线。中性轴的位置可利用其在 y,z 轴上的截距 a_y, a_z 来确定,如图 22-7c)所示。在式(22-9)中,令 $z_0 = 0$,相应的 y_0 即为 a_y,而令 $y_0 = 0$,相应的 z_0 即为 a_z。由此求得

$$a_y = -\frac{i_z^2}{y_F}, a_z = -\frac{i_y^2}{z_F} \tag{22-10}$$

由此可见,中性轴与外力作用点分别位于截面形心的相对两侧。当中性轴经过截面时,将截面分为受压区与受拉区,靠偏心压力作用点一侧的区域为受压区,另一侧则为受拉区。在受压区和受拉区中,离中性轴最远的点分别为最大压应力 σ_{cmax} 和最大拉应力 σ_{tmax} 作用点。

对于周边无棱角的截面,要求 σ_{cmax} 和 σ_{tmax},必须先确定中性轴的位置,然后作两条与中性轴平行的直线与横截面的周边相切,两切点 D_1 和 D_2 即为横截面上 σ_{cmax} 和 σ_{tmax} 的作用点(图 22-8),将 D_1 和 D_2 点的坐标分别代入式(22-7),即可求得最大压应力和最大拉应力值。

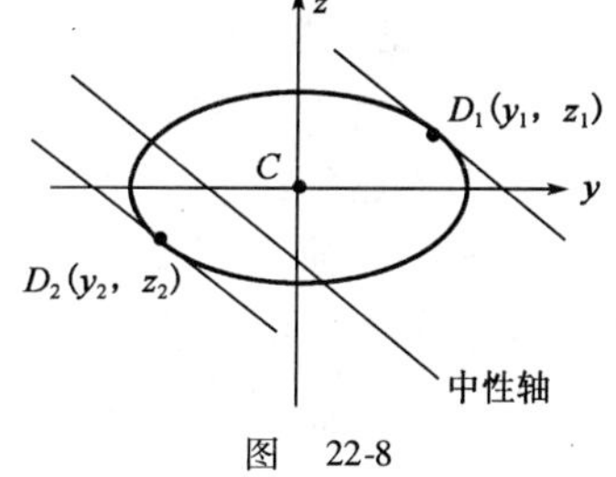

图 22-8

对于周边具有棱角的截面,其危险点必定在截面的棱角处,可根据杆件的变形直接确定出来。例如,图 22-7c)所示的矩形截面,σ_{cmax} 发生于棱角 D_1 点处,而 σ_{tmax} 发生于棱角 D_2 点处,其值为

$$\left.\begin{aligned}\sigma_{cmax} &= -\frac{F}{A} - \frac{Fz_F}{W_y} - \frac{Fy_F}{W_z}\\ \sigma_{tmax} &= -\frac{F}{A} + \frac{Fz_F}{W_y} + \frac{Fy_F}{W_z}\end{aligned}\right\} \tag{22-11}$$

显然,式(22-11)对于工字形、箱形等具有棱角的截面都是适用的。

由于危险点仍为单向应力状态,因此,在求得最大正应力后,就可根据材料的许用应力来建立强度条件。

三、截面核心

由公式(22-10)可知,当偏心压力 F 的作用点(y_F, z_F)愈靠近截面形心时,中性轴离截面形心愈远。当中性轴位于截面边缘并与其相切时,横截面上将只有压应力而无拉应力。我们将横截面上只有压应力而无拉应力时,偏心压力 F 所作用的围绕截面形心的一个区域,称为截面核心。

为了确定截面核心的边界,可令一系列中性轴与截面边界相切,找出每条中性轴在 y,z 坐

标轴上的截距 a_y, a_z，然后利用公式(22-10)求出偏心压力作用点的坐标

$$y_F = -\frac{i_z^2}{a_y}, z_F = -\frac{i_y^2}{a_z} \tag{22-12}$$

这些偏心压力作用点的轨迹就构成了截面核心的外边界。从式(22-12)可见,截面核心也属于截面图形的几何性质,只与截面形状和尺寸有关,与外力及材料性能均无关。

下面以矩形截面为例,说明确定其截面核心边界的方法。

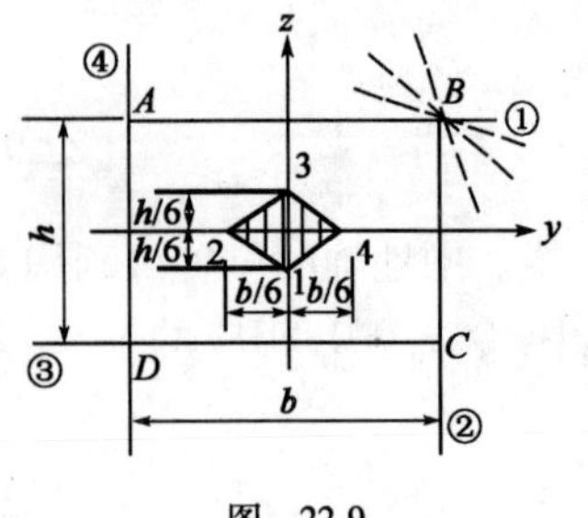

图 22-9

对于边长为 b 和 h 的矩形截面(图 22-9),y,z 两对称轴为截面的形心主惯性轴,其惯性半径为:

$$i_y^2 = \frac{h^2}{12}, i_z^2 = \frac{b^2}{12}$$

先将与 AB 边相切的直线①看作是中性轴,其在 y,z 轴上的截距分别为

$$a_{y1} = \infty, a_{z1} = \frac{h}{2}$$

由式(22-12)得与中性轴①对应的截面核心边界上点 1 的坐标为

$$y_{F1} = -\frac{i_z^2}{a_{y1}} = 0, z_{F1} = -\frac{i_y^2}{a_{z1}} = -\frac{h}{6}$$

同理,分别将与 BC,CD 和 DA 边相切的直线②,③和④看作是中性轴,可求得对应的截面核心边界上点 2,3,4 如图 22-9 所示。

至于由点 1 到点 2,偏心压力作用点的移动规律如何,我们可以从中性轴①开始,绕角点 B 作一系列中性轴,一直转到中性轴②,求出这些中性轴所对应的偏心压力作用点的位置,就可得到偏心压力作用点从点 1 到点 2 的移动轨迹。这些中性轴都经过 B 点,将 B 点坐标(y_B, z_B)代入中性轴方程(22-9)得

$$1 + \frac{z_B}{i_y^2}z_F + \frac{y_B}{i_z^2}y_F = 0$$

由于上式中 y_B, z_B 为常数,因此该式可看作是表示外力作用点坐标 y_F 与 z_F 间关系的直线方程。即当中性轴绕角点 B 旋转时,相应的偏心压力作用点移动的轨迹是一条连接点 1,2 的直线。于是将 1,2,3,4 四点中相邻的两点用直线连接,即得矩形截面的截面核心边界。它是个位于截面中央的菱形,其对称线长度分别为 $b/3$ 和 $h/3$。

[例 22-3] 图 22-10a)所示矩形截面简支梁,已知 $q = 30\text{kN/m}$,$F = 500\text{kN}$,试求梁内最大正应力及跨中截面上中性轴的位置。

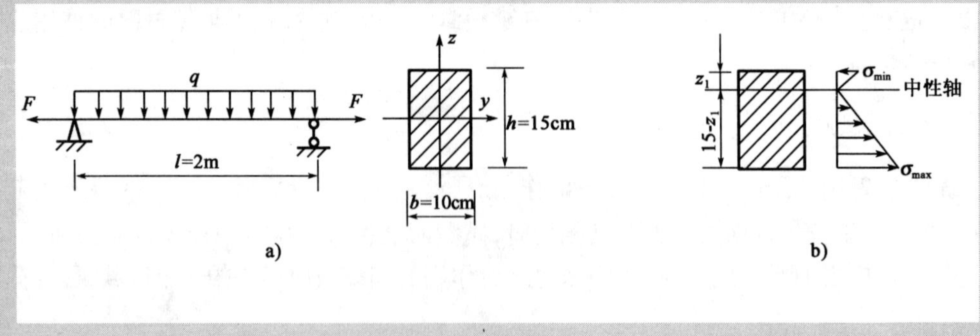

图 22-10

解:梁内最大正应力发生在跨中截面上的下边缘处。该截面上的弯矩最大,其值为

$$M_{\max}=\frac{1}{8}ql^2=\frac{1}{8}\times 30\times 2^2=15\text{kN}\cdot\text{m}$$

该截面上的轴力为 $F_N=F=500\text{kN}$

故最大正应力为

$$\sigma_{\max}=\frac{F_N}{A}+\frac{M_{\max}}{W_y}=\frac{F_N}{bh}+\frac{6M_{\max}}{bh^2}$$

$$=\frac{500\times 10^3}{0.1\times 0.15}+\frac{6\times 15\times 10^3}{0.1\times 0.15^2}=73.3\times 10^6\text{Pa}=73.3\text{MPa}$$

最小正应力为

$$\sigma_{\min}=\frac{F_N}{A}-\frac{M_{\max}}{W_y}=\frac{F_N}{bh}-\frac{6M_{\max}}{bh^2}$$

$$=\frac{500\times 10^3}{0.1\times 0.15}-\frac{6\times 15\times 10^3}{0.1\times 0.15^2}=-6.7\times 10^6\text{Pa}=-6.7\text{MPa}$$

由此,可画出跨中截面上的正应力分布图如图 22-10b)所示。设该截面上中性轴离上边缘的距离为 z_1,则中性轴离下边缘的距离为 $15-z_1$。由于正应力沿截面高度成线性分布,则有

$$\frac{15-z_1}{z_1}=\left|\frac{\sigma_{\max}}{\sigma_{\min}}\right|=\frac{73.3}{6.7}$$

解出 $z_1=1.26\text{cm}$。

中性轴位置如图 22-10b)所示。

第四节 弯扭组合与弯拉(压)扭组合变形

弯曲与扭转的组合变形是机械工程中最常见的情况。下面来分析这类构件的强度计算。

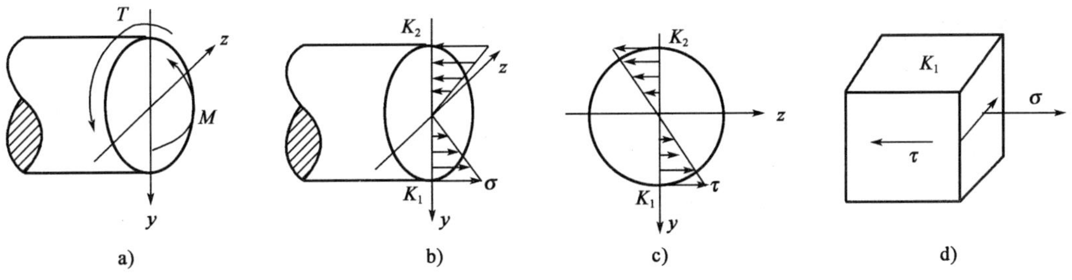

图 22-11

考察如图 22-11a)所示的圆轴在某一截面上既有弯矩 M,又有扭矩 T 的情形。在弯矩 M 作用下引起的正应力为

$$\sigma=\frac{My}{I_z}$$

其分布如图 22-11b)所示。在上、下边缘处正应力最大,其值为

$$\sigma_{\max} = \frac{M}{W_z}$$

在扭矩 T 作用下引起的切应力为

$$\tau = \frac{T\rho}{I_P}$$

其分布如图 22-11c)所示,在边缘各点处的切应力最大,其值为

$$\tau_{\max} = \frac{T}{W_P}$$

对于一般杆件,剪力 F_S 的影响很小,常可忽略不计,因此,只须考虑弯矩和扭矩的影响。

在图 22-11b)、c)中,不难看出,上、下边缘的点 K_1,K_2 既有最大正应力,又有最大切应力,是截面上的危险点。图 22-11d)所示为 K_1 点的应力单元体,K_1,K_2 两点均属平面应力状态(参见图 21-19),而这两点的 σ 及 τ 的大小都是相等的,所以可以任取其中的一点来研究。

对于常用钢材制成的圆轴而言,应选用第三或第四强度理论来建立强度条件,并且有

$$W_P = 2W_z = \frac{\pi d^3}{16}$$

所以,若用第三强度理论,其强度条件由式(21-30),可得

$$\sigma_{r3} = \sqrt{\sigma^2 + 4\tau^2} = \frac{\sqrt{M^2 + T^2}}{W_z} \leqslant [\sigma] \tag{22-13}$$

若用第四强度理论,其强度条件由式(21-31),可得

$$\sigma_{r4} = \sqrt{\sigma^2 + 3\tau^2} = \frac{\sqrt{M^2 + 0.75T^2}}{W_z} \leqslant [\sigma] \tag{22-14}$$

应该注意,式(22-13)、式(22-14)仅适用于圆轴发生弯扭组合变形的情形,而式(21-30)、式(21-31)还可适用于轴向拉压与弯扭组合变形的情形。

[例 22-4] 电动机带动一圆轴 AB,其中点装有一重 $F_1 = 5\text{kN}$,直径为 1.2m 的胶带轮如图 22-12a)所示,胶带紧边张力 $F_2 = 6\text{kN}$,松边的张力 $F_3 = 3\text{kN}$,如轴的许用应力 $[\sigma] = 50\text{MPa}$,试按第三强度理论求轴的直径 d。

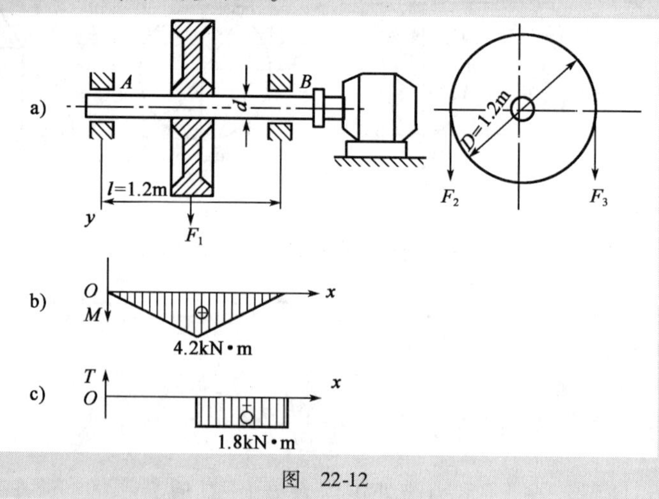

图 22-12

解:将作用于轮子上的胶带张力 F_2, F_3 向轴线简化,则轴中点受铅垂方向的力为

$$F = F_1 + F_2 + F_3 = 5 + 6 + 3 = 14\text{kN}$$

故轴中点的弯矩为

$$M = \frac{1}{4}Fl = \frac{1}{4} \times 14 \times 1.2 = 4.2\text{kN} \cdot \text{m}$$

同时胶带的张力产生的外力偶矩为

$$m = F_2 \frac{D}{2} - F_3 \frac{D}{2} = (6 - 3) \times \frac{1}{2} \times 1.2 = 1.8\text{kN} \cdot \text{m}$$

由此作出圆轴 AB 的弯矩图和扭矩图,如图 22-12b)、c)所示。

按公式(22-13),第三强度理论的强度条件为

$$\sigma_{r3} = \frac{\sqrt{M^2 + T^2}}{W_z} = \frac{\sqrt{4.2^2 + 1.8^2} \times 10^3}{\pi d^3/32} \leqslant [\sigma]$$

解得 $d \geqslant 97.6\text{mm}$,故可取 $d = 98\text{mm}$。

[**例 22-5**]一钢质圆轴,直径 $d = 8\text{cm}$,其上装有直径 $D = 1\text{m}$、重为 5kN 的两个皮带轮,如图 22-13a)所示。已知 A 处轮上的皮带拉力为水平方向,C 处轮上的皮带拉力为竖直方向。设钢的$[\sigma] = 160\text{MPa}$,试按第三强度理论校核轴的强度。

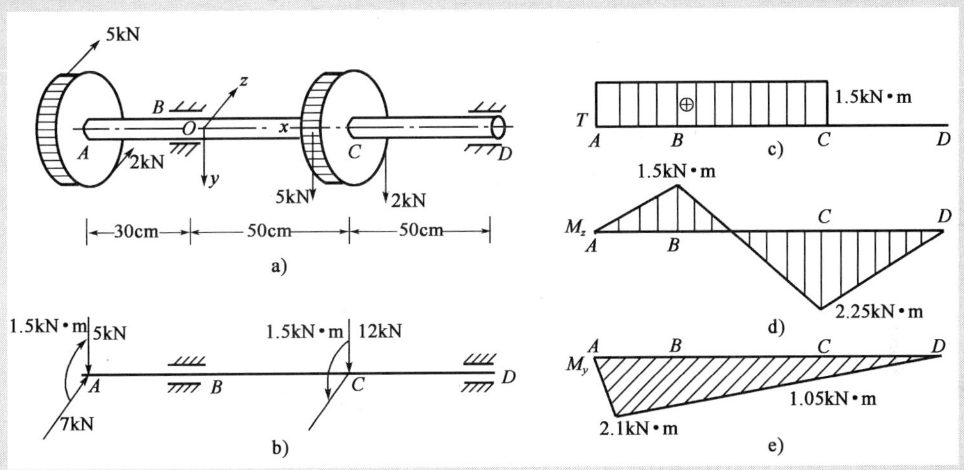

图 22-13

解:将轮上的皮带拉力向轮心简化后,得到作用在圆轴上的集中力和力偶;此外,圆轴还受到轮重作用。简化后的外力如图 22-13b)所示。

在力偶作用下,圆轴的 AC 段内产生扭转,扭矩图如图 22-13c)所示。在横向力作用下,圆轴在 xy 和 xz 平面内分别产生弯曲,两个平面内的弯矩图如图 22-13d)、e)所示。因为轴的横截面是圆形,不会发生斜弯曲,所以应将两个平面内的弯矩合成而得到横截面上的合成弯矩。由弯矩图可知,B 左边截面上的合成弯矩小于 B 截面上的合成弯矩,C 右边截面上的合成弯矩小于 C 截面上的合成弯矩,而且可以证明 B 与 C 之间截面上的合成弯矩小于这两个截面上的合成弯矩之极大值,因此,可能危险的截面是 B 截面和 C 截面。

现分别求出这两个截面的合成弯矩为

$$M_B = \sqrt{M_{By}^2 + M_{Bz}^2} = \sqrt{2.1^2 + 1.5^2} = 2.58\text{kN} \cdot \text{m}$$

$$M_C=\sqrt{M_{Cy}^2+M_{Cz}^2}=\sqrt{1.05^2+2.25^2}=2.48\text{kN}\cdot\text{m}$$

因为 $M_B>M_C$，且 B，C 截面的扭矩相同，故 B 截面为危险截面。将 B 截面上的弯矩和扭矩值代入式(22-13)，得到第三强度理论的相当应力为

$$\sigma_{r3}=\frac{1}{W}\sqrt{M_B^2+T_B^2}=\frac{1}{\frac{\pi}{32}\times 0.08^3}\sqrt{2580^2+1500^2}$$

$$=59.3\times 10^6\text{Pa}=59.3\text{MPa}<[\sigma]$$

因此，该圆轴是安全的。

思考题

22-1　何谓组合变形？采用叠加原理分析组合变形问题时，需满足哪些条件？为什么必须满足这些条件？

22-2　平面弯曲与斜弯曲时荷载所需满足的条件是什么？

22-3　悬臂梁的横截面形状如图所示。若作用于自由端的荷载作用方向如图中虚线所示。试指出哪几种情况发生平面弯曲，哪几种情况发生斜弯曲。

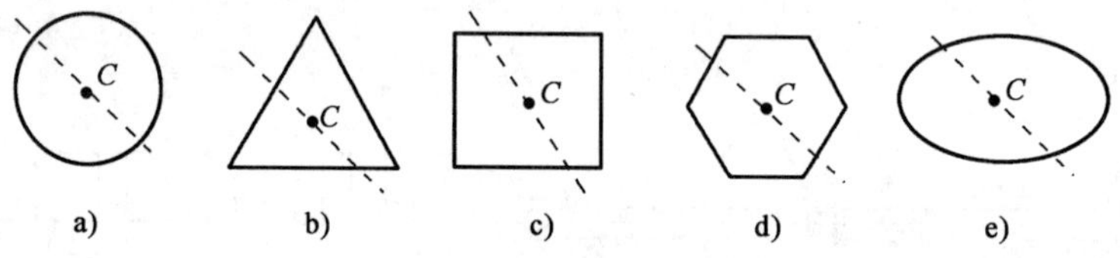

思考题 22-3 图

22-4　在斜弯曲中，横截面上危险点的最大正应力、截面挠度都分别等于两相互垂直平面内的弯曲引起的正应力、挠度的叠加。这一“叠加”是几何和还是代数和？试分别加以说明。

22-5　斜弯曲、弯拉(压)组合情况下截面的中性轴各有什么特征？

22-6　斜弯曲时梁横截面上的中性轴如何确定？其最大应力作用点又如何确定？

22-7　何谓截面核心？如何确定截面核心？

22-8　在斜弯曲、偏心拉伸(压缩)、弯扭组合情况下，受力杆件中各点处于什么应力状态？

22-9　当圆轴处于弯扭组合变形时，横截面上存在哪些内力？应力如何分布？危险点处于何种应力状态？如何根据强度理论建立相应的强度条件？

22-10　弯扭组合与弯拉扭组合杆件变形形式有何区别？各点的应力状态是否一样？

习　题

22-1　空心圆杆受力及尺寸如图所示，试求最大拉应力。

22-2　如图所示，悬臂梁受到 F_1 和 F_2 两个横向力的作用。已知 $F_1=800\text{N}$，$F_2=1650\text{N}$，$L=1\text{m}$，$b=90\text{mm}$，$h=180\text{mm}$，$E=10\text{GPa}$。试求梁中最大正应力及其作用点的位置，并求该梁的最大挠度。若横截面改为圆形，直径 $d=130\text{mm}$，试求其最大正应力。

22-3　14 号工字钢悬臂梁受力情况如图所示。已知 $l=0.8\text{m}$，$F_1=2.5\text{kN}$，$F_2=1\text{kN}$，试求危险截面上的最大正应力。

22-4　矩形截面木条受力如图，已知$[\sigma]=12\text{MPa}$，$E=9\times 10^3\text{MPa}$，试验算木条的强度。

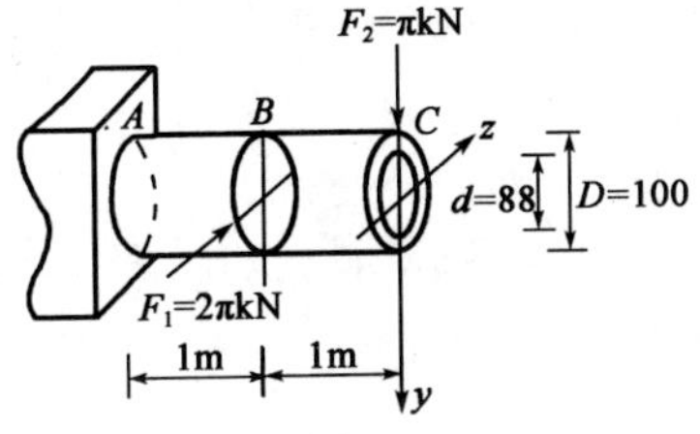

习题 22-1 图

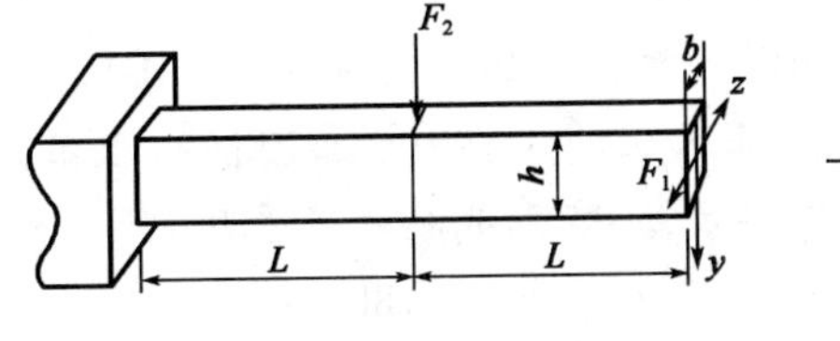

习题 22-2 图

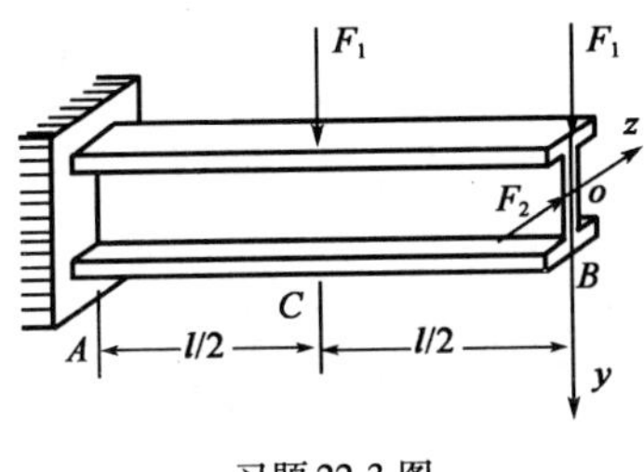

习题 22-3 图

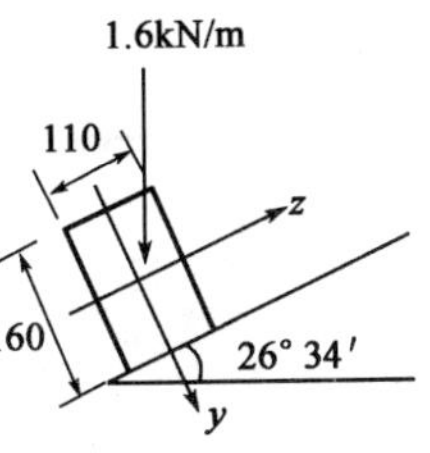

习题 22-4 图

22-5　如图所示屋架檩条计算简图。已知檩条跨度 $l=4$m，均布荷载 $q=2$kN/m，矩形截面 $b=120$mm，$h=160$mm，所用松木的弹性模量 $E=10$GPa，许用应力 $[\sigma]=12$MPa，檩条许用挠度 $[w]=l/150$，试校核的强度和刚度。

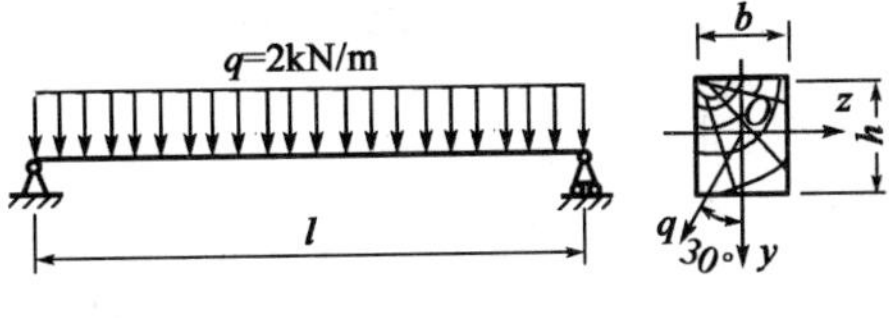

习题 22-5 图

22-6　如图所示一楼梯木斜梁的长度 $l=4$m，矩形截面，$b=100$mm，$h=200$mm，受均布荷载作用，$q=2$kN/m。试作梁的轴力图和弯矩图，并求横截面上的最大拉应力和最大压应力。

22-7　如图所示为悬臂滑车架，杆 AB 为 18 号工字钢，其长度为 $l=2.6$m。试求当荷载 $F=25$kN 作用在 AB 的中点 D 处时，AB 杆内的最大正应力。

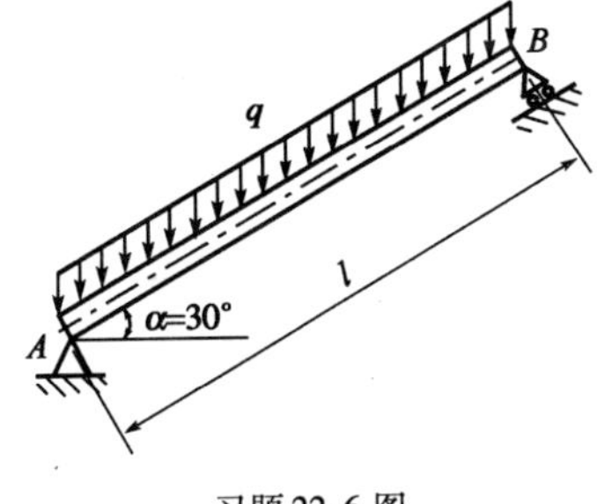

习题 22-6 图

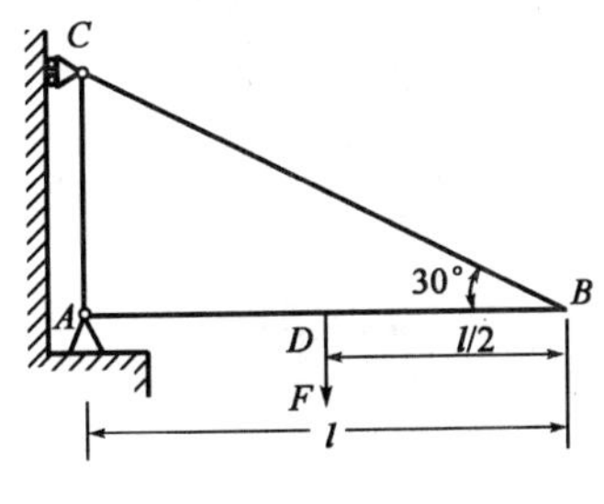

习题 22-7 图

22-8　求图示杆在力 F 作用下的最大拉应力 σ_{tmax} 数值，并指明所在位置。

22-9　矩形截面杆受力如图，求固定端截面上 A,B,C,D 各点的正应力。

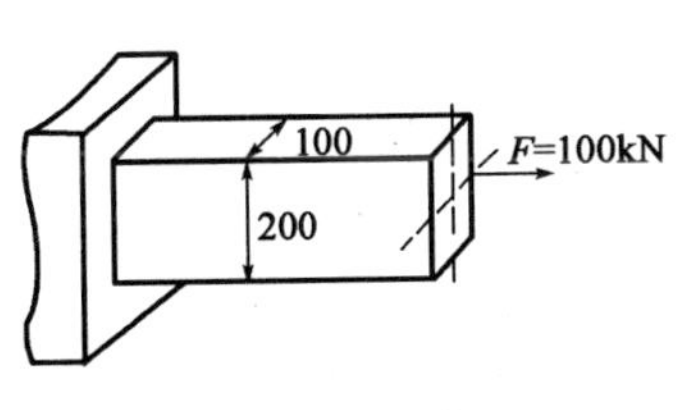

习题 22-8 图

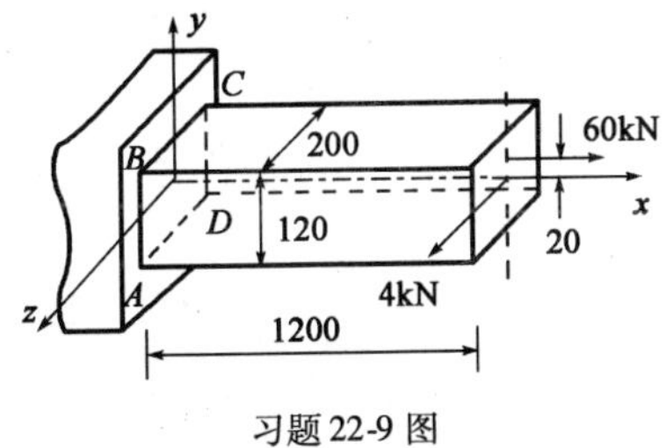

习题 22-9 图

22-10　某矩形截面钢杆，用应变片测得杆件上、下表面的轴向正应变分别为 $\varepsilon_a = 1 \times 10^{-3}$、$\varepsilon_b = 0.4 \times 10^{-3}$，材料的弹性模量 $E = 210\text{GPa}$。

(1)试绘制横截面上的正应力分布图；(2)求拉力 F 及其偏心距 δ 的数值。

22-11　如图所示，一矩形截面柱子受压力 $F_1 = 100\text{kN}$ 和 $F_2 = 45\text{kN}$ 作用，F_2 与柱轴线有一偏心距 $e = 20\text{cm}$，截面尺寸 $b = 180\text{mm}$，$h = 300\text{mm}$，求该柱的最大拉应力和最大压应力值。如不允许出现拉应力，截面高度应为多少？此时最大压应力为多少？

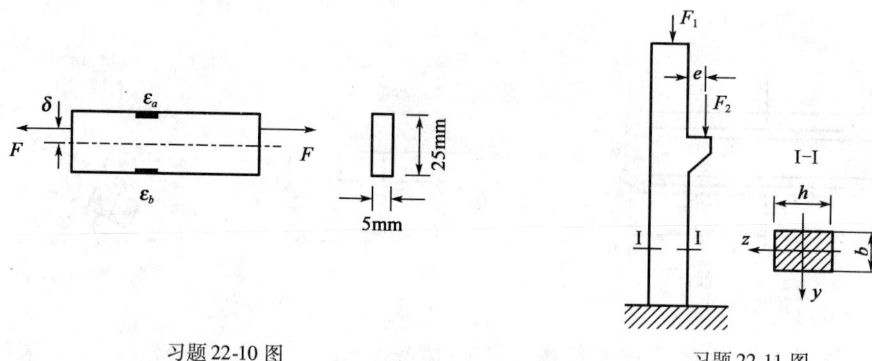

习题 22-10 图　　习题 22-11 图

22-12　如图所示，砖砌烟囱高 $h = 30\text{m}$，底截面 $m—m$ 的外径 $d_1 = 130\text{mm}$，内径 $d_2 = 130\text{mm}$，自重 $P_1 = 2000\text{kN}$，受 $q = 1\text{kN/m}$ 的风力作用。试求：

(1)烟囱底截面上的最大压应力；

(2)若烟囱的基础埋深 $h_0 = 4\text{m}$，基础及填土自重按 $P_2 = 1000\text{kN}$ 计算，土壤的许用应力 $[\sigma] = 0.3\text{MPa}$，圆形基础的直径 D 应为多大？(计算风力时，可把烟囱看成等截面)

22-13　试确定图示跑道形截面的截面核心。

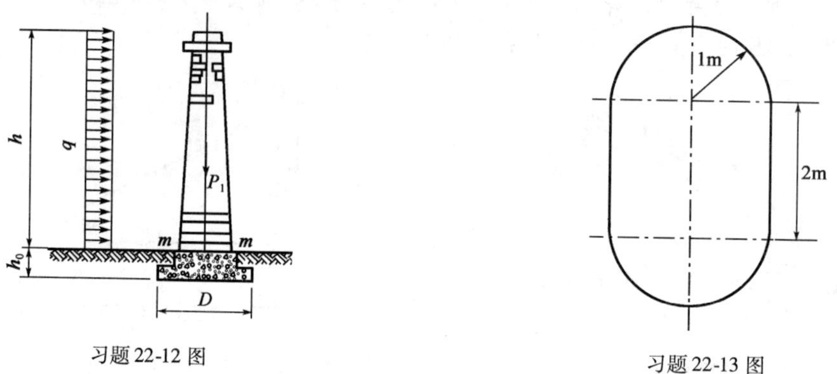

习题 22-12 图　　习题 22-13 图

22-14　一手摇绞车如图所示。已知轴的直径 $d = 25\text{mm}$，材料为 Q235 钢，其许用应力 $[\sigma] = 80\text{MPa}$，试按第四强度理论求绞车的最大起吊重量 F。

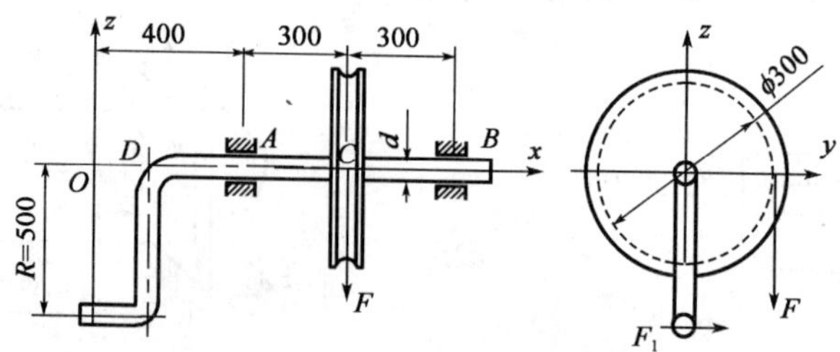

习题 22-14 图

22-15　如图所示，铁道路标圆信号板，装在外径 $D=60\text{mm}$ 的空心圆柱上，所受的最大风荷载 $q=2\text{kN/m}^2$，其许用应力$[\sigma]=60\text{MPa}$。试按第三强度理论选定的空心圆柱厚度。

22-16　圆轴受力如图所示。直径 $d=100\text{mm}$，许用应力$[\sigma]=170\text{MPa}$。

(1)绘出 A、B、C、D 四点处单元体上的应力；

(2)用第三强度理论对危险点进行强度校核。

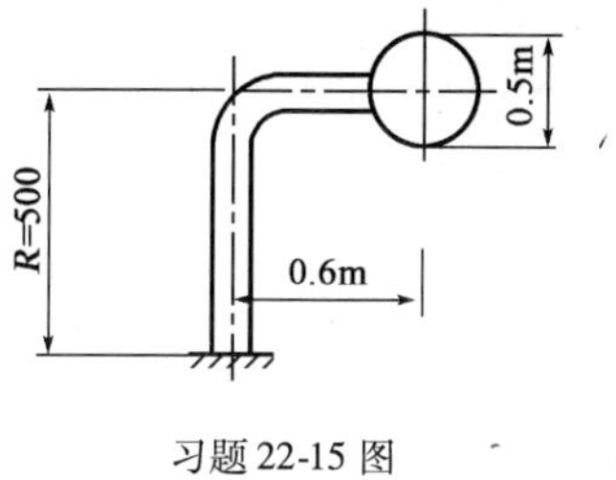

习题 22-15 图

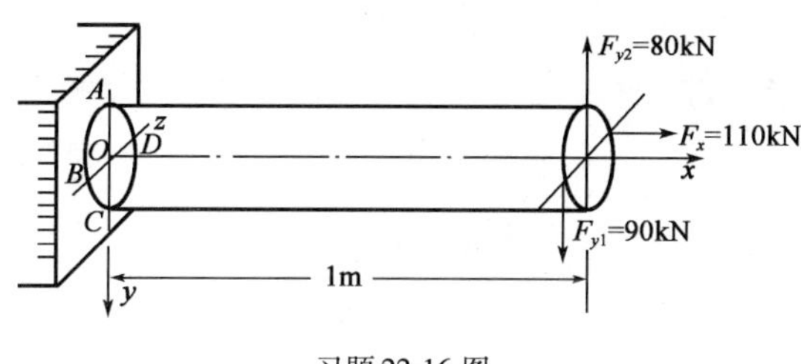

习题 22-16 图

第二十三章 压杆稳定

本章要点

- 稳定性的概念；
- 细长压杆的临界力；
- 临界应力与临界应力总图；
- 压杆的稳定性计算——安全因数法与折减因数法；
- 提高压杆稳定性的措施。

第一节 概 述

构件的承载能力包括强度,刚度和稳定性三个方面,前面已经讨论了构件的强度和刚度问题。它们的共同特点是构件在受力产生变形直到破坏的过程中,其变形形式不变,而细长压杆,当压力增至某一数值时,有可能失去原有的直线平衡形态,即丧失平衡的稳定性。

一、刚体平衡的稳定性

图 23-1 表示一个小球的三种平衡状态,虽然小球在 A,B,C 三处都可以保持平衡,但这些平衡状态却有不同的性质。

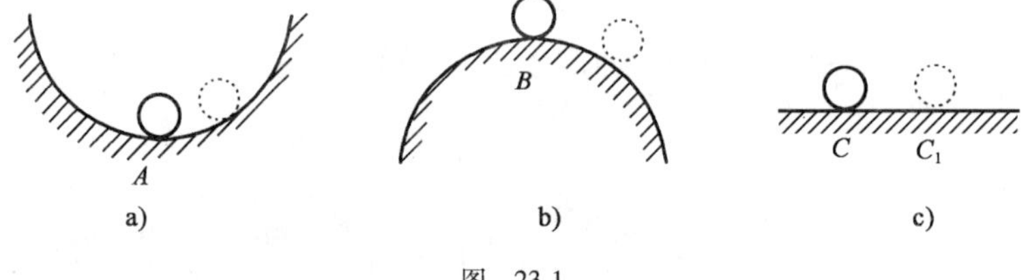

图 23-1

如在 A 处[图 23-1a)],这时小球若受到一微小干扰力使之离开 A 处,当干扰力消失时,小球在重力的作用下最终能回到原来的平衡位置,称小球在 A 处的平衡状态为稳定平衡状态。

小球在 B 处[图 23-1b)]也能保持平衡,但当受到一微小干扰后而离开 B 点后,小球再也不能自动回到 B 点继续平衡了,称小球在 B 处的平衡状态为不稳定的平衡状态。

小球在 C 处[图 23-1c)]也能保持平衡,当其受到一微小干扰使之离开 C 处到达 C_1 处,则当干扰消失后,小球既不能回到原来的位置 C,也不继续滚动,而是在新位置 C_1 处保持了新的平衡,称小球在 C 处的平衡状态为随遇平衡状态,因小球受到干扰后不能回到原来的平衡位置,所以它具有不稳定平衡状态的特点,所以该状态可以看成是稳定平衡状态的结束和不稳定平衡状态的开始,因此又称为临界平衡状态。

二、压杆平衡的稳定性

一根理想的中心受压的细长杆件其平衡状态也有稳定与不稳定的区分。图 23-2 所示细长杆，两端铰支，在轴向压力 F 的作用下，保持着直线的平衡状态，当力 F 小于某个特定值 F_{cr} 时，若有一横向的微小干扰力使之由直线变为曲线，则当干扰力消失后，杆能很快地恢复到原来的直线平衡状态，这时杆的平衡是稳定平衡。如果当力 F 逐渐增加至 F_{cr} 时，这时压杆的直线平衡变为不稳定。因为这时如再用一微小的横向干扰力使其发生轻微弯曲，当干扰力消失后，压杆将保持微弯曲线形状的平衡状态，而不能回到原来的直线平衡形态，这时的压力 F_{cr} 称为临界压力。压杆丧失其直线平衡而过渡到曲线平衡，称为丧失稳定，简称为失稳，也叫屈曲。

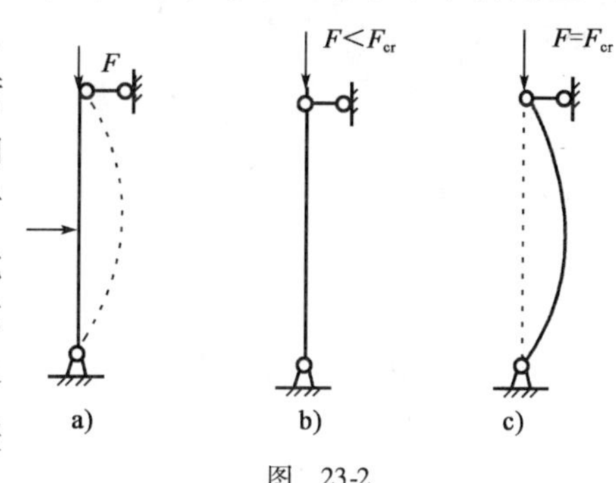

图 23-2

压杆失稳后，压力微小的增加都会引起弯曲变形的显著增大，从而使杆件失去承载能力。压杆失稳往往是突然发生的，因此，因失稳造成的失效，可能会导致整个结构或机器的损坏而造成非常严重的工程事故。但是细长压杆在失稳时其应力并一定很高，有时甚至低于比例极限。可见这种形式的失效，并非强度不够，而是稳定性不够，因此在设计时必须要考虑稳定性问题，并设法防止其失稳，以保证受压杆件能够安全工作。

第二节 细长压杆的临界力

一、两端铰支细长压杆的临界力

设细长压杆的两端为球铰支座(图 23-3)。当压力 F 达到临界值 F_{cr} 时，压杆将由直线平衡形态转为微弯平衡形态，且只有在临界荷载作用下才有可能在微弯形态下维持平衡。

选取图示坐标系，设距原点为 x 的截面上的挠度为 w，则该截面上弯矩为

$$M(x) = Fw \tag{a}$$

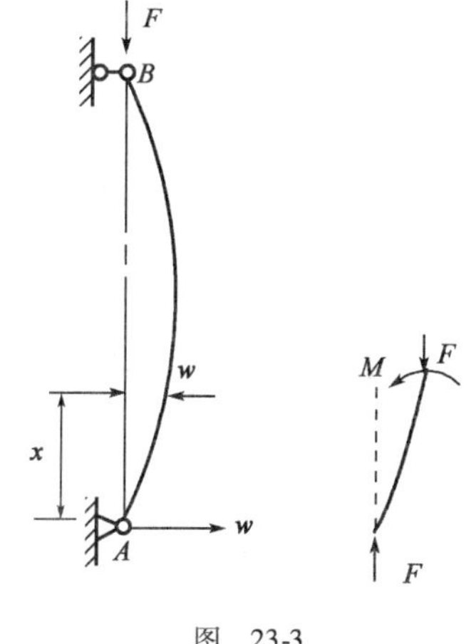

图 23-3

当变形在线弹性范围内时，挠曲线的近似微分方程为

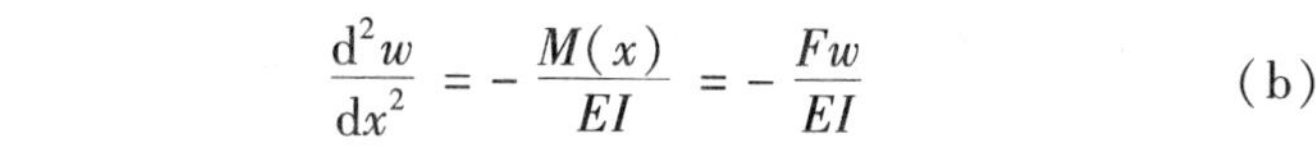

$$\frac{d^2w}{dx^2} = -\frac{M(x)}{EI} = -\frac{Fw}{EI} \tag{b}$$

令

$$k^2 = \frac{F}{EI} \tag{c}$$

则式(b)可写成

$$\frac{d^2w}{dx^2} + k^2w = 0 \tag{d}$$

其通解为

$$w = A\sin kx + B\cos kx \tag{e}$$

式中，A，B 为积分常数，由边界条件确定。

由 $x=0$，$w=0$，得 $B=0$

由 $x=l, w=0$，得 $\qquad A\sin kl = 0$

即只有 $A=0$ 或者 $\sin kl = 0$ 时才成立。显然，若 $A=0$，由于 $B=0$，则由式(e)知，$w=0$，这与压杆处于微弯状态矛盾。因此，要使压杆在微弯形态下处于平衡，必须有

$$\sin kl = 0$$

由此得

$$k = \frac{n\pi}{l}(n = 0,1,2,\cdots) \tag{f}$$

将式(f)代入式(c)中，求出

$$F = \frac{n^2\pi^2 EI}{l^2}$$

从理论上说，由于 n 可以是任意整数，所以临界力的数值有很多个。但实际上，只有使杆件保持微小弯曲的最小压力，才是临界力。如果取 $n=0$，则 $F=0$，表示杆件不受力作用，自然就无意义。因此，有意义的最小值应取 $n=1$，于是得到临界力为

$$F_{cr} = \frac{\pi^2 EI}{l^2} \tag{23-1}$$

这就是两端铰支细长压杆临界力的计算公式。由于此公式最早是由欧拉导出的，所以通常称为欧拉公式。式中的 E 为材料的弹性模量，I 为杆件横截面的最小惯性矩，因为杆总是最先在抗弯刚度 EI 最小的方向发生弯曲。

当取 $n=1$ 时，$k=\frac{\pi}{l}$，故由常数 $B=0$ 及式(e)可得压杆的挠曲线方程为

$$w = A\sin\frac{\pi}{l}x$$

可见，压杆过渡为曲线平衡后，轴线弯成了半个正弦波曲线，当 $x=l/2$ 时，

$$w\big|_{x=\frac{1}{2}l} = A = w_{max}$$

即 A 是压杆中点挠度(即最大挠度)。

二、其他支座条件下细长压杆的临界力

压杆两端除都是球铰外，还可能有其他形式：如图 23-4a)所示为下端固定，上端自由的压杆；图 23-4b)所示为两端均为固定支座的压杆；图 23-4c)所示为下端固定，上端为铰支座的压杆。对于这些不同支座形式的细长压杆，其临界力的计算公式可以用上面相同的方法导出，但也可以用比较简单的方法求出。

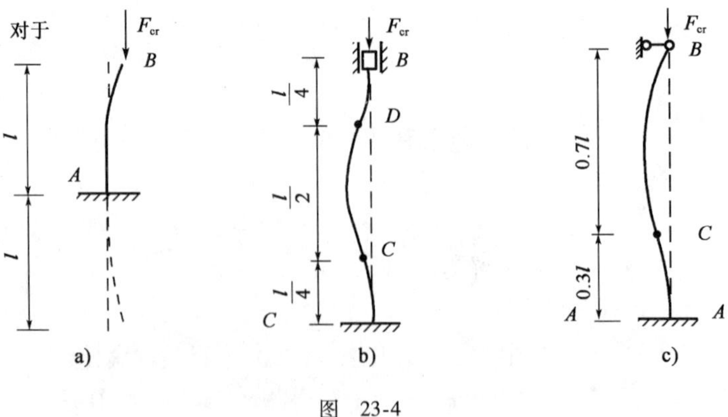

图 23-4

对于图 23-4a)所示一端固定,一端自由的细长压杆,临界状态时的挠曲线形状与长度为 $2l$ 的两端铰支压杆的挠曲线(图 23-3)上半段的形状完全相同。用杆长为 $2l$ 代入式(23-1),得

$$F_{cr}=\frac{\pi^2 EI}{(2l)^2} \tag{23-2}$$

同样,对于图 23-4b)所示两端固定的细长压杆,在两拐点 C,D 间的挠曲线与长为 $0.5l$ 的两端铰支的细长压杆的挠曲线相同。因此,两端固定的细长压杆的临界力为

$$F_{cr}=\frac{\pi^2 EI}{(0.5l)^2} \tag{23-3}$$

对于图 23-4c)所示一端固定,一端铰支的细长压杆,在拐点 C 与支座 B 之间的挠曲线与长为 $0.7l$ 的两端铰支的细长压杆的挠曲线相同,因此,一端固定,一端铰支的细长压杆的临界力为

$$F_{cr}=\frac{\pi^2 EI}{(0.7l)^2} \tag{23-4}$$

式(23-1)~式(23-4)可以统一地写成如下形式

$$F_{cr}=\frac{\pi^2 EI}{(\mu l)^2} \tag{23-5}$$

式中,μl 称为相当长度,μ 称为长度系数,式(23-5)为欧拉公式的普遍形式。

为了便于比较,将各种约束条件下细长压杆的临界力及长度系数列入表 23-1 中。从表中可见,压杆受到的约束越强,则长度系数 μ 值越小,临界力 F_{cr} 越大,压杆将越不容易失稳。

各种约束条件下细长压杆的临界力及长度系数 表 23-1

支承情况	两端铰支	一端固定一端自由	一端固定一端铰支	两端固定
挠曲线形状	F_{cr}, l	F_{cr}, l, $2l$	F_{cr}, l, $0.7l$	F_{cr}, l, $0.5l$
长度系数 μ	1	2	0.7	0.5
临界力 F_{cr}	$\frac{\pi^2 EI}{l^2}$	$\frac{\pi^2 EI}{(2l)^2}$	$\frac{\pi^2 EI}{(0.7l)^2}$	$\frac{\pi^2 EI}{(0.5l)^2}$

[例 23-1]如图 23-5 所示细长压杆,一端固定,另一端自由。已知弹性模量 $E=10\text{GPa}$,长度 $l=2\text{m}$,$h=160\text{mm}$,$b=90\text{mm}$。试求:压杆的临界压力。若压杆的横截面面积不变,将横截面形状改为边长为 $a=120\text{mm}$ 的正方形(假设仍为细长压杆),试计算这时压杆的临界压力。

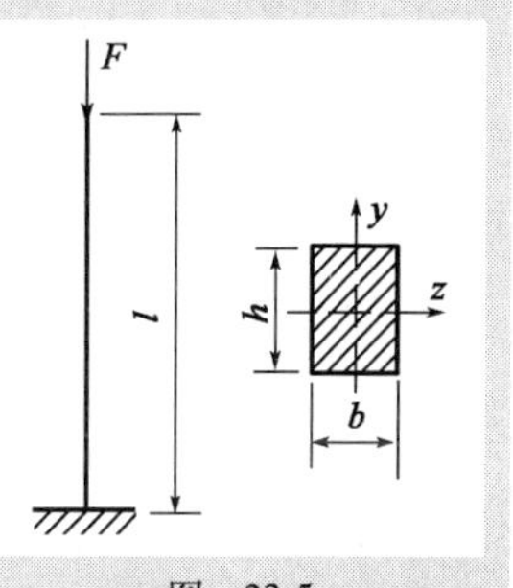

图 23-5

解:(1)计算矩形截面压杆的临界压力

截面对 y 轴和 z 轴的惯性矩分别为

$$I_y=\frac{hb^3}{12}=\frac{160\times 90^3}{12}=972\times 10^4\text{mm}^4$$

$$I_z = \frac{bh^3}{12} = \frac{90 \times 160^3}{12} = 3072 \times 10^4 \text{mm}^4$$

由于 $I_y < I_z$，所以压杆必然绕 y 轴弯曲失稳，应将 I_y 代入式(23-5)计算临界压力，根据杆端约束 $\mu = 2$，于是

$$F_{cr} = \frac{\pi^2 EI_y}{(\mu l)^2} = \frac{\pi^2 \times 10 \times 10^9 \times 972 \times 10^4 \times 10^{-12}}{(2 \times 2)^2} = 60\text{kN}$$

(2)计算正方形截面压杆的临界压力，截面对 y 轴和 z 轴的惯性矩相等，均为

$$I_y = I_z = \frac{a^4}{12} = \frac{120^4}{12} = 1728 \times 10^4 \text{mm}^4$$

临界压力为

$$F_{cr} = \frac{\pi^2 EI}{(\mu l)^2} = \frac{\pi^2 \times 10 \times 10^9 \times 1728 \times 10^4 \times 10^{-12}}{(2 \times 2)^2} = 106.5\text{kN}$$

由计算结果来看，两种压杆的质量和体积等都相同，但正方形截面压杆的临界压力是矩形截面压杆的1.78倍。

第三节　临界应力、临界应力总图

一、临界应力

将压杆的临界压力 F_{cr} 除以横截面积 A，得到压杆横截面上的应力，称为压杆的临界应力，用 σ_{cr} 表示，即

$$\sigma_{cr} = \frac{F_{cr}}{A} = \frac{\pi^2 E}{(\mu l)^2} \frac{I}{A} = \frac{\pi^2 E}{(\frac{\mu l}{i})^2} \tag{a}$$

式中，$i = \sqrt{\frac{I}{A}}$ 为截面的惯性半径。

令

$$\lambda = \frac{\mu l}{i} \tag{23-6}$$

式中，λ 是一个无量纲的量，称为柔度或长细比。它集中地反应了压杆的长度、约束条件、截面尺寸和形状等因素对临界应力 σ_{cr} 的影响。于是式(a)可写成

$$\sigma_{cr} = \frac{\pi^2 E}{\lambda^2} \tag{23-7}$$

式(23-7)是欧拉公式(23-5)的另一种表达形式，两者并无实质性的差别。

二、欧拉公式的适用范围和经验公式

由于推导临界压力的欧拉公式时，用到了挠曲线近似微分方程，因此由欧拉公式计算的临界应力不得超过材料的比例极限，即

$$\sigma_{cr} = \frac{\pi^2 E}{\lambda^2} \leqslant \sigma_p \quad 或 \quad \lambda \geqslant \sqrt{\frac{\pi^2 E}{\sigma_p}} \tag{b}$$

令

$$\lambda_p = \sqrt{\frac{\pi^2 E}{\sigma_p}} \tag{23-8}$$

于是,式(b)可以写成

$$\lambda \geqslant \lambda_p \tag{23-9}$$

这就是欧拉公式(23-5)或式(23-7)适用的范围。满足 $\lambda \geqslant \lambda_p$ 的压杆称为大柔度杆或细长杆,不在此范围内的压杆不能使用欧拉公式。

式(23-8)表明,λ_p 与材料的性质有关,材料不同,λ_p 的数值也就不同,以 Q235 钢为例,$E = 206\text{GPa}$,$\sigma_p = 200\text{MPa}$,于是

$$\lambda_p = \sqrt{\frac{\pi^2 E}{\sigma_p}} = \sqrt{\frac{\pi^2 \times 206 \times 10^9}{200 \times 10^6}} \approx 100$$

也就是说,对于用 Q235 钢制成的压杆,只有当 $\lambda > 100$ 时,才可以用欧拉公式。

若压杆的柔度 λ 小于 λ_p,则临界应力 σ_{cr} 大于材料的比例极限 σ_p,这时欧拉公式已不能使用,属于超过比例极限的压杆稳定问题。对这类超过比例极限后的压杆失稳问题,工程中一般使用以试验结果为依据的经验公式。在这里介绍两种经常使用的经验公式:直线公式和抛物线公式。

直线公式把临界应力 σ_{cr} 与柔度 λ 表示为以下直线关系

$$\sigma_{cr} = a - b\lambda \tag{23-10}$$

式中,a 与 b 是与材料性质有关的常数。表 23-2 列出了几种常用材料的 a 和 b 的数值。

直线公式中几种常用材料的 a 和 b 表 23-2

材　　料	a(MPa)	b(MPa)
Q235 钢 $\sigma_s = 235\text{MPa}$　$\sigma_b \geqslant 372\text{MPa}$	304	1.12
优质碳钢 $\sigma_s = 306\text{MPa}$　$\sigma_b \geqslant 471\text{MPa}$	461	2.568
硅钢　$\sigma_s = 353\text{MPa}$　$\sigma_b \geqslant 510\text{MPa}$	578	3.744
铬钼钢	980	5.296
硬铝	372	2.14
灰口铸铁	331.9	1.453
松木	39.2	0.199

对于柔度很小的粗短杆,如压缩试验用的金属短柱或水泥块,受压时不可能像大柔度杆那样出现弯曲变形,主要因应力达到屈服极限(塑性材料)或强度极限(脆性材料)而失效,这是一个强度问题,所以,对塑性材料,按式(23-10)算出的应力最高只能等于 σ_s,若相应的柔度为 λ_s,则由式(23-10)可得

$$\lambda_s = \frac{a - \sigma_s}{b} \tag{23-11}$$

这是用直线公式的最小柔度。可见,经验公式的适用范围为 $\lambda_s < \lambda < \lambda_p$。柔度在 λ_s 和 λ_p 之间的压杆为中等柔度杆或中长杆。

柔度值小于 λ_s 的压杆,称为小柔度杆或粗短杆。试验表明,对于塑性材料制成的粗短杆,当其临界应力达到屈服极限 σ_s 时,压杆发生屈服失效,这说明小柔度杆的失效是因为强度不足所致。因此,粗短杆的临界应力 $\sigma_{cr} = \sigma_s$。

抛物线公式把临界应力 σ_{cr} 与柔度 λ 表示为下面的抛物线关系

$$\sigma_{cr} = a_1 - b_1\lambda^2 \tag{23-12}$$

式中，a_1 和 b_1 也是与材料有关的常数，可在有关手册中查到。

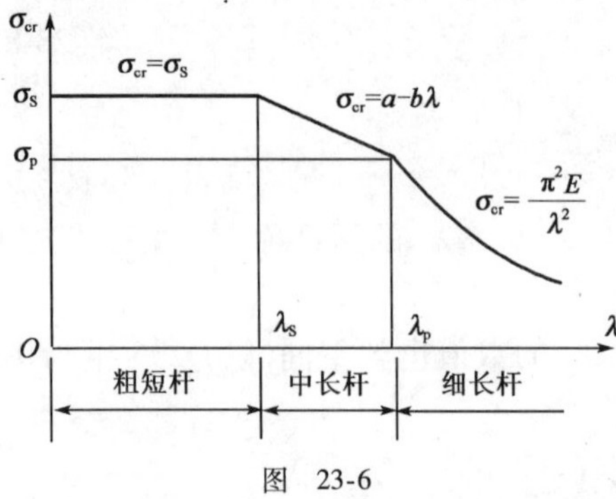

图 23-6

三、临界应力总图

塑性材料压杆的临界应力随其柔度变化的情况如图 23-6 所示，此图称为临界应力总图。从图中可以看出，粗短杆的临界应力与 λ 值无关；中长杆的临界应力大于比例极限，随 λ 值的增加而减小；细长杆的临界应力小于或等于比例极限 σ_p。

[**例 23-2**] 截面为 120mm × 200mm 的矩形木柱（图 23-7），长 $l = 7\text{m}$，$E = 10\text{GPa}$，$\sigma_p = 8\text{MPa}$，其支承情况为：若在 xz 平面内失稳（y 为中性轴）时，可视为两端固定[图 23-7b)]，若在 xy 平面内失稳（z 为中性轴）时，可视为两端铰支[图 23-7c)]，试求该木柱的临界荷载。

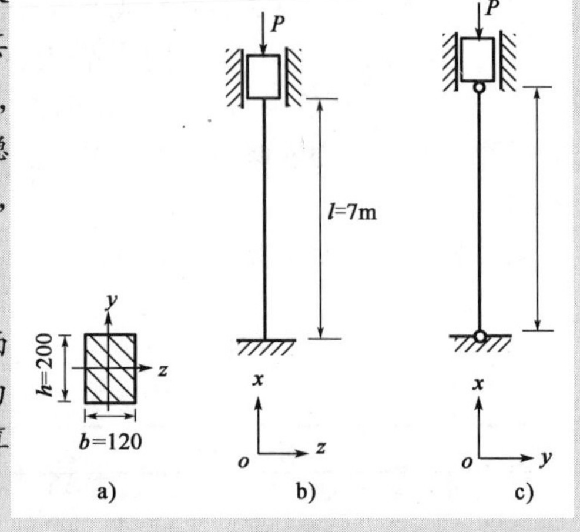

图 23-7

解：（1）失稳方向判断

在轴向压力作用下，木柱既可以在 xoy 平面内失稳，也可以在 xoz 平面内失稳。从临界应力总图可知，λ 越大，越容易失稳，因此，通过计算各弯曲平面内柔度来判断失稳方向。

当木柱在 xoy 平面内弯曲失稳时

$$I_z = \frac{bh^3}{12} = \frac{0.12 \times 0.2^3}{12} = 8 \times 10^{-5}\text{m}^4$$

$$i_z = \sqrt{\frac{I_y}{A}} = \sqrt{\frac{8 \times 10^{-5}}{0.2 \times 0.12}} = 0.0577\text{m}$$

因为两端相当于铰支，$\mu_z = 1$，从而有

$$\lambda_z = \frac{\mu_z l}{i_z} = \frac{1 \times 7}{0.0577} = 121$$

当木柱在 xoz 平面内弯曲失稳时

$$I_y = \frac{hb^3}{12} = \frac{0.2 \times 0.12^3}{12} = 288 \times 10^{-7}\text{m}^4$$

$$i_y = \sqrt{\frac{I_y}{A}} = \sqrt{\frac{288 \times 10^{-7}}{0.2 \times 0.12}} = 0.0346\text{m}$$

因为两端相当于固定，$\mu_y = 0.5$，从而有

$$\lambda_y = \frac{\mu_y l}{i_y} = \frac{0.5 \times 7}{0.0346} = 101$$

可见，$\lambda_z > \lambda_y$，因此，木柱将首先在 xoy 平面内失稳。

(2)压杆类型判断

$$\lambda_p = \sqrt{\frac{\pi^2 E}{\sigma_p}} = \sqrt{\frac{\pi^2 \times 10 \times 10^9}{8 \times 10^6}} = 110$$

由于 $\lambda_z > \lambda_p$，木柱属于大柔度杆。

(3)临界荷载计算

对于大柔度杆，采用欧拉公式计算临界应力与临界荷载，即

$$\sigma_{cr} = \frac{\pi^2 E}{\lambda^2} = \frac{3.14^2 \times 10 \times 10^9}{121^2} = 6.734 \times 10^6 \text{Pa} = 6.734 \text{MPa}$$

$$F_{cr} = \sigma_{cr} A = 6.734 \times 10^6 \times 0.12 \times 0.2 = 162 \times 10^3 \text{N} = 162 \text{kN}$$

第四节　压杆的稳定性计算

稳定计算中，无论是欧拉公式还是经验公式，都是以杆件的整体变形为基础的，局部削弱(如螺钉孔等)对杆件的整体变形影响很小，所以计算临界应力时，可采用未经削弱的横截面面积 A 和惯性矩 I。关于短杆作压缩强度计算时，自然应该用削弱后的横截面面积。

在对压杆进行稳定性计算时，常用的有两种方法：安全因数法和折减因数法。

一、安全因数法

对于各种柔度的压杆，若可用欧拉公式或经验公式求出相应的临界应力，乘以相应的横截面面积 A 便得临界力 F_{cr}。临界力 F_{cr} 与工作压力 F 之比或临界应力 σ_{cr} 与工作应力 σ 之比称为压杆的工作安全因数 n，它应不小于规定的稳定安全因数 n_{st}，故有

$$n = \frac{F_{cr}}{F} = \frac{\sigma_{cr}}{\sigma} \geqslant n_{st} \tag{23-13}$$

[例 23-3]空气压缩机的活塞杆由硅钢制成，可简化成两端铰支的压杆。$\sigma_s = 353\text{MPa}$，$\sigma_p = 207\text{MPa}$，$E = 210\text{GPa}$，长度 $l = 703\text{mm}$，直径 $d = 45\text{mm}$，最大压力 $F_{max} = 50\text{kN}$。规定安全因数 $n_{st} = 8$。试校核其稳定性。

解：由式(23-8)求出

$$\lambda_p = \sqrt{\frac{\pi^2 E}{\sigma_p}} = \sqrt{\frac{\pi^2 \times 210 \times 10^9}{207 \times 10^6}} = 100$$

活塞杆两端铰支，$\mu = 1$。截面为圆形，$i = \sqrt{\frac{I}{A}} = \frac{d}{4}$。

柔度为

$$\lambda = \frac{\mu l}{i} = \frac{4\mu l}{d} = \frac{4 \times 1 \times 703}{45} = 62.5 < \lambda_p$$

所以不能用欧拉公式计算临界压力。

由表 23-2 查得优质碳钢 $a = 578\text{MPa}$，$b = 3.744\text{MPa}$。由式(23-11)求出

$$\lambda_s = \frac{a-\sigma_s}{b} = \frac{578\times10^6-353\times10^6}{2.568\times10^6}=60$$

得 $\lambda_s < \lambda < \lambda_p$，是中等柔度压杆。

由直线公式(23-10)，求得临界应力为

$$\sigma_{cr} = a - b\lambda = 578-3.744\times62.5=344\text{MPa}$$

临界力为

$$F_{cr} = \sigma_{cr}A = 344\times10^6\times\frac{\pi}{4}\times(45\times10^{-3})^2\times10^{-3}=546\text{kN}$$

活塞的工作安全因数为

$$n = \frac{F_{cr}}{F_{max}} = \frac{546\times10^3}{50\times10^3} = 10.9 > n_{st}$$

所以活塞杆满足稳定要求。

[例 23-4] 钢柱长为 $l=7\text{m}$，两端固定，材料是 Q235 钢，规定安全因数 $n_{st}=3$，横截面由两根 10 号槽钢组成，如图 23-8 所示。已知 $E=200\text{GPa}$。试求当两槽钢靠紧[图 23-8a)]和离开[图 23-8b)]时钢柱的许可荷载。

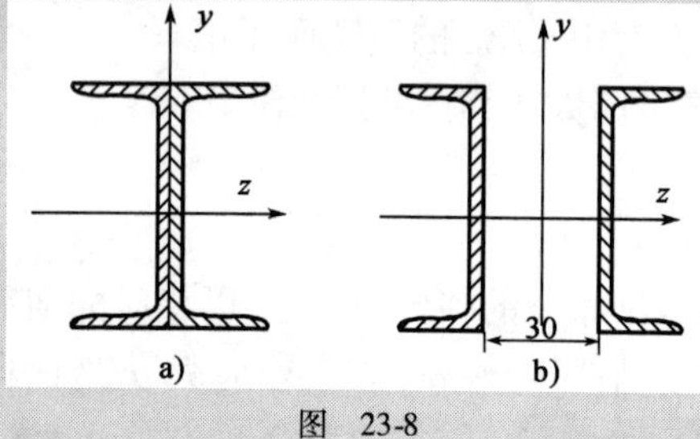

图 23-8

解：(1) 两槽钢靠紧的情形

从型钢表中查得

$$A=2\times12.74\text{cm}^2=25.48\text{cm}^2$$

$$I_{min}=I_y=2\times54.9\text{cm}^4=109.8\text{cm}^4$$

$$i_{min}=i_y=\sqrt{\frac{I_y}{A}}=\sqrt{\frac{109.8}{25.48}}=2.08\text{cm}$$

由式(23-6)可求得柔度为

$$\lambda_y = \frac{\mu l}{i_y} = \frac{0.5\times700\times10^{-2}}{2.08\times10^{-2}} = 168 > \lambda_p = 100$$

故可用欧拉公式计算临界荷载，即

$$F_{cr}=\sigma_{cr}A=\frac{\pi^2EA}{\lambda_y^2} = \frac{\pi^2\times200\times10^9\times25.48\times10^{-4}}{168^2}\times10^{-3}=181.8\text{kN}$$

由式(23-13)可求得钢柱的许可荷载 F_1

$$F_1 \leqslant \frac{F_{cr}}{n_{st}}=\frac{181.8}{3}=60.6\text{kN}$$

(2) 两槽钢离开的情形

从型钢表中可查得

$$I_z=2\times198.3\text{cm}^4=396.6\text{cm}^4$$

$$i_z=\sqrt{\frac{I_z}{A}}=\sqrt{\frac{396.6}{25.48}}=3.98\text{cm}$$

$$I_y=2\times[I_{y1}+(1.5+z_0)^2A]$$

$$=2\times[25.6+(1.5+1.52)^2\times12.74]=285\text{cm}^4$$

$$i_y=\sqrt{\frac{I_y}{A}}=\sqrt{\frac{285}{25.48}}=3.32\text{cm}$$

比较以上数值可知，应取

$$I_{\min}=I_y,i_{\min}=i_y$$

由式(23-6)可求得柔度为

$$\lambda_y=\frac{\mu l}{i_y}=\frac{0.5\times 700}{3.32}=105.5>\lambda_p=100$$

故可由欧拉公式求得临界力为

$$F_{cr}=\sigma_{cr}A=\frac{\pi^2 EA}{\lambda_y}=\frac{\pi^2\times 200\times 10^9\times 25.48\times 10^{-4}}{105.5^2}\times 10^{-3}=473\text{kN}$$

由式(23-13)可计算钢柱的许可荷载 F_2，即

$$F_2\leqslant\frac{F_{cr}}{n_{st}}=\frac{473}{3}=157.7\text{kN}$$

比较两种结果，F_1 比 F_2 要小得多。因此，为了提高压杆的稳定性，可将两槽钢离开一定距离，以增强它的 y 轴的惯性矩，离开的距离最好使 $I_y=I_z$，以便使压杆在两个方向有相同的抵抗失稳的能力。

二、折减因数法

用安全因数表示的稳定性条件式(23-13)

$$n=\frac{\sigma_{cr}}{\sigma}\geqslant n_{st}$$

可改写为

$$\sigma\leqslant\frac{\sigma_{cr}}{n_{st}}$$

引入记号

$$[\sigma_{st}]=\frac{\sigma_{cr}}{n_{st}}$$

则稳定条件又可以用应力的形式表示为

$$\sigma\leqslant[\sigma_{st}] \tag{23-14}$$

式中，$[\sigma_{st}]$ 可以看成是压杆稳定问题中的许用应力。由于临界应力 σ_{cr} 是随压杆的柔度 λ 而变化的，而且对于不同柔度的压杆又规定不同的稳定安全因数 n_{st}，所以 $[\sigma_{st}]$ 是柔度 λ 的函数。在起重机械、桥梁、房屋的结构设计中，往往引入 $[\sigma_{st}]$ 与强度许用应力 $[\sigma]$ 之间比值，即规定

$$\frac{[\sigma_{st}]}{[\sigma]}=\varphi\quad 或者[\sigma_{st}]=\varphi[\sigma] \tag{23-15}$$

式中，φ 称为折减因数（或称稳定因数）。因为 $[\sigma_{st}]$ 总是小于 $[\sigma]$，只有当柔度 λ 很小时，$[\sigma_{st}]$ 才接近 $[\sigma]$，所以 φ 是一个小于 1 的因数。

引入了折减因数 φ 后，稳定性条件式(23-14)可以改写成

$$\sigma=\frac{F}{A}\leqslant\varphi[\sigma] \tag{23-16}$$

第五节　提高压杆稳定性的措施

通过临界应力总图可以看出,压杆的临界应力与压杆的柔度(λ)和材料性质(E)有关,而柔度λ又综合了压杆的长度(l)、约束情况(μ)和横截面的惯性半径(i)等影响。因此,增大临界应力,就可以提高构件抵抗失稳的能力,可以综合以上因素,采取适当措施来达到目的。

1. 减小压杆的支承长度

在条件允许的情况下,尽量减小压杆的实际长度,以达到减小λ值,从而提高压杆稳定性。若不允许减小压杆的实际长度,则可以采取增加中间支承的方法来减小压杆的支承长度。

2. 改善杆端约束情况

杆端约束的刚性越好,压杆的μ值就越小从而可以在相当程度上改善整个杆件抵抗失稳的能力。例如工程结构中有的支柱,除两端要求焊牢固之外,还需要设置肘板以加固端部约束。

3. 选择合理的截面形状

在条件许可的情况下,应增大截面的惯性矩可以改善压杆抵抗失稳的能力。压杆通常在主轴平面内失稳,如果只增截面某个方向的惯性矩,不能提高压杆的承载能力。若把截面设计成空心的,并使$\lambda_z = \lambda_y$,可以提高压杆各个方向的稳定性。

4. 合理选择材料

大柔度压杆的临界应力与材料的弹性模量E成正比,因此选择弹性模量较高的材料,可以提高杆件的抗失稳能力。但是由于各种钢材的E值差别不大,因此对于大柔度杆选用优质钢材并不能提高构件的临界应力。优质钢材的许用应力高于普通钢材,它只是在受拉或是以强度破坏为主要破坏形式的构件(比如小柔度压杆)中才具有优势。

思 考 题

23-1　稳定平衡与不稳定平衡有何差别？什么是失稳？它与强度失效和刚度失效有何区别？

23-2　压杆的弯曲变形与失稳有何区别与联系？

23-3　什么是临界荷载？两端铰支细长压杆临界荷载成立的条件是什么？影响临界荷载的主要因素有哪些？根据理想压杆推出的临界荷载对于实际压杆有何指导意义？

23-4　若压杆两端由球铰约束,试判断以下各类截面细长杆的失稳时弯曲的方向。

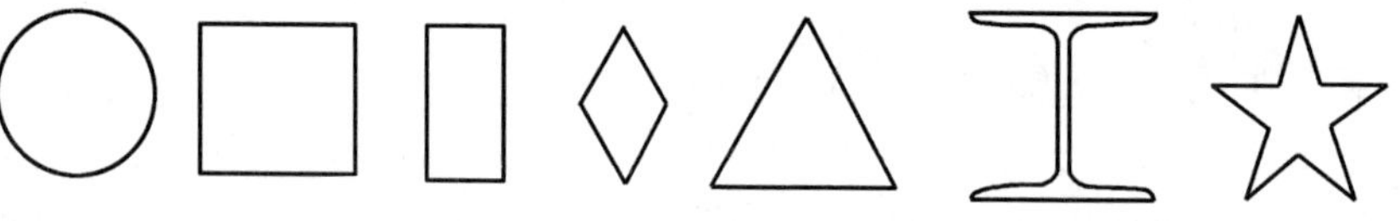

思考题 23-4 图

23-5　如何利用类比法确定两端非铰支细长压杆的临界荷载？相当长度μl是和什么长度相当？μ值大表示稳定性好还是差？

23-6　何谓临界应力？是否临界应力愈大的压杆,其稳定性也愈好？

23-7　如何区分大柔度杆、中柔度杆和小柔度杆？它们的临界应力各如何计算？

23-8　压杆的稳定性条件是如何建立的？如何合理选择压杆的材料和截面？

习　题

23-1　如图所示材料相同，直径相等的3根细长压杆，试判断哪根的临界力最大？哪根临界力最小？若 $E=200\text{GPa}$，$d=160\text{mm}$，试求各杆的临界力。

23-2　试求如图所示压杆的临界力。已知弹性模量 $E=200\text{GPa}$。(1)圆形截面，直径 $d=25\text{mm}$，$l=1\text{m}$；(2)矩形截面，$h=2b=40\text{mm}$，$l=1\text{m}$；(3)18号工字钢，$l=3\text{m}$。

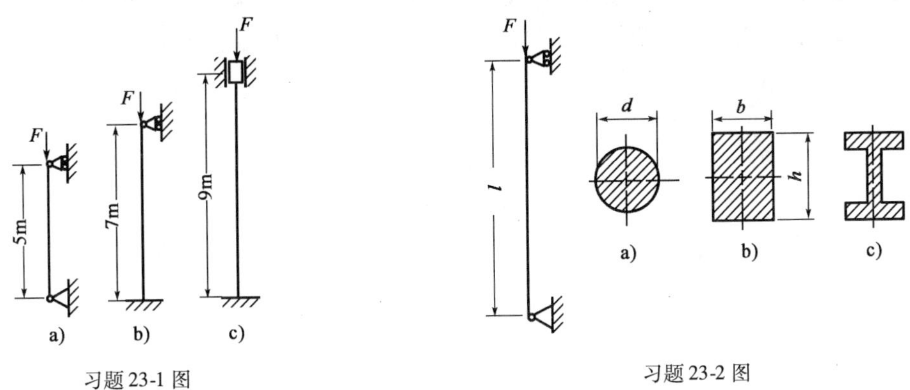

习题23-1图　　　　习题23-2图

23-3　图示结构，各杆均为细长圆杆，且 E，d 均相同，求 F 的临界值。

23-4　图中的1，2杆材料相同，均为圆截面压杆，若使两杆的临界应力相等。试求两杆的直径之比 d_1/d_2，以及临界力之比 $(F_{cr})_1/(F_{cr})_2$，并指出哪根杆的稳定性好。

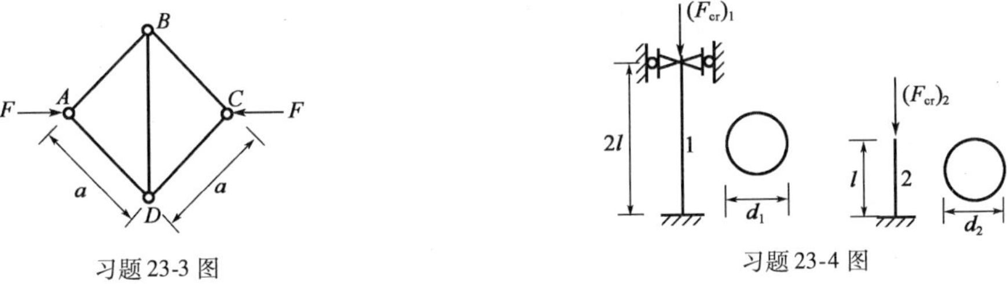

习题23-3图　　　　习题23-4图

23-5　图中 AB 为刚体，圆截面细长杆1，2两端约束、材料、长度均相同，若在荷载 F_{cr} 作用下，两杆都正好处于临界状态，求两杆直径之比 d_2/d_1。

23-6　图示压杆，AC，CB 两杆均为细长压杆，问 x 为多大时，承载能力最大？并求此时承载能力与 C 处不加支撑时承载能力的比值。

23-7　图示1，2两杆为一串联受压结构，1杆为圆截面，直径为 d；2杆为矩形截面，$b=3d/2$，$h=d/2$。1，2两杆材料相同，弹性模量为 E，设两杆均为细长杆。试求此结构在 xy 平面内失稳能承受最大压力时杆长的比值。

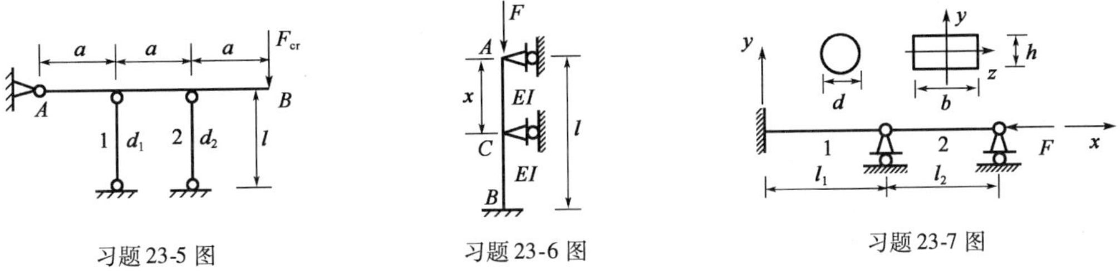

习题23-5图　　　　习题23-6图　　　　习题23-7图

23-8　图示圆截面压杆 $d=40\text{mm}$，$\sigma_s=235\text{MPa}$。求可以用经验公式 $\sigma_{cr}=304-1.12\lambda$ (MPa)计算临界应力时的最小杆长。

23-9　由 Q235 钢制成的 25a 工字钢压杆，其两端为固定端，杆长 $l=7\text{m}$，弹性模量 $E=206\text{GPa}$。规定安全因数 $n_{st}=2$。试求压杆所能承受的最大轴向力。

23-10　图示结构，$E=200\text{GPa}$，$\sigma_p=200\text{MPa}$，求 AB 杆的临界应力，并根据 AB 杆的临界荷载的 1/5 确定起吊重量 P 的许可值。

23-11　柴油机的挺杆长度为 $l=25.7\text{cm}$，直径 $d=8\text{mm}$，Q275 钢的 $E=210\text{GPa}$，$\sigma_p=240\text{MPa}$，挺杆承受的最大压力 $F=1.76\text{kN}$，若 $n_{st}=3$，试校核该挺杆的稳定性。

23-12　图示结构中，两杆直径相同 $d=40\text{mm}$，$\lambda_p=100$，$\lambda_s=61.6$，临界应力的经验公式为 $\sigma_{cr}=304-1.12\lambda$ (MPa)，稳定安全因数 $n_{st}=2.4$，试校核压杆的稳定性。

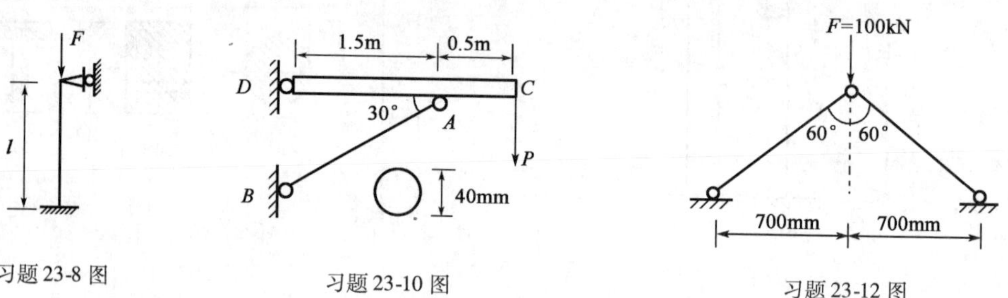

习题 23-8 图　　习题 23-10 图　　习题 23-12 图

23-13　如图所示正方形桁架由五根圆截面钢杆组成。已知各杆直径均为 $d=30\text{mm}$，$a=1\text{m}$，材料弹性模量 $E=200\text{GPa}$，$[\sigma]=160\text{MPa}$，$\lambda_p=100$，$n_{st}=3$，试求此结构的许可荷载 $[F]$。

23-14　图示结构，1，2 杆均为圆截面，直径相同，$d=40\text{mm}$，弹性模量 $E=200\text{GPa}$，材料的许用应力 $[\sigma]=120\text{MPa}$，适用欧拉公式的临界柔度为 90，并规定安全因数 $n_{st}=2$，试求许可荷载 $[F]$。

23-15　如图所示托架中的 AB 杆，其长度 $l=800\text{mm}$，直径 $d=40\text{mm}$，材料为 Q235 钢，两端视为铰支。

(1) 试求托架的临界荷载 F_{cr}；

(2) 若已知托架的工作荷载 $F=70\text{kN}$，并规定 AB 杆的稳定安全因数 $n_{st}=2$，试问托架是否安全？

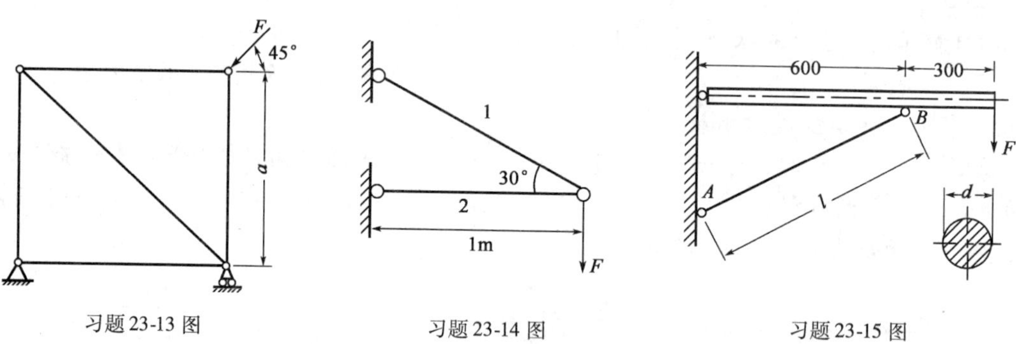

习题 23-13 图　　习题 23-14 图　　习题 23-15 图

23-16　千斤顶螺杆的内径 $d=52\text{mm}$，长度为 $l=500\text{mm}$，材料为 Q235 钢，$\sigma_s=235\text{MPa}$。可认为螺杆下端固定，上端自由。若千斤顶最大压力 $F=150\text{kN}$，试求螺杆的工作安全因数。

23-17　如图所示截面为矩形 $b\times h$ 的压杆，两端用柱形铰连接（在 xy 平面内弯曲时，可视为两端铰支；在 xz 平面内弯曲时，可视为两端固定）。其中压杆的材料为 Q235 钢，$E=200\text{GPa}$，$\sigma_p=200\text{MPa}$。

(1) 试求当矩形截面尺寸为 40mm×60mm 时，压杆的临界压力；

(2)欲使压杆在 xy 平面和 xz 平面内具有相同的稳定性，求 b 和 h 比值。

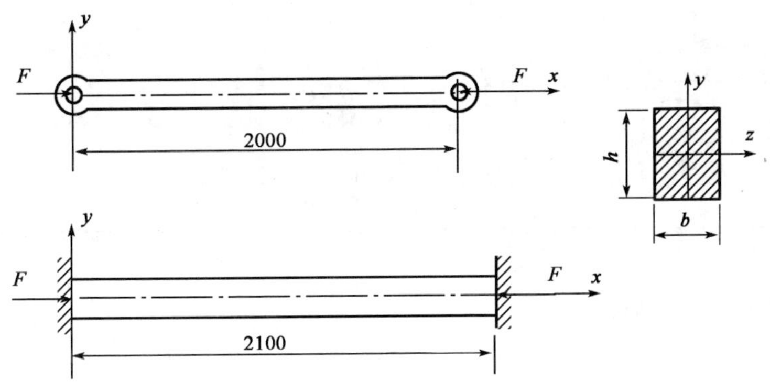

习题 23-17 图

23-18　图示由 5 根圆形钢杆组成的正方形结构，连接处为铰结，各杆直径均为 $d=40\text{mm}$，材料为 A3 钢，$[\sigma]=160\text{MPa}$，求许可荷载 $[F]$。

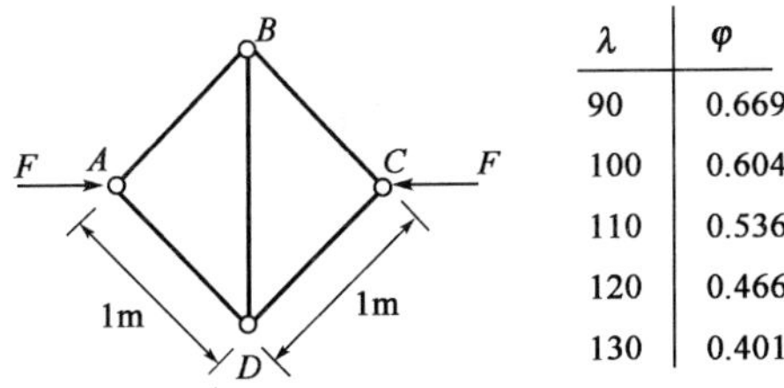

λ	φ
90	0.669
100	0.604
110	0.536
120	0.466
130	0.401

习题 23-18 图

第二十四章　能 量 方 法

本章要点

- 能量方法的概念；
- 杆件应变能的计算；
- 卡氏定理及其应用；
- 功的互等定理与位移互等定理；
- 用能量法求解简单超静定问题。

第一节　概　　述

固体力学中，把与功和能有关的一些定理统称为能量原理。对构件的变形计算及超静定结构的求解，能量原理都有重要的作用。近年来计算力学的兴起，使能量原理更受重视。

弹性体受力作用发生变形时，力的作用点将沿力作用的方向发生位移，因而力将做功，并使弹性体内积蓄变形能。这种因变形而具有的能量称为应变能或弹性变形能。若外力从零开始缓慢地增加到最终值，变形体中每一瞬间固体处于平衡状态，动能和其他能量的变化均可不计，则由功能原理可知，固体的应变能 V_ε 在数值上等于外力所作的功 W，亦即

$$V_\varepsilon = W \tag{24-1}$$

弹性固体的应变能是可逆的，即当外力逐渐解除时，它又可在恢复变形中释放出全部应变能而做功，若超过弹性范围，塑性变形将耗散一部分能量，应变能不能全部再转变为功。

利用能量原理求解可变形固体的位移、变形和内力等的方法，统称为能量方法。

第二节　杆件应变能的计算

一、轴向拉伸或压缩

考察图 24-1a）所示上端固定、下端自由的拉杆，在下端施加从零逐渐增加到最终值的力 F，杆件伸长量自零逐渐增加到 Δl。在线弹性范围内，Δl 与 F 成线性关系[图 24-1b)]。根据式(24-1)，拉(压)杆内的应变能为

图　24-1

$$V_\varepsilon = W = \frac{1}{2}F\Delta l \tag{a}$$

当轴力为常量时，即 $F_N = F$，由 $\Delta l = \dfrac{F_N l}{EA}$，可将上式改写成

$$V_\varepsilon = W = \frac{F_N^2 l}{2EA} \tag{24-2}$$

当轴力 F_N 或拉压刚度 EA 沿杆件轴线为变量时,可利用上式先求出长为 dx 的微段内的应变能为

$$dV_{\varepsilon} = \frac{F_N^2(x)dx}{2EA(x)}$$

积分求出整个杆件的应变能为

$$V_{\varepsilon} = \int_l \frac{F_N^2(x)dx}{2EA(x)} \tag{24-3}$$

二、扭转

考察图 24-2a)所示一端固定、一端自由的圆轴,若作用于圆轴上扭转力偶矩 m 从零开始缓慢增加到最终值,在线弹性范围内扭转角 φ 与扭矩 $T=m$ 之间的关系是一条斜直线[图 24-2b)],且

$$\varphi = \frac{Tl}{GI_p}$$

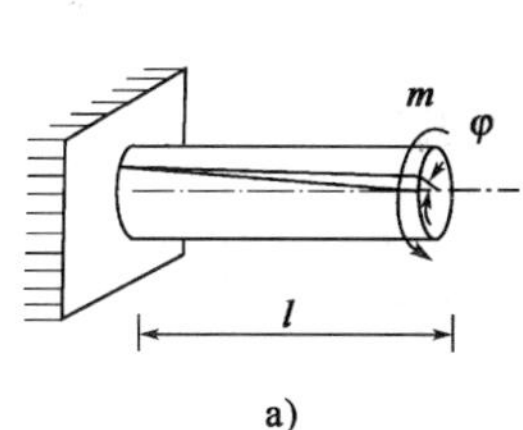

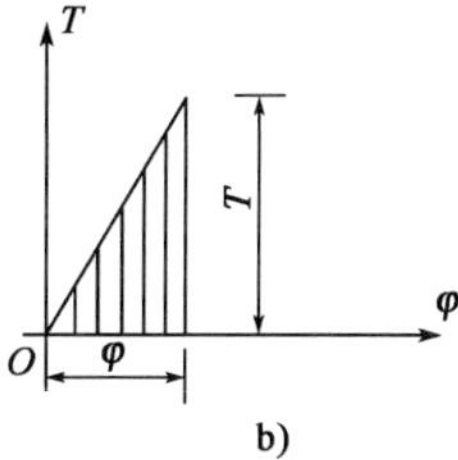

图 24-2

与拉伸相似,扭矩 T 所做的功为

$$V_{\varepsilon} = W = \frac{1}{2}T\varphi \tag{b}$$

或者

$$V_{\varepsilon} = W = \frac{T^2 l}{2GI_p} \tag{24-4}$$

当扭矩 T 或扭转刚度 GI_p 沿杆件轴线为变量时,积分求出整个杆件的应变能为

$$V_{\varepsilon} = \int_l \frac{T^2(x)dx}{2GI_p(x)} \tag{24-5}$$

三、弯曲

考察图 24-3 所示一纯弯曲梁。用第二十章求弯曲变形的方法可以求出 B 端截面的转角为

$$\theta = \frac{Ml}{EI}$$

可见在线弹性范围内,若弯曲力偶矩 M 由零逐渐增加到最终值,则 θ 与 M 成正比[图 24-3b)]。M 所作的功即为斜直线下面的面积,其与应变能在数值上相等,即

$$V_{\varepsilon} = W = \frac{1}{2}M\theta \tag{c}$$

或者

$$V_{\varepsilon} = W = \frac{M^2 l}{2EI} \tag{d}$$

横力弯曲时(图 24-4),梁横截面上同时有弯矩和剪力,且弯矩和剪力都随截面位置变化,都是 x 的函数,这时应分别计算与弯矩和剪力相对应的应变能(分别称为弯曲应变能与剪切应变能)。但在细长梁的情况下,对应于剪切的应变能与弯曲应变能相比,一般很小,可以不计,所以只需要计算弯曲应变能。

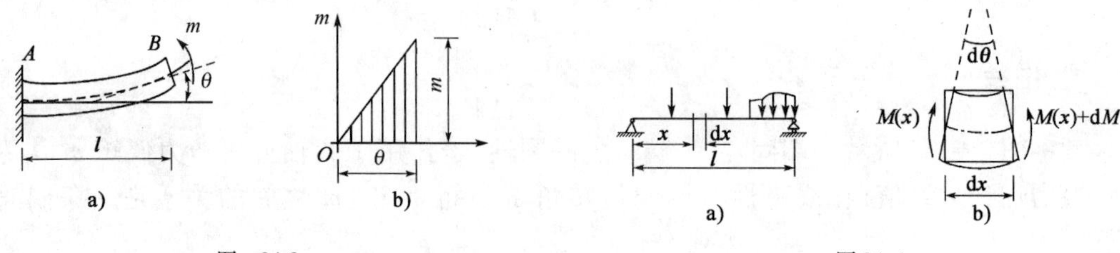

图 24-3　　图 24-4

从梁内取出长为 dx 的微段[图 24-4b)],其左右截面上的弯矩分别是 $M(x)$ 和 $M(x)+dM(x)$。计算应变能时,略去增量 $dM(x)$,便可把微段看作是纯弯曲的情况,应用式(d)算出微段的应变能

$$dV_{\varepsilon} = \frac{M^2(x)\,dx}{2EI}$$

积分上式求得全梁的应变能

$$V_{\varepsilon} = \int_l \frac{M^2(x)\,dx}{2EI} \tag{24-6}$$

若 $M(x)$ 在梁的各段内分别由不同的函数表示,上列积分应分段进行,然后求其总和。

四、组合变形时的应变能

在组合变形的情况下,杆件横截面上可能同时作用有轴力 $F_N(x)$、扭矩 $T(x)$、弯矩 $M(x)$ 和剪力 $F_S(x)$,图 24-5 表示了组合变形时微段 dx 上的受力情况。计算应变能时,将 4 种内力作为微段上的外力看待,考虑每一种力在相应位移上作功,微段的应变能(剪切应变能很小,略去)为

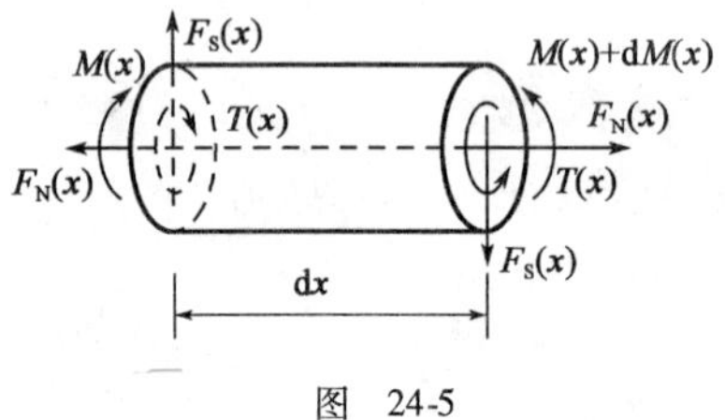

图　24-5

$$dV_{\varepsilon} = dW = \frac{1}{2}F_N(x)\,d(\Delta l) + \frac{1}{2}T(x)\,d\varphi + \frac{1}{2}M(x)\,d\theta \tag{e}$$

于是,全杆上的应变能可通过积分求得

$$V_{\varepsilon} = \int_V dV_{\varepsilon} = \int_l \frac{F_N^2(x)}{2EA}dx + \int_l \frac{T^2(x)}{2GI_p}dx + \int_l \frac{M^2(x)}{2EI}dx \tag{24-7}$$

由 n 根杆件组成的组合变形杆件系统,其总的应变能为各杆应变能的总和,即

$$V_{\varepsilon} = \sum\int_l \frac{F_N^2(x)}{2EA}dx + \sum\int_l \frac{T^2(x)}{2GI_p}dx + \sum\int_l \frac{M^2(x)}{2EI}dx \tag{24-8}$$

五、统一表达式

观察式(a)、(b)、(c)和(e)发现,应变能可统一写成

$$V_{\varepsilon} = W = \frac{1}{2}F\delta \tag{24-9}$$

式中，F 称为广义力，在拉伸时代表拉力，在扭转与弯曲时代表力偶矩。δ 是与 F 的相应位移，称为广义位移，拉伸时它是与拉力对应的线位移，扭转时它是与扭力偶矩对应的扭转角位移，弯曲时它是与外力偶矩对应的角位移。在线弹性情况下，广义力与广义位移是线性关系。

[例 24-1] 图 24-6 所示简支梁，已知弯曲刚度为 EI，试求梁的弯曲变形能。

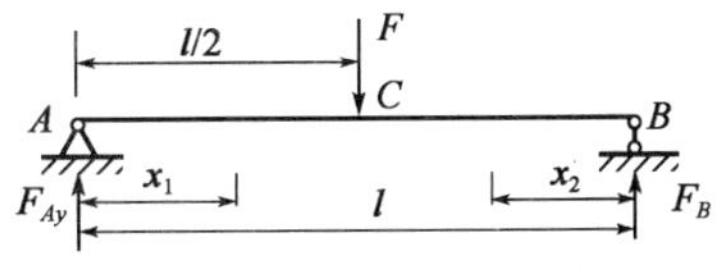

图 24-6

解：梁的弯矩方程应分段列出，为便于计算，两段坐标原点分别取在 A 和 B。

支座反力

$$F_{Ay} = F_B = \frac{1}{2}F$$

AC 段弯矩方程

$$M(x_1) = F_{Ay}x_1 = \frac{1}{2}Fx_1 \quad (0 \leqslant x_1 \leqslant \frac{l}{2})$$

BC 段弯矩方程：$M(x_2) = F_B x_2 = \frac{1}{2}Fx_2 \quad (0 \leqslant x_2 \leqslant \frac{l}{2})$

将 $M(x_1)$、$M(x_2)$ 代入式(24-6)，得

$$V_{\varepsilon} = \int_l \frac{M^2(x)}{2EI}\mathrm{d}x = \int_0^{\frac{l}{2}} \frac{M^2(x_1)}{2EI}\mathrm{d}x_1 + \int_0^{\frac{l}{2}} \frac{M^2(x_2)}{2EI}\mathrm{d}x_2$$

$$= 2\int_0^{\frac{l}{2}} \frac{M^2(x_1)}{2EI}\mathrm{d}x_1 = \frac{F^2l^3}{96EI}$$

[例 24-2] 轴线为半圆形的空间曲杆如图 24-7a) 所示，作用于 A 端的集中力 F 垂直轴线所在平面。试求力 F 作用点的垂直位移。

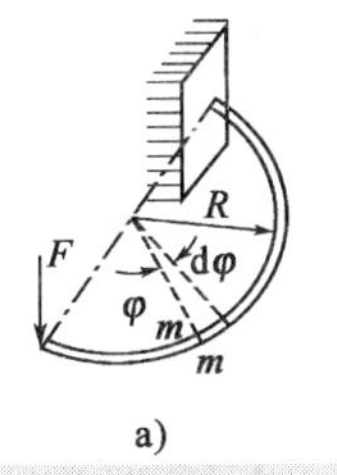

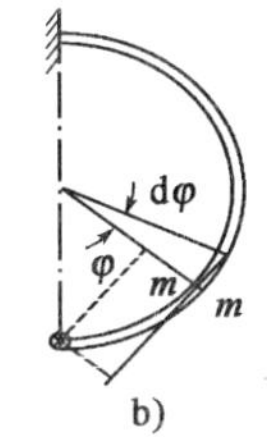

图 24-7

解：设任一横截面 m—m 的位置由圆心角 φ 来确定。由曲杆的俯视图[图 24-7b)]可以看出，截面 m—m 上的弯矩和扭矩分别为

$$M = FR\sin\varphi$$

$$T = FR(1 - \cos\varphi)$$

对于横截面直径远小于半径 R 的曲杆，应变能的计算可借用直杆公式(24-6)。由式(24-6)得

$$V_{\varepsilon} = \int_0^{\pi} \frac{F^2R^3\sin 2\varphi}{2EI}\mathrm{d}\varphi + \int_0^{\pi} \frac{F^2R^3(1-\cos\varphi)^2}{2GI_{\mathrm{P}}}\mathrm{d}\varphi$$

$$= \frac{\pi F^2R^3}{4EI} + \frac{3\pi F^2R^3}{4GI_{\mathrm{P}}}$$

若 F 力作用点沿 F 的方向的位移为 δ_A，在变形过程中，集中力 F 所作的功应为

$$W = \frac{1}{2}F\delta_A$$

由 $V_{\varepsilon} = W$，得

$$\frac{1}{2}F\delta_A = \frac{\pi F^2 R^3}{4EI} + \frac{3\pi F^2 R^3}{4GI_P}$$

所以
$$\delta_A = \frac{\pi FR^3}{2EI} + \frac{3\pi FR^3}{2GI_P}$$

第三节　卡氏定理及其应用

从[例24-2]可以发现,力 F 作用点的垂直位移与空间曲杆的应变能之间满足下列关系

$$\delta_A = \frac{\partial V_\varepsilon}{\partial F}$$

这实际上是普遍成立的规律,下面予以证明。

考察如图24-8a)所示的线弹性结构,承受广义力 $F = [F_1, F_2, \cdots, F_n]^T$ 作用,作用点处的相应的广义位移是 $\delta = [\delta_1, \delta_2, \cdots, \delta_n]^T$,由于外力作用而储存的应变能 V_ε 等于外力的功,则应变能应为广义力的函数,即

$$V_\varepsilon = V_\varepsilon(F_1, F_2, \cdots, F_n)$$

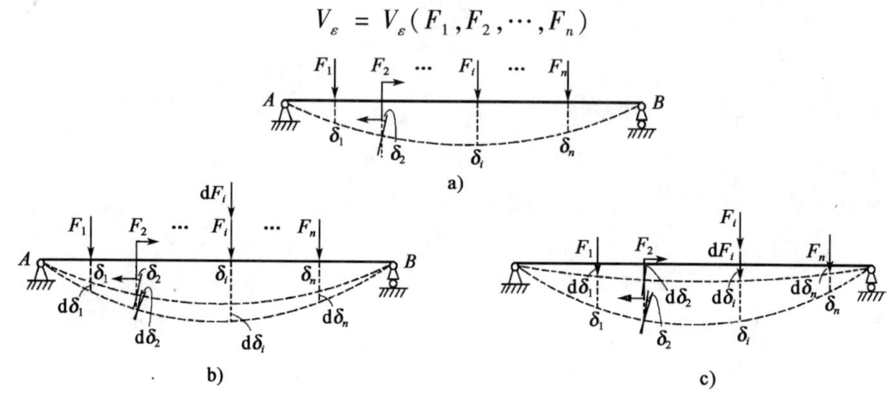

图　24-8

若各力中的任一力 F_i 有一增量 $\mathrm{d}F_i$[图24-8b)],则应变能为

$$V_\varepsilon^* = V_\varepsilon + \frac{\partial V_\varepsilon}{\partial F_i} \cdot \mathrm{d}F_i$$

若把力的作用次序改变为先加力 $\mathrm{d}F_i$,然后再加力 $F_1, F_2, \cdots, F_n$[图24-8c)],先作用力 $\mathrm{d}F_i$ 时,其作用点沿力 $\mathrm{d}F_i$ 方向的位移为 $\mathrm{d}\delta_i$,应变能为$\frac{1}{2}\mathrm{d}F_i\mathrm{d}\delta_i$。再作用力 $F_1, F_2, \cdots, F_n$ 时,虽然结构上已有力 $\mathrm{d}F_i$ 存在,但对线弹性结构而言,在小变形的前提下,力 $F_1, F_2, \cdots, F_n$ 引起的位移仍然与未作用力 $\mathrm{d}F_i$ 一样,因而这些力作的功即应变能,仍然与未作用力 $\mathrm{d}F_i$ 一样,亦即 V_ε。但在作用力 $F_1, F_2, \cdots, F_n$ 的过程中,在力 F_i 的方向(亦即力 $\mathrm{d}F_i$ 的方向)发生了位移 δ_i,力 $\mathrm{d}F_i$ 在位移 δ_i 上作的功为 $\delta_i\mathrm{d}F_i$,则总应变能为

$$V_\varepsilon^{**} = \frac{1}{2}\mathrm{d}F_i\mathrm{d}\delta_i + V_\varepsilon + \delta_i\mathrm{d}F_i$$

因应变能与加载次序无关,所以

$$V_\varepsilon^{**} = V_\varepsilon^*$$

略去二阶微量后得

$$\delta_i = \frac{\partial V_\varepsilon}{\partial F_i} \tag{24-10}$$

即当将线弹性体的应变能 V_ε 表示成广义力的函数时,应变能对任一荷载的偏导数等于该荷载作用点处沿荷载方向的位移。这一结论称为卡氏第二定理。

应用该定理应注意以下几点:

(1)该定理只适用于线弹性结构,且发生于线弹性范围内小变形情况;

(2)公式中 F_i 是广义力,δ_i 是广义位移。即当 F_i 是集中力时,δ_i 是线位移;F_i 是集中力偶矩时,δ_i 是对应的角位移;当 F_i 是一对大小相等,方向相反的集中力时,相应的广义位移 δ_i 为沿两力作用线方向的相对位移;当 F_i 是一对大小相等、方向相反的集中力偶时,广义位移 δ_i 是力偶作用面内的相对角位移;

(3)若所求广义位移并无广义力与之对应,可增加与所求广义位移相对应的虚拟广义力,求得广义位移之后,再令该虚拟广义力为零;

(4)对于组合变形杆件,广义位移可表示为

$$\delta_i = \int_l \frac{F_N(x)}{EA}\frac{\partial F_N(x)}{\partial F_i}dx + \int_l \frac{T(x)}{GI_P}\frac{\partial T(x)}{\partial F_i}dx + \int_l \frac{M(x)}{EI}\frac{\partial M(x)}{\partial F_i}dx$$

(5)对于平面刚架、平面曲杆,广义位移可表示为

$$\delta_i = \sum_{j=1}^{n}\int_{l_j} \frac{F_N(x_j)}{EA_j}\frac{\partial F_N(x_j)}{\partial F_i}dx_j + \sum_{j=1}^{n}\int_{l_j} \frac{M(x_j)}{EI_j}\frac{\partial M(x_j)}{\partial F_i}dx_j$$

并且在通常情况下,由轴力引起的位移远小于弯矩引起的位移,可忽略不计。于是上式成为

$$\delta_i = \sum_{j=1}^{n}\int_{l_j} \frac{M(x_j)}{EI_j}\frac{\partial M(x_j)}{\partial F_i}dx_j$$

(6)对于桁架结构,广义位移可表示为

$$\delta_i = \sum_{j=1}^{n} \frac{F_{Nj}l_j}{EA_j}\cdot\frac{\partial F_{Nj}}{\partial F_i}$$

[例 24-3] 对于图 24-9 所示悬臂梁,$\frac{\partial V_\varepsilon}{\partial F}$表示什么含义?

解: 由于卡氏定理中荷载是相互独立的,因此需令 B 处的力为 F_1,C 处的力为 F_2。于是有 $V_\varepsilon = V_\varepsilon(F_1, F_2)$,进一步可得

$$\frac{\partial V_\varepsilon}{\partial F} = \frac{\partial V_\varepsilon}{\partial F_1}\frac{\partial F_1}{\partial F} + \frac{\partial V_\varepsilon}{\partial F_2}\frac{\partial F_2}{\partial F} = \frac{\partial V_\varepsilon}{\partial F_1} + \frac{\partial V_\varepsilon}{\partial F_2} = \delta_B + \delta_C$$

所以,$\frac{\partial V_\varepsilon}{\partial F}$表示悬臂梁上 B,C 两点的挠度之和。

[例 24-4] 悬臂梁如图 24-10 所示,已知梁上的荷载 F、梁的弯曲刚度 EI = 常数,以及梁长 $2a$,求 A 处的挠度和转角。

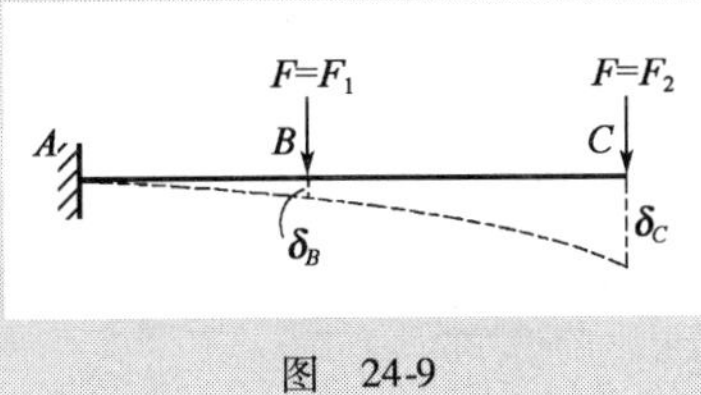

图 24-9

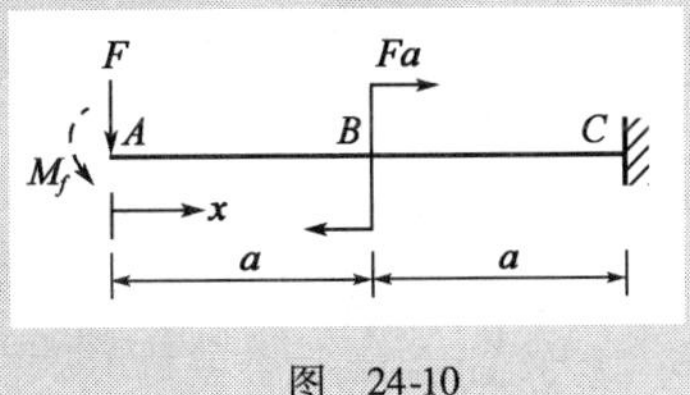

图 24-10

解:为了求解 A 处的转角,在 A 端虚加外力偶 M_f,并记 B 处的力偶为 $M=Fa$,建立如图 24-10 所示坐标系,分段列弯矩方程,并求其对力 F 和力偶 M_f 的偏导数。

AB 段($0\leqslant x\leqslant a$)

$$M_1(x)=-Fx-M_f,\frac{\partial M_1(x)}{\partial F}=-x,\frac{\partial M_1(x)}{\partial M_f}=-1$$

BC 段($a\leqslant x\leqslant 2a$)

$$M_2(x)=-Fx-M_f+M,\frac{\partial M_2(x)}{\partial F}=-x,\frac{\partial_2(x)}{\partial M_f}=-1$$

根据卡氏第二定理有

$$\begin{aligned}\delta_A&=\frac{\partial V_\varepsilon}{\partial F}=\sum_{i=1}^{2}\int_{l_i}\frac{M_i(x)}{EI}\frac{\partial M_i(x)}{\partial F}\Bigg|\begin{matrix}M_f=0\\M=Fa\end{matrix}\,\mathrm{d}x\\&=\frac{1}{EI}\Big[\int_0^a(-Fx)(-x)\mathrm{d}x+\int_a^{2a}(-Fx+Fa)(-x)\mathrm{d}x\Big]\\&=\frac{7Fa^3}{6EI}\end{aligned}$$

$$\begin{aligned}\theta_A&=\frac{\partial V_\varepsilon}{\partial M_f}=\sum_{i=1}^{2}\int_{l_i}\frac{M_i(x)}{EI}\frac{\partial M_i(x)}{\partial M_f}\Bigg|\begin{matrix}M_f=0\\M=Fa\end{matrix}\,\mathrm{d}x\\&=\frac{1}{EI}\Big[\int_0^a(-Fx)(-1)\mathrm{d}x+\int_a^{2a}(-Fx+Fa)(-1)\mathrm{d}x\Big]\\&=\frac{Fa^2}{EI}\end{aligned}$$

[**例 24-5**]一简单平面桁架如图 24-11 所示,各杆的拉压刚度 EA 相同,试求在图示荷载作用下 BC 杆的转角。

解:为了求解 BC 杆的转角,在 BC 杆上虚加外力偶 M_f。为了方便,对桁架杆件编号如图 24-11 所示,由桁架杆件的内力计算方法可求得各杆的轴力 $F_{\mathrm{N}i}$,其中

$$F_{\mathrm{N1}}=\frac{M_f}{a}-F,F_{\mathrm{N2}}=\sqrt{2}(\frac{M_f}{a}-F),F_{\mathrm{N3}}=F_{\mathrm{N4}}=0,F_{\mathrm{N5}}=\frac{M_f}{a}$$

$$\frac{\partial F_{\mathrm{N1}}}{\partial M_f}=\frac{1}{a},\frac{\partial F_{\mathrm{N2}}}{\partial M_f}=\frac{\sqrt{2}}{a},\frac{\partial F_{\mathrm{N3}}}{\partial M_f}=\frac{\partial F_{\mathrm{N4}}}{\partial M_f}=0;\frac{\partial F_{\mathrm{N5}}}{\partial M_f}=\frac{1}{a}$$

根据卡氏第二定理有

$$\begin{aligned}\theta_{BC}&=\frac{\partial V_\varepsilon}{\partial M_f}=\sum_{i=1}^{5}\int_{l_i}\frac{F_{\mathrm{N}i}(x_i)}{EA}\frac{\partial F_{\mathrm{N}i}(x_i)}{\partial M_f}\Big|_{M_f=0}\mathrm{d}x_i=\sum_{i=1}^{5}\frac{F_{\mathrm{N}i}l_i}{EA}\frac{\partial F_{\mathrm{N}i}}{\partial M_f}\Big|_{M_f=0}\\&=-\frac{Fa}{EA}\cdot(\frac{1}{a})-\frac{\sqrt{2}F\cdot\sqrt{2}a}{EA}\cdot\frac{\sqrt{2}}{a}=-\frac{(1+2\sqrt{2})F}{EA}\end{aligned}$$

[**例 24-6**]平面刚架如图 24-12 所示,已知一对集中荷载 F、弯曲刚度 EI(= 常数)和尺寸。试求 A,D 两截面的相对挠度和转角。

解:为了求解 A,D 两截面的相对转角,需在 A,D 两截面处虚加一对外力偶 M_f。建立如图 24-12所示坐标系,分段求弯矩方程及其对力 F 和 M_f 的偏导。

AB 段($0\leqslant x_1\leqslant a$)

$$M(x_1) = Fx_1 + M_f, \frac{\partial M(x_1)}{\partial F} = x_1, \frac{\partial M(x_1)}{\partial M_f} = 1$$

BC 段($0 \leqslant x_2 \leqslant a$)

$$M(x_2) = Fa + M_f, \frac{\partial M(x_2)}{\partial F} = a, \frac{\partial M(x_2)}{\partial M_f} = 1$$

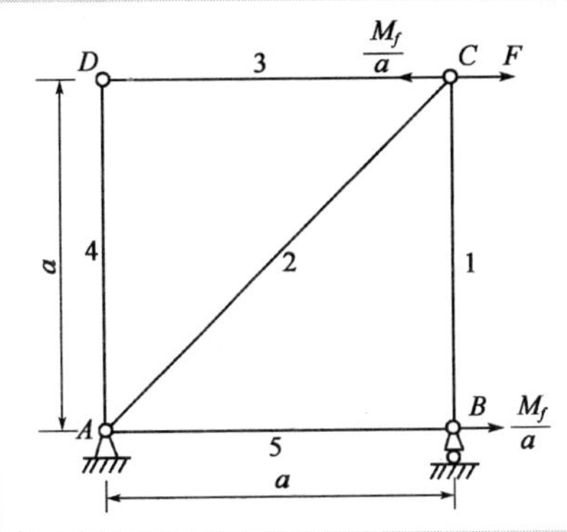

图 24-11

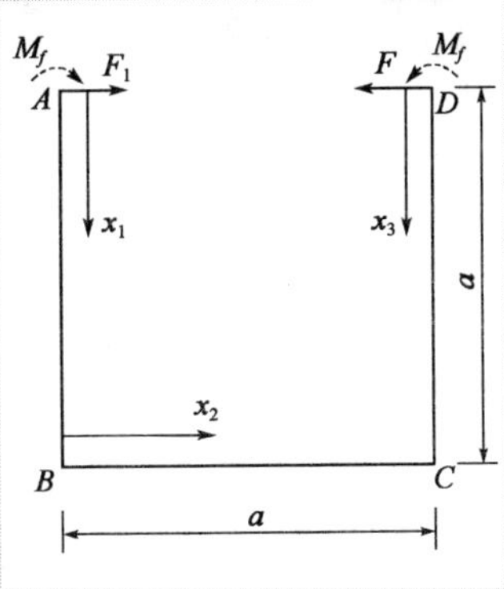

图 24-12

DC 段($0 \leqslant x_3 \leqslant a$)

$$M(x_3) = Fx_3 + M_f, \frac{\partial M(x_3)}{\partial F} = x_3, \frac{\partial M(x_3)}{\partial M_f} = 1$$

根据卡氏第二定理有

$$\delta_{A-D} = \frac{\partial V_\varepsilon}{\partial F} = \sum_{i=1}^{3} \int_{l_i} \frac{M(x_i)}{EI} \frac{\partial M(x_i)}{\partial F} \bigg|_{M_f=0} \mathrm{d}x_i$$

$$= \frac{1}{EI}\left[\int_0^a Fx_1 \cdot x_1 \mathrm{d}x_1 + \int_0^a Fa \cdot a\mathrm{d}x_2 + \int_0^a Fx_3 \cdot x_3 \mathrm{d}x_3\right] = \frac{5Fa^3}{3EI}$$

$$\theta_{A-D} = \frac{\partial V_\varepsilon}{\partial M_f} = \sum_{i=1}^{3} \int_{l_i} \frac{M(x_i)}{EI} \frac{\partial M(x_i)}{\partial M_f} \bigg|_{M_f=0} \mathrm{d}x_i$$

$$= \frac{1}{EI}\left[\int_0^a Fx_1 \mathrm{d}x_1 + \int_0^a Fa\mathrm{d}x_2 + \int_0^a Fx_3 \mathrm{d}x_3\right] = \frac{2Fa^2}{EI}$$

第四节　功的互等定理与位移互等定理

考察同一线弹性体的两种受力状态如图 24-13a)、b)所示,分别在 1 点和 2 点承受广义力 F_1 与 F_2 的作用。在第一种受力状态即荷载 F_1 作用下,点 1 的相应位移为 Δ_{11},点 2 沿 F_2 方向的位移为 Δ_{21};在第二种受力状态即荷载 F_2 作用下,点 2 的相应位移为 Δ_{22},点 1 沿荷载 F_1 方向的位移为 Δ_{12};以上所述位移 Δ_{ij} 均为广义位移,下标 i 表示发生位移的部位,下标 j 表示引起该位移的荷载号。

下面研究 F_1 与 F_2 都加在线弹性体上时所做的功,考虑两种加载顺序。第一种先加 F_1 后加 F_2,如图 24-14a)所示,从图中可以看出,先加 F_1 时外力做功为 $\frac{1}{2}F_1\Delta_{11}$,再加 F_2 后,F_1 做功

为 $F_1\Delta_{12}$，F_2 做功$\frac{1}{2}F_2\Delta_{22}$，因此，结构的应变能为

$$V_{\varepsilon 1} = W_1 = \frac{F_1\Delta_{11}}{2} + \frac{F_2\Delta_{22}}{2} + F_1\Delta_{12} \tag{a}$$

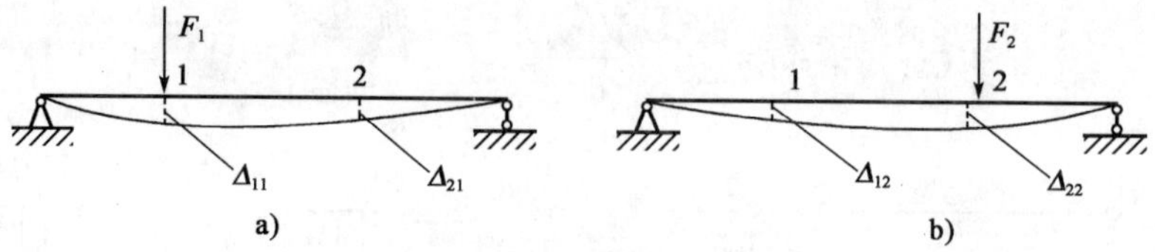

图 24-13

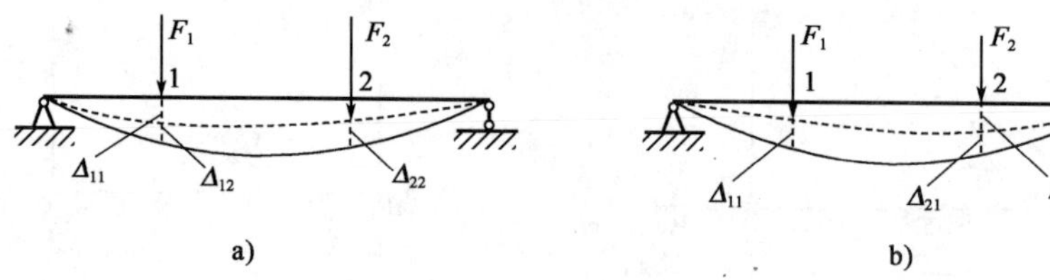

图 24-14

第二种加载顺序先加 F_2 后加 F_1，如图 24-14b）所示，由于线弹性体上的位移不会影响外力的作用，且变形可以叠加，因此 F_2 的相应位移仍为 Δ_{22}，而荷载 F_1 在点 1 与点 2 所引起的位移仍分别为 Δ_{11} 与 Δ_{21}，因此，当先加 F_2 后加 F_1 时，结构的应变能为

$$V_{\varepsilon 2} = W_2 = \frac{F_2\Delta_{22}}{2} + \frac{F_1\Delta_{11}}{2} + F_2\Delta_{21} \tag{b}$$

由于应变能与加载次序无关，即

$$V_{\varepsilon 1} = V_{\varepsilon 2}$$

所以

$$F_1\Delta_{12} = F_2\Delta_{21} \tag{24-11}$$

式(24-11)表明，对于线弹性体，F_1 在 F_2 所引起的位移 Δ_{12}上所做的功，等于 F_2 在 F_1 所引起的位移 Δ_{21}上所做的功。此定理称为功的互等定理。

如果广义力 F_1 与 F_2 的数值大小相等，则由式(24-11)得

$$\Delta_{12} = \Delta_{21} \tag{24-12}$$

这说明，当 F_1 与 F_2 数值相等时，F_2 在 1 点沿 F_1 方向引起的位移 Δ_{12}等于 F_1 在点 2 沿 F_2 方向引起的位移 Δ_{21}。此定理称为位移互等定理。

需要说明的是，上述功的互等关系，不仅存在于两个外力之间，而且存在于两组外力之间（证明从略）。所以，功的互等定理一般表述为：对于线弹性体，第一组外力在第二组外力所引起的位移上所做之功，等于第二组外力在第一组外力所引起的位移上所做之功。

[例 24-7] 简支梁如图 24-15a）所示，已知梁的弯曲刚度 EI、均布荷载 q、梁长 l、跨中挠度 $\delta_C = \frac{5ql^4}{384EI}$。试用功的互等定理求该梁在跨中截面承受荷载 F 作用时[图 24-15b）]，梁的挠曲线与原轴线所围成的面积 A_w。

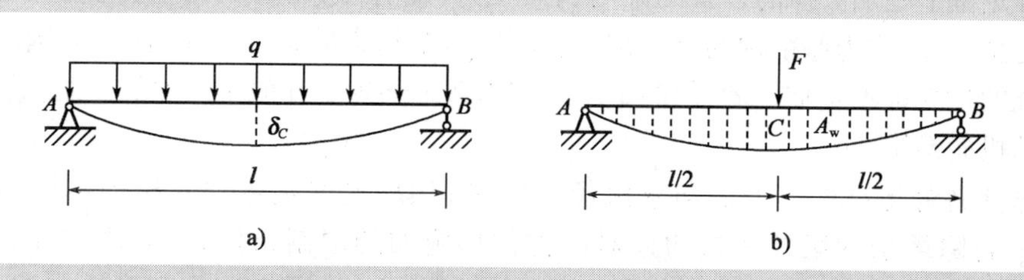

图 24-15

解:设在力 F 的作用下,梁的挠度为 $\delta(x)$,则梁的挠曲线与原轴线所围成的面积为

$$A_w = \int_l \delta(x)\,dx$$

根据功的互等定理有

$$F\delta_C = \int_l q\,dx\delta(x) = qA_w$$

所以

$$A_w = \frac{F\delta_C}{q} = \frac{5Fl^4}{384EI}$$

第五节 用能量法求解简单超静定问题

在前面章节中我们研究了简单拉压超静定问题和超静定梁,这里关于超静定问题的分类是按照杆件变形形式来分类的。在工程实际中,我们常用的刚架、桁架和曲杆等超静定结构,根据结构约束的特点,也可以划分为以下三类。

第一类为外力超静定结构,是指结构外部存在多余平衡方程数目的约束,即支座反力不能由静力学平衡方程全部求出的结构,如图 24-16a)所示。

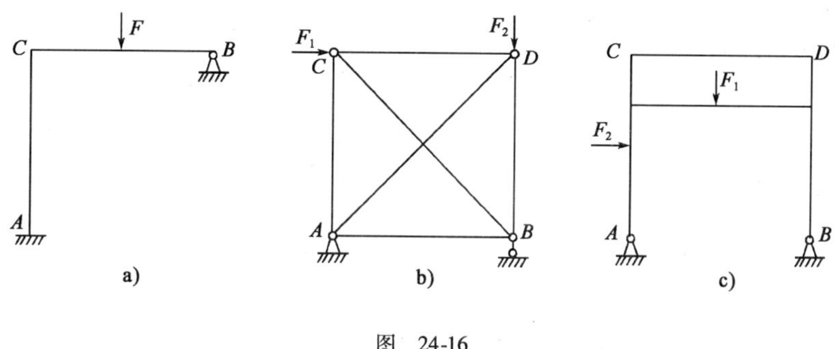

图 24-16

第二类为内力超静定结构,是指仅仅在结构内部存在多余平衡方程数目的约束,即支座反力可由静力学平衡方程确定,但杆件内力不能通过截面法全部求出的结构,如图 24-16b)所示。

第三类为混合超静定结构,是指结构的内部和外部均存在多余约束,即支座反力和杆件内力均不能由静力平衡方程全部求出的结构,如图 24-16c)所示。

超静定结构的未知力(支座反力或杆件内力)超过平衡方程的数目称为超静定次数。

将超静定结构中的多余约束去掉后得到的静定结构,称为原结构的基本静定系,简称为静定基。在静定基上施加去掉的多余约束的约束反力（简称多余约束力）后得到的系统与原结构的受力完全一样，称为原结构的相当系统。由于多余约束的选取不是唯一的，因此，静定基或相当系统的建立也不是唯一的，但静定基或相当系统必须是几何不变的静定结构，而不能是几何可变的机构系统。

求解这些超静定结构的方法与求解超静定梁相似，关键是建立其相当系统，列出变形协调条件—解除多余约束处多余约束对结构位移施加的限制条件，从而建立补充方程，并联立静力学平衡方程来求解。这种求解超静定问题的方法，通常称为变形比较法。下面举例说明。

[**例 24-8**]图 24-17a）所示刚架 ABC 各杆的弯曲刚度 EI 为常量。不计轴力和剪力的影响，求支座 C 处的约束反力。

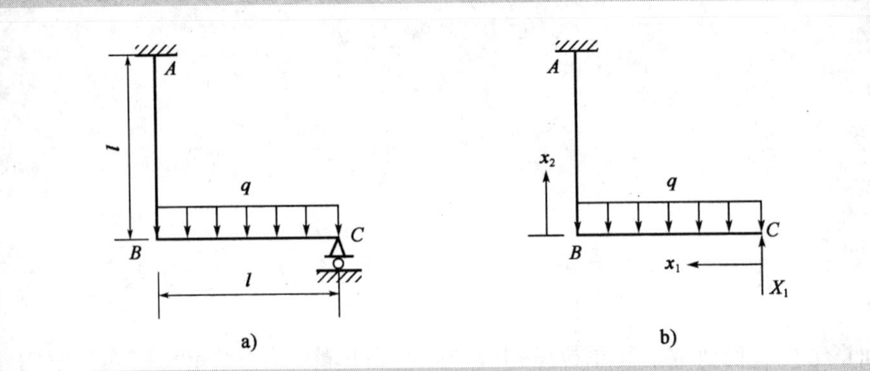

图 24-17

解：这是一次超静定结构，建立结构的相当系统如图 24-17b）所示。

变形协调条件为 $\Delta_{Cy}=0$

列各段杆弯矩方程，并求导

CB 段（$0\leqslant x_1\leqslant l$）：

$$M(x_1)=X_1\cdot x_1-\frac{1}{2}qx_1^2,\qquad \frac{\partial M(x_1)}{\partial X_1}=x_1$$

BA 段（$0\leqslant x_2\leqslant l$）：

$$M(x_2)=X_1 l-\frac{1}{2}ql^2,\qquad \frac{\partial M(x_2)}{\partial X_1}=l$$

根据卡氏第二定理

$$\Delta_{Cx}=\sum\int_{l_i}\frac{M(x_i)}{EI}\cdot\frac{\partial M(x_i)}{\partial X_1}\mathrm{d}x_i=\frac{1}{EI}\left(\frac{4}{3}X_1 l^3-\frac{5}{8}ql^4\right)=0$$

解得

$$X_1=\frac{15}{32}ql(\uparrow)$$

[**例 24-9**]图 24-18a）所示平面刚架，已知各段弯曲刚度 EI 相同且为常数，不计轴力与剪力的影响，试求 D 支座的约束反力。

解:这是一次超静定结构,其相当系统如图 24-18b)所示。

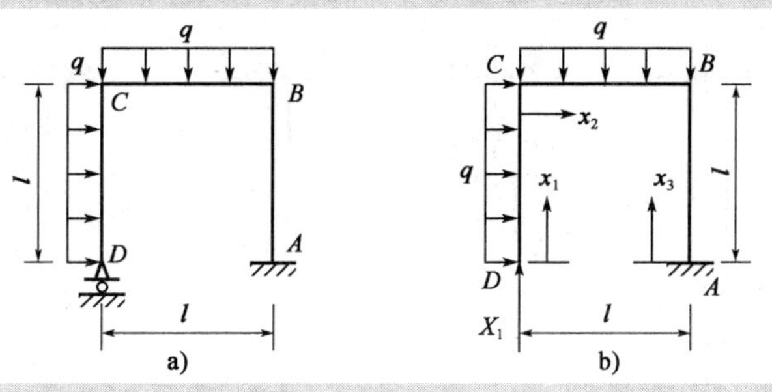

图 24-18

变形协调条件为 $\Delta_{Dy}=0$

列各段杆弯矩方程,并求导

DC 段($0\leqslant x_1\leqslant l$)

$$M(x_1)=\frac{1}{2}qx_1^2,\qquad \frac{\partial M(x_1)}{\partial X_1}=0$$

CB 段($0\leqslant x_2\leqslant l$)

$$M(x_2)=\frac{1}{2}ql^2+\frac{1}{2}qx_2^2-X_1\cdot x_2,\qquad \frac{\partial M(x_2)}{\partial X_1}=-x_2$$

BA 段($0\leqslant x_3\leqslant l$)

$$M(x_2)=qlx_3-X_1l,\qquad \frac{\partial M(x_2)}{\partial X_1}=-l$$

根据卡氏第二定理

$$\Delta_{Cy}=\sum\int_{l_i}\frac{M(x_i)}{EI}\cdot\frac{\partial M(x_i)}{\partial X_1}\mathrm{d}x_i=\frac{1}{EI}\left(\frac{4}{3}X_1l^3-\frac{7}{8}ql^4\right)=0$$

解得

$$X_1=\frac{21}{32}ql(\uparrow)$$

思考题

24-1 何谓应变能法或能量法?何谓相应位移、线弹性体和广义位移?

24-2 直接用能量守恒定律计算线弹性体位移的方法存在哪些局限性?

24-3 何谓卡氏定理?其应用条件是什么?如果需求之位移不存在与其相应的广义力,则应如何求解?

24-4 一悬臂梁在 A,B 两截面处分别受集中力 F 作用,则$\partial V_\varepsilon/\partial F$ 的物理意义是什么?

24-5 一简支梁受均布荷载 q 作用,则$\partial V_\varepsilon/\partial q$ 的物理意义是什么?

24-6 功的互等定理是如何建立的?应用条件是什么?

24-7 如何应用功的互等定理与位移互等定理求一些结构的位移?

24-8 变形比较法求解超静定结构的关键在于什么?

习　题

24-1　试求图示杆的应变能。各杆均由同一种材料制成,长度相同,弹性模量为 E。

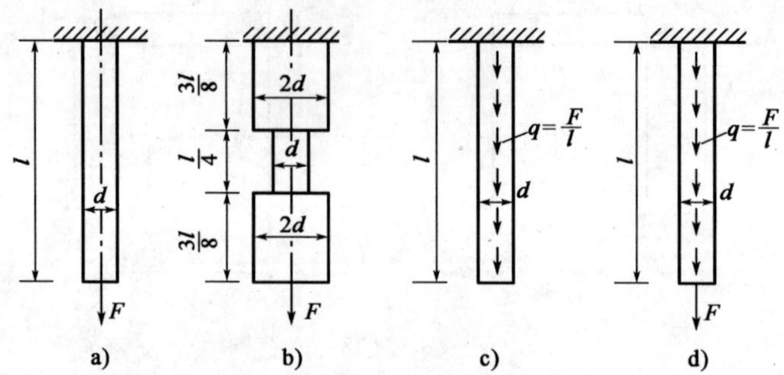

习题 24-1 图

24-2　试求图示受扭圆轴内的应变能($d_2 = 1.5d_1$)。

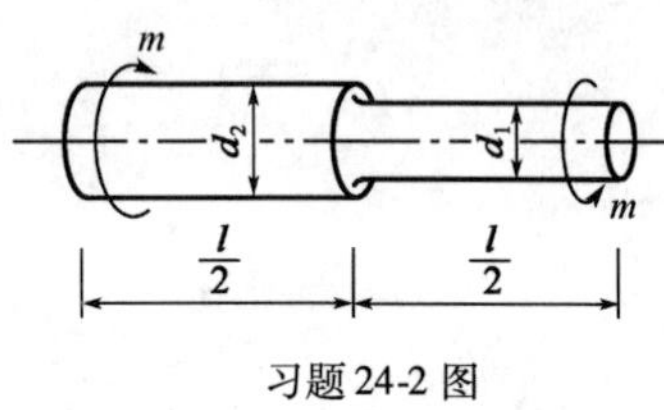

习题 24-2 图

24-3　试计算图示梁或结构内的应变能。略去剪切的影响,EI 为已知。对于只受拉伸(或压缩)的杆件,考虑拉伸(压缩)时的应变能。

24-4　如图所示,曲杆 AB 的直径为 d,曲率半径为 R,弹性模量 E 为已知,求曲杆的弹性变形能。

24-5　试用卡氏第二定理计算图示梁之横截面 A 的挠度 w_A 和转角 θ_A。设弯曲刚度 EI 为常数。

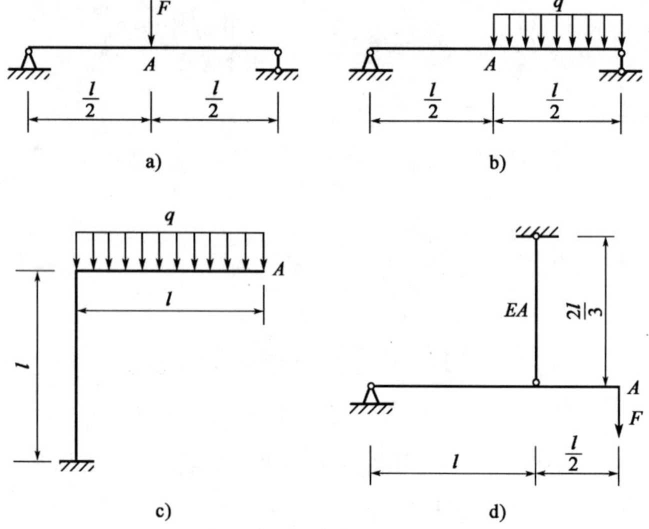

习题 24-3 图

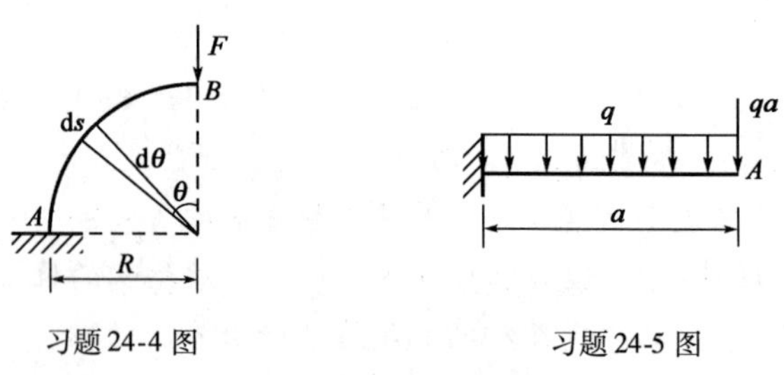

习题 24-4 图　　　　习题 24-5 图

24-6 试用卡氏第二定理求图示梁在荷载作用下 A 截面的转角及 B 截面的铅垂位移。EI 为已知。

24-7 图示梁的抗弯刚度 EI，试用卡氏第二定理求中间铰 B 处左右两侧截面的相对转角。

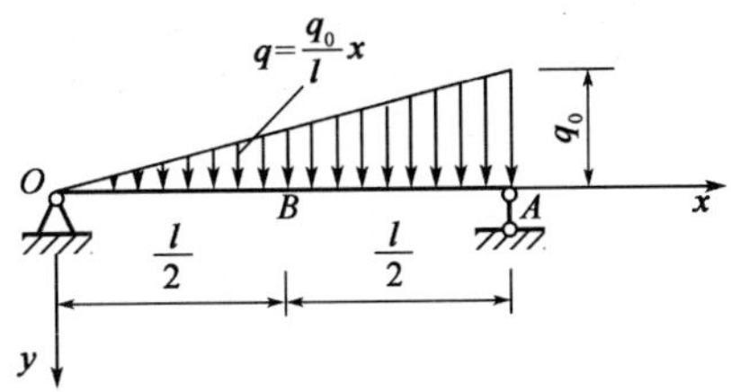

习题 24-6 图

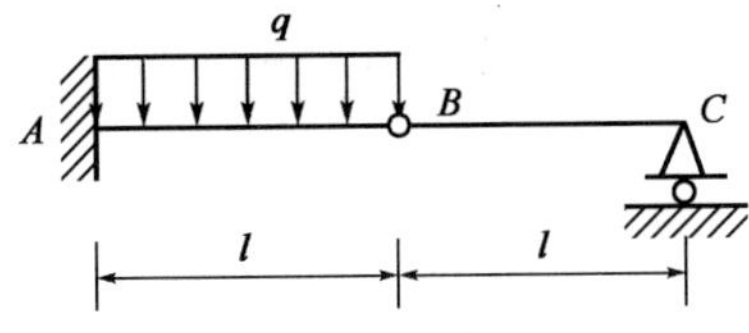

习题 24-7 图

24-8 试用卡氏第二定理求图示各刚架截面 A 的线位移和截面 B 的转角。略去剪力 F_S 和轴力 F_N 的影响，EI 为已知。

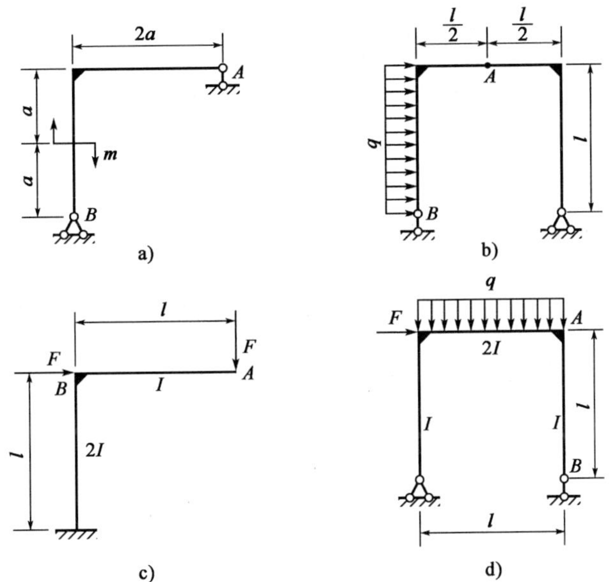

习题 24-8 图

24-9 图示直角刚架，已知各杆的抗拉刚度 EA 和抗弯刚度 EI 为常数。试用卡氏第二定理求在一对 F 力作用下，A，B 两点的相对位移。

24-10 对于图示刚架，试用单位荷载法计算杆 AB 的转角。各杆的抗拉(压)刚度 EA 相同，且均为常数。

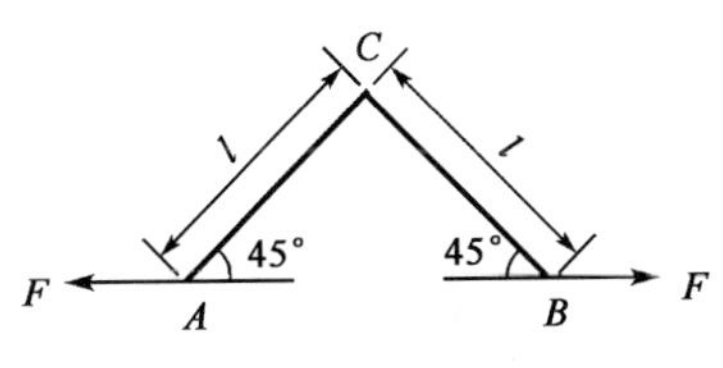

习题 24-9 图

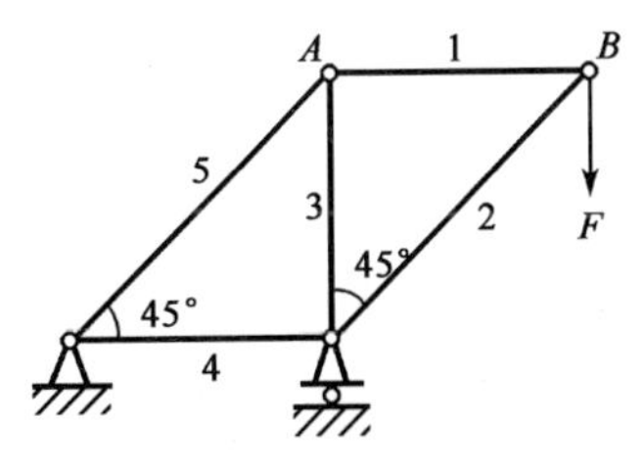

习题 24-10 图

24-11　试用卡氏第二定理求图示各圆截面曲杆在荷载作用下截面 A 的水平位移、铅垂位移及转角。EI,GI_P 为已知。

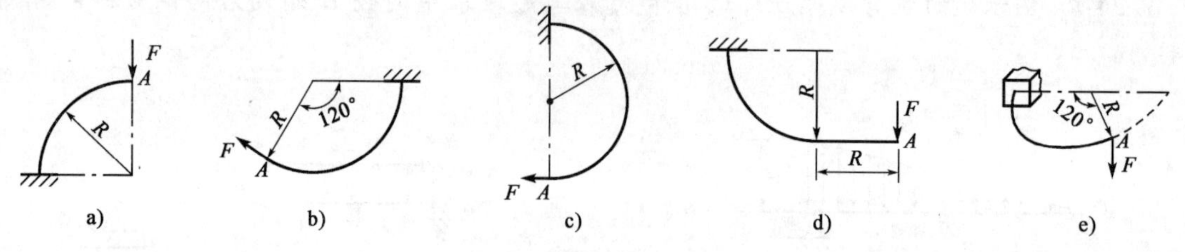

习题 24-11 图

24-12　试用卡氏第二定理求图示位于水平平面内的开口圆环上 A,B 两点间的相对位移。弹性常数 E,G 及环杆直径 d 为已知,两力 F 沿铅垂方向作用。

24-13　杆系如图所示,在 B 端受到集中力 F 作用。已知杆 AB 的抗弯刚度为 EI,杆 CD 的抗拉刚度为 EA。略去剪切的影响,试用卡氏第二定理求 B 端的铅垂位移。

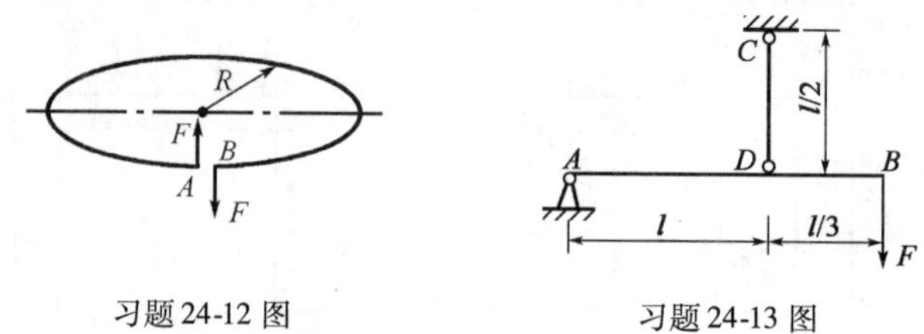

习题 24-12 图　　习题 24-13 图

24-14　求图示超静定梁的两端约束反力。设固定端沿梁轴线的反力可以省略。

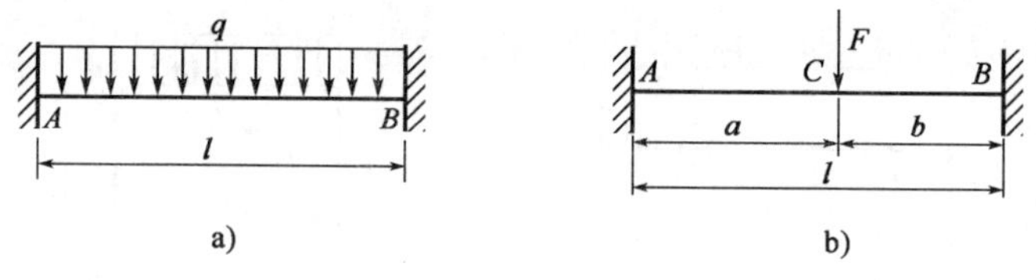

习题 24-14 图

24-15　刚架如图所示,设 EI 为已知。试求支座 C 的约束反力。

24-16　对于图示平面刚架,不计轴力及剪力对变形的影响。求支座反力、最大弯矩及其发生位置。

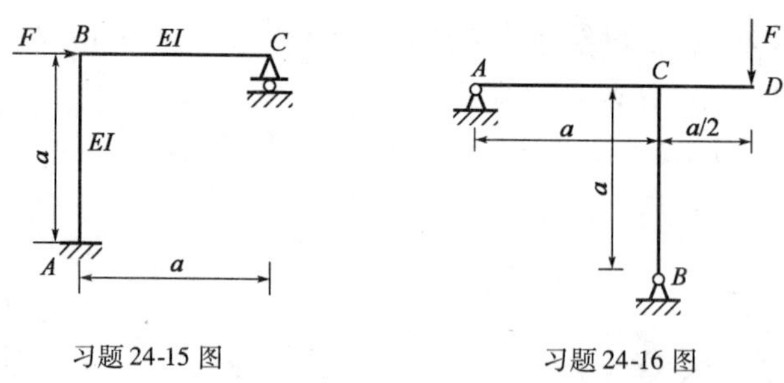

习题 24-15 图　　习题 24-16 图

24-17　图示结构为双铰圆拱。试求其支座反力。EI 为常数;不计轴力和剪力对变形的影响。

24-18　图示桁架,各杆 EA 均相等。试求各杆内力。

24-19　图示结构，$E=200\text{GPa}$，$I=25\times10^{6}\text{mm}^{4}$，$A=4\times10^{3}\text{mm}^{2}$，$l=2\text{m}$，$q=300\text{N/m}$。试求$A$端的约束反力和$BC$杆的内力。

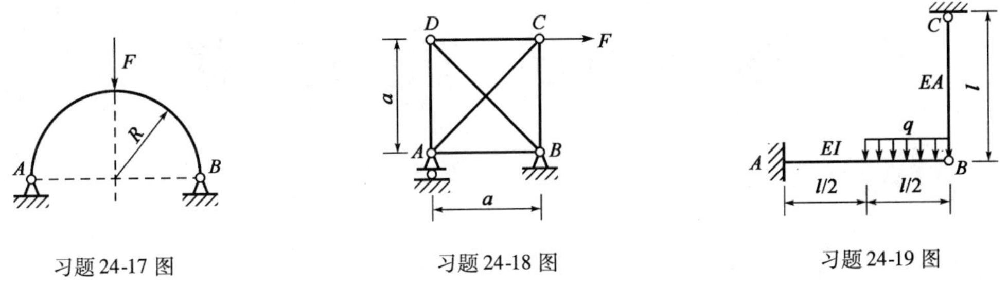

习题 24-17 图　　习题 24-18 图　　习题 24-19 图

24-20　试用卡氏第二定理求解图示超静定结构。已知各杆的EA，EI相同。

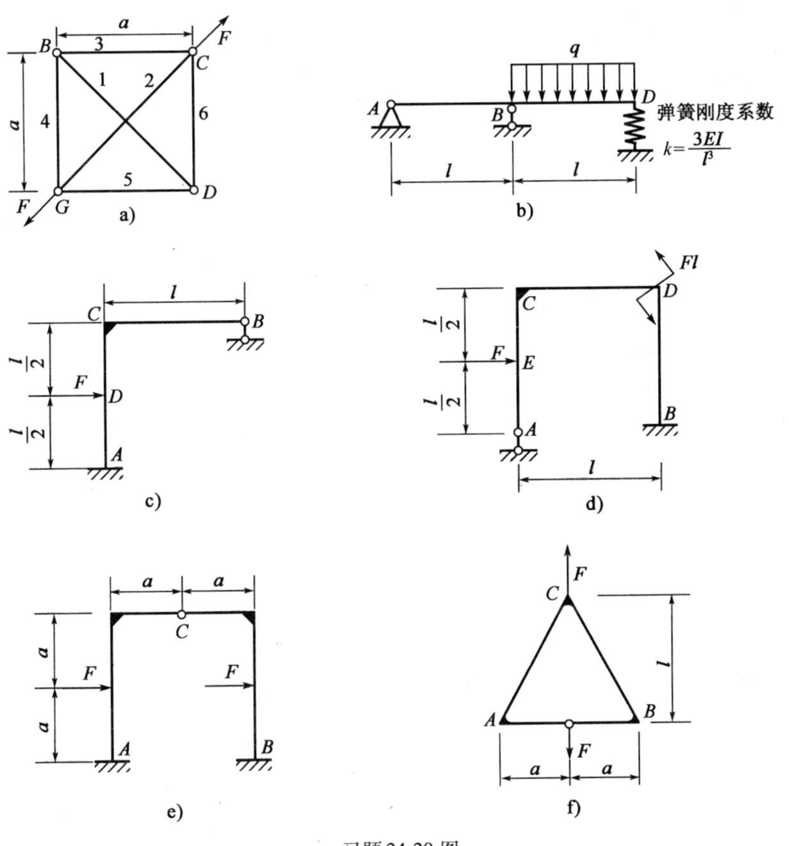

习题 24-20 图

第二十五章　动　荷　载

本章要点

- 动荷载的概念；
- 考虑惯性力时构件的应力与变形计算；
- 受冲击时构件的应力与变形计算。

第一节　概　　述

前面各章所研究的问题都是静荷载问题，即研究构件在静荷载作用下的强度与刚度问题，所谓静荷载是指从零缓慢地增加到某一定值后保持不变，且构件内各质点不产生加速度，或加速度很小可以忽略不计的荷载。构件在静荷载作用下产生的应力和变形分别称为静应力和静变形。相反，若荷载使构件内各质点产生的加速度较显著或者荷载随时间而变化，则这样的荷载称为动荷载。在工程中，有许多承受动荷载作用的构件，例如以加速度起吊重物的吊索，高速旋转的砂轮，受冲击的桩和桩基等。

构件在动荷载作用下产生的应力和变形，分别称为动应力和动变形。试验表明，材料在动荷载下的弹性性能基本上与静荷载下的相同。例如，若动应力不超过材料的比例极限，在静荷载下服从胡克定律的材料，在动荷载下也服从胡克定律，并且弹性模量不变，而材料的强度及塑性性能则有所改变。

动荷载问题，按其特点不同可以分为惯性力问题、冲击问题和机械振动问题，本书将讨论前两个问题。

第二节　考虑惯性力时构件的应力与变形

构件作匀加速运动或等速转动时，构件内各质点具有确定的加速度。因此，我们可以应用达朗伯原理求出惯性力，并把惯性力附加到受力构件的各质点上，则构件在外力和惯性力共同作用下便保持动态平衡。这时，就可以把动荷载问题当作静荷载问题来处理。这种处理方法称为惯性力法或动静法。下面以实例来说明这种计算方法。

一、匀加速直线运动时构件的动应力与动变形计算

设图 25-1a）所示均质杆以等加速度 a 上升，杆长为 l，杆横截面面积为 A，杆的容重为 γ，试求杆内的动应力。

将杆件沿 $n—n$ 截面截开并取其下部为脱离体［图 25-1b）］。作用于此脱离体上的力有脱

离体的自重 γAx 和 n—n 截面上的轴力 $F_{\mathrm{Nd}}(x)$，若再在脱离体上附加上与加速度方向相反的惯性力 $\gamma Axa/g$，则脱离体在自重 γAx、轴力 $F_{\mathrm{Nd}}(x)$ 和惯性力 $\gamma Axa/g$ 共同作用下处于动态平衡［图 25-1c)］，由平衡条件 $\sum F_x=0$，得

$$F_{\mathrm{Nd}}(x) - \gamma Ax - \frac{\gamma Ax}{g}a = 0$$

所以

$$F_{\mathrm{Nd}}(x) = \gamma Ax\left(1\ \frac{a}{g}\right)$$

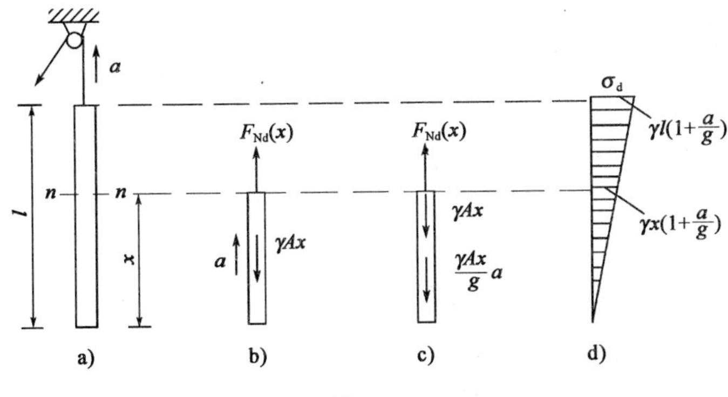

图 25-1

n—n 截面上的动应力为

$$\sigma_{\mathrm{d}}(x) = \frac{F_{\mathrm{Nd}}(x)}{A} = \gamma x\left(1+\frac{a}{g}\right) \tag{a}$$

可见，σ_{d} 随截面的位置不同而不同，并沿杆长按直线规律变化［图 25-1d)］。

当加速 a 等于零时，由式(a)求得杆件在静荷载下的静应力为

$$\sigma_{\mathrm{st}}(x) = \gamma x \tag{b}$$

故动应力可表示为

$$\sigma_{\mathrm{d}}(x) = \sigma_{\mathrm{st}}(x)\left(1+\frac{a}{g}\right) \tag{c}$$

式中，括号内的因子可称为动荷系数，并记为

$$K_{\mathrm{d}} = 1+\frac{a}{g} \tag{25-1}$$

于是式(c)可写成

$$\sigma_{\mathrm{d}}(x) = K_{\mathrm{d}}\sigma_{\mathrm{st}}(x)$$

这表明动应力等于静应力乘以动荷系数。

杆件承受动应力时的强度条件为

$$\sigma_{\mathrm{dmax}} = K_{\mathrm{d}}\sigma_{\mathrm{stmax}} \leqslant [\sigma] \tag{25-2}$$

由于在动荷系数 K_{d} 中已包含了动荷载的影响，所以$[\sigma]$即为静荷载下的许用应力。

对于动变形计算，同样可以用动荷系数乘以静变形得动变形，即

$$\Delta l_{\mathrm{d}}(x) = K_{\mathrm{d}}\Delta l_{\mathrm{st}}(x)$$

二、等速转动时构件的动应力计算

设圆环以等角速度 ω 绕过圆心且垂直于圆环平面的轴旋转[图 25-2a)]。若圆环的厚度远小于其平均直径 D，便可近似地认为环内各点的向心加速度 a_n 大小相等，且都等于 $D\omega^2/2$。以 A 表示圆环横截面面积，γ 表示圆环材料的容重。于是沿轴线均匀分布的惯性力集度为 $q_d=\frac{A\gamma}{g}a_n=\frac{A\gamma D}{2g}\omega^2$，其方向背离圆心[图 25-2b)]。现在计算圆环横截面上的动应力 σ_d。

将圆环沿直径截开，取上半部分作为脱离体[图 25-2c)]。由平衡条件 $\sum F_y=0$，得

$$2F_{Nd}=\int_0^{\pi}q_d\sin\varphi\cdot\frac{D}{2}d\varphi=q_d\cdot D$$

所以

$$F_{Nd}=\frac{q_dD}{2}=\frac{A\gamma D^2}{4g}\omega^2$$

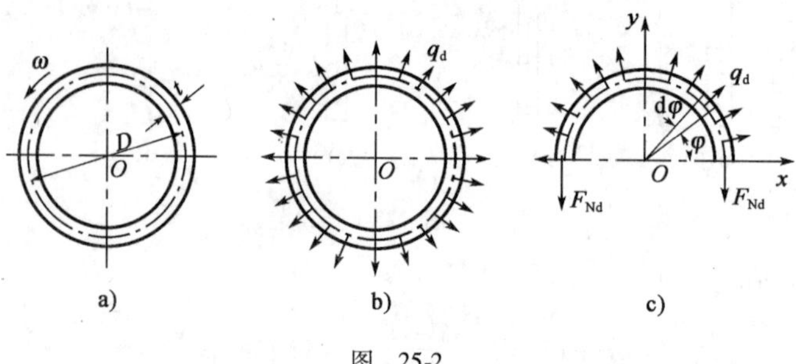

图 25-2

从而求得圆环横截面上的应力为

$$\sigma_d=\frac{F_{Nd}}{A}=\frac{\gamma D^2}{4g}\omega^2=\frac{\gamma}{g}v^2 \tag{25-3}$$

式中，$v=D\omega/2$ 是圆环轴线上各点的线速度。

圆环在等速转动时的强度条件为

$$\sigma_d=\frac{\gamma}{g}v^2\leqslant[\sigma] \tag{25-4}$$

由式(25-4)可知，环内动应力仅与材料的容重 γ 和各质点的线速度 v 有关，而与环横截面的尺寸无关。因此，要提高旋转圆环的强度，应该采用轻质材料(γ 小)或限制圆环的转速，增大横截面面积并不能改善圆环的强度。由式(25-4)可以求出圆环的许可线速度为

$$v\leqslant\sqrt{\frac{[\sigma]g}{\gamma}} \tag{25-5}$$

三、匀变速转动时轴的动应力计算

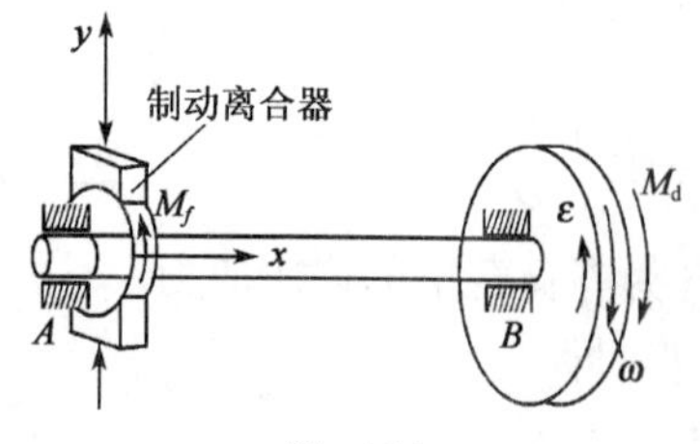

图 25-3

设图 25-3 所示的轴 AB，在 B 端有一个质量很大的飞轮，与飞轮相比，轴的质量可以忽略不计。轴的另一端 A 装有制动离合器。飞轮的角速度为 ω，转动惯量为 I_0，轴的直径为 d，制动时使轴在 t 秒内匀减速停止转动。求轴内最大动应力。

飞轮与轴匀减速停止转动时，飞轮的角加速度为

$$\varepsilon = \frac{0-\omega}{t} = -\frac{\omega}{t}$$

等式右边的负号只是表示 ε 与 ω 的方向相反，按动静法，在飞轮上加上方向与 ε 相反的惯性力偶矩 $M_d = -I_0\varepsilon = I_0\omega/t$，设作用于轴上的制动力矩为 M_f，则由平衡条件 $\sum M_x = 0$，可得

$$M_f = M_d = \frac{I_0\omega}{t}$$

AB 轴在 M_f 与 M_d 作用下产生扭转变形，横截面上的扭矩为

$$T_d = M_d = \frac{I_0\omega}{t}$$

故轴内的最大切应力为

$$\tau_{dmax} = \frac{T_d}{W_P} = \frac{16I_0\omega}{\pi d^3 t} \tag{25-6}$$

第三节　受冲击时构件的应力与变形

当物体以较大的速度作用于构件时，在极短的时间内，物体的速度变化很大，使构件受到很大的作用力，这种现象称为冲击。运动的物体称为冲击物，受到冲击的构件称为被冲击物，它们之间产生的作用力称为冲击荷载或冲击力。例如，重锤打桩、金属冲压加工、传动轴的突然制动等均属冲击问题。由于冲击持续的时间极短，而且不易精确测出，所以加速度的大小很难确定，这就难以用动静法进行计算。事实上精确分析冲击现象是一个相当复杂的问题。因而在实用计算中，一般采用偏于安全的能量方法。为了简化计算，通常作出如下假设：

(1)视冲击物为刚体，在冲击过程中的变形可忽略不计，且与被冲击物接触后，二者即附着在一起运动。

(2)被冲击物是弹性体，其质量远小于冲击物的质量，可忽略不计。而冲击应力瞬时传遍被冲击物，且被冲击物在冲击过程中始终处于线弹性范围内。所以冲击荷载、应力、变形相互成正比。

(3)在冲击过程中不计声、势、光能等能量损耗。

根据上述假设，由能量守恒原理可知，冲击过程中冲击物所减少的动能 E_k 和位能(势能) E_p，将全部转化为被冲击物的弹性变形能 $V_{\varepsilon d}$，从而得到能量法求解冲击问题的基本方程为

$$E_k + E_p = V_{\varepsilon d} \tag{25-7}$$

显然，不计能量损耗得到的变形能 $V_{\varepsilon d}$ 大于实际的变形能。因此，按此法计算所得的结果是偏于安全的。

由于被冲击物是在线弹性范围内工作，应力和变形都与荷载成正比，即

$$\frac{\sigma_d}{\sigma_{st}} = \frac{\Delta_d}{\Delta_{st}} = \frac{F_d}{P} = K_d \tag{25-8}$$

式中：F_d，σ_d，Δ_d——分别是冲击荷载、冲击应力和冲击变形(或位移)；

P，σ_{st}，Δ_{st}——分别是将冲击物的重量按静载方式作用于被冲击物上的冲击点时相应的静荷载、静应力和静变形(或静位移)；

K_d——冲击的动荷系数。

构件在静荷载作用下的应力和变形(或位移)计算已在前面有关章节中讨论过,现在在此基础上再引入动荷系数 K_d,则动应力和动变形就可由式(25-8)求出,因此,动荷系数的确定是解决冲击问题的关键。

一、自由落体冲击时的动荷系数

设一重量为 P 的物体,从距冲击点距离为 h 的高度自由下落冲击在任一弹性构件上,例如直杆、梁和轴等(图 25-4),当被冲击物的冲击点达到最大动位移 Δ_d 时,被冲击物受力由零增加到最大冲击力 F_d。此时冲击物所减少的位能为 $E_P = P(h+\Delta_d)$。又由于冲击物的初速度和终速度都等于零,所以冲击物在动能上并无变化,即 $E_k = 0$。被冲击物内所增加的弹性变形能 $V_{\varepsilon d}$,等于冲击荷载 F_d 所作的功。由于冲击过程中,力 F_d 与位移 Δ_d 都是由零增至最终值,且整个冲击过程都始终在线弹性范围内,所以

$$V_{\varepsilon d} = \frac{1}{2}F_d\Delta_d$$

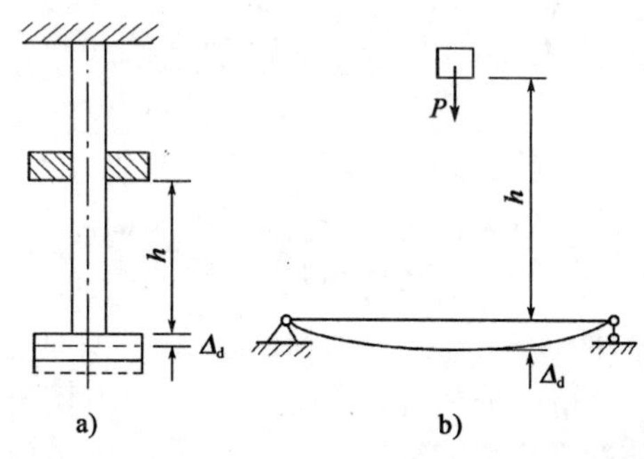

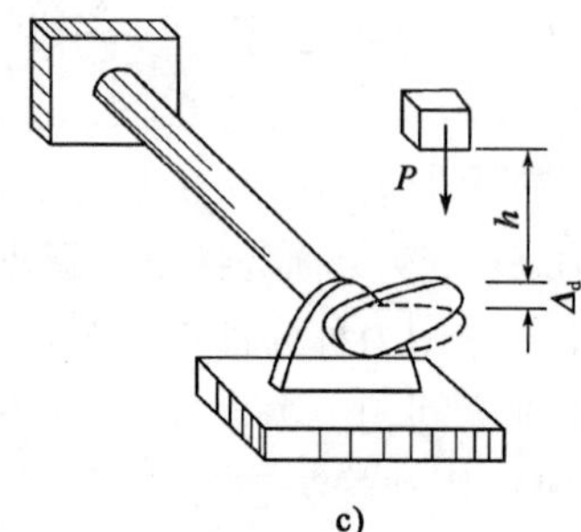

图 25-4

于是,由式(25-7)得

$$P(h+\Delta_d) = \frac{1}{2}F_d\Delta_d$$

将 $F_d = K_dP$ 及 $\Delta_d = K_d\Delta_{st}$[见式(25-8)]代入上式得:

$$\Delta_{st}K_d^2 - 2\Delta_{st}K_d - 2h = 0$$

这是以 K_d 为未知量的一元二次方程,解之得

$$K_d = 1 \pm \sqrt{1+\frac{2h}{\Delta_{st}}}$$

由于 $K_d > 0$,故式中根号前应取加号,即

$$K_d = 1 + \sqrt{1+\frac{2h}{\Delta_{st}}} \tag{25-9}$$

式(25-9)即为自由落体冲击时,动荷系数的计算公式。应该注意,式中 Δ_{st} 表示将冲击物的重量 P 按静载方法作用于被冲击物上的冲击点时,冲击点沿冲击力方向的静位移。

确定了动荷系数后,我们就可由式(25-8)求出冲击荷载、冲击应力和冲击位移,即

$$\left.\begin{aligned} F_d &= K_dP \\ \sigma_d &= K_d\sigma_{st}(\text{或}\ \tau_d = K_d\tau_{st}) \\ \Delta_d &= K_d\Delta_{st} \end{aligned}\right\} \tag{25-10}$$

应该指出,式(25-10)中的 σ_d 和 Δ_d 是指受冲击构件上任一点处的冲击应力和冲击位移,

而σ_{st}和Δ_{st}则是指将冲击物的重量以静载方法作用于受冲击构件上的冲击点时构件上对应点处相应的静应力与静位移。请读者注意区分式(25-9)和式(25-10)中Δ_{st}的不同含义。

关于动荷系数K_d的讨论：

(1)若$h=0$,即相应于荷载突然施加在弹性构件上,则由式(25-9)得$K_d=2$,这说明在突加荷载作用下的应力或变形,为静荷载P作用时的两倍；

(2)当冲击点的静位移Δ_{st}较大时,可使动荷系数K_d减小,从而可减小动应力和动变形,这就是弹簧、橡胶垫等可以起到缓冲作用的原因；

(3)若已知垂直冲击开始时冲击物具有动能E_{k0},则动荷系数的公式成为

$$K_d = 1 + \sqrt{1 + \frac{E_{k0}}{V_{\varepsilon d,st}}} \tag{25-11}$$

式中,$V_{\varepsilon d,st}=\frac{1}{2}P\Delta_{st}$,表示被冲击物受静载作用时的变形能,式(25-11)请读者自己证明。

二、水平冲击时的动荷系数

设一重量为P的物体以速度v沿水平方向冲击任一弹性构件(图25-5)。当两物体接触后,冲击物随弹性构件的变形仍继续水平运动,直至变形达到最大值Δ_d时,速度才降为零。

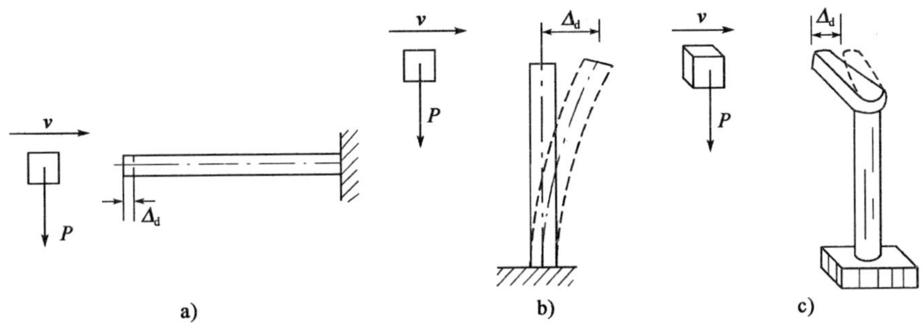

图 25-5

此时,冲击力从零增至最大值F_d。在整个冲击过程中,冲击物所减少的动能为$E_k=\frac{1}{2}\frac{P}{g}v^2$,而其位能无变化,即$E_p=0$,受冲击构件增加的弹性变形能为

$$V_{\varepsilon d} = \frac{1}{2}F_d\Delta_d = \frac{1}{2}K_d^2P\Delta_{st}$$

式中,Δ_{st}为构件冲击处,沿冲击方向受到相当于P的静荷载作用时,于该处水平方向产生的静位移,其值可由前面各章的有关公式求出。

将上述的E_k,E_p及$V_{\varepsilon d}$代入式(25-7),得

$$\frac{1}{2}\frac{P}{g}v^2 = \frac{1}{2}K_d^2P\Delta_{st}$$

由此求得水平冲击时的动荷系数为

$$K_d = \sqrt{\frac{v^2}{g\Delta_{st}}} \tag{25-12}$$

若已知水平冲击开始时冲击物具有动能E_{k0},因$E_{k0}=\frac{1}{2}\frac{P}{g}v^2$,式(25-12)也可写成如下

形式

$$K_d = \sqrt{\frac{E_{k0}}{V_{\varepsilon d,st}}} \tag{25-13}$$

式中，$V_{\varepsilon d,st} = \frac{1}{2}P\Delta_{st}$，表示受冲构件在冲击处沿冲击方向受静载 P 作用时的变形能。

确定了动荷系数后，我们同样可由式(25-10)求出冲击荷载、冲击应力和冲击位移。

三、冲击荷载下的强度计算

在冲击问题中，受冲击构件的实际变形速度很难估计，动应力的传播在一般工程问题中也不考虑，而且材料在冲击荷载作用下的强度比静荷载作用下的强度要略高一些，所以对受冲击荷载作用的构件进行强度计算时，通常仍以静荷载作用下材料的许用应力来建立强度条件，即

$$\sigma_{dmax} = K_d\sigma_{stmax} \leqslant [\sigma] \tag{25-14}$$

需要指出，虽然构件的材料受冲击时的屈服极限 σ_s 比静载时要略高，但受冲击时材料会变脆，这种现象在低温下冲击时表现得更为显著，称为冷脆。由于在冲击时材料会变脆，构件中不可避免地会存在着应力集中之处，这些都会使构件的强度显著降低，而且对动荷载的估计也不易准确。在设计中，为了照顾到这些因素，除应使构件满足上述冲击时的强度条件外，还应使所用的材料符合规定的抵抗冲击指标。

[例25-1]一阶梯杆 AB 受 $P=300\text{N}$ 的重物冲击(图25-6)。已知 AC 段和 BC 段的面积分别为 $A_1=10\text{cm}^2$，$A_2=6\text{cm}^2$，材料的弹性模量 $E=200\text{GPa}$，试求动荷系数、杆的最大动应力和最大伸长量。

解：(1)计算静应力与静位移

阶梯杆的最大静应力发生于 CB 段，其值为

$$\sigma_{stmax} = \frac{P}{A_2} = \frac{300}{6\times10^{-4}}\times10^{-6} = 0.5\text{MPa}$$

阶梯杆的静伸长量为

$$\Delta_{st} = \frac{Pl_{AC}}{EA_1} + \frac{Pl_{CB}}{EA_2} = \frac{300\times1}{200\times10^9\times10\times10^{-4}} + \frac{300\times0.8}{200\times10^9\times6\times10^{-4}}$$
$$=3.5\times10^{-6}\text{m}$$

(2)计算动荷系数

$$K_d = 1+\sqrt{1+\frac{2h}{\Delta_{st}}} = \sqrt{1+\frac{2\times0.4}{3.5\times10^{-6}}} = 479.1$$

(3)计算动应力与动位移

杆的最大动应力发生于 CB 段，其值为

$$\sigma_{dmax} = K_d\sigma_{stmax} = 479.1\times0.5 = 239.6\text{MPa}$$

杆的最大伸长量为

$$\Delta l_{max} = \Delta_d = K_d\Delta_{st} = 479.1\times3.5\times10^{-3} = 1.68\text{mm}$$

[**例 25-2**]在水平面内的 AC 杆，绕过 A 点的垂直轴以等角速度 ω 转动，图 25-7a)是它的俯视图。杆的 C 端有一重为 P 的集中重量，如因发生故障在 B 点卡住而突然停止转动[图 25-7b)]，求 AC 杆内的最大冲击应力。设 AC 杆的质量可以不计，杆的弯曲刚度为 EI，弯曲截面系数为 W_z。

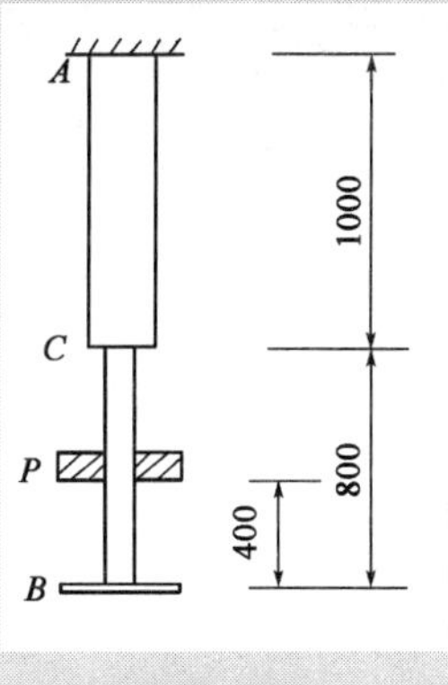

图 25-6

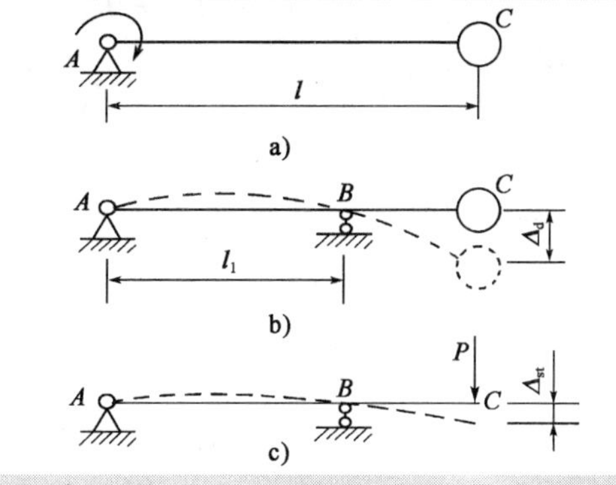

图 25-7

解:这是一个水平冲击问题，其动荷系数公式为式(25-12)，即

$$K_{\mathrm{d}}=\sqrt{\frac{v^2}{g\Delta_{\mathrm{st}}}}$$

(1)求冲击点 C 的静位移 Δ_{st} 与杆内的最大静应力 σ_{stmax}

利用求弯曲变形的任何一种方法可以求得

$$\Delta_{\mathrm{st}}=\frac{Pl(l-l_1)^2}{3EI}$$

杆内的最大静应力发生于截面 B 上，其值为

$$\sigma_{\mathrm{stmax}}=\frac{M_{\mathrm{max}}}{W_z}=\frac{P(l-l_1)}{W_z}$$

(2)求动荷系数

重物 P 在水平冲击开始时的速度 $v=\omega l$，所以

$$K_{\mathrm{d}}=\sqrt{\frac{v^2}{g\Delta_{\mathrm{st}}}}=\frac{\omega}{l-l_1}\sqrt{\frac{3EIl}{Pg}}$$

(3)求杆内的最大冲击应力

杆内的最大冲击应力发生于截面 B 上，其值为

$$\sigma_{\mathrm{dmax}}=K_{\mathrm{d}}\sigma_{\mathrm{stmax}}=\frac{\omega}{W_z}\sqrt{\frac{3EIlP}{g}}$$

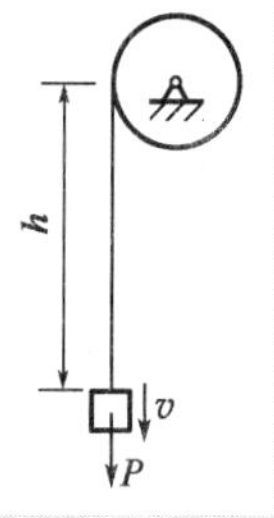

图 25-8

[**例 25-3**]设矿井卷扬机钢丝绳悬挂的物体重量为 P，以速度 v 下降至深度 h 时(图 25-8)，卷筒被突然卡住。若钢丝绳的弹性模量为 E，横截面面积为 A，其质量略去不计，求钢丝绳此时的冲击应力。

解:(1)计算能量变化

因钢丝绳冲击前在力 P 作用下已产生变形 $\Delta_{\mathrm{st}}=\dfrac{Ph}{EA}$，因而已具有变形能 $\dfrac{1}{2}P\Delta_{\mathrm{st}}$。当钢丝绳受冲击而达到最大变形 Δ_{d} 的瞬时，重物速度由 v 变为零，在此

过程中重物所减少的动能为

$$E_k = \frac{Pv^2}{2g}$$

重物所减少的位能为

$$E_P = P(\Delta_d - \Delta_{st})$$

钢丝绳所增加的变形能为

$$V_{\varepsilon d} = \frac{1}{2}F_d\Delta_d - \frac{1}{2}P\Delta_{st}$$

(2)求动荷系数

将上述 E_k,E_p 及 $V_{\varepsilon d}$ 代入式(25-7),得

$$\frac{Pv^2}{2g} + P(\Delta_d - \Delta_{st}) = \frac{1}{2}F_d\Delta_d - \frac{1}{2}P\Delta_{st}$$

将 $F_d = K_dP$ 及 $\Delta_d = K_d\Delta_{st}$ 代入上式,整理后得

$$K_d^2 - 2K_d + \left(1 + \frac{v^2}{g\Delta_{st}}\right) = 0$$

解这个关于 K_d 的一元二次方程,并注意到 $K_d > 1$ 得

$$K_d = 1 + \sqrt{\frac{v^2}{g\Delta_{st}}} \tag{25-15}$$

(3)求最大冲击应力

以动荷系数乘以最大静应力得

$$\sigma_{dmax} = K_d\sigma_{stmax} = \left(1 + \sqrt{\frac{v^2}{g\Delta_{st}}}\right)\frac{P}{A} = \left(1 + \sqrt{\frac{EAv^2}{gPh}}\right)\frac{P}{A}$$

四、提高杆件抗冲击荷载能力的措施

由式(25-9)可以看出,静位移 Δ_{st} 愈大,动荷系数愈小。在杆件承受冲击时应该采用降低刚度或增加杆长的办法来减缓冲击作用。有时为了提高构件的抗冲击能力,选用弹性模量值较小的材料制作受冲击的构件。除了采用降低杆件刚度的措施外,还经常采用安装缓冲装置,主要是各种形式的弹簧,以降低动荷系数。此外,受冲击的杆件应尽量采用等截面,以有利于提高杆件的抗冲击能力。

思 考 题

25-1 惯性力问题的处理方法是什么?

25-2 何谓动静法?它是如何将动力学问题转化为静力学问题来处理的?

25-3 冲击问题的处理方法是什么?其动荷系数公式中静位移指的是什么?

25-4 提高构件抗冲击能力的措施有哪些?

习 题

25-1 如图所示,一钢索吊起重物 $P = 50\text{kN}$ 的 M 物体,以等加速度 $a = 3\text{m/s}^2$ 提升。不计钢索的重量,试计算刚索的起吊力。

25-2　如图所示，钢索 AB 以向上匀加速度 $a=8\text{m/s}^2$ 吊起一根 No. 22a 工字钢。钢索的横截面面积 $A=60\text{mm}^2$，若不计钢索自重，只考虑工字钢的重量。试求工字钢和钢索的最大动应力。

25-3　如图所示，用两根吊索向上匀加速平行地吊起一根 32a 的工字钢（工字钢单位长度重 $q_{st}=516.8\text{N/m}$，$W_z=70.8\times10^{-6}\text{m}^3$），加速度 $a=10\text{m/s}^2$，吊索横截面面积 $A=1.08\times10^{-4}\text{m}^2$，若不计吊索自重，计算吊索的应力和工字钢的最大应力。

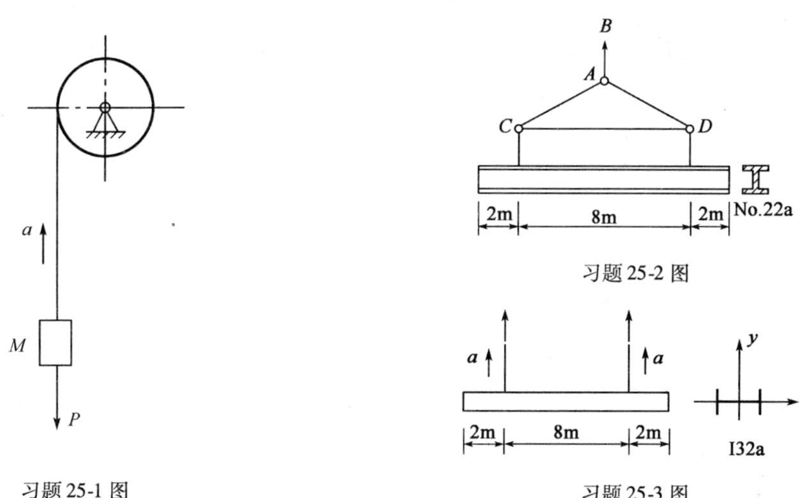

习题 25-1 图

习题 25-2 图

习题 25-3 图

25-4　如图所示，杆 AB 绕铅垂轴在水平面内作匀角速度 ω 转动，杆端 B 有一重量为 P 的重物，杆横截面面积为 A，抗弯截面系数为 W，许用应力为 $[\sigma]$，不计杆自重，试确定杆所允许的最大角速度 ω。

25-5　图示均质杆 AB，长为 l，重量为 P，以等角速度 ω 绕铅垂轴在水平面内旋转，求 AB 杆内的最大轴力，并指明其作用位置。

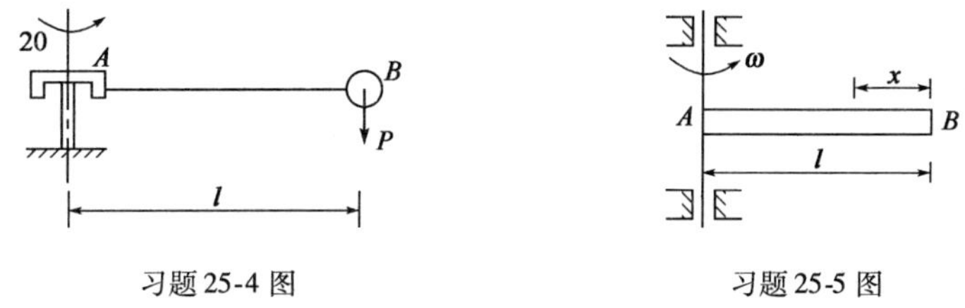

习题 25-4 图

习题 25-5 图

25-6　如图所示飞轮，其材料的许用应力 $[\sigma]=78.1\text{MPa}$，容重 $\gamma=76.44\text{kN/m}^3$。若不计轮辐的影响，试计算飞轮的许可线速度。

25-7　一杆以角速度 ω 绕铅垂轴在水平面内转动，如图所示。横截面面积 A，重量为 P_1。另有一重量为 W 的小球连接在杆的端点。求杆的伸长量。

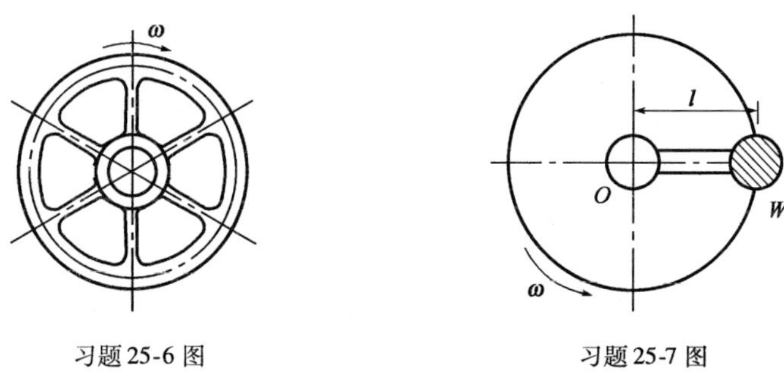

习题 25-6 图

习题 25-7 图

25-8　如图所示，用同一材料制成长度相等的等截面与变截面杆，二者最小截面相同。问两杆承受冲击的能力有无不同？为什么？

25-9　如图所示轴 AB 以匀角速度 ω 作定轴转动，在轴的纵向对称面内，由于轴线两侧装有两个重量为 P 的圆球。试绘制图示位置时轴的弯矩图。

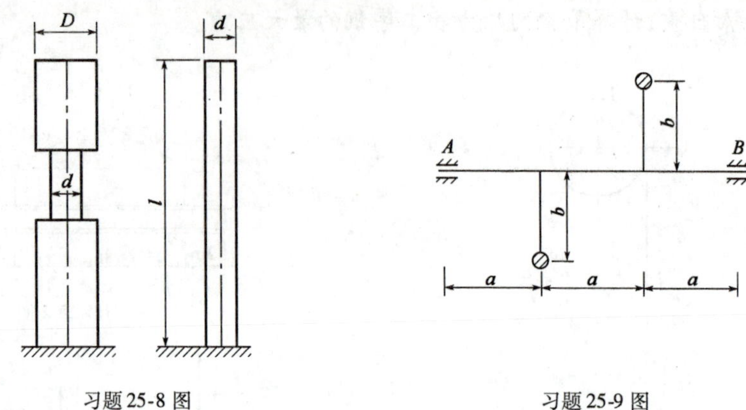

习题25-8图　　　　习题25-9图

25-10　如图所示，若冲击高度，被冲击物及其支承情况和冲击点均相同，问冲击物重量增加一倍时冲击应力是否也放大一倍？为什么？

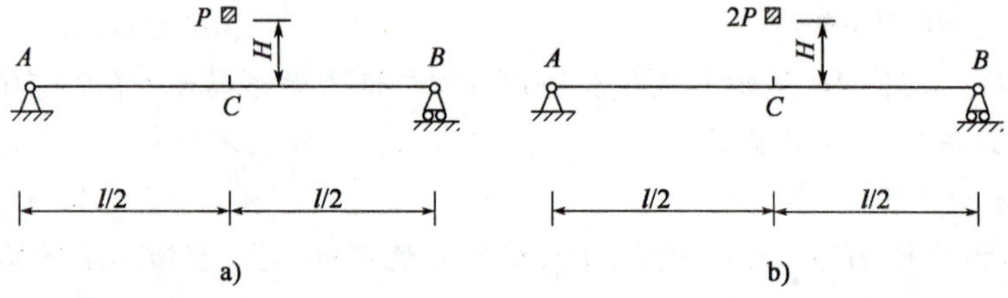

习题25-10图

25-11　如图所示重量为 $P=40\text{N}$ 的重物，自高度 $H=60\text{mm}$ 处自由下落，冲击到矩形截面钢梁 AB 的中点。该梁左端吊在弹簧 AC 上，右端支承在弹簧 BD 上。冲击前 AB 处于水平。弹簧刚度 $c=25.32\text{N}\cdot\text{mm}^{-1}$，钢的弹性模量 $E=210\text{GPa}$，截面的 $b=40\text{mm}$，$h=8\text{mm}$，梁自重不计。求梁内的最大冲击正应力。

25-12　图示工字钢梁右端置于弹簧上，已知 $I_z=1130\times10^4\text{mm}^4$，$W_z=141\times10^3\text{mm}^3$，弹簧常数 $k=0.8\text{kN/mm}$，梁弹性模量 $E=200\text{GPa}$，$[\sigma]=160\text{MPa}$，重物 P 自由下落，求许可下落高度 h。

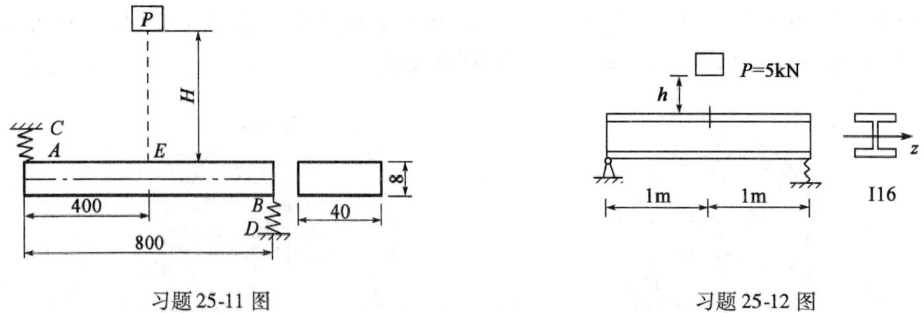

习题25-11图　　　　习题25-12图

25-13　自由落体冲击如图，冲击物重为 P，离梁顶面的高度为 H，梁的跨度为 l，矩形截面尺寸为 $b\times h$，材料的弹性模量为 E，求梁的最大挠度。

25-14 如图所示，AB 梁支承在二悬臂梁的端点，有重 P 的物体自 h 高处自由下落在 AB 梁的中点，三根梁的长度和 EI 均相同，AB 梁的抗弯截面系数为 W，求梁的 σ_{dmax}。

习题 25-13 图　　习题 25-14 图

25-15 如图所示，等截面刚架的抗弯刚度为 EI，抗弯截面系数为 W，重物 P 自由下落时，求刚架内最大动应力 σ_{dmax}（不计轴力）。

25-16 如图所示，设重量为 P 的物体，以速度 v 水平冲击到直角刚架的 C 点，试求最大动应力。已知 AB 和 BC 为圆截面杆，直径均为 d，材料的弹性模量为 E。

25-17 如图所示，求当重量为 P 的重物自由落下冲击 AB 梁时 C 点的挠度。

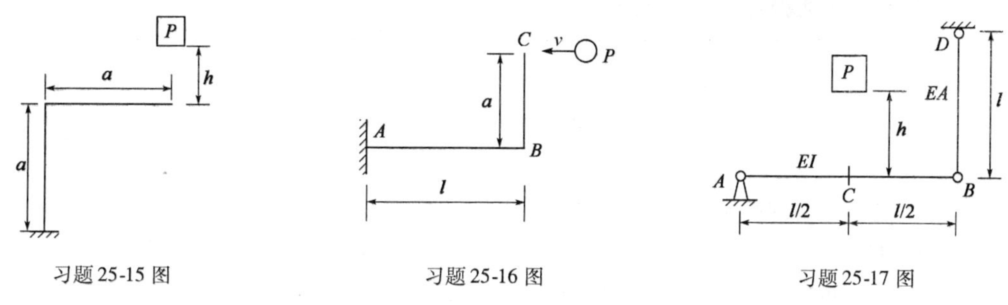

习题 25-15 图　　习题 25-16 图　　习题 25-17 图

第二十六章　交 变 应 力

本章要点

- 交变应力与疲劳失效的概念；
- 循环特征、应力幅和平均应力的概念；
- 材料的持久极限与 $S-N$ 曲线；
- 影响构件持久极限的主要因素；
- 构件的疲劳强度计算简介。

第一节　概　　述

在工程中，某些构件常常受到随时间作周期性变化的应力，称为交变应力或循环应力。例如，齿轮啮合时轮齿上的受力；气缸内的活塞往复推动连杆运动时，连杆内的应力；汽车通过斜拉桥时，斜拉索的受力等。交变应力随时间变化的历程称为应力谱，它可能是周期性的[图 26-1a)]，也可能是随机性的[图 26-1b)]。

在交变应力作用下，尽管构件所受应力小于材料的静强度极限，但结构工作一段时间，经受应力的多次重复后，构件将产生可见裂纹或完全断裂。而且，即使是由塑性材料制成的构件，断裂时往往也无显著的塑性变形，其断口呈脆性状态的破坏形式。我们把这种在交变应力作用下，构件产生可见裂纹或完全断裂的现象，称为疲劳破坏，简称疲劳。

疲劳破坏与静力破坏有本质的不同，疲劳破坏具有以下特点：

(1)疲劳破坏需经历多次应力循环后才会出现，破坏是一个损伤积累的过程。

(2)构件破坏时应力低于材料的静强度极限，甚至低于材料的屈服极限。

(3)在疲劳破坏的断口上，通常呈现两个区域：光滑区和粗糙区(图 26-2)。

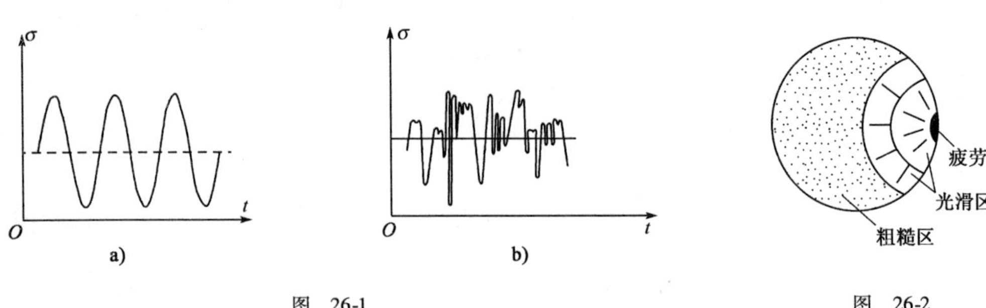

图　26-1　　　　图　26-2

这是由于当交变应力的大小超过一定限度并经历了足够多次的交替反复后，在构件内部应力最大或材质薄弱处，将产生细微裂缝(即所谓疲劳源)，这种裂纹随着应力循环次数增加而不断扩展，并逐渐形成为宏观裂纹。在扩展过程中，由于应力循环变化，裂纹的两个侧面时而分开时而压紧，不断反复，因而形成光滑区。至于粗糙区，则是最后由于构件突然发生脆性断裂而形成的。

(4)即使是塑性材料，在疲劳破坏前也没有显著的塑性变形，即表现为脆性断裂。

本章主要研究构件在交变应力作用下的强度计算，并介绍含裂纹构件的断裂力学行为。

第二节　循环特征、应力幅和平均应力

构件在交变应力下工作时，应力每重复变化一次，称为一个应力循环，重复变化的次数称为循环次数。应力变化的情况，可用应力随时间变化的曲线（$\sigma - t$ 曲线）来表示，最常见、最基本的交变应力为图 26-3 所示的恒幅交变应力。

在一个应力循环中，应力的极大值与极小值，分别称为最大应力（σ_{max}）与最小应力（σ_{min}）。最大应力与最小应力的代数平均值，称为平均应力，用 σ_m 表示，即

$$\sigma_m = \frac{\sigma_{max} + \sigma_{min}}{2} \tag{26-1}$$

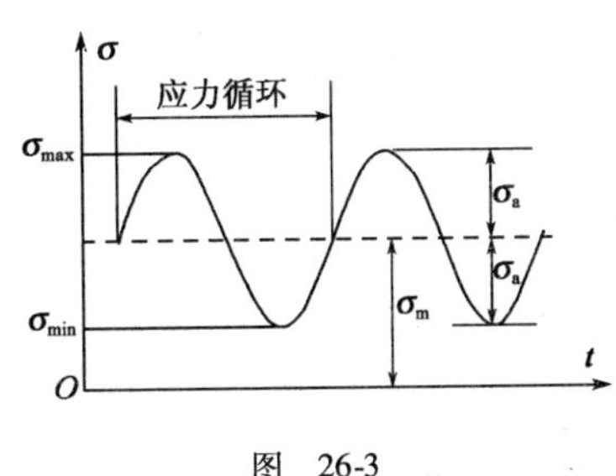

图　26-3

最大应力与最小应力的代数差的一半，称为应力幅，并用 σ_a 表示，即

$$\sigma_a = \frac{\sigma_{max} - \sigma_{min}}{2} \tag{26-2}$$

通常把最小应力与最大应力之比称为交变应力的应力比或循环特征，用 r 表示，即

$$r = \frac{\sigma_{min}}{\sigma_{max}} \tag{26-3}$$

循环特征 r 对材料的疲劳强度有直接影响。在交变应力中，如果 $\sigma_{max} = -\sigma_{min}$，如图 26-4a）所示，则称此应力循环为对称循环。对于对称循环，有

$$r = -1, \quad \sigma_m = 0, \quad \sigma_a = \sigma_{max}$$

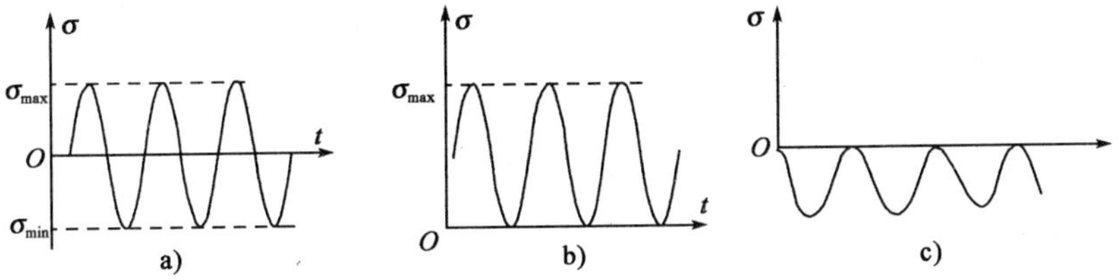

图　26-4

在交变应力中，如果 $\sigma_{min} = 0$（或 $\sigma_{max} = 0$）[图 26-4b）、c）]，则称为脉动循环，其应力比 $r = 0$（或 $r = -\infty$），$\sigma_a = \sigma_m = \frac{1}{2}\sigma_{max}$。如果为静应力，则有 $r = 1$，$\sigma_a = 0$，$\sigma_m = \sigma_{max} = \sigma_{min}$，静应力可视为交变应力的一种特殊情况。

除对称循环外，所有应力比 $r \neq -1$ 的交变应力，均属于非对称循环，如脉动循环。

需要说明的是，当构件承受交变切应力时，上述概念仍然适用，只需将正应力 σ 改为切应力 τ 即可。

第三节　材料的持久极限与 S-N 曲线

所谓持久极限是指经过无穷多次应力循环而不发生破坏时的最大应力值。它又称为疲劳极限。

为了确定材料的持久极限,需要用若干根材料和尺寸均相同的光滑小尺寸试样(直径为 6~10mm),在专用的疲劳试验机上进行试验测定。最常用的试验是旋转弯曲疲劳试验。试验装置示意图如图 26-5 所示。

试验时,将试样的一端安装在疲劳试验机的夹头内(图 26-5),并由电机带动而旋转,在试样的另一端,则通过轴承悬挂砝码,使试样处于弯曲受力状态。于是,试样每旋转一圈,其内任一点处的材料即经历一次对称循环的交变应力。试验一直进行到试样断裂为止。

试验中,由记数器记下试样断裂时所旋转的总圈数或所经历的应力循环次数 N,即试样的疲劳寿命。同时,根据试样的尺寸和砝码的重量,按弯曲正应力公式 $\sigma = M/W$ 计算试样横截面上的最大正应力。对同组试样挂上不同重量的砝码进行疲劳试验,将得到一组关于最大正应力 σ 和相应寿命 N 的数据。

以最大应力 σ 为纵坐标,疲劳寿命的对数值 $\lg N$ 为横坐标,根据上述数据绘出最大应力和疲劳寿命间的关系曲线,称为疲劳曲线或 S-N 曲线,如图 26-6 所示。应当注意到,应力比不同,S-N 曲线不同。对于应力比为 r 的情形,其持久极限用 σ_r 表示,对称循环下的持久极限为 σ_{-1}。

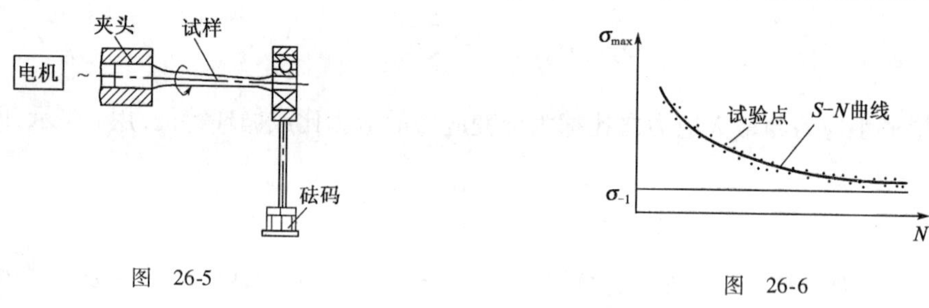

图　26-5　　　　图　26-6

一般而言,作用应力愈大,疲劳寿命愈短。对于寿命 N 小于 10^4(或 10^5)的疲劳问题,一般称为低周疲劳,反之称为高周疲劳。

S-N 曲线若有水平渐近线,则表示试样经历无穷多次应力循环而不发生破坏,渐近线的纵坐标所对应的应力即为材料的持久极限。例如,钢和铸铁等的 S-N 曲线均存在水平渐近线。但有色金属及其合金的 S-N 曲线一般不存在水平渐近线(图 26-7),对于这类材料,通常根据构件的使用要求,以某一指定寿命 N_0(通常取 $10^7 \sim 10^8$)所对应的应力作为这类材料的条件持久极限或名义持久极限。

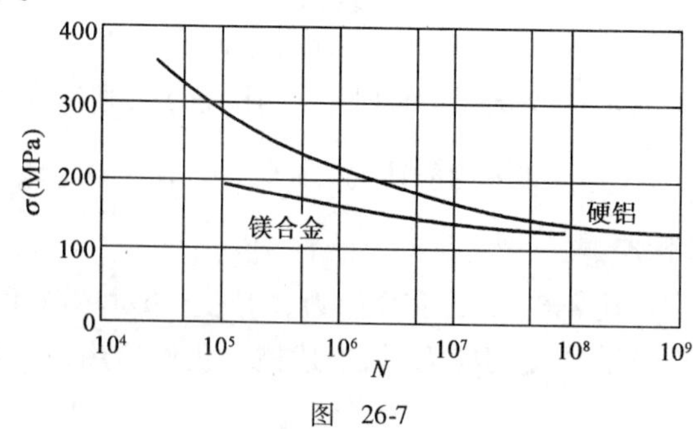

图　26-7

通常认为，钢材在弯曲时的持久极限为

$$\sigma_{-1} \approx (0.4 \sim 0.5)\sigma_b$$

对碳钢取接近下限，对合金钢取接近上限。

对于有色金属，持久极限则在较大的范围内变化

$$\sigma_{-1} \approx (0.25 \sim 0.5)\sigma_b$$

与弯曲试验相类似，我们还可以在交变应力条件下进行扭转试验。对于普通材料，有

$$\tau_{-1} \approx 0.66\sigma_{-1}$$

对于脆性材料(高合金钢，铸铁)

$$\tau_{-1} \approx 0.8\sigma_{-1}$$

但是，在应用上述关系以及所有与它们相似的关系时，必须十分谨慎。因为它们只是在一定的材料和一定的试验条件(弯曲、扭转)下取得的。

第四节　影响构件持久极限的主要因素

在本章第三节中讨论的材料的持久极限，是利用光滑小试样常温下试验测得的。试验结果表明，实际构件的持久极限与材料的持久极限不同，它不仅与材料的性能有关，还与构件的外形、尺寸、表面质量、工作环境等因素有关。

下面介绍影响构件持久极限的几种主要因素。

一、构件外形的影响

在构件截面形状和尺寸突变处(如凹角、孔、切槽)将引起应力集中。在应力集中的局部区域更易形成疲劳裂纹，使构件的持久极限显著降低。

关于应力集中的程度，在本书第十七章第二节中曾引入了理论应力集中因数

$$K_{t\sigma} = \frac{\sigma_{max}}{\sigma_m}$$

式中，σ_{max}是截面上的最大局部应力，σ_m 是不考虑应力集中效应时求得的截面上的应力，或称为名义应力。试验表明，理论应力集中因数不能充分地描述局部应力的变化特征，它只能表征应力状态一个分量的相对增大的程度。因此，在不同类型应力集中源的情况下，尽管理论应力集中因数完全一样，而其局部应力对疲劳强度的影响是不相同的，而且材料的性质(即所谓材料对局部应力的敏感性)将起更大的作用。

因此，为了区别于理论应力集中因数，将引入有效应力集中因数 K_σ(或 K_τ)的概念。在对称循环下，其有效应力集中因数用下列比值确定

$$K_\sigma = \frac{(\sigma_{-1})_d}{(\sigma_{-1})_k} \quad 或 \quad K_\tau = \frac{(\tau_{-1})_d}{(\tau_{-1})_k} \tag{26-4}$$

式中，$(\sigma_{-1})_d$ 和$(\tau_{-1})_d$ 为光滑试样的持久极限，而$(\sigma_{-1})_k$ 和$(\tau_{-1})_k$ 是与光滑试样横截面尺寸相同并有应力集中的试样的持久极限。

图 26-8、图 26-9 和图 26-10 分别给出了阶梯形圆截面钢轴在对称循环弯曲、扭转和拉压时的有效应力集中因数 K_σ 的曲线。

应该指出，上述曲线都是在 $D/d=2$，且 $d=30 \sim 50$mm 的条件下测得的。对于 $D/d<2$ 的情况，可采用式(26-5)进行修正。

$$
\left.\begin{aligned}
K_{\sigma} &= 1 + \xi[(K_{\sigma})_0 - 1] \\
K_{\tau} &= 1 + \xi[(K_{\tau})_0 - 1]
\end{aligned}\right\} \tag{26-5}
$$

式中，$(K_{\sigma})_0$ 和 $(K_{\tau})_0$ 是 $D/d=2$ 时的有效集中因数，ξ 是 $D/d<2$ 时的修正系数，绘于图26-11中。至于其他情况下的有效应力集中因数 $K_{\sigma}(K_{\tau})$，可在有关的设计手册中查到。

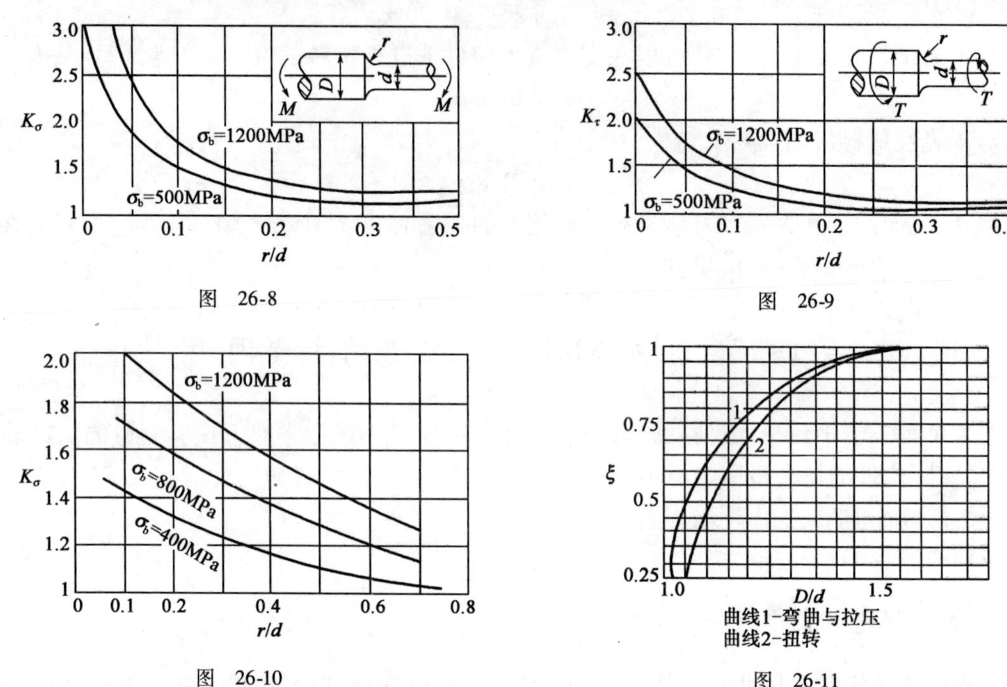

图 26-8

图 26-9

图 26-10

图 26-11

由图 26-8 ~ 图 26-10 可知，有效应力集中因数不但与构件的形状、尺寸有关，而且与强度极限 σ_b，亦即与材料的性质有关。有一些由理论应力集中因数估算出有效应力集中因数的经验公式，这里不再详细介绍。一般来说，静载抗拉强度越高，有效应力集中因数越大，即对应力集中越敏感。因此，对于在循环应力下工作的构件，尤其是用高强度材料制成的构件，设计时应尽量减小应力集中。

二、构件尺寸的影响

试验表明，在其他条件相同的情况下，构件的绝对尺寸不同，对持久极限的影响也不同。通常把随着构件尺寸的增加而使持久极限下降的现象，称为尺寸效应。构件的尺寸效应，通常用尺寸效应系数（或称尺寸因数）ε_{σ} 或 ε_{τ} 表示。它代表光滑大尺寸试样的持久极限 $(\sigma_{-1})_d$ 或 $(\tau_{-1})_d$ 与光滑小尺寸试样的持久极限 σ_{-1} 或 τ_{-1} 的比值，即

$$
\varepsilon_{\sigma} = \frac{(\sigma_{-1})_d}{\sigma_{-1}} \quad 或 \quad \varepsilon_{\tau} = \frac{(\tau_{-1})_d}{\tau_{-1}} \tag{26-6}
$$

图 26-12 中绘出了一部分表示尺寸因数的曲线。

三、构件表面质量的影响

大多数构件的疲劳破坏是从表面开始的。因此，表面质量对持久极限有显著的影响，并在很大程度上影响构件的寿命。为了表征表面质量对构件持久极限的影响，我们引入表面质量因数

$$\beta = \frac{(\sigma_{-1})_\beta}{\sigma_{-1}} \tag{26-7}$$

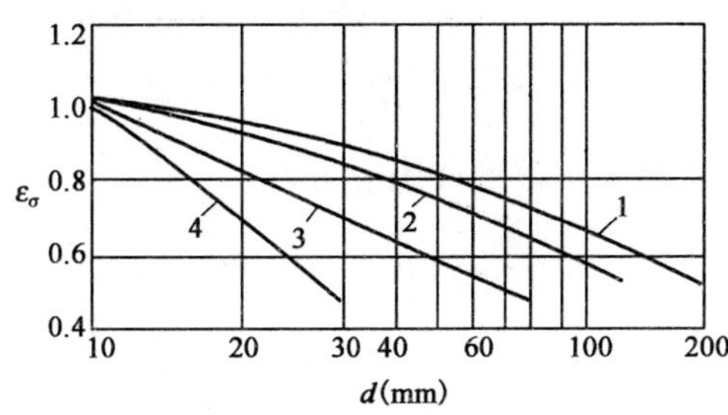

曲线1-由碳制成的、没有应力集中区的零件；
曲线2-由合金钢制成的、没有应力集中区的零件和由碳钢制成的有应力集中区的零件；
曲线3-由合金钢制成的、由应力集中区的零件；
曲线4-由任何钢材制成的、由显著应力集中区的零件(例如，有切槽型的应力集中区)。

图 26-12

式中，σ_{-1}为表面磨光试样的持久极限，$(\sigma_{-1})_\beta$为给定表面加工类别构件的持久极限。若$\beta<1$，说明当表面加工质量比表面磨光差时其持久极限将降低。图26-13中绘出了几条表面质量因数的曲线。

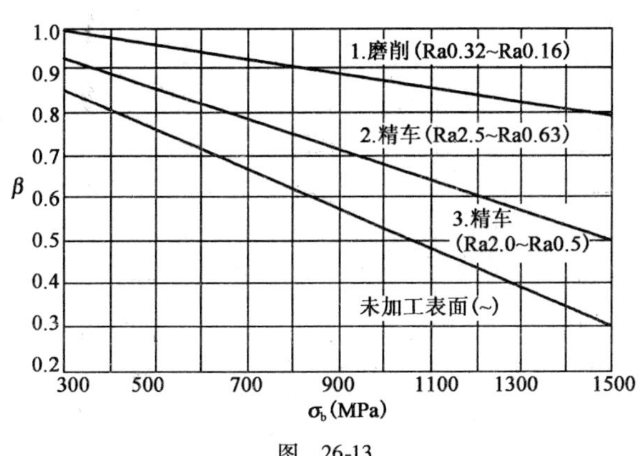

图 26-13

可以看出，表面加工质量愈低，持久极限降低愈多；材料的静强度愈高，加工质量对构件持久极限的影响愈显著。

所以，对于在交变应力下工作的重要构件，特别是在存在应力集中的部位，应当力求采用高质量的表面加工，而且愈是采用高强度材料，愈应讲究加工方法。

此外，提高构件表层材料的强度、改善表层的应力状况，例如渗碳、渗氮、高频淬火、表面滚压和喷丸等，都是提高构件疲劳强度的重要措施。

第五节　构件的疲劳强度计算简介

一、对称循环应力下构件的强度条件

由本章第四节可知，综合考虑应力集中、截面尺寸和表面质量等因素的影响后，在对称循环下，构件的持久极限应为

$$\sigma_{-1}^{0} = \frac{\varepsilon_{\sigma}\beta}{K_{\sigma}}\sigma_{-1} \tag{26-8}$$

式中，σ_{-1}是光滑小试样的持久极限。公式是对正应力写出的，若为扭转，则可写成

$$\tau_{-1}^{0} = \frac{\varepsilon_{\tau}\beta}{K_{\tau}}\tau_{-1} \tag{26-9}$$

若构件的规定安全因数为 n，则构件的许用应力为

$$[\sigma_{-1}] = \frac{\sigma_{-1}^{0}}{n} = \frac{\varepsilon_{\sigma}\beta}{nK_{\sigma}}\sigma_{-1} \tag{26-10}$$

或

$$[\tau_{-1}] = \frac{\tau_{-1}}{n} = \frac{\varepsilon_{\tau}\beta}{nK_{\tau}}\tau_{-1} \tag{26-11}$$

于是，构件的强度条件为

$$\sigma_{max} \leqslant [\sigma_{-1}] \quad 或 \quad \tau_{max} \leqslant [\tau_{-1}]$$

式中，σ_{max}或τ_{max}是构件内危险点的最大工作应力。

但在某些工程计算中，对于在交变应力下工作的构件进行强度校核时，常采用安全因数形式的强度条件，即

$$n_{\sigma} = \frac{\sigma_{-1}^{0}}{\sigma_{max}} = \frac{\sigma_{-1}}{\dfrac{K_{\sigma}}{\varepsilon_{\sigma}\beta}\sigma_{max}} \geqslant n \tag{26-12}$$

或

$$n_{\tau} = \frac{\tau_{-1}^{0}}{\tau_{max}} = \frac{\tau_{-1}}{\dfrac{K_{\tau}}{\varepsilon_{\tau}\beta}\tau_{max}} \geqslant n \tag{26-13}$$

二、非对称循环应力下构件的强度条件

根据理论分析结果，在应力比 r 保持一定的条件下，非对称循环应力下构件的疲劳强度条件为

$$n_{\sigma} = \frac{\sigma_{-1}}{\dfrac{K_{\sigma}}{\varepsilon_{\sigma}\beta}\sigma_{a} + \psi_{\sigma}\sigma_{m}} \geqslant n \tag{26-14}$$

或

$$n_{\tau} = \frac{\tau_{-1}}{\dfrac{K_{\tau}}{\varepsilon_{\tau}\beta}\tau_{a} + \psi_{\tau}\tau_{m}} \geqslant n \tag{26-15}$$

式(26-14)和式(26-15)中，σ_{m} 与 σ_{a}（或τ_{m} 与τ_{a}）分别代表构件内危险点处的平均应力和应力幅，K_{σ}，ε_{σ}（或 K_{τ}，ε_{τ}）与 β 分别代表对称循环下的有效应力集中因数、尺寸因数与表面质量因数，ψ_{σ} 与 ψ_{τ}代表材料对于应力循环非对称性的敏感因数，其值为

$$\psi_{\sigma} = \frac{2\sigma_{-1} - \sigma_{0}}{\sigma_{0}} \tag{26-16}$$

$$\psi_{\tau} = \frac{2\tau_{-1} - \tau_{0}}{\tau_{0}} \tag{26-17}$$

式中，σ_{0} 与τ_{0} 代表材料在脉动循环应力下的持久极限。ψ_{σ} 和 ψ_{τ}之值也可从有关手册中查到。

三、弯扭组合交变应力下构件的强度条件

在静荷载下，按照第三强度理论，构件在弯扭组合变形时的强度条件为

$$\sqrt{\sigma_{\max}^2 + 4\tau_{\max}^2} \leqslant \frac{\sigma_s}{n}$$

将上式两边平方后同除以 σ_s^2，并按照第三强度理论，$\tau_s = \sigma_s/2$，则可得到

$$\frac{1}{\left(\dfrac{\sigma_s}{\sigma_{\max}}\right)^2} + \frac{1}{\left(\dfrac{\tau_s}{\tau_{\max}}\right)^2} \leqslant \frac{1}{n^2}$$

在交变应力下，其极限应力为构件的持久极限 σ_{-1}^0 和 τ_{-1}^0，于是上式成为

$$\frac{1}{\left(\dfrac{\sigma_{-1}^0}{\sigma_{\max}}\right)^2} + \frac{1}{\left(\dfrac{\tau_{-1}^0}{\tau_{\max}}\right)^2} \leqslant \frac{1}{n^2}$$

式中，比值 $\dfrac{\sigma_{-1}^0}{\sigma_{\max}}$ 和 $\dfrac{\tau_{-1}^0}{\tau_{\max}}$ 分别代表交变应力下弯曲和扭转时的工作安全因数，可分别用 n_σ 和 n_τ 表示，则上式可写为

$$\frac{1}{n_\sigma^2} + \frac{1}{n_\tau^2} \leqslant \frac{1}{n^2}$$

或

$$\frac{n_\sigma n_\tau}{\sqrt{n_\sigma^2 + n_\tau^2}} \geqslant n$$

所以，构件在弯曲和扭转组合交变应力下的疲劳强度条件为

$$n_{\sigma\tau} = \frac{n_\sigma n_\tau}{\sqrt{n_\sigma^2 + n_\tau^2}} \geqslant n \qquad (26\text{-}18)$$

式中，$n_{\sigma\tau}$ 为构件在弯扭组合交变应力下的工作安全因数，n 为规定的疲劳安全因数，n_σ 和 n_τ 分别代表弯曲和扭转交变应力的工作安全因数，在非对称循环下，它们分别按式（26-14）和式（26-15）计算。

[例 26-1] 一阶梯圆轴，尺寸如图 26-14 所示，受纯弯曲对称交变应力作用，材料为精炼合金钢，其疲劳极限 $\sigma_{-1} = 450\text{MPa}$，强度极限 $\sigma_b = 1200\text{MPa}$，轴表面经精车加工。已知：$M = 400\text{N} \cdot \text{m}$，$n = 1.6$，$D = 48\text{mm}$，$d = 40\text{mm}$，$r = 2\text{mm}$。试校核疲劳强度。

解： 按式（26-12），强度条件为

$$n_\sigma = \frac{\sigma_{-1}}{\dfrac{K_\sigma}{\varepsilon_\sigma \beta}\sigma_{\max}} \geqslant n$$

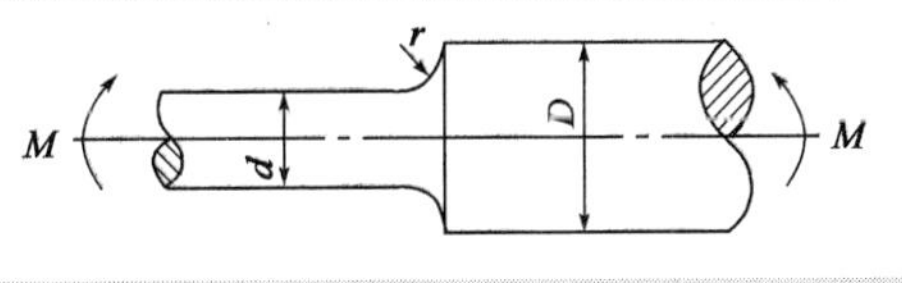

图 26-14

为此，先算出 $\sigma_{\max}$。根据弯曲应力公式，有

$$\sigma_{max} = \frac{M}{W}$$

式中,W按阶梯轴较细的一段计算,即 $W=\frac{\pi d^3}{32}$

将有关数据代入上式,得

$$\sigma_{max} = \frac{M}{W} = \frac{32M}{\pi d^3} = \frac{32 \times 400}{\pi \times 40^3 \times 10^{-9}} = 63.7 \times 10^6 \text{Pa} = 63.7\text{MPa}$$

然后查表求各系数。

由图26-8中对应于$\sigma_b = 1200\text{MPa}$的曲线,按$\frac{r}{d}=\frac{2}{40}=0.05$查得$K_\sigma=2.4$,但该曲线适用于$D/d=2$,而本例的$D/d=\frac{50}{40}=1.25$,所以还须按式(26-5)加以修正,即

$$K_\sigma = 1 + \xi[(K_\sigma)_0 - 1]$$

由图26-11的曲线1,按$D/d=1.25$查得$\xi=0.84$,代入上式,得

$$K_\sigma = 1 + 0.84 \times (2.4 - 1) = 2.18$$

由图26-12的曲线3可查得尺寸系数$\varepsilon_\sigma=0.63$。由图26-13的曲线2可查得表面质量系数$\beta=0.82$,将查得的各系数连同其他数据代入式(26-12),得

$$n_\sigma = \frac{\sigma_{-1}}{\frac{K_\sigma}{\varepsilon_\sigma \beta}\sigma_{max}} = \frac{450}{\frac{2.18}{0.63 \times 0.82} \times 63.7} = 1.647 > n$$

故该轴是安全的。

[**例26-2**]图26-15所示阶梯形钢轴,在危险截面$A-A$上,内力为同相位的对称循环交变弯矩和交变扭矩,其最大值分别为$M_{max}=1.5\text{kN}\cdot\text{m}$和$T_{max}=2.0\text{kN}\cdot\text{m}$,设规定的疲劳安全因数$n=1.5$,试校核轴的疲劳强度。已知轴径$D=60\text{mm}$,$d=50\text{mm}$,圆角半径$R=5\text{mm}$,强度极限$\sigma_b=1100\text{MPa}$,材料的弯曲持久极限$\sigma_{-1}=540\text{MPa}$,扭转持久极限$\tau_{-1}=310\text{MPa}$,轴表面经磨削加工。

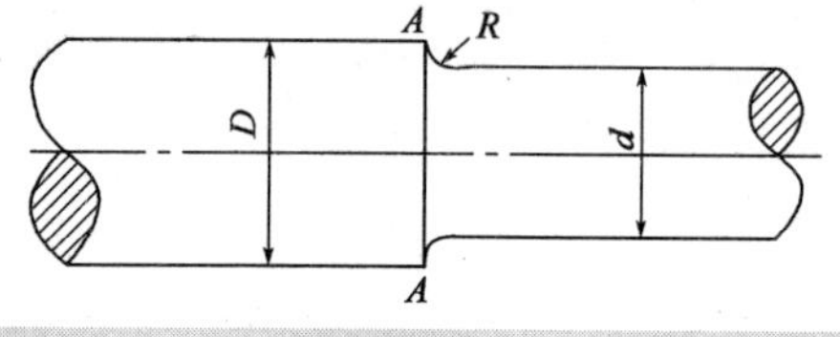

图 26-15

解:(1)计算工作应力

在对称循环的交变弯矩和交变扭矩作用下,截面$A-A$上的最大弯曲正应力和最大扭转切应力分别为

$$\sigma_{max} = \frac{32M}{\pi d^3} = \frac{32 \times 1.5 \times 10^3}{\pi \times 0.050^3} = 1.22 \times 10^8 \text{Pa}$$

$$\tau_{max} = \frac{16T}{\pi d^3} = \frac{16 \times 2.0 \times 10^3}{\pi \times 0.050^3} = 8.15 \times 10^7 \text{Pa}$$

(2)计算影响因数

根据$D/d=1.2$,$R/d=0.10$和$\sigma_b=1100\text{MPa}$,由图26-8、图26-9及图26-11得,有效应力集中因数为

$$K_\sigma = 1 + 0.80 \times (1.70 - 1) = 1.56$$

$$K_\tau = 1 + 0.74 \times (1.35 - 1) = 1.26$$

由图 26-12 和图 26-13，得尺寸因数和表面质量因数分别为

$$\varepsilon \approx 0.70, \qquad \beta = 1.0$$

(3)校核疲劳强度

将以上数据分别代入式(26-12)和式(26-13)，得

$$n_\sigma = \frac{\varepsilon_\sigma \beta \sigma_{-1}}{K_\sigma \sigma_{\max}} = \frac{0.70 \times 1.0 \times 540 \times 10^6}{1.56 \times 1.22 \times 10^8} = 1.99$$

$$n_\tau = \frac{\varepsilon_\tau \beta \tau_{-1}}{K_{\tau \max}} = \frac{0.70 \times 1.0 \times 310 \times 10^6}{1.26 \times 8.15 \times 10^7} = 2.11$$

代入式(26-18)，于是得截面 A—A 在弯扭组合交变应力下的工作安全因数为

$$n_{\sigma\tau} = \frac{n_\sigma n_\tau}{\sqrt{n_\sigma^2 + n_\tau^2}} = \frac{1.99 \times 2.11}{\sqrt{1.99^2 + 2.11^2}} = 1.45$$

$n_{\sigma\tau}$略小于 n，但其差值仍小于 n 值的 5%，所以，轴的疲劳强度符合要求。

思 考 题

26-1 材料在交变应力下破坏的原因是什么？它与静荷载作用下的破坏有何区别？

26-2 交变应力的最大应力与材料的持久极限有何异同？

26-3 什么叫持久极限？它是如何测定的？

26-4 材料的持久极限与构件的持久极限有何异同？

26-5 影响持久极限的主要因素是什么？提高构件疲劳强度的重要措施主要有哪些？

习 题

26-1 火车轮轴受力情况如图所示。$a = 500\text{mm}$，$l = 1435\text{mm}$，轮轴中段直径 $d = 15\text{cm}$。若 $F = 50\text{kN}$，试求轮轴中段截面边缘上任一点的最大应力 $\sigma_{\max}$、最小应力 $\sigma_{\min}$、循环特征 r，并作出 σ-t 曲线。

26-2 柴油发电机连杆大头螺钉在工作时受到的最大拉力 $F_{\max} = 58.3\text{kN}$，最小拉力 $F_{\min} = 55.8\text{kN}$。螺纹处内径 $d = 11.5\text{mm}$。试求其平均应力 σ_m、应力幅 σ_a、循环特征 r，并作出 σ-t 曲线。

26-3 某阀门弹簧如图所示。当阀门关闭时，最小工作荷载 $F_{\min} = 200\text{N}$；当阀门顶开时，最大工作荷载 $F_{\max} = 500\text{N}$。设簧丝的直径 $d = 5\text{mm}$，弹簧外径 $D_1 = 36\text{mm}$，试求其平均应力τ_m，应力幅τ_a、循环特征 r，并作出τ-t 曲线。

26-4 阶梯轴如图所示。材料为铬镍合金钢，$\sigma_b = 920\text{MPa}$，$\sigma_{-1} = 420\text{MPa}$，$\tau_{-1} = 250\text{MPa}$。轴的尺寸是：$d = 40\text{mm}$，$D = 50\text{mm}$，$r = 5\text{mm}$，求弯曲和扭转时的有效应力集中因数和尺寸因数。

26-5 如图所示，货车轮轴两端荷载 $F = 110\text{kN}$，材料为车轴钢，$\sigma_b = 500\text{MPa}$，$\sigma_{-1} = 240\text{MPa}$。规定安全因数 $n = 1.5$。试校核 I—I 和 II—II 截面的强度。

26-6 在 σ_m-σ_a 坐标系中，标出与图所示应力循环对应的点，并求出自原点出发并通过这些点的射线与 σ_m 轴的交角 α。

26-7 简化持久极限曲线时，若不采用折线 ACB，而采用连接 A，B 两点的直线来代替原来的曲线(见图)，试证明构件的工作安全因数为

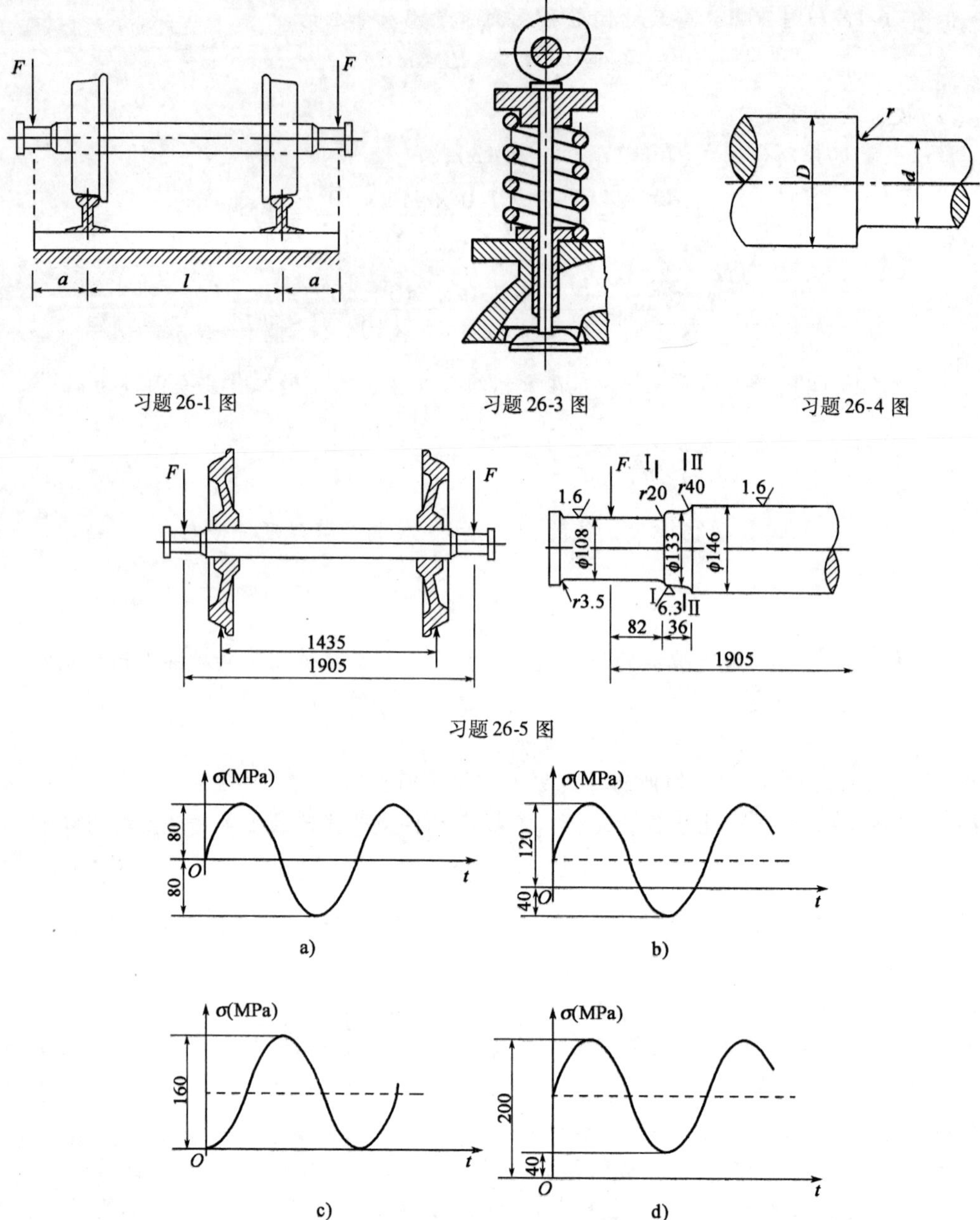

习题 26-1 图

习题 26-3 图

习题 26-4 图

习题 26-5 图

习题 26-6 图

$$n_{\sigma} = \frac{\sigma_{-1}}{\frac{K_{\sigma}}{\varepsilon_{\sigma}\beta}\sigma_{\sigma} + \psi_{\sigma}\sigma_{m}}$$

式中

$$\psi_{\sigma} = \frac{\sigma_{-1}}{\sigma_{b}}$$

26-8　如图所示，电动机轴直径 $d = 30\text{mm}$，轴上开有端铣加工的键槽。轴的材料是合金钢，$\sigma_b=750\text{MPa}$，$\tau_b=400\text{MPa}$，$\tau_s=260\text{MPa}$，$\tau_{-1}=190\text{MPa}$。轴在 $n=750\text{r/min}$ 的转速下传递功率 $P=14710\text{W}$(20 马力)。该轴时而工作，时而停止，但没有反向旋转。轴表面经磨削加工。若规定安全因数 $n=2$，$n_s=1.5$，试校核轴的强度。

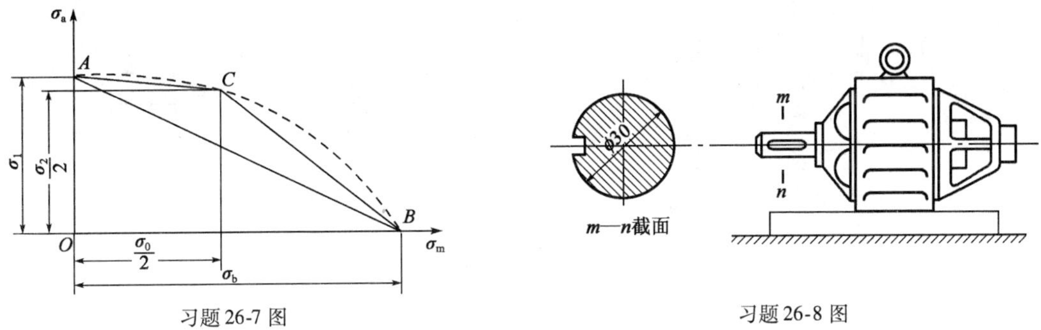

习题 26-7 图　　习题 26-8 图

26-9　如图所示，圆杆表面未经加工，且因径向圆孔而削弱。杆受由 $0\sim F_{max}$ 的交变轴向力作用。已知材料为普通碳钢，$\sigma_b=600\text{MPa}$，$\sigma_s=340\text{MPa}$，$\sigma_{-1}=200\text{MPa}$。取 $\psi_\sigma=0.1$，规定安全因数 $n=1.7$，$n_s=1.5$，试求最大荷载。

26-10　某发动机排气阀的密圈螺旋弹簧，其平均直径 $D=60\text{mm}$，圈数 $n=10$，簧丝直径 $d=6\text{mm}$。弹簧材料的 $\sigma_b=1300\text{MPa}$，$\tau_b=400\text{MPa}$，$\tau_s=500\text{MPa}$，$\tau_{-1}=300\text{MPa}$，$G=80\text{GPa}$。弹簧在预压缩量 $\lambda_1=40\text{mm}$ 和最大压缩量 $\lambda_{max}=90\text{mm}$ 范围内工作。若取 $\beta=1$，试求弹簧的工作安全因数。

26-11　如图所示，重物 Q 通过轴承对圆轴作用一垂直方向的力，$Q=10\text{kN}$，而轴在 $\pm30°$ 范围内往复摆动。已知材料的 $\sigma_b=600\text{MPa}$，$\sigma_{-1}=250\text{MPa}$，$\sigma_s=340\text{MPa}$，$\psi_\sigma=0.1$。试求危险截面上的点 1,2,3,4 的：(1) 应力变化的循环特征；(2) 工作安全因数。

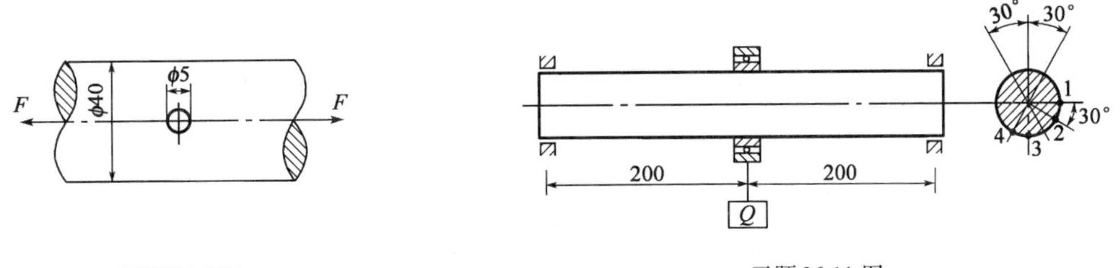

习题 26-9 图　　习题 26-11 图

26-12　卷扬机的阶梯轴的某段需要安装一滚珠轴承，因滚珠轴承内座圈上圆角半径很小，若装配时不用定距环[图 a)]则轴上的圆角半径应为 $r_1=1\text{mm}$，若增加一定距环[图 b)]，则轴上圆角半径可增加为 $r_2=5\text{mm}$。已知材料为 A5 钢，$\sigma_b=520\text{MPa}$，$\sigma_{-1}=220\text{MPa}$，$\beta=1$，规定安全因数 $n=1.7$。试比较轴在图 a)、图 b) 两种情况下，对称循环许可弯矩[M]。

26-13　如图所示，直径 $D=50\text{mm}$，$d=40\text{mm}$ 的阶梯轴，受交变弯矩和扭矩的联合作用。圆角半径 $r=2\text{mm}$。正应力从 50MPa 变到 −50MPa；切应力从 40MPa 变到 20MPa。轴的材料为碳钢，$\sigma_b=550\text{MPa}$，$\sigma_{-1}=220\text{MPa}$，$\tau_{-1}=120\text{MPa}$，$\sigma_s=300\text{MPa}$，$\tau_s=180\text{MPa}$。若取 $\psi_\sigma=0.1$，试求此轴的工作安全因数(设 $\beta=1$)。

26-14　如图所示，圆柱齿轮轴，左端由电动机输入功率 $N=29420\text{W}$(40 马力)，转速 $n=800\text{r/min}$。齿轮圆周力为 F_2，径向力 $F_1=0.36F_2$。轴上两个键槽均为端铣加工。安装齿轮处轴径 φ40，左边轴肩直径 φ45。轴的材料为 40Cr，$\sigma_b=900\text{MPa}$，$\sigma_{-1}=410\text{MPa}$，$\tau_{-1}=240\text{MPa}$。规定安全因数 $n=1.8$，试校核轴的疲劳强度。(提示：把扭转切应力作为脉动循环)

26-15　若材料持久极限曲线简化成如图所示折线 $EDKJ$，G 点代表构件危险点的交变应力，OG 的延长线恰与简化折线的线段 DK 相交，试求这一应力循环的工作安全因数。

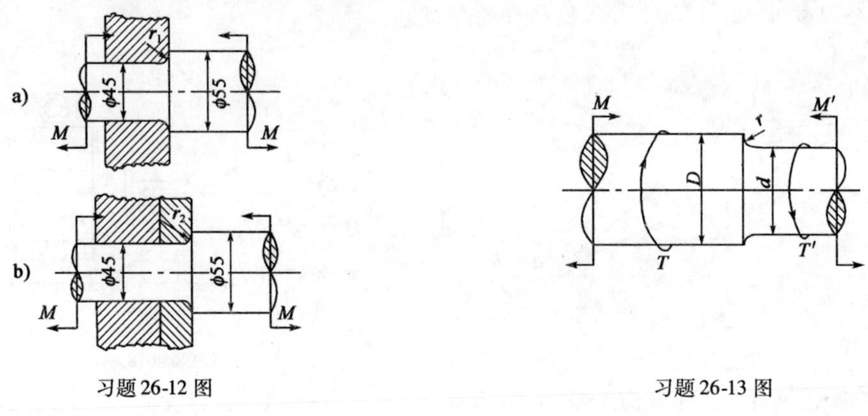

习题 26-12 图　　　　习题 26-13 图

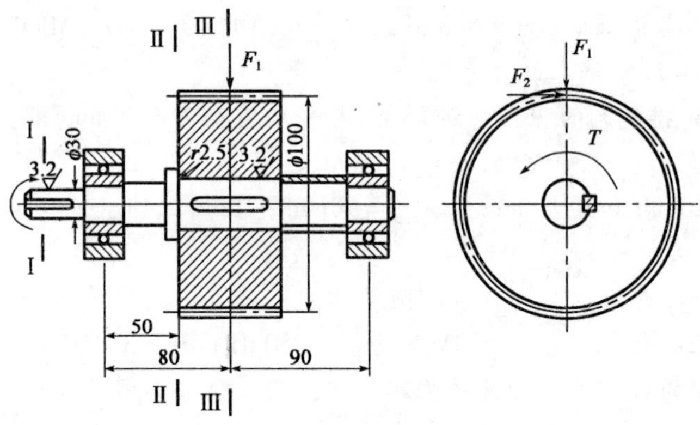

习题 26-14 图

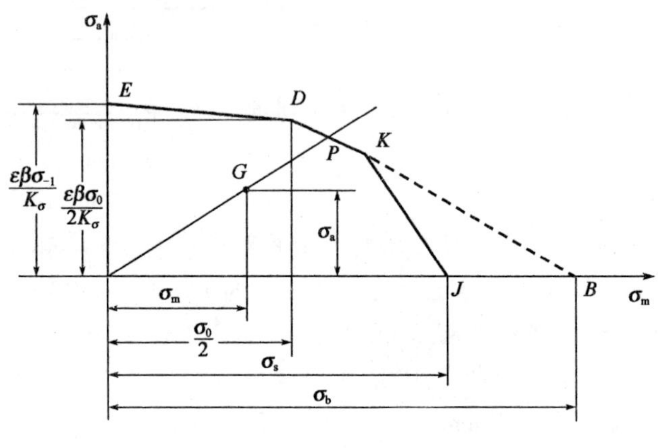

习题 26-15 图

附录一 型 钢 表

一、热轧等边角钢

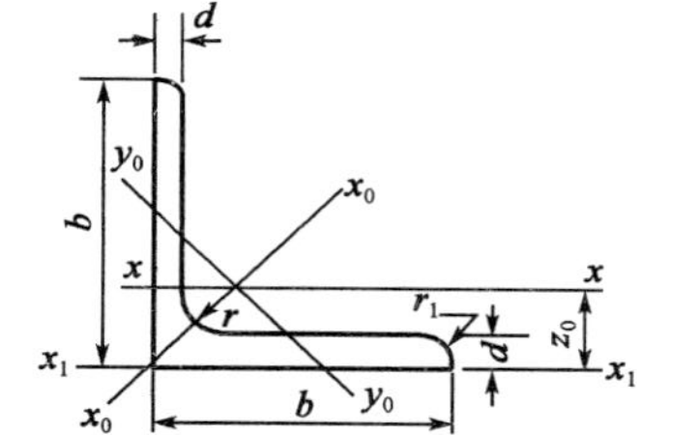

符号意义：

b —边宽度；　　I —惯性矩；

d —边厚度；　　i —惯性半径；

r —内圆弧半径；　　W—截面系数；

r_1—边端内圆弧半径；　　z_0—重心距离

角钢号数	尺寸 (mm)			截面面积 (cm^2)	理论质量 (kg/m)	外表面积 (m^2/m)	参考数值										z_0 (cm)
							x-x			x_0-x_0			y_0-y_0			x_1-x_1	
	b	d	r				I_x (cm^4)	i_x (cm)	W_x (cm^3)	I_{x_0} (cm^4)	i_{x_0} (cm)	W_{x_0} (cm^3)	I_{y_0} (cm^4)	i_{y_0} (cm)	W_{y_0} (cm^3)	I_{x_1} (cm^4)	
2	20	3	3.5	1.132	0.889	0.078	0.40	0.59	0.29	0.63	0.75	0.45	0.17	0.39	0.20	0.81	0.60
		4		1.459	1.145	0.077	0.50	0.58	0.36	0.78	0.73	0.55	0.22	0.38	0.24	1.09	0.64
2.5	25	3		1.432	1.124	0.098	0.82	0.76	0.46	1.29	0.95	0.73	0.34	0.49	0.33	1.57	0.73
		4		1.859	1.459	0.097	1.03	0.74	0.59	1.62	0.93	0.92	0.43	0.48	0.40	2.11	0.76
3.0	30	3	4.5	1.749	1.373	0.117	1.46	0.91	0.68	2.31	1.15	1.09	0.61	0.59	0.51	2.71	0.85
		4		2.276	1.786	0.117	1.84	0.90	0.87	2.92	1.13	1.37	0.77	0.58	0.62	3.63	0.89
3.6	36	3	4.5	2.109	1.656	0.141	2.58	1.11	0.99	4.09	1.39	1.61	1.07	0.71	0.76	4.68	1.00
		4		2.756	2.163	0.141	3.29	1.09	1.28	5.22	1.38	2.05	1.37	0.70	0.93	6.25	1.04
		5		3.382	2.654	0.141	3.95	1.08	1.56	6.24	1.36	2.45	1.65	0.70	1.09	7.84	1.07

续上表

角钢号数	尺寸 (mm)			截面面积 (cm^2)	理论质量 (kg/m)	外表面积 (m^2/m)	参考数值										参考数值	z_0 (cm)
							x-x			x_0-x_0			y_0-y_0			x_1-x_1		
	b	d	r				I_x (cm^4)	i_x (cm)	W_x (cm^3)	I_{x_0} (cm^4)	i_{x_0} (cm)	W_{x_0} (cm^3)	I_{y_0} (cm^4)	i_{y_0} (cm)	W_{y_0} (cm^3)	I_{x_1} (cm^4)		
4.0	40	3	5	2.359	1.852	0.157	3.59	1.23	1.23	5.69	1.55	2.01	1.49	0.79	0.96	6.41		1.09
		4		3.086	2.422	0.157	4.60	1.22	1.60	7.29	1.54	2.58	1.91	0.79	1.19	8.56		1.13
		5		3.791	2.976	0.156	5.53	1.21	1.96	8.76	1.52	3.01	2.30	0.78	1.39	10.74		1.17
4.5	45	3	5	2.659	2.088	0.177	5.17	1.40	1.58	8.20	1.76	2.58	2.14	0.90	1.24	9.12		1.22
		4		3.486	2.736	0.177	6.65	1.38	2.05	10.56	1.74	3.32	2.75	0.89	1.54	12.18		1.26
		5		4.292	3.369	0.176	8.04	1.37	2.51	12.74	1.72	4.00	3.33	0.88	1.81	15.25		1.30
		6		5.076	3.985	0.176	9.33	1.36	2.95	14.76	1.70	4.64	3.89	0.88	2.06	18.36		1.33
5	50	3	5.5	2.971	2.332	0.197	7.18	1.55	1.96	11.37	1.96	3.22	2.98	1.00	1.57	12.50		1.34
		4		3.897	3.059	0.197	9.26	1.54	2.56	14.70	1.94	4.16	3.82	0.99	1.96	16.60		1.38
		5		4.803	3.770	0.196	11.21	1.53	3.13	17.79	1.92	5.03	4.64	0.98	2.31	20.90		1.42
		6		5.688	4.465	0.196	13.05	1.52	3.68	20.68	1.91	5.85	5.42	0.98	2.63	25.14		1.46
5.6	56	3	6	3.343	2.624	0.221	10.19	1.75	2.48	16.14	2.20	4.08	4.24	1.13	2.02	17.56		1.48
		4		4.390	3.446	0.220	13.18	1.73	3.24	20.92	2.18	5.28	5.46	1.11	2.52	23.43		1.53
		5		5.415	4.251	0.220	16.02	1.72	3.97	25.42	2.17	6.42	6.61	1.10	2.98	29.33		1.57
		8		8.367	6.568	0.219	23.63	1.68	6.03	37.37	2.11	9.44	9.89	1.09	4.16	47.24		1.68
6.3	63	4	7	4.978	3.907	0.248	19.03	1.96	4.13	30.17	2.46	6.78	7.89	1.26	3.29	33.35		1.70
		5		6.143	4.822	0.248	23.17	1.94	5.08	36.77	2.45	8.25	9.57	1.25	3.90	41.73		1.74
		6		7.288	5.721	0.247	27.12	1.93	6.00	43.03	2.43	9.66	11.20	1.24	4.46	50.14		1.78
		8		9.515	7.469	0.247	34.46	1.90	7.75	54.56	2.40	12.25	14.33	1.23	5.47	67.11		1.85
		10		11.657	9.151	0.246	41.09	1.88	9.39	64.85	2.36	14.56	17.33	1.22	6.36	84.31		1.93

续上表

角钢号数	尺寸(mm)			截面面积 (cm^2)	理论质量 (kg/m)	外表面积 (m^2/m)	参考数值										z
							x-x			x_0-x_0			y_0-y_0			x_1-x_1	
	b	d	r				I_x (cm^4)	i_x (cm)	W_x (cm^3)	I_{x0} (cm^4)	i_{x0} (cm)	W_{x0} (cm^3)	I_{y0} (cm^4)	i_{y0} (cm)	W_{y0} (cm^3)	I_{x1} (cm^4)	z_0 (cm)
7	70	4	8	5.570	4.372	0.275	26.39	2.18	5.14	41.80	2.74	8.44	10.99	1.40	4.17	45.74	1.86
		5		6.875	5.397	0.275	32.21	2.16	6.32	51.08	2.73	10.32	13.34	1.39	4.95	57.21	1.91
		6		8.160	6.406	0.275	37.77	2.15	7.48	59.93	2.71	12.11	15.61	1.38	5.67	68.73	1.95
		7		9.424	7.398	0.275	43.09	2.14	8.59	68.35	2.69	13.81	17.82	1.38	6.34	80.29	1.99
		8		10.667	8.373	0.274	48.17	2.12	9.68	76.37	2.68	15.34	19.98	1.37	6.98	91.92	2.03
7.5	75	5	9	7.367	5.818	0.295	39.97	2.33	7.32	63.30	2.92	11.94	16.63	1.50	5.77	70.56	2.04
		6		8.797	6.905	0.294	46.95	2.31	8.64	74.38	2.90	14.02	19.51	1.49	6.67	84.55	2.07
		7		10.160	7.976	0.294	53.57	2.30	9.93	84.96	2.89	16.02	22.18	1.48	7.44	98.71	2.11
		8		11.503	9.030	0.294	59.96	2.28	11.20	95.07	2.88	17.93	24.86	1.47	8.19	112.97	2.15
		10		14.126	11.089	0.293	71.98	2.26	13.64	113.92	2.84	21.48	30.05	1.46	9.56	141.71	2.22
8	80	5	9	7.912	6.211	0.315	48.79	2.48	8.34	77.33	3.13	13.67	20.25	1.60	6.66	85.36	2.15
		6		9.397	7.376	0.314	57.35	2.47	9.87	90.89	3.11	16.08	23.72	1.59	7.65	102.50	2.19
		7		10.860	8.525	0.314	65.58	2.46	11.37	104.07	3.10	18.40	27.09	1.58	8.58	119.70	2.23
		8		12.303	9.658	0.314	73.49	2.44	12.83	116.60	3.08	20.61	30.39	1.57	9.46	136.97	2.27
		10		15.126	11.874	0.313	88.43	2.42	15.64	140.09	3.04	24.76	36.77	1.56	11.08	171.74	2.35
9	90	6	10	10.637	8.350	0.354	82.77	2.79	12.61	131.26	3.51	20.63	34.28	1.80	9.95	145.87	2.44
		7		12.301	9.656	0.354	94.83	2.78	14.54	150.47	3.50	23.64	39.18	1.78	11.19	170.30	2.48
		8		13.944	10.946	0.353	106.47	2.76	16.42	168.97	3.48	26.55	43.97	1.78	12.35	194.80	2.52
		10		17.167	13.476	0.353	128.58	2.74	20.07	203.90	3.45	32.04	53.26	1.76	14.52	244.07	2.59
		12		20.306	15.940	0.352	149.22	2.71	23.57	236.21	3.41	37.12	62.22	1.75	16.49	293.76	2.67

续上表

角钢号数	尺寸(mm)			截面面积(cm^2)	理论质量(kg/m)	外表面积(m^2/m)	参考数值										z_0(cm)
							x-x			x_0-x_0			y_0-y_0			x_1-x_1	
	b	d	r				I_x(cm^4)	i_x(cm)	W_x(cm^3)	I_{x_0}(cm^4)	i_{x_0}(cm)	W_{x_0}(cm^3)	I_{y_0}(cm^4)	i_{y_0}(cm)	W_{y_0}(cm^3)	I_{x_1}(cm^4)	
10	100	6	12	11.932	9.366	0.393	114.95	3.01	15.68	181.98	3.90	25.74	47.92	2.00	12.69	200.07	2.67
		7		13.796	10.830	0.393	131.86	3.09	18.10	208.97	3.89	29.55	54.74	1.99	14.26	233.54	2.71
		8		15.638	12.276	0.393	148.24	3.08	20.47	235.07	3.88	33.24	61.41	1.98	15.57	267.09	2.76
		10		19.261	15.120	0.392	179.51	3.05	25.06	284.68	3.84	40.26	74.35	1.96	18.54	344.48	2.84
		12		22.800	17.898	0.391	208.90	3.03	29.48	330.95	3.81	46.80	86.84	1.95	21.08	402.34	2.91
		14		26.256	20.611	0.391	236.53	3.00	33.73	374.06	3.77	52.90	99.00	1.94	23.44	470.75	2.99
		16		29.627	23.257	0.390	262.53	2.98	37.82	414.16	3.74	58.57	110.89	1.94	25.63	539.80	3.06
11	110	7	12	15.196	11.928	0.433	177.16	3.41	22.05	280.94	4.30	36.12	73.38	2.20	17.51	310.64	2.96
		8		17.238	13.532	0.433	199.46	3.40	24.95	316.49	4.28	40.69	82.42	2.19	19.39	355.20	3.01
		10		21.261	16.690	0.432	242.19	3.38	30.60	384.39	4.25	49.42	99.98	2.17	22.91	444.65	3.09
		12		25.200	19.782	0.431	282.55	3.35	36.05	448.17	4.22	57.62	116.93	2.15	26.15	534.60	3.16
		14		29.056	22.809	0.431	320.71	3.32	41.31	508.01	4.18	65.31	133.40	2.14	29.14	625.16	3.24
12.5	125	8	14	19.750	15.504	0.492	297.03	3.88	32.52	470.89	4.88	53.28	123.16	2.50	25.86	521.01	3.37
		10		24.373	19.133	0.491	361.67	3.85	39.97	573.89	4.85	64.93	149.46	2.48	30.62	651.93	3.45
		12		28.912	22.696	0.491	423.16	3.83	41.17	671.44	4.82	75.97	174.88	2.46	35.03	783.42	3.53
		14		33.367	26.193	0.490	481.65	3.80	54.16	763.73	4.78	86.41	199.57	2.45	39.13	915.61	3.61
14	140	10	14	27.373	21.488	0.551	514.65	4.34	50.58	817.27	5.46	82.56	212.04	2.78	39.20	915.11	3.82
		12		32.512	25.522	0.551	603.68	4.31	59.80	958.79	5.43	96.85	248.57	2.76	45.02	1099.28	3.90
		14		37.567	29.490	0.550	688.81	4.28	68.75	1093.56	5.40	110.47	284.06	2.75	50.45	1284.22	3.98
		16		42.539	33.393	0.549	770.24	4.26	77.46	1221.81	5.36	123.42	318.67	2.74	55.55	1470.07	4.06

续上表

角钢号数	尺寸(mm)			截面面积(cm^2)	理论质量(kg/m)	外表面积(m^2/m)	参考数值										z_0 (cm)
							x-x			x_0-x_0			y_0-y_0			x_1-x_1	
	b	d	r				I_x (cm^4)	i_x (cm)	W_x (cm^3)	I_{x_0} (cm^4)	i_{x_0} (cm)	W_{x_0} (cm^3)	I_{y_0} (cm^4)	i_{y_0} (cm)	W_{y_0} (cm^3)	I_{x_1} (cm^4)	
16	160	10	16	31.502	24.729	0.630	779.53	4.98	66.70	1 237.30	6.27	109.36	321.76	3.20	52.76	1 365.33	4.31
		12		37.441	29.391	0.630	916.58	4.95	78.98	1 455.68	6.24	128.67	377.49	3.18	60.74	1 639.57	4.39
		14		43.296	33.987	0.629	1 048.36	4.92	90.95	1 665.02	6.20	147.17	431.70	3.16	68.24	1 914.68	4.47
		16		49.067	38.518	0.629	1 175.08	4.89	102.63	1 865.57	6.17	164.89	484.59	3.14	75.31	2 190.82	4.55
18	180	12	16	42.241	33.159	0.710	1 321.35	5.59	100.82	2 100.10	7.05	165.00	542.61	3.58	78.41	2 332.80	4.89
		14		48.896	38.383	0.709	1 514.48	5.56	116.25	2 407.42	7.02	189.14	625.53	3.56	88.38	2 723.48	4.97
		16		55.467	43.542	0.709	1 700.99	5.54	131.13	2 703.37	6.98	212.40	698.60	3.55	97.83	3 115.29	5.05
		18		61.055	48.634	0.708	1 875.12	5.50	145.64	2 988.24	6.94	234.78	762.01	3.51	105.14	3 502.43	5.13
20	200	14	18	54.642	42.894	0.788	2 103.55	6.20	144.70	3 343.26	7.82	236.40	863.83	3.98	111.82	3 734.10	5.46
		16		62.013	48.680	0.788	2 366.15	6.18	163.65	3 760.89	7.79	265.93	971.41	3.96	123.96	4 270.39	5.54
		18		69.301	54.401	0.787	2 620.64	6.15	182.22	4 164.54	7.75	294.48	1 076.7	3.94	135.52	4 808.13	5.62
		20		76.505	60.056	0.787	2 867.30	6.12	200.42	4 554.55	7.72	322.06	1 180.0	3.93	146.55	5 347.51	5.69
		24		90.661	71.168	0.785	3 338.25	6.07	236.17	5 294.97	7.64	374.41	1 381.5	3.90	166.55	6 457.16	5.87

注：截面图中的 $r_1 = d/3$ 及表中 r 值的数据用于孔形设计，不作交货条件。

二、热轧不等边角钢

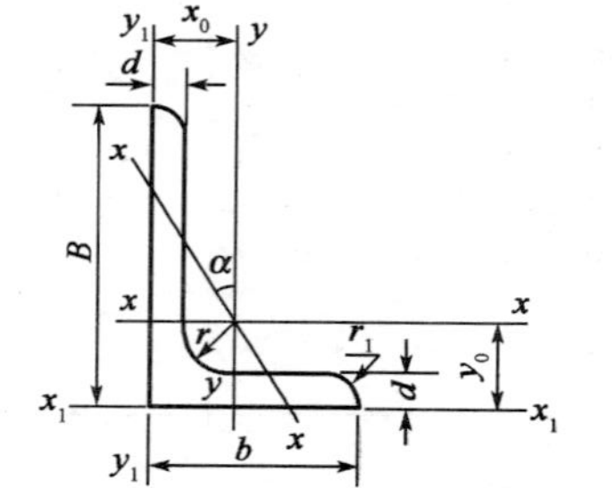

符号意义：

B—长边宽度；　　b—短边宽度；

d—边厚度；　　r—内圆弧半径；

r_1—边端内圆弧半径；　　I—惯性矩；

i—惯性半径；　　W—截面系数；

x_0—重心距离；　　y_0—重心距离

角钢号数	尺寸 (mm)				截面面积	理论质量	外表面积	参考数值														
								x-x			y-y			x_1-x_1		y_1-y_1		u-u				
	B	b	d	r	(cm²)	(kg/m)	(m²/m)	I_x (cm⁴)	i_x (cm)	W_x (cm³)	I_y (cm⁴)	i_y (cm)	W_y (cm³)	I_{x1} (cm⁴)	y_0 (cm)	I_{y1} (cm⁴)	x_0 (cm)	I_u (cm⁴)	i_u (cm)	W_u (cm³)	tanα
2.5/1.6	25	16	3	3.5	1.162	0.912	0.080	0.70	0.78	0.43	0.22	0.44	0.19	1.56	0.86	0.43	0.42	0.14	0.34	0.16	0.392
			4		1.499	1.176	0.079	0.88	0.77	0.55	0.27	0.43	0.24	2.09	0.90	0.59	0.46	0.17	0.34	0.20	0.381
3.2/2	32	20	3		1.492	1.171	0.102	1.53	1.01	0.72	0.46	0.55	0.30	3.27	1.08	0.82	0.49	0.28	0.43	0.25	0.382
			4		1.939	1.522	0.101	1.93	1.00	0.93	0.57	0.54	0.39	4.37	1.12	1.12	0.53	0.35	0.42	0.32	0.374
4/2.5	40	25	3	4	1.890	1.484	0.127	3.08	1.28	1.15	0.93	0.70	0.49	6.39	1.32	1.59	0.59	0.56	0.54	0.40	0.386
			4		2.467	1.936	0.127	3.93	1.26	1.49	1.18	0.69	0.63	8.53	1.37	2.14	0.63	0.71	0.54	0.52	0.381
4.5/2.8	45	28	3	5	2.149	1.687	0.143	4.45	1.44	1.47	1.34	0.79	0.62	9.10	1.47	2.23	0.64	0.80	0.61	0.51	0.383
			4		2.806	2.203	0.143	5.69	1.42	1.91	1.70	0.78	0.80	12.13	1.51	3.00	0.68	1.02	0.60	0.66	0.380
5/3.2	50	32	3	5.5	2.431	1.908	0.161	6.24	1.60	1.84	2.02	0.91	0.82	12.49	1.60	3.31	0.73	1.20	0.70	0.68	0.404
			4		3.177	2.494	0.160	8.02	1.59	2.39	2.58	0.90	1.06	16.65	1.65	4.45	0.77	1.53	0.69	0.87	0.402

角钢号数	尺寸(mm)				截面面积(cm^2)	理论质量(kg/m)	外表面积(m^2/m)	参考数值													
								x-x			y-y			x_1-x_1		y_1-y_1		u-u			
	B	b	d	r				I_x (cm^4)	i_x (cm)	W_x (cm^3)	I_y (cm^4)	i_y (cm)	W_y (cm^3)	I_{x1} (cm^4)	y_0 (cm)	Iy_1 (cm^4)	x_0 (cm)	I_u (cm^4)	i_u (cm)	W_u (cm^3)	tanα
5.6/3.6	56	36	3	6	2.743	2.153	0.181	8.88	1.80	2.32	2.92	1.03	1.05	17.54	1.78	4.70	0.80	1.73	0.79	0.87	0.408
			4		3.590	2.818	0.180	11.45	1.79	3.03	3.76	1.02	1.37	23.39	1.82	6.33	0.85	2.23	0.79	1.13	0.408
			5		4.415	3.466	0.180	13.86	1.77	3.71	4.49	1.01	1.65	29.25	1.87	7.94	0.88	2.67	0.78	1.36	0.404
6.3/4	63	40	4	7	4.058	3.185	0.202	16.49	2.02	3.87	5.23	1.14	1.70	33.30	2.04	8.63	0.92	3.12	0.88	1.40	0.398
			5		4.993	3.920	0.202	20.02	2.00	4.74	6.31	1.12	2.71	41.63	2.08	10.86	0.95	3.76	0.87	1.71	0.396
			6		5.908	4.638	0.201	23.36	1.96	5.59	7.29	1.11	2.43	49.98	2.12	13.12	0.99	4.34	0.86	1.99	0.393
			7		6.802	5.339	0.201	26.53	1.98	6.40	8.24	1.10	2.78	58.07	2.15	15.47	1.03	4.97	0.86	2.29	0.389
7/4.5	70	45	4	7.5	4.547	3.570	0.226	23.17	2.25	4.86	7.55	1.29	2.17	45.92	2.24	12.26	1.02	4.40	0.98	1.77	0.410
			5		5.609	4.403	0.225	27.95	2.23	5.92	9.13	1.28	2.65	57.10	2.28	15.39	1.06	5.40	0.98	2.19	0.407
			6		6.647	5.218	0.225	32.54	2.21	6.95	10.62	1.26	3.12	68.35	2.32	18.58	1.09	6.35	0.98	2.59	0.404
			7		7.657	6.011	0.225	37.22	2.20	8.03	12.01	1.25	3.57	79.99	2.36	21.84	1.13	7.16	0.97	2.94	0.402
7.5/5	75	50	5	8	6.125	4.808	0.245	34.86	2.39	6.83	12.61	1.44	3.30	70.00	2.40	21.04	1.17	7.41	1.10	2.74	0.435
			6		7.260	5.699	0.245	41.12	2.38	8.12	14.70	1.42	3.88	84.30	2.44	25.37	1.21	8.54	1.08	3.19	0.435
			8		9.467	7.431	0.244	52.39	2.35	10.52	18.53	1.40	4.99	112.50	2.52	34.23	1.29	10.87	1.07	4.10	0.429
			10		11.590	9.098	0.244	62.71	2.33	12.79	21.96	1.38	6.04	140.80	2.60	43.43	1.36	13.10	1.06	4.99	0.423
8/5	80	50	5	8	6.375	5.005	0.256	41.96	2.56	7.78	12.82	1.42	3.32	85.21	2.60	21.06	1.14	7.66	1.10	2.74	0.388
			6		7.560	5.935	0.255	49.49	2.56	9.25	14.95	1.41	3.91	102.53	2.65	25.41	1.18	8.85	1.08	3.20	0.387
			7		8.724	6.848	0.255	56.16	2.54	10.58	16.95	1.39	4.48	119.33	2.69	29.82	1.21	10.18	1.08	3.70	0.384
			8		9.867	7.745	0.254	62.83	2.52	11.92	18.85	1.38	5.03	136.41	2.73	34.32	1.25	11.38	1.07	4.16	0.381

续上表

角钢号数	尺寸 (mm)				截面面积 (cm^2)	理论质量 (kg/m)	外表面积 (m^2/m)	参考数值													
								x-x			y-y			x_1-x_1		y_1-y_1		u-u			
	B	b	d	r				I_x (cm^4)	i_x (cm)	W_x (cm^3)	I_y (cm^4)	i_y (cm)	W_y (cm^3)	I_{x1} (cm^4)	y_0 (cm)	I_{y1} (cm^4)	x_0 (cm)	I_u (cm^4)	i_u (cm)	W_u (cm^3)	$\tan\alpha$
9/5.6	90	56	5	9	7.212	5.661	0.287	60.45	2.90	9.92	18.32	1.59	4.21	121.32	2.91	29.53	1.25	10.98	1.23	3.49	0.385
			6		8.557	6.717	0.286	71.03	2.88	11.74	21.42	1.58	4.96	145.59	2.95	35.58	1.29	12.90	1.23	4.18	0.384
			7		9.880	7.756	0.286	81.01	2.86	13.49	24.36	1.57	5.70	169.66	3.00	41.71	1.33	14.67	1.22	4.72	0.382
			8		11.183	8.779	0.286	91.03	2.85	15.27	27.15	1.56	6.41	194.17	3.04	47.93	1.36	16.34	1.21	5.29	0.380
10/6.3	100	63	6	10	9.617	7.550	0.320	99.06	3.21	14.64	30.94	1.79	6.35	199.71	3.24	50.50	1.43	18.42	1.38	5.25	0.394
			7		11.111	8.722	0.320	113.45	3.29	16.88	35.26	1.78	7.29	233.00	3.28	59.14	1.47	21.00	1.38	6.02	0.393
			8		12.534	9.878	0.319	127.37	3.18	19.08	39.39	1.77	8.21	266.32	3.32	67.88	1.50	23.50	1.37	6.78	0.391
			10		15.467	12.142	0.319	153.81	3.15	23.32	47.12	1.74	9.98	333.06	3.40	85.73	1.58	28.33	1.35	8.24	0.387
10/8	100	80	6	10	10.637	8.350	0.354	107.04	3.17	15.19	61.24	2.40	10.16	199.83	2.95	102.68	1.97	31.65	1.72	8.37	0.627
			7		12.301	9.656	0.354	122.73	3.16	17.52	70.08	2.39	11.71	233.20	3.00	119.98	2.01	36.17	1.72	9.60	0.626
			8		13.944	10.946	0.353	137.92	3.14	19.81	78.58	2.37	13.21	266.61	3.04	137.37	2.05	40.58	1.71	10.80	0.625
			10		17.167	13.476	0.353	166.87	3.12	24.24	94.65	2.35	16.12	333.63	3.12	172.48	2.13	49.10	1.69	13.12	0.622
11/7	110	70	6	10	10.637	8.350	0.354	133.37	3.54	17.85	42.92	2.01	7.90	265.78	3.53	69.08	1.57	25.36	1.54	6.53	0.403
			7		12.301	9.656	0.354	153.00	3.53	20.60	49.01	2.00	9.09	310.07	3.57	80.82	1.61	28.95	1.53	7.50	0.402
			8		13.944	10.946	0.353	172.04	3.51	23.30	54.87	1.98	10.25	354.39	3.62	92.70	1.65	32.45	1.53	8.45	0.401
			10		17.167	13.476	0.353	208.39	3.48	28.54	65.88	1.96	12.48	443.13	3.70	116.83	1.72	39.20	1.51	10.29	0.397
12.5/8	125	80	7	11	14.096	11.066	0.403	277.98	4.02	26.86	74.42	2.30	12.01	454.99	4.01	120.32	1.80	43.81	1.76	9.92	0.408
			8		15.989	12.551	0.403	256.77	4.01	30.41	83.49	2.28	13.56	519.99	4.06	137.85	1.84	49.15	1.75	11.18	0.407
			10		19.712	15.474	0.402	312.04	3.98	37.33	100.67	2.26	16.56	650.09	4.14	173.40	1.92	59.45	1.74	13.64	0.404
			12		23.351	18.330	0.402	364.41	3.95	44.01	116.67	2.24	19.43	780.39	4.22	209.67	2.00	69.35	1.72	16.01	0.400

续上表

角钢号数	尺寸(mm)				截面面积 (cm²)	理论质量 (kg/m)	外表面积 (m²/m)	参考数值													
								x-x			y-y			x_1-x_1		y_1-y_1		u-u			
	B	b	d	r				I_x (cm^4)	i_x (cm)	W_x (cm^3)	I_y (cm^4)	i_y (cm)	W_y (cm^3)	I_{x1} (cm^4)	y_0 (cm)	Iy_1 (cm^4)	x_0 (cm)	I_u (cm^4)	i_u (cm)	W_u (cm^3)	$\tan\alpha$
14/9	140	90	8	12	18.038	14.160	0.453	365.64	4.50	38.48	120.69	2.59	17.34	730.53	4.50	195.79	2.04	70.83	1.98	14.31	0.411
			10		22.261	17.475	0.452	445.50	4.47	47.31	146.03	2.56	21.22	913.20	4.58	245.92	2.12	85.82	1.96	17.48	0.409
			12		26.400	20.724	0.451	521.59	4.44	55.87	169.79	2.54	24.95	1096.09	4.66	296.89	2.19	100.21	1.95	20.54	0.406
			14		30.456	23.908	0.451	594.10	4.42	64.18	192.10	2.51	28.54	1279.26	4.74	348.82	2.27	114.13	1.94	23.52	0.403
16/10	160	100	10	13	25.315	19.872	0.512	668.69	5.14	62.13	205.03	2.85	26.56	1362.89	5.24	336.59	2.28	121.74	2.19	21.92	0.390
			12		30.054	23.592	0.511	784.91	5.11	73.49	239.06	2.82	31.28	1635.56	5.32	405.94	2.36	142.3	2.17	25.79	0.388
			14		34.709	27.247	0.510	896.30	5.08	84.56	271.20	2.80	35.83	1908.50	5.40	476.42	2.43	162.2	2.16	29.56	0.385
			16		39.281	30.835	0.510	1003.04	5.05	95.33	301.60	2.77	40.24	2181.79	5.48	548.22	2.51	182.6	2.16	33.44	0.382
18/11	180	110	10	14	28.373	22.273	0.571	956.25	5.80	78.96	278.11	3.13	32.49	1940.40	5.89	447.22	2.44	166.5	2.42	26.88	0.376
			12		33.712	26.440	0.571	1124.72	5.78	93.53	325.03	3.10	38.32	2328.38	5.98	538.94	2.52	194.9	2.40	31.66	0.374
			14		38.967	30.589	0.570	1286.91	5.75	107.76	369.55	3.08	43.97	2716.60	6.06	631.95	2.59	222.3	2.39	36.32	0.372
			16		44.139	34.649	0.569	1443.06	5.72	121.64	411.85	3.06	49.44	3105.15	6.14	726.46	2.67	248.9	2.38	40.87	0.369
20/12.5	200	125	12		37.912	29.761	0.641	1570.90	6.44	116.73	483.16	3.57	49.99	3193.85	6.54	787.74	2.83	285.8	2.74	41.23	0.392
			14		43.687	34.436	0.640	1800.97	6.41	134.65	550.83	3.54	57.44	3726.17	6.62	922.47	2.91	326.6	2.73	47.34	0.390
			16		49.739	39.045	0.639	2023.35	6.38	152.18	615.41	3.52	64.69	4258.86	6.70	1058.86	2.99	366.2	2.71	53.32	0.388
			18		55.526	43.588	0.639	2238.30	6.35	169.32	677.19	3.49	71.74	4792.00	6.78	1197.13	3.06	404.8	2.70	59.18	0.385

注：截面图中的 $r_1 = d/3$ 及表中 r 的数据用于孔型设计，不作交货条件。

三、热轧普通工字钢

符号意义：

h —高度；　　r_1—腿端圆弧半径；

b —腿宽；　　I—惯性矩；

d —腰厚；　　W—截面系数；

t —平均腿厚；　　i—惯性半径；

r —内圆弧半径；　　S—半截面的面积矩

型号	尺寸 (mm)						截面面积 (cm^2)	理论质量 (kg/m)	参考数值						
									x-x				y-y		
	h	b	d	t	r	r_1			I_x (cm^4)	W_x (cm^3)	i_x (cm)	I_x/S_x (cm)	I_y (cm^4)	W_y (cm^3)	i_y (cm)
10	100	68	4.5	7.6	6.5	3.3	14.3	11.2	245	49	4.14	8.59	33	9.72	1.52
12.6	126	74	5	8.4	7	3.5	18.1	14.2	488.43	77.529	5.195	10.85	46.906	12.677	1.609
14	140	80	5.5	9.1	7.5	3.8	21.5	16.9	712	102	5.76	12	64.4	16.1	1.73
16	160	88	6	9.9	8	4	26.1	20.5	1130	141	6.58	13.8	93.1	21.1	1.89
18	180	94	6.5	10.7	8.5	4.3	30.6	24.1	1660	185	7.36	15.4	122	26	2
20a	200	100	7	11.4	9	4.5	35.5	27.9	2370	237	8.15	17.2	158	31.5	2.12
20b	200	102	9	11.4	9	4.5	39.5	31.1	2500	250	7.96	16.9	169	33.1	2.06
22a	220	110	7.5	12.3	9.5	4.8	42	33	34000	309	8.99	18.9	225	40.9	2.31
22b	220	112	9.5	12.3	9.5	4.8	46.4	36.4	3570	325	8.78	18.7	239	42.7	2.27
25a	250	116	8	13	10	5	48.5	38.1	5023.54	401.88	10.18	21.58	280.046	48.283	2.403
25b	250	118	10	13	10	5	53.5	42	5283.96	422.72	9.938	21.27	309.297	52.423	2.404
28a	280	122	8.5	13.7	10.5	5.3	55.45	43.4	7114.14	508.15	11.32	24.62	345.051	56.565	2.495
28b	280	124	10.5	12.7	10.5	5.3	61.05	47.9	7480	534.29	11.08	24.24	379.496	61.209	2.493

续上表

型号	尺寸 (mm)						截面面积 (cm^2)	理论质量 (kg/m)	参考数值						
									x-x						y-y
	h	b	d	t	r	r_1			I_x (cm^4)	W_x (cm^3)	i_x (cm)	I_x/S_x (cm)	I_y (cm^4)	W_y (cm^3)	i_y (cm)
32a	320	130	9.5	15	11.5	5.8	67.05	52.7	11075.5	692.2	12.84	27.46	459.93	70.758	2.619
32b	320	132	11.5	15	11.5	5.8	73.45	57.7	11621.4	726.33	12.58	27.09	501.53	75.989	2.614
32c	320	134	13.5	15	11.5	5.8	79.95	62.8	12167.5	760.47	12.34	26.77	543.81	81.166	2.608
36a	360	136	10	15.8	12	6	76.3	59.9	15760	875	14.4	30.7	552	81.2	2.69
36b	360	138	12	15.8	12	6	83.5	65.6	16530	919	14.1	30.3	582	84.3	2.64
36c	360	140	14	15.8	12	6	90.7	71.2	17310	962	13.8	29.9	612	87.4	2.6
40a	400	142	10.5	16.5	12.5	6.3	86.1	67.6	21720	1090	15.9	34.1	660	93.2	2.77
40b	400	144	12.5	16.5	12.5	6.3	94.1	73.8	22780	1140	15.6	33.6	692	96.2	2.71
40c	400	146	14.5	16.5	12.5	6.3	102	80.1	23850	1190	15.2	33.2	727	99.6	2.65
45a	450	150	11.5	18	13.5	6.8	102	80.4	32240	1430	17.7	38.6	855	114	2.89
45b	450	152	13.5	18	13.5	6.8	111	87.4	33760	1500	17.4	38	894	118	2.84
45c	450	154	15.5	18	13.5	6.8	120	94.5	35280	1570	17.1	37.6	938	122	2.79
50a	500	158	12	20	14	7	119	93.6	46470	1860	19.7	42.8	1120	142	3.07
50b	500	160	14	20	14	7	129	101	48560	1940	19.4	42.4	1170	146	3.01
50c	500	162	16	20	14	7	139	109	50640	2080	19	41.8	1220	151	2.96
56a	560	166	12.5	21	14.5	7.3	135.25	106.2	65585.6	2342.31	22.02	47.73	1370.16	165.08	3.182
56b	560	168	14.5	21	14.5	7.3	146.45	115	68512.5	2446.69	21.63	47.17	1486.75	174.25	3.162
56c	560	170	16.5	21	14.5	7.3	157.85	123.9	71439.4	2551.41	21.27	46.66	1558.39	183.34	3.158
63a	630	176	13	22	15	7.5	154.9	121.6	93916.2	2981.47	24.62	54.17	1700.55	193.24	3.314
63b	630	178	15	22	15	7.5	167.5	131.5	98083.6	3163.38	24.2	53.51	1812.07	203.6	3.289
63c	630	180	17	22	15	7.5	180.1	141	102251.1	3298.42	23.82	52.92	1924.91	213.88	3.268

注：截面图和表中标注的圆弧半径 r,r_1 的数据用于孔型设计，不作交货条件。

四、热轧普通槽钢

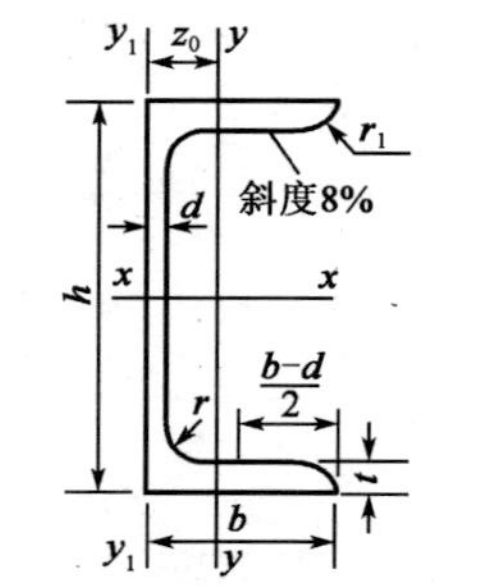

符号意义：

h —高度； r_1—腿端圆弧半径；

b —腿宽； I—惯性矩；

d —腰厚； W—截面系数；

t —平均腿厚； i—惯性半径；

r —内圆弧半径； z_0—y-y 与 y_0-y_0 轴线间距离

型号	尺寸(mm)						截面面积	理论质量	参考数值							
									$x-x$			$y-y$			y_0-y_0	
	h	b	d	t	r	r_1	(cm^2)	(kg/m)	W_x (cm^3)	I_x (cm^4)	i_x (cm)	W_y (cm^3)	I_y (cm^4)	i_y (cm)	i_{y_0} (cm^4)	z_0 (cm)
5	50	37	4.5	7	7	3.5	6.93	5.44	10.4	26	194	3.55	8.3	1.1	20.9	1.35
6.3	63	40	4.8	7.5	7.5	3.75	8.444	6.63	16.123	50.186	2.453	4.5	11.872	1.186	28.38	1.36
8	80	43	5	8	8	4	10.24	8.04	25.3	101.3	3.15	5.79	16.6	1.27	37.4	1.43
10	100	48	5.3	8.5	8.5	4.25	12.74	10	39.7	198.3	3.95	7.8	25.6	1.41	54.9	1.52
12.6	126	53	5.5	9	9	4.5	15.69	12.37	62.137	391.466	4.953	10.242	37.99	1.567	77.09	1.59
14a	140	58	6	9.5	9.5	4.75	18.51	14.53	80.5	563.7	5.52	13.01	53.2	1.7	107.1	1.71
14b	140	60	8	9.5	9.5	4.75	21.31	16.73	87.1	609.4	5.35	14.12	61.1	1.69	120.6	1.67
16a	160	63	6.5	10	10	5	21.95	17.23	108.3	866.2	6.28	16.3	73.3	1.83	144.1	1.8
16b	160	65	8.5	10	10	5	25.15	19.74	116.8	934.5	6.1	17.55	83.4	1.82	160.8	1.75
18a	180	68	7	10.5	10.5	5.25	25.69	20.17	141.4	1272.7	7.04	20.03	98.6	1.96	189.7	1.88
18b	180	70	9	10.5	10.5	5.25	29.29	22.99	152.2	1369.9	6.84	21.52	111	1.95	210.1	1.84

续上表

型号	尺寸 (mm)						截面面积 (cm^2)	理论质量 (kg/m)	参考数值							
									$x-x$			$y-y$			y_0-y_0	
	h	b	d	t	r	r_1			W_x (cm^3)	I_x (cm^4)	i_x (cm)	W_y (cm^3)	I_y (cm^4)	i_y (cm)	i_{y_0} (cm^4)	z_0 (cm)
20a	200	73	7	11	11	5.5	28.83	22.63	178	1780.4	7.86	24.2	128	2.11	244	2.01
20b	200	75	9	11	11	5.5	32.83	25.77	191.4	1913.7	7.64	25.88	143.6	2.09	268.4	1.95
22a	220	77	7	11.5	11.5	5.75	31.84	24.99	217.6	2393.9	8.67	28.17	157.8	2.23	298.2	2.1
22	220	79	9	11.5	11.5	5.75	36.24	28.45	233.8	2571.4	8.42	30.05	176.4	2.21	326.3	2.03
25a	250	78	7	12	12	6	34.91	27.47	269.597	3369.62	9.823	30.607	175.529	2.243	322.256	2.065
25b	250	80	9	12	12	6	39.91	31.39	282.402	3530.04	9.405	32.657	196.421	2.218	353.187	1.982
25c	250	82	11	12	12	6	44.91	35.32	295.236	3690.45	9.065	35.926	218.415	2.206	384.133	1.921
28a	280	82	7.5	12.5	12.5	6.25	40.02	31.42	340.328	4764.59	10.91	35.718	217.989	2.333	387.566	2.097
28b	280	84	9.5	12.5	12.5	6.25	45.62	35.81	366.46	5130.45	10.6	37.929	242.144	2.304	427.589	2.016
28c	280	86	11.5	12.5	12.5	6.25	51.22	40.21	392.594	5496.32	10.35	40.301	267.602	2.286	426.597	1.951
32a	320	88	8	14	14	7	48.7	38.22	474.879	7598.06	12.49	46.473	304.787	2.502	552.31	2.242
32b	320	90	10	14	14	7	55.1	43.25	509.012	8144.2	12.15	49.157	336.332	2.471	592.933	2.158
32c	320	92	12	14	14	7	61.5	48.28	543.145	8690.33	11.88	52.642	374.175	2.467	643.299	2.092
36a	360	96	9	16	16	8	60.89	47.8	659.7	11874.2	13.97	63.54	455	2.73	818.4	2.44
36b	360	98	11	16	16	8	68.09	53.45	702.9	12651.8	13.63	66.85	496.7	2.7	880.4	2.37
36c	360	100	13	16	16	8	75.29	50.1	746.1	13429.4	13.36	70.02	536.4	2.67	947.9	2.34
40a	400	100	10.5	18	18	9	75.05	58.91	878.9	17577.9	15.30	78.83	592	2.81	1067.7	2.49
40b	400	102	12.5	18	18	9	83.05	65.19	932.2	18644.5	14.98	82.52	640	2.78	1135.6	2.44
40c	400	104	14.5	18	18	9	91.05	71.47	985.6	19711.2	14.71	86.19	687.8	2.75	1220.7	2.42

注：截面图和表中标注的圆弧半径 r, r_1 的数据用于孔型设计，不作交货条件。

附录二　习题参考答案

第　一　章

略

第　二　章

2-1　$\boldsymbol{F}=4(12\boldsymbol{i}-16\boldsymbol{j}+15\boldsymbol{k})$

2-2　$M_A(\boldsymbol{F})=Fl\sin\alpha$

2-3　$M_x(\boldsymbol{F})=-F(a+c)\cos\alpha, M_y(\boldsymbol{F})=-Fb\cos\alpha, M_z(\boldsymbol{F})=-F(a+c)\sin\alpha$

2-4　$M_A(\boldsymbol{P})=6\text{N}\cdot\text{m}$；当 $\varphi=36°$ 时，$M_A(\boldsymbol{P})=0$

2-5　$M_y(\boldsymbol{F})=-3030\text{N}\cdot\text{cm}$

2-6　$M_x=-(10\sqrt{2}+12)r; M_y=\left(\frac{5}{2}\sqrt{2}-18\right)r; M_z=\left(\frac{5}{2}\sqrt{2}+4\right)r$

2-7　$M_A(\boldsymbol{F})=F\sqrt{a^2+b^2}$

2-8　合力偶，$M=18.2\text{N}\cdot\text{m}$

2-9　(1) $F'_\text{R}=0, M_O=3Fl$；(2) $F'_\text{R}=0, M_D=3Fl$

2-10　$F'_\text{R}=466.5\text{N}, M_O=21.44\text{N}\cdot\text{m}; F_\text{R}=466.5\text{N}, d=45.96\text{mm}$

2-11　$F_\text{R}=81.21\text{N}, \theta=62.2°, d=0.53\text{cm}$

2-12　力偶，$M=Fa\sqrt{19}, \cos(M,i)=\cos(M,k)=-\frac{3}{\sqrt{19}}, \cos(M,j)-\frac{1}{\sqrt{19}}$

2-13　$F'_{\text{R}x}=-345.4\text{N}, F'_{\text{R}y}=249.6\text{N}, F'_{\text{R}z}=10.56\text{N}, M_x=-51.78\text{N}\cdot\text{m}$;
$M_y=-36.65\text{N}\cdot\text{m}; M_z=103.6\text{N}\cdot\text{m}$

2-14　$F_\text{R}=20\text{N}$，沿 z 轴正向，作用线位置由 $x_C=60\text{mm}, y_C=32.5\text{mm}$ 确定

2-15　力螺旋，$F_\text{R}=200\ \text{N}$，平行于 z 轴向下，$M=200\text{N}\cdot\text{m}$

第　三　章

3-1　(a) $F_{\text{R}A}=3.75\text{kN}, F_{\text{N}B}=-0.25\text{kN}$；(b) $F_{Ax}=0, F_{Ay}=17\text{kN}, M_A=43\text{kN}\cdot\text{m}$

3-2　$F_A=-48.33\text{kN}, F_B=100\text{kN}, F_D=8.333\text{kN}$

3-3　$F_A=-15\text{kN}, F_B=40\text{kN}, F_C=5\text{kN}, F_D=15\text{kN}$

3-4　$Q=0.5P\sin\beta, F_{\text{N}A}=0.5P, F_{\text{N}B}=0.5P\cos\beta$

3-5　$M_1=3\text{N}\cdot\text{m}$，逆时针方向；$F_{AB}=5\text{N}$

3-6　$0<x<1.25, \frac{825}{x+1.5}\leqslant W\leqslant\frac{375}{x}$

3-7 $P:G=a:l$

3-8 $F_{Ax}=30\text{kN}, F_{Ay}=90\text{kN}, F_{Bx}=-30\text{kN}, F_{By}=50\text{kN}$

3-9 $F_{NC}=0.577\text{kN}, F_{Ax}=2\text{kN}, F_{Ay}=2.5\text{kN}, M_A=10.5\text{kN}\cdot\text{m}$

3-10 $F_{Ax}=-P, F_{Ay}=-P, F_{Dx}=2P, F_{Dy}=P, F_{Bx}=-P, F_{By}=0$

3-11 $F_{Ax}=-1.75\text{kN}, F_{Ay}=0.5\text{kN}, F_{Bx}=1.75\text{kN}, F_{By}=0.5\text{kN}$

3-12 $F_{Bx}=1200\text{N}, F_{By}=2475\text{N}$

3-13 $F_T=0.9\text{kN}, F_{Ax}=0.4\text{kN}, F_{Ay}=F_{BE}=0.2\text{kN}, M_A=0.4\text{kN}\cdot\text{m}$

3-14 $F_A=F_B=-26.39\text{kN}$(压)，$F_C=33.46\text{kN}$(拉)

3-15 $F=50\text{N}$，$\alpha=143°8'$

3-16 $Q=360\text{N}, F_{Ax}=-69.3\text{N}, F_{Az}=160\text{N}, F_{Bx}=17.3\text{N}, F_{Bz}=230\text{N}$

3-17 $F_1=14.49\text{kN}$，$F_2=5.27\text{kN}, F_{Ax}=-2.35\text{N}, F_{Az}=4.424\text{N}, F_{Bx}=21.39\text{N}$，
$F_{By}=1.65\text{N}, F_{Bz}=9.284\text{N}$

3-18 $F_1=F_3=Q/2, F_2=0$；添力 P 后，$F_1=F_3=Q/2+P, F_2=-P$

3-19 $M=\dfrac{Pa^2}{\sqrt{l^2-2a^2}}$

3-20 $F_1=F_4=F_7=F_{10}=F_{11}=F_{13}=0$

3-21 $F_1=0, F_2=F_3=-F, F_4=0, F_5=\sqrt{2}F$

3-22 $F_1=F_2=F_3=17.32\text{kN}, F_4=F_5=F_6=F_7=0, F_8=F_9=F_{10}=-20\text{kN}$

3-23 $F_1=F_7=-4.62\text{kN}, F_2=F_6=2.31\text{kN}, F_3=F_5=0, F_4=-2.31\text{kN}$

3-24 $F_1=800\text{N}, F_2=500\text{N}, F_3=-800\text{N}$

3-25 $F_1=\dfrac{F}{2}, F_2=\dfrac{\sqrt{2}}{2}F$

3-26 $F_1=70\sqrt{2}\text{kN}, F_2=-70\text{kN}$

3-27 $F_3=100\text{kN}, F_4=400\text{kN}, F_5=-300\sqrt{2}\text{kN}, F_6=-200\text{kN}$

3-28 静止， $F_s=98\text{kN}$

3-29 $f_{sB}>0.64$

3-30 (1) $F=\dfrac{\sin\theta+f\cos\theta}{\cos\theta-f\sin\theta}Q$；(2) $F_1=\dfrac{\sin\theta-f\cos\theta}{\cos\theta+f\sin\theta}Q$

3-31 $F\geqslant400\text{kN}$

3-32 $0.6\text{N}\leqslant F\leqslant2.94\text{N}$

3-33 $F=0, M_f=3\text{N}\cdot\text{cm}$

3-34 $\theta\left(\sin\theta-\dfrac{\delta}{R}\cos\theta\right)\leqslant W\leqslant Q\left(\sin\theta+\dfrac{\delta}{R}\cos\theta\right)$

3-35 $F_{\min}=4\text{kN}, F_{NB}=4.24\text{kN}, F_{B\max}=1.06\text{kN}, F_{NC}=2\text{kN}, F_{C\max}=0.5\text{kN}, F_{Ax}=0$，
$F_{Ay}=6.015\text{kN}, M_A=3.54\text{kN}\cdot\text{m}$

第 四 章

4-1 $y=e\sin\omega t+\sqrt{R^2-e^2\cos^2\omega t}$，$v=e\omega\left[\cos\omega t+\dfrac{e\sin2\omega t}{2\sqrt{R^2-e^2\cos^2\omega t}}\right]$

4-2 $v_M = \frac{v_o}{l+h}\sqrt{l^2\tan^2\theta + h^2}, a_M = \frac{lv_o^2}{(l+h)^2\cos^3\theta}$

4-3 $v = 279\text{mm/s}, a = 169\text{mm/s}^2$

4-4 $v = u\sqrt{(\omega t)^2+1}, a = u\omega\sqrt{(\omega t)^2+4}$

4-5 (1)$s = 16\text{m}$;(2)$a = 2.83\text{m/s}^2$

4-6 (1)自然法:$s = 2R\omega t, v = 2R\omega, a_\tau = 0, a_n = 4R\omega^2$

(2)直角坐标法:$x = R + R\cos 2\omega t, y = R\sin 2\omega t$;

$v_x = -2R\omega\sin 2\omega t, v_y = 2R\omega\cos 2\omega t$;

$a_x = -4R\omega^2\cos 2\omega t, a_y = -4R\omega^2\sin 2\omega t$

4-7 $v_C = 2\sqrt{gR}, a_C = 4g; v_D = 1.848\sqrt{gR}, a_D = 3.487g$

4-8 $\rho = 5\text{m}, a_\tau = 8.66\text{m/s}^2$

4-9 $y = 2x+4, -2 < x < 2; s = 4.472\sin\frac{\pi}{3}t; v = 4.683\frac{\pi}{3}t; a_\tau = -4.904\sin\frac{\pi}{3}t$

4-10 $y^2 - 2y - 4x = 0, v = \sqrt{4t^2-4t+5}, a = 2\text{m/s}^2$,

$a_\tau = 0.894\text{m/s}^2, a_n = 1.79\text{m/s}^2, \rho = 2.8\text{m}$

第　五　章

5-1 $v_C = v_D = 0.5\text{m/s}, a_C^n = a_D^n = 2.5\text{m/s}^2, a_C^\tau = a_D^\tau = 0.2\text{m/s}^2$

5-2 $x_{O1} = 0.2\cos 4t(\text{m}), v = -0.4\text{m/s}, a = -2.77\text{m/s}^2$

5-3 $t = \frac{1}{\sqrt{bc}}\arctan\left(\sqrt{\frac{c}{b}}\omega_0\right)$

5-4 $t = 0$ 时,$v = 2\text{m/s}, a = 8\text{m/s}^2$;$t = 1\text{s}$ 时 $v = -25\text{m/s}, a = 15.4\text{m/s}^2$;$t = \frac{2}{3}\text{s}$

5-5 $\varphi = 1.396t^3, \omega = 16.76\text{rad/s}$

5-6 $\varphi = 2\arccos\left(1 - \frac{ut}{2l}\right)$

5-7 $\alpha = 38.4\text{rad/s}^2$

5-8 $a_C = 1.39\text{m/s}^2, \omega_A = 4.5\text{rad/s}, \alpha_A = 1.69\text{rad/s}^2$

5-9 $v = 1.68\text{m/s}, a_{AB} = a_{CD} = 0, a_{AD} = 32.9\text{m/s}^2, a_{BC} = 13.2\text{m/s}^2$

5-10 $\varphi = \frac{\sqrt{3}}{3}\ln\left(\frac{1}{1-\sqrt{3}\omega_0 t}\right); \omega = \omega_0 e^{\sqrt{3}\varphi}$

5-11 $\alpha = \frac{av^2}{2\pi r^3}$

5-12 $h_1 = 2\text{mm}$

5-13 $v_C = 8.948\text{m/s}$,轨迹是以半径为 0.25m 的圆

5-14 $\omega = 1\text{rad/s}, \alpha = 1.73\text{rad/s}^2, a_B = 1300\text{mm/s}^2$

5-15 $\omega_2 = 0, \alpha_2 = -\frac{bl\omega^2}{r_2}$

5-16 $\alpha_2=\frac{5000\pi}{d^2}\text{rad/s}^2, a=592.2\text{m/s}^2$

第 六 章

6-1 $x=r\cos\omega t, y=r\sin t\omega t, \varphi=\omega_0 t$

6-2 $x_A=\frac{1}{3}gt^2, y_A=0, \varphi=\frac{g}{3R}t^2$

6-3 $\omega=\frac{v_1-v_2}{2r}, v_O=\frac{v_1+v_2}{2}$

6-4 $v_A=1.5\text{m/s}, \omega_{AB}=4.33\text{rad/s}$

6-5 $\omega_{O_1B}=\frac{\sqrt{2}}{2}\omega_0$

6-6 $\omega_{AB}=\frac{3}{2}(\sqrt{3}-1), \omega_C=\frac{3}{2}(3-\sqrt{3})$

6-7 $v_C=20\sqrt{10}\text{cm/s}, \omega_{BD}=0.5\text{rad/s}$

6-8 $v_B=v_C=\omega r, \omega_{BC}=\frac{\omega r}{l}$

6-9 $v_B=132\text{cm/s}, v_C=152.4\text{cm/s}, \omega_{BC}=2.54\text{rad/s}$

6-10 $v_M=\frac{br\omega\sin(\theta+\beta)}{a\cos\theta}$

6-11 当 $\varphi=0°, 180°$时，$v_{DE}=14\text{m/s}$

当 $\varphi=90°, 270°$时，$v_{DE}=0$

6-12 $\omega_{OB}=3.75\text{rad/s}, \omega_{\text{I}}=6\text{rad/s}$

6-13 $v_F=1.295\text{m/s}$

6-14 $\omega_{AB}=\frac{2\sqrt{3}\omega R}{3l}, v_B=\frac{\sqrt{3}}{3}\omega R$

6-15 $v_B=\frac{2v\cos\frac{\theta}{2}\cos\left(\varphi+\frac{\theta}{2}\right)}{\cos\varphi}, \omega_2=\frac{2v\cos\frac{\theta}{2}\cos\left(\varphi+\frac{\theta}{2}\right)}{R\cos\varphi}$

6-16 $v_E=0.37\omega R$

6-17 $\omega_2=2.75\omega$

6-18 $a_A=\frac{Rv_C^2}{(R-r)r}, a_B^\tau=2a_C^\tau, a_B^n=\frac{R-2r}{(R-r)r}v_C^2$

6-19 $v_O=\frac{R}{R-r}v, a_O=\frac{R}{R-r}a$

6-20 $\omega_{AB}=2\text{rad/s}, \alpha_{AB}=8\text{rad/s}^2; \omega_{O_1B}=4\text{rad/s}, \alpha_{O_1B}=16\text{rad/s}^2$

6-21 $v_M=0.098\text{m/s}, a_M=0.013\text{m/s}^2$

6-22 $\omega_B=40\text{rad/s}, \alpha_B=26.7\text{rad/s}^2$

6-23 $v_C=\frac{3}{2}\omega r, a_C=\frac{\sqrt{3}}{12}\omega^2 r$

第 七 章

7-1 $y' = A\cos\left(\frac{\omega}{v_e}x' + \theta\right)$

7-2 $(x')^2 + \left(y' + \frac{b}{2}\right)^2 = \frac{b^2}{4}$

7-3 $L = 200\text{m}, v_r = 0.33\text{m/s}, v = 0.2\text{m/s}$

7-4、$v_r = 3.98\ \text{m/s}; v_B = 1.04\ \text{m/s}$ 时，v_r 与传送带 B 垂直

7-5 $v_a = 3.06\ \text{m/s}$

7-6 $v_r = 316.2\ \text{mm/s}$

7-7 $\omega_{AB} = \frac{e\omega}{L}$

7-8 $v_D = \omega L + \sqrt{Rh}$

7-9 $v_B = 0.5\omega R$

7-10 $v_B = 21.21\text{cm/s}$

7-11 $v_C = \frac{\sqrt{3}}{2}\omega R(\downarrow)$

7-12 $\omega_{CD} = \omega\cos\varphi$

7-13 $v_E = 10.5\text{m/s}, a_C = 12\sqrt{3}\text{m/s}^2$

7-14 $\omega = \frac{uL}{u^2t^2 + L^2}, \alpha = \frac{2Lu^3t}{(u^2t^2 + L^2)^2}$

7-15 $\omega = v/L, \alpha = 1.73v^2/L^2$

7-16 $v_{ax} = 33.54\text{cm/s}, v_{ay} = 11.34\text{cm/s}, a_{ax} = 33.2\text{cm/s}^2, a_{ay} = 2.24\text{cm/s}^2$

7-17 $\omega = v/R, \alpha = 0$

7-18 $\omega = \frac{\sqrt{3}v_1}{6R}, \alpha = \frac{7\sqrt{3}v_1^2}{36R^2}$

7-19 $\omega_{OA} = \frac{v}{4b}, \alpha_{OA} = \frac{1}{4b}\left(a + \frac{\sqrt{3}v^2}{2b}\right)$

7-20 $v_{ABD} = \sqrt{3}e\omega, a_{ABD} = \sqrt{3}e\alpha - e\omega^2$

7-21 $a_M = \sqrt{(b + v_rt)^2\omega^4 + 4\omega^2v_r^2}\sin\theta$

7-22 $v_M = 993.2\ \text{mm/s}, a_M = 3816\text{mm/s}^2$

7-23 $a_M = 288.4\ \text{mm/s}^2$

7-24 $a_{C1} = 2\text{cm/s}^2, a_{C2} = 0, a_{C3} = 4\text{cm/s}^2$

第 八 章

8-1 $t = \sqrt{\frac{h}{g}\frac{m_1 + m_2}{m_1 - m_2}}$

8-2 (1) $F_{Nmax}=m(g+e\omega^2)$;(2) $\omega_{max}=\sqrt{\frac{g}{e}}$

8-3 $v=\sqrt{2ga}, F_N=2mg$

8-4 $y=\cos\frac{kx}{v_0}, v_{max}=\sqrt{v_0^2+k^2h^2}, t=\frac{\pi}{2k}$

8-5 $F=m\left(g+\frac{l^2v_0^2}{x^3}\right)\sqrt{1+\left(\frac{l}{x}\right)^2}$

8-6 $\delta_{max}=\frac{mg}{k}+\sqrt{\frac{m}{k}}v$

8-7 $h=136\text{mm}$

8-8 $n=18\text{r/min}$

8-9 $\omega=14\text{rad/s}$

8-10 $h=\frac{v_0\sin\alpha}{gk}-\frac{1}{gk^2}\ln(1+kv_0\sin\alpha)$;$s=\frac{v_0^2\sin2\alpha}{2g(1+kv_0\sin\alpha)}$

第　九　章

9-1 a) $p=mv_0$;b) $p=ma\omega$(方向与 C 点速度方向相同);c) $p=0$;

d) $p=ml\omega/2$ (方向与 C 点速度方向相同)

9-2 $p=0.5l(5m_1+4m_2)\omega$ (方向与曲柄垂直且向上)

9-3 $p=50\sqrt{3}\text{kg}\cdot\text{cm/s}$(垂直于 OA)

9-4 向左移动0.266m

9-5 $v=0.687\text{m/s}$

9-6 $s=\frac{m_1l_1-m_2l_2}{m_1+m_2+m}$

9-7 $\Delta v=0.246\text{m/s}$

9-8 $F_{Ox}=m_3\frac{R}{r}a\cos\theta+m_3g\cos\theta\sin\theta$

$F_{Oy}=(m_1+m_2+m_3)g-m_3g\cos^2\theta+m_3\frac{R}{r}a\sin\theta-m_2a$

9-9 $F_{Ox}=m(l\omega^2\cos\varphi+l\alpha\sin\varphi), F_{Oy}=mg+m(l\omega^2\sin\varphi-l\alpha\cos\varphi)$

9-10 甲虫的运动轨迹为:质心(二者的质心)为圆心,$\frac{MR}{M+m}$为半径的圆;圆环中心的运动轨迹为:质心为圆心,$\frac{mR}{M+m}$为半径的圆

9-11 $F_N=(7mg\cos\theta)/3, F_s=(mg\sin\theta)/3$

9-12 $x_C=\frac{m_3l}{2(m_1+m_2+m_3)}+\frac{m_1+2m_2+2m_3}{2(m_1+m_2+m_3)}l\cos\omega t$

$y_C=\frac{m_1+2m_2}{2(m_1+m_2+m_3)}l\sin\omega t$, $F_{xmax}=\frac{1}{2}(m_1+2m_2+2m_3)l\omega^2$

9-13 椭圆 $4x^2+y^2=l^2$

9-14　向左移动$(a-b)/4$

9-15　$a=\dfrac{\sin\theta\cos\theta}{\sin^2\theta+3}g, F=\dfrac{12m_Bg}{\sin^2\theta+3}$

9-16　$P_C=857.84\text{N}$

9-17　$v=26.94\text{m/s}, s=206.33\text{m}$

第　十　章

10-1　$L_O=2mab\omega\cos^3\omega t$

10-2　a) $L_O=\dfrac{1}{3}ml^2\omega$；b) $L_O=-\dfrac{1}{9}ml^2\omega$；c) $L_O=\dfrac{5}{24}ml^2\omega$；d) $L_O=\dfrac{3}{2}mR^2\omega$

10-3　(1) $L=2ml^2\omega\sin^2\theta$；(2) $L=8ml^2\omega\sin^2\theta/3$

10-4　$L_z=\dfrac{1}{3}\rho\omega(3\pi R^3+l^3\sin^2\theta)$

10-5　$L_O=ml^2\omega$

10-6　(1)$L_B=[J_A-me^2+m(R+e)^2]v_A/R$；(2)$L_B=(J_A+mRe)\omega+m(R+e)v_A$

10-7　$F_{Ax}=0, F_{Ay}=\dfrac{1}{3}W$

10-8　$\omega=6\sqrt{\dfrac{g\sin\varphi}{17l}}, \alpha=\dfrac{18g\cos\varphi}{17l}$

10-9　$\omega=\dfrac{ml(1-\cos\varphi)v_0}{J+m(l^2+r^2+2lr\cos\varphi)}$

10-10　$\alpha=\dfrac{(m_1r_1-m_2r_2)g}{m_1r_1^2+m_2r_2^2+J_O}$

10-11　$a_O=0.25g$

10-12　$AD=2l/3$

10-13　$\omega_O=4g\text{rad/s}, v_O=1.6g\text{m/s}$

10-14　$\alpha=\dfrac{(Mi-mgR)R}{mR^2+J_1i^2+J_2}$

10-15　$a_A=\dfrac{m_1g(R+r)^2}{m_1(R+r)^2+m_2(\rho^2+R^2)}$

10-16　$F_A=\dfrac{2}{5}mg$

10-17　(1)$F_T=246.4\text{N}$；(2)$a=3.595\text{m/s}^2$

10-18　$a_O=a/2, F_s=Ma/2$

10-19　$F=269.3\text{N}$

10-20　(1)$a_C=\dfrac{2}{3}g\sin\theta$；(2)$f_{s\min}=\dfrac{1}{3}\tan\theta$

10-21　$a_C=0.616\text{m/s}^2, \alpha=12.98\text{rad/s}^2$

10-22　$t_0=\dfrac{v_0-r\omega_0}{3\mu g}, v=\dfrac{2v_0+r\omega_0}{3}$

第 十 一 章

11-1 $W=-\frac{1}{2}ks^2$

11-2 $W=\frac{4\pi}{3}(6\pi a+16\pi^2 b-3\mu mgr)$

11-3 $T=\frac{1}{2}m_1v^2+\frac{1}{2}m_2(v^2+u^2-\sqrt{3}vu)$

11-4 $T=\frac{1}{2}m_1v_A^2+\frac{1}{2}m_2(v_A^2+\frac{1}{3}l^2\omega^2+l\omega v_A\cos\varphi)$

11-5 $v_C=\sqrt{3gh}$

11-6 $\omega=\sqrt{\frac{3(F+mg)\sin\theta}{ml}}$

11-7 $\alpha=\frac{M}{(3m_1+4m_2)l^2}$

11-8 $v_B=4\sqrt{\frac{2m_2gl_0}{3m_1+8m_2}}$

11-9 $a_C=\frac{2[2M-(Q_2+P)R]}{R(4Q_1+3Q_2+2P)}g$

11-10 $v=\sqrt{\frac{2s(M-m_1r\sin\theta)}{r(m_1+m_2)}}$

11-11 $a_{AB}=\frac{m_1g\tan^2\theta}{m_1\tan^2\alpha+m_2}, a_C=\frac{m_1g\tan\theta}{m_1\tan^2\alpha+m_2}$

11-12 $a_A=\frac{3m_1g}{9m_2+4m_1}$

11-13 $\omega=5.66\text{rad/s}$

11-14 $\omega_{AB}=6.52\text{rad/s}$

11-15 (1)$\delta_{\max}=50\text{mm}$;(2)$\omega=15.5\text{rad/s}$

11-16 $v_0=h\sqrt{\frac{2k}{15m}}$

11-17 $v_O=2\pi R\sqrt{\frac{2gk}{3P}}$

11-18 $\alpha=4.52\text{rad/s}^2$

11-19 $v_B=6.408\text{m/s}$, $a_B=2.054\text{m/s}^2$, $F_{AB}=2.72\text{N}$（拉力）

11-20 (1)$\omega=\sqrt{\frac{3g}{l}(\sin\varphi_0-\sin\varphi)}, \alpha=\frac{3g}{2l}\cos\varphi$,(2)$\varphi_1=\arcsin\left[\frac{2}{3}\sin\varphi_0\right]$

11-21 $v_C=2\sqrt{\frac{2}{5}gh}$, $F_T=\frac{1}{5}mg$

11-22 $v_A=2\sqrt{\frac{[P_1+Q-(1+\sqrt{3}f')]R+2M}{(2P_1+8P_2+3Q+4W)R}s}, a_B=\frac{4[P_1+Q-(1+\sqrt{3}f')]R+8M}{(2P_1+8P_2+3Q+4W)R}$

11-23 $\omega=\frac{3}{2}\sqrt{\frac{g\sin\varphi}{l}},\alpha=\frac{9g\cos\varphi}{8l}$

11-24 $\omega=\sqrt{\frac{3(P+2Q)g\sin\varphi}{(P+3Q)l}},\alpha=\frac{3(P+2Q)g\cos\varphi}{2(P+3Q)l}$

11-25 (1)$\alpha=\frac{2(M-PR\sin\beta)g}{(3P+Q)R^2}$;(2)$F_T=\frac{M}{R}-\frac{QR\alpha}{2g}$;(3)$F=\frac{PR\alpha}{2g}$

11-26 (1)$F_T=P,M=Pr$;(2)$F_T=P\left(1+\frac{a}{g}\right),M=P\left(1+\frac{a}{g}\right)r$;

(3) $v_A=2\sqrt{\frac{(M-Pr)gh}{3Pr}},a_A=\frac{2(M-Pr)g}{3Pr},F_{Ox}=P\left(1+\frac{a_A}{g}\right)\cos\beta$,

$F_{Oy}=P\left(1+\frac{a_A}{g}\right)(1+\sin\beta)$

11-27 $F_x=\frac{m_1\sin\theta-m_2}{m_1+m_2}m_1g\cos\theta$

11-28 $F=9.8\text{N}$

11-29 $\omega=\sqrt{\frac{(3m_1+6m_2)g\sin\theta}{(m_1+3m_2)l}},\alpha=\frac{(3m_1+6m_2)g\cos\theta}{(m_1+3m_2)2l}$

11-30 $a=\frac{m_2\sin2\theta}{3m_1+m_2+2m_2\sin^2\theta}g$

11-31 $\varphi=48°11'$

11-32 (1)$\omega=\sqrt{\frac{3g(1-\cos\beta)}{l}},\alpha=\frac{3g\sin\beta}{2l}$;

(2)$f'=\frac{12g-3\sqrt{3}^2l-7\alpha l}{3\sqrt{3}(4g-\sqrt{3}\omega^2l-\alpha l)}$

第 十 二 章

12-1 (1)$F_{IC}=ma_C,M_{IC}=\frac{mra_C}{2}$;(2)$F_{IO}=ma_C,M_{IO}=\frac{3mra_C}{2}$

12-2 C 点为简化中心:$F_{IC1}=\frac{Qa_A}{g},F_{IC2}=\frac{Qa_{CA}}{g}=\frac{Q\alpha l}{2g},M_{IC}=\frac{Ql^2\alpha}{12g}$

12-3 $a=\frac{g\sin\varphi}{\cos(\varphi+\beta)}$, $F_T=\frac{mg\cos\beta}{\cos(\varphi+\beta)}$

12-4 $n_{max}=\frac{30}{\pi}\sqrt{\frac{\mu g}{r}}$

12-5 $F_A=\frac{2ml\bar{\omega}^2}{3},F_B=\frac{ml\bar{\omega}^2}{3}$

12-6 (1)$\alpha=\frac{24g\sin\theta}{65r}$;(2)$F_{Ox}=\frac{48mg\sin2\theta}{65},F_{Oy}=2mg-\frac{96mg\sin^2\theta}{65}$

12-7 $g\tan(\theta-\varphi_m)\leqslant a\leqslant g\tan(\theta+\varphi_m)$

12-8 $\alpha=\frac{2g(M-W_1r\sin\theta)}{r^2(2W_1+W_2)}$

$$F_{Ox}=\frac{2W_1(M-W_1r\sin\theta)\cos\theta}{r(2W_1+W_2)}+W_1\sin\theta\cos\theta$$

$$F_{Oy}=\frac{2W_1(M-W_1r\sin\theta)\sin\theta}{r(2W_1+W_2)}+W_1\sin^2\theta+W_2$$

12-9 (1) $a_C=\dfrac{2Pg}{3Q+2P}$；(2) $F=\dfrac{PQ}{3Q+2P}$

12-10 $F_{Ax}=mr\alpha, F_{Ay}=mg-\dfrac{ml\alpha}{2}, M_A=\dfrac{ml}{2}\left(\dfrac{2l\alpha}{3}-g\right)$

12-11 $\alpha=\left(\dfrac{F_T}{W}-\mu\right)g$， $F_{NA}=\dfrac{(l_2-\mu h)W+F_Te}{l_1+l_2}$， $F_{NB}=\dfrac{(l_1+\mu h)W-F_Te}{l_1+l_2}$

12-12 $F_{Nmax}=W_1+W_2+\dfrac{W_2}{g}e\omega^2$， $F_{Nmin}=W_1+W_2-\dfrac{W_2}{g}e\omega^2$

12-13 $F_{Cx}=0$， $F_{Cy}=\dfrac{W_2(3W_1+W_2)}{2W_1+W_2}$， $M_C=\dfrac{W_2l(3W_1+W_2)}{2W_1+W_2}$

12-14 $F_{NA}=\dfrac{5}{8}W$， $F_{NB}=\dfrac{3}{8}W$

12-15 $F_{NA}=\dfrac{W}{1+3\cos^2\theta}$

12-16 $F^d_{NA}=F^d_{NB}=1097\text{N}$

12-17 $M=8.73\text{N}\cdot\text{m}$

12-18 $\alpha=\dfrac{\dfrac{\sqrt{3}F}{m}+\dfrac{3g}{4}}{5r}$

12-19 (1) $F_{Ax}=\dfrac{Ql\sqrt{1-\dfrac{l^2}{4r^2}}}{3r}$；(2) $F_{Ay}=\left(1-\dfrac{l^2}{6r^2}\right)Q$

12-20 (1) $a=0.5g$；(2) $F_{Ax}=0.5P, F_{Ay}=P, M_A=Pl$

第 十 三 章

13-1 $F_N=\dfrac{\pi M}{h}\cot\varphi$

13-2 $\tan\theta=\dfrac{F}{G}$

13-3 $M=Fa\tan2\theta$

13-4 $F_2=900\text{N}$

13-5 $\dfrac{F_1}{F_2}=\dfrac{2l_1\sin\beta}{l_2+l_1\cos2\beta}$

13-6 $M=2l(F_1\cos\varphi+F_2\sin\varphi)$

13-7 $F_{Ax}=1.5F\cot\beta$

13-8 $M=\dfrac{Frd\sin(\varphi-\theta)}{b\sin(\varphi+\theta)}$

13-9　$F_1 = F, F_2 = \sqrt{2}F$

13-10　$G_1 = \dfrac{G}{2\sin\varphi}$,　　$G_2 = \dfrac{G}{2\sin\theta}$

13-11　$F = (F_1 + F_2)\cot\beta$

13-12　$F_{N1} = \dfrac{22}{6}\text{kN}$

13-13　(1)$F_{CD} = 1.732\text{kN}$;(2)$F_{BD} = -2.598\text{kN}$

第十四章

14-1　a) $F_{N1} = \dfrac{\sqrt{3}}{2}F, F_{S1} = \dfrac{F}{2}, M_1 = \dfrac{F}{2}x$;

$F_{N2} = \dfrac{F}{2}, F_{S2} = \dfrac{\sqrt{3}}{2}F, M_2 = \dfrac{F}{2}a - \dfrac{\sqrt{3}}{2}Fy$

b) $F_{N1} = \dfrac{\sqrt{2}}{2}F, F_{S1} = \dfrac{\sqrt{2}}{2}F, M_1 = \dfrac{\sqrt{2}}{2}Fa$;

$F_{N2} = \dfrac{\sqrt{2}}{2}F, F_{S2} = \dfrac{\sqrt{2}}{2}F, M_2 = 0$

c) $F_{N1} = 2F, F_{S1} = F, M_1 = \dfrac{1}{2}Fa$;

$F_{N2} = 2\sqrt{2}F, F_{S2} = 0, M_2 = 0$

14-2　a) $F_{N1} = 0, F_{S1} = F, M_1 = FR$;

$F_{N2} = F\sin\theta, F_{S2} = F\cos\theta, M_2 = FR(1 + \sin\theta)$;

$F_{N3} = 0, F_{S3} = F, M_3 = \dfrac{1}{2}FR$

b) $F_{N1} = 2F, F_{Sy1} = F, M_{x1} = Fz$;

$F_{Sy2} = F, F_{Sz2} = 2F, M_{x2} = Fa, M_{y2} = 2Fx, M_{z2} = Fx$;

$F_{N3} = F, F_{Sz3} = 2F, M_{x3} = -Fa + 2Fy, M_{y3} = 2Fb, M_{z3} = Fb$

14-3　$F = \dfrac{\sqrt{3}}{4}a^2\sigma$;$(0, \dfrac{\sqrt{3}}{6}a)$

第十五章

15-1　a) $F_{N1} = 20\text{kN}, F_{N2} = -10\text{kN}, F_{N3} = 40\text{kN}$;

b) $F_{N1} = 5\text{kN}, F_{N2} = 10\text{kN}, F_{N3} = -10\text{kN}$;

c) $F_{N1} = F, F_{N2} = -F, F_{N3} = F$

15-2　a) $T_1 = -10\text{kN}\cdot\text{m}, T_2 = 10\text{kN}\cdot\text{m}, T_3 = 40\text{kN}\cdot\text{m}$;

b) $T_1 = -3\text{m}, T_2 = \text{m}, T_3 = -2\text{m}$

15-3　1) $T_{max} = 1.273\text{kN}\cdot\text{m}$;

2) $T'_{max} = 0.955\text{kN}\cdot\text{m}$

15-4 a) $F_{S1}=F, M_1=0; F_{S2}=F, M_2=-Fa;$

$F_{S3}=-F, M_3=0;$

b) $F_{S1}=-75\text{kN}, M_1=-75\text{kN}\cdot\text{m}; F_{S2}=-75\text{kN}, M_2=-200\text{kN}\cdot\text{m};$

$F_{S3}=200\text{kN}, M_3=-200\text{kN}\cdot\text{m};$

c) $F_{S1}=-\frac{4}{3}\text{kN}, M_1=\frac{4}{15}\text{kN}\cdot\text{m}; F_{S2}=\frac{2}{3}\text{kN}, M_2=\frac{1}{3}\text{kN}\cdot\text{m};$

d) $F_{S1}=-qa, M_1=-\frac{1}{2}qa^2; F_{S2}=-\frac{3}{2}qa, M_2=-2qa^2;$

$F_{S3}=qa, M_3=-qa^2$

15-5 a) $|F_S|_{max}=\frac{3}{4}qa, \quad |M|_{max}=\frac{1}{4}qa^2;$

b) $|F_S|_{max}=qa, \quad |M|_{max}=\frac{1}{2}qa^2;$

c) $|F_S|_{max}=\frac{3}{4}qa, \quad |M|_{max}=qa^2;$

d) $F_{Smax}=\frac{3}{2}qa, \quad M_{max}=\frac{9}{8}qa^2$

15-6 a) $F_{Smax}=F, |M|_{max}=Fa;$

b) $F_{Smax}=qa, |M|_{max}=qa^2;$

c) $F_{Smax}=2qa, |M|_{max}=2qa^2;$

d) $F_{Smax}=qa, |M|_{max}=\frac{1}{2}qa^2;$

e) $F_{Smax}=\frac{1}{2}qa, |M|_{max}=\frac{1}{8}qa^2;$

f) $F_{Smax}=\frac{3}{4}qa, |M|_{max}=\frac{33}{32}qa^2;$

g) $F_{Smax}=\frac{3}{2}qa, |M|_{max}=qa^2;$

h) $F_{Smax}=\frac{3}{2}qa, |M|_{max}=qa^2;$

i) $|F_S|_{max}=\frac{20}{3}\text{kN}, M_{max}=\frac{64}{9}\text{kN}\cdot\text{m};$

j) $F_{Smax}=2\text{kN}, |M|_{max}=2\text{kN}\cdot\text{m};$

k) $F_{Smax}=qa, M_{max}=\frac{3}{4}qa^2;$

l) $|F_S|_{max}=8.8\text{kN}, M_{max}=14.4\text{kN}\cdot\text{m}$

15-7 a) $|F_S|_{max}=qa, |M|_{max}=qa^2;$

b) $F_{Smax}=\frac{1}{2}qa, M_{max}=\frac{1}{2}qa^2$

15-8 a) $|F_N|_{max}=F, |F_S|_{max}=F, M_{max}=Fa;$

b) $|F_N|_{max}=2qa, F_{Smax}=2qa, M_{max}=2qa^2$

15-9 a) $|F_N|_{max} = \frac{F}{2}, F_{Smax} = \frac{F}{2}, M_{max} = \frac{1}{2}FR$;

b) $|F_N|_{max} = F, F_{Smax} = F, M_{max} = FR$

15-10 $x = a, |F_S|_{max} = F, M_{max} = Fa$

第十六章

16-1 a) $x_C = \frac{a^2 + ab + b^2}{3(a+b)}, y_C = \frac{ah + 2bh}{3(a+b)}$; b) $x_C = 0.56r, y_C = 0.424r$

16-2 $y_C = 25\text{mm}$, $S_x = 60500\text{mm}^3$

16-3 形心位置为 $x_C = 0, y_C = 80\text{mm}$

16-4 $I_x = \frac{bh^3}{4}$

16-5 $I_x = 188.9a^4, I_y = 190.4a^4$

16-6 a) $i_x = \frac{h}{\sqrt{12}}, i_y = \frac{b}{\sqrt{12}}$; b) $i_x = i_y = \frac{d}{4}$

16-7 a) $I_{x_C} = 124\text{cm}^4$; b) $I_{x_C} = 65142\text{cm}^4$

16-8 $a = 8.14\text{cm}$

16-9 a) $I_x = 1.2 \times 10^9\text{mm}^4$; b) $I_x = 6.58 \times 10^7\text{mm}^4$

16-10 $\alpha_0 = -13.5°, I_{y_0} = 76.1 \times 10^4\text{mm}^4, I_{z_0} = 19.9 \times 10^4\text{mm}^4$

第十七章

17-1 $\sigma_\alpha = 41.3\text{MPa}, \tau_\alpha = -49.2\text{MPa}, \sigma_{max} = 100\text{MPa}, \tau_{max} = 50\text{MPa}$

17-2 $\sigma_{max} = -66.7\text{MPa}$

17-3 $E = 205\text{GPa}$ $\nu = 0.32$

17-4 $\Delta l = -16.7 \times 10^{-6}\text{m}$

17-5 $\Delta l = \frac{Fl}{Et(b_2 - b_1)}\ln\frac{b_2}{b_1}$

17-6 $\Delta l = \frac{4Fl}{E\pi d_1 d_2}$

17-7 $E = 70\text{GPa}, \sigma_p = 230\text{MPa}, \sigma_{0.2} = 330\text{MPa}; \varepsilon = 0.008, \varepsilon_e = 0.005, \varepsilon_p = 0.003$

17-8 螺栓内径 $d \geqslant 22.6\text{mm}$

17-9 $b = 15\text{mm}, h = 30\text{mm}$

17-10 许可荷载 $F = 40\text{kN}$

17-11 许可荷载 $F = 38.5\text{kN}$

17-12 $d = 21.8\text{mm}$,可取 $d = 22\text{mm}$

17-13 $\sigma_{上} = 108.33\text{MPa}, \sigma_{中} = 8.33\text{MPa}, \sigma_{下} = -141.67\text{MPa}$

17-14 $\sigma_1 = \sigma_2 = \frac{4FE_1}{\pi[E_1(d_1^2 - d_3^2) + E_3 d_3^2]}, \sigma_3 = \frac{4FE_3}{\pi[E_1(d_1^2 - d_3^2) + E_3 d_3^2]}$

17-15 $\sigma_{钢} = 375MPa, \sigma_{铜} = 225MPa, \Delta l_{钢} = 3.75 \times 10^{-3}m$

17-16 (1)$F = 32kN$；(2)$\sigma_1 = 86MPa, \sigma_2 = -78MPa$；(3)$\sigma''_1 = 58.3MPa, \sigma''_2 = -133.4MPa$

17-17 $\tau = 70.7MPa > [\tau]$ 强度不够，应改用 $d \geqslant 32.6mm$ 的销钉

17-18 $\tau = 15.9MPa < [\tau]$，安全

17-19 $\tau = 0.952MPa, \sigma_{bs} = 7.4MPa$

17-20 $d = 14mm$

17-21 $\tau = 99.5MPa < [\tau]$，螺栓满足强度条件

17-22 $\tau = 105.7MPa < [\tau], \sigma_{bs} = 141.2MPa < [\sigma_{bs}], \sigma_{max} = 28.9MPa < [\sigma]$，该铆接头安全

第十八章

18-1 $\tau_a = \tau_c = 102MPa, \tau_b = 51MPa$

18-2 $\tau_{max}^{AB} = 48.83MPa, \tau_{max}^{BC} = 72MPa$

18-4 $\tau_{max} = 31.71MPa$

18-5 6.67%

18-6 $T' = \dfrac{65}{512}\pi R^3 \tau_{max}$

18-7 $D_2/D_1 = 1.192$

18-8 $\tau_{max}^{AB} = 63.7MPa < [\tau], \tau_{max}^{BC} = 45.5MPa < [\tau]$，该轴满足强度条件的要求

18-9 $d \geqslant 43.3mm$

18-10 $\varphi = \dfrac{8tl^2}{G\pi D^3}$

18-11 $\varphi = \dfrac{32Tl(d_1^2 + d_1 d_2 + d_2^2)}{3G\pi d_1^3 d_2^3}$

18-12 $\tau_{max} = 16.3MPa, \theta = 0.58(°)/m$

18-13 $d \geqslant 67.6mm$

18-14 $\tau_{max} = 51.3MPa < [\tau], \theta = 0.82(°)/m < [\theta]$，该轴满足强度和刚度条件的要求

18-15 $[m_2] = 1.727kN \cdot m, \varphi_A = 0.00612rad$

第十九章

19-1 $\rho_1 = 1215m, \rho_2 = 2142m$

19-2 $\rho = 85.7m$

19-3 $\sigma_A = -7.41MPa, \sigma_B = 4.94MPa, \sigma_C = 0, \sigma_D = 7.41MPa$

19-4 $\sigma_{tmax} = 77.31MPa, \sigma_{cmax} = 137.1MPa$

19-5 $\dfrac{F_1}{F_2} = \dfrac{h}{b}$

19-6 (1)21%；(2)腹板约 15.9%；翼缘约 84.1%

19-7 $F = 13.1\text{kN}$

19-8 C 截面:$\sigma_{\text{tmax}}^{C} = 28.8\text{MPa} < [\sigma_t]$,$\sigma_{\text{cmax}}^{C} = 17.0\text{MPa} < [\sigma_c]$;

B 截面:$\sigma_{\text{tmax}}^{B} = 27.3\text{MPa} < [\sigma_t]$,$\sigma_{\text{cmax}}^{B} = 46.1\text{MPa} < [\sigma_c]$;安全

19-9 $\dfrac{h}{b} = \sqrt{2}, d = 266\text{mm}$

19-10 $\sigma_K = -\dfrac{Fa}{bh^2}, \tau_K = -\dfrac{3F}{4bh}$

19-11 $\sigma_K = 34.544\text{MPa}, \tau_K = 8.39\text{MPa}$

19-12 $\sigma_{\text{tmax}} = 45.57\text{MPa}, \sigma_{\text{cmax}} = 67.01\text{MPa}, \tau_{\max} = 4.36\text{MPa}$

19-13 $d \geqslant 137\text{mm}$

19-14 $q \leqslant 2.7\text{kN/m}$

19-15 (1) 圆形:$d \geqslant 78\text{mm}$;矩形:$b \geqslant 41\text{mm}, h \geqslant 82\text{mm}$;

(2) 圆形:$\dfrac{W_z}{A} = \dfrac{d}{8} = 9.75\text{mm}$;矩形:$\dfrac{W_z}{A} = \dfrac{b}{3} = 13.67\text{mm}$;可见,矩形截面较好

19-16 弯曲中心距翼缘 I 壁厚中线的距离为:$e = b_2^3 h/(b_1^3 + b_2^3)$

第二十章

20-2 a) $\theta_A = \dfrac{-ql^3}{24EI}, w_C = \dfrac{-5ql^4}{384EI}$

b) $\theta_A = -\dfrac{FL^2}{12EI}, w_C = -\dfrac{FL^3}{8EI}$

c) $\theta_A = -\dfrac{FL^2}{8EI}, w_C = -\dfrac{29FL^3}{48EI}$

d) $\theta_A = -\dfrac{m_0 l}{18EI}, w_C = \dfrac{2m_0 l^2}{81EI}$

20-4 $w_C = -\dfrac{97ql^4}{768EI}, w_B = -\dfrac{2399ql^4}{6144EI}$

20-5 a) $w = \dfrac{Fa}{48EI}(3l^2 - 16al - 16a^2), \theta = \dfrac{F}{48EI}(24a^2 + 16al - 3l^2)$

b) $w = \dfrac{qal^2}{24EI}(5l + 6a), \theta = -\dfrac{ql^2}{24EI}(5l + 2a)$

c) $w = \dfrac{5qa^4}{24EI}, \theta = -\dfrac{qa^3}{4EI}$

d) $w = -\dfrac{qa}{24EI}(3a^3 + 4a^2 l - l^3), \theta = -\dfrac{q}{24EI}(4a^3 + 4a^2 l - l^3)$

20-6 $w_B = \dfrac{3FL^3}{16EI}$

20-7 $w_B = 8.21\text{mm}(\downarrow)$

20-8 在梁的自由端加集中力 $F = 6AEI(\uparrow)$ 和集中力偶矩 $m = 6AlEI(\text{N}\cdot\text{m})$

20-9 $w_C = 29.4\text{mm}$

20-10 $w_{总} = 2.25 \times 10^{-3}\text{mm}$

20-11 $w_A = \dfrac{13Fa^3}{48EI}$

20-12 A 点水平位移 $x_A = \dfrac{5Fl^2}{27Ebh^2}(\rightarrow)$

20-13 $w = 12.1\text{mm} < [w]$,安全

20-14 $b = 90\text{mm}, h = 180\text{mm}$

20-15 $w = \dfrac{Fx^2(l-x)^2}{3EIl}$

20-16 a) $F_{Ay} = F_{By} = \dfrac{3}{8}ql, F_{Cy} = \dfrac{5}{4}ql$

b) $F_{Ay} = F_{By} = \dfrac{F}{2}, M_A = M_B = \dfrac{Fl}{8}$

c) $F_{Ax} = F, F_{Ay} = \dfrac{9Fb}{16a}, M_A = \dfrac{Fb}{8}, F_{By} = \dfrac{9Fb}{16a}$

d) $F_{Ay} = 6.5\text{kN}, M_A = 2.8\text{kN}\cdot\text{m}, F_{By} = 9.5\text{kN}$

20-17 $M_{\max}^{AB} = 0.73Fl_1, M_{\max}^{CD} = 0.27Fl_2$

第二十一章

21-4 a) $\alpha = 30°, \sigma_\alpha = 35\text{MPa}, \tau_\alpha = 60.6\text{MPa}$

b) $\alpha = 45°, \sigma_\alpha = 20\text{MPa}, \tau_\alpha = 0$

c) $\alpha = 30°, \sigma_\alpha = 52.3\text{MPa}, \tau_\alpha = -18.7\text{MPa}$

d) $\alpha = 45°, \sigma_\alpha = -10\text{MPa}, \tau_\alpha = -30\text{MPa}$

21-5 a) $\sigma_2 = -3.8\text{MPa}, \sigma_3 = -26.2\text{MPa}, \alpha_0 = -31°43', \tau_{\max} = 11.2\text{MPa}$

b) $\sigma_1 = 120.7\text{MPa}, \sigma_3 = -20.7\text{MPa}, \alpha_0 = -22°30', \tau_{\max} = 70.7\text{MPa}$

c) $\sigma_1 = 30\text{MPa}, \sigma_3 = -30\text{MPa}, \alpha_0 = 45°, \tau_{\max} = 30\text{MPa}$

d) $\sigma_1 = 62.4\text{MPa}, \sigma_2 = 17.6\text{MPa}, \alpha_0 = 63°26', \tau_{\max} = 22.4\text{MPa}$

21-6 $\sigma_1 = 1.66\text{MPa}, \sigma_3 = -21.66\text{MPa}$

21-7 (1) $\sigma_\alpha = 2.13\text{MPa}, \tau_\alpha = 24.3\text{MPa}$

(2) $\sigma_1 = 84.9\text{MPa}, \sigma_3 = -5\text{MPa}, \alpha_0 = 13°16'$

21-8 $\sigma_1 = 80\text{MPa}, \sigma_2 = 40\text{MPa}, \sigma_3 = 0$

21-9 $\sigma_1 = 70\text{MPa}, \sigma_2 = \sigma_3 = 0$ 或 $\sigma_1 = \sigma_2 = 0, \sigma_3 = -70\text{MPa}$

$\sigma_x = -44.8\text{MPa}, \sigma_y = -22.5\text{MPa}, \tau_{xy} = -33.6\text{MPa}$

21-10 $\sigma_1 = 70\text{MPa}, \sigma_2 = 10\text{MPa}, \alpha_0 = 23.5°$

21-11 $\sigma_y = -30\text{MPa}, \tau_{xy} = -\tau_{yx} = 60\text{MPa}; \sigma_1 = 150\text{MPa}, \sigma_3 = -50\text{MPa}$

21-12 a) $\sigma_1 = 51\text{MPa}, \sigma_2 = 0, \sigma_3 = -41\text{MPa}, \tau_{\max} = 46\text{MPa}$

b) $\sigma_1 = 80\text{MPa}, \sigma_2 = 50\text{MPa}, \sigma_3 = -50\text{MPa}, \tau_{\max} = 65\text{MPa}$

c) $\sigma_1 = 57.7\text{MPa}, \sigma_2 = 50\text{MPa}, \sigma_3 = -27.7\text{MPa}, \tau_{\max} = 42.7\text{MPa}$

d) $\sigma_1 = 25\text{MPa}, \sigma_2 = 0, \sigma_3 = -25\text{MPa}, \tau_{\max} = 25\text{MPa}$

21-13 $\sigma_1 = \sigma_2 = -30\text{MPa}, \sigma_3 = -70\text{MPa}$

21-14 $\Delta l = 9.29 \times 10^{-3}\text{m}$

21-15　$m_0 = 125.7\text{N} \cdot \text{m}$

21-16　a) $\theta = 0.02 \times 10^{-3}, v_\varepsilon = 13.84 \times 10^3 \text{J/m}^3, v_\text{d} = 13.81 \times 10^3 \text{J/m}^3$

b) $\theta = 0.16 \times 10^{-3}, v_\varepsilon = 32.25 \times 10^3 \text{J/m}^3, v_\text{d} = 30.12 \times 10^3 \text{J/m}^3$

c) $\theta = 0.16 \times 10^{-3}, v_\varepsilon = 16.64 \times 10^3 \text{J/m}^3, v_\text{d} = 8.5 \times 10^3 \text{J/m}^3$

d) $\theta = 0, v_\varepsilon = 4.06 \times 10^3 \text{J/m}^3, v_\text{d} = 4.06 \times 10^3 \text{J/m}^3$

21-18　a) $\sigma_{\text{r3}} = \sqrt{\sigma^2 + 4\tau^2}, \sigma_{\text{r4}} = \sqrt{\sigma^2 + 3\tau^2}$

b) $\sigma_{\text{r3}} = \sigma + \tau, \sigma_{\text{r4}} = \sqrt{\sigma^2 + 3\tau^2}$

21-19　$\sigma_{\text{r3}} = 43.3\text{MPa}$

21-20　$\sigma_{\text{rM}} = 58\text{MPa}$

第二十二章

22-1　$\sigma_{\text{tmax}} = 226.1\text{MPa}$

22-2　矩形截面 $\sigma_{\max} = 9.95\text{MPa}, w_{\max} = 19.8\text{mm}$；圆形截面 $\sigma_{\max} = 10.7\text{MPa}$

22-3　$\sigma_{\max} = 79.1\text{MPa}$

22-4　$\sigma_{\max} = 10.54\text{MPa} < [\sigma]$，安全。

22-5　$\sigma_{\max} = 12\text{MPa}, w_{\max}/l = 1/200$

22-6　$\sigma_{\text{tmax}} = 5.09\text{MPa}, \sigma_{\text{cmax}} = 5.29\text{MPa}$

22-7　$\sigma_{\max} = 94.9\text{MPa}$

22-8　$\sigma_{\text{tmax}} = 20\text{MPa}$，发生于内侧面上的各点处。

22-9　$\sigma_A = -6\text{MPa}, \sigma_B = -1\text{MPa}, \sigma_C = 11\text{MPa}, \sigma_D = 6\text{MPa}$

22-10　(1) $\sigma_a = 210\text{MPa}, \sigma_c = 84\text{MPa}$；(2) $F = 18.375\text{kN}, \delta = 1.786\text{mm}$

22-11　$\sigma_{\text{cmax}} = \sigma_{\text{tmax}} = 6.29\text{MPa}, h = 37.2\text{mm}, \sigma_{\text{cmax}} = 4.33\text{MPa}$

22-12　(1) $\sigma_{\text{cmax}} = 0.72\text{MPa}$，(2) $D = 4.16\text{m}$

22-13　（略）

22-14　$F = 0.6184\text{kN}$

22-15　2.65mm

22-16　(1) 略；(2) $\sigma_{\text{r3}} = 132\text{MPa}$

第二十三章

23-1　a) $F_{\text{cr}} = 2540\text{kN}$；b) $F_{\text{cr}} = 2664\text{kN}$；c) $F_{\text{cr}} = 3155\text{kN}$

23-2　a) $F_{\text{cr}} = 37.8\text{kN}$；b) $F_{\text{cr}} = 52.6\text{kN}$；c) $F_{\text{cr}} = 268\text{kN}$

23-3　$F_{\text{cr}} = \dfrac{\sqrt{2}\pi E d^4}{64a^2}$

23-4　$(F_{\text{cr}})_1/(F_{\text{cr}})_2 = 0.49$，杆 2 的稳定性好

23-5　$d_2/d_1 = \sqrt{2}$

23-6　$x = \dfrac{7}{17}l = 0.412l, F_{\text{cr}}^{AC}/F_{\text{cr}} = 2.89$

23-7　$l_1/l_2 = 2.53$

23-8　$l_{min} = 88\text{cm}$

23-9　$F_{cr} = 58\text{kN}$

23-10　$[P] = 6.22\text{kN}$

23-11　$n = 3.57 > n_{st} = 3$

23-12　$n = 2.68 > n_{st} = 2.4$

23-13　$[F] = 37\text{kN}$

23-14　$[F] = 71.6\text{kN}$

23-15　$[F] = 121.2\text{kN}, n = 1.73 < n_{st}$,不安全

23-16　$n = 3.08$

23-17　(1)355kN;(2)$b/h = 0.525$

23-18　$[F] = 171\text{kN}$

第二十四章

24-1　a) $V_\varepsilon = \dfrac{2F^2 l}{\pi E d^2}$;b) $V_\varepsilon = \dfrac{7F^2 l}{8\pi E d^2}$;c) $V_\varepsilon = \dfrac{2F^2 l}{3\pi E d^2}$;d) $V_\varepsilon = \dfrac{14F^2 l}{3\pi E d^2}$

24-2　$V_\varepsilon = \dfrac{9.6m^2}{\pi G d_1^2}$

24-3　a) $V_\varepsilon = \dfrac{F^2 l^3}{96EI}$;b) $V_\varepsilon = \dfrac{17q^2 l^5}{15360EI}$;c) $V_\varepsilon = \dfrac{3q^2 l^5}{20EI}$;d) $V_\varepsilon = \dfrac{F^2 l^3}{16EI} + \dfrac{3F^2 l}{4EA}$

24-4　$V_\varepsilon = \dfrac{8F^2 R^3}{Ed^4} + \dfrac{F^2 R}{2Ed^2}$

24-5　$W_A = \dfrac{11qa^4}{24EI}(\downarrow), \theta_A = \dfrac{2qa^3}{3EI}(↻)$

24-6　$\theta_A = \dfrac{q_0 l^3}{45EI}(↺), W_B = \dfrac{5q_0 l^4}{768EI}(\downarrow)$

24-7　$\theta_{B-B} = \dfrac{7ql^3}{24EI}(↻)(↺)$

24-8　a) $\Delta_{Ax} = \dfrac{17ma^2}{6EI}(\rightarrow), \Delta_{Ay} = 0, \theta_A = \dfrac{ma}{3EI}(↻), \theta_B = \dfrac{5ma}{3EI}(↻)$;

b) $\Delta_{Ax} = \cdots, \Delta_{Ay} = \dfrac{3ql^4}{32EI}(\uparrow), \theta_A = \cdots, \theta_B = \dfrac{ql^3}{2EI}(↻)$;

c) $\Delta_{Ax} = \dfrac{5Fl^3}{12EI}(\rightarrow), \Delta_{Ay} = \dfrac{13Fl^3}{12EI}(\downarrow), \theta_A = \dfrac{5Fl^2}{4EI}(↻)$;

d) $\Delta_{Ax} = \dfrac{l^3}{48EI}(ql + 24F)(\rightarrow), \Delta_{Ay} = 0, \theta_A = \dfrac{4Fl^2 + ql^3}{48EI}(↻), \theta_B = \dfrac{4Fl^2 + ql^3}{48EI}(↻)$

24-9　$\Delta_{A-B} = \dfrac{Fl^3}{3EI} + \dfrac{Fl}{EA}(\leftarrow\ \rightarrow)$

24-10　$\theta_{AB} = \dfrac{(2 + 4\sqrt{2})F}{EA}(↻)$

24-11　a) $\Delta_{Ax} = \frac{FR^3}{2EI}(\rightarrow)$, $\Delta_{Ay} = \frac{\pi FR^3}{4EI}(\downarrow)$, $\theta_A = \frac{FR^2}{EI}$(↻)；

b) $\Delta_{Ax} = \frac{FR^3}{EI}\left(\frac{\sqrt{3}}{2}\pi - \frac{9}{8}\right)(\leftarrow)$, $\Delta_{Ay} = \frac{\pi FR^3}{2EI}(\uparrow)$, $\theta_A = \frac{FR^2}{6EI}(4\pi - 3\sqrt{3})$(↻)；

c) $\Delta_{Ax} = \frac{3\pi FR^3}{2EI}(\leftarrow)$, $\Delta_{Ay} = \frac{2FR^3}{EI}(\uparrow)$, $\theta_A = \frac{\pi FR^2}{EI}$(↻)；

d) $\Delta_{Ax} = \frac{FR^3}{2EI}(\pi - 1)(\leftarrow)$, $\Delta_{Ay} = \frac{FR^3}{12EI}(28 - 9\pi)(\downarrow)$, $\theta_A = \frac{FR^2}{2EI}(\pi + 3)$(↻)；

e) 无水平位移，铅垂位移：$\Delta = \frac{FR^3}{24EI}(8\pi + 3\sqrt{3}) + \frac{FR^3}{8GI_p}(8\pi + 9\sqrt{3})(\downarrow)$，

铅垂平面内的转角 $\theta_{A1} = \frac{3}{8}FR^2\left(\frac{1}{EI} + \frac{3}{GI_p}\right)$，横截面平面内的转角 $\theta_{A2} = \cdots$

24-12　$\Delta_{AB} = \pi FR^3\left(\frac{1}{EI} + \frac{3}{GI_p}\right)$；

开口处横截面平面内尚有相对角位移；

垂直于开口处横截面的铅垂平面内亦有相对角位移

24-13　$\Delta_{By} = \frac{4Fl^3}{81EI} + \frac{8Fl}{9EA}(\downarrow)$

24-14　a) $F_{RA} = F_{RB} = \frac{ql}{2}(\uparrow)$, $M_A = \frac{ql^2}{12}$(↻), $M_B = \frac{ql^2}{12}$(↺)；

b) $F_{RA} = \frac{Fb^2(l + 2a)}{l^3}(\uparrow)$, $F_{RB} = \frac{Fa^2(l + 2b)}{l^3}(\uparrow)$, $M_A = \frac{Fab^2}{l^2}$(↻), $M_B = \frac{Fa^2b}{l^2}$(↺)

24-15　$F_C = \frac{3}{8}F(\uparrow)$

24-16　$F_{Ax} = \frac{F}{4}(\leftarrow)$, $F_{Ay} = \frac{F}{4}(\downarrow)$；$F_{Bx} = \frac{F}{4}(\rightarrow)$, $F_{By} = \frac{5}{4}F(\uparrow)$；$|M|_{\max} = \frac{1}{2}Fa$，发生在 ACD 杆 C 右截面处

24-17　$F_{Ax} = \frac{F}{\pi}(\rightarrow)$, $F_{Ay} = \frac{F}{2}(\uparrow)$；$F_{Bx} = \frac{F}{\pi}(\leftarrow)$, $F_{By} = \frac{F}{2}(\uparrow)$

24-18　$F_{NAB} = F_{NBC} = -\frac{F}{2}$, $F_{NCD} = F_{NDA} = \frac{F}{2}$, $F_{NAC} = \frac{F}{\sqrt{2}}$, $F_{NBD} = -\frac{F}{\sqrt{2}}$

24-19　$F_{NBC} = 191.3N$；$F_{Ax} = 0$, $F_{Ay} = 108.7\text{N}$, $M_A = 67.4\text{N}\cdot\text{m}$(↺)

24-20　a) $F_{N1} = -\frac{\sqrt{2} - 2}{2}F$, $F_{N2} = -\frac{\sqrt{2}}{2}F$；

b) $F_D = \frac{7}{24}ql(\uparrow)$；

c) $F_B = \frac{3F}{32}(\uparrow)$；

d) $F_A = \frac{15}{16}F(\uparrow)$；

e) $F_{Ax} = F(\leftarrow)$, $F_{Ay} = \frac{3}{14}F(\downarrow)$；

f) $M_A = \frac{1}{2}Fa$(↻)(↺)

第二十五章

25-1 $T_d = 65.3\text{kN}$

25-2 工字钢最大动应力:11.41MPa;钢索最大动应力:117.5MPa

25-3 吊索:$\sigma_{\text{dmax}}^{索} = 58\text{MPa}$

梁:$\sigma_{\text{dmax}}^{梁} = 88.47\text{MPa}$

25-4 $\omega \leqslant \sqrt{gA\left(\frac{[\sigma]}{Pl} - \frac{1}{W}\right)}$

25-5 $F_{N\max} = \frac{Pl}{2g}\omega^2$,作用于 A 截面上

25-6 $v = 100\text{m/s}$

25-7 $\Delta l = \frac{l^2\omega^2}{gEA}(W + \frac{P_1}{3})$

25-9 $M_{\max} = Pa(1 + \frac{b\omega^2}{3g})$

25-11 $\sigma_{\text{dmax}} = 166\text{MPa}$

25-12 $h \leqslant 60.8\text{mm}$

25-13 $w_{\text{dmax}}^C = \left[1 + \sqrt{1 + \frac{8HEbh^3}{Pl^3}}\right] \cdot \frac{3Pl^3}{8Ebh^3}(\uparrow)$

25-14 $\sigma_{\text{dmax}} = \left[1 + \sqrt{1 + \frac{32hEI}{3Pl^3}}\right]\frac{Pl}{4W}$

25-15 $\sigma_{\text{dmax}} = \left[1 + \sqrt{1 + \frac{3hEI}{2Pa^3}}\right]\frac{Pa}{W}$

25-16 $\sigma_{\text{dmax}} = \frac{v}{2a}\left(1 + \frac{8a}{d}\right)\sqrt{\frac{3PE}{\pi g(a + 3l)}}$(压应力)

25-17 $w_{dC} = \left[1 + \sqrt{1 + \frac{8h}{Pl\left(\frac{l^2}{12EI} + \frac{1}{EA}\right)}}\right]\left(\frac{Pl^3}{48EI} + \frac{Pl}{4EA}\right)$

第二十六章

26-1 $\sigma_{\max} = -\sigma_{\min} = 75.5\text{MPa}, r = -1$

26-2 $\sigma_m = 549\text{MPa}, \sigma_a = 12\text{MPa}, r = 0.957$

26-3 $\tau_m = 549\text{MPa}, \tau_a = 12\text{MPa}, r = 0.4$

26-4 $K_\sigma = 1.55, K_\tau = 1.26$

26-5 I—I 截面:$n_\sigma = 1.62 > n$ 安全;II—II 截面:$n_\sigma = 2.03 > n$,安全

26-6 a)$\alpha = 90°$;b)$\alpha = 63°26'$;c)$\alpha = 45°$;d)$\alpha = 33°41'$

26-8 按疲劳强度计算:$n_\tau = 5.06 > n$,安全;按屈服强度算:$n_\tau = 7.37 > n$,安全

26-9 最大荷载 $F_{\max} = 88.3\text{kN}$

26-10 $n_{\tau} = 1.15$

26-11 点1：$r = -1, n_{\sigma} = 2.77$；

点2：$r = 0, n_{\sigma} = 2.46$；

点3：$r = 0.87, n_{\sigma} = 2.14$；

点4：$r = 0.5, n_{\sigma} = 2.14$

26-12 a) $[M] = 409\text{N}\cdot\text{m}$；b) $[M] = 636\text{N}\cdot\text{m}$

26-14 $n_{\sigma\tau} = 2.24 > n$，安全

26-15 $n_{\xi} = \dfrac{\sigma_{\text{b}}}{\dfrac{k_{\sigma}}{\varepsilon_{\sigma}\beta}\sigma_{\text{a}}\varphi_{\sigma} + \sigma_{\text{m}}}$，式中 $\varphi_{\sigma} = \dfrac{\sigma_{\text{a}} - \dfrac{\sigma_0}{2}}{\dfrac{\sigma_0}{2}}$

参考文献

[1] 哈尔滨工业大学理论力学教研室. 理论力学[M]. 第7版. 北京:高等教育出版社,2009.

[2] 贾启芬,刘习军,王春敏. 理论力学[M]. 天津:天津大学出版社,2003.

[3] 刘又文,彭献. 理论力学[M]. 长沙:湖南大学出版社,2002.

[4] 彭祝. 理论力学[M]. 长沙:中南工业大学出版社,1997.

[5] 张俊彦,赵荣国. 理论力学[M]. 北京:北京大学出版社,2012.

[6] 范钦珊. 工程力学(Ⅰ)[M]. 北京:高等教育出版社,1999.

[7] 范钦珊. 工程力学(Ⅱ)[M]. 北京:高等教育出版社,1999.

[8] 罗迎社,喻小明. 工程力学. 北京:北京大学出版社,2006.

[9] 刘鸿文. 材料力学(Ⅰ)[M]. 第5版. 北京:高等教育出版社,2011.

[10] 刘鸿文. 材料力学(Ⅱ)[M]. 第5版. 北京:高等教育出版社,2011.

[11] 孙训方,方孝淑,关来泰. 材料力学(Ⅰ)[M]. 第5版. 北京:高等教育出版社,2009.

[12] 孙训方,方孝淑,关来泰. 材料力学(Ⅱ)[M]. 第5版. 北京:高等教育出版社,2009.

[13] 单辉祖. 材料力学(Ⅰ)[M]. 北京:高等教育出版社,1999.

[14] 单辉祖. 材料力学(Ⅱ)[M]. 北京:高等教育出版社,1999.

[15] 李学罡,蔡明兮. 材料力学[M]. 长春:吉林科技出版社,2006.

[16] 霍焱. 材料力学[M]. 北京:高等教育出版社,1994.

[17] 王义质,李叔涵. 工程力学[M]. 重庆:重庆大学出版社,1999.

参考文献